"十二五"普通高等教育本科国家级规划教材

# 电磁学（第四版）

赵凯华　陈熙谋

U0348778

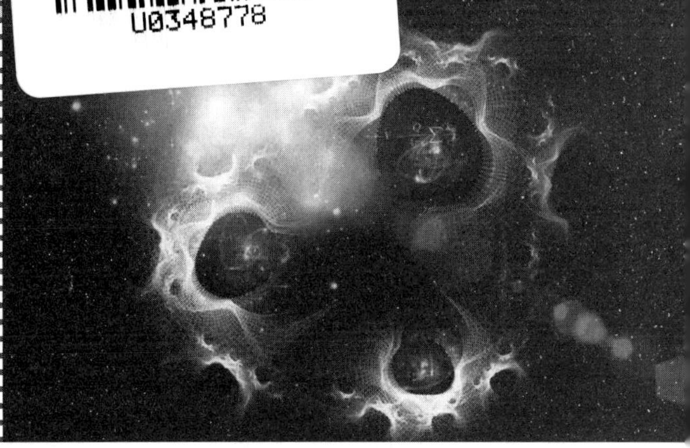

高等教育出版社·北京

内容简介

本书是在第三版的基础上修订而成的。本书第一版(1978 年)是由赵凯华、陈熙谋在北京大学物理系使用的电磁学讲义的基础上,根据 1977 年 10 月全国高等学校理科物理教材会议审订的教材编写大纲改编而成。1980 年 8 月教育部颁发了综合大学物理学专业《普通物理学(电磁学)教学大纲(四年制)》,本书内容与该大纲的要求基本一致。第二版(1985 年)根据几年来使用情况和教学发展的实际作了适当的修改和补充;1987 年获第一届国家级全国高校优秀教材奖。第三版(2011 年)保持原来的教学体系和教学要求不变;在一些大字和小字部分稍作必要的调整;改正了原书中的一些不适之处;在重要物理概念的引入上增加了一些指导性阐述;此外,还增加了带电粒子加速运动辐射场的初等分析。这次修订保持了第三版的框架和特色,在内容上作了一些增删和修改,以适应当前教学的需要。

本书系统地阐述了电磁现象的基本规律和基本概念,内容较丰富,并收集了较多的思考题和习题。全书内容包括:静电场、静电场中的导体和电介质、恒定电流、恒定磁场、电磁感应和暂态过程、磁介质、交流电、麦克斯韦电磁理论和电磁波、电磁学的单位制。

本书可作为一般高等学校物理专业电磁学课程教材,也可供其他专业有关教师、学生参考。

**图书在版编目(CIP)数据**

电磁学/赵凯华,陈熙谋编著.--4 版.--北京:高等教育出版社,2018.9 (2024.12重印)
ISBN 978-7-04-049971-1

Ⅰ.①电… Ⅱ.①赵… ②陈… Ⅲ.①电磁学-高等学校-教材 Ⅳ.①O441

中国版本图书馆 CIP 数据核字(2018)第 132838 号

**DIANCIXUE**

策划编辑 李 颖　　责任编辑 李 颖　　封面设计 赵 阳　　版式设计 马敬茹
插图绘制 于 博　　责任校对 刘娟娟　　责任印制 张益豪

| | | | |
|---|---|---|---|
| 出版发行 | 高等教育出版社 | 网 址 | http://www.hep.edu.cn |
| 社 址 | 北京市西城区德外大街 4 号 | | http://www.hep.com.cn |
| 邮政编码 | 100120 | 网上订购 | http://www.hepmall.com.cn |
| 印 刷 | 三河市宏图印务有限公司 | | http://www.hepmall.com |
| 开 本 | 787mm×1092mm 1/16 | | http://www.hepmall.cn |
| 印 张 | 36.25 | 版 次 | 1978 年 8 月第 1 版 |
| 字 数 | 870 千字 | | 2018 年 9 月第 4 版 |
| 购书热线 | 010-58581118 | 印 次 | 2024 年 12 月第 13 次印刷 |
| 咨询电话 | 400-810-0598 | 定 价 | 69.00 元 |

本书如有缺页、倒页、脱页等质量问题,请到所购图书销售部门联系调换
版权所有 侵权必究
物 料 号 49971-00

# 电磁学

（第四版）

赵凯华　陈熙谋

1 计算机访问http://abook.hep.com.cn/1238955，或手机扫描二维码、下载并安装Abook应用。

2 注册并登录，进入"我的课程"。

3 输入封底数字课程账号（20位密码，刮开涂层可见），或通过Abook应用扫描封底数字课程账号二维码，完成课程绑定。

4 单击"进入课程"按钮，开始本数字课程的学习。

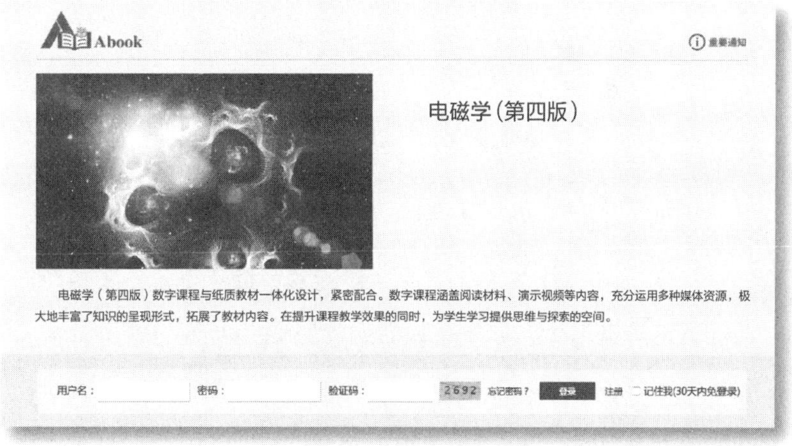


课程绑定后一年为数字课程使用有效期。受硬件限制，部分内容无法在手机端显示，请按提示通过计算机访问学习。

如有使用问题，请发邮件至abook@hep.com.cn。

http://abook.hep.com.cn/1238955

# 第四版序

本书为第四版,是在第三版的基础上修订而成.遵照出版社的要求,本书第四版重新排版,以崭新面貌呈现在读者面前。本书第四版未作大变动,保持原来的风貌,仅在笔误、排印错误和重排错误上作些改正。衷心感谢广大师生和读者为完善本教材所作的努力。

作　者

2018年7月于北京大学

# 第 三 版 序

本书第一版于1978年出版发行，至今已经30余年，本书第二版于1985年出版也已24年多了。本书体系严谨，知识结构清晰，说理透彻，例题、思考题、习题丰富且富于启发性，图文并茂，一直受到广大师生的欢迎，至今仍被不少院校采用。2003年我们作了较大的修改，以《新概念物理教程·电磁学》书名出版，其中不仅教学体系有了很大的改变，体系显得更为简洁，而且某些内容提高了要求，作了更为深入的讨论，如电磁学中的对称性分析，把静电场的唯一性定理和电磁场的相对论变换提升为大字内容，引入电荷加速运动时的电磁辐射，增加了关于矢势和场动量的若干讨论等，以适应科学技术和教学发展的需求。

然而也有不少教师仍然偏爱原来《电磁学》的教学体系和教学要求的层次，他们认为原来《电磁学》的教学体系和教学要求更能体现循序渐进的原则，也就更适合于起点稍低的一般学生的认知过程。为了适应他们的需要，在这次修订中我们在保持原有教学体系和教学要求、不增加难度的前提下，在一些大字和小字部分稍作必要的调整；改正原书的一些笔误、排版印刷错误和其他不妥之处；并且，在重要概念的引入上增加一些指导性的阐述和分析，如在高斯定理和环路定理前增加了一段关于矢量场的描述，以利于学生更好地掌握相应的重要概念；此外，增加带电粒子加速运动电磁辐射的分析，这是过去普通物理教学中所缺少的内容，而很多物理现象的分析都需要用到它，例如回旋加速器和电子感应加速器中加速能量所受到的限制，光学中的色散和散射的分析，X射线韧致辐射的产生以及经典物理的原子稳定性的疑难分析中都要用到，现在通过一个特例用普通物理方法作近似分析。

我们希望本教材的新版能在电磁学的教学中发挥更好的作用，取得更好的效果。多年来，广大教师和读者曾热情地向我们指正教材中的不妥之处，我们在此表示衷心的感谢，并恳切希望大家继续关心本教材的完善。

作　者<br>2010年6月于北京大学

# 第二版序

1980年8月教育部颁发了经高等学校理科物理教材编审委员会审订的综合大学物理学专业《普通物理学(电磁学)教学大纲(四年制)》,本书第一版内容与该大纲的要求基本一致。第二版主要作了如下几方面的修改:(1)在近几年的教学实践中,再次比较了某些章节的不同讲法,我们认为有必要作适当的改动,改动的部分有安培环路定理的证明,磁化强度矢量与磁化电流关系的推导,位移电流的引入等。(2)增添了绪论、某些附录和小字部分的内容,如静电场边值问题的唯一性定理,安培实验和矢量分析中的一些推导和证明,不同参考系之间电磁场的变换等。它们或者提供了一些历史和背景知识,或者以读者可以接受的方式,论述了一些较深的理论问题。我们希望这对教学的深入能有所裨益。为了更突出本课程的基本要求和重点,把某些相对次要的内容改为小字。(3)改正了原书第一版中一些书写、印刷以及习题答案中的疏漏和错误。谨向几年来热情向我们指正的广大教师和读者致以衷心的感谢。

作　者

1984年6月于北京大学

# 第一版前言

1958 年以来作者之一在北京大学物理系讲授电磁学，曾多次编写讲义。本教材以历年来所用的讲义为基础，根据 1977 年 10 月在苏州召开的全国高等学校理科物理教材会议制定的教材编写大纲改编而成。

电磁学是理科物理类各专业的一门重要基础课。编写本教材时，我们力求在广泛介绍电磁现象的基础上，着重于基本规律和基本概念的系统阐述，尽可能保证理论体系的完整。关于实际应用，我们不过多地去介绍具体的细节，而是试图对理论在实际中的应用有哪些方面、问题是以怎样的方式提出的以及理论在各个领域中的适用条件等作些概括，以求读者对电磁理论的应用，从整体上有所了解，从而在工作中具备较广的适应性。以上是我们的一些想法。我们感到本教材尚不很成熟，在某些方面仅仅是一些初步的尝试，还有待于在教学实践的基础上进一步改进和提高。

本教材部分内容取材较为深广，介绍了一些现代物理的应用，以适应不同的专业要求，并有利于开阔学生的眼界。为了分清主次，突出基本内容，本书用大、小两种字体排印。大字部分自成体系，反映教学的基本要求；小字部分可作进一步学习的参考。

为了教学方便，书中附有若干附录，介绍一些与内容有关的数学工具。书中收集了一些思考题、习题，其中有的反映了现代物理内容。思考题和习题总的数量较大，可供教师、学生根据不同情况加以选择。

本教材很多地方吸取了我校任课教师的教学经验。章立源、钟锡华两同志过去参加过本课的讲义编写工作。这次在本教材的改编过程中，郭敦仁同志修改了部分初稿；钟锡华同志详细地阅读了初稿，和我们多次进行了有益的讨论，提供了他在教学中的心得和体会。张之翔同志把多年来收编的习题集提供给我们选择。周岳明、史凤起、冯庆荣等同志帮助演算和核对了习题答案。今年 2—3 月在本教材的审稿会议上，北京师范大学（主审）、中国科学技术大学、南开大学、山东大学、吉林大学、河北大学、内蒙古大学、北京师范学院等八个兄弟院校的同志们提出了不少宝贵的修改意见。温承诚、艾铁友同志帮助绘制了一部分插图。作者谨此一并表示感谢。

本教材分上、下两册。上册的内容有静电场、静电场中的导体和电介质、稳恒电流、稳恒磁场；下册的内容有电磁感应和暂态过程、磁介质、交流电、麦克斯韦电磁理论和电磁波、电磁单位制。

本教材内容涉猎较广，作者水平有限，加之脱稿仓促，错误和不妥之处在所难免。我们诚恳地希望广大教师和读者给予批评和指正。

赵凯华　陈熙谋
1978 年 3 月于北京大学

# 目　　录


绪论 …… 1

第一章　静电场 …… 9

§1.1　静电的基本现象和基本规律 …… 9

1.1.1　两种电荷 …… 9

1.1.2　静电感应　电荷守恒定律 …… 10

1.1.3　导体、绝缘体和半导体 …… 11

1.1.4　物质的电结构 …… 11

1.1.5　库仑定律 …… 13

思考题 …… 14

习题 …… 15

§1.2　电场　电场强度 …… 15

1.2.1　电场 …… 15

1.2.2　电场强度矢量 $E$ …… 16

1.2.3　电场强度叠加原理 …… 17

1.2.4　电荷的连续分布 …… 20

1.2.5　带电体在电场中受的力及其运动 …… 22

1.2.6　矢量场的描述 …… 23

思考题 …… 25

习题 …… 25

§1.3　高斯定理 …… 27

1.3.1　电场线及其数密度 …… 27

1.3.2　电场强度通量 …… 29

1.3.3　高斯定理的表述和证明 …… 31

1.3.4　从高斯定理看电场线的性质 …… 33

1.3.5　高斯定理应用举例 …… 35

思考题 …… 38

习题 …… 39

§1.4　电势及其梯度 …… 40

1.4.1　静电场力所做的功与路径无关 …… 40

1.4.2　电势差与电势 …… 42

1.4.3　电势叠加原理 …… 45

1.4.4　等势面 …… 47

1.4.5　电势的梯度 …… 49

1.4.6　小结 …… 52

思考题 …… 52

习题 …… 53

§1.5 带电体系的静电能 …… 56
1.5.1 点电荷之间的相互作用能 …… 56
1.5.2 电荷连续分布情形的静电能 …… 60
1.5.3 电荷在外电场中的能量 …… 62
1.5.4 带电体系受力问题 …… 62
思考题 …… 63
习题 …… 64
附录A 矢量乘积 立体角 曲线坐标系 …… 64
A.1 矢量的乘积 …… 64
A.2 立体角 …… 66
A.3 柱坐标系和球坐标系 …… 67
**第二章 静电场中的导体和电介质** …… 75
§2.1 静电场中的导体 …… 75
2.1.1 导体的静电平衡条件 …… 75
2.1.2 电荷分布 …… 77
2.1.3 导体壳(腔内无带电体的情形) …… 79
2.1.4 导体壳(腔内有带电体的情形) …… 82
思考题 …… 84
习题 …… 86
§2.2 电容和电容器 …… 88
2.2.1 孤立导体的电容 …… 88
2.2.2 电容器及其电容 …… 89
2.2.3 电容器的并联、串联 …… 92
2.2.4 电容器储能(电能) …… 94
思考题 …… 96
习题 …… 97
§2.3 电介质 …… 101
2.3.1 电介质的极化 …… 101
2.3.2 极化的微观机制 …… 102
2.3.3 电极化强度 **P** …… 103
2.3.4 退极化场 …… 105
2.3.5 电介质的极化规律 极化率 …… 107
2.3.6 电位移矢量 $D$ 与有介质时的高斯定理 介电常量 …… 109
*2.3.7 电介质在电容器中的作用 …… 111
*2.3.8 压电效应及其逆效应 …… 112
2.3.9 小结 …… 113
思考题 …… 114
习题 …… 114
§2.4 电场的能量和能量密度 …… 119
习题 …… 121
附录B 静电场边值问题的唯一性定理 …… 121

B.1 问题的提出 …… 121
B.2 几个引理 …… 122
B.3 叠加原理 …… 122
B.4 唯一性定理的证明 …… 123
B.5 静电屏蔽 …… 124
B.6 有电介质的情形 …… 124

**第三章 恒定电流** …… 129

§3.1 电流的恒定条件和导电规律 …… 129
3.1.1 电流 电流密度矢量 …… 129
3.1.2 电流的连续方程 恒定条件 …… 131
3.1.3 欧姆定律 电阻 电阻率 …… 132
3.1.4 电功率 焦耳定律 …… 135
3.1.5 金属导电的经典微观解释 …… 137
思考题 …… 140
习题 …… 140

§3.2 电源及其电动势 …… 142
3.2.1 非静电力 …… 142
3.2.2 电动势 …… 142
3.2.3 电源的路端电压 …… 143
3.2.4 闭合回路的电流和输出功率 …… 145
*3.2.5 丹聂耳电池 …… 145
3.2.6 恒定电路中电荷和静电场的作用 …… 147
思考题 …… 148
习题 …… 149

§3.3 简单电路 …… 149
3.3.1 串联和并联电路 …… 149
3.3.2 平衡电桥 …… 154
3.3.3 电势差计 …… 156
思考题 …… 158
习题 …… 161

§3.4 复杂电路 …… 165
3.4.1 基尔霍夫方程组 …… 166
*3.4.2 电压源与电流源 等效电源定理 …… 170
*3.4.3 叠加定理 …… 172
*3.4.4 Y-△电路的等效代换 …… 173
思考题 …… 174
习题 …… 175

§3.5 温差电现象 …… 178
3.5.1 汤姆孙效应 …… 178
3.5.2 佩尔捷效应 …… 179
3.5.3 温差电效应及其应用 …… 180

思考题 …… 182

§3.6 电子发射与气体导电 …… 182

3.6.1 逸出功和电子发射 …… 182

*3.6.2 气体的受激导电 …… 183

*3.6.3 气体的自持导电 …… 184

*3.6.4 等离子体与受控热核实验 …… 186

习题 …… 187

**第四章 恒定磁场** …… 191

§4.1 磁的基本现象和基本规律 …… 191

4.1.1 磁的基本现象 …… 191

4.1.2 磁场 …… 193

4.1.3 安培定律 …… 194

4.1.4 电流强度单位——安培的定义和绝对测量 …… 198

4.1.5 磁感应强度矢量 $\boldsymbol{B}$ …… 199

思考题 …… 201

§4.2 载流回路的磁场 …… 202

4.2.1 毕奥-萨伐尔定律 …… 202

4.2.2 载流直导线的磁场 …… 203

4.2.3 载流圆线圈轴线上的磁场 …… 204

4.2.4 载流螺线管中的磁场 …… 207

思考题 …… 210

习题 …… 210

§4.3 磁场的“高斯定理”与安培环路定理 …… 213

4.3.1 磁场的“高斯定理” …… 213

4.3.2 安培环路定理的表述和证明 …… 215

4.3.3 安培环路定理应用举例 …… 217

思考题 …… 219

习题 …… 220

§4.4 磁场对载流导线的作用 …… 221

4.4.1 安培力 …… 221

4.4.2 平行无限长直导线间的相互作用 …… 221

4.4.3 矩形载流线圈在均匀磁场中所受的力矩 …… 222

4.4.4 载流线圈的磁矩 …… 223

4.4.5 直流电动机的基本原理 …… 224

4.4.6 电流计线圈所受的磁偏转力矩 …… 225

思考题 …… 226

习题 …… 227

§4.5 带电粒子在磁场中的运动 …… 230

4.5.1 洛伦兹力 …… 230

4.5.2 洛伦兹力与安培力的关系 …… 232

4.5.3 带电粒子在均匀磁场中的运动 …… 233

4.5.4 比荷的测定 …… 235
4.5.5 回旋加速器的基本原理 …… 237
4.5.6 霍耳效应 …… 238
4.5.7 等离子体的磁约束 …… 240
思考题 …… 241
习题 …… 243
* §4.6 电磁场的相对论变换 …… 246
4.6.1 问题的提出 …… 246
4.6.2 相对论力学的若干结论 …… 247
4.6.3 电磁规律的协变性和电荷的不变性 …… 251
4.6.4 电磁场的相对论变换公式 …… 252
4.6.5 运动点电荷的电场 …… 253
4.6.6 运动点电荷的磁场 …… 256
4.6.7 对特鲁顿-诺伯实验零结果的解释 …… 257
思考题 …… 258
习题 …… 258
**第五章 电磁感应和暂态过程** …… 261
§5.1 电磁感应定律 …… 261
5.1.1 电磁感应现象 …… 262
5.1.2 法拉第定律 …… 264
5.1.3 楞次定律 …… 267
5.1.4 涡电流和电磁阻尼 …… 268
5.1.5 趋肤效应 …… 270
思考题 …… 271
习题 …… 272
§5.2 动生电动势和感生电动势 …… 274
5.2.1 动生电动势 …… 274
5.2.2 交流发电机原理 …… 276
5.2.3 感生电动势 涡旋电场 …… 278
5.2.4 电子感应加速器 …… 279
思考题 …… 280
习题 …… 281
§5.3 互感和自感 …… 282
5.3.1 互感系数 …… 282
5.3.2 自感系数 …… 284
5.3.3 两个线圈串联的自感系数 …… 287
5.3.4 自感磁能和互感磁能 …… 288
思考题 …… 290
习题 …… 290
§5.4 暂态过程 …… 292
5.4.1 *LR* 电路的暂态过程 …… 292

5.4.2 *RC* 电路的暂态过程 …… 294
*5.4.3 微分电路和积分电路 …… 296
5.4.4 *LCR* 电路的暂态过程 …… 297
思考题 …… 299
习题 …… 300
§5.5 灵敏电流计和冲击电流计 …… 301
5.5.1 灵敏电流计 …… 301
*5.5.2 冲击电流计 …… 304
思考题 …… 309
附录C 二阶线性常系数微分方程 …… 309
**第六章 磁介质** …… 315
§6.1 分子电流观点 …… 315
6.1.1 磁介质的磁化 磁化强度矢量 **M** 及其与磁化电流的关系 …… 315
6.1.2 磁介质内的磁感应强度 **B** …… 318
6.1.3 磁场强度矢量 **H** 与有磁介质时的安培环路定理和“高斯定理” …… 319
习题 …… 320
*§6.2 等效的磁荷观点 …… 321
6.2.1 磁的库仑定律 磁场强度矢量 **H** 磁偶极子 …… 321
6.2.2 磁介质的磁化 磁极化强度矢量 **J** 及其与磁荷的关系 …… 324
6.2.3 退磁场与退磁因子 …… 325
6.2.4 两种观点的等效性 …… 327
思考题 …… 332
习题 …… 332
§6.3 介质的磁化规律 …… 334
6.3.1 磁化率和磁导率 …… 334
6.3.2 顺磁质和抗磁质 …… 335
6.3.3 铁磁质的磁化规律 …… 338
6.3.4 磁滞损耗 …… 341
6.3.5 铁磁质的分类 …… 342
6.3.6 铁磁质的微观结构 …… 344
习题 …… 346
§6.4 边界条件 磁路定理 …… 348
6.4.1 磁介质的边界条件 …… 348
6.4.2 磁感应线在边界面上的“折射” …… 349
6.4.3 磁路定理 …… 350
6.4.4 磁屏蔽 …… 353
习题 …… 354
§6.5 磁场的能量和能量密度 …… 357
习题 …… 360
**第七章 交流电** …… 365
§7.1 交流电概述 …… 365

7.1.1 各种形式的交流电 …… 365
7.1.2 描述简谐交流电的特征量 …… 367
习题 …… 369
§7.2 交流电路中的元件 …… 369
7.2.1 概述 …… 369
7.2.2 交流电路中的电阻元件 …… 370
7.2.3 交流电路中的电容元件 …… 370
7.2.4 交流电路中的电感元件 …… 371
7.2.5 小结 …… 373
思考题 …… 374
习题 …… 374
§7.3 元件的串联和并联(矢量图解法) …… 375
7.3.1 用矢量图解法计算串、并联电路 …… 375
7.3.2 用矢量图解法计算同频简谐量的叠加 …… 375
7.3.3 串联电路 …… 377
7.3.4 并联电路 …… 379
*7.3.5 串、并联电路的应用(旁路、相移、滤波) …… 380
思考题 …… 382
习题 …… 383
§7.4 交流电路的复数解法 …… 386
7.4.1 用复数法计算同频简谐量的叠加 …… 386
7.4.2 复电压、复电流及复阻抗的概念 …… 387
7.4.3 串、并联电路的复数解法 …… 388
*7.4.4 复导纳 …… 391
7.4.5 交流电路的基尔霍夫方程组及其复数形式 …… 392
*7.4.6 等效电源定理和 Y-△阻抗代换公式的运用 …… 395
*7.4.7 有互感的电路计算 …… 398
思考题 …… 399
习题 …… 399
§7.5 交流电的功率 …… 402
7.5.1 瞬时功率与平均功率 有效值和功率因数 …… 402
7.5.2 有功电流与无功电流 提高功率因数的第一个作用 …… 404
7.5.3 视在功率和无功功率 提高功率因数的第二个作用 …… 405
7.5.4 有功电阻和电抗 …… 407
*7.5.5 电导与电纳 …… 409
7.5.6 品质因数($Q$ 值)、损耗角($\delta$)和耗散因数($\tan\delta$) …… 410
思考题 …… 411
习题 …… 412
§7.6 谐振电路与 $Q$ 值的意义 …… 413
7.6.1 串联谐振现象 谐振频率和相位差 …… 414
7.6.2 储能与耗能和 $Q$ 值的第一种意义 …… 416

7.6.3 频率的选择性和 $Q$ 值的第二种意义 …… 418
7.6.4 电压分配和 $Q$ 值的第三种意义 …… 419
*7.6.5 阻尼振荡和 $Q$ 值的第四种意义 …… 420
7.6.6 并联谐振电路 …… 422
思考题 …… 423
习题 …… 423
§7.7 交流电桥 …… 423
7.7.1 基本原理 …… 424
7.7.2 几种常用的交流电桥 …… 425
思考题 …… 426
习题 …… 427
§7.8 变压器原理 …… 427
7.8.1 理想变压器 …… 427
7.8.2 变比公式 …… 428
*7.8.3 输入和输出等效电路 …… 431
*7.8.4 阻抗的匹配 …… 432
7.8.5 变压器的用途 …… 433
思考题 …… 434
习题 …… 435
§7.9 三相交流电 …… 436
7.9.1 什么是三相交流电 相电压与线电压 …… 436
7.9.2 三相电路中负载的连接 …… 437
7.9.3 三相电功率 …… 439
7.9.4 三相电产生旋转磁场 …… 441
7.9.5 三相感应电动机的运行原理、结构和使用 …… 443
思考题 …… 445
习题 …… 445
附录 D 矢量图解法和复数法 …… 445
D.1 一维同频简谐量的叠加问题 …… 445
D.2 矢量图解法 …… 446
D.3 复数的基本知识 …… 448
D.4 复数法 …… 449
D.5 小结 …… 451
**第八章 麦克斯韦电磁理论和电磁波** …… 455
§8.1 麦克斯韦电磁理论 …… 455
8.1.1 麦克斯韦电磁理论产生的历史背景 …… 455
8.1.2 位移电流 …… 456
8.1.3 麦克斯韦方程组 …… 460
*8.1.4 边界条件 …… 462
习题 …… 463
§8.2 电磁波 …… 464

8.2.1 电磁波的产生和传播 …… 464
8.2.2 偶极振子发射的电磁波 …… 466
8.2.3 带电粒子加速运动的电磁辐射 …… 470
8.2.4 电磁波的性质 …… 472
8.2.5 光的电磁理论 …… 475
8.2.6 电磁波谱 …… 477
§8.3 电磁场的能流密度与动量 …… 478
8.3.1 电磁场的能量原理和能流密度矢量 …… 478
*8.3.2 电磁场的动量 光压 …… 481
*8.3.3 电磁场是物质的一种形态 …… 482
思考题 …… 484
习题 …… 485
§8.4 似稳电路和迅变电磁场 …… 485
8.4.1 准静态条件和集中参量 …… 486
*8.4.2 高频时杂散参量的处理 …… 487
*8.4.3 传输线与电报方程 …… 487
*8.4.4 微波的特点 …… 490
习题 …… 491
附录E 矢量分析提要 …… 491
E.1 标量场和矢量场 …… 491
E.2 标量场的梯度 …… 492
E.3 矢量场的通量和散度 高斯定理 …… 493
E.4 矢量场的环量和旋度 斯托克斯定理 …… 496
E.5 一些公式 …… 499
E.6 矢量场的类别和分解 …… 499
E.7 磁场的矢势 …… 500
习题 …… 503
**第九章 电磁学的单位制** …… 507
§9.1 单位制和量纲 …… 507
9.1.1 单位制 基本单位和导出单位 …… 507
9.1.2 物理量的量纲 …… 508
§9.2 常用的两种电磁学单位制 …… 509
9.2.1 MKSA有理制 …… 509
9.2.2 高斯单位制 …… 510
§9.3 两种单位制中物理公式的转换 …… 516
习题 …… 520
**部分习题答案** …… 522
**名词索引** …… 547
**人名索引** …… 559


(带*号章节为小字部分)

# 绪　论

电磁学是经典物理学的一部分.它主要是研究电荷、电流产生电场、磁场的规律,电场和磁场的相互联系,电磁场对电荷、电流的作用,以及电磁场对物质的各种效应等.电磁现象是自然界存在的一种极为普遍现象,它涉及很广泛的领域;电的研究和应用在认识客观世界和改造客观世界中展现了巨大的活力.因此,电磁学课程是理科和技术学科的一门重要基础课.

任何一门科学都有其发展史,都是人类长期实践活动和理论思维的产物.回顾科学发展的历史可以使我们更加清楚,在荒漠的知识原野上如何建造起庄严的科学大殿,从而获得科学方法论上的教益.

人类有关电磁现象的认识可追溯到公元前 600 年.早在公元前 585 年,希腊哲学家泰勒斯(Thales)已记载了用木块摩擦过的琥珀能够吸引碎草等轻小物体,以及天然磁矿石吸引铁的现象.在以后的 2000 年中,虽然还有人发现摩擦过的煤玉也具有吸引较小物体的能力,但关于琥珀奇特性质的认识进展甚少,而磁石性质的认识逐渐增多起来.例如,磁石可以吸引一串铁片;磁石具有磁极,磁石的相同磁极靠在一起彼此排斥;弱磁可被强磁改变磁极;利用磁石制成罗盘并用于航海,等等.在相当长的时期内,琥珀吸引较小物体与磁石吸铁一样,都被看成物质固有的性质.

我国古代人民对电磁现象的认识曾有过重要贡献.春秋战国时期(公元前 770—前 221 年),已有"山上有慈石(即磁石)者,其下有铜金","慈石召铁,或引之也"等磁石吸铁的记载.东汉已有指南针的前身司南勺.比欧洲更早,在北宋时,我国已有利用地磁场进行人工磁化制作指南鱼或用磁石磨针尖制作指南针,并用于航海.关于静电现象,西汉末年已有关于"瑇瑁(玳瑁)吸褚(细小物体之意)"的记载,以及"元始中(公元 3 年)……矛端生火"即金属制的矛的尖端放电的记载;晋朝(公元 3 世纪)还有关于摩擦起电引起放电现象的详细记载,"今人梳头,解著衣,有随梳解结,有光者,亦有咤声".

1600 年,英国伊丽莎白女王的御医吉尔伯特(William Gilbert)在他出版的《磁石论》一书中对于磁石的各种基本性质作了系统的定性描述.他发展了前人的实验研究,在地磁方面有重要贡献.他还对琥珀的吸引作了深入研究,他发现不仅琥珀和煤玉经摩擦后能吸引轻小物体,而且相当多的物质,如金刚石、蓝宝石、硫黄、硬树脂和明矾等经摩擦后也都具有吸引轻小物体的性质.他注意到这些物质经摩擦后并不像磁石那样具有指南北的性质,为了表明与磁性的不同,他采用琥珀的希腊文字 ηλεκτρον,把这种性质称为"电的"(electric).吉尔伯特在实验过程中制作了第一只验电器,这是一根中心固定可转动的金属细棒.当摩擦过的琥珀靠近时,金属细棒可转动指向琥珀.大约在 1660 年马德堡的盖利克(Otto von Guericke)发明了第一台摩擦起电机.他用硫黄制成形如地球仪的可转动球体,用干燥的手掌擦着转动的球体,使之停止而获得电.盖利克的摩擦起电机经过不断改进,在静电实验研究中起着重要作用,直到 19 世纪霍耳兹(W. Holtz)和特普勒(A. Töpler)分别发明感应起电机后才被取代.

18 世纪电的研究迅速发展起来. 1729 年英国的格雷(Stephen Gray)在研究琥珀的电效应是否可传递给其他物体时,发现导体和绝缘体的区别:金属可导电,丝绸不导电. 并且他第一次使人体带电. 格雷的实验引起法国杜费(Charles-Francois du Fay)的注意. 1733 年杜费发现绝缘起来的金属也可摩擦起电,因此,他得出所有物体都可摩擦起电,从而认为吉尔伯特把物体分为"电的"和"非电的"并没有事实根据. 他还让别人用丝质绳把自己吊起来绝缘,当他被带电而别人靠近时,他感觉到针刺般的放电袭击,放电产生噼啪声,在暗处还可看到放电的火花. 杜费最重要的发现是电有两种. 他改进了吉尔伯特的验电器,用金箔代替金属细棒. 他观察到摩擦过的玻璃棒接触金箔后对金箔的排斥作用,而用摩擦过的硬树脂对此金箔却产生明显的吸引. 他意识到不同材料经摩擦后产生的电不同,他把玻璃上产生的电叫作"玻璃的"(vitreous),琥珀上产生的电与硬树脂上产生的相同,叫作"树脂的"(resinous). 他得到:带相同电的物体互相排斥,带不同电的物体彼此吸引. 他把电想象为二元流体,当它们结合在一起时,彼此中和.

1745 年荷兰莱顿的穆欣布罗克(Pieter van Musschenbroek)为了避免电在空气中逐渐消失,试图寻找一种保存电的办法. 他手拿一玻璃瓶,给瓶中的水带电,当手接触到连接水的金属丝时,臂和胸部感觉到强烈的电击,于是他获得了电容器的原始形式——莱顿瓶. 这种储存电的方法同时也被德国的克莱斯特(Ewald Georg von Kleist)独立地发现.

莱顿瓶的发明为电的进一步研究提供了条件,它对于电知识的传播起了重要作用. 法国的诺莱(Jeau-Antoine Nollet)曾做了一个当时最为壮观的演示实验,他在巴黎大教堂前,在路易十五皇室成员面前,令 700 个修道士手拉手地排成一条 900 英尺长的队伍,一端的人接触带电莱顿瓶的外部,当另一端的人接触莱顿瓶的另一极时,700 个修道士全都因电击而跳起来,这令人信服地演示了电的威力.

差不多同时在美国,富兰克林(Benjamin Franklin)的工作使得人们对于电的认识更加丰富,并澄清了许多观念. 1747 年他根据自己的实验,认为在正常条件下电是以一定的量存在于所有物质中的一种元素;电像流体一样可以流动,摩擦的作用使电可以从一物体转移到另一物体,但不能创造;任何孤立物体的电的总量是不变的,这就是通常所说的电荷守恒;他把摩擦时物体获得电,而形成电的多余部分叫作带正电;物体失去电,而形成电的不足部分叫作带负电. 严格地说,这种关于电的一元流体理论在今天看来并不正确,但他所使用的正电和负电的术语至今仍被沿用. 富兰克林还认识到莱顿瓶的储电作用来自玻璃;他观察到导体的尖端更易于放电等等. 他的最著名的实验是风筝实验. 早在 1749 年,他就注意到雷闪与放电有许多相同之处. 1752 年他在雷雨天气将风筝放飞入云层,在连接风筝的绳上系一钥匙,手靠近钥匙,接收到强烈的电击,从而证明了雷闪就是放电现象. 这是一个危险的实验,后来有人重复做同类实验时遭电击身亡. 富兰克林还建议用避雷针来防护建筑物免遭雷击. 1754 年首先由狄维施(Procopius Divisch)实现,这是迄今所知的电的第一个实际应用.

18 世纪后期在较好实验设备的条件下,开始了电荷相互作用的定量研究. 1766 年,普里斯特利(Joseph Priestley)根据他实验上发现带电金属容器内表面没有电荷和对内部不产生电力,猜测电力与万有引力有相似的规律,两个电荷之间的作用力与它们之间距离的平方成反比,但他未能予以证明. 1769 年罗比孙(John Robison)通过作用在一个小球上电力和重力平衡的实验,第一次直接测定了两个电荷相互作用力与距离平方成反比. 1773 年卡文迪许(Henry Cavendish)根据他实验中导体球内表面检测不到的电荷数量推算出,电力与距离成反比的方次与 2 相差最多不超过 2% . 他的这一实验是近代精确验证电力定律的雏形. 可是他的这一实验以及其他重要实验成果到 1879 年才由麦克斯韦(James Clark Maxwell)整理公之于世. 1785 年库仑(Charles Auguste de Coulomb)设计了精巧的扭秤实验,直接测定了两个静止点电荷的相互作用力与它们之间的距离平方成反比,与它们的电荷量乘积成正比. 库仑的实验得到世界的公认,从此电学的研究开始进入科学行列. 1811 年泊松(Simeon Denis Poisson)把早先力学中拉普拉斯(Pierre Simon Marquis de Laplace)在万有引力定律基础上发展起来的势论用于静电学,发展了静电学的解析理论.

18 世纪后期电学的另一个重要发展是意大利物理学家伏打(Alessandro Graf Volta)发明电池. 在这之前,电学实验只能用摩擦起电机或莱顿瓶进行,而它们只能提供短暂的电流脉冲. 1780 年意大利的解剖学家伽伐尼(Luigi Galvani)偶然观察到在放电火花附近与金属相接触的蛙腿发生抽动. 为了找出这一现象的原因,他进一步实验却意外地发现,若用两种金属分别接触蛙腿的筋腱和肌肉,则当两种金属相碰时,蛙腿也会发生抽动. 伽伐尼没有弄清楚其中的原因,他把它称之为"生物电". 1792 年伏打仔细研究之后,认为蛙腿的抽动不过是一种对于电流的灵敏反应,而肌肉提供了一定的溶液,因此电流产生的先决条件是两种不同金属插在一定的溶液中并构成回路. 基于这一思想,1799 年他制造了第一个能产生持续电流的化学电池,其装置为一系列按同样顺序叠起来的银片、锌片和用盐水浸泡过的硬纸板组成一根柱体,叫作伏打电堆. 当导线连接两端的导体时,导线中产生持续的电流. 以后,各种化学电源如雨后春笋蓬勃发展起来. 1822 年塞贝克(Thomas Johann Seebeck)发现甚至不用导电溶液,只要牢固地连接铜线和一根别种金属(铋)线的两端,并维持两个接头于不同温度,也可获得微弱的电流,这就是温差电效应.

化学电源发明后,很快发现利用它可以做出许多不寻常的事情来. 1800 年,尼科耳森(William Nicholson)和卡莱色耳(Anthony Carlisle)用低压电流分解水;同年,里脱(Johann Wilhelm Ritter)成功地从水的电解中分别搜集了两种气体,并从硫酸铜溶液中电解出金属铜;1807 年,戴维(Humphrey Davy)利用庞大的电池组先后首次电解得到钾、钠、钙、镁等金属;1811 年,他用 2 000 个电池组成电源,在碳极间产生电弧. 从 19 世纪 50 年代起,碳极电弧一直是灯塔、剧院等场所使用的强烈电光源,直到 70 年代才逐渐被爱迪生(Thomas Alva Edison)发明的白炽灯所代替;直到今天电弧在冶炼和焊接中仍有重要应用. 此外,伏打电池也促进了电镀业的发展,它是 1839 年卡尔·雅可比(Karl Jacobi)和西门子(Werner Siemens)发明的.

虽然早在 1750 年富兰克林已经观察到莱顿瓶放电可使钢针磁化,甚至更早在 1640 年已有人观察到闪电使罗盘磁针倒转,但到 19 世纪初在科学界仍然普遍认为电和磁是两种独立的作用. 与这种传统观念相反,丹麦的自然哲学家奥斯特(Hans Christian Oersted)接受德国哲学家康德(Immanuel Kant)和谢林(Friedrich Schelling)关于自然力统一的哲学思想,他坚信电与磁之间有着某种联系. 经过多年的研究,他终于在 1820 年发现电流的磁效应:当电流通过导线时,引起导线近旁的磁针偏转. 电流磁效应的发现开拓了电学研究的新纪元.

奥斯特的发现首先引起法国物理学家的注意,同年即取得一些重要成果:安培(André Marie Ampère)关于载流螺线管与磁铁等效性的实验(后来,安培据此提出物质磁性的分子电流假说,把磁现象归结为单一的电流的作用,这一点成为以后正确认识物质磁性的一把钥匙)和两根平行载流导线相互作用力的实验;阿拉果(Dominique Francois Arago)关于钢和铁在电流作用下的磁化现象;毕奥(Jean-Baptiste Biot)和萨伐尔(Félix Savart)关于长直载流导线对磁极作用力的实验；此外安培还进一步做了一系列电流相互作用的精巧实验. 由这些实验分析得到的电流元之间相互作用力的规律，是认识电流产生磁场以及磁场对电流作用的基础.

电流磁效应的发现打开了电应用的新领域. 1825 年，斯图金（William Sturgeon）发明电磁铁，为电的广泛应用创造了条件. 早在 1821 年安培建议可用电磁仪器传输信号. 1833 年，高斯（Carl Friedrich Gauss）和韦伯（Wilhelm Weber）制造了第一台简陋的单线电报，控制电磁铁的吸引可在远距离产生听得清楚的声响. 1837 年，惠斯通（Charles Wheatstone）和莫尔斯（Harold Marston Morse）独立地发明了电报机. 莫尔斯发明了一套电码，利用他制作的电报机，可在移动的纸带上打上点和划来传递信息. 在这时期越洋海底电报的实验研究也在进行. 1855 年，威廉·汤姆孙（William Thomson）解决了水下电缆信号传送速度慢的问题. 1866 年，按照汤姆孙设计的大西洋电缆铺设成功. 另一方面的发展是：1854 年法国电报家布瑟耳（Charles Bourseul）提出用电来传送语言的设想，但未变成现实；赖斯（Philipp Reiss）于 1861 年首次实验成功，但未引起重视. 1876 年美国的贝尔（Alexander Graham Bell）发明了他的电话. 作为收话机，它仍用于现代，而其发话机则被爱迪生的发明（炭发话机）以及休斯（David Edward Hughes）的发明（传声器）所改进.

电流磁效应发现不久，几种不同类型的检流计设计制成，为欧姆（Georg Simon Ohm）发现电路定律提供了条件. 1826 年，欧姆受到傅里叶（Jean Baptiste Joseph Fourier）关于固体中热传导理论的启发，认为电的传导和热的传导很相似，电流好像热流，电源的作用好像热传导中的温差. 为了确定电路定律，开始他用伏打电堆来做实验，由于当时的伏打电堆性能很不稳定，实验没有成功；后来他改用两个接触点温度恒定因而高度稳定的热电效应做实验，得到电路中的电流强度与电源的“验电力”（electroscopic force）成正比，比例系数为电路的电阻. 由于当时能量守恒定律尚未确立，验电力的概念是含糊的，直到 1848 年基尔霍夫（Gustav Robert Kirchhoff）从能量的角度考查，才澄清了电势差、电动势、电场强度等概念，使得欧姆理论与静电学概念协调起来. 在此基础上，基尔霍夫解决了分支电路问题.

杰出的英国物理学家法拉第（Michael Faraday）从事电磁现象的实验研究，对电磁学的发展作出极重要的贡献，其中最重要的贡献是 1831 年发现电磁感应现象[美国物理学家亨利（Joseph Henry）几乎在同时也发现了电磁感应现象，但发表稍晚些]. 紧接着他做了许多实验，确定电磁感应的规律，他认识到当闭合线圈中的磁通量发生变化时，线圈中则产生感应电动势，感应电动势的大小取决于磁通量随时间的变化率[感应电流的方向首先由楞次（Эмиль Христиванович Ленц）于 1834 年给出；感应电动势的数学公式是 1845 年诺埃曼（Franz Ernst Neumann）给出的]，在此基础上他制出第一台发电机. 此外，1821 年他还发现电动机原理，并制成最初的电动机；他还把电现象和其他现象联系起来广泛进行研究，1833 年成功地证明了摩擦起电和伏打电池产生的电相同，1834 年发现电解定律，1845 年发现磁光效应，并统一解释物质的顺磁性和抗磁性，他还详细研究了极化现象和静电感应现象，并首次用实验证明了电荷守恒定律.

电磁感应的发现为能源的开发和广泛利用提供了崭新的前景. 1866 年西门子发明了可供实用的自激发电机；到 19 世纪末实现了电能的远距离输送，电动机在生产和交通运输中得到广泛的使用，从而极大地改变了工业生产的面貌.

对于电磁现象的广泛研究使法拉第逐渐形成了他特有的场的观念. 他深信在带电体和磁体的周围存在着某种特殊的“紧张”状态，他用电场线和磁感应线来描述这种状态. 他认为这些力线是物质的，它弥漫在全部空间，并把相反的电荷和相反的磁极连接起来；电力和磁力不是通过空虚空间的超距作用，而是通过电场线和磁感应线来传递的；它们是认识电磁现象必不可少的组成部分，甚至它们比“产生”或“汇集”力线的“源”更富有研究的价值.

法拉第的丰硕的实验研究成果以及他的新颖的场的观念为电磁现象的统一理论准备了条件. 诺埃曼、韦伯等物理学家对电磁现象的研究曾有过不少重要贡献，但他们从超距作用观点出发，概括库仑以来已有的全部电磁学知识，在建立统一理论方面并未取得成功. 这一工作由卓越的英国物理学家麦克斯韦(James Clerk Maxwell)完成. 早在 1842—1854 年，威廉·汤姆孙通过热传导、流体的运动和电磁力线的对比研究，建立了它们共同的数学关系. 汤姆孙的类比方法鼓舞了麦克斯韦致力于将法拉第的力线思想写成便于数学处理的形式. 开始(1856 年)，他仅仅是通过力学现象与电磁现象的类比试图建立电磁学的理论体系；后来(1862 年)，他觉得需要建立一种介质理论来体现法拉第的力线思想. 他认为变化的磁场在其周围的空间激发涡旋电场；此外他又引入“位移电流”的概念，变化电场引起介质电位移的变化，电位移的变化与电流一样在周围的空间激发涡旋磁场. 麦克斯韦明确地用数学公式把它们表示出来，从而得到了今天以他的姓氏命名的电磁场的普遍方程组. 法拉第的力线思想以及电磁作用传递的思想在其中得到了充分的体现.

麦克斯韦进而根据他的方程组推论电磁作用以波的形式传播，电磁波在真空中的传播速度等于电荷量的电磁单位与静电单位的比值. 根据 1856 年韦伯和柯耳劳施(Rudolph Kohlrausch)用纯电学方法测得的比值与光在真空中的传播速度相同，麦克斯韦大胆预言光是电磁波.

麦克斯韦理论的推论和预言被德国物理学家赫兹(Heinrich Hertz)的实验光辉地证实. 1888 年赫兹根据电容器放电的振荡性质设计制作了电磁波源和电磁波检测器，通过实验检测到电磁波，测定了电磁波的波速，并观察到电磁波与光波一样具有偏振性质，能够反射、折射和聚焦. 从此，麦克斯韦理论逐渐为人们所接受.

麦克斯韦电磁理论通过赫兹电磁波实验的证实，开辟了一个全新的领域——电磁波的应用和研究. 1895 年，俄国的波波夫(Александлр Степанович Попоv)和意大利的马可尼(Guglielmo Marconi)分别实现了无线电信号的传输. 后来马可尼将赫兹的振子改进为竖直的天线；德国的布劳恩(Ferdinard Braun)进一步将发射器分为两个振荡线路，为扩大信号传送范围创造了先决条件. 1901 年马可尼第一次建立了横跨大西洋的无线电联系. 电子管的发明[1904 年，弗莱明(Alexander Fleming)；1906 年，福雷斯特(Lee de Forest)]及其在线路中的应用，使得电磁波的发射和接收都成为容易办到的事情. 于是在技术上出现了神奇的无线电的发展，巨大地改变了人类的生活.

虽然麦克斯韦的电磁理论对光在真空中的传播作了完备的描述，但它不能很好地揭示出物质的光学特性，特别是不能解释色散现象；此外，把电磁理论应用于运动介质情形也未获得成功. 1896 年洛伦兹(Hendrik Antoon Lorentz)提出“电子论”，将麦克斯韦方程组应用到微观领域内，并把物质的电磁性质归结为原子中电子的效应. 这样不仅可以解释物质的极化、磁化、导电等现象以及物质对光的吸收、散射和色散现象；而且还成功地说明了关于光谱线在磁场中分裂的正常塞曼(Pieter Zeeman)效应；此外，洛伦兹还根据电子论正确地导出关于运动介质中的光速公式，把麦克斯韦理论向前推进了一步.

然而，麦克斯韦-洛伦兹电磁理论的成功，却无法回避它与经典力学中以牛顿绝对时空观为基础的伽利略变换表现出明显的冲突. 爱因斯坦(Albert Einstein)在 1905 年排除了牛顿绝对时空观，建立狭义相对论，不同惯性系之间的变换满足洛伦兹变换. 根据狭义相对论，可以通过洛伦兹变换从电场得到磁场，于是在物理学的发展上出现了两种“不同”自然力（电力和磁力）的第一次统一.

至此，电磁学已发展成为经典物理学中相当完善的一个分支. 它可以用来说明宏观领域内的各种电磁现象. 一方面，物质的电结构是物质的基本组成形式（实物由分子、原子组成，而原子由带正电的原子核和带负电的电子组成）；电磁场是物质世界的重要组成部分（除了实物之外，场是物质存在的形式）；电磁作用是物质的基本相互作用之一（通常宏观范围内的各种接触力，如摩擦力、弹性力以及黏性力等都是原子之间电磁作用的结果）；电过程是自然界的基本过程. 因此，电磁学渗透到物理学的各个领域，成为研究物质过程必不可少的基础；此外它也是研究化学和生物学某些基元反应的基础. 另一方面，电磁学的日臻完善也促进了电技术的发展. 电技术具有便于实现电与其他运动形式之间的转化，转化的效能高，传递迅速、准确，便于控制等优点. 因此，电技术在能源的合理开发、输送和使用方面起着重要作用，它使人类可更广泛、更有效、更方便地利用一切可以利用的能源. 电技术在实现机电控制和自动化，在信息的传递以及利用各种电效应实现非电量的电测方面也具有重要意义. 此外，在电子计算机的性能改进和广泛使用方面，电技术也起着重要作用. 因此，电磁学也是技术学科的重要基础. 迄今，无论人类生活、科学技术活动以及物质生产活动都离不开电.

在科学和技术的不断发展中，电磁学的应用必定会找到它更为广阔的前景，同时，它也必将更加丰富电磁学内容本身.

本书共分九章：静电场，静电场中的导体和电介质，恒定电流，恒定磁场，电磁感应，磁介质，交流电，麦克斯韦电磁理论，电磁学单位制. 按性质来分，电磁学的内容主要有“场”和“路”两部分. 本书的第一、第二、第四、第五、第六、第八章属于前者，第三、第七章属于后者. 作为大学低年级的一门基础课，电磁学中学生的难点在于“场”. 场具有空间分布，这样的对象（特别是非均匀场），从概念到方法，对学生来说都是新的. 在本书中有关矢量场的基本特征，大部分在前两章静电学中都可遇到. 从这种意义上讲，静电学是整个电磁学课程的基础和重点，学好了这两章，后面的困难就会小得多. 本书在编写上是考虑到这一点的. 在前两章中除了讨论静电场本身之外，在正文、例题和小结中有时借题发挥，议论一些矢量场的一般特征和处理方法，如坐标的选取，对称性的分析，理想的模型与近似的计算，场的渐近行为，等等. 特别重要的是，我们感到，通过静电学的教学，应引导学生逐渐习惯于接受并使用“通量”和“环路”这类形式的定理. 打好这个基础，将对后面章节乃至其他课程的学习裨益匪浅.

库　仑

(Coulomb, Charles Augustin de, 1736—1806)

# 第一章 静电场

## §1.1 静电的基本现象和基本规律

### 1.1.1 两种电荷

在很早的时候，人们就发现了用毛皮摩擦过的琥珀能够吸引羽毛、头发等轻小物体. 后来发现，摩擦后能吸引轻小物体的现象，并不是琥珀所独有的，像玻璃棒、火漆棒、硬橡胶棒、硫黄块或水晶块等，用毛皮或丝绸摩擦后，也都能吸引轻小物体（图 1-1）.

图 1-1 摩擦起电

物体有了这种吸引轻小物体的性质，就说它带了电，或有了电荷. 带电的物体叫带电体.

使物体带电叫作起电. 用摩擦方法使物体带电叫作摩擦起电.

实验指出，两根用毛皮摩擦过的硬橡胶棒互相排斥；两根用绸子摩擦过的玻璃棒①也互相排斥；可是，用毛皮摩擦过的硬橡胶棒与用绸子摩擦过的玻璃棒互相吸引. 这表明硬橡胶棒上的电荷和玻璃棒上的电荷是不同的. 实验证明，所有其他物体，无论用什么方法起电，所带的电荷或者与玻璃棒上的电荷相同，或者与硬橡胶棒上的电荷相同. 所以，自然界中只存在两种电荷；而且，同种电荷互相排斥，异种电荷互相吸引.

物体所带电荷数量的多少，叫作电荷量. 测量电荷量的最简单的仪器是验电器，其构造如图 1-2(a)所示. 在玻璃瓶上装一橡胶塞，塞中插一根金属杆，杆的上端有一金属球，下端有一对悬挂的金箔（或铝箔）. 当带电体和金属杆上端的小球接触时，就有一部分电荷传到金属杆下端的两块金箔上，它们就因带同种电荷互相排斥而张开，所带的电荷越多，张角就越大. 为了便于定量地确定电荷的多少，还可用静电计来测量. 静电计是在金属外壳中绝缘地安装一根金属杆，在金属杆上安装一根可以偏转的金属指针，并在杆的下端装一个弧形标度尺来显示指针偏转的角度，如图 1-2(b)所示. 静电计其实是测量电势的仪器，为了定量地测量电荷量，需在静电计的金属杆上接一金属圆筒（叫作法拉第圆筒），要测量的电荷应与圆筒的内表面接触，其测量原理要用到 2.1.3 节所述的导体壳的静电平衡性质.

如果静电计原已带了电，我们再把同种电荷加到它上面，指针的偏转角就会增大；把异种电荷逐渐加上去，就会看到指针的偏转角开始时缩小，减到零之后又复张开，这时它所带的是后加

① 用硬质玻璃效果较好.

上去的那种电荷.这些事实表明,两种电荷像正数和负数一样,同种的放在一起互相增强,异种的放在一起互相抵消.为了区别两种电荷,我们把其中的一种(用绸子摩擦过的玻璃棒所带的电荷)叫作正电荷①,另一种(用毛皮摩擦过的硬橡胶棒所带的电荷)叫作负电荷,它们的数量分别用正数和负数来表示.电荷的正、负本来是相对的,把两种电荷中的哪一种叫作"正",哪一种叫作"负",带有一定的任意性.上述命名法历史上是由富兰克林首先提出来的,国际上一直沿用到今天.

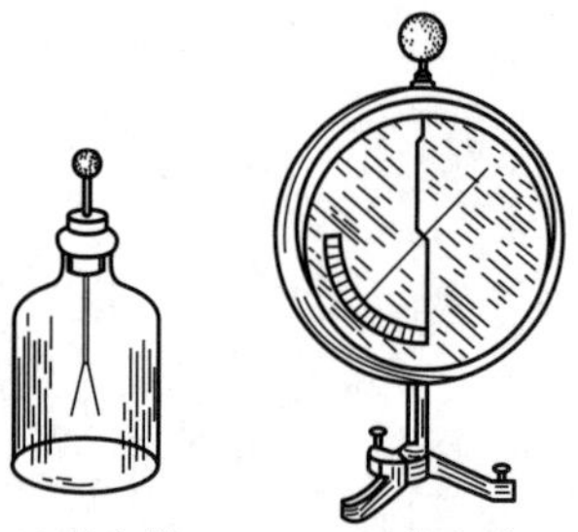

(a) 验电器　　(b) 静电计

图 1-2

正、负电荷互相完全抵消的状态叫作中和.下面我们将从物质的微观结构看到,任何所谓不带电的物体,并不意味着其中根本没有电荷,而是其中具有等量异号的电荷,以至于其整体处在中和状态,所以对外界不呈现电性.

实验表明,摩擦带电还有一个重要的特点,就是相互摩擦的两个物体总是同时带电的,而且所带的电荷等量异号.

## 1.1.2　静电感应　电荷守恒定律

另一种重要的起电方法是静电感应.如图 1-3 所示,取一对由玻璃柱支持着的金属柱体 A 和 B,它们起初彼此接触,且不带电.当我们把另一个带电的金属球 C 移近时,将发现 A、B 都带了电,靠近 C 的柱体 A 带的电荷与 C 异号,较远的柱体 B 带的电荷与 C 同号[图 1-3(a)].这种现象叫作静电感应.如果先把 A、B 分开,然后移去 C,则发现 A、B 上仍保持一定的电荷[图 1-3(b)].最后如果让 A、B 重新接触,它们所带的电荷就会全部消失[图 1-3(c)].这表明,A、B 重新接触前所带的电是等量异号的.

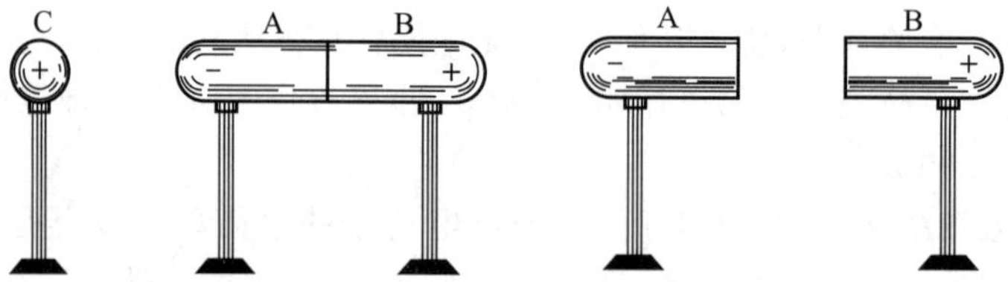


(a) 将带电体C移近A、B　　(b) 将A、B分开后，移去C

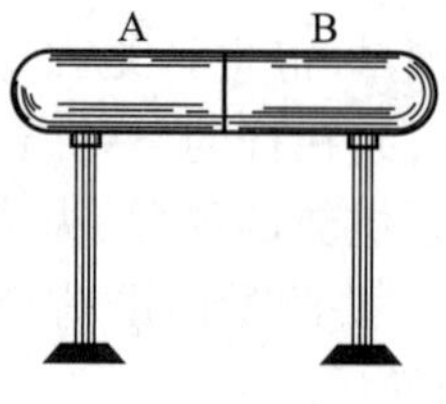


(c) A、B重新接触

图 1-3　静电感应

---

① 近年来有人做实验发现,如果玻璃棒的温度较高,或者玻璃棒表面较粗糙,摩擦时造成局部温度较高,玻璃棒上会产生负电荷.

摩擦起电和静电感应的实验表明，起电过程是电荷从一个物体（或物体的一部分）转移到另一物体（或同一物体的另一部分）的过程. 摩擦起电时，某种电荷从一物体转移到另一物体，从而使两物体的中和状态都遭到破坏，各显电性. 譬如在负电荷转移的过程中，失去它的一方带上正电，获得它的一方带上负电，因此两物体带上等量异号的电荷. 在静电感应的现象里也是一样，把带电体 C 移近时，金属柱体 A 和 B 中与 C 同号的电荷被排斥，异号电荷被吸引，于是在 A、B 之间发生了电荷的转移，使它们带上等量异号的电荷.

从以上一些事实可以总结出如下的定律：电荷既不能被创造，也不能被消灭，它们只能从一个物体转移到另一个物体，或者从物体的一部分转移到另一部分，也就是说，在任何物理过程中，电荷的代数和是守恒的. 这个定律叫作电荷守恒定律. 电荷守恒定律不仅在一切宏观过程中成立，近代科学实践证明，它也是一切微观过程（如核反应和基本粒子过程）所普遍遵守的①. 它是物理学中普遍的基本定律之一.

### 1.1.3　导体、绝缘体和半导体

如果使带电体同玻璃棒的某个地方接触，玻璃棒的那个地方就带上电荷，可是别的地方仍旧不带电. 如果使带电体同金属物体的某个地方（例如验电器中金属杆上端的球）接触，那么，不仅接触的地方带电，而且金属物体的其他部分（如金属杆下端的金箔）也带上了电. 图 1-3 中金属柱体 A、B 因静电感应而带的电荷并不会沿玻璃支柱跑掉，但是当它们重新接触时，两边的电荷却能跑到一起而中和.

从许多这类实验中可以得到一个结论，就是按照电荷在其中是否容易转移或传导，习惯上可以把物体大致分成两类：(1) 电荷能够从产生的地方迅速转移或传导到其他部分的那种物体，叫作导体；(2) 电荷几乎只能停留在产生的地方的那种物体，叫作绝缘体. 金属、石墨、电解液（酸、碱、盐类的水溶液）、人体、地、电离了的气体等都是导体；玻璃、橡胶、丝绸、琥珀、松香、硫黄、瓷器、油类、未电离的气体等都是绝缘体.

应当指出，这种分类不是绝对的，导体和绝缘体之间并没有严格的界限. 在一定的条件下，物体转移或传导电荷的能力（称为导电能力）将发生变化. 例如，绝缘体在强电力作用下，将被击穿而成为导体. 另外，还有许多称为半导体的物质，它们的导电能力介于导体和绝缘体之间，而且对温度、光照、杂质、压力、电磁场等外加条件极为敏感.

### 1.1.4　物质的电结构

近代物理学的发展已使我们对带电现象的本质有了深入的了解. 物质是由分子、原子组成的，而原子又由带正电的原子核和带负电的电子组成. 原子核中有质子和中子，中子不带电，质子带正电. 一个质子所带的电荷量和一个电子所带的电荷量数值相等，也就是说，如果用 $e$ 代表一个质子的电荷量，则一个电子的电荷量就是 $-e$.

---

①　举个突出的例子来说明，高能光子（$\gamma$ 射线）和原子核相碰时，会产生一对正负电子（电子对的产生）；反之，当一对正负电子互相靠近时会融合而消失，在消失处产生 $\gamma$ 辐射（电子对的湮没）. 光子不带电，正负电子所带的电荷等量异号，故在此微观过程中尽管粒子产生或消灭了，但过程前后电荷的代数总和仍没有变. 这便是在微观领域内对电荷不被创造、不被消灭的新理解.

物质内部固有地存在着电子和质子，这两类基本电荷正是各种物体带电过程的内在根据．由于在正常情况下物体中任何一部分所包含的电子的总数和质子的总数是相等的，所以对外界不表现出电性．但是，如果在一定的外因作用下，物体（或其中的一部分）得到或失去一定数量的电子，使得电子的总数和质子的总数不再相等，物体就呈现电性．

两种不同材料的物体互相摩擦后所以都会带电，是因为通过摩擦，每个物体中都有一些电子脱离了原子的束缚，并跑到另一物体上去．但是，不同材料的物体彼此向对方转移的电子数目往往不相等，所以总体上讲，一个物体失去了电子，另一个物体得到了电子，结果失去电子的物体就带正电，得到电子的物体就带负电．因此，摩擦带电实际上就是通过摩擦作用，使电子从一个物体转移到另一个物体的过程．

在金属导体里，原子中的最外层电子（价电子）可以摆脱原子的束缚，在整个导体中自由运动．这类电子叫作自由电子．原子中除价电子外的其余部分称为原子实．在固态金属中原子实排列成整齐的点阵，称为晶格或晶体点阵．自由电子在晶体点阵间跑来跑去，像气体的分子那样做无规运动，并不时地彼此碰撞或与点阵上的原子实碰撞．这就是金属微观结构的经典图像．

图 1-3 所示的静电感应现象可解释如下．当我们把带正电的物体［图 1-3(a)中的 C］移到金属导体（图中的 A 和 B）的附近时，导体内的自由电子就受到正电荷的吸引力，向靠近带电体的一端移动．结果导体的这一端就因电子过多而带负电，另一端则因电子过少而带正电．从这里可以看出，感应带电实际上是在外界电力的作用下，自由电子由导体的一部分转移到另一部分造成的．

一切导体所以能够导电，是因为它们内部都存在着可以自由移动的电荷，这种电荷叫作自由电荷．在不同类型的导体中，自由电荷的微观本质是不一样的．金属中的自由电荷就是自由电子．在电解液中，自由电荷不是电子，而是溶解在其中的酸、碱、盐等溶质分子离解成的正、负离子．在电离的气体（如日光灯中的汞蒸气）中，自由电荷也是正、负离子，不过气体中的负离子往往就是电子．

在绝缘体中，绝大部分电荷都只能在一个原子或分子的范围内做微小的位移，这种电荷叫作束缚电荷．由于绝缘体中自由电子很少，所以它们的导电性能很差．

在半导体中导电的粒子（叫作载流子），除带负电的电子外，还有带正电的“空穴”．当半导体中多数载流子是电子时，称为n 型半导体；当多数载流子是“空穴”时，称为p 型半导体．将 n 型和 p 型半导体结合起来，可以制成各种半导体器件，如晶体二极管、晶体三极管等，它们在现代电子技术中有着广泛的应用．

上述物质结构的图像表明，电荷的量值是不连续的（近代物理学中把这叫作“量子化的”）．电荷的量值有个基本单元，即一个质子或一个电子所带电荷量的绝对值 $e$，称为元电荷．每个原子核、原子或离子、分子，以至宏观物体所带的电荷量，都只能是这个元电荷 $e$ 的整数倍．元电荷的量值是常量，由实验测定，根据 2014 年国际推荐值为

$$e=1.602\ 176\ 620\ 8(98)\times10^{-19}\ \mathrm{C},$$

它的近似值为

$$e=1.602\times10^{-19}\ \mathrm{C},$$

C（库仑）是电荷量的单位，它的定义将在后文阐述．不过根据上式我们也可以说，1C 的电荷量是元电荷的

$$\frac{1}{1.602\times10^{-19}}=6.24\times10^{18}\text{倍}.$$

### 1.1.5　库仑定律

在发现电现象后两千多年的长时期内，人们对电的了解一直处于定性的初级阶段. 这是因为，一方面，社会生产力的发展还没有提出应用电力的急迫需要，另一方面，人们对电的规律的研究必须借助于较精密的仪器，这也只有在生产水平达到一定高度时才能实现. 这种状况一直延续很久，到了 19 世纪人们才开始对电的规律及其本质有比较深入的了解.

最早的定量研究是在 18 世纪末，库仑通过实验总结出点电荷间相互作用的规律，现称之为库仑定律. 所谓点电荷，是指这样的带电体，它本身的几何线度比起它到其他带电体的距离小得多. 这种带电体的形状和电荷在其中的分布已无关紧要，因此我们可以把它抽象成一个几何的点.

库仑定律表述如下：

在真空中，两个静止的点电荷 $q_1$ 及 $q_2$ 之间的相互作用力的大小和 $q_1$ 与 $q_2$ 的乘积成正比，和它们之间距离 $r$ 的平方成反比；作用力的方向沿着它们的连线，同号电荷相斥，异号电荷相吸.

令 $\boldsymbol{F}_{12}$ 代表 $q_1$ 给 $q_2$ 的力，$\boldsymbol{e}_{12}$ 代表由 $q_1$ 到 $q_2$ 方向的单位矢量，则

$$\boldsymbol{F}_{12}=k\frac{q_1q_2}{r^2}\boldsymbol{e}_{12},\tag{1.1}$$

无论 $q_1$、$q_2$ 的正负如何，此式都适用. 当 $q_1$、$q_2$ 同号时，$\boldsymbol{F}_{12}$ 沿 $\boldsymbol{e}_{12}$ 方向，即为排斥力；当 $q_1$、$q_2$ 异号时，$q_1$ 与 $q_2$ 的乘积为负，$\boldsymbol{F}_{12}$ 沿 $-\boldsymbol{e}_{12}$ 方向，即为吸引力. 当下标 1、2 对调时，$\boldsymbol{e}_{21}=-\boldsymbol{e}_{12}$，故式(1.1)还表明，$q_2$ 给 $q_1$ 的力 $\boldsymbol{F}_{21}=-\boldsymbol{F}_{12}$（见图 1-4），即静止电荷之间的库仑力满足牛顿第三定律.

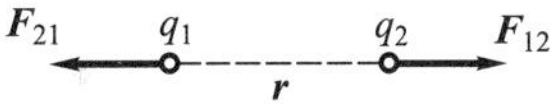

图 1-4　库仑定律

$\boldsymbol{F}_{12}$ 或 $\boldsymbol{F}_{21}$ 的大小 $F$ 为

$$F=k\frac{q_1q_2}{r^2},\tag{1.2}$$

式中 $k$ 是比例系数，它的数值取决于式中各量的单位.

库仑定律是 1784—1785 年间由库仑通过扭秤实验总结出来的. 扭秤的结构示于图 1-5，在细金属丝下悬挂一根秤杆，它的一端有一小球 A，另一端有平衡体 P，在 A 旁还置有另一与它一样大小的固定小球 B. 为了研究带电体之间的作用力，先使 A、B 各带一定的电荷，这时秤杆会因小球 A 受力而偏转. 转动悬丝上端的旋钮，使小球回到原来位置. 这时悬丝的扭力矩等于施于小球 A 上电力的力矩. 如果悬丝的扭力矩与扭转角度之间的关系已事先校准、标定，则由旋钮上指针转过的角度读数和已知的秤杆长度，可以得知在此距离下 A、B 之间的相互作用力.

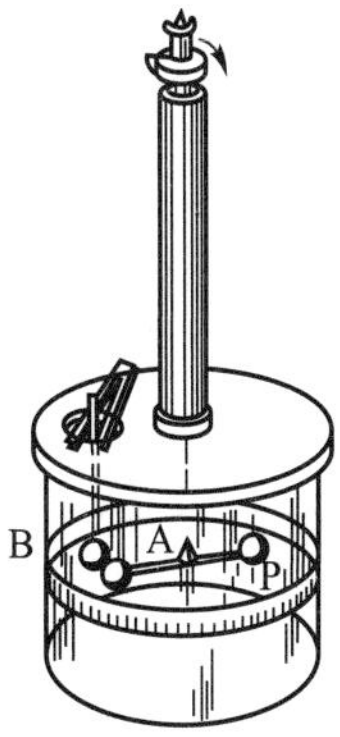

图 1-5　库仑扭秤

很多书籍和文献中常采用的一种电学单位制，称为厘米 · 克 · 秒静电单位制，通常以 CGSE 或 e. s. u. 表示它. 在这单位制中选式(1.1)或式(1.2)中的比例系数 $k=1$，并由此来定义电荷量的单位（详见 9.2.2 节）.

本书采用的单位制是MKSA 单位制，它是目前公认的国际单位制(SI)的一部分. 在这单位制

中有四个基本量:长度、质量、时间和电流强度.长度以 m(米)为单位,质量以 kg(千克)为单位,时间以 s(秒)为单位,电流强度以 A(安培)为单位.其他各物理量的单位都可以从这些单位导出.例如,力的单位 $N=kg\cdot m/s^2$,功的单位 $J=N\cdot m$,等等.在 MKSA 单位制中电荷量的单位是 C(库仑).因为电流强度等于单位时间内通过导线横截面的电荷量,故库仑的定义是:如果导线中载有 1 A 的恒定电流,则在 1 s 内通过导线横截面的电荷量为 1C,即

$$1\ \mathrm{C}=1\ \mathrm{A}\cdot\mathrm{s}.$$

库仑和 e. s. u. 电荷量单位的关系是:

$$1\ \mathrm{C}=3.00\times10^{9}\ \text{e. s. u. 电荷量单位}.$$

在式(1.1)或式(1.2)中,如果电荷量单位用 C,距离的单位用 m,力的单位用 N,则由于其中所有物理量的单位都已选定,比例系数 $k$ 的数值要通过实验测定.在 MKSA 单位制中将 $k$ 写成 $k=\dfrac{1}{4\pi\varepsilon_0}$的形式:

$$F=\frac{1}{4\pi\varepsilon_0}\frac{q_1q_2}{r^2}. \tag{1.3}$$

其中,$\varepsilon_0$ 是物理学中一个基本物理常量,称为真空介电常量,或真空电容率,其数值为

$$\varepsilon_0=8.854\ 187\ 817\cdots\times10^{-12}\ \mathrm{C^2/(N\cdot m^2)},$$

其近似值为

$$\varepsilon_0=8.85\times10^{-12}\ \mathrm{C^2/(N\cdot m^2)},$$

相应的 $k$ 值是

$$k=\frac{1}{4\pi\times8.85\times10^{-12}}=8.99\times10^{9}\ \mathrm{N\cdot m^2/C^2}.$$

在 MKSA 单位制中,长度(L)、质量(M)、时间(T)、电流强度(I)为基本量,任何一个物理量 $Q$ 的量纲具有如下形式:

$$\dim Q=\mathrm{L}^p\mathrm{M}^q\mathrm{T}^r\mathrm{I}^n.$$

例如电荷量 $q$ 和真空介电常量 $\varepsilon_0$ 的量纲分别为

$$\dim q=\mathrm{TI},$$

$$\dim\varepsilon_0=\frac{\dim q_1\dim q_2}{\dim F\dim r^2}=\mathrm{L^{-3}M^{-1}T^4I^2}.$$

最后我们指出,虽然库仑定律是通过宏观带电体的实验研究总结出来的规律,但物理学进一步的研究表明:原子结构,分子结构,固体、液体的结构,以至化学作用等问题的微观本质都和电磁力(其中主要部分是库仑力)有关.而在这些问题中,万有引力的作用却是十分微小的(见习题 1.1-4).

## 思　考　题

**1.1-1**　给你两个金属球,装在可以搬动的绝缘支架上.试指出使这两个球带等量异号电荷的方法.你可以用丝绸摩擦过的玻璃棒,但不使它和两球接触.你所用的方法是否要求两球大小相等?

**1.1-2**　带电棒吸引干燥软木屑,木屑接触到棒以后,往往又剧烈地跳离此棒.试解释之.

**1.1-3**　用手握铜棒与丝绸摩擦,铜棒不能带电.戴上橡皮手套,握着铜棒和丝绸摩擦,铜棒就会带电.为什

么两种情况有不同的结果？

## 习　　题

**1.1-1**　真空中两个点电荷 $q_1=1.0\times10^{-10}$ C，$q_2=1.0\times10^{-11}$ C，相距 100 mm，求 $q_1$ 受的力.

**1.1-2**　真空中两个点电荷 $q$ 与 $Q$，相距 5.0 mm，吸引力为 40 dyn（达因）. 已知 $q=1.2\times10^{-6}$ C，求 $Q$.

**1.1-3**　为了得到一库仑电荷量大小的概念，试计算两个都是一库仑的点电荷在真空中相距 1 m 时的相互作用力和相距 1 km 时的相互作用力.

**1.1-4**　氢原子由一个质子（即氢原子核）和一个电子组成. 根据经典模型，在正常状态下，电子绕核做圆周运动，轨道半径是 $5.29\times10^{-11}$ m. 已知质子质量 $m_p=1.67\times10^{-27}$ kg，电子质量 $m_e=9.11\times10^{-31}$ kg，电荷分别为 $\pm e=\pm1.60\times10^{-19}$ C，万有引力常量 $G=6.67\times10^{-11}\ \mathrm{N\cdot m^2/kg^2}$.（1）求电子所受的库仑力和引力；（2）库仑力是万有引力的多少倍？（3）求电子的速度.

**1.1-5**　卢瑟福实验证明：当两个原子核之间的距离小到 $10^{-15}$ m 时，它们之间的排斥力仍遵守库仑定律. 金的原子核中有 79 个质子，氦的原子核（即 $\alpha$ 粒子）中有 2 个质子. 已知每个质子带电 $e=1.60\times10^{-19}$ C，$\alpha$ 粒子的质量为 $6.68\times10^{-27}$ kg. 当 $\alpha$ 粒子与金核相距为 $6.9\times10^{-15}$ m 时（设这时它们都仍可当作点电荷），求：（1）$\alpha$ 粒子所受的力；（2）$\alpha$ 粒子的加速度.

**1.1-6**　铁原子核里两质子间相距 $4.0\times10^{-15}$ m，每个质子带电荷量 $e=1.60\times10^{-19}$ C，（1）求它们之间的库仑力；（2）比较这力与每个质子所受重力的大小.

**1.1-7**　两个点电荷带电 $2q$ 和 $q$，相距 $l$，第三个点电荷放在何处所受的合力为零？

**1.1-8**　三个相同的点电荷放置在等边三角形的各顶点上. 在此三角形的中心应放置怎样的电荷，才能使作用在每一点电荷上的合力为零？

**1.1-9**　电荷量都是 $Q$ 的两个点电荷相距为 $l$，连线中点为 $O$；有另一点电荷 $q$，在连线的中垂面上距 $O$ 为 $x$ 处.（1）求 $q$ 受的力；（2）若 $q$ 开始时是静止的，然后让它自己运动，它将如何运动？分别就 $q$ 与 $Q$ 同号和异号两种情况加以讨论.

**1.1-10**　两小球质量都是 $m$，都用长为 $l$ 的细线挂在同一点；若它们带上相同的电荷量，平衡时两线夹角为 $2\theta$（如题图）. 设小球的半径都可略去不计，求每个小球上的电荷量.

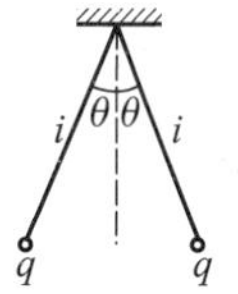

习题 1.1-10 图

# §1.2　电场　电场强度

### 1.2.1　电场

我们推桌子时，通过手和桌子直接接触，把力作用在桌子上. 马拉车时，通过绳子和车直接接触，把力作用到车上. 在这些例子里，力都是存在于直接接触的物体之间的，这种力的作用叫作接触作用或近距作用. 但是，电力（电荷之间的相互作用力）、磁力（如磁铁对铁块的吸引力）和重力等几种力，却可以发生在两个相隔一定距离的物体之间，而在两物体之间并不需要有任何由原子、分子组成的物质作媒介. 那么，这些力究竟是怎样传递的呢？围绕着这个问题，在历史上曾有过长期的争论. 一种观点认为这类力不需要任何介质，也不需要时间，就能够由一个物体立即作用到相隔一定距离的另一个物体上，这种观点叫作超距作用观点. 另一种观点认为这类力也是近距作用的，电力和磁力是通过一种充满在空间的弹性介质——“以太”来传递的.

近代物理学的发展证明，“超距作用”的观点是错误的，电力和磁力的传递虽然速度很快（约

$3\times10^8$ m/s），但并非不需要时间；而历史上持“近距作用”观点的人所假定的那种“弹性以太”也是不存在的. 实际上，电力和磁力是通过电场和磁场来作用的.

近代物理学的发展告诉我们：凡是有电荷的地方，四周就存在着电场，即任何电荷都在自己周围的空间激发电场；而电场的基本性质是，它对于处在其中的任何其他电荷都有作用力，称为电场力. 因此，电荷与电荷之间是通过电场发生相互作用的. 用一个图式来概括，则为

电荷 ⟷ [电场] ⟷ 电荷

具体地讲，当图 1-6 中的物体 1 带电时，1 上的电荷就在周围的空间激发一个电场；物体 2 带电时，2 上的电荷也在周围的空间激发一个电场. 带电体 2 所受的力 $\boldsymbol{F}_{12}$ 是 1 的场施加给它的，带电体 1 所受的力 $\boldsymbol{F}_{21}$ 是 2 的场施加给它的.

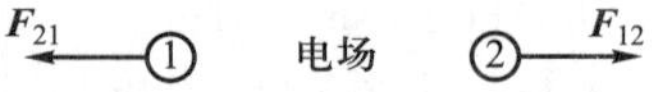

图 1-6　电荷间的相互作用通过电场

现在，科学实验和广泛的生产实践完全肯定了场的观点，并证明电磁场可以脱离电荷和电流而独立存在；它具有自己的运动规律；电磁场和实物（即由原子、分子等组成的物质）一样具有能量、动量等属性. 一句话，电磁场是物质的一种形态. 电磁场的物质性在它处于迅速变化的情况下（即在电磁波中）才能更加明显地表现出来，关于这个问题，我们将在第八章内详细讨论. 本章只讨论相对于观察者静止的电荷在其周围空间产生的电场，即**静电场**. 本章的任务是研究静电场的分布规律，以及带电粒子在电场力作用下的运动等问题，下一章进一步讨论导体和绝缘体对静电场分布的影响. 在学习这两章时所遇到的处理问题的方法，其中不少对研究其他场（如磁场）也适用，它们有相当的普遍意义. 所以这两章是学好整个电磁场理论很重要的基础.

### 1.2.2　电场强度矢量 $\boldsymbol{E}$

我们现在对电场进行定量的研究. 首先引入电场强度矢量的概念.

上面讲到，电场的一个重要性质是它对电荷施加作用力，我们就以这个性质来定量地描述电场. 为此，我们必须在电场中引入一电荷以测量电场对它的作用力. 为了使测量精确，这电荷必须满足以下一些要求. 首先，要求这电荷的电荷量 $q_0$ 充分小，因为引入这电荷是为了研究空间**原来存在**的电场的性质，如果这电荷的电荷量 $q_0$ 太大，它自己的影响就会显著地改变原有的电荷分布，从而改变了原来的电场分布情况. 其次，电荷 $q_0$ 的几何线度也要充分小，即可以把它看作是点电荷，这样才可以用它来确定空间**各点**的电场性质. 今后把满足这样条件的电荷 $q_0$ 叫作**试探电荷**.

让我们做一个演示实验（图 1-7）. 电场是由带电体 A 产生的，用挂在丝线下端的带电小球作为试探电荷，把它先后挂在 $P_1, P_2, \cdots, P_6$ 等位置，测量电场对它的作用力 $\boldsymbol{F}$. $\boldsymbol{F}$ 的大小可通过丝线对铅垂线偏角的大小来确定. 如图所示，试探电荷在 $P_1, P_2, P_3$ 各点受到的电力依次减小；此外，在 $P_4, P_5, P_6$ 各点受到的电力也依次减小，但方向却与前者不同. 这表明，电场对位于不同地点的试探电荷所施的电力大小和方向都可能不同.

现在我们来研究电场中任一固定点的性质. 按照库仑定律，在电场中任一固定点 $P$，试探电荷所受的电力是和试探电荷的电荷量 $q_0$ 成正比的. 如果我们把试探电荷的电荷量增大到 2，3，4，…，$n$ 倍（但仍需满足试探电荷条件），我们将看到同一地点的 $F$ 也增大到 2，3，4，…，$n$ 倍，而力的方向不变［图 1-8(a)、(b)、(c)］. 如果把 $q_0$ 换成等量异号的电荷，则力的大小不变，方向反转

[图 1-8(d)]. 因此,对于电场中的固定点来说,比值 $\boldsymbol{F}/q_0$ 是一个无论大小和方向都与试探电荷无关的矢量,它是反映电场本身性质的. 我们把它定义为电场强度,简称场强,用 $\boldsymbol{E}$ 来表示:

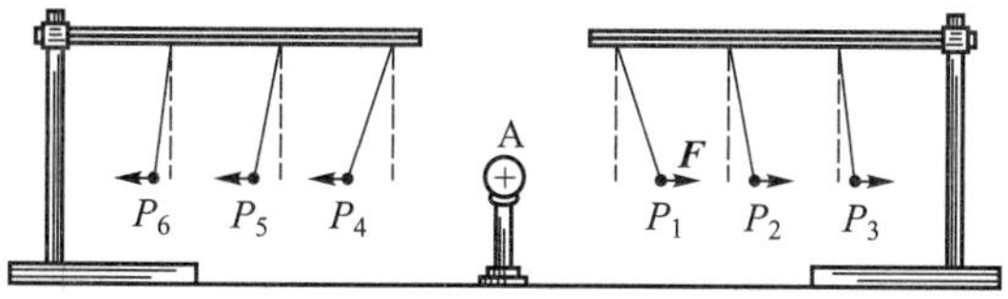

图 1-7　用试探电荷测场强

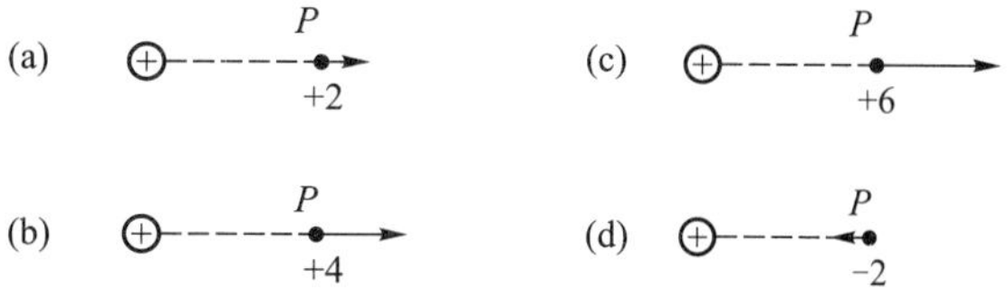

图 1-8　$\boldsymbol{F}$ 与 $q_0$ 成正比

$$\boldsymbol{E}=\frac{\boldsymbol{F}}{q_0}. \tag{1.4}$$

如果用文字来表述,就是:某处电场强度矢量定义为这样一个矢量,其大小等于单位电荷在该处所受电场力的大小,其方向与正电荷在该处所受电场力的方向一致.

一般说来,电场中空间不同点的场强,其大小和方向都可以不同. 如果电场中空间各点的场强,其大小和方向都相同,这种电场叫作均匀电场,它是一种特殊情况.

电场强度的单位是 N/C(以后会看到,这单位又可写作 V/m,这是实际中更经常的写法).

[**例题 1**]　求点电荷 $q$ 所产生的电场中各点的电场强度.

[**解**]　如图 1-9,以点电荷 $q$ 所在处为原点 $O$,另取一任意点 $P$(叫作场点),距离 $OP=r$. 我们设想把一个正试探电荷 $q_0$ 放在 $P$ 点,根据库仑定律,$q_0$ 受的力为

$$\boldsymbol{F}=\frac{1}{4\pi\varepsilon_0}\frac{qq_0}{r^2}\boldsymbol{e}_r,$$

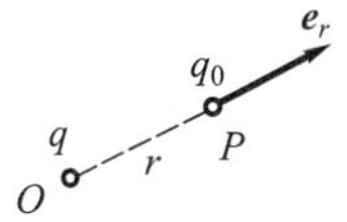

图 1-9　例题 1—求点电荷的场强

式中 $\boldsymbol{e}_r$ 是沿 $OP$ 方向的单位矢量. 根据定义式(1.4),$P$ 点的场强为

$$\mathbf{E}=\frac{\boldsymbol{F}}{q_0}=\frac{1}{4\pi\varepsilon_0}\frac{q}{r^2}\boldsymbol{e}_r. \tag{1.5}$$

本题中未指明 $q$ 的正负,式(1.5)对两种情形都适用. 若 $q>0$,$\boldsymbol{E}$ 沿 $\boldsymbol{e}_r$ 方向;若 $q<0$,$\boldsymbol{E}$ 沿 $-\boldsymbol{e}_r$ 方向.

在上面的计算中,场点 $P$ 是任意的,所以我们已经得出了点电荷 $q$ 产生的电场在空间的分布,即(1)$\boldsymbol{E}$ 的方向处处沿以 $q$ 为中心的径矢($q>0$)或其反方向($q<0$);(2)$\boldsymbol{E}$ 的大小只与距离 $r$ 有关,所以在以 $q$ 为中心的每个球面上场强的大小相等. 通常说,这样的电场是球对称的. 式(1.5)还表明,$E$ 与 $r^2$ 成反比;当 $r\to\infty$ 时,$E\to 0$.

在图 1-10 中我们用许多小箭头来描绘一个正点电荷产生的电场分布,箭头指向该点场强的方向,箭头的长短表示场强的大小. 从这里我们看到,描绘电场的分布不能靠单个矢量,而是在空间每一点上都要有一个矢量. 这些矢量的总体,叫作矢量场. 用数学的语言来说,矢量场是空间坐标的一个矢量函数. 学习下面的内容时,读者应特别注意这一点,即我们的着眼点往往不是个别地方的场强,而是求它与空间坐标的函数关系.

图 1-10　正点电荷产生的场强分布

### 1.2.3　电场强度叠加原理

电场力是矢量,它服从矢量叠加原理. 即,如果以 $\boldsymbol{F}_1,\boldsymbol{F}_2,\cdots,\boldsymbol{F}_k$ 分别

表示点电荷 $q_1,q_2,\cdots,q_k$ 单独存在时电场施于空间同一点上试探电荷 $q_0$ 的力，则它们同时存在时，电场施于该点试探电荷的力 $\boldsymbol{F}$ 将为 $\boldsymbol{F}_1,\boldsymbol{F}_2,\cdots,\boldsymbol{F}_k$ 的矢量和，即

$$\boldsymbol{F}=\boldsymbol{F}_1+\boldsymbol{F}_2+\cdots+\boldsymbol{F}_k.$$

将上式除以 $q_0$，我们得到

$$\boldsymbol{E}=\boldsymbol{E}_1+\boldsymbol{E}_2+\cdots+\boldsymbol{E}_k, \tag{1.6}$$

式中 $\boldsymbol{E}_1=\boldsymbol{F}_1/q_0,\boldsymbol{E}_2=\boldsymbol{F}_2/q_0,\cdots,\boldsymbol{E}_k=\boldsymbol{F}_k/q_0$ 分别代表 $q_1,q_2,\cdots,q_k$ 单独存在时在空间同一点的场强，而 $\boldsymbol{E}=\boldsymbol{F}/q_0$ 代表它们同时存在时该点的总场强.

由此可见，点电荷组所产生的电场在某点的场强等于各点电荷单独存在时所产生的电场在该点场强的矢量叠加. 这叫作电场强度叠加原理（简称场强叠加原理）.

**［例题 2］**　如图 1-11，一对等量异号点电荷 $\pm q$，其间距离为 $l$，求两电荷延长线上一点 $P$ 和中垂面上一点 $P'$ 的场强，$P$ 和 $P'$ 到两电荷连线中点 $O$ 的距离都是 $r$.

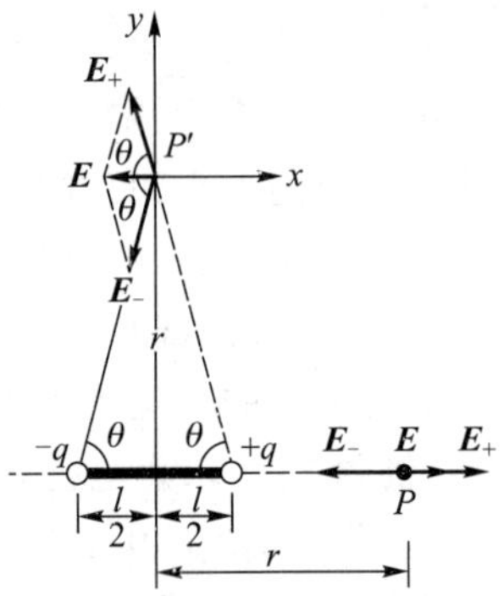


图 1-11　例题 2—求偶极子的场强

**［解］**　（i）求 $P$ 点的场强 $P$ 点到 $\pm q$ 的距离分别为 $r\mp\dfrac{l}{2}$，所以 $\pm q$ 在 $P$ 点产生场强的大小分别为

$$E_+=\frac{1}{4\pi\varepsilon_0}\frac{q}{\left(r-\dfrac{l}{2}\right)^2},$$

$$E_-=\frac{1}{4\pi\varepsilon_0}\frac{q}{\left(r+\dfrac{l}{2}\right)^2}.$$

$E_+$ 向右，$E_-$ 向左，故总场强大小为

$$E=E_++E_-=\frac{q}{4\pi\varepsilon_0}\left[\frac{1}{\left(r-\dfrac{l}{2}\right)^2}-\frac{1}{\left(r+\dfrac{l}{2}\right)^2}\right],$$

方向向右.

（ii）求 $P'$ 点的场强

$P'$ 点到 $\pm q$ 的距离都是 $\sqrt{r^2+\dfrac{l^2}{4}}$，它们在 $P'$ 产生的场强大小一样：

$$E_+=E_-=\frac{1}{4\pi\varepsilon_0}\frac{q}{r^2+\dfrac{l^2}{4}},$$

但方向不同（见图 1-11）. 为了求二者的矢量和，可取直角坐标系，其 $x$ 轴与 $\pm q$ 的连线平行，方向向右，$y$ 轴沿它们的中垂线. 将 $\boldsymbol{E}_+$ 和 $\boldsymbol{E}_-$ 分别投影到 $x$、$y$ 方向后各自叠加，即得总场强的 $x$、$y$ 两个分量 $E_x$、$E_y$. 不过根据对称性可以看出，$\boldsymbol{E}_+$、$\boldsymbol{E}_-$ 的 $x$ 分量大小相等，方向一致（都沿 $x$ 的负向）；$y$ 分量大小相等，方向相反. 故

$$E_x=E_{+x}+E_{-x}=2E_{+x}=-2E_+\cos\theta,$$

$$E_y=E_{+y}+E_{-y}=0.$$

由图可以看出

$$\cos\theta=\frac{\frac{l}{2}}{\sqrt{r^2+\frac{l^2}{4}}},$$

故总场强 $\boldsymbol{E}$ 的大小为

$$E=|E_x|=2E_+\cos\theta=\frac{1}{4\pi\varepsilon_0}\frac{ql}{\left(r^2+\frac{l^2}{4}\right)^{\frac{3}{2}}},$$

$\boldsymbol{E}$ 沿 $x$ 的负向.

以后我们常常遇到这样一种由一对等量异号的点电荷组成的带电体系,它们之间的距离 $l$ 远比场点到它们的距离 $r$ 小得多.这种带电体系叫作**电偶极子**.将上面例题的结果取 $r\gg l$ 时的近似,即得在电偶极子的延长线和中垂面上的场强表达式.当 $r\gg l$ 时,

$$\frac{1}{\left(r-\frac{l}{2}\right)^2}-\frac{1}{\left(r+\frac{l}{2}\right)^2}=\frac{\left(r+\frac{l}{2}\right)^2-\left(r-\frac{l}{2}\right)^2}{\left(r-\frac{l}{2}\right)^2\left(r+\frac{l}{2}\right)^2}$$

$$=\frac{2lr}{\left(r^2-\frac{l^2}{4}\right)^2}\approx\frac{2l}{r^3},$$

$$\frac{l}{\left(r^2+\frac{l^2}{4}\right)^{3/2}}\approx\frac{l}{r^3},$$

所以在电偶极子延长线上,$\boldsymbol{E}$ 的大小为

$$E\approx\frac{1}{4\pi\varepsilon_0}\frac{2ql}{r^3};$$

在中垂面上 $\boldsymbol{E}$ 的大小为

$$E\approx\frac{1}{4\pi\varepsilon_0}\frac{ql}{r^3}.$$

上述结果表明:(1)电偶极子的场强与距离 $r$ 的三次方成反比,它比点电荷的场强随 $r$ 递减的速度快得多.(2)电偶极子的场强只与 $q$ 和 $l$ 的乘积有关.譬如 $q$ 增大一倍而 $l$ 减少一半,电偶极子在远处产生的场强不变.这表明,$q$ 和 $l$ 的乘积是描述电偶极子属性的一个物理量,通常叫作它的**电偶极矩**,用 $p$ 表示,即 $p=ql$,这样,电偶极子的场强公式可写为

$$\left.\begin{aligned}&\text{延长线上}\qquad E\approx\frac{1}{4\pi\varepsilon_0}\frac{2p}{r^3},\\&\text{中垂面上}\qquad E\approx\frac{1}{4\pi\varepsilon_0}\frac{p}{r^3}.\end{aligned}\right\}\qquad(1.7)$$

上面仅给出电偶极子在两个特殊方位上的场强分布,场强的普遍分布可参看 1.4.5 节里的小字部分.

实际中电偶极子的例子是很多的.例如在第二章中我们将看到,在外电场的作用下电介质(即绝缘体)的原子或分子里正、负电荷产生微小的相对位移,形成电偶极子.又如在第八章中我

们将看到，当一段金属线（无线电发射天线）里电子做周期性运动，使得金属线的两端交替地带正、负电荷，形成振荡偶极子.

### 1.2.4　电荷的连续分布

从微观结构来看，电荷集中在一个个带电的微观粒子（如电子、原子核等）上边. 但从宏观效果来看，人们往往把电荷看成是连续分布的. 根据不同的情况，有时把电荷看成在一定体积内连续分布（体分布），有时把电荷看成在一定曲面上连续分布（面分布），有时把电荷看成在一定曲线上连续分布（线分布），等等. 与此相应，就需要引入电荷的体密度、面密度、线密度等概念.

所谓电荷**体密度**，就是单位体积内的电荷. 考虑带电体内某点 $P$. 取一体积元 $\Delta V$ 包含 $P$ 点，设在 $\Delta V$ 内全部电荷的代数和为 $\sum q$，则 $P$ 点的电荷体密度定义为

$$\rho_e=\lim_{\Delta V\to 0}\frac{\sum q}{\Delta V}. \tag{1.8}$$

应指出的是，这里"$\Delta V\to 0$"是一种数学上的抽象，实际上只要 $\Delta V$ 在宏观上看起来足够小就行了，但在其中还是包括了大量的微观带电粒子，$\sum q$ 就是它们带电荷量的代数总和. 由此可见，电荷体密度的概念实际上包含了对一定的宏观体积取平均的意思. 平均的结果，便从微观的不连续分布过渡到宏观的连续分布.

在第二章里将会看到，电荷经常分布在导体或电介质（绝缘体）的表面附近很薄的一层里. 如果我们不打算研究电荷沿纵深方向的分布，就可把这表面层抽象成一个没有厚度的几何面. 在数学上可以这样来处理：设表面层的厚度为 $\delta$，层内电荷体密度为 $\rho_e$. 取面积为 $\Delta S$ 的一块表面层（图 1-12），它的体积为 $\delta\Delta S$，其中包含的电荷量有 $\Delta q=\rho_e\delta\Delta S$. 设想 $\delta\to 0$，$\rho_e\to\infty$，但保持它们的乘积 $\rho_e\delta=\sigma_e$ 为一有限值，则

$$\Delta q=\sigma_e\Delta S\quad 或\quad \sigma_e=\frac{\Delta q}{\Delta S},$$

$\sigma_e$ 称为电荷**面密度**，它的物理意义是单位面积内的电荷. 和前面的 $\Delta V$ 一样，这里的 $\Delta S$ 也应是微观看很大、宏观看很小的. 在数学上可以写成

$$\sigma_e=\lim_{\Delta S\to 0}\frac{\Delta q}{\Delta S}. \tag{1.9}$$

有时电荷分布在某根细线或某细棒上. 如果我们不打算研究电荷沿横截面的分布，就可把细线或细棒看成一条几何线. 在数学上可作类似于前面的处理：设细线的截面积为 $S$，电荷的体密度为 $\rho_e$. 在细线上取长度为 $\Delta l$ 的一段（图 1-13），它的体积为 $S\Delta l$，其中包含的电荷量有 $\Delta q=\rho_e S\Delta l$. 设想 $S\to 0$，$\rho_e\to\infty$，但保持它们的乘积 $\rho_e S=\eta_e$ 为一有限值，则

$$\Delta q=\eta_e\Delta l\quad 或\quad \eta_e=\frac{\Delta q}{\Delta l},$$

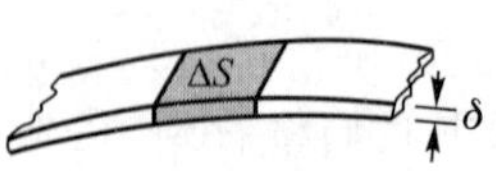

图 1-12　电荷面密度

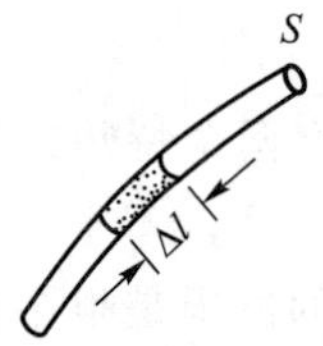

图 1-13　电荷线密度

$\eta_e$ 称为电荷线密度，它的物理意义是单位长度内的电荷. 和前面的 $\Delta V$、$\Delta S$ 一样，这里的 $\Delta l$ 也应是微观看很大、宏观看很小的. 在数学上可写成

$$\eta_e=\lim_{\Delta l\to 0}\frac{\Delta q}{\Delta l}. \tag{1.10}$$

下面我们举一个连续带电体的例题. 任何连续的带电体可以分割成无穷多个电荷元，所以也可把它看作是点电荷组，场强叠加原理对它同样适用，不过求总场时需要用积分来算.

［**例题 3**］　求均匀带电细棒中垂面上的场强分布，设棒长为 $2l$，总带电荷量为 $q$.

［**解**］　选细棒中点 $O$ 为原点，取坐标轴 z 沿细棒向上（图 1-14）.

由于细棒具有轴对称性，即在包含 $z$ 轴的每一平面内情况都相同，我们就选图 1-14 中的纸平面作代表. 细棒的中垂面与纸面的交线为中垂线 $OP$.

整个细棒可以分割成一对一对的线元，其中每对线元 $\mathrm{d}z$ 和 $\mathrm{d}z'$ 对于中垂线 $OP$ 对称，这一对线电荷元在中垂线上任一点 $P$ 所产生的元场强 $\mathrm{d}\boldsymbol{E}$ 和 $\mathrm{d}\boldsymbol{E}'$ 也对中垂线对称. 它们在垂直于 $OP$ 方向的分量互相抵消，从而合成矢量 $\mathrm{d}\boldsymbol{E}+\mathrm{d}\boldsymbol{E}'$ 沿中垂线方向（我们把它叫作 $r$ 方向），其大小为 $2\mathrm{d}E\cos\alpha$，其中

$$\mathrm{d}E=\frac{1}{4\pi\varepsilon_0}\frac{\frac{q}{2l}\mathrm{d}z}{r^2+z^2}=\frac{1}{4\pi\varepsilon_0}\frac{\eta_e\mathrm{d}z}{r^2+z^2},$$

$$\cos\alpha=\frac{r}{\sqrt{r^2+z^2}},$$

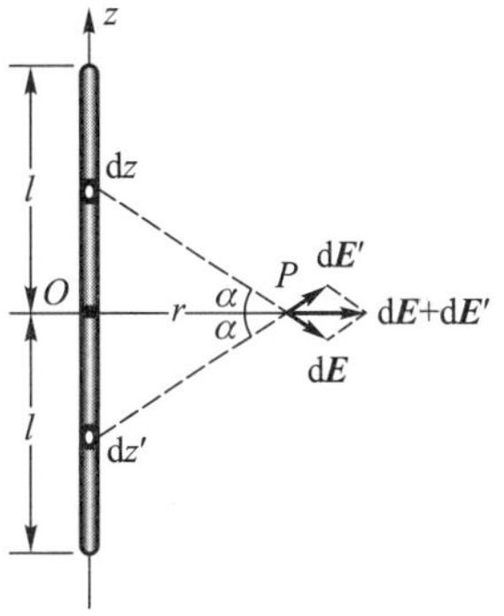


图 1-14　例题 3—求带电细棒的场强

式中 $r$ 表示 $OP$ 的距离，分子上的 $\frac{q}{2l}=\eta_e$ 是电荷线密度，$\frac{q}{2l}\mathrm{d}z=\eta_e\mathrm{d}z$ 是包含在线元 $\mathrm{d}z$ 内的电荷量. 细棒在 $P$ 点的总场强是所有这样的一对对元场强 $\mathrm{d}\boldsymbol{E}$ 和 $\mathrm{d}\boldsymbol{E}'$ 的矢量和，其方向必然也在 $r$ 方向上，所以我们只需计算总场强的 $r$ 分量 $E_r$ 就够了，$E_r$ 是各对元场强的 $r$ 分量（即 $2\mathrm{d}E\cos\alpha$）的代数和. 因为电荷是连续分布的，求和实际上是沿细棒积分，因为在 $2\mathrm{d}E\cos\alpha$ 中已包含对称的两段线元 $\mathrm{d}z$ 和 $\mathrm{d}z'$ 的贡献，我们只需在半根细棒上积分，即

$$E=E_r=\int_0^l 2\mathrm{d}E\cos\alpha=2\cdot\frac{1}{4\pi\varepsilon_0}\eta_e\int_0^l\frac{r\mathrm{d}z}{(r^2+z^2)^{3/2}}$$

$$=\frac{\eta_e l}{2\pi\varepsilon_0 r\sqrt{r^2+l^2}}.$$

当细棒为无限长时，任何垂直于它的平面都可看成是中垂面. 所以，无限长细棒周围任何地方的电场都与棒垂直. 在上面的计算结果中，取 $l\to\infty$ 时的极限，即得这时的场强为

$$E=\frac{\eta_e}{2\pi\varepsilon_0 r}. \tag{1.11}$$

式（1.11）表明，$E$ 与 $r$ 成反比. 以上结果对于有限长细棒来说，在靠近其中部附近的区域（$r\ll l$）也近似成立.

由例题 2、例题 3 我们看到，矢量叠加实际上归结为各分量的叠加，而在计算时，关于对称性的分析是很重要的，它往往能使我们立即看出合成矢量的某些分量等于 0，判断出合成矢量的方向，使计算大大简化.

### 1.2.5　带电体在电场中受的力及其运动

电荷和电场间的相互关系有两个方面，即电荷产生电场和电场对电荷施加作用力. 前面几个例题都是给定带电体后计算其电场强度，下面再举几个例题，它们是计算带电体在给定的电场中所受的力的.

**[例题 4]**　计算电偶极子在均匀电场中所受的力矩.

**[解]**　以 $\boldsymbol{E}$ 表示均匀电场的场强，$\boldsymbol{l}$ 表示从 $-q$ 到 $+q$ 的矢量，$\boldsymbol{E}$ 与 $\boldsymbol{l}$ 间夹角为 $\theta$（见图 1-15）. 根据场强的定义，正负电荷所受的力分别为 $\boldsymbol{F}_{\pm}=\pm q\boldsymbol{E}$，它们大小相等，方向相反，合力为 0. 然而 $\boldsymbol{F}_{+}$、$\boldsymbol{F}_{-}$ 的作用线不同，二者组成一个力偶. 它们对于中点 $O$ 的力臂都是 $\frac{l}{2}\sin\theta$，对于中点，力矩的方向也相同，因而总力矩为

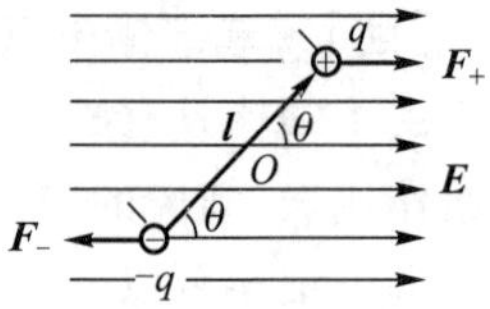

图 1-15　例题 4—电偶极子在均匀电场中所受的力矩

$$L=F_{+}\cdot\frac{l}{2}\sin\theta+F_{-}\cdot\frac{l}{2}\sin\theta=qlE\sin\theta.$$

这公式表明，当 $\boldsymbol{l}$ 与 $\boldsymbol{E}$ 垂直时 $\left(\theta=\frac{\pi}{2}\right)$，力矩最大；当 $\boldsymbol{l}$ 与 $\boldsymbol{E}$ 平行或反平行时（$\theta=0$ 或 $\pi$）力矩为 0. 力矩的作用总是使 $\boldsymbol{l}$ 转向场强 $\boldsymbol{E}$ 的方向. 用矢量式表示，上式可以写成

$$\boldsymbol{L}=q\boldsymbol{l}\times\boldsymbol{E}.$$

关于矢量的叉乘和力矩的矢量表示，可参考附录 A.

从上面的例题里我们又一次看到这样的情况：与电偶极子本身有关的量 $q$ 与 $\boldsymbol{l}$ 以乘积的形式出现. 前面讲过，这个乘积称为电偶极子的电偶极矩. 这里进一步看出，电偶极矩 $\boldsymbol{p}$ 也应该是个矢量，它等于 $q$ 和矢量 $\boldsymbol{l}$ 的乘积，即

$$\boldsymbol{p}=q\boldsymbol{l},\tag{1.12}$$

这样电偶极子所受力矩的公式可写为

$$\boldsymbol{L}=\boldsymbol{p}\times\boldsymbol{E}.\tag{1.13}$$

顺便指出，在非均匀电场中，一般说来，电偶极子除了受到力矩之外，同时还受到一个力（参看习题 1.2-7 和 §1.5）.

下面一个例题讨论电子在阴极射线示波管中的运动. 在此之前，我们先简单介绍一下阴极射线示波管. 阴极射线示波管是把电信号变换成可观察图像的真空玻璃管. 如图 1-16，示波管内阴极发射的电子，经过一系列电极的作用，到达荧光屏，在屏上形成一个亮点. 示波管中各个电极的作用无非是使电子束聚焦、控制其方向和速度. 而控制作用又是通过电极所产生的电场来实现的. 因此在设计时必须研究电极的形状和位置对电场的影响.

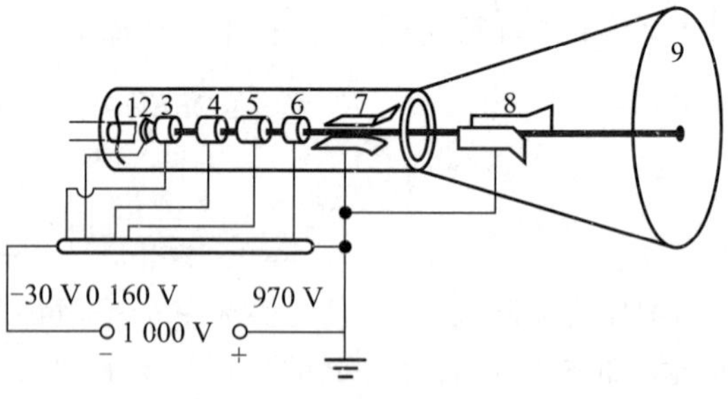

图 1-16　示波管示意图

1—灯丝；2—阴极；3—控制极；4—第一阳极；5—第二阳极；6—第三阳极；7—竖直偏转系统；8—水平偏转系统；9—荧光屏

另外，在电子束到达荧光屏之前，还受偏转系统（见图 1-16 中的 7、8）的控制，在偏转系统两个极板上加信号电压使电子束运动方向随外来信号而改变. 下面计算一个有关示波管的例题.

［**例题 5**］　图 1-17 是示波管的竖直偏转系统，加电压于两极板，在两极板间产生均匀电场 $\boldsymbol{E}$，设电子质量为 $m$，电荷为 $-e$，它以速度 $\boldsymbol{v}_0$ 射进电场中，$\boldsymbol{v}_0$ 与 $\boldsymbol{E}$ 垂直，试讨论电子运动的轨迹.

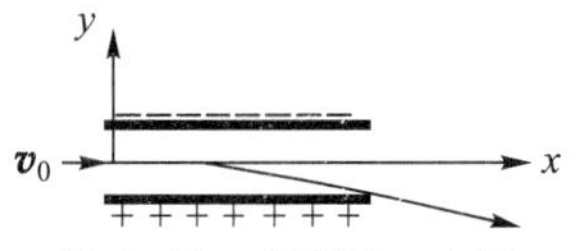

图 1-17　例题 5—电子在示波管中的偏转

［**解**］　电子在两极板间电场中的运动和物体在地球重力场中的平抛运动相似. 作用在电子上的电场力为 $\boldsymbol{F}=-e\boldsymbol{E}$，电子的偏转方向与 $\boldsymbol{E}$ 相反，即图 1-17 中竖直向下的方向（设它为负 $y$ 方向）. 电子在竖直方向的加速度为 $a=\dfrac{-eE}{m}$. 在水平方向电子运动方程为

$$x=v_0t,$$

在竖直方向电子的运动方程为

$$y=\frac{1}{2}at^2=-\frac{1}{2}\frac{eE}{m}t^2,$$

消去 $t$，即得电子运动的轨迹

$$y=\frac{-eE}{2mv_0^2}x^2.$$

这是一段抛物线. 当电子跑出两极板的范围后，因为不再受到电场力，它将沿着已偏转的方向匀速直线前进.

## 1.2.6　矢量场的描述

以上所述，通过场强的定义，利用点电荷的场强公式和场强叠加原理，计算了某些离散点电荷以及连续分布电荷产生的电场分布. 原则上说，由此可以计算任意电荷分布所产生的电场分布. 而已知电场分布，任何其他带电体在电场中的运动原则上也都可以求解. 因此关于电场的描述似乎已经穷尽了. 然而物理学家并不满足于根据已知的电荷分布计算电场分布这种认识电场的途径，而是期望从不同角度揭示电场的规律性. 我们知道，一定的电荷分布不仅在空间任意一点都产生一定的电场强度，形成一定的电场分布，而且空间任意一点的电场强度与邻近点的电场强度之间必然存在一定联系. 寻找这种空间各点场强之间的联系可获得刻画场的规律性的最好表达，它比起直接联系场点和源点的表达更能反映场的规律性的特征.

物理学家们探索场的这种规律性曾经耗费了许多精力，他们曾经试图用力线、场中的某种应力，以及用某种齿轮的啮合来描述场的规律性，均未获满意的结果，最终找到的矢量场论表达是人类思想的凝练和升华.

流体运动的描述提供了很好的启迪. 我们考虑流体的定常流动，流体中每一点都有一个确定的流速 $\boldsymbol{v}$，因此流体定常流动形成定常的流速场. 它是一个矢量场，可以在流体中画出一些流线来形象地描述流体的流动，如图 1-18 所示. 流线是流体中一系列假想的有向曲线，曲线上每一点的切线方向与该点流体的流速 $\boldsymbol{v}$ 一致. 流体的定常流动有两个问题是我们感兴趣的.

第一个感兴趣的问题是流速场中是否有流体从中流出的“源”和流体流入的“汇”？源和汇在什么地方？这可借助于计算通过一个闭合曲面的流量表示出来. 如图 1-19，在流速场中作一任意闭合曲面 $S$，考虑曲面上任意一小曲面元 $\mathrm{d}S$，令 $\theta$ 为该处流速 $\boldsymbol{v}$ 与面元法线之间的夹角，于是

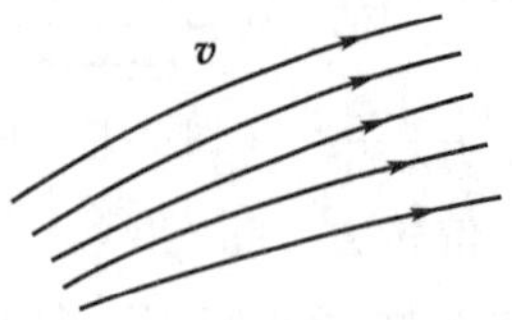


图 1-18　流速场中的流线

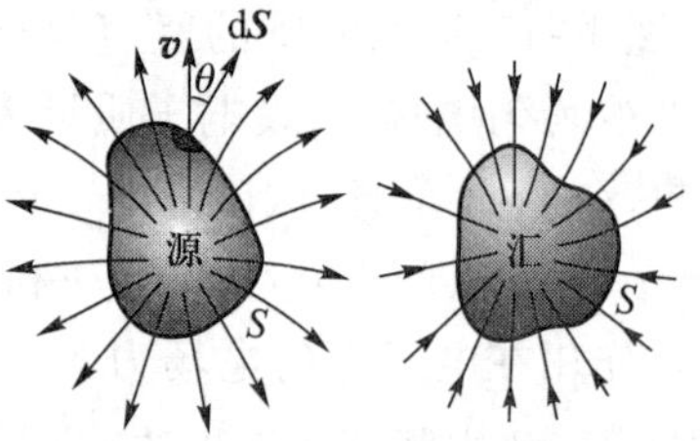


图 1-19　流体通过闭合曲面的流量

$$v\cos\theta \mathrm{d}S = v_{\perp}\mathrm{d}S,$$

是单位时间流过面元 $\mathrm{d}S$ 的流体体积，$\oiint_S v\cos\theta \mathrm{d}S$ 则是单位时间流出闭合曲面 $S$ 的流量. 如果 $\oiint_S v\cos\theta \mathrm{d}S>0$，则表示 $S$ 面内必有流体从中流出的源（source）；如果 $\oiint_S v\cos\theta \mathrm{d}S<0$，则表示 $S$ 面内必有流体流入的汇（sink）；如果 $\oiint_S v\cos\theta \mathrm{d}S=0$，则表示闭合曲面内既无源又无汇，流体从 $S$ 面的一部分流入，从另一部分流出，两者数量相等，流量抵消；另一种可能性是其内存在强度相等的源和汇. 为了区分究竟属哪一种情形，可以选取更小的闭合曲面，计算通过这些闭合曲面的流量.

另一个感兴趣的问题是流速场中是否有涡旋？流体的涡旋运动是围绕一条轴线（称为涡线）进行的，大气中的龙卷风是最明显的例子. 涡线或者通向流体的边界，或者在流体内形成闭合曲线. 涡线在什么地方？这可以通过计算沿一条闭合环路的环流表示出来. 如图 1-20 所示，在流速场中取任意闭合曲线 $L$，考虑曲线上任意一小曲线元 $\mathrm{d}\boldsymbol{l}$，令 $\theta$ 为 $\boldsymbol{v}$ 与线元之间的夹角，于是

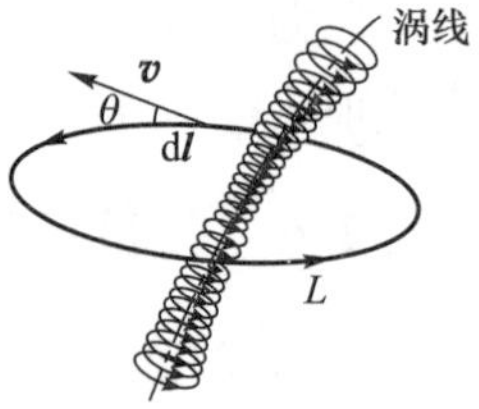


图 1-20　流体沿闭合环路的环流

$$\boldsymbol{v}\cdot\mathrm{d}\boldsymbol{l} = v\cos\theta \mathrm{d}l = v_{/\!/}\mathrm{d}l,$$

表示在线元处的流速沿线元方向有一定的分量，沿闭合环路的积分 $\oint_L v\cos\theta \mathrm{d}l$ 则表示沿该环路的流速分量的总和，称为环流. 如果 $\oint_L v\cos\theta \mathrm{d}l>0$，则表示存在与环路 $L$ 绕行方向相同的涡线穿过环路；如果 $\oint_L v\cos\theta \mathrm{d}l<0$，则表示存在与环路 $L$ 绕行方向相反的涡线穿过环路；如果 $\oint_L v\cos\theta \mathrm{d}l=0$，则表示没有涡线穿过环路，或有强度相同而方向相反的涡线穿过环路. 为了区分究竟是哪一种情形，可以选取更小的闭合环路，计算沿这些环路的环流.

流速场中是否有源和汇，是否有涡旋，它们在什么地方，强度如何，是区别不同流速场性质的重要因素，它们是由流速场通过闭合曲面的流量和沿闭合曲线的环流表达出来的，因此流速场的规律性可通过流量和环流表达出来. 而流量 $\oiint_S v\cos\theta \mathrm{d}S$ 和环流 $\oint_L v\cos\theta \mathrm{d}l$ 是反映流速场中邻近各点相互联系的两个侧面，它们在数学上是以矢量场（流速场）对闭合曲面的积分（流量）和沿闭合曲线的积分（环流）的形式表达的.

电场和磁场与流体的流速场有许多相似之处，它们都是矢量场. 虽然电场和磁场并不代表什么东西在流动，我们仍可以类比流速场计算电场对闭合曲面的面积分 $\oiint_S E\cos\theta \mathrm{d}S$（称之为“通量”）和电场沿闭合曲线的线积分 $\oint_L E\cos\theta \mathrm{d}l$（称之为“环量”），电场“通量”和“环量”的概念比电

荷产生电场分布的规律更能反映出电场的特征. 下面 §1.3 和 §1.4 就是通过电场的通量和环量的引入,讲述静电场规律的两个基本定理. 以后对于磁场,我们也将研究磁场在闭合曲面上的通量和它沿闭合曲线的环量来探讨磁场的特征.

## 思　考　题

**1.2-1**　在地球表面上通常有一竖直方向的电场,电子在此电场中受到一个向上的力,电场强度的方向朝上还是朝下?

**1.2-2**　在一个带正电的大导体附近 $P$ 点放置一个试探点电荷 $q_0(q_0>0)$,实际测得它受力 $F$. 若考虑到电荷量 $q_0$ 不是足够小的,则 $F/q_0$ 比 $P$ 点的场强 $E$ 大还是小? 若大导体球带负电,情况如何?

**1.2-3**　两个点电荷相距一定距离,已知在这两点电荷连线中点处电场强度为零,你对这两个点电荷的电荷量和符号可得出什么结论?

**1.2-4**　一半径为 $R$ 的圆环,其上均匀带电,圆环中心的电场强度如何? 其轴线上场强的方向如何?

## 习　　题

**1.2-1**　在地球表面上某处电子受到的电场力与它本身的重量相等,求该处的电场强度(已知电子质量 $m=9.1\times10^{-31}$ kg,电荷为 $-e=-1.60\times10^{-19}$ C).

**1.2-2**　电子所带的电荷量为 $-e$(元电荷 $e$ 的负值)最先是由密立根通过油滴实验测出的. 密立根设计的实验装置如题图所示. 一个很小的带电油滴在电场 $\boldsymbol{E}$ 内. 调节 $E$,使作用在油滴上的电场力与油滴的重量平衡. 如果油滴的半径为 $1.64\times10^{-4}$ cm,在平衡时,$E=1.92\times10^{5}$ N/C. 求油滴上的电荷(已知油的密度为 0.851 g/cm$^3$).

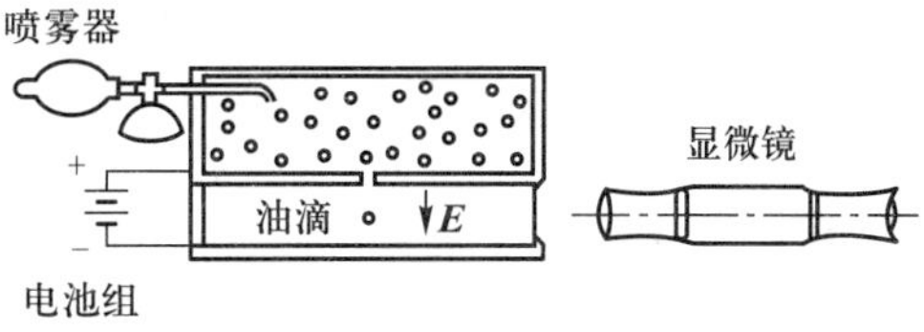

习题 1.2-2 图　密立根实验

**1.2-3**　在早期(1911 年)的一连串实验中,密立根在不同时刻观察单个油滴上呈现的电荷,其测量结果(绝对值)如下:

| | | |
|---|---|---|
| $6.568\times10^{-19}$ C | $13.13\times10^{-19}$ C | $19.71\times10^{-19}$ C |
| $8.204\times10^{-19}$ C | $16.48\times10^{-19}$ C | $22.89\times10^{-19}$ C |
| $11.50\times10^{-19}$ C | $18.08\times10^{-19}$ C | $26.13\times10^{-19}$ C |

根据这些数据,可以推得元电荷 $e$ 的数值为多少?

**1.2-4**　根据经典理论,在正常状态下,氢原子中电子绕核做圆周运动,其轨道半径为 $5.29\times10^{-11}$ m. 已知质子电荷为 $e=1.60\times10^{-19}$ C,求电子所在处原子核(即质子)的电场强度.

**1.2-5**　两个点电荷,$q_1=+8.0\ \mu$C,$q_2=-16.0\ \mu$C($1\ \mu\text{C}=10^{-6}$ C),相距 20 cm. 求离它们都是 20 cm 处的电场强度 $\boldsymbol{E}$.

**1.2-6**　如题图所示,一电偶极子的电偶极矩 $\boldsymbol{p}=q\boldsymbol{l}$,$P$ 点到偶极子中心 $O$ 的距离为 $r$,$\boldsymbol{r}$ 与 $\boldsymbol{l}$ 的夹角为 $\theta$. 在 $r\gg l$ 时,求 $P$ 点的电场强度 $\boldsymbol{E}$ 在 $\boldsymbol{r}=OP$ 方向的分量 $E_r$ 和垂直于 $\boldsymbol{r}$ 方向上的分量 $E_\theta$.

**1.2-7**　把电偶极矩 $\boldsymbol{p}=q\boldsymbol{l}$ 的电偶极子放在点电荷 $Q$ 的电场内,$\boldsymbol{p}$ 的中心 $O$ 到 $Q$ 的距离为 $r(r\gg l)$. 分别求(1)$\boldsymbol{p}\,/\!/\,\overrightarrow{QO}$[题图(a)]和(2)$\boldsymbol{p}\perp\overrightarrow{QO}$[题图(b)]时偶极子所受的力 $\boldsymbol{F}$ 和力矩 $\boldsymbol{L}$.

**1.2-8**　题图所示是一种电四极子,它由两个相同的电偶极子 $\boldsymbol{p}=q\boldsymbol{l}$ 组成,这两偶极子在一直线上,但方向相反,它们的负电荷重合在一起. 证明:在它们的延长线上离中心(即负电荷)为 $r$ 处,

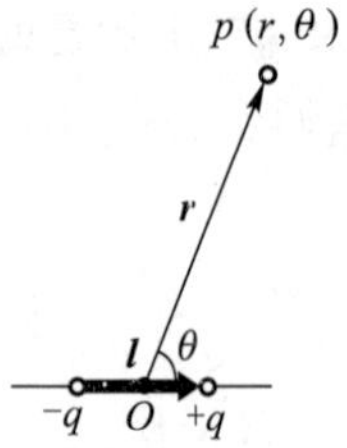

习题 1. 2-6 图

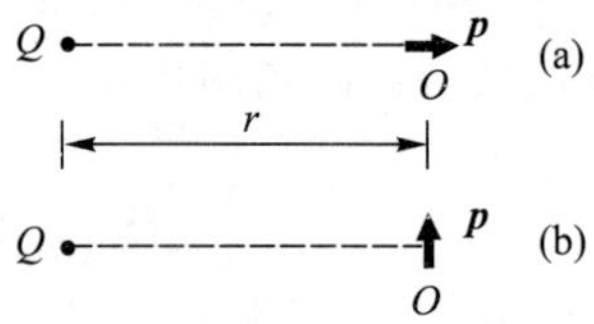

习题 1. 2-7 图

$$E=\frac{3Q}{4\pi\varepsilon_0 r^4}\quad (r\gg l),$$

式中 $Q=2ql^2$ 叫作它的电四极矩.

**1. 2-9**　题图所示是另一种电四极子,设 $q$ 和 $l$ 都已知,图中 $P$ 点到电四极子中心 $O$ 的距离为 $x$,$PO$ 与正方形的一对边平行,求 $P$ 点的电场强度 $\boldsymbol{E}$. 当 $x\gg l$ 时,求 $P$ 点的电场强度 $\boldsymbol{E}$.

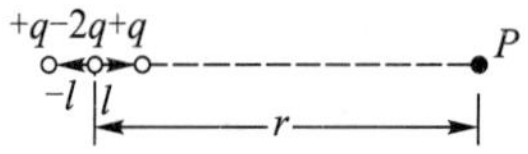

习题 1. 2-8 图

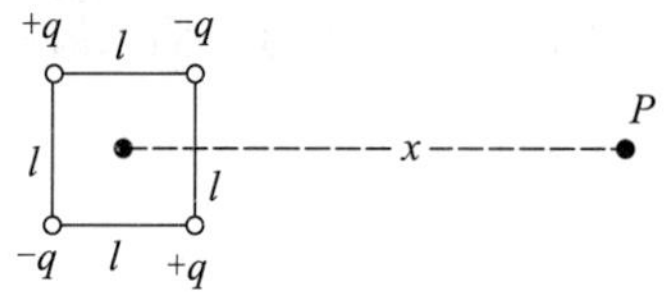

习题 1. 2-9 图

**1. 2-10**　求均匀带电细棒(1)在通过自身端点的垂直面上,(2)在自身的延长线上的场强分布,设棒长为 $2l$,总电荷量为 $q$.

**1. 2-11**　两条平行的无限长直均匀带电线,相距为 $a$,电荷线密度分别为 $\pm\eta_e$. (1)求这两线构成的平面上任一点(设这点到其中一线的垂直距离为 $x$)的场强;(2)求两线单位长度间的相互吸引力.

**1. 2-12**　如题图,一半径为 $R$ 的均匀带电圆环,总电荷量为 $q$. (1)求轴线上离环中心 $O$ 为 $x$ 处的场强 $E$;(2)画出 $E$-$x$ 曲线;(3)轴线上什么地方场强最大? 其值是多少?

**1. 2-13**　半径为 $R$ 的圆面上均匀带电,电荷的面密度为 $\sigma_e$.

(1) 求轴线上离圆心的坐标为 $x$ 处的场强;

(2) 在保持 $\sigma_e$ 不变的情况下,当 $R\to 0$ 和 $R\to\infty$ 时结果各如何?

(3) 在保持总电荷 $Q=\pi R^2\sigma_e$ 不变的情况下,当 $R\to 0$ 和 $R\to\infty$ 时结果各如何?

**1. 2-14**　一均匀带电的正方形细框,边长为 $l$,总电荷量为 $q$. 求这正方形轴线上离中心为 $x$ 处的场强.

**1. 2-15**　证明带电粒子在均匀外电场中运动时,它的轨迹一般是抛物线. 这抛物线在什么情况下退化为直线?

**1. 2-16**　如题图,一示波管偏转电极的长度 $l=1.5$ cm,两极间电场是均匀的,$E=1.2\times10^4$ V/m($\boldsymbol{E}$ 垂直于管轴),一个电子以初速 $v_0=2.6\times10^7$ m/s 沿管轴注入. 已知电子质量 $m=9.1\times10^{-31}$ kg,电荷为 $-e=-1.6\times10^{-19}$ C.

(1) 求电子经过电极后所发生的偏转 $y$;

(2) 若可以认为一出偏转电极的区域后,电场立即为零. 设偏转电极的边缘到荧光屏的距离 $D=10$ cm,求电子打在荧光屏上产生的光点偏离中心 $O$ 的距离 $y'$.

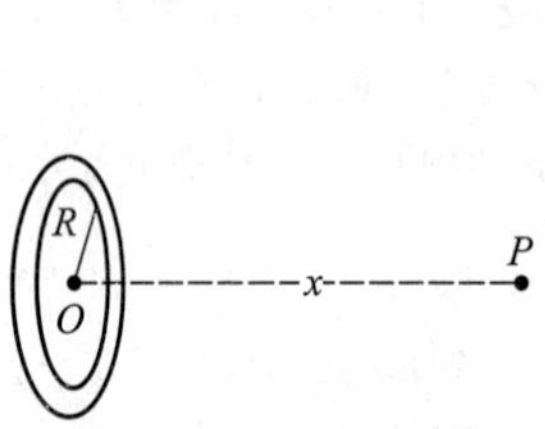

习题 1. 2-12 图

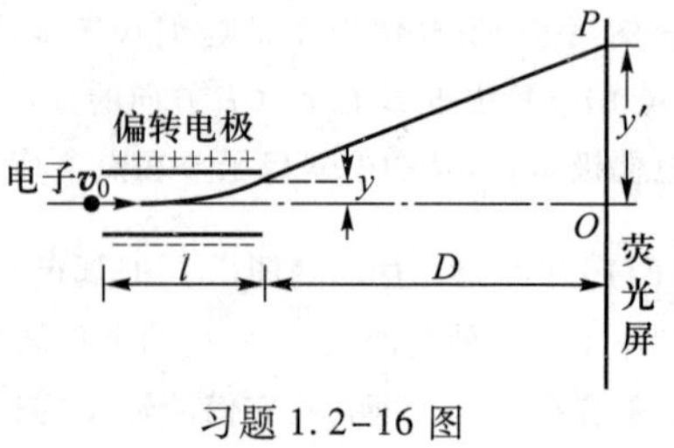


习题 1. 2-16 图

# § 1.3 高斯定理

## 1.3.1　电场线及其数密度

为了帮助我们形象地了解电场分布，通常引入电场线的概念. 利用电场线可以对电场中各处场强的分布情况给出比较直观的图像.

在上节的图 1-10 中我们曾用在空间各点画小箭头的方法来描绘点电荷的电场中各处场强分布情况. 现在把这些小箭头连接起来，对于正的点电荷我们就得到许多条以点电荷为中心的、向四外辐射的直线[图 1-21(a)左]；对于负的点电荷就得到以负电荷为中心、向内会聚的直线[图 1-21(a)右]. 在普遍情况下，把这些小箭头连接起来时，所得到的连线可能是曲线(见图 1-23). 可以看出，在这样画出的每一线条(下面统称曲线)上任一点 $P$，场强的方向就是该曲线在 $P$ 点的切线方向. 这样画出来的曲线就是电场的电场线.

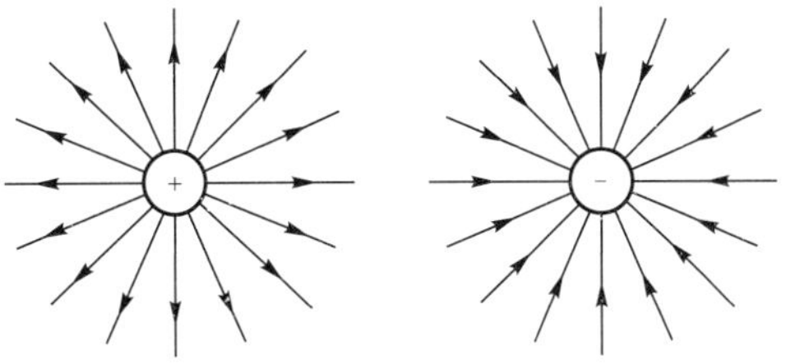

(a) 点电荷的电场线

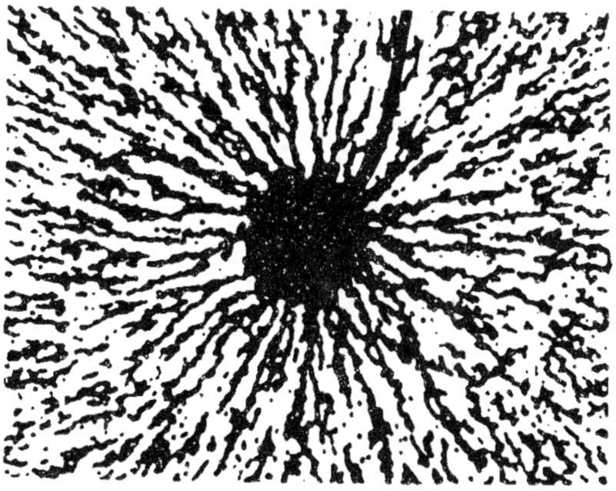

(b) 点电荷电场线实验图片

图 1-21

概括起来讲，如果在电场中作出许多曲线，使这些曲线上每一点的切线方向和该点场强方向一致，那么，所有这样作出的曲线，叫作电场的电场线.

为了使电场线不只是表示出电场中场强的方向分布的情况，而且表示出各点场强的大小分布的情况，我们引入电场线数密度的概念. 在电场中任一点取一小面元 $\Delta S$ 与该点场强方向垂直，设穿过 $\Delta S$ 的电场线有 $\Delta N$ 根，则比值 $\Delta N/\Delta S$ 叫作该点电场线数密度，它的意义是通过该点单位垂直截面的电场线根数. 我们规定，在作电场线图时，总使电场中任一点的电场线数密度与该点场强大小成正比，即

$$E\propto\frac{\Delta N}{\Delta S}.$$

这样，电场线稀疏的地方表示场强小，电场线稠密的地方表示场强大；就是说，用电场线的疏密分布把电场中场强大小的分布情况反映出来. 为具体起见，我们以正点电荷的场为例说明一下. 以点电荷所在处为中心作一系列同心球面 $S_1$、$S_2$、…(图 1-22)，电场线方向与这些球面垂直，在同一球面上场强的大小相等，在不同球面上，场强与半径 $r$ 的平方成反比. 为了表达这个场强大小变化情况，我们作电场线时，使这正的点电荷向空间各个方向均匀辐射出 $N$ 根电场线，这样，在任一球面上(如图 1-22 中的 $S_1$)任意取两块小面元 $\Delta S_1$ 和 $\Delta S_1'$，如果它们的面积相等，则穿过它们的电场线根数就一样多，即在同一球面上，各处电场线疏密程度(电场线数密度)是一样的，这

就反映出同一球面上各处场强大小一样；其次，由于点电荷发出的电场线总数为 $N$，于是各球面上电场线数密度为 $\frac{N}{4\pi r^2}$，它与场强一样反比于 $r^2$. 这样，用电场线的疏密程度就能反映出点电荷电场中各点场强大小的分布.

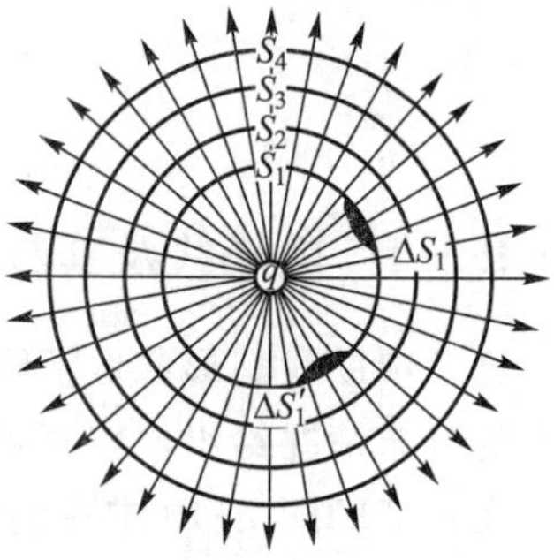


图 1-22　电场线数密度

电场线可以借助于一些实验方法显示出来. 例如在水平玻璃板上撒些细小的石膏晶粒，或在薄油层上浮些草籽，当水平玻璃板上或薄油层中导体电极带电之后，它们就会沿电场线排列起来. 图 1-21(b) 就是用这类方法显示出来的点电荷产生的电场线图片. 图 1-23 则给出了另外一些带电体系的电场线图，在每幅电场线图的旁边都附上了由实验方法显示的电场线图片.

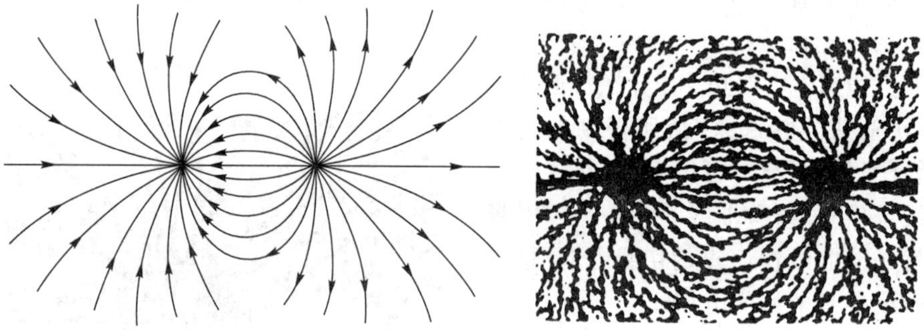

(a) 一对等量异号点电荷

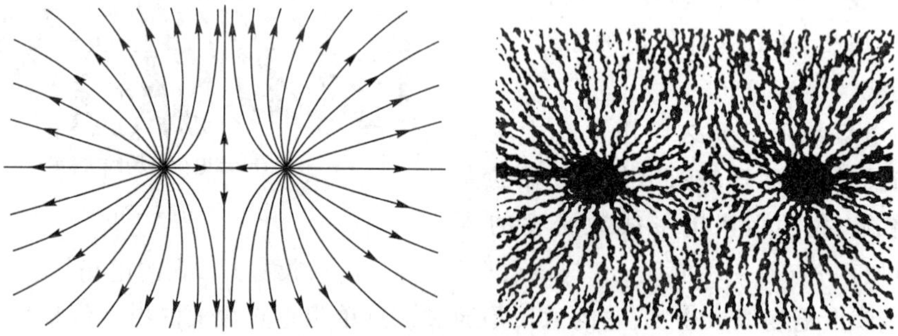

(b) 一对等量同号点电荷

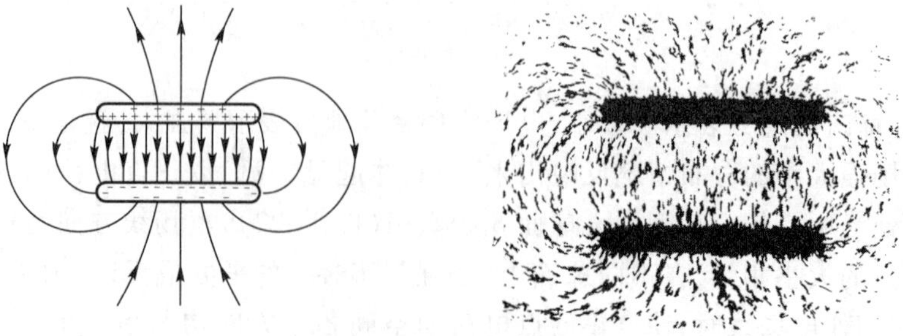

(c) 一对带等量异号电荷的平行板

图 1-23　几种带电体系的电场线及实验图片

从这些电场线图可以看出，除 $\boldsymbol{E}=0$ 的点外，电场线有如下一些普遍的性质：

(1) 电场线起自正电荷（或来自无穷远处），止于负电荷（或伸向无穷远），但不会在没有电荷的地方中断；

(2) 若带电体系中正、负电荷一样多，则由正电荷出发的全部电场线都集中到负电荷上去；

(3) 两条电场线不会相交；

(4) 静电场中的电场线不形成闭合线.

上述第(3)个性质请读者自己去论证，第(4)个性质将在§1.4 中讨论. 第(1)、(2)两个性质可用精确的数字形式表述成一个定理，这就是高斯定理. 这定理将使我们对静电场特性的认识更加深入一步. 高斯定理是静电场的基本规律之一. 以后还会看到，它也是普遍的电磁场理论中的基本方程之一.

从上节的例题可以看出，用场强叠加法计算场强，一般是比较复杂的，高斯定理将为我们提供一种较简便的计算场强的方法.

阐述高斯定理之前，需要引入一些物理和数学的预备知识——电场强度通量和立体角. 下一节先介绍"电场强度通量"的概念，有关"立体角"的知识放在附录 A 中.

### 1.3.2 电场强度通量

利用电场线的图像有助于我们对电场强度通量的理解. 如上所述，在作电场线图时，我们使电场中任一点的电场线数密度 $\dfrac{\Delta N}{\Delta S}$ 与该点场强大小 $E$ 成正比，即

$$E \propto \frac{\Delta N}{\Delta S},$$

这里 $\boldsymbol{E}$ 与 $\Delta S$ 垂直[见图 1-24(a)]. 规定上式中的比例系数为 1，则可写出如下等式：

$$E=\frac{\Delta N}{\Delta S} \quad \text{或} \quad \Delta N=E\Delta S.$$

当所取的面元与该处场强 $\boldsymbol{E}$ 不垂直的时候[见图 1-24(b)]，则需考虑面元 $\Delta S$ 在垂直于 $\boldsymbol{E}$ 方向上的投影面积 $\Delta S'$. 设 $\boldsymbol{e}_{\mathrm{n}}$ 为面元 $\Delta S$ 法线方向的单位矢量，$\boldsymbol{e}_{\mathrm{n}}$ 与 $\boldsymbol{E}$ 间夹角为 $\theta$，于是有 $\Delta S'=\Delta S\cos\theta$. 由图 1-24(b)看出，通过 $\Delta S$ 和 $\Delta S'$ 的电场线根数相等. 我们知道，通过 $\Delta S'$ 的电场线根数等于

$$E\Delta S'=E\Delta S\cos\theta,$$

所以通过倾斜面元 $\Delta S$ 的电场线根数应为

$$\Delta N=E\Delta S\cos\theta.$$

我们把上式右方的物理量称为电场强度通量，通过一面元 $\Delta S$ 的电场强度通量定义为该点电场强度的大小 $E$ 与 $\Delta S$ 在垂直于场强方向的投影面积 $\Delta S'=\Delta S\cos\theta$ 的乘积.

今后，我们以 $\Delta\Phi_E$ 表示通过 $\Delta S$ 的电场强度通量，即

$$\Delta\Phi_E=E\Delta S\cos\theta. \tag{1.14}$$

注意，面元 $\Delta S$ 的法线矢量 $\boldsymbol{e}_{\mathrm{n}}$ 与场强 $\boldsymbol{E}$ 的夹角 $\theta$ 可以是锐角[图 1-25(a)]，也可以是钝角[图 1-25(b)]，所以电场强度通量 $\Delta\Phi_E$ 可正可负；当 $\theta$ 为锐角时，$\cos\theta>0$，$\Delta\Phi_E$ 为正；当 $\theta$ 为钝角时，$\cos\theta<0$，$\Delta\Phi_E$ 为负；当 $\theta=\dfrac{\pi}{2}$ 时，$\cos\theta=0$，这时 $\Delta\Phi_E=0$[图 1-25(c)].

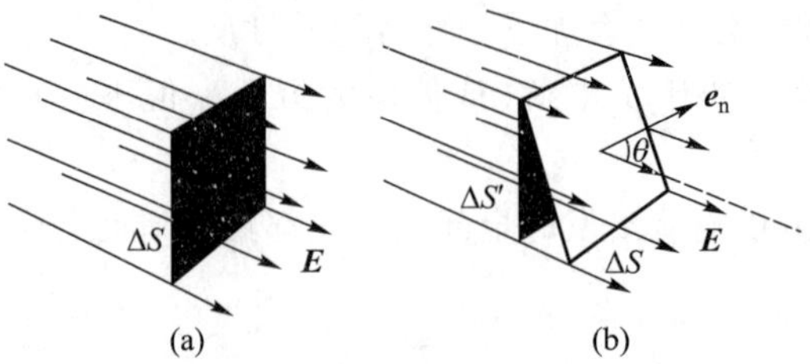


图 1-24　电场强度通量

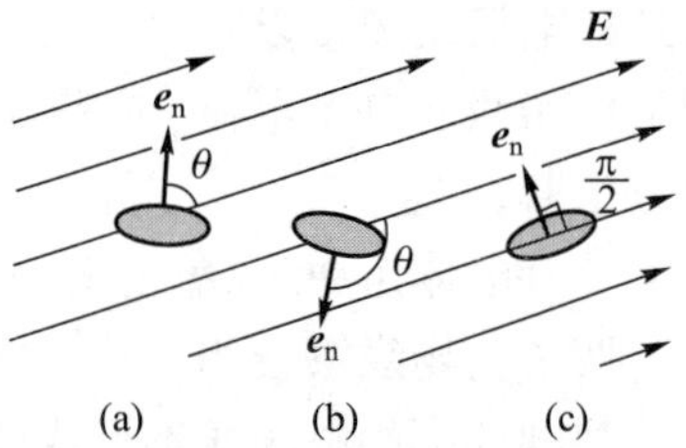


图 1-25　通过面元的电场强度通量的正负

对于非无限小的曲面来说,曲面上场强的大小和方向一般是逐点变化的(见图 1-26),要计算电场强度通量,就需要把这曲面分割成许多小面元 $\Delta S$,并按式(1.14)计算通过每一个小面元的电场强度通量 $\Delta\boldsymbol{\Phi}_E$ 后再叠加起来,得到通过整个曲面 $S$ 的总电场强度通量 $\boldsymbol{\Phi}_E$. 用数学公式来表示则有

$$\boldsymbol{\Phi}_E=\sum_{(S)}\Delta\boldsymbol{\Phi}_E=\sum_{(S)}E\cos\theta\Delta S.$$

上式中求和号是沿曲面 $S$ 求和. 当所有面元 $\Delta S$ 趋于无限小时,我们用 $\mathrm{d}S$ 表示,而上式的求和即化为沿曲面 $S$ 的积分,用 $\iint_S$ 代替 $\sum_{(S)}$,得

$$\boldsymbol{\Phi}_E=\iint_S E\cos\theta\mathrm{d}S. \tag{1.15}$$

一个曲面有正、反两面,与此对应,它的法线矢量也有正、反两种取法. 正和反本是相对的,对于单个面元或不闭合的曲面,法线矢量的正向取在朝哪一面,是无关紧要的. 但闭合曲面则把整个空间划分成内、外两部分,其法线矢量正方向的两种取向就有了特定的含义:指向曲面外部空间的称为外法线矢量,指向曲面内部空间的称为内法线矢量. 我们规定:**对于闭合曲面,总是取它的外法线矢量为正**(图 1-27). 这样一来,在电场线穿出曲面的地方(如图 1-27 中的 $A$ 点),$\theta<90°$,$\cos\theta>0$,电场强度通量 $\Delta\boldsymbol{\Phi}_E$ 为正;在电场线进入曲面的地方(如图 1-27 中的 $B$ 点),$\theta>90°$,$\cos\theta<0$,电场强度通量 $\Delta\boldsymbol{\Phi}_E$ 为负.

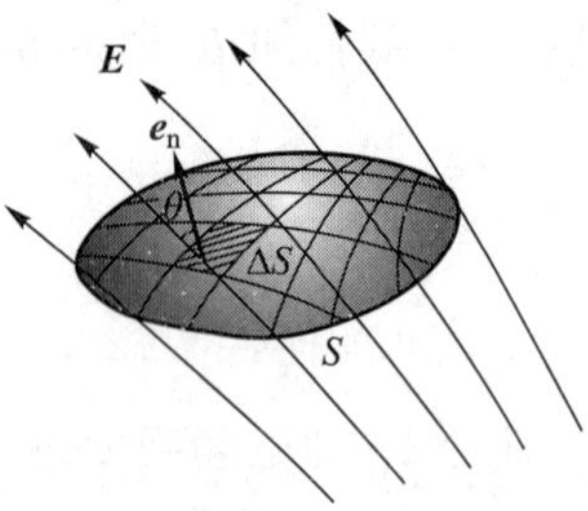


图 1-26　通过有限大不闭合曲面的电场强度通量

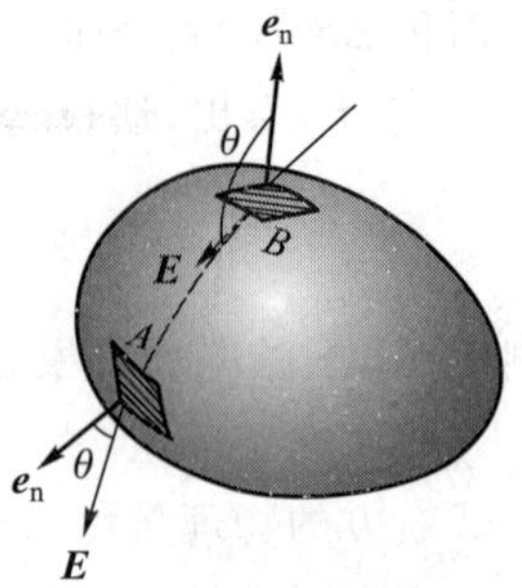


图 1-27　通过闭合面的电场强度通量

用一根根分立的电场线来描绘电场的分布,本是一种形象化的方法. 这种方法是有缺点的,即电场实际上连续地分布于空间,电场线图可能会给人造成一种分立的错觉. 最初我们是借助电场线数密度的概念来引入电场强度通量的,其实我们可以一开始就用式(1.14)和式(1.15)来定义电场强度通量. 这样引入电场强度通量虽会使初学者感到有些抽象,但它却避免了上述电场线概念的缺点,能更确切地反映出电场连续分布的特点.

### 1.3.3　高斯定理的表述和证明

我们先将高斯定理表述如下：

通过一个任意闭合曲面 $S$ 的电场强度通量 $\Phi_E$ 等于该面所包围的所有电荷量的代数和 $\sum q$ 除以 $\varepsilon_0$，与闭合面外的电荷无关. 对于高斯定理这种表述的理解将通过定理的证明和应用逐步加以深化.

用公式来表达高斯定理，则有

$$\Phi_E = \oiint_S E\cos\theta \mathrm{d}S = \frac{1}{\varepsilon_0}\sum_{(S内)} q_i \tag{1.16}$$

这里 $\oiint_S$ 表示沿一个闭合曲面 $S$ 的积分，这闭合曲面 $S$ 习惯上叫作高斯面.

事实上，高斯定理是可以由库仑定律和场强叠加原理导出的，下面我们从特殊到一般，分几步来证明高斯定理.

（1）通过包围点电荷 $q$ 的同心球面的电场强度通量都等于 $q/\varepsilon_0$.

以点电荷 $q$ 所在处为中心、任意半径 $r$ 作一球面（图 1-28）. 根据库仑定律，在球面上各点场强大小一样，即 $E=\dfrac{1}{4\pi\varepsilon_0}\dfrac{q}{r^2}$，场强的方向沿半径向外呈辐射状. 在球面上任意取一面元 $\mathrm{d}S$，其外法线矢量 $\boldsymbol{e}_\mathrm{n}$ 也是沿半径方向向外的，即 $\boldsymbol{e}_\mathrm{n}$ 和 $\boldsymbol{E}$ 间夹角 $\theta=0$，所以通过 $\mathrm{d}S$ 的电场强度通量为

$$\mathrm{d}\Phi_E = E\cos\theta\mathrm{d}S = E\mathrm{d}S = \frac{1}{4\pi\varepsilon_0}\frac{q}{r^2}\mathrm{d}S,$$

通过整个闭合球面的电场强度通量为

$$\begin{aligned}\Phi_E &= \oiint_S \frac{1}{4\pi\varepsilon_0}\frac{q}{r^2}\mathrm{d}S = \frac{1}{4\pi\varepsilon_0}\frac{q}{r^2}\oiint_S \mathrm{d}S \\ &= \frac{1}{4\pi\varepsilon_0}\frac{q}{r^2}\cdot 4\pi r^2 = \frac{q}{\varepsilon_0}\end{aligned}$$

要注意的是这一结果与球面半径 $r$ 无关. 从上面证明中的最后两步运算可以看出，之所以会有这一结果，是和库仑的平方反比定律分不开的.

（2）通过包围点电荷 $q$ 的任意闭合面 $S$ 的电场强度通量都等于 $q/\varepsilon_0$.

为了把结论（1）推广到任意曲面，我们需要借助立体角的概念（参见附录 A 中的 A.2 节）. 如图 1-29（a），在闭合面 $S$ 内以点电荷 $q$ 所在处 $O$ 为中心作一任意半径的球面 $S''$，根据（1），通过此球面的电场强度通量等于 $q/\varepsilon_0$. 由于电场分布的球对称性，这电场强度通量均匀地分布在 $4\pi$ 球面度的立体角内，因此在每个立体角元 $\mathrm{d}\Omega$ 内的电场强度通量是 $\dfrac{q}{4\pi\varepsilon_0}\mathrm{d}\Omega$. 如果我们把这个立体角的锥面延长，使它在闭合面 $S$ 上截出一个面元 $\mathrm{d}S$. 设 $\mathrm{d}S$ 到点电荷 $q$ 的距离为 $r$，$\mathrm{d}S$ 的法线 $\boldsymbol{e}_\mathrm{n}$ 与径矢 $\boldsymbol{e}_r$（或场强 $\boldsymbol{E}$）的夹角为 $\theta$，则通过 $\mathrm{d}S$ 的电场强度通量为

$$\mathrm{d}\Phi_E = E\cos\theta\mathrm{d}S = \frac{1}{4\pi\varepsilon_0}\frac{q\cos\theta\mathrm{d}S}{r^2},$$

式中 $\mathrm{d}S\cos\theta=\mathrm{d}S'$ 是 $\mathrm{d}S$ 在垂直于径矢方向的投影面积，所以 $\mathrm{d}S\cos\theta/r^2=\mathrm{d}S'/r^2$ 即为立体角 $\mathrm{d}\Omega$，于是

$$\mathrm{d}\Phi_E=\frac{q}{4\pi\varepsilon_0}\mathrm{d}\Omega.$$

由此可见，通过面元 $\mathrm{d}S$ 的电场强度通量和通过球面 $S''$ 上与 $\mathrm{d}S$ 对应的面元 $\mathrm{d}S''$ 的电场强度通量一样，都等于 $\frac{q}{4\pi\varepsilon_0}$ 乘以它们共同所张的立体角 $\mathrm{d}\Omega$[图 1-29(b)]. 所以通过整个闭合面 $S$ 的电场强度通量都必定和通过球面 $S''$ 的电场强度通量一样，等于 $\frac{q}{4\pi\varepsilon_0}\times4\pi=\frac{q}{\varepsilon_0}$.

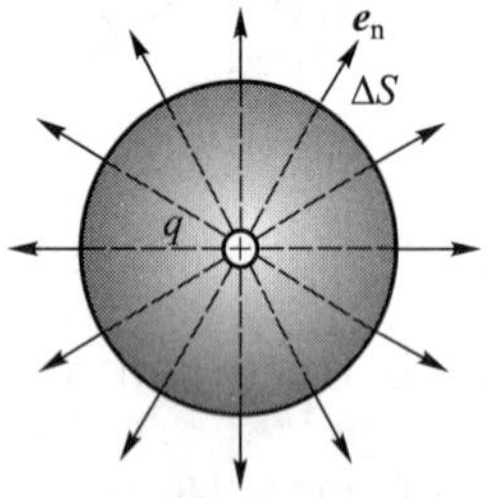


图 1-28　高斯定理的证明(1)：通过包围点电荷的同心球面的电场强度通量

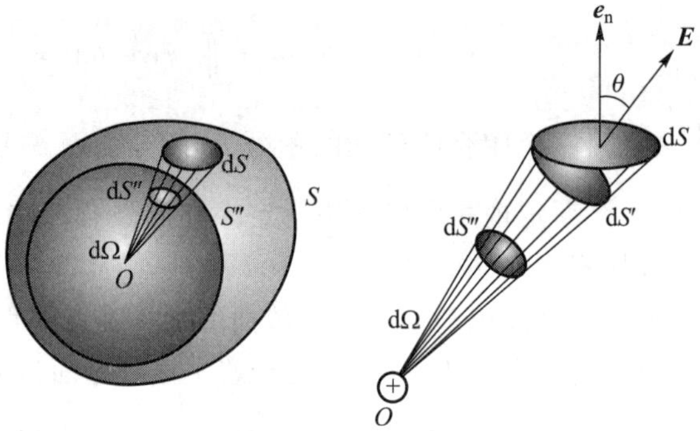


(a) 通过包围点电荷的任意闭合面的电场强度通量

(b) $\mathrm{d}S$ 和 $\mathrm{d}S''$ 所张的立体角相等

图 1-29　高斯定理的证明(2)

(3) 通过不包围点电荷的任意闭合面 $S$ 的电场强度通量恒为 0.

我们知道，单个点电荷所产生的电场线是辐向的直线，它们在周围空间连续不断. 如图 1-30，当点电荷在闭合面 $S$ 之外时，从某个面元 $\mathrm{d}S$ 上进入闭合面的电场线必然从另外一个面元 $\mathrm{d}S'$ 上穿出. 显然这一对面元 $\mathrm{d}S$ 和 $\mathrm{d}S'$ 对点电荷所张的立体角数值相等. 根据前式，通过 $\mathrm{d}S$ 的电场强度通量 $\mathrm{d}\Phi_E$ 和通出 $\mathrm{d}S'$ 的电场强度通量 $\mathrm{d}\Phi'_E$ 数值相等，但符号相反，它们的代数和 $\mathrm{d}\Phi_E+\mathrm{d}\Phi'_E=0$. 通过整个闭合面 $S$ 的电场强度通量 $\Phi_E$ 是通过这样一对对面元的电场强度通量之和，当然也是等于 0 的.

(4) 多个点电荷的电场强度通量等于它们单独存在时的电场强度通量的代数和.

当带电体系由多个点电荷组成时，它们在高斯面上每个面元 $\mathrm{d}S$ 处产生的总场强 $\boldsymbol{E}$ 是各点电荷单独存在时产生的场强 $\boldsymbol{E}_1,\boldsymbol{E}_2,\cdots$ 的矢量叠加，即

$$\boldsymbol{E}=\boldsymbol{E}_1+\boldsymbol{E}_2+\cdots.$$

它们在 $\boldsymbol{e}_n$ 方向的投影为(见图 1-31)：

$$E_n=E_{1n}+E_{2n}+\cdots,$$

或

$$E\cos\theta=E_1\cos\theta_1+E_2\cos\theta_2+\cdots.$$

因此各电荷总电场的电场强度通量为

$$\begin{aligned}\mathrm{d}\Phi_E&=E\cos\theta\mathrm{d}S=E_1\cos\theta_1\mathrm{d}S+E_2\cos\theta_2\mathrm{d}S+\cdots\\&=\mathrm{d}\Phi_{E_1}+\mathrm{d}\Phi_{E_2}+\cdots.\end{aligned}$$

对于整个高斯面来说,也是这样:

$$\Phi_E=\Phi_{E_1}+\Phi_{E_2}+\cdots.$$

有了上述各条结论,高斯定理就是显而易见的了.设带电体系中有 $q_1,q_2,\cdots,q_k$ 个点电荷,其中第 1 到第 $m$ 个被高斯面 $S$ 所包围,第 $m+1$ 到第 $k$ 个在高斯面以外,则前面 $m$ 个点电荷单独存在时通过 $S$ 的电场强度通量分别是

$$\Phi_{E_1}=\frac{q_1}{\varepsilon_0},\quad \Phi_{E_2}=\frac{q_2}{\varepsilon_0},\quad \cdots,\quad \Phi_{E_m}=\frac{q_m}{\varepsilon_0}.$$

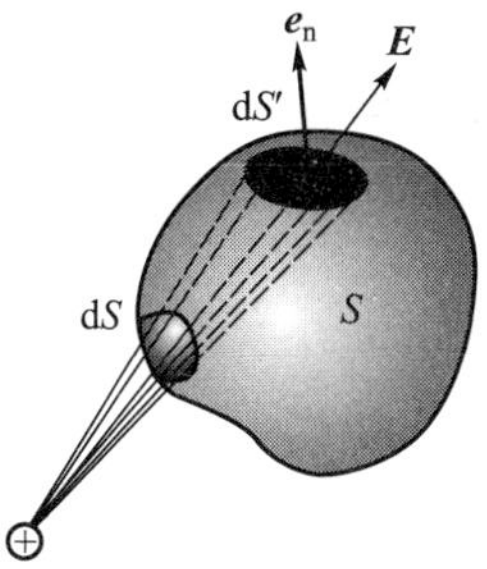


图 1-30 高斯定理的证明(3):通过不包围点电荷的闭合曲面的电场强度通量

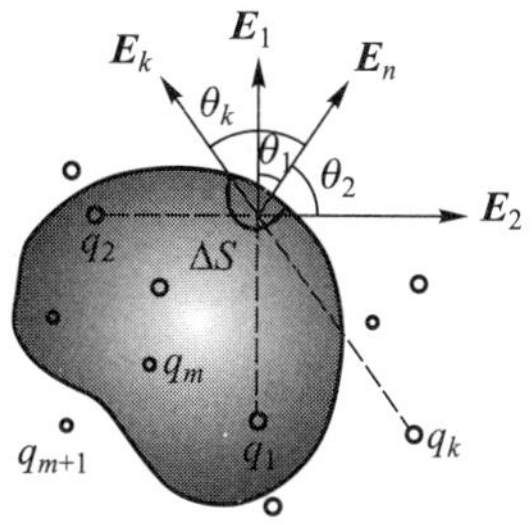


图 1-31 高斯定理的证明(4):多个点电荷的电场强度通量

而以后各点电荷 $q_{m+1},\cdots,q_k$ 单独存在时通过 $S$ 的电场强度通量皆为 0,即

$$\Phi_{E_{m+1}}=\cdots=\Phi_{E_k}=0.$$

因此 $k$ 个电荷同时存在时通过 $S$ 的总电场强度通量为

$$\begin{aligned}\Phi_E&=\Phi_{E_1}+\Phi_{E_2}+\cdots+\Phi_{E_m}+\Phi_{E_{m+1}}+\cdots+\Phi_{E_k}\\&=\frac{1}{\varepsilon_0}(q_1+q_2+\cdots+q_m)=\frac{1}{\varepsilon_0}\sum_{(S内)}q_i.\end{aligned}$$

注意,在以上各步证明里,我们都未明确规定 $q_1,q_2,\cdots$ 的正负,实际上它们对两种正负号的电荷都适用.上式的求和是代数和.

至此,高斯定理全部证毕.

在结束本节之前,我们介绍电场强度通量和高斯定理的另一种常用写法.令 $\mathrm{d}\boldsymbol{S}=\boldsymbol{e}_\mathrm{n}\mathrm{d}S$,$\mathrm{d}\boldsymbol{S}$ 叫作面元矢量,它的数值等于 $\mathrm{d}S$,方向沿单位法线矢量 $\boldsymbol{e}_\mathrm{n}$.用这样一个矢量 $\mathrm{d}\boldsymbol{S}$ 便把面元 $\mathrm{d}S$ 的面积大小和空间取向两方面的性质都概括了.引入面元矢量 $\mathrm{d}\boldsymbol{S}$ 之后,电场强度通量 $\mathrm{d}\Phi_E$ 就可写成矢量标积(即点乘)的形式:

$$\mathrm{d}\Phi_E=E\cos\theta\mathrm{d}S=\boldsymbol{E}\cdot\mathrm{d}\boldsymbol{S},$$

而高斯定理式(1.16)就可写成

$$\Phi_E=\oint\!\!\!\!\oint_S\boldsymbol{E}\cdot\mathrm{d}\boldsymbol{S}=\frac{1}{\varepsilon_0}\sum_{(S内)}q_i. \tag{1.17}$$

这个写法除了书写方便之外,并没有什么新的物理内容.

### 1.3.4 从高斯定理看电场线的性质

在 1.3.1 节末尾我们曾说,高斯定理是那节所描述的电场线的一些普遍性质的精确数学表

述. 现在,在我们证明了高斯定理之后,可以回过头去看看,高斯定理怎样反映出电场线的一些普遍性质.

（1）电场线的起点与终点

如果我们作小闭合面分别将电场线的起点或终点包围起来,则必然有电场强度通量从前者穿出[即 $\Phi_E>0$,见图 1-32(a)],从后者穿入[即 $\Phi_E<0$,见图 1-32(b)]. 因而根据高斯定理可知,在前者之内必有正电荷,后者之内必有负电荷. 这就是说,电场线不会在没有电荷的地方中断. 于是,高斯定理可理解为从每个正电荷 $q$ 发出 $q/\varepsilon_0$ 根电场线,有 $q/\varepsilon_0$ 根电场线终止于负电荷 $-q$. 如果在带电体系中有等量的正、负电荷,电场线就从正电荷出发到负电荷终止;若正电荷多于负电荷(或根本没有负电荷),则从多余的正电荷发出的电场线只能延伸到无穷远;反之,若负电荷多于正电荷(或根本没有正电荷),则终止于多余的负电荷上的电场线只能来自无穷远.

（2）电场线的疏密与场强的大小

我们先引入一个新概念——电场管. 由一束电力线围成的管状区域,叫作**电场管**(见图 1-33). 由于电场线总是平行于电场管的侧壁,因而没有电场强度通量穿过侧壁.

取电场管的任意两个截面 $\Delta S_1$ 和 $\Delta S_2$,它们与电场管的侧壁组成一个闭合高斯面. 通过此高斯面的电场强度通量为

$$\Phi_E=E_1\cos\theta_1\Delta S_1+E_2\cos\theta_2\Delta S_2;$$

式中 $E_1$ 和 $E_2$ 分别是 $\Delta S_1$ 和 $\Delta S_2$ 上场强的数值,$\theta_1$ 和 $\theta_2$ 分别是场强与高斯面外法线 $\boldsymbol{e}_{n1}$ 和 $\boldsymbol{e}_{n2}$ 之间的夹角(见图 1-33).

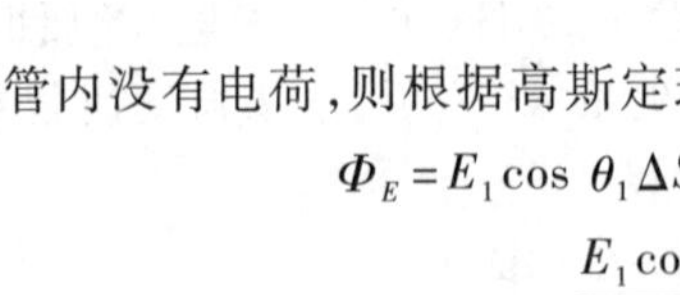

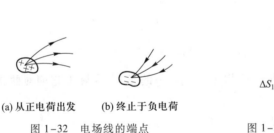

(a) 从正电荷出发　　(b) 终止于负电荷

图 1-32　电场线的端点

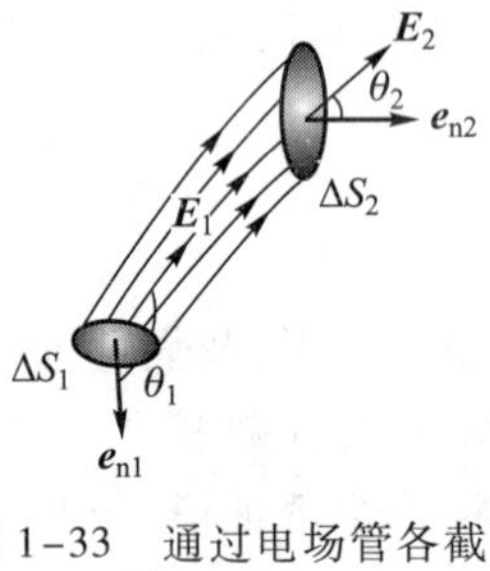


图 1-33　通过电场管各截面的电场强度通量相等

设这段电场管内没有电荷,则根据高斯定理,

$$\Phi_E=E_1\cos\theta_1\Delta S_1+E_2\cos\theta_2\Delta S_2=0,$$

或

$$-\frac{E_1\cos\theta_1}{E_2\cos\theta_2}=\frac{\Delta S_2}{\Delta S_1}.$$

现取 $\Delta S_1$ 和 $\Delta S_2$ 都与它们所在处的场强垂直,则 $\theta_1=\pi,\theta_2=0,\cos\theta_1=-1,\cos\theta_2=1$,上式化为

$$\frac{E_1}{E_2}=\frac{\Delta S_2}{\Delta S_1},$$

亦即沿电场管场强的变化反比于它的垂直截面积. 这样,在电场管膨胀的地方(即电场线变得稀疏的地方)场比较弱,在电场管收缩的地方(即电场线变得密集的地方)场比较强. 因而由电场线的分布图,我们可以定性地看出沿电场线场强强弱的变化情况.

### 1.3.5 高斯定理应用举例

下面我们举些应用高斯定理求场强的例题. 在使用高斯定理时一定要注意：式(1.16)或式(1.17)中的 $\boldsymbol{E}$ 是带电体系中所有电荷(无论在高斯面内或高斯面外)产生的总场强，而 $\sum q$ 只是对高斯面内的电荷求和. 这是因为高斯面外的电荷对总电场强度通量 $\Phi_E$ 没有贡献，但不是对总场强没有贡献.

能够直接运用高斯定理求出场强的情形，都必须具有一定的对称性，所以在下面的几个例题里，我们首先都要作对称性的分析. 下列例题要读者特别注意掌握的，也正是这个问题.

**[例题 1]** 求均匀带正电球壳内外的场强，设球壳总带电荷量为 $q$，半径为 $R$[图 1-34(a)].

**[解]** 如果用场强叠加法来解这个问题，就需要把带电球壳分割成许多小面元 $\mathrm{d}S$，将各个小面元上电荷所产生的元电场 $\mathrm{d}\boldsymbol{E}$ 进行矢量叠加. 这样做显然是很复杂的. 现在让我们用高斯定理来处理它.

首先分析电场分布的对称性. 由于电荷均匀分布在球壳上，这个带电体系具有球对称性，因而电场分布也应具有球对称性. 这就是说，在任何与带电球壳同心的球面上各点场强的大小均相等，方向沿半径向外呈辐射状. 为了具体地说明场强的方向确是如此，让我们来考虑空间任一场点 $P$[图 1-34(b)]. 对于带电球壳上的任何一个面元 $\mathrm{d}S$，在球面上都存在着另一个面元 $\mathrm{d}S'$，二者对 $OP$ 连线完全对称($O$ 是球心)，$\mathrm{d}S$ 和 $\mathrm{d}S'$ 在 $P$ 点产生的元电场 $\mathrm{d}\boldsymbol{E}$ 和 $\mathrm{d}\boldsymbol{E}'$ 也对 $OP$ 连线对称，从而它们的矢量和 $\mathrm{d}\boldsymbol{E}+\mathrm{d}\boldsymbol{E}'$ 必定沿 $OP$ 连线. 整个带电球壳都可以分割成一对对的对称面元，所以在 $P$ 点的总场强 $\boldsymbol{E}$ 一定是沿 $OP$ 连线的.

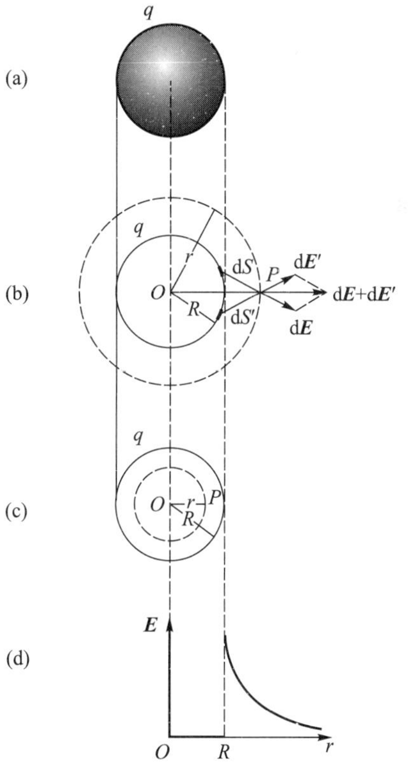


图 1-34 例题 1—均匀带电球壳的场强

根据电场的球对称性特点，取高斯面为通过 $P$ 点的同心球面，此球面上场强的大小处处都和 $P$ 点的场强 $E$ 相同，而 $\cos\theta$ 处处等于 1，通过此高斯面的电场强度通量为

$$\Phi_E=\oiint_S E\cos\theta\mathrm{d}S=E\oiint_S\mathrm{d}S=4\pi r^2E,$$

这里 $r$ 是高斯面的半径，即 $OP$ 的距离.

上述对称性的分析对球壳内、外的场点都是适用的，所以上式适用于无论比球壳大或小的高斯面. 如果 $P$ 点在球壳外($r>R$)，则高斯面包围了球壳上的电荷 $q$. 根据高斯定理，

$$\Phi_E=4\pi r^2E=\frac{q}{\varepsilon_0},$$

由此得 $P$ 点的场强为

$$E=\frac{1}{4\pi\varepsilon_0}\frac{q}{r^2}\quad 或\quad \boldsymbol{E}=\frac{1}{4\pi\varepsilon_0}\frac{q}{r^2}\boldsymbol{e}_r(\boldsymbol{e}_r\ 为单位径矢).$$

这表明:均匀带电球壳在外部空间产生的电场,与其上电荷全部集中在球心时产生的电场一样.

如果 $P$ 点在球壳内($r<R$),见图 1-34(c),则高斯面内没有电荷.根据高斯定理:

$$\Phi_E = 4\pi r^2 E = 0,$$

由此得 $P$ 点的场强为

$$E = 0.$$

这表明:均匀带电球壳内部空间的场强处处为 0.

为了使读者了解场强的大小随半径 $r$ 变化情况的全貌,我们作 $E$-$r$ 曲线于图 1-34(d).可以看出,场强在球壳上($r=R$)的数值有个跃变.

［**例题 2**］　求均匀带正电球体内外的电场分布,设球体总带电荷量为 $q$,半径为 $R$.

［**解**］　在这个情形里,电场的分布也是球对称的.我们可以把带电球体分割成一层层的同心带电球壳,这样就可利用上题的结果了.如图 1-35(a),当场点 $P$ 在球外时,各层球壳上的电荷好像全部都集中在球心一样,从而

$$E = \frac{1}{4\pi\varepsilon_0}\frac{q}{r^2} \quad 或 \quad \boldsymbol{E} = \frac{1}{4\pi\varepsilon_0}\frac{q}{r^2}\boldsymbol{e}_r.$$

如果场点 $P$ 在球内,如图 1-35(b),则所有半径大于 $r=OP$ 的那些球壳上的电荷对 $P$ 都不起作用,只有半径小于 $r$ 的球壳对 $P$ 点的电场强度有贡献.而它们上面的全部电荷 $q'$ 又好像集中在球心一样,从而

$$E = \frac{1}{4\pi\varepsilon_0}\frac{q'}{r^2}.$$

现在我们来计算 $q'$.因为带电球体的体积为 $\frac{4\pi}{3}R^3$,故电荷体密度为

$$\rho_e = \frac{q}{4\pi R^3/3} = \frac{3q}{4\pi R^3}.$$

半径为 $r$ 的高斯球面包围的体积为 $\frac{4\pi}{3}r^3$,其中的电荷量

$$q' = \frac{4\pi}{3}r^3\rho_e = \frac{qr^3}{R^3}.$$

所以带电球体内部的电场强度为

$$E = \frac{\rho_e r}{3\varepsilon_0} = \frac{1}{4\pi\varepsilon_0}\frac{qr}{R^3} \quad 或 \quad \boldsymbol{E} = \frac{\rho_e \boldsymbol{r}}{3\varepsilon_0} = \frac{1}{4\pi\varepsilon_0}\frac{q\boldsymbol{r}}{R^3}.$$

即 $E$ 与 $r$ 成正比地增加.

球内外场强 $E$ 随 $r$ 变化的整个情况示于图 1-35(c),可以看出,在带电球体的表面上($r=R$)内外场强的大小趋于同一数值 $\frac{1}{4\pi\varepsilon_0}\frac{q}{R^2}$,在这里场强是连续的,并且其数值最大.

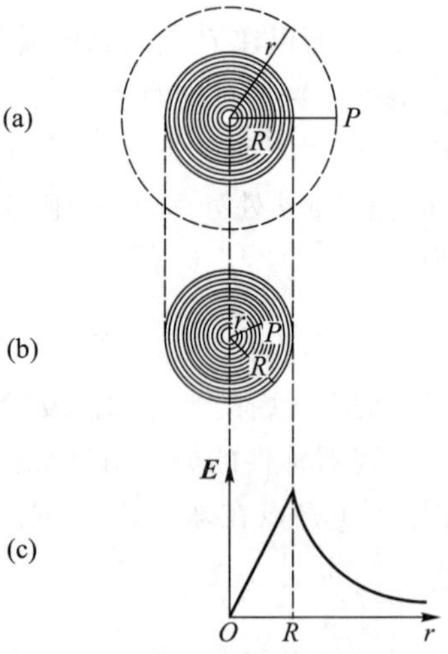

图 1-35　例题 2—均匀带电球体的电场强度

［**例题 3**］　求均匀带正电的无限长细棒的场强,设棒上电荷线密度为 $\eta_e$.

［**解**］　这体系具有轴对称性,即在任何垂直于棒的平面内的同心圆周上场强的大小都一样.

场强的方向怎样呢？在§1.2例题3里我们分析过，在有限长的带电棒的中垂面上场强是辐射状，即它的方向沿 $OP$（$O$ 为棒的中点，$P$ 是中垂面上的场点，参看图1-14）. 这个结论对于中垂面以外的点显然不适用. 例如在图1-36(a)中 $P$ 点偏于上方，作垂线 $PO'$ 垂直于带电棒，则 $O'$ 以下半段棒比 $O'$ 以上半段长，于是下半段多余的电荷将在 $P$ 点产生向上的场强分量，从而它们在 $P$ 点产生的场强必然偏向上方. 反之，当 $P$ 点偏于下方时，场强也偏向下方.

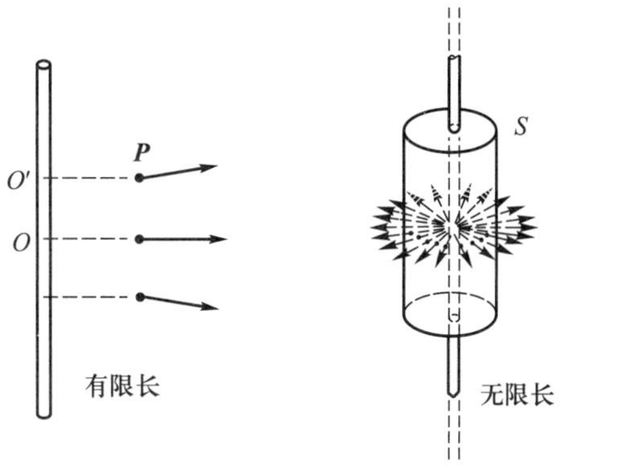


(a) 对称性分析　　(b) 高斯面的取法

图1-36　例题3—均匀带正电细棒的场强

以上分析的是有限长带电棒的情况. 若棒是无限长时，情况就不同了. 这时无所谓中点，或者说，棒上的每个点都是中点，因为随便从哪里分割，上下两段棒都是无限长，谁也不比谁更长. 所以棒外任何地方的场强既不会向上偏，也不会向下偏，都是和有限长棒的中垂面上一样，与棒垂直呈辐射状. 而且不管 $P$ 点向上或向下移动，只要维持它到棒的垂直距离 $r$ 不变，场强的数值就不变.

根据上面的分析，高斯面应取成如图1-36(b)中的圆柱状. 这柱面以棒为轴，$r$ 为半径（即通过 $P$ 点），长度 $l$ 是任意的. 上、下两底用垂直于棒的平面封口，组成闭合面. 通过它的电场强度通量为

$$\Phi_E=\oiint_S E\cos\theta \mathrm{dS}=\iint_{侧面}E\cos\theta\mathrm{d}S+\iint_{上底}E\cos\theta\mathrm{d}S+\iint_{下底}E\cos\theta\mathrm{d}S.$$

在上、下底面上 $\theta=\dfrac{\pi}{2}$，$\cos\theta=0$，所以最后两项等于0，在侧面上 $E$ 是常量，$\cos\theta=1$，故

$$\Phi_E=\iint_{侧面}E\cos\theta\mathrm{d}S=E\iint_{侧面}\mathrm{d}S=2\pi rlE.$$

注意，柱体侧面面积为 $2\pi rl$.

另一方面，这闭合面只包围长度为 $l$ 的一段棒，其中所带电荷为 $\eta_e l$，根据高斯定理，

$$\Phi_E=2\pi rlE=\eta_e l/\varepsilon_0,$$

故 $P$ 点的场强为

$$E=\frac{\eta_e}{2\pi\varepsilon_0 r}.$$

这与§1.2例题3的结果式(1.11)一致.

由此可见，当条件允许时，利用高斯定理计算场强的分布要简捷得多.

**[例题4]**　求均匀带正电的无限大平面薄板的场强，设电荷面密度为 $\sigma_e$.

**[解]**　这又是一个无穷大带电体的问题，其对称性的分析与上题有共同之处，留给读者自己去讨论. 仅由对称性可以得到的结论是：两侧距平板等远的点场强大小一样，方向处处与平板垂直，并指向两侧，见图1-37(a). 根据场强分布的这个特点，我们应该把高斯面取成图1-37(b)所示的形式，它是这样一个柱体的表面，其侧面与带电面垂直，两底与带电面平行，并对带电面对称（为什么这样取高斯面，请读者自己想一下）. 在这样选取高斯面之后可以证明，场强的大小为

$$E=\frac{\sigma_e}{2\varepsilon_0},\tag{1.18}$$

上式表明，场强 $E$ 与平板到场点的距离无关.

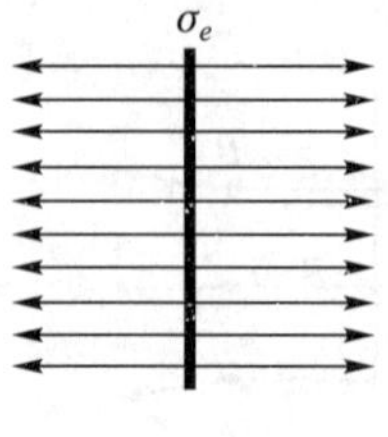


(a) 电场线的分布

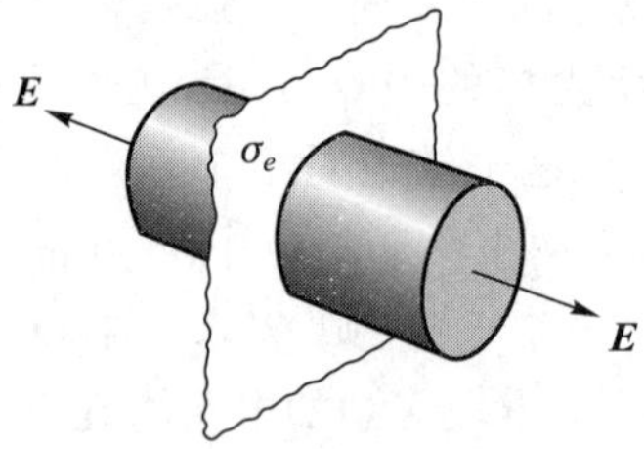


(b) 高斯面的取法

图 1-37 例题 4—均匀带正电无限大平面的场强

上述公式对于均匀带负电的无限大平面薄板也适用，只是场强方向相反，从两侧指向平板.

利用上面的结果请读者证明：带等量异号电荷的一对无限大平行平面薄板之间的场强为

$$E=\frac{\sigma_e}{\varepsilon_0}, \tag{1.19}$$

外部场强为 0. 这一结果在后面时常要用到.

从以上几个例题可以看出，利用高斯定理求场强的关键在于对称性的分析. 只有当带电体系具有一定的对称性时，我们才有可能利用高斯定理求场强. 虽然这样的带电体系并不多，但在几个特例中得到的结果都是很重要的. 这些结果的实际意义往往不限于这些特例的本身，很多实际场合都可用它们来做近似的估算. 就拿无限长的带电棒或无限大的带电板来说，虽然实际中没有无限大的带电体系，但是对于有限长的棒和有限大的板附近的地方来说，只要不太靠近端点或边缘，上面例题 3、4 的结果还是相当好的近似.

应当指出，利用高斯定理可以求场强，只体现了这定理重要性的一个方面. 高斯定理更重要的意义在于它是静电场两个基本定理之一. 静电场的另一个基本定理正是下节要讲的内容. 两个定理各自反映静电场性质的一个侧面，只有把它们结合起来，才能完整地描绘静电场.（没有一定的对称性就不能单靠高斯定理来求场强分布，这一事实正好说明，高斯定理对静电场的描述是不完备的.）

## 思 考 题

**1.3-1** 一般来说，电场线代表点电荷在电场中的运动轨迹吗？为什么？

**1.3-2** 空间里的电场线为什么不相交？

**1.3-3** 一个点电荷 $q$ 放在球形高斯面的中心处，试问在下列情况下，穿过这高斯面的电场强度通量是否改变？

（1）如果第二个点电荷放在高斯球面外附近.

（2）如果第二个点电荷放在高斯球面内.

（3）如果将原来的点电荷移离了高斯球面的球心，但仍在高斯球面内.

**1.3-4** （1）如果上题中高斯球面被一个体积减小一半的立方体表面所代替，而点电荷在立方体的中心，则穿过该高斯面的电场强度通量如何变化？

（2）通过这立方体六个表面之一的电场强度通量是多少？

**1.3-5**　如题图所示，在一个绝缘不带电的导体球的周围作一同心高斯面 $S$. 试定性地回答，在我们将一正点电荷 $q$ 移至导体表面的过程中，

（1）$A$ 点的场强大小和方向怎样变化？

（2）$B$ 点的场强大小和方向怎样变化？

（3）通过 $S$ 面的电场强度通量怎样变化？

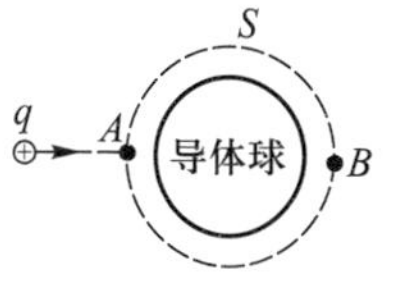

思考题 1.3-5 图

**1.3-6**　有一个球形的橡皮气球，电荷均匀分布在表面上. 在此气球被吹大的过程中，下列各处的场强怎样变化？

（1）始终在气球内部的点；

（2）始终在气球外部的点；

（3）被气球表面掠过的点.

**1.3-7**　1.3 节例题 4 中的高斯面为什么取成图 1-37(b) 所示形状？具体地说，

（1）为什么柱体的两底要对于带电面对称？不对称行不行？

（2）柱体底面是否需要是圆的？面积取多大合适？

（3）为了求距带电平面为 $x$ 处的场强，柱面应取多长？

**1.3-8**　求一对带等量异号或等量同号的无限大平行平面板之间的场强时，能否只取一个高斯面？

**1.3-9**　已知一高斯面上场强处处为零，在它所包围的空间内任一点都没有电荷吗？

**1.3-10**　要是库仑定律中的指数不恰好是 2$\left(\text{例如为 3，即 } F\propto\dfrac{1}{r^3}\right)$，高斯定理是否还成立？

## 习　　题

**1.3-1**　设一半径为 5 cm 的圆形平面，放在场强为 300 N/C 的匀强电场中，试计算平面法线与场强的夹角 $\theta$ 取下列数值时通过此平面的电场强度通量：(1) $\theta=0°$；(2) $\theta=30°$；(3) $\theta=90°$；(4) $\theta=120°$；(5) $\theta=180°$.

**1.3-2**　均匀电场与半径为 $a$ 的半球面的轴线平行，试用面积分计算通过此半球面的电场强度通量.

**1.3-3**　如题图所示，在半径为 $R_1$ 和 $R_2$ 的两个同心球面上，分别均匀地分布着电荷 $Q_1$ 和 $Q_2$，求：

（1）Ⅰ、Ⅱ、Ⅲ三个区域内的场强分布；

（2）若 $Q_1=-Q_2$，情况如何？画出此情形的 $E-r$ 曲线.

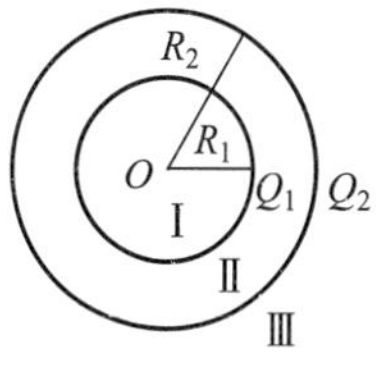

习题 1.3-3 图

**1.3-4**　根据量子理论，氢原子中心是一个带正电 $q_e$ 的原子核（可以看成是点电荷），外面是带负电的电子云. 在正常状态（核外电子处在 s 态）下，电子云的电荷密度分布是球对称的：

$$\rho_e(r)=-\frac{q_e}{\pi a_0^3}e^{-2r/a_0},$$

式中 $a_0$ 为一常量（它相当于经典原子模型中 s 电子圆形轨道的半径，称为玻尔半径）. 求原子内的电场分布.

**1.3-5**　实验表明：在靠近地面处有相当强的电场，$\boldsymbol{E}$ 垂直于地面向下，大小约为 100 N/C；在离地面 1.5 km 高的地方，$\boldsymbol{E}$ 也是垂直于地面向下的，大小约为 25 N/C.

（1）试计算从地面到此高度大气中的平均电荷体密度.

（2）如果地球上的电荷全部均匀分布在表面，求地面上的电荷面密度.

**1.3-6**　半径为 $R$ 的无穷长直圆筒面上均匀带电，沿轴线单位长度的电荷量为 $\lambda$. 求场强分布，并画 $E-r$ 曲线.

**1.3-7**　一对无限长的共轴直圆筒,半径分别为 $R_1$ 和 $R_2$,筒面上都均匀带电.沿轴线单位长度的电荷量分别为 $\lambda_1$ 和 $\lambda_2$.求各区域内的场强分布;若 $\lambda_1=-\lambda_2$,情况如何? 画出此情形的 $E-r$ 曲线.

**1.3-8**　半径为 $R$ 的无限长直圆柱体内均匀带电,电荷体密度为 $\rho_e$.求场强分布,并画 $E-r$ 曲线.

**1.3-9**　设气体放电形成的等离子体圆柱内的电荷体分布可用下式表示:

$$\rho_e(r)=\frac{\rho_0}{\left[1+\left(\frac{r}{a}\right)^2\right]^2},$$

式中 $r$ 是到轴线的距离,$\rho_0$ 是轴线上的 $\rho_e$ 值,$a$ 是个常量(它是 $\rho_e$ 减少到 $\rho_0/4$ 处的半径).求场强分布.

**1.3-10**　两无限大的平行平面均匀带电,电荷面密度分别为 $\pm\sigma_e$,求各区域的场强分布.

**1.3-11**　两无限大的平行平面均匀带电,电荷面密度都是 $\sigma_e$,求各处的场强分布.

**1.3-12**　三个无限大的平行平面都均匀带电,电荷面密度分别为 $\sigma_{e1}$、$\sigma_{e2}$、$\sigma_{e3}$.求下列情况各处的场强:(1)$\sigma_{e1}=\sigma_{e2}=\sigma_{e3}=\sigma_e$;(2)$\sigma_{e1}=\sigma_{e3}=\sigma_e$,$\sigma_{e2}=-\sigma_e$;(3)$\sigma_{e1}=\sigma_{e3}=-\sigma_e$;$\sigma_{e2}=\sigma_e$;(4)$\sigma_{e1}=\sigma_e$,$\sigma_{e2}=\sigma_{e3}=-\sigma_e$.

**1.3-13**　一厚度为 $d$ 的无限大平板,平板体内均匀带电,电荷体密度为 $\rho_e$.求板内、外场强的分布.

**1.3-14**　在半导体 pn 结附近总是堆积着正、负电荷,在 n 区内有正电荷,p 区内有负电荷,两区电荷的代数和为零.我们把 pn 结看成是一对带正、负电荷的无限大平板,它们相互接触(见题图).取坐标 $x$ 的原点在 p、n 区的交界面上,n 区的范围是 $-x_n\leqslant x\leqslant 0$,p 区的范围是 $0\leqslant x\leqslant x_p$.设两区内电荷体分布都是均匀的:

$$\begin{cases}\text{n 区}:\rho_e(x)=N_De,\\ \text{p 区}:\rho_e(x)=-N_Ae.\end{cases}\quad\text{(突变结模型)}$$

这里 $N_D$、$N_A$ 是常量,且 $N_Ax_p=N_Dx_n$(两区电荷数量相等).试证明电场的分布为

$$\begin{cases}\text{n 区}:\quad E(x)=\dfrac{N_De}{\varepsilon_0}(x_n+x),\\[2ex] \text{p 区}:\quad E(x)=\dfrac{N_Ae}{\varepsilon_0}(x_p-x).\end{cases}$$

并画出 $\rho_e(x)$ 和 $E(x)$ 随 $x$ 变化的曲线.

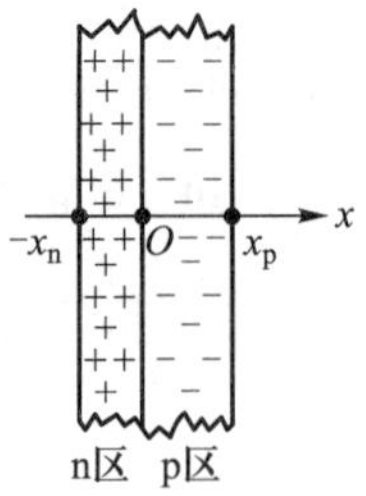


习题 1.3-14 图

**1.3-15**　如果在上题中电荷的体分布为

$$\begin{cases}\text{pn 结外}:\quad \rho(x)=0,\\ -x_n\leqslant x\leqslant x_p:\quad \rho(x)=-eax.\end{cases}\quad\text{(线性缓变结模型)}$$

这里 $a$ 是常量,$x_n=x_p$(为什么?),统一用$\frac{x_m}{2}$表示.试证明电场的分布为

$$E(x)=\frac{ae}{8\varepsilon_0}(x_m^2-4x^2),$$

并画出 $\rho_e(x)$ 和 $E(x)$ 随 $x$ 变化的曲线.

# § 1.4 电势及其梯度

## 1.4.1　静电场力所做的功与路径无关

现在我们首先从库仑定律和场强叠加原理出发,证明静电场力所做的功与路径无关.这是除高斯定理之外静电场的另一基本性质.

证明分两个步骤,第一步先证明在单个点电荷产生的电场中,电场力做的功与路径无关;第二步再证明对任何带电体系产生的电场来说,也是相同的结论.

（1）单个点电荷产生的电场

如图 1-38 所示，静止的点电荷 $q$ 位于 $O$ 点. 为了叙述方便，设 $q$ 是正的. 设想在 $q$ 产生的电场中把一试探电荷 $q_0$ 沿任意路径 $L$ 从 $P$ 点搬运到另一点 $Q$，现在计算电场力做的功 $A_{PQ}$. 由于 $q_0$ 受的电场力为 $\boldsymbol{F}=q_0\boldsymbol{E}$，$\boldsymbol{E}$ 的大小和方向沿路径 $L$ 逐点变化，我们将 $L$ 分割成许多小线元. 考虑其中任一线元 $\mathrm{d}\boldsymbol{l}$，设它的端点为 $K$、$M$，以 $O$ 为中心作圆弧通过 $M$，与 $OK$ 延长线交于 $N$，$KMN$ 近似地是一个直角三角形，所以 $KN=KM\cos\theta=\mathrm{d}l\cos\theta$，这里 $\theta$ 就是位移 $\mathrm{d}\boldsymbol{l}$ 和场力 $\boldsymbol{F}$ 之间夹角. 在 $\mathrm{d}\boldsymbol{l}$ 上的元功为

$$\mathrm{d}A=\boldsymbol{F}\cdot\mathrm{d}\boldsymbol{l}=F\cos\theta\mathrm{d}l=F\cdot KN,$$

换句话说，电场力沿 $KM$ 做的元功和电场力沿径矢方向的小线段 $KN$ 做的元功一样. 对于整个路径 $L$ 上的每个线元我们都可以进行类似的处理.

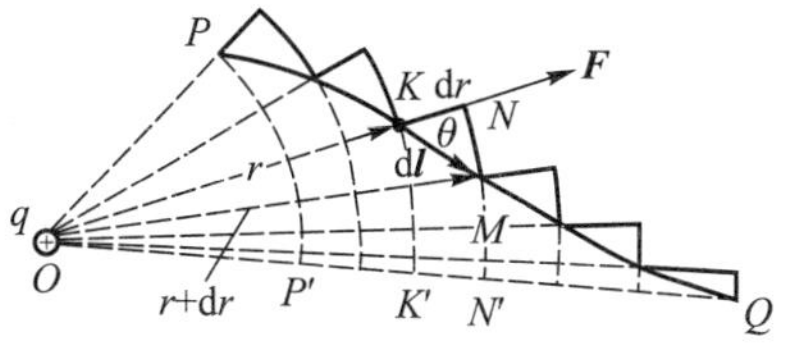


图 1-38　静电场力做功与路径无关

以 $O$ 为中心作通过 $P$、$K$、$N$ 各点的圆弧与 $OQ$ 交于 $P'$、$K'$、$N'$. 根据电场分布的球对称性，沿 $KN$ 与沿 $K'$、$N'$电场力做的元功相等，从而沿径矢方向的那些小线段上电场力做功的总和等于从 $P'$沿径矢到 $Q$ 上电场力所做的功，即

$$A_{PQ}=\int_{P\,(L)}^{Q}\boldsymbol{F}\cdot\mathrm{d}\boldsymbol{l}=\int_{P'\,(\text{径矢})}^{Q}\boldsymbol{F}\cdot\mathrm{d}\boldsymbol{l}.$$

沿径矢由 $P'$到 $Q$ 的积分是容易计算的，在这里 $\boldsymbol{F}$ 与 $\mathrm{d}\boldsymbol{l}$ 方向一致，$\mathrm{d}l=\mathrm{d}r$，根据库仑定律 $F=q_0E=\dfrac{1}{4\pi\varepsilon_0}\dfrac{q_0q}{r^2}$，因此

$$\begin{aligned}A_{PQ}&=\int_{P'}^{Q}\boldsymbol{F}\cdot\mathrm{d}\boldsymbol{l}=\int_{r_{P'}}^{r_Q}q_0E\mathrm{d}r\\&=\frac{q_0q}{4\pi\varepsilon_0}\int_{r_{P'}}^{r_Q}\frac{\mathrm{d}r}{r^2}=-\frac{q_0q}{4\pi\varepsilon_0}\frac{1}{r}\bigg|_{r_{P'}}^{r_Q}\\&=\frac{q_0q}{4\pi\varepsilon_0}\left(\frac{1}{r_{P'}}-\frac{1}{r_Q}\right),\end{aligned}$$

式中 $r_{P'}=OP'$，$r_Q=OQ$，它们分别是 $P'$、$Q$ 到 $O$ 的距离. 因 $P$、$P'$距 $O$ 等远，即 $r_P=OP=OP'=r_{P'}$，上式最后可写成

$$A_{PQ}=\frac{q_0q}{4\pi\varepsilon_0}\left(\frac{1}{r_P}-\frac{1}{r_Q}\right).$$

上式表明，$A_{PQ}$只和路径 $L$ 的起点 $P$、终点 $Q$ 到 $O$ 的距离 $r_P$、$r_Q$ 有关. 由此可见，单个点电荷的电场力对试探电荷所做的功与路径无关，只和试探电荷的起点、终点位置有关，此外它还与试探电荷 $q_0$ 的大小成正比.

（2）任何带电体系产生的电场

在一般情况下，电场并非由单个点电荷产生，但是我们总可以把产生电场的带电体划分为许多带电元，每一带电元可以看作是一个点电荷，这样就可把任何带电体系视为点电荷组. 总场强 $\boldsymbol{E}$ 是各点电荷 $q_1,q_2,\cdots,q_k$ 单独产生的场强 $\boldsymbol{E}_1,\boldsymbol{E}_2,\cdots,\boldsymbol{E}_k$ 的矢量和：

$$\boldsymbol{E}=\boldsymbol{E}_1+\boldsymbol{E}_2+\cdots+\boldsymbol{E}_k,$$

从而当试探电荷 $q_0$ 由 $P$ 点沿任意路径 $L$ 到达 $Q$ 点时，电场力 $\boldsymbol{F}=q_0\boldsymbol{E}$ 所做的功为

$$A_{PQ}=q_0\int_{P\,(L)}^{Q}\boldsymbol{E}\cdot\mathrm{d}\boldsymbol{l}=q_0\int_{P\,(L)}^{Q}(\boldsymbol{E}_1+\boldsymbol{E}_2+\cdots+\boldsymbol{E}_k)\cdot\mathrm{d}\boldsymbol{l}$$

$$=q_0\int_{P\,(L)}^{Q}\boldsymbol{E}_1\cdot\mathrm{d}\boldsymbol{l}+q_0\int_{P\,(L)}^{Q}\boldsymbol{E}_2\cdot\mathrm{d}\boldsymbol{l}+\cdots+q_0\int_{P\,(L)}^{Q}\boldsymbol{E}_k\cdot\mathrm{d}\boldsymbol{l},$$

由于上式右方的每一项都与路径无关，所以总电场力的功 $A_{PQ}$ 也与路径无关.

这样，我们得出结论：试探电荷在任何静电场中移动时，电场力所做的功，只与这试探电荷电量的大小及其起点、终点的位置有关，与路径无关.

静电场力做功与路径无关这一结论，还可以表述成另一种等价的形式. 如图 1-39，在静电场中取一任意闭合环路 $L$，考虑场强 $\boldsymbol{E}$ 沿此闭合环路的线积分 $\oint_L\boldsymbol{E}\cdot\mathrm{d}\boldsymbol{l}$. 先在 $L$ 上取任意两点 $P$、$Q$，它们把 $L$ 分成 $L_1$ 和 $L_2$ 两段. 因此，

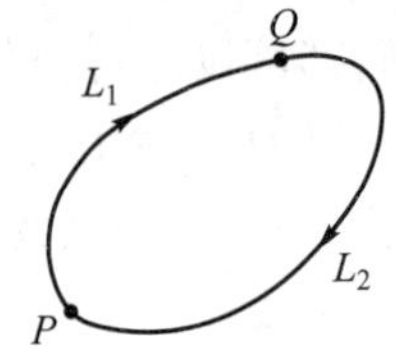

图 1-39　静电场的环路定理

$$\oint_L\boldsymbol{E}\cdot\mathrm{d}\boldsymbol{l}=\int_{P\,(L_1)}^{Q}\boldsymbol{E}\cdot\mathrm{d}\boldsymbol{l}+\int_{Q\,(L_2)}^{P}\boldsymbol{E}\cdot\mathrm{d}\boldsymbol{l}$$

$$=\int_{P\,(L_1)}^{Q}\boldsymbol{E}\cdot\mathrm{d}\boldsymbol{l}-\int_{P\,(L_2)}^{Q}\boldsymbol{E}\cdot\mathrm{d}\boldsymbol{l},$$

由于做功与路径无关，

$$\int_{P\,(L_1)}^{Q}\boldsymbol{E}\cdot\mathrm{d}\boldsymbol{l}=\int_{P\,(L_2)}^{Q}\boldsymbol{E}\cdot\mathrm{d}\boldsymbol{l}\text{ 或 }\int_{P\,(L_1)}^{Q}\boldsymbol{E}\cdot\mathrm{d}\boldsymbol{l}-\int_{P\,(L_2)}^{Q}\boldsymbol{E}\cdot\mathrm{d}\boldsymbol{l}=0,$$

故

$$\oint_L\boldsymbol{E}\cdot\mathrm{d}\boldsymbol{l}=0.\tag{1.20}$$

上式表示，静电场中场强沿任意闭合环路的线积分恒等于 0. 这定理没有通用的名称，我们且把它叫作静电场的环路定理，它和“静电场力做功与路径无关”的说法完全等价.

1.3.1 节提出的静电场中电场线的第(4)个性质，即它不可能是闭合线，需要用环路定理来证明. 证明利用反证法①：先假设电场线是闭合线. 这样，我们就可取这闭合线为积分环路，这时 $\cos\theta=1$，各段上 $\boldsymbol{E}\cdot\mathrm{d}\boldsymbol{l}=E\cos\theta\mathrm{d}l=E\mathrm{d}l$ 都是正的，于是整个环路积分的数值不可能等于 0，这与静电场的环路定理相矛盾. 所以我们的假设(电场线是闭合线)不正确，即静电场中电场线不可能是闭合线.

### 1.4.2　电势差与电势

任何做功与路径无关的力场，叫作保守力场，或势场，在这类场中可以引进“势能”的概念. 例如，在力学中，重力场做功与路径无关，所以重力场是个保守力场，我们可以引进“重力势能”的概念. 上述定理表明，静电场也是保守力场，从而我们可引进“电势能”的概念(如图 1-40).

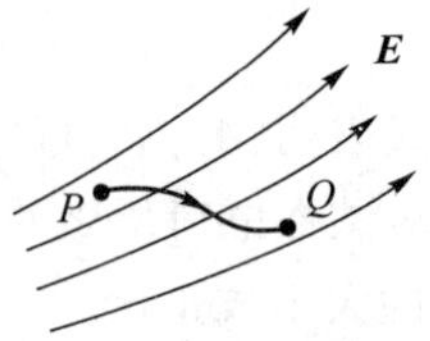

图 1-40　电势能差与电势差的定义

设想在电场中把一个试探电荷 $q_0$ 从 $P$ 点移至 $Q$ 点，它的电势能的减少 $W_{PQ}$ 定义为在此过程中静电场力对它做的功 $A_{PQ}$，即

① 证明一个命题的反面不可能，就等于肯定了命题的正面成立. 这种逻辑推理的方法，叫作反证法.

$$W_{PQ}=A_{PQ}=q_0\int_P^Q \boldsymbol{E}\cdot \mathrm{d}\boldsymbol{l}. \tag{1.21}$$

根据上面的定理，$W_{PQ}$只由 $P$、$Q$ 两点的位置所决定，与移动的路径无关.

$W_{PQ}$也可定义为把 $q_0$ 从 $Q$ 点移到 $P$ 点的过程中抵抗静电场力的功 $A'_{QP}$. 在物理学中，所谓"抵抗"某力 $\boldsymbol{F}$ 做功，就是指一个与 $\boldsymbol{F}$ 大小相等、方向相反的力 $\boldsymbol{F}'$所做的功. 因电场力 $\boldsymbol{F}=q_0\boldsymbol{E}$，故 $\boldsymbol{F}'=-\boldsymbol{F}=-q_0\boldsymbol{E}$，按照定义，

$$W_{PQ}=A'_{QP}=\int_Q^P \boldsymbol{F}'\cdot \mathrm{d}\boldsymbol{l}=-q_0\int_Q^P \boldsymbol{E}\cdot \mathrm{d}\boldsymbol{l}, \tag{1.21$'$}$$

不难看出，式(1.21)和式(1.21′)完全等价：

$$-q_0\int_Q^P \boldsymbol{E}\cdot \mathrm{d}\boldsymbol{l}=q_0\int_P^Q \boldsymbol{E}\cdot \mathrm{d}\boldsymbol{l}.$$

应注意，在这里"抵抗"一词只具有形式的意义，实际上是否真有一个与 $\boldsymbol{F}$ 对抗的力，以及 $\boldsymbol{F}$ 和 $\boldsymbol{F}'$哪个做正功、哪个做负功，都是无关紧要的. 只要在物体从 $P$ 到 $Q$ 移动的过程中力 $\boldsymbol{F}$ 做了功 $A_{PQ}$，我们就可以说抵抗 $\boldsymbol{F}$ 做了功 $A'_{QP}=-A_{QP}$；在从 $Q$ 到 $P$ 的移动过程中 $\boldsymbol{F}$ 做了功 $A_{QP}$，也就是抵抗 $\boldsymbol{F}$ 做了功 $A'_{QP}=-A_{QP}$（它又等于 $A_{PQ}$）. 所有这些都不过是相互等价的不同说法而已.

式(1.21)表明，$W_{PQ}$与试探电荷的电荷量 $q_0$ 成正比. 换句话说，比值$\dfrac{W_{PQ}}{q_0}$与试探电荷无关，它反映了电场本身在 $P$、$Q$ 两点的性质. 这个量定义为电场中 $P$、$Q$ 两点间的电势差，或称电势降落、电压. 用 $U_{PQ}$来表示，则有

$$U_{PQ}=\frac{W_{PQ}}{q_0}=\frac{A_{PQ}}{q_0}=\int_P^Q \boldsymbol{E}\cdot \mathrm{d}\boldsymbol{l}, \tag{1.22}$$

用文字来表述，就是 $P$、$Q$ 两点间的电势差定义为从 $P$ 到 $Q$移动单位正电荷时电场力所做的功，或者说，单位正电荷的电势能差.

上面介绍的是电场中两点之间的电势差，如果要问空间某一点的电势数值为多少，则需选定参考点. 令参考点的电势为 0，则其他各点与此参考点之间的电势差定义为该点的电势值. 在理论计算中，如果带电体系局限在有限大小的空间里，通常选择无穷远点为电势的参考位置. 这样一来，空间任一点 $P$ 的电势 $U(P)$就等于电势差 $U_{P\infty}$，即

$$U(P)=U_{P\infty}=\frac{A_{P\infty}}{q_0}=\int_P^\infty \boldsymbol{E}\cdot \mathrm{d}\boldsymbol{l}. \tag{1.23}$$

由于电场力做功与路径无关，对于空间任意两点 $P$ 和 $Q$，我们有

$$\begin{aligned}\int_P^Q \boldsymbol{E}\cdot \mathrm{d}\boldsymbol{l}&=\int_P^\infty \boldsymbol{E}\cdot \mathrm{d}\boldsymbol{l}+\int_\infty^Q \boldsymbol{E}\cdot \mathrm{d}\boldsymbol{l}\\&=\int_P^\infty \boldsymbol{E}\cdot \mathrm{d}\boldsymbol{l}-\int_Q^\infty \boldsymbol{E}\cdot \mathrm{d}\boldsymbol{l},\end{aligned}$$

即

$$U_{PQ}=U(P)-U(Q), \tag{1.24}$$

亦即 $P$、$Q$ 两点间的电势差 $U_{PQ}$等于 $P$ 点的电势 $U(P)$减 $Q$ 点的电势 $U(Q)$.

在实际工作中常常以大地或电器外壳的电势为 0. 改变参考点，各点电势的数值将随之而变，但两点之间的电势差与参考点的选择无关.

从定义式可以看出，电势差和电势的单位应是 J/C，这个单位有个专门名称，叫作伏特，简称

伏,用 V 表示:

$$1\ \mathrm{V}=\frac{1\ \mathrm{J}}{1\ \mathrm{C}}.$$

从式(1.22)还可看出,电场强度的单位应是电势差的单位除以长度的单位,即 V/m,这与前面给出的 N/C 是一样的.

**[例题 1]** 求单个点电荷 $q$ 产生的电场中各点的电势.

**[解]** 利用公式(1.23)进行计算.因为电场力的功与路径无关,计算公式中的积分时,我们就选取一条便于计算的路径,即沿径矢的直线(见图 1-41),于是有

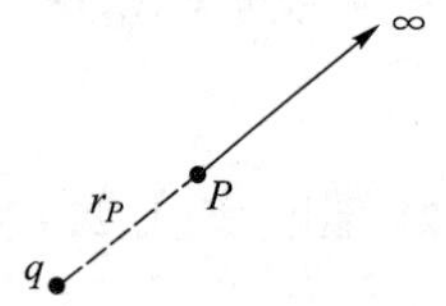

图 1-41 例题 1—求单个点电荷产生的电势分布

$$U(P)=\int_P^\infty \boldsymbol{E}\cdot\mathrm{d}\boldsymbol{l}=\int_{r_P}^\infty E\mathrm{d}r$$
$$=\frac{q}{4\pi\varepsilon_0}\int_{r_P}^\infty\frac{\mathrm{d}r}{r^2}=\frac{1}{4\pi\varepsilon_0}\frac{q}{r_P},$$

其中 $r_P$ 表示 $P$ 点到点电荷 $q$ 的距离.由于 $P$ 点是任意的,$r_P$ 的下标可以略去,于是,我们得到点电荷 $q$ 产生的电场中电势的分布公式:

$$U=\frac{1}{4\pi\varepsilon_0}\frac{q}{r}. \qquad (1.25)$$

**[例题 2]** 求均匀带电球壳产生的电场中电势的分布,设球壳总电荷量为 $q$,半径为 $R$.

**[解]** 在 §1.3 例题 1 中我们已求得带电球壳的场强分布为

$$E=\begin{cases}\dfrac{1}{4\pi\varepsilon_0}\dfrac{q}{r^2} & (r>R),\\ 0 & (r<R),\end{cases}$$

方向沿径矢.因此计算电势时我们仍和点电荷的情形一样,沿着径矢积分.

在球壳外($r>R$),结果与点电荷情形一样,

$$U(P)=\int_P^\infty \boldsymbol{E}\cdot\mathrm{d}\boldsymbol{l}=\frac{1}{4\pi\varepsilon_0}\frac{q}{r_P},$$

若 $P$ 点在球壳内($r<R$),积分要分两段,如图 1-42(a):一段由 $P$ 到球壳表面($r=R$ 处),在这段里 $E=0$;另一段由 $r=R$ 处到∞,只有这段对积分有贡献.于是

$$U(P)=\int_P^\infty \boldsymbol{E}\cdot\mathrm{d}\boldsymbol{l}=\frac{q}{4\pi\varepsilon_0}\int_R^\infty\frac{\mathrm{d}r}{r^2}$$
$$=\frac{1}{4\pi\varepsilon_0}\frac{q}{R}.$$

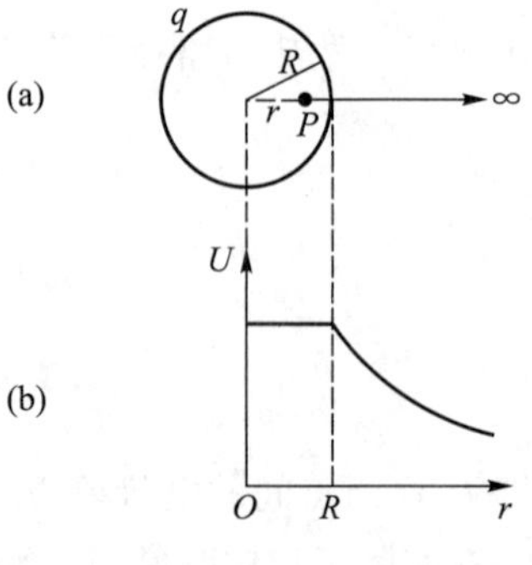

图 1-42 例题 2—均匀带电球壳的电势分布

由此可见,在球壳外的电势分布与点电荷情形一样,在球壳内电势到处与球壳表面的值一样,是个常量.电势随 $r$ 的变化情况示于图 1-42(b),可以看出,在球壳表面,$U$ 与 $E$ 不同,它的数值没有跃变[请对比图 1-34(d)].

上面两个例题都是通过已知的场强分布计算电势的,我们也可以通过已知的电势差计算电场力的功.为此我们把式

(1.22)改写为

$$W_{PQ}=A_{PQ}=qU_{PQ}=q[U(P)-U(Q)]. \tag{1.26}$$

在任何情况下,电荷在电场力的推动下运动时,其电势能总是趋于减少[参看思考题1.4-6(2)].上式表明,若 $U(P)>U(Q)$ 且 $q>0$,或 $U(P)<U(Q)$ 且 $q<0$,我们有 $A_{PQ}>0$, $W_{PQ}>0$,即从 $P$ 到 $Q$ 电场力做正功,电势能减少.由此可见,在电场力的推动下,正电荷从电势高的地方奔向电势低的地方,而负电荷从电势低的地方奔向电势高的地方.对正、负电荷有这样相反的结论并不奇怪,因为电势差 $U_{PQ}$ 是单位正电荷的电势能差,对正电荷来说,电势高就意味着电势能高;由于负电荷受到的电场力方向与正电荷相反,对负电荷来说,电势高就意味着电势能低.

**[例题3]** 一示波管中阳极A和阴极K之间的电压是3 000 V(即从阳极A到阴极K电势下降3 000 V),求从阴极发射出的电子到达阳极时的速度,设电子从阴极出发时初速度为0.

**[解]** 电子带负电($q_e=-e=-1.60\times10^{-19}$ C),所以它沿电势升高的方向加速运动,即从阴极K出发到达阳极A.利用公式(1.26)可以算出在此过程中电场力的功为

$$\begin{aligned}A_{KA}&=-eU_{KA}=(-1.60\times10^{-19}\ \mathrm{C})\times(-3\ 000\ \mathrm{V})\\&=4.80\times10^{-16}\ \mathrm{J}.\end{aligned}$$

电场力做功使电子动能增加,所以电子到达阳极时获得动能为

$$\frac{1}{2}m_e v^2=-eU_{KA}=4.80\times10^{-16}\ \mathrm{J}.$$

又因电子质量 $m_e=9.11\times10^{-31}$ kg,所以电子到达阳极时的速率为

$$\begin{aligned}v&=\sqrt{\frac{-2eU_{KA}}{m_e}}=\sqrt{\frac{2\times4.80\times10^{-16}}{9.11\times10^{-31}}}\ \mathrm{m/s}\\&=3.25\times10^{7}\ \mathrm{m/s}.\end{aligned}$$

由以上例题可见,和所有利用能量方法处理问题时一样,知道了电压,可以不去追究电场如何分布,以及电子沿怎样的轨迹运动等具体问题,就可求得它的动能和速率.

$e=1.60\times10^{-19}$ C 是微观粒子带电的基本单位.任何一个带有 $+e$ 或 $-e$ 的粒子,只要飞越一个电势差为1 V的区间,电场力就对它做功 $A=1.60\times10^{-19}\ \mathrm{C}\times1\ \mathrm{V}=1.60\times10^{-19}$ J,从而粒子本身就获得这么多能量(动能).在近代物理学中为了方便,就把这么多的能量叫作一个**电子伏特**(eV),而不再换算成焦耳.应当注意,"电子伏特"已不是电势差的单位了,它是能量的单位,即

$$1\ \mathrm{eV}=1.60\times10^{-19}\ \mathrm{J}.$$

在近代物理学中微观粒子的能量往往很高,这时就用千电子伏 keV($=10^3$ eV),兆电子伏 MeV($=10^6$ eV),吉电子伏 GeV($=10^9$ eV),太电子伏 TeV($=10^{12}$ eV)等.

### 1.4.3 电势叠加原理

现在计算点电荷组在空间产生的电势分布.由公式(1.23),并利用上述场强叠加原理得

$$\begin{aligned}U(P)&=\int_P^\infty \boldsymbol{E}\cdot\mathrm{d}\boldsymbol{l}=\int_P^\infty(\boldsymbol{E}_1+\boldsymbol{E}_2+\cdots+\boldsymbol{E}_k)\cdot\mathrm{d}\boldsymbol{l}\\&=\int_P^\infty \boldsymbol{E}_1\cdot\mathrm{d}\boldsymbol{l}+\int_P^\infty \boldsymbol{E}_2\cdot\mathrm{d}\boldsymbol{l}+\cdots+\int_P^\infty \boldsymbol{E}_k\cdot\mathrm{d}\boldsymbol{l}\\&=U_1(P)+U_2(P)+\cdots+U_k(P),\end{aligned} \tag{1.27}$$

式中
$$U_1(P)=\int_P^{\infty}\boldsymbol{E}_1\cdot \mathrm{d}\boldsymbol{l}=\frac{1}{4\pi\varepsilon_0}\frac{q_1}{r_1},$$
$$U_2(P)=\int_P^{\infty}\boldsymbol{E}_2\cdot \mathrm{d}\boldsymbol{l}=\frac{1}{4\pi\varepsilon_0}\frac{q_2}{r_2},$$
$$\cdots\cdots\cdots\cdots$$
$$U_k(P)=\int_P^{\infty}\boldsymbol{E}_k\cdot \mathrm{d}\boldsymbol{l}=\frac{1}{4\pi\varepsilon_0}\frac{q_k}{r_k},$$
它们分别是点电荷 $q_1,q_2,\cdots,q_k$ 单独存在时 $P$ 点的电势.式(1.27)表明:点电荷组的电场中某点的电势,是各个点电荷单独存在时的电场在该点电势的代数和,这就是电势叠加原理(如图1-43).

前面讲过,可以把任何带电体系视为点电荷组.当带电体系的电荷分布已知时,我们就可以利用电势叠加原理求其电场的电势分布.请看下一例题.

[**例题4**]　求距电偶极子相当远的地方任一点的电势.已知电偶极子中两电荷 $-q$、$+q$ 的距离为 $l$.

[**解**]　设场点 $P$ 到 $\pm q$ 的距离为 $r_+$ 和 $r_-$(图1-44),则 $\pm q$ 单独存在时 $P$ 点的电势分别为
$$U_+=\frac{1}{4\pi\varepsilon_0}\frac{q}{r_+},$$
$$U_-=\frac{1}{4\pi\varepsilon_0}\frac{(-q)}{r_-}.$$

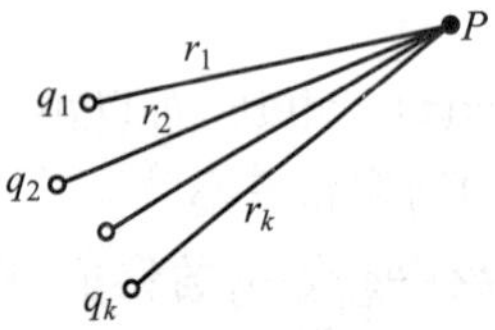

图1-43　电势的叠加

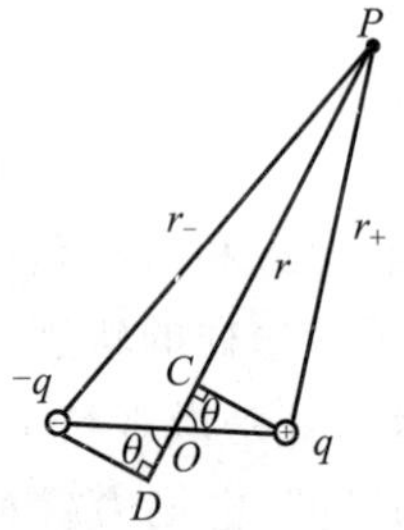

图1-44　例题4—求电偶极子的电势分布

根据电势叠加原理
$$U=U_++U_-=\frac{q}{4\pi\varepsilon_0}\left(\frac{1}{r_+}-\frac{1}{r_-}\right).$$

下面进行近似计算.设 $P$ 点到电偶极子中点 $O$ 的距离为 $r$,$PO$ 连线与偶极矩方向的夹角为 $\theta$,以 $P$ 为中心作两圆弧分别通过 $\pm q$,弧与 $PO$ 连线分别交于 $C$、$D$,则 $PC=r_+$,$PD=r_-$.由于 $r\gg l$,两弧线都可近似地看成是 $PO$ 的垂线,所以
$$CO\approx OD\approx\frac{l}{2}\cos\theta,$$
于是
$$r_+\approx r-\frac{l}{2}\cos\theta,\quad r_-\approx r+\frac{l}{2}\cos\theta.$$
代入 $U$ 的表达式后,得

$$U=\frac{q}{4\pi\varepsilon_0}\left(\frac{1}{r-\frac{l}{2}\cos\theta}-\frac{1}{r+\frac{l}{2}\cos\theta}\right)$$

$$=\frac{q}{4\pi\varepsilon_0}\frac{\left(r+\frac{l}{2}\cos\theta\right)-\left(r-\frac{l}{2}\cos\theta\right)}{\left(r-\frac{l}{2}\cos\theta\right)\left(r+\frac{l}{2}\cos\theta\right)}$$

$$=\frac{q}{4\pi\varepsilon_0}\frac{l\cos\theta}{r^2-\left(\frac{l}{2}\cos\theta\right)^2},$$

忽略 $l$ 的平方项,即得

$$U\approx\frac{1}{4\pi\varepsilon_0}\frac{ql\cos\theta}{r^2}=\frac{1}{4\pi\varepsilon_0}\frac{p\cos\theta}{r^2}$$

或

$$U=\frac{1}{4\pi\varepsilon_0}\frac{\boldsymbol{p}\cdot\boldsymbol{e}_r}{r^2}. \tag{1.28}$$

这里用到 $p=ql$ 及 $\boldsymbol{p}=q\boldsymbol{l}$ 的关系. 我们再一次看到,电偶极子在远处的性质是由它的偶极矩 $\boldsymbol{p}$ 来表征的.

以上的例题 1、例题 2 是用场强积分法求电势,例题 4 是用电势叠加法求电势. 当场强分布已知,或因带电体系具有一定的对称性,因而场强分布易用高斯定理求出时,可以用场强积分的方法求电势. 当带电体系的电荷分布已知,且带电体系对称性又不强时,宜用电势叠加法计算电势. 由于电势是个标量,因此电势叠加比场强叠加的计算简单得多.

### 1.4.4 等势面

电场中场强的分布可借助电场线图来形象地描绘,电势的分布是否也可形象地描绘出来呢? 同样可以,这就是等势面图.

一般说来,静电场中的电势值是逐点变化的,但总有一些点的电势值彼此相同,可以看出,这些电势值相同的点,又往往处在一定的曲面(或平面)上. 例如点电荷 $q$ 产生的电场中电势 $U=\frac{1}{4\pi\varepsilon_0}\frac{q}{r}$ 只与距离 $r$ 有关,这就是说,距 $q$ 等远的各点电势值彼此相等. 这些点处在以 $q$ 为中心的球面上. 我们把这些电势相等的点所组成的面叫作等势面. 所以点电荷的电场中等势面如图 1-45 所示,就是一系列以 $q$ 为中心的同心球面.

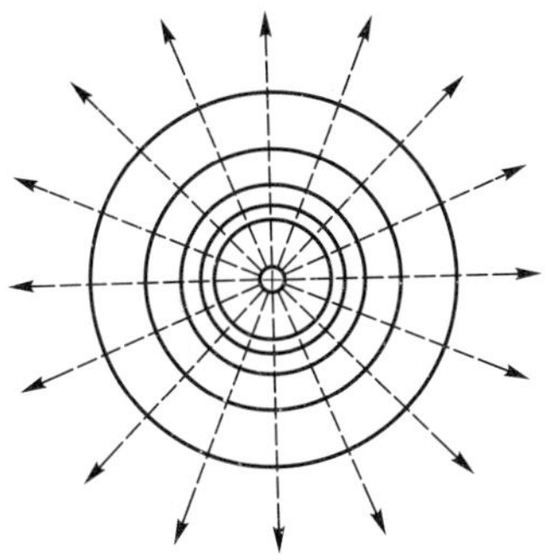

图 1-45 点电荷的等势面

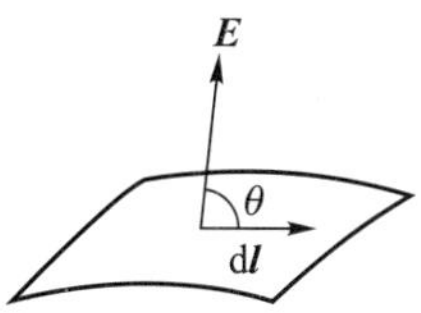


图 1-46 场强与等势面垂直

综合各种等势面图，可以看出等势面有如下的性质：

（1）等势面与电场线处处正交.

在点电荷的特例里我们看到，二者是处处正交的. 可以论证，在普遍的情况下这个结论也成立. 证明如下：首先，当电荷沿等势面移动时，电场力不会做功，这是因为 $A_{PQ}=q_0[U(P)-U(Q)]$，而在等势面上任意两点间电势差 $U(P)-U(Q)=0$，所以 $A_{PQ}=0$. 如图 1-46，设一试探电荷 $q_0$ 沿等势面取一任意元位移 $\mathrm{d}l$，于是电场力做功 $q_0E\mathrm{d}l\cos\theta=0$，但 $q_0$、$E$、$\mathrm{d}l$ 都不等于零，所以必然有 $\cos\theta=0$，即 $\theta=\pi/2$. 这就是说场强 $\boldsymbol{E}$ 与 $\mathrm{d}\boldsymbol{l}$ 垂直. 要使得场强 $\boldsymbol{E}$ 与等势面上的任意线元 $\mathrm{d}\boldsymbol{l}$ 垂直，那么电场强度（或电场线）与等势面就必须处处正交.

下面图 1-47 中给出了另外一些带电体系的等势面和电场线分布. 可以清楚地看到，它们的等势面与电场线也彼此正交.

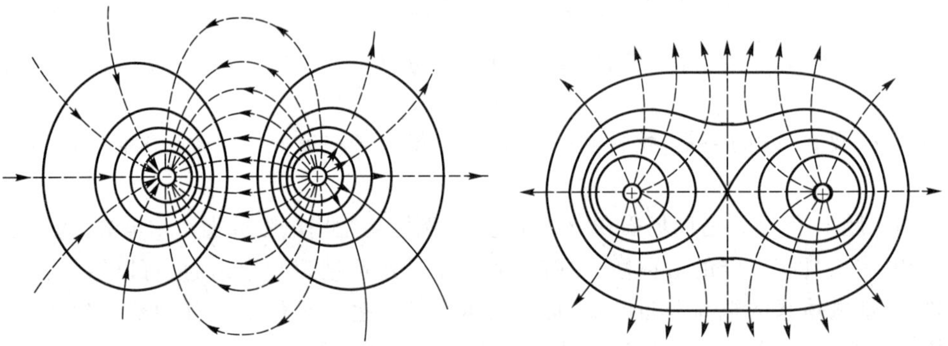

(a) 等量异号点电荷　　(b) 等量同号点电荷

图 1-47　两个点电荷的等势面

（2）等势面较密集的地方场强大，较稀疏的地方场强小.

根据等势面的分布图，我们不仅可以知道场强的方向，还可判断它的大小. 如图 1-48，取一对电势分别为 $U$ 和 $U+\Delta U$ 的邻近等势面，作一条电场线与两等势面分别交于 $P$、$Q$，因为两个面十分接近，$PQ$ 可看成是两等势面间的垂直距离 $\Delta n$. 由于 $\Delta n$ 很小，根据式（1.22），则有

$$|\Delta U|=\left|\int_P^Q \boldsymbol{E}\cdot\mathrm{d}\boldsymbol{l}\right|\approx E\Delta n,$$

或

$$E\approx\left|\frac{\Delta U}{\Delta n}\right|,$$

取 $\Delta n\to 0$ 的极限，得

$$E=\left|\lim_{\Delta n\to 0}\frac{\Delta U}{\Delta n}\right|. \tag{1.29}$$

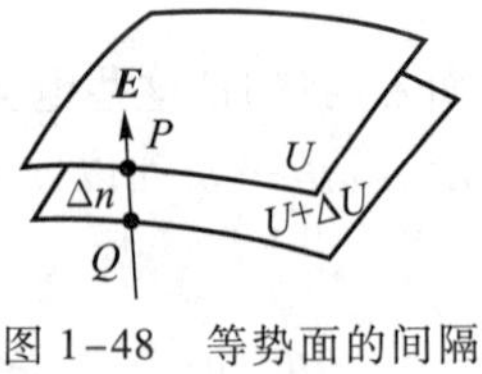


图 1-48　等势面的间隔 $\Delta n$ 与场强

式（1.29）表明，在同一对邻近的等势面间，$\Delta n$ 小的地方 $E$ 大，$\Delta n$ 大的地方 $E$ 小. 如果我们在作等势面图时，取所有各等势面间的电势间隔 $\Delta U$ 都一样，则上述结论还可用于其他各对等势面之间. 由此可见，通过等势面的疏密，可以反映出场强的大小来.

根据等势面和电场线处处正交这一性质，我们便可以从电场线图大致估计出电势的分布情况，反之我们也可以从等势面图大致估计出场强的分布情况. 在第二章中我们将看到，实际上我

们往往不是先知道电场线的分布，而是先知道等势面的分布．这不仅仅因为电势比场强容易计算，也不仅仅因为用实验的方法精确地描绘等势面图比描绘电场线图方便得多，更重要的是因为在遇到的很多实际场合里，用外部条件来控制的不是电荷的分布，而是电场中某些等势面的形状及其电势值．控制等势面的形状和电势值的方法是靠导体这样一种性质：当我们把任何形状的导体放入静电场并达到静电平衡状态后，导体内部的电势处处相等，而导体表面则形成一个等势面（见§2.1）．等势面概念在实际中有着相当重要的意义．

［**例题 5**］　图 1-49(a)是一对无限长的平行带电导线周围的等势面分布图．两导线带等量异号电荷，电荷线密度均匀．图 1-49(b)是垂直于两导线的截面图，每个等势面在这里截出一条曲线——等势线．图 1-49(c)中，$P$、$Q$ 两点间的距离为 0.08 cm，$P$、$Q$ 连线与等势面垂直，沿电势增加的方向，各等势面上的电势值见图．求 $P$、$Q$ 间的电场强度大小 $E$．

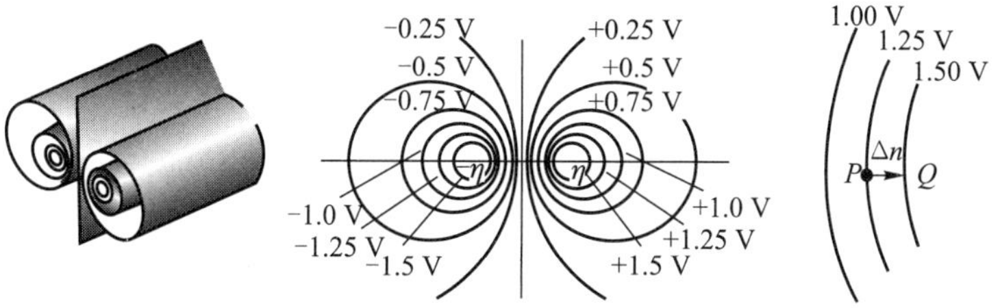


(a) 等势面　　(b) 等势线　　(c) 求$P$、$Q$间的场强

图 1-49　例题 5——一对无限长平行带电导线的等势面

［**解**］　根据式(1.29)

$$E \approx \left|\frac{\Delta U}{\Delta n}\right| = \left|\frac{U(Q)-U(P)}{\Delta n}\right|$$

$$=\frac{(1.50-1.25)\text{ V}}{0.08\times10^{-2}\text{ m}} = 3.1\times10^{2}\text{ V/m}.$$

## 1.4.5　电势的梯度

任何空间坐标的标量函数，叫作标量场．电势 $U$ 是个标量，它在空间每点有一定的数值，所以电势是个标量场．

“梯度”一词，通常指一个物理量的空间变化率．用数学语言来说，就是物理量对空间坐标的微商．在三维空间里，一个标量场沿不同方向的变化率不同．我们在一对彼此很靠近的等势面之间取一任意方向的线段 $PQ'$，设其长度为 $\Delta l$（图 1-50），则 $U$ 沿此方向的微商为

$$\frac{\partial U}{\partial l} = \lim_{\Delta l\to 0}\frac{\Delta U}{\Delta l}, \tag{1.30}$$

$\frac{\partial U}{\partial l}$叫作 $U$ 沿 $\overrightarrow{PQ}' = \Delta \boldsymbol{l}$ 的方向微商，这是一种偏微商．

在等势面间取垂直距离 $\overrightarrow{PQ} = \Delta \boldsymbol{n}$，它指向沿电势增加的方向，则沿此方向的微商为

$$\frac{\partial U}{\partial n} = \lim_{\Delta n\to 0}\frac{\Delta U}{\Delta n}. \tag{1.31}$$

我们来看看$\frac{\partial U}{\partial l}$和$\frac{\partial U}{\partial n}$这两个沿不同方向的微商之间的关系. 设 $\Delta \boldsymbol{l}$ 和 $\Delta \boldsymbol{n}$ 之间的夹角为 $\theta$,则 $\Delta n=\Delta l\cos\theta$. 从式(1.30)和式(1.31)可以看出

$$\frac{\partial U}{\partial l}\frac{1}{\cos\theta}=\frac{\partial U}{\partial n}\quad 或\quad \frac{\partial U}{\partial l}=\frac{\partial U}{\partial n}\cos\theta.$$

上式表明

$$\frac{\partial U}{\partial l}\leqslant\frac{\partial U}{\partial n}.$$

亦即,$U$ 沿 $\Delta \boldsymbol{n}$ 方向的微商最大,其余方向的微商等于它乘以 $\cos\theta$. 这正是一个矢量的投影和它的绝对值的关系. 所以我们可以定义一个矢量,它沿着 $\Delta \boldsymbol{n}$ 方向,大小等于$\frac{\partial U}{\partial n}$. 这个矢量叫作 $U$ 的**梯度**,用 grad $U$ 或 $\nabla U$ 来表示. 沿其余方向的微商$\frac{\partial U}{\partial l}$是梯度矢量 $\nabla U$ 在该方向上的投影.

前面式(1.29)表明,场强 $\boldsymbol{E}$ 的大小为

$$E=\left|\lim_{\Delta n\to 0}\frac{\Delta U}{\Delta n}\right|=\left|\frac{\partial U}{\partial n}\right|,$$

$\boldsymbol{E}$ 总是指向电位减少的方向,即 $\boldsymbol{E}$ 与 $\Delta \boldsymbol{n}$ 方向相反,故 $\boldsymbol{E}$ 应等于电位梯度的负值:

$$\boldsymbol{E}=-\nabla U, \tag{1.32}$$

它在任意方向 $\Delta \boldsymbol{l}$ 上的投影 $E_l$ 为

$$E_l=-\frac{\partial U}{\partial l}. \tag{1.33}$$

利用这些结果,可以从已知的电势分布求场强.

**[例题 6]**　求均匀带电圆形细环轴线上的电势和场强分布. 设环的半径为 $R$,电荷的线密度为 $\eta_e$(图 1-51).

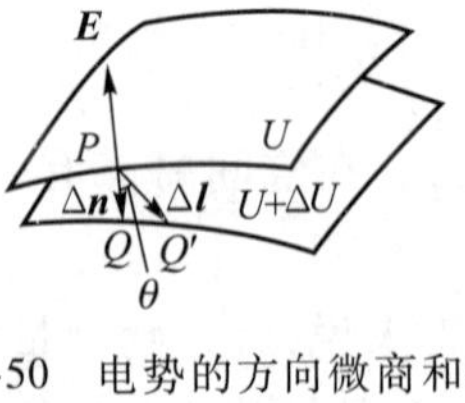


图 1-50　电势的方向微商和梯度

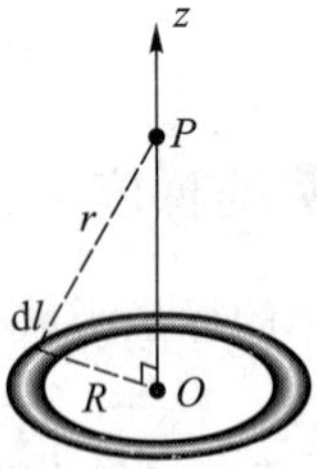


图 1-51　例题 6—求均匀带电圆环产生的电势与场强

**[解]**　(i) 电势分布

取轴线为 $z$ 轴,圆心 $O$ 为原点,在轴上取任一场点 $P$,其坐标为 $z$,它到圆环上每一线段 d$l$ 的距离为

$$r=\sqrt{R^2+z^2},$$

$r$ 在整个圆周上是常量. 按照电势叠加原理,整个圆环在 $P$ 点产生的电势为各线元 d$l$ 产生电势的标量叠加:

$$U(z)=\frac{1}{4\pi\varepsilon_0}\int_0^{2\pi R}\frac{\eta_e \mathrm{d}l}{r}=\frac{\eta_e}{4\pi\varepsilon_0 r}\int_0^{2\pi R}\mathrm{d}l=\frac{\eta_e R}{2\varepsilon_0 r}$$

$$=\frac{\eta_e R}{2\varepsilon_0\sqrt{R^2+z^2}}.$$

（ii）场强分布

根据式(1.33)，轴线上场强的投影为

$$E_z=-\frac{\partial U}{\partial z}=\frac{\eta_e zR}{2\varepsilon_0(R^2+z^2)^{3/2}}.$$

从对称性可以看出，场强矢量的方向就沿轴线，而它的大小 $E=|E_z|$.

从上面的例题中我们看到，由于电势是标量，用叠加原理来计算比计算场强矢量简便得多.所以，我们往往先求出电势，然后利用方向微商或梯度的方法求场强.这从一个方面体现了引进电势这个标量的优越性.

上述例题是比较简单的，因为我们只计算圆环轴线上的电势和场强分布.这里由于对称性，场强的方向可以预先判知，从而只需计算一个方向上的微商就够了.在普遍的情况下，我们需要选取适当的坐标系，求出电势梯度的三个分量.

若取直角坐标系$(x,y,z)$，可依次令式(1.33)中的 $\Delta l$ 代表沿三个坐标轴方向的位移 $\Delta x$、$\Delta y$、$\Delta z$，分别微商可得场强的三个分量为

$$E_x=-\frac{\partial U}{\partial x},\quad E_y=-\frac{\partial U}{\partial y},\quad E_z=-\frac{\partial U}{\partial z}. \tag{1.34}$$

同理，在柱坐标系$(\rho,\varphi,z)$中，场强的三个分量为

$$E_\rho=-\frac{\partial U}{\partial \rho},\quad E_\varphi=-\frac{1}{\rho}\frac{\partial U}{\partial \varphi},\quad E_z=-\frac{\partial U}{\partial z}. \tag{1.35}$$

在球坐标系$(r,\theta,\varphi)$中，则有

$$E_r=-\frac{\partial U}{\partial r},\quad E_\theta=-\frac{1}{r}\frac{\partial U}{\partial \theta},\quad E_\varphi=-\frac{1}{r\sin\theta}\frac{\partial U}{\partial \varphi}. \tag{1.36}$$

以上各式的导出，详见附录 A 中的 A.3 节.

**［例题 7］** 利用例题 4 的结果求电偶极子的场强分布（图 1-52）.

**［解］** 例题 4 的结果为

$$U=\frac{1}{4\pi\varepsilon_0}\frac{p\cos\theta}{r^2},$$

这公式实际上采用的是球坐标系，其极轴沿偶极矩 $\boldsymbol{p}$，原点 $O$ 位于偶极子的中心.由于轴对称性，$U$ 与方位角 $\varphi$ 无关.根据式(1.36)，$\boldsymbol{E}$ 的三个分量为

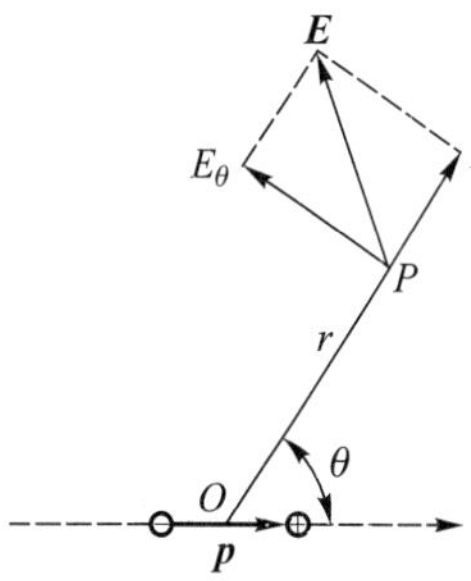

图 1-52 例题 7——电偶极子的场强

$$\left.\begin{aligned}E_r&=-\frac{\partial U}{\partial r}=\frac{1}{4\pi\varepsilon_0}\frac{2p\cos\theta}{r^3},\\E_\theta&=-\frac{1}{r}\frac{\partial U}{\partial \theta}=\frac{1}{4\pi\varepsilon_0}\frac{p\sin\theta}{r^3},\\E_\varphi&=-\frac{1}{r\sin\theta}\frac{\partial U}{\partial \varphi}=0.\end{aligned}\right\} \tag{1.37}$$

在偶极子的延长线上 $\theta=0$ 或 $\pi$，$E_\theta=0$，

$$E=E_r=\frac{1}{4\pi\varepsilon_0}\frac{2p}{r^3},$$

在中垂面上 $\theta=\frac{\pi}{2}, E_r=0$，

$$E=E_\theta=\frac{1}{4\pi\varepsilon_0}\frac{p}{r^3}.$$

这结果与§1.2中用场强叠加法求得的式(1.7)一致.

### 1.4.6　小结

静电场的基本规律是库仑定律和场强叠加原理.

从库仑定律和场强叠加原理出发可以导出两条基本定理：

$$\begin{cases}\text{高斯定理} \quad \oiint_S \boldsymbol{E}\cdot \mathrm{d}\boldsymbol{S}=\frac{1}{\varepsilon_0}\sum q,\\ \text{环路定理} \quad \oint_L \boldsymbol{E}\cdot \mathrm{d}\boldsymbol{l}=0,\end{cases}$$

后者是引进电势概念的先决条件.两条定理各自反映静电场性质的一个侧面，只有两者结合起来才全面地反映了静电场的性质.

为了描述静电场的分布，引入了两个物理量——电场强度 $\boldsymbol{E}$ 和电势 $U$.前者是矢量，服从矢量叠加原理；后者是标量，服从标量叠加原理.两者之间是微分和积分的关系：

$$\begin{cases}U(P)=\int_P^\infty \boldsymbol{E}\cdot \mathrm{d}\boldsymbol{l}\\ E_l=-\frac{\partial U}{\partial l}, \quad \boldsymbol{E}=-\nabla U.\end{cases}$$

已知其中之一的分布，就可利用上式求另一个的分布.由于电势是标量，它的计算往往比场强容易，所以计算电场时，可以先算出电势，然后利用梯度求场强.只有在一定对称性的情况下，场强才能较方便地利用高斯定理求得，这时就可根据式(1.23)用线积分计算电势.

## 思　考　题

**1.4-1**　假如电场力的功与路径有关，定义电势差的公式

$$U_{PQ}=U(P)-U(Q)=\int_P^Q \boldsymbol{E}\cdot \mathrm{d}\boldsymbol{l}$$

还有没有意义？从原则上说，这时还能不能引入电势差、电势的概念？

**1.4-2**　(1) 在题图(a)所示情形里，把一个正电荷从 $P$ 移动到 $Q$，电场力的功 $A_{PQ}$ 是正还是负？它的电势能是增加还是减少？$P$、$Q$ 两点的电势哪里高？

(2) 若移动的是负电荷，情况怎样？

(3) 若电场线的方向如题图(b)所示，情况怎样？

**1.4-3**　电场中两点电势的高低是否与试探电荷的正负有关，电势差的数值是否与试探电荷的电荷量有关？

**1.4-4**　沿着电场线移动负试探电荷时，它的电势能是增加

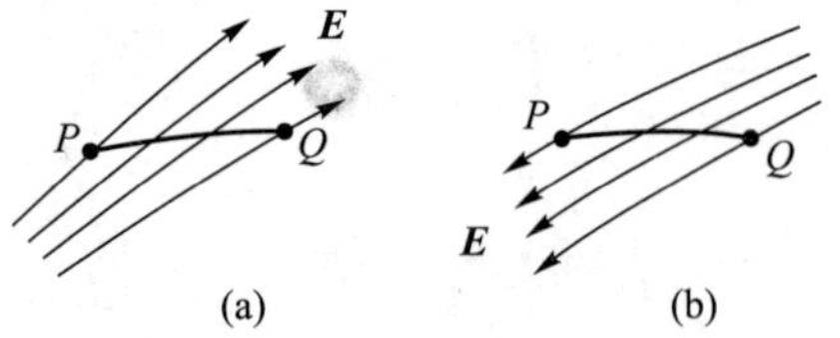


思考题 1.4-2 图

还是减少？

**1.4-5** 说明电场中各处的电势永远逆着电场线方向升高.

**1.4-6** (1) 将初速度为零的电子放在电场中时,在电场力作用下,这电子是向电场中高电势处跑还是向低电势处跑？为什么？

(2) 说明无论对正负电荷来说,仅在电场力作用下移动时,电荷总是从电势能高的地方移向电势能低的地方去.

**1.4-7** 我们可否规定地球的电势为+100 V,而不规定它为零,这样规定后,对测量电势、电势差的数值有什么影响？

**1.4-8** 若甲、乙两导体都带负电,但甲导体比乙导体电势高,当用细导线把二者连接起来后,试分析电荷流动情况.

**1.4-9** 在技术工作中有时把整机机壳作为电势零点.若机壳未接地,能不能说因为机壳电势为零,人站在地上就可以任意接触机壳？若机壳接地则如何？

**1.4-10** (1) 场强大的地方,是否电势就高？电势高的地方是否场强大？

(2) 带正电的物体的电势是否一定是正的？电势等于零的物体是否一定不带电？

(3) 场强为零的地方,电势是否一定为零？电势为零的地方,场强是否一定为零？

(4) 场强大小相等的地方电势是否相等？等势面上场强的大小是否相等？以上各问题分别举例说明之.

**1.4-11** 两个不同电势的等势面是否可以相交？同一等势面是否可与自身相交？

## 习　　题

**1.4-1** 在夏季雷雨中,通常一次闪电里两点间的电势差约为 100 MV,通过的电荷量约为 30 C.问一次闪电消耗的能量是多少？如果用这些能量来烧水,能把多少水从 0 ℃加热到 100 ℃？

**1.4-2** 已知空气的击穿场强为 $2\times10^6$ V/m,测得某次闪电的火花长 100 m,求发生这次闪电时两端的电势差.

**1.4-3** 证明:在真空静电场中凡是电场线都是平行直线的地方,电场强度的大小必定处处相等;或者换句话说,凡是电场强度的方向处处相同的地方,电场强度的大小必定处处相等.

(提示:利用高斯定理和做功与路径无关的性质,分别证明沿同一电场线和沿同一等势面上两点的场强相等.)

**1.4-4** 求与点电荷 $q=1.0\times10^{-6}$ C 分别相距为 $a=1.0$ m 和 $b=2.0$ m 的两点间的电势差.

**1.4-5** 一点电荷 $q$ 在离它 10 cm 处产生的电势为 100 V,求 $q$.

**1.4-6** 求一对等量同号点电荷连线中点的场强和电势,设电荷都是 $q$,两者之间距离为 $2l$.

**1.4-7** 求一对等量异号点电荷连线中点的场强和电势,设电荷分别为 $\pm q$,两者之间距离为 $2l$.

**1.4-8** 如题图所示,$AB=2l$, $\overset{\frown}{OCD}$ 是以 $B$ 为中心,$l$ 为半径的半圆.$A$ 点有正点电荷 $+q$,$B$ 点有负点电荷 $-q$.

(1) 把单位正电荷从 $O$ 点沿 $\overset{\frown}{OCD}$ 移到 $D$ 点,电场力对它做了多少功？

(2) 把单位负电荷从 $D$ 点沿 $AB$ 的延长线移到无穷远去,电场力对它做了多少功？

**1.4-9** 两个点电荷的电荷量都是 $q$,相距为 $l$.求中垂面上到两者连线中点为 $x$ 处的电势.

**1.4-10** 有两个异号点电荷 $ne$ 和 $-e$($n>1$),相距为 $a$.

(1) 证明电势为零的等势面是一个球面;

(2) 证明球心在这两个点电荷的延长线上,且在 $-e$ 点电荷的外边;

(3) 这球的半径为多少？

**1.4-11** 求电偶极子 $\boldsymbol{p}=q\boldsymbol{l}$ 电势的直角坐标表达式,并用梯度求出场强的直角分量表达式.

**1.4-12** 证明本章习题 1.2-8 题图中电四极子在它的轴线延长线上的电势为

$$U=\frac{1}{4\pi\varepsilon_0}\frac{Q}{r^3}\quad(r\gg l),$$

式中 $Q=2ql^2$ 叫作它的电四极矩. 利用梯度验证,所得场强公式与该题一致.

**1.4-13**　一电四极子如题图所示. 证明:当 $r\gg l$ 时,它在 $P(r,\theta)$ 点产生的电势为

$$U=-\frac{3ql^2\sin\theta\cos\theta}{4\pi\varepsilon_0 r^3}\quad(r\gg l),$$

图中极轴通过正方形中心 $O$ 点,且与一对边平行.

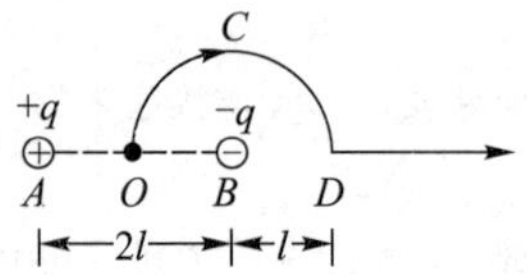


习题 1.4-8 图

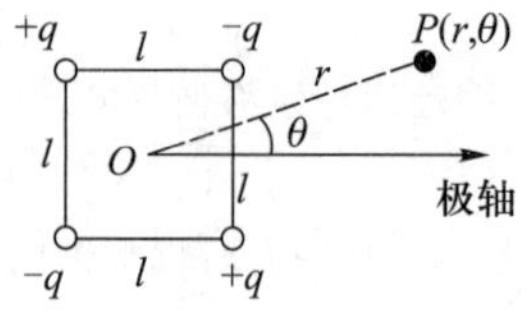


习题 1.4-13 图

**1.4-14**　求习题 1.2-12 中均匀带电圆环轴线上的电势分布,并画出 $U$-$x$ 曲线.

**1.4-15**　求习题 1.2-13 中均匀带电圆面轴线上的电势分布,并画出 $U$-$x$ 曲线.

**1.4-16**　求习题 1.3-3 中同心球面在Ⅰ、Ⅱ、Ⅲ三个区域内的电势分布,并画出 $U$-$r$ 曲线.

**1.4-17**　在上题中,保持内球上电荷量 $Q_1$ 不变,当外球电荷量 $Q_2$ 改变时,试讨论三个区域内的电势有何变化? 两球面之间的电势差有何变化?

**1.4-18**　求§1.3 例题 2 中均匀带电球体的电势分布,并画出 $U$-$r$ 曲线.

**1.4-19**　金原子核可当作均匀带电球,其半径约为 $6.9\times10^{-15}$ m,电荷为 $Ze=79\times1.6\times10^{-19}$ C $=1.26\times10^{-17}$ C. 求它表面上的电势.

**1.4-20**　(1) 一质子(电荷为 $e=1.60\times10^{-19}$ C,质量为 $1.67\times10^{-27}$ kg)以 $1.2\times10^{7}$ m/s 的初速度从很远的地方射向金原子核,求它能达到金原子核的最近距离;

(2) α 粒子的电荷为 $2e$,质量为 $6.7\times10^{-27}$ kg,以 $1.6\times10^{7}$ m/s 的初速度从很远的地方射向金原子核,求它能达到金原子核的最近距离.(有关金原子核的性质,参见上题.)

**1.4-21**　在氢原子中,正常状态下电子到质子的距离为 $5.29\times10^{-11}$ m,已知氢原子核(质子)和电子带电各为 $\pm e$ ($e=1.60\times10^{-19}$ C). 把氢原子中的电子从正常状态下离核的距离拉开到无穷远处所需的能量,叫作氢原子的电离能. 求此电离能是多少电子伏和多少焦耳?

**1.4-22**　轻原子核(如氢及其同位素氘、氚的原子核)结合成为较重原子核的过程,叫作核聚变. 核聚变过程可以释放出大量能量. 例如,四个氢原子核(质子)结合成一个氦原子核(α 粒子)时,可释放出 28 MeV 的能量. 这类核聚变就是太阳发光、发热的能量来源. 如果我们能在地球上实现核聚变,就可以得到非常丰富的能源. 实现核聚变的困难在于原子核都带正电,互相排斥,在一般情况下不能互相靠近而发生结合. 只有在温度非常高时,热运动的速度非常大,才能冲破库仑排斥力的壁垒,碰到一起发生结合,这叫作热核反应. 根据统计物理学,绝对温度为 $T$ 时,粒子的平均平动动能为

$$\overline{\frac{1}{2}mv^2}=\frac{3}{2}kT,$$

式中 $k=1.38\times10^{-23}$ J/K 叫作玻耳兹曼常量. 已知质子质量 $m=1.67\times10^{-27}$ kg,电荷 $e=1.6\times10^{-19}$ C,半径的数量级为 $10^{-15}$ m. 试计算:

(1) 一个质子以怎样的动能(以 eV 为单位)才能从很远的地方达到与另一个质子接触的距离?

(2) 平均热运动动能达到此数值时,温度(以 K 为单位)需为多少?

**1.4-23**　在绝对温度为 $T$ 时,微观粒子热运动能量具有 $kT$ 的数量级(玻耳兹曼常量 $k=1.38\times10^{-23}$ J/K). 有

时人们把能量 $kT$ 折合成电子伏，就说温度 $T$ 为多少电子伏. 问：

(1) $T=1$ eV 相当于多少开？

(2) $T=50$ keV 相当于多少开？

(3) 室温($T\approx300$ K)相当于多少 eV？

**1.4-24** 电荷量 $q$ 均匀地分布在长为 $2l$ 的细直线上，求下列各处的电势 $U$：

(1) 中垂面上离带电线段中心 $O$ 为 $r$ 处，并利用梯度求 $E_r$；

(2) 延长线上离中心 $O$ 为 $z$ 处，并利用梯度求 $E_z$；

(3) 通过一端的垂面上离该端点为 $r$ 处，并利用梯度求 $E_r$.

**1.4-25** 如题图所示，电荷量 $q$ 均匀地分布在长为 $2l$ 的细直线上，

(1) 求空间任一点 $P(r,z)$ 的电势($0<r<+\infty$，$-\infty<z<+\infty$)；

(2) 利用梯度求任一点 $P(r,z)$ 的场强分量 $E_r$ 和 $E_z$；

(3) 将所得结果与上题中的特殊位置作比较.

**1.4-26** 一无限长直线均匀带电，电荷线密度为 $\eta_e$. 求离这线分别为 $r_1$ 和 $r_2$ 的两点之间的电势差.

**1.4-27** 如题图所示，两条均匀带电的无限长平行直线(与图纸垂直)，电荷线密度分别为 $\pm\eta_e$，相距为 $2a$，求空间任一点 $P(x,y)$ 的电势.

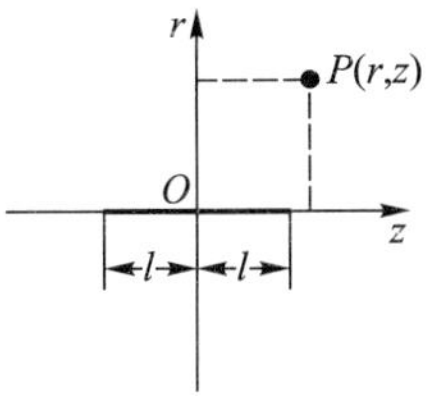

习题 1.4-25 图

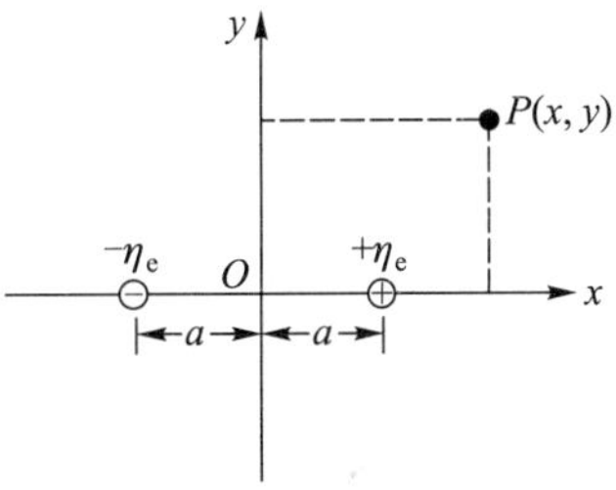


习题 1.4-27 图

**1.4-28** 证明在上题中电势为 $U$ 的等势面是半径为 $r=\dfrac{2ka}{k^2-1}$ 的圆筒面，筒的轴线与两直线共面，位置在 $x=\dfrac{k^2+1}{k^2-1}a$ 处，其中 $k=\exp(2\pi\varepsilon_0 U/\eta_e)$(有关等势面图，参见图 1-46). $U=0$ 的等势面是什么形状？

**1.4-29** 求习题 1.3-7 中无限长共轴圆筒间的电势分布和两筒间的电势差(设 $\lambda_1=-\lambda_2$)，并画出 $U-r$ 曲线.

**1.4-30** 求习题 1.3-8 中无限长直圆柱体的电势分布(以轴线为参考点，设它上面的电势为零).

**1.4-31** 求习题 1.3-9 中无限长等离子体柱的电势分布(以轴线为参考点，设它上面的电势为零).

**1.4-32** 一电子二极管由半径 $r=0.50$ mm 的圆柱形阴极 K，和套在阴极外同轴圆筒形的阳极 A 构成，阳极的半径 $R=0.45$ cm. 阳极电势比阴极高 300 V. 设电子从阴极发射出来时速度很小，可忽略不计. 求：

(1) 电子从 K 向 A 走过 2.0 mm 时的速度；

(2) 电子到达 A 时的速度.

**1.4-33** 如题图所示，一对均匀、等量异号的平行带电平面. 若其间距离 $d$ 远小于带电平面的线度时，这对带电面可看成是无限大的. 这样的模型可叫作电偶极层. 求场强和电势沿垂直两平面的方向 $x$ 的分布，并画出 $E-x$ 和 $U-x$ 曲线(取离两平面等距的 $O$ 点为参考点，令该处电势为零).

**1.4-34** 证明习题 1.3-14 的突变型 pn 结内电势的分布为

$$\begin{cases} \text{n 区}, U(x)=-\dfrac{N_D e}{\varepsilon_0}\left(x_n x+\dfrac{1}{2}x^2\right), \\ \text{p 区}, U(x)=-\dfrac{N_A e}{\varepsilon_0}\left(x_p x-\dfrac{1}{2}x^2\right), \end{cases}$$

这公式是以哪里作为电势参考点的？pn 结两侧的电势差为多少？

**1.4-35**　证明习题 1.3-15 的线性缓变型 pn 结内电势的分布为

$$U(x)=\frac{ae}{2\varepsilon_0}\left(\frac{x^3}{3}-\frac{x_m^2 x}{4}\right),$$

这公式是以哪里作为电势参考点的？pn 结两侧的电势差为多少？

**1.4-36**　在习题 1.2-16 的示波管中，若已知的不是偏转电极间的场强 $E$，而是两极板间的距离 $d=1.0$ cm 和电压 120 V，其余尺寸照旧. 求偏转距离 $y$ 和 $y'$.

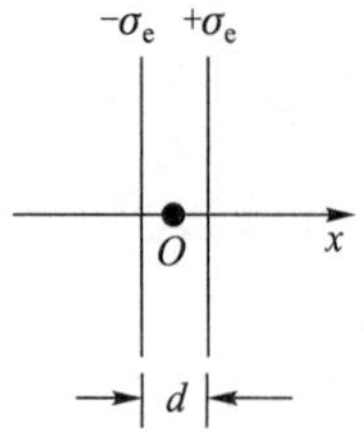


习题 1.4-33 图

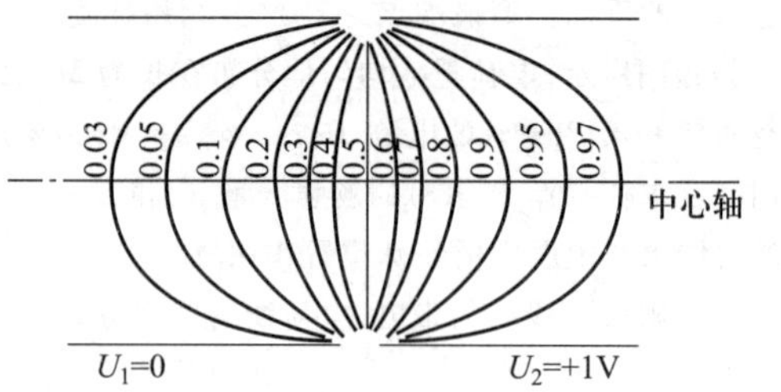


习题 1.4-37 图

**1.4-37**　电视显像管的第二和第三阳极是两个直径相同的同轴金属圆筒. 两电极间的电场即为显像管中的主聚焦电场. 图中所示为主聚焦电场中的等势面，数字表示电势值（单位 V）. 试用直尺量出管轴上各等势面间的距离，并求出相应的电场强度.

**1.4-38**　带电粒子经过加速电压加速后，速度增大. 已知电子质量 $m=9.11\times10^{-31}$ kg，电荷绝对值 $e=1.60\times10^{-19}$ C.

（1）设电子质量与速度无关，把静止电子加速到光速 $c=3\times10^8$ m/s 要多高的电压 $\Delta U$？

（2）对于高速运动的物体来说，上面的算法不对，因为根据相对论，物体的动能不是 $\frac{1}{2}mv^2$，而是

$$mc^2\left(\frac{1}{\sqrt{1-\frac{v^2}{c^2}}}-1\right),$$

按照此公式，静止电子经过上述电压 $\Delta U$ 加速后，速度 $v$ 是多少？它是光速 $c$ 的百分之几？

（3）按照相对论，要把带电粒子从静止加速到光速 $c$，需要多高的电压？这可能吗？

# §1.5 带电体系的静电能

## 1.5.1　点电荷之间的相互作用能

移动一个带电体系中的电荷，就需要抵抗电荷之间的静电力做一定的功 $\delta A'$①，从而带电体系的静电势能（简称静电能）将改变 $\delta W_e$，二者的关系是

$$\delta A'=\delta W_e. \tag{1.38}$$

这里 $\delta A'$ 和 $\delta W_e$ 都是可正可负的. 例如把同号电荷移近时，$\delta A'>0$，$\delta W_e>0$，即静电能增加；把异号

① 沿用 1.4.2 节的符号，用 $A$ 代表静电力所做的功，$A'$ 代表抵抗静电力所做的功，

$$A_{PQ}=-A'_{PQ}=A'_{QP}.$$

电荷移近时，$\delta A'<0$，$\delta W_e<0$，即静电能减少.

上面说的只是静电能的变化，静电能本身的数值是相对的. 要谈一个带电体系所包含的全部静电能有多少，必须说明相对于何种状态而言. 我们设想，带电体系中的电荷可以无限分割为许多小部分，这些部分最初都分散在彼此相距很远(无限远)的位置上. 通常规定，处于这种状态下的静电能为 0. 现有的带电体系的静电能 $W_e$ 是相对于这种初始状态而言的. 亦即，$W_e$ 等于把各部分电荷从无限分散的状态聚集成现有带电体系时抵抗静电力所做的全部功 $A'$.

设带电体系由若干个带电体组成，带电体系的总静电能 $W_e$ 由各带电体之间的相互作用能 $W_{互}$ 和每个带电体的自能 $W_{自}$ 组成. 把每一个带电体看作一个不可分割的整体，将各带电体从无限远移到现在位置所做的功，等于它们之间的相互作用能；把每一个带电体上的各部分电荷从无限分散的状态聚集起来时所做的功，等于这个带电体的自能.

由点电荷组成的带电体系叫作点电荷组. 本小节只讨论点电荷组中各点电荷间的相互作用能，有关自能的问题将在以后讨论.

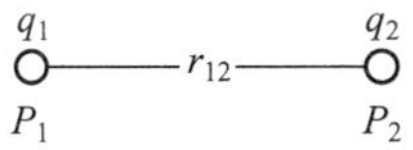

图 1-53　两点电荷间的相互作用能

(1) 两个点电荷的情形

设我们的带电体系由两个点电荷 $q_1$ 与 $q_2$ 组成，它们之间的距离是 $r_{12}$(图 1-53). 在计算功 $A'$时，可以有各种不同的方式. 例如可以首先把 $q_1$ 放置到它应在的位置 $P_1$ 上固定下来，然后再把 $q_2$ 由无穷远处搬来，放到与 $q_1$ 相距 $r_{12}$远的地方 $P_2$. 也可以反过来，先固定 $q_2$，再搬运 $q_1$. 无论怎样，计算的结果应当相同.

现在我们采用上述第一种方式. 在搬运 $q_1$ 时体系中还没有其他电荷和电场，因而不需做功. 搬运 $q_2$ 时，它已经处在 $q_1$ 的电场 $\boldsymbol{E}_1$ 中，因而需抵抗电场力 $\boldsymbol{F}_{12}=q_2\boldsymbol{E}_1$ 做功为

$$A'=-\int_{\infty}^{P_2}\boldsymbol{F}_{12}\cdot \mathrm{d}\boldsymbol{l}=-q_2\int_{\infty}^{P_2}\boldsymbol{E}_1\cdot \mathrm{d}\boldsymbol{l}=q_2U_{12},$$

其中

$$U_{12}=U_1(P_2)=-\int_{\infty}^{P_2}\boldsymbol{E}_1\cdot \mathrm{d}\boldsymbol{l}=\frac{1}{4\pi\varepsilon_0}\frac{q_1}{r_{12}},$$

它是 $q_1$ 在 $P_2$ 点产生的电势(以无穷远为电势零点).

同样可以证明，以第二种方式搬运，需要做的功为

$$A'=q_1U_{21},$$

其中

$$U_{21}=U_2(P_1)=-\int_{\infty}^{P_1}\boldsymbol{E}_2\cdot \mathrm{d}\boldsymbol{l}=\frac{1}{4\pi\varepsilon_0}\frac{q_2}{r_{12}},$$

它是 $q_2$ 在 $P_1$ 点产生的电势.

可见，两种计算方式所得结果一致：

$$A'=q_2U_{12}=q_1U_{21}=\frac{1}{4\pi\varepsilon_0}\frac{q_1q_2}{r_{12}}.$$

如上所述，这个 $A'$就等于 $q_1$、$q_2$ 之间的相互作用能 $W_{互}$，把它写成对于 $q_1$、$q_2$ 对称的形式，则有

$$W_{互}=A'=\frac{1}{2}(q_1U_{21}+q_2U_{12})=\frac{1}{4\pi\varepsilon_0}\frac{q_1q_2}{r_{12}}.\tag{1.39}$$

(2) 多个点电荷的情形

现把上述结果推广到多个点电荷的情形. 设点电荷有 $n$ 个，我们设想，把这 $n$ 个点电荷 $q_1$,

$q_2, \cdots, q_n$ 依次由无限远的地方搬运到它们应在的位置 $P_1, P_2, \cdots, P_n$ 上去. 根据场强或电势叠加原理不难看出,搬运各电荷的功分别是

$$\begin{cases} A'_1 = 0, \\ A'_2 = q_2 U_{12}, \\ A'_3 = q_3 (U_{13} + U_{23}), \\ \cdots\cdots\cdots\cdots \\ A'_n = q_n (U_{1n} + U_{2n} + \cdots + U_{n-1,n}). \end{cases}$$

用通式来表达,则有

$$A'_i = q_i \sum_{j=1}^{i-1} U_{ji} \quad (i = 1, 2, \cdots, n),$$

其中

$$U_{ji} = U_j(P_i) = -\int_{\infty}^{P_i} \boldsymbol{E}_j \cdot \mathrm{d}\boldsymbol{l} = \frac{1}{4\pi\varepsilon_0} \frac{q_j}{r_{ij}},$$

代表第 $j$ 个电荷在第 $i$ 个电荷所在位置 $P_i$ 处产生的电势. 因此建立这带电体系的总功应为

$$A' = A'_1 + A'_2 + \cdots + A'_n = \sum_{i=1}^{n} A'_i$$
$$= \sum_{i=1}^{n} q_i \sum_{j=1}^{i-1} U_{ji} = \frac{1}{4\pi\varepsilon_0} \sum_{i=1}^{n} \sum_{j=1}^{i-1} \frac{q_i q_j}{r_{ij}}. \tag{1.40}$$

可以证明,建立多个点电荷组成的体系时,总功 $A'$ 也是与搬运电荷的顺序无关的. 为此只需证明 $A'$ 的表达式可以写成对电荷标号 $i$、$j$ 完全对称的形式. 由于

$$q_i U_{ji} = q_j U_{ij} = \frac{1}{4\pi\varepsilon_0} \frac{q_i q_j}{r_{ij}},$$

而且其中距离 $r_{ij}$ 显然等于 $r_{ji}$,故式(1.40)中的 $q_i U_{ji}$ 可用

$$\frac{1}{2}(q_i U_{ji} + q_j U_{ij})$$

代替,因而 $A'$ 可改写成

$$A' = \frac{1}{2} \sum_{i=1}^{n} q_i \left[ \sum_{\substack{j=1 \\ (j \neq i)}}^{n} U_{ji} \right] = \frac{1}{8\pi\varepsilon_0} \sum_{\substack{i=1 \\ (j \neq i)}}^{n} \sum_{j=1}^{n} \frac{q_i q_j}{r_{ij}}. \tag{1.41}$$

这公式显然已是对标号 $i$、$j$ 对称的了.

$A'$ 的表达式还可进一步改写成另外的形式. 用 $U_i = U(P_i)$ 代表式(1.41)中括弧内各项之和:

$$U_i = U(P_i) = \sum_{\substack{j=1 \\ (j \neq i)}}^{n} U_{ji} = \sum_{\substack{j=1 \\ (j \neq i)}}^{n} U_j(P_i) = \frac{1}{4\pi\varepsilon_0} \sum_{\substack{j=1 \\ (j \neq i)}}^{n} \frac{q_j}{r_{ij}},$$

它的物理意义是除 $q_i$ 外其余各点电荷在 $q_i$ 的位置 $P_i$ 上产生的电势. 因此 $A'$ 又可写成

$$A' = \frac{1}{2} \sum_{i=1}^{n} q_i U_i, \tag{1.42}$$

从这个式子可更加明显地看出,$A'$ 是与电荷标号 $i$、$j$ 的顺序无关的.

点电荷组的静电相互作用能 $W_{互}$ 就等于上述功 $A'$,按照式(1.40)、式(1.41)、式(1.42)各式,$W_{互}$ 也可表示成几种不同的形式:

$$W_{互}=\frac{1}{4\pi\varepsilon_0}\sum_{i=1}^{n}\sum_{j=1}^{i-1}\frac{q_iq_j}{r_{ij}},\tag{1.43}$$

$$W_{互}=\frac{1}{8\pi\varepsilon_0}\sum_{i=1}^{n}\sum_{j=1}^{n}\frac{q_iq_j}{r_{ij}}\quad(j\neq i),\tag{1.44}$$

$$W_{互}=\frac{1}{2}\sum_{i=1}^{n}q_iU_i.\tag{1.45}$$

式(1.43)告诉我们：若从 $n$ 个点电荷中不重复地选出各种可能的配对 $q_iq_j$ 来，则总静电相互作用能 $W_{互}$ 是所有这些配对能量 $\frac{1}{4\pi\varepsilon_0}\frac{q_iq_j}{r_{ij}}$ 之和. 用式(1.44)来计算 $W_{互}$，相当于先选出某个特定的点电荷 $q_i$，求它与所有其余各点电荷之间相互作用能之和，尔后再对 $i$ 求和. 这样一来，每对电荷之间的能量被重复地考虑了两次，故结果应除以 2. 在下面的两个例题里分别用这两种方法计算 $W_{互}$.

**[例题 1]**　如图 1-54，在一边长为 $b$ 的立方体每个顶点上放一个点电荷 $-e$，中心放一个点电荷 $+2e$. 求此带电体系的相互作用能.

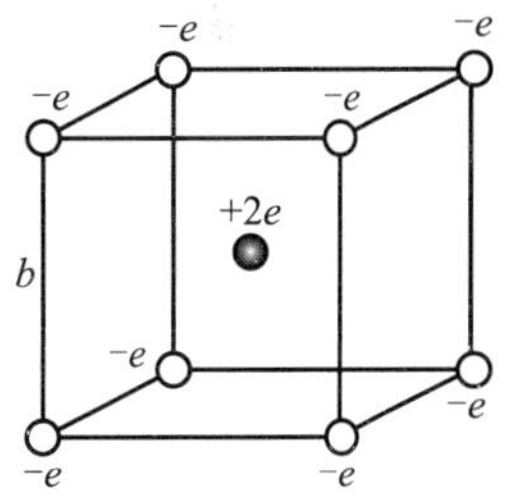

图 1-54　例题 1—求点电荷组的相互作用能

**[解]**　相邻顶点之间的距离是 $b$，故十二对相邻负电荷之间的相互作用能是 $12e^2/4\pi\varepsilon_0 b$；面对角线长度为 $\sqrt{2}\,b$，故六个面上十二对面对角顶点负电荷之间的相互作用能是 $12e^2/4\pi\varepsilon_0\sqrt{2}\,b$；体对角线的长度是 $\sqrt{3}\,b$，故四对体对角顶点负电荷之间的相互作用能是 $4e^2/4\pi\varepsilon_0\sqrt{3}\,b$；立方体中心到每个顶点的距离是 $\sqrt{3}\,b/2$，故中心正电荷与八个顶点负电荷之间的相互作用能是 $8(-2e^2)/4\pi\varepsilon_0(\sqrt{3}\,b/2)$. 归纳起来，这个点电荷组的总相互作用能为

$$\begin{aligned}W_{互}&=\frac{1}{4\pi\varepsilon_0}\left(\frac{12e^2}{b}+\frac{12e^2}{\sqrt{2}\,b}+\frac{4e^2}{\sqrt{3}\,b}-\frac{32e^2}{\sqrt{3}\,b}\right)\\&=\frac{4.32e^2}{4\pi\varepsilon_0 b}=\frac{0.344e^2}{\varepsilon_0 b}.\end{aligned}$$

**[例题 2]**　氯化钠晶体是一种离子晶体，它由正离子 $Na^+$ 和负离子 $Cl^-$ 组成，它们分别带电 $\pm e$($e$ 为元电荷). 离子实际上不是点电荷，而近似于一个带电球体，其中 $Cl^-$ 的半径比 $Na^+$ 大，如图 1-55(a). 但是在计算离子间的相互作用能时，可把它们看成是电荷集中在球心的点电荷，如图 1-55(b). 在氯化钠晶体中正、负离子相间地排列成整齐的立方晶格. 设相邻正、负离子之间的最近距离为 $a$，晶体中每种离子的总数为 $N$. 求晶体的静电相互作用能.

**[解]**　一个宏观晶体中包含的原子或离子数目非常巨大(至少达 $10^{20}$ 的数量级). 要想从中找出所有的配对来是不可能的. 下面我们采用一种简化的计算方法，即先计算单个离子与它所有远近邻离子之间的相互作用能，然后乘以离子总数并除以 2. 图 1-55(b) 的立方体中心是正离子，它与其他离子之间的相互作用能是

$$W_{互}^{+}=\frac{1}{4\pi\varepsilon_0}\left(-\frac{6e^2}{a}+\frac{12e^2}{\sqrt{2}\,a}-\frac{8e^2}{\sqrt{3}\,a}+\cdots\right),$$

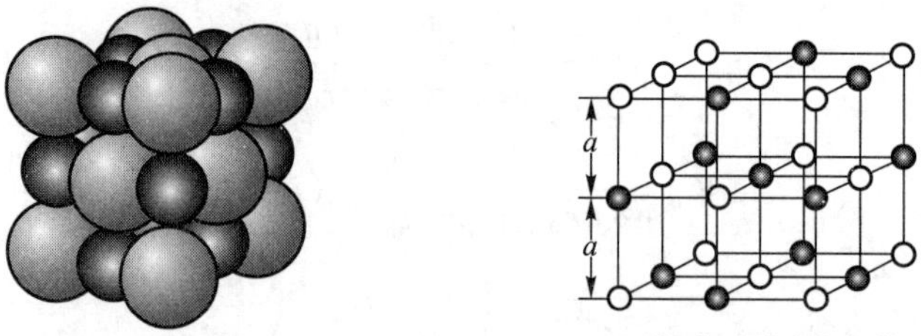


(a) 白球代表$Cl^-$
黑球代表$Na^+$

(b) 把离子看成点电荷

图 1-55　例题 2—氯化钠晶体

第一项来自六个最近的负离子,它们到中心的距离都是 $a$;第二项来自十二个最近的正离子,它们到中心的距离都是$\sqrt{2}a$;第三项来自图 1-55(b)中大立方体八个顶点上的负离子,它们到中心的距离都是$\sqrt{3}a$. 式中的"…"代表图中未画出的那些更远离子的贡献,这几乎是一个无穷级数. 不过越远的离子对 $W^+_互$ 的贡献越小,且各项正、负相间,可以证明这级数是收敛的. 数值计算的结果为

$$W^+_{互}=-\frac{0.8738e^2}{4\pi\varepsilon_0 a}.$$

不难看出,单个负离子与所有其他离子的相互作用能 $W^-_互$ 等于 $W^+_互$,所以晶体的总相互作用能是

$$W_{互}=\frac{1}{2}N(W^+_{互}+W^-_{互})=NW^+_{互}=-\frac{0.8738Ne^2}{4\pi\varepsilon_0 a},$$

$W_互<0$ 表明,组成晶格时,抵抗静电力做负功,或者说静电力做了正功. 相反,若想把晶格完全拆散,需要抵抗静电力做正功,数量与上式相等. 故 $|W_互|$ 是晶体的**静电结合能**.

上述计算方法的不严格之处是它不适用于那些靠近晶体边界面的离子,因为在这些离子的一侧没有那样多的"邻居". 不过对于一个宏观晶体来说,这种离子的数目占整个离子总数 $N$ 的很小一部分,这种误差是完全可以忽略不计的.

上述结果与晶体结合能的实际测量值相比,约大 10%. 误差的来源主要是把离子看成了点电荷,未计及量子交换效应. 考虑了这些效应的修正之后,理论和实测值就符合得相当好了.

### 1.5.2　电荷连续分布情形的静电能

把 $W_互$ 写成式(1.45)的形式,便于我们推广到电荷连续分布情形. 以体电荷分布为例,我们把连续的带电体分割成许多体积元 $\Delta V_i$,设电荷的体密度为 $\rho_e$,则每块体积元内的电荷量为 $\Delta q_i=\rho_e\Delta V_i$,按照式(1.45),有

$$W_e=\frac{1}{2}\sum_i \rho_e\Delta V_i U_i,$$

取 $\Delta V_i\to 0$ 的极限,上式过渡到体积分:

$$W_e=\frac{1}{2}\iiint_V \rho_e U\mathrm{d}V. \tag{1.46}$$

应注意,写出上述积分,就意味着带电体内的电荷已被无限分割,因而我们得到的已不仅是相互

作用能 $W_{互}$，而是包括自能在内的总静电能 $W_e$ 了. 同理，对于线电荷分布，有

$$W_e=\frac{1}{2}\int_l \eta_e U\mathrm{d}l, \tag{1.47}$$

对于面电荷分布，有

$$W_e=\frac{1}{2}\iint_S \sigma_e U\mathrm{d}S, \tag{1.48}$$

式中 $\mathrm{d}l$ 和 $\mathrm{d}S$ 分别是带电的线元和面元，$\eta_e$ 和 $\sigma_e$ 分别是电荷的线密度和面密度. 上面三式的积分范围遍及所有存在电荷的地方. 如果只有一个带电体，式(1.46)、式(1.47)、式(1.48)各式给出的就是它的自能.

**[例题 3]**　求均匀带电球壳的静电自能，设球的半径为 $R$，总带电荷量为 $q$.

**[解]**　按照 §1.4 例题 2 的计算，球面上的电势为

$$U=\frac{1}{4\pi\varepsilon_0}\frac{q}{R},$$

它在球面上是个常量，故式(1.48)化为

$$W_{自}=\frac{1}{2}U\oint\!\!\oint_{球面}\sigma_e\mathrm{d}S=\frac{1}{2}Uq=\frac{q^2}{8\pi\varepsilon_0 R}. \tag{1.49}$$

读者可以根据习题 1.4-18 中的结果，计算一个半径为 $R$、总带电荷量为 $q$ 的均匀球体的静电自能. 其结果为

$$W_{自}=\frac{1}{2}\rho_e\iiint_{球体}U\mathrm{d}V=\frac{3q^2}{20\pi\varepsilon_0 R}, \tag{1.50}$$

(即习题 1.5-3).

在例题 3 中若令 $R\to 0$，则带电球缩成点电荷. 从式(1.49)、式(1.50)可以看出，点电荷的自能为∞. 如果把电子看成一个点电荷，它将具有无穷大的自能，这在理论上造成所谓“发散困难”. 如果把电子看成有一定半径 $r_c$ 的带电球，则它的自能与电荷分布情况有关. 例如把电子设想成表面带电的，则自能等于 $e^2/8\pi\varepsilon_0 r_c$[见式(1.49)]；若把电子设想成体内均匀带电，则自能等于 $3e^2/20\pi\varepsilon_0 r_c$[见式(1.50)]；即不同模型得到不同的结果，但它们的数量级一样，都是 $e^2/4\pi\varepsilon_0 r_c$ 乘以一个数量级为 1 的数值因子. 在电动力学课中将会看到，一个电子的质量(惯性) $m$，与它的静电自能有一定联系. 根据相对论的质能关系，$W=mc^2$($c=3\times10^8$ m/s 真空中光速)，假设 $W$ 全部来自静电自能 $W_{自}$，并取它的表达式为 $e^2/4\pi\varepsilon_0 r_c$，则可导出电子的半径 $r_c$ 为

$$r_c=\frac{e^2}{4\pi\varepsilon_0 mc^2}\approx 2.8\times10^{-15}\ \mathrm{m}, \tag{1.51}$$

式(1.51)所规定的 $r_c$ 称为**电子的经典半径**.

现代的基本粒子理论大多建筑在点模型上. 通常采用点模型会导致上述发散困难；但不采用点模型，从相对论和量子理论考虑，又会出现其他一系列问题. 这是现代基本粒子理论中广泛存在的一个基本矛盾. 所以从经典理论导出的式(1.51)决不就是真的代表电子的线度. 但是，从另一个角度看，$r_c$ 却是一个由电子的一些基本常量($e$ 和 $m$)组成的具有长度量纲的量，因而它在许多有电子参与的过程(如散射)中起作用，在以后的课程中我们看到 $r_c$ 经常在一些理论(包括近代量子理论)的公式中出现.

### 1.5.3 电荷在外电场中的能量

在有的实际场合里，往往需要把带电体系中的某个电荷或电荷组（如偶极子）分离出来，把它们作为试探电荷看待．带电体系的其余部分产生的电场，对试探电荷来说是“外电场”．在1.4.2节例题3中就是这样处理的．在那里电子被看作是试探电荷，电极K、A产生的电场对它来说是外电场．从阴极K到阳极A外电场所做的功 $A_{KA}=-eU_{KA}$ 就是电子在外电场中的电势能差 $W_{KA}$．普遍地说，一个电荷 $q$ 在外电场中 $P$、$Q$ 两点间的电势能差为

$$W_{PQ}=A_{PQ}=qU_{PQ},$$

若取 $Q$ 为无穷远点，并令 $U(\infty)=0$，$W(\infty)=0$，则电荷 $q$ 在外电场中 $P$ 点的电势能为

$$W(P)=qU(P). \tag{1.52}$$

［**例题4**］ 求电偶极子 $\boldsymbol{p}=q\boldsymbol{l}$ 在均匀外电场 $\boldsymbol{E}$ 中的电势能（图1-56）．

［**解**］ 按照式（1.52），电偶极子中正、负电荷的电势能分别是

$$W_+=qU(P_+),\quad W_-=-qU(P_-).$$

电偶极子在外电场中的电势能为

$$W=W_++W_-=q[U(P_+)-U(P_-)]$$

$$=-q\int_{P-}^{P+}E\cos\theta \mathrm{d}l=-qlE\cos\theta=-pE\cos\theta,$$

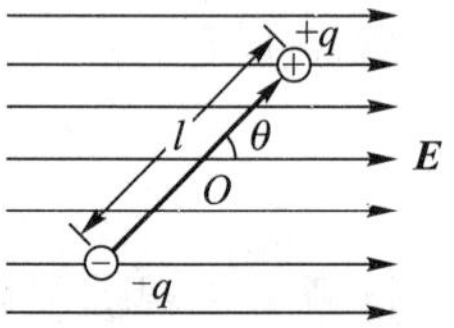


图1-56 例题4—电偶极子在均匀电场中的电势能

式中 $\theta$ 是 $\boldsymbol{p}$ 与 $\boldsymbol{E}$ 的夹角．写成矢量形式，则有

$$W=-\boldsymbol{p}\cdot\boldsymbol{E}, \tag{1.53}$$

式（1.53）表明，当电偶极子的取向与外电场方向一致时，$\theta=0$，$\cos\theta=1$，$W=-pE$，电势能最低；取向相反时，$\theta=\pi$，$\cos\theta=-1$，$W=+pE$，电势能最高．如果电偶极子可以绕中心 $O$ 自由转动，则它总是趋向于取 $\theta=0$ 的位置，即这是一个稳定平衡的位置．

### 1.5.4 带电体系受力问题

设处在一定位形的带电体系的电势能为 $W$，当它的位形发生微小变化（例如发生平移或转动）时，电势能将相应地改变 $\delta W$．若带电体系的某一部分原来受力 $\boldsymbol{F}$ 或力矩 $\boldsymbol{L}$，在位形变化时，电场力就做一定的功 $\delta A$．假设在此过程中没有能量的耗散或补充，根据能量守恒定律，应有

$$\delta A=-\delta W, \tag{1.54}$$

即电场力的功等于势能的减少．下面分别就平移和转动两种情形来讨论这个带电体系的受力问题．

（1）平移

设想带电体系有一微小位移 $\delta\boldsymbol{l}$，则

$$\delta A=\boldsymbol{F}\cdot\delta\boldsymbol{l}=F_l\delta l,$$

其中 $F_l$ 是电场力在 $\delta l$ 方向上的投影．代入式（1.54），则有

$$F_l\delta l=-\delta W,$$

除以 $\delta l$，取 $\delta l\to 0$ 的极限，得

$$F_l=-\frac{\partial W}{\partial l}. \tag{1.55}$$

（2）转动

设想带电体系绕某个方向的轴做微小的角位移 $\delta\theta$，则

$$\delta A=L_\theta\delta\theta,$$

其中 $L_\theta$ 是力矩 $\boldsymbol{L}$ 在转轴方向上的投影. 代入式（1.54），则有

$$L_\theta\delta\theta=-\delta W,$$

除以 $\delta\theta$，取 $\delta\theta\to 0$ 的极限，得

$$L_\theta=-\frac{\partial W}{\partial\theta}. \tag{1.56}$$

利用式（1.55）或式（1.56），可以求出 $F_l$ 或 $L_\theta$ 来. 用这种方法计算力或力矩，往往比直接计算来得简单①.

**［例题5］** 计算电偶极子在外电场中所受的力矩.

**［解］** 因 $W=-pE\cos\theta$，由式（1.56）得

$$L_\theta=-\frac{\partial W}{\partial\theta}=-pE\sin\theta.$$

这结果除了负号外完全与§1.2例题4的表达式一致. 那里给的是 $\boldsymbol{L}$ 的绝对值，这里给的是 $\boldsymbol{L}$ 的投影 $L_\theta$，负号表示它的作用使 $\theta$ 趋于减小.

**［例题6］** 计算电偶极子在非均匀外电场中所受的力.

**［解］** 因 $W=-\boldsymbol{p}\cdot\boldsymbol{E}$，由式（1.55）得

$$F_l=-\frac{\partial W}{\partial l}=\frac{\partial}{\partial l}(\boldsymbol{p}\cdot\boldsymbol{E}),$$

或

$$\boldsymbol{F}=\nabla(\boldsymbol{p}\cdot\boldsymbol{E}). \tag{1.57}$$

若电偶极矩 $\boldsymbol{p}$ 与场强 $\boldsymbol{E}$ 平行，则 $\boldsymbol{p}\cdot\boldsymbol{E}=pE$. 上式表明，这些情况下偶极子受力的方向沿着 $pE$ 的梯度 $\nabla(pE)$ 方向，亦即指向场强的绝对值 $E$ 较大的区域. 例如当我们在一个非均匀电场中放一些电介质的小颗粒或碎片时，它们就会因极化而成为沿场强方向的小偶极子. 这时电场力总是把它们拉向电场较强的区域. 经摩擦起电后的物体能够吸引轻微物体，就是这个道理.

## 思　考　题

**1.5-1**　为什么在点电荷组相互作用能的公式（1.45）

$$W_e=\frac{1}{2}\sum_{i=1}^{n}q_iU_i$$

中有因子1/2，而点电荷在外电场中的电势能公式（1.52）

$$W(P)=qU(P)$$

中没有这个因子？

**1.5-2**　在电偶极子的电势能公式（1.53）

$$W=-\boldsymbol{p}\cdot\boldsymbol{E}$$

中是否包括偶极子的正、负电荷间的相互作用能？

---

①　因 $\delta l$ 和 $\delta\theta$ 都是虚设的，可称为虚位移，$\delta A$ 叫作虚功.

## 习　题

**1.5-1**　计算习题 1.1-8 中三个点电荷的相互作用能，设三角形的边长为 $l$，顶点上的电荷都是 $q$.

**1.5-2**　计算上题中心电荷处在其余三电荷产生的外电场中的电势能.

**1.5-3**　求均匀带电球体的静电能，设球的半径为 $R$，总电荷量为 $q$.

**1.5-4**　利用虚功概念重新解习题 1.2-7.

**1.5-5**　利用虚功概念证明：均匀带电球壳在单位面积上受到的静电排斥力为 $\sigma_e^2/2\varepsilon_0$.

[提示：利用例题 3 的结果式(1.49)，并设想球面稍有膨胀($R \to R+\delta R$).]

# 附录A　矢量乘积　立体角　曲线坐标系

## A.1　矢量的乘积

(1) 矢量的标积(点乘)

设 $\boldsymbol{A}$ 和 $\boldsymbol{B}$ 为两个任意矢量，则它们的标积(通常用 $\boldsymbol{A}\cdot\boldsymbol{B}$ 表示，故又叫点乘)①定义为如下的标量：

$$\boldsymbol{A}\cdot\boldsymbol{B}=AB\cos\theta, \tag{A.1}$$

其中 $A$ 和 $B$ 分别是矢量 $\boldsymbol{A}$ 和 $\boldsymbol{B}$ 的绝对值，$\theta$ 为它们之间的夹角(见图 A-1).

矢量的标积有如下的性质：(i) 当 $\theta$ 为锐角时，$\cos\theta>0$，标积 $\boldsymbol{A}\cdot\boldsymbol{B}$ 是正的；(ii) 当 $\theta$ 为钝角时，$\cos\theta<0$，标积 $\boldsymbol{A}\cdot\boldsymbol{B}$ 是负的；(iii) 当 $\boldsymbol{A}$ 与 $\boldsymbol{B}$ 垂直时，$\cos\theta=0$，标积 $\boldsymbol{A}\cdot\boldsymbol{B}=0$.

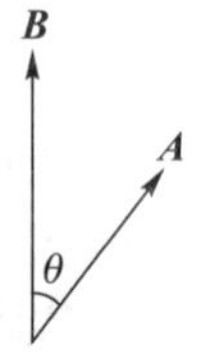

图 A-1　矢量的标积

从矢量标积的定义(A.1)式不难看出，标积是服从交换律的，即

$$\boldsymbol{A}\cdot\boldsymbol{B}=\boldsymbol{B}\cdot\boldsymbol{A}.$$

物理学中矢量标积最重要的例子是功. 因为根据功的定义，

$$A=F\mathrm{d}s\cos\theta,$$

式中 $F$ 和 $\mathrm{d}s$ 是力矢量 $\boldsymbol{F}$ 和位移矢量 $\mathrm{d}\boldsymbol{s}$ 的绝对值，$\theta$ 是它们之间的夹角，所以上式完全符合标积的定义，因此它可以写成标积的形式：

$$A=\boldsymbol{F}\cdot\mathrm{d}\boldsymbol{s}. \tag{A.2}$$

另一个矢量标积的例子是矢量场的通量，详见 1.3.2 节电场强度通量.

(2) 矢量的矢积(叉乘)

设 $\boldsymbol{A}$ 和 $\boldsymbol{B}$ 为两个任意矢量，它们的矢积(通常用 $\boldsymbol{A}\times\boldsymbol{B}$ 来表示，故又叫叉乘)②定义为如下一个矢量 $\boldsymbol{C}$：

(i) $\boldsymbol{C}=\boldsymbol{A}\times\boldsymbol{B}$ 的绝对值为

$$C=AB\sin\theta, \tag{A.3}$$

① 标积 $\boldsymbol{A}\cdot\boldsymbol{B}$ 又可记为($\boldsymbol{AB}$).

② 矢积 $\boldsymbol{A}\times\boldsymbol{B}$ 又可记为[$\boldsymbol{AB}$]或 $\boldsymbol{A}\wedge\boldsymbol{B}$.

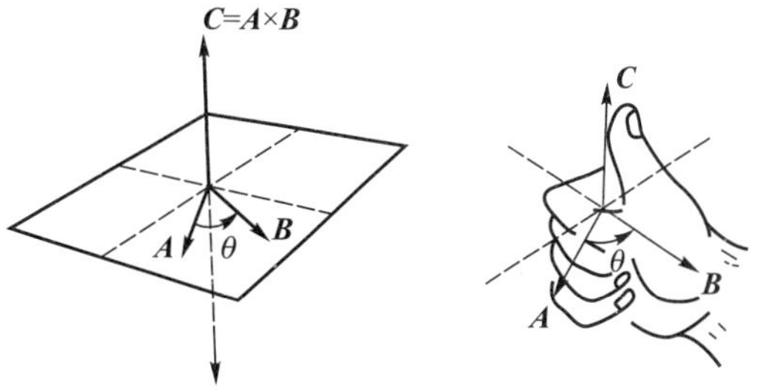


(a) 矢积的方向　　(b) 右手定则

图 A-2　矢量的矢积

式中 $A$ 和 $B$ 分别是矢量 $\boldsymbol{A}$ 和 $\boldsymbol{B}$ 的绝对值，$\theta$ 是它们之间的夹角.

(ii) $\boldsymbol{C}=\boldsymbol{A}\times\boldsymbol{B}$ 的方向与 $\boldsymbol{A}$ 和 $\boldsymbol{B}$ 都垂直，即 $\boldsymbol{C}$ 与 $\boldsymbol{A}$ 和 $\boldsymbol{B}$ 所组成的平面垂直[见图 A-2(a)].

以上的规定还不能把 $\boldsymbol{C}$ 的方向唯一地确定下来，因为与 $\boldsymbol{A}$、$\boldsymbol{B}$ 组成的平面垂直的直线，如图 A-2(a) 中的实线箭头和虚线箭头所示，可以有正、反两个指向. $\boldsymbol{C}$ 的指向规定如下：设想矢量 $\boldsymbol{A}$ 沿小于 180°的角度转向矢量 $\boldsymbol{B}$，将右手的四指弯曲代表上述旋转的方向，则伸直的拇指代表矢积 $\boldsymbol{C}=\boldsymbol{A}\times\boldsymbol{B}$ 的指向，如图 A-2(b). 因此在图 A-2(a) 所示的情形里，矢量 $\boldsymbol{C}$ 的指向如图中实线箭头所示，是向上的.

矢量的矢积有如下的性质：(i) 当 $\boldsymbol{A}$ 和 $\boldsymbol{B}$ 垂直时，$\sin\theta=1$，矢积 $\boldsymbol{C}=\boldsymbol{A}\times\boldsymbol{B}$ 的绝对值最大；(ii) 当 $\boldsymbol{A}$ 和 $\boldsymbol{B}$ 平行或反平行时，$\theta=0°$ 或 180°，$\sin\theta=0$，矢积 $\boldsymbol{C}=\boldsymbol{A}\times\boldsymbol{B}=0$. 作为一个特例，任意矢量 $\boldsymbol{A}$ 与自身的矢积 $\boldsymbol{A}\times\boldsymbol{A}=0$；(iii) 矢积 $\boldsymbol{A}\times\boldsymbol{B}$ 的指向与 $\boldsymbol{A}$、$\boldsymbol{B}$ 的次序有关，次序颠倒了，矢积反向，即

$$\boldsymbol{B}\times\boldsymbol{A}=-\boldsymbol{A}\times\boldsymbol{B}. \tag{A.4}$$

也就是说，矢量的矢积不满足“交换律”，这一点和迄今我们熟悉的乘法不同.

矢积 $\boldsymbol{C}=\boldsymbol{A}\times\boldsymbol{B}$ 有个明显的几何意义：它的数值 $C$ 等于以 $\boldsymbol{A}$、$\boldsymbol{B}$ 为邻边的平行四边形的面积，其方向沿此平面的法向.

物理学中矢量矢积的例子也是很多的：

**[例题 1]**　力矩

我们知道，若一个刚体上的 $O$ 点固定，有一外力 $\boldsymbol{F}$ 作用在另一点 $P$ 上(图 A-3)，令 $\boldsymbol{r}=\overrightarrow{OP}$ 代表径矢，若刚体原来静止，则在 $\boldsymbol{F}$ 的力矩作用下它将开始绕通过 $O$ 点并与 $\boldsymbol{F}$、$\boldsymbol{r}$ 组成的平面(即纸面)垂直的瞬时轴转动. 若用 $\theta$ 代表 $\boldsymbol{F}$ 与 $\boldsymbol{r}$ 之间夹角，则绕 $O$ 点力矩的大小为

$$L=Fr\sin\theta. \tag{A.5}$$

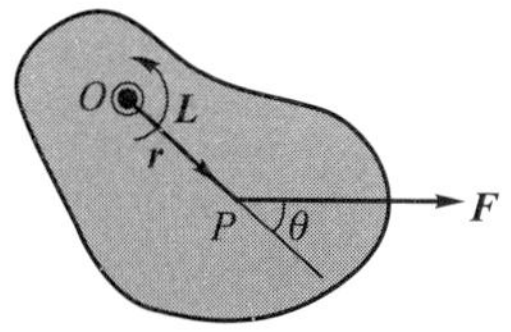


图 A-3　力矩

可以看出，上式具有矢积绝对值公式(A.3)的形式. 实际上力矩也是一个矢量，它的完整定义是

$$\boldsymbol{L}=\boldsymbol{r}\times\boldsymbol{F}. \tag{A.6}$$

根据矢量矢积的定义，$\boldsymbol{L}$ 的绝对值由式(A.5)决定，它的方向与 $\boldsymbol{F}$、$\boldsymbol{r}$ 组成的平面垂直(在这里即沿瞬时轴的方向)，其指向由上述右手定则决定，即以右手弯曲的四指代表矢量 $\boldsymbol{r}$ 沿小于 180°的角度转向 $\boldsymbol{F}$ 的方向，则伸直的拇指代表力矩矢量 $\boldsymbol{L}$ 的指向. 在研究刚体绕固定轴转动的问题时，力 $\boldsymbol{F}$ 在垂直转轴的平面内，$\boldsymbol{L}$ 是沿转轴的，可以不去讨论它的矢量性质. 但是在更普遍的情况，力矩 $\boldsymbol{L}$ 必须由式(A.6)所定义的矢量来表示.

**[例题 2]**　刚体的线速度与角速度

刚体转动的角速度 $\boldsymbol{\omega}$ 也是个矢量，它的方向与转轴平行，其指向与转动方向服从上述右手定则(图 A-4). 在刚体中取任一点 $P$，用 $\boldsymbol{r}$ 代表从坐标原点 $O$ 到 $P$ 的径矢 $\overrightarrow{OP}$. 设 $\boldsymbol{r}$ 与 $\boldsymbol{\omega}$ 的夹角为 $\theta$. 由 $P$ 点引转轴的垂线 $PC$，则

$$CP=r\sin\theta.$$

由图 A-4 不难看出，$P$ 点的速率 $v$ 与 $\omega$ 的关系是

$$v=\omega\cdot CP=\omega r\sin\theta. \tag{A.7}$$

可以看出，上式也具有矢积绝对值公式(A.3)的形式．矢量 $\boldsymbol{v}$ 的方向是沿以 $C$ 为中心的圆周切线的，即 $\boldsymbol{v}\perp\boldsymbol{\omega}$ 和 $\boldsymbol{r}$．若计及方向问题，式(A.7)也可写成如下矢积形式：

$$\boldsymbol{v}=\boldsymbol{\omega}\times\boldsymbol{r}. \tag{A.8}$$

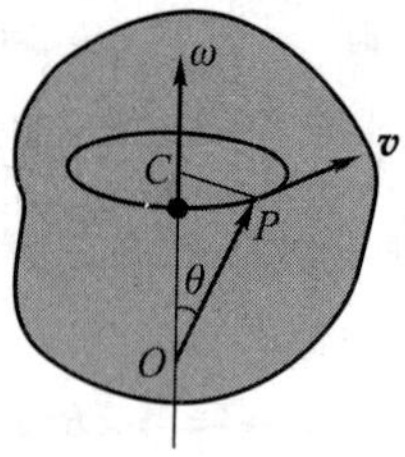


图 A-4　线速度与角速度

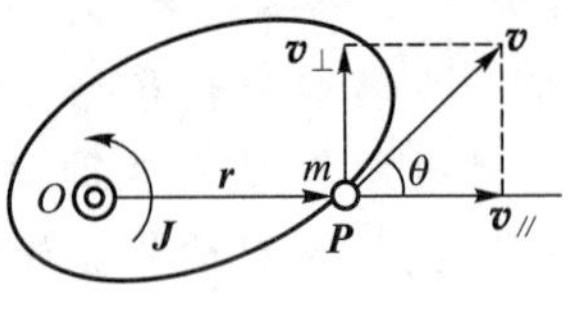


图 A-5　角动量

［**例题 3**］　角动量

一个质点在平面内绕某个固定点 $O$ 的角动量 $J$ 可以写为

$$J=mr^2\omega,$$

式中 $m$、$\omega$ 分别是质点的质量和角速度，$r$ 是径矢 $\boldsymbol{r}=\overrightarrow{OP}$ 的大小（图 A-5）．

设 $\boldsymbol{r}$ 与质点的速度分量 $\boldsymbol{v}$ 之间的夹角为 $\theta$，则矢量 $v$ 可以分解成平行于 $\boldsymbol{r}$ 的分量 $v_{/\!/}=v\cos\theta$ 和垂直于 $\boldsymbol{r}$ 的分量 $v_{\perp}=v\sin\theta$，显然 $v_{/\!/}$ 分量只改变质点到 $O$ 点的距离，它与角速度 $\omega$ 无关．质点绕 $O$ 的角速度 $\omega$ 只与 $v_{\perp}$ 分量有关，它们的关系是

$$\omega=\frac{v_{\perp}}{r}=\frac{v}{r}\sin\theta,$$

代入前式，得

$$J=mrv\sin\theta, \tag{A.9}$$

可以看出，上式也具有矢积绝对值公式(A.3)的形式．实际上角动量也是一个矢量，它的完整定义是

$$\boldsymbol{J}=m\boldsymbol{r}\times\boldsymbol{v}. \tag{A.10}$$

若再利用式(A.8)，$\boldsymbol{J}$ 可通过 $\boldsymbol{\omega}$ 表示：

$$\boldsymbol{J}=m\boldsymbol{r}\times(\boldsymbol{\omega}\times\boldsymbol{r}), \tag{A.11}$$

由于 $\boldsymbol{r}\perp\boldsymbol{\omega}$，而 $\boldsymbol{\omega}\times\boldsymbol{r}$ 永远与 $\boldsymbol{r}$ 垂直，所以角动量 $\boldsymbol{J}$ 与 $\boldsymbol{\omega}$ 方向一致：

$$\boldsymbol{J}=mr^2\boldsymbol{\omega}. \tag{A.12}$$

以上是就一个质点而言，但对于绕定点转动的刚体来说，$\boldsymbol{J}$ 是各质点元角动量的矢量和，它不一定与 $\boldsymbol{\omega}$ 平行．

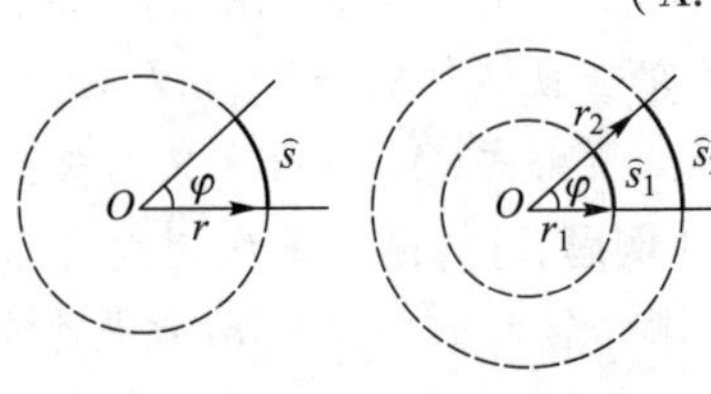


(a) 弧度　　(b) $\hat{s}$正比于$r$

图 A-6　平面角

## A.2　立体角

我们知道，平面角 $\varphi$ 的大小可以用“弧度”来量度．其办法如图 A-6(a)所示，以 $\varphi$ 角的顶点 $O$ 为中心，任意长度 $r$

为半径作圆，则 $\varphi$ 角所对的弧长 $\hat{s}$ 与半径 $r$ 之比即为 $\varphi$ 角的弧度：

$$\varphi=\frac{\hat{s}}{r} \quad (\mathrm{rad}).$$

因为整个圆周的长度为 $2\pi r$，故圆周角是 $2\pi$ rad. 半径 $r$ 可以任意选取的根据如下：因为以不同的半径 $r_1$、$r_2$ 作圆时，$\varphi$ 角所对的弧长 $\hat{s}_1$、$\hat{s}_2$ 与半径成正比［见图 A-6(b)］，

$$\frac{\hat{s}_1}{r_1}=\frac{\hat{s}_2}{r_2},$$

它们的比值与 $r$ 的选择无关.

现在来考虑三维空间的情形. 如图 A-7(a)，在球面上取一面元 d$S$，由它的边缘上各点引直线到球心 $O$，这样构成一个锥体. 这锥体的"顶角"是立体的，称为立体角. 依照用弧度量平面角的办法，用 d$S$ 的面积和半径 $r$ 的平方之比来量度它的球心所张立体角 d$\Omega$ 的大小，这种量度方法所用的单位叫球面度：

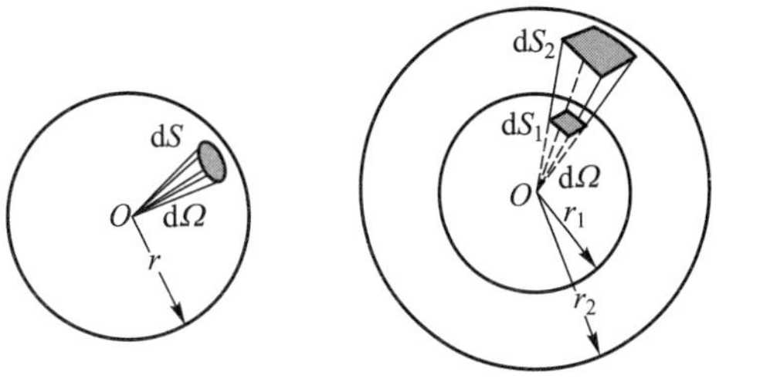


(a) 球面度　　(b) d$S$正比于$r^2$

图 A-7　立体角

$$\mathrm{d}\Omega=\frac{\mathrm{d}S}{r^2} \quad (\mathrm{sr}). \tag{A.13}$$

因为整个球面的面积是 $4\pi r^2$，所以它所张的立体角是 $4\pi$ sr.

这样量度立体角的方法也和半径 $r$ 的选择无关. 从图 A-7(b) 可以看出，以不同的半径 $r_1$、$r_2$ 作同心球面 $S_1$、$S_2$. 为了直观，不妨把立体角 d$\Omega$ 所对的面元 d$S_1$ 和 d$S_2$ 取成小正方形. 由于 d$S_1$ 和 d$S_2$ 的边长与半径成正比，所以它们的面积与半径的平方成正比，即

$$\frac{\mathrm{d}S_1}{r_1^2}=\frac{\mathrm{d}S_2}{r_2^2},$$

这个比值与半径的选择无关.

## A.3　柱坐标系和球坐标系

(1) 一般正交曲线坐标系的概念

除直角坐标系外，在物理学中还常常根据被研究物体的几何形状，采用其他的坐标系，其中用到最多的是柱坐标系和球坐标系.

任何描述三维空间的坐标系都要有三个独立的坐标变量 $u_1$、$u_2$、$u_3$，例如在直角坐标系中 $u_1=x$，$u_2=y$，$u_3=z$. 方程式

$$\left.\begin{aligned} u_1&=\text{常量},\\ u_2&=\text{常量},\\ u_3&=\text{常量},\end{aligned}\right\} \tag{A.14}$$

代表三组曲面（或平面），称为坐标面. 例如在直角坐标系中的坐标面就是分别与 $x$、$y$、$z$ 轴垂直的三组平行平面（见图 A-8），一般坐标面是曲面.

若三组坐标面在空间每一点正交，则坐标面的交线（一般是曲线）也在空间每点正交（图 A-9），这种坐标系叫作正交曲线坐标系. 在空间每点 $P$ 可沿坐标面的三条交线方向各取一个单位矢量（矢量指向 $u_1$、$u_2$、$u_3$ 增加的方向，顺序1→2→3 满足右旋法则），这三个矢量 $\boldsymbol{e}_1$、$\boldsymbol{e}_2$、$\boldsymbol{e}_3$

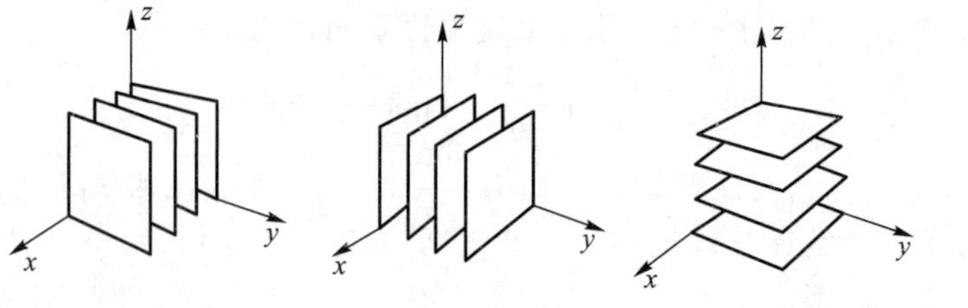


(a) $x$=常量　　(b) $y$=常量　　(c) $z$=常量

图 A-8　直角坐标系的坐标面

叫作坐标系的单位基矢. 在直角坐标系中的单位基矢通常写作 $\boldsymbol{e}_1=\boldsymbol{i}$、$\boldsymbol{e}_2=\boldsymbol{j}$、$\boldsymbol{e}_3=\boldsymbol{k}$,它们的方向是不变的. 但在一般正交曲线坐标系中 $\boldsymbol{e}_1$、$\boldsymbol{e}_2$、$\boldsymbol{e}_3$ 的方向可能逐点而变,它们只构成局部的正交右旋系.

沿三个基矢的线段元 $\mathrm{d}l_1$、$\mathrm{d}l_2$、$\mathrm{d}l_3$ 分别与三坐标变量的微分 $\mathrm{d}u_1$、$\mathrm{d}u_2$、$\mathrm{d}u_3$ 成正比:

$$\left.\begin{aligned}\mathrm{d}l_1&=h_1\mathrm{d}u_1,\\ \mathrm{d}l_2&=h_2\mathrm{d}u_2,\\ \mathrm{d}l_3&=h_3\mathrm{d}u_3.\end{aligned}\right\}\tag{A.15}$$

例如在直角坐标系中 $h_1=h_2=h_3=1$, $\mathrm{d}l_1=\mathrm{d}x$, $\mathrm{d}l_2=\mathrm{d}y$, $\mathrm{d}l_3=\mathrm{d}z$,但在一般坐标系中 $h_1$、$h_2$、$h_3$ 不仅不一定等于1,而且还可能是坐标变量 $u_1$、$u_2$、$u_3$ 的函数(参见下文).

在正交曲线坐标系中电势梯度的表示式是

$$\begin{aligned}\nabla U&=\boldsymbol{e}_1\frac{\partial U}{\partial l_1}+\boldsymbol{e}_2\frac{\partial U}{\partial l_2}+\boldsymbol{e}_3\frac{\partial U}{\partial l_3}\\ &=\boldsymbol{e}_1\frac{1}{h_1}\frac{\partial U}{\partial u_1}+\boldsymbol{e}_2\frac{1}{h_2}\frac{\partial U}{\partial u_2}+\boldsymbol{e}_3\frac{1}{h_3}\frac{\partial U}{\partial u_3}.\end{aligned}\tag{A.16}$$

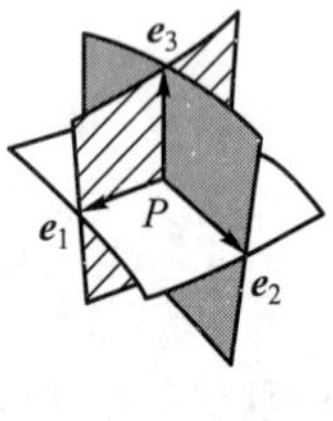


图 A-9　单位基矢

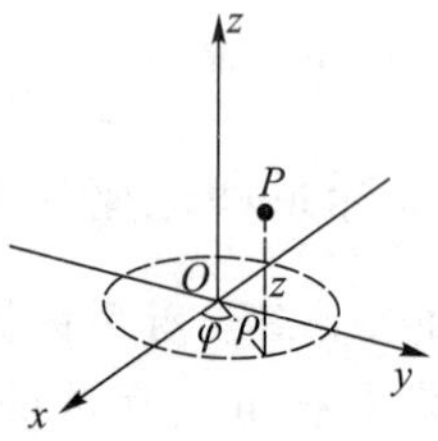


图 A-10　柱坐标系

(2) 柱坐标系

柱坐标系相当于把直角坐标系中的 $x$、$y$ 换为二维极坐标 $\rho$、$\varphi$,同时保留 $z$ 轴(图 A-10). 柱坐标变量 $u_1=\rho$、$u_2=\varphi$、$u_3=z$ 与直角坐标变量 $x$、$y$、$z$ 的变换关系如下:

$$\left.\begin{aligned}x&=\rho\cos\varphi,\\ y&=\rho\sin\varphi,\\ z&=z;\end{aligned}\right\}\quad 或\quad \left.\begin{aligned}\rho&=\sqrt{x^2+y^2},\\ \tan\varphi&=\frac{y}{x},\\ z&=z.\end{aligned}\right\}\tag{A.17}$$

柱坐标系三个变量的范围:

$$0\leqslant\rho<+\infty,\quad 0\leqslant\varphi<2\pi,\quad -\infty<z<+\infty.\tag{A.18}$$

柱坐标系的坐标面:

① $\rho$=常量,这是以 $z$ 轴为轴线的圆柱面[图 A-11(a)],

② $\varphi$=常量,这是通过 $z$ 轴的半平面[图 A-11(b)],

③ $z$=常量,这是与 $z$ 轴垂直的平面[图 A-11(c)].

三组坐标面彼此正交,从而三个基矢 $\boldsymbol{e}_1=\boldsymbol{e}_\rho$,$\boldsymbol{e}_2=\boldsymbol{e}_\varphi$,$\boldsymbol{e}_3=\boldsymbol{e}_z$ 彼此正交. 一个矢量在柱坐标系中的表示式:

$$\boldsymbol{A}=A_\rho\boldsymbol{e}_\rho+A_\varphi\boldsymbol{e}_\varphi+A_z\boldsymbol{e}_z, \tag{A.19}$$

$A_\rho$、$A_\varphi$、$A_z$ 分别称为 $\boldsymbol{A}$ 的 $\rho$ 分量、$\varphi$ 分量和 $z$ 分量.

在柱坐标系中沿基矢方向的三个线段元:

$$\mathrm{d}l_\rho=\mathrm{d}\rho,\quad \mathrm{d}l_\varphi=\rho\mathrm{d}\varphi,\quad \mathrm{d}l_z=\mathrm{d}z, \tag{A.20}$$

即

$$h_\rho=1,\qquad h_\varphi=\rho,\qquad h_z=1, \tag{A.21}$$

由 $\rho$、$\rho+\mathrm{d}\rho$、$\varphi$、$\varphi+\mathrm{d}\varphi$、$z$、$z+\mathrm{d}z$ 六个坐标面围成的曲边六面体上柱面元的面积是(见图 A-12 中有阴影的面元)

$$\mathrm{d}S=\mathrm{d}l_\varphi\mathrm{d}l_z=\rho\mathrm{d}\varphi\mathrm{d}z, \tag{A.22}$$

这体积元的体积为

$$\mathrm{d}V=\mathrm{d}l_\rho\mathrm{d}l_\varphi\mathrm{d}l_z=\rho\mathrm{d}\rho\mathrm{d}\varphi\mathrm{d}z, \tag{A.23}$$

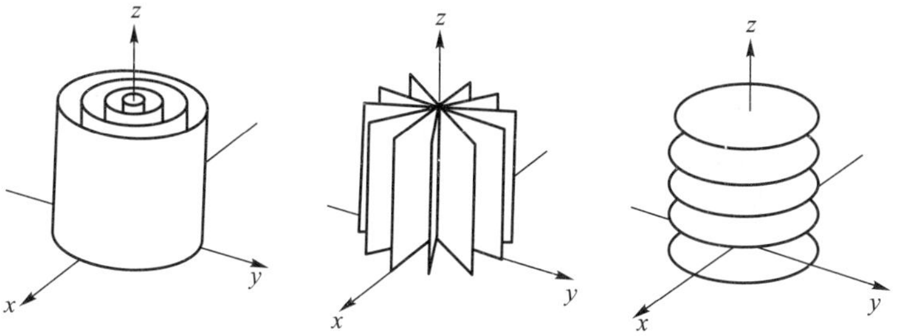


(a) $\rho$=常量　　(b) $\varphi$=常量　　(c) $z$=常量

图 A-11　柱坐标系的坐标面

电势梯度在柱坐标系中的表示式为

$$\begin{aligned}\nabla U&=\boldsymbol{e}_\rho\frac{\partial U}{\partial l_\rho}+\boldsymbol{e}_\varphi\frac{\partial U}{\partial l_\varphi}+\boldsymbol{e}_z\frac{\partial U}{\partial l_z}\\&=\boldsymbol{e}_\rho\frac{\partial U}{\partial\rho}+\boldsymbol{e}_\varphi\frac{1}{\rho}\frac{\partial U}{\partial\varphi}+\boldsymbol{e}_z\frac{\partial U}{\partial z}.\end{aligned} \tag{A.24}$$

(3) 球坐标系

球坐标系的三个坐标变量是矢径的长度 $r$、径矢与 $z$ 轴的夹角 $\theta$,和径矢在 $xy$ 平面上的投影与 $x$ 轴的夹角 $\varphi$(图 A-13). 球坐标变量 $u_1=r$,$u_2=\theta$,$u_3=\varphi$ 与直角坐标变量 $x$、$y$、$z$ 的变换关系如下:

$$\left.\begin{aligned}x&=r\sin\theta\cos\varphi,\\y&=r\sin\theta\sin\varphi,\\z&=r\cos\theta;\end{aligned}\right\}\quad\text{或}\quad\left.\begin{aligned}r&=\sqrt{x^2+y^2+z^2},\\\cos\theta&=\frac{z}{\sqrt{x^2+y^2+z^2}},\\\tan\varphi&=\frac{y}{x}.\end{aligned}\right\} \tag{A.25}$$

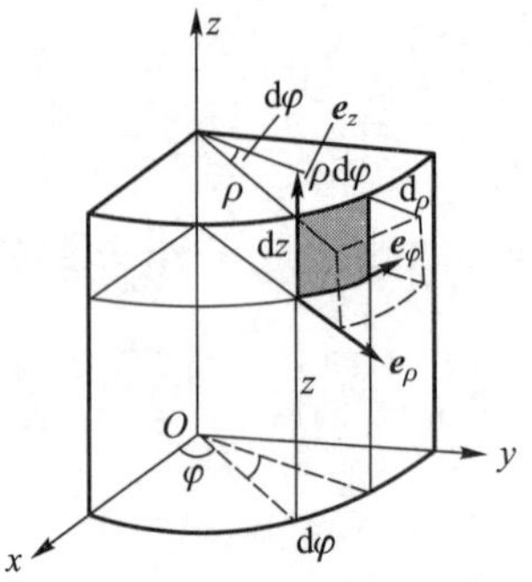


图 A-12 柱坐标系的面元与体积元

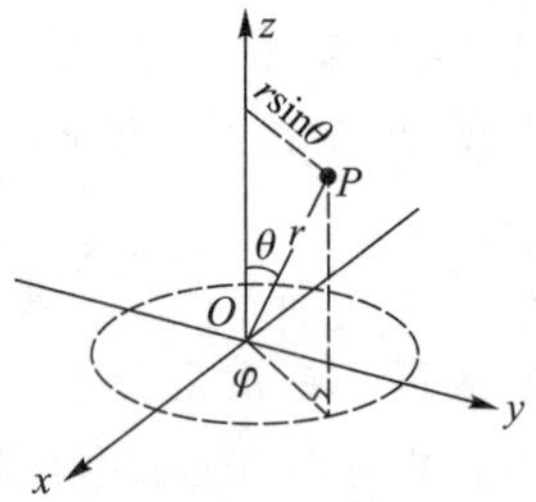


图 A-13 球坐标系

球坐标系三个变量的范围：

$$0 \leqslant r < +\infty, \quad 0 \leqslant \theta \leqslant \pi, \quad 0 \leqslant \varphi < 2\pi. \tag{A.26}$$

球坐标系的坐标面：

① $r$=常量，这是以原点为球心的球面[图 A-14(a)]，

② $\theta$=常量，这是以原点为顶点的圆锥面[图 A-14(b)]，

③ $\varphi$=常量，这是通过 $z$ 轴的半平面[图 A-14(c)].

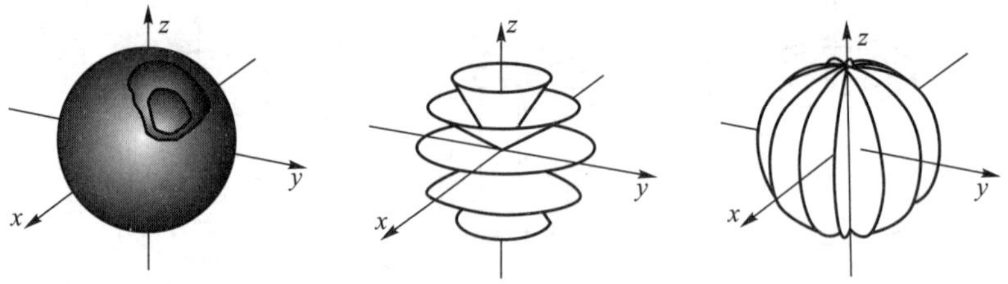


(a) $r$=常量　(b) $\theta$=常量　(c) $\varphi$=常量

图 A-14 球坐标系的坐标面

三组坐标面彼此正交，从而三个基矢 $\boldsymbol{e}_1=\boldsymbol{e}_r, \boldsymbol{e}_2=\boldsymbol{e}_\theta, \boldsymbol{e}_3=\boldsymbol{e}_\varphi$ 彼此正交.

一个矢量在球坐标系中的表示式：

$$\boldsymbol{A}=A_r\boldsymbol{e}_r+A_\theta\boldsymbol{e}_\theta+A_\varphi\boldsymbol{e}_\varphi, \tag{A.27}$$

$A_r$、$A_\theta$、$A_\varphi$ 分别称为 $\boldsymbol{A}$ 的 $r$ 分量、$\theta$ 分量和 $\varphi$ 分量.

在球坐标系中沿基矢方向的三个线段元为

$$\mathrm{d}l_r=\mathrm{d}r, \quad \mathrm{d}l_\theta=r\mathrm{d}\theta, \quad \mathrm{d}l_\varphi=r\sin\theta\mathrm{d}\varphi, \tag{A.28}$$

即

$$h_r=1, \quad h_\theta=r, \quad h_\varphi=r\sin\theta. \tag{A.29}$$

由 $r$、$r+\mathrm{d}r$、$\theta$、$\theta+\mathrm{d}\theta$、$\varphi$、$\varphi+\mathrm{d}\varphi$ 六个坐标面围成的曲边六面体上球面元的面积是(见图 A-15 中有阴影的面元)

$$\mathrm{d}S=\mathrm{d}l_\theta\mathrm{d}l_\varphi=r^2\sin\theta\mathrm{d}\theta\mathrm{d}\varphi, \tag{A.30}$$

这体积元的体积为

$$\mathrm{d}V=\mathrm{d}l_r\mathrm{d}l_\theta\mathrm{d}l_\varphi=r^2\sin\theta\mathrm{d}r\mathrm{d}\theta\mathrm{d}\varphi. \tag{A.31}$$

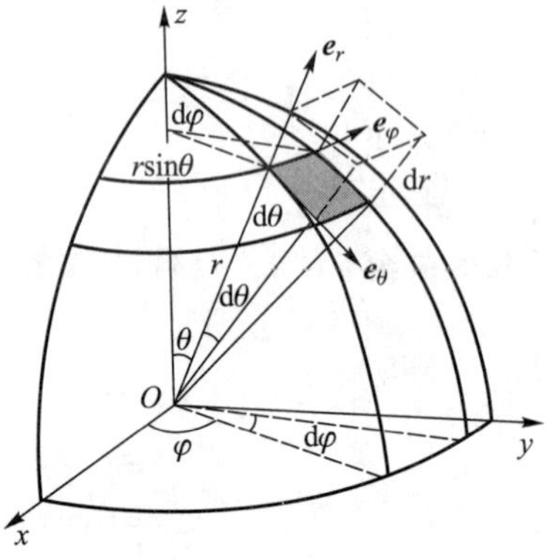


图 A-15 球坐标系的面元与体积元

**[例题 4]** 求整个球面对中心所张的立体角.

[解]

$$\text{立体角}\ \Omega=\oint_{\text{球面}}\frac{\mathrm{d}S}{r^2}=\int_0^{\pi}\sin\theta\mathrm{d}\theta\int_0^{2\pi}\mathrm{d}\varphi=4\pi.$$

[**例题 5**]　求半径为 $R$ 的球体的体积.

[解]

$$\text{体积}\ V=\int_{\text{球体}}\mathrm{d}V=\int_0^{R}r^2\mathrm{d}r\int_0^{\pi}\sin\ \theta\mathrm{d}\theta\int_0^{2\pi}\mathrm{d}\varphi=\frac{4\pi R^3}{3}.$$

电势梯度在球坐标系中的表示式为

$$\begin{aligned}\nabla U&=\boldsymbol{e}_r\frac{\partial U}{\partial l_r}+\boldsymbol{e}_\theta\frac{\partial U}{\partial l_\theta}+\boldsymbol{e}_\varphi\frac{\partial U}{\partial l_\varphi}\\&=\boldsymbol{e}_r\frac{\partial U}{\partial r}+\boldsymbol{e}_\theta\frac{1}{r}\frac{\partial U}{\partial\theta}+\boldsymbol{e}_\varphi\frac{1}{r\ \sin\varphi}\frac{\partial U}{\partial\varphi}.\end{aligned}\tag{A.32}$$

高　斯

(Gauss, Karl Friedrich, 1777—1855)

# 第二章
# 静电场中的导体和电介质

## §2.1 静电场中的导体

### 2.1.1 导体的静电平衡条件

当一带电体系中的电荷静止不动，从而电场分布不随时间变化时，我们说该带电体系达到了静电平衡. 导体的特点是其体内存在着自由电荷，它们在电场的作用下可以移动，从而改变电荷分布；反过来，电荷分布的改变又会影响到电场分布. 由此可见，有导体存在时，电荷的分布和电场的分布相互影响、相互制约，并不是电荷和电场的任何一种分布都是静电平衡分布. 必须满足一定的条件，导体才能达到静电平衡分布.

均匀导体的静电平衡条件就是其体内场强处处为0. 所谓"均匀"，指其质料均匀，温度均匀.

这个平衡条件可论证如下：如果导体内的电场 $\boldsymbol{E}$ 不处处为 0，则在 $\boldsymbol{E}$ 不为 0 的地方自由电荷将会移动，亦即导体没有达到静电平衡. 换句话说，当导体达到静电平衡时，其内部场强必定处处为 0. ①

上面的论述未涉及导体从非平衡态趋于平衡态的过程. 这样的过程通常都很复杂. 下面我们只举个例子定性地说明一下.

如图 2-1(a)，把一个不带电的导体放在电场 $\boldsymbol{E}_0$ 中. 在导体所占据的那部分空间里本来是有电场的，各处电势不相等. 在电场的作用下，导体中的自由电荷将发生移动，结果使导体的一端带上正电，另一端带上负电，这就是读者熟悉的静电感应现象. 然而，这样的过程会不会持续进行下

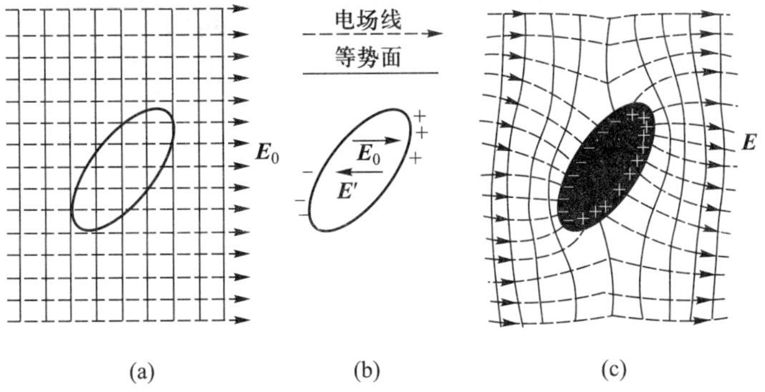


图 2-1　导体的静电平衡

---

① 这里只证明了上述平衡条件是必要的，关于它同时也是充分条件的证明，需要用到静电场边值问题的唯一性定理(参见附录 B).

去呢？不会. 因为当导体两端积累了正、负电荷之后，它们就产生一个附加电场 $\boldsymbol{E}'$，$\boldsymbol{E}'$ 与 $\boldsymbol{E}_0$ 叠加的结果，使导体内、外的电场都发生重新分布. 在导体内部 $\boldsymbol{E}'$ 的方向是与外加电场 $\boldsymbol{E}_0$ 相反的[图 2-1(b)]. 当导体两端的正、负电荷积累到一定程度时，$\boldsymbol{E}'$ 的数值就会大到足以将 $\boldsymbol{E}_0$ 完全抵消. 此时导体内部的总电场 $\boldsymbol{E}=\boldsymbol{E}_0+\boldsymbol{E}'$ 处处为 0 时，自由电荷便不再移动，导体两端正、负电荷不再增加，于是达到了静电平衡. 很明显，如果导体内的总电场 $\boldsymbol{E}$ 不处处为 0，那么在 $\boldsymbol{E}$ 不为 0 的地方，自由电荷仍将继续移动，直到 $\boldsymbol{E}$ 处处为 0 为止.

从上述导体静电平衡条件出发，还可直接导出以下几点推论：

（1）导体是个等势体，导体表面是个等势面

因导体内任意两点 $P$、$Q$ 之间的电势差为 $U_{PQ}=\int_P^Q \boldsymbol{E}\cdot \mathrm{d}\boldsymbol{l}$，若 $\boldsymbol{E}$ 处处为 0，则导体内部所有各点的电势相等，从而其表面是个等势面.

（2）导体以外靠近其表面地方的场强处处与表面垂直

因为电场线处处与等势面正交，所以导体外的场强必与它的表面垂直.

我们知道，静电场的分布是遵从一定规律的（高斯定理和环路定理），因此空间各点的场强和电势必定存在着内在联系. 在静电场中引入导体后，附近空间里原来的电场线和等势面就会发生畸变和调整，以保证新形成的电场线和等势面与导体的表面成为一个等势面这一点相适应. 图 2-1(c)反映了上述例子中达到静电平衡后电场线和等势面重新分布的情况. 在图 2-2 中我们再给出几幅实测的等势面和相应的电场线分布图，图中实线是等势面，虚线是电场线，图 2-2(a)是一个孤立的带电导体球，这里等势面为一系列与导体表面同心的球面，而导体表面本身也是一个等势面. 图 2-2(b)是一对带等量异号电荷的导体球，由于它们的相互影响，两球周围的等势面都不是同心球面了，但是每个导体球的表面仍旧是一个等势面. 图 2-2(c)是一个一端较尖的带电导体，图 2-2(d)是一个静电计的金属杆连同指针和它的金属外壳，空间等势面的分布如图所示. 上述几幅实测图表明，各种形状导体的表面，全都是等势面.

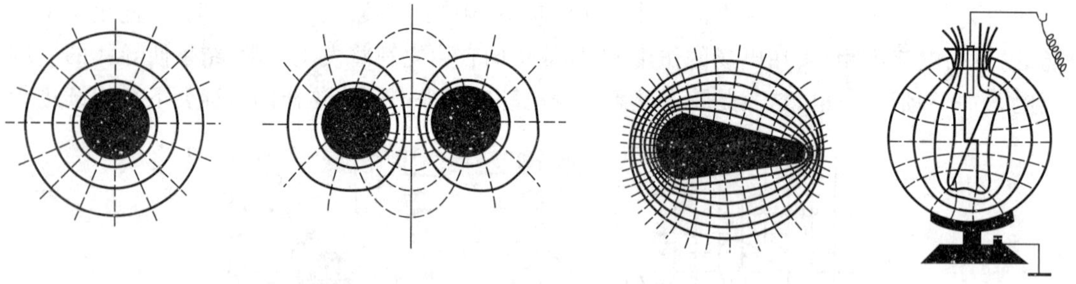
(a)　(b)　(c)　(d)

图 2-2　导体对等势面的控制作用

附录 B 中给出的静电边值问题的唯一性定理表明，当带电体系中各个导体的形状、大小、相对位置和电势或带电荷量确定了之后，它们上面的电荷分布以及空间各点的电场分布都会唯一地确定下来. 因此可以说，导体对电场的分布能够起到调整和控制的作用.

在生产和科学实验的许多领域中，常常需要实现一定的电场分布，在这里导体电极起着突出的作用. 因为电极的配置和其上的电势可以人为地安排和控制，从而我们可以得到所需的电场分布. 下面举个实例加以说明.

如图 2-3，平面电极 K 的电位为 120 V，在它的前面放置一块中央带有圆孔的平行金属板 G，并将它的电位

控制在 30 V. 这样一来,空间各处等势面的形状被这控制电极调整后如图所示,在圆孔上等势面向右侧凸起(图中的等势面可用实验方法测得).

现在我们来分析一下电场线发生的变化. 在带孔的金属板 G 引入之后,在孔附近电场线将不再是平行线,因为它们处处与凸起了的等势面正交而向四外发散,或者说这里场强具有垂直于中心线($z$ 轴)而向外辐射的分量 $E_r$.

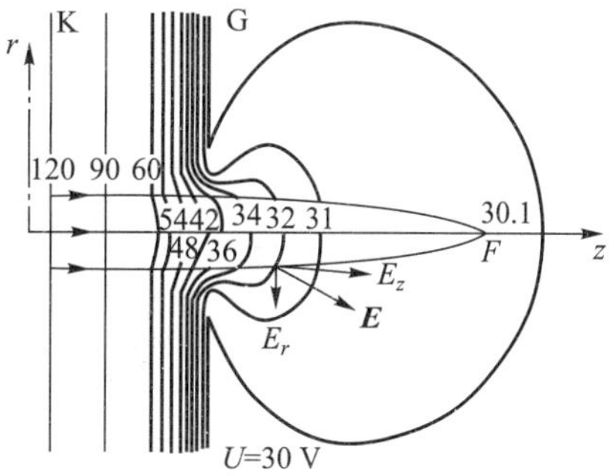

图 2-3 静电透镜

我们设想从金属电极 K 的中心发射出一束电子. 因为电子带负电,当它们经过圆孔后,电场的 $E_r$ 分量就使电子受到向 $z$ 轴集中的电场力,结果使电子束在某点 $F$ 会聚起来. 这个带孔金属板对电子束的作用,就好像一个凸透镜对光束的作用一样,可以达到聚焦的目的. 这种方法叫作静电聚焦,带孔金属板 G 可以叫作静电透镜. 在示波管、电视显像管中都需要使电子束聚焦,以便在荧光屏上形成清晰的光点,这时常常采用静电透镜来达到这目的. 当然实际中用的静电透镜并不限于单个带孔的金属板,它们可以有各种各样比较复杂的结构. 图 1-16 所示的示波管结构图中,控制电极和各个阳极都有使电子束聚焦的性能.

下面就本节处理问题的理论方法简单说明一下. 我们在第一章中所述的方法,基本上都是在给定电荷分布的前提下求场强或电势分布的. 引入导体后,由于电荷和电场的分布相互影响、相互制约,它们最后达到的平衡分布都是不能预先判知的,因而第一章中的方法对于许多实际需要往往不能适用. 本节处理问题的办法不是去分析电场、电荷在相互作用下怎样达到平衡分布的复杂过程,而是假定这种平衡分布已经达到,以上述平衡条件为出发点,结合静电场的普遍规律(如高斯定理、环路定理等)去进一步分析问题.

### 2.1.2 电荷分布

(1) 体内无电荷

在达到静电平衡时,导体内部处处没有未抵消的净电荷(即电荷的体密度 $\rho_e=0$),电荷只分布在导体的表面.

证明这个结论需要用高斯定理. 假定导体内部某处有未抵消的净电荷 $q$,则可取一个完全在导体内部的闭合高斯面 $S$ 将它包围起来(图 2-4),根据高斯定理,通过 $S$ 的电场强度通量为 $q/\varepsilon_0$,是一个非零值. 这就是说,在 $S$ 面上至少有些点的场强 $E$ 不等于 0,$S$ 面上场强不为 0 的这些地方就达不到静电平衡,电荷就会重新分布,直至场强处处为 0,体内净电荷完全抵消为止. 所以根据平衡条件的要求, 在达到平衡状态后,导体内部必定处处没有未抵消的净电荷,电荷只能分布在导体的表面上.

(2) 电荷面密度与场强的关系

在静电平衡状态下,导体表面之外附近空间的场强 $\boldsymbol{E}$ 与该处导体表面的电荷面密度 $\sigma_e$ 有如下关系:

$$E=\frac{\sigma_e}{\varepsilon_0}. \tag{2.1}$$

式(2.1)证明如下:如图 2-5,$P$ 点是导体表面之外附近空间的点,在 $P$ 点附近的导体表面上取一面元 $\Delta S$. 这面元取得充分小,使得其上的电荷面密度 $\sigma_e$ 可认为是均匀的. 如图 2-5 作扁圆柱形高斯面,使圆柱侧面与 $\Delta S$ 垂直,圆柱的上底通过 $P$,下底在导体内部,两底都与 $\Delta S$ 平行,并无限

靠近它，因此它们的面积都是 $\Delta S$，通过高斯面的电场强度通量为

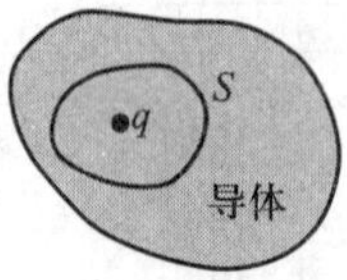


图 2-4　证明导体内无电荷

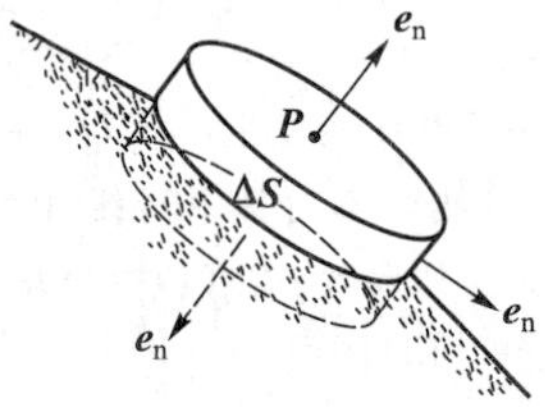


图 2-5　推导导体表面场强与电荷面密度的关系

$$\begin{aligned}\Phi_E &= \oiint_S E\cos\theta \mathrm{d}S \\ &= \iint_{上底} E\cos\theta_1 \mathrm{d}S + \iint_{下底} E\cos\theta_1 \mathrm{d}S + \iint_{侧面} E\cos\theta_2 \mathrm{d}S.\end{aligned}$$

由于导体内部场强处处为 0，所以第二项沿下底的积分为 0. 另外，由于导体表面附近的场强与导体表面垂直，所以第三项积分中 $\cos\theta_1 = \cos\frac{\pi}{2} = 0$，从而这项积分也是 0. 在第一项沿上底的积分中 $\cos\theta_2 = 1$，又由于 $\Delta S$ 很小，其上场强可认为都与 $P$ 点的场强 $E$ 相等，所以有

$$\begin{aligned}\Phi_E &= \iint E\cos\theta \mathrm{d}S \\ &= E\Delta S.\end{aligned}$$

在高斯面内包围的电荷为 $\sigma_e \Delta S$，根据高斯定理，$\Phi_E = E\Delta S = \frac{\sigma_e \Delta S}{\varepsilon_0}$，消去 $\Delta S$ 后即得到式(2.1). 由这公式看出：导体表面电荷面密度大的地方场强大；电荷面密度小的地方场强小.

(3) 表面曲率的影响　尖端放电

式(2.1)只给出导体表面上每一点的电荷面密度和附近场强之间的对应关系，它并不能告诉我们在导体表面上电荷究竟怎样分布. 定量地研究这个问题是比较复杂的，这不仅与这个导体的形状有关，还和它附近有什么样的其他带电体有关. 但是对于孤立的带电导体来说，电荷的分布有如下定性的规律. 大致说来，在一个孤立导体上电荷面密度的大小与表面的曲率有关. 导体表面凸出而尖锐的地方(曲率较大)，电荷就比较密集，即电荷面密度 $\sigma_e$ 较大；表面较平坦的地方(曲率较小)，$\sigma_e$ 较小；表面凹进去的地方(曲率为负)，$\sigma_e$ 更小. 但应注意，孤立导体表面的电荷密度 $\sigma_e$ 与曲率之间并不存在单一的函数关系.

以上规律可利用图 2-6(a)所示的实验演示出来. 带电导体 A 表面 $P$ 点特别尖锐，而 $Q$ 点凹进去. 以带有绝缘柄的金属球 B 接触尖端 $P$ 后，再与验电器 C 接触，则金箔张开较显著. 用手接触小球 B 和验电器 C 以除去其上的电荷后，使 B 与导体的凹进点 $Q$ 附近接触，再接触验电器 C，这时，发现验电器 C 几乎不张开. 这表明 $Q$ 处电荷比 $P$ 处少得多.

式(2.1)表明，导体附近的场强 $E$ 与电荷面密度 $\sigma_e$ 成正比，所以孤立导体表面附近的场强分布也有同样的规律，即尖端的附近场强大，平坦的地方次之，凹进的地方最弱[参见图 2-6(b)中电场线的疏密程度].

导体尖端附近的电场特别强，它会导致一个重要的后果，就是尖端放电. 如图 2-7，在一个导体尖端附近放一根点燃的蜡烛. 当我们不断地给导体充电时，火焰就好像被风吹动一样向背离尖

端的方向偏斜. 这就是尖端放电引起的后果. 因为在尖端附近强电场的作用下,空气中残留的离子会发生激烈的运动. 在激烈运动的过程中它们和空气分子相碰时,会使空气分子电离,从而产生了大量新的离子,这就使空气变得易于导电. 与尖端上电荷异号的离子受到吸引而趋向尖端,最后与尖端上的电荷中和. 与尖端上电荷同号的离子受到排斥而飞向远方,蜡烛火焰的偏斜就是受到这种离子流形成的“电风”吹动的结果. 上述实验中,不断地给导体充电,就是为了防止尖端上的电荷因不断与异号的离子中和而逐渐消失,使得“电风”持续一段时间,便于观察. 尖端放电时,在它周围往往隐隐地笼罩着一层光晕,叫作**电晕**,在黑暗中看得特别明显. 在夜间高压输电线附近往往会看到这种现象. 由于输电线附近的离子与空气分子碰撞时会使分子处于激发状态,从而产生光辐射,形成电晕.

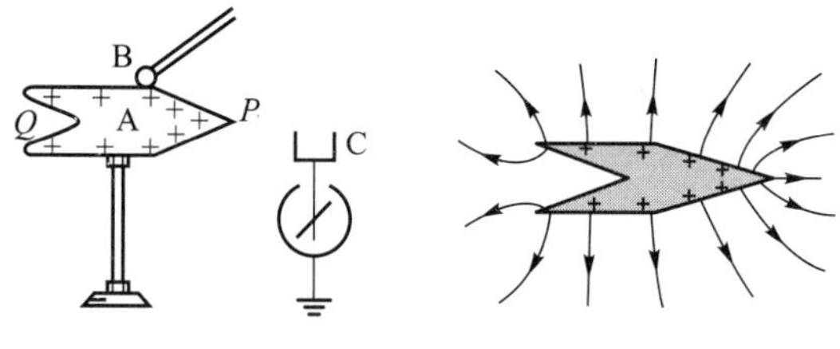


(a)　　(b)

图 2-6　导体表面曲率对电荷分布的影响

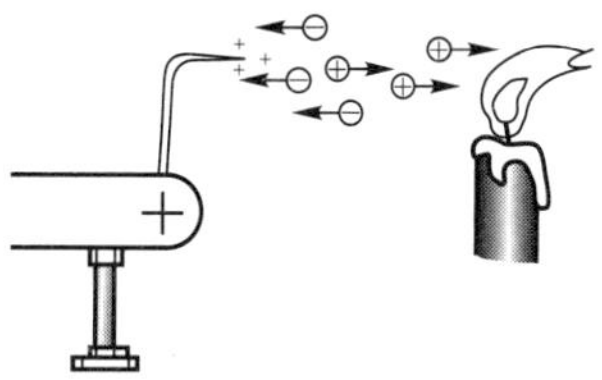

图 2-7　电风

高压输电线附近的电晕放电浪费了很多电能,把电能消耗在气体分子的电离和发光过程中,这是应尽量避免的,为此高压输电线表面应做得极光滑,其半径也不能过小. 此外一些高压设备的电极常常做成光滑的球面也是为了避免尖端放电漏电,以维持高电压.

尖端放电也有可以利用的一方面. 最典型的就是避雷针. 当带电的云层接近地表面时,由于静电感应使地上物体带异号电荷,这些电荷比较集中地分布在突出的物体(如高大的建筑物、烟囱、大树)上. 当电荷积累到一定程度,就会在云层和这些物体之间发生强大的火花放电. 这就是雷击现象. 为了避免雷击,如图 2-8 所示,可在建筑物上安装尖端导体(避雷针),用粗铜缆将避雷针通地,通地的一端埋在几尺深的潮湿泥土里或接到埋在地下的金属板(或金属管)上,以保持避雷针与大地电接触良好. 当带电的云层接近时,放电就通过避雷针和通地粗铜导体这条最易于导电的通路局部持续不断地进行,以免损坏建筑物.

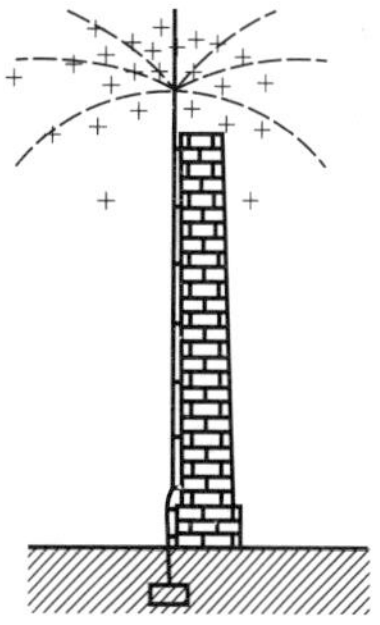

图 2-8　避雷针

### 2.1.3　导体壳(腔内无带电体的情形)

(1) 基本性质

当导体壳内没有其他带电体时,在静电平衡下:①导体壳的内表面上处处没有电荷,电荷只能分布在外表面;②空腔内没有电场,或者说,空腔内的电势处处相等.

为了证明上述结论,我们在导体壳内、外表面之间取一闭合曲面 $S$,将空腔包围起来(图 2-9). 由于闭合面 $S$ 完全处于导体内部,根据平衡条件,其上场强处处为 0,因此没有电场强度通量穿过它. 按照高斯定理,在 $S$ 内部(即导体壳的内表面上)电荷的代数和为 0.

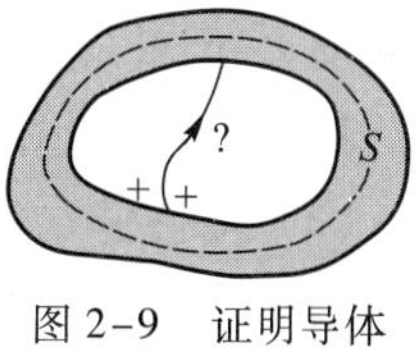


图 2-9　证明导体空腔的性质

我们还需进一步证明，在导体壳的内表面上不仅电荷的代数和为0，而且各处的电荷面密度 $\sigma_e$ 也为0. 利用反证法，假定内表面上 $\sigma_e$ 并不处处为0，由于电荷的代数和为0，必然有些地方 $\sigma_e>0$，有些地方 $\sigma_e<0$，按照2.1.2节中的分析，$\sigma_e>0$ 的地方 $E_n>0$，$\sigma_e<0$ 的地方 $E_n<0$（这里法线矢量 $\boldsymbol{e}_n$ 是由壳内壁指向腔内的）. 在§1.3里我们曾经论证，电场线只能从正电荷出发，到负电荷终止，不能在没有电荷的地方中断. 按照我们的前提，空腔中没有电荷，所以从内表面 $\sigma_e>0$ 的地方发出的电场线，不会在腔内中断，只能终止在表面上某个 $\sigma_e<0$ 的地方. 如果存在这样一根电场线，电场沿此电场线的积分必不为0. 也就是说，这电场线的两个端点之间有电势差. 但这根电场线的两端都在同一导体上，静电平衡要求这两点的电势相等. 因此上述结论与平衡条件相违背. 由此可见，达到静电平衡时，导体壳内表面上 $\sigma_e$ 必须处处为0.

下面证明腔内没有电场. 由于内表面附近 $E_n=\dfrac{\sigma_e}{\varepsilon_0}=0$，且电场线既不可能起、止于内表面，又不可能在腔内有端点或形成闭合线. 所以腔内不可能有电场线和电场. 没有电场就没有电势差，故腔内空间各点的电势处处相等.

（2）法拉第圆筒

静电平衡时，导体壳内表面没有电荷的结论可以通过图2-10所示的实验演示出来. 图中A、B是两个验电器，把一个差不多封闭的空心金属圆筒C（圆筒内无其他带电体）固定在一个验电器B上. 给圆筒和验电器B以一定的电荷，则金箔张开. 取一个装有绝缘柄的小球D，使它和圆筒C外表面接触后再碰验电器A，如图2-10（a），则A上金属箔张开，如果重复若干次，我们就能使金属箔A张开的角度很显著，这证明圆筒C的外表面是带了电的. 如果把小球D插入圆筒上的小孔使之和圆筒的内表面相接触后，再用验电器A检查，如图2-10（b），则发现A的金属箔总不张开. 这表明圆筒C的内表面不带电. 这就从实验上证实了上述结论. 这个实验称为法拉第圆筒实验，实验中的圆筒C称为法拉第圆筒.

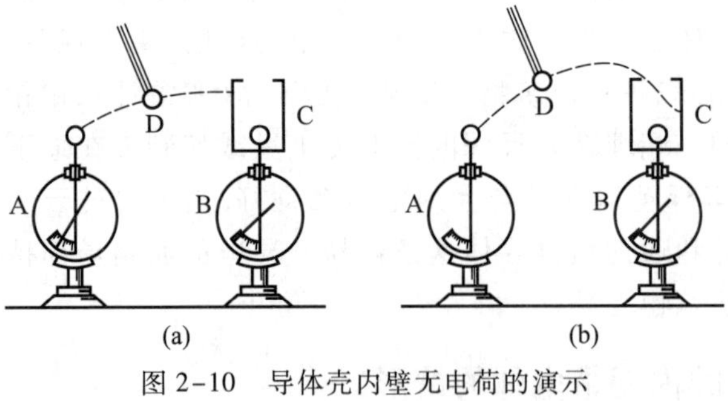


图2-10　导体壳内壁无电荷的演示

根据静电平衡下导体壳的内表面处处没有电荷的性质，将带电导体与导体壳内表面接触时，带电导体的表面成为导体壳内表面的一部分，带电导体上的电荷一定会全部转移到导体壳的外表面上去. 因此，这是从一个带电导体上吸取全部电荷的有效办法. 测量电量时，要在静电计上安装法拉第圆筒，如图2-6（a）所示，并将带电体接触圆筒的内表面，就是这个道理.

（3）库仑平方反比律的精确验证

电荷只分布在导体外表面上的结论，是建立在高斯定理的基础上的，而高斯定理又是由库仑平方反比律推导出来的. 相反，如果点电荷之间的相互作用力偏离了平方反比律，即

$$F \propto \frac{1}{r^{2 \pm \delta}},$$

其中 $\delta \neq 0$①，则高斯定理将不成立，从而导体上的电荷也不完全分布在外表面上. 用实验方法来研究导体内部是否确实没有电荷，可以比库仑扭秤实验更为精确地验证平方反比律.

这类实验首先是卡文迪许在库仑于 1785 年建立平方反比律之前若干年(1773 年)完成的. 他的装置示于图 2-11，金属球 1 由绝缘支柱 2 支持. 绝缘的金属球壳 3 套在金属球 1 的外边，它由两个半球组成，在其中之一的上面有一小孔. 一段导线 4 由绝缘丝线 5 悬挂，可探进小孔将球 1 与球壳 3 连接起来. 这样，球 1 的表面就成为球壳 3 内表面的一部分. 实验时，先使连接在一起的球 1 和壳 3 带电. 然后将导线抽出，将球壳 3 的两半分开并移去，再用静电计检验球 1 上的电荷. 反复实验结果表明球 1 上总没有电荷.

图 2-11 库仑平方反比律的精确实验验证

1—内金属球；2—绝缘支柱；3—金属球壳；4—导线；5—绝缘丝线

由于电荷之间的相互作用力的规律是具有原则意义的重大问题，后来许多人重复并改进了上述实验. 目前在实验仪器灵敏度所允许的范围内可以肯定，与平方指数的偏离 $\delta$ 即使有，也不会超过 $2.7\times10^{-16}$. 这样，平方反比律便得到了十分精确的实验验证.

富兰克林似乎是注意到绝缘金属桶的内表面不存在电荷的第一个人. 他在 1755 年就曾写信给朋友叙述了他的发现，但他没有看出问题的本质. 大约 10 年后，富兰克林的发现才引起了他的朋友普里斯特利的注意. 1767 年(大约在库仑扭秤实验之前 20 年)普里斯特利核实过富兰克林的实验，并在与万有引力对比时受到了启发，领悟到上述事实乃是力的平方反比律的必然结果. 可见上述关于平方反比律的间接实验证明，不仅比扭秤法这一直接实验证明更为精确，而且时间还要早得多.

1773 年，卡文迪许利用类似于如图 2-11 所示的仪器证明，力的平方反比律的指数偏差 $\delta$ 不会超过 0.02. 可惜他的实验结果未发表，所以当时几乎没有人知道. 后来麦克斯韦重新做了卡文迪许的实验，实验的准确度更高，并把指数偏差 $\delta$ 的上限定为 1/21 600. 普里姆顿和洛顿于 1936 年重做了这个实验，他们确定指数偏差 $\delta$ 的上限为 $2\times10^{-9}$.

与 1936 年的数据相比，1967 年、1970 年这类实验的精确度又分别提高了 2 ~ 4 个数量级，直至 1971 年威廉姆斯等人的实验结果把精确度提高了 7 个数量级，其 $\delta$ 的上限为 $(2.7\pm3.1)\times10^{-16}$②.

根据近代的量子场论，严格的库仑平方反比律与光子的静止质量严格为 0 是联系在一起的. 如果光子的静止质量不为 0，光在真空中传播时还会有色散. 可见，库仑的平方反比律和物理学中很多极为重要的基本问题有关. 可以预期，用实验一步步更精确验证它的工作，将会不断有人做下去.

(4) 范德格拉夫起电机

利用导体壳的性质可以将电荷不断地由电势较低的导体一次一次地传递给另一电势较高的导体，使后者电势不断升高. 如图 2-12，绝缘金属球 A 与电池的正极相连，电池负极接地，从而球 A 与地之间保持一定的电势差. 我们用一个带有绝缘柄的金属球 B 与球 A 接触后又与一个具有小孔的金属球壳 C 的内壁接触，这时小球 B 上原来带的电荷全部传到金属球壳 C 的外表面上去. 一次又一次地重复这种接触过程，电荷就可一次又一次地被小球 B 传递到金属壳 C 的外壁

① $\delta$ 称为平方反比律的指数的偏差，简称指数偏差.

② E R Williams, J E Faller, H A Hill. *Phys. Rev. Lett.* 26(1971), 721.

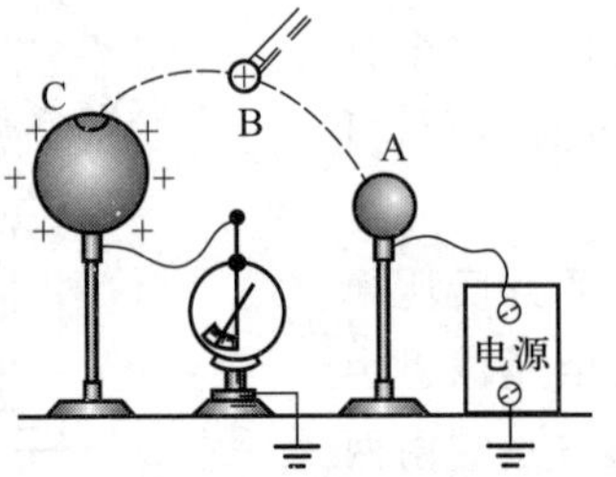


图 2-12　说明范德格拉夫起电机原理的演示

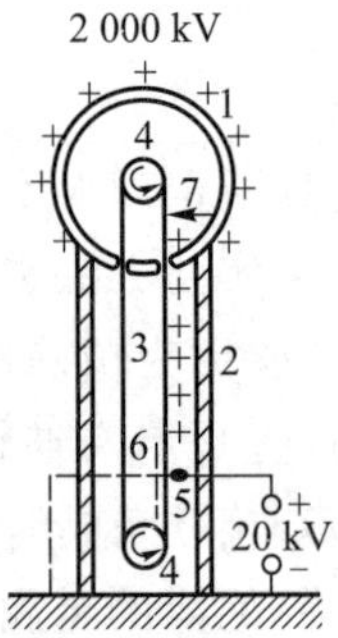


图 2-13　范德格拉夫起电机结构示意图
1—大金属壳；2—绝缘支柱；3—传送带；4—转轮；5—尖端导体；6—接地导体板；7—尖端导体

上去. 范德格拉夫起电机就是利用这种原理做成的. 图 2-13 是它的结构的示意图. 大金属壳 1 由绝缘支柱 2 支持着. 3 是橡胶布做成的传送带，由一对转轮 4 带动. 传送带由连接电源一端的尖端导体 5 喷射电荷而带电. 在尖端导体 5 的对面，传送带背后的接地导体板 6 的作用是加强由尖端 5 向传送带的电荷喷射. 当带电传送带经过另一尖端导体 7 的近旁时，尖端导体 7 便将电荷传送给与它相接的导体球壳 1. 这些电荷将全部分布到金属壳的外表面上去，使它相对于地的电势不断地提高. 图 2-14 是范德格拉夫起电机外貌的照片.

图 2-14　范德格拉夫起电机

范德格拉夫起电机主要用于加速带电粒子. 将离子源放在金属壳内，由于金属壳相对于外界具有高电势差，因此将离子引出球壳后进入加速管时，它就像位置很高的小球在重力场中下降时获得很大动能一样，在电场力的作用下将获得很大的动能. 这种高速带电粒子可供原子核反应实验之用.

另外，近年来在晶体管和集成电路等半导体器件的制造工艺中新发展了一种离子注入技术. 制作半导体器件时，需要在半导体晶片中掺入某些杂质元素（如硼或磷）的离子，过去全靠扩散的办法来完成. 离子注入技术是利用加速器使离子经过电场加速后形成高速离子束，然后用这离子束轰击半导体晶片而注入其中，达到一定的掺杂要求. 这种离子注入法比传统的扩散法优越之处在于掺杂的条件易于控制. 在离子注入技术所需的离子能量范围内（例如速度在 $10^6$ m/s 的数量级），用范德格拉夫起电机来加速离子是比较方便的.

### 2.1.4　导体壳（腔内有带电体的情形）

（1）基本性质

当导体壳腔内有其他带电体时，在静电平衡状态下，导体壳的内表面所带电荷与腔内电荷的代数和为 0. 例如腔内有一物体带电荷 $q$，则内表面带电荷 $-q$.

证明：如图 2-15，在导体壳内、外表面之间作一高斯面 $S$（图中虚线），由于高斯面处在导体内部，在静电平衡时场强处处为 0，所以通过 $S$ 的电场强度通量为 0. 根据高斯定理，$S$ 内 $\sum q=0$，所以如果导体壳内有一带电体 $q$，则内表面必定带电荷 $-q$.

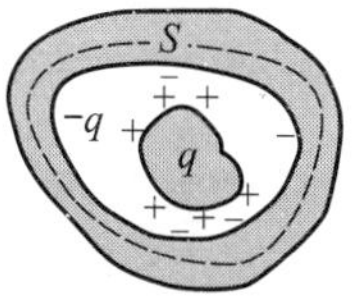


图 2-15 导体腔内有带电体时的性质

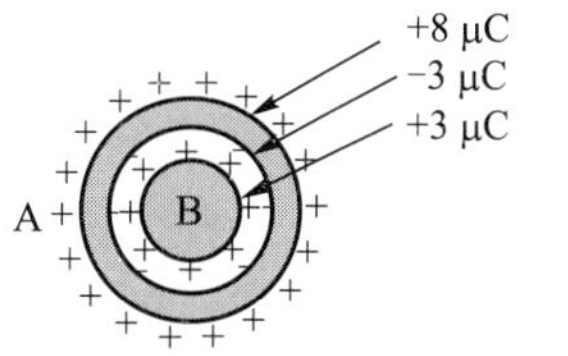


图 2-16 例题—同心导体球各表面上电荷的分配

**［例题］** 如图 2-16，金属球 B 被一同心的金属球壳 A 所包围，分别给 A、B 两导体以电荷量 +5 μC 和 +3 μC，问 A 球的外表面带电荷量为多少？

**［解］** 我们设想先不给 A 球电荷，则由于它的内表面必定要出现 -3 μC 的电荷量，根据电荷守恒，在它的外表面必然出现 +3 μC 的电荷量. 这实际上是一种静电感应现象，由于内球 B 带正电而把 -3 μC 的电荷量吸引到 A 球的内表面，多余的 +3 μC 的电荷量排斥到外表面. 当我们再给 A 球以 +5 μC 的电荷量时，它将分布在外表面，使外表面共获得 +8 μC 的电荷量.

（2）静电屏蔽

如前所述，在静电平衡状态下，腔内无其他带电体的导体壳和实心导体一样，内部没有电场. 只要达到了静电平衡状态，不管导体壳本身带电或是导体处于外界电场中，这一结论总是对的. 这样，导体壳的表面就“保护”了它所包围的区域，使之不受导体壳外表面上的电荷或外界电场的影响，这个现象称为**静电屏蔽**.

静电屏蔽现象在实际中有重要的应用. 例如为了使一些精密的电磁测量仪器不受外界电场的干扰，通常在仪器外面加上金属罩. 实际上金属外壳不一定要严格封闭，甚至用金属网做成的外罩就能起到相当好的屏蔽作用.

工作中有时要使一个带电体不影响外界，例如对屋内的高压设备就要求这样. 这时可以把这带电体放在**接地**的金属壳或金属网内. 下面通过图 2-17 来说明其原理. 为了叙述方便，我们假定带电体带正电. 有了金属外壳之后，其内表面出现等量的负电荷. 由内部带电体出发的电场线就会全部终止在外壳内表面等量的负电荷上，使电场线不能穿出导体壳. 这样就把内部带电体对外界的影响全部隔绝了. 说得确切一点，应是外壳内表面的负电荷在导体壳外产生了一个电场，它和内部带电体在导体壳外产生的电场处处抵消. 然而，如果外壳不接地，在它的外表面还有等量的感应电荷，它的电场将对外界产生影响［图 2-17(a)］. 如果把外壳接地，则由于内部带电体的存在而在外表面产生的感应电荷将流入地下［图 2-17(b)］，这样，内部带电体对外界的影响就全部消除了.

要较透彻地理解“静电屏蔽”问题，需要用到静电学边值问题的唯一性定理. 关于这个问题请参看附录 B.

（3）等电势高压带电作业

大家都知道，接触高压电是很危险的. 怎样才能在不停电的条件下检修和维护高压线呢？原来对人体造成威胁的并不是由于电势高造成的，而是电势梯度大造成的. 近年来我国工人和工程技术人员经过多次科学实验和反复实践，摸索出一套等电势高压带电作业的方法. 作业人员全身穿戴金属丝网制成的衣、帽、手套和鞋子. 这种保护服叫作金属均压服. 穿上均压服后，作业人员就可以用绝缘软梯和通过瓷瓶串逐渐进入强电场区. 当手与高压电线直接接触时，在手套与电线之间发生火花放电之后，人和高压线就等电势了，从而可以进行操作. 均压服在带电作业中有以下作用：一是屏蔽和均压作用．均压服相当于一个空腔导体，对人体起到电屏蔽作用，它减弱达到人体的电场．二是分流作用．当作业人员经过电势不同的区域时，要承受一个幅值较大的脉冲电流，由于均压服与人体相比电阻很小，可以对此电流进行分流，使绝大部分电流流经均压服（图 2-18）．这样就保证了作业的安全．

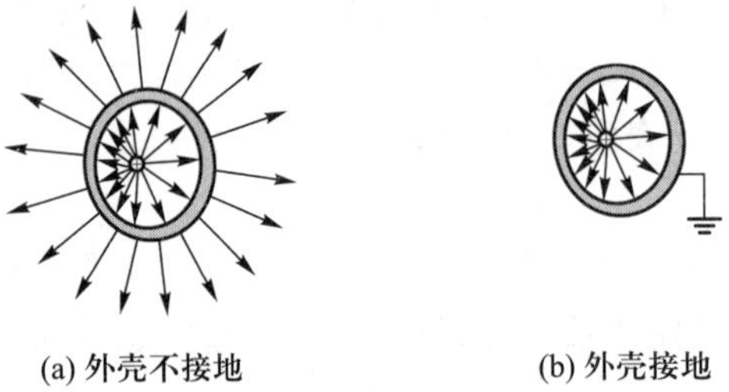


图 2-17　静电屏蔽

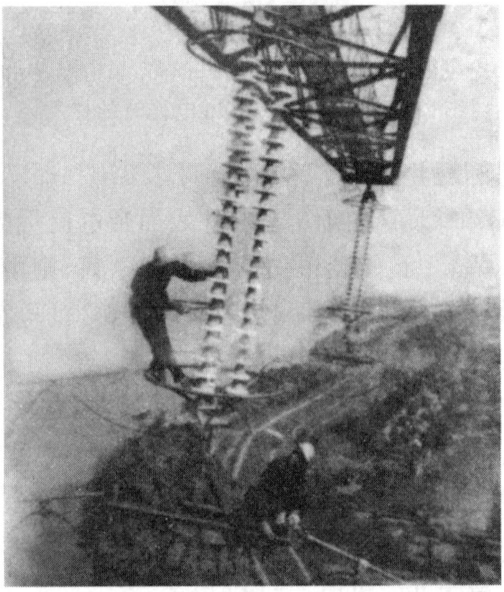

图 2-18　高压带电检修

## 思　考　题

**2.1-1**　试想在图 2-1（b）中的导体单独产生的电场 $\boldsymbol{E}'$ 的电场线是什么样子（包括导体内和导体外的空间）．如果撤去外电场 $\boldsymbol{E}_0$，$\boldsymbol{E}'$ 的电场线还会维持这个样子吗？

**2.1-2**　在 §1.3 的例题 4 中曾给出无限大带电面两侧的场强 $E=\dfrac{\sigma_e}{2\varepsilon_0}$，这个公式对于靠近有限大小带电面的地方也适用．这就是说，根据这个结果，导体表面元 $\Delta S$ 上的电荷在紧靠它的地方产生的场强也应是 $\dfrac{\sigma_e}{2\varepsilon_0}$，它比式（2.1）的场强小一半．这是为什么？

**2.1-3**　根据式（2.1），若一带电导体表面上某点附近电荷面密度为 $\sigma_e$，这时该点外侧附近场强为 $E=\dfrac{\sigma_e}{\varepsilon_0}$，如果将另一带电体移近，该点场强是否改变？公式 $E=\dfrac{\sigma_e}{\varepsilon_0}$ 是否仍成立？

**2.1-4**　把一个带电物体移近一个导体壳，带电体单独在导体空腔内产生的电场是否等于零？静电屏蔽效应是怎样体现的？

**2.1-5**　万有引力和静电力都服从平方反比律，都存在高斯定理．有人幻想把引力场屏蔽起来，这能否做到？引力场和静电力有什么重要差别？

**2.1-6**　（1）将一个带正电的导体 A 移近一个不带电的绝缘导体 B 时，导体 B 的电势升高还是降低？为什么？

（2）试论证：导体 B 上每种符号感应电荷的数量不多于 A 上的电荷量．

**2.1-7**　将一个带正电的导体 A 移近一个接地的导体 B 时，导体 B 是否维持零电势？其上是否带电？

**2.1-8** 一封闭的金属壳内有一个电荷量为 $q$ 的金属物体. 试证明:要想使这金属物体的电势与金属壳的电势相等,唯一的办法是使 $q=0$. 这个结论与金属壳是否带电有没有关系?

**2.1-9** 有若干个互相绝缘的不带电导体 A,B,C,…,它们的电势都是零. 如果把其中任一个 A 带上正电,证明:

(1) 所有这些导体的电势都高于零;

(2) 其他导体的电势都低于 A 的电势.

**2.1-10** 两导体上分别带有电荷量 $-q$ 和 $2q$,都放在同一个封闭的金属壳内. 证明:电荷为 $+2q$ 的导体的电势高于金属壳的电势.

**2.1-11** 一封闭导体壳 C 内有一些带电体,所带电荷量分别为 $q_1,q_2,\cdots$,C 外也有一些带电体,所带电荷量分别为 $Q_1,Q_2,\cdots$. 问:

(1) $q_1,q_2,\cdots$ 的大小对 C 外的电场强度和电势有无影响?

(2) 当 $q_1,q_2,\cdots$ 的大小不变时,它们的分布形状对 C 外的电场强度和电势影响如何?

(3) $Q_1,Q_2,\cdots$ 的大小对 C 内的电场强度和电势有无影响?

(4) 当 $Q_1,Q_2,\cdots$ 的大小不变时,它们的分布形状对 C 内的电场强度和电势影响如何?

**2.1-12** 若在上题中 C 接地,情况如何?

**2.1-13** (1) 一个孤立导体球带电 $Q$,其表面场强沿什么方向? $Q$ 在其表面上的分布是否均匀? 其表面是否等电势? 导体内任意一点 $P$ 的场强是多少? 为什么?

(2) 当我们把另一带电体移近这个导体球时,球表面场强沿什么方向? 其上电荷分布是否均匀? 其表面是否等电势? 电势有没有变化? 导体内任意一点 $P$ 的场强有无变化? 为什么?

**2.1-14** (1) 在两个同心导体球 B、C 的内球上带电荷量 $Q$,$Q$ 在其表面上的分布是否均匀?

(2) 当我们从外边把另一带电体 A 移近这一对同心球时,内球 C 上的电荷分布是否均匀? 为什么?

**2.1-15** 两个同心球状导体,内球带电荷量 $Q$,外球不带电,试问:

(1) 外球内表面电荷量 $Q_1$ 是多少? 外球外表面电荷量 $Q_2$ 是多少?

(2) 球外 $P$ 点总场强是多少?

(3) $Q_2$ 在 $P$ 点产生的场强是多少? $Q$ 是否在 $P$ 点产生场? $Q_1$ 是否在 $P$ 点产生场? 如果外面球壳接地,情况有何变化?

**2.1-16** 在上题中当外球接地时,从远处移来一个带负电的物体,内、外两球的电势增高还是降低? 两球间的电场分布有无变化?

**2.1-17** 在上题中若外球不接地,从远处移来一个带负电的物体,内、外两球的电势增高还是降低? 两球间的电场和电势有无变化? 两球间的电势差有无变化?

**2.1-18** 如题图所示,在金属球 A 内有两个球形空腔. 此金属球整体上不带电. 在两空腔中心各放置一点电荷 $q_1$ 和 $q_2$. 此外在金属球 A 之外远处放置一点电荷 $q$($q$ 至 A 的中心距离 $r\gg$球 A 的半径 $R$). 作用在 A、$q_1$、$q_2$、$q$ 四物体上的静电力各为多少?

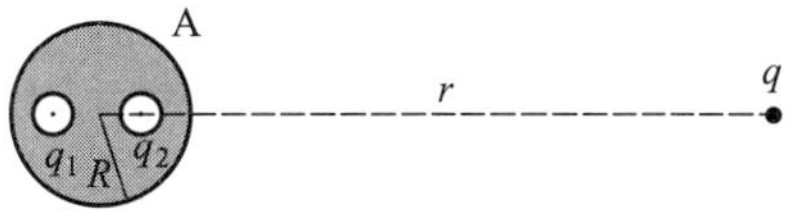


思考题 2.1-18 图

**2.1-19** 在上题上取消 $r\gg R$ 的条件,并设两空腔中心的间距为 $a$,试写出

(1) $q$ 给 $q_1$ 的力;

(2) $q_2$ 给 $q$ 的力;

(3) $q_1$ 给 A 的力;

(4) A 给 $q_2$ 的力;

(5) $q_1$ 受到的合力.

**2.1-20** (1) 若将一个带正电的金属小球移近一个绝缘的不带电导体时,如题图(a),小球受到吸引力还是

排斥力？

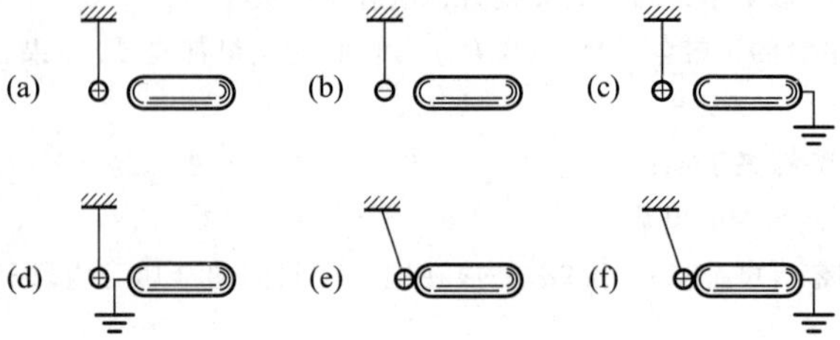


思考题 2.1-20 图

（2）若小球带负电，如题图(b)，情况将如何？

（3）若当小球在导体近旁(但未接触)时，将导体远端接地，如题图(c)，情况如何？

（4）若将导体近端接地，如题图(d)，情况如何？

（5）若导体在未接地前与小球接触一下，如题图(e)，将发生什么情况？

（6）若将导体接地，小球与导体接触一下后，如题图(f)，将发生什么情况？

**2.1-21**　(1) 将一个带正电的金属小球 B 放在一个开有小孔的绝缘金属壳内，但不与其接触. 将另一带正电的试探电荷 A 移近时，如题图(a)，A 将受到吸引力还是排斥力？若将小球 B 从壳内移去后，如题图(b)，A 将受到什么力？

（2）若使小球 B 与金属壳内部接触，如题图(c)，A 受什么力？这时再将小球 B 从壳内移去，如题图(d)，情况如何？

（3）如情形(1)，使小球不与壳接触，但金属壳接地，如题图(e)，A 将受什么力？将接地线拆掉后，又将小球 B 从壳内移去，如题图(f)，情况如何？

（4）如情形(3)，但先将小球从壳内移去后再拆接地线，情况与(3)相比有何不同？

**2.1-22**　在一个孤立导体球壳的中心放一个点电荷，球壳内、外表面上的电荷分布是否均匀？如果点电荷偏离球心，情况如何？

**2.1-23**　如题图所示，金属球置于两金属板间，板间加以高压，则可看到球与板间放电的火花. 若再在下面板上金属球旁放一等高度的尖端金属，问放电火花将如何变化？想一想这现象可有何应用？

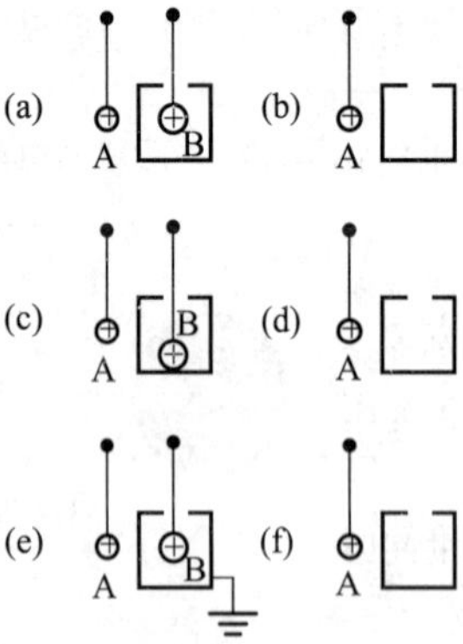


思考题 2.1-21 图

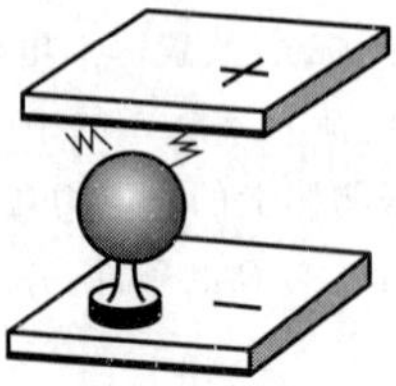


思考题 2.1-23 图

## 习　　题

**2.1-1**　如题图所示，一平行板电容器充电后，A、B 两极板上电荷的面密度分别为 $\sigma_e$ 和 $-\sigma_e$. 设 $P$ 为两板间任一点,略去边缘效应①(或者把两板当作无限大).

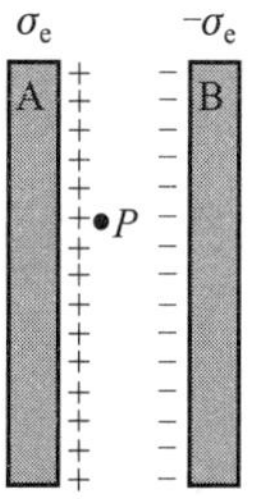

习题 2.1-1 图

(1) 求 A 板上的电荷在 $P$ 点产生的电场强度 $\boldsymbol{E}_A$;

(2) 求 B 板上的电荷在 $P$ 点产生的电场强度 $\boldsymbol{E}_B$;

(3) 求 A、B 两板上的电荷在 $P$ 点产生的电场强度 $\boldsymbol{E}$;

(4) 若把 B 板拿走,A 板上电荷如何分布? A 板上的电荷在 $P$ 点产生的电场强度为多少?

**2.1-2**　证明:对于两个无限大的平行平面带电导体板来说,

(1) 相向的两面(题图中 2 和 3)上,电荷的面密度总是大小相等而符号相反;

(2) 相背的两面(题图中 1 和 4)上,电荷的面密度总是大小相等而符号相同.

(3) 若左导体板带电荷量+3 $\mu C/m^2$,右导体板带电荷量+7 $\mu C/m^2$,求四个表面上的电荷.

**2.1-3**　两平行金属板分别带有等量的正负电荷.两板的电势差为 120 V,两板的面积都是 3.6 $cm^2$,两板相距 1.6 mm.略去边缘效应,求两板间的电场强度和各板上所带的电荷量.

**2.1-4**　两块带有等量异号电荷的金属板 A 和 B,相距 5.0 mm,两板的面积都是 150 $cm^2$,电荷量大小都是 $2.66\times10^{-8}$ C,A 板带正电并接地(见题图).以地的电势为零,并略去边缘效应,问:

(1) B 板的电势是多少?

(2) A、B 间离 A 板 1.0 mm 处的电势是多少?

**2.1-5**　三平行金属板 A、B 和 C,面积都是 200 $cm^2$,A、B 板相距 4.0 mm,A、C 板相距 2.0 mm,B、C 两板都接地(见题图).如果使 A 板带正电 $3.0\times10^{-7}$ C,在略去边缘效应时,问 B 板和 C 板上感应电荷各是多少?以地的电势为零,问 A 板的电势是多少?

**2.1-6**　点电荷 $q$ 处在导体球壳的中心,壳的内外半径分别为 $R_1$ 和 $R_2$(见题图).求场强和电势的分布,并画出 $E$-$r$ 和 $U$-$r$ 曲线.

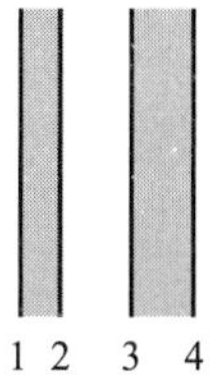

习题 2.1-2 图

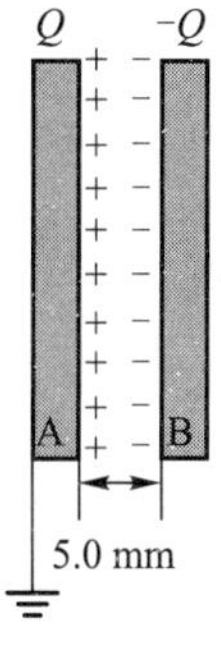

习题 2.1-4 图

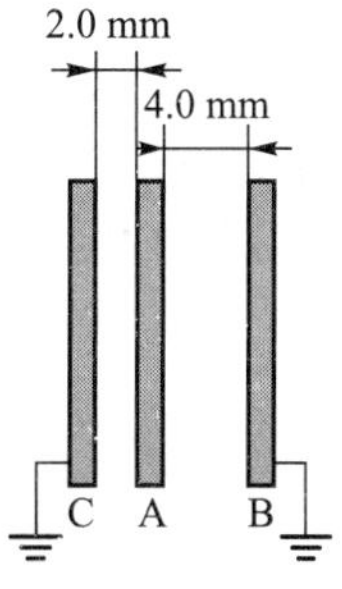

习题 2.1-5 图

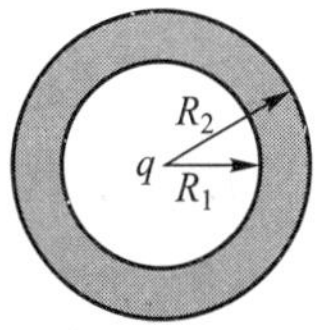

习题 2.1-6 图

**2.1-7**　在上题中,若 $q=4\times10^{-10}$ C,$R_1=2$ cm,$R_2=3$ cm,求:

(1) 导体球壳的电势;

(2) 离球心 $r=1$ cm 处的电势;

(3) 把点电荷移开球心 1 cm,求导体球壳的电势.

**2.1-8**　半径为 $R_1$ 的导体球带有电荷 $q$,球外有一个内、外半径为 $R_2$、$R_3$ 的同心导体球壳,壳上带有电荷 $Q$(见题图).

(1) 求两球的电势 $U_1$ 和 $U_2$;

---

① 若两板无穷大,则每板表面上的电荷分布和其间场强的分布都是均匀的.若两板面积有限,只要它们之间的距离很近,则除了边缘附近的电荷和电场的分布不均匀外,其余部分电荷和电场的分布都近似均匀.边缘部分电荷和电场分布不均匀的现象,称为边缘效应.

（2）两球的电势差 $\Delta U$；

（3）以导线把球和壳连接在一起后，$U_1$、$U_2$ 和 $\Delta U$ 分别是多少？

（4）在情形（1）、（2）中，若外球接地，$U_1$、$U_2$ 和 $\Delta U$ 为多少？

（5）设外球离地面很远，若内球接地，情况如何？

**2.1-9**　在上题中设 $q=10^{-10}$ C，$Q=11\times10^{-10}$ C，$R_1=1$ cm，$R_2=3$ cm，$R_3=4$ cm，试计算各情形中的 $U_1$、$U_2$ 和 $\Delta U$，并画出 $U$-$r$ 曲线．

**2.1-10**　假设范德格拉夫起电机的球壳与传送带上喷射电荷的尖针之间的电势差为 $3.0\times10^{6}$ V，如果传送带迁移电荷到球壳上的速率为 $3.0\times10^{-3}$ C/s，则在仅考虑电力的情况下，必须用多大的功率来开动传送带？

**2.1-11**　范德格拉夫起电机的球壳直径为 1 m，空气的击穿场强为 30 kV/cm（即球表面的场强超过此值，电荷就会从空气中漏掉）．这起电机最多能达到多高的电势？

**2.1-12**　同轴传输线是由两个很长且彼此绝缘的同轴金属直圆柱体构成（见题图）．设内圆柱体的电势为 $U_1$，半径为 $R_1$，外圆柱体的电势为 $U_2$，内半径为 $R_2$，求其间离轴为 $r$ 处（$R_1<r<R_2$）的电势．

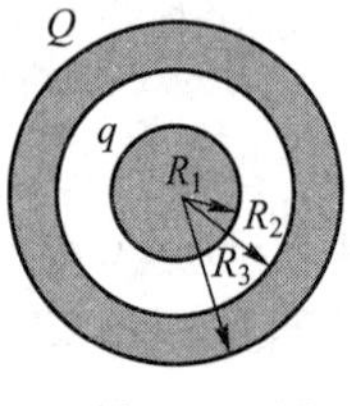


习题 2.1-8 图

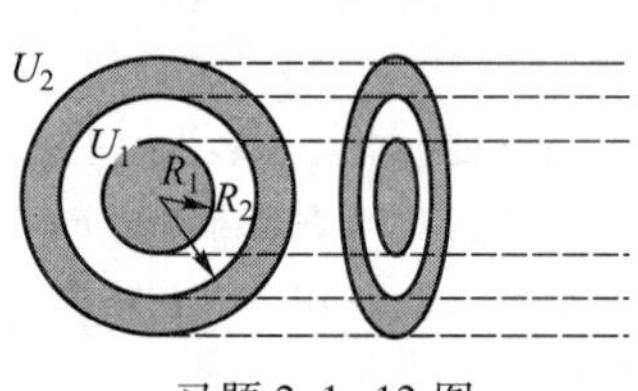


习题 2.1-12 图

**2.1-13**　同轴传输线是由两个很长且彼此绝缘的金属直圆柱体构成（见上题的图）．设内圆柱体的半径为 $R_1$，外圆柱体的内半径为 $R_2$，两圆柱体的电势差为 $U$．求其间离轴为 $r_1$ 和 $r_2$ 处的电势差（$R_1<r_1<r_2<R_2$）．

**2.1-14**　一很长直导线横截面的半径为 $a$，这线外套有内半径为 $b$ 的同轴导体圆筒，两者互相绝缘，外筒接地，它的电势为零．导线电势为 $U$．求导线和筒间的电场强度分布．

# §2.2 电容和电容器

## 2.2.1　孤立导体的电容

所谓“孤立”导体，就是说在这个导体的附近没有其他导体和带电体．

设想我们使一个孤立导体带电 $q$，它将具有一定的电势 $U$（图 2-19）．理论和实验表明，随着 $q$ 的增加，$U$ 将按比例地增加．这样一个比例关系可以写成

$$\frac{q}{U}=C, \tag{2.2}$$

式中 $C$ 与导体的尺寸和形状有关，它是一个与 $q$、$U$ 无关的常量，称之为该孤立导体的**电容**，它的物理意义是**使导体每升高单位电势所需的电荷量**．在国际单位制中，电容的单位是 C/V，这个单位有个专门名称，叫作**法拉**，简称**法**，用 F 表示：

$$1\ \mathrm{F}=\frac{1\ \mathrm{C}}{1\ \mathrm{V}}.$$

实际中法拉这个单位太大，常用微法（μF）、皮法（pF）等单位：

$$1\ \mu\mathrm{F}=10^{-6}\ \mathrm{F},$$

$$1\ \mathrm{pF}=10^{-12}\ \mathrm{F}.$$

为了帮助读者了解电容的意义，可以打个比喻. 图 2-20 表示许多盛水容器，当我们向各容器灌水时，容器内水面便升高. 可以看到，对(a)、(b)、(c)三个图所画的容器来说，为使它们的水面都增加一个单位的高度，需要灌入的水量是不同的. 使容器中的水面每升一个单位高度所需要灌入的水量是由容器本身的性质(即它的截面积)所决定的. 导体的"电容"与此类似. 若一个导体的电容比另一个大，就表示每当升高一个单位电势时，该导体上面所需增加的电荷量比另一个多.

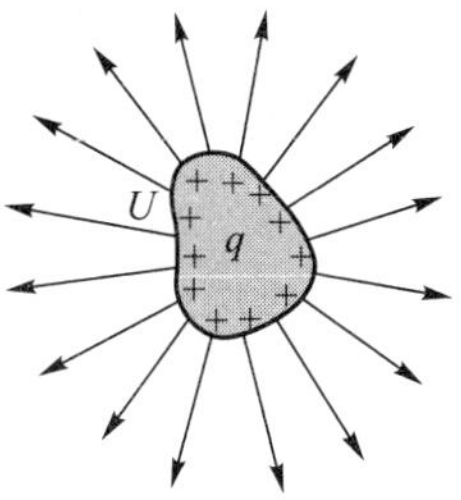


图 2-19　孤立导体的电容

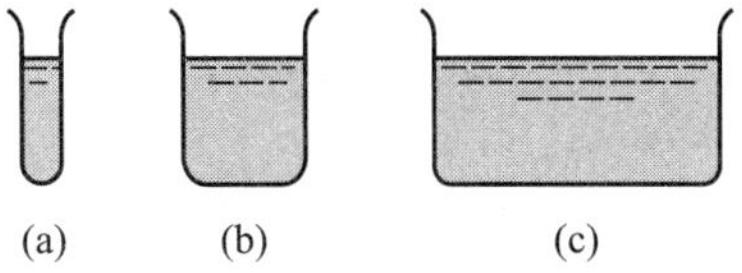


图 2-20　水容器的比喻

[**例题 1**]　求半径为 $R$ 的孤立导体球的电容.

[**解**]　因 $U=\dfrac{q}{4\pi\varepsilon_0 R}$，故

$$C=\frac{q}{U}=4\pi\varepsilon_0 R.$$

## 2.2.2　电容器及其电容

如果在一个导体 A 的近旁有其他导体，则这导体的电势 $U_A$ 不仅与它自己所带电荷 $q_A$ 的多少有关，还取决于其他导体的位置和形状. 这是由于电荷 $q_A$ 使邻近导体的表面产生感应电荷，它们将影响着空间的电势分布和每个导体的电势. 在这种情况下，我们不可能再用一个常量 $C=q_A/U_A$ 来反映 $U_A$ 和 $q_A$ 之间的依赖关系了. 要想消除其他导体的影响，可采用静电屏蔽的办法. 如图 2-21，用一个封闭的导体壳 B 把导体 A 包围起来，并将 B 接地($U_B=0$). 这样一来，壳外的导体 M、N 等就不会影响 A 的电势了. 这时若使导体 A 带电荷 $q_A$，导体壳 B 的内表面将带电荷 $-q_A$. 随着 $q_A$ 的增加，$U_A$ 将按比例地增大，因此我们仍可定义它的电容为

$$C_{AB}=\frac{q_A}{U_A},$$

当然这时 $C_{AB}$ 已与导体壳 B 有关了. 其实导体壳 B 也可不接地，则它的电势 $U_B\neq 0$. 虽然这时 $U_B$、$U_A$ 都与外界的导体有关，但电势差 $U_A-U_B$ 仍不受外界的影响，且正比于 $q_A$，比值不变. 这种由导体壳 B 和其腔内的导体 A 组成的导体系，叫作**电容器**，比值

$$C_{AB}=\frac{q_A}{U_A-U_B} \tag{2.3}$$

叫作它的**电容**. 电容器的电容与两导体的尺寸、形状和相对位置有关，与 $q_A$ 和 $U_A-U_B$ 无关. 组成电容器的两导体叫作电容器的**极板**.

实际中对电容器屏蔽性的要求并不像上面所述那样苛刻. 如图 2-22 所示那样，一对平行平

面导体 A、B 的面积很大，而且靠得很近，集中在两导体相对的表面上的那部分电荷将是符号相反、数量相等的，它们产生的电场线集中在两表面之间狭窄的空间里. 这时外界的干扰对电荷 $q_A$ 与电势差 $U_A-U_B$ 之比（即电容 $C$）的影响实际上是可以忽略的. 我们也可把这种装置看成电容器（平行板电容器）.

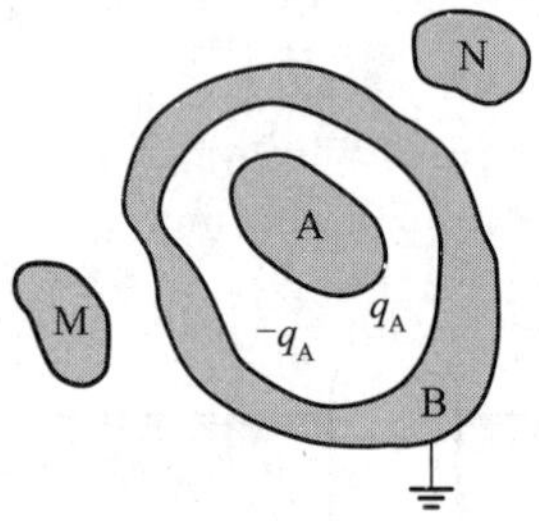


图 2-21　完全屏蔽的电容器不受外界干扰

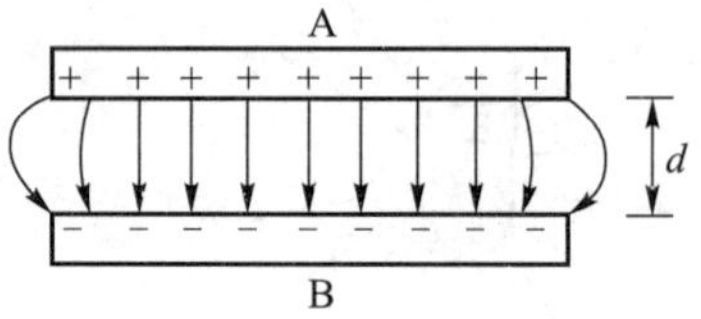


图 2-22　平行板电容器

电容器在实际中（主要在交流电路、电子电路中）有着广泛的应用. 当你打开任何电子仪器或装置（如收音机、示波器等）的外壳时，就会看到线路里有各种各样的元件，其中不少是电容器. 实际的电容器种类繁多（见图 2-23）. 通常在电容器的两金属极板间还夹有一层绝缘介质（叫作电介质，它的作用见 §2.3）. 绝缘介质也可以就是空气或真空. 按两金属极板间所用的绝缘介质来分，有真空电容器、空气电容器、云母电容器、纸质电容器、油浸纸介电容器、陶瓷电容器、涤纶电容器、电解电容器、聚四氟乙烯电容器、钛酸钡电容器等；按其电容量的可变与否来分，有可变电容器、半可变或微调电容器、固定电容器等. 但是，常用的各种类型的电容器的基本结构相同，都由两片面积较大的金属导体极板中间夹一层绝缘介质组合而成. 例如当我们把一个纸介电容器拆开时就会看到，它是由绝缘纸和金属箔叠在一起卷成的（图 2-24）.

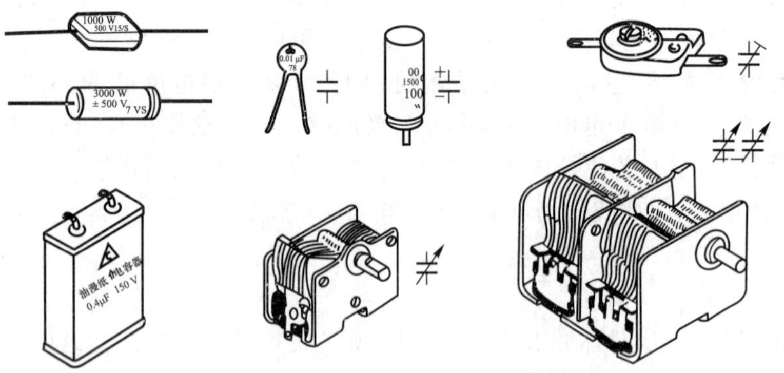

图 2-23　常见的一些电容器

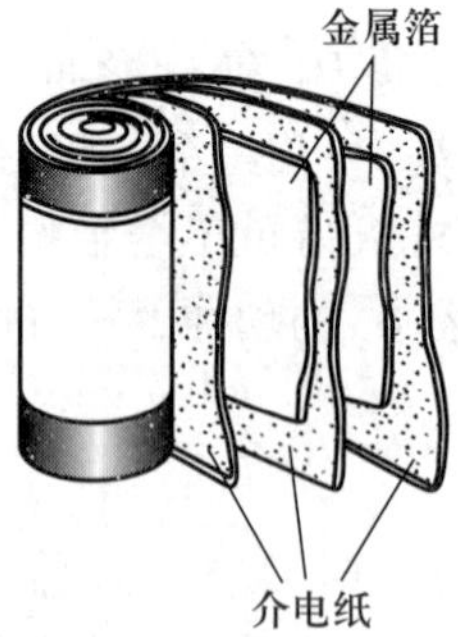


图 2-24　纸介电容器的结构

下面我们来推导电容器的电容公式，由此可以看出电容量的大小是由哪些因素决定的. 在下面的计算中暂不考虑绝缘介质，即认为极板间是空气或真空.

（1）平行板电容器

实际常用的绝大多数电容器可看成是由两块彼此靠得很近的平行金属极板组成的平行板电容器. 设它们的面积都是 $S$，内表面间的距离是 $d$（图 2-22）. 在极板面的线度远大于它们之间的距离(或者说 $S \gg d^2$)的情况下,除边缘部分外,情况和两极板为无限大时差不多. 这时两极板的内表面均匀带电,极板间的电场是均匀的.

设两极板 A、B 的电荷量分别是 $\pm q$,则电荷的面密度分别为 $\pm\sigma_e=\pm q/S$. 根据式(2.1),电场强度为 $E=\sigma_e/\varepsilon_0$,电势差为

$$U_{AB}=\int_A^B \boldsymbol{E}\cdot \mathrm{d}\boldsymbol{l}=Ed=\frac{\sigma_e d}{\varepsilon_0}=\frac{qd}{\varepsilon_0 S},$$

从而按照电容的定义(2.3),则有

$$C_{AB}=\frac{q}{U_{AB}}=\frac{\varepsilon_0 S}{d}.$$

对于电容器的电容通常略去下标 AB 不写,而写为

$$C=\frac{\varepsilon_0 S}{d}. \tag{2.4}$$

这便是平行板电容器的电容公式. 此式表明,$C$ 正比于极板面积 $S$,反比于极板间隔 $d$. 它指明了加大电容器电容量的途径:首先必须使电容器极板的间隔小,但是由于工艺的困难,还有一定的限度;其次要加大极板的面积,它势必要加大电容器的体积. 为了得到体积小电容量大的电容器,需要选择适当的绝缘介质,这个问题留待下节讨论.

下面再从理论上探讨一下其他几何形状电容器的电容公式. 这些形状的电容器在一定场合下是有实际用途的.

(2) 同心球形电容器

如图 2-25 所示,电容器由两个同心球形导体 A、B 组成,设半径分别为 $R_A$ 和 $R_B$($R_A<R_B$).

设 A、B 分别带电荷量 $\pm q$,利用高斯定理可知,两导体之间的电场强度 $E=\frac{1}{4\pi\varepsilon_0}\frac{q}{r^2}$,方向沿径矢. 这时两球形电极 A、B 之间的电势差为

$$\begin{aligned}U_{AB}&=\int_A^B \boldsymbol{E}\cdot \mathrm{d}\boldsymbol{l}=\int_{R_A}^{R_B}\frac{1}{4\pi\varepsilon_0}\frac{q}{r^2}\mathrm{d}r\\&=\frac{q}{4\pi\varepsilon_0}\left(\frac{1}{R_A}-\frac{1}{R_B}\right)\\&=\frac{q}{4\pi\varepsilon_0}\frac{R_B-R_A}{R_A R_B}.\end{aligned}$$

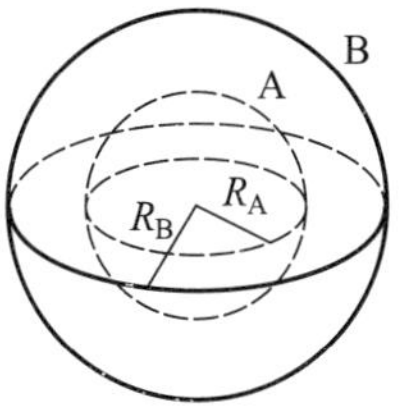


图 2-25　同心球形电容器

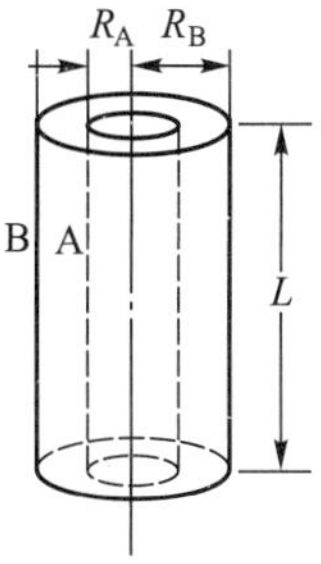


图 2-26　同轴柱形电容器

于是电容为

$$C=\frac{q}{U_{AB}}=\frac{q}{q(R_B-R_A)/4\pi\varepsilon_0 R_A R_B},$$

消去 $q$,整理后得到同心球形电容器的电容公式为

$$C=\frac{4\pi\varepsilon_0 R_A R_B}{R_B-R_A}. \tag{2.5}$$

(3) 同轴柱形电容器

如图 2-26 所示,电容器由两个同轴柱形导体 A、B 组成,设其半径分别为 $R_A$ 和 $R_B$($R_A<R_B$),长度为 $L$. 当 $L\geqslant R_B-R_A$ 时,两端的边缘效应可以忽略,计算场强分布时可以把圆柱体看成是无限长的. 利用高斯定理可知,两导体间的电场强度为 $E=\frac{\lambda}{2\pi\varepsilon_0 r}$,其中 $\lambda$ 是每个电极在单位长度内电荷的绝对值,场的方向在垂直于轴的平面内沿着辐向(场强公式的推导,见习题 1.3-7). 两柱形电极 A、B 间的电势差为

$$U_{AB}=\int_A^B \boldsymbol{E}\cdot d\boldsymbol{l}=\int_{R_A}^{R_B}\frac{1}{2\pi\varepsilon_0}\frac{\lambda}{r}dr$$

$$=\frac{\lambda}{2\pi\varepsilon_0}\ln\frac{R_B}{R_A},$$

在柱形电容器每个电极上的总电荷为 $q=\lambda L$,故

$$C=\frac{q}{U_{AB}}=\frac{\lambda L}{\lambda\ln(R_B/R_A)/2\pi\varepsilon_0},$$

消去 $\lambda$,整理后得到同轴柱形电容器的电容公式为

$$C=\frac{2\pi\varepsilon_0 L}{\ln\frac{R_B}{R_A}} \tag{2.6}$$

从以上三例归纳起来,计算电容的步骤是:①设电容器两极上分别带电荷 $\pm q$,计算电容两极间的场强分布,从而计算出两极板间的电势差 $U_{AB}$ 来;②所得的 $U_{AB}$ 必然与 $q$ 成正比,利用电容的定义 $C=q/U_{AB}$ 求出电容,它一定与 $q$ 无关,完全由电容器本身的性质(如几何形状、尺寸等)所决定.

### 2.2.3　电容器的并联、串联

电容器的性能规格中有两个主要指标,一是它的电容量,一是它的耐压能力. 使用电容器时,两极板所加的电压不能超过所规定的耐压值,否则电容器内的电介质有被击穿的危险,即电介质失去绝缘性质,电容器就损坏了. 在实际工作中,当遇到单独一个电容器在电容的数值或耐压能力方面不能满足要求时,可以把几个电容器并联或串联起来使用.

(1) 并联

如图 2-27 所示,其中每个电容器有一个极板接到共同点 $A$,而另一极板则接到另一共同点 $B$. 接上电源后,每一个电容器两极板上的电势差(电压)都等于 $A$、$B$ 两点间的电势差,即并联时加在各电容器 $C_1, C_2, \cdots, C_n$ 上的电压是相同的,设为 $U$. 但是分配在每个电容器上的电荷量则不同,它们分别为

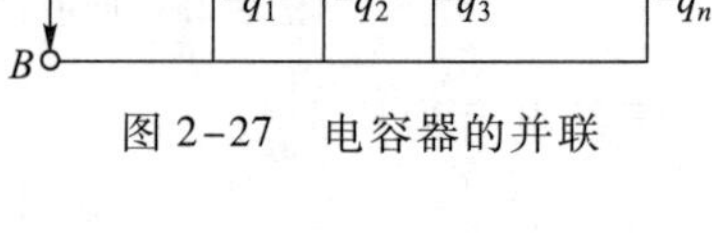

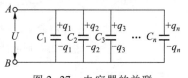

图 2-27　电容器的并联

$$q_1=C_1U,\quad q_2=C_2U,\quad \cdots,\quad q_n=C_nU.$$

这表明，电容器并联时，电荷量与电容成正比地分配在各个电容器上（$q_1:q_2:\cdots:q_n=C_1:C_2:\cdots:C_n$）．在所有电容器上的总电荷量为

$$q=q_1+q_2+\cdots+q_n=(C_1+C_2+\cdots+C_n)U.$$

因此，整个电容器系统总的电容 $C$ 是

$$C=\frac{q}{U}=\frac{C_1+C_2+\cdots+C_n}{U}U,$$

即

$$C=C_1+C_2+\cdots+C_n. \tag{2.7}$$

故电容器并联时，总电容等于各电容器电容之和．并联后总电容增加了．

（2）串联

如图 2-28 所示，其中每个电容器的一个极板只与另一个电容器的一个极板相连接，把电源接到这个电容器组合的两端两个极板上．当给第一个电容器左边的极板带上电荷量 $+q$ 时，其右边的极板上就由于静电感应产生电荷量 $-q$，而在第二个电容器左边的极板上出现电荷量 $+q$；由于第二个电容器左边极板上出现电荷量 $+q$，在其右边极板上又由感应而产生电荷量 $-q$，而在第三个电容器的左边极板上又出现电荷量 $+q$，等等，因此，串联的每一个电容器都带有相等的电荷量 $q$．每个电容器上的电压则为

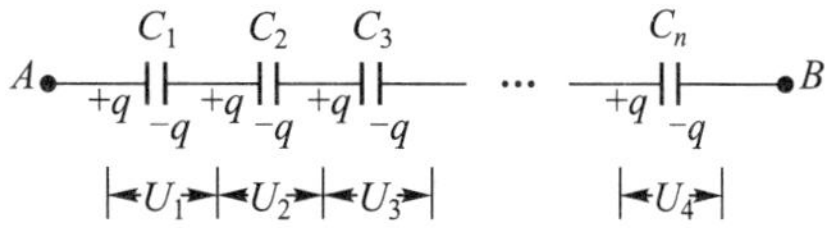


图 2-28　电容器的串联

$$U_1=\frac{q}{C_1},\quad U_2=\frac{q}{C_2},\quad \cdots,\quad U_n=\frac{q}{C_n}.$$

这表明，电容器串联时，电压与电容成反比地分配在各电容器上$\left(U_1:U_2:\cdots:U_n=\frac{1}{C_1}:\frac{1}{C_2}:\cdots:\frac{1}{C_n}\right)$．整个串联电容器组两端的电压等于每一个电容器两极板上电压之和，即

$$U=U_1+U_2+\cdots+U_n=q\left(\frac{1}{C_1}+\frac{1}{C_2}+\cdots+\frac{1}{C_n}\right),$$

而整个电容器系统总电容 $C=\frac{q}{U}$，由此得出

$$\frac{1}{C}=\frac{1}{C_1}+\frac{1}{C_2}+\cdots+\frac{1}{C_n}, \tag{2.8}$$

即电容器串联后，总电容的倒数是各电容器电容的倒数之和，总电容 $C$ 比每个电容器的电容都小．例如两个电容相等的电容器串联后，总电容为每个电容器的一半，分配在每一电容器上的电压也为总电压的一半，因此，这个串联电容器组的耐压能力为每一个电容器的两倍．

**［例题 2］**　图 2-29（a）所示为一电容箱面板上的线路图，$S_1$，$S_2$，…，$S_7$ 代表单刀双掷开关，可以与上面或下面接通．图中电容所用的单位是微法（μF）．当 $S_3$、$S_7$ 与上面接通，$S_5$、$S_6$ 与下面接通时，$AB$ 之间电容大小是多少？

**［解］**　题中所给的接法使 0.2 μF 的电容器短路，两个 0.05 μF 的电容器未接通，它们都不起作用．此接法的等效电路如图 2-29（b）所示，在 $a$、$b$ 间的两个 0.1 μF 的电容器串联，$c$、

$d$ 间的 0.5 μF 的电容器又与它们并联. 前者的总电容为 0.05 μF,因而 $A$、$B$ 间的总电容为 0.55 μF.

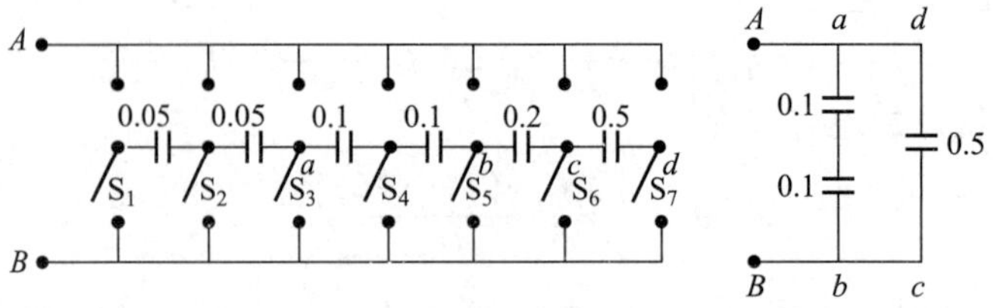


(a) 电容箱面板上的线路　　(b) 等效电路

图 2-29　例题 2

## 2.2.4　电容器储能(电能)

如果把一个已充电的电容器两极板用导线短路而放电,可见到放电的火花. 利用放电火花的热能甚至可以熔焊金属,即所谓"电容焊". 放电火花的热能必然是由充了电的电容器中储存的电能转化而来. 那么电容器储存的电能又是从哪里来的呢? 下面我们将看到,在电容器充电的过程中电源必须做功,才能克服静电场力把电荷从一个极板搬运到另一个极板上. 这能量以静电能的形式储存在电容器中,放电时就把这部分电能释放出来. 设每一极板上所带电荷量的绝对值为 $Q$,两极板间的电压为 $U$,为了计算这电容器储存了多少电能,让我们来分析一下电容器的充电过程. 充电过程可用图 2-30 所示的图像来表示,电子从电容器一个极板被拉到电源,并从电源被推到另一极板上去. 这时被拉出了电子的极板带正电,被推入电子的极板带负电. 如此逐渐进行下去,并设充电完毕时电容器极板上带电荷量的绝对值达到 $Q$. 完成这个过程要靠电源做功,从而消耗了电池储存的化学能,使之转化为电容器储存的电能.

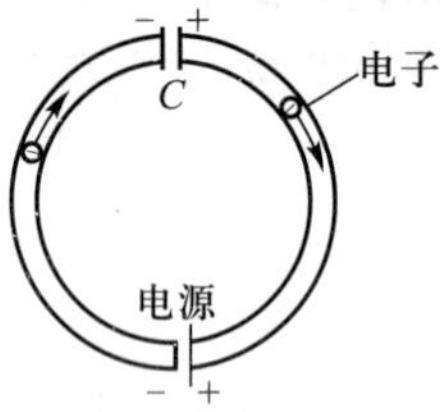


图 2-30　电容器充电时电源做功

设在充电过程中某一瞬间电容极板上带电荷量的绝对值为 $q$,电压为 $u$(注意与充电完毕时电荷和电压的最后值 $Q$ 和 $U$ 相区别). 这里电压 $u$ 是指正极板电势 $u_+$ 减负极板电势 $u_-$,若在这一瞬间电源把 $-\mathrm{d}q$ 的电荷量从正极板搬运到负极板,从能量守恒的观点看来,这时电池做的功应等于电荷量 $-\mathrm{d}q$ 从正极板迁移到负极板后电势能的增加,即

$$(-\mathrm{d}qu_-)-(-\mathrm{d}qu_+)=\mathrm{d}q(u_+-u_-)=u\mathrm{d}q.$$

继续充电时电池要继续做功,此功不断地积累为电容器的电能. 所以在整个的充电过程中储存于电容器的电能总量应由下列积分计算:

$$W_\mathrm{e}=\int_0^Q u\mathrm{d}q,$$

其中积分下限 0 表示充电开始时电容器每一极板上电荷量为零,上限 $Q$ 表示充电结束时电容器每一极板上电荷量的绝对值. $u$ 与 $q$ 的关系是 $u=q/C$,代入上式,得

$$W_\mathrm{e}=\int_0^Q \frac{q}{C}\mathrm{d}q=\frac{Q^2}{2C}.$$

这就是计算电容器储能的公式. 利用 $Q=CU$ 可写成

$$W_e=\frac{1}{2}\frac{Q^2}{C}=\frac{1}{2}CU^2=\frac{1}{2}QU, \tag{2.9}$$

式中 $Q$ 和 $U$ 都是充电完毕时的最后值.

在实际中通常电容器充电后的电压值都是给定的,这时用式(2.9)中的第二种表达式,即 $W_e=\frac{1}{2}CU^2$ 来讨论储能的问题较为方便.这公式表明,在一定的电压下电容 $C$ 大的电容器储能多.在这个意义上说,电容 $C$ 也是电容器储能本领大小的标志.对同一个电容器来讲,电压越高储能越多.但不能超过电容器的耐压值,否则就会把里面的电介质击穿而毁坏了电容器.

**[例题3]**　某一电容为 4 μF,充电到 600 V,求所储的电能.

**[解]**　$W_e=\frac{1}{2}CU^2=\frac{1}{2}\times4\times10^{-6}\times600^2\ \mathrm{J}=0.72\ \mathrm{J}.$

一般电容器储能有限,但是若使电容器在极短时间内放电,则可得到较大的功率,这在激光和受控热核反应中都有重要的应用.

式(2.9)也适用于孤立导体.例如孤立导体球的电容是 $C=4\pi\varepsilon_0R$,则它带电荷量 $Q$ 时的静电能为

$$W_e=\frac{1}{2}\frac{Q^2}{C}=\frac{Q^2}{8\pi\varepsilon_0R},$$

这个结果与1.5.2节例题3中的式(1.49)一致.

对于一组导体 $1,2,\cdots,n$,设它们带的电荷量分别为 $Q_1,Q_2,\cdots,Q_n$,电势分别为 $U_1,U_2,\cdots,U_n$,由于电荷分布在各导体的表面上,我们可以利用1.5.2节的面电荷能量公式(1.48).该式中的积分应遍及每个导体的表面.我们可以把积分分成许多项,每项对应一个导体.由于在每个导体的表面上电势 $U_i$ 是常量,它们可以从积分号里提出来.于是

$$\begin{aligned}W_e&=\frac{1}{2}\sum_{i=1}^{n}\oint_{S_i}\sigma_e U\mathrm{d}S\\&=\frac{1}{2}\sum_{i=1}^{n}U_i\oint_{S_i}\sigma_e\mathrm{d}S\\&=\frac{1}{2}\sum_{i=1}^{n}U_iQ_i.\end{aligned} \tag{2.10}$$

式中 $S_i$ 是第 $i$ 个导体的表面,其上总电荷量为

$$Q_i=\oint_{S_i}\sigma_e\mathrm{d}S.$$

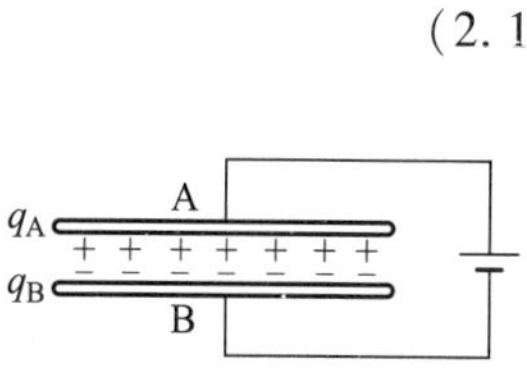

图2-31　电容器储能

如果把式(2.10)用于电容器的两极板 A、B(图2-31),令 $q_A=-q_B=Q$,$U=U_A-U_B$,则有

$$\begin{aligned}W_e&=\frac{1}{2}(q_AU_A+q_BU_B)\\&=\frac{1}{2}Q(U_A-U_B)\\&=\frac{1}{2}QU.\end{aligned}$$

这与式(2.9)符合.由此可见,本节讲的电容器储能,就是§1.5中讲的带电体系中的静电能.

# 思　考　题

**2.2-1**　两导体球 A、B 相距很远（因此它们都可看成是孤立的），其中 A 原来带电，B 不带电. 现用一根细长导线将两球连接. 电荷将按怎样的比例在两球上分配.

**2.2-2**　用一个带电的小球与一个不带电的绝缘大金属球接触，小球上的电荷会全部传到大球上去吗？为什么？

**2.2-3**　将一个带电导体接地后，其上是否还会有电荷？为什么？分别就此导体附近有无其他带电体的不同情况讨论.

**2.2-4**　题图中所示是用静电计测量电容器两极板间电压的装置. 试说明，为什么电容器上电压大时，静电计的指针偏转也大？

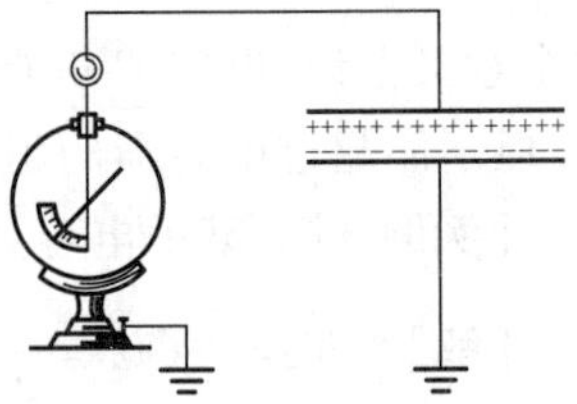

思考题 2.2-4 图

**2.2-5**　题图中三块平行金属板构成两个电容器. 试判断图（a）、（b）哪种接法是串联，哪种接法是并联.

**2.2-6**　判断图（a）、（b）中两个同心球电容器是串联还是并联.

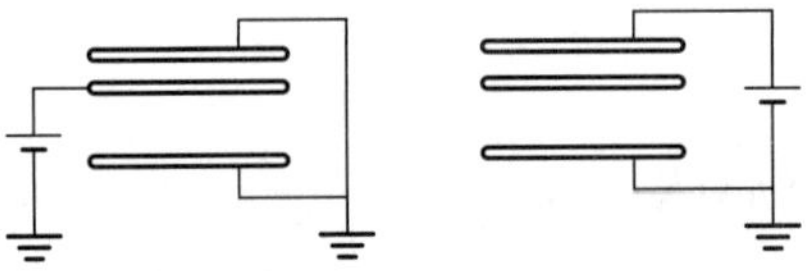

(a)　(b)

思考题 2.2-5 图

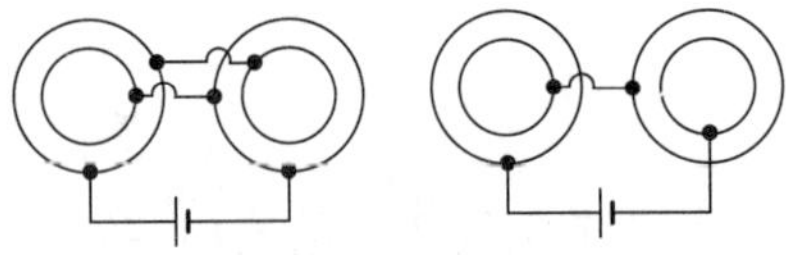

(a)　(b)

思考题 2.2-6 图

**2.2-7**　题图中四个电容器大小相同（$C_1=C_2=C_3=C_4$），电源端电压为 $U$，下列情况下每个电容器上的电压多少？

（1）起先开关 $S_2$ 断开，接通 $S_1$，再接通 $S_2$，然后断开 $S_1$；

（2）起先 $S_2$ 断开，接通 $S_1$，断开 $S_1$，然后接通 $S_2$.

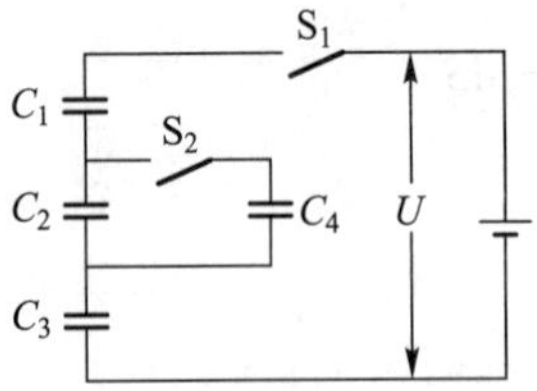


思考题 2.2-7 图

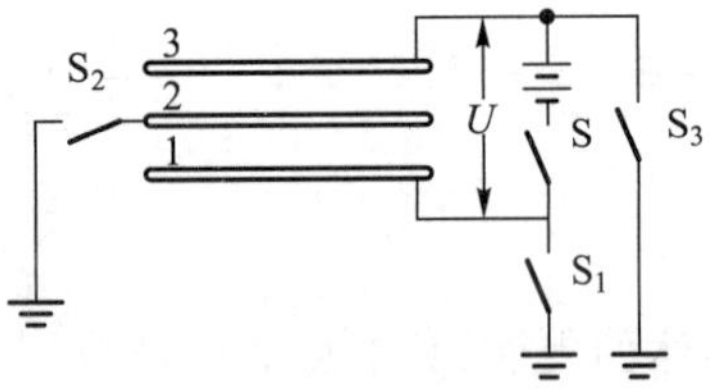


思考题 2.2-8 图

**2.2-8**　题图中三平行金属板面积相等，且等距. 下列情形下各板的电势是多少？设原来开关 S 和 $S_1$ 已接通，$S_2$ 和 $S_3$ 是断开的.

（1）断开 S，断开 $S_1$，接通 $S_2$；

（2）断开 S，接通 $S_2$，断开 $S_1$；

（3）断开 S，接通 $S_2$，断开 $S_2$，接通 $S_3$.

**2.2-9**　如题图所示，用电源将平行板电容器充电后即将开关 S 断开. 然后移近两极板. 在此过程中外力做正功还是负功？电容器储能增加还是减少？

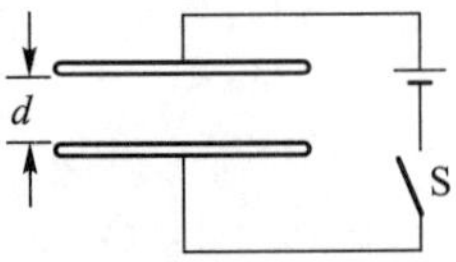


思考题 2.2-9 图

**2.2-10**　在上题中，如果充电后不断开 S，情况怎样？能量是否守恒？

**2.2-11**　将一个接地的导体 B 移近一个带正电的孤立导体 A 时，A 的电势升高还是降低？

**2.2-12** 两绝缘导体 A、B 分别带等量异号电荷.现将第三个不带电的导体 C 插入 A、B 之间(不与它们接触)，$U_{AB}$增大还是减少？

(提示:2.2-11 和 2.2-12 两题可从能量来考虑.)

## 习　　题

**2.2-1** 地球的半径为 6 370 km,把地球当作真空中的导体球,求它的电容.

**2.2-2** 空气电容器的两平行极板相距为 1.0 mm,两极板都是正方形,面积相等.要想它的电容分别为(1)100 pF,(2)1.0 μF 和(3)1.0 F,正方形的边长需多大？

**2.2-3** 面积都是 2.0 $m^2$ 的两平行导体板放在空气中相距 5.0 mm,两板电势差为 1 000 V,略去边缘效应.求：

(1) 电容 $C$;

(2) 各板上的电荷量 $Q$ 和电荷面密度 $\sigma_e$;

(3) 板间的电场强度 $E$.

**2.2-4** 如题图所示,三块平面金属板 A、B、C 彼此平行放置,A、B 之间的距离是 B、C 之间距离的一半.用导线将外侧的两板 A、C 相连并接地,使中间导体板 B 带电 3 μC,三导体板的六个表面上的电荷各为多少？

**2.2-5** 如题图所示,一电容器由三片面积都是 6.0 $cm^2$ 的锡箔构成,相邻两箔间的距离都是 0.10 mm,外边两箔片连在一起成为一极,中间箔片作为另一极.

(1) 求电容 $C$;

(2) 若在这电容器上加 220 V 的电压,问各箔上电荷面密度分别是多少？

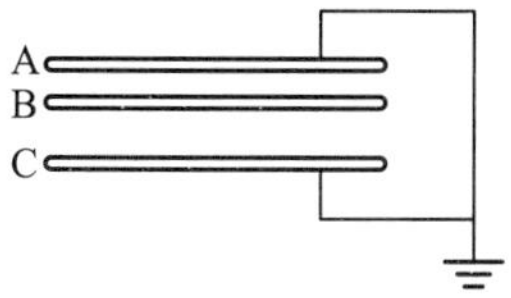


习题 2.2-4 图

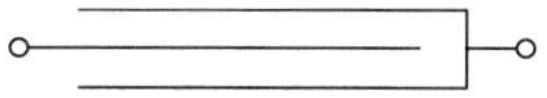

习题 2.2-5 图

**2.2-6** 如题图所示,面积为 1.0 $m^2$ 的金属箔 11 张平行排列,相邻两箔间的距离都是 5.0 mm,奇数箔连在一起作为电容器的一极,偶数箔连在一起作为另一极.求电容 $C$.

**2.2-7** 如题图所示,平行板电容器两极板的面积都是 $S$,相距为 $d$,其间有一厚为 $t$ 的金属片.略去边缘效应.

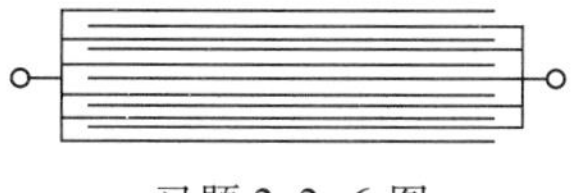

习题 2.2-6 图

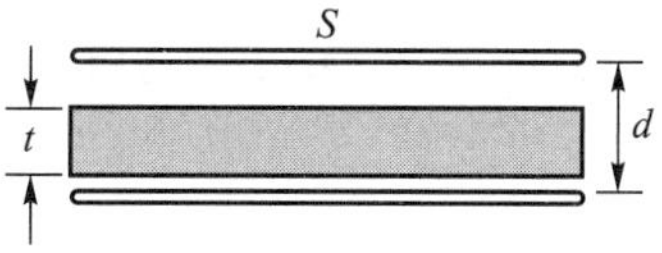


习题 2.2-7 图

(1) 求电容 $C$;

(2) 金属片离极板的远近有无影响？

**2.2-8** 如题图所示,一电容器两极板都是边长为 $a$ 的正方形金属平板,两板不是严格平行,而是有一夹角 $\theta$.证明:当 $\theta \ll d/a$ 时,略去边缘效应,它的电容为

$$C=\varepsilon_0\frac{a^2}{d}\left(1-\frac{a\theta}{2d}\right).$$

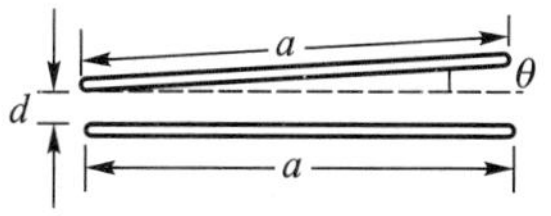


习题 2.2-8 图

**2.2-9** 半径都是 $a$ 的两根平行长直导线相距为 $d(d \gg a)$,求单位长度的

电容.

**2.2-10**　证明:同轴圆柱形电容器两极的半径相差很小[即$(R_B-R_A)\ll R_A$]时,它的电容公式(2.6)趋于平行板电容公式(2.4).

**2.2-11**　证明:同心球形电容器两极的半径相差很小[即$(R_B-R_A)\ll R_A$]时,它的电容公式(2.5)趋于平行板电容公式(2.4).

**2.2-12**　一球形电容器内外两壳的半径分别为$R_1$和$R_4$,今在两壳之间放一个内外半径分别为$R_2$和$R_3$的同心导体球壳(见题图).

(1) 给内壳($R_1$)以电荷量$Q$,求$R_1$和$R_4$两壳的电势差;

(2) 求电容(即以$R_1$和$R_4$为两极的电容).

**2.2-13**　收音机里用的可变电容如题图所示,其中共有$n$个面积为$S$的金属片,相邻两片的距离都是$d$,奇数片连在一起作为一极,它固定不动(叫作定片);偶数片连在一起作为另一极,它可以绕轴转动(叫作动片).

(1) 为什么动片转动时电容$C$会变?转到什么位置时$C$最大?转到什么位置时$C$最小?

(2) 证明:略去边缘效应时,$C$的最大值为

$$C_{\max}=\frac{(n-1)\varepsilon_0 S}{d}.$$

**2.2-14**　收音机里用的可变电容如习题2.2-13图所示,其中共有$n$个金属片.每片形状如题图所示;相邻两片间的距离都是$d$,当动片转到两组片之间夹角为$\theta$时,证明:当$\theta$较大时,略去边缘效应,它的电容为

$$C=\frac{(n-1)\pi\varepsilon_0(r_2^2-r_1^2)\theta}{360d},$$

式中$\theta$以度(°)为单位.

**2.2-15**　四个电容器的电容分别为$C_1$、$C_2$、$C_3$和$C_4$,连接如题图,分别求:

(1) $AB$间的电容;(2) $DE$间的电容;(3) $AE$间的电容.

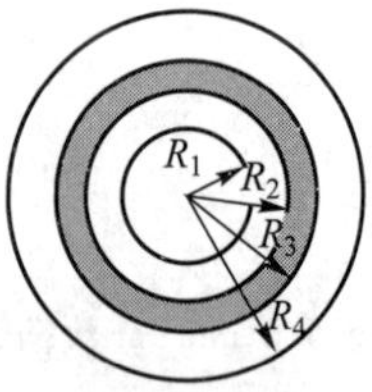

习题 2.2-12 图

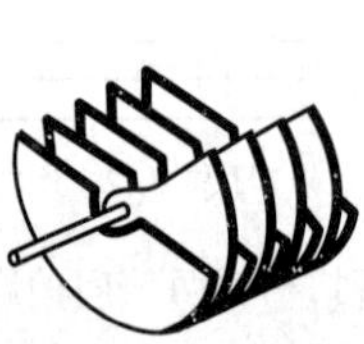
习题 2.2-13 图

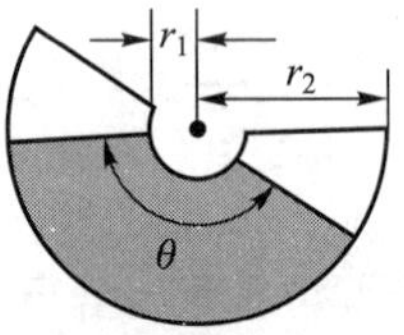

习题 2.2-14 图

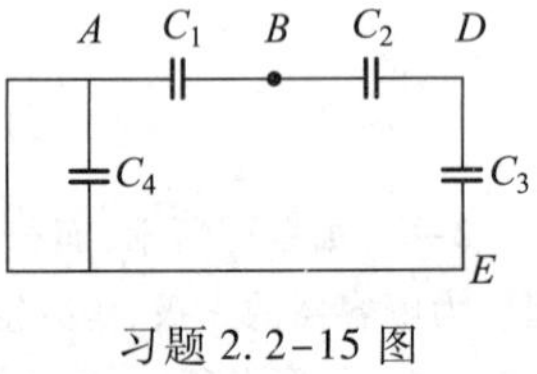

习题 2.2-15 图

**2.2-16**　四个电容器的电容都是$C$,分别按图(a)和(b)连接,求$A$、$B$间的电容.哪种接法总电容较大?

**2.2-17**　四个电容$C_1$、$C_2$、$C_3$和$C_4$都已知,分别求图(a)、(b)两种连法$AB$间的电容.

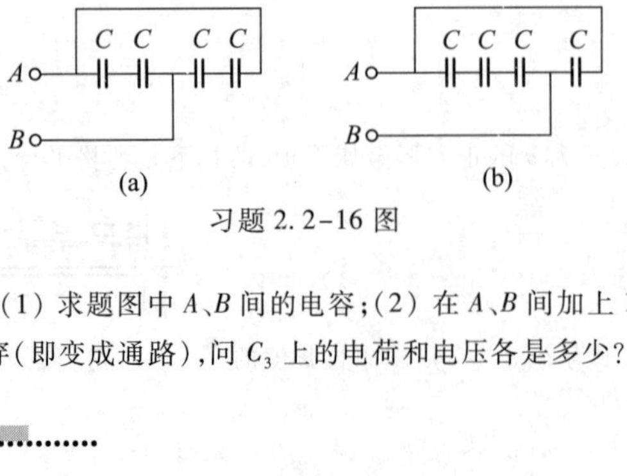

习题 2.2-16 图

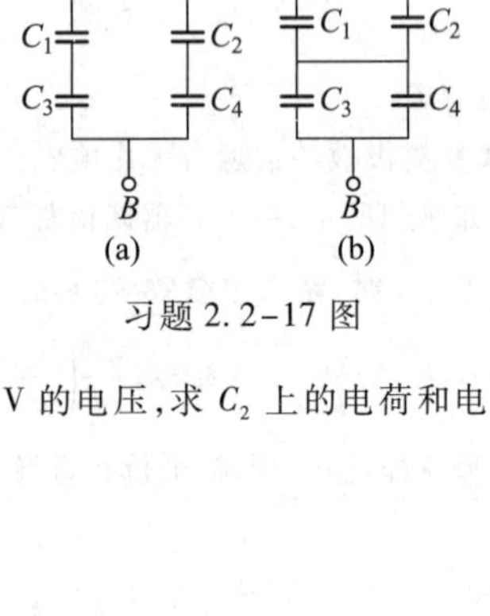

习题 2.2-17 图

**2.2-18**　(1) 求题图中$A$、$B$间的电容;(2) 在$A$、$B$间加上100 V的电压,求$C_2$上的电荷和电压;(3) 如果这时$C_1$被击穿(即变成通路),问$C_3$上的电荷和电压各是多少?

**2.2-19** 如题图,已知 $C_1=0.25\ \mu F$,$C_2=0.15\ \mu F$,$C_3=0.20\ \mu F$,$C_1$ 上的电压为 50 V,求 $U_{AB}$.

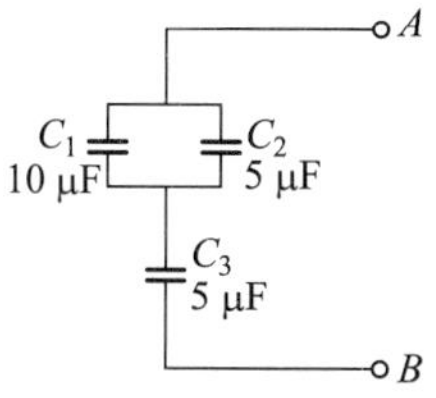


习题 2.2-18 图

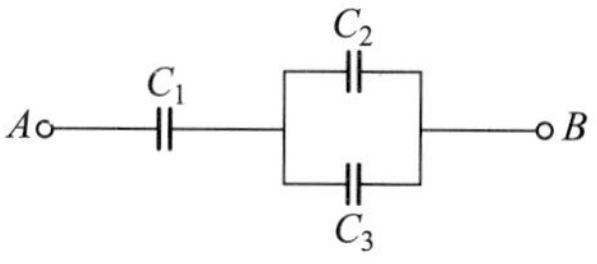


习题 2.2-19 图

**2.2-20** 标准电容箱的线路如图 2-29(见 2.2.3 节例题 2).

(1) 当 $S_4$ 和 $S_6$ 接到上边,$S_5$ 和 $S_7$ 接到下边,而其他 S 上下都不接时,$AB$ 间的电容是多少?

(2) 当 $S_1$ 向上,$S_3$ 向下接通而其余 S 上下都不接时,$AB$ 间的电容是多少?

(3) 要得 0.4 μF 的电容,各 S 如何接?

(4) 能得到最大的电容是多少?怎样接法?

(5) 能得到最小的电容是多少?怎样接法?

**2.2-21** 有一些相同的电容器,每个电容都是 2.0 μF,耐压都是 200 V. 现在要用它们连接成耐压 1 000 V、(1) $C=0.40\ \mu F$ 和(2) $C'=1.2\ \mu F$ 的电容器,问各需这种电容器多少个?怎样连接?

**2.2-22** 两个电容器 $C_1$ 和 $C_2$,分别标明为 $C_1$:200 pF,500 V;$C_2$:300 pF,900 V. 把它们串联后,加上 1 kV 电压,是否会被击穿?

**2.2-23** 四个电容器 $C_1=C_4=0.20\ \mu F$,$C_2=C_3=0.60\ \mu F$,连接如题图.

(1) 分别求 S 断开和接通时的 $C_{ab}$;

(2) 当 $U_{ab}=100$ V 时,分别求 S 断开和接通时各电容上的电压.

**2.2-24** 如题图,$C_1=20\ \mu F$,$C_2=5\ \mu F$,先用 $U=1\ 000$ V 把 $C_1$ 充电然后把 S 拨到另一侧使 $C_1$ 与 $C_2$ 连接. 求:

(1) $C_1$ 和 $C_2$ 所带的电荷量;

(2) $C_1$ 和 $C_2$ 两端的电压.

**2.2-25** 题图中的电容 $C_1$、$C_2$、$C_3$ 都是已知的,电容 $C$ 是可以调节的. 问当 $C$ 调节到 $A$、$B$ 两点的电势相等时,$C$ 的值是多少?

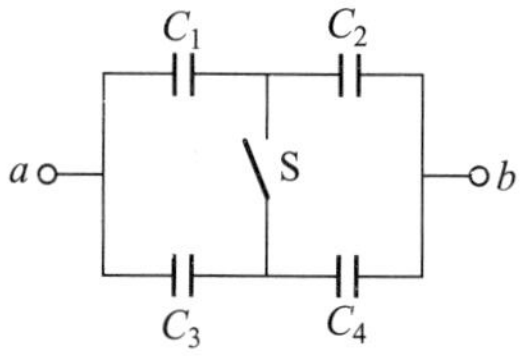


习题 2.2-23 图

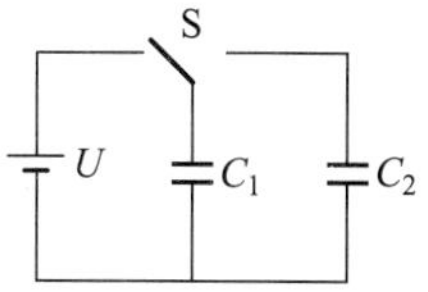


习题 2.2-24 图

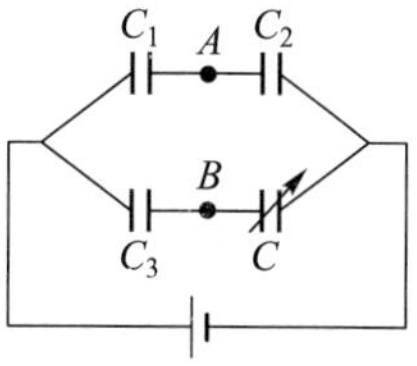


习题 2.2-25 图

**2.2-26** 把 $C_1=1.0\ \mu F$ 和 $C_2=2.0\ \mu F$ 并联后接到 900 V 的直流电源上,

(1) 求每个电容器上的电压和电荷量;

(2) 去掉电源,并把 $C_1$ 和 $C_2$ 彼此断开,然后再把它们带异号电荷的极板分别接在一起,求每个电容器上的电压和电荷量.

**2.2-27** 把 $C_1=2.0\ \mu F$ 和 $C_2=8.0\ \mu F$ 串联后,加上 300 V 的直流电压.

(1) 求每个电容器上的电荷量和电压;

(2) 去掉电源,并把 $C_1$ 和 $C_2$ 彼此断开,然后把它们带正电的两极接在一起,带负电的两极也接在一起,求每个电容器上的电荷量和电压;

(3) 如果去掉电源并彼此断开后，再把它们带异号电荷的极板分别接在一起，求每个电容器上的电压和电荷量.

**2.2-28**　$C_1=100\ \mu F$ 充电到5.0 V后去掉电源，再把 $C_1$ 的两极板分别接到 $C_2$ 的两极板上（$C_2$ 原来不带电），测得这时 $C_1$ 上的电势差降低到3.5 V，求 $C_2$.

**2.2-29**　激光闪光灯的电源线路如题图所示，由电容器 $C$ 储存的能量，通过闪光灯线路放电，给闪光提供能量. 电容 $C=6\ 000\ \mu F$，火花间隙击穿电压为2 000 V，问 $C$ 在一次放电过程中，能放出多少能量？

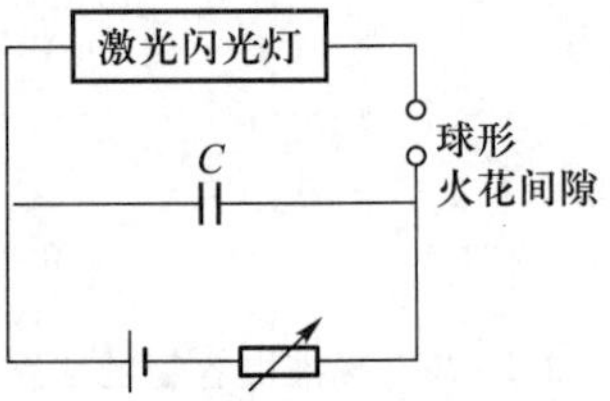

习题 2.2-29 图

**2.2-30**　两电容器的电容之比为 $C_1:C_2=1:2$，把它们串联后接到电源上充电，它们的电能之比是多少？如果并联充电，电能之比是多少？

**2.2-31**　已知两电容器 $C_1=10$ pF，$C_2=20$ pF，把它们串联后充电到2.0 V，问它们各蓄了多少电能？

**2.2-32**　(1) 一平行板电容器两极板的面积都是 $S$，相距为 $d$，电容为 $C=\dfrac{\varepsilon_0 S}{d}$. 当在两板上加电压 $U$ 时，略去边缘效应，两板间电场强度为 $E=U/d$. 其中一板所带电荷量为 $Q=CU$，故它所受的力为

$$F=QE=CU\left(\frac{U}{d}\right)=CU^2/d.$$

你说这个结果对不对？为什么？

(2) 用§1.5讲的虚功原理证明：正确的公式应为

$$F=\frac{1}{2}\ \frac{Q^2}{Cd}=\frac{1}{2}\ \frac{CU^2}{d}.$$

**2.2-33**　一平行板电容器极板面积为 $S$，间距为 $d$，带电荷量 $\pm Q$，将极板的距离拉开一倍.

(1) 静电能改变多少？

(2) 抵抗电场做了多少功？

**2.2-34**　一平行板电容器极板面积为 $S$，间距为 $d$，接在电源上以保持电压为 $U$. 将极板的距离拉开一倍，计算：

(1) 静电能的改变；

(2) 电场对电源做的功；

(3) 外力对极板做的功.

**2.2-35**　静电天平的装置如题图所示，一空气平行板电容器两极板的面积都是 $S$，相距为 $x$，下板固定，上板接到天平的一头，当电容器不带电时，天平正好平衡. 然后把电压 $U$ 加到电容器的两极上，则天平的另一头需加上质量为 $m$ 的砝码，才能达到平衡. 求所加的电压 $U$.

**2.2-36**　制作精密的标准电容器时，欲使电容器的计算准确度高，就要求制作电容器的几何尺寸准确. 电容 $C$ 至少依赖一个几何尺寸（如孤立球形电容器的 $C$ 只依赖于半径 $R$），一般 $C$ 依赖多个几何尺寸（如平行板电容器的 $C$ 依赖于极板间隔 $d$ 和面积 $S$）. $C$ 所依赖的几何尺寸数目越多，制作时引起的误差越大. 由于孤立球形电容器实际中不易实现，20世纪50年代兰帕德和汤普孙证明了一条定理①：如题图所示，若将一个任意形状截面的无穷长金属直筒在 $\alpha$、$\beta$、$\gamma$、$\delta$ 处开四条平行于筒轴的直缝，则相对两块极板间单位长度内的电容 $C_1^*$ 和 $C_2^*$ 满足如下关系：

$$2^{-C_1^*/C_0^*}+2^{-C_2^*/C_0^*}=1,$$

其中 $C_0^*=\dfrac{\varepsilon_0}{\pi}\ln 2=0.019\ 535\ 490\ 43\ \mu F/cm$. 令 $\overline{C}^*=\dfrac{1}{2}(C_1^*+C_2^*)$，$\Delta C^*=C_1^*-C_2^*\ll C_1^*$ 或 $C_2^*$，试根据上述定理推导以下公式：

① A M Thompson, D G Lampard. *Nature*, 1956, 177: 888.

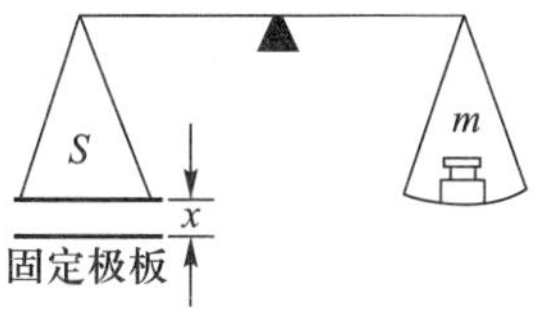

习题 2.2-35 图

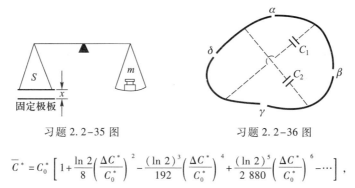

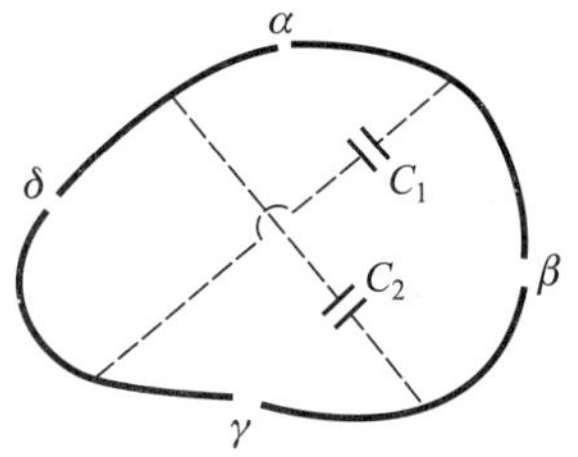

习题 2.2-36 图

$$\overline{C}^* = C_0^* \left[1+\frac{\ln 2}{8}\left(\frac{\Delta C^*}{C_0^*}\right)^2-\frac{(\ln 2)^3}{192}\left(\frac{\Delta C^*}{C_0^*}\right)^4+\frac{(\ln 2)^5}{2\ 880}\left(\frac{\Delta C^*}{C_0^*}\right)^6-\cdots\right],$$

这样,平均电容 $\overline{C}=\overline{C}^*L$ 就几乎只与一个几何尺寸 $L$(筒长)有关了. 现在国际上和我国计量科学研究院制作标准电容器都采用这个原理.

# §2.3 电 介 质

## 2.3.1 电介质的极化

电介质就是绝缘介质,它们是不导电的. §2.1 中我们讨论了静电场中导体的性质,看到了导体与电场相互作用有如下特点:电场可以改变导体上的电荷分布,产生感应电荷;反过来,导体上的电荷又改变着电场的分布. 即导体上的电荷和空间里的电场相互影响、相互制约. 最后达到怎样的平衡分布,由二者共同决定. 本节将讨论电介质与静电场的相互作用,其特点有些方面与导体有相似之处,但也有本质上的差别.

下面先介绍一个演示实验. 如图 2-32,将平行板电容器两极板接在静电计上端和地线之间,然后充上电. 这时我们将观察到静电计指针有一定的偏角(见图中指针虚线位置). 思考题 2.2-4 指出,静电计指针偏转角的大小反映了电容器两极板间电势差的大小. 撤掉充电电源后,把一块玻璃板插入电容器两极板之间. 这时我们会发现静电计指针的偏转角减小(见图中指针实线位置). 这表明,电容器极板间的电势差减小了. 由于电源已撤除,电容器极板是绝缘的,其上电荷数量 $Q$ 不变,故电势差 $U$ 的减小意味着电容 $C=Q/U$ 增大. 即插入电介质板可起到增大电容的作用.

如果用导体板代替玻璃板插入电容器(当然,不得使导体板与电容器极板接触),我们可以观察到类似现象,但导体板增大电容的效果比玻璃板强得多. 关于插入导体板使电容增大的定量计算,可参考习题 2.2-7. 定性地说,这时,使电容增大的原因就是因为插入导体板之后两极板间电势差下降了. 导体板在电场 $\boldsymbol{E}_0$ 的作用下产生了感应电荷,感应电荷在导体板内部产生的电场 $\boldsymbol{E}'$ 总是与 $\boldsymbol{E}_0$ 方向相反(图 2-33),将它全部抵消. 在电容器极板上电荷量不变的情形下,两极板间场强的任何削弱,都会导致电势差的下降.

电介质使电容增大的原因也可作类似的解释. 可以设想,把电介质插入电场中后,由于同号电荷相斥,异号电荷相吸的结果,介质表面上也会出现类似图 2-33 所示的正负电荷. 我们把这种现象叫作电介质的极化,它表面上出现的这种电荷叫极化电荷. 电介质上的极化电荷与导体上的感应电荷一样,起着减弱电场、增大电容的作用. 不同的是,导体上出现感应电荷,是其中自由电荷重新分布的结果;而介质上出现极化电荷,是其中束缚电荷的微小移动造成的宏观效果.由于束缚电荷的活动不能超出原子的范围,因此电介质上的极化电荷比导体上的感应电荷在数量上要少得多.极化电荷在电介质内产生的电场 $\boldsymbol{E}'$不能把外场 $\boldsymbol{E}_0$ 全部抵消,只能使总场有所削弱.综上所述,导体板引起电容增大的原因在于自由电荷的重新分布;电介质引起电容增大的原因在于束缚电荷的极化.因此,我们有必要进一步讨论电介质极化的物理机制.

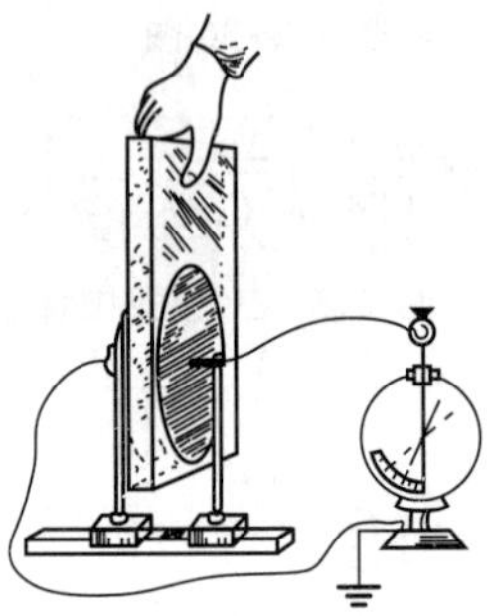

图 2-32　电介质增大电容的演示

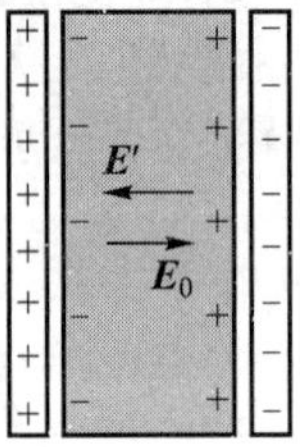


图 2-33　导体和电介质使电容增大的原理

## 2.3.2　极化的微观机制

前已指出,任何物质的分子或原子(以下统称分子)都是由带负电的电子和带正电的原子核组成的,整个分子中电荷的代数和为 0.正、负电荷在分子中都不是集中于一点的.但在离开分子的距离比分子的线度大得多的地方,分子中全部负电荷对于这些地方的影响将和一个单独的负点电荷等效.这个等效负点电荷的位置称为这个分子的负电荷“重心”,例如一个电子绕核做匀速圆周运动时,它的“重心”就在圆心;同样,每个分子的正电荷也有一个正电荷“重心”.电介质可以分成两类,在一类电介质中,当外电场不存在时,电介质分子的正负电荷“重心”是重合的,这类分子叫作无极分子;在另一类电介质中,即使当外电场不存在时,电介质分子的正负电荷“重心”也不重合,这样,虽然分子中正负电荷量代数和仍然是 0,但等量的正负电荷“重心”互相错开,形成一定的电偶极矩,叫作分子的固有电矩,这类分子称为有极分子.下面我们分别就这两种情况来讨论.

(1) 无极分子的位移极化

$H_2$, $N_2$, $CCl_4$ 等分子是无极分子,在没有外电场时整个分子没有电矩.现在我们加上外电场,在场力作用下,每一分子的正负电荷“重心”错开了,形成了一个电偶极子,如图 2-34(a),分子电偶极矩的方向沿外电场方向.这种在外电场作用下产生的电偶极矩称为感生电矩.以后我们在图中用小箭头表示分子电偶极子,其始端为负电荷,末端为正电荷.

对于一块电介质整体来说,由于介质中每一分子形成了电偶极子,它们在介质中的情况可用图 2-34(b)表示.各个偶极子沿外电场方向排列成一条条“链子”,链上相邻的偶极子间正负电荷互相靠近,因而对于均匀电介质来说,其内部各处仍是电中性的;但在和外电场垂直的两个介质端面上就不然了.

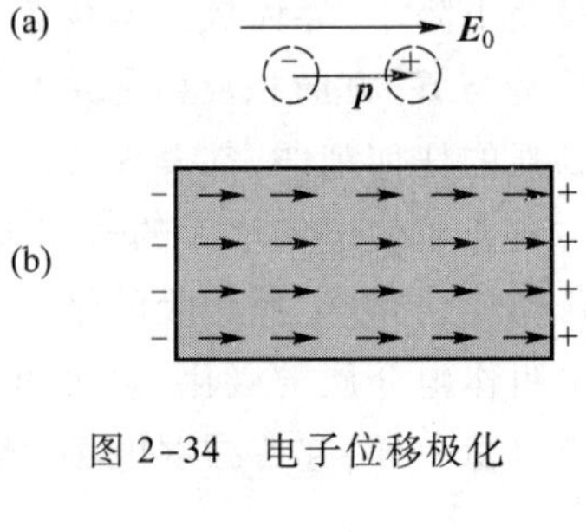


图 2-34　电子位移极化

从图中看出，一端出现负电荷，另一端出现正电荷，这就是极化电荷. 极化电荷与导体中的自由电荷不同，它们不能离开电介质而转移到其他带电体上，也不能在电介质内部自由运动. 在外电场的作用下电介质出现极化电荷的现象，就是电介质的极化. 由于电子的质量比原子核小得多，所以在外场作用下主要是电子位移，因而上面讲的无极分子的极化机制常称为电子位移极化.

(2) 有极分子的取向极化

水分子是有极分子的例子，如图 2-35(a). 在没有外电场时，虽然每一分子具有固有电矩，但由于分子的不规则热运动，在任何一块电介质中，所有分子的固有电矩的矢量和，平均说来互相抵消，即电矩的矢量和 $\sum \boldsymbol{p}_{\text{分子}}$ 为 0，宏观上不产生电场. 现在加上外电场 $\boldsymbol{E}_0$，则每个分子电矩都受到力矩作用，如图 2-35(b)，使分子电矩方向转向外电场方向，于是 $\sum \boldsymbol{p}_{\text{分子}}$ 不是 0 了. 但由于分子

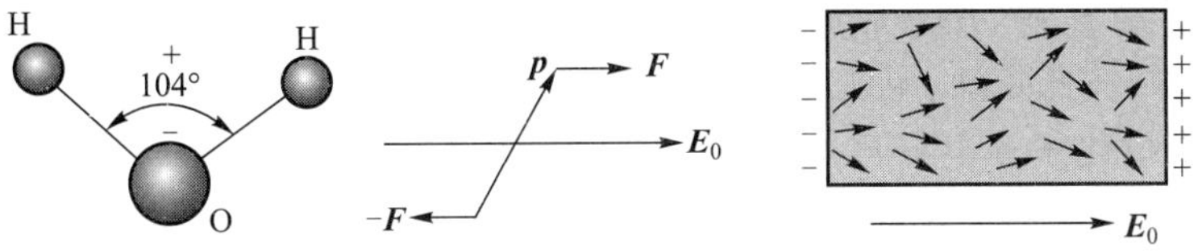


(a)　　(b)　　(c)

图 2-35　分子取向极化

热运动的缘故，这种转向并不完全，即所有分子偶极子不是很整齐地依照外电场方向排列起来. 当然，外电场越强，分子偶极子排列得越整齐. 对于整个电介质来说，不管排列的整齐程度怎样，在垂直于电场方向的两端面上也产生了极化电荷. 如图 2-35(c)所示，在外电场作用下，由于绝大多数分子电矩的方向都不同程度地指向右方，所以图中左端便出现了未被抵消的负束缚电荷，右端出现正的束缚电荷. 这种极化机制称为取向极化.

应当指出，电子位移极化效应在任何电介质中都存在，而分子取向极化只是由有极分子构成的电介质所独有的. 但是，在有极分子构成的电介质中，取向极化的效应比位移极化强得多(约大一个数量级)，因而其中取向极化是主要的. 在无极分子构成的电介质中，位移极化则是唯一的极化机制. 但在很高频率的电场作用下，由于分子的惯性较大，取向极化跟不上外电场的变化，所以这时无论哪种电介质只剩下电子位移极化机制仍起作用，因为其中只有惯性很小的电子，才能紧跟高频电场的变化产生位移极化.

### 2.3.3　电极化强度 P

(1) 定义

从上面关于电介质极化机制的说明中我们看到，当电介质处于极化状态时，电介质的任一宏观小体积元 $\Delta V$ 内分子的电矩矢量之和不互相抵消，即 $\sum \boldsymbol{p}_{\text{分子}} \neq 0$(对 $\Delta V$ 内各分子求和)，而当介质没有被极化时，则 $\sum \boldsymbol{p}_{\text{分子}}$ 将等于 0. 因此为了定量地描述电介质内各处极化的情况，我们引入这样一个矢量 $\boldsymbol{P}$，它等于单位体积内的分子电矩矢量和，即

$$\boldsymbol{P} = \frac{\sum \boldsymbol{p}_{\text{分子}}}{\Delta V}, \tag{2.11}$$

$\boldsymbol{P}$ 称为电极化强度，它是量度电介质极化状态(包含极化的程度和极化的方向)的物理量. 它的单位是 $C/m^2$.

如果在电介质中各点的极化强度矢量大小和方向都相同，我们称该极化是均匀的；否则极化是不均匀的.

（2）极化电荷的分布与极化强度矢量的关系

如前所述，当电介质处于极化状态时，一方面在它体内出现未抵消的电偶极矩，这一点是通过电极化强度矢量 $\boldsymbol{P}$ 来描述的；另一方面，在电介质的某些部位将出现未抵消的束缚电荷，即极化电荷. 可以证明，对于均匀的电介质，极化电荷集中在它的表面上①. 电介质产生的一切宏观后果都是通过极化电荷来体现的. 下面我们就来研究极化电荷和电极化强度这两者之间的关系.

为了便于说明问题，我们以位移极化为模型，设想介质极化时，每个分子中的正电"重心"相对负电"重心"有个位移 $\boldsymbol{l}$②. 用 $q$ 代表分子中正、负电荷的数量，则分子电矩 $\boldsymbol{p}_{分子}=q\boldsymbol{l}$. 设单位体积内有 $n$ 个分子，则按照定义，电极化强度 $\boldsymbol{P}=n\boldsymbol{p}_{分子}=nq\boldsymbol{l}$.

如图 2-36，在极化了的电介质内取一个面元矢量 $\mathrm{d}\boldsymbol{S}=\boldsymbol{e}_{\mathrm{n}}\mathrm{d}S$，其中 $\boldsymbol{e}_{\mathrm{n}}$ 为单位法线矢量. 现考虑因极化而穿过此面元的极化电荷. 穿过 $\mathrm{d}\boldsymbol{S}$ 的电荷所占据的体积是以 $\mathrm{d}\boldsymbol{S}$ 为底、长度为 $l$ 的一个斜柱体（见图 2-36）. 设 $\boldsymbol{l}$ 与 $\boldsymbol{e}_{\mathrm{n}}$ 的夹角为 $\theta$，则此柱体的高为 $l\cos\theta$，体积为 $l\mathrm{d}S\cos\theta$. 因为单位体积内正极化电荷量为 $nq$，故在此柱体内极化电荷总量为 $nql\mathrm{d}S\cos\theta=nq\mathrm{d}S\boldsymbol{l}\cdot\boldsymbol{e}_{\mathrm{n}}=\boldsymbol{P}\cdot\mathrm{d}\boldsymbol{S}$，这也就是由于极化而穿过 $\mathrm{d}S$ 的束缚电荷.

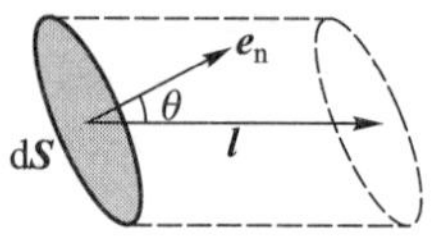


图 2-36　极化时穿过面元 $\mathrm{d}\boldsymbol{S}$ 的极化电荷

现在我们取一任意闭合面 $S$，令 $\boldsymbol{e}_{\mathrm{n}}$ 为它的外法线矢量，$\mathrm{d}\boldsymbol{S}=\boldsymbol{e}_{\mathrm{n}}\mathrm{d}S$，则 $\boldsymbol{P}$ 通过整个闭合面 $S$ 的通量 $\oiint_S \boldsymbol{P}\cdot\mathrm{d}\boldsymbol{S}$ 应等于因极化而穿出此面的束缚电荷总量. 根据电荷守恒定律，这等于 $S$ 面内净余的极化电荷 $\sum q'$ 的负值，即

$$\oiint_S \boldsymbol{P}\cdot\mathrm{d}\boldsymbol{S}=-\sum_{(S内)}q'. \tag{2.12}$$

这公式表达了电极化强度 $\boldsymbol{P}$ 与极化电荷分布的一个普遍关系.

若把闭合面 $S$ 的面元 $\mathrm{d}S$ 取在电介质体内，由于当前面的束缚电荷移出时后面还有束缚电荷补充进来（见图 2-37），可以证明，如果介质是均匀的，其体内不会出现净余的束缚电荷，即极化电荷的体密度 $\rho'_{\mathrm{e}}=0$. 对于非均匀电介质，体内是可能有极化电荷的. 下面我们只考虑均匀电介质的情形.

在电介质的表面上，$\theta$ 为锐角的地方将出现一层正极化电荷[图 2-38(a)]，$\theta$ 为钝角的地方则出现一层负极化电荷[图 2-38(b)]. 表面电荷层的厚度是 $|l\cos\theta|$，故面元 $\mathrm{d}S$ 上极化电荷为

$$\mathrm{d}q'=nql\cos\theta\mathrm{d}S=P\cos\theta\mathrm{d}S,$$

从而极化电荷的面密度为

$$\sigma'_{\mathrm{e}}=\frac{\mathrm{d}q'}{\mathrm{d}S}=P\cos\theta=\boldsymbol{P}\cdot\boldsymbol{e}_{\mathrm{n}}=P_{\mathrm{n}}, \tag{2.13}$$

---

① 注意：这里说的均匀电介质，是指它的物理性能（即电极化率或介电常量，见后面 2.3.5 和 2.3.6 节）均匀，并不要求均匀极化. 此结论的证明见 2.3.6 节末小字部分.

② 更符合实际的情况是负电"重心"相对于正电"重心"有位移 $-\boldsymbol{l}$，不过这没关系，宏观效果是一样的. 此外，取向极化从宏观统计平均来看，也与上述图像等效.

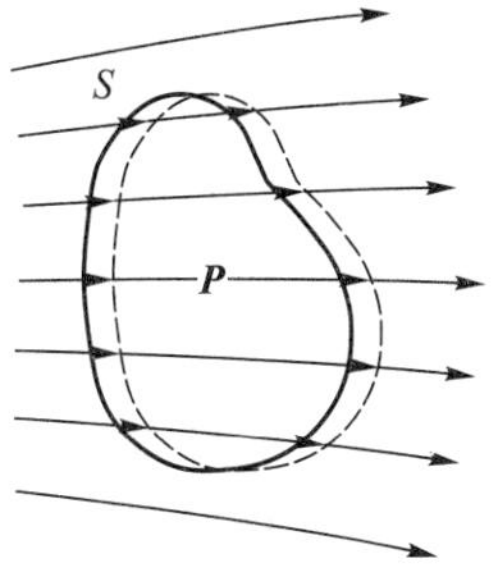


图 2-37 因极化而通过闭合面的束缚电荷

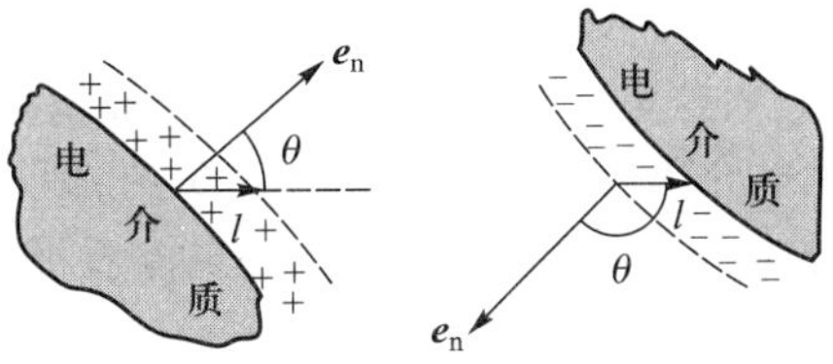


(a) $\theta<\frac{\pi}{2}$，$\sigma_e'>0$ (b) $\theta>\frac{\pi}{2}$，$\sigma_e'<0$

图 2-38 电介质表面的束缚电荷

这里 $\boldsymbol{P}\cdot\boldsymbol{e}_n=P_n=P\cos\theta$ 是 $\boldsymbol{P}$ 沿介质表面外法线 $\boldsymbol{e}_n$ 方向的投影. 上式表明，$\theta$ 为锐角的地方，$P_n>0$，$\sigma_e'>0$；$\theta$ 为钝角的地方 $P_n<0$，$\sigma_e'<0$. 这与前面的分析结论一致. 式(2.13)是介质表面极化电荷面密度分布与电极化强度间的一个重要公式.

［**例题 1**］ 求一均匀极化的电介质球表面上极化电荷的分布，已知电极化强度为 $\boldsymbol{P}$(图 2-39).

［**解**］ 取球心 $O$ 为原点、极轴与 $\boldsymbol{P}$ 平行的球坐标系. 由于轴对称性，表面上任一点 $A$ 的极化电荷面密度 $\sigma_e'$只与 $\theta$ 角有关. 这 $\theta$ 也是 $A$ 点外法线 $\boldsymbol{e}_n$ 与 $\boldsymbol{P}$ 的夹角，故

$$\sigma_e'=P\cos\theta.$$

这公式表明，在右半球 $\sigma_e'$为正，左半球 $\sigma_e'$为负；在两半球的分界线(赤道线)上 $\theta=\frac{\pi}{2}$，$\sigma_e'=0$，在两极处 $\theta=0$ 和 $\pi$，$|\sigma_e'|$最大.

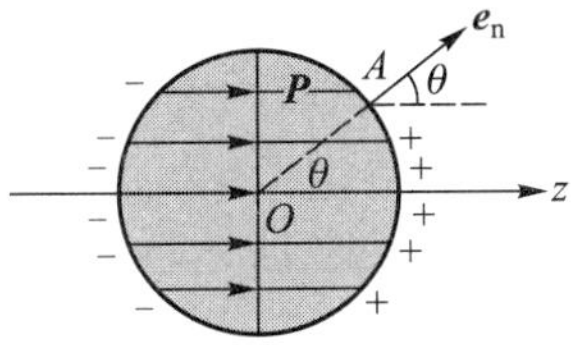


图 2-39 例题 1—均匀极化电介质球上的表面极化电荷

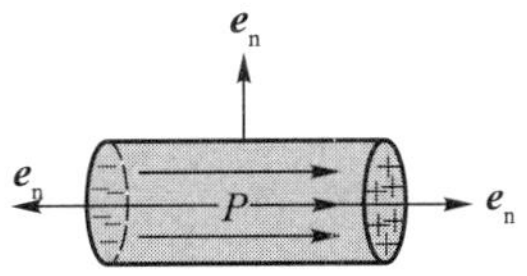


图 2-40 例题 2—沿轴均匀极化的电介质圆棒上的表面极化电荷

［**例题 2**］ 求沿轴均匀极化的电介质圆棒上的极化电荷分布，已知极化强度为 $\boldsymbol{P}$(图 2-40).

［**解**］ 在右端面上 $\theta=0$，$\sigma_e'=P$；在左端面上 $\theta=\pi$，$\sigma_e'=-P$；在侧面上 $\theta=\frac{\pi}{2}$，$\sigma_e'=0$. 故正负电荷分别集中在两端面上.

## 2.3.4 退极化场

如前所述，电介质极化时出现极化电荷. 这些极化电荷和自由电荷一样，在周围空间(无论介质内部或外部)产生附加的电场 $\boldsymbol{E}'$. 因此根据场强叠加原理，在有电介质存在时，空间任意一点的场强 $\boldsymbol{E}$ 是外电场 $\boldsymbol{E}_0$ 和极化电荷的电场 $\boldsymbol{E}'$的矢量和：

$$\boldsymbol{E}=\boldsymbol{E}_0+\boldsymbol{E}'. \tag{2.14}$$

一般说来，$\boldsymbol{E}'$的大小和方向都是逐点变化的. 例如，我们把一个均匀的电介质球放在均匀外场中极化，如图 2-41(a)，介质球上的正、负极化电荷将如前面例题 1 中给出的那样，分别分布在两个半球面上. 它们产生的附加电场 $\boldsymbol{E}'$的电场线示于图 2-41(b)，它是一个不均匀的电场. $\boldsymbol{E}'$与

均匀外电场 $\boldsymbol{E}_0$ 叠加后，得到的总电场示于图 2-41(c)，它也是不均匀的. 在介质球外部，有的地方 $\boldsymbol{E}'$ 与 $\boldsymbol{E}_0$ 方向一致(如图中左、右两端)，这里总电场 $\boldsymbol{E}$ 增强了；有的地方 $\boldsymbol{E}'$ 与 $\boldsymbol{E}_0$ 方向相反(如图中上、下两方)，这里总电场 $\boldsymbol{E}$ 减弱了；一般情况是 $\boldsymbol{E}'$ 与 $\boldsymbol{E}_0$ 成一定夹角，总电场 $\boldsymbol{E}$ 的方向逐点不同. 然而，在电介质内部情况是比较简单的，即 $\boldsymbol{E}'$ 处处和外电场 $\boldsymbol{E}_0$ 的方向相反①，其后果是使总电场 $\boldsymbol{E}$ 比原来的 $\boldsymbol{E}_0$ 减弱. 要知道，决定介质极化程度的不是原来的外场 $\boldsymbol{E}_0$，而是电介质内实际的电场 $\boldsymbol{E}$. $\boldsymbol{E}$ 减弱了，极化强度 $\boldsymbol{P}$ 也将减弱. 所以极化电荷在**介质内部**的附加场 $\boldsymbol{E}'$ 总是起着减弱极化的作用，故叫作**退极化场**. 退极化场的大小与电介质的几何形状有着密切的关系，请看下面几个例子.

［**例题 3**］　求插在平行板电容器中的电介质板内的退极化场，已知极化强度为 $\boldsymbol{P}$(图 2-42).

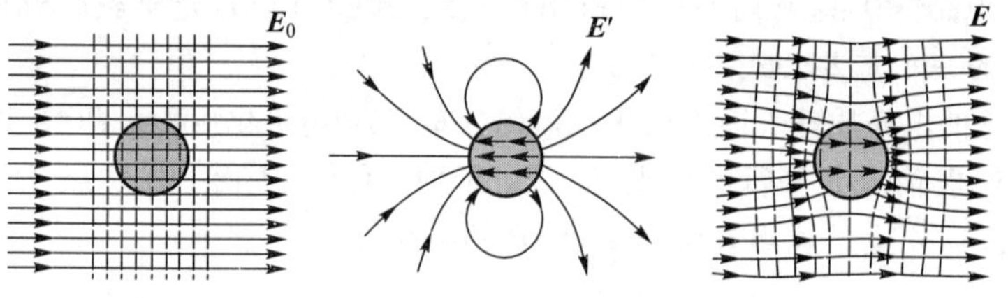


(a) 外电场$\boldsymbol{E}_0$　(b)极化电荷的附加场$\boldsymbol{E}'$　(c) 总电场$\boldsymbol{E}$

图 2-41　均匀介质球在均匀外场中的极化

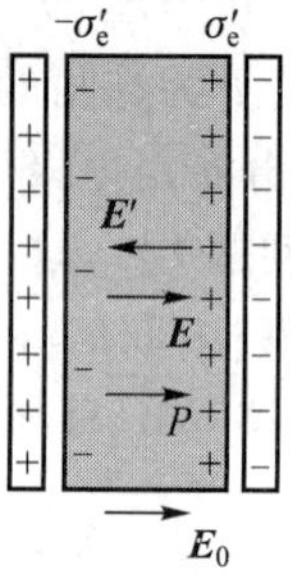


图 2-42　例题 3—平行板电介质中的退极化场

［**解**］　电介质板表面的极化电荷密度为 $\pm\sigma_e' = \pm P$［见式(2.13)，其中 $\theta=0$ 和 $\pi$］. 由于这些等量异号的极化电荷均匀地分布在一对平行平面上，它们在电介质内产生的附加场 $\boldsymbol{E}'$ 的大小为

$$E' = \frac{\sigma_e'}{\varepsilon_0} = \frac{P}{\varepsilon_0}.$$

其方向与原外场 $\boldsymbol{E}_0$ 相反.

［**例题 4**］　求均匀极化的电介质球在球心产生的退极化场，设电极化强度为 $\boldsymbol{P}$(图 2-43).

［**解**］　以球心 $O$ 为原点，取球坐标系，极轴 $z$ 沿极化方向. 这样一来，在球面各处 $\boldsymbol{P}$ 与外法线 $\boldsymbol{e}_n$ 的夹角就是球坐标系中径矢与极轴的夹角 $\theta$. 例题 1 中已求得

$$\sigma_e' = P\cos\theta.$$

电荷分布已知后，可用场强叠加原理来求退极化场 $\boldsymbol{E}'$. 根据轴对称性，球心的电场只有 $z$ 分量，我们只需计算各球面元 $\mathrm{d}S$ 在球心产生的电场元 $\mathrm{d}\boldsymbol{E}'$ 的 $z$ 分量的代数和. 球面元 $\mathrm{d}S = R^2\sin\theta\mathrm{d}\theta\mathrm{d}\varphi$($R$ 为球的半径，$\varphi$ 为方位角，参看附录 A 中的 A.3 节)，在 $\mathrm{d}S$ 上的极化电荷 $\mathrm{d}q' = \sigma_e'\mathrm{d}S = P\cos\theta\mathrm{d}S$. 所有面元到中心 $O$ 的距离都是 $R$，按照库仑定律，在球心的电场元的大小为

$$\mathrm{d}E' = \frac{1}{4\pi\varepsilon_0}\frac{\mathrm{d}q'}{R^2} = \frac{1}{4\pi\varepsilon_0}\frac{\sigma_e'\mathrm{d}S}{R^2}$$
$$= \frac{P}{4\pi\varepsilon_0}\cos\theta\sin\theta\mathrm{d}\theta\mathrm{d}\varphi,$$

① 任意几何形状的均匀电介质在均匀外场中极化时，其体内的 $E'$ 只是大体上与 $E_0$ 方向相反. 对于球和椭球等几种特殊的几何形状，体内的 $E'$ 是均匀的，它严格地与 $E_0$ 方向相反.

$\mathrm{d}\boldsymbol{E}'$沿着从 $\mathrm{d}S$ 所在处 $A$ 点到球心 $O$ 点的方向，故它与 $z$ 轴成夹角 $\pi-\theta$（见图 2-43），故 $\mathrm{d}\boldsymbol{E}'$的 $z$ 分量为

$$\mathrm{d}E_z'=\mathrm{d}E'\cos(\pi-\theta)=-\frac{P}{4\pi\varepsilon_0}\cos^2\theta\sin\theta\mathrm{d}\theta\mathrm{d}\varphi.$$

整个球面的在球心产生的退极化场为

$$E_z'=\oiint_{\text{球面}}\mathrm{d}E_z'=-\frac{P}{4\pi\varepsilon_0}\int_0^{\pi}\cos^2\theta\sin\theta\mathrm{d}\theta\int_0^{2\pi}\mathrm{d}\varphi=-\frac{P}{3\varepsilon_0},$$

故 $\boldsymbol{E}'$的大小为

$$E'=|E_z'|=\frac{P}{3\varepsilon_0}.$$

可见，球形介质中的退极化场为平板介质的 1/3.

**［例题 5］** 求沿轴均匀极化的介质细棒中点的退极化场，已知细棒的截面积为 $S$，长度为 $l$，电极化强度为 $\boldsymbol{P}$（图 2-44）.

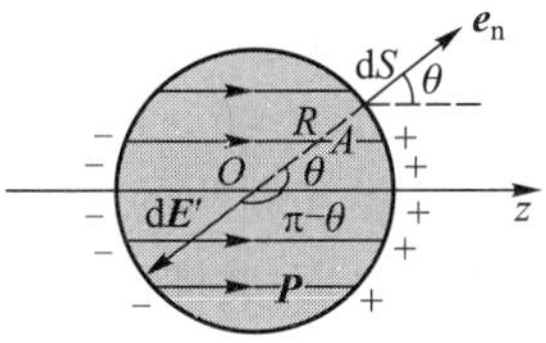


图 2-43 例题 4—均匀极化介质球中心的退极化场

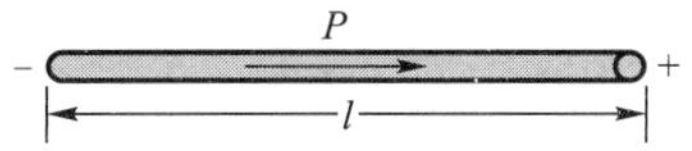


图 2-44 例题 5—沿轴均匀极化介质细棒中点的退极化场

**［解］** 极化电荷集中在两端面上，由于端面积 $S$ 很小，它们可以看成是电荷量为$\pm q'=\pm\sigma_e'S=\pm PS$ 的一对点电荷. 按照库仑定律，极化电荷在中心产生的退极化场为

$$E'=\frac{1}{4\pi\varepsilon_0}\frac{q'}{(l/2)^2}-\frac{1}{4\pi\varepsilon_0}\frac{-q'}{(l/2)^2}=\frac{2PS}{\pi\varepsilon_0 l^2},$$

当 $S\ll l^2$ 时，这退极化场是可以忽略不计的.

从以上三个例题可以看出，相对于极化方向，当电介质的纵向尺度越大、横向尺度越小时，退极化场就越弱；反之，纵向尺度越小、横向尺度越大，退极化场就越强. 平行板电容器中电介质里的极化场最强，其数值为 $E'=P/\varepsilon_0$.

## 2.3.5 电介质的极化规律 极化率

在 2.3.3 节和 2.3.4 节里我们都假定电极化强度 $\boldsymbol{P}$ 已给定，然后由它求出极化电荷的分布和退极化场. 但是实际上电介质中任一点的电极化强度 $\boldsymbol{P}$ 是由该点的总电场 $\boldsymbol{E}=\boldsymbol{E}_0+\boldsymbol{E}'$决定的. 对于不同的物质，$\boldsymbol{P}$ 与 $\boldsymbol{E}$ 的关系（极化规律）是不同的，这要由实验来确定. 实验表明，对于大多数常见的各向同性线性电介质，$\boldsymbol{P}$ 与 $\varepsilon_0\boldsymbol{E}$ 方向相同，数量上成简单的正比关系. 因此可以写成

$$\boldsymbol{P}=\chi_e\varepsilon_0\boldsymbol{E},\tag{2.15}$$

比例常量$\chi_e$ 叫作极化率，它与场强 $\boldsymbol{E}$ 无关，与电介质的种类有关，是介质材料的属性.

一些晶体材料（如水晶）的电性能是各向异性的，它们的极化规律虽然也是线性的，但与方向有关. $\boldsymbol{P}$ 与 $\boldsymbol{E}$ 的直角分量之间关系的普遍形式为

$$\left.\begin{aligned}P_x&=(\chi_e)_{xx}\varepsilon_0E_x+(\chi_e)_{xy}\varepsilon_0E_y+(\chi_e)_{xz}\varepsilon_0E_z,\\P_y&=(\chi_e)_{yx}\varepsilon_0E_x+(\chi_e)_{yy}\varepsilon_0E_y+(\chi_e)_{yz}\varepsilon_0E_z,\\P_z&=(\chi_e)_{zx}\varepsilon_0E_x+(\chi_e)_{zy}\varepsilon_0E_y+(\chi_e)_{zz}\varepsilon_0E_z.\end{aligned}\right\}\tag{2.16}$$

这时极化率需用$(\chi_e)_{xx}$、$(\chi_e)_{xy}$、…、$(\chi_e)_{zz}$九个分量来描述. 通常把这样的物理量叫作张量.

有一些特殊的电介质，如酒石酸钾钠($NaKC_4H_4O_6\cdot4H_2O$)，钛酸钡($BaTiO_3$)等，$\boldsymbol{P}$和$\varepsilon_0\boldsymbol{E}$的关系有如图2-45所示的复杂非线性关系，并具有和铁磁体的磁滞效应(见6.3.3节)类似的电滞效应. 故这类电介质称为铁电体. 铁电体一般都有很强的极化和压电效应(见2.3.8节)，在实际中有些特殊的应用.

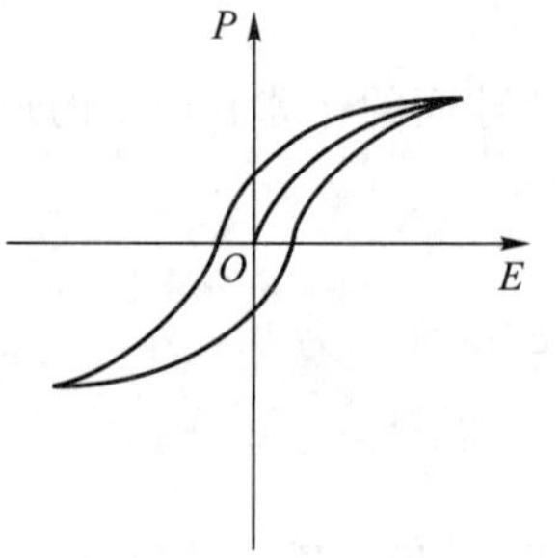

图2-45　铁电体的极化规律

还有一类电介质(如石蜡)，它们在极化后能将极化"冻结"起来，极化强度并不随外电场的撤除而完全消失. 这与永磁体的性质有些类似，它们叫作驻极体.

下面我们只考虑各向同性的线性电介质，即$\boldsymbol{P}$与$\boldsymbol{E}$同向，服从式(2.15)形式的极化规律.

如前所述，在外电场$\boldsymbol{E}_0$作用下，电介质发生极化. 电极化强度$\boldsymbol{P}$和电介质的形状决定了极化电荷的面密度$\sigma_e'$，而$\sigma_e'$决定退极化场$\boldsymbol{E}'$，$\boldsymbol{E}'$又影响电介质内的总电场$\boldsymbol{E}=\boldsymbol{E}_0+\boldsymbol{E}'$，最后，总场$\boldsymbol{E}$又决定着电极化强度$\boldsymbol{P}$. 由此可见，$\boldsymbol{P}$、$\sigma_e'$、$\boldsymbol{E}'$和$\boldsymbol{E}$这些量是彼此依赖、相互制约的. 为了计算它们之中的任何一个，都需要把2.3.3、2.3.4、2.3.5各节所述的关系联系起来，共同考虑.

**[例题6]**　平行板电容器充满了极化率为$\chi_e$的均匀电介质. 已知充电后金属极板上的自由电荷面密度为$\pm\sigma_{e0}$，求电介质表面的极化电荷面密度$\sigma_e'$，电介质内的电极化强度$\boldsymbol{P}$和电场$\boldsymbol{E}$，以及电容器的电容$C$与没有电介质时的电容$C_0$之比.

**[解]**　$\sigma_e'$与$P$的关系为$\sigma_e'=P_n$，退极化场$E'=\sigma_e'/\varepsilon_0=P/\varepsilon_0$，而$P=\chi_e\varepsilon_0E$，这里$E=E_0-E'$，其中$E_0=\sigma_{e0}/\varepsilon_0$是自由电荷的电场，即外电场. 由于$\boldsymbol{E}'$与$\boldsymbol{E}_0$方向相反，故两者应相减. 把所有上述关系联系起来，则有

$$E=E_0-E'=E_0-\frac{P}{\varepsilon_0}=E_0-\frac{\chi_e\varepsilon_0E}{\varepsilon_0}=E_0-\chi_eE,$$

故

$$E=\frac{E_0}{1+\chi_e}=\frac{\sigma_{e0}}{(1+\chi_e)\varepsilon_0};$$

$$\sigma_e'=P=\chi_e\varepsilon_0E=\frac{\chi_e\sigma_{e0}}{1+\chi_e}.$$

上面的结果表明，插入电介质后电场为真空时电场的$\frac{1}{1+\chi_e}$倍，亦即在$\sigma_{e0}$给定时电压$U=Ed$($d$为极板间隔)减小到$\frac{1}{1+\chi_e}$倍. 故插入电介质后的电容为

$$C=\frac{q_0}{U}\overset{①}{=}\frac{\sigma_{e0}S}{Ed}=\frac{(1+\chi_e)\varepsilon_0S}{d}=(1+\chi_e)C_0,$$

① 电容定义中的电荷$q$总是指极板上的自由电荷$q_0$.

其中 $S$ 为极板面积，$C_0=\varepsilon_0 S/d$ 为无电介质时的电容. 上式表明，电介质使电容增大到 $1+\chi_e$ 倍.

### 2.3.6 电位移矢量 D 与有介质时的高斯定理 介电常量

从前面几节的讨论中我们看到，静电场中电介质的性质和导体有一定相似之处，这就是电荷与电场的平衡分布是相互决定的. 然而电介质的性质比导体还要复杂. 因为在电介质里极化电荷的出现并不能把体内的电场完全抵消，因而在计算和讨论问题时，电介质内部需要由两个物理量 $\boldsymbol{E}$ 和 $\boldsymbol{P}$ 来描述. 2.3.5 节所用的方法计算起来较烦琐，最麻烦的问题是电极化强度和极化电荷的分布由于互相牵扯而事先不能知道. 如果能制订一套方法，从头起就使这些量不出现，从而有助于计算的简化. 为此我们引入一个新物理量——电位移矢量.

高斯定理是建立在库仑定律的基础上的，在有电介质存在时，它也成立，只不过计算总电场的电场强度通量时，应计及高斯面内所包含的自由电荷 $q_0$ 和极化电荷 $q'$：

$$\oint\!\!\!\oint_S \boldsymbol{E}\cdot \mathrm{d}\boldsymbol{S}=\frac{1}{\varepsilon_0}\sum_{(S内)}(q_0+q'),\qquad(2.17)$$

此外在 2.3.3 节里我们推导过下列公式[式(2.12)]：

$$\oint\!\!\!\oint_S \boldsymbol{P}\cdot \mathrm{d}\boldsymbol{S}=-\sum_{(S内)}q'.$$

将前式乘以 $\varepsilon_0$，与后式相加，可以消去极化电荷 $\sum q'$，

$$\oint\!\!\!\oint_S (\varepsilon_0\boldsymbol{E}+\boldsymbol{P})\cdot \mathrm{d}\boldsymbol{S}=\sum_{(S内)}q_0.$$

现引进一个辅助性的物理量 $\boldsymbol{D}$，它的定义为

$$\boldsymbol{D}=\varepsilon_0\boldsymbol{E}+\boldsymbol{P},\qquad(2.18)$$

$\boldsymbol{D}$ 叫作电位移矢量. 上面的公式可用 $\boldsymbol{D}$ 改写作

$$\oint\!\!\!\oint_S \boldsymbol{D}\cdot \mathrm{d}\boldsymbol{S}=\sum_{(S内)}q_0,\qquad(2.19)$$

式(2.19)比原来的式(2.17)优越的地方在于其中不包含极化电荷①. 此外，由于 $\boldsymbol{P}=\chi_e\varepsilon_0\boldsymbol{E}$，代入式(2.18)得

$$\boldsymbol{D}=(1+\chi_e)\varepsilon_0\boldsymbol{E}=\varepsilon\varepsilon_0\boldsymbol{E},\qquad(2.20)$$

上式表明，若 $\boldsymbol{P}$ 与 $\varepsilon_0\boldsymbol{E}$ 成比例，则 $\boldsymbol{D}$ 也与 $\varepsilon_0\boldsymbol{E}$ 成比例，其中比例系数

$$\varepsilon=1+\chi_e,\qquad(2.21)$$

叫作电介质的介电常量，更确切地应称为相对介电常量②.

式(2.19)和式(2.20)使电介质中电场的计算大为简化. 在有一定对称性的情况下，我们可以利用高斯定理式(2.19)先把 $\boldsymbol{D}$ 求出，这里无须知道极化电荷有多少；然后利用式(2.20)求出

---

① 这并不表示 $\boldsymbol{D}$ 本身与极化电荷无关，请参看本节下面的小字部分.

② 在国际单位制中把这里的 $\varepsilon$ 写成 $\varepsilon_r$，而把这里的 $\varepsilon\varepsilon_0$ 写成 $\varepsilon$（它等于 $\varepsilon_r\varepsilon_0$）. 前者叫作相对介电常量，它是个量纲一的量；后者叫作绝对介电常量；它是一个与 $\varepsilon_0$ 有相同量纲的量. 在真空中相对介电常量 $\varepsilon_r=1$，绝对介电常量为 $\varepsilon_0$，所以通常把这个在库仑定律中引入的有量纲的系数 $\varepsilon_0$ 叫作真空介电常量. 为了便于和另一种较常用的电磁学单位制——高斯单位制对比，我们采用相对介电常量的表示法，并且为了书写方便，把下标 r 省略. 不少书籍和文献上也采用我们这种写法.

电场 $\boldsymbol{E}$.

**[例题 7]**　利用电位移矢量的概念重解例题 6.

**[解]**　如图 2-46,作柱形高斯面 $S$,它的一个底 $\Delta S_1$ 在一个金属极板体内,另一个底 $\Delta S_2$ 在电介质中,侧面与电场线平行. 在金属内 $\boldsymbol{E}=0$,$\boldsymbol{D}=0$,故 $\Delta S_1$ 上无通量;侧面上也无通量;唯一有通量的是 $\Delta S_2$ 处. 此外,包围在此高斯面内的自由电荷有 $\Delta q_0=\sigma_{e0}\Delta S$(它在左边金属极板内侧的表面上,面积 $\Delta S=\Delta S_2$),故按照高斯定理式(2.19),我们有

$$\oiint_S \boldsymbol{D}\cdot \mathrm{d}\boldsymbol{S}=D\Delta S_2=\sigma_{e0}\Delta S_2$$

亦即

$$D=\sigma_{e0}=\varepsilon_0 E_0,$$

其中 $E_0$ 是自由电荷的场(外电场). 利用式(2.20)得

$$E=\frac{D}{\varepsilon\varepsilon_0}=\frac{E_0}{\varepsilon}=\frac{E_0}{1+\chi_e},$$

它与例题 6 的结果一致,但计算过程简单多了.

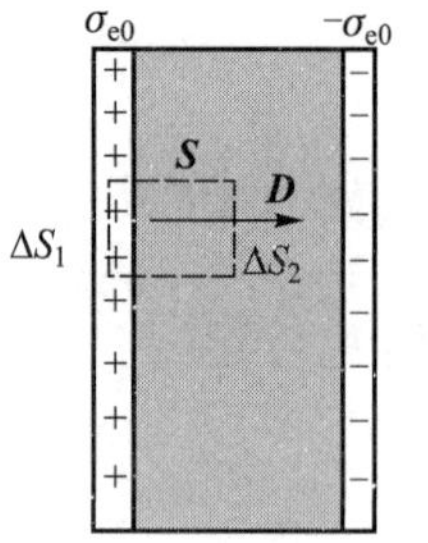


图 2-46　例题 7—用 $\boldsymbol{D}$ 的高斯定理求平行板电容器中的场强

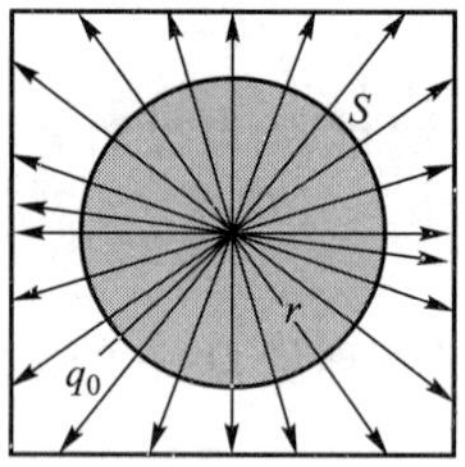


图 2-47　例题 8—均匀无限大电介质中点电荷的场强

**[例题 8]**　在整个空间充满介电常量为 $\varepsilon$ 的电介质,其中有一点电荷 $q_0$,求场强分布.

**[解]**　以 $q_0$ 为中心取任意半径 $r$ 作球形高斯面 $S$(图 2-47),则

$$\oiint_S \boldsymbol{D}\cdot \mathrm{d}\boldsymbol{S}=4\pi r^2 D=q_0,$$

故

$$D=\frac{q_0}{4\pi r^2},$$

$$E=\frac{D}{\varepsilon\varepsilon_0}=\frac{1}{4\pi\varepsilon\varepsilon_0}\frac{q_0}{r^2}.$$

不难看出,它是真空中点电荷场强 $E_0=q_0/4\pi\varepsilon_0 r^2$ 的 $1/\varepsilon$ 倍. 场强减小的原因,是中心点电荷 $q_0$ 被一层正负号与之相反的极化电荷包围了(见图 2-47),它的场把点电荷 $q_0$ 的场抵消了一部分. 通常把这个效应说成极化电荷对 $q_0$ 起了一定的屏蔽作用.

以上两例题的结果都表明,$\boldsymbol{D}=\varepsilon_0\boldsymbol{E}_0$,$\boldsymbol{E}=\boldsymbol{E}_0/\varepsilon$. 然而这是有条件的. 可以证明①,当均匀电介

① 证明需用到静电场边值问题的唯一性定理,参见附录 B.

质充满电场所在空间，或均匀电介质表面是等势面时，$\boldsymbol{D}=\varepsilon_0\boldsymbol{E}_0$，$\boldsymbol{E}=\boldsymbol{E}_0/\varepsilon$. 从而当电容器中充满均匀电介质后，其电容 $C$ 为真空电容 $C_0$ 的 $\varepsilon$ 倍：

$$C=\varepsilon C_0 \tag{2.22}$$

所以介电常量 $\varepsilon$ 也叫作电容率.

设无电介质时的场强为 $\boldsymbol{E}_0$，它只是自由电荷产生的场强，故有

$$\oiint_S \boldsymbol{E}_0\cdot \mathrm{d}\boldsymbol{S}=\frac{1}{\varepsilon_0}\sum q_0 \quad 或 \quad \oiint_S \varepsilon_0\boldsymbol{E}_0\cdot \mathrm{d}\boldsymbol{S}=\sum q_0,$$

另一方面，在引入电介质后 $\boldsymbol{D}$ 所满足的高斯定理为

$$\oiint_S \boldsymbol{D}\cdot \mathrm{d}\boldsymbol{S}=\sum q_0,$$

比较两式，似乎应有 $\boldsymbol{D}=\varepsilon_0\boldsymbol{E}_0$，即 $\boldsymbol{D}$ 与极化电荷无关. 我们在例题 7 和例题 8 中确实看到这种情况. 是否可以认为电位移矢量 $\boldsymbol{D}$ 就是 $\boldsymbol{E}_0$ 的 $\varepsilon_0$ 倍呢？否！$\boldsymbol{D}=\varepsilon_0\boldsymbol{E}_0$ 这个关系式是有条件的. 可以证明，这条件是均匀电介质充满存在电场的全部空间（上述两例题满足此条件），或者放宽一些，均匀电介质的表面为等势面（在本节的习题中将看到这种情形）. 满足这些条件时，$\boldsymbol{D}=\varepsilon_0\boldsymbol{E}_0$，$\boldsymbol{E}$ 为 $\boldsymbol{E}_0$ 的 $1/\varepsilon$ 倍. 若上述条件不满足，一般说来 $\boldsymbol{D}\neq\varepsilon_0\boldsymbol{E}_0$，$\boldsymbol{E}\neq\boldsymbol{E}_0/\varepsilon$. 这样的例子是不难举出来的. 例如 2.3.4 节的例题 5 中得到沿轴均匀极化介质细棒中点的退极化场为 $E'\approx 0$，从而 $\boldsymbol{E}\approx\boldsymbol{E}_0$，$\boldsymbol{D}=\varepsilon\varepsilon_0\boldsymbol{E}=\varepsilon\varepsilon_0\boldsymbol{E}_0$.

为什么 $\boldsymbol{D}$ 和 $\varepsilon_0\boldsymbol{E}_0$ 两个矢量满足同一形式的高斯定理，但在普遍情况下它们又不相等呢？正如我们在 §1.4 中指出的，高斯定理只反映矢量场的一个侧面，单靠它不能把矢量场的分布完全确定下来. 反映矢量场另一个侧面的是环路定理. 对于真空中的场强 $\boldsymbol{E}_0$，

$$\oint \boldsymbol{E}_0\cdot \mathrm{d}\boldsymbol{l}=0,$$

但在普遍情况下，电位移矢量 $\boldsymbol{D}$ 的环路积分 $\oint \boldsymbol{D}\cdot\mathrm{d}\boldsymbol{l}\neq 0$. 此外，在电介质中 $\boldsymbol{D}=\varepsilon\varepsilon_0\boldsymbol{E}$ 正比于 $\boldsymbol{E}$，但 $\boldsymbol{E}_0$ 不一定正比于 $\boldsymbol{E}$. 可见，$\boldsymbol{D}$ 和 $\varepsilon_0\boldsymbol{E}_0$ 本质上是不同的，在普遍的情况下不能互相代替.

在 2.3.3 节中曾提到，均匀电介质的内部无极化电荷，因此极化电荷只能分布在均匀电介质的表面或两种电介质的界面上. 这个结论可用 $\boldsymbol{D}$ 的高斯定理（2.19）来证明. 设电介质内无自由电荷 $q_0$，在均匀电介质内部取一任意高斯面 $S$，则有

$$\oiint_S \boldsymbol{D}\cdot \mathrm{d}\boldsymbol{S}=0,$$

因为 $\boldsymbol{P}=\chi_e\varepsilon_0\boldsymbol{E}$，$\boldsymbol{E}=\frac{1}{\varepsilon\varepsilon_0}\boldsymbol{D}$，故 $\boldsymbol{P}=\frac{\chi_e}{\varepsilon}\boldsymbol{D}$，其中 $\frac{\chi_e}{\varepsilon}$ 是常量，故按照式（2.12），任何 $S$ 内包围的极化电荷为

$$\begin{aligned} q' &= -\oiint_S \boldsymbol{P}\cdot \mathrm{d}\boldsymbol{S}=-\oiint_S \frac{\chi_e}{\varepsilon}\boldsymbol{D}\cdot \mathrm{d}\boldsymbol{S} \\ &= -\frac{\chi_e}{\varepsilon}\oiint_S \boldsymbol{D}\cdot \mathrm{d}\boldsymbol{S}=0. \end{aligned}$$

亦即只要均匀电介质内无自由电荷，其中必定也没有极化电荷.

## *2.3.7 电介质在电容器中的作用

2.2.3 节中已提到，电容器的指标有两个：电容量和耐压能力. 在电容器中加入电介质，往往对提高电容器这两方面的性能都有好处. 现在分别作些讨论.

(1) 增大电容量,减小体积

前已看到,电介质可以使电容增大到 $\varepsilon$ 倍. 用相同尺寸的电容器,其中电介质的 $\varepsilon$ 越大,电容量就越大. 另一方面,相同电容量的电容器,$\varepsilon$ 越大,体积就越小.

表 2-1 给出一些电介质的介电常量值. 如表 2-1 所示,一般的电介质材料,$\varepsilon$ 多半在 10 以内. 特别引人注目的是一类叫作铁电体的物质,如表中给出的钛酸钡($BaTiO_3$)陶瓷,其介电常量可达几千. 在钛酸钡薄片两面镀上金属电极而做成的陶瓷电容器可与晶体管配套,在电子线路小型化方面起着重要的作用.

**表 2-1　电介质的介电常量与介电强度**

| 电介质 | 介电常量 $\varepsilon$ | 介电强度/($kV\cdot mm^{-1}$) |
|---|---|---|
| 空气 | 1.000 5 | 3 |
| 水 | 78 | — |
| 云母 | 3.7 ~ 7.5 | 80 ~ 200 |
| 玻璃 | 5 ~ 10 | 10 ~ 25 |
| 瓷 | 5.7 ~ 6.8 | 6 ~ 20 |
| 纸 | 3.5 | 14 |
| 电木 | 7.6 | 10 ~ 20 |
| 聚乙烯 | 2.3 | 50 |
| 二氧化钛 | 100 | 6 |
| 氧化钽 | 11.6 | 15 |
| 钛酸钡 | $10^3$ ~ $10^4$ | 3 |

(2) 提高耐压能力

对提高电容器耐压能力起关键作用的是电介质的介电强度. 电介质在通常条件下是不导电的,但在很强的电场中它们的绝缘性能会遭到破坏,这称为介质的击穿. 一种介质材料所能承受的最大电场强度,称为这种电介质的介电强度,或击穿场强. 上表第三栏给出了介电强度的数值. 可以看出,表中多数材料的介电强度比空气高,它们对提高电容器的耐压能力有利.

提高耐压能力的问题不仅在电容器中有,它在电缆中更为突出. 在电缆周围的场强是不均匀的,一般是靠近导线的地方最强. 在电压升高时,总是在电场最强的地方首先击穿. 因而电缆外总包着多层绝缘材料,各层材料的介电常量和介电强度也不相同. 很清楚,合理地配置各绝缘层,在电场最强的地方使用介电常量和介电强度大的材料,可以使场强的分布均匀,提高所承受的电压.

## *2.3.8　压电效应及其逆效应

有些固体电介质,由于结晶点阵的特殊结构,会产生一种特殊的现象,叫作压电现象. 这现象是:当晶体发生机械形变时,例如压缩、伸长,它会产生极化,而在相对的两面上产生异号的极化电荷(图 2-48). 具有这种现象的物质,以石英($SiO_2$)、电气石、酒石酸钾钠($NaKC_4H_4O_6\cdot 4H_2O$,又称为洛瑟尔盐)、钛酸钡($BaTiO_3$)等为代表.

在 9.8 $N/cm^2$ 的压强下石英晶体的相对两面上能够因极化而产生约 0.5 V 的电势差,酒石酸钾钠晶体的压电效应更为显著.

压电现象还有逆效应,当在晶体上加电场时,晶体会发生机械形变(伸长或缩短)(图 2-49).

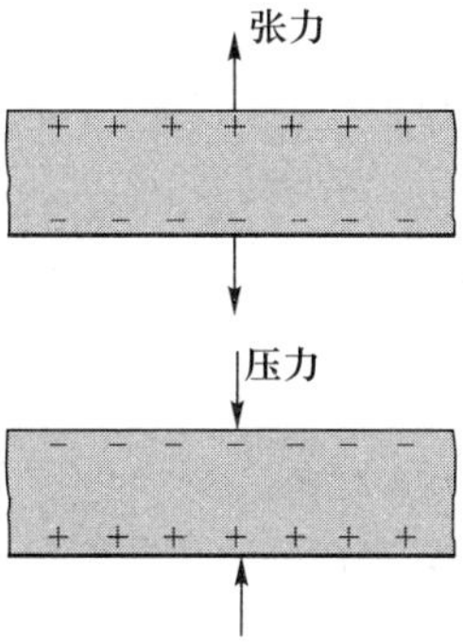


图 2-48　压电效应

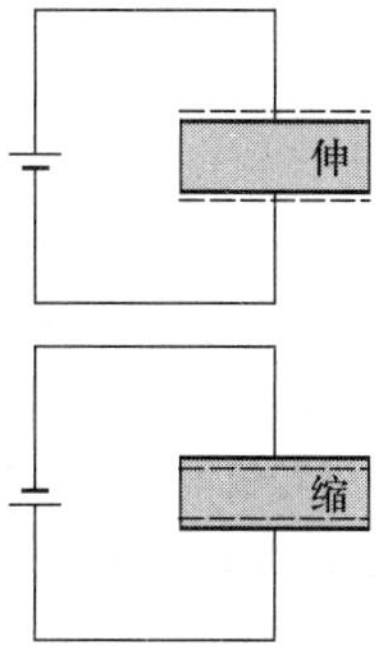


图 2-49　逆压电效应

压电效应及其逆效应已被广泛地应用于近代技术中. 利用压电效应的例子有：

(1) 晶体振荡器. 由于压电晶体的机械振动可以变为电振动，用压电晶体代替普通振荡回路做成的电振荡器称为晶体振荡器. 晶体振荡器突出的优点是其频率的高度稳定. 在无线电技术中可用来稳定高频发生器中电振荡的频率. 利用这种振荡器制造的石英钟，每昼夜的误差不超过 $2\times10^{-5}$ s.

(2) 压电晶体应用于扩音器、电唱头等电声器件中，把机械振动(声波)变为电振动.

(3) 利用压电现象，可测量各种各样情况下的压力、振动，以至加速度.

利用逆压电效应的例子有：

(1) 电话耳机中利用压电晶体的逆压电效应把电的振荡还原为晶体的机械振动. 晶体再把这种振动传给一块金属薄片，发出声音.

(2) 超声波是频率比耳朵能听到的声波频率高得多的声波(大于 20 000 Hz). 利用逆压电效应可以产生超声波. 将压电晶片放在平行板电极之间，在电极间加上频率与晶体片的固有振动频率相同的交变电压，晶片就产生强烈的振动而发射出超声波来.

### 2.3.9　小结

讨论电介质中的电场分布问题时，涉及三个量：电极化强度 $\boldsymbol{P}$，极化电荷 $q'$(或其面密度 $\sigma_e'$)，场强 $\boldsymbol{E}=\boldsymbol{E}_0+\boldsymbol{E}'$. 三者的相互关系是

(1) $\oiint_S \boldsymbol{P}\cdot\mathrm{d}\boldsymbol{S}=-q'$，$P_n=\sigma_e'$；

(2) $q'$或 $\sigma_e'$按照库仑定律产生附加场 $\boldsymbol{E}'$，总场强 $\boldsymbol{E}=\boldsymbol{E}_0+\boldsymbol{E}'$；

(3) 极化规律 $\boldsymbol{P}=\chi_e\varepsilon_0\boldsymbol{E}$.

三个量通过以上关系式相互关联、相互制约. 要计算它们达到的平衡分布，需把以上三方面的关系式联立起来，才能解出.

引入辅助矢量 $\boldsymbol{D}=\varepsilon_0\boldsymbol{E}+\boldsymbol{P}$，由于它有如下性质：

(1) 高斯定理 $\oiint_S \boldsymbol{D}\cdot\mathrm{d}\boldsymbol{S}=\sum q_0$(不包含 $q'$)；

(2) $\boldsymbol{D}=\varepsilon\varepsilon_0\boldsymbol{E}$，与 $\boldsymbol{E}$ 成比例.

往往可以使计算大为简化.

在一定条件下(当均匀电介质充满电场所在空间，或均匀电介质表面是等势面时)，$\boldsymbol{D}$ 等于真空场强 $\boldsymbol{E}_0$ 的 $\varepsilon_0$ 倍，$\boldsymbol{E}$ 为 $\boldsymbol{E}_0$ 的 $1/\varepsilon$. 当电容器中充满均匀电介质时，$C$ 等于真空电容 $C_0$ 的 $\varepsilon$ 倍.

## 思　考　题

**2.3-1**　(1) 将平行板电容器两极板接在电源上以维持其间电压不变.用介电常量为 $\varepsilon$ 的均匀电介质将它充满,极板上的电荷量为原来的几倍？电场为原来的几倍？

(2) 若充电后拆掉电源,然后再加入电介质,情况如何？

**2.3-2**　如题图所示,平行板电容器的极板面积为 $S$,间距为 $d$. 试问：

(1) 将电容器接在电源上,插入厚度为 $d/2$ 的均匀电介质板,如图(a),介质内、外电场之比为多少？它们和未插入介质之前电场之比为多少？

(2) 在问题(1)中,若充电后拆去电源,再插入电介质板,情况如何？

(3) 将电容器接在电源上,插入面积为 $S/2$ 的均匀电介质板,如图(b),介质内、外电场之比为多少？它们和未插入介质之前电场之比为多少？

(4) 在问题(3)中,若充电后拆去电源,再插入电介质板,情况如何？

(5) 图(a)、(b)中电容器的电容各为真空时的几倍？

在以上各问题中都设电介质的介电常量为 $\varepsilon$.

**2.3-3**　平行板电容器两板上自由电荷密度分别为 $+\sigma_{e0}$、$-\sigma_{e0}$. 今在其中放一半径为 $r$、高度为 $h$ 的圆柱形介质(介电常量为 $\varepsilon$),其轴与板面垂直. 求在下列两种情况下圆柱介质中点的电场强度 $\boldsymbol{E}$ 和电位移矢量 $\boldsymbol{D}$,

(1) 细长圆柱,$h \gg r$；

(2) 扁平圆柱,$h \ll r$.

**2.3-4**　在均匀极化的电介质中挖去一半径为 $r$ 高度为 $h$ 的圆柱形空穴,其轴平行于电极化强度 $\boldsymbol{P}$. 求下列两情况下空穴中点 $A$ 处的电场强度 $\boldsymbol{E}$ 的电位移矢量 $\boldsymbol{D}$ 与介质中 $\boldsymbol{E}$、$\boldsymbol{D}$ 的关系.

(1) 如图(a),细长空穴,$h \gg r$；

(2) 如图(b),扁平空穴,$h \ll r$.

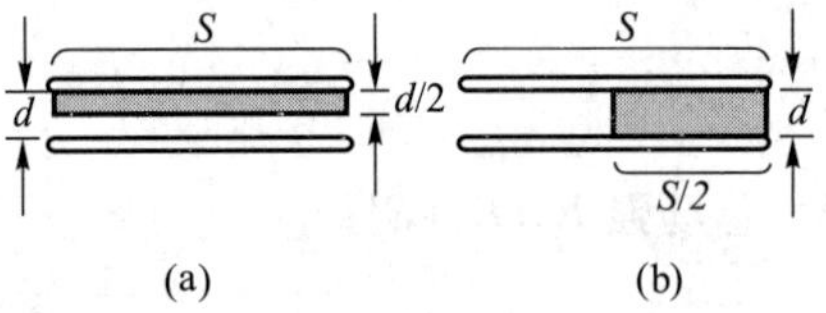


思考题 2.3-2 图

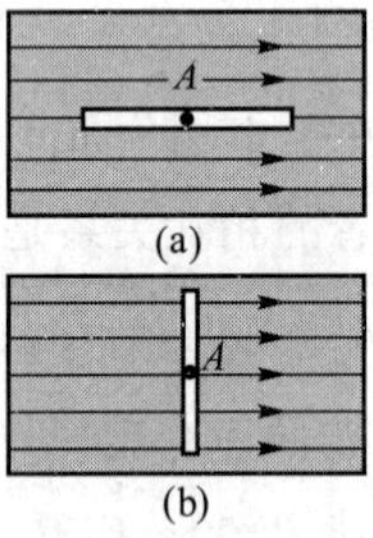


思考题 2.3-4 图

**2.3-5**　用电源将平行板电容器充电后即将电源断开,然后插入一块电介质板. 在此过程中电容器储能增加还是减少？介质板受到什么方向的力？外力做正功还是负功？

**2.3-6**　在上题中,如果充电后不断开电源,情况怎样？能量是否守恒？

## 习　　题

**2.3-1**　一平行板电容器两极板相距为 2.0 mm,电势差为 400 V,其间充满了介电常量 $\varepsilon=5.0$ 的玻璃片. 略去边缘效应,求玻璃表面上极化电荷的面密度 $\sigma'_e$.

**2.3-2**　一平行板电容器由面积都是 50 $\mathrm{cm}^2$ 的两金属薄片贴在石蜡纸上构成,已知石蜡纸厚为 0.10 mm,

$\varepsilon=2.0$,略去边缘效应,问这电容器加上 100 V 的电压时,极板上的电荷量 $Q$ 是多少?

**2.3-3** 面积为 1.0 $m^2$ 的两平行金属板,带有等量异号电荷±30 μC,其间充满了介电常量 $\varepsilon=2$ 的均匀电介质.略去边缘效应,求介质内的电场强度 $E$ 和介质表面上的极化电荷面密度 $\sigma'_e$.

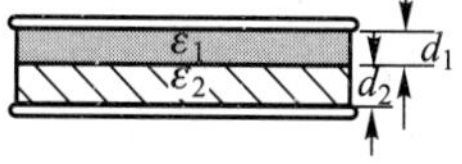

习题 2.3-4 图

**2.3-4** 平行板电容器(极板面积为 $S$,间距为 $d$)中间有两层厚度各为 $d_1$ 和 $d_2$ ($d_1+d_2=d$)、介电常量各为 $\varepsilon_1$ 和 $\varepsilon_2$ 的电介质层(见题图).

试求:

(1) 电容 $C$;

(2) 当金属极板上带电面密度为$\pm\sigma_{e0}$时,两层介质间分界面上的极化电荷面密度 $\sigma'_e$;

(3) 极板间电势差 $U$;

(4) 两层介质中的电位移 $D$.

**2.3-5** 两平行导体板相距 5.0 mm,带有等量异号电荷,面密度为 20 μC/$m^2$,其间有两片电介质,一片厚 2.0 mm,$\varepsilon_1=3.0$;另一片厚 3.0 mm,$\varepsilon_2=4.0$.略去边缘效应,求各介质内的 $E$、$D$ 和介质表面的 $\sigma'_e$.

**2.3-6** 一平行板电容器两极板的面积都是 2.0 $m^2$,相距为 5.0 mm,两板加上 10 kV 电压后,取去电源,再在其间充满两层介质,一层厚 2.0 mm,$\varepsilon_1=5.0$;另一层厚 3.0 mm,$\varepsilon_2=2.0$.略去边缘效应.求:

(1) 各介质中的电极化强度 $P$;

(2) 电容器靠近电介质 2 的极板为负极板,将它接地,两介质接触面上的电势是多少?

**2.3-7** 如题图所示,一平行板电容器两极板相距为 $d$,面积为 $S$,电势差为 $U$,其中放有一层厚为 $t$ 的介质,介电常量为 $\varepsilon$,介质两边都是空气.略去边缘效应.求:

(1) 介质中的电场强度 $E$、电位移 $D$ 和电极化强度 $P$;

(2) 极板上的电荷量 $Q$;

(3) 极板和介质间隙中的电场强度 $E$;

(4) 电容 $C$.

**2.3-8** 平行板电容器两极板相距 3.0 cm,其间放有一层 $\varepsilon=2.0$ 的介质,位置和厚度如题图所示,已知极板上电荷面密度为 $\sigma_{e0}=8.9\times10^{-10}$ C/$m^2$,略去边缘效应,求:

(1) 极板间各处的 $P$、$E$ 和 $D$;

(2) 极板间各处的电势(设 $U_A=0$);

(3) 作 $E-x$,$D-x$,$U-x$ 曲线;

(4) 已知极板面积为 0.11 $m^2$,求电容 $C$,并与不加介质时的电容 $C_0$ 比较.

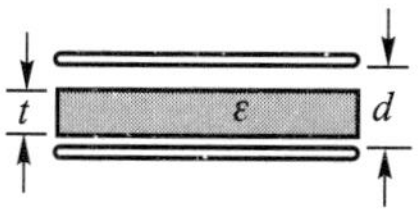

习题 2.3-7 图

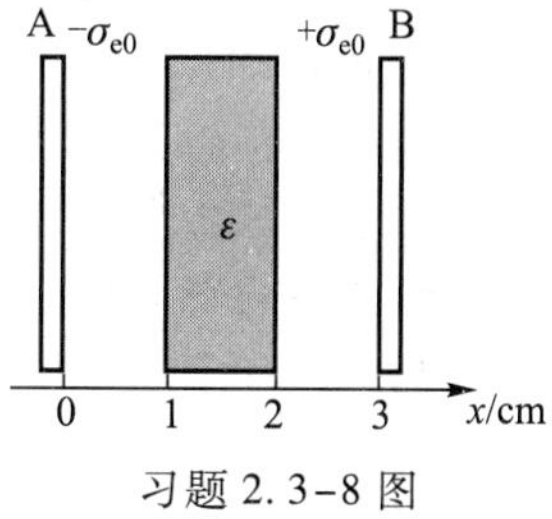

习题 2.3-8 图

**2.3-9** 两块平行导体板带有同号电荷,电荷面密度分别为 $\sigma_{e1}=3.3\times10^{-10}$ C/$m^2$,$\sigma_{e2}=6.6\times10^{-10}$ C/$m^2$,两板相距为 1.0 cm.在其间平行地放有一块厚为 5.0 mm 的均匀石蜡平板,它的 $\varepsilon=2.0$.略去边缘效应.求:

(1) 石蜡内的 $E_{内}$;

(2) 极板间石蜡外的 $E_{外}$;

(3) 两极板的电势差;

(4) 石蜡表面的极化电荷面密度 $\sigma'_e$.

**2.3-10**　平行板电容器的极板面积为 $S$，间距为 $d$，其间充满介质，介质的介电常量是变化的，在一极板处为 $\varepsilon_1$，在另一极板处为 $\varepsilon_2$，其他处的介电常量与到 $\varepsilon_1$ 处的距离呈线性关系，略去边缘效应.

(1) 求这电容器的 $C$；

(2) 当两极板上的电荷分别为 $Q$ 和 $-Q$ 时，求介质内的极化电荷体密度 $\rho'_e$ 和表面上的极化电荷面密度 $\sigma'_e$.

**2.3-11**　一云母电容器是由 10 张铝箔和 9 片云母相间平行叠放而成，奇数铝箔接在一起作为一极，偶数铝箔接在一起作为另一极，如题图所示. 每张铝箔和每片云母的面积都是 2.5 $cm^2$，每片云母的相对介电常量 $\varepsilon$ 都是 7.0，厚度都是 0.15 mm. 略去边缘效应. 求电容 $C$.

**2.3-12**　一平行板电容器两极板相距为 $d$，其间充满了两部分介质，介电常量为 $\varepsilon_1$ 的介质所占的面积为 $S_1$，介电常量为 $\varepsilon_2$ 的介质所占的面积为 $S_2$（见题图）. 略去边缘效应，求电容 $C$.

**2.3-13**　如题图所示，一平行板电容器两极板的面积都是 $S$，相距为 $d$，今在其间平行地插入厚度为 $t$、介电常量为 $\varepsilon$ 的均匀介质，其面积为 $S/2$. 设两板分别带电荷 $Q$ 和 $-Q$，略去边缘效应，求：

(1) 两板电势差 $U$；

(2) 电容 $C$；

(3) 介质的极化电荷面密度 $\sigma'_e$.

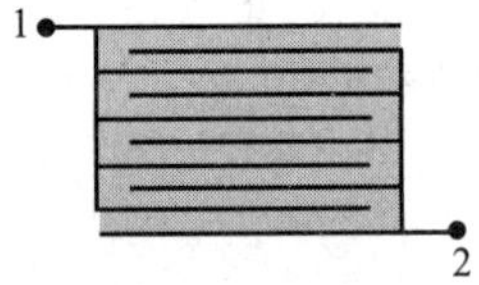


习题 2.3-11 图

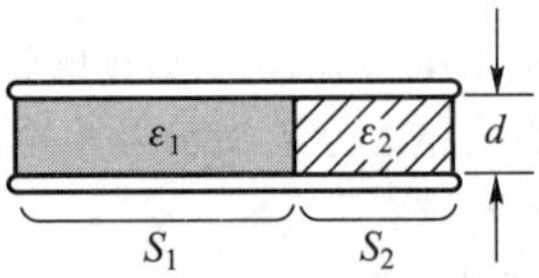


习题 2.3-12 图

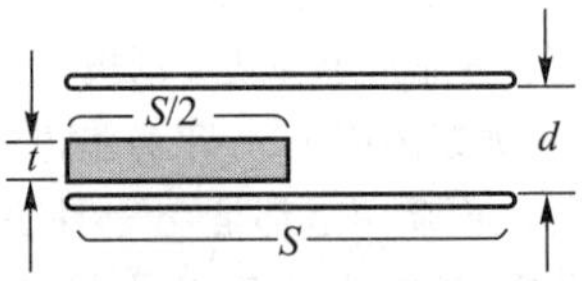


习题 2.3-13 图

**2.3-14**　一平行板电容器两极板的面积都是 2.0 $m^2$，相距为 5.0 mm. 当两极之间是空气时，加上 $10^4$ V 的电压后，取去电源，再在其间插入两平行介质层，一层 $\varepsilon_1 = 5.0$，厚为 2.0 mm；另一层 $\varepsilon_2 = 2.0$，厚为 3.0 mm. 略去边缘效应. 求：

(1) 介质内的 $E$ 和 $D$；

(2) 两极板的电势差 $U$；

(3) 电容 $C$.

**2.3-15**　同心球电容器内外半径分别为 $R_1$ 和 $R_2$，两球间充满介电常量为 $\varepsilon$ 的均匀介质，内球的电荷量为 $Q$. 求：

(1) 电容器内各处的电场强度 $E$ 的分布和电势差 $U$；

(2) 介质表面的极化电荷面密度 $\sigma'_e$；

(3) 电容 $C$.（它是真空时电容 $C_0$ 的多少倍？）

**2.3-16**　在半径为 $R$ 的金属球之外有一层外半径为 $R'$ 的均匀介质层（见题图）. 设电介质的介电常量为 $\varepsilon$，金属球带电荷量为 $Q$，求：

(1) 介质层内、外的场强分布；

(2) 介质层内、外的电势分布；

(3) 金属球的电势.

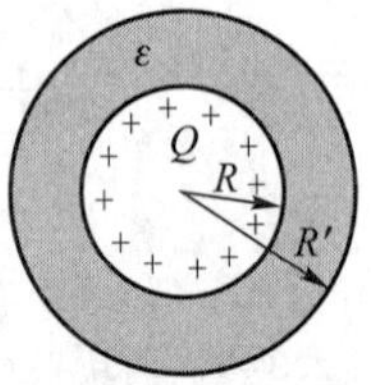


习题 2.3-16 图

**2.3-17**　一半径为 $R$ 的导体球带电荷 $Q$，处在介电常量为 $\varepsilon$ 的无限大均匀介质中. 求：

(1) 介质中的电场强度 $E$、电位移 $D$ 和电极化强度 $P$ 的分布；

(2) 极化电荷的面密度 $\sigma'_e$.

**2.3-18**　半径为 $R$、介电常量为 $\varepsilon$ 的均匀介质球中心放有点电荷 $Q$，球外是空气.

(1) 求球内外的电场强度 $E$ 和电势 $U$ 的分布；

（2）如果要使球外的电场强度为零且球内的电场强度不变，则需要球面上的电荷面密度为多少？

**2.3-19**　一半径为 $R$ 的导体球带电荷 $Q$，球外有一层同心球壳的均匀电介质，其内外半径分别为 $a$ 和 $b$，介电常量为 $\varepsilon$（见题图）．求：

（1）介质内外的电场强度 $E$ 和电位移 $D$；

（2）介质内的电极化强度 $P$ 和表面上的极化电荷面密度 $\sigma_e'$；

（3）介质内的极化电荷体密度 $\rho_e'$ 为多少？

**2.3-20**　球形电容器由半径为 $R_1$ 的导体球和与它同心的导体球壳构成，壳的内半径为 $R_2$，其间有两层均匀介质，分界面的半径为 $r$，介电常量分别为 $\varepsilon_1$ 和 $\varepsilon_2$（见题图）．

（1）求电容 $C$；

（2）当内球带电 $-Q$ 时，求各介质表面上极化电荷的电荷面密度 $\sigma_e'$．

**2.3-21**　球形电容器由半径为 $R_1$ 的导体球和与它同心的导体球壳构成．壳的内半径为 $R_2$，其间有一层同心的均匀介质球壳，内外半径分别为 $a$ 和 $b$，介电常量为 $\varepsilon$（见题图）．

（1）求电容 $C$；

（2）当内球的电荷量为 $Q$ 时，介质两表面上的极化电荷面密度 $\sigma_e'$ 是多少？

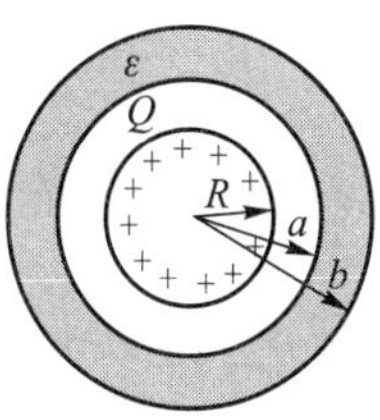

习题 2.3-19 图

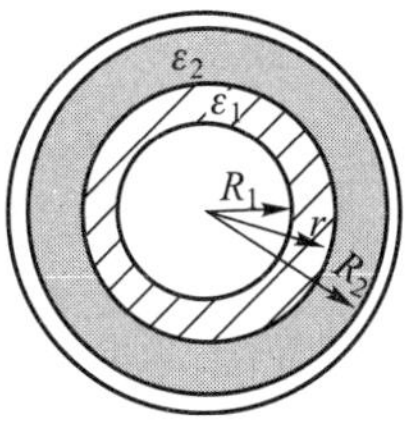

习题 2.3-20 图

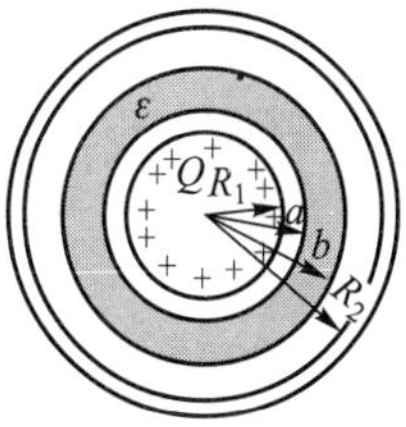

习题 2.3-21 图

**2.3-22**　球形电容器由半径为 $R_1$ 的导体球和与它同心的导体球壳构成，壳的内半径为 $R_2$，其间一半充满介电常量为 $\varepsilon$ 的均匀介质（见题图）．求电容 $C$．

**2.3-23**　圆柱形电容器是由半径为 $R_1$ 的导线和与它同轴的导体圆筒构成，圆筒内半径为 $R_2$，长为 $l$，其间充满了介电常量为 $\varepsilon$ 的介质（见题图）．设沿轴线单位长度上，导线的电荷为 $\lambda_0$，圆筒的电荷为 $-\lambda_0$，略去边缘效应．求：

（1）两极的电势差 $\Delta U$；

（2）介质中的电场强度 $E$、电位移 $D$ 和电极化强度 $P$；

（3）介质表面的极化电荷面密度 $\sigma_e'$；

（4）电容 $C$．（它是真空时电容 $C_0$ 的多少倍？）

**2.3-24**　圆柱形电容器是由半径为 $a$ 的导线和与它同轴的导体圆筒构成，圆筒内半径为 $b$，长为 $l$，其间充满了两层同轴圆筒形的均匀介质，分界面的半径为 $r$，介电常量分别为 $\varepsilon_1$ 和 $\varepsilon_2$（见题图），略去边缘效应，求电容 $C$．

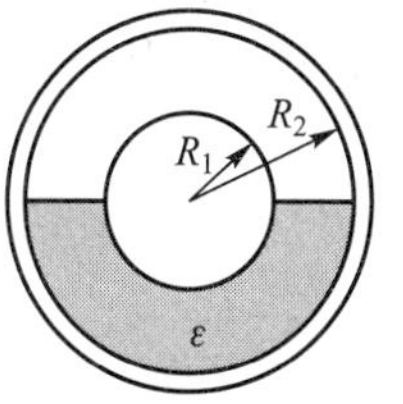

习题 2.3-22 图

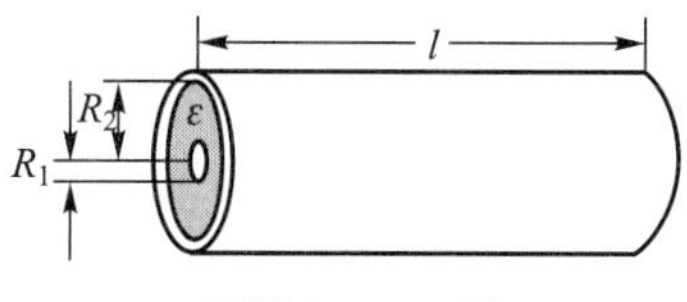

习题 2.3-23 图

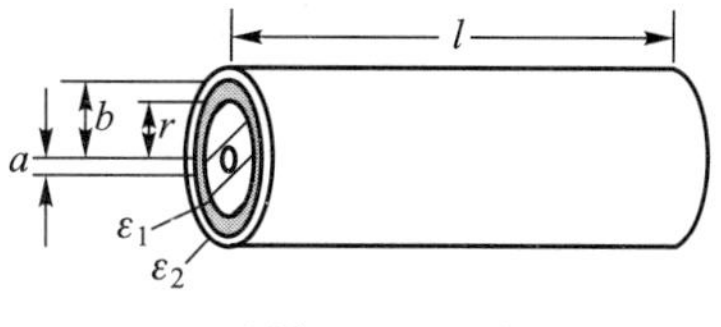

习题 2.3-24 图

**2.3-25**　一长直导线半径为 1.5 cm，外面套有内半径为 3.0 cm 的导体圆筒，两者共轴．当两者电势差为

5 000 V 时,何处电场强度最大?其值是多少?与其间介质有无关系?

**2.3-26**　求垂直轴线均匀极化的无限长圆柱形电介质轴线上的退极化场,已知电极化强度为 $P$.

**2.3-27**　在介电常量为 $\varepsilon$ 的无限大均匀电介质中存在均匀电场 $\boldsymbol{E}_0$.今设想以其中某点 $O$ 为中心作一球面,把介质分为内、外两部分.求球面外全部电荷在 $O$ 点产生的场强 $\boldsymbol{E}$.($\boldsymbol{E}$ 比 $\boldsymbol{E}_0$ 大还是小?)

**2.3-28**　在介电常量为 $\varepsilon$ 的无限大均匀电介质中存在均匀电场 $\boldsymbol{E}_0$.今设想在其中作一轴线与 $\boldsymbol{E}_0$ 垂直的无限长圆柱面,把介质分为内、外两部分.求柱面外全部电荷在柱轴上产生的场强 $\boldsymbol{E}$.

**2.3-29**　空气的介电强度为 3 000 kV/m,问直径为 1.0 cm,1.0 mm 和 0.10 mm 的导体球,在空气中最多各能带多少电荷量?

**2.3-30**　空气的介电强度为 $3.0\times10^6$ V/m,铜的密度为 8.9 g/cm$^3$,铜的相对原子质量为 63.75 g/mol,阿伏伽德罗常量 $N_0=6.022\times10^{23}$ mol$^{-1}$,金属铜里每个铜原子有一个自由电子,每个电子的电荷量为 $1.60\times10^{-19}$ C.

(1) 问半径为 1.0 cm 的铜球在空气中最多能带多少电荷量?

(2) 这铜球所带电荷量最多时,求它所缺少或多出的电子数与自由电子总数之比;

(3) 因导体带电时电荷都在外表面上,当铜球所带电荷量最多时,求它所缺少或多出的电子数与表面一层铜原子所具有的自由电子数之比.

(提示:可认为表面层的厚度为 $n^{-1/3}$,$n$ 为原子数密度.)

**2.3-31**　空气的介电强度为 3 000 kV/m,问空气中半径为 1.0 cm,1.0 mm 和 0.10 mm 的长直导线上单位长度最多各能带多少电荷量?

**2.3-32**　空气介电强度是 30 kV/cm,今有一平行板电容器,两极板相距为 0.50 cm,板间是空气,问能耐多高的电压?

**2.3-33**　空气的介电强度为 3 000 kV/m,当空气平行板电容器两极板的电势差为 50 kV 时,问每平方米面积的电容最大是多少?

**2.3-34**　一圆柱形电容器,由直径为 5.0 cm 的直圆筒和与它共轴的直导线构成,导线的直径为 5.0 mm,筒与导线间是空气,已知空气的击穿场强为 30 000 V/cm,问这电容器能耐多高的电压?

**2.3-35**　两共轴的导体圆筒,内筒外半径为 $R_1$,外筒内半径为 $R_2$($R_2<2R_1$),其间有两层均匀介质,分界面的半径为 $r$,内层介电常量为 $\varepsilon_1$,外层介电常量为 $\varepsilon_2=\varepsilon_1/2$,两介质的介电强度都是 $E_{\mathrm{m}}$.当电压升高时,哪层介质先击穿?证明:两筒最大的电势差 $U_{\mathrm{m}}=\dfrac{E_{\mathrm{m}}r}{2}\ln\dfrac{R_2^2}{rR_1}$.

**2.3-36**　一圆柱形电容器内充满两层均匀介质,内层是 $\varepsilon_1=4.0$ 的油纸,其内半径为 2.0 cm,外半径为 2.3 cm;外层是 $\varepsilon_2=7.0$ 的玻璃,其外半径为 2.5 cm.已知油纸的介电强度为 120 kV/cm,玻璃的介电强度为 100 kV/cm,问这电容器能耐多高的电压?当电压逐渐升高时,哪层介质先被击穿?

**2.3-37**　设一同轴电缆里面导体的半径是 $R_1$,外面导体的内半径是 $R_3$,两导体间充满了两层均匀介质,它们的分界面是 $R_2$,设内外两层介质的介电常量分别为 $\varepsilon_1$ 和 $\varepsilon_2$(横截面见题图),它们的电场强度分别为 $E_1$ 和 $E_2$,证明:当两极(即两导体)间的电压逐渐升高时,在

$$\varepsilon_1E_1R_1>\varepsilon_2E_2R_2$$

的条件下,首先被击穿的是外层电介质.

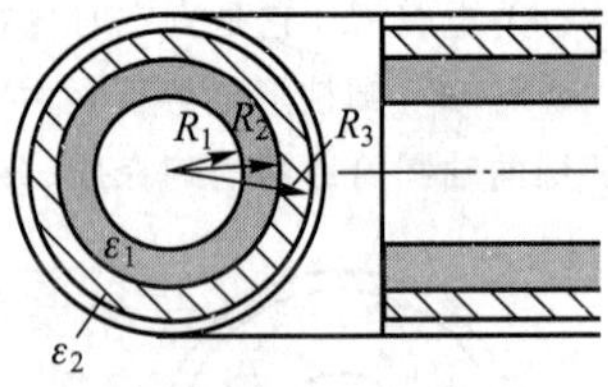


习题 2.3-37 图

**2.3-38**　一平行板电容器极板面积为 $S$,间距为 $d$,电荷为 $\pm Q$.将一块厚度为 $d$、介电常量为 $\varepsilon$ 的均匀电介质板插入极板间空隙.计算:

(1) 静电能的改变;

(2) 电场力对介质板做的功.

**2.3-39**　一平行板电容器极板面积为 $S$,间距为 $d$,接在电源上以维持其电压为 $U$.将一块厚度为 $d$、介电常量为 $\varepsilon$ 的均匀电介质板插入极板间空隙.计算:

（1）静电能的改变；

（2）电场对电源所做的功；

（3）电场对介质板做的功.

**2.3-40**　一平行板电容器极板是边长为 $a$ 的正方形，间距为 $d$，电荷为 $\pm Q$. 把一块厚度为 $d$、介电常量为 $\varepsilon$ 的电介质板插入一半，它受力多少？什么方向？

**2.3-41**　两个相同的平行板电容器，它们的极板都是半径为 10 cm 的圆形，极板相距都是 1.0 mm. 其中一个两板间是空气，另一个两板间是 $\varepsilon=26$ 的酒精. 把这两个电容器并联后充电到 120 V，求它们所蓄的总电能；再断开电源，把它们带异号电荷的两极分别连在一起，求这时两者所蓄的总电能. 少的能量哪里去了？

## § 2.4　电场的能量和能量密度

在 § 1.5 中讨论过带电体的静电能，§ 2.2 中又介绍了电容器储能问题. 所给的公式都是与电荷和电势联系在一起的. 这容易给人一个印象，似乎静电能集中在电荷上，对于电容器来说，似乎静电能集中在极板表面. 但是静电能是与电场的存在相联系的，而电场弥散在一定的空间里. 能否认为，静电能分布在电场中呢？这个问题需要用实验来回答. 然而在恒定状态下这样的实验是不可能的. 因为在恒定状态下，电荷和电场总是同时存在、相伴而生的，使我们无法分辨电能是与电荷相联系，还是与电场相联系. 以后（第八章）我们会看到，随着时间迅速变化的电场和磁场将以一定的速度在空间传播，形成电磁波. 在电磁波中电场可以脱离电荷而传播到很远的地方. 电磁波携带能量，已是近代无线电技术中人所共知的事实了. 例如，当你打开收音机的时候，由电磁波带来的能量就从天线输入，经过电子线路的作用，转化为喇叭发出的声能. 大量事实证明，**电能是定域在电场中的**. 这种看法也是与电的“近距作用”观点一致的.

既然电能分布于电场中，最好能将电能的公式通过描述电场的特征量——场强 $\boldsymbol{E}$ 表示出来. 这一点我们将通过平行板电容器的特例来说明.

电容器的储能公式为

$$W_{\mathrm{e}}=\frac{1}{2}Q_0U$$

[见式(2.9)]. 上式中 $Q_0$ 为极板上的自由电荷，它与电位移的关系是 $Q_0=\sigma_{\mathrm{e}0}S=DS$（$S$ 是极板面积）；$U$ 是电压，它与场强的关系是 $U=Ed$（$d$ 是极板间距）. 代入上式，得

$$W_{\mathrm{e}}=\frac{1}{2}DESd=\frac{1}{2}DEV,$$

式中 $V=Sd$ 是极板间电场所占空间的体积. 上面虽然只作了数学上的代换，但物理意义却变得更鲜明了. $W_{\mathrm{e}}$ 正比于 $V$ 表明，电能分布在电容器两极板间的电场中，在单位体积内有电能

$$w_{\mathrm{e}}=W_{\mathrm{e}}/V,$$

这个量叫作**电能密度**. 根据上式，

$$w_{\mathrm{e}}=\frac{1}{2}DE=\frac{1}{2}\varepsilon\varepsilon_0E^2 ①. \tag{2.23}$$

① 在各向异性电介质中，$\boldsymbol{D}$ 一般与 $\boldsymbol{E}$ 的方向不同，式(2.23)应换成

$$w_{\mathrm{e}}=\frac{1}{2}\boldsymbol{D}\cdot\boldsymbol{E}, \tag{2.23′}$$

当 $\boldsymbol{D}/\!/\boldsymbol{E}$ 时，此式化为式(2.23).

在真空中 $\varepsilon=1$,则

$$w_e=\frac{1}{2}\varepsilon_0 E^2. \tag{2.24}$$

两式表明,电场中的电能密度正比于场强的平方.无介质情形的式(2.24)纯粹是指电场的能量,有介质情形的式(2.23)中还包含了介质的极化能.

这里场能密度的表达式(2.23)和式(2.24)虽然是通过平行板电容器中均匀电场的特例推导出来的,但它们却是普遍成立的(普遍的推导需用到矢量分析的工具,此处从略).当电场不均匀时,总电能 $W_e$ 应是电能密度 $w_e$ 的体积分:

$$\begin{aligned}W_e&=\iiint_V w_e \mathrm{d}V\\&=\iiint_V\frac{DE}{2}\mathrm{d}V=\iiint_V\frac{\varepsilon\varepsilon_0 E^2}{2}\mathrm{d}V,\end{aligned} \tag{2.25}$$

在真空中上式化为

$$W_e=\iiint_V\frac{\varepsilon_0 E^2}{2}\mathrm{d}V. \tag{2.26}$$

式(2.25)和式(2.26)中的积分遍及存在电场的空间,适用于任何静电场能的计算.

[**例题 1**]　计算均匀带电导体球的静电能,设球的半径为 $R$,总带电荷量为 $q$,球外真空.

[**解**]　在导体球上电荷均匀分布在表面,球内无场,球外的场强分布为

$$E=\frac{q}{4\pi\varepsilon_0 r^2},$$

半径从 $r$ 到 $r+\mathrm{d}r$ 之间球壳的体积为 $4\pi r^2\mathrm{d}r$,故

$$\begin{aligned}W_e&=\iiint_V\frac{\varepsilon_0 E^2}{2}\mathrm{d}V=\frac{\varepsilon_0}{2}\int_R^\infty\left(\frac{q}{4\pi\varepsilon_0 r^2}\right)^2 4\pi r^2\mathrm{d}r\\&=\frac{q^2}{8\pi\varepsilon_0}\int_R^\infty\frac{\mathrm{d}r}{r^2}=\frac{q^2}{8\pi\varepsilon_0 R}.\end{aligned}$$

[**例题 2**]　计算均匀带电球体的静电能,设球的半径为 $R$,带电总量为 $q$,球外真空.

[**解**]　均匀带电球体产生的场强分布已于 §1.3 的例题 2 中用高斯定理求出,其结果为

$$E=\begin{cases}\dfrac{qr}{4\pi\varepsilon_0 R^3} & (r<R),\\[2ex]\dfrac{q}{4\pi\varepsilon_0 r^2} & (r>R).\end{cases}$$

故静电能为

$$\begin{aligned}W_e&=\iiint_V\frac{\varepsilon_0 E^2}{2}\mathrm{d}V=\frac{\varepsilon_0}{2}\int_0^R\left(\frac{qr}{4\pi\varepsilon_0 R^3}\right)^2 4\pi r^2\mathrm{d}r+\frac{\varepsilon_0}{2}\int_R^\infty\left(\frac{q}{4\pi\varepsilon_0 r^2}\right)^2 4\pi r^2\mathrm{d}r\\&=\frac{q^2}{8\pi\varepsilon_0 R^6}\int_0^R r^4\mathrm{d}r+\frac{q^2}{8\pi\varepsilon_0}\int_R^\infty\frac{\mathrm{d}r}{r^2}=\frac{q^2}{40\pi\varepsilon_0 R}+\frac{q^2}{8\pi\varepsilon_0 R}=\frac{3q^2}{20\pi\varepsilon_0 R}.\end{aligned}$$

以上两题的结果分别与 §1.5 中的式(1.49)、式(1.50)相符.由此可见,带电体系的静电能和场能是一回事,我们可用两种方法之中的任何一个计算它.

## 习　　题

**2.4-1**　计算例题 1 中场能的一半分布在半径多大的球面内.

**2.4-2**　空气中一直径为 10 cm 的导体球,电势为 8 000 V,问它表面处的场能密度(即单位体积内的电场能量)是多少?

**2.4-3**　在介电常量为 $\varepsilon$ 的无限大均匀介质中,有一半径为 $R$ 的导体球带电荷 $Q$.求电场的能量.

**2.4-4**　半径为 2.0 cm 的导体球外套有一个与它同心的导体球壳,壳的内外半径分别为 4.0 cm 和 5.0 cm,球与壳间是空气.壳外也是空气,当内球的电荷量为 $3.0\times10^{-8}$ C 时,

(1) 这个系统储存了多少电能?

(2) 如果用导线把壳与球连在一起,结果如何?

**2.4-5**　球形电容器的内外半径分别为 $R_1$ 和 $R_2$,电势差为 $U$.(1)求电容器所储的静电能;(2)求电场的能量.比较两个结果.

**2.4-6**　半径为 $a$ 的导体圆柱外面,套有一半径为 $b$ 的同轴导体圆筒,长度都是 $l$,其间充满介电常量为 $\varepsilon$ 的均匀介质.圆柱带电为 $Q$,圆筒带电为 $-Q$,略去边缘效应.

(1) 整个介质内的电场总能量 $W_e$ 是多少?

(2) 证明:$W_e=\dfrac{1}{2}\dfrac{Q^2}{C}$,式中 $C$ 是圆柱和圆筒间的电容.

**2.4-7**　半径为 $a$ 的长直导线,外面套有共轴导体圆筒,筒的内半径为 $b$,导线与圆筒间充满介电常量为 $\varepsilon$ 的均匀介质.沿轴线单位长度上导线带电为 $\lambda$,圆筒带电为 $-\lambda$.略去边缘效应,求沿轴线单位长度的电场能量.

**2.4-8**　圆柱电容器由一长直导线和套在它外面的共轴导体圆筒构成,设导线的半径为 $a$,圆筒的内半径为 $b$.证明:这电容器所储藏的能量有一半是在半径 $r=\sqrt{ab}$ 的圆柱体内.

# 附录B　静电场边值问题的唯一性定理

静电场边值问题及其唯一性定理本是电动力学课的基本内容之一,定理的表述和证明都涉及较多的数学.由于唯一性定理的概念对于本课中许多问题(如静电屏蔽)的确切理解有很大帮助,本附录中我们将给此定理一个物理上的论证,以期读者能从中有所收益.

## B.1　问题的提出

在 2.1.1 节中已提到,实际中提出的静电学问题,大多不是已知电荷分布求电场分布,而是通过一定的电极来控制或实现某种电场分布.这里问题的出发点(即已知的前提),除给定各带电导体的几何形状、相互位置外,往往是再给定下列条件之一:

(1) 每个导体的电势 $U_k$,

(2) 每个导体上的总电荷量 $Q_k$,

其中 $k=1,2,\cdots$ 为导体的编号.寻求的答案则是在上述条件(称为边界条件)下电场的恒定分布.这类问题称为静电场的边值问题,它是静电学的典型问题.

这里不谈静电场边值问题如何解决,而我们要问:给定一组边界条件,空间能否存在电场的不同恒定分布?唯一性定理对此的回答是否定的.换句话说,定理宣称:边界条件可将空间里电场的恒定分布唯一地确定下来.

## B.2　几个引理

在证明唯一性定理之前,先做些准备工作——证明几个引理.为简单起见,我们暂把研究的问题限定为一组导体,除此之外的空间里没有电荷(有电介质的情况留待 B.6 节讨论).

(1) 引理一　在无电荷的空间里电势不可能有极大值和极小值.

用反证法.设电势 $U$ 在空间某点 $P$ 极大,则在 $P$ 点周围的所有邻近点上梯度 $\nabla U$ 必都指向 $P$ 点,即场强 $\boldsymbol{E}=-\nabla U$ 的方向都是背离 $P$ 点的,如图 B-1(a).这时若我们作一个很小的闭合面 $S$ 把 $P$ 点包围起来,穿过 $S$ 的电场强度通量为

$$\Phi_E=\oint_S \boldsymbol{E}\cdot \mathrm{d}\boldsymbol{S}>0.$$

根据高斯定理,$S$ 面内必然包含正电荷.然而这违背了我们的前提.因此,$U$ 不可能有极大值.

用同样的方法可以证明,$U$ 不可能有极小值[参见图 B-1(b)].

(2) 引理二　若所有导体的电势皆为 0,则导体以外空间的电势处处为 0.

因为电势在无电荷空间里的分布是连续变化的,若空间有电势大于 0(或小于 0)的点,而边界上又处处等于 0,在空间必出现电势的极大(或极小)值,这违背引理一.

不难看出,本引理可稍加推广:若在完全由导体所包围的空间里各导体的电势都相等(设为 $U_0$),则空间电势等于常量 $U_0$.

(3) 引理三　若所有导体都不带电,则各导体的电势都相等.

用反证法.设各导体电势不全相等,则其中必有一个电势最高的,设它是导体 1.如图 B-2 所示,电场线只可能从导体 1 出发到达其余导体 2,3,…,而不可能反过来.于是我们就得到这样的结论:导体 1 的表面上任何地方都只能是电场线的起点,不可能是终点,即此导体表面只有正电荷而无负电荷,从而它带的总电荷量不可能为 0.这又违背了我们的前提.

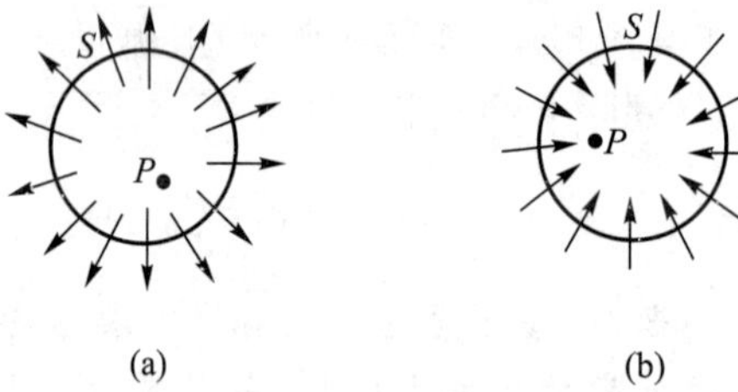


(a)　(b)

图 B-1　引理一的证明

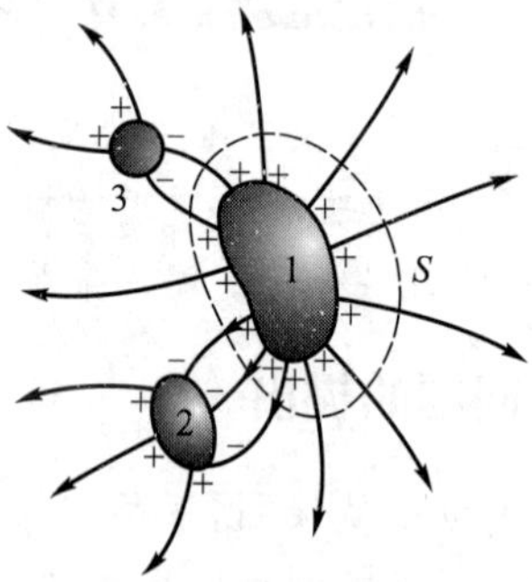


图 B-2　引理三的证明

将引理三与引理二结合起来,就可进一步推论出,在所有导体都不带电的情况下,空间各处的电势也和导体一样,等于同一常数.

## B.3　叠加原理

电场是服从叠加原理的,场强服从矢量叠加法则,电势服从代数叠加法则.由此我们可以得到如下的重要推论.在给定各带电导体的几何形状、相互位置后,赋予它们两组边界条件:

(1) 给定每个导体的电势为 $U_{\mathrm{I}k}$(或总电荷量为 $Q_{\mathrm{I}k}$);

(2) 给定每个导体的电势为 $U_{\mathrm{II}k}$(或总电荷量为 $Q_{\mathrm{II}k}$);

设 $U_{\mathrm{I}}$、$U_{\mathrm{II}}$ 分别是满足边界条件(1)、(2)的恒定电势分布,则它们的线性组合 $U=aU_{\mathrm{I}}+bU_{\mathrm{II}}$ 必定是满足下列边界条件的恒定分布:

(3) 给定每个导体的电势为 $U_k=aU_{\mathrm{I}k}+bU_{\mathrm{II}k}$(或总电荷量为 $Q_k=aQ_{\mathrm{I}k}+bQ_{\mathrm{II}k}$).

从而所有上面的引理都对 $U$ 适用.

作为一个特例,取 $U_{\mathrm{I}k}=U_{\mathrm{II}k}$(或 $Q_{\mathrm{I}k}=Q_{\mathrm{II}k}$)和 $a=1,b=-1$,则 $U=U_{\mathrm{I}}-U_{\mathrm{II}}$ 是满足下列边界条件的恒定分布:

(4) 给定每个导体的电势为零(或总电荷量为零).

## B.4　唯一性定理的证明

(1) 给定每个导体电势的情形

设对应同一组边值 $U_k(k=1,2,\cdots)$ 有两种恒定的电势分布 $U_{\mathrm{I}}$ 和 $U_{\mathrm{II}}$,则 $U=U_{\mathrm{I}}-U_{\mathrm{II}}$ 相当于所有导体上电势为 0 时的恒定电势分布. 根据引理二,空间电势 $U$ 恒等于 0,即 $U_{\mathrm{I}}$ 恒等于 $U_{\mathrm{II}}$,从而 $\boldsymbol{E}_1=-\nabla U_{\mathrm{I}}$ 恒等于 $\boldsymbol{E}=-\nabla U_{\mathrm{II}}$.

(2) 给定每个导体上总电荷量的情形第 $k$ 个导体上的总电荷量

$$\begin{aligned}Q_k&=\oiint_{S_k}\sigma_e\mathrm{d}S=\varepsilon_0\oiint_{S_k}E_n\mathrm{d}S\\&=-\varepsilon_0\oiint_{S_k}\frac{\partial U}{\partial n}\mathrm{d}S,\end{aligned}$$

式中 $S_k$ 为该导体的表面,$\sigma_e$ 代表电荷面密度,$\dfrac{\partial U}{\partial n}$表示电势 $U$ 沿法线方向的微商. 设对应同一组边值 $Q_k(k=1,2,\cdots)$ 有两种恒定电势分布 $U_{\mathrm{I}}$ 和 $U_{\mathrm{II}}$,即

$$\begin{aligned}-\varepsilon_0\oiint_{S_k}\frac{\partial U_{\mathrm{I}}}{\partial n}\mathrm{d}S&=-\varepsilon_0\oiint_{S_k}\frac{\partial U_{\mathrm{II}}}{\partial n}\mathrm{d}S\\&=Q_k\quad(k=1,2,\cdots).\end{aligned}$$

令 $U=U_{\mathrm{I}}-U_{\mathrm{II}}$,则

$$-\varepsilon_0\oiint_{S_k}\frac{\partial U}{\partial n}\mathrm{d}S=0\quad(k=1,2,\cdots).$$

即 $U$ 相当于所有导体都不带电时的恒定电势分布. 根据引理三后面的推论,在空间

$$U=U_{\mathrm{I}}-U_{\mathrm{II}}=\text{常量},$$

或

$$U_{\mathrm{I}}=U_{\mathrm{II}}+\text{常量},$$

此常数不影响其梯度,

$$\nabla U_{\mathrm{I}}=\nabla U_{\mathrm{II}},$$

即场强的分布是完全一样的

$$\boldsymbol{E}_{\mathrm{I}}=\boldsymbol{E}_{\mathrm{II}}.$$

电势中所差的常数与电势的参考点选择有关. 只要各导体中有一个的电势确定了,其他导体以及空间的电势分布就可唯一地确定下来.

把上述证明推广到混合边界条件(即部分导体给定电势、部分给定总电量)的情形是不难的,这里从略.

## B.5　静电屏蔽

普通物理课程中常谈到静电屏蔽问题，但要把它的原理真正说透，需要用到唯一性定理.

取一任意形状的闭合金属壳，将它接地，如图 B-3. 现从外面移来若干正或负的带电体，若腔内无带电体，则其中 $\boldsymbol{E}=0$，如图 B-3(a). 反之，将带电体放进腔内，而壳外无带电体，则外部空间 $\boldsymbol{E}=0$，如图 B-3(b). 以上都是普通物理课中熟知的结论. 今设想将(a)、(b)两图合并在一起，即图 B-3(c)，壳外有与图(a)相同的带电体，腔内有与图(b)相同的带电体. 现在我们要问：这时壳内、外电场的恒定分布是否仍分别与图(a)、(b)一样？

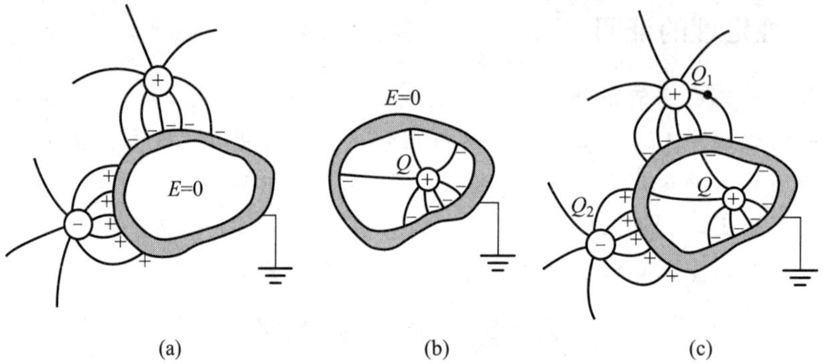


图 B-3　静电屏蔽

首先我们可以肯定，这是可能的. 因为当外部电荷和电场分布如图(a)时，它在腔内不产生场，从而腔内的带电体所处的环境和图(b)一样，故可产生与之相同的恒定分布. 反之，当内部电荷和电场分布如图(b)时，它在壳外不产生场，从而壳外带电体所处的环境和图(a)一样，故也可产生与之相同的恒定分布. 以上的论述表明，壳内、外带电体同时存在时，若壳内、外的电荷和电场分别维持与(a)、(b)两图相同的分布，是可以达到静电平衡的.

这里遗留的问题是，壳内、外带电体在相互影响下是否会达成另一种与此不同的平衡分布？唯一性定理告诉我们，这是不可能的. 因为(b)、(c)两图中内部空间的边界条件相同(腔内表面上电势为 0，内部带电体上总电荷量 $Q$ 给定)，从而不管外部是否有带电体，内部的恒定分布是唯一的. 这便是壳对内部的静电屏蔽效应. 同理，因(a)、(b)两图中外部空间的边界条件相同(壳外表面上电势为 0，外部带电体上总电荷量 $Q_1$、$Q_2$、…分别给定，无穷远电势为 0)，从而不管内部是否有带电体，外部的恒定分布是唯一的. 这便是壳对外部的静电屏蔽效应.

## B.6　有电介质的情形

如果除导体外所有空间皆为同一种均匀的电介质所充满，唯一性定理的证明与前面所述没有什么差别. 下面我们考虑电介质分区均匀的情况(见图 B-4). 导体上的边界条件依旧是 B.1 节的(1)、(2)两条或它们的混合，新的矛盾出现在不同介质的界面上. 前面我们证唯一性定理时靠的是两条：除导体外空间里电势分布连续，且无极值. 现在我们面临的介质界面是介电常量 $\varepsilon$ 的间断面，在其上一般存在极化电荷. 上述两条电势的性质还有保证吗？

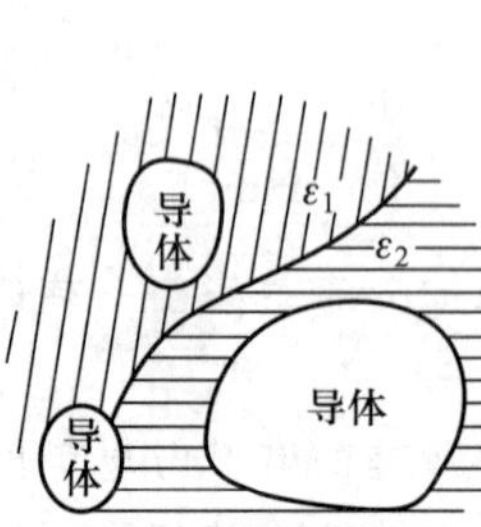


图 B-4　分区均匀电介质中的导体组

众所周知，在介质界面上的边界条件是场强 $\boldsymbol{E}$ 的切向分量连续，电位移 $\boldsymbol{D}$ 的法向分量连续.用电势的语言来表达，就是通过界面时 $U$ 连续，以及两侧

$$\varepsilon_1 \frac{\partial U_1}{\partial n} = \varepsilon_2 \frac{\partial U_2}{\partial n}.$$

由于介电常量 $\varepsilon_1$ 和 $\varepsilon_2$ 总是正的，上式表明，界面两侧的电场如果有法向分量，则它们的方向一致，亦即界面上的电势不是极值.

有了电势连续和无极值这两条，前面证唯一性定理所用的方法基本上有效（只是 B.2 节中的引理三需改用电位移线来证）.

除静电屏蔽外，在第二章中还有许多问题，真正要把它们说清楚，也需用唯一性定理（包括有电介质时的唯一性定理）. 现列举一些例子.

（1）给任意形状的电容器充电时，各处的电荷面密度和场强的相对分布不变，只是按同一比例增加，从而极间电压与总电荷量成正比.

（2）任意形状的电容为均匀电介质充满时，电容加大 $\varepsilon$ 倍.

（3）电介质表面为等势面时，介质内的场强 $\boldsymbol{E}$ 为无电介质时场强 $\boldsymbol{E}_0$ 的$1/\varepsilon$倍.

（4）均匀电介质如习题 2.3-22 的方式充满同心球形电容器的一半时，电场线仍呈辐射状.

以上各结论都可用唯一性定理来论证. 论证的方法大体一样，即验证它们满足该问题的全部边界条件（包括导体上的和介质界面上的），从而肯定它们是一种可能的平衡分布即可. 因为根据唯一性定理，在达到平衡时，上述各结论必然实现.

欧　姆

（Ohm，Georg Simon，1787—1854）

# 第三章
# 恒定电流

读者在中学里都已初步学过直流电路的原理，本章的前四节准备在此基础上，从理论和实际应用两方面加以提高. §3.1 和 §3.2 的目的是从理论上提高，即用前两章学过的场的观点来阐述恒定电流的原理，由此导出一些读者已熟悉的公式；此外对金属导电的微观机制也作一定的说明，旨在使读者能够对直流电路的规律有深入一步的认识. §3.3 和 §3.4 则介绍直流电路原理的一些重要应用和计算方法、计算技巧，以提高读者分析和解决直流电路问题的能力.

## §3.1 电流的恒定条件和导电规律

### 3.1.1 电流 电流密度矢量

电荷的定向流动形成电流. 产生电流的条件有两个：(1) 存在可以自由移动的电荷（自由电荷）；(2) 存在电场. ①

在一定的电场中，正、负电荷总是沿着相反方向运动的，而正电荷沿某一方向运动和等量的负电荷反方向运动所产生的电磁效应大部分相同②. 因此，尽管在金属中电流是由带负电的电子流动形成的，而在电解液和气态导体中，电流却是由正、负离子及电子形成的（见 1.1.4 节），但是为了分析问题方便，习惯上把电流看成是正电荷流动形成的，并且规定正电荷流动的方向为电流的方向. 这样，在导体中电流的方向总是沿着电场方向，从高电势处指向低电势处.

单位时间内通过导体任一横截面的电荷量，叫作电流，符号为 $I$. 如果在一段时间 $\Delta t$ 内，通过导体任一横截面的电荷量是 $\Delta q$，那么电流就是

$$I=\frac{\Delta q}{\Delta t}.$$

或取 $\Delta t \to 0$ 的极限：

$$I=\lim_{\Delta t\to 0}\frac{\Delta q}{\Delta t}=\frac{\mathrm{d}q}{\mathrm{d}t}. \tag{3.1}$$

电流是 MKSA 单位制中的四个基本量之一，它的单位叫作安培，简称安，用 A 表示，其定义将在 4.1.4 和 4.4.2 节介绍. 有些实际场合，如在电磁测量和电子学中，往往嫌这种单位太大，而采用在单位“安”前加词冠“毫”或“微”的单位，即毫安（mA）和微安（μA）. 它们和安培之间的关系是

---

① 超导体例外，参看 3.1.3 节.

② 霍耳效应是个例外，见 4.5.6 节.

$$1\ \mathrm{mA}=10^{-3}\ \mathrm{A},$$
$$1\ \mu\mathrm{A}=10^{-6}\ \mathrm{A}.$$

电流是标量,它只能描述导体中单位时间内通过某一截面电荷量的整体特征.在通常的电路问题中,一般引入电流概念就可以了.可是,在实际中有时会遇到电流在大块导体中流动的情形(如电阻法勘探问题),这时导体的不同部分电流的大小和方向都不一样,形成一定的电流分布.此外,以后我们将看到,在迅变交流电中,由于趋肤效应,即使在很细的导线中电流沿横截面也有一定的分布.因此仅有电流的概念是不够的,还必须引入能够细致描述电流分布的物理量——电流密度矢量.

图 3-1 是电阻法勘探的示意图,把电极 A、B 插入地面,并加上电压.由于地球本身是一个导体,因此在地表下形成一定的电流场和电势分布.用另外两个电极(图中未画出)可以探测地表上两点间的电势差.地下水、岩层或矿体的分布会影响到电流场的分布,从而在地表的电势分布中表现出来.通过地表电势分布的测量,与理论计算的结果对比,可以推测地下的地质结构情况.由此可见,只有电流的概念,就显得不够了,电流场分布的描述需要引进电流密度矢量的概念.

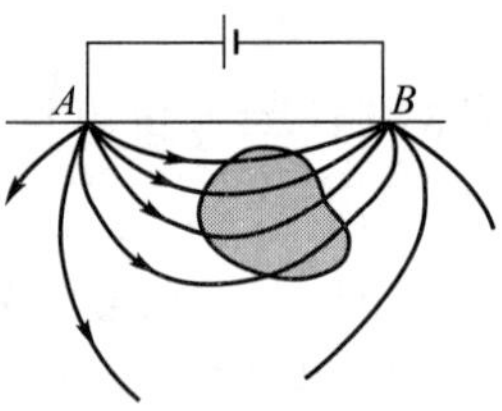


图 3-1 电流体分布的例子—电阻法勘探

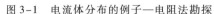

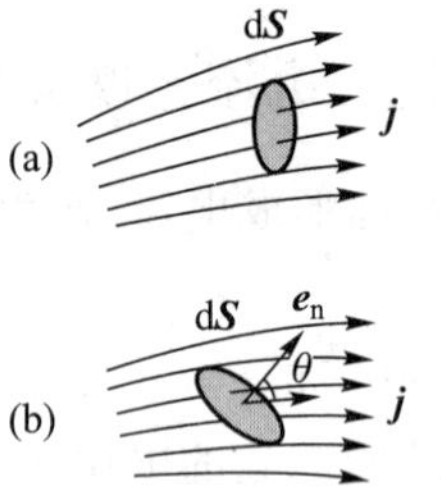


图 3-2 电流密度矢量

电流密度是一个矢量,这矢量在导体中各点的方向代表该点电流的方向,其数值等于通过该点单位垂直截面的电流(即单位时间里通过单位垂直截面的电荷量).设想在导体中某点取一个与电流方向垂直的截面元 $\mathrm{d}S$,如图 3-2(a),则通过 $\mathrm{d}S$ 的电流 $\mathrm{d}I$ 与该点电流密度 $j$ 的关系是

$$\mathrm{d}I=j\mathrm{d}S.$$

如果截面元 $\mathrm{d}\boldsymbol{S}$ 的法线 $\boldsymbol{e}_{\mathrm{n}}$ 与电流方向成倾斜角 $\theta$,如图 3-2(b),则

$$\mathrm{d}I=j\mathrm{d}S\ \cos\ \theta, \tag{3.2}$$

或写成矢量形式:

$$\mathrm{d}I=\boldsymbol{j}\cdot\mathrm{d}\boldsymbol{S}. \tag{3.3}$$

有了电流密度矢量 $\boldsymbol{j}$ 的概念,就可以描述大块导体中的电流分布了.在大块导体中各点 $\boldsymbol{j}$ 有不同的数值和方向,这就构成一个矢量场,即电流场.像电场分布可以用电场线来形象地描绘一样,电流场也可以用电流线来描绘.所谓电流线,就是这样一些曲线,其上每点的切线方向都和该点的电流密度矢量方向一致.

通过导体中任意截面 $S$ 的电流 $I$ 与电流密度矢量的关系为

$$I=\iint_S \boldsymbol{j}\cdot\mathrm{d}\boldsymbol{S}=\iint_S j\ \cos\ \theta\mathrm{d}S. \tag{3.4}$$

由此可见,电流密度 $\boldsymbol{j}$ 和电流 $I$ 的关系,就是一个矢量场和它的通量的关系.从电流密度的定义可以看出,它的单位是 A/m$^2$.

### 3.1.2　电流的连续方程　恒定条件

电流场的一个重要的基本性质是它的连续方程,它的实质是电荷守恒定律.

设想在导体内取任一闭合曲面 $S$,则根据电荷守恒定律,在某段时间里由此面流出的电荷量等于在这段时间里 $S$ 面内包含的电荷量的减少. 像以前表述高斯定理那样,在 $S$ 面上处处取外法线,则在单位时间里由 $S$ 面流出的电荷量应等于$\iint_S \boldsymbol{j}\cdot \mathrm{d}\boldsymbol{S}$. 设时间 $\mathrm{d}t$ 里包含在 $S$ 面内的电荷量增量为 $\mathrm{d}q$,则在单位时间里 $S$ 面内的电荷量减少为$-\dfrac{\mathrm{d}q}{\mathrm{d}t}$. 如上所述,二者数值相等,即

$$\oiint_S \boldsymbol{j}\cdot \mathrm{d}\boldsymbol{S}=-\frac{\mathrm{d}q}{\mathrm{d}t}, \tag{3.5}$$

式中负号表示"减少". 这便是电流连续方程(积分形式). 式(3.5)表明,电流线是终止或发出于电荷发生变化的地方. 其含义是,如果闭合面 $S$ 内正电荷积累起来,则流入 $S$ 面内的电荷量必大于从 $S$ 面内流出的电荷量,也就是说,进入 $S$ 面的电流线多于从 $S$ 面出来的电流线,所多余的电流线便终止于正电荷积累的地方.

恒定电流指电流场不随时间变化,这就要求电荷的分布不随时间变化,因而电荷产生的电场是恒定电场,即静电场①. 否则电荷分布发生变化,必然引起电场发生变化,电流场就不可能维持恒定. 因此,在恒定条件下,对于任意闭合曲面 $S$,面内的电荷量不随时间变化,即$\dfrac{\mathrm{d}q}{\mathrm{d}t}=0$,由式(3.5)得

$$\oiint_S \boldsymbol{j}\cdot \mathrm{d}\boldsymbol{S}=0, \tag{3.6}$$

式(3.6)叫作电流的恒定条件,它表明,通过 S 面一侧流入的电荷量等于从另一侧流出的电荷量,也就是说,电流线连续地穿过闭合曲面所包围的体积(见图3-3). 因此恒定电流的电流线不可能在任何地方中断,它们永远是闭合曲线.

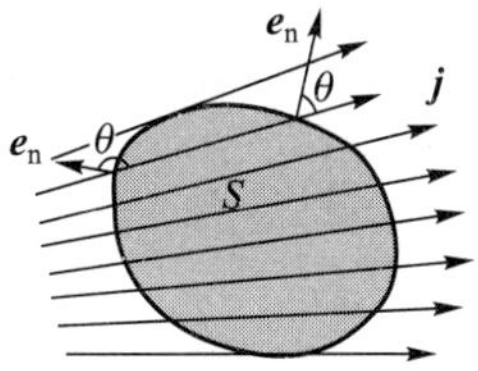


图 3-3　电流连续原理

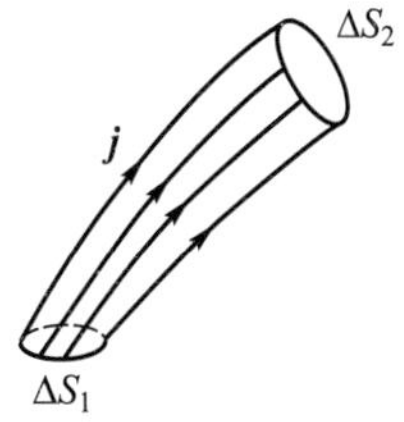


图 3-4　电流管

由一束电流线围成的管状区叫作电流管(见图 3-4). 仿照 1.3.4 节的办法,读者可以证明,在恒定条件下,通过同一电流管各截面的电流强度(即 $\boldsymbol{j}$ 的通量)都相等. 通常的电路由导线连成,电流线沿着导线分布,导线本身就是一个电流管. 所以在恒定电路中,在一段没有分支的电路

① 这里虽有电荷流动,但净电荷的宏观分布是不随时间改变的,它们产生的恒定电场与第一章所讲的静电场服从同样的基本规律,如高斯定理、环路定理等. 但第二章中所讲导体在静电场中的平衡条件,以及由它引出的某些结论将不适用.

里,通过各截面的电流强度必定相等.此外电流的恒定条件还表明,恒定电路必须是闭合的.

### 3.1.3　欧姆定律　电阻　电阻率

(1) 欧姆定律　电阻和电导

恒定电场和静电场一样,满足环路定理:

$$\oint \boldsymbol{E} \cdot \mathrm{d}\boldsymbol{l}=0,$$

从而可以引入电势差(电压)的概念.电场是形成电流的必要条件,我们也可以说,要使导体内有电流通过,两端必须有一定的电压.加在导体两端的电压不同,通过该导体的电流强度也不同.精确的实验表明,在恒定条件下,通过一段导体的电流和导体两端的电压成正比,即

$$I \propto U.$$

这个结论叫作欧姆定律.如果写成等式,则有

$$I=\frac{U}{R} \quad 或 \quad U=IR, \tag{3.7}$$

式中的比例系数由导体的性质决定,叫作导体的电阻.不同的导体,电阻的数值一般不同.式(3.7)给出了任意一段导体电压、电流和电阻三者之间的关系.

实验证明,欧姆定律不仅适用于金属导体,而且对电解液(酸、碱、盐的水溶液)也适用.

以电压 $U$ 为横坐标、电流 $I$ 为纵坐标画出的曲线,叫作该导体的伏安特性.欧姆定律成立时,伏安特性是一条通过原点的直线(图 3-5),其斜率等于电阻 $R$ 的倒数,它是一个与电压、电流无关的常量.具有这种性质的电学元件叫作线性元件,其电阻叫作线性电阻或欧姆电阻.

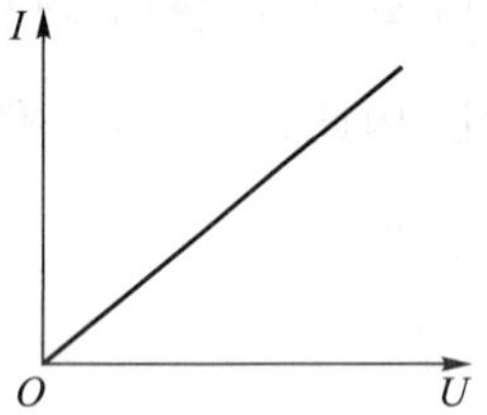

图 3-5　线性伏安特性

对于气态导体(如日光灯管中的汞蒸气)和其他一些导电器件,如电子管、晶体管等,欧姆定律不成立,其伏安特性不是直线,而是不同形状的曲线.这种元件叫作非线性元件.图 3-6 所示为两种常用的非线性元件的伏安特性.对于非线性元件,欧姆定律虽不适用,但我们仍可定义其电阻为

$$R=\frac{U}{I}, \tag{3.8}$$

只不过它不再是常量,而是与元件上的电压和电流(即工作条件)有关的变量.

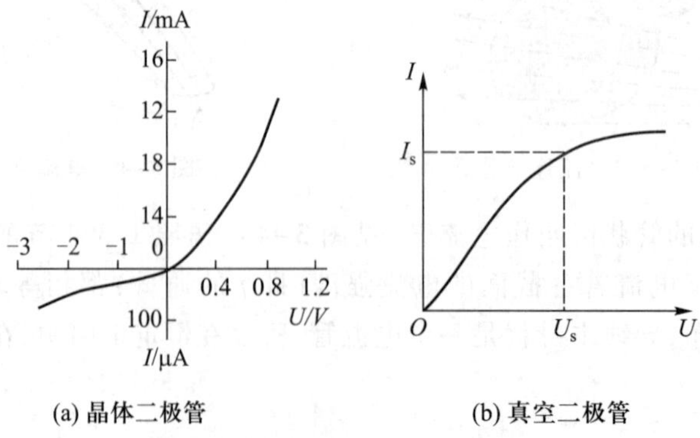

(a) 晶体二极管　　(b) 真空二极管

图 3-6　非线性元件的伏安特性

电阻的单位是电压和电流的单位之比，即 V/A，这单位叫作欧姆，简称欧，符号为 Ω. 欧姆是这样一段导体的电阻，当加在导体两端的电压为 1 V 时，通过导体的电流恰为 1 A. 除了欧姆外，电阻的常用单位还有千欧（kΩ）和兆欧（MΩ）：

$$1\ \mathrm{k}\Omega = 10^3\ \Omega;$$

$$1\ \mathrm{M}\Omega = 10^6\ \Omega.$$

电阻的倒数叫作电导，用 $G$ 表示，

$$G=\frac{1}{R}, \tag{3.9}$$

电导的单位叫作西门子（S），它等于 $\Omega^{-1}$.

（2）电阻率和电导率

导体电阻的大小与导体的材料和几何形状有关. 实验表明，对于由一定材料制成的横截面均匀的导体，它的电阻 $R$ 与长度 $l$ 成正比，与横截面积 $S$ 成反比. 写成等式，有

$$R=\rho\frac{l}{S}, \tag{3.10}$$

式中的比例系数 $\rho$ 由导体的材料决定，叫作材料的电阻率. 如果令式（3.10）中的 $l=1$ m，$S=1$ m²，则 $\rho$ 在数值上等于 $R$. 这说明，某种材料的电阻率就表示用这种材料制成的长度为 1 m、横截面积为 1 m² 的导体所具有的电阻.

当导线的截面 $S$ 或电阻率 $\rho$ 不均匀时，式（3.10）应写成下列积分式：

$$R=\int\frac{\rho\mathrm{d}l}{S}. \tag{3.11}$$

从式（3.10）可以看出，电阻率的单位是 Ω·m.

不同材料有不同的电阻率，表 3-1 中列出了几种金属、合金和碳在 0 ℃时的电阻率 $\rho_0$.

**表 3-1　几种金属、合金和碳的 $\rho_0$ 及 $\alpha$ 值**

| 材　　料 | $\rho_0/(\Omega\cdot\mathrm{m})$ | $\alpha/℃^{-1}$ |
|---|---|---|
| 银 | $1.5\times10^{-8}$ | $4.0\times10^{-3}$ |
| 铜 | $1.6\times10^{-8}$ | $4.3\times10^{-3}$ |
| 铝 | $2.5\times10^{-8}$ | $4.7\times10^{-3}$ |
| 钨 | $5.5\times10^{-8}$ | $4.6\times10^{-3}$ |
| 铁 | $8.7\times10^{-8}$ | $5\times10^{-3}$ |
| 铂 | $9.8\times10^{-8}$ | $3.9\times10^{-3}$ |
| 汞 | $94\times10^{-8}$ | $8.8\times10^{-4}$ |
| 碳 | $3\,500\times10^{-8}$ | $-5\times10^{-4}$ |
| 镍铬合金（60% Ni，15% Cr，25% Fe） | $110\times10^{-8}$ | $1.6\times10^{-4}$ |
| 铁铬铝合金（60% Fe，30% Cr，5% Al） | $140\times10^{-8}$ | $4\times10^{-5}$ |
| 镍铜合金（54% Cu，46% Ni） | $50\times10^{-8}$ | $4\times10^{-5}$ |
| 锰铜合金（84% Cu，12% Mn，4% Ni） | $48\times10^{-8}$ | $1\times10^{-5}$ |

从表 3-1 可以看出，银、铜、铝等金属的电阻率很小，而铁铬铝、镍铬等合金的电阻率较大. 因此，一般都用电阻率小的铜和铝来制导线，用铁铬铝和镍铬合金作电炉、电阻器的电阻丝.

电阻率的倒数叫作电导率,用 $\sigma$ 表示,

$$\sigma=\frac{1}{\rho}, \tag{3.12}$$

电导率的单位是 S/m.

各种材料的电阻率都随温度变化. 根据实验知道,纯金属的电阻率随温度的变化比较规则,当温度的变化范围不大时,电阻率与温度之间近似地存在着如下的线性关系:

$$\rho=\rho_0(1+\alpha t), \tag{3.13}$$

式中 $\rho$ 表示温度为 $t$(单位℃)时的电阻率,$\rho_0$ 表示 0 ℃时的电阻率,$\alpha$ 叫作电阻的温度系数,单位是 1/℃. 不同材料的电阻温度系数 $\alpha$ 不同,表 3-1 给出一些常用的金属和合金材料的 $\alpha$ 值.

从表 3-1 可以看出,多数纯金属的 $\alpha$ 值都近似等于 0.004,也就是说温度每升高 1 ℃,这些金属的电阻率就大约增加 0.4%. 显然,电阻率的这种变化要比金属的线膨胀显著得多. 温度每升高 1 ℃,金属的长度只膨胀 0.001% 左右. 因此,在考虑金属导体的电阻随温度的变化时,我们就可以忽略掉导体的长度 $l$ 和横截面积 $S$ 的变化. 这样,在式(3.13)中等号的两边都乘以 $\frac{l}{S}$,就可以得到

$$R=R_0(1+\alpha t), \tag{3.14}$$

式中 $R=\rho\frac{l}{S}$ 表示金属导体在温度为 $t$(单位℃)时的电阻,$R_0=\rho_0\frac{l}{S}$ 表示 0 ℃时的电阻. 在生产上和科研中,利用金属导体的电阻随温度变化的这种性质,制成电阻温度计来测量温度. 常用的金属是铂和铜. 铂电阻温度计适用于 −200 ~ 500 ℃,铜的电阻温度计适用于 −50 ~ 150 ℃. 在测温范围内,铂和铜的物理、化学性质比较稳定,电阻随温度变化的线性关系比较好.

从表中还可以看出,有些合金,如康铜(镍铜合金)和锰铜,它们电阻的温度系数特别小,所以用这些合金线绕制的电阻受温度的影响极小,常作为标准电阻来使用.

在室温时,金属导体的电阻率约在 $10^{-8}\sim10^{-6}\ \Omega\cdot m$ 之间,绝缘体的电阻率一般为 $10^{8}\sim10^{18}\ \Omega\cdot m$,半导体材料的电阻率介于两者之间,约为 $10^{-5}\sim10^{6}\ \Omega\cdot m$ 范围. 绝缘体和半导体除了电阻率的大小与金属导体差别很大外,它们的电阻率随温度变化的规律也与导体大不相同,它们的电阻率都随温度的升高而急剧地减小,并且变化也不是线性的.

前面讲过,金属材料的电阻率随温度的降低而减小,并且在温度不太低的时候,电阻率近似地随温度做线性变化. 但是当温度降到绝对零度附近时,某些金属、合金以及化合物的电阻率会出现一种奇特的现象:当温度降低到某一特定温度 $T_c$ 时,电阻率突然减到无法测量的数值(见图 3-7),这种现象叫作超导电现象,$T_c$ 叫作正常态和超导态之间的转变温度. 表 3-2 中列出了几种超导材料的转变温度.

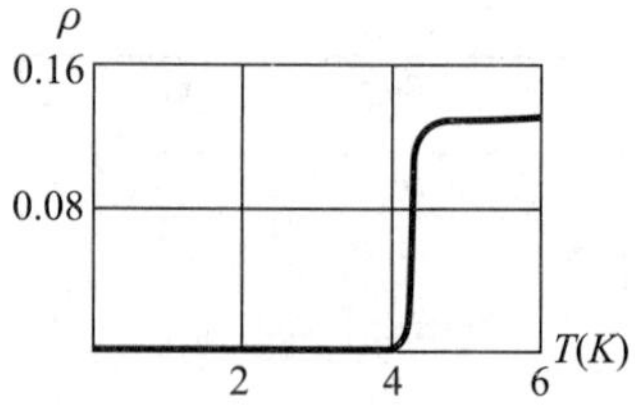


图 3-7　Hg 的电阻率在 4 K 以下变为 0

**表 3-2　几种超导材料的转变温度**

| 材料 | $T_c$/K |
|---|---|
| 镉(Cd) | 0.560 |
| 铝(Al) | 1.197 |
| 水银(Hg) | 4.15 |
| 铅(Pb) | 7.2 |
| 铌三锡($Nb_3Sn$) | 18.1 |
| 铌三锗($Nb_3Ge$) | 22.3 |

如果用超导材料做成一个闭合回路,那么在这个回路里,电流一经激发无需电源就可以持续几个星期之久而不减小,并且也不会像在普通具有电阻的导体的回路中那样发热.

我们知道,在大的电磁铁或电机中,通过线圈中的电流很强,为了避免产生过多的热量,线圈就必须用较粗的导线绕制或采取冷却措施.这就使电磁铁和电机既笨重又耗费电能.如果用超导体作线圈,显然就可以避免这种缺点.现在用超导体产生强磁场和制造电机方面的研究工作已获得较大的进展.

超导材料除了电阻消失外,还具有一系列其他独特的物理性质.目前我国和国际上都正在从多方面摸索超导电性在实际中应用的可能性.

(3) 欧姆定律的微分形式

我们知道,电荷的流动是由电场来推动的,因此电流场 $\boldsymbol{j}$ 的分布和电场 $\boldsymbol{E}$ 的分布密切相关.它们之间的关系可由上述欧姆定律 $I=\dfrac{U}{R}$ 导出.

设想在导体的电流场内取一小电流管(见图 3-8),设其长度为 $\Delta l$,垂直截面为 $\Delta S$.把欧姆定律用于这段电流管,则有

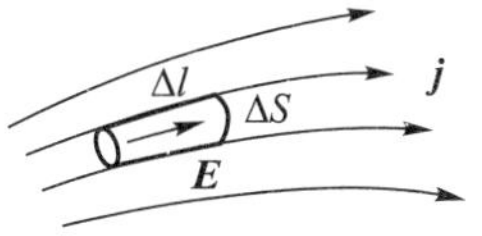

图 3-8　用小电流管推导欧姆定律的微分形式

$$\Delta I=\frac{\Delta U}{R},$$

式中 $\Delta I=j\Delta S$ 为管内的电流,$\Delta U$ 为沿这段电流管的电势降落.实验表明,导体中的场强 $\boldsymbol{E}$ 与电流密度 $\boldsymbol{j}$ 方向处处一致,所以场强的方向也是沿电流管的,从而 $\Delta U=E\Delta l$. $R$ 为电流管内导体的电阻,设它的电导率为 $\sigma$,则 $R=\dfrac{\Delta l}{\sigma\Delta S}$.把这些都代入上式,即得

$$j=\sigma E.$$

由于 $\boldsymbol{j}$ 和 $\boldsymbol{E}$ 方向一致,上式可写成矢量形式:

$$\boldsymbol{j}=\sigma\boldsymbol{E}, \tag{3.15}$$

这公式叫作**欧姆定律的微分形式**.它表明 $\boldsymbol{j}$ 与 $\boldsymbol{E}$ 方向一致,数值上成比例.

式(3.7)即 $I=\dfrac{U}{R}$ 中的 $U=\int\boldsymbol{E}\cdot \mathrm{d}\boldsymbol{l}$ 和 $I=\iint_S\boldsymbol{j}\cdot\mathrm{d}\boldsymbol{S}$ 都是积分量,故可叫作欧姆定律的积分形式.欧姆定律的积分形式描述的是一段有限长度、有限截面导线的导电规律,而欧姆定律的微分形式给出了 $\boldsymbol{j}$ 和 $\boldsymbol{E}$ 的点点对应关系,所以它比积分形式能够更为细致地描述导体的导电规律.

必须说明,欧姆定律的微分形式虽是在恒定条件下推导出来的,但在变化不太快的时候,对非恒定情况也适用.在这一点上它比欧姆定律的积分形式更普遍.

### 3.1.4　电功率　焦耳定律

电流通过一段电路时,电场力对电荷做功,在做功的过程中,电势能转化成其他形式的能量.如果这段电路只是由导线和电阻元件(如电炉或白炽灯)组成的,电势能就转化成热能,由导线和炉丝或灯丝释放;如果电路是由导线和直流电动机组成的,电势能的一小部分转化成热能,由导线释放,大部分转化成机械能,由电动机对外界做机械功.此外,电能还可以有其他多种转化形式,不一一列举了.

由电压的定义可以知道,若电路两端的电压为 $U$,则当 $q$ 单位的电荷通过这段电路时,电场力所做的功为

$$A=qU.$$

因为 $q=It$,所以上式可以写成

$$A=UIt. \tag{3.16}$$

电场在单位时间内所做的功,叫作电功率. 如果用 $P$ 表示电功率,那么根据上式可得

$$P=\frac{A}{t}=UI, \tag{3.17}$$

即电功率等于电路两端的电压和通过电路的电流的乘积.

电压的单位是 V,电流的单位是 A,时间的单位是 s,根据式(3.16)和式(3.17)求出的电功和电功率的单位分别是 J 和 W. 在电力工程上,通常用 kW 作为电功率的单位;用 kW · h 作为电功的单位,就是我们平时所说的 1 度电.

$$1\ 度电=1\ \mathrm{kW}\cdot\mathrm{h}=1\ 000\ \mathrm{W}\times3\ 600\ \mathrm{s}=3.6\times10^{6}\ \mathrm{J}=3.6\ \mathrm{MJ}.$$

用电器上一般都标有额定电压和额定功率. 例如,白炽灯上标有“220 V,60 W”,表明这个白炽灯在 220 V 的电压下工作时,功率是 60 W.

如果一段电路只包含电阻,而不包含电动机、电解槽等其他转换能量的装置,那么电场所做的功就全部转化成热. 这时,根据能量守恒定律,式(3.16)也就表示电流通过这段电路所发的热量 $Q$,即

$$Q=A=UIt, \tag{3.18}$$

由欧姆定律 $U=IR$ 或 $I=\frac{U}{R}$,还可以把上式写成

$$Q=I^2Rt \quad 或 \quad Q=\frac{U^2}{R}t, \tag{3.19}$$

式中热量 $Q$ 的单位是 J. 式(3.19)最初是焦耳直接根据实验结果确定的,叫作焦耳定律.

因为功率 $P=\frac{A}{t}=\frac{Q}{t}$,所以由式(3.19)可以得出电流通过电阻时发热的功率:

$$P=I^2R \quad 或 \quad P=\frac{U^2}{R}, \tag{3.20}$$

式中热功率 $P$ 的单位是 W.

再次强调指出,式(3.20)和式(3.17)$P=UI$ 是有区别的. $UI$ 是一段电路所消耗的全部电功率,而 $I^2R$ 或 $\frac{U^2}{R}$ 只是由于电阻发热而消耗的电功率. 当电路中只有电阻元件时,消耗的电能全部转化成热,这两种功率是一样的. 但是,当电路中除了电阻外还有电动机、电解槽等其他能量转化的装置时,这两种功率并不相等,必须分别计算.

单位体积内的热功率,叫作热功率密度,用 $p$ 表示. 引入热功率密度的概念后,焦耳定律也可写成微分形式:

$$p=\frac{j^2}{\sigma}=\sigma E^2 \tag{3.21}$$

推导此式的方法和欧姆定律一样,可利用图 3-8 所示的小电流管. 请读者自己把式(3.21)推导出来(习题 3.1-17).

电流的热效应在日常生活、生产和科研中有广泛的应用,例如白炽灯、电炉、电烙铁、电烘箱和其他许多仪器设备都是利用这种效应制成的.

但是,电流的热效应也有不利的一面,在许多场合中它会造成危害. 例如,在输电线路中,电流所发的热无益地散失到周围的空间,因而降低了电能的传输效率,而且如果通过的电流过强,发热过多散不出去,还会烧坏导线的绝缘层,引起漏电、触电. 又如,发电机、电动机、变压器等电气设备的绕组都是用铜导线绕成的,电流通过绕

组时发热，就使绕组的温度升高，如果散热不好，也会烧坏绕组的绝缘层，造成事故.

我们在实验室里用到的各种电阻元件和电学仪器设备都有一定的额定功率或额定电流，使用时要特别小心，切不可让通过它们的电流超过额定值，以免发热过多而把它们烧毁.

电流的热效应在短路时危害最大. 所谓短路就是指两根电源线不经过电阻元件而直接接触. 在这种情况下，因电路中电阻很小，电流很强，短时间内就能产生大量的热，轻则使电源和电气设备烧毁，重则引起火灾. 为了避免短路事故，在电路中通常要安装保险丝. 保险丝一般是用铅或铅锡合金制成的，熔点很低. 当通过的电流过大时，保险丝被烧断，使电路自动断开，这样就可防止把导线和仪器设备烧坏. 保险丝的规格很多，不同规格保险丝的额定电流不同，使用时必须根据电路中的电流适当选择. 若选用额定电流过小的保险丝，在正常用电时也会烧断，造成停电事故；若选用额定电流过大的保险丝，当电路中通过的电流超过允许值时也不会烧断，就起不到保护作用. 因此，所选用保险丝的额定电流一般应接近于或略大于电路中的正常总电流.

### 3.1.5 金属导电的经典微观解释

金属导电的宏观规律是由它的微观导电机制所决定的. 下面，我们根据简单的经典理论说明为什么金属导电遵从欧姆定律，并把电导率和微观量的平均值联系起来.

首先定性地描述一下金属导电的微观图像.

当导体内没有电场时，从微观角度上看，导体内的自由电荷并不是静止不动的. 以金属为例，金属的自由电子好像气体中的分子一样，总是在不停地做无规热运动. 电子的热运动是杂乱无章的，在没有外电场或其他原因（如电子数密度或温度有变化）的情况下，它们朝任何一方运动的概率都一样. 如图 3-9 所示，设想在金属内部任意作一横截面，那么在任意一段时间内平均说来，由两边穿过截面的电子数相等. 因此，从宏观角度上看，自由电子的无规热运动没有集体定向的效果，因此并不形成电流.

自由电子在做热运动的同时，还不时地与晶格上的原子实碰撞，所以每个自由电子的轨迹如图 3-10 中的实线所示，是一条迂回曲折的折线.

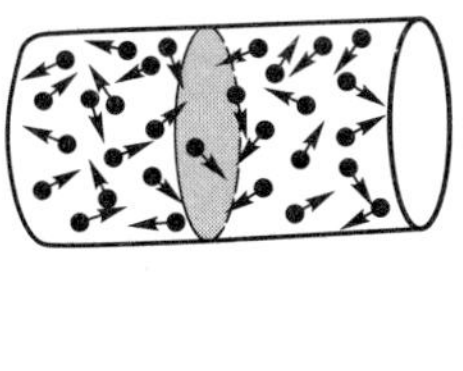

图 3-9 电子的热运动不形成宏观电流

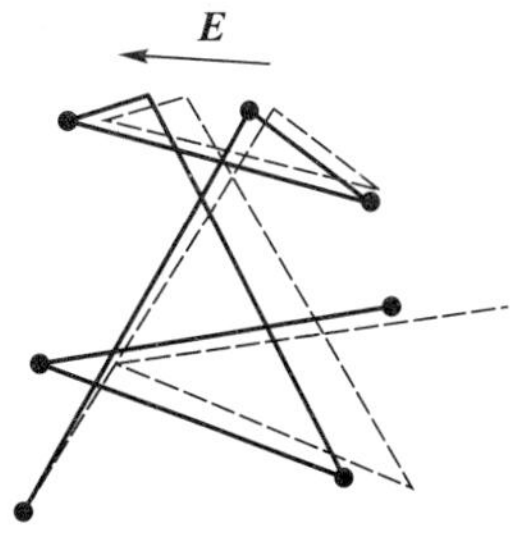


图 3-10 电子在电场作用下产生的漂移运动

如果在金属导体中加了电场以后，每个自由电子的轨迹将如图 3-10 中的虚线所示那样，逆着电场方向发生"漂移". 这时可以认为自由电子的总速度是由它的热运动速度和因电场产生的附加定向速度两部分组成，前者的矢量平均仍为 0，后者的平均叫作漂移速度，下面用 $\boldsymbol{u}$ 来表示它. 正是这种宏观上的漂移运动形成了宏观电流.

自由电子在电场中获得的加速度为

$$\boldsymbol{a}=-\frac{e}{m}\boldsymbol{E}.$$

由于与晶格的碰撞，自由电子定向速度的增加受到了限制；电子与晶格碰撞后将沿什么方向散射,具有很大的偶然性.我们可以假设,电子碰撞后散射的速度沿各方向的概率相等,即这时电子完全丧失了定向运动的特征,其定向速度 $\boldsymbol{u}_0=0$.此后电子在电场力的作用下从零开始做匀加速运动,到下次碰撞之前,它获得的定向速度为

$$\boldsymbol{u}_1=\boldsymbol{a}\overline{\tau}=-\frac{e}{m}\boldsymbol{E}\overline{\tau},$$

式中 $\overline{\tau}$ 为电子在两次碰撞之间的平均自由飞行时间.那么,在一个平均自由程内电子的漂移速度等于自由程起点的初速度 $\boldsymbol{u}_0$ 和终点的末速度 $\boldsymbol{u}_1$ 的平均值,即

$$\boldsymbol{u}=\frac{\boldsymbol{u}_0+\boldsymbol{u}_1}{2}=\frac{1}{2}\left(0-\frac{e}{m}\boldsymbol{E}\overline{\tau}\right)=-\frac{e}{2m}\boldsymbol{E}\overline{\tau}.$$

和气体分子运动论中一样,电子的平均自由飞行时间 $\overline{\tau}$(即平均碰撞频率 $\overline{\nu}$ 的倒数)与其平均自由程 $\overline{\lambda}$ 和平均热运动速率 $\overline{v}$ 有如下关系:

$$\overline{\tau}=\frac{1}{\overline{\nu}}=\frac{\overline{\lambda}}{\overline{v}},$$

所以

$$\boldsymbol{u}=-\frac{e}{2m}\frac{\overline{\lambda}}{\overline{v}}\boldsymbol{E}.\text{①} \tag{3.22}$$

因为 $e,m,\overline{\lambda},\overline{v}$ 都与电场强度无关,故上式证明了自由电子的漂移速度 $\boldsymbol{u}$ 与 $-\boldsymbol{E}$ 成正比.负号表明,$\boldsymbol{u}$ 与 $\boldsymbol{E}$ 的方向相反.这是由于电子带负电造成的.

下面我们设法将电流密度 $\boldsymbol{j}$ 和自由电子的数密度 $n$(单位体积内的自由电子数)、漂移速度 $\boldsymbol{u}$ 联系起来.为此我们在金属中取一垂直于电流线的面元 $\Delta S$.从宏观平均效果来看,我们可以认为所有自由电子以同一速度 $\boldsymbol{u}$ 运动.在时间 $\Delta t$ 内电子移过的距离为 $u\Delta t$.以 $\Delta S$ 为底,$u\Delta t$ 为高作一柱体(图 3-11),则此柱体内的全部自由电子将在 $\Delta t$ 时间间隔内通过 $\Delta S$.因柱体的体积为 $u\Delta t\Delta S$,故柱体内共有 $nu\Delta t\Delta S$ 个自由电子.每个电子带电荷量的绝对值为 $e$,所以在 $\Delta t$ 内通过 $\Delta S$ 的电荷量为

$$\Delta q=neu\Delta t\Delta S$$

从而电流和电流密度的数值为

$$\Delta I=\frac{\Delta q}{\Delta t}=neu\Delta S$$

$$j=\frac{\Delta I}{\Delta S}=neu.$$

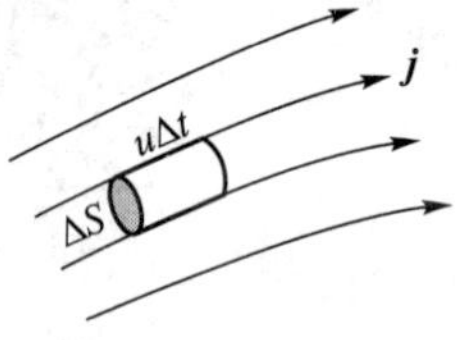

图 3-11　推导 $\boldsymbol{j}$ 和 $n$、$\boldsymbol{u}$ 的关系式

电流密度矢量 $\boldsymbol{j}$ 的方向是以正电荷的运动方向为准的,电子带负电,故 $\boldsymbol{j}$ 与它的漂移速度 $\boldsymbol{u}$ 方向相反.把上式写成矢量式,则有

---

① 上面的推导包含一个假设,即所有电子在两次撞碰间都用同样的时间 $\overline{\tau}$ 飞行了同样的距离 $\overline{\lambda}$,即自由程的取值严格划一而无分散.这样的图像过于简化了.如果认为电子的自由程有一定分布,式(3.22)中将有不同的数值系数,但不影响数量级.例如,当自由电子的自由程取值满足泊松分布时,式(3.22)右端分母中的因子 2 将消失.参见:杨再石.电子漂移速度中的 1/2 因子[J].大学物理,1983(8).

$$\boldsymbol{j}=-ne\,\boldsymbol{u}. \tag{3.23}$$

这便是我们想得到的 $\boldsymbol{j}$ 和 $n$、$\boldsymbol{u}$ 之间的关系式.

现在把式(3.22)代入式(3.23),得

$$\boldsymbol{j}=\frac{ne^2}{2m}\frac{\overline{\lambda}}{\overline{v}}\boldsymbol{E}. \tag{3.24}$$

金属中自由电子的数密度 $n$ 是常量,与 $\boldsymbol{E}$ 无关,因此,金属导体内的电流密度 $\boldsymbol{j}$ 与场强 $\boldsymbol{E}$ 成正比,这就是欧姆定律的微分形式.与宏观规律式(3.15)比较一下,即可看出,电导率

$$\sigma=\frac{ne^2\overline{\lambda}}{2m\,\overline{v}}. \tag{3.25}$$

这样,我们就用经典的电子理论解释了欧姆定律,并导出了电导率 $\sigma$ 与微观量平均值之间的关系式(3.25).从式(3.25)还可以看出 $\sigma$ 与温度的关系,因为 $\overline{\lambda}$ 与温度无关,$\overline{v}$ 与 $\sqrt{T}$ 成正比($T$ 是绝对温度),所以 $\sigma\propto\dfrac{1}{\sqrt{T}}$,从而电阻率 $\rho\propto\sqrt{T}$,这就说明了为什么随着温度的升高,金属的电导率减小,电阻率增加.不过应当指出,从经典电子论导出的结果只能定性地说明金属导电的规律,由式(3.25)计算出的电导率的具体数值与实际相差甚远.此外 $\sigma$ 或 $\rho$ 与温度的关系也不对,实际上对于大多数金属来说,$\rho$ 近似地与 $T$(而不是 $\sqrt{T}$)成正比.这些困难需要用量子理论来解决.

下面我们再定性地解释一下电流的热效应.在金属导体里,自由电子在电场力的推动下做定向运动形成电流.在这个过程中,电场力对自由电子做功,使电子的定向运动动能增大.同时,自由电子又不断地和晶格上的原子实碰撞,在碰撞时把定向运动能传递给原子实,使它的热振动加剧,因而导体的温度就升高,也就是说,导体就发热了.

综上所述,从金属经典理论来看,“电阻”所反映的是自由电子与晶格上的原子实碰撞造成对电子定向运动的破坏作用,这也是电阻元件中产生焦耳热的原因.

最后,为了使读者有个数量级的概念,我们举一个数字例子.

**[例题]**　设铜导线中有电流密度为 2.4 A/mm$^2$,铜的自由电子数密度 $n=8.4\times10^{28}\ \text{m}^{-3}$,求自由电子的漂移速率.

**[解]**

$$j=2.4\ \text{A/mm}^2=2.4\times10^6\ \text{A/m}^2,$$

$$u=\frac{j}{ne}=\frac{2.4\times10^6\ \text{A/m}^2}{8.4\times10^{28}\ \text{m}^{-3}\times1.6\times10^{-19}\ \text{C}}=1.8\times10^{-4}\ \text{m/s}.$$

金属中自由电子的平均热运动速率有 $10^5$ m/s,可见自由电子做定向运动的漂移速率远远小于平均热运动速率.

也许会有读者会发生这样的疑问,电子定向速率如此之小,为什么平常我们都说“电”的传播速度是非常快的?例如在很远的地方把开关接通,电灯就会立即亮起来.如果按例题中的速率 $u$ 来计算,似乎要等很久电灯才会亮起来.这问题应这样来理解:此处起作用的速度并不是电子的漂移速度,而是电场的传播速度,它的数量级极大,约为 $3\times10^8$ m/s.金属导线中各处都有自由电子.只是由于未接通开关时,导线处于静电平衡,体内无电场;自由电子没有定向运动,从而导线中也无电流.但是开关一旦连通,电场就会把场源变化的信息很快地传播出去,迅速达到重新分布,电路各处的导线里很快建立了电场,推动当地的自由电子定向运动,形成电流.如果认

为，当开关接通后电子才从电源出发，等到它们到达负载之后，那里才有电流. 这完全是一种误解.

## 思　考　题

**3.1-1**　电流是电荷的流动，在电流密度 $\boldsymbol{j}\neq 0$ 的地方电荷体密度 $\rho_e$ 是否可能等于 0？

**3.1-2**　关系式 $U=IR$ 是否适用于非线性电阻？

**3.1-3**　焦耳定律可写成 $P=I^2R$ 和 $P=\frac{U^2}{R}$ 两种形式，从前式看热功率 $P$ 正比于 $R$，从后式看热功率 $P$ 反比于 $R$，究竟哪种说法对？

**3.1-4**　两个电炉，其标称功率分别为 $P_1$、$P_2$，已知 $P_1>P_2$，哪个电炉的电阻大？

**3.1-5**　电流从铜球顶上的一点流进去，从相对的一点流出来，铜球各部分产生焦耳热的情况是否相同？

**3.1-6**　在电学实验中为了避免通过某仪器的电流过大，常在电路中串接一个限流的保护电阻. 题图中保护电阻的接法是否正确？ 是否应把仪器和保护电阻的位置对调？

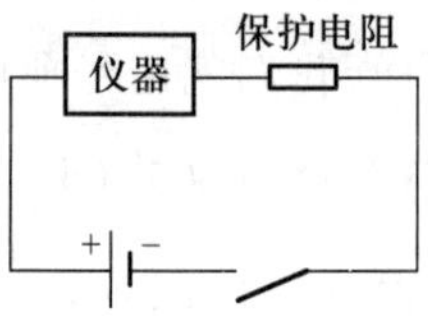


思考题 3.1-6 图

**3.1-7**　将电压 $U$ 加在一根导线的两端，设导线截面的直径为 $d$，长度为 $l$. 试分别讨论下列情况对自由电子漂移速率的影响：(1) $U$ 增至 2 倍；(2) $l$ 增至 2 倍；(3) $d$ 增至 2 倍.

**3.1-8**　在真空中电子运动的轨迹并不总是逆着电场线，为什么在金属导体内电流线永远与电场线重合？

## 习　　题

**3.1-1**　一导线载有 10 A 直流电流，在 20 s 内有多少电子流过它的横截面？ 已知每个电子所带电荷量为 $1.6\times10^{-19}$ C.

**3.1-2**　技术上为了安全，铜线内电流密度不得超过 6 A/mm$^2$，某车间用电需要电流20 A，导线的直径不得小于多少？

**3.1-3**　试根据电流的连续方程证明：在恒定条件下通过一个电流管任意两个截面的电流相等.

**3.1-4**　有一种康铜丝的横截面积为 0.10 mm$^2$，电阻率为 $\rho=49\times10^{-8}\ \Omega\cdot\text{m}$，用它绕制一个 6.0 Ω 的电阻，需要多长？

**3.1-5**　在某一电路中，原准备用截面积为 10 mm$^2$ 的铜导线作输电线，为了节约用铜，改用相同电阻、相同长度的铝线代替，问应选用多大截面积的铝导线.

**3.1-6**　题图中两边为电导率很大的导体，中间两层是电导率分别为 $\sigma_1$、$\sigma_2$ 的均匀导电介质，其厚度分别为 $d_1$、$d_2$，导体的截面积为 $S$，通过导体的恒定电流为 $I$，求：

(1) 两层导电介质中的场强 $E_1$ 和 $E_2$；

(2) 电势差 $U_{AB}$ 和 $U_{BC}$.

**3.1-7**　一个铜圆柱体半径为 $a$，长为 $l$，外面套一个与它共轴且等长的圆筒，筒的外半径为 $b(l\gg b)$，在柱与筒之间充满电导率为 $\sigma$ 的均匀导电物质，如题图所示. 求柱与筒之间的电阻.

**3.1-8**　把大地可看成均匀的导电介质，其电阻率为 $\rho$. 用一半径为 $a$ 的球形电极与大地表面相接，半个球体埋在地面下(见题图)，电极本身的电阻可以忽略. 试证明此电极的接地电阻为

$$R=\frac{\rho}{2\pi a}.$$

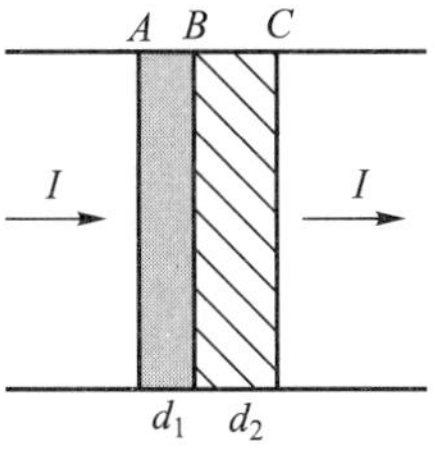


习题 3.1-6 图

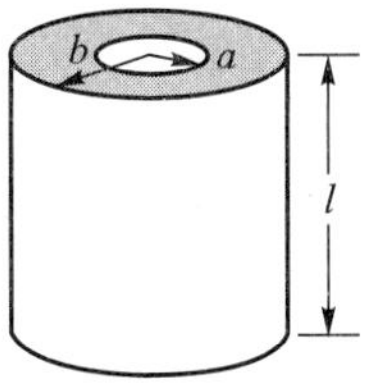


习题 3.1-7 图

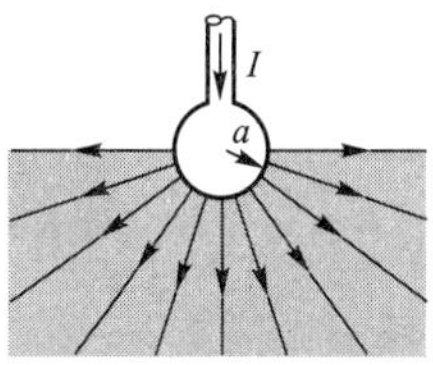


习题 3.1-8 图

**3.1-9**　一铂电阻温度计在 0 ℃时的阻值为 200.0 Ω,当浸入正在熔解的三氯化锑($SbCl_3$)中时,阻值变为 257.6 Ω,求三氯化锑的熔点.已知铂电阻的温度系数 $a=0.003\ 92$ ℃$^{-1}$.

**3.1-10**　电动机未运转时,在 20 ℃时它的铜绕组的电阻为 50 Ω,运转几小时后,电阻上升到 58 Ω.问这时铜绕组的温度为多高.

**3.1-11**　求 220 V,15 W 和 220 V,25 W 白炽灯的灯丝电阻和工作电流.

**3.1-12**　在 220 V 的电路上,接有 30 A 允许电流的保险丝,问在此电路上可接多少个 40 W 的白炽灯.

**3.1-13**　有一个标明 1 kΩ,40 W 的电位器,问:

(1) 允许通过这个电位器的最大电流是多少安培?

(2) 允许加在这个电位器上的最大电压是多少伏特?

(3) 当在这个电位器上加 10 V 的电压时,电功率是多少瓦?

**3.1-14**　室内装有 40 W 电灯两盏,50 W 收音机一台,平均每日用电 5 小时.问:

(1) 总闸处应装允许多大电流通过的保险丝?

(2) 每月(以 30 d 计算)共用电多少度?

**3.1-15**　某工厂与配电所相距 1 km,其间有两条输电线,每条线的电阻是 0.2 Ω/km.工厂用电功率为 55 kW,入厂时两输电线间的电压 $U=220$ V,求配电所输出的功率.

**3.1-16**　实验室常用的电阻箱中每一电阻的额定功率规定为 0.25 W,试求其中 100 Ω 和 10 Ω 电阻的额定电流.

**3.1-17**　推导焦耳定律的微分形式(3.21).

**3.1-18**　一铜线直径为 1.0 cm,载有 200 A 电流,已知铜内自由电子的数密度为 $n=8.5\times10^{22}$ cm$^{-3}$,每个电子的电荷为 $1.6\times10^{-19}$ C,求其中电子的漂移速率.

**3.1-19**　已知铜的原子量为 63.75,密度为 8.9 g/cm$^3$,在铜导线里,每一个铜原子都有一个自由电子,电子电荷的大小为 $1.6\times10^{-19}$ C,阿伏伽德罗量 $N_A=6.022\times10^{23}$ mol$^{-1}$.

(1) 技术上为了安全,铜线内电流密度不能超过 $j_M=6$ A/mm$^2$,求电流密度为 $j_M$ 时,铜内电子的漂移速率 $u$;

(2) 按下列公式求 $T=300$ K 时铜内电子热运动的平均速率 $\bar{v}$:

$$\bar{v}=\sqrt{\frac{8kT}{\pi m}},$$

式中 $m=9.11\times10^{-31}$ kg 是电子质量,$k=1.38\times10^{-23}$ J/K 是玻耳兹曼常量,$T$ 是绝对温度.$\bar{v}$ 是 $u$ 的多少倍?

**3.1-20**　一铜棒的横截面积为 20×80 mm$^2$,长为 2.0 m,两端电势差为 50 mV.已知铜的电导率 $\sigma=5.7\times10^7$ S/m,铜内自由电子的电荷体密度为 $1.36\times10^{10}$ C/m$^3$.求:

(1) 它的电阻 $R$;

(2) 电流 $I$;

(3) 电流密度的大小;

(4) 棒内电场强度的大小 $E$;

(5) 所消耗的功率 $P$;

(6) 一小时所消耗的能量 $W$;

(7) 棒内电子的漂移速率 $u$.

# §3.2 电源及其电动势

## 3.2.1　非静电力

3.1.2 节的分析表明,恒定电流线必然是闭合的. 然而进一步分析可知,仅有静电场不可能实现恒定电流. 我们知道,静电场的一个重要性质是

$$\oint \boldsymbol{E} \cdot \mathrm{d}\boldsymbol{l}=0,$$

即电场力沿闭合回路移动电荷所做的功为 0,或者说,若电场力将电荷从一点移到另一点做正功,电势能减少,则从后一位置回到原来位置电场力做负功,电势能增加. 由于导体存在电阻,电场力移动电荷所做的功转化为电阻上消耗的焦耳热,这就不可能使电荷再返回电势能较高的原来位置,即电流线不可能是闭合的. 结果引起电荷堆积,破坏恒定条件. 因此,只有静电场还不能维持恒定电流. 要维持恒定电流,必须有非静电力. 非静电力做功,将其他形式的能量补充给电路,使电荷能够逆着电场力的方向运动,返回电势能较高的原来位置,从而维持电流线的闭合性.

提供非静电力的装置称为电源. 我们用 $\boldsymbol{K}$ 表示作用在单位正电荷上的非静电力. 在电源的外部只有静电场 $\boldsymbol{E}$;在电源的内部,除了有静电场 $\boldsymbol{E}$ 之外,还有非静电力 $\boldsymbol{K}$,$\boldsymbol{K}$ 的方向与 $\boldsymbol{E}$ 的方向相反. 因此,普遍的欧姆定律的微分形式应是

$$\boldsymbol{j}=\sigma(\boldsymbol{K}+\boldsymbol{E}), \tag{3.26}$$

式(3.26)表明,电流是静电力和非静电力共同作用的结果.

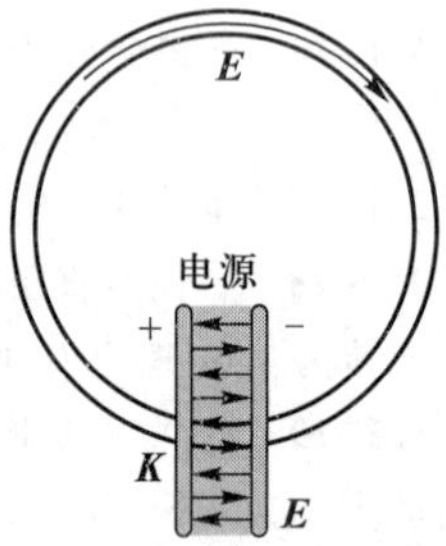

图 3-12　电源的原理图

图 3-12 是电源的一般原理图. 电源都有两个电极,电势高的叫作正极,电势低的叫作负极. 非静电力由负极指向正极. 当电源的两电极被导体从外面连通后,在静电力的推动下形成由正极到负极的电流. 在电源内部,非静电力的作用使电流从内部由负极回到正极,使电荷的流动形成闭合的循环.

电源的类型很多,不同类型的电源中,形成非静电力的过程不同. 在化学电池如干电池、蓄电池中,非静电力是与离子的溶解和沉积过程相联系的化学作用;在温差电源中,非静电力是与温度差和电子的浓度差相联系的扩散作用;在普通的发电机中,非静电力是电磁感应作用. 这些将在以后有关章节中详细讨论.

## 3.2.2　电动势

一个电源的电动势 $\mathscr{E}$ 定义为把单位正电荷从负极通过电源内部移到正极时,非静电力所做的功. 用公式来表示,则有

$$\mathscr{E}=\int_{-\atop(\text{电源内})}^{+} \boldsymbol{K} \cdot \mathrm{d}\boldsymbol{l}. \tag{3.27}$$

一个电源的电动势具有一定的数值,它与外电路的性质以及是否接通都没有关系,它反映电源中

非静电力做功的本领，是表征电源本身的特征量. 电动势是标量. 电动势的单位和电势的单位相同，也是伏特(V).

以后我们会遇到在整个闭合回路上都有非静电力的情形(例如§3.4中讲的温差电动势和5.2.3节中讲的感生电动势). 这时无法区分“电源内部”和“电源外部”，我们就说整个闭合回路的电动势为

$$\mathscr{E}=\oint_{(导体回路)}\boldsymbol{K}\cdot \mathrm{d}\boldsymbol{l}. \tag{3.28}$$

式(3.28)比式(3.27)更普遍，式(3.27)是式(3.28)的一个特殊情形. 因为在电源外部 $\boldsymbol{K}=0$，式(3.28)就化为式(3.27)了.

### 3.2.3　电源的路端电压

把电源接到电路里，在一般情况下就会有电流 $I$ 通过①. 通过电源的电流方向有两种可能性：从负极到正极，或从正极到负极. 例如当我们把一个负载电阻 $R$ 接到电源的两极上构成闭合回路时如图3-13(a)，通过电源内部的电流是从负极到正极的；当我们把另一个电动势 $\mathscr{E}'$ 较大的电源接到电动势 $\mathscr{E}$ 较小的电源上，正极接正极，负极接负极，如图3-13(b)，通过后一电源内部的电流是从它的正极到负极的. 前一情形叫作电源放电，后一情形叫作电源充电. 以上只是两个最简单的例子. 在复杂电路中某个电源究竟是在充电还是放电，往往难以一望而知. 这类问题如何解决，将在§3.4中加以讨论，此处仅仅指出，两种情形都是可能的.

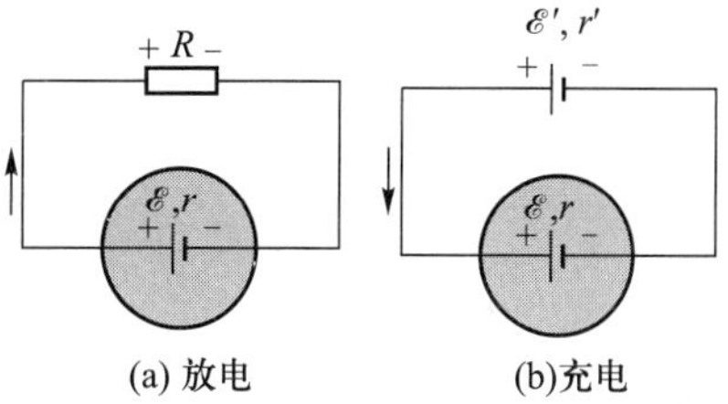


图3-13　通过电源内部电流的方向

现在我们来计算一个电源两端的电压(端电压). 按照定义，端电压是静电场力把单位正电荷从正极移到负极所做的功，即

$$U=U_+-U_-=\int_+^-\boldsymbol{E}\cdot \mathrm{d}\boldsymbol{l},$$

这里路径是任意的. 我们选择积分路径通过电源内部. 根据式(3.26)，

$$\boldsymbol{E}=-\boldsymbol{K}+\frac{\boldsymbol{j}}{\sigma},$$

代入前式，得

$$\begin{aligned}U=U_+-U_-&=-\int_{+(电源内)}^{-}\boldsymbol{K}\cdot \mathrm{d}\boldsymbol{l}+\int_{+(电源内)}^{-}\frac{1}{\sigma}\boldsymbol{j}\cdot \mathrm{d}\boldsymbol{l}\\&=\int_{-(电源内)}^{+}\boldsymbol{K}\cdot \mathrm{d}\boldsymbol{l}-\int_{-(电源内)}^{+}\rho j\,\mathrm{d}l\cos\theta\\&=\mathscr{E}-I\int_{-(电源内)}^{+}(\pm 1)\frac{\rho\,\mathrm{d}l}{S}\\&=\mathscr{E}\mp Ir,\end{aligned}$$

① 有个别的例外. 如平衡的补偿电路，参看3.2.3节.

现对于上面的推导作些解释：$\mathscr{E}=\int_{-\atop(\text{电源内})}^{+}\boldsymbol{K}\cdot\mathrm{d}\boldsymbol{l}$ 是电源的电动势．$\rho=\dfrac{1}{\sigma}$是电阻率．$j=\dfrac{I}{S}$，$I$ 是电流，对于恒定情形来讲，它沿积分路径是常量，故可从积分号中提出来；$S$ 是导体的截面积．$r=\int_{-\atop(\text{电源内})}^{+}\dfrac{\rho\mathrm{d}l}{S}$ 是电源的内阻．$\theta$ 是 $\boldsymbol{j}$ 与 $\mathrm{d}\boldsymbol{l}$ 间的夹角，对于电源放电的情形，电源内 $\boldsymbol{j}$ 的方向是从负到正，与积分路径相同，故 $\theta=0$，$\cos\theta=1$；对于电源充电的情形，$\theta=\pi$，$\cos\theta=-1$．故上面的公式中 $\pm Ir$ 一项，负号针对放电情形，正号针对充电情形．总结起来，电源的端电压公式为

$$\begin{cases}\text{放电}\quad U=U_{+}-U_{-}=\mathscr{E}-Ir, & (3.29)\\ \text{充电}\quad U=U_{+}-U_{-}=\mathscr{E}+Ir, & (3.30)\end{cases}$$

$Ir$ 称为电源内阻上的电势降落．式（3.29）表明，放电时端电压小于电动势；式（3.30）表明，充电时端电压大于电动势；电动势与端电压之差等于内阻电势降落．当 $I=0$ 时（外电路断开或电势得到补偿，参看 3.3.3 节），内阻电势降落为 0，则 $U=\mathscr{E}$．

如果电源的内阻 $r=0$，则无论电流有无或电流沿什么方向，端电压 $U$ 总等于 $\mathscr{E}$，即电压是恒定的．这样的电源叫作理想电压源．从式（3.29）和式（3.30）可以看出，一个有内阻的实际电源等效于一个电动势为 $\mathscr{E}$ 的理想电压源和一个阻值等于其内阻 $r$ 的电阻串联，图 3-14 称为它的等效电路．不难看出，无论放电还是充电，这串联电路的端电压 $U_{AB}=U(A)-U(B)$ 都与式（3.29）和式（3.30）中的 $U=U_{+}-U_{-}$ 符合．

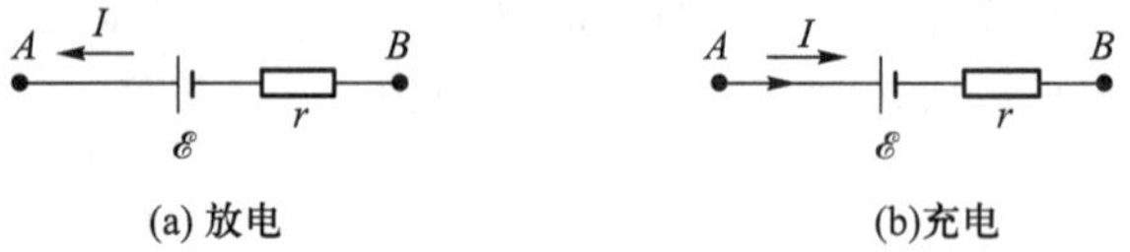


图 3-14　实际电源的等效电路

在单位时间里移过的电荷为$\dfrac{\Delta q}{\Delta t}=I$，将式（3.29）和式（3.30）乘以 $I$，则得功率的转化公式：

$$\begin{cases}\text{放电}\quad UI=\mathscr{E}I-I^2r\ \text{或}\ \mathscr{E}I=UI+I^2r, & (3.31)\\ \text{充电}\quad UI=\mathscr{E}I+I^2r, & (3.32)\end{cases}$$

两式中各项的物理意义如下：$I^2r$ 是内阻上消耗的热功率．在放电情形里 $\mathscr{E}I$ 是电源中非静电力提供的功率，它是靠消耗电源中非静电能得到的；$UI$ 是电源向外电路输出的功率．在充电情形里 $UI$ 是外电路输给电源的功率，$\mathscr{E}I$ 是抵抗电源中非静力的功率，它转化为非静电能而储存于电源中．所以放电时能量的转化过程是电源中的非静电能一部分输出到外电路中，一部分消耗在内阻上转化为焦耳热；充电时能量的转化过程是外电路输入电源的能量一部分转化为非静电能由电源储存起来，一部分消耗在内阻上转化为焦耳热．

**［例题］** 用 20 A 的电流给一铅蓄电池充电时，测得它的端电压为 2.30 V；用 12 A 放电时，其路端电压为 1.98 V，求蓄电池的电动势和内阻．

**［解］** 充电时的路端电压为

$$U_1=\mathscr{E}+I_1r,$$

放电时的路端电压为

$$U_2=\mathscr{E}-I_2r,$$

将以上两式联立，解得

$$r=\frac{U_1-U_2}{I_1+I_2}=\frac{(2.30-1.98)\ \mathrm{V}}{(20+12)\ \mathrm{A}}=0.01\ \Omega,$$

$$\mathscr{E}=U_1-I_1r=2.30\ \mathrm{V}-20\ \mathrm{A}\times0.01\ \Omega=2.10\ \mathrm{V}.$$

### 3.2.4 闭合回路的电流和输出功率

现在考虑图 3-13(a)中的闭合回路，这是最简单的闭合回路，其中只有单一电源和一个负载电阻 $R$，它属于电源放电情形. 在这简单回路里电源的路端电压 $U$ 同时也是外电阻 $R$ 两端的电压，故根据欧姆定律，

$$U=IR,$$

代入式(3.29)后，可将 $I$ 解出来：

$$I=\frac{\mathscr{E}}{R+r}. \tag{3.33}$$

利用这公式可将回路中的电流 $I$ 求出来. 有人把这个公式叫作闭合回路(或全电路)的欧姆定律.

式(3.33)表明，外电阻越小，则 $I$ 越大. 再结合式(3.29) $U=\mathscr{E}-Ir$ 考虑，则 $I$ 越大，内阻电势降落越大，路端电压就越小. 当外电阻短路时 $R\to0$，$U\to0$，$I=\frac{\mathscr{E}}{r}$. 一般电源的内阻是很小的，因此短路时电流 $I$ 很大，而且电源提供的全部功率消耗在内阻上，产生大量的热，可能把电源烧毁. 所以实际中应切实注意防止电源短路. 在相反的情形里，当外电路的 $R$ 很大时，$I$ 很小，内阻电势降落也小，$U\approx\mathscr{E}$. 断路时 $R\to\infty$，$I\to0$，则 $U$ 严格地等于 $\mathscr{E}$.

电源向负载提供的输出功率为

$$P_{出}=UI=I^2R=\left(\frac{\mathscr{E}}{R+r}\right)^2R, \tag{3.34}$$

$R$ 很大或 $R$ 很小时，$P_{出}$ 都不大，只有 $R$ 的阻值选择得当，才能使输出功率达到最大值. 取式(3.34)对 $R$ 的微商，并令它等于 0：

$$\frac{\mathrm{d}P_{出}}{\mathrm{d}R}=\mathscr{E}^2\frac{r-R}{(R+r)^3}=0,$$

由此得 $P_{出}$ 达到极大值的条件为

$$R=r. \tag{3.35}$$

式(3.35)叫作负载电阻与电源的**匹配条件**. 应当强调指出，“匹配”的概念只是在电子电路(如多级晶体管放大电路)中才使用，因为在那里电源的内阻一般是较高的，且输出信号的功率本来就很弱，所以才需要使负载与电源匹配，以提高输出功率，通常在低内阻大功率的电路中不但不需考虑匹配，而且这样做会导致电流过大，容易引起事故，是很危险的.

### *3.2.5 丹聂耳电池

作为电源的一个典型例子，这里介绍一种原理上最简单的化学电源——丹聂耳电池.

丹聂耳电池结构如图 3-15(a)所示，铜极和锌极分别浸在硫酸铜溶液和硫酸锌溶液中. 两种溶液盛在同一个容器里，中间用多孔的素瓷板隔开. 这样，两种溶液不容易掺混，而带电的离子 $Cu^{2+}$、$Zn^{2+}$ 和 $SO_4^{2-}$ 却能自由通过.

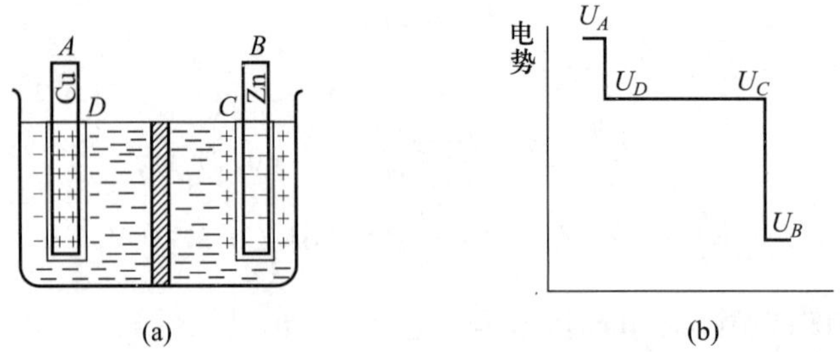


图 3-15 丹聂耳电池

Zn 极浸在 $ZnSO_4$ 溶液中时,发生了比较复杂的物理化学过程,Zn 极上的正离子 $Zn^{2+}$ 溶解到溶液里,把负电子留在 Zn 极上,使 Zn 极带负电,成为电源的负极.结果在溶液和 Zn 极之间形成电偶极层.电偶极层内形成电场,电场的方向由溶液指向 Zn 极.它阻止 $Zn^{2+}$ 移入 $ZnSO_4$ 溶液,即阻止溶解过程的继续进行.开始时,随着溶解的进行,电偶极层上的正、负电荷逐渐增多,电场逐渐加强,对溶解的阻止作用也就逐渐加强.当电场加强到一定程度,两者达到动态平衡.这时,电偶极层内的电场不再变化,溶液和 Zn 极之间有恒定电势差,溶液的电势高,Zn 极的电势低.此电势的变化发生在很短的距离上,叫作**电势跃变**,记为 $U_{CB}$.

在 Cu 极附近,相反的物理化学过程是溶液中的正离子 $Cu^{2+}$ 沉积到 Cu 极上,使 Cu 极带正电,成为电源的正极.$CuSO_4$ 溶液中的一部分带负电的硫酸根离子 $SO_4^{2-}$ 聚集到 Cu 极的周围,与 Cu 极上的正电荷形成电偶极层,建立起静电场.这个电场的方向由 Cu 极指向溶液,阻止 $Cu^{2+}$ 沉积到 Cu 极上.当电偶极层上正、负电荷积累得足够多,就达到动态平衡.这时 Cu 极和 $CuSO_4$ 溶液之间也有一个恒定的电势差,Cu 极的电势高,溶液的电势低,也是一个电势跃变,记作 $U_{AD}$.

丹聂耳电池中 Zn 极处的溶解和 Cu 极处的沉积这两种物理化学作用就是非静电力的来源.将单位正电荷从负极移到正极时,非静电力需抵抗静电场力做功,这就是电动势,它等于两电偶极层处电势跃变的和,即

$$\mathscr{E}=U_{AD}+U_{CB}.$$

当外电路未接通时,没有电流通过电池,溶液内各处的电势都相等,只有在溶液和两个电极相接触的地方才存在电势跃变,因此,电池内部各处电势的变化情况如图 3-15(b)所示.电池的端电压为

$$U_{AB}=U_{AD}+U_{CB}=\mathscr{E}.$$

当把电池的两极用导体连接起来时,如图 3-16(a)所示,Zn 极上的负电子在电场力的作用下通过导体流到 Cu 极上去与正电荷中和.这时,由于 Zn 极上的负电子减少,Zn 极周围的正离子 $Zn^{2+}$ 必有一部分会脱离电偶极层.结果,Zn 极附近电偶极层内的电场减弱,原来的动态平衡被破坏,这时非静电力的作用超过电场力的作用,使 $Zn^{2+}$ 继续溶解,因而,Zn 极上的负电子和周围溶液中的 $Zn^{2+}$ 及时得到补充,达到新的动态平衡,使 Zn 极附近的电势跃变仍然保持原来的数值.同样,Cu 极所带的正电荷因与 Zn 极流来的负电子中和而不时地减少,原来的平衡状态遭到破坏.但非静电力不断使 $CuSO_4$ 溶液中的 $Cu^{2+}$ 沉积到 Cu 极上去,使电偶极层上的正、负电荷随时得到补充,达到新的平衡状态,因而 Cu 极附近的电势跃变也保持原来的数值.在溶液中由于 $Zn^{2+}$ 和 $Cu^{2+}$ 不断地溶解和沉积,使得溶液中的正离子在 Zn 极附近较多,在 Cu 极附近较少,它们在溶液内产生电场,从而在 $C$、$D$ 间形成一定的电势差.与这个电势差相应的电场推动正、负电荷流动形成电流.若电流为 $I$,电流在溶液中的内阻为 $r$,则在 $r$ 两端,也就是溶液两边 $C$、$D$ 之间的电势差为 $U_{CD}=Ir$.电池内部各处电势的分布情况如图 3-16(b)所示.这时的端电压为

$$U_{AB}=U_{AD}+U_{CB}-U_{CD}=\mathscr{E}-Ir.$$

当另一电动势 $\mathscr{E}'$ 更大的电源给化学电源充电时[图 3-17(a)],与放电时不同,发生了相反的过程.在外电源的作用下,电流从 Zn 极流出,从 Cu 极流入,Cu 极上的负电子减少,Zn 极上的负电子增多,这就破坏了电极附近电偶极层内的平衡状态.化学力将不断地使 $Cu^{2+}$ 从 Cu 极上溶解和 $Zn^{2+}$ 沉积到 Zn 极上,使电偶极层上的正负电

荷随时得到补充，因而两极附近的电势跃变保持原来的数值. 此外 $Cu^{2+}$ 的溶解和 $Zn^{2+}$ 的沉积，使得溶液中的正离子在 Cu 极附近增多，在 Zn 极附近减少，从而使得 $D$ 点的电势高于 $C$ 点的电势，$U_{DC}=Ir$. 这时电池内部各处的电势分布如图 3-17(b)所示. 端电压为

$$U_{AB}=U_{AD}+U_{CB}+U_{DC}=\mathscr{E}+Ir.$$

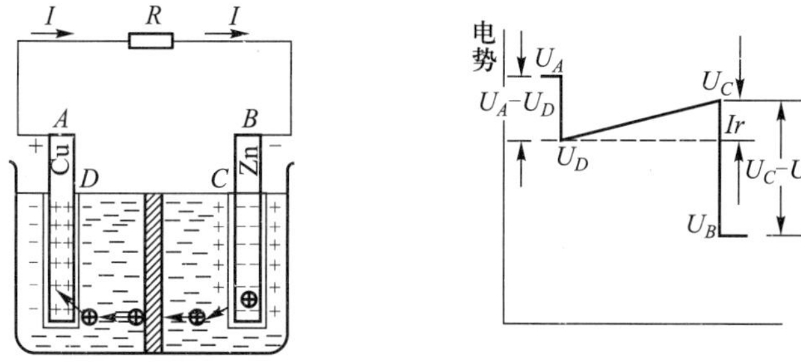


(a)　　(b)

图 3-16　丹聂耳电池(放电情形)

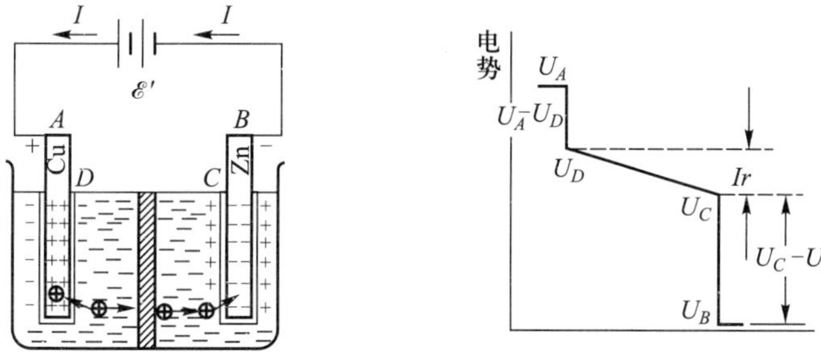


(a)　　(b)

图 3-17　丹聂耳电池(充电情形)

### 3.2.6　恒定电路中电荷和静电场的作用

上面我们详细地分析了非静力、电动势在恒定电路中的作用，下面我们进一步讨论静电场在恒定电路中的作用. 为此，先说明在恒定情况下决定电场的电荷是如何分布的.

在没有非静电力的地方，根据恒定条件式(3.6)和式(3.15)可得

$$\oiint_S \boldsymbol{j}\cdot \mathrm{d}\boldsymbol{S}=\oiint_S \sigma\boldsymbol{E}\cdot \mathrm{d}\boldsymbol{S}=0.$$

如果导体的导电性能是均匀的，即 $\sigma$ 是常量，可以从积分号内提出来，并且由于$\sigma\neq 0$，得

$$\oiint_S \boldsymbol{E}\cdot \mathrm{d}\boldsymbol{S}=0. \tag{3.36}$$

由于闭合面 $S$ 可以任意取，对于任一 $S$ 面上式都成立，由高斯定理可知，这时任一闭合面 $S$ 内 $q=0$. 显然，这一结果不适用于非均匀导体内部，或不同电导率的导体分界面上，因为这时 $\sigma$ 不是常量，不能从积分号内把它提出来. 所以，在恒定电流的条件下，均匀导体内部没有净电荷，电荷只能分布在导体的非均匀处，或分界面上. 恒定情况下的电场正是来自这些电荷.

此外，在恒定情况下，电场线和电流线必须与导体表面平行，否则在电流线指向导体表面的地方将有电荷的继续积累，从而破坏恒定条件.

在恒定情况下，电场起着重要作用. 一方面，它和非静电力合在一起保证了电流的闭合性. 由于电场既存在于电源内部，也存在于外电路，在电源内部，电场的方向和非静电力的方向相反，非静电力将正电荷由电源的负极移到正极，其电势能升高；在外电路中，正电荷在电场力作用下，由正极回到负极，其电势能降低，从而电流形成闭合循环. 从能量转化的角度来看，在电源内部，非静电的能量转化为静电势能；在外电路中，电势能转化为电阻所消耗的热能. 由此可以看出，在把电源内部的非静电能转运到负载的过程中，静电场起着重要的作用.

另一方面，在外电路中，电场决定了电流的分布. 欧姆定律的微分形式已经清楚地说明了这一点，下面我们通过分析电流达到恒定的过程来更具体地认识它. 当电源两端断开时，由于电源内部的非静电作用，两极上积累的电荷在空间建立起电场，如图 3-18(a) 所示. 我们用细实线表示等势面与纸面的交线，用虚线表示电场线. 由图中可以看出，两电极附近的等势面比较密集，相应的这里的电场线也比较稠密，电场较强. 现以一均匀导线连通两电极，如图 3-18(b). 在开始接通的瞬间，设想电荷还未移动，电场仍然维持原来的分布，导体中的自由电子在此电场作用下，造成导线两端的电流比中间大. 具体地说，如果我们用位于中间的等势面把导线分成两段，那么从 $A$ 到 $B$ 沿导线从一个截面到另一个截面看下去，前半段内电场强度逐渐减小，电流也随之逐渐减小，于是就有过剩的正电荷出现；而在后半段，越靠近 $B$，电场越强，电流越大，于是将有负电荷出现. 它们所激发的电场，使导线两端较强的电场减弱，中间较弱的电场增强. 于是，电流沿导线的分布发生相应的变化，使电流趋于均匀. 这种过程将一直进行到沿均匀导线电场强度和电流的大小处处相同、电荷不再继续积累为止，这时电路达到了恒定状态. 须知，在恒定状态下，电荷只分布在导体表面上，并且在导线内的电场线与导线平行，从而电压均匀地分配到整个均匀导线上. 实际上，从接通电池两极到电路达到恒定状态所需的时间是极短的. 此外，实际发生的过程远比上面描述的要复杂得多，当我们将导线移近而还未接通之前，电荷与电场的重新分布的过程就已经开始. 但是无论如何，导体中的电流是由电场决定的，而此电场又是由分布于导体表面以及导体内部不均匀处的电荷所产生的.

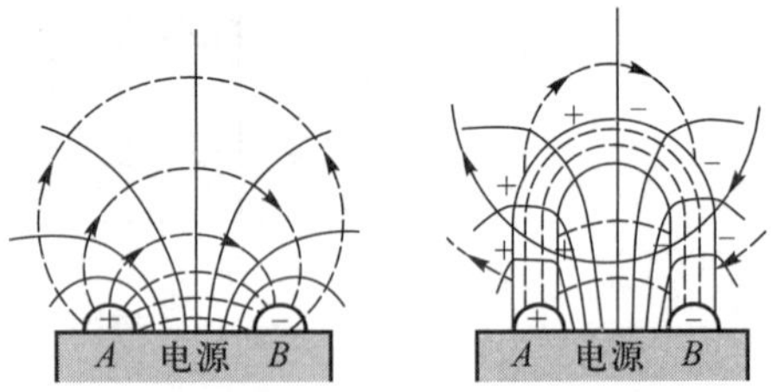


(a) 外电路断开　　(b) 外电路接通

图 3-18　电荷分布和静电场在恒定电路中的作用

## 思　考　题

**3.2-1**　有两个相同的电源和两个相同的电阻如图(a)所示电路连接起来，电路中是否有电流？$A$、$B$ 两点是否有电压？若将它们按图(b)所示电路连接起来，电路中是否有电流？$A$、$B$ 两点是否有电压？解释所有的结论.

**3.2-2**　一个电池内的电流是否会超过其短路电流？电池的端电压是否可以超过电动势？

**3.2-3**　试想出一个方法来测量电池的电动势和内阻.

**3.2-4**　当一盏 110 V，25 W 的电灯泡连接在一个电源上时，发出正常明亮的光. 而一盏 110 V，500 W 的电灯泡接在同一电源上时，只发出暗淡的光. 这可能吗？说明原因.

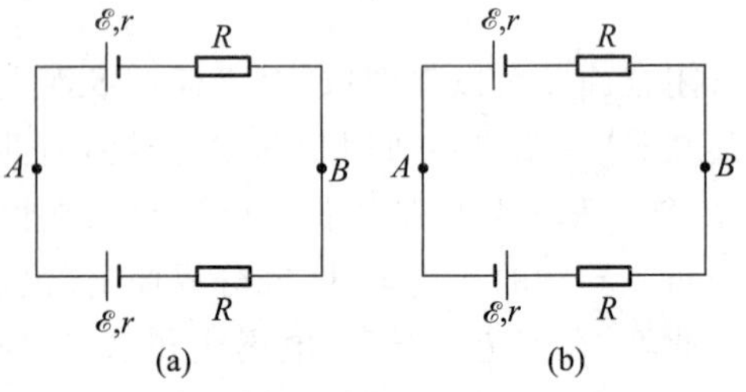


(a)　　(b)

思考题 3.2-1 图

## 习　　题

**3.2-1**　电动势为 12 V 的汽车电池的内阻为 0.05 Ω，问：

（1）它的短路电流多大？

（2）若启动电流为 100 A，则启动马达的内阻多大？

**3.2-2**　如题图所示，在电动势为 $\mathscr{E}$、内阻为 $r$ 的电池上连接一个 $R_1=10.0\ \Omega$ 的电阻时，测出 $R_1$ 的端电压为 8.0 V，若将 $R_1$ 换成 $R_2=5.0\ \Omega$ 的电阻时，其端电压为 6.0 V. 求此电池的 $\mathscr{E}$ 和 $r$.

**3.2-3**　在题图中，$\mathscr{E}=6.0$ V，$r=2.0\ \Omega$，$R=10.0\ \Omega$，当开关 S 闭合时 $U_{AB}$、$U_{AC}$ 和 $U_{BC}$ 分别是多少？当 S 断开时，又各为多少？

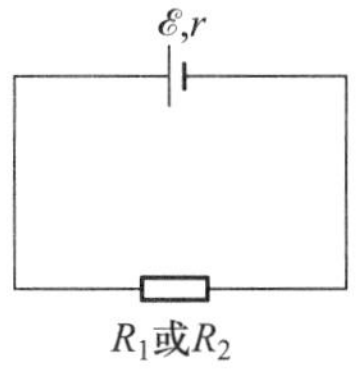


习题 3.2-2 图

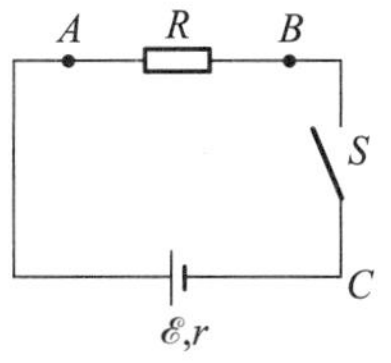


习题 3.2-3 图

**3.2-4**　在上题中，S 闭合时，电源的输出功率为多少？

**3.2-5**　在 3.2.3 节的图 3-13(b) 中，若两电源都是化学电池，电动势 $\mathscr{E}'=6$ V，$\mathscr{E}=4$ V，内阻 $r'=0.1\ \Omega$，$r=0.1\ \Omega$. 求：

(1) 充电电流，

(2) 每秒内电源 $\mathscr{E}'$ 消耗的化学能，

(3) 每秒内电源 $\mathscr{E}$ 获得的化学能.

**3.2-6**　求习题 3.1-6 中 $A$、$B$、$C$ 三界面上的电荷面密度.

# § 3.3 简单电路

本节将介绍一些较简单的直流电路，它们包括串联电路、并联电路，以及平衡的桥路和补偿电路. 解这类电路无须复杂的数学运算，实际常见的直流电路相当大一部分可以归结为这类简单电路或它们的组合.

## 3.3.1　串联和并联电路

（1）串联电路

把多个电阻一个接着一个地连接起来，使电流只有一条通路，这样的连接方式叫作串联（图 3-19）. 根据电流的恒定条件，串联电路的基本特点是通过各电阻元件的电流 $I$ 相同，此外，串联电路两端的总电压等于各个电阻两端电压之和：

$$U=U_1+U_2+\cdots+U_n;\tag{3.37}$$

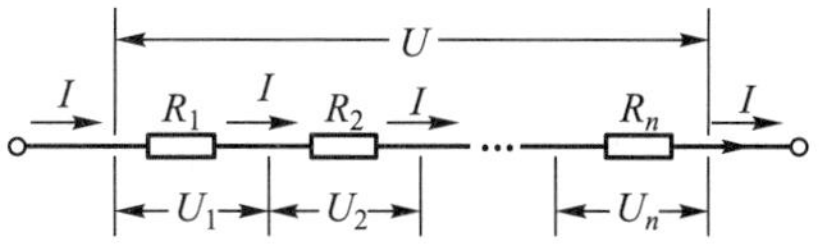


图 3-19　电阻的串联

若各电阻元件服从欧姆定律，则有

$$U_1=IR_1, U_2=IR_2, \cdots, U_n=IR_n, \tag{3.38}$$

此式表明：在串联电路中，电压的分配与电阻成正比.

将式(3.38)代入式(3.37)，得

$$U=I(R_1+R_2+\cdots+R_n),$$

所以串联电路的等效电阻 $R$ 为

$$R=\frac{U}{I}=R_1+R_2+\cdots+R_n, \tag{3.39}$$

即串联时等效电阻等于各电阻之和.

用 $I$ 去乘式(3.38)中各式，得各电阻元件上消耗的功率：

$$P_1=U_1I=I^2R_1, P_2=U_2I=I^2R_2\cdots, P_n=U_nI=I^2R_n. \tag{3.40}$$

此式表明：在串联电路中功率的分配与电阻成正比.

(2) 并联电路

把多个电阻并排地连接起来，使电路有两个公共连接点和多条通路，这样的连接方式叫作并联(图 3-20). 并联电路的基本特点是各电阻两端有相同的电压，此外，通过并联电路的总电流等于通过各支路电流之和：

$$I=I_1+I_2+\cdots+I_n; \tag{3.41}$$

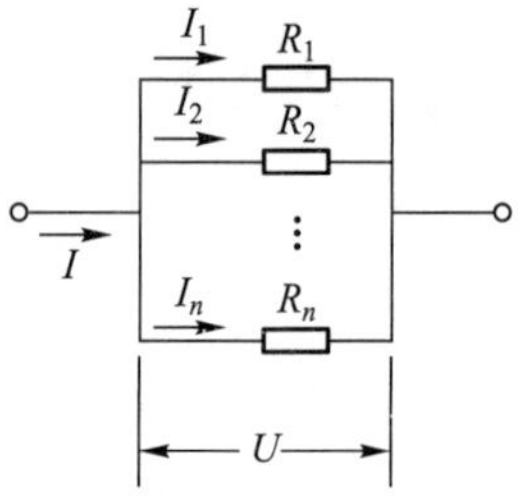

图 3-20　电阻的并联

若各电阻元件服从欧姆定律，则有

$$I_1=\frac{U}{R_1}, I_2=\frac{U}{R_2}, \cdots, I_n=\frac{U}{R_n}, \tag{3.42}$$

此式表明：在并联电路中电流的分配与电阻成反比.

将式(3.42)代入式(3.14)，得

$$I=U\left(\frac{1}{R_1}+\frac{1}{R_2}+\cdots+\frac{1}{R_n}\right),$$

所以并联电路的等效电阻 $R$ 的倒数为

$$\frac{1}{R}=\frac{I}{U}=\frac{1}{R_1}+\frac{1}{R_2}+\cdots+\frac{1}{R_n}, \tag{3.43}$$

即并联时等效电阻的倒数等于各个电阻的倒数之和.

用 $U$ 去乘(3.42)中各式，得各电阻元件上消耗的功率：

$$P_1=UI_1=\frac{U^2}{R_1}, P_2=UI_2=\frac{U^2}{R_2}, \cdots, P_n=\frac{U^2}{R_n}. \tag{3.44}$$

此式表明：在并联电路中功率的分配与电阻成反比.

(3) 应用举例

在实际电路中，串联或并联在一起的几个电阻的阻值有时相差几个数量级. 在这种情况下，串联时外加电压几乎全部降落在高电阻上，等效电阻和电流也主要由高电阻决定，低电阻的作用实际上可以忽略；并联时，电流几乎全部由低电阻通过，等效电阻和电流也主要由低电阻决定，高电阻的作用实际上可以忽略. 这一点在分析实际电路问题时很有用. 现举一例.

[**例题 1**]　图 3-21(a)所示是研究灵敏电流计性能的实验中所用的电路. 各电阻的阻值如图所示，试估算电池的外电阻(即所有电阻的等效电阻)有多大.

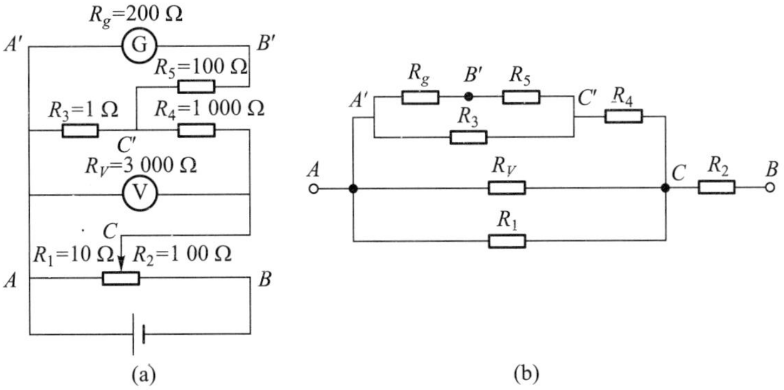


图 3-21 例题 1—研究灵敏电流计性能的实验电路

［解］ 从电池两端看出去，这个电路可改画成图 3-21(b)所示的形式，这样就把各电阻的串、并联关系表现得更清楚了. 在 $A'$、$C'$之间 $R_3$ 比和它并联的 $R_5+R_g$ 小得多，可近似认为 $A'$、$C'$间的电阻为 $R_3=1\ \Omega$. 这个电阻又和阻值大得多的 $R_4$ 串联，因此又可以近似认为 $A$、$C$ 间这一分支的电阻为 $R_4=1\ 000\ \Omega$. 在 $A$、$C$ 间并联的各分支中，$R_1$ 比其余两个分支的阻值小得多，可近似认为 $A$、$C$ 间的等效电阻为 $R_1=10\ \Omega$. 它又与 $R_2$ 串联，因此 $A$、$B$ 间的电阻，即电池的外电阻约为$R_1+R_2=110\ \Omega$.

在电学实验和电磁测量电路中常常使用变阻器. 变阻器有两个固定接头 $A$、$B$ 和一个滑动接头 $C$(见图 3-22). 标示变阻器规格的参量有(1)$AB$ 间的总阻值，(2)额定电流(即在安全限度内的最大电流). 变阻器的用途之一是**制流**. 制流电路的连接方法如图 3-22 所示. $A$ 端和 $C$ 端连接在电路中，$B$ 端空着不用. 由于 $A$、$C$ 间的电阻可以改变，因而整个电路中的电流就受它控制. 当接触器滑到 $B$ 端时，变阻器的全部电阻串入电路，$R_{AC}$最大，这时电路中的电流最小. 当接触器滑到 $A$ 端时，$R_{AC}=0$，电路中的电流最大. 为了保证安全，在接通电源之前，应使 $R_{AC}$最大，即令接触器移到 $B$ 端.

［例题 2］ 若在图 3-22 中负载电阻 $R=50\ \Omega$，安培计内阻可忽略. 希望通过负载的电流在 50 ~ 500 mA 范围内可调，电源应选用几伏特？变阻器应选用怎样的规格？

［解］ 当变阻器电阻 $R_{AC}=0$ 时电路中应能达到最大电流 500 mA，这时电路中只有电阻 $R=50\ \Omega$，所以电源电动势应为

$$\mathscr{E}=500\ \text{mA}\times 50\ \Omega=25\ \text{V}.$$

当变阻器电阻调到最大(即 $R_{AC}=R_{AB}$)时，电路中电流应不大于 50 mA，即要求电路中的总电阻

$$R_{总}=R+R_{AB}\geqslant\frac{25\ \text{V}}{50\ \text{mA}}=500\ \Omega,$$

即

$$R_{AB}\geqslant 450\ \Omega.$$

所以电源电压应选用 25 V，变阻器应选用总电阻等于或稍大于 450 Ω 的，其额定电流应不小于 500 mA.

变阻器的另一用途是**分压**. 分压电路的连接方法如图 3-23 所示. 变阻器的两个固定端 $A$、$B$ 分别与电源的正、负极相连，滑动端 $C$ 和一个固定端 $A$ 或 $B$(图中是 $A$)连接到负载 $R$ 上去. 当电源接通时，电流在变阻器两端产生电压，而 $A$、$C$ 之间的电压只是其中的一部分. $A$、$C$ 之间的电压随接触器的滑动而变化. 当接触器滑到 $A$ 端时，$U_{AC}=0$；当接触器移到 $B$ 端时，$U_{AC}$最大，这时等于电源的端电压. 为了保证安全，在接通电源之前应使电压 $U_{AC}=0$，即把接触器移到 $A$ 端.

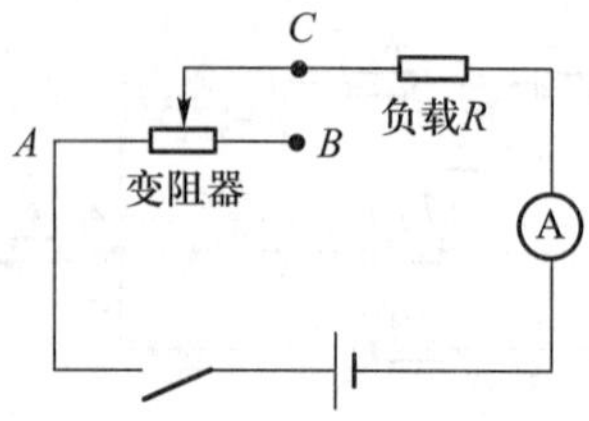


图 3-22　制流电路

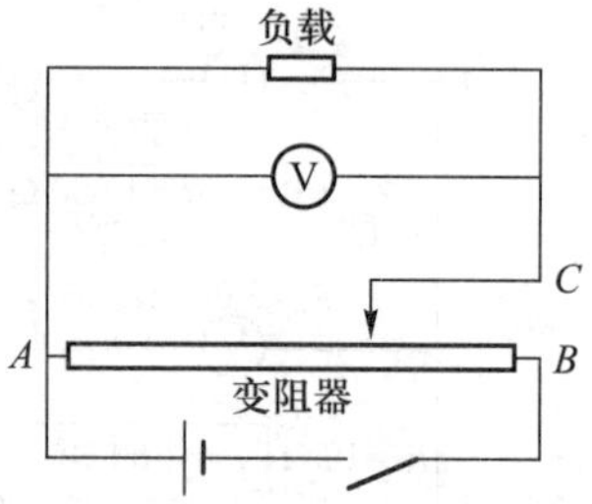


图 3-23　分压电路

**[例题 3]**　在图 3-23 中负载电阻 $R=200\ \Omega$,电源电动势 $\mathscr{E}=8.0\ \text{V}$(内阻可忽略).在这种情况下选用 $R_{AB}=100\ \Omega$、额定电流 100 mA 的变阻器分压,是否安全?

**[解]**　在变阻器的 $CB$ 段内的电流较 $AC$ 段内大,而且随着接触器滑近 $B$ 端,$CB$ 段内电流将越变越大.(为什么?)所以当接触器很接近 $B$ 端而又未完全到达 $B$ 端时,变阻器 $CB$ 段内的电阻丝被烧断的可能性最大.现在我们就来计算一下这时通过它的电流.这时电路中的总电阻差不多是负载 $R$ 和 $R_{AB}$ 的并联,即

$$R_{总}=\frac{RR_{AB}}{R+R_{AB}}=\frac{200}{3}\ \Omega,$$

从而总电流(也就是通过变阻器 $CB$ 段的电流)为

$$I=\frac{\mathscr{E}}{R_{总}}=120\ \text{mA},$$

它超过了变阻器的额定电流.所以上述选择是不够安全的,当接触器太接近 $B$ 端时,$CB$ 段内的电阻丝有可能被烧断.

电流计通常又叫作表头.常用的磁电式电流计主要由永久磁钢和放置在其磁场中可转动的线圈组成,线圈上装有指针.当线圈中有电流通过时,由于电流和磁场的相互作用,线圈发生偏转并由指针的位置显示出来,偏转角度的大小与流过线圈的电流强度成正比.电流计的结构和作用原理可参看 4.4.6 节.标明电流计规格的有内阻与满度电流(即指针达到满刻度时的最大电流)两个参量.一般说来,电流计的满度电流较小.测量电压用的伏特计由电流计串联高电阻组成.测量电流用的安培计由电流计并联低电阻组成.

**[例题 4]**　测量电压的电表叫作伏特计,如上所述,它是由电流计串联电阻组成,串联的电阻叫作扩程电阻.如图 3-24 所示,电流计的满度电流 $I_g=50\ \mu\text{A}$,内阻 $R_g=1.0\ \text{k}\Omega$,如果把它改装成量程 $U=10\ \text{V}$ 的伏特计,应该串联多大的扩程电阻 $R_m$?

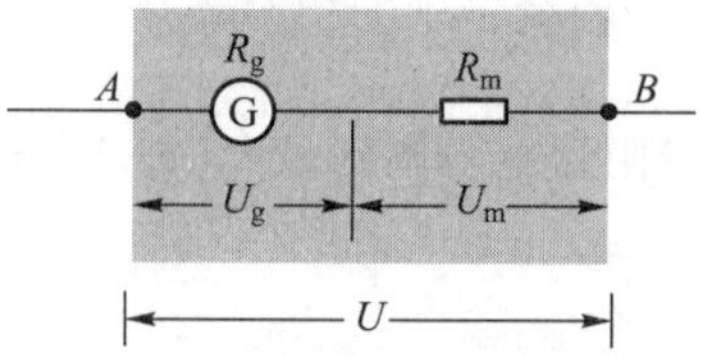


图 3-24　例题 4—伏特计的改装

**[解]**　伏特计的量程是指它的最大可测量电压.因此,电流计的指针偏转到满刻度时,加在伏特计两端的总电压为 $U=10\ \text{V}$,降落在电流计两端的电压为 $U_g=I_gR_g$,所以降落在扩程电阻 $R_m$ 两端的电压为

$$U_m=U-U_g.$$

通过扩程电阻 $R_m$ 的电流为

$$I_m=\frac{U_m}{R_m}=\frac{U-U_g}{R_m}.$$

因为电流计和扩程电阻 $R_m$ 是串联的，所以通过它们的电流相等，即

$$I_m = I_g,$$

$$\frac{U-U_g}{R_m} = I_g.$$

所以

$$R_m = \frac{U-U_g}{I_g} = \frac{U}{I_g} - R_g. \tag{3.45}$$

因此，知道了电流计的满度电流 $I_g$、内阻 $R_g$ 和改装成的伏特计的量程 $U$，就可以由式(3.45)求出扩程电阻 $R_m$ 的数值. 例如，把上面的数据 $I_g = 50\ \mu A$，$R_g = 1.0\ k\Omega$，$U = 10\ V$ 代入式(3.45)，就可以得到

$$R_m = \frac{10\ V}{5.0\times10^{-5}\ A} - 1.0\times10^3\ \Omega = 199\ k\Omega.$$

串联的扩程电阻 $R_m$ 一方面分担了电流计所不能承受的那部分电压，另一方面还使改装成的伏特计具有较高的内阻，从而可以减小对待测电路的影响. 根据电阻串联公式(3.39)，伏特计的内阻为

$$R = R_g + R_m.$$

例如，在上面的例子里改装成的伏特计的内阻 $R$ 就是 200 kΩ.

**[例题 5]**　测量电流的电表叫作安培计，它是由电流计并联分流电阻组成，如图 3-25，一个电流计的满度电流 $I_g = 50\ \mu A$，内阻 $R_g = 1.0\ k\Omega$，现在要把它改装成量程为 10 mA 的安培计，那么应该并联多大的分流电阻 $R_s$？

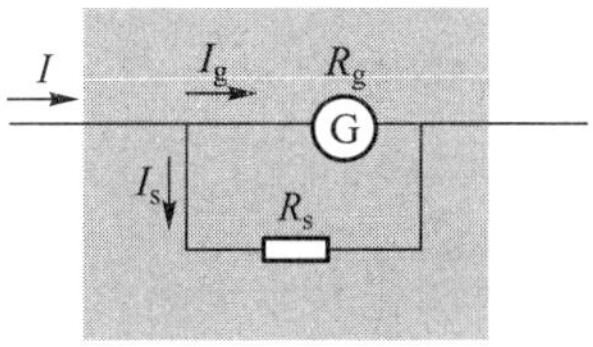

图 3-25　例题 5—安培计的改装

**[解]**　按题意，当电流计指针偏转到标尺上最大刻度时，通过安培计的总电流为 $I = 10\ mA = 1.0\times10^4\ \mu A$，通过电流计的电流 $I_g = 50\ \mu A$，所以通过分流电阻 $R_s$ 的电流为

$$I_s = I - I_g.$$

这时电流计两端的电压为

$$U_g = I_g R_g,$$

$R_s$ 两端的电压为

$$U_s = I_s R_s = (I - I_g) R_s.$$

因为电流计和 $R_s$ 是并联的，所以 $U_g = U_s$，即

$$I_g R_g = (I - I_g) R_s.$$

由此可得

$$R_s = \frac{I_g}{I - I_g} R_g. \tag{3.46}$$

因此，知道了电流计的满度电流 $I_g$、内阻 $R_g$ 和改装成的安培计的量程 $I$，就可以由式(3.46)求出分流电阻 $R_s$ 的数值. 例如，把开始所给的数据 $I_g = 50\ \mu A$，$R_g = 1.0\ k\Omega$，$I = 1.0\times10^4\ \mu A$ 代入式(3.46)，就可以得到

$$R_s = \frac{50\ \mu A}{(1.0\times10^4 - 50)\ \mu A} \times 1.0\times10^3\ \Omega \approx 5.0\ \Omega.$$

这就是说，在满度电流为 50 μA，内阻为 1.0 kΩ 的电流计上并联一个 5.0 Ω 的分流电阻，就可把它改装成量程为 10 mA 的安培计.

并联的分流电阻 $R_s$ 不但分担了电流计所不能承受的那部分电流，扩大了电表的量程，而且还使改装成的安培计具有很小的内阻，从而可以减小对待测电路的影响. 安培计的内阻 $R$ 可以用电阻的并联公式(3.43)来计算，也可以直接由欧姆定律求出：

$$R=\frac{U_g}{I}=\frac{I_gR_g}{I} \tag{3.47}$$

例如，在上面的例子里，已知 $I_g=50\ \mu A=5.0\times10^{-5}\ A$，$R_g=1.0\times10^3\ \Omega$，代入上式即得

$$R=5.0\ \Omega.$$

从式(3.47)可以看出，电流计的满度电流 $I_g$ 越小，改装成的安培计的内阻 $R$ 就越小.

最后，我们分析一个功率分配的例题.

**[例题 6]**　将一个标定 220 V，15 W 和一个标定 220 V，60 W 的白炽灯串联起来，接在 220V 电源上，两个白炽灯消耗的功率之比是多少？

**[解]**　当两个白炽灯并联到 220 V 电源上时，它们消耗的功率即为额定功率：

$$P_1=15\ W,\quad P_2=60\ W,$$

由于并联时功率 $P_1$、$P_2$ 与电阻 $R_1$、$R_2$ 成反比，串联时功率 $P_1'$、$P_2'$ 与电阻 $R_1$、$R_2$ 成正比，故 $P_1'$、$P_2'$ 与 $P_1$、$P_2$ 成反比：

$$\frac{P_1'}{P_2'}=\frac{P_2}{P_1}=\frac{60\ W}{15\ W}=4.$$

即串联时额定功率大的白炽灯消耗的功率反而小了. 从现象上来说，此时，60 W 的白炽灯反倒比 15 W 的白炽灯要暗.

### 3.3.2　平衡电桥

电桥或称桥式电路，其主要用途是较为精确地测量电阻. 最简单、最常用的直流电桥如图 3-26 所示. 把四个电阻 $R_1$、$R_2$、$R_3$ 和 $R_4$ 连成四边形 $ABCD$，每一边叫作电桥的一个臂. 在四边形的一对对角 $A$ 和 $C$ 之间接上直流电源 $\mathscr{E}$，在另一对对角 $B$ 和 $D$ 之间连接检流计 $G$. 所谓"桥"指的就是对角线 $BD$，它的作用是把 $B$ 和 $D$ 两个端点连接起来，直接比较这两点的电势. 当 $B$、$D$ 两点的电势相等时，叫作电桥平衡；反之，如果 $B$、$D$ 两点的电势不相等，则叫作电桥不平衡. 检流计就是为了检查电桥是否平衡用的. 当电桥平衡时，加在检流计两端的电压 $U_{BD}=0$，所以没有电流通过检流计.

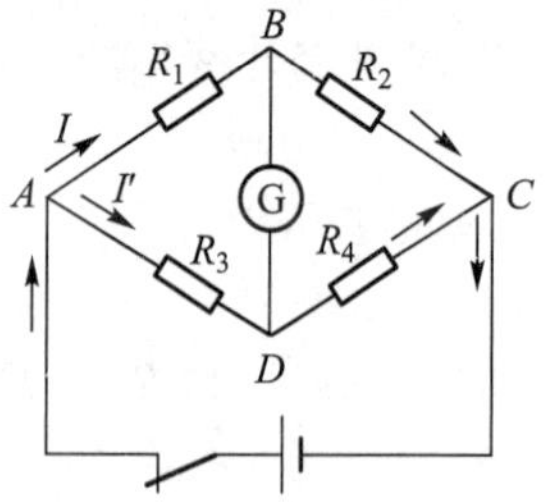

图 3-26　直流电桥

下面，我们来分析四个桥臂的电阻值 $R_1$、$R_2$、$R_3$ 和 $R_4$ 应满足什么条件，才能使电桥平衡. 当电桥平衡时，$B$、$D$ 两点的电势相等，所以 $A$、$B$ 间的电压等于 $A$、$D$ 间的电压，$B$、$C$ 间的电压等于 $D$、$C$ 间的电压，即

$$U_{AB}=U_{AD},$$
$$U_{BC}=U_{DC}.$$

这时，通过检流计的电流 $I_g=0$，所以通过 $AB$ 和 $BC$ 两臂的电流相等，设为 $I$；通过 $AD$ 和 $DC$ 两臂

的电流也相等，设为 $I'$. 根据欧姆定律，$U_{AB}=IR_1$，$U_{AD}=I'R_3$，$U_{BC}=IR_2$，$U_{DC}=I'R_4$. 代入上列二式，可得

$$IR_1=I'R_3, IR_2=I'R_4.$$

把以上两式相除，最后得到

$$\frac{R_1}{R_2}=\frac{R_3}{R_4}, \tag{3.48}$$

上式就是电桥的平衡条件. 这里只证明了此式是电桥平衡的必要条件，3.4.1 节中将证明，它也是充分条件.

上述平衡条件，常常写成下述形式：

$$R_1=\frac{R_3}{R_4}R_2, \tag{3.49}$$

已知 $R_2$、$R_3$、$R_4$，可根据式(3.49)算出 $R_1$. 平衡电桥就是利用此式来测量电阻的.

用平衡电桥测量电阻时，误差的来源主要有二：

(1) 检流计不够灵敏带来的误差. 测量时，我们是根据检流计的指针有无偏转来判断电桥是否平衡的. 检流计不偏转，并不说明通过它的电流 $I_g$ 绝对为零，而只是反映 $I_g$ 小到检流计检测不出来了. 检流计越灵敏，我们所作的判断就越可靠.

(2) $R_3$、$R_4$ 和 $R_2$ 不够准确引起的误差. 一般说来，电阻是可以制造得比较精确的.

因此，从误差的来源看，只要检流计和电阻选得合适，用这种方法测电阻可以有很高的准确度.

**[例题 7]** 在图 3-27 所示的电桥中，$R_x$ 是待测电阻，$R=40\ \Omega$，$AB$ 是一段均匀的滑线电阻. 当滑动头 $C$ 在 $AB$ 的 2/5 位置上时，检流计的指针不偏转，求 $R_x$.

**[解]** 已知 $R=40\ \Omega$. 设 $AB$ 段的总电阻为 $R_{AB}$，则 $AC$、$CB$ 两段的电阻分别为 $R_{AC}=\frac{2}{5}R_{AB}$，$R_{CB}=\frac{3}{5}R_{AB}$. 根据电桥的平衡条件，

$$\frac{R}{R_x}=\frac{R_{AC}}{R_{CB}},$$

所以

$$R_x=\frac{R_{CB}}{R_{AC}}R=\frac{\frac{3}{5}R_{AB}}{\frac{2}{5}R_{AB}}R=\frac{3}{2}R=60\ \Omega.$$

除了平衡电桥外，在实际中还常用到非平衡电桥. 例如用电阻温度计测量温度时，一般就采用非平衡电桥. 图 3-28 是用电阻温度计测量某一容器内温度的示意图. 图中 $R_x$ 是用金属材料或半导体材料制成的热敏电阻，这种电阻的特点是电阻值随温度的变化非常灵敏. $R_x$ 接在电桥的一臂，作为感温元件插入容器内. 在不同的温度下，电桥产生不同程度的不平衡，$B$、$D$ 两端点间有不同大小的电压. 根据检流计 G(或其他测量仪表)读数的大小就可换算出容器内的温度来.

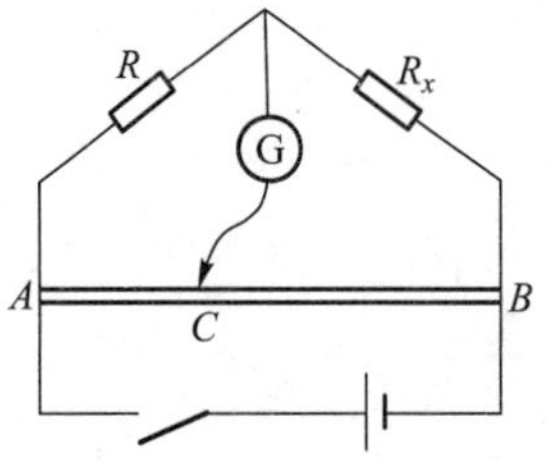

图 3-27　例题 7—滑线电桥

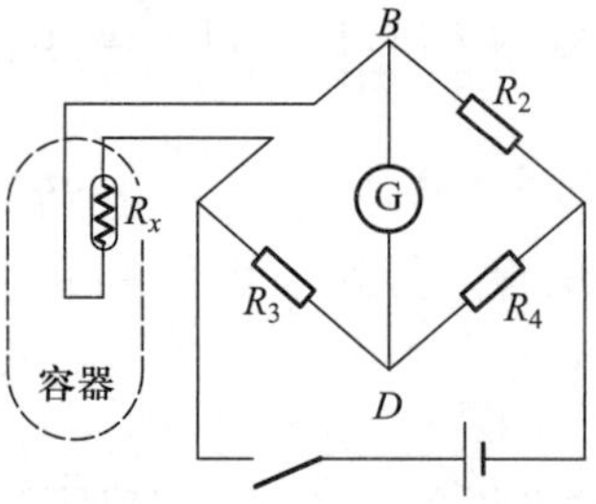

图 3-28　用非平衡电桥测温度

非平衡电桥还常用到自动控制系统中. 自动化的生产和实验中常需要对某些条件和因素进行自动控制,利用一些转换元件(如压力传感器等)可以将这些条件和因素转换成电阻值,当条件和因素变化时,就引起相应的电阻变化,从而通过非平衡电桥引起桥路中 $I_g$ 的变化,将此 $I_g$ 放大并用以操纵控制机构,就能控制生产和实验中的某些条件.

在非平衡电桥中,桥臂电阻与 $R_g$ 不能看成简单的串并联. $I_g$ 的计算留待 3.4.1 节中讨论.

### 3.3.3　电势差计

电势差计是用来准确测量电源电动势的仪器,也可以用它准确地测量电压、电流和电阻.

粗略地测量电源的电动势,可以用伏特计. 然而测量出来的其实是端电压,并不是电动势. 因为任何电源都或多或少有一定的内阻 $r$,因而只要有电流 $I$ 经过它,内阻上就有电势降落 $Ir$,这时它的路端电压就不等于它的电动势 $\mathscr{E}$. 所以用伏特计直接测量电源电动势是不准确的. 要想准确地测一个电源的电动势,必须在没有任何电流通过该电源的情况下测定它的路端电压. 解决这个问题的办法就是利用**补偿法**. 补偿法的原理如下.

要测定一个电源的电动势,原则上可以采用图 3-29 所示的电路. 其中 $\mathscr{E}_x$ 是待测电源,$\mathscr{E}_0$ 是可以调节电动势大小的电源,两个电源通过检流计 G 反接在一起. 当调节电动势 $\mathscr{E}_0$ 的大小,使检流计的指针不偏转(即电路中没有电流)时,两个电源的电动势大小相等,互相补偿,即

$$\mathscr{E}_x=\mathscr{E}_0.$$

这时,我们称电路达到**平衡**. 知道了平衡状态下 $\mathscr{E}_0$ 的大小,就可以由上式确定待测电动势 $\mathscr{E}_x$,这种测定电源电动势的方法叫作**补偿法**.

为了得到准确、稳定、便于调节的 $\mathscr{E}_0$,实际中采用图 3-30 所示的电路代替上面的电路. 在这个电路里,供电电源 $\mathscr{E}$、制流电阻 $R$(调节 $R$ 可以改变供电电源的输出电流)和滑线电阻 $AB$ 所组成的回路,叫作**辅助回路**,它实质上是一个分压器. 电流流过滑线电阻时,电势从 $A$ 到 $B$ 逐点下降,在 $A$、$B$ 之间拨动滑动接触头 $C$,就可以改变 $A$、$C$ 一段电阻两端的电压 $U_{AC}$,这个电压 $U_{AC}$ 就是

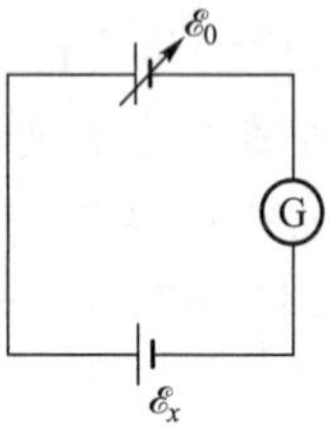

图 3-29　补偿原理

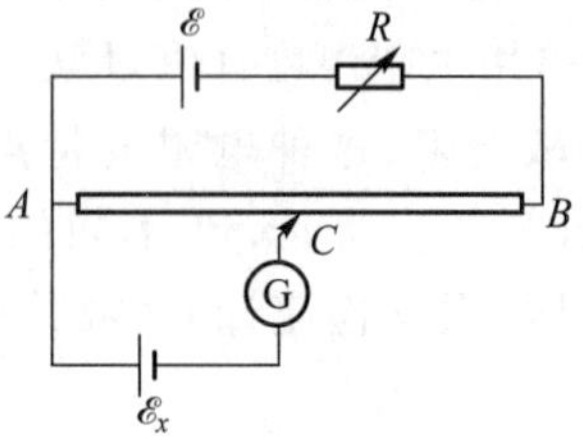

图 3-30　滑线式电势差计

用来代替可调电动势 $\mathscr{E}_0$ 的. $A\mathscr{E}_xC$ 一段支路叫作补偿回路,它和图 3-29 中 $\mathscr{E}_x$ 和 G 所组成的一段相当. 由前面所说的补偿原理可知,只要滑线电阻两端的总电压 $U_{AB}>\mathscr{E}_x$,那么沿着滑线电阻拨动滑动接触头 $C$,就一定能找到一个位置,使检流计 G 的指针不发生偏转,也就是使补偿回路达到平衡. 这时,

$$\mathscr{E}_x=U_{AC}=IR_{AC}, \tag{3.50}$$

式中 $R_{AC}$ 表示 $AC$ 一段电阻的阻值,$I$ 表示流过滑线电阻 $AB$ 的电流,通常叫作辅助回路的工作电流. 当 $R_{AC}$ 和 $I$ 为已知时,根据式(3.50)就可以求得待测电动势 $\mathscr{E}_x$.

电势差计就是根据上述补偿原理来测定电动势的. 从式(3.50)可以看出,要准确地测定电动势 $\mathscr{E}_x$,其关键在于准确地测定平衡时 $AC$ 一段电阻的阻值 $R_{AC}$ 和辅助回路的工作电流 $I$. 在实际的电势差计中,滑线电阻由一系列标准电阻串联而成,所以阻值 $R_{AC}$ 无须测量;而工作电流 $I$ 出于设计和使用的考虑,总是标定为一定数值 $I_0$(例如 303 型电势差计中工作电流 $I$ 标定为 0.10 A,学生式电势差计中工作电流 $I$ 标定为 0.010 A 等). 这样做的好处是电势差计总是在统一的工作电流 $I_0$ 下达到平衡,根据式(3.50),这时电阻值和电动势就存在着一一对应的关系,从而可以把待测电动势的数值一一地直接标刻在各段电阻上(即仪器的面板上),无须用式(3.50)计算就可直接读数. 因此,要准确地测量电动势首先就得调节制流电阻 $R$ 使工作电流准确地达到标定值 $I_0$. 这一步工作称为电势差计的校准.

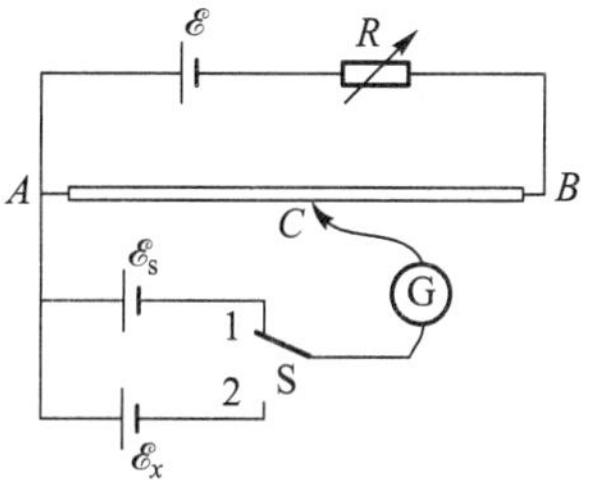

图 3-31　电势差计的校准和测量

校准工作是怎样进行的呢? 在实际的电势差计中,校准和测量采用的是同一个电路,如图 3-31 所示. 图中 S 是双掷开关,$\mathscr{E}_s$ 是标准电池,它的电动势很稳定,而且是准确地已知的(如镉汞电池的电动势是 1.018 6 V). 校准时,把开关 S 拨到位置"1",即把标准电池 $\mathscr{E}_s$ 接入补偿回路. 把滑动接头 $C$ 拨到对应于标准电池电动势数值 $\mathscr{E}_s$(如 1.018 6 V)的位置上,观察检流计 G 的指针有无偏转. 如果检流计 G 的指针有偏转,则表明这时工作电流 $I$ 偏离标定值 $I_0$. 于是,调节制流电阻 $R$,直到检流计 G 的指针没有偏转,即电流达到平衡. 这时,工作电流准确地达到标定值 $I_0$,校准工作就完成了.

校准后就可进行测量. 测量时,把开关 S 拨到位置"2",即把待测电源接入补偿回路. 这时不应再动制流电阻 $R$,而只需拨动滑动接触头 $C$,找到平衡位置,就可以从仪器的面板上直接读出待测电动势 $\mathscr{E}_x$ 的数值.

总结上面所说,使用电势差计时,总是先校准后测量. 不论校准或测量,所根据的都是同样的补偿原理.

对于长时间的多次测量工作来说,只有开头的一次校准是不够的. 这是因为供电电源的电动势和内阻都不可能很稳定,它们的变化将使工作电流偏离标定值. 因此,在测量过程中,要不时地进行校准.

如前所述,要准确地测定一个电源的电动势,就必须在没有电流通过电源的情况下来测量它的端电压. 从前面的讨论可以看到,用电势差计(即采用补偿法)进行测量能够很好地做到这一点. 用电势差计测量电动势,要求标准电阻的阻值和标准电池的电动势都很准确,如果再选用高灵敏度的检流计,那么测量结果就可以有很高的准确度.

## 思　考　题

**3.3-1**　在两层楼道之间安装一盏电灯，试设计一个线路，使得在楼上和楼下都能开关这盏电灯.

（提示：开关是单刀双掷开关.）

**3.3-2**　题图中 $R_0$ 为高电阻元件，$R$ 为可变电阻（$R \ll R_0$），试论证，当 $R$ 改变时，$BC$ 间的电压几乎与 $R$ 成正比.

**3.3-3**　试论证在题图所示电路中，当数量级为几百欧姆的负载电阻 $R$ 变化时，通过 $R_2$ 的电流 $I$ 以及负载两端的电压 $U_{ab}$ 几乎不变.

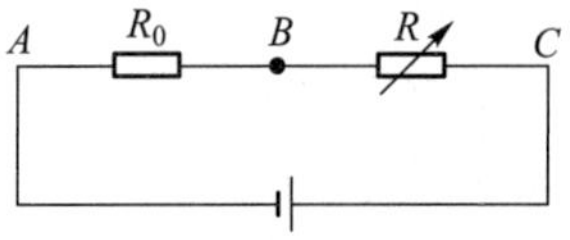

思考题 3.3-2 图

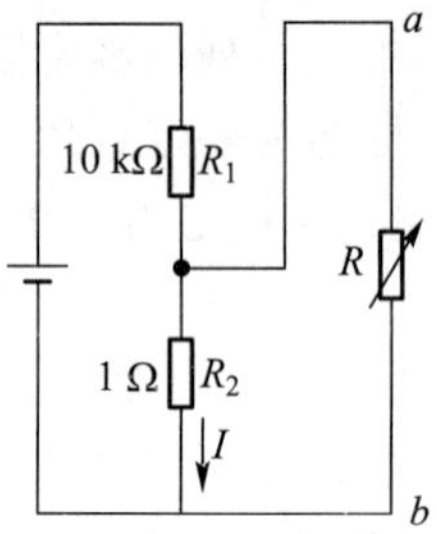

思考题 3.3-3 图

**3.3-4**　（1）在题图中由于接触电阻不稳定，使得 $AB$ 间的电压不稳定. 为什么对于一定的电源电动势，在大电流的情况下这种不稳定性更为严重？

（2）由于电池电阻 $r$ 不稳定，也会使得 $AB$ 间的电压不稳定. 如果这时我们并联一个相同的电池，是否能将情况改善？为什么？

**3.3-5**　题图所示的这种变阻器接法有什么不妥之处？

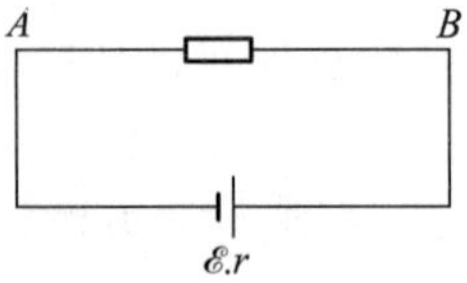

思考题 3.3-4 图

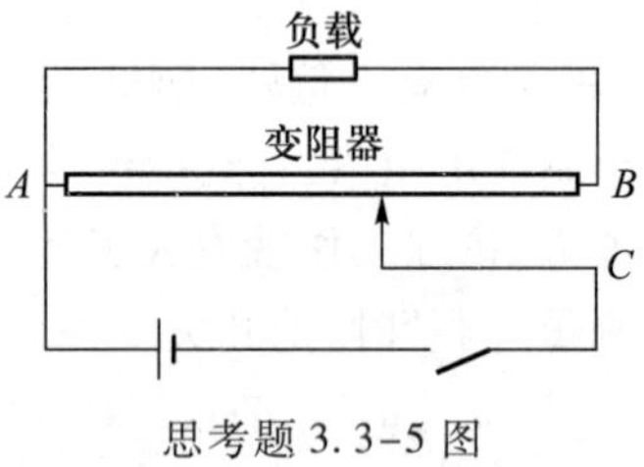

思考题 3.3-5 图

**3.3-6**　实验室或仪器中常用可变电阻（电位器）作为调节电阻串在电路中构成制流电路，用以调节电路的电流. 有时用一个可变电阻调节不便，须用两个阻值不同的可变电阻，一个作粗调（改变电流大），一个作细调（改变电流小），这两个变阻器可以如图（a）串联起来或如图（b）并联起来，再串入电路. 已知 $R_1$ 较大，$R_2$ 较小，问在这两种连接中哪一个电阻是粗调，哪一个是细调.

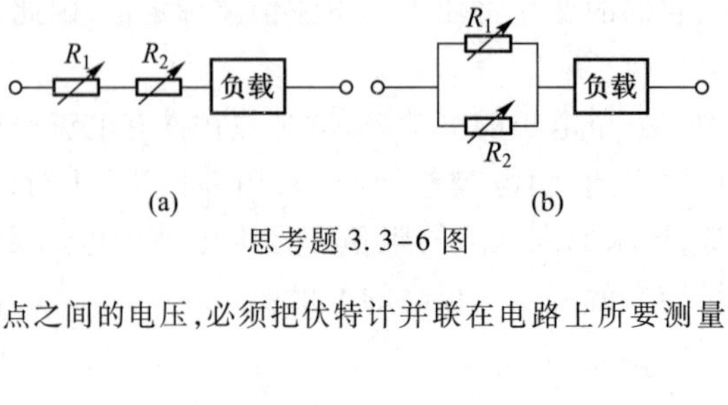

思考题 3.3-6 图

**3.3-7**　为了测量电路两点之间的电压，必须把伏特计并联在电路上所要测量的两点，如题图所示. 伏特计有内阻. 问：

（1）将伏特计并入电路后，是否会改变原来电路中的电流和电压分配？

（2）这样读出的电压值是不是原来要测量的值？

（3）在什么条件下测量较为准确？

**3.3-8**　为了测量电路中的电流强度，必须把电路断开，将安培计接入，如题图所示. 安培计有一定的内阻. 问：

（1）将安培计接入电路后，是否会改变原来电路中的电流？

（2）这样读出的电流数值是不是要测量的值？

（3）在什么条件下测量较为准确？

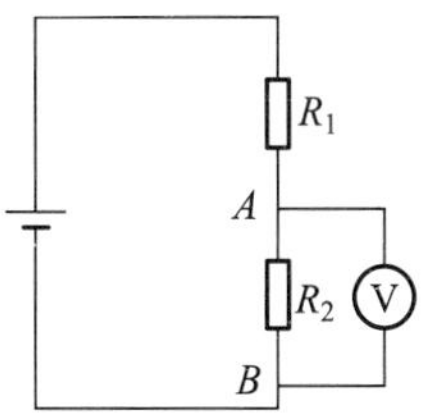


思考题 3.3-7 图

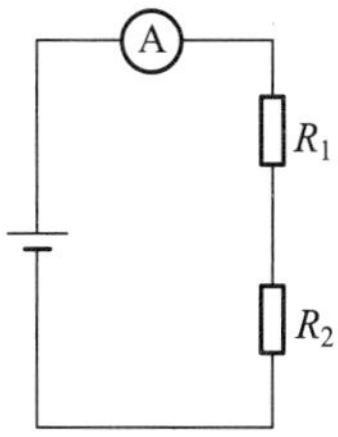


思考题 3.3-8 图

**3.3-9**　测量电阻的一种方法是在电阻上加上一定的电压，用伏特计测出电阻两端的电压 $U_x$，同时用安培计测出通过电阻的电流 $I_x$，由公式

$$R=U_x/I_x$$

算出待测电阻的阻值. 这种测量电阻的方法叫作伏安法. 用伏安法测量电阻时，电路的连接方法有两种，如题图所示. 由于安培计、伏特计都有一定的内阻，这样测出的值是精确的吗？如果安培计的内阻 $R_A=5.0\ \Omega$，伏特计的内阻 $R_V=2.0\ \text{k}\Omega$，要测量的电阻 $R$ 大约为 $1.0\ \text{k}\Omega$，采用哪一种连接方法测量误差较小？若 $R$ 大约为 $10\ \Omega$，采用哪种连接较好？

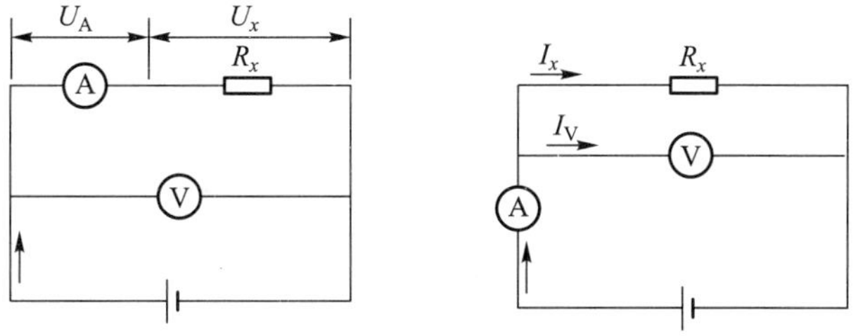


(a)　(b)

思考题 3.3-9 图

**3.3-10**　测量一个灯泡（标定 220 V，50 W）在 220V 电压下所消耗的功率. 已知伏特计的灵敏度为 1 000 Ω/V（参看习题 3.3-28），安培计的内阻为 0.1 Ω，问安培计和伏特计应按图（a）还是图（b）连接，可使测量的误差较小.

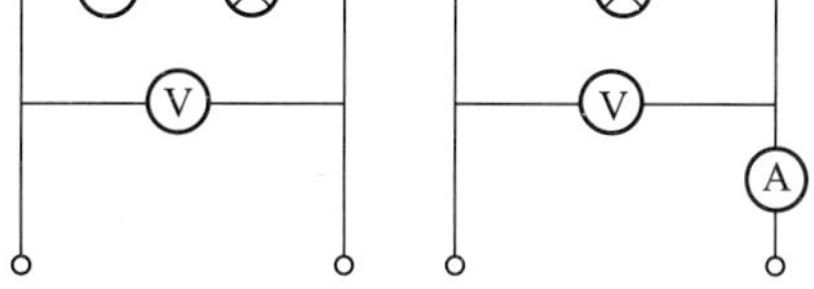


(a)　(b)

思考题 3.3-10 图

**3.3-11**　把一个表头改装成安培计，其量程和内阻是加大还是减小？能不能改装出量程比原来的表头更小的安培计？

**3.3-12**　要把一个表头 G 改装成多个量程的安培计，有两种方式：

（1）如图（a）所示，表头通过波段开关和不同的分流电阻 $R_{s1}$，$R_{s2}$，…并联. 这种电路叫作开路转换式.

（2）如图（b）所示，电阻 $R_1, R_2, \cdots$ 与表头连成一个闭合回路，从不同的地方引出抽头．选择连接表头的两个抽头之一为公共端，它和其他任何一个抽头配合，得到一种量程的安培计．这种电路叫作闭路抽头式．试比较这两种电路的优缺点．

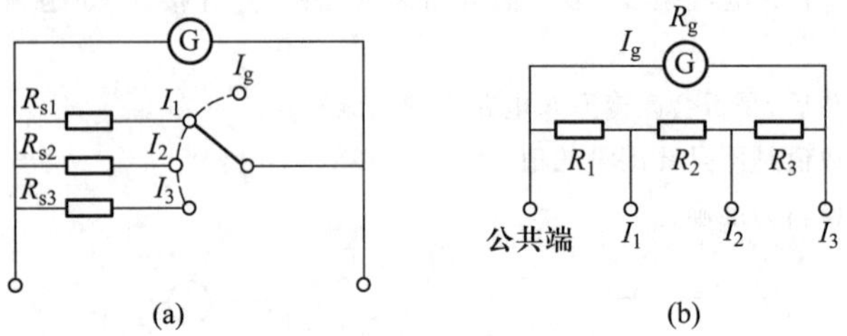


思考题 3.3-12 图

**3.3-13**　题图所示为一个由表头 G 改装成的多量程伏特计的电路．每个抽头与公共端组成一种量程．$U_1$、$U_2$、$U_3$ 三个量程中哪个最大？哪个最小？各挡的满度电流是否相同？使用各挡时，表头上的电压降是否一样？

**3.3-14**　（1）若在题图所示的电桥电路中分别在 $a$、$b$、$c$、$d$ 处断了，当滑动头 $C$ 在 $AB$ 上滑动时，检流计的指针各有何表现？

（2）若当滑动头 $C$ 在 $AB$ 上无论如何滑动，检流计都不偏转，这时我们用一伏特计连在 $CD$ 间，发现伏特计有偏转，你能否判断是哪根导线断了？

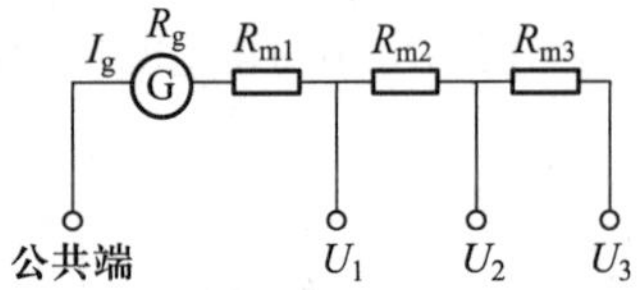


思考题 3.3-13 图

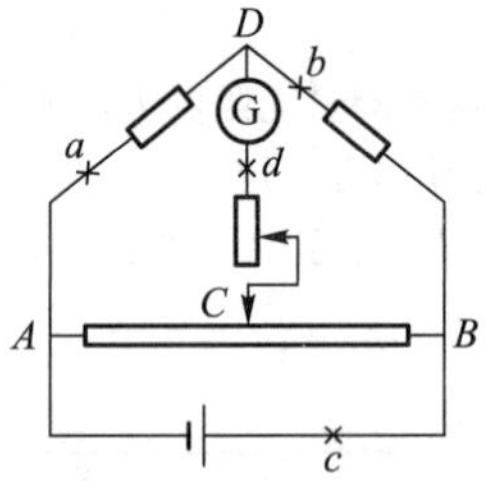


思考题 3.3-14 图

**3.3-15**　在 3.3.3 节图 3-30 电势差计的电路中，若电源 $\mathscr{E}$ 和待测电源 $\mathscr{E}_x$ 的电动势相等，滑动头 $C$ 在 $AB$ 上能否找到平衡点？

**3.3-16**　在上题中，若 $\mathscr{E}$ 和 $\mathscr{E}_x$ 的电动势分别为 2.0 V 和 1.5 V，$R_{AB}=10\ \Omega$，为了找到平衡点，对 $R$ 的阻值有什么限制？

**3.3-17**　在题图中，$T$ 是平衡点，若将滑动头 $C$ 分别与 $D$ 或 $S$ 点接触，通过检流计的电流方向如何？

**3.3-18**　若在题图中 $a$ 处的导线断了，当滑动头 $C$ 在 $AB$ 间滑动时，我们将会观察到检流计指针有何表现？若在 $b$ 处的导线断了，情况如何？

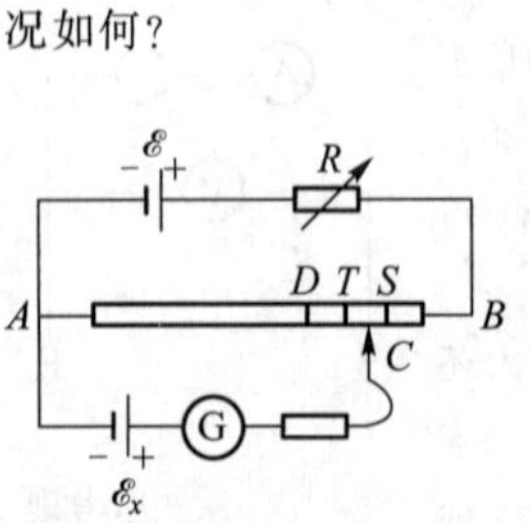


思考题 3.3-17 图

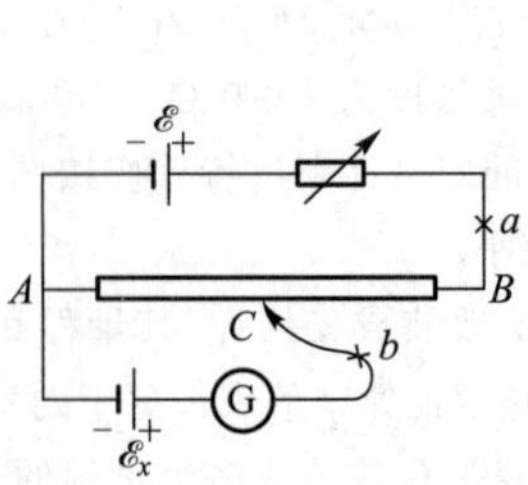


思考题 3.3-18 图

**3.3-19**　用电势差计测量电路中两点之间的电压应如何进行？

# 习　　题

**3.3-1**　6 V、2 Ω 的白炽灯用 12 V 的直流电源，后者的内阻为 0.5 Ω，问应串联多大的电阻.

**3.3-2**　四个电阻均为 6.0 Ω 的灯泡，额定电压为 12 V，把它们并联起来接到一个电动势为 12 V、内阻为 0.20 Ω 的电源上. 问：

（1）开一盏灯时，此灯两端的电压多大？

（2）四盏灯全开时，灯两端的电压多大？

**3.3-3**　题图中伏特计的内阻为 300 Ω，在开关 S 未合上时其电压读数为 1.49 V，开关合上时其读数为 1.46 V，求电源的电动势和内阻.

**3.3-4**　为使一圆柱形长导体棒的电阻不随温度变化，可将两相同截面的碳棒和铁棒串联起来. 问两棒长度之比应为若干？

**3.3-5**　变阻器可用作分压器，用法如题图所示. $U$ 是输入电压，$R$ 是变阻器的全电阻，$r$ 是负载电阻，$c$ 是 $R$ 上的滑动接头. 滑动 $c$，就可以在负载上得到从 0 到 $U$ 之间的任何电压 $U_r$. 设 $R$ 的长度 $ab=l$，$R$ 上各处单位长度的电阻都相同，$a$、$c$ 之间的长度 $ac=x$，求加到 $r$ 上的电压 $U_r$ 与 $x$ 的关系. 用方格纸画出当 $r=0.1\ R$ 和 $r=10\ R$ 时的 $U_r$-$x$ 图.

**3.3-6**　在题图所示的电路中，求：

（1）$R_{CD}$，（2）$R_{BC}$，（3）$R_{AB}$.

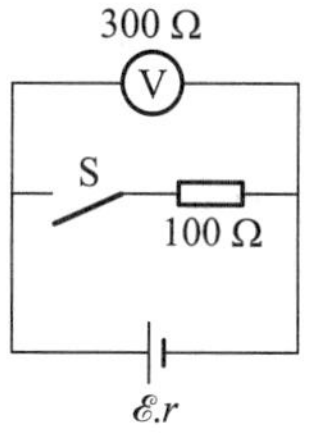

习题 3.3-3 图

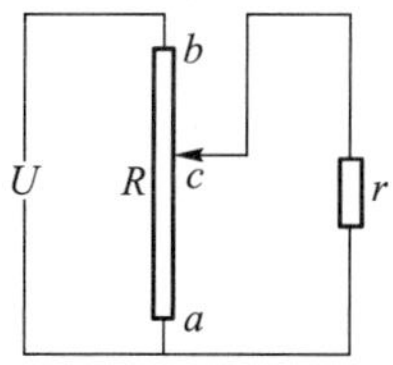

习题 3.3-5 图

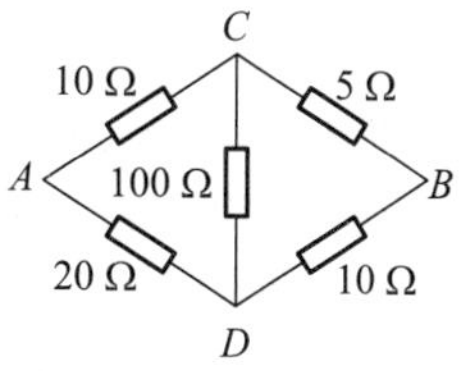

习题 3.3-6 图

**3.3-7**　判断一下，在题图所示各电路中，哪些可以化为串、并联电路的组合，哪些不能. 如果可以，就利用串、并联公式写出它们总的等效电阻.

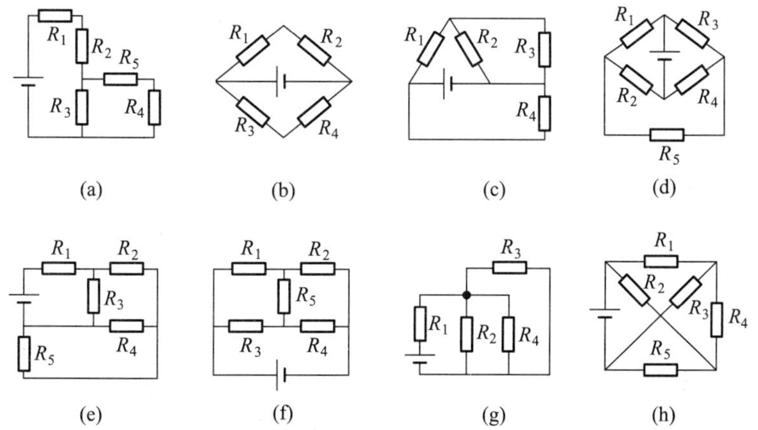

习题 3.3-7 图

**3.3-8**　无轨电车速度的调节，是依靠在直流电动机的回路中串入不同数值的电阻，从而改变通过电动机的电流，使电动机的转速发生变化. 例如，可以在回路中串接四个电阻 $R_1$、$R_2$、$R_3$ 和 $R_4$，再利用一些开关 $S_1$、$S_2$、$S_3$、$S_4$ 和 $S_5$，使电阻分别串联或并联，以改变总电阻的数值，如题图所示. 设

$$R_1=R_2=R_3=R_4=1.0\ \Omega,$$

求下列四种情况下的等效电阻 $R_{ab}$：

（1）$S_1$、$S_5$ 合上，$S_2$、$S_3$、$S_4$ 断开；

（2）$S_2$、$S_3$、$S_5$ 合上，$S_1$、$S_4$ 断开；

（3）$S_1$、$S_3$、$S_4$ 合上，$S_2$、$S_5$ 断开；

（4）$S_1$、$S_2$、$S_3$、$S_4$ 合上，$S_5$ 断开．

**3.3-9**　如题图所示的电路中，$a$、$b$ 两端电压为 9.0 V．试求：

（1）通过每个电阻的电流；

（2）每个电阻两端的电压．

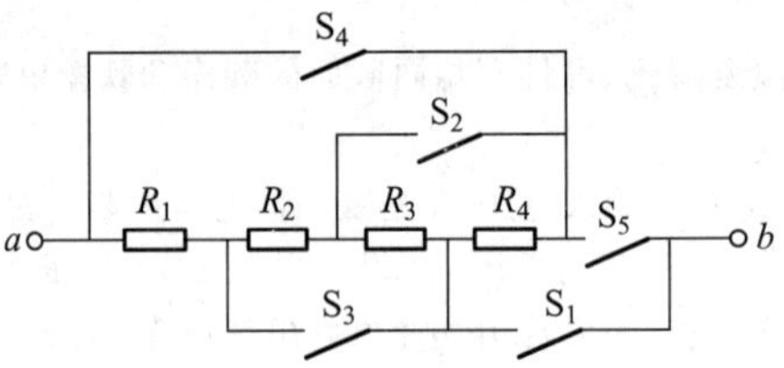


习题 3.3-8 图

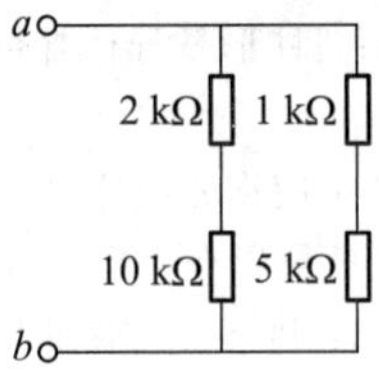


习题 3.3-9 图

**3.3-10**　如题图所示电路中 $R_1=10\ \mathrm{k\Omega}$，$R_2=5.0\ \mathrm{k\Omega}$，$R_3=2.0\ \mathrm{k\Omega}$，$R_4=1.0\ \mathrm{k\Omega}$，$U=6.0\ \mathrm{V}$，求通过 $R_3$ 的电流．

**3.3-11**　有两个电阻，并联时总电阻是 2.4 Ω，串联时总电阻是 10 Ω．问这两个电阻的阻值是多少？

**3.3-12**　有两个电阻 $R_1=3.6\ \mathrm{k\Omega}$，$R_2=6.0\ \mathrm{k\Omega}$．

（1）当它们串联接入电路中时，测得 $R_1$ 两端的电压为 $U_1=50\ \mathrm{V}$，求 $R_2$ 两端的电压 $U_2$；

（2）当它们并联接入电路中时，测得通过 $R_1$ 的电流为 $I_1=6.0\ \mathrm{A}$，求通过 $R_2$ 的电流 $I_2$．

**3.3-13**　电阻的分布如题图所示．

（1）求 $R_{ab}$（即 $a$、$b$ 间的电阻）；

（2）若 4 Ω 电阻中的电流为 1 A，求 $U_{ab}$（即 $a$、$b$ 间的电压）．

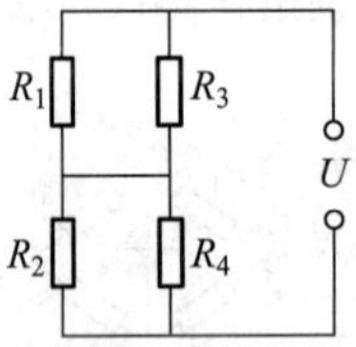


习题 3.3-10 图

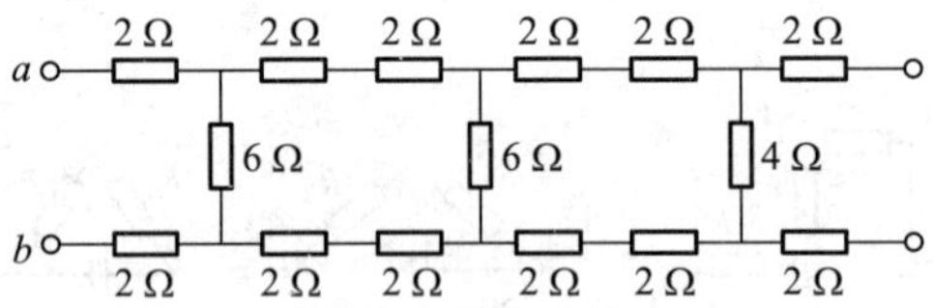


习题 3.3-13 图

**3.3-14**　在题图所示的四个电路中，

（1）如图(a)，求 $I$，$I_1$；

（2）如图(b)，求 $I$，$U$；

（3）如图(c)，求 $R$；

（4）如图(d)，求 $I_1$，$I_2$，$I_3$．

**3.3-15**　题图所示的电路中，已知 $U=3.0\ \mathrm{V}$，$R_1=R_2$．试求下列情况下 $a$、$b$ 两点的电压．

（1）$R_3=R_4$；（2）$R_3=2R_4$；（3）$R_3=\dfrac{1}{2}R_4$．

**3.3-16**　题图所示电路中，当开关 S 断开时，通过 $R_1$、$R_2$ 的电流各为多少？当开关 S 接通时，通过 $R_1$、$R_2$ 的电流

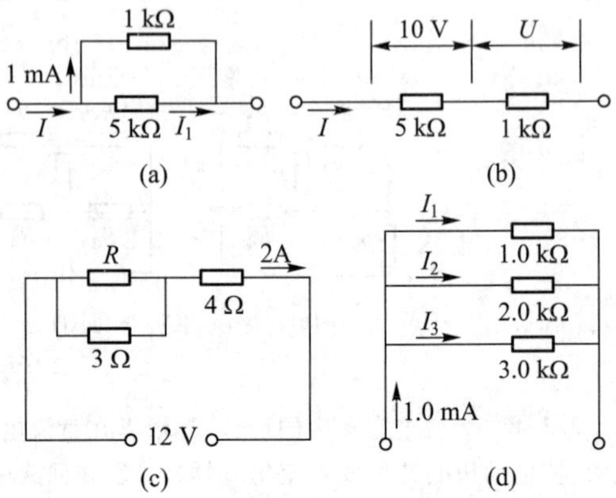


习题 3.3-14 图

又各为多少？

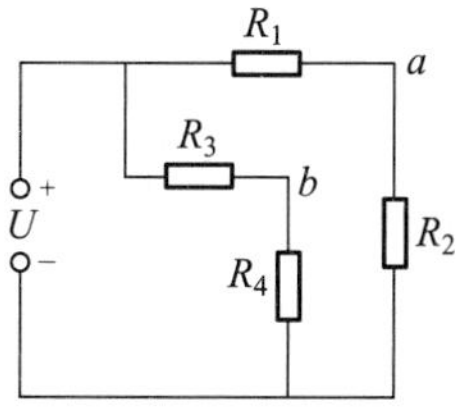


习题 3.3-15 图

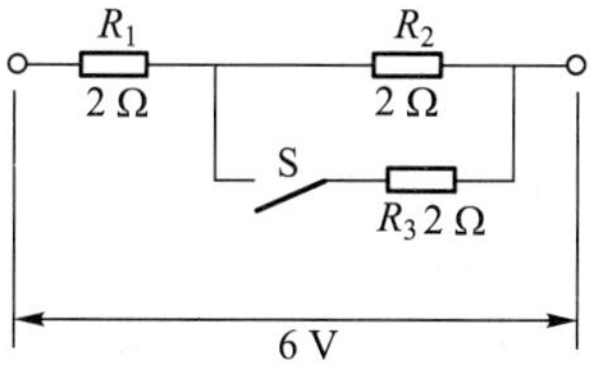


习题 3.3-16 图

**3.3-17**　题图所示电路，在开关 S 断开和接通的两种情况下，$a$、$b$ 之间等效电阻 $R_{ab}$ 和 $c$、$d$ 之间电压 $U_{cd}$ 各为多少？

**3.3-18**　题图中所示的电路，$U=12$ V，$R_1=30$ kΩ，$R_2=6.0$ kΩ，$R_3=100$ kΩ，$R_4=10$ kΩ，$R_5=100$ kΩ，$R_6=1.0$ kΩ，$R_7=2.0$ kΩ，求电压 $U_{ab}$、$U_{ac}$ 和 $U_{ad}$.

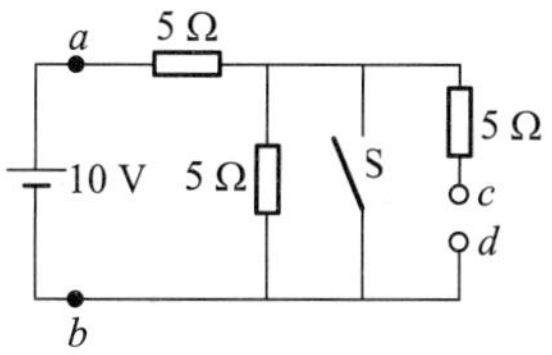


习题 3.3-17 图

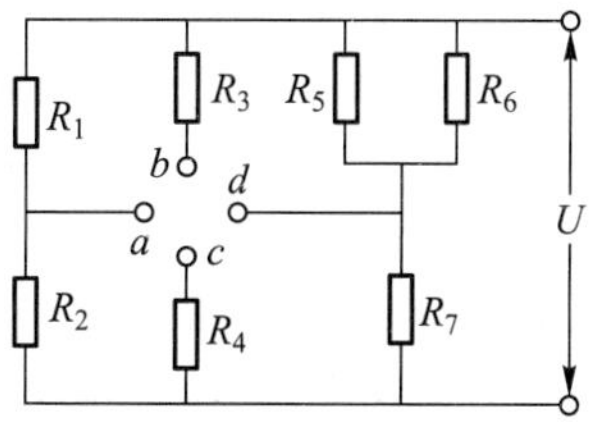


习题 3.3-18 图

**3.3-19**　有一适用于电压为 110 V 的电烙铁，允许通过的电流为 0.7 A，今准备接入电压为 220 V 的电路中，应串联多大的电阻？

**3.3-20**　一简单串联电路中的电流为 5 A，当我们把另外一个 2 Ω 的电阻插入时，电流减小为 4 A，问原来电路中的电阻是多少.

**3.3-21**　在题图中，$\mathscr{E}_1=24$ V，$r_1=2.0$ Ω，$\mathscr{E}_2=6.0$ V，$r_2=1.0$ Ω，$R_1=2.0$ Ω，$R_2=1.0$ Ω，$R_3=3.0$ Ω，求：

(1) 电路中的电流；

(2) $a$、$b$、$c$ 和 $d$ 各点的电势；

(3) 两个电池的路端电压；

(4) 若把 6.0 V 的电池反转相接，重复以上计算.

**3.3-22**　在题图的电路中已知 $\mathscr{E}_1=12.0$ V，$\mathscr{E}_2=\mathscr{E}_3=6.0$ V，$R_1=R_2=R_3=3.0$ Ω，电源的内阻都可略去不计.求：(1) $U_{ab}$，(2) $U_{ac}$，(3) $U_{bc}$.

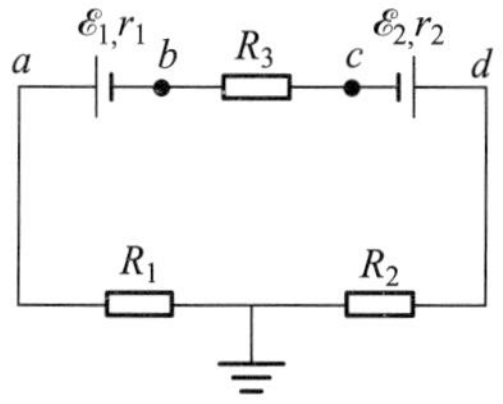


习题 3.3-21 图

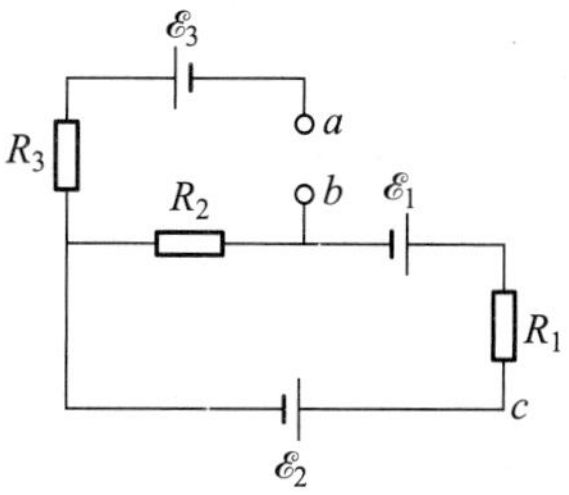


习题 3.3-22 图

**3.3-23**　一电路如题图所示.求：

(1) $a$、$b$ 两点间的电势差 $U_{ab}$；

(2) $c$、$d$ 两点间的电势差 $U_{cd}$.

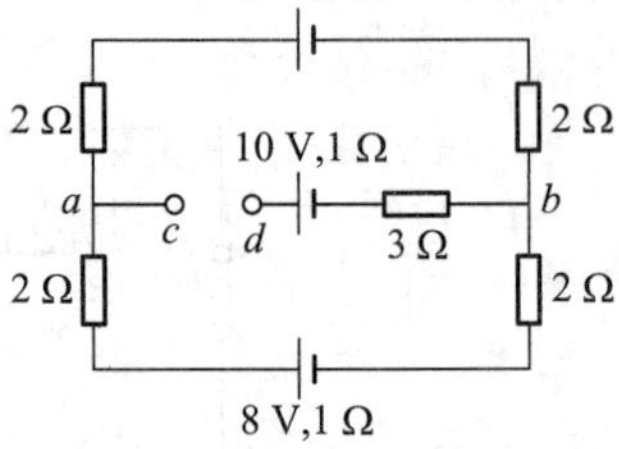

习题 3.3-23 图

**3.3-24**　一个电阻为 $R_g=25\ \Omega$ 的电流计，当其指针正好到头时，通过的电流 $I_g=1.00\ \text{mA}$，问：

（1）把它改装成最多能测到 1.00 A 的安培计时，应并联多大的电阻？

（2）把它改装成最多能测到 1.00 V 的伏特计，应串联多大的电阻？

**3.3-25**　闭路抽头式多量程安培计的电路如思考题 3.3-12 图(b)所示，设各抽头分别与公共端组成的安培计的量程为 $I_1$、$I_2$、$I_3$. 它们之中哪个量程最大？哪个最小？试证明，$R_1$、$R_2$、$R_3$ 的数值可用下式计算：

$$R_1+R_2+R_3=\frac{I_g}{I_3}R,$$

$$R_1+R_2=\frac{I_g}{I_2}R,$$

$$R_1=\frac{I_g}{I_1}R.$$

其中 $R=R_1+R_2+R_3+R_g$，$R_g$ 为表头的内阻，$I_g$ 是它的满度电流. 各挡的满度电压是否相同？

**3.3-26**　MF-15 型万用电表的电流挡为闭路抽头式，如题图所示表头的内阻 $R_g=2\ 333\ \Omega$，满度电流 $I_g=150\ \mu\text{A}$，将其改装为量程是 500 μA、10 mA、100 mA 的多量程安培计. 试算出 $R_1$、$R_2$、$R_3$ 的阻值，并标出三个接头的量程.

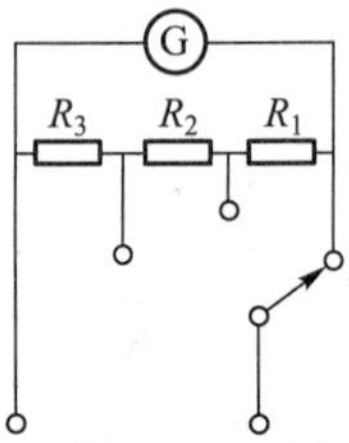

习题 3.3-26 图

**3.3-27**　多量程安培计为闭路抽头式，表头的满度电流 $I_g=1.00\ \text{mA}$，内阻 $R_g=100\ \Omega$，改装为安培计的量程为 2.0 mA、10 mA 和 100 mA. 计算出其中的电阻，画出线路图，并指明各接头的量程.

**3.3-28**　多量程伏特计电路如思考题 3.3-13 图所示，试证明，各挡的内阻与量程的关系都是

$$内阻=量程/I_g,$$

例如对于量程为 $U_1$、$U_2$、$U_3$ 各挡的内阻分别为

$$R_g+R_{m1},R_g+R_{m1}+R_{m2},R_g+R_{m1}+R_{m2}+R_{m3},$$

则

$$R_g+R_{m1}=U_1/I_g,$$

$$R_g+R_{m1}+R_{m2}=U_2/I_g,$$

$$R_g+R_{m1}+R_{m2}+R_{m3}=U_3/I_g.$$

（由此可见，只要知道 $1/I_g$ 这个量，就很容易计算出所需的各个扩程电阻来. $1/I_g$ 的单位是 $A^{-1}$ 或 Ω/V，常被称为表头的每伏欧姆数. 一个表头的每伏欧姆数越大，意味着表头越灵敏，改装成的伏特计内阻就越高.）

**3.3-29**　MF-15 型万用电表的电压挡如题图所示，表头满度电流 $I_g=0.50\ \text{mA}$，内阻 $R_g=700\ \Omega$，改装为多量程伏特计的量程分别为 $U_1=10\ \text{V}$，$U_2=50\ \text{V}$，$U_3=250\ \text{V}$，求各挡的降压电阻 $R_1$、$R_2$、$R_3$. 若再增加两个量程 $U_4=500\ \text{V}$，$U_5=1\ 000\ \text{V}$，又该如何？

**3.3-30**　一伏特计共有四个接头如题图所示，量程 $U_1$、$U_2$ 及 $U_3$ 分别为 3.0 V，15 V 及 150 V，电流计 G 的满度电流为 3.0 mA，内阻为 100 Ω. 问：

（1）该伏特计的灵敏度(Ω/V)多大？

（2）当用不同接头时，伏特计的分压电阻 $R_1$、$R_2$、$R_3$ 各为多少？

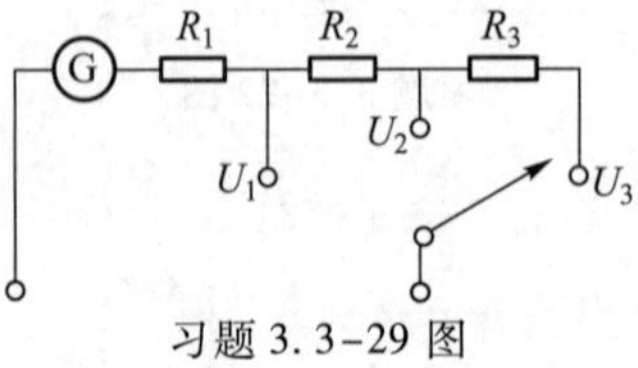

习题 3.3-29 图

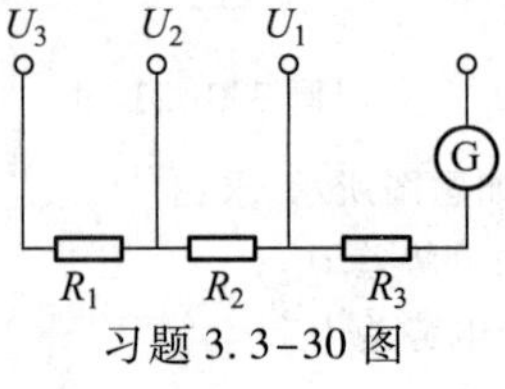

习题 3.3-30 图

**3.3-31**　一个量程为 150 V 的伏特计,它的内阻为 20 kΩ,当它与一个高电阻 $R$ 串联后接到 110 V 电路上时,它的读数为 5.0 V,求 $R$.

**3.3-32**　用伏安法测电阻 $R$,由 $\frac{U}{I}=R'$ 计算的阻值是近似值.证明:当已知伏特计的内阻 $R_V$,安培计的内阻为 $R_A$ 时,对于安培计内接[见思考题 3.3-9 图(a)],电阻的精确值为

$$R_x=R'-R_A,$$

对于安培计外接[见思考题 3.3-9 图(b)],电阻的精确值由下式决定:

$$\frac{1}{R_x}=\frac{1}{R'}-\frac{1}{R_V}.$$

**3.3-33**　甲、乙两站相距 50 km,其间有两条相同的电话线,有一条因在某处触地而发生故障,甲站的检修人员用题图所示的办法找出触地到甲站的距离 $x$,让乙站把两条电话线短路,调节 $r$ 使通过检流计 G 的电流为 0.已知电话线每千米长的电阻为 6.0 Ω,测得 $r=360$ Ω,求 $x$.

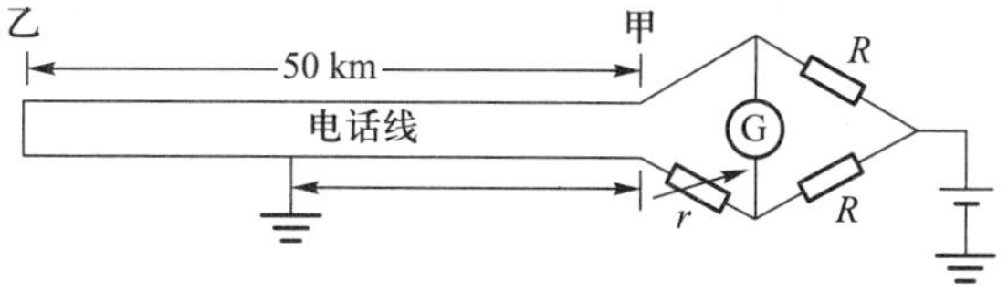


习题 3.3-33 图

**3.3-34**　为了找出电缆在某处由于损坏而通地的地方,也可以用题图所示的装置.$AB$ 是一条长为 100 cm 的均匀电阻线,接触点 $S$ 可在它上面滑动.已知电缆长 7.8 km,设当 $S$ 滑到 $SB=41$ cm 时,通过电流计 G 的电流为 0.求电缆损坏处到 $B$ 的距离 $x$.

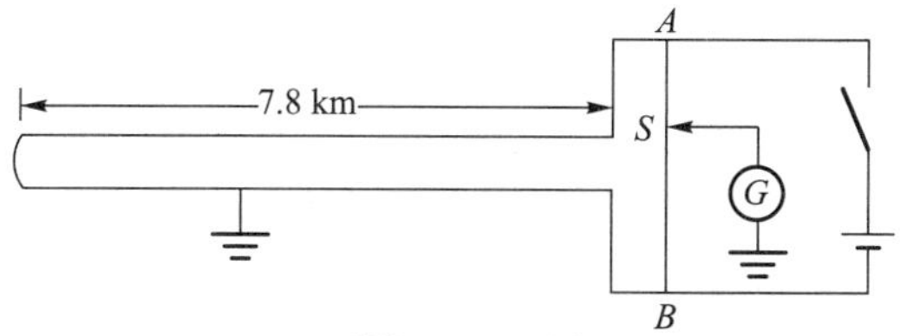


习题 3.3-34 图

# §3.4 复杂电路

在直流电路中除了电源以外,只有电阻元件.但实际中遇到的电路往往比单纯的电阻串、并联电路或单回路复杂得多.一个复杂电路是多个电源和多个电阻的复杂连接.我们把电源和(或)电阻串联而成的通路叫作支路,在支路中电流强度处处相等.三条或更多条支路的连接点叫作节点或分支点[图 3-32(a)].几条支路构成的闭合通路叫作回路[图 3-32(b)].在复杂电路中,各支路的连接形成多个节点和多个回路.例如,电桥电路中有六条支路、四个节点和七个回路,电势差计中有三条支路、二个节点和三个回路.

处理复杂电路的典型问题,是在给定电源电动势、内阻和电阻的条件下,计算出每一支路的电流;有时已知某些支路中的电流,要求出某些电阻或电动势.这不过是上述已知条件和要求解的未知数之间的若干调换而已.

解决复杂电路计算的基本公式是基尔霍夫方程组,原则上它可以用来计算任何复杂电路中

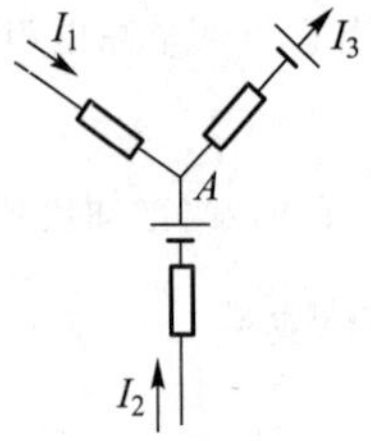


(a) 节点

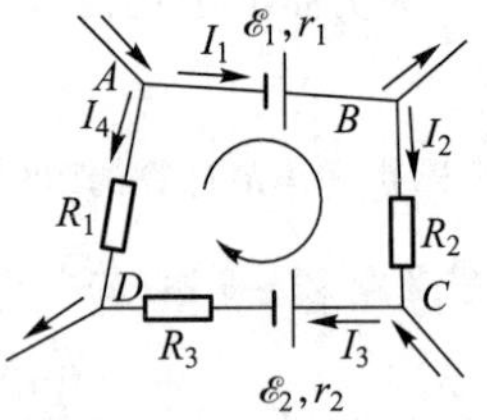


(b) 回路

图 3-32　节点和回路

每一支路中的电流. 但计算较为繁杂. 可是实际的电路计算常常并不需要计算每一支路的电流，而只需计算某一支路的电流，或某部分电路的等效电阻等. 在解决这样的问题中，可运用一些由基尔霍夫方程组导出的定理. 这些定理抓住了电路的某些特点，物理图像鲜明，从而可以简化计算.

本节的基本内容主要是介绍基尔霍夫方程组. 然后作为备考，在小字部分不加证明地引进几个定理，即等效电源定理、叠加定理、Y-Δ 等效代换定理. 其中等效电源定理在电路计算中最为有用. 读者可根据需要查阅.

### 3.4.1　基尔霍夫方程组

基尔霍夫方程组分为第一方程组和第二方程组两组.

(1) 基尔霍夫第一方程组

基尔霍夫第一方程组又称节点电流方程组，它的理论基础是恒定条件. 作一闭合曲面包围电路的节点，根据恒定条件式(3.6)，汇流于节点的电流为 0. 如果我们规定：流向节点的电流前面写减号，从节点流出的电流强度前面写加号，则汇于节点的各支路电流的代数和为 0. 由此所列的方程称为基尔霍夫第一方程. 例如，对于如图 3-32(a)所示的节点 $A$，可写出方程

$$-I_1-I_2+I_3=0.$$

显然，对电路中的每一个节点都可按同样方法写出一个方程式. 容易证明，对于共有 $n$ 个节点的完整电路所写出的 $n$ 个方程式中有 $n-1$ 个是彼此独立的，余下的一个方程式可由这 $n-1$ 个方程式组合得到. 这 $n-1$ 个独立的方程式组成一个方程组，叫作基尔霍夫第一方程组.

(2) 基尔霍夫第二方程组

基尔霍夫第二方程组又称回路电压方程组. 它的基础是恒定电场的环路定理 $\oint \boldsymbol{E}\cdot \mathrm{d}\boldsymbol{l}=0$. 根据环路定理，沿回路环绕一周回到出发点，电势数值不变. 绕行时，沿途电势经历从低到高和从高到低的过程，统称电势降落. 若规定电势从高到低的电势降落为正，电势从低到高的电势降落为负，则沿回路环绕一周，电势降落的代数和为 0. 具体确定电阻(包括内阻)上电势降落的正负号要看绕行方向与电流方向的关系：沿电流方向看去，电势降落为正，逆电流方向看去为负；确定(理想)电源上电势降落的正、负号要看绕行方向与电源极性的关系：从正极到负极看去电势降落为正，从负极到正极看去为负. 由此所列出的方程称为基尔霍夫第二方程. 例如，对于如图 3-32(b)所示的回路 $ABCDA$，顺时针环绕一周，可写出方程

$$-\mathscr{E}_1+I_1r_1+I_2R_2+\mathscr{E}_2+I_3(r_2+R_3)-I_4R_1=0,$$

在这里当遇到有内阻的电源时，我们已按照 3.2.3 节图 3-14 的等效电路，把它们看成理想电压源和内阻串联.

显然，对于每一个回路都可按照同样方式写出一个方程式. 应该注意，并非按所有的回路写出的方程式都是独立的. 例如，图 3-33 中的电路有三个回路 *ABCA*、*AEDCA* 和 *AEDCBA*. 由这三个回路写出的三个方程中只有两个是独立的，另一个其实就是前两个方程的叠加，因此我们说这个电路只有两个**独立回路**. 对于一个复杂的电路，如何确定其独立回路的数目呢？如果整个电路可以化为平面电路，即所有的节点和支路都在一平面上而不存在支路相互跨越的情形，则情况比较简单，我们可以把电路看成一张网格，其中网孔的数目就是独立回路的数目；其他回路必定可以看成这些独立回路的某种叠加. 如果整个电路不能化为平面电路而存在支路相互跨越的情形，网孔的概念不再适用. 我们应在树图的基础上建立独立回路的判据①. "树"的概念是图论中的一个拓扑概念. 一个任意电路的树图是指将电路的全部节点都用支路连接起来而不形成任何回路的树枝状图形. 这些连接节点的支路叫作**树支**. 由于连接第一、二两个节点时需要一条树支，以后每连接一个新的节点需要一条树支，而且也仅需要一条树支，否则将形成回路，因此，$n$ 个节点的电路的树图共有 $n-1$ 条树支. 这样，每再连接一条新的支路（叫作**连支**）就形成一个独立回路，也就是说，连支的数目等于独立回路的数目. 显然，连支数等于支路总数减树支数. 故对于一个有 $n$ 个节点 $p$ 条支路的电路，共有 $p-(n-1)=p-n+1$ 个独立回路，可列出 $p-n+1$ 个独立的回路方程，它们构成基尔霍夫第二方程组.

于是，对于 $n$ 个节点 $p$ 条支路的复杂电路共有 $p$ 个未知的电流. 根据基尔霍夫第一方程组可列出 $n-1$ 个独立的方程；根据基尔霍夫第二方程组可列出 $p-n+1$ 个独立的方程，总共可列出的独立方程数为两者的和 $(n-1)+(p-n+1)=p$. 可见未知电流的数目与独立方程式的数目相等，因此方程组可解，而且解是唯一的. 所以，基尔霍夫方程组原则上可解决任何直流电路问题.

下面通过两个例题示范一下运用基尔霍夫方程组解题的步骤. 在解决实际问题时，针对各种具体情况，还有许多办法可以使解题步骤简化.

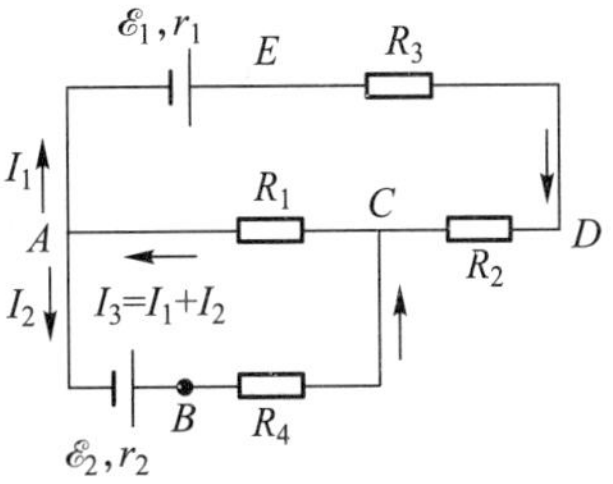


图 3-33　例题 1—用基尔霍夫方程组解复杂电路问题

**［例题 1］**　已知图 3-33 所示的电路中，电动势 $\mathscr{E}_1=3.0\ \text{V}$，$\mathscr{E}_2=1.0\ \text{V}$，内阻 $r_1=0.5\ \Omega$，$r_2=1.0\ \Omega$，电阻 $R_1=10.0\ \Omega$，$R_2=5.0\ \Omega$，$R_3=4.5\ \Omega$，$R_4=19.0\ \Omega$，求电路中电流的分布.

**［解］**　(i) 标定各段电路中各支路电流的方向（见图 3-33）. 在一个复杂的电路中，电流的方向往往不能预先判断，暂且随意假定.

(ii) 设未知变量 $I_1$、$I_2$、$I_3$.

为了使未知变量的数目尽量减少，应充分利用基尔霍夫第一方程组. 例如在图 3-33 中已设 *ABC* 支路的电流为 $I_2$，*AEDC* 支路的电流为 $I_1$，在 *CA* 支路最好不再设一个变量 $I_3$，而根据基尔霍夫第一方程 $-I_1-I_2+I_3=0$，直接设它为 $I_1+I_2$，这样便将三个未知变量减少到两个.

---

①　进一步可参阅：邱关源. 电路（电工原理 Ⅰ）[M]. 北京：人民教育出版社，1978. §14-2，§14-5.

（iii）选择独立回路，写出相应的基尔霍夫第二方程组.

例如对于回路 *ABCDEA*，有

$$-\mathscr{E}_2+I_2r_2+I_2R_4-I_1R_2-I_1R_3+\mathscr{E}_1-I_1r_1=0;$$

对于回路 *AEDCA*，有

$$-\mathscr{E}_1+I_1r_1+I_1R_3+I_1R_2+(I_1+I_2)R_1=0.$$

由于只有两个未知变量，列出上面两个方程就够了. 实际上我们也列不出第三个独立的方程来，如果再对回路 *ABCA* 写出一个方程，它对于上面已有的两个方程来说不是独立的.

（iv）将上列方程组经过整理后，得到

$$\begin{cases}-I_1(R_2+R_3+r_1)+I_2(r_2+R_4)=\mathscr{E}_2-\mathscr{E}_1;\\ I_1(r_1+R_3+R_2+R_1)+I_2R_1=\mathscr{E}_1.\end{cases}$$

将题目中给出的参量数值代入，从这个联立方程组即可解得

$$I_1=160\ \mathrm{mA},$$
$$I_2=-20\ \mathrm{mA}.$$

从而 $I_3=I_1+I_2=140\ \mathrm{mA}$.

从得到的结果看到，$I_1>0$，$I_2<0$. 这表明最初随意假定的电流方向中，$I_1$ 的方向是正确的，$I_2$ 的实际方向与图中所标的相反.

［**例题 2**］　图 3-34 是一个电桥电路，其中 G 为检流计（内阻为 $R_g$），求通过检流计的电流 $I_g$ 与各臂阻值 $R_1$、$R_2$、$R_3$、$R_4$ 的关系（电源内阻可忽略，$\mathscr{E}$ 为已知）.

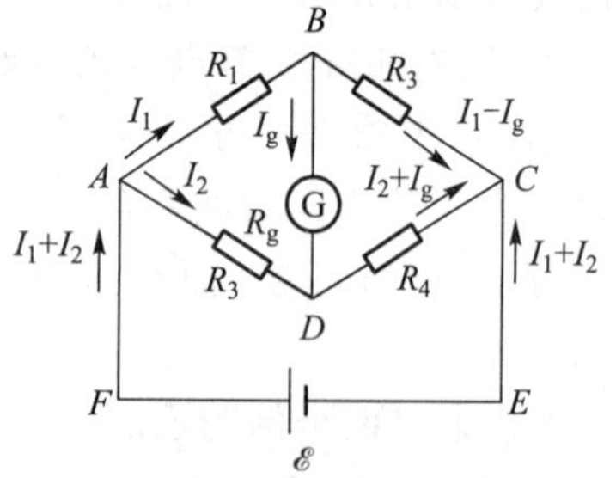

图 3-34　例题 2—用基尔霍夫方程组解非平衡电桥问题

［**解**］　标定各支路电流的方向如图，这里有 $I_g$、$I_1$、$I_2$ 三个未知变量，我们相应地列出三个方程来：

$$\begin{cases}\text{回路 } ABDA,\quad I_1R_1+I_gR_g-I_2R_2=0;\\ \text{回路 } BCDB,\quad (I_1-I_g)R_3-(I_2+I_g)R_4-I_gR_g=0;\\ \text{回路 } ABCEFA,\quad I_1R_1+(I_1-I_g)R_3-\mathscr{E}=0.\end{cases}$$

整理后得到

$$\begin{cases}I_1R_1-I_2R_2+I_gR_g=0;\\ I_1R_3-I_2R_4-I_g(R_3+R_4+R_g)=0;\\ I_1(R_1+R_3)-I_gR_3=\mathscr{E}.\end{cases}$$

这联立方程组可用行列式解出：

$$I_g=\frac{\Delta_g}{\Delta},\tag{3.51}$$

其中

$$\Delta=\begin{vmatrix}R_1 & -R_2 & R_g\\ R_3 & -R_4 & -(R_3+R_4+R_g)\\ R_1+R_3 & 0 & -R_3\end{vmatrix}\tag{3.52}$$
$$=R_1R_2R_3+R_2R_3R_4+R_3R_4R_1+R_4R_1R_2+R_g(R_1+R_3)(R_2+R_4),$$

$$\Delta_g = \begin{vmatrix} R_1 & -R_2 & 0 \\ R_3 & -R_4 & 0 \\ R_1+R_3 & 0 & \mathscr{E} \end{vmatrix} \tag{3.53}$$

$$= -(R_1R_4-R_2R_3)\mathscr{E}.$$

从式(3.51)和式(3.53)可以看出,当

$$R_1R_4-R_2R_3=0 \tag{3.54}$$

时,$\Delta_g=0$,$I_g=0$,式(3.54)就是我们在3.3.2节中得到的电桥平衡条件.那里证明了它是必要条件,这里证明了它是充分条件.所以它是电桥平衡的充要条件.

最后,我们把基尔霍夫方程组总结成普遍的数学形式:

$$\begin{cases} \text{第一方程组}:\sum(\pm I)=0; & (3.55) \\ \text{第二方程组}:\sum U=\sum(\pm\mathscr{E})+\sum(\pm IR)=0. & (3.56) \end{cases}$$

上述求和$\sum(\pm\cdots)$不是简单的代数和,这里有两重正负号问题,现分述如下:

(1) $I$、$U$本身取正值还是负值的问题

基尔霍夫定律中牵涉几个代数量,如$I$、$U$等,它们本身都是可正可负的.在物理学中用代数量来描述一个物理量,往往存在"标定方向"的问题.因为正和负本是一个数学概念,它们的物理意义往往只在选取了标定方向之后才有意义.这里牵涉$I$和$U$两个代数量,所以需要有两套标定方向①.

(i) 对于每段支路需事先给出电流的标定方向②.这样,$I>0$意味着实际电流沿此方向;$I<0$意味着实际电流逆此方向.

(ii) 对于每个闭合回路需事先选取绕行方向.这样,$U>0$意味着沿此方向看去电势实际上在下降;$U<0$意味着沿此方向看去电势实际上在升高.

由此可见,没有规定"标定方向",凭空谈$I$、$U$的正负是毫无意义的.

(2) 方程式中各项之前写加号还是写减号问题

在列基尔霍夫第一方程组(3.55)时我们规定:流向某节点的电流$I$之前写减号,自该节点流出的电流$I$之前写加号.

在列基尔霍夫第二方程组(3.56)时我们规定:

(i) 当选定的回路绕行方向与某段支路上的电流标定方向一致时,该支路上每个电阻$R$上的电势降落$IR$之前写加号,否则写减号.

(ii) 当选定的回路绕行方向从某个电源的正极指向负极时,电动势$\mathscr{E}$之前写加号,否则写减号.③

---

① 基尔霍夫定律中还牵涉第三个量,即电动势$\mathscr{E}$.由于在直流电路中电源的极性已给出,我们可把$\mathscr{E}$看成是恒正的.但在交流电路中,则需有第三套"标定方向",即标定每个电源的极性,这个问题留待第七章再说.

② 不要认为在上面解例题1的第(i)步中,我们只是在那里预先估计一下电流的实际方向,其实我们是在做选取电流标定方向的工作,至于它是否符合电流的实际方向并不重要.

③ 注意:这是指把方程式写成式(3.56)那样,$\pm\mathscr{E}$和$\pm IR$在等式同一端的情况.有时把$\pm\mathscr{E}$移到等式另一端,当然那时就要反号.

上述正负号法则叙述冗繁，也不便记忆. 正如本节前面解例题时看到的，实际中在解决某些比较简单的问题时，无须背诵这些条文，只要有清晰的物理图像，就可正确地列出方程了. 然而当我们遇到较复杂的问题（如交流电路中包含互感）时，一套严谨的正负号法则，还是必要的，它能够帮助我们在列方程式时减少差错.

此外还应指出，在物理学中为了用数学公式描述物理规律时，常常需要引进各种正负号法则. 这些法则并不属于物理规律本身，它们带有一定的人为性质. 不同书刊中可能使用不同的规定，但反映的物理本质是一样的. 因此，学习时应注意区分哪些是物理规律本身，哪些是描述有关规律时的人为规定. 我们不能因为有某些人为规定而认为客观规律也是人为的，也不要被不同书刊中的不同规定所搅乱.

## *3.4.2 电压源与电流源 等效电源定理

等效电源定理在电路计算中应用很广泛. 利用它，常可将复杂电路简化为单回路，从而使计算大为简化.

等效电源定理包括等效电压源定理和等效电流源定理. 我们先介绍电压源和电流源.

（1）电压源与电流源

在 3.2.3 中曾提到，一个实际电源可以看成是电动势为 $\mathscr{E}$ 内阻为 0 的理想电压源与内阻 $r$ 的串联. 当电源两端接上外电阻 $R$ 时，它上边就有电流和电压. 在理想情况下，$r=0$，不管外电阻如何，电源提供的电压总是恒定值 $\mathscr{E}$，我们把这种电源叫作恒压源，这就是前面说的理想电压源. 在非理想情况下，$r\neq0$，这样的电源叫作电压源，它相当于内阻 $r$ 与恒压源串联，如图 3-35(a).

我们也可以设想有一种理想电源，不管外电阻如何变化，它总是提供不变的电流 $I_0$，$I_0$ 的地位相当于恒压源中的电动势. 这种理想的电源叫作恒流源. 一个电池串联很大的电阻，就近似于一个恒流源，因为它对外电阻所提供的电流基本上由电动势和所串联的大电阻决定，几乎与外电阻无关；在电子学中常用到的晶体管或五极电子管是恒流源的例子，其输出电流在相当宽的范围内几乎不随外部负载电阻变化. 在非理想情况下，这样的电源叫电流源，它相当于一定的内阻，与恒流源并联，如图 3-35(b).

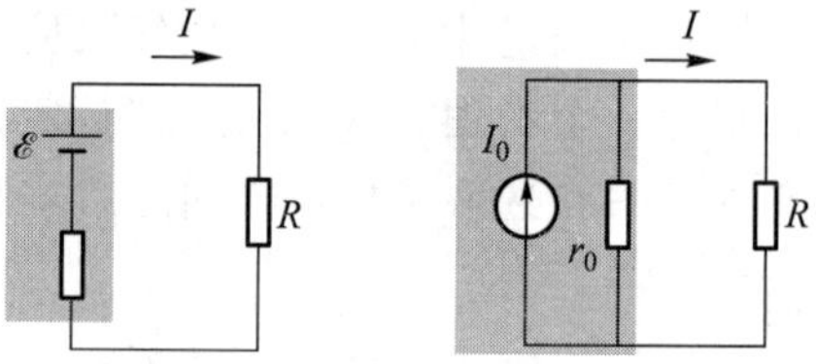


(a) 电压源　(b) 电流源

图 3-35 电压源与电流源等效

实际的电源既可以看成是电压源，也可以看成是电流源，也就是说电压源与电流源可以等效. 所谓等效，就是对于同样的外电路来说，它们所产生的电压和电流都相同.

在图 3-35(a) 中的电压源提供的电流为

$$I=\frac{\mathscr{E}}{R+r}=\frac{\mathscr{E}}{r}\frac{r}{R+r}, \tag{3.57}$$

在图 3-35(b) 中的电流源提供的电流为

$$I=I_0\frac{r_0}{R+r_0}. \tag{3.58}$$

由这两个式子可以看出，当

$$I_0=\frac{\mathscr{E}}{r}\text{和 } r_0=r, \tag{3.59}$$

即电流源的 $I_0$ 等于电压源的短路电流、电流源的内阻等于电压源的内阻时，两电源等效.

从下述例题可以看到，利用电压源与电流源之间的等效性可使某些电路计算简化.

**[例题 3]** 利用电压源与电流源之间的等效计算例题 1 通过 $R_1$ 的电流.

**[解]** 我们将 $R_2$、$R_3$ 归并到第一个电源的内阻中，将 $R_4$ 归并到第二个电源的内阻中，于是两个电压源为

$$\mathscr{E}_1=3.0\ \text{V}, r_1'=r_1+R_2+R_3=10\ \Omega;$$

$$\mathscr{E}_2=1.0\ \text{V}, r_2'=r_2+R_4=20\ \Omega.$$

与它们等效的电流源为

$$I_{01}=\frac{\mathscr{E}_1}{r_1'}=0.30\ \mathrm{A},r_{01}=10\ \Omega;$$

$$I_{02}=\frac{\mathscr{E}_2}{r_2'}=0.05\ \mathrm{A},r_{02}=20\ \Omega.$$

经等效代换后，这两个电流源为并联，相当于一个具有下列参量的电流源：

$$I_0=I_{01}+I_{02}=0.35\ \mathrm{A},$$

$$r_0=\frac{r_{01}r_{02}}{r_{01}+r_{02}}=6.7\ \Omega.$$

于是在图 3-33 中通过 $R_1$ 的电流为

$$I=I_0\frac{r_0}{R_1+r_0}=0.14\ \mathrm{A},$$

结果与前相同.

(2) 等效电源定理

等效电压源定理又叫作戴维宁定理. 它可表述为，两端有源网络①可等效于一个电压源，其电动势等于网络的开路端电压，内阻等于从网络两端看除源（将电动势短路）网络的电阻.

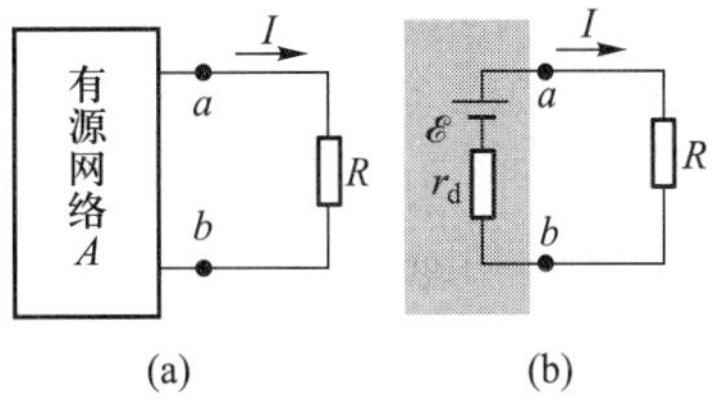


图 3-36　等效电压源定理

现举例说明. 考虑一个两端有源网络 $A$ 与一个电阻 $R$ 串联，如图 3-36(a)，为求电流 $I$，根据等效电压源定理，网络 $A$ 可等效为一个电压源，如图 3-36(b)，于是

$$I=\frac{\mathscr{E}_d}{R+r_d},\tag{3.60}$$

式中 $\mathscr{E}_d$ 是等效电源的电动势，等于网络 $a$、$b$ 两点开路时的端电压，$r_d$ 是等效电源的内阻，等于从 $a$、$b$ 看网络中除去电动势的电阻.

利用电压源和电流源的等效条件，容易得到等效电流源定理，它又叫作诺尔顿定理，它可表述为，两端有源网络可等效于一个电流源，电流源的 $I_0$ 等于网络两端短路时流经两端点的电流，内阻等于从网络两端看除源网络的电阻.

**[例题 4]**　用等效电压源定理求例题 1 中的电流 $I_2$.

**[解]**　如图 3-37 将阴影区内的两端网络等效于一个电压源，其电动势和内阻分别为

$$\mathscr{E}_d=\frac{R_1}{r_1+R_1+R_2+R_3}\mathscr{E}_1=1.5\ \mathrm{V}$$

$$r_d=\frac{R_1(r_1+R_2+R_3)}{R_1+r_1+R_2+R_3}=5\ \Omega.$$

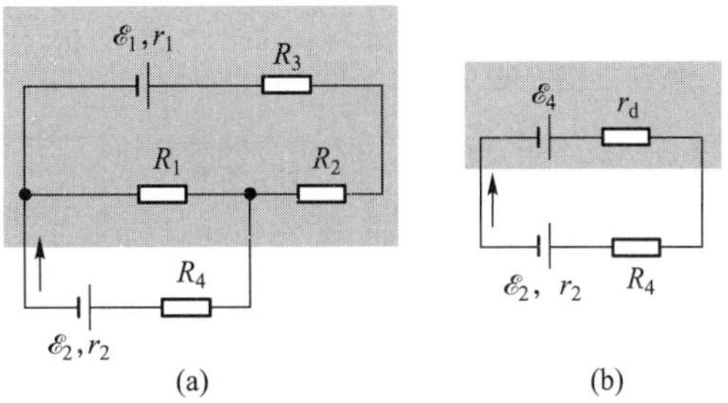


图 3-37　例题 4—用等效电压源重解例题 1

于是

$$I_2=\frac{\mathscr{E}_d-\mathscr{E}_2}{r_d+r_2+R_4}=0.02\ \mathrm{A},$$

结果与前相同.

**[例题 5]**　用等效电流源定理计算例题 1 中的电流 $I_3$.

**[解]**　根据等效电流源定理，电流源的 $I_0$ 等于将电路中 $AC$ 两点短路时流过的电流，如图 3-38(a)所示. 于是

① "网络"是泛称电路或电路一部分的术语. 若网络中含有电源，则称为有源网络. 仅有两条导线和其他网络相连的网络称为两端网络.

$$I_0=\frac{\mathscr{E}_1}{r_1+R_3+R_2}+\frac{\mathscr{E}_2}{r_2+R_4}=0.35\ \mathrm{A}.$$

而电流源的内阻 $r_0$ 等于从 $AC$ 两端看除源网络的电阻，则

$$r_0=\frac{(r_1+R_3+R_2)(r_2+R_4)}{r_1+R_3+R_2+r_2+R_4}=6.7\ \Omega.$$

经如此等效代换后，由图 3-38(b)容易看出，通过 $R_1$ 的电流为

$$I_3=\frac{r_0}{r_0+R_1}I_0=0.14\ \mathrm{A},$$

结果与前相同.

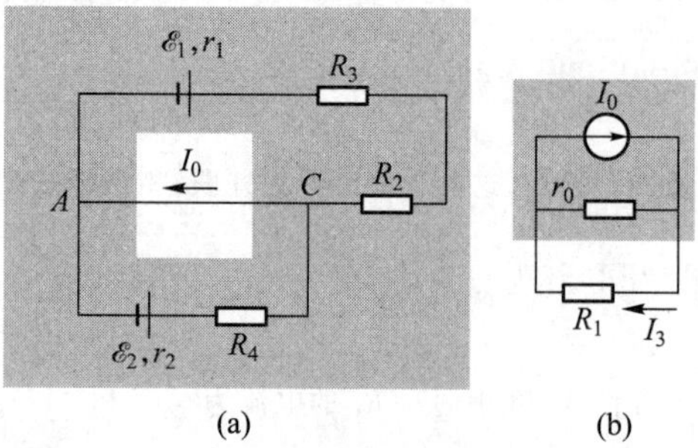


图 3-38　例题 5—用等效电流源定理重解例题 1

等效电源定理在实际中很有用. 例如电路设计时，在某一复杂电路的一条支路中，需要分析接入不同电阻时的电流，我们不必对接入不同电阻的各种情况作庞杂的计算，也不必对接入不同电阻的各种情况每次都重新测量，而只需在电阻的接入端，对开路端电压和除源电路的电阻进行一次测量，或者对两端点的短路电流和除源电路的电阻进行一次测量，也可以对两端点的开路电压及其短路电流进行一次测量(参看习题 3.4-14). 从而根据等效电源定理，就可以简便地获得不同负载情况下输出信号的具体结果.

## *3.4.3　叠加定理

叠加定理可表述为：若电路中有多个电源，则通过电路中任一支路的电流等于各个电动势单独存在时，在该支路产生的电流之和.

下面我们通过一个具体电路给予说明. 考虑例题 1 的电路，图 3-39(a)就是原来的电路，只是明显地画出电源的内阻，并把其串联在电路中. 设这时各支路电流为 $I_1$、$I_2$、$I_3$. 如果把 $\mathscr{E}_2$ 取走，电路变成图 3-39(b). 由于 $\mathscr{E}_1$ 仍存在，各支路的电流用 $I_1'$、$I_2'$、$I_3'$表示. 然后把 $\mathscr{E}_2$ 保留下来，把 $\mathscr{E}_1$ 取走，电路变成 3-39(c)，各支路电流为 $I_1''$、$I_2''$、$I_3''$. 叠加定理告诉我们各支路的电流为

$$I_1=I_1'-I_1'',$$
$$I_2=-I_2'+I_2'',$$
$$I_3=I_3'+I_3''.$$

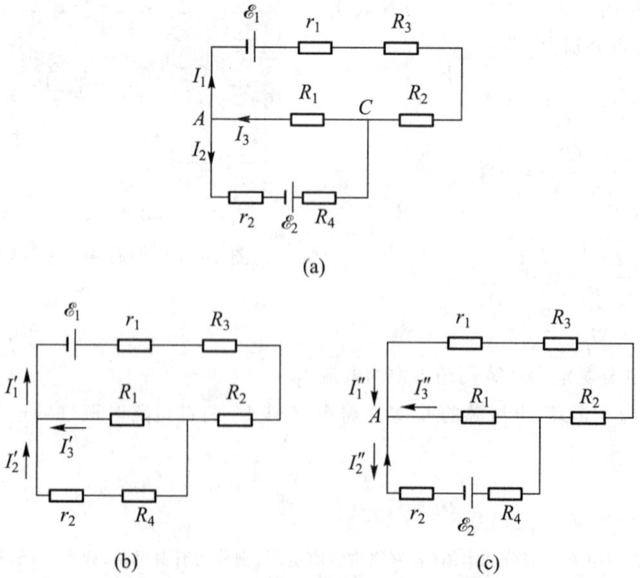


图 3-39　用叠加定理看例题 1 的电路

叠加定理告诉我们，一个多电源电路的计算可以分别考虑各电动势的单独作用，然后再叠加起来. 它的好处是可以简化计算，因为对于单个电动势的电路有可能应用简单的串并联公式. 更为有用的是在设计电路时，常常需要考虑增添一些电源对电路产生什么影响，此时运用叠加定理是比较有效的. 下面举例说明.

［**例题 6**］ 用叠加定理计算例题 1 中通过 $R_1$ 的电流.

［**解**］ 取走 $\mathscr{E}_2$，则

$$I_1'=\frac{\mathscr{E}_1}{R_2+R_3+r_1+\dfrac{R_1(R_4+r_2)}{R_1+R_4+r_2}}=\frac{3.0}{5+4.5+0.5+6.7}\ \mathrm{A}=0.18\ \mathrm{A},$$

$$I_3'=\frac{6.7}{10}I_1'=0.12\ \mathrm{A}.$$

取走 $\mathscr{E}_1$，则

$$I_2''=\frac{\mathscr{E}_2}{R_4+r_2+\dfrac{R_1(R_2+R_3+r_1)}{R_1+R_2+R_3+r_1}}=\frac{1}{19.0+1.0+5}\ \mathrm{A}=0.04\mathrm{A},$$

$$I_3''=\frac{10}{20}I_2''=0.02\ \mathrm{A},$$

由叠加定理可得

$$I_3=I_3'+I_3''=0.14\ \mathrm{A},$$

结果与前相同.

［**例题 7**］ 若在上例题的图中 $AC$ 支路加接一个电池，$\mathscr{E}_3=3.0\ \mathrm{V}$，$r_3=0$，如图 3-40 所示. 求流经电阻 $R_1$ 的电流.

［**解**］ 上面已经计算了当 $\mathscr{E}_3$ 不存在时流经 $R_1$ 的电流为 0.14 A. 现在只计算由 $\mathscr{E}_3$ 单独产生的电流 $I_3'''$：

$$I_3'''=\frac{\mathscr{E}_3}{R_1+\dfrac{(R_4+r_2)(R_2+R_3+r_1)}{R_4+r_2+R_2+R_3+r_1}}=\frac{3.0}{10+6.7}\ \mathrm{A}=0.18\ \mathrm{A},$$

根据叠加定理，流经 $R_1$ 的总电流为 $(0.14+0.18)\ \mathrm{A}=0.32\ \mathrm{A}$.

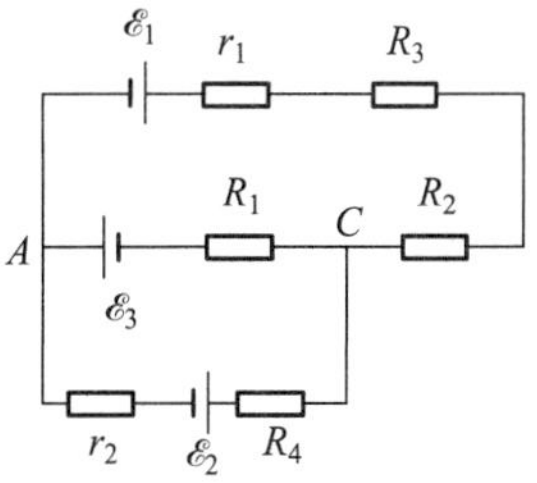

图 3-40　例题 7—增添一个电源的作用

## *3.4.4　Y-△电路的等效代换

在某些复杂电路中会遇到电阻连接成 Y 形或△形（见下面例题），如果我们要计算电路的等效电阻，是很复杂的. 可是，如果把 Y 形连接代换成等效的△形连接，或相反地把△形连接代换成等效的 Y 形连接，则可在电阻串并联的基础上简化计算.

下面我们说明 Y 形电阻与△形电阻之间的等效代换方法. 所谓等效，就是指这两种电阻连接之间的代换仍保持电路中其余各部分的电压和电流不变，即要求 Y 形的三个端钮的电势 $U_1$、$U_2$、$U_3$ 以及流过的电流 $I_1$、$I_2$、$I_3$ 与△形的三个端钮相同（见图 3-41）.

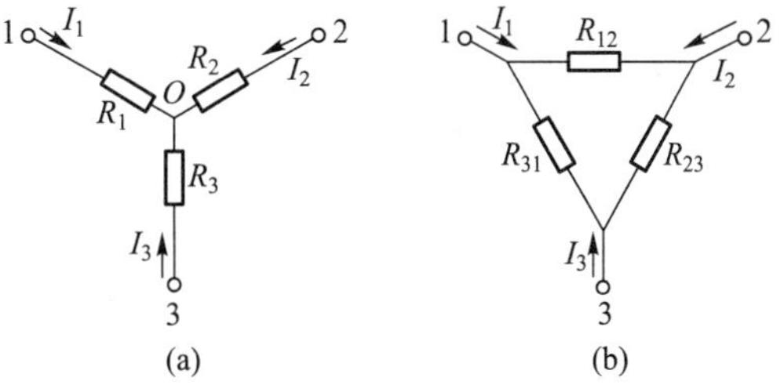

图 3-41　Y-△等效变换

可以证明（证明从略，由读者自己在习题 3.4-19 中加以证明），从 Y 形连接到△形连接，各电阻之间的变换关系为

$$
\left.\begin{aligned}
R_{12}&=\frac{R_1R_2+R_2R_3+R_3R_1}{R_3},\\
R_{23}&=\frac{R_1R_2+R_2R_3+R_3R_1}{R_1},\\
R_{31}&=\frac{R_1R_2+R_2R_3+R_3R_1}{R_2}.
\end{aligned}\right\}\tag{3.61}
$$

从△形连接到Y形连接的逆变换关系为

$$
\left.\begin{aligned}
R_1&=\frac{R_{31}R_{12}}{R_{12}+R_{23}+R_{31}},\\
R_2&=\frac{R_{12}R_{23}}{R_{12}+R_{23}+R_{31}},\\
R_3&=\frac{R_{23}R_{31}}{R_{12}+R_{23}+R_{31}}.
\end{aligned}\right\}\tag{3.62}
$$

由以上公式可以看出，当Y形连接的三电阻都相等时，与之等效的△形连接的三电阻也相等，并且等于Y形电阻的3倍；同样，当△形连接的三电阻都相等时，与之等效的Y形连接的三电阻也相等，并且等于△形电阻的1/3.

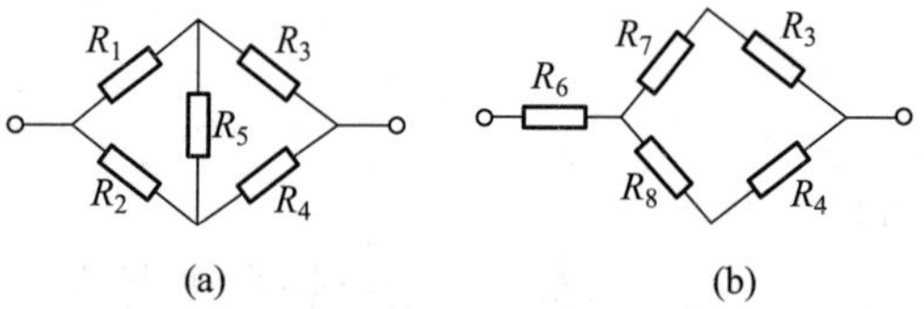

图3-42　例题8—桥路的△-Y代换

［**例题8**］　求图3-42(a)所示桥路的等效电阻.已知：$R_1=50\ \Omega, R_2=40\ \Omega, R_3=15\ \Omega, R_4=26\ \Omega, R_5=10\ \Omega$.

［**解**］　将$R_1$、$R_2$、$R_5$组成的△形电路代换成具有电阻$R_6$、$R_7$、$R_8$的Y形电阻，如图3-42(b)所示，根据公式(3.62)，

$$
R_6=\frac{R_1R_2}{R_1+R_2+R_5}=20\ \Omega,
$$

$$
R_7=\frac{R_1R_5}{R_1+R_2+R_5}=5\ \Omega,
$$

$$
R_8=\frac{R_2R_5}{R_1+R_2+R_5}=4\ \Omega.
$$

整个电路的等效电阻$R$，不难用串、并联公式求得为

$$
R=R_6+\frac{(R_7+R_3)(R_8+R_4)}{R_7+R_3+R_8+R_4}=20\ \Omega+12\ \Omega=32\ \Omega.
$$

## 思　考　题

**3.4-1**　考虑一个具体的电路，例如电桥电路，验算$n$个节点列出的基尔霍夫第一方程组中只有$n-1$个是独立的.

**3.4-2**　已知复杂电路中一段电路的几种情况如题图所示，分别写出这段电路的$U_{AB}=U_A-U_B$.



思考题3.4-2图

**3.4-3**　考虑一个具体的电路，例如电桥电路，验算对$m$个独立回路列出的基尔霍夫第二方程是相互独立的，而沿其他回路列出的方程可以由这$m$个方程组合得到.

**3.4-4**　理想的电压源内阻是多大？理想的电流源内阻是多大？理想电压源和理想电流源可以等效吗？

**3.4-5**　叠加定理可以理解得更广泛一些，包括电路中有电流源情形，即电路中有多个电源时，电路中任一支路的电流等于各个电源单独存在、而

其他电源为零值时所产生的电流之和.因此应用叠加定理时,对于“其他电源为零值”的确切理解是重要的.在等效电源定理中要计算除源电路的电阻,“除源”也就是使电源为零值.零值电压源的端点间电压恒为零,这相当于短路情况.零值电流源相当于什么情况?

**3.4-6** 基尔霍夫方程组对于电流是线性的.叠加定理正是由方程组的线性导出的.考虑在例题1中若 $\mathscr{E}_1$ 增为2倍,$\mathscr{E}_2$ 增为3倍,电流 $I_3$ 为多少?

## 习　　题

**3.4-1** 一电路如题图,已知 $\mathscr{E}_1=1.5\ \text{V}$,$\mathscr{E}_2=1.0\ \text{V}$,$R_1=50\ \Omega$,$R_2=80\ \Omega$,$R=10\ \Omega$,电池的内阻都可忽略不计.求通过 $R$ 的电流.

**3.4-2** 一电路如题图,已知 $\mathscr{E}_1=3.0\ \text{V}$,$\mathscr{E}_2=1.5\ \text{V}$,$\mathscr{E}_3=2.2\ \text{V}$,$R_1=1.5\ \Omega$,$R_2=2.0\ \Omega$,$R_3=1.4\ \Omega$,电源的内阻都已分别算在 $R_1$、$R_2$ 和 $R_3$ 内,求 $U_{ab}$.

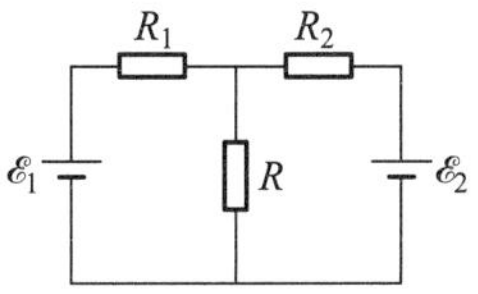


习题 3.4-1 图

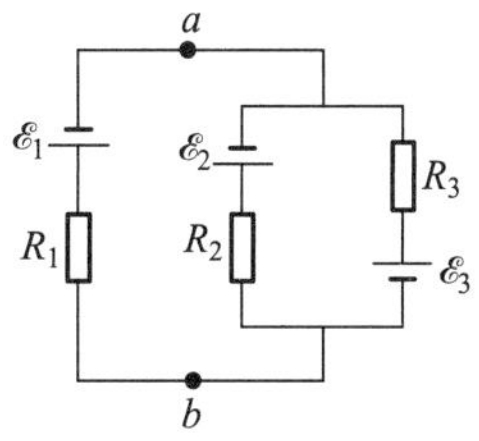


习题 3.4-2 图

**3.4-3** 一电路如题图,已知 $\mathscr{E}_1=12\ \text{V}$,$\mathscr{E}_2=9\ \text{V}$,$\mathscr{E}_3=8\ \text{V}$,$r_1=r_2=r_3=1\ \Omega$,$R_1=R_3=R_4=R_5=2\ \Omega$,$R_2=3\ \Omega$.求:

(1) $a$、$b$ 断开时的 $U_{ab}$;

(2) $a$、$b$ 短路时通过 $\mathscr{E}_2$ 的电流的大小和方向.

**3.4-4** 一电路如题图,已知 $\mathscr{E}_1=1.0\ \text{V}$,$\mathscr{E}_2=2.0\ \text{V}$,$\mathscr{E}_3=3.0\ \text{V}$,$r_1=r_2=r_3=1.0\ \Omega$,$R_1=1.0\ \Omega$,$R_2=3.0\ \Omega$,求:

(1) 通过电源3的电流;

(2) $R_2$ 消耗的功率;

(3) 电源3对外供给的功率.

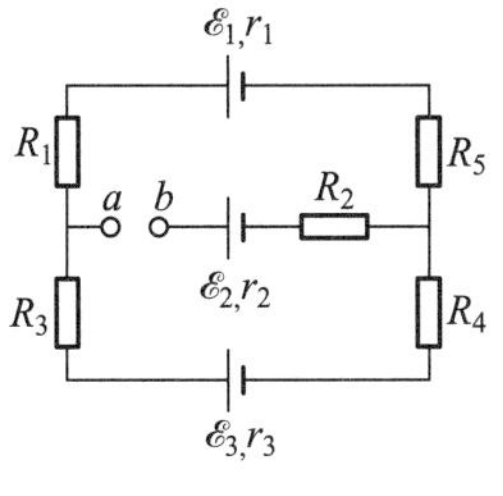


习题 3.4-3 图

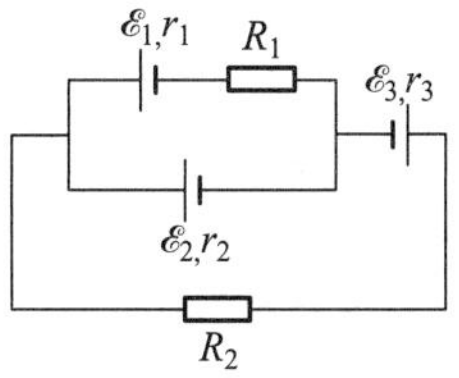


习题 3.4-4 图

**3.4-5** 一电路如题图,已知 $\mathscr{E}_1=12\ \text{V}$,$\mathscr{E}_2=6.0\ \text{V}$,$r_1=r_2=R_1=R_2=1.0\ \Omega$,通过 $R_3$ 的电流 $I_3=3.0\ \text{A}$,方向如题图所示.求:

(1) 通过 $R_1$ 和 $R_2$ 的电流;

(2) $R_3$ 的大小.

**3.4-6** 一电路如题图,求各支路电流及 $U_{ab}$.

**3.4-7** 分别求出题图中 $a$、$b$ 间的电阻.

**3.4-8**　将题图中的电压源变换成等效的电流源.

**3.4-9**　将题图中的电流源转换成等效的电压源.

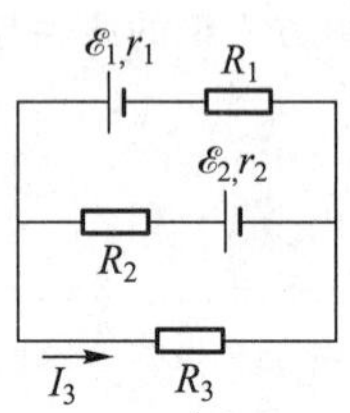


习题 3.4-5 图

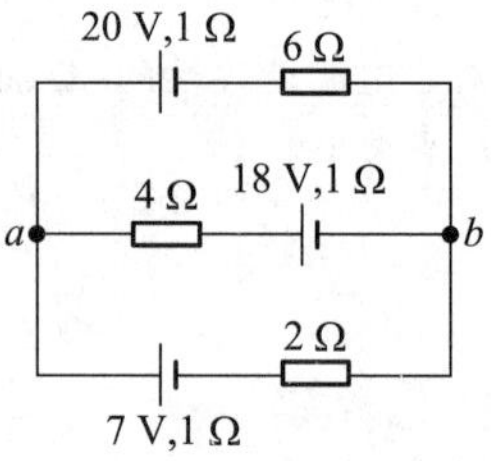


习题 3.4-6 图

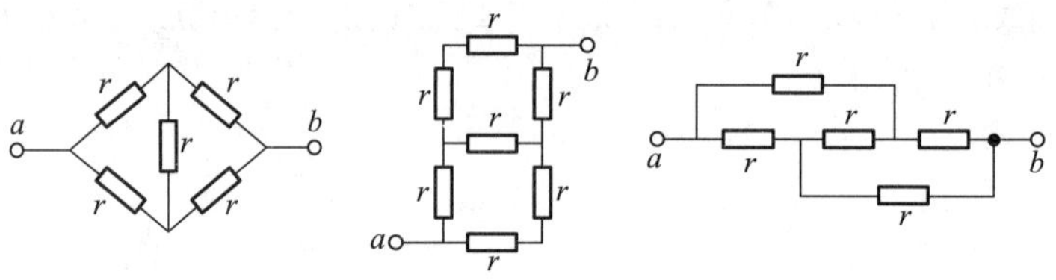


(a)　(b)　(c)

习题 3.4-7 图

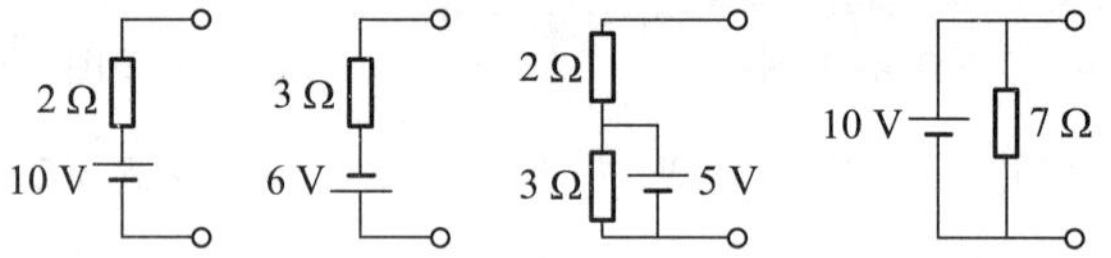


(a)　(b)　(c)　(d)

习题 3.4-8 图

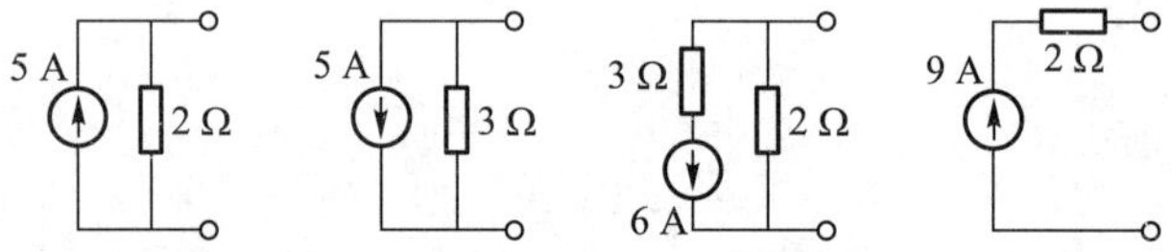


(a)　(b)　(c)　(d)

习题 3.4-9 图

**3.4-10**　用等效电源定理解习题 3.4-1.

**3.4-11**　用等效电源定理解习题 3.4-3 中的(2).

**3.4-12**　用等效电源定理解习题 3.4-4.

**3.4-13**　用等效电源定理求图 3-34 中电桥电路的 $I_g$.

**3.4-14**　电路中某两端开路时测得的电压为 10 V,而此两端短接时,通过短路线上的电流 $I_s=2.0$ A.问:

(1) 等效电压源或电流源的内阻为多少?

(2) 在此两端接上 5.0 Ω 的电阻时,通过此电阻的电流应为多少?

**3.4-15**　题图(a)的电路中每个支路上的电阻均为 1 Ω,所有电源的电动势未知,但其内阻为 0.已知在某一支路上的电流大小及方向如题图中所示.问:

(1) 如图(b),在此支路中再串联上一个 2 Ω 的电阻,则此支路上电流的大小及方向如何?

(2) 如图(c),在此支路中并联一个 2 Ω 的电阻,则通过 2 Ω 电阻上电流的大小及方向如何?

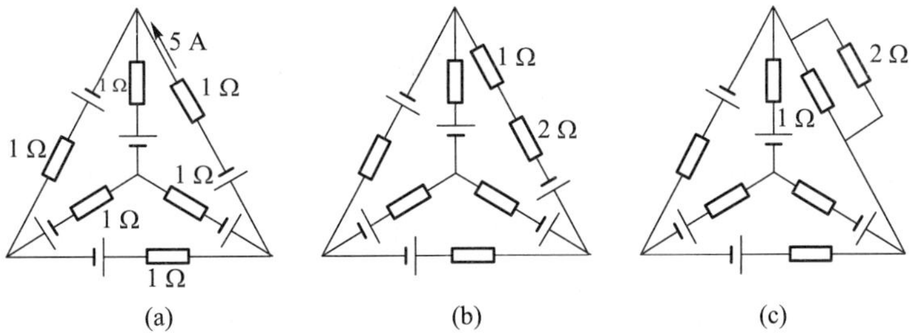


习题 3.4–15 图

**3.4–16**　试求题图中 $ab$ 支路中的电流.

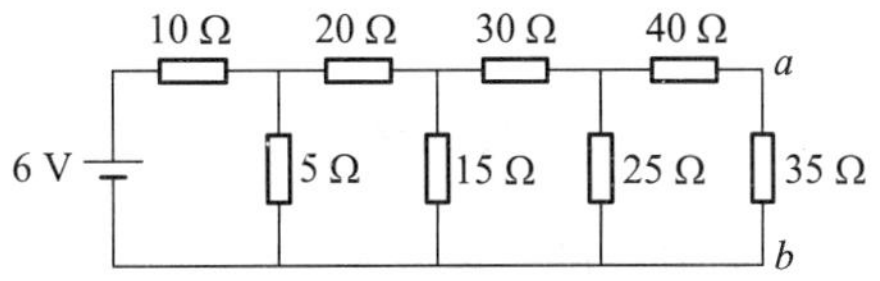


习题 3.4–16 图

**3.4–17**　用叠加定理解习题 3.4–1.

**3.4–18**　用叠加定理解习题 3.4–4.

**3.4–19**　推导电阻的 Y 形连接和△形连接的代换公式(3.61)和(3.62)时,可以用两种连接中任意两对应点之间的总电阻都分别相等作为条件.试推导之.

**3.4–20**　将题图中所示电阻的 Y 形连接变换为△形连接.

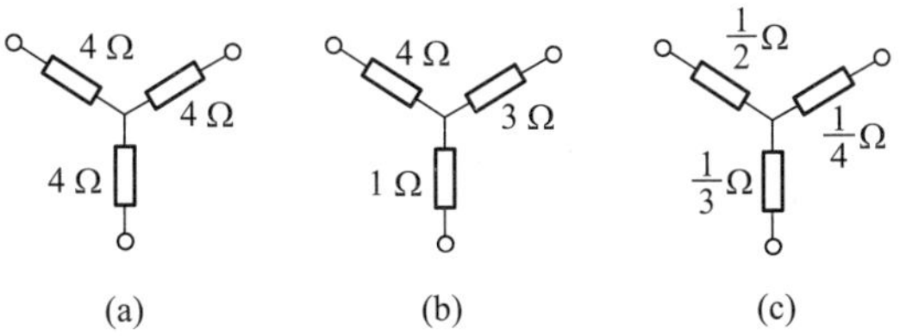


习题 3.4–20 图

**3.4–21**　将题图中所示电阻的△形电阻连接变换为 Y 形连接.

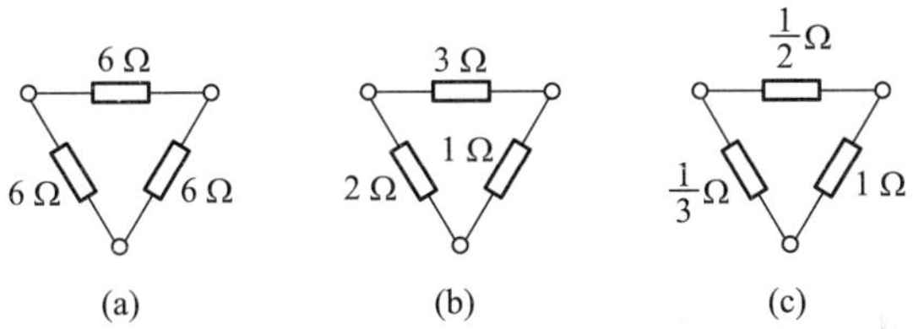


习题 3.4–21 图

**3.4–22**　用 Y–△代换求习题 3.4–7 中图(b)的等效电阻.

**3.4–23**　求题图所示电路中的电流 $I$.

**3.4–24**　求题图中所示双 T 桥电路的等效电阻.

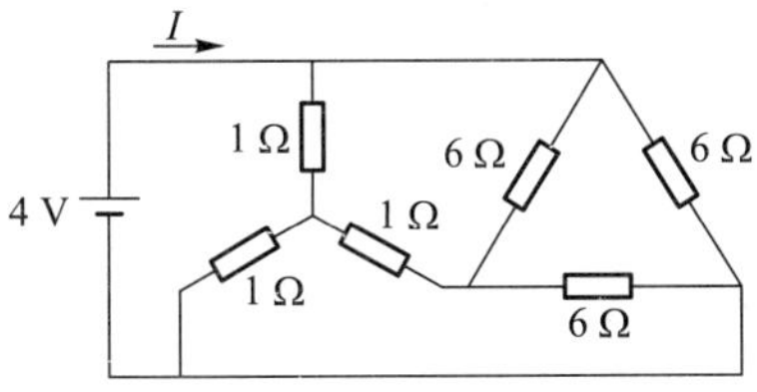


习题 3.4–23 图

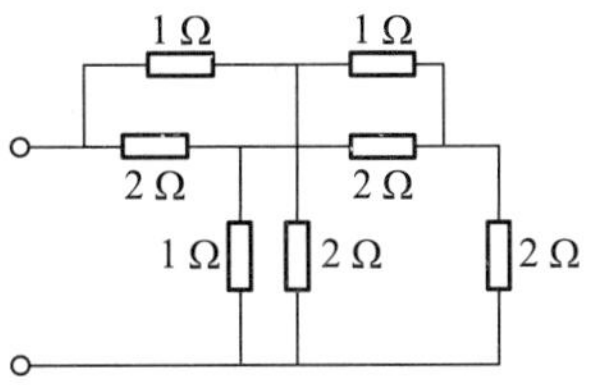


习题 3.4–24 图

# §3.5 温差电现象

电流通过导体产生焦耳热的过程与电流的方向无关，它是一个不可逆过程. 然而在一定的条件下，导体内还是可能产生可逆过程的：即当电流沿某方向进行时，导体上放出热量；当电流沿反方向进行时，吸收热量. 从能量转化的角度来看，前者是电能转化为热能，后者是热能转化为电能. 这与电池的充电、放电过程中电能与化学能之间的可逆转化相似. 上述现象表明导体内可以存在与热现象有关的非静电力和电动势，我们称之为热电动势. 热电动势有两种具体形式，先分别介绍如下.

## 3.5.1　汤姆孙效应

如果我们设法将一金属棒的两端维持在不等的温度 $T_1$ 和 $T_2$ 上，并外加一电流通过此棒，则在此棒中除了产生和电阻有关的焦耳热外，此棒还要吸收或释放一定的热量. 这种效应称为汤姆孙效应，吸收或释放的热量称为汤姆孙热. 金属棒是吸热还是放热，与电流的方向有关（见图 3-43）. 如略去焦耳热与热传导等不可逆现象，电流反向时，汤姆孙效应是可逆的.

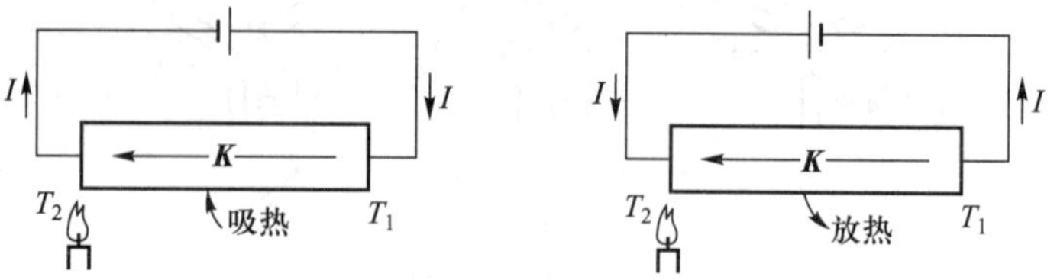


图 3-43　汤姆孙效应

从经典电子论来看，汤姆孙效应可这样理解：金属中的自由电子好像气体一样，当温度不均匀时会产生热扩散. 这种热扩散作用，可等效地看成是一种非静电力，它在棒内形成一定的电动势（称为汤姆孙电动势），外加电流通过金属棒时，若其方向与非静电力一致，这相当于电池放电，自由电子将不断从外界吸热，热能转化为电能. 若电流方向与非静电力相反，则相当于电池充电，电能转化为热能，向外释放出来.

实验表明，在汤姆孙效应中，作用在单位正电荷上的等效非静电力 $\boldsymbol{K}$，其大小正比于温度的梯度$\dfrac{\mathrm{d}T}{\mathrm{d}l}$（$T$ 为热力学温度），

$$K=\sigma(T)\frac{\mathrm{d}T}{\mathrm{d}l},\tag{3.63}$$

式中比例系数与金属材料及其温度有关. 于是整个棒内的汤姆孙电动势为

$$\mathscr{E}(T_1,T_2)=\int_0^l \boldsymbol{K}\cdot\mathrm{d}\boldsymbol{l}=\int_0^l \sigma(T)\frac{\mathrm{d}T}{\mathrm{d}l}\cdot\mathrm{d}l,$$

即

$$\mathscr{E}(T_1,T_2)=\int_{T_1}^{T_2}\sigma(T)\,\mathrm{d}T,\tag{3.64}$$

式中 $T_1$，$T_2$ 分别为棒两端的温度. 系数 $\sigma(T)$ 称为金属材料的汤姆孙系数. 汤姆孙电动势很小，例

如在室温下，铋的汤姆孙系数的数量级为 $10^{-5}$ V/K.

显然，用同一种金属，只依靠汤姆孙电动势，不能在闭合回路中建立恒定电流. 因为当我们将同一种金属 A 做成的两根棒如图 3-44 连接起来，并分别使它们的两端维持不同的温度 $T_1$、$T_2$ 时，式(3.64)表明，汤姆孙电动势的大小只与金属材料和两端的温度有关，与金属棒的形状无关. 因此，在这两根金属棒的回路中建立了相等而相反的两个电动势，它们在回路中相互抵消，不能形成恒定电流. 若采用两种不同金属的棒相连接，两个汤姆孙电动势不相等，闭路中可以有电动势. 然而这时在两种金属的连接处将产生下面要讲的另一种电动势，整个闭路的电动势将在 3.5.3 节中一并考虑.

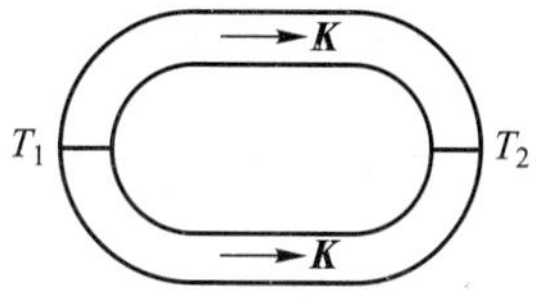


图 3-44　同种金属构成的闭合回路中汤姆孙电动势代数和为 0

### 3.5.2　佩尔捷效应

当外加电流通过两种不同金属 A 和 B 间的接触面时，也会有吸热或放热的现象发生. 这效应称为佩尔捷效应，吸收或释放的热量称为佩尔捷热. 与汤姆孙效应一样，略去焦耳热与热传导等不可逆现象，当电流反向时，佩尔捷效应也是可逆的(见图 3-45).

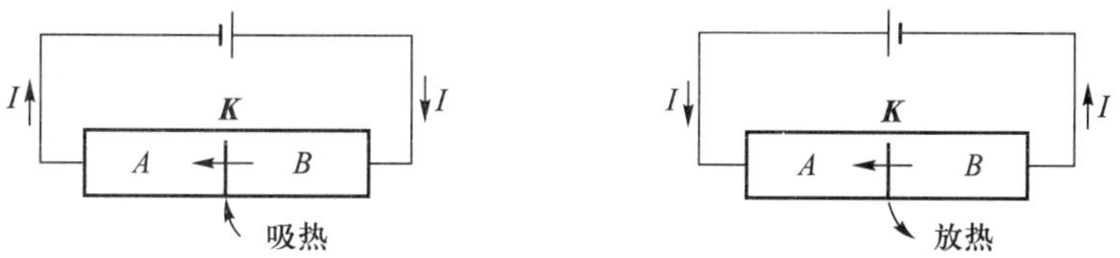


图 3-45　佩尔捷效应

按经典电子论，佩尔捷效应可解释为因不同金属材料中自由电子的数密度 $n_A$、$n_B$ 不同而引起的. 由于密度不同，两种金属接触时，自由电子将发生扩散. 这种扩散作用，也可等效地看成是一非静电力，它在接触面上形成一定的电动势(称为佩尔捷电动势). 与汤姆孙效应类似，吸收和释放佩尔捷热的过程，分别与电池的放电和充电过程相当. 佩尔捷电动势除了与相互接触的金属材料有关外，还与温度有关，我们用 $\Pi_{AB}(T)$ 代表金属 A、B 在温度 $T$ 接触时的佩尔捷电动势. 佩尔捷电动势也不大，其数量级一般在 $10^{-2} \sim 10^{-3}$ V 之间.

在单一温度下只依靠佩尔捷电动势也不能在闭合回路中建立恒定电流. 因为对于两种金属连成的回路，若接触处的温度相同，接触处的两个佩尔捷电动势大小相等方向相反，即

$$\Pi_{AB}(T) = -\Pi_{BA}(T),$$

或

$$\Pi_{AB}(T) + \Pi_{BA}(T) = 0,$$

即闭合回路中的总电动势为 0. 对于多种金属连成的回路，实验和理论都表明，在各接触点温度相同的条件下，金属 A、B 间，金属 B、C 间和金属 C、D 间的佩尔捷电动势的代数和永远等于 A、D 间的佩尔捷电动势，即

$$\Pi_{AB}(T) + \Pi_{BC}(T) + \Pi_{CD}(T) = \Pi_{AD}(T).$$

又因为 $\Pi_{AD}(T) = -\Pi_{DA}(T)$，于是

$$\Pi_{AB}(T) + \Pi_{BC}(T) + \Pi_{CD}(T) + \Pi_{DA}(T) = 0. \tag{3.65}$$

这就是说，如果我们把几种金属 A、B、C、D 连成闭合回路，并维持接触点有同一温度(图 3-46)，

在闭合回路中的总电动势为0,也不能形成恒定电流.

### 3.5.3　温差电效应及其应用

要在金属导线连成的闭合回路中得到恒定电流,必须在电路中同时存在温度梯度和电子数密度的梯度.为此,我们将两种金属A、B做成的导线串联起来,并使它们的两个接触点的温度分别为 $T_1$ 和 $T_2$(图3-47).这时,在两根导线中有汤姆孙电动势

$$\mathscr{E}_A(T_1,T_2)=\int_{T_1}^{T_2}\sigma_A(T)\,dT \text{ 和 } \mathscr{E}_B(T_2,T_1)=\int_{T_2}^{T_1}\sigma_B(T)\,dT,$$

在两个接触点有佩尔捷电动势 $\Pi_{AB}(T_1)$ 和 $\Pi_{BA}(T_2)$,在整个闭合回路中的电动势

$$\mathscr{E}=\Pi_{AB}(T_1)+\Pi_{BA}(T_2)+\int_{T_1}^{T_2}\sigma_A(T)\,dT+\int_{T_2}^{T_1}\sigma_B(T)\,dT \tag{3.66}$$

一般将不等于0,这电动势称为泽贝克电动势,或温差电动势.式(3.66)表明,温差电动势是由汤姆孙电动势和佩尔捷电动势联合组成的.在温差电动势的推动下,闭合电路中才能形成电流.

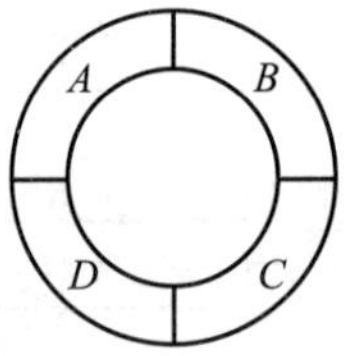

图3-46　同一温度的闭合回路中总电动势为0

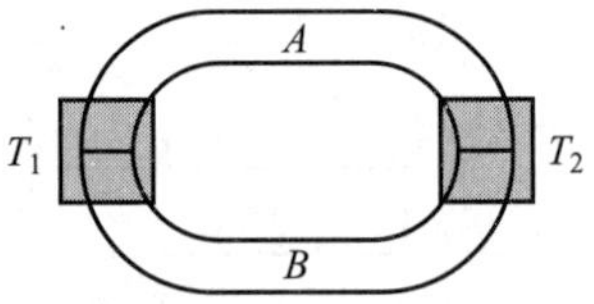

图3-47　温差电动势

从能量转化的角度看,在闭合回路中有温差电流时,电路上既有吸热,也有放热,二者的差便是维持恒定电流所需电能的来源.由此可见,温差电流的形成不仅符合热力学第一定律,而且也不违反热力学第二定律,因为这里不是从单一热源吸热使之全部转化为电能而不产生其他影响.

由两种不同金属焊接并将接触点放在不同温度下的回路,称为温差电偶.

可以证明(思考题3.5-3),在A、B两种金属之间插入任何一种金属C,只要维持它和A、B的连接点在同一温度 $T_2$(见图3-48),这个闭合回路中的温差电动势总是和只由A、B两种金属组成的温差电偶中的温差电动势一样.下面即将看到,温差电偶的这一性质在实际应用中是很重要的.

温差电偶的重要应用是测量温度,其原理如图3-49所示,将构成温差电偶的两种金属A、B的一个接头放在待测的温度 $T$ 中,A、B的另一端点都放在温度 $T_0$ 为已知的恒温物质(如冰水或大气)中.用两根同样材料C的导线(为什么?)将A、B在恒温槽中的一端连到电势差计的补偿电路中去,测量它的温差电动势.根据事先校准的曲线或数据,便可知道待测温度 $T$.

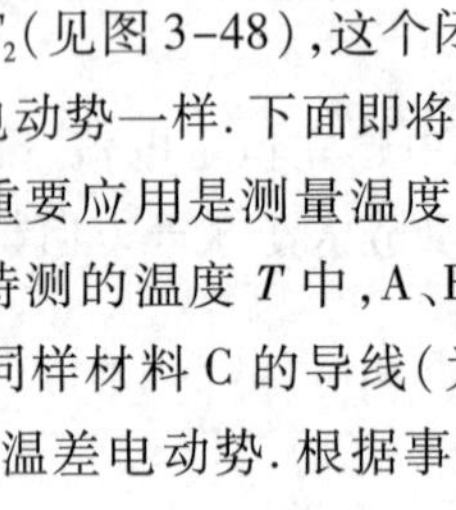

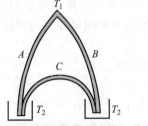

图3-48　在温差电偶中插入第三种金属

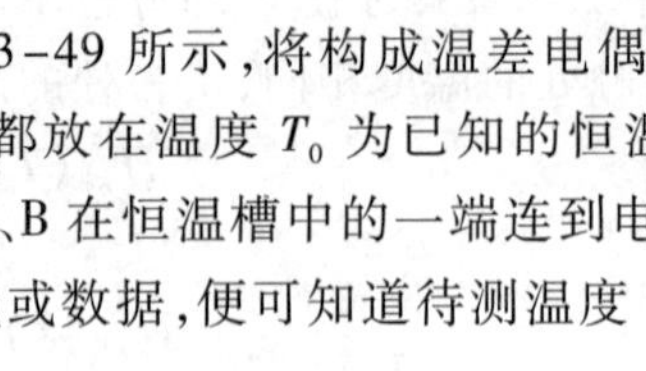

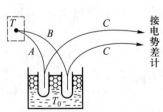

图3-49　用温差电偶测温度

用温差电偶测量温度的优点很多,例如:

(1) 测量范围很广,可以在-200 ~ 2 000 ℃的范围内使用.测量炼钢炉中的高温,或液态空气的低温,都可使用温差电偶.

(2) 灵敏度和准确度很高(可达 $10^{-3}$ ℃以下),特别是铂和铑的合金做成的温差电偶稳定性很高.常用来作为标准温度计.

(3) 由于受热面积和热容量都可以做得很小,用温差电偶能够测量很小范围内的温度或微小的热量.研究金相变化,化学反应以及小生物体温的变化时可以采用它.这个优点更是一般水银温度计所不及的.还有一种真空热电偶是装置在真空管内的温差电偶.在一个接触点上焊有涂了炭黑的金属片,以便有效地吸收外来的光或辐射的能量.真空的绝热作用则可提高电偶的灵敏度.这是一种测量光通量或辐射通量十分灵敏的器件.

在实际中常用的温差电偶有下面几种.在测 300 ℃以下的温度时用铜-康铜温差电偶;测高达 1 200 ℃的温度用镍铬-镍硅温差电偶;测更高的温度通常用铂-铂铑合金(10% 或 13% 铑两种)的温差电偶,它可适用于-200 ~ 1 700 ℃;如果温度高达 2 000 ℃,即可用钨-钛温差电偶.下面我们将几种温差电偶在冷接头的温度为 0 ℃时温差电动势的数值列表如表 3-3 所示:

**表 3-3 温差电动势**

| 热接头的温度/℃ | 温差电动势/mV | | |
|---|---|---|---|
| | 钨-钛电偶 | 铂-铂铑合金电偶(10% 铑) | 铜-康铜电偶(40% 镍) |
| 0 | 0.00 | 0.00 | 0.00 |
| 1 | | 0.00 | 0.50 |
| 100 | 0.35 | 0.64 | 4.30 |
| 200 | 1.05 | 1.42 | 9.30 |
| 300 | 2.06 | 2.29 | 14.90 |
| 400 | 3.31 | | |
| 500 | 4.75 | 4.17 | |
| 800 | | 7.31 | |
| 1 000 | 9.5 | 9.56 | |
| 1 250 | 12.3 | | |
| 1 500 | 15.9 | 15.45 | |
| 1 700 | | 17.81 | |
| 1 750 | 19.1 | | |
| 2 000 | 23.7 | | |

由上表可以看出,一般金属温差电偶的电动势很小,数量级只有 mV.为了增强温差电效应,有时把温差电偶串联起来,如图 3-50 所示,做成所谓温差电堆.某些半导体的温差电效应较强,能量转化的效率也较高,这种半导体的温差电堆有时被用来作电源.

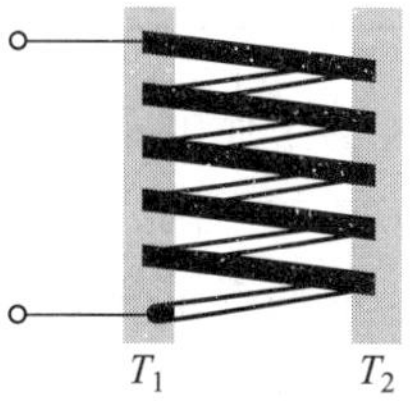

图 3-50 温差电堆

利用半导体具有较强的佩尔捷效应,加外接电源使电流反向,结果在低温触点吸热,而在高温触点放热,从而可制成半导体制冷机.与机械压缩制冷相比较，半导体制冷无机械运动部件，直接利用电能实现热量的转移，具有结构简单、寿命长、工作可靠、反应快、易控制、可小型化、无噪声振动和无空气污染等一系列优点.

目前，温差电器件的研制正在不断发展中.

## 思　考　题

**3.5-1**　如题图所示的温差电偶中，$T_2>T_1$，试根据热力学第二定律分析一下，除了导体上产生的焦耳热外，在哪儿吸收热，在哪儿放出热？若 $n_A>n_B$，试分析电偶中温差电流的方向.

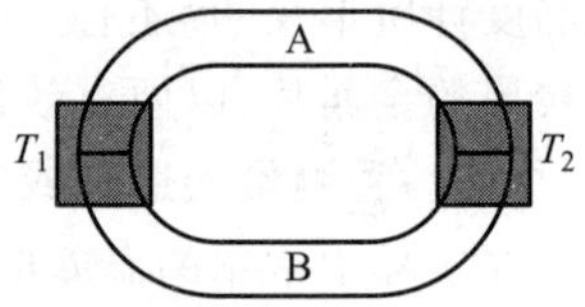

思考题 3.5-1 图

**3.5-2**　试论证：如图 3-48 所示，在 A、B 两种金属之间插入任何一种金属 C，只要维持它和 A、B 的连接点在同一温度 $T_2$，其中的温差电动势与仅由 A、B 两种金属组成的温差电动势一样.

**3.5-3**　实际的温差电偶测量电路如图 3-49 所示，右边两导线 C 接电势差计. 电势差计中的导线和电阻可能由其他金属材料制成. 试论证：只要接到电势差计的两根导线材料相同，并且电势差计中各接触点维持同一温度（例如室温），则温差电偶整个回路中的温差电动势仅由金属 A、B 和 $T$、$T_0$ 决定.

**3.5-4**　试论证图 3-50 所示的温差电堆的电动势是各温差电偶的电动势之和.

# §3.6 电子发射与气体导电

## 3.6.1　逸出功和电子发射

在各种电子管中都需要有发射电子的阴极. 虽然，金属中的自由电子不断做热运动，但在室温下它们不会大量逸出金属表面. 以上事实表明，在金属表面层内存在着一种力阻碍着电子逃逸出去. 换句话说，为了使电子能够由金属中挣脱出来，必须抵抗这阻力做一定数量的功，称为逸出功. 通常逸出功的单位不用焦耳（J），而用电子伏特（eV）. 1 eV = $1.602\times10^{-19}$ J. 表 3-4 中给出一些金属材料的逸出功. 可以看出，逸出功的大小不但与金属材料有关，还与金属表面状态有关. 绝大多数物质逸出功的数量在 1 ~ 6 eV 之间.

**表 3-4　逸　出　功**

| 金　　属 | 逸出功/eV |
|---|---|
| 钼 | 4.15 ~ 4.44 |
| 钨 | 4.35 ~ 4.65 |
| 钨（表面敷钍） | 2.63 |
| 钨（表面敷铯） | 0.71 |

为了使电子能够从金属表面逸出，至少需要供给电子数量上等于逸出功的能量. 按照供给能量方式的不同，电子发射分为几种类型.

我们着重考虑电子的热发射. 在金属中的自由电子，与气体中分子相似，其热运动的速率有一定的分布. 所以在任何温度下，总有一部分电子的动能超过逸出功，这部分电子是可能逸出金属表面的. 不过在室温下这样的电子数目微乎其微. 然而当金属温度升高时，其动能超过逸出功的电子数目急剧地增多. 一般当金属的温度达到 1 000 ℃以上时,便开始有大量的电子由金属中逸出,这过程称为热电子发射. 热电子发射是现今各种电子管中最普遍采用的一种获得电子流的方法.

研究热电子发射规律的装置示于图 3-51 中. 在抽成真空的二极管里,阴极 K 是金属丝,阳极 A 为一金属板. 由电源 $E$ 产生电流通过阴极 K,使之炽热而发射电子. 由电源 $E'$在 A、K 两极之间维持一电压 $U$. 两极间的电压 $U$ 和通过这二极管的电流强度 $I$ 可分别由伏特计 V 和电流计 G 测出. 当 $U$ 改变时,$I$ 随之改变,$I-U$ 曲线称为二极管的伏安特性曲线.

用实验方法得到的伏安特性曲线示于图 3-52,其中不同曲线对应于不同的阴极温度. 在一定的阴极温度下,随着电压 $U$ 的增加,起初电流也增加. 但当电压达到一定数值以后,继续增加电压时,电流不再改变. 这电流称为饱和电流,用 $I_s$ 代表. 伏安特性曲线的这一特征可解释如下. 当 $U=0$ 和 $U$ 较小时,从炽热的阴极发射出来的电子堆积在其附近的空间,形成空间电荷区. 这空间电荷使相当一部分发射出来的电子受到排斥而返回阴极,所以,这时电流较小. 随着电压增大,电子向阳极飞行的速度加大,它们在空间逗留的时间缩短了,空间电荷逐渐消失,到达阳极的电流也就逐渐增大. 当电压足够大时,单位时间内到达阳极的电子数等于单位时间内由阴极发射出来的全部电子数,电流即达到饱和. 由此可见,正是饱和电流的大小反映了单位时间内阴极发射电子的多少. 实验和理论都证明,饱和电流对温度和逸出功的变化十分敏感. 当温度稍升高,或逸出功稍减少,$I_s$ 都会急剧增加. 这就说明,热电子发射决定于材料的逸出功及其温度. 因此电子管阴极的材料都尽量选用熔点高而逸出功低的材料(例如敷钍或敷铯的钨丝).

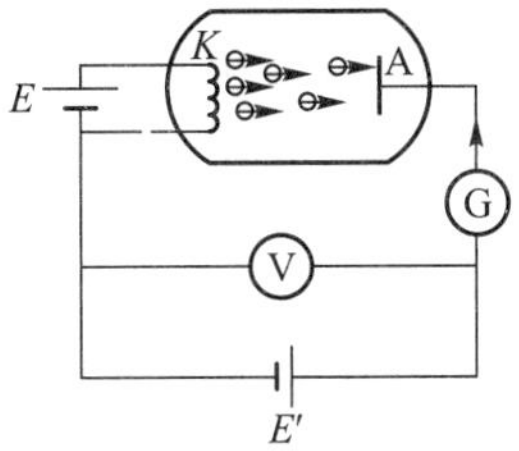

图 3-51 用真空二极管研究热电子发射

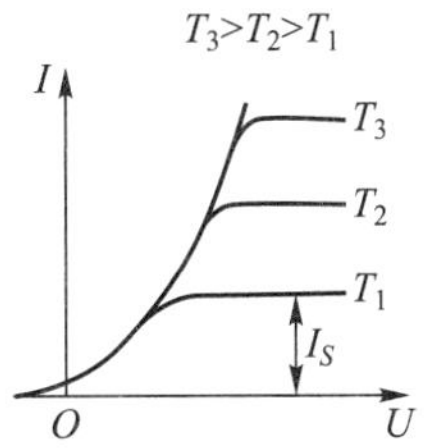

图 3-52 伏安特性曲线

除热电子发射之外,还有许多其他类型的电子发射过程. 靠电子流或离子流轰击金属表面而产生的电子发射过程,称为二次电子发射. 靠外加强电场引起的电子发射过程,称为场致发射. 光照射在金属表面上也能引起电子发射,称为光电发射. 各种电子发射过程都有着特殊的实际应用.

## *3.6.2 气体的受激导电

在通常情况下气体中的自由电荷极少,是良好的绝缘体. 但是由于某些原因气体中的分子发生了电离,它便可以导电,称为气体导电或气体放电. 气体导电可分为受激导电和自持导电,本节先讨论气体的受激导电.

研究气体导电伏安特性的实验装置如图 3-53 所示. 为了使阴极 K 与阳极 A 之间的气体能够导电,可用某种外加的手段使之电离. 例如用紫外线、X 射线或各种放射性射线照射,或者用火焰将气体加热,都可使气体电离. 这些能使气体发生电离的物质统称电离剂.

用实验方法得到的气体导电伏安特性曲线示于图 3-54. 我们看到,当电压 $U$ 很小时(曲线中 $OA$ 段),$I$ 与 $U$ 成正比(即服从欧姆定律). 当 $U$ 增大到一定程度时,电流也会达到饱和(曲线的 $BC$ 段).

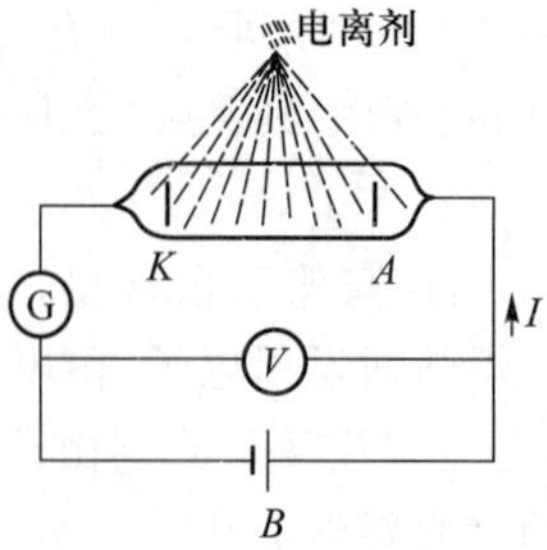

图 3-53　气体被激导电

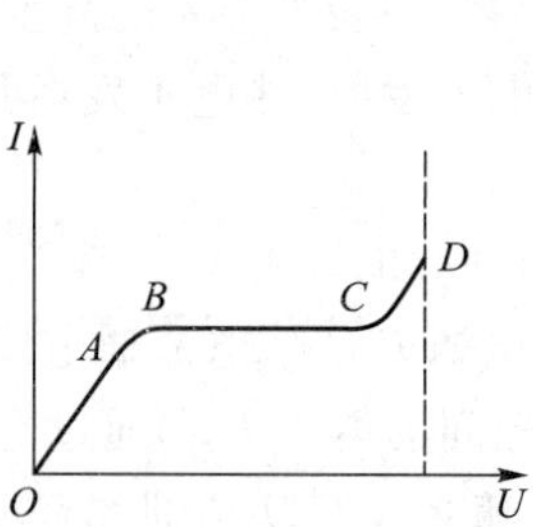

图 3-54　伏安特性曲线

气体伏安特性曲线的上述特征可简单地解释如下. 在 3.1.5 节中我们讲过,金属中的电流密度公式:

$$\boldsymbol{j}=-ne\,\boldsymbol{u},$$

其中电子的漂移速度 $\boldsymbol{u}$ 与场强 $-\boldsymbol{E}$ 成正比,而金属中的电子数密度 $n$ 与场强无关,从而 $\boldsymbol{j}$ 与 $\boldsymbol{E}$ 成正比,即金属导电服从欧姆定律. 在气体中的自由电荷是正负离子,设它们的数密度和漂移速度分别为 $n_+$、$n_-$ 和 $\boldsymbol{u}_+$、$\boldsymbol{u}_-$,所带电量分别为 $\pm e$,则可以证明,气体中的电流密度为

$$\boldsymbol{j}=n_+e\boldsymbol{u}_+-n_-e\boldsymbol{u}_- \tag{3.67}$$

(参看习题 1). 在气体中 $\boldsymbol{u}_+$ 和 $\boldsymbol{u}_-$ 也和场强 $\boldsymbol{E}$ 成正比($\boldsymbol{u}_+\propto\boldsymbol{E}$, $\boldsymbol{u}_-\propto-\boldsymbol{E}$),但是离子数密度 $n_+$, $n_-$ 却受着多种因素的影响. (1) 在电离剂的作用下,气体中不断产生正负电子对(电离过程);(2) 正负离子对相遇时重新结合为中性分子(复合过程);(3) 在外电场的作用下离子迁移到电极上,在那里与电极上的异号电荷中和. 在这三个因素中,第一个是使 $n_+$, $n_-$ 增加的因素,后两个是使 $n_+$、$n_-$ 减少的因素. 前两种过程与场强 $\boldsymbol{E}$ 无关,只有第三种过程随场强的增大而加强. 当外场很小时,$n_+$、$n_-$ 的多少主要由电离和复合两个过程的速度所决定,因此它们的数值与 $\boldsymbol{E}$ 无关,从而气体中的电流密度 $\boldsymbol{j}$ 仍和金属中一样与 $\boldsymbol{E}$ 成正比,这就是为什么起始伏安特性一般服从欧姆定律的原因. 当外场较大时,离子被电场驱到电极上去中和的过程逐渐起作用,所以随着场强 $\boldsymbol{E}$ 的增大,$n_+$、$n_-$ 将减少,这就说明了伏安特性曲线中 $AB$ 段偏离欧姆定律而向下弯曲的原因. 当电场再增到足够大时,离子的定向速度很大,它们在气体内部来不及复合,就已被驱到电极上,上述第二个因素几乎不再起作用,这时单位时间内到达两极的离子数就是单位时间内气体中因电离剂的作用而产生的全部离子数,电场再增大,电流也不可能增加了,于是伏安特性达到饱和. 由此可见,饱和电流 $I_s$ 的大小反映了电离剂的强度.

在上述导电过程中,如果我们把电离剂撤除,气体中的离子将很快地消失,电流也就中止了. 亦即导电过程必须靠电离剂来维持,故称为气体的**受激导电**.

## *3.6.3　气体的自持导电

当图 3-53 中 A、K 两极间的电压增加到某一数值 $U_c$ 后,气体中的电流突然急剧增加(图 3-54 中伏安曲线的 $CD$ 段). 这时即使撤去电离剂,导电过程仍能维持. 这种情形称为气体的**自持导电**. 在气体自持导电的同时,往往有声、光等现象伴随发生. 当气体由受激导电过渡到自持导电时,我们说气体被**击穿**(或**点燃**). 使气体击穿(或点燃)的电压 $U_c$ 称为**击穿电压**.

在自持导电时,虽然已经撤去电离剂,但仍会有相当多的带电粒子参与导电过程,其来源有以下几种途径:无论正负离子在电场中已获得相当大的动能,致使它们的各种碰撞过程足以产生新的离子. 这里主要的过程首先是电子与中性分子的碰撞,由于气体中电子的自由程较长,受场力做功而获得的动能较大,当它们与中性分子碰撞时使后者电离. 这样的过程链锁式地发展下去,形成**簇射**(见图 3-55). 其次,获得较大动能的正离子轰击阴极,发生了二次电子发射,这种过程也往往起着重要作用. 此外,当气体中电流密度很大时,还会使阴极温度升高而产生热电子发射. 因此,气体中的正负离子和电子的数目急剧增长,气

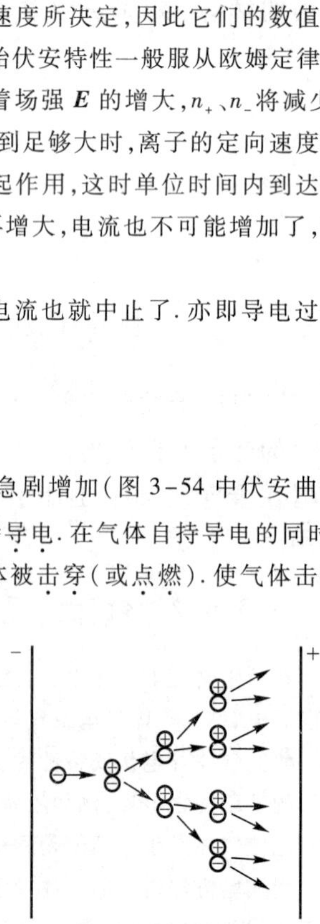

图 3-55　簇射

体导电便过渡到自持的阶段.

自持导电因条件不同,采取不同的形式,分别简述如下:

(1) 辉光放电

在一个置有板状电极的玻璃管内充入低压气体,当两极间的电压增加到一定数值时,稀薄气体中的残余正离子在电场中加速,有足够的动能撞击阴极,产生二次电子,经簇射过程产生更多的带电粒子,使气体导电.管内出现美丽的发光现象,这就是辉光放电.

辉光放电的特征是其电流强度较小,温度不高,放电管内有特殊的亮区和暗区(如图3-56),整个极间电压几乎全部集中在阴极附近的狭窄区内.而且,在正常辉光放电时,其电压不随电流变化.

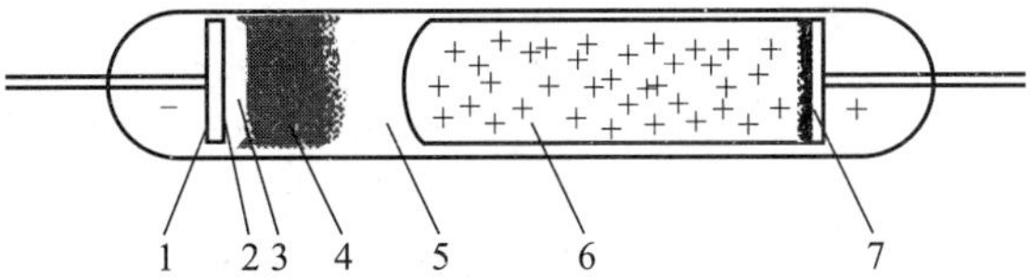


图3-56 辉光放电

1—阴极;2—阴极电辉;3—阴极暗区;4—阴电辉;5—法拉第暗区;6—阳极区;7—阳极

辉光放电的主要应用是利用其发光效应(如霓虹灯、日光灯)及其稳压特性(如氖稳压管).

(2) 弧光放电

无论是在稀薄气体、金属蒸气或大气中,当电路中电流的功率较大时,能够提供足够大的电流,使气体击穿,这时形成的自持放电的形式是弧光放电.通常产生弧光放电的方法是使两电极接触后随即分开,这时由于短路产生的焦耳热,使阴极表面温度升得很高,从而产生热电子发射.此外,还有正离子碰撞阴极的二次电子发射,以及在阴极附近形成的正离子层与阴极间极为狭窄区域内形成的强电场作用,产生场致发射,这些因素使得放电电流很大,产生达几千摄氏度甚至上万摄氏度的高温.极间的电阻很小,电压不高;电流增大时,两极间电压反而下降.伴随弧光放电,有强烈的光辉(图3-57).

弧光放电应用很广,除了大家所熟知的照明用电弧强光光源外,还有光谱分析中用作激发元素光谱的光源,工业上用来进行冶炼、焊接和高熔点金属的切割.应该注意,大电流电路开关断开时产生的弧火是极其有害的,需采取措施灭弧,否则会造成严重的后果.

(3) 火花放电

在通常气压下,曲率不太大的电极间,加上高电压,当电流供给的功率不太大时,在强电场的作用下,使气体击穿,由此形成的自持放电所采取的形式是火花放电.这时碰撞电离不是发生于整个电极间的区域,而是沿着狭窄曲折的发光通道进行,伴随着火花放电,有爆裂声.由于气体击穿后突然由绝缘体变为良导体,电流猛增,而电源功率不够,因此电压下降,放电会暂时熄灭,待电压恢复后又再行放电.因此,火花放电具有间歇性.雷电便是一种自然界中大规模的火花放电(图3-58).

在一定的气压、温度、电极形状等条件下,火花放电的击穿电压与极间间隙有一定的关系.如果将此关系作成校准曲线,便可根据击穿时的电极间隙确定待测高压.此外,火花间隙可用来保护电器设备,使它在受雷击而产生过载电压时不会遭到破坏.

(4) 电晕放电

当导体电极上有曲率较大的尖端,而又远离其他导体时,由于尖端附近的电场较强,使气体电离,引起气体导电并发光,这叫作电晕放电.电晕放电时,电极周围形成电晕层.在电晕层外的空间,由于电场很弱,不发生碰撞电离,电流的传导仅靠与起晕电极正负号相同的离子进行.当电极与周围导体间的电压增大时,电晕层逐步扩大到附近其他导体,过渡到火花放电.可见,电晕放电是一种不完全的火花放电.

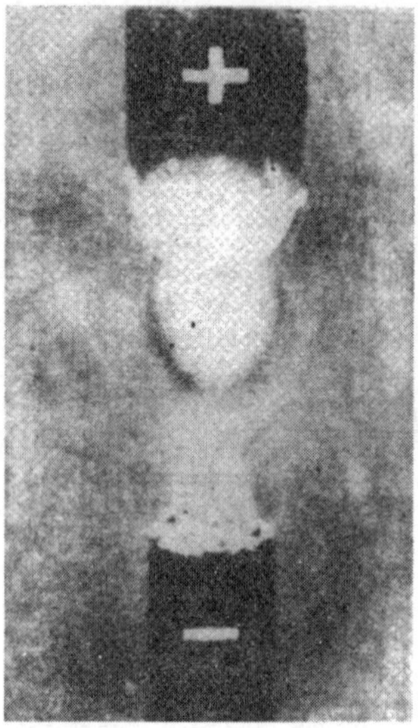

图 3-57　弧光放电

图 3-58　雷电

电晕放电是高压输电线上漏电的主要原因. 利用电晕放电,可使导体电极上的电荷逐渐漏失. 避雷针放电也往往采取电晕的形式.

## * 3.6.4　等离子体与受控热核实验

在辉光放电、弧光放电的阳极柱里,气体处在高度电离状态,但是其中正离子和负离子形成的空间电荷密度大体相等,使得整个气体呈电中性. 1929 年朗缪尔给处于这状态的物质取了个名字,叫 plasma①,中文译为等离子体. 等离子体远不是放电管中特有的,它广泛存在于自然界的其他领域之中. 火焰、雷电、核武器爆炸中都会形成等离子体,地球大气上层的电离层也是等离子体. 至于地球以外的宇宙中,等离子体更是物质存在的主要形式,按质量计算,90% 以上的物质处于等离子态. 对我们人类关系最密切的太阳,就是一个大等离子体球.

等离子体与常态下的气体相比有一系列独特的性质:它是电和热的良导体,具有比通常气体大几百倍的比热,在其中可以发生各种波段的辐射,等等. 最重要的是,等离子体中带电粒子间的相互作用是长程的库仑力,使它们在无规则的热运动之外能够产生某些类型的集体行动. 等离子体振荡便是这种集体运动的典型表现. 设想由于外界的干扰或热涨落,使得等离子体在某一小区域 $A$ 内造成正电荷过剩而相邻区域 $B$ 内负电荷过剩[图 3-59(a)],它们就会在静电的作用下产生相对的宏观运动. 等到它们重叠之后[图 3-59(b)],由于惯性,它们将继续前进,结果出现新的带异号电荷的区域[图 3-59(c)],这时正、负电荷将朝相反的方向运动. 如此往复,形成振荡,它被称为等离子体振荡. 这种振荡对无线电波在等离子体中的传播有着重要的影响. 等离子体中各种带电粒子之间的电磁作用,不仅使它们产生集体运动,有时还使等离子体本身像液体一样,凝聚成具有清晰边界的各种形状. 特别是等离子体可以受到强磁场的约束,脱离器壁而凝成一团(见 4.5.7 节),这一点在受控热核实验中有重要的应用. 由于等离子体具有一系列不同于普通气体的特征,人们常把它与固态、液态、气态并列起来,称为物质的第四态.

① plasma 一词,原在生物学中指血液的液体部分,即血浆.

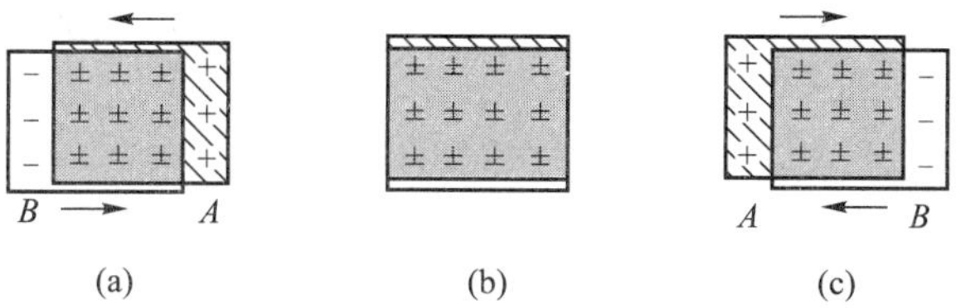


图 3-59 等离子体振荡示意图

早期对等离子体的研究主要来自电子学、光学(气体光源),大气电离层和天体物理等方面,近年来随着各种尖端技术(如核武器、火箭与喷气技术,人造卫星与宇宙航行等)的发展,大大促进了对等离子体的研究,其中对等离子体物理学的发展起了关键作用的,是受控热核反应问题,下面我们对这个问题做些简单的介绍.

热核反应是指以下类型的原子核反应:

$$D + D \longrightarrow {}^3He + n + 3.25\ MeV\ 能量,$$

$$D + T \longrightarrow {}^4He + n + 17.6\ MeV\ 能量,$$

…………

D(氘或重氢)和 T(氚)都是氢的同位素,$^3He$ 和 $^4He$ 是氦的两种同位素,n 代表中子. 以上核反应的特点是较轻的原子核聚合为较重的原子核,并释放出大量的核能,故称为**聚变反应**. 这类核反应需要在很高的温度($10^7 \sim 10^9$ K 以上)才能有效地进行,所以又叫作**热核反应**. 现已查明,太阳中巨大的辐射能主要来源于热核反应. 人工热核反应早已实现,这就是氢弹. 所谓受控热核实验,就是要使热核反应的进行受到控制,把释放出来的巨大能量用来为工农业生产以及科学实验服务. 如果受控热核反应得以实现,它将比目前已使用的铀裂变核反应堆具有更多的优点:运行安全、较少污染、特别是"燃料"极为丰富. 氘可通过电解重水($D_2O$)得到. 虽然重水在普通水中含有 0.015%,但平均每"烧掉"一个氘核,先后共可放出 7.2 MeV 的能量. 据此来计算,则几升海水就可提供 $10^4$ 度电能. 地球表面约有 $10^{21}$ L 海水,总共可提供 $10^{25}$ 度电能. 所以核聚变燃料实际上可看成是取之不尽,用之不竭的.

在热核反应的高温下,物质处于等离子态. 实现热核反应的人工控制的最大困难,是如何把一定密度的等离子体加热到如此高温,并维持足够长的时间. 要知道,在热核反应的高温下,任何固体材料早已熔毁,而且散热的速度是随温度升高而急剧增加的. 目前在大多数受控热核反应的实验装置里利用磁场来约束等离子体,使之脱离器壁并限制它的热导. 有关磁约束的原理,我们将在 4.5.7 节里介绍.

## 习 题

**3.6-1** 试推导当气体中有正负两种离子参与导电时,电流密度的公式为

$$\boldsymbol{j} = n_+ q_+ \boldsymbol{u}_+ + n_- q_- \boldsymbol{u}_-,$$

式中 $n_+$、$q_+$、$\boldsymbol{u}_+$ 分别代表正离子的数密度、所带电荷量和漂移速度,$n_-$、$q_-$、$\boldsymbol{u}_-$ 分别代表负离子的相应量.

**3.6-2** 若有一个真空二极管、其中阴极和阳极是一对平行导体片,面积都是 2.0 $cm^2$,它们之间的电流 $I$ 完全由电子从阴极飞向阳极形成,若电流 $I=50$ mA,电子达到阳极时的速率是 $1.2\times10^7$ m/s,电子电荷为 $-1.6\times10^{-19}$ C,求阳极表面外每立方毫米内的电子数.

**3.6-3** 用 X 射线使空气电离时,在平衡情况下,每立方厘米有 $10^8$ 对离子,已知每个正负离子所带电荷量的绝对值都是 $1.6\times10^{-19}$ C,正离子的漂移速率为 1.27 cm/s,负离子的平均定向速率为 1.84 cm/s. 求这时空气中电流密度的大小.

**3.6-4** 空气中有一对平行放着的极板,相距为 2.00 cm,面积都是 300 $cm^2$. 在两板上加 150 V 的电压,这个值远小于使电流达到饱和所需的电压. 今用 X 射线照射板间的空气,使其电离,于是两板间便有 4.00 μA 的电流通过. 设正负离子所带电荷量的绝对值都是 $1.60\times10^{-19}$ C,已知其中正离子的迁移率(即单位电场强度所产生的

漂移速率)为 $1.37\times10^{-4}$ $m^2/(s\cdot V)$,负离子的迁移率为 $1.91\times10^{-4}$ $m^2/(s\cdot V)$,求这时板间离子的浓度(即单位体积内的离子数).

**3.6-5**　在地面附近的大气里,由于土壤的放射性和宇宙线的作用,平均每 1 $cm^3$ 的大气里约有 5 对离子,已知其中正离子的迁移率为 $1.37\times10^{-4}$ $m^2/(s\cdot V)$,负离子的迁移率为 $1.91\times10^{-4}$ $m^2/(s\cdot V)$,正负离子所带电荷量的绝对值都是 $1.60\times10^{-19}$ C.求地面大气的电导率 $\sigma$.

奥 斯 特

(Oersted, Hans Christian, 1777—1851)

# 第四章 恒定磁场

## §4.1 磁的基本现象和基本规律

### 4.1.1 磁的基本现象

电与磁经常联系在一起并互相转化，所以凡是用到电的地方，几乎都有磁的过程参与其中. 在现代化的生产、科学研究和日常生活里，大至发电机、电动机、变压器等电力装置，小到电话、收音机和各种电子设备，无不与磁现象有关. 今后几章将讨论磁现象的规律以及它和电现象之间的关系. 本章只讨论不随时间变化的恒定情形，下面几章再涉及变化过程中电与磁之间相互转化的问题.

在磁学的领域内，我国古代人民作出了很大的贡献. 远在春秋战国时期，随着冶铁业的发展和铁器的应用，对天然磁石（磁铁矿）已有了一些认识. 这个时期的一些著作，如《管子·地数篇》、《山海经·北山经》（相传是夏禹所作，据考证是战国时期的作品）、《鬼谷子》、《吕氏春秋·精通》中都有关于磁石的描述和记载. 我国古代“磁石”写作“慈石”，意思是“石铁之母也. 以有慈石，故能引其子”（东汉高诱的慈石注）. 我国河北省的磁县（古时称慈州和磁州），就是因为附近盛产天然磁石而得名. 汉朝以后有更多的著作记载磁石吸铁现象. 东汉著名的唯物主义思想家王充在《论衡》中所描述的“司南勺”已被公认为最早的磁性指南器具. 指南针是我国古代的伟大发明之一，对世界文明的发展有重大的影响. 11 世纪北宋科学家沈括在《梦溪笔谈》中第一次明确地记载了指南针①. 沈括还记载了以天然强磁体摩擦进行人工磁化制作指南针的方法，北宋时还有利用地磁场磁化方法的记载，西方在 200 多年后才有类似的记载. 沈括还在世界上最早发现地磁偏角，比欧洲的发现早 400 年. 12 世纪初我国已有关于指南针用于航海的明确记载.

现在知道，人们最早发现的天然磁铁矿矿石的化学成分是四氧化三铁（$Fe_3O_4$）. 近代制造人工磁铁是把铁磁物质放在通有电流的线圈中去磁化，使之变成暂时的或永久的磁铁.

为进一步了解磁现象，下面我们较详细地分析一下磁铁的性质. 如果将条形磁铁投入铁屑中，再取出时可以发现，靠近两端的地方吸引的铁屑特别多，即磁性特别强（图 4-1），这磁性特别强的区域称为**磁极**，中部没有磁性的区域称为中性区.

如果将条形磁铁或狭长磁针的中心支撑或悬挂起来，使它能够在水平面内自由转动（图 4-2），则两磁极总是分别指向南北方向的②. 因此我们称指北的一端为**北极**（通常用 N 表示），指南的一

① 沈括在他的《梦溪笔谈》中写道：“方家以磁石磨针锋，则能指南，然常微偏东，不全南也.”

② 磁极所指的方向与地理上严格的南北方向稍有偏离（偏离的角度称为地磁偏角），这种偏离因地区不同而稍异.

端为南极(用 S 表示).

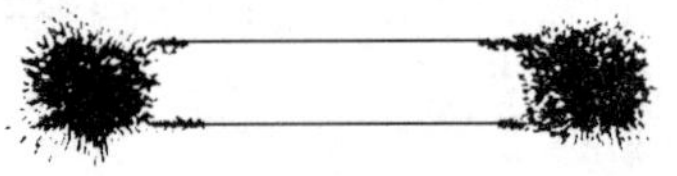

图 4-1　磁极

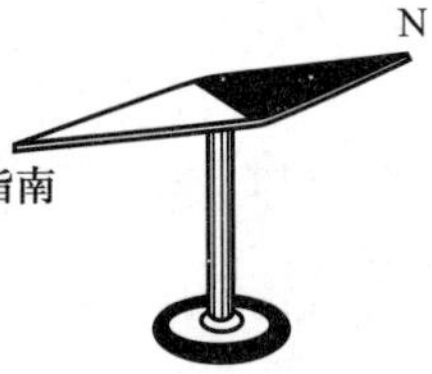


图 4-2　指南针

如果将一根磁铁悬挂起来使它能够自由转动,并用另一磁铁去接近它(图4-3),则同号的磁极互相排斥,异号的磁极互相吸引.由此可以推想,地球本身是一个大磁体,它的 N 极位于地理南极的附近,S 极位于地理北极附近.以上所述便是指南针(罗盘)的工作原理,我国古代这个重大发明至今在航海、地形测绘等方面仍有着广泛的应用.

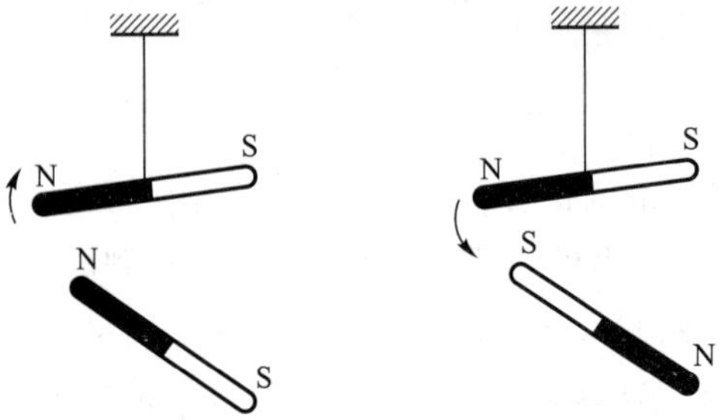


(a) 同性相斥　　(b) 异性相吸

图 4-3　磁极的相互作用

在历史上很长一段时期里,磁学和电学的研究一直彼此独立地发展着,人们曾认为磁与电是两类截然分开的现象.直至 19 世纪初,一系列重要的发现才打破了这个界限,使人们开始认识到电与磁之间有着不可分割的联系.

1819—1820 年间,丹麦科学家奥斯特发表了自己多年研究的成果,这便是历史上著名的奥斯特实验.他的实验可概括叙述如下.如图 4-4 所示,导线 AB 沿南北方向放置,下面有一可在水平面内自由转动的磁针.当导线中没有电流通过时,磁针在地球磁场的作用下沿南北取向.但当导线中通过电流时,磁针就会发生偏转.当电流的方向是从 $A$ 到 $B$ 时,则从上向下看去,磁针的偏转是沿逆时针方向的;当电流反向时,磁针的偏转方向也倒转过来.

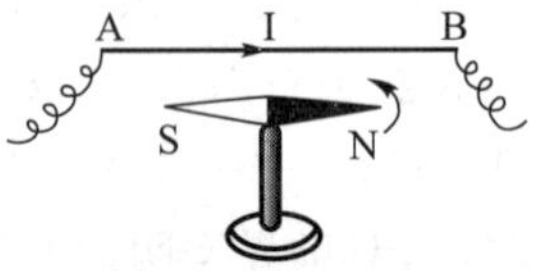


图 4-4　奥斯特实验

奥斯特实验表明,电流可以对磁铁施加作用力.反过来,磁铁是否也会给电流施加作用力呢?图 4-5 所示的实验回答了这个问题.把一段水平的直导线悬挂在马蹄形磁铁两极间.通电流后,导线就会移动.这表明,磁铁可以对载流导线施加作用力.此外,电流和电流之间也有相互作用力.例如把两根细直导线平行地悬挂起来,当电流通过导线时,便可发现它们之间有相互作用.当电流的方向相同时,它们相互吸引,如图 4-6(a),当电流的方向相反时,它们互相排斥,如图 4-6(b).

下面一个实验表明,一个载流线圈的行为很像一块磁铁.如图 4-7 所示,将一个螺线管通过一对浸在小水银杯 A、B 中的支点悬挂起来,这样,我们既可通过支柱将电流通入螺线管,螺线管又可在水平面内自由偏转.接通电流后,用一根磁棒的某个极分别去接近螺线管的两端.我们会发现,螺线管一端受到吸引,另一端受到排斥.如果把磁棒的极性换一下,则螺线管原来受吸引的一端变为受排斥,原来受排斥的一端变为受吸引.这表明:螺线管本身就像一条磁棒那样,一端相当于 N 极,另一端相当于 S 极.螺线管的极性和电流方向的关系,可用图4-8所示的右手定则来描述:用右手握住螺线管,弯曲的四指沿电流回绕方向,将拇指伸直,这时拇指便指向螺线管的 N 极.

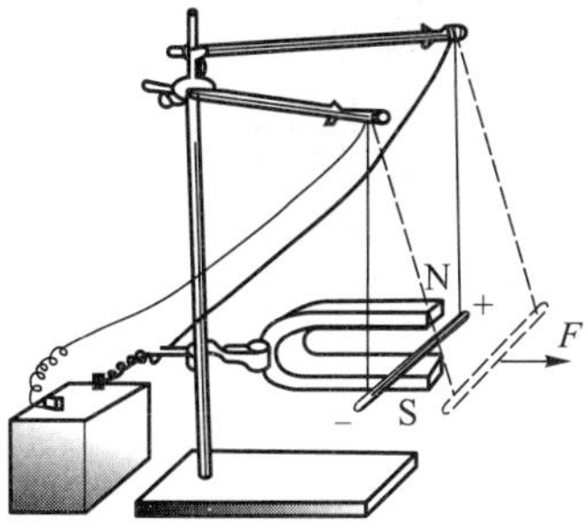


图 4-5　磁铁对电流作用的演示

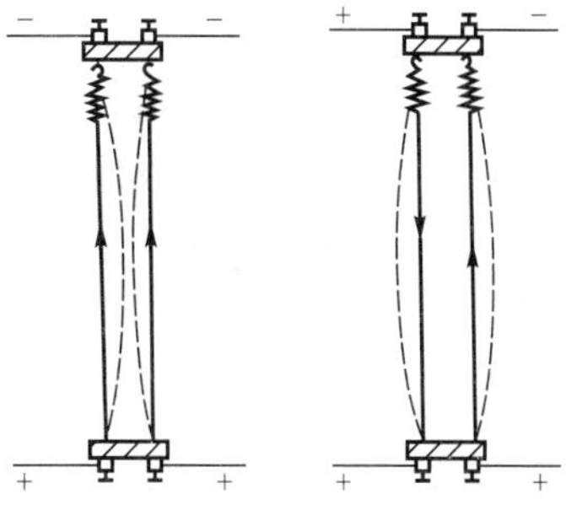

(a) 同向相吸　　(b) 反向相斥

图 4-6　平行电流之间相互作用的演示

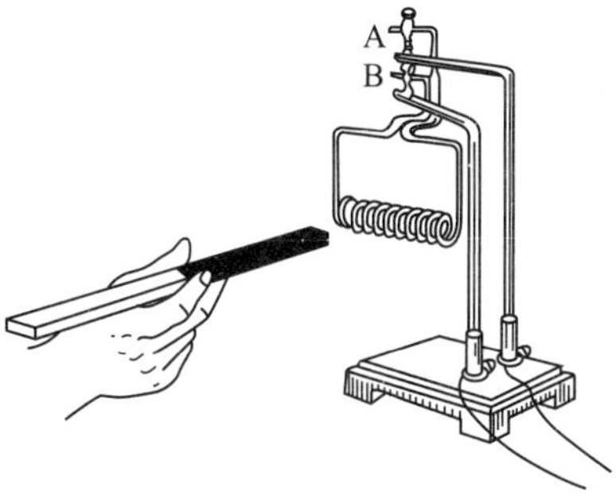


图 4-7　螺线管与磁铁相互作用时显示出 N、S 极

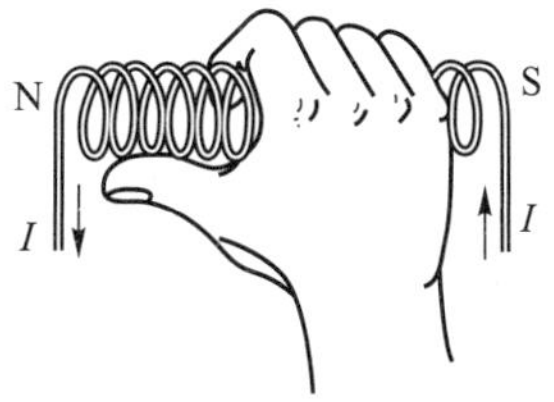


图 4-8　确定载流螺线管极性的右手定则

### 4.1.2　磁场

如第一章所述,静止电荷之间的相互作用力是通过电场来传递的,即每当电荷出现时,就在它周围的空间里产生一个电场;而电场的基本性质是它对于任何置于其中的其他电荷施加作用力. 这就是说,电的作用是"近距"的. 磁极或电流之间的相互作用也是这样,不过它通过另外一种场——磁场来传递. 磁极或电流在自己周围的空间里产生一个磁场,而磁场的基本性质之一是它对于任何置于其中的其他磁极或电流施加作用力. 用磁场的观点,我们就可以把上述关于磁铁和磁铁,磁铁和电流,以及电流和电流之间相互作用的各个实验统一起来了,所有这些相互作用都是通过同一种场——磁场来传递的. 以上所述可以概括成这样一个图式:

磁铁 ⟷ 磁场 ⟷ 磁铁
电流 ⟷ 磁场 ⟷ 电流

螺线管和磁棒之间的相似性,启发我们提出这样的问题:磁铁和电流是否在本源上是一致的? 19 世纪杰出的法国科学家安培提出了这样一个假说:组成磁铁的最小单元(磁分子)就是环形电流. 若这样一些分子环流定向地排列起来,在宏观上就会显示出 N、S 极来(图 4-9),这就是安培分子环流假说. 在那个时代人们还不了解原子的结构,因此不能解释物质内部的分子环流是

怎样形成的. 现在我们清楚地知道,原子是由带正电的原子核和绕核旋转的负电子组成的. 电子不仅绕核旋转,而且还有自旋. 原子、分子等微观粒子内电子的这些运动形成了“分子环流”,这便是物质磁性的基本来源.

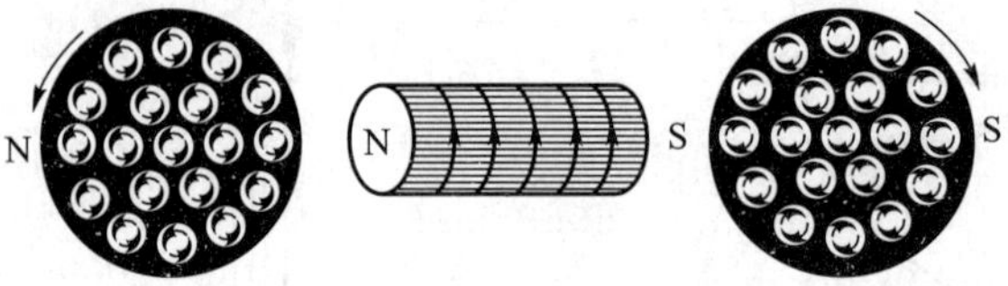


图 4-9　安培分子环流假说

这样看起来,无论导线中的电流(传导电流)还是磁铁,它们的本源都是一个,即电荷的运动. 也就是说,上面讲到的各个实验中出现的现象都可归结为**运动着的电荷(即电流)之间的相互作用**,这种相互作用是通过磁场来传递的. 用图式来表示,则有

电流 ⟷ 磁场 ⟷ 电流

应该注意到电荷之间的磁相互作用与库仑作用不同. 无论电荷静止还是运动,它们之间都存在着库仑相互作用,但是只有运动着的电荷之间才存在着磁相互作用.

### 4.1.3　安培定律

现在我们来研究电流与电流之间磁相互作用的规律. 正像点电荷之间相互作用的规律——库仑定律是静电场的基本规律一样,电流之间的相互作用规律是恒定磁场的基本规律. 这个规律是安培通过几个精心设计的实验于 1820 年得到的,现称之为安培定律.

恒定电流只能存在于闭合回路中,而闭合回路的形状和大小可以千变万化;两载流闭合回路之间的相互作用又与它们的形状、大小和相互位置有关,这就使问题变得很复杂. 不过,在研究两个有一定形状和大小的带电体之间的静电相互作用时,我们可以把它们分割为许多无穷小的带电元,每个带电元看作是点电荷. 只要研究清楚任意一对点电荷之间相互作用的规律之后,我们就可通过矢量叠加,把整个带电体受的力计算出来. 仿照此法,我们也可设想把相互作用着的两个载流回路分割为许多无穷小的线元,叫作**电流元**(图4-10),只要知道了任意一对电流元之间相互作用的基本规律,整个闭合回路受的力便可通过矢量叠加计算出来. 但是电流元和点电荷不同,在实验中无法实现一个孤立的恒定电流元,从而无法直接用实验来确定它们的相互作用. 电流元之间的相互作用规律只能间接地从闭合载流回路的实验中倒推出来,因此这里还需借助一些数学工具对实验结果进行理论分析和概括. 此处不详细叙述这个复杂的论证过程①,而直接给出结论.

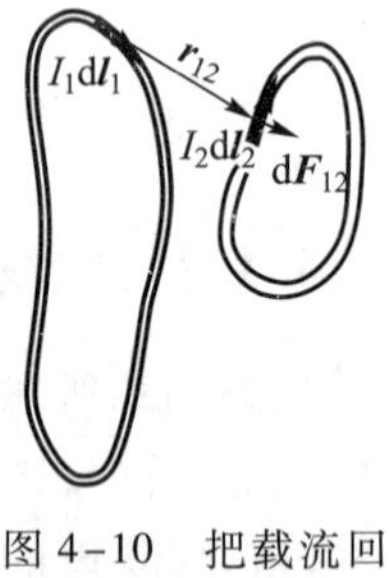


图 4-10　把载流回路分割为电流元

(1) 设 $\mathrm{d}\boldsymbol{F}_{12}$ 为电流元 1 给电流元 2 的力,$I_1$ 和 $I_2$ 分别为它们的电流强度,$\mathrm{d}l_1$ 和 $\mathrm{d}l_2$ 分别为两线元的长度,$r_{12}$ 为两电流元之间的距离(见图 4-10),则 $\mathrm{d}\boldsymbol{F}_{12}$ 的大小 $\mathrm{d}F_{12}$ 满足下列比式:

① 参阅本节后面小字.

$$\mathrm{d}F_{12}\propto\frac{I_1 I_2 \mathrm{d}l_1 \mathrm{d}l_2}{r_{12}^2} \tag{4.1}$$

（2）$\mathrm{d}\boldsymbol{F}_{12}$的大小还与两电流元的取向有关. 为了叙述方便，令 $\boldsymbol{r}_{12}$代表从电流元 1 到电流元 2 的径矢，电流元的线元也用矢量 $\mathrm{d}\boldsymbol{l}_1$ 和 $\mathrm{d}\boldsymbol{l}_2$ 来表示，它们指向各自的电流方向（见图 4–10）. 由于两电流元空间关系较复杂，下面分两步来说明.

先看两电流元共面情形. 如图 4–11（a），设 $\mathrm{d}\boldsymbol{l}_1$ 和 $\boldsymbol{r}_{12}$成夹角 $\theta_1$，则

$$\mathrm{d}F_{12}\propto \sin\theta_1 \tag{4.2}$$

这表明：当 $\mathrm{d}\boldsymbol{l}_1 /\!/ \boldsymbol{r}_{12}$时，$\theta_1=0$，电流元 1 对电流元 2 无作用；当 $\mathrm{d}\boldsymbol{l}_1\perp\boldsymbol{r}_{12}$时，$\theta_1=\pi/2$，作用力最大.

在普遍情形里，$\mathrm{d}\boldsymbol{l}_2$ 不在 $\mathrm{d}\boldsymbol{l}_1$ 和 $\boldsymbol{r}_{12}$组成的平面 $\Pi$ 内，如图 4–11（b）. 令 $\mathrm{d}\boldsymbol{l}_2$ 与 $\Pi$ 平面的法线 $\boldsymbol{e}_\mathrm{n}$ 成夹角 $\theta_2$，则

$$\mathrm{d}F_{12}\propto \sin\theta_2 \tag{4.3}$$

这表明：当 $\mathrm{d}\boldsymbol{l}_2$ 与 $\Pi$ 平面垂直时，$\theta_2=0$，电流元 1 对它无作用；当 $\mathrm{d}\boldsymbol{l}_2$ 在 $\Pi$ 平面内时，$\theta_2=\pi/2$，作用力最大.

将式（4.1）、（4.2）、（4.3）归纳起来，则有

$$\mathrm{d}F_{12}\propto\frac{I_1 I_2 \mathrm{d}l_1 \sin\theta_1 \mathrm{d}l_2 \sin\theta_2}{r_{12}^2}, \tag{4.4}$$

或写成等式

$$\mathrm{d}F_{12}=k\frac{I_1 I_2 \mathrm{d}l_1 \sin\theta_1 \mathrm{d}l_2 \sin\theta_2}{r_{12}^2}, \tag{4.5}$$

式中的比例系数 $k$ 与单位的选择有关.

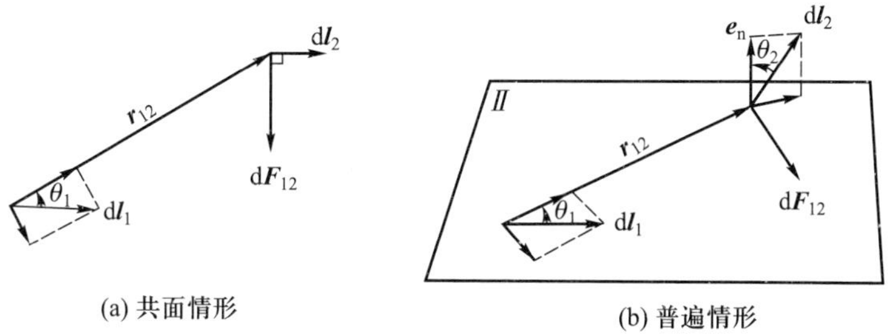


图 4–11　安培定律

（3）$\mathrm{d}\boldsymbol{F}_{12}$的方向在 $\mathrm{d}\boldsymbol{l}_1$ 和 $\boldsymbol{r}_{12}$组成的 $\Pi$ 平面内，并与 $\mathrm{d}\boldsymbol{l}_2$ 垂直（见图 4–11）. 这里还必须说明 $\mathrm{d}\boldsymbol{F}_{12}$的指向问题. 为此可将式（4.5）写成如下的矢量式：

$$\mathrm{d}\boldsymbol{F}_{12}=k\frac{I_1 I_2 \mathrm{d}\boldsymbol{l}_2\times(\mathrm{d}\boldsymbol{l}_1\times\boldsymbol{e}_{12})}{r_{12}^2}, \tag{4.6}$$

式中 $\boldsymbol{e}_{12}$为沿 $\boldsymbol{r}_{12}$方向的单位矢量. 式（4.6）中矢积 $\mathrm{d}\boldsymbol{l}_1\times\boldsymbol{e}_{12}$的大小为 $|\mathrm{d}\boldsymbol{l}_1|\cdot|\boldsymbol{e}_{12}|\sin\theta_1=\mathrm{d}l_1\sin\theta_1$，按照矢积的右手定则，它的方向沿着图 4–11（b）所示的法线 $\boldsymbol{e}_\mathrm{n}$. $\mathrm{d}\boldsymbol{l}_2$ 再与矢积 $\mathrm{d}\boldsymbol{l}_1\times\boldsymbol{e}_{12}$叉乘，所得矢量的大小为 $|\mathrm{d}\boldsymbol{l}_2|\cdot|\mathrm{d}\boldsymbol{l}_1\times\boldsymbol{e}_{12}|\sin\theta_2=\mathrm{d}l_2(\mathrm{d}l_1\sin\theta_1)\sin\theta_2$，这就是式（4.5）分子上出现的因子. 双重矢积 $\mathrm{d}\boldsymbol{l}_2\times(\mathrm{d}\boldsymbol{l}_1\times\boldsymbol{e}_{12})$的方向即为 $\mathrm{d}\boldsymbol{F}_{12}$的方向，我们已按矢积的右手定则标在图 4–11（b）中.

矢量式（4.6）全面地反映了电流元 1 给电流元 2 的作用力，它就是**安培定律**完整的表达式.

将式(4.6)中的下标1和2对调,即可得电流元2给电流元1作用力 $\mathrm{d}\boldsymbol{F}_{21}$ 的表达式.

[**例题1**]　求一对平行电流元之间的相互作用力,二者都与连线垂直,如图4-12(a)所示.

[**解**]　计算电流元1给电流元2的作用力 $\mathrm{d}\boldsymbol{F}_{12}$ 时,式中 $\theta_1=\dfrac{\pi}{2}$,$\theta_2=\dfrac{\pi}{2}$. $\mathrm{d}\boldsymbol{l}_1\times\boldsymbol{e}_{12}$ 垂直纸面向里,$\mathrm{d}\boldsymbol{l}_2\times(\mathrm{d}\boldsymbol{l}_1\times\boldsymbol{e}_{12})$ 沿连线与 $\boldsymbol{r}_{12}$ 方向相反,即电流元1给电流元2以吸引力,其大小为

$$\mathrm{d}F_{12}=k\frac{I_1I_2\mathrm{d}l_1\mathrm{d}l_2}{r_{12}^2}.$$

同理可以得到电流元2给电流元1的作用力 $\mathrm{d}\boldsymbol{F}_{21}$,我们发现这时 $\mathrm{d}\boldsymbol{F}_{21}=-\mathrm{d}\boldsymbol{F}_{12}$.

[**例题2**]　求一对垂直电流元间的相互作用力,其中电流元1沿连线,电流元2垂直于连线,如图4-12(b)所示.

[**解**]　计算电流元1给电流元2的作用力 $\mathrm{d}\boldsymbol{F}_{12}$ 时,$\theta_1=0$,故

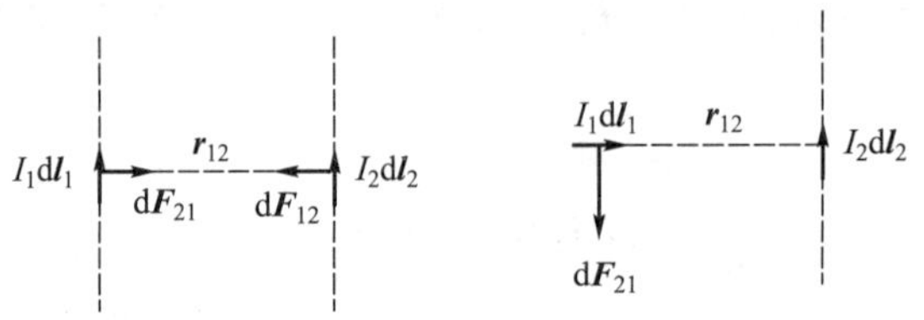


(a) 例题1—平行电流元　　(b) 例题2—垂直电流元

图4-12　电流元之间的相互作用

得 $\mathrm{d}\boldsymbol{F}_{12}=0$. 但是读者可以验证,电流元2给电流元1的力 $\mathrm{d}\boldsymbol{F}_{21}\neq0$,其方向如图4-12(b)所示.

以上例题表明,由式(4.6)确定的电流元之间的相互作用力不一定满足牛顿第三定律. 但是实际中不存在孤立的恒定电流元,它们总是闭合回路的一部分. 可以证明:若将式(4.6)沿闭合回路积分,得到的合成作用力总是与反作用力大小相等、方向相反的(参看思考题4.1-3).

安培定律是在1820年底建立的. 在这一年内关于电流的磁效应有一系列重大发现:

7月丹麦物理学家奥斯特发表了他的著名实验;

9月11日阿拉果在法国科学院介绍了这一成果,安培从这实验得到很大的启发;

9月18日安培在法国科学院报告了他关于平行载流导线之间相互作用的研究;

10月30日法国科学家毕奥和萨伐尔发表了载流长直导线对磁极作用反比于距离 $r$ 的实验结果,不久经数学家拉普拉斯的参与,得到下面那个以他们的名字命名的公式(4.12).

12月4日安培得到他的电流元相互作用公式.

安培得到电流元相互作用公式基于四个有名的实验和一个假设. 这四个实验采用的都是示零法,设计思想十分精巧,堪称物理学史上不朽的杰作.

安培用硬导线做成如图4-13(a)所示形状的线圈,这线圈由两个形状和大小相同、但电流方向相反的平面回路固连在一起,整个有如一个刚体. 线圈的端点A、B通过水银槽和固定支架相连. 这样,这线圈既可通入电流,又可自由转动. 这种装置叫无定向秤,它在均匀磁场(如地磁场)中不受力和力矩的作用,可以随遇平衡,但对于非均匀磁场将会作出反应.

(1) 实验一

用如图4-13(b)所示的对折导线,在其两段导线中通入大小相等的反平行电流. 把它移近无定向秤附近的不同部位,在接通或切断电流的瞬间,观察无定向秤的反应,以检验它是否会对无定向秤产生作用力. 实验的结果是否定的,这表明:当电流反向时,它产生的作用力也反向.

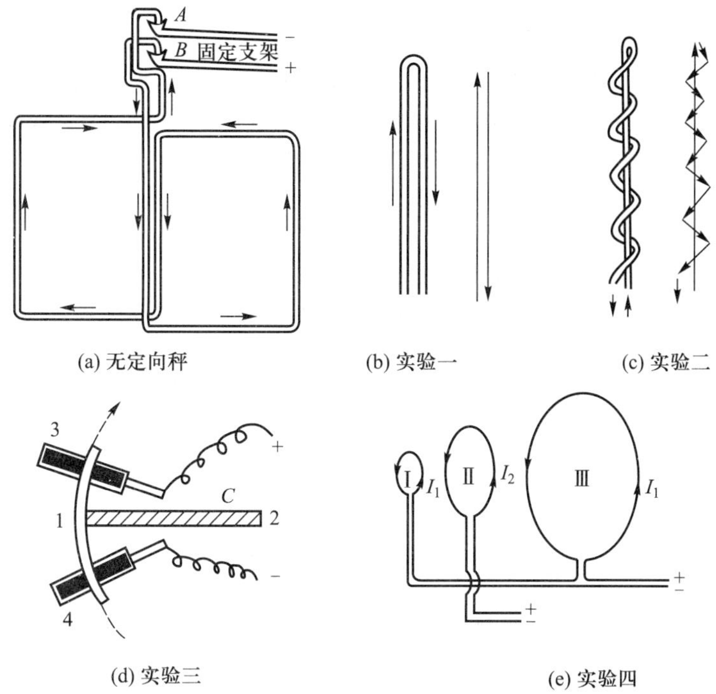


1—弧形导体;2—绝缘柄;3、4—水银槽

图 4-13　安培的四个实验

(2) 实验二

把图 4-13(b)中载有反向电流的一段换成绕另一段的螺旋线,如图 4-13(c),实验结果同前,即它也对无定向秤不产生作用. 这表明:电流元具有矢量的性质,即许多电流元的合作用是单个电流元产生作用的矢量叠加[参见 4-13(b)、(c)里附的矢量图].

(3) 实验三

如图 4-13(d)所示,将一圆弧形导体架在水银槽上. 导体与一绝缘柄固连,柄架在圆心 $C$ 处的支点上. 这样,既可给弧形导体通电,弧形导体又可绕圆心转动,从而构成一个只能沿长度方向移动,但不能作横向位移的电流元. 安培用这样一个装置检验各种载流线圈对它产生的作用力,结果发现都不能使这弧形导体运动. 这表明:作用在电流元上的力是与它垂直的.

(4) 实验四

如图 4-13(e)所示,Ⅰ、Ⅱ、Ⅲ是三个几何形状相似的线圈,它们线度之比是$\frac{1}{n}:1:n$,Ⅰ与Ⅱ之间距离和Ⅱ与Ⅲ之间距离之比是 $1:n$. Ⅰ和Ⅲ两线圈固定并串联在一起,通入相同电流 $I_1$. 线圈Ⅱ可以活动,通入另一电流 $I_2$. 安培用这样的装置检验Ⅰ、Ⅲ两线圈是否对线圈Ⅱ有合作用. 实验的结果是否定的. 这表明Ⅲ给Ⅱ的作用力与Ⅰ给Ⅱ的作用力大小相等、方向相反. 由此推论出:所有几何线度(电流元长度、相互距离)增加同一倍数时,作用力的大小不变.

安培在以上四个实验的基础上又作了如下一个假设:两个电流元之间的相互作用力沿它们的连线. 由此可推导出下列电流元之间相互作用力的公式①:

---

① 进一步可参阅:赵凯华. 安培定律是如何建立起来的? 物理教学(双月刊),1980(1).

$$\mathrm{d}\boldsymbol{F}_{12}=-kI_1I_2\boldsymbol{r}_{12}\left[\frac{2}{r_{12}^3}(\mathrm{d}\boldsymbol{l}_1\cdot\mathrm{d}\boldsymbol{l}_2)-\frac{3}{r_{12}^5}(\mathrm{d}\boldsymbol{l}_1\cdot\boldsymbol{r}_{12})(\mathrm{d}\boldsymbol{l}_2\cdot\boldsymbol{r}_{12})\right].\tag{4.7}$$

不难验证,此式符合上述全部实验的结论和上述假设,并且将下标1、2对换后立刻得到$\mathrm{d}\boldsymbol{F}_{21}=-\mathrm{d}\boldsymbol{F}_{12}$.

式(4.7)是安培最初发表的公式.可以看出,这并不是我们现引用的公式(4.6).读者可以验证,式(4.6)也符合上述全部实验的结论,只是不满足安培的上述假设,以及$\mathrm{d}\boldsymbol{F}_{21}\neq-\mathrm{d}\boldsymbol{F}_{12}$(见上述例题).但是可以证明,式(4.6)、(4.7)两式对闭合回路的积分总是一致的.

由于恒定条件下不存在孤立的电流元,恒定电流只能存在于闭合回路中,式(4.6)、(4.7)中哪一个正确是无法用实验直接验证的.因此在恒定条件下这种差别是不重要的.然而,在非恒定情形下可以有孤立的电流元,例如单个的运动电荷就是.它们的相互作用力可直接用实验来确定.这类实验结果与式(4.6)符合.那么这时怎样理解$\mathrm{d}\boldsymbol{F}_{12}\neq-\mathrm{d}\boldsymbol{F}_{21}$呢?在经典力学中,人们可从牛顿第三定律导出动量守恒定律.其实,动量守恒定律是物理学中更普遍的定律,它对任何封闭的物体系普遍成立.问题在于电磁场本身也是物质,它也具有一定的动量(参看8.3.2节).在恒定状态下电磁场的动量是不变的,在非恒定情形下电磁场的动量将随时间变化.运动电荷之间的电磁相互作用不满足牛顿第三定律,这表明它们的动量之和不守恒.但它们不是封闭系,这时每个运动电荷与电磁场之间还要交换动量.电荷动量的增减,正好由电磁场动量的改变给予补偿.

### 4.1.4　电流强度单位——安培的定义和绝对测量

国际单位制中,电磁学是MKSA制,其中除长度、质量、时间外第四个基本量是电流,其单位定为安培(用A表示)."安培"这个基本单位的定义和绝对测量,正是以安培定律式(4.6)为依据的.在该式中力$\mathrm{d}\boldsymbol{F}_{12}$的单位为$\mathrm{N}=\mathrm{kg}\cdot\mathrm{m/s^2}$,长度$\mathrm{d}l_1$、$\mathrm{d}l_2$和$r_{12}$的单位为m.现将比例系数$k$写成如下形式:

$$k=\frac{\mu_0}{4\pi},$$

并取$\mu_0$的数值为$4\pi\times10^{-7}$,这样确定下来的电流单位即为A.我们可以用平行电流元为例加以具体说明.对于平行电流元,式(4.6)化为式(4.1),采用上述比例系数,则有

$$\mathrm{d}F_{12}=\frac{\mu_0}{4\pi}\frac{I_1I_2\mathrm{d}l_1\mathrm{d}l_2}{r_{12}^2},\tag{4.8}$$

令$I_1=I_2=I$(如将两电路串联起来),则有

$$I^2=\frac{4\pi r_{12}^2\mathrm{d}F_{12}}{\mu_0\mathrm{d}l_1\mathrm{d}l_2}=10^7\ \frac{r_{12}^2\mathrm{d}F_{12}}{\mathrm{d}l_1\mathrm{d}l_2}.$$

上式表明,如果当$r_{12}^2/\mathrm{d}l_1\mathrm{d}l_2=C(C\gg1)$时,若测得的相互作用力$\mathrm{d}F_{12}=10^{-7}/C(\mathrm{N})$的话,则每根导线中的电流强度$I$定义为1 A①.

实际中根据上述定义来测量时,当然不能用两个电流元,而是用闭合电路.载流回路之间相互作用力的表达式可从式(4.6)导出.回路的形状采用一对平行的固定圆线圈A、B和一个动线圈C,它们之间的作用力用图4-14所示的天平来测量.这种用来测量载流导线受磁场作用力的天平叫作**安培秤**.

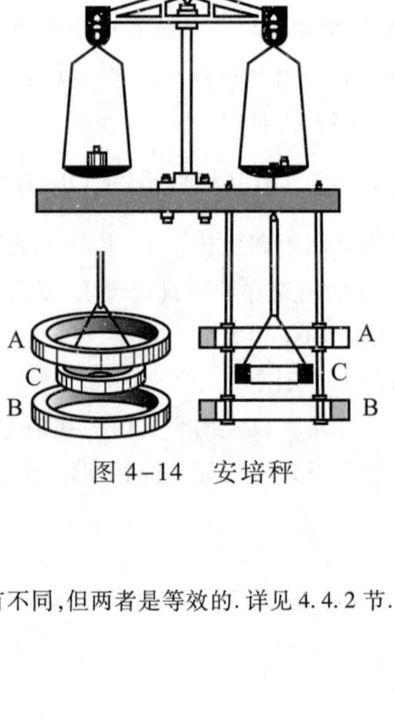

图4-14　安培秤

有了电流的单位安培之后,可以反过来定比例系数$\mu_0$的量

① 由于教学上的考虑,此处的定义与国际计量委员会颁发的正式文件在形式上略有不同,但两者是等效的.详见4.4.2节.

纲. 从式(4.8)可以看出,$\mu_0$ 的量纲为

$$[\mu_0]=\frac{[F]}{[I]^2}=[F][I]^{-2},$$

它的单位应为 $N/A^2$,即

$$\mu_0=4\pi\times10^{-7}\ N/A^2.$$

### 4.1.5 磁感应强度矢量 B

为了定量地描述电场的分布,我们曾引入电场强度矢量 $\boldsymbol{E}$ 的概念. 同样,为了定量地描述磁场的分布,我们也需引入一个矢量.

作为借鉴,我们回顾一下引入电场强度矢量 $\boldsymbol{E}$ 的做法. 出发点是库仑定律:

$$\boldsymbol{F}_{12}=\frac{1}{4\pi\varepsilon_0}\frac{q_1q_2}{r_{12}^2}\boldsymbol{e}_{12},$$

式中 $\boldsymbol{F}_{12}$ 为点电荷 $q_1$ 给点电荷 $q_2$ 的力,$\boldsymbol{r}_{12}$ 为从电荷 1 到电荷 2 的矢量,$\boldsymbol{e}_{12}$ 是沿此方向的单位矢量. 把 $q_2$ 看成试探电荷,将上式拆成两部分:

$$\boldsymbol{F}_{12}=q_2\boldsymbol{E}\quad 或\quad \boldsymbol{E}=\frac{\boldsymbol{F}_{12}}{q_2},$$

和

$$\boldsymbol{E}=\frac{1}{4\pi\varepsilon_0}\frac{q_1}{r_{12}^2}\boldsymbol{e}_{12},$$

前式就是电场强度 $\boldsymbol{E}$ 的定义,后者是点电荷 $q_1$ 在 $q_2$ 所在位置产生的电场强度公式.

在磁场的情形里,相当于静电库仑定律的基本规律是安培定律. 在 MKSA 单位制中,安培定律式(4.6)应写成

$$\mathrm{d}\boldsymbol{F}_{12}=\frac{\mu_0}{4\pi}\frac{I_1I_2\mathrm{d}\boldsymbol{l}_2\times(\mathrm{d}\boldsymbol{l}_1\times\boldsymbol{e}_{12})}{r_{12}^2}. \tag{4.9}$$

现把电流元 $I_2\mathrm{d}\boldsymbol{l}_2$ 看成试探电流元. $\mathrm{d}\boldsymbol{l}_1$ 本是某个闭合回路 $L_1$ 的一部分,整个回路 $L_1$ 对试探电流元 $I_2\mathrm{d}\boldsymbol{l}_2$ 的作用力 $\mathrm{d}\boldsymbol{F}_2$ 应是上式对 $\mathrm{d}\boldsymbol{l}_1$ 的积分:

$$\begin{aligned} d\boldsymbol{F}_2 &=\frac{\mu_0}{4\pi}\oint_{L_1}\frac{I_1I_2\mathrm{d}\boldsymbol{l}_2\times(\mathrm{d}\boldsymbol{l}_1\times\boldsymbol{e}_{12})}{r_{12}^2}\\ &=\frac{\mu_0}{4\pi}I_2\mathrm{d}\boldsymbol{l}_2\times\oint_{L_1}\frac{I_1\mathrm{d}\boldsymbol{l}_1\times\boldsymbol{e}_{12}}{r_{12}^2} \end{aligned}\tag{4.10}$$

上式中后面一步的推导用到矢量矢积的分配律. 仿照电场情形,也将上式拆成两部分:

$$\mathrm{d}\boldsymbol{F}_2=I_2\mathrm{d}\boldsymbol{l}_2\times\boldsymbol{B}, \tag{4.11}$$

$$\boldsymbol{B}=\frac{\mu_0}{4\pi}\oint_{L_1}\frac{I_1\mathrm{d}\boldsymbol{l}_1\times\boldsymbol{e}_{12}}{r_{12}^2} \tag{4.12}$$

式中的 $\boldsymbol{B}$ 叫作**磁感应强度**①,式(4.11)就是它的定义式. 式(4.12)是闭合回路 $L_1$ 在电流元 $I_2\mathrm{d}\boldsymbol{l}_2$ 所在位置产生的磁感应强度的公式. 下面我们分别对这两个公式作些进一步的说明.

---

① 在这里矢量 $\boldsymbol{B}$ 是与电场强度 $\boldsymbol{E}$ 对应的,本应叫作"磁场强度". 但由于历史的原因,已有另一个矢量 $\boldsymbol{H}$ 叫作磁场强度,所以 $\boldsymbol{B}$ 就采用了上述名称(详见第六章).

先看 $\boldsymbol{B}$ 的定义式. 若只讨论矢量的数值,式(4.11)给出

$$dF_2=I_2dl_2B\sin\theta \tag{4.13}$$

其中 $\theta$ 为 $\boldsymbol{B}$ 矢量与 $I_2d\boldsymbol{l}_2$ 电流元之间的夹角. 当 $\theta=0$ 或 $\pi$ 时,$\sin\theta=0$,$dF_2=0$;当 $\theta=\frac{\pi}{2}$时,$\sin\theta=1$,$dF_2$ 最大. 这就是说,当我们把试探电流元放在磁场中某处时,它受到的力与试探电流元的取向有关. 在某个特殊方向以及与之相反的方向上,受力为 0. 将试探电流元转 90°,受的力达到最大. 我们定义空间这一点的磁感应强度的大小为

$$B=\frac{(dF_2)_{最大}}{I_2dl_2}. \tag{4.14}$$

这时,$\boldsymbol{B}$ 矢量的方向沿试探电流元不受力时的取向. 要注意的是这里 $\boldsymbol{B}$ 还可能有两个彼此相反的指向,不过它可由矢积公式(4.11)按右手定则唯一地确定①. 一经把式(4.10)拆成式(4.11)和(4.12),式(4.11)中的 $\boldsymbol{B}$ 和 $d\boldsymbol{F}_2$ 就可以有更广的含义了,即此处 $\boldsymbol{B}$ 的场源可不再限于某个载流回路 $L_1$,它可以是任何产生磁场的场源(如磁铁等).

按照上述定义,$\boldsymbol{B}$ 的单位为 N/(A·m). 这个单位有个专门名称,叫**特斯拉**,用 T 表示.

$$1\ \text{T}=1\ \text{N/(A·m)}.$$

目前在实际中不少人还习惯用另一单位——**高斯**,用 Gs 表示. 两个单位的换算关系是

$$1\ \text{T}=10^4\ \text{Gs}\quad 或\quad 1\ \text{Gs}=10^{-4}\ \text{T}.$$

"高斯"这个单位不属于 MKSA 单位制,它属于高斯单位制. 关于单位制问题将在第九章里详细加以讨论.

现在我们来看电流产生磁场的公式(4.12). 它把任何闭合回路产生的磁感应强度 $\boldsymbol{B}$ 看成是各个电流元 $I_1d\boldsymbol{l}_1$ 产生的元磁感应强度 $d\boldsymbol{B}=\frac{\mu_0}{4\pi}\frac{I_1d\boldsymbol{l}_1\times\boldsymbol{e}_{12}}{r_{12}^2}$的矢量叠加. 用此公式计算各种回路产生的磁场分布,正是下节要讨论的内容. 式(4.12)称为**毕奥-萨伐尔定律**.

式(4.12)在各种书刊上名称很不统一. 有的叫它毕奥-萨伐尔定律,有的叫它毕奥-萨伐尔-拉普拉斯定律,甚至有的书上叫它安培定律或拉普拉斯定律. 其实历史上,最初(1820 年)是由毕奥和萨伐尔两人用实验方法证明,很长的直导线周围的磁场与距离成反比[这是式(4.12)的一个推论,见下节]. 尔后,拉普拉斯进一步从数学上证明,任何闭合载流回路产生的磁场可看成是由电流元的作用叠加起来的. 他从毕奥、萨伐尔的实验结果倒推出上述电流元产生元磁感应强度 $d\boldsymbol{B}$ 的公式. 如前所述,式(4.12)也可从安培定律(4.6)中分解出来. 总之,式(4.12)是经过许多科学家的努力得到的. 本书采用比较通用的名称,即毕奥-萨伐尔定律.

正像电场的分布可借助于电场线来描述一样,磁场的分布也可用磁感应线来描述. **磁感应线**($\boldsymbol{B}$ 线)是一些有方向的曲线,其上每点的切线方向与该点的磁感应强度矢量的方向一致. 实验上显示磁感应线要比显示电场线容易得多,只要把一块玻璃板(或硬纸)水平放置在有磁场的空间里,上面撒上铁屑,轻轻地敲动玻璃板,铁屑就会沿磁感应线排列起来. 图 4-15 上半部分的两个图,就是用这种方法显示出来的磁感应线分布图,其中图 4-15(a)是一根条形磁棒近旁的磁感应

---

① 实际上这样规定的 $\boldsymbol{B}$ 的方向也就是磁铁 N 极的受力方向,或者说一个小磁针在磁场中处于平衡位置时 N 极所指的方向. 此外,这个规定还导致磁极受的力与 $\boldsymbol{B}$ 的大小成正比. 今后我们将要论证这一点(见第六章).

线，图 4-15(b)是螺线管内、外的磁感应线. 从磁感应线的方向规定可知，磁棒的磁感应线是从 N 极出发走向 S 极的；螺线管在外部空间产生的磁感应线与磁棒的磁感应线十分相似，它从螺线管的一端（称为等效 N 极）出发走向另一端（称为等效 S 极），但在内部却是从 S 极走向 N 极的.

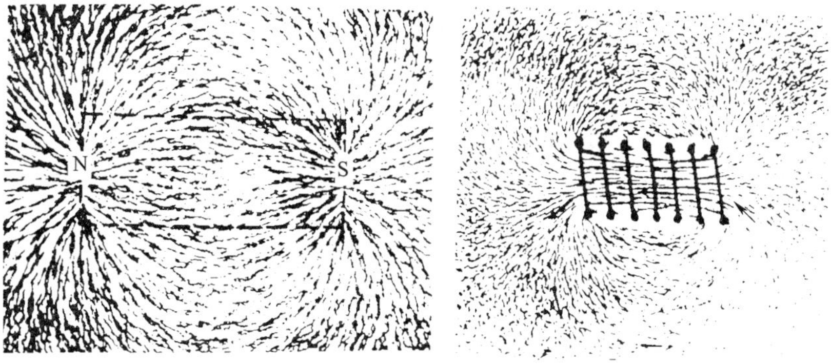


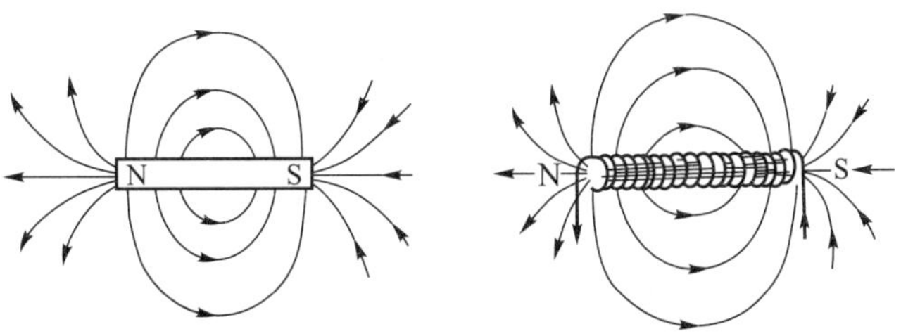


(a) 磁棒　　(b) 螺线管

图 4-15　磁感应线

## 思　考　题

**4.1-1**　地磁场的主要分量是从南到北的，还是从北到南的？

**4.1-2**　如图取直角坐标系，电流元 $I_1\mathrm{d}\boldsymbol{l}_1$ 放在 $x$ 轴上指向原点 $O$，电流元 $I_2\mathrm{d}\boldsymbol{l}_2$ 放在原点 $O$ 处指向 $z$ 轴. 试根据安培定律式(4.6)或(4.9)来回答，在下列各情形里电流元 1 给电流元 2 的力 $\mathrm{d}\boldsymbol{F}_{12}$ 以及电流元 2 给电流元 1 的力 $\mathrm{d}\boldsymbol{F}_{21}$，大小和方向各有什么变化？

(1) 电流元 2 在 $zx$ 平面内转过角度 $\theta$；

(2) 电流元 2 在 $yz$ 平面内转过角 $\theta$；

(3) 电流元 1 在 $xy$ 平面内转过角度 $\theta$；

(4) 电流元 1 在 $zx$ 平面内转过角度 $\theta$.

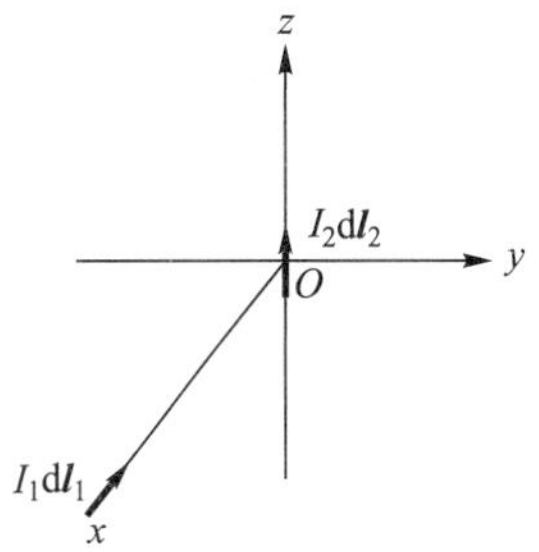


思考题 4.1-2 图

**4.1-3**　根据安培定律式(4.9)，任意两个闭合载流回路 $L_1$ 和 $L_2$ 之间的相互作用力为

$$\boldsymbol{F}_{12}=\frac{\mu_0}{4\pi}\oint_{L_1}\oint_{L_2}\frac{I_1I_2\mathrm{d}\boldsymbol{l}_2\times(\mathrm{d}\boldsymbol{l}_1\times\boldsymbol{e}_{12})}{r_{12}^2},$$

$$\boldsymbol{F}_{21}=\frac{\mu_0}{4\pi}\oint_{L_1}\oint_{L_2}\frac{I_1I_2\mathrm{d}\boldsymbol{l}_1\times(\mathrm{d}\boldsymbol{l}_2\times\boldsymbol{e}_{21})}{r_{21}^2}.$$

试证明它们满足牛顿第三定律：

$$\boldsymbol{F}_{21}=-\boldsymbol{F}_{12}.$$

［提示：对于任意三个矢量 $\boldsymbol{A}$、$\boldsymbol{B}$、$\boldsymbol{C}$ 组成的双重矢积 $\boldsymbol{A}\times(\boldsymbol{B}\times\boldsymbol{C})$ 有一个很有用的恒等式：

$$\boldsymbol{A}\times(\boldsymbol{B}\times\boldsymbol{C})=(\boldsymbol{A}\cdot\boldsymbol{C})\boldsymbol{B}-(\boldsymbol{A}\cdot\boldsymbol{B})\boldsymbol{C},$$

利用此式把上述两式展开，并注意到对任意闭合回路 $L$ 有

$$\oint_L\frac{\boldsymbol{e}_r\cdot\mathrm{d}\boldsymbol{l}}{r^2}=0,$$

式中，$\boldsymbol{e}_r$ 为 $\boldsymbol{r}$ 方向的单位矢量. 即可证明. ］

**4.1-4**　试探电流元 $I\mathrm{d}l$ 在磁场中某处沿直角坐标系的 $x$ 轴方向放置时不受力，把这电流元转到 $+y$ 轴方向时受到的力沿 $-z$ 轴方向，此处的磁感应场强 $\boldsymbol{B}$ 指向何方？

# § 4.2　载流回路的磁场

## 4.2.1　毕奥-萨伐尔定律

上节末已指出，载流导线产生磁场的基本规律是毕奥-萨伐尔定律. 写成微分形式，则有

$$\mathrm{d}\boldsymbol{B}=\frac{\mu_0}{4\pi}\frac{I\mathrm{d}\boldsymbol{l}\times\boldsymbol{e}_r}{r^2}. \tag{4.15}$$

整个闭合回路产生的磁场是各电流元所产生的元磁场 $\mathrm{d}\boldsymbol{B}$ 的矢量叠加. 这里我们略去所有 1、2 等下标，式中的单位矢量 $\boldsymbol{e}_r$ 从源点（即电流元所在位置）指向场点 $P$（图 4-16）. 按照式（4.15），$\mathrm{d}\boldsymbol{B}$ 垂直于 $\mathrm{d}\boldsymbol{l}$ 和 $\boldsymbol{e}_r$ 构成的平面（图中有阴影的平面），所以它沿着以 $\mathrm{d}\boldsymbol{l}$ 方向为轴线的圆周切线方向，或者说在每个垂直截面内磁感应线是围绕此轴线的同心圆. 磁感应线的方向服从图 4-17 所示的右手定则：用右手握载流导线，拇指伸直代表电流方向，则弯曲的四指就指向磁感应线的回绕方向.

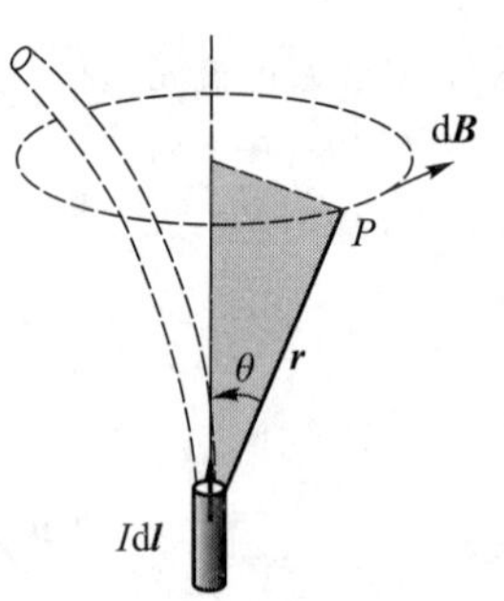


图 4-16　毕奥-萨伐尔定律

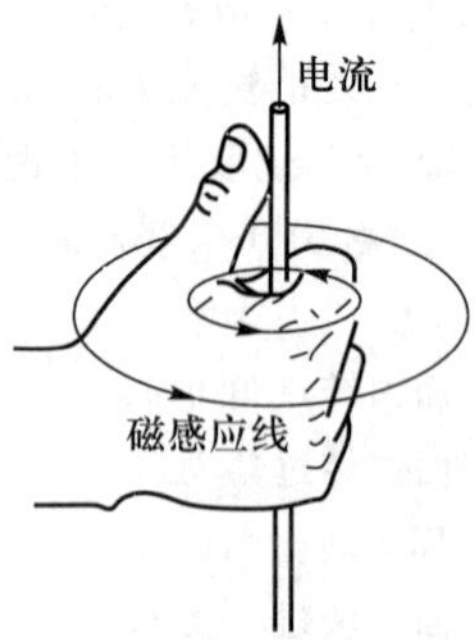


图 4-17　右手定则

下面我们利用式（4.15）和它的积分形式

$$\boldsymbol{B}=\frac{\mu_0}{4\pi}\oint\frac{I\mathrm{d}\boldsymbol{l}\times\boldsymbol{e}_r}{r^2} \tag{4.16}$$

来计算一些特殊形式的载流回路产生的磁场.

### 4.2.2 载流直导线的磁场

考虑在这直导线旁任意一点 $P$ 的磁感应强度(见图4-18). 根据毕奥-萨伐尔定律可以看出, 任意电流元 $I\mathrm{d}\boldsymbol{l}$ 产生的元磁场 $\mathrm{d}\boldsymbol{B}$ 的方向都一致(在 $P$ 点垂直于纸面向内). 因此在求总磁感应强度 $\boldsymbol{B}$ 的大小时, 只需求 $\mathrm{d}\boldsymbol{B}$ 的代数和. 对于有限的一段导线 $A_1A_2$ 来说

$$B=\int_{A_1}^{A_2}\mathrm{d}B=\frac{\mu_0}{4\pi}\int_{A_1}^{A_2}\frac{I\mathrm{d}l\ \sin\theta}{r^2}.$$

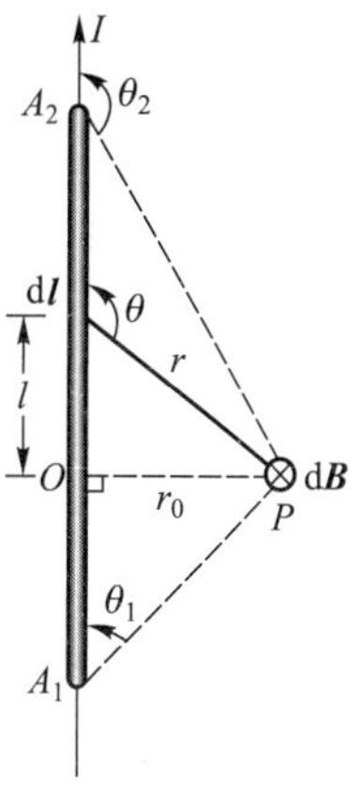


图 4-18 求载流直导线的磁场

从场点 $P$ 作直导线的垂线 $PO$, 设它的长度为 $r_0$, 以垂足 $O$ 为原点, 设电流元 $I\mathrm{d}l$ 到 $O$ 的距离为 $l$, 由图 4-18 可以看出:

$$l=r\cos(\pi-\theta)=-r\cos\theta$$

$$r_0=r\sin(\pi-\theta)=r\sin\theta.$$

由此消去 $r$, 得 $l=-r_0\cot\theta$,

取微分
$$\mathrm{d}l=\frac{r_0\mathrm{d}\ \theta}{\sin^2\theta}.$$

将上面的积分变量 $l$ 换为 $\theta$ 后得到

$$B=\frac{\mu_0}{4\pi}\int_{\theta_1}^{\theta_2}\frac{I\ \sin\theta\mathrm{d}\ \theta}{r_0}=\frac{\mu_0 I}{4\pi r_0}(\cos\theta_1-\cos\theta_2),\tag{4.17}$$

式中 $\theta_1$、$\theta_2$ 分别为在 $A_1$、$A_2$ 两端 $\theta$ 角的数值.

若导线为无限长, $\theta_1=0$, $\theta_2=\pi$, 则

$$B=\frac{\mu_0}{4\pi}\frac{2I}{r_0}=\frac{\mu_0 I}{2\pi r_0}.\tag{4.18}$$

以上结果表明, 在载流无限长直导线周围的磁感应强度 $\boldsymbol{B}$ 与距离 $r_0$ 的一次方成反比.

我们在实际中遇到的当然不可能真正是无限长的直导线. 然而若在闭合回路中有一段长度为 $l$ 的直导线, 在其附近 $r_0\ll l$ 的范围内式(4.18)近似成立.

长直导线周围的磁感应线是沿着垂直于导线的平面内的同心圆, 如图 4-19(a). 若在此平面内放一块玻璃板, 上面撒上铁屑, 即可将磁感应线显示出来, 如图 4-19(b).

如图 4-20 所示, 在竖直的长导线上挂一水平的有孔圆盘, 沿盘的某一直径对称地放置一对固定磁棒①. 当直导线中通入电流时, 若它产生的 $B$ 与 $r_0$ 成反比, 则每根磁棒的两极受力 $F$ 也与 $r_0$ 成反比, 从而磁棒两端受到的两个力矩 $F_1r_{10}$ 和 $F_2r_{20}$ 的大小相等、方向相反, 圆盘可以维持平衡; 否则圆盘就会扭转. 毕奥和萨伐尔两人最初就是用这种装置精确地观察到圆盘维持平衡, 从而证明了直导线周围 $B\propto\frac{1}{r_0}$.

① 放两条对称的磁棒. 主要是为了重力平衡, 此外也可使灵敏度比一条磁棒时提高一倍.

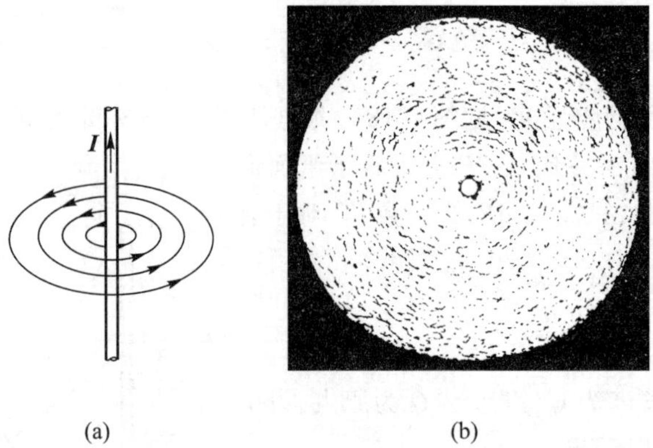


图 4-19　长直导线的磁感应线

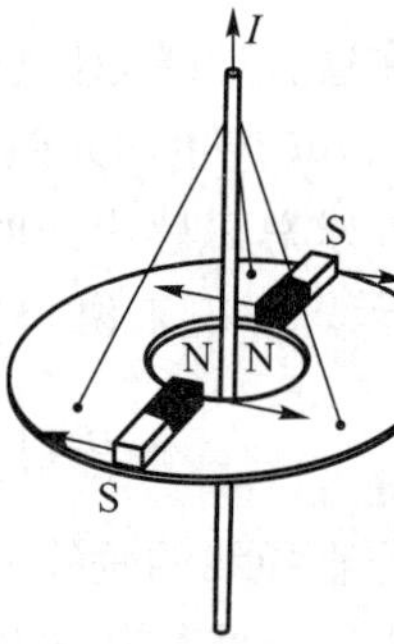


图 4-20　毕奥-萨伐尔实验

### 4.2.3　载流圆线圈轴线上的磁场

设圆线圈的中心为 $O$，半径为 $R$，其上任意点 $A$ 处的电流元在对称轴线上一点 $P$ 产生元磁场 $\mathrm{d}\boldsymbol{B}$，它位于 $POA$ 平面内且与 $PA$ 连线垂直，因此 $\mathrm{d}\boldsymbol{B}$ 与轴线 $OP$ 的夹角 $\alpha=\angle PAO$（见图 4-21）. 由于轴对称性，在通过 $A$ 点的直径的另一端 $A'$ 点处的电流元产生的元磁场 $\mathrm{d}\boldsymbol{B}'$ 与 $\mathrm{d}\boldsymbol{B}$ 对称，合成后垂直于轴线方向的分量相互抵消，因此我们只需计算沿轴线方向的磁场分量. 对于整个圆周来说也是一样，由于每个直径两端的电流元产生的元磁场在垂直轴线方向一对对地抵消，总磁感应强度 $\boldsymbol{B}$ 将沿轴线方向，它的大小等于各元磁场沿轴线分量 $\mathrm{d}B\cos\alpha$ 的代数和，即

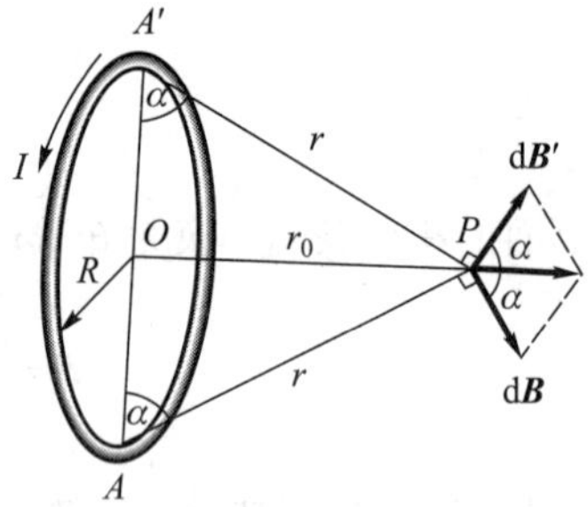


图 4-21　求圆线圈轴线上的磁场

$$B=\oint \mathrm{d}B\cos\alpha.$$

根据毕奥-萨伐尔定律，

$$\mathrm{d}B=\frac{\mu_0}{4\pi}\frac{I\mathrm{d}l}{r^2}\sin\theta,$$

对于轴上的场点 $P$，$\theta=\dfrac{\pi}{2}$，$\sin\theta=1$. 令 $r_0$ 为场点 $P$ 到圆心的距离，则 $r_0=r\sin\alpha$，故

$$\mathrm{d}B=\frac{\mu_0}{4\pi}\frac{I\mathrm{d}l}{r_0^2}\sin^2\alpha,$$

$$B=\oint \mathrm{d}B\cos\alpha=\frac{\mu_0}{4\pi}\frac{I}{r_0^2}\sin^2\alpha\cos\alpha\oint \mathrm{d}l,$$

因
$$\cos\alpha=\frac{R}{\sqrt{R^2+r_0^2}},\quad \sin\alpha=\frac{r_0}{\sqrt{R^2+r_0^2}},\quad \oint \mathrm{d}l=2\pi R,$$

故
$$B=\frac{\mu_0}{4\pi}\frac{2\pi R^2 I}{(R^2+r_0^2)^{3/2}}=\frac{\mu_0}{2}\frac{R^2 I}{(R^2+r_0^2)^{3/2}}. \tag{4.19}$$

下面我们考虑两个特殊情形：

（1）在圆心处，$r_0=0$，

$$B=\frac{\mu_0}{4\pi}\frac{2\pi I}{R}=\frac{\mu_0 I}{2R};\tag{4.20}$$

（2）当 $r_0 \gg R$ 时，

$$B=\frac{\mu_0}{4\pi}\frac{2\pi R^2 I}{r_0^3}=\frac{\mu_0 R^2 I}{2r_0^3}.\tag{4.21}$$

我们只计算了轴线上的磁场分布，轴线以外磁场分布的计算比较复杂，此处从略. 但为了给读者一个较全面的印象，图 4-22 显示了通过圆线圈轴线的平面上磁感应线的分布图. 可以看出，磁感应线是一些套连在圆电流环上的闭合曲线. 此外，为了便于记忆，图 4-23 中还给出另一个右手定则，用它可以判断载流线圈的磁感应线方向. 这右手定则是：用右手弯曲的四指代替圆线圈中电流的方向，则伸直的拇指将沿着轴线上 $\boldsymbol{B}$ 的方向.

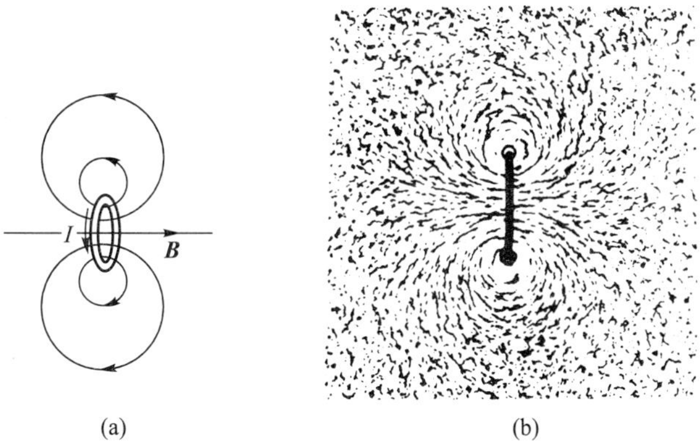


图 4-22　圆线圈的磁感应线

［例题 1］　如图 4-24，一对相同的圆形线圈，彼此平行而共轴. 设两线圈内的电流都是 $I$，且回绕方向一致，线圈的半径为 $R$，二者的间距为 $a$，（1）求轴线上的磁场分布；（2）$a$ 多大时距两线圈等远的中点 $O$ 处附近的磁场最均匀？

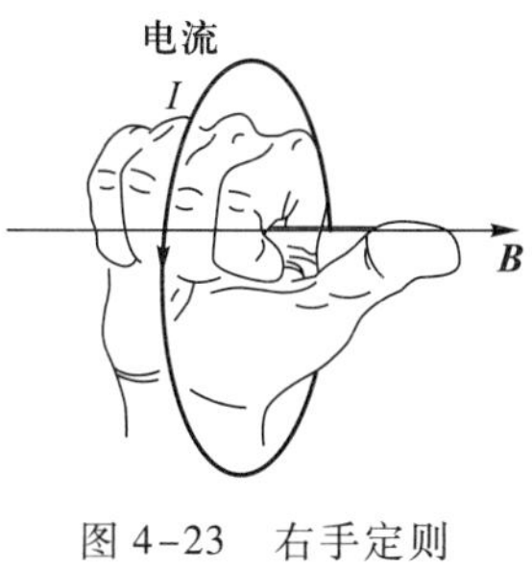


图 4-23　右手定则

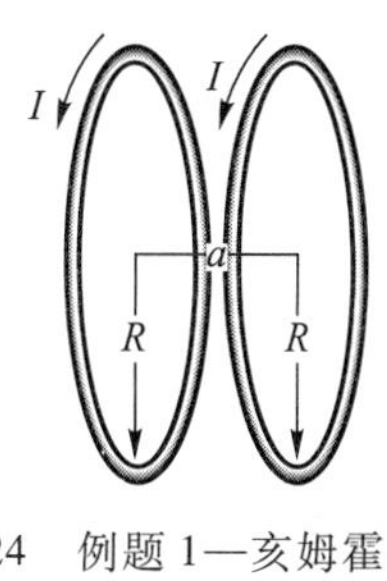


图 4-24　例题 1—亥姆霍兹线圈

［解］　如图 4-25(a)所示，取 $O$ 点为坐标原点，场点 $P$ 沿轴线的坐标为 $x$ 则 $P$ 点到两线圈中心 $O_1$、$O_2$ 的距离分别为 $x-a/2$ 和 $x+a/2$（这距离从每个线圈中心算起，向右为正，向左为

负）. 图中的虚线是按照公式（4.19）计算出来的每个圆线圈产生的磁场 $B_1$ 和 $B_2$ 沿轴线的分布曲线，实线代表二者的叠加，即$B=B_1+B_2$ 的曲线（因为 $B_1$ 和 $B_2$ 方向一致，可以代数叠加）. 由于对称性，合成磁场 $B$ 的曲线在 $O$ 点的切线一定是水平的，即在 $x=0$ 处$\frac{\mathrm{d}B}{\mathrm{d}x}=0$，或者说，$B$ 在 $x=0$ 处有极值. 当 $O_1O_2$ 之间的距离较大时，两线圈在中点 $O$ 产生的磁场都已比较弱，故 $B$ 在 $O$ 点有极小值，即在 $x=0$ 处$\frac{\mathrm{d}^2B}{\mathrm{d}x^2}>0$，如图 4-25（a）. 当 $O_1O_2$ 之间的距离较小时，两线圈在中点 $O$ 产生的磁场都还比较强，故 $B$ 在 $O$ 点有极大值，即在 $x=0$ 处$\frac{\mathrm{d}^2B}{\mathrm{d}x^2}<0$，如图 4-25（c）. 因此可以想见，只要距离 $a$ 选取得合适，可以使$x=0$处$\frac{\mathrm{d}^2B}{\mathrm{d}x^2}=0$，这时在 $O$ 点附近的磁场是相当均匀的，如图 4-25（b）. 所以对于不同的 $a$ 来说，使 $O$ 点附近磁场最均匀的条件是

在 $x=0$ 处　　$\frac{\mathrm{d}^2B}{\mathrm{d}x^2}=0.$ ①

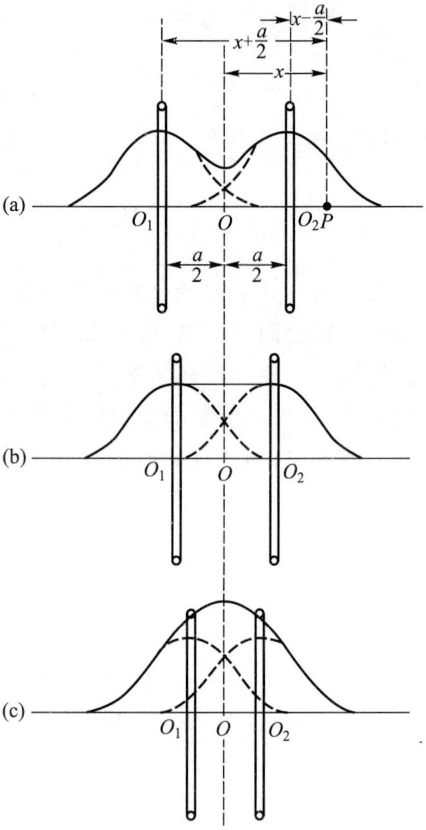


图 4-25　轴线上磁场的分布与两线圈距离的关系

下面我们就来着手计算.

按照式（4.19），令其中 $r_0=x\pm a/2$，即得两线圈在轴线上产生的磁感应强度 $\boldsymbol{B}_1$ 和 $\boldsymbol{B}_2$ 的大小分别为

$$B_1=\frac{\mu_0}{4\pi}\frac{2\pi R^2I}{\left[R^2+\left(x+\frac{a}{2}\right)^2\right]^{3/2}},$$

$$B_2=\frac{\mu_0}{4\pi}\frac{2\pi R^2I}{\left[R^2+\left(x-\frac{a}{2}\right)^2\right]^{3/2}}.$$

由于 $\boldsymbol{B}_1$ 和 $\boldsymbol{B}_2$ 的方向一致，总磁感应强度 $\boldsymbol{B}$ 的大小为

$$B=B_1+B_2$$

---

①　这条件可利用泰勒级数来说明. 令 $B(x)$ 代表总磁感应强度. 将它围绕 $x=0$ 作泰勒展开：

$$B(x)=B(0)+x\left(\frac{\partial B}{\partial x}\right)_{x=0}+\frac{x^2}{2!}\left(\frac{\partial^2 B}{\partial x^2}\right)_{x=0}+\frac{x^3}{3!}\left(\frac{\partial^3 B}{\partial x^3}\right)_{x=0}+\frac{x^4}{4!}\left(\frac{\partial^4 B}{\partial x^4}\right)_{x=0}+\cdots,$$

由于 $B(x)=B(-x)$，即 $B$ 是 $x$ 的偶函数，故奇次项的系数$\left(\frac{\partial B}{\partial x}\right)_{x=0}$，$\left(\frac{\partial^3 B}{\partial x^3}\right)_{x=0}$ 都等于0. 若$\left(\frac{\partial^2 B}{\partial x^2}\right)_{x=0}=0$，则

$$B(x)=B(0)+O(x').$$

式中 $O(x')$ 代表 $x$ 的四次方以及更高幂次的小量，所以 $B(x)$ 将在相当大的 $x$ 范围内均匀.

$$=\frac{\mu_0}{4\pi}2\pi R^2 I\left\{\frac{1}{\left[R^2+\left(x+\frac{a}{2}\right)^2\right]^{3/2}}+\frac{1}{\left[R^2+\left(x-\frac{a}{2}\right)^2\right]^{3/2}}\right\}.$$

它的一、二阶导数分别为

$$\frac{\mathrm{d}B}{\mathrm{d}x}=-\frac{\mu_0}{4\pi}6\pi R^2 I\left\{\frac{x+\frac{a}{2}}{\left[R^2+\left(x+\frac{a}{2}\right)^2\right]^{5/2}}+\frac{x-\frac{a}{2}}{\left[R^2+\left(x-\frac{a}{2}\right)^2\right]^{5/2}}\right\},$$

$$\frac{\mathrm{d}^2B}{\mathrm{d}x^2}=\frac{\mu_0}{4\pi}6\pi R^2 I\left\{\frac{4\left(x+\frac{a}{2}\right)^2-R^2}{\left[R^2+\left(x+\frac{a}{2}\right)^2\right]^{7/2}}+\frac{4\left(x-\frac{a}{2}\right)^2-R^2}{\left[R^2+\left(x-\frac{a}{2}\right)^2\right]^{7/2}}\right\}.$$

令 $x=0$ 处的$\frac{\mathrm{d}^2B}{\mathrm{d}x^2}=0$,即得 $O$ 点附近磁场最均匀的条件为

$$a=R,$$

即两线圈的间距等于它们的半径.

这种间距等于半径的一对共轴圆线圈,叫作**亥姆霍兹线圈**.在生产和科学研究中往往需要把样品放在均匀磁场中进行测试,当所需的磁场不太强时,使用亥姆霍兹线圈是比较方便的.

### 4.2.4 载流螺线管中的磁场

绕在圆柱面上的螺线形线圈叫作螺线管,如图 4-26(a)所示.下面计算螺线管轴线上的磁场分布.设螺线管的半径为 $R$,总长度为 $L$,单位长度内的匝数为 $n$.如果螺线管是密绕的,计算轴向磁场时,我们可以忽略绕线的螺距,把它近似地看成是一系列圆线圈紧密地并排起来组成的.取螺线管的轴线为 $x$ 轴,取其中点 $O$ 为原点,如图 4-26(b),则在长度 $\mathrm{d}l$ 内共有 $n\mathrm{d}l$ 匝,每匝在场点 $P$ 产生的磁感应强度都沿轴线方向,其大小都可利用式(4.19)来计算.长度 $\mathrm{d}l$ 内各匝的总效果是一匝的 $n\mathrm{d}l$ 倍,即

$$\mathrm{d}B=\frac{\mu_0}{4\pi}\frac{2\pi R^2 I}{\left[R^2+(x-l)^2\right]^{3/2}}n\mathrm{d}l,$$

其中 $x$ 是 $P$ 点的坐标.整个螺线管在 $P$ 点产生的总磁场为

$$B=\frac{\mu_0}{4\pi}\int_{-\frac{L}{2}}^{\frac{L}{2}}\frac{2\pi R^2 nI\mathrm{d}l}{\left[R^2+(x-l)^2\right]^{3/2}}.$$

令

$$r=\sqrt{R^2+(x-l)^2}=\frac{R}{\sin\beta},$$

$$x-l=r\cos\beta,$$

$\beta$ 角的几何意义见图 4-26(b).由此二式得

$$\frac{x-l}{R}=\cot\beta,$$

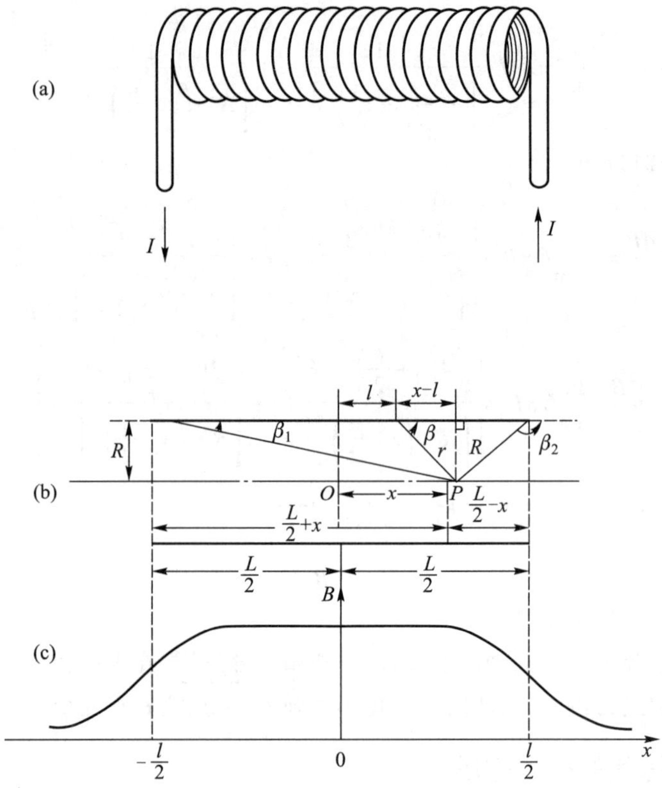


图 4-26　螺线管的磁场

取微分得

$$\frac{\mathrm{d}l}{R}=\frac{\mathrm{d}\,\beta}{\sin^2\beta}.$$

把上面的积分变量 $l$ 换为 $\beta$,则有

$$\begin{aligned}B &=\frac{\mu_0}{4\pi}2\pi nI\int_{\beta_1}^{\beta_2}\sin\beta\mathrm{d}\,\beta\\&=\frac{\mu_0}{4\pi}2\pi nI(\cos\beta_1-\cos\beta_2),\end{aligned}\tag{4.22}$$

式中 $\beta_1$、$\beta_2$ 分别是 $\beta$ 角在螺线管两端即 $l=\pm\frac{L}{2}$ 处的数值,由图上可以看出 $\cos\beta_1$, $\cos\beta_2$ 与场点坐标 $x$ 的关系是

$$\cos\beta_1=\frac{x+\dfrac{L}{2}}{\sqrt{R^2+\left(x+\dfrac{L}{2}\right)^2}},$$

$$\cos\beta_2=\frac{x-\dfrac{L}{2}}{\sqrt{R^2+\left(x-\dfrac{L}{2}\right)^2}}.$$

将上式代入式(4.22),即得螺线管轴线上任一点 $P$ 的磁感应强度.$B$ 随 $x$ 变化的关系如图 4-26(c)中的曲线,由这曲线可以看出,当 $L\gg R$ 时,在螺线管内部很大一个范围内磁场近于均匀,只在端点附近 $B$ 值才显著下降.

下面我们考虑两个特殊情形:

(1) 无限长螺管 $L\to\infty$,$\beta_1=0$,$\beta_2=\pi$,因而

$$B=\mu_0 nI, \tag{4.23}$$

即 $B$ 的大小与场点的坐标 $x$ 无关.这表明在密绕的无限长螺线管轴线上的磁场是均匀的.其实这结论不仅适用于轴线上,在整个无限长螺线管内部的空间里磁场都是均匀的(见 4.3.1 节),其磁感应强度的大小为 $\mu_0 nI$,方向与轴线平行.

(2) 在半无限长螺线管的一端,$\beta_1=0$,$\beta_2=\dfrac{\pi}{2}$ 或 $\beta_1=\dfrac{\pi}{2}$,$\beta_2=\pi$,无论哪种情形都有

$$B=\frac{\mu_0 nI}{2}, \tag{4.24}$$

即在半无限长螺线管端点轴上的磁感应强度比中间减少了一半.这结果是可以理解的,因为我们可以设想将一个无限长的螺线管从任何地方截成两半,这两半在这里产生的磁场方向相同.并且根据对称性,它们对总磁感应强度 $\mu_0 nI$ 的贡献应该是一样的,即每一半单独的贡献是 $\dfrac{\mu_0 nI}{2}$.

对于有限长的螺线管来说,只要 $L\gg R$,上述式(4.23)和式(4.24)也近似地适用.

为了得到一个螺线管的磁场在空间分布的全貌,我们给出整个空间的磁感应线分布图(图 4-27).应当指出的是,除了端点附近,在一个长螺线管外部的空间里,磁感应线很稀疏,这表示磁场在那里是很弱的.在 $L\to\infty$ 的极限情形下,整个外部空间的磁感应强度趋于 0.因此,无限长的密绕载流螺线管是这样一种理想的装置,它产生一个匀强磁场,并把它全部限制在自己的内部.

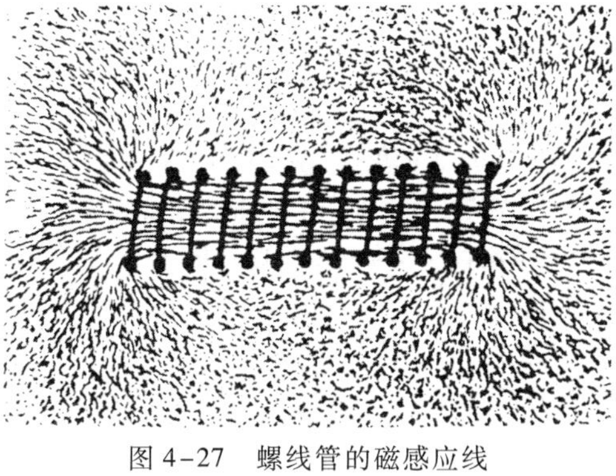

图 4-27 螺线管的磁感应线

**[例题 2]** 一多层密绕螺线管的内半径为 $R_1$,外半径为 $R_2$,长 $L=2l$(见图 4-28,图中打叉的区表示绕组).设总匝数为 $N$,导线中通过的电流为 $I$,求这螺线管中心 $O$ 点的磁感应强度.

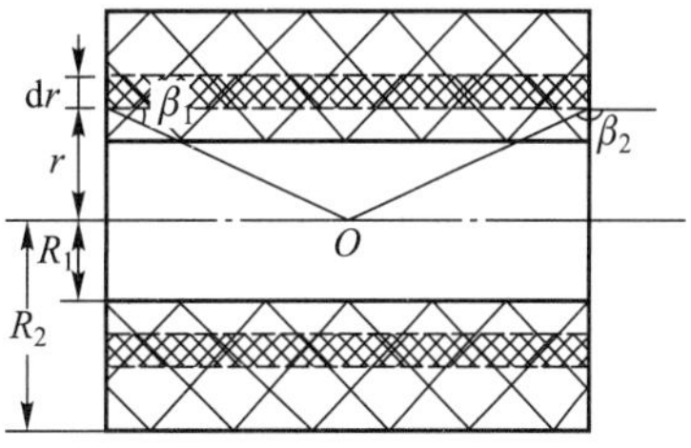


图 4-28 例题 2—求多层螺线管的磁场

**[解]** 取螺线管中一厚为 d$r$ 的绕线薄层(图 4-28 中阴影区),根据公式(4.22),由于对中心点 $O$ 有 $\beta_2=\pi-\beta_1$,故 $\cos\beta_1-\cos\beta_2=2\cos\beta_1$,这 d$r$ 薄层在 $O$ 点产生的磁感应强度 d$B$ 为

$$dB=\frac{\mu_0}{4\pi}\cdot 2\pi j\cdot 2\cos\beta_1\,dr,$$

其中 $j=\frac{NI}{2l(R_2-R_1)}$，其物理意义相当于把电流看成连续分布时的电流密度，$j dr$ 相当于公式(4.22)中的 $nI$. 因为

$$\cos\beta_1=\frac{l}{\sqrt{l^2+r^2}}$$

代入上式得

$$dB=\frac{\mu_0}{4\pi}\cdot 2\pi j\cdot\frac{2l}{\sqrt{l^2+r^2}}dr=\frac{\mu_0 jl}{\sqrt{l^2+r^2}}dr,$$

对 $r$ 积分即得 $O$ 点的磁场：

$$B_0=\mu_0 jl\int_{R_1}^{R_2}\frac{1}{\sqrt{l^2+r^2}}dr=\mu_0 jl\ln\frac{R_2+\sqrt{R_2^2+l^2}}{R_1+\sqrt{R_1^2+l^2}}.\tag{4.25}$$

在实际应用中这公式常写为

$$B_0=\mu_0 jR_1\gamma\ln\frac{\alpha+\sqrt{\alpha^2+\gamma^2}}{1+\sqrt{1+\gamma^2}}.\tag{4.26}$$

其中 $\gamma=\frac{l}{R_1}$，$\alpha=\frac{R_2}{R_1}$分别是螺线管的约化半长度和约化外半径(即以内半径 $R_1$ 为长度单位). 在一些有关磁场设计的专门参考书中多列有函数 $\gamma\ln\frac{\alpha+\sqrt{\alpha^2+\gamma^2}}{1+\sqrt{1+\gamma^2}}$的数值表可以查阅.

## 思　考　题

**4.2-1**　试根据毕奥-萨伐尔定律证明：一对镜像对称的电流元在对称面上产生的合磁场 $B$ 必与此面垂直.

## 习　　题

**4.2-1**　一条很长的直输电线，载有 100 A 的电流，在离它 0.5 m 远的地方，它产生的磁感应强度 $B$ 有多大？

**4.2-2**　一条很长的直载流导线，在离它 1 cm 处产生的磁感应强度是 1 Gs，它所载的电流有多大？

**4.2-3**　如题图所示，一条无穷长载流直导线在一处折成直角，$P$ 点在折线的延长线上，到折点的距离为 $a$，

(1) 设所载电流为 $I$，求 $P$ 点的 $\boldsymbol{B}$；

(2) 当 $I=20$ A，$a=2.0$ cm 时，$\boldsymbol{B}$ 为多大？

**4.2-4**　如题图所示，一条无穷长直导线在一处弯成半径为 $R$ 的半圆形，已知导线中的电流为 $I$，求圆心的磁感应强度 $\boldsymbol{B}$.

**4.2-5**　如题图所示，一条无穷长直导线在一处弯折成$\frac{1}{4}$圆弧，圆弧的半径为 $R$，圆心在 $O$，直线的延长线都通过圆心. 已知导线中的电流为 $I$，求 $O$ 点的磁感应强度.

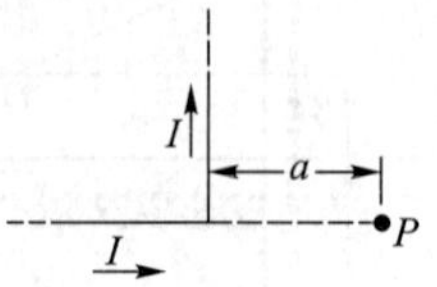

习题 4.2-3 图

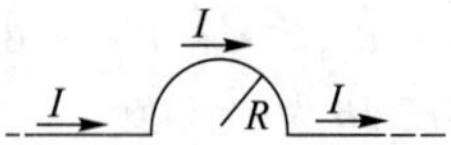

习题 4.2-4 图

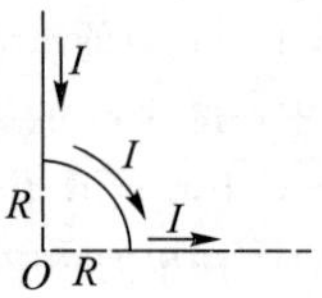

习题 4.2-5 图

**4.2-6**　一条无穷长的导线载有电流 $I$,这导线成一抛物线形状,焦点到顶点的距离为 $a$,求焦点的磁感应强度 $\boldsymbol{B}$.

**4.2-7**　如题图所示,两条无穷长的平行直导线相距为 $2a$,分别载有方向相同的电流 $I_1$ 和 $I_2$.空间任一点 $P$ 到 $I_1$ 的垂直距离为 $x_1$,到 $I_2$ 的垂直距离为 $x_2$,求 $P$ 点的磁感应强度 $\boldsymbol{B}$.

**4.2-8**　如题图所示,两条无穷长的平行直导线相距为 $2a$,载有大小相等而方向相反的电流 $I$.空间任一点 $P$ 到两导线的垂直距离分别为 $x_1$ 和 $x_2$,求 $P$ 点的磁感应强度 $\boldsymbol{B}$.

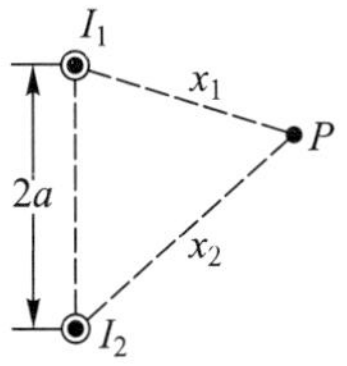

习题 4.2-7 图

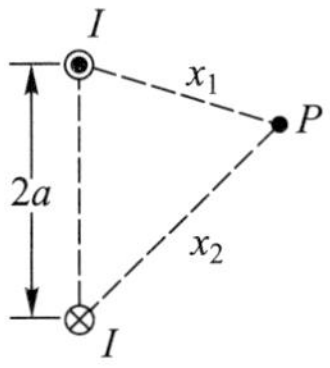

习题 4.2-8 图

**4.2-9**　四条平行的载流无限长直导线,垂直地通过一边长为 $a$ 的正方形顶点,每条导线中的电流都是 $I$,方向如题图所示.

(1) 求正方形中心的磁感应强度 $\boldsymbol{B}$;

(2) 当 $a=20$ cm,$I=20$ A 时,$B=?$

**4.2-10**　如题图所示,两条无限长直载流导线垂直而不相交,其间最近距离为 $d=2.0$ cm,电流分别为 $I_1=4.0$ A 和 $I_2=6.0$ A.$P$ 点到两导线的距离都是 $d$,求 $P$ 点的磁感应强度 $\boldsymbol{B}$.

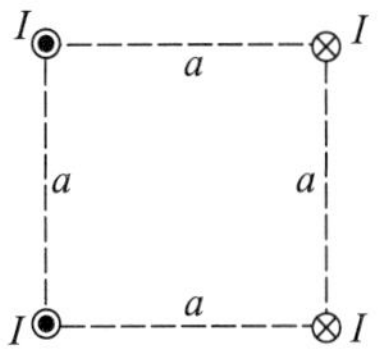

习题 4.2-9 图

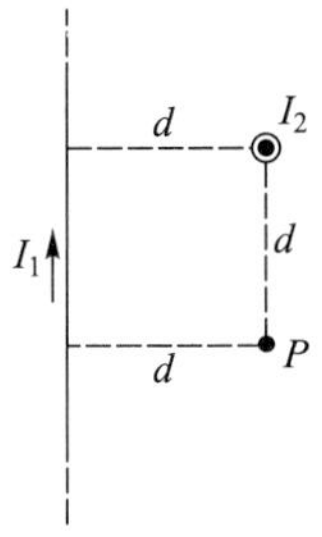

习题 4.2-10 图

**4.2-11**　载流圆线圈半径 $R=11$ cm,电流 $I=14$ A,求它轴线上距圆心 $r_0=0$ 和 $r_0=10$ cm处的磁感应强度 $B$ 等于多少 Gs.

**4.2-12**　载流正方形线圈边长为 $2a$,电流为 $I$,

(1) 求轴线上距中心为 $r_0$ 处的磁感应强度;

(2) 当 $a=1.0$ cm,$I=5.0$ A,$r_0=0$ 和 10 cm 时,$B$ 等于多少 Gs?

**4.2-13**　载流矩形线圈边长分别为 $2a$ 和 $2b$,电流为 $I$,求轴线上距中心为 $r_0$ 处的磁感应强度.

**4.2-14**　载流等边三角形线圈边长为 $2a$,电流为 $I$,求轴线上距中心为 $r_0$ 处的磁感应强度.

**4.2-15**　一个载流线圈的磁矩 $m$ 定义为

$$m=IS,$$

其中 $S$ 为线圈的面积(参看 4.4.4 节).试证明,对于习题 4.2-11 至 4.2-14 中各种形状的线圈,当到中心的距离 $r_0$ 远大于线圈线度时,轴线上磁感应强度都具有如下形式:

$$B=\frac{\mu_0 m}{2\pi r_0^3}.$$

**4.2-16**　如题图,两圆线圈共轴,半径分别为 $R_1$ 和 $R_2$,电流分别为 $I_1$ 和 $I_2$,电流方向相同,两圆心相距为

$2b$,连线的中点为 $O$.求轴线上距 $O$ 为 $\boldsymbol{x}$ 处 $P$ 点的磁感应强度 $B$.

**4.2-17**　上题中如果电流方向相反,情形如何?

**4.2-18**　电流 $I$ 均匀地流过宽为 $2a$ 的无穷长平面导体薄板,通过板的中线并与板面垂直的平面上有一点 $P$,$P$ 到板的垂直距离为 $x$(见题图),设板厚可略去不计,求 $P$ 点的磁感应强度 $\boldsymbol{B}$.

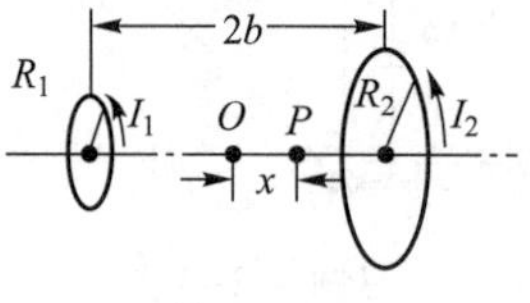

习题 4.2-16 图

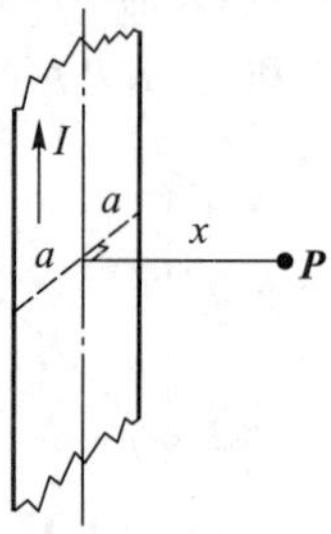

习题 4.2-18 图

**4.2-19**　求上题当 $a\to\infty$,但维持 $i=\dfrac{I}{2a}$(单位宽度上的电流强度,叫作电流面密度)为一常量时 $P$ 点的磁感应强度.

**4.2-20**　如题图,两无穷大平行平面上都有均匀分布的面电流,电流面密度(见上题)分别为 $i_1$ 和 $i_2$,两电流平行.求:

(1) 两面之间的磁感应强度;

(2) 两面之外空间的磁感应强度;

(3) $i_1=i_2=i$ 时结果如何?

**4.2-21**　上题中若 $i_1$ 和 $i_2$ 反平行,情形如何?

**4.2-22**　习题 4.2-20 中若 $i_1$ 和 $i_2$ 方向垂直,情形如何?

**4.2-23**　习题 4.2-20 中若 $i_1$ 和 $i_2$ 之间成任意夹角 $\theta$,情形如何?

**4.2-24**　半径为 $R$ 的无限长直圆筒上有一层均匀分布的面电流,电流都绕着轴线流动并与轴线垂直(见题图),面电流密度(即通过垂直方向单位长度上的电流)为 $i$,求轴线上的磁感应强度.

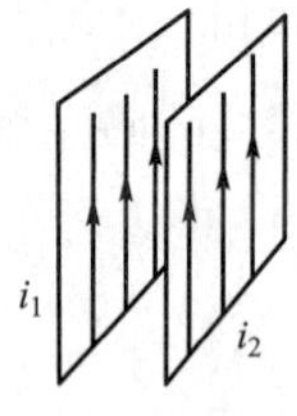

习题 4.2-20 图

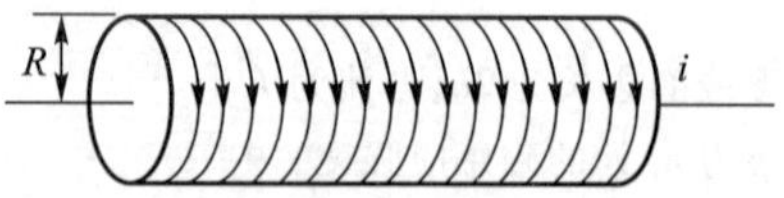

习题 4.2-24 图

**4.2-25**　半径为 $R$ 的无限长直圆筒上有一层均匀分布的面电流,电流都环绕着轴线流动并与轴线方向成一角度 $\alpha$,即电流在筒面上沿螺旋线向前流动(见题图).设面电流密度为 $i$,求轴线上的磁感应强度.

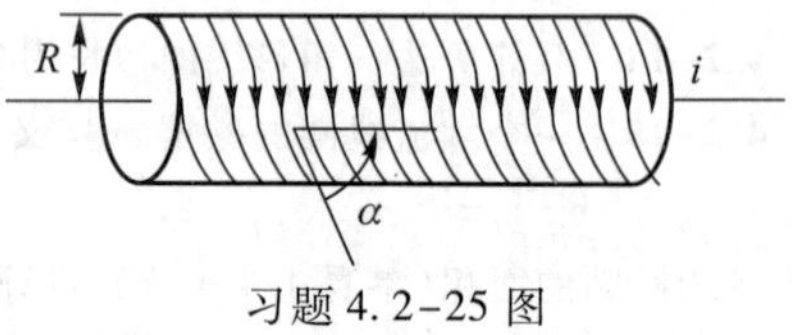

习题 4.2-25 图

**4.2-26**　一很长的螺线管,由外皮绝缘的细导线密绕而成,每厘米有 35 匝.当导线中通过的电流为 2.0 A 时,求这螺线管轴线上中心和端点的磁感应强度 $B$ 是多少 Gs.

**4.2-27**　一螺线管长 1.0 m,平均直径为 3.0 cm,它有五层绕组,每层有 850 匝,通过的电流是 5.0A,求管中心处的磁感应强度为多少 Gs.

**4.2-28**　用直径 0.163 cm 的铜线绕在 6 cm 直径的圆筒上，做成一个单层螺线管．管长 30 cm，每厘米绕 5 匝．铜线在 75 ℃时每米电阻 0.010 Ω（假设通电后导线将达此温度）．将此螺线管接在 2.0 V 的蓄电池上，其中磁感应强度和功率消耗各多少？

**4.2-29**　球形线圈是由表面绝缘的细导线在半径为 $R$ 的球面上密绕而成，线圈的中心都在同一直径上，沿这直径单位长度的匝数为 $n$，并且各处的 $n$ 都相同．设该直径上一点 $P$ 到球心的距离为 $x$，求下列各处的磁感应强度 $B$：

（1）$x=0$（球心）；

（2）$x=R$（该直径与球面的交点）；

（3）$x<R$（球内该直径上任一点）；

（4）$x>R$（球外该直径延长线上任一点）．设电流强度为 $I$.

**4.2-30**　半径为 $R$ 的球面上均匀分布着电荷，电荷面密度为 $\sigma_e$；当这球面以角速度 $\omega$ 绕它的直径旋转时，求转轴上球内和球外任一点（该点到球心的距离为 $x$）的磁感应强度 $B$.

**4.2-31**　半径为 $R$ 的圆片上均匀带电，电荷面密度为 $\sigma_e$，令该片以匀角速度 $\omega$ 绕它的轴旋转，求轴线上距圆片中心 $O$ 为 $x$ 处的磁场（见题图）.

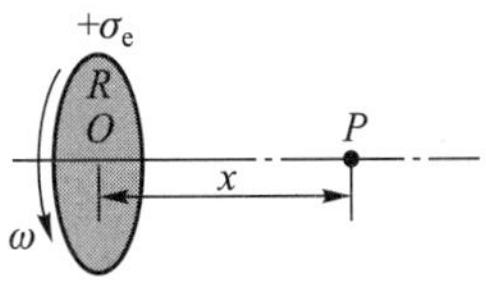

习题 4.2-31 图

**4.2-32**　氢原子处在正常状态（基态）时，它的电子可看作在半径为 $a=0.53\times10^{-8}$ cm 的轨道（叫作玻尔轨道）上做匀速圆周运动，速率为 $v=2.2\times10^{8}$ cm/s，已知电子电荷的大小为 $e=1.6\times10^{-19}$ C，求电子的这种运动在轨道中心产生的磁感应强度 $B$ 的值.

# §4.3　磁场的“高斯定理”与安培环路定理

我们从§4.2 中列举的各种情形里可以看到，电流产生的磁场有一些共同特点：（1）磁感应线都是闭合曲线或两头伸向无穷远；（2）闭合的磁感应线和载流回路像锁链的各环那样相互套连在一起；（3）磁感应线和电流的方向相互服从右手定则：若以右手伸直的拇指代表电流方向，则弯曲的四指沿磁感应线方向（图 4-17）；反之，弯曲的四指沿电流方向时，则拇指指向磁感应线方向（图 4-23）．磁感应线的这些特点与静电场的电场线是很不相同的．静电场的电场线总是起始于正电荷，终止于负电荷，它们永远不会形成闭合曲线．电场线的这些特点反映在两个基本的定理中，一个是高斯定理，它是讨论任意闭合面上电场强度通量与其中电荷的关系的；另一个是静电场力做功与路径无关，它又可表述为静电场沿任意闭合曲线的线积分等于 0（环路定理）．在第一章中我们已看到，把上述电场线的特点进一步精确地表述成两条定理，对于我们研究电场的分布是很有帮助的．高斯定理可以帮助我们很方便地求出某些具有一定对称性的带电体的电场分布；关于静电场力做功与路径无关的定理使我们有可能引进电势的概念，它对于解决很多实际问题具有重要的意义．那么，上述磁感应线的特点是否也可以精确地用数学公式表述出来呢？下面就来解决这个问题.

## 4.3.1　磁场的“高斯定理”

仿照第一章中引入电通量的办法，我们规定通过一个曲面 $S$ 的**磁感应通量**（简称**磁通量**）为

$$\Phi_B=\iint_S B\cos\theta\mathrm{d}S=\iint_S \boldsymbol{B}\cdot\mathrm{d}\boldsymbol{S},\tag{4.27}$$

式中 $\theta$ 为磁感应强度 $\boldsymbol{B}$ 与面元 $\mathrm{d}\boldsymbol{S}$ 的法线矢量 $\boldsymbol{e}_n$ 之间的夹角，$\mathrm{d}\boldsymbol{S}=\boldsymbol{e}_n\mathrm{d}S$ 为面元矢量.

根据式(4.27),在 MKSA 单位制中磁感应通量 $\Phi_B$ 的单位是 $T\cdot m^2$,这个单位叫作韦伯,用 Wb 表示,即

$$1\ \mathrm{Wb}=1\ \mathrm{T}\times 1\ \mathrm{m}^2 \text{ 或 } 1\ \mathrm{T}=\frac{1\ \mathrm{Wb}}{1\ \mathrm{m}^2}.$$

反过来,我们也可把磁感应强度 $B$ 看成是通过单位面积的磁通量,即磁通密度. 所以在 MKSA 单位制中,磁感应强度 $B$ 的单位常写成 $\mathrm{Wb/m^2}$.

正如电场强度通量 $\Phi_E$ 代表电场线的数目一样,磁通量 $\Phi_B$ 也可理解为磁感应线的数目. 这样,磁感应强度 $B$ 就是通过单位垂直面积的磁感应线数目,即磁感应线的数密度. 所以在磁感应线密集的地方磁感应强度 $B$ 大,在磁感应线稀疏的地方磁感应强度 $B$ 小.

现在我们来看磁感应通量所服从的物理规律.

由于载流导线产生的磁感应线是无始无终的闭合线,可以想象,从一个闭合曲面 $S$ 的某处穿进的磁感应线必定要从另一处穿出(参看图 4-29),所以通过任意闭合曲面 $S$ 的磁通量恒等于 0,即

$$\oiint_S B\cos\theta \mathrm{d}S=\oiint_S \boldsymbol{B}\cdot \mathrm{d}\boldsymbol{S}=0. \tag{4.28}$$

在一般书籍中,这定理并没有很通用的名称. 我们姑且把这个结论叫作磁场的“高斯定理”.

我们知道,静电学中高斯定理是可以从库仑定律出发加以严格证明的,上述磁场的“高斯定理”式(4.28)也可以从毕奥-萨伐尔定理出发加以严格的证明. 为此我们先证明,式(4.28)对单个电流元成立.

我们知道,按照毕奥-萨伐尔定律(4.15),单个电流元 $I\mathrm{d}\boldsymbol{l}$ 产生的磁感应线是以 $\mathrm{d}\boldsymbol{l}$ 方向为轴线的圆(参见图 4-16),在圆周上元磁场的数值处处相等:

$$\mathrm{d}B=\frac{\mu_0}{4\pi}\frac{I\mathrm{d}l\sin\theta}{r^2}.$$

现如图 4-29 所示,取一任意闭合曲面 $S$. 显然,每根圆形的闭合磁感应线或者不与 $S$ 相交,或者穿过它两次①,一次穿入,一次穿出. 与 $S$ 不相交的磁感应线对磁通量无贡献,下面只考虑贯穿 $S$ 的磁感应线. 在穿入处取一面元 $\mathrm{d}\boldsymbol{S}_1$,通过其边缘各点的磁感应线围成一环状磁感应管,此管在 $S$ 面上的另一处截出另一面元 $\mathrm{d}\boldsymbol{S}_2$,管内磁感应线由此穿出,电流元 $I\mathrm{d}\boldsymbol{l}$ 产生的磁场通过两面元的磁通量分别为

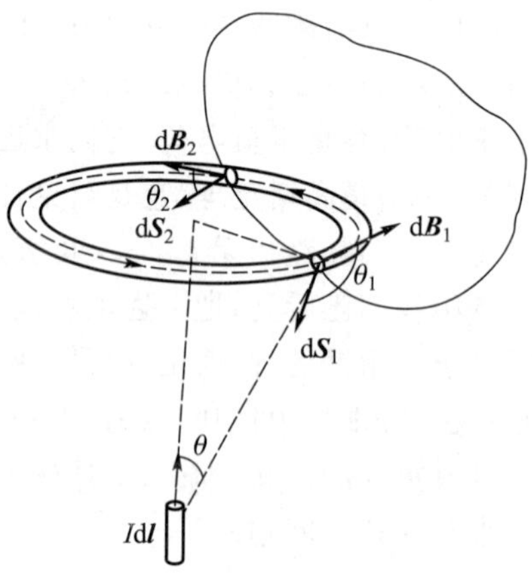


图 4-29　磁场“高斯定理”的证明

$$\begin{cases}\mathrm{d}\Phi_{B_1}=\dfrac{\mu_0}{4\pi}\dfrac{I\mathrm{d}l\sin\theta}{r^2}\mathrm{d}S_1\cos\theta_1=-\dfrac{\mu_0}{4\pi}\dfrac{I\mathrm{d}l\sin\theta}{r^2}\mathrm{d}S_1^*,\\[2ex] \mathrm{d}\Phi_{B_2}=\dfrac{\mu_0}{4\pi}\dfrac{I\mathrm{d}l\sin\theta}{r^2}\mathrm{d}S_2\cos\theta_2=\dfrac{\mu_0}{4\pi}\dfrac{I\mathrm{d}l\sin\theta}{r^2}\mathrm{d}S_2^*,\end{cases}$$

① 更普遍些,应该说是偶数次

式中 $\theta$ 是 $\mathrm{d}\boldsymbol{l}$ 与径矢 $\boldsymbol{r}$ 间的夹角，$\theta_1$、$\theta_2$ 分别是 $\mathrm{d}\boldsymbol{S}_1$ 和 $\mathrm{d}\boldsymbol{S}_2$（即曲面 $S$ 的外法线）与磁感应线切线间的夹角. 这里 $\theta_1>\pi/2$，$\cos\theta_1<0$；$\theta_2<\pi/2$，$\cos\theta_2>0$. 此外 $\mathrm{d}S_1^*=\mathrm{d}S_1|\cos\theta_1|$，$\mathrm{d}S_2^*=\mathrm{d}S_2\cos\theta_2$，它们是 1、2 两处磁感应管正截面的面积. 由于磁感应管呈严格的圆环状，其正截面处处相等，故 $\mathrm{d}S_1^*=\mathrm{d}S_2^*$，从而 $\mathrm{d}\Phi_{B_1}=-\mathrm{d}\Phi_{B_2}$，即 $\mathrm{d}\Phi_{B_1}+\mathrm{d}\Phi_{B_2}=0$.

显然，对应于 $S$ 上每个磁感应线穿入的面元 $\mathrm{d}S_1$，都有一个相应的面元 $\mathrm{d}S_2$，磁感应线从该处穿出，两处磁通量的代数和为 0. 于是，我们证明了，对于单个电流元式(4.28)成立.

根据磁场的叠加原理，任意载流回路产生的总磁场 $\boldsymbol{B}$ 是各电流元产生的元磁场 $\mathrm{d}\boldsymbol{B}$ 的矢量和，从而通过某一面元 $\mathrm{d}\boldsymbol{S}$ 的总磁通 $\Phi_B$ 将是各电流元产生元磁通 $\mathrm{d}\Phi_B$ 的代数和①. 至此，磁场的“高斯定理”得到了完全的证明.

任意载流回路产生的磁感应管，一般说来其截面是不均匀的. 磁场的“高斯定理”(4.28)意味着，由一端进入一段磁感应管的通量在数值上等于由另一端穿出的通量. 由此可见，当磁感应管的截面不均匀时，我们就可以断定，磁感应管膨大的地方，必定磁场较弱；磁感应管收缩的地方必定磁场较强. 例如在一个有限长的螺线管两端磁感应线趋于分散，那里的磁场就比中间弱. 反之，当我们看到沿某一直线上磁感应强度数值不变时，就可以断定在该直线附近的磁感应管的截面必定均匀，从而可知，在此直线附近的磁感应线也是平行于轴的直线.

上面只是运用磁场的“高斯定理”式(4.28)来分析磁场分布的一个例子，这个定理更根本的意义在于它使我们有可能引入另一个矢量——磁矢势来计算磁场. 磁场中磁矢势的概念与静电场中电势的概念是相当的，不过磁矢势是矢量，电势是标量. 磁矢势的问题将在电动力学课中详细讨论，这里不介绍了②.

### 4.3.2 安培环路定理的表述和证明

磁感应线是套连在闭合载流回路上的闭合线. 若取磁感应强度沿磁感应线的环路积分，则因 $\boldsymbol{B}$ 与 $\mathrm{d}\boldsymbol{l}$ 的夹角 $\theta=0$，$\cos\theta=1$，故在每条线上 $\boldsymbol{B}\cdot\mathrm{d}\boldsymbol{l}=|\boldsymbol{B}|\cdot|\mathrm{d}\boldsymbol{l}|>0$，从而

$$\oint \boldsymbol{B}\cdot\mathrm{d}\boldsymbol{l}\neq 0.$$

安培环路定理就是反映磁感应线这一特点的.

安培环路定理表述如下：恒磁场中，磁感应强度沿任何闭合环路 $L$ 的线积分，等于穿过这环路所有电流强度的代数和的 $\mu_0$ 倍. 用公式来表示，则有

$$\oint_L \boldsymbol{B}\cdot\mathrm{d}\boldsymbol{l}=\mu_0\sum_{(L内)} I, \tag{4.29}$$

其中电流 $I$ 的正负规定如下：当穿过回路 $L$ 的电流方向与回路 $L$ 的环绕方向服从右手法则时，$I>0$，反之，$I<0$. 如果电流 $I$ 不穿过回路 $L$，则它对上式右端无贡献. 例如在图 4-30 所示情形里，$\sum I=I_1-2I_2$. 今后为了叙述方便，我们把式(4.29)中的闭合积分回路 $L$ 称为“安培环路”.

① 这样的推理，我们在§1.3证明电场的高斯定理时已使用过. 感到不清楚的读者可翻阅一下该处.

② 简单的介绍，参见附录 E.

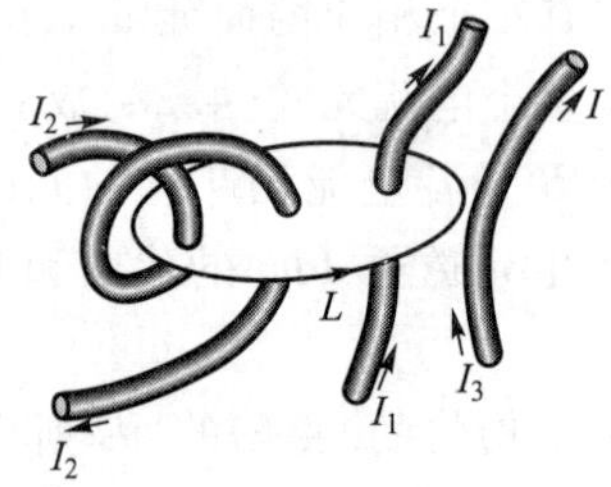

图 4-30　穿过安培环路电流的正负

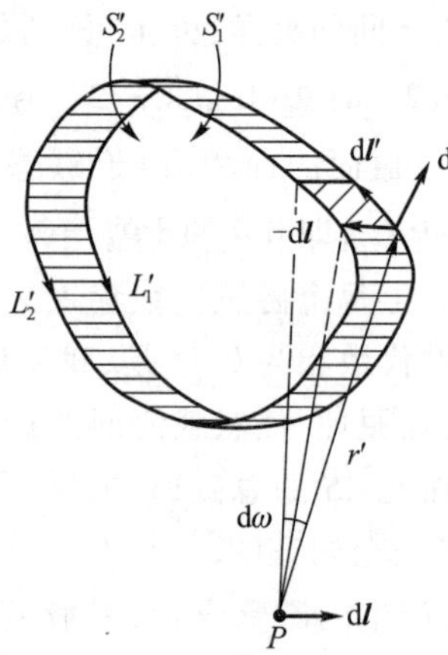


图 4-31　安培环路定理的证明(1)

安培环路定理也是可以从毕奥-萨伐尔定律出发来证明的，现证明如下. 为简单起见，我们只考虑单一载流回路. 推广到含多个载流回路的情形，只需运用叠加原理.

为了区别安培环路 $L$ 上的线元 $\mathrm{d}\boldsymbol{l}$，我们用 $\mathrm{d}\boldsymbol{l}'$代表载流回路 $L'$上的线元. 如图 4-31，场点 $P$ 沿 $\mathrm{d}\boldsymbol{l}$ 的移动与场源(载流回路 $L'$)沿$-\mathrm{d}\boldsymbol{l}$ 的移动等价. 按照毕奥-萨伐尔定律，

$$\boldsymbol{B}\cdot\mathrm{d}\boldsymbol{l}=\frac{\mu_0}{4\pi}\oint_{L'}\frac{I\mathrm{d}\boldsymbol{l}'\times\boldsymbol{e}_r\cdot\mathrm{d}\boldsymbol{l}}{r^2}$$
$$=-\frac{\mu_0 I}{4\pi}\oint_{L'}\frac{\mathrm{d}\boldsymbol{l}'\times(-\mathrm{d}\boldsymbol{l})\cdot\boldsymbol{e}_r'}{r^2}.$$

上式中 $\boldsymbol{e}_r$ 代表源点到场点的单位径矢，$\boldsymbol{e}_r'=-\boldsymbol{e}_r$ 代表场点到源点的单位径矢，矢积 $\mathrm{d}\boldsymbol{l}'\times(-\mathrm{d}\boldsymbol{l})$ 的数值代表电流元 $I\mathrm{d}\boldsymbol{l}'$作位移$-\mathrm{d}\boldsymbol{l}$ 时扫过平行四边形的面积 $\mathrm{d}S$(参见附录 A 的 A. 1 节)，其方向如图 4-31 中的矢量 $\mathrm{d}\boldsymbol{S}$ 所示，沿 $\mathrm{d}\boldsymbol{S}$ 的法向. $\mathrm{d}\boldsymbol{l}'\times(-\mathrm{d}\boldsymbol{l})\cdot\boldsymbol{e}_r'$是 $\mathrm{d}\boldsymbol{S}$ 在垂直于径矢方向的投影面积，从而 $\mathrm{d}\boldsymbol{l}'\times(-\mathrm{d}\boldsymbol{l})\cdot\boldsymbol{e}_r'/r^2$代表 $\mathrm{d}S$ 对场点 $P$ 所张的立体角 $\mathrm{d}\omega$，沿 $L'$的积分则代表整个载流回路做位移$-\mathrm{d}\boldsymbol{l}$时扫过的带状面对 $P$ 点所张的立体角 $\omega$. 于是

$$\boldsymbol{B}\cdot\mathrm{d}\boldsymbol{l}=-\frac{\mu_0 I}{4\pi}\omega.$$

今设想以 $L'$为边界作一曲面 $S'$，$S'$对 $P$ 点也张有一定的立体角 $\Omega$. 当 $L'$平移时，$\Omega$ 随之改变. 图 4-31 中 $L_2'$和 $L_1'$分别是 $L'$沿$-\mathrm{d}\boldsymbol{l}$ 平移前后的新、旧位置，令 $S_2'$和 $S_1'$代表 $S'$的相应位置，$\Omega_2$ 和 $\Omega_1$ 代表相应的立体角. 因 $S_2'$、$S_1'$和带状面组成闭合曲面，它对于外边的 $P$ 点所张的总立体角 $\Omega_2-\Omega_1+\omega=0$①. (应当说明，上面所有立体角的正负皆视面元的法向与径矢 $\boldsymbol{r}'$间夹的是锐角还是钝角而定，$\mathrm{d}\boldsymbol{S}$ 的法向沿 $\mathrm{d}\boldsymbol{l}'\times(-\mathrm{d}\boldsymbol{l})$方向，而 $S'$的法向则按 $L'$的环绕方向依右手法则来定. )综上所述，我们有

$$\boldsymbol{B}\cdot\mathrm{d}\boldsymbol{l}=\frac{\mu_0 I}{4\pi}(\Omega_2-\Omega_1).\qquad(4.30)$$

---

① 对于每一给定的场点 $P$ 和位移 $\mathrm{d}\boldsymbol{l}$，我们总可适当地选择曲面 $S'$，使 $P$ 点位于 $S_2'$，$S_1'$和带状面组成的闭合曲面之外. 而最后的结果式(4.30)、式(4.31)只与立体角有关，只要 $\mathrm{d}\boldsymbol{l}$ 不穿过 $S'$，它们将与 $S'$面的具体选择无关.

或因 $\Omega_2=\Omega_1+\frac{\partial\Omega}{\partial l}\mathrm{d}l=\Omega_1+\mathrm{d}\boldsymbol{l}\cdot\nabla\Omega$,

故
$$\boldsymbol{B}\cdot\mathrm{d}\boldsymbol{l}=\frac{\mu_0 I}{4\pi}\mathrm{d}\boldsymbol{l}\cdot\nabla\Omega,$$

由于 d$\boldsymbol{l}$ 是任意的,从而

$$\boldsymbol{B}=\frac{\mu_0 I}{4\pi}\nabla\Omega,\tag{4.31}$$

即磁场正比于载流线圈对场点所张立体角 $\Omega$ 的梯度.

在刚才的讨论中场点未动,载流回路沿$-\mathrm{d}\boldsymbol{l}$做了平移.如前所述,这与载流回路不动,场点沿 d$\boldsymbol{l}$ 平移是等价的.故 $\Omega_2$、$\Omega_1$ 也可理解为不动的载流回路 $L'$ 对移动的场点 $P$ 新、旧位置所张的立体角.式(4.30)表明,$\boldsymbol{B}\cdot\mathrm{d}\boldsymbol{l}$ 正比于立体角的这个差值.现设想场点 $P$ 沿闭合的安培环路 $L$ 移动一周,则环路积分 $\oint\boldsymbol{B}\cdot\mathrm{d}\boldsymbol{l}$ 将正比于立体角 $\Omega$ 在此过程中的总改变量 $\Delta\Omega$.如果 $L$ 不与载流回路 $L'$ 套连,则 $\Delta\Omega=0$,于是

$$\oint_L\boldsymbol{B}\cdot\mathrm{d}\boldsymbol{l}=0.$$

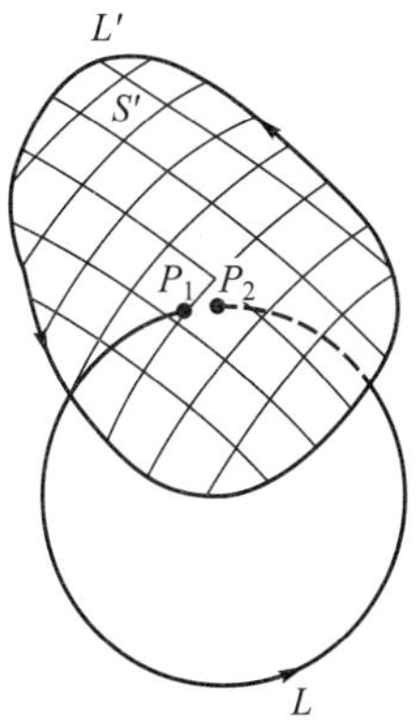


图 4-32　安培环路定理的证明(2)

但是当 $L$ 和 $L'$ 相互套连时,$\Delta\Omega=4\pi$.这是因为当 $P$ 点无限靠近 $S'$ 的“正面”时(见图 4-32 中的位置 $P_1$),$S'$ 对它所张的立体角 $\Omega_1=-2\pi$.随着 $P$ 点沿 $L$ 由外边绕到无限靠近 $S'$ 的“反面”时(见图 4-32 中的位置 $P_2$),$S'$ 对它所张的立体角经过 0 连续变到 $\Omega_2=2\pi$.从而 $\Delta\Omega=\Omega_2-\Omega_1=4\pi$.至于从 $P_2$ 回到 $P_1$ 的那一无穷小段积分,因 $B$ 的数值是有限大的,它将趋于 0.于是在此 $L$、$L'$ 相互套连的情况下,

$$\oint\boldsymbol{B}\cdot\mathrm{d}\boldsymbol{l}=\mu_0 I.$$

至此我们对一个载流回路证明了安培环路定理.在此基础上运用叠加原理,即可解决多个载流回路(或同一载流回路多次穿过积分环路)的情形.

最后我们再强调一下安培环路定理表达式中各物理量的含义.在式(4.29)右端的 $\sum I$ 中只包括穿过闭合回路 $L$ 的电流,但在式(4.29)左端的 $\boldsymbol{B}$ 却代表空间所有电流产生的磁场强度的矢量和,其中也包括那些不穿过 $L$ 的电流产生的磁场,只不过后者的磁场沿闭合环路积分后的总效果等于 0.

### 4.3.3　安培环路定理应用举例

正如高斯定理可以帮助我们计算某些具有一定对称性的带电体的电场分布一样,安培环路定理也可以帮助我们计算某些具有一定对称性的载流导线的磁场分布,下面我们就举几个这方面的例子.

**[例题 1]**　求圆截面的无限长载流直导线的磁场分布,设导线的半径为 $R$,电流 $I$ 均匀地通过横截面(图 4-33).

**[解]**　根据轴对称性,磁感应强度 $\boldsymbol{B}$ 的大小只与场点到轴线的垂直距离 $r$ 有关.图 4-33

(b)是通过任意场点 $P$ 的横截面图,其中 $O$ 是轴线通过的地方.以 $O$ 为中心、$r$ 为半径作一圆形安培环路 $L$,在 $L$ 上 $\boldsymbol{B}$ 的大小处处相同.为了分析 $\boldsymbol{B}$ 的方向,我们取导线截面的一对面元 $\mathrm{d}S$ 和 $\mathrm{d}S'$,它们对于连线 $OP$ 对称.设 $\mathrm{d}\boldsymbol{B}$ 和 $\mathrm{d}\boldsymbol{B}'$分别是以 $\mathrm{d}S$ 和 $\mathrm{d}S'$为截面的无限长电流在 $P$ 点产生的元磁场.不难看出,它们对 $L$ 在 $P$ 点的切线是对称的,亦即合成矢量 $\mathrm{d}\boldsymbol{B}+\mathrm{d}\boldsymbol{B}'$沿 $L$ 的切线方向.由于整个导线的截面可以这样成对地分割为许多对称的面元,因此可以断言,通过整个横截面的总电流在 $P$ 点产生的磁感应强度 $\boldsymbol{B}$ 沿着 $L$ 的切线方向.于是

$$\oint_L \boldsymbol{B}\cdot\mathrm{d}\boldsymbol{l}=\oint_L B(\cos 0°)\,\mathrm{d}l=B\oint_L \mathrm{d}l=2\pi rB.$$

另一方面,根据安培环路定理,

$$\oint_{L'} \boldsymbol{B}\cdot\mathrm{d}\boldsymbol{l}=2\pi rB=\mu_0 I',$$

其中 $I'$是通过环路 $L$ 的电流.

当 $r<R$(即 $P$ 点在导线内部)时,导线中电流只有一部分通过环路 $L$,因为导线中的电流密度为 $j=I/\pi R^2$,环路 $L$ 包围的面积为 $\pi r^2$,所以通过 $L$ 的电流 $I'=j\pi r^2=Ir^2/R^2$.代入上式后,得

$$B=\frac{\mu_0}{2\pi}\frac{rI}{R^2}\qquad(r<R).\tag{4.32}$$

上式表明,在导线内部,$B$ 与 $r$ 成正比.

当 $r>R$(即 $P$ 在导线之外时),$I'=I$,于是

$$B=\frac{\mu_0 I}{2\pi r}\quad(r>R).\tag{4.32′}$$

上式表明,从导线外部看来,磁场分布与全部电流 $I$ 集中在轴线上无异,$B$ 与 $r$ 成反比.

沿径矢磁感应强度 $B$ 的分布如图4-33(c).可以看出,在导线表面的地方数值最大.

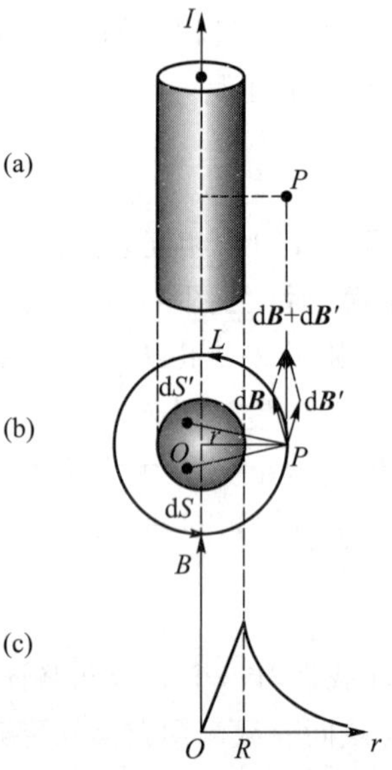

图 4-33　例题 1—无限长圆截面直导线的磁场分布

**[例题 2]**　绕在圆环上的螺线形线圈(图4-34)叫作螺绕环.设螺绕环很细,环的平均半径为 $R$,总匝数为 $N$,通过的电流强度为 $I$.求磁场分布.

**[解]**　根据对称性可知,在与环共轴的圆周上磁感应强度的大小相等,方向沿圆周的切线.取安培环路 $L$ 为螺绕环内与它同心的圆,其半径为 $R$,电流穿过 $L$ 环路共 $N$ 次,所以根据安培环路定理

$$\oint_L \boldsymbol{B}\cdot\mathrm{d}\boldsymbol{l}=2\pi RB=\mu_0 NI,$$

于是

$$B=\mu_0\left(\frac{N}{2\pi R}\right)I=\mu_0 nI\quad(环内),\tag{4.33}$$

式中 $n=\dfrac{N}{2\pi R}$代表环上单位长度内的匝数.

根据对称性可以看出,在忽略了密绕螺绕环的螺距后,外部空间如果存在磁场的话,其方向

必沿与螺绕环共轴的圆周切线①. 若依这样的圆周取安培环路 $L$,则因穿过它的总电流为 0,可得

$$B=0 \quad (\text{环外}). \tag{4.33$'$}$$

图 4–35 显示了上述计算结果与实际磁感应线分布是一致的.

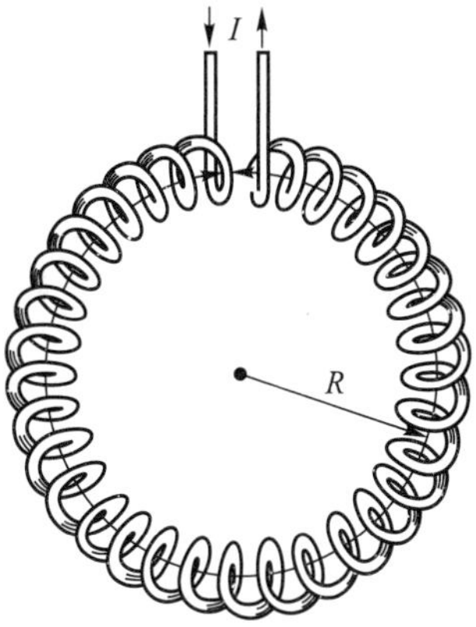


图 4–34　例题 2—求螺绕环的磁场

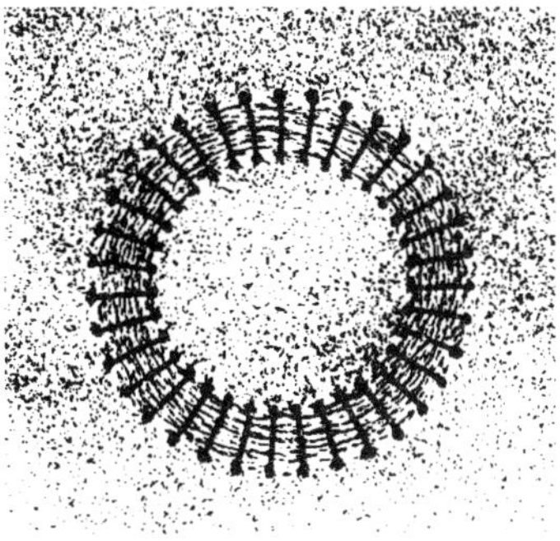

图 4–35　螺绕环的磁感应线

细螺绕环与无限长的螺线管一样,它产生一个 $B=\mu_0 nI$ 的磁场,并把磁场全部限制在自己的内部. 螺绕环的这一结果并不意外,因为当环的半径趋于无穷大,而维持单位长度的匝数 $n$ 不变时,螺绕环就过渡到一个无限长的螺线管.

## 思　考　题

**4.3–1**　(1) 在没有电流的空间区域里,如果磁感应线是平行直线,磁感强度 $B$ 的大小在沿磁感应线和垂直它的方向上是否可能变化(即磁场是否一定是均匀的)?

(2) 若存在电流,上述结论是否还对?

**4.3–2**　根据安培环路定理,沿围绕载流导线一周的环路积分为

$$\oint \boldsymbol{B}\cdot \mathrm{d}\boldsymbol{l}=\mu_0 I.$$

现利用式(4.19)

$$B=\frac{\mu_0 R^2 I}{2(R^2+x^2)^{3/2}},$$

$x$ 是轴线上一点到圆心的距离,验算一下沿圆形载流线圈轴线的积分

$$\int_{-\infty}^{\infty} \boldsymbol{B}\cdot \mathrm{d}\boldsymbol{l}=\int_{-\infty}^{\infty} B\mathrm{d}x=\mu_0 I.$$

为什么这积分路线虽未环绕电流一周,但与闭合环路积分的结果一样?

**4.3–3**　试利用式(4.23)和安培环路定理,证明无限长螺线管外部磁场处处为 0. 这个结论成立的近似条件是什么? 仅仅“密绕”的条件够不够?

**4.3–4**　在一个可视为无穷长密绕的载流螺线管外面环绕一周(见题图),环路积分 $\oint_L \boldsymbol{B}\cdot \mathrm{d}\boldsymbol{l}$ 等于多少?

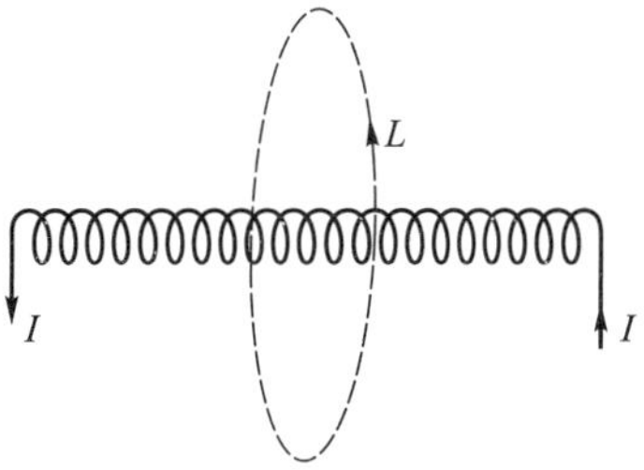


思考题 4.3–4 图

① 为了证明这个结论,可利用 §4.2 中的思考题.

# 习　　题

**4.3-1**　一载有电流 $I$ 的无穷长直空心圆筒，半径为 $R$（筒壁厚度可以忽略），电流沿它的轴线方向流动，并且是均匀地分布的，分别求离轴线为 $r<R$ 和 $r>R$ 处的磁场.

**4.3-2**　有一很长的载流导体直圆管，内半径为 $a$，外半径为 $b$，电流为 $I$，电流沿轴线方向流动，并且均匀地分布在管壁的横截面上. 空间某一点到管轴的垂直距离为 $r$（见题图），求：(1) $r<a$；(2) $a<r<b$；(3) $r>b$ 等各处的磁感应强度.

**4.3-3**　一很长的导体直圆管，管厚为 5.0 mm，外直径为 50 mm，载有 50 A 的直流电，电流沿轴向流动，并且均匀地分布在管的横截面上. 求下列几处的磁感应强度 $B$ 的大小；

(1) 管外靠近外壁；

(2) 管内靠近内壁；

(3) 内外壁之间的中点.

**4.3-4**　电缆由一导体圆柱和一同轴的导体圆筒构成. 使用时，电流 $I$ 从一导体流去，从另一导体流回，电流都是均匀地分布在横截面上. 设圆柱的半径为 $r_1$，圆筒的内外半径分别为 $r_2$ 和 $r_3$（见题图），$r$ 为到轴线的垂直距离，求 $r$ 从 0 到 $\infty$ 的范围内各处的磁感应强度 $B$.

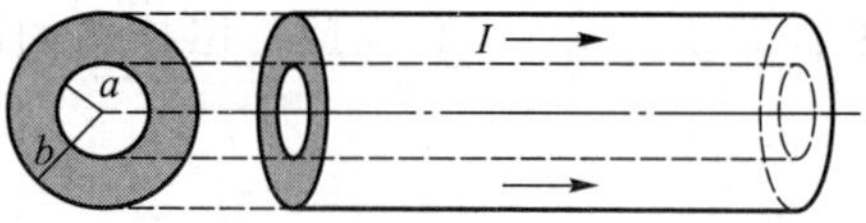


习题 4.3-2 图

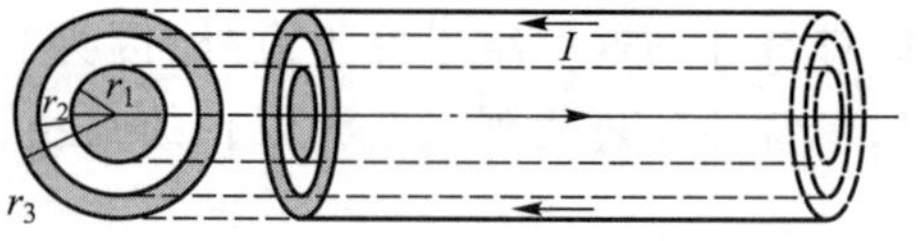


习题 4.3-4 图

**4.3-5**　一对同轴无穷长直的空心导体圆筒，内、外筒半径分别为 $R_1$ 和 $R_2$（筒壁厚度可以忽略）. 电流 $I$ 沿内筒流去，沿外筒流回（见题图）.

(1) 计算两筒间的磁感应强度 $\boldsymbol{B}$；

(2) 通过长度为 $L$ 的一段截面（图中阴影区）的磁通量 $\Phi_B$.

**4.3-6**　矩形截面的螺绕环，尺寸见题图.

(1) 求环内磁感应强度的分布；

(2) 证明通过螺绕环截面（图中阴影区）的磁通量

$$\Phi_B=\frac{\mu_0 NIh}{2\pi}\ln\frac{D_1}{D_2},$$

其中 $N$ 为螺绕环总匝数，$I$ 为其中的电流.

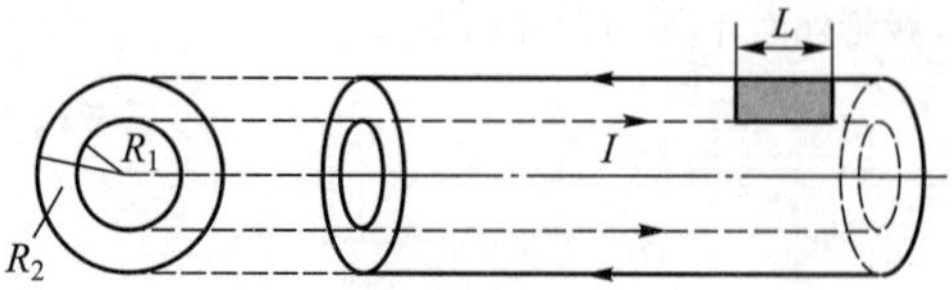


习题 4.3-5 图

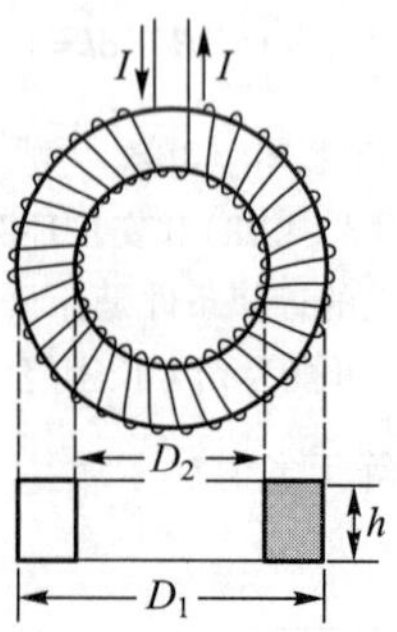


习题 4.3-6 图

**4.3-7**　用安培环路定理重新计算习题4.2-19中无限大均匀载流平面外的磁感应强度.

# §4.4 磁场对载流导线的作用

## 4.4.1　安培力

在§4.1中我们把安培定律拆成两部分,得到(4.11)和(4.12)两式,其中式(4.12)是毕奥-萨伐尔定律,它是电流产生磁场的基本规律,我们已在§4.2里详细讨论过了.现在来看式(4.11),略去1、2等下标,得

$$\mathrm{d}\boldsymbol{F}=I\mathrm{d}\boldsymbol{l}\times\boldsymbol{B}. \tag{4.34}$$

它既是一个电流元$I\mathrm{d}\boldsymbol{l}$在外磁场$\boldsymbol{B}$中受力的基本规律,又是定义磁感应强度$\boldsymbol{B}$的依据.这个力有时叫作安培力,式(4.34)有时被称为安培公式.利用安培公式(4.34)可以计算各种形状的载流回路在外磁场中所受的力和力矩.下面介绍一些比较重要的例子.

## 4.4.2　平行无限长直导线间的相互作用

设两导线间的垂直距离为$a$,其中电流分别为$I_1$和$I_2$(图4-36),根据式(4.18),导线1在导线2处产生的磁感应强度为

$$B_1=\frac{\mu_0 I_1}{2\pi a},$$

方向与导线2垂直.根据式(4.34),导线2的一段$\mathrm{d}l_2$受到的力的大小为

$$\mathrm{d}F_{12}=I_2\mathrm{d}l_2 B_1=\frac{\mu_0 I_1 I_2}{2\pi a}\mathrm{d}l_2,$$

反过来,导线2产生的磁场作用在导线1一段$\mathrm{d}l_1$上力的大小为

$$\mathrm{d}F_{21}=\frac{\mu_0 I_1 I_2}{2\pi a}\mathrm{d}l_1,$$

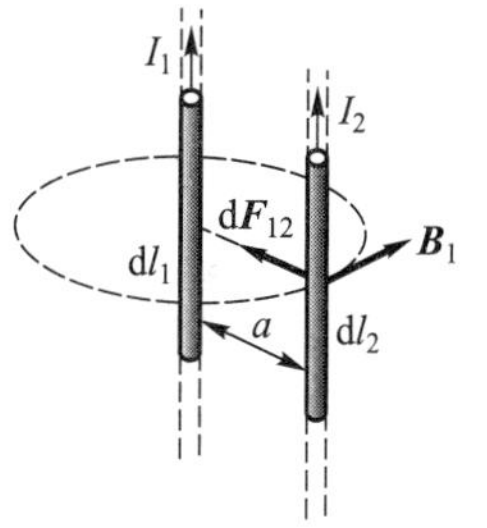


图4-36　平行直导线间的相互作用

因此,在单位长度导线上的作用力的大小是

$$f=\frac{\mathrm{d}F_{12}}{\mathrm{d}l_2}=\frac{\mathrm{d}F_{21}}{\mathrm{d}l_1}=\frac{\mu_0}{4\pi}\frac{2I_1I_2}{a}=\frac{\mu_0 I_1 I_2}{2\pi a}, \tag{4.35}$$

请读者验证一下,当两导线中的电流沿同方向时,则其间磁相互作用是吸引力,电流沿反方向时,是排斥力(参看图4-6中描述的演示实验).

如果两导线中的电流相等,$I_1=I_2=I$,则

$$f=\frac{\mu_0 I^2}{2\pi a}\quad 或\quad I=\sqrt{\frac{2\pi af}{\mu_0}}=\sqrt{\frac{af}{2\times10^{-7}}}\,(\mathrm{A}).$$

取$a=1$ m,$f=2\times10^{-7}$ N/m,则$I=1$ A.所以电流的单位"安培"也可定义为"在真空中,截面积可忽略的两根相距1 m的无限长平行圆直导线内通以等量恒定电流时,若导线间相互作用力在每米

长度上为 $2\times10^{-7}$ N，则每根导线中的电流为 1 A.”这正是国际计量委员会颁发的正式文件中的定义①，它与我们在 4.1.4 节中根据电流元相互作用所给的定义完全等效.

### 4.4.3 矩形载流线圈在均匀磁场中所受的力矩

今后为了叙述方便，我们用右旋单位法线矢量 $\boldsymbol{e}_{\mathrm{n}}$ 来描述一个载流线圈在空间的取向. 矢量 $\boldsymbol{e}_{\mathrm{n}}$ 的指向规定如下：如图 4-37 所示，将右手四指弯曲，用以代表线圈中电流的回绕方向，伸直的拇指即代表线圈平面的法线矢量 $\boldsymbol{e}_{\mathrm{n}}$ 的指向. 这样一来，只用一个矢量 $\boldsymbol{e}_{\mathrm{n}}$ 既可表示出线圈平面在空间的取向，又可表示出其中电流的回绕方向.

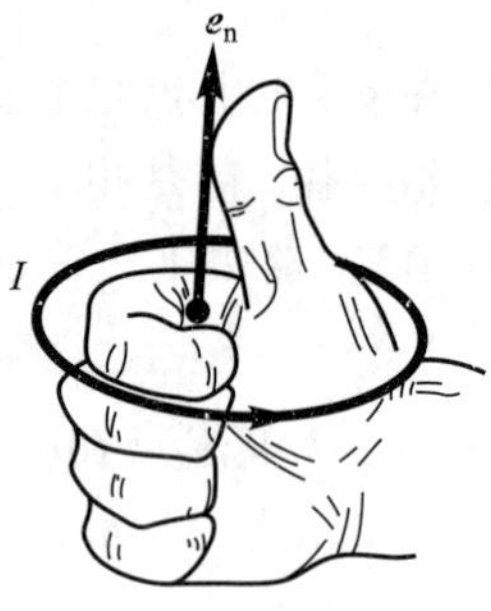

图 4-37 规定线圈法线

首先我们考虑矩形线圈的情形. 如图 4-38，矩形线圈 $ABCD$ 的边长为 $a$ 和 $b$，它可绕垂直于磁感应强度 $\boldsymbol{B}$ 的中心轴 $OO'$ 自由转动. 设线圈 $ABCD$ 的右旋法线矢量 $\boldsymbol{e}_{\mathrm{n}}$ 与磁感应强度 $\boldsymbol{B}$ 的夹角为 $\theta$，图 4-39 为它的投影图. 由图可以看出，根据式(4.34)，$AB$ 和 $CD$ 两边受的力大小相等，即

$$F_{AB}=IaB\sin\left(\frac{\pi}{2}-\theta\right)=IaB\sin\left(\frac{\pi}{2}+\theta\right)=F_{CD},$$

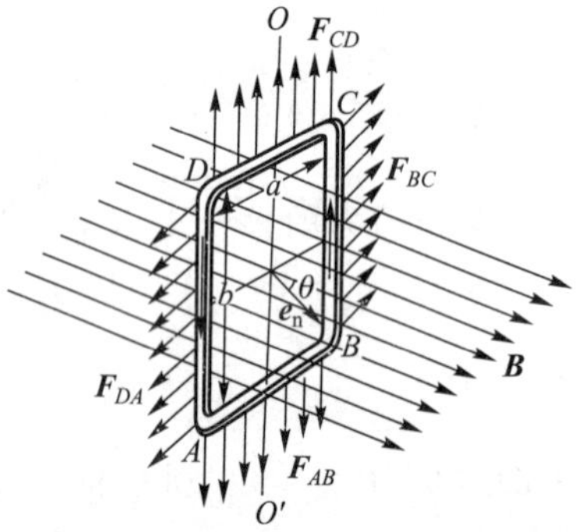

图 4-38 矩形线圈在均匀磁场中所受的力矩

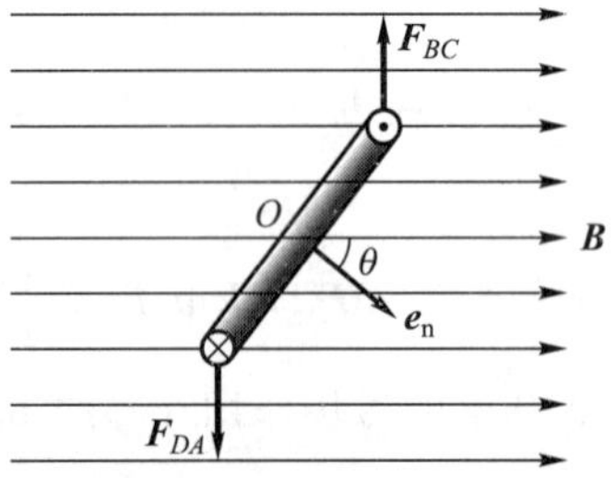

图 4-39 前图的投影图

方向相反，此外它们的作用线都是 $OO'$②. 如果线圈是刚体的话，这一对力不产生任何效果. $BC$ 和 $DA$ 两边都与 $B$ 垂直，它们受的力大小也相等，即 $F_{BC}=F_{DA}=IbB$，方向也相反，但不作用在同一直线上（这一点可从投影图 4-39 更明显地看出来），因此这两个力的合力为 0，但组成一个绕 $OO'$ 轴的力偶矩，这一力偶矩使线圈的法线方向 $\boldsymbol{e}_{\mathrm{n}}$ 向 $\boldsymbol{B}$ 方向旋转. 力偶矩两力的力臂都是 $\frac{a}{2}\sin\theta$，力矩的方向是一致的，因而力偶矩 $\boldsymbol{L}$ 的大小为

$$L=F_{BC}\cdot\frac{a}{2}\sin\theta+F_{DA}\cdot\frac{a}{2}\sin\theta$$

---

① 引自国家标准 GB 3100～3102—1993《量和单位》.

② 每边各线元受的力彼此平行，这里 $\boldsymbol{F}_{AB}$、$\boldsymbol{F}_{CD}$ 等指的都是这些平行力的合力，合力的作用线为 $OO'$. 下文 $\boldsymbol{F}_{BC}$、$\boldsymbol{F}_{DA}$ 也是指平行力的合力.

$$=IabB\sin\theta,$$

即

$$L=ISB\sin\theta, \tag{4.36}$$

式中 $S=ab$ 代表矩形线圈的面积. 考虑到力偶矩 $L$ 的方向,它可以通过下列矢量积来表示:

$$\boldsymbol{L}=IS(\boldsymbol{e}_{\mathrm{n}}\times\boldsymbol{B}). \tag{4.37}$$

顺便提起,上面计算的是一个载流线圈在均匀磁场中所受力矩. 若磁场不均匀,则除了力矩之外,载流线圈还会受到一个不等于 0 的合力. 这样的例子参见本节的思考题和某些习题.

### 4.4.4　载流线圈的磁矩

式(4.36)或式(4.37)虽是从矩形线圈的特例推导出来的,其实它适用于任意形状的平面线圈. 为了证明这个结论,我们只需用垂直于转轴 $OO'$ 的一系列平行线将这个线圈分割成许多小窄条(图 4-40),根据式(4.34),磁场对电流元 $\mathrm{d}\boldsymbol{l}_1$,$\mathrm{d}\boldsymbol{l}_2$ 的作用力大小分别是

$$\mathrm{d}F_1=I\mathrm{d}l_1B\sin\theta_1,$$

$$\mathrm{d}F_2=I\mathrm{d}l_2B\sin\theta_2,$$

式中 $\theta_1$、$\theta_2$ 分别为 $\mathrm{d}\boldsymbol{l}_1$ 和 $\mathrm{d}\boldsymbol{l}_2$ 与 $\boldsymbol{B}$ 之间的夹角. 由图 4-40 看出

$$\mathrm{d}l_1\sin\theta_1=\mathrm{d}l_2\sin\theta_2=\mathrm{d}h,$$

所以

$$\mathrm{d}F_1=\mathrm{d}F_2=IB\mathrm{d}h,$$

两者数值相等但方向相反,因此它们的合力是 0,但有一力矩

$$\mathrm{d}L=IB\mathrm{d}h(x_1+x_2)=IB\mathrm{d}S,$$

其中 $x_1$、$x_2$ 各为 $\mathrm{d}\boldsymbol{l}_1$ 与 $\mathrm{d}\boldsymbol{l}_2$ 到转轴 $OO'$ 的距离,而 $\mathrm{d}S=\mathrm{d}h(x_1+x_2)$ 是图中阴影部分的面积. 可以把整个回路分成一对对与 $\mathrm{d}\boldsymbol{l}_1$、$\mathrm{d}\boldsymbol{l}_2$ 相似的电流元,作用在整个回路上的总力矩等于各力矩元 $\mathrm{d}L$ 之和:

$$L=\sum\mathrm{d}L=\sum IB\mathrm{d}S=IBS,$$

其中 $S$ 是整个回路所包围的面积.

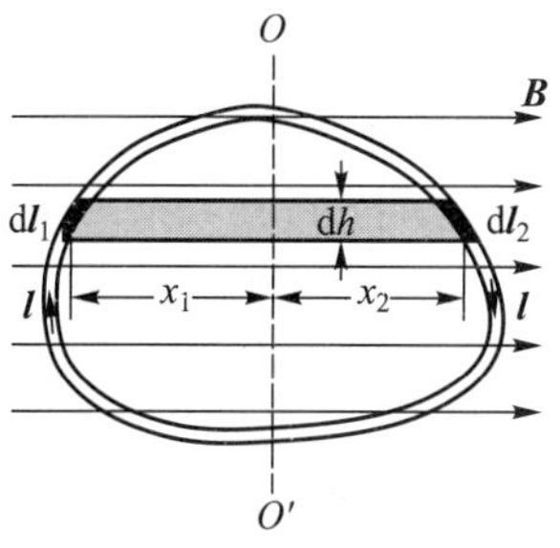


图 4-40　任意形状平面线圈在均匀磁场中所受的力矩

读者可以证明,对于线圈平面与磁场垂直的情况,整个线圈所受的合力和合力矩都为 0. 对于线圈平面与磁场成任意角度的情况,可将 $\boldsymbol{B}$ 分解为两个分量,一个分量与线圈平面平行,另一分量与线圈平面垂直,只有前一分量使线圈受到磁场的力矩. 不难证明这力矩仍是式(4.37),即 $\boldsymbol{L}=IS(\boldsymbol{e}_{\mathrm{n}}\times\boldsymbol{B})$.

式(4.37)中 $IS\boldsymbol{e}_{\mathrm{n}}$ 是描述一个任意形状的载流平面线圈本身性质的矢量,称为这个线圈的磁矩,用 $\boldsymbol{m}$ 表示:

$$\boldsymbol{m}=IS\boldsymbol{e}_{\mathrm{n}}. \tag{4.38}$$

用线圈的磁矩来表示,式(4.37)可写为

$$\boldsymbol{L}=\boldsymbol{m}\times\boldsymbol{B}. \tag{4.39}$$

综上所述,我们看到,任意形状的载流平面线圈作为整体,在均匀外磁场中不受力,但受到一个力矩,这力矩总是力图使这线圈的磁矩 $\boldsymbol{m}$(或者说它的右旋法线矢量 $\boldsymbol{e}_{\mathrm{n}}$)转到磁感应强度矢量 $\boldsymbol{B}$ 的方向. 当 $\boldsymbol{m}$ 与 $\boldsymbol{B}$ 的夹角 $\theta=\dfrac{\pi}{2}$ 时,力矩的数值最大(这时力矩 $L=mB=ISB$);当 $\theta=0$ 或 $\pi$ 时,力矩 $L$ 都等于 0. 但当 $\theta=0$ 时线圈处于稳定平衡状态;$\theta=\pi$ 时线圈处于非稳定平衡状态,这时它稍一偏转,磁场的力矩就会使它继续偏转,直到 $\boldsymbol{m}$ 转向 $\boldsymbol{B}$ 的方向为止[见图 4-41(a)].

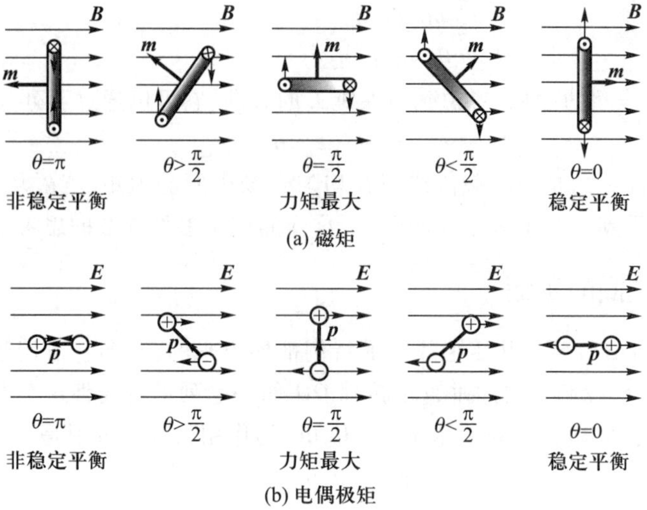


图 4-41　线圈的磁矩和电偶极矩的对比

从上面描述的载流线圈在磁场中所受力矩的特点很容易看出，它和一个电偶极子是很相似的. 图 4-41(b)是一个电偶极子在均匀外电场 $\boldsymbol{E}$ 中受到力矩的情形. 对比一下图 4-41(a)和(b)便可看出，线圈的磁矩 $\boldsymbol{m}=IS\boldsymbol{e}_n$ 与电偶极子的偶极矩 $\boldsymbol{p}=q\boldsymbol{l}$ 在同样取向下受到力矩的情形相同. 如果把公式拿来对比，就更说明问题了. 在 1.2.5 节中给出了电偶极子所受力矩的公式：

$$\boldsymbol{L}=\boldsymbol{p}\times\boldsymbol{E},$$

把 $\boldsymbol{E}$ 换为 $\boldsymbol{B}$，$\boldsymbol{p}$ 换为 $\boldsymbol{m}$，正好就是式(4.39). 以上的对比表明，一个载流线圈的磁矩 $\boldsymbol{m}$，是和偶极子的偶极矩 $\boldsymbol{p}$ 相对应的概念. $\boldsymbol{p}$ 的大小只与 $q$ 和 $l$ 的乘积有关，是描述电偶极子本身性质的特征量；$\boldsymbol{m}$ 的大小则只与 $I$ 和 $S$ 的乘积有关，是描述载流线圈本身性质的特征量. 二者有很大的相似性. 在第六章中我们还将对这种相似作进一步的讨论.

### 4.4.5　直流电动机的基本原理

直流电动机就是通常所说的“直流马达”，是一种使用直流电源的动力装置.

直流电动机是根据上述通电线圈在磁场中受到力矩的原理制成的. 图 4-42 所示是一个最简单的单匝线圈的电动机模型，其中磁场是由一对磁极提供的. 由于当线圈转到其右旋法线与磁场方向一致的时候就不再受到力矩，这时若要使它继续受到力矩，必须将其中电流的方向反过来，为此在线圈的两端上接有换向器. 换向器是一对相互绝缘的半圆形截片，它们通过固定的电刷与直流电源相接. 有了换向器之后，通电线圈便可连续不停地朝一个方向旋转. 可以看到，当线圈处在图 4-42(a)所示的位置时，电流是沿 $ABCD$ 方向通过的，这时磁场给它的力矩使它沿箭头所示的方向旋转. 当线圈处在图 4-42(b)所示的位置时，同时换向器两截片的间隙也正好转到电刷的位置，因而此时线圈中无电流，这个位置叫作电机的死点. 但是由于惯性，线圈将冲过死点继续旋转. 如图 4-42(c)所示，经过死点后，线圈中电流反向，即沿 $DCBA$ 方向流动，这时它所受的力矩将使它沿原方向继续旋转. 由于换向器的作用使线圈中的电流每转半圈改变一次方向，就可使线圈不停地朝着一个方向旋转起来.

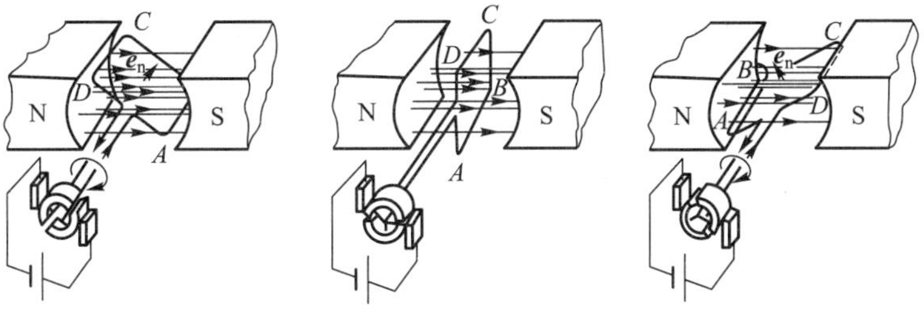


(a)　　(b)　　(c)

图 4-42　直流电动机原理图

单匝线圈所组成的直流电动机虽然能够按一定方向旋转，但力矩太小，不能承担什么负荷．而且由于在转动过程中线圈受的力矩时大时小，转速也很不稳定．因此单匝线圈的电机实用价值不大．目前常用的实际直流电动机中转动的部分（转子）是嵌在铁芯槽里的多匝线圈组成的鼓形电枢（见图 4-43），它们的换向器截片的数目也相应地较多．有关实际直流电动机结构的详细情况，这里不多介绍了．读者需要进一步了解，可参看有关电工方面的书籍．

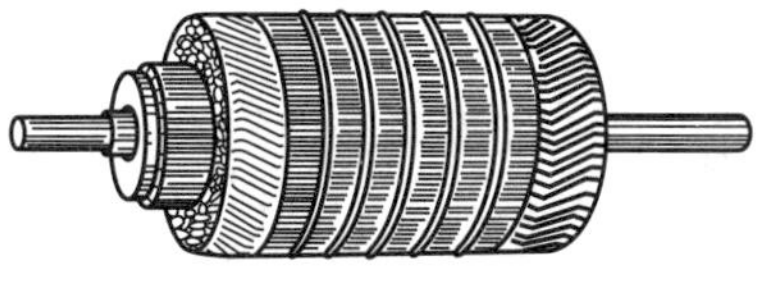

图 4-43　电枢

直流电动机最突出的优点是通过改变电源电压很容易调节它的转速，而交流电动机的调速就不大容易．因此，凡是要调速的设备，一般都采用直流电动机．例如无轨电车和电气机车就是用直流电动机来开动的．

### 4.4.6　电流计线圈所受的磁偏转力矩

常用的安培计和伏特计大多是由磁电式电流计改装成的．磁电式电流计也是利用永久磁铁对通电线圈的作用原理制成的，它的内部结构如图 4-44 所示．在马蹄形永久磁铁的两个磁极的中间有一圆柱形的软铁芯，用来增强磁极和软铁之间空隙中的磁场，并使磁感应线均匀地沿着径向分布（图 4-45）．在空隙间装有用漆包细铜线绕制的线圈，它连接在转轴上，可以绕轴转动，待测的电流就从其中通过．转轴上附着指针，轴的上、下两端各连有一盘游丝（图中只画出上边的游丝），它们的绕向相反（一个顺时针，一个逆时针）．所以在未通入电流时，线圈静止在平衡位置，这时指针应停在零点，指针的零点位置可以通过零点调整螺旋来调节．

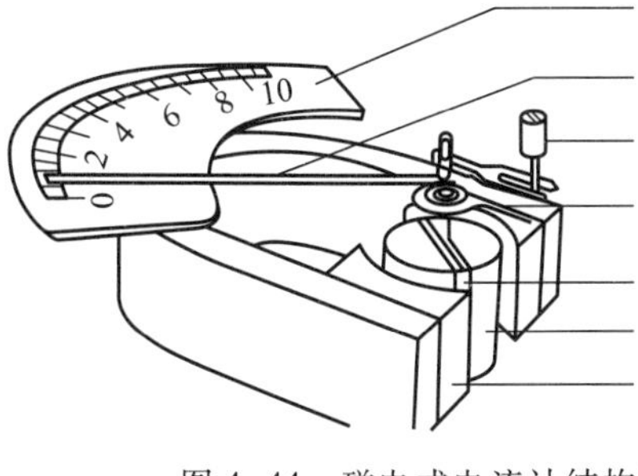


图 4-44　磁电式电流计结构图

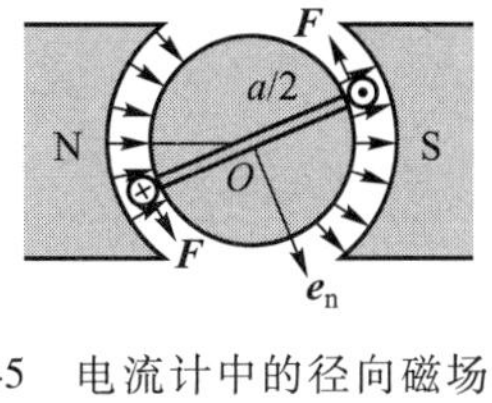


图 4-45　电流计中的径向磁场与线圈

当有待测电流通过线圈时，磁场就给线圈一个力矩，使它偏转．这个磁力矩的大小和待测的电流强度成正比．线圈偏转时，游丝发生形变，产生反方向的恢复力矩，阻止线圈继续偏转．线圈偏转的角度越大，游丝的形变越厉害，恢复力矩就越大，即恢复力矩和线圈的偏转角成正比．所以线圈平衡时，其指针所处的位置，也就是恢复力矩和磁力矩相等的地方，将反映出待测电流的大小．经过标准电流计量仪器标定之后，就可以直接从偏转角读出待测电流的数值．这就是磁电式电流计的简要工作原理．

现在我们具体地计算一下线圈受到的磁偏转力矩和偏转角．和 4.4.3 节中均匀磁场情形的主要区别在于磁场沿径向．这样一来，无论电流计线圈偏转到什么位置，它遇到的磁感应线总在线圈本身的平面内，从而竖直两边受到的力 $\boldsymbol{F}$ 永远和线圈平面垂直（图 4-45）．所以这时两力各自的力臂永远是$\frac{a}{2}$，故磁偏转力矩为

$$L_{磁}=NIabB=NISB, \tag{4.40}$$

式中 $a$、$b$ 是矩形线圈的边长，$S=ab$ 为它的面积．

在实际使用电流计时，希望它的刻度尽可能是线性的，即电流计的偏转角和待测的电流强度 $I$ 成正比．下面我们来证明，有了式（4.40）给出的 $L_{磁}\propto I$ 的关系，就可保证电流计的刻度是线性的．

线圈偏转后，游丝产生一个弹性恢复力矩 $L_{弹}$，它的方向与 $L_{磁}$ 相反，大小正比于偏转角 $\theta$，

$$L_{弹}=-D\theta,$$

$D$ 称为扭转常量．达到平衡时，

$$L_{弹}+L_{磁}=0,$$

或

$$D\theta_0=NISB,$$

即平衡偏转角 $\theta_0$（即电流计的读数）与 $I$ 成正比：

$$\theta_0=\frac{NISB}{D}\propto I.$$

即刻度盘是线性的．假如 $L_{磁}$ 中还有因子 $\sin\theta$，我们将得不到这种线性关系．

## 思　考　题

**4.4-1**　设有一非均匀磁场呈轴对称分布，磁感应线由左至右逐渐收缩（见题图）．将一圆形载流线圈共轴地放置其中，线圈的磁矩与磁场方向相反．试定性分析此线圈受力的方向．

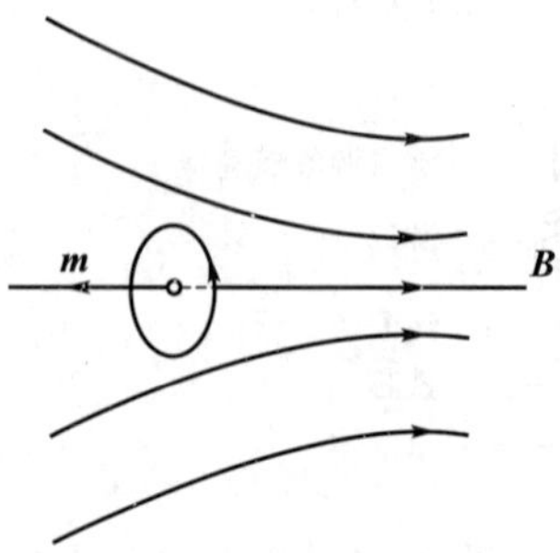


思考题 4.4-1 图

# 习　题

**4.4-1**　题图中的载流导线与纸面垂直，确定(a)和(b)中电流的方向，以及(c)和(d)中导线受力的方向.

**4.4-2**　载有 10 A 的一段直导线，长 1.0 m，在 $B=1.5$ T 的均匀磁场中，电流与 $\boldsymbol{B}$ 成 30°角(见题图)，求这段导线所受的力.

**4.4-3**　如题图所示，有一根长为 $l$ 的直导线，质量为 $m$，用细绳子平挂在外磁场 $\boldsymbol{B}$ 中，导线中通有电流 $I$，$I$ 的方向与 $\boldsymbol{B}$ 垂直.

(1) 求绳子张力为 0 时的电流 $I$. 当 $l=50$ cm，$m=10$ g，$B=1.0$ T 时的电流 $I$.

(2) 在什么条件下导线会向上运动？

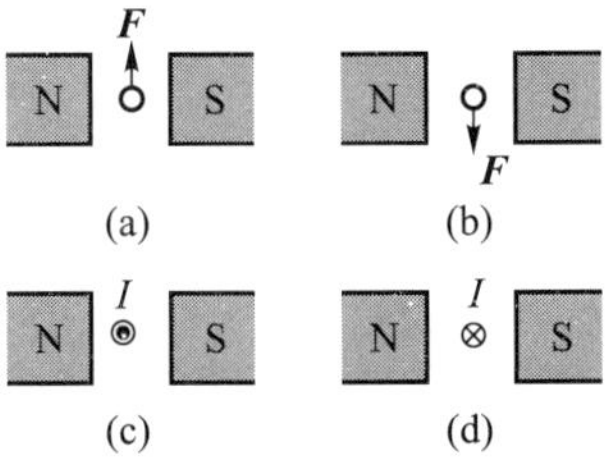


习题 4.4-1 图

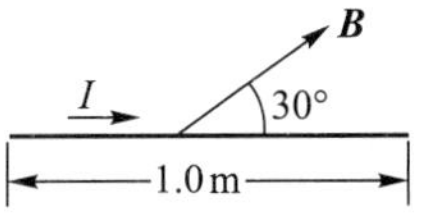


习题 4.4-2 图

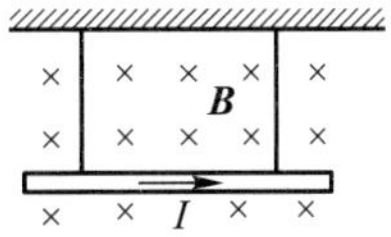


习题 4.4-3 图

**4.4-4**　横截面积 $S=2.0\ \mathrm{mm}^2$ 的铜线弯成题图所示的形状，其中 $OA$ 和 $DO'$ 段固定在水平方向不动，$ABCD$ 段是边长为 $a$ 的正方形的三边，可以绕 $OO'$ 转动；整个导线放在均匀磁场 $\boldsymbol{B}$ 中，$\boldsymbol{B}$ 的方向竖直向上. 已知铜的密度 $\rho=8.9\ \mathrm{g/cm^3}$，当这铜线中的 $I=10$ A 时，在平衡情况下，$AB$ 段和 $CD$ 段与竖直方向的夹角 $\alpha=15°$，求磁感强度 $\boldsymbol{B}$ 的大小.

**4.4-5**　一段导线弯成题图所示的形状，它的质量为 $m$，上面水平一段长为 $l$，处在均匀磁场中，磁感强度为 $\boldsymbol{B}$，$\boldsymbol{B}$ 与导线垂直；导线下面两端分别插在两个浅水银槽里，两槽水银与一带开关 S 的外电源连接. 当 S 一接通，导线便从水银槽里跳起来.

(1) 设跳起来的高度为 $h$，求通过导线的电荷量 $q$；

(2) 当 $m=10$ g，$l=20$ cm，$h=3.0$ m，$B=0.10$ T 时，求 $q$ 的量值.

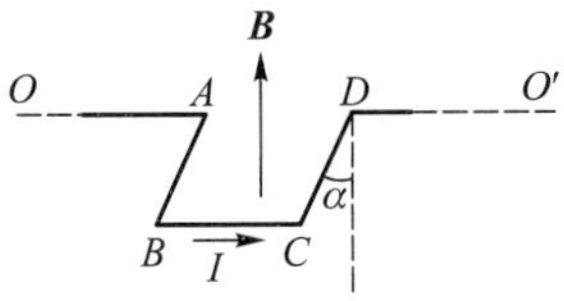


习题 4.4-4 图

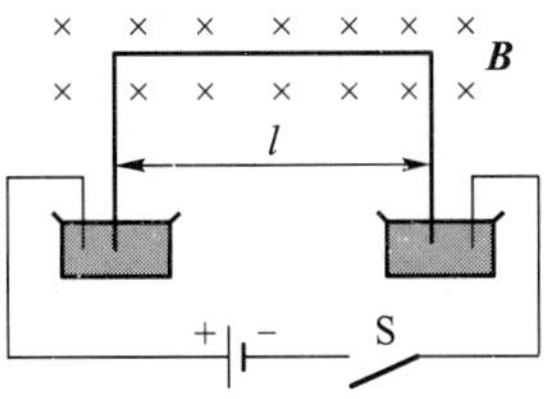


习题 4.4-5 图

**4.4-6**　安培秤如题图所示，它的一臂下面挂有一个矩形线圈，线圈共有九匝，它的下部悬在均匀磁场 $\boldsymbol{B}$ 内，下边一段长为 $l$，它与 $\boldsymbol{B}$ 垂直. 当线圈的导线中通有电流 $I$ 时，调节砝码使两臂达到平衡；然后使电流反向，这时需要在一臂上加质量为 $m$ 的砝码，才能使两臂再达到平衡.(设 $g=9.80\ \mathrm{m/s^2}$.)

(1) 求磁感应强度 $\boldsymbol{B}$ 的大小；

(2) 当 $l=10.0$ cm，$I=0.100$ A，$m=8.78$ g 时，求 $B$.

**4.4-7**　空间某处有互相垂直的两个水平磁场 $\boldsymbol{B}_1$ 和 $\boldsymbol{B}_2$：$\boldsymbol{B}_1$ 向北，$B_1=1.73$ Gs；$\boldsymbol{B}_2$ 向东，$B_2=1.00$ Gs. 现在该处有一段载流直导线，问这导线应如何放置，才能使两磁场作用在它上面的合力为 0？

**4.4-8**　载有电流 $I$ 的闭合回路 $abcd$，$ab$ 是一段导体，可以滑动，它在回路上的长为 $l$；一外磁场 $B$ 与回路平面垂直（见题图）. 求 $ab$ 向右滑动距离 $s$ 时，磁场所做的功. 若向左滑动距离 $s$，磁场所做的功是多少？

**4.4-9**　长 $l=10$ cm、载有电流 $I=10$ A 的直导线在均匀外磁场 $\boldsymbol{B}$ 中，$\boldsymbol{B}$ 与电流垂直，$B=30$ Gs.

（1）求磁场作用在这段导线上的力 $\boldsymbol{F}$；

（2）当这段线以 $v=25$ cm/s 的速率逆 $\boldsymbol{F}$ 的方向运动时，求 $\boldsymbol{F}$ 做功的功率 $P$.

**4.4-10**　一正方形线圈由外皮绝缘的细导线绕成，共绕有 200 匝，每边长为 150 mm，放在 $B=4.0$ T 的外磁场中，当导线中通有 $I=8.0$ A 的电流时，求：

（1）线圈磁矩 $m$ 的大小，

（2）作用在线圈上的力矩 $\boldsymbol{L}=\boldsymbol{m}\times\boldsymbol{B}$ 的最大值.

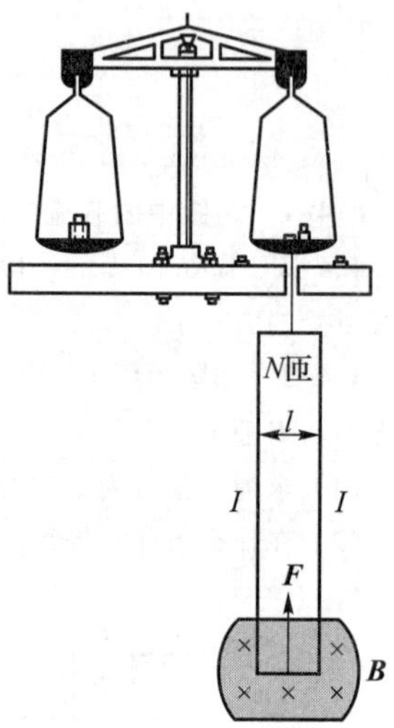

习题 4.4-6 图

**4.4-11**　一矩形载流线圈由 20 匝互相绝缘的细导线绕成，矩形边长为 10.0 cm 和 5.0 cm，导线中的电流为 0.10 A，这线圈可以绕它的一边 $OO'$ 转动（见题图）. 当加上 $B=0.50$ T 的均匀外磁场，$\boldsymbol{B}$ 与线圈平面成 30°角时，求这线圈受到的力矩.

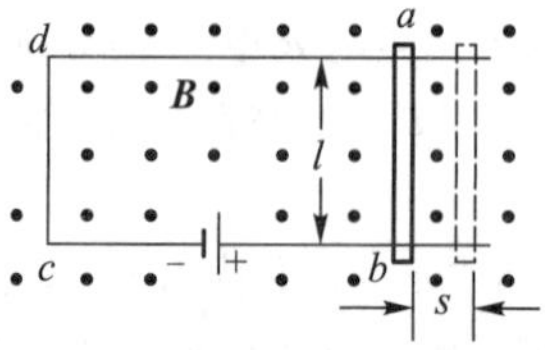

习题 4.4-8 图

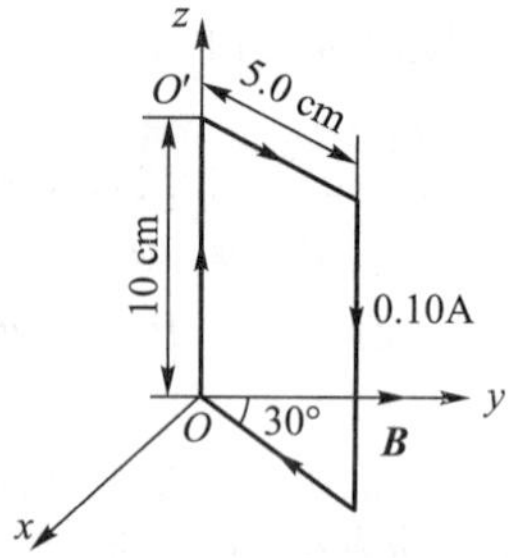

习题 4.4-11 图

**4.4-12**　一矩形线圈长 20 mm，宽 10 mm，由外皮绝缘的细导线密绕而成，共绕有 1 000 匝，放在 $B=1\ 000$ Gs 的均匀外磁场中，当导线中通有 100 mA 的电流时，求附图中两种情况下线圈每边所受的力与整个线圈所受的力和力矩：

（1）$\boldsymbol{B}$ 与线圈平面的法线重合，如图（a）；

（2）$\boldsymbol{B}$ 与线圈平面的法线垂直，如图（b）.

**4.4-13**　一边长为 $a$ 的正方形线圈载有电流 $I$，处在均匀外磁场 $\boldsymbol{B}$ 中，$\boldsymbol{B}$ 沿水平方向，线圈可以绕通过中心的竖直轴 $OO'$（见题图）转动，转动惯量为 $J$. 求线圈在平衡位置附近做微小摆动的周期 $T$.

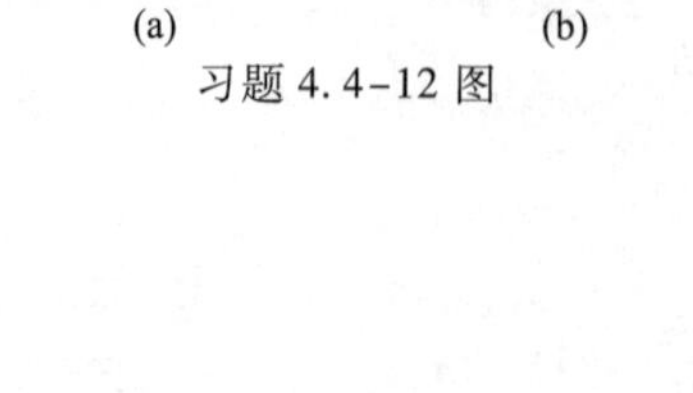

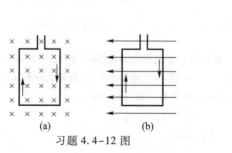

习题 4.4-12 图

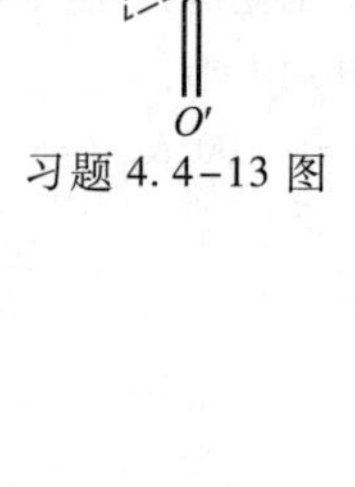

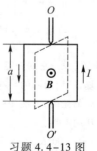

习题 4.4-13 图

**4.4-14**　如题图所示，一矩形线圈的大小为 $8.0\times6.0\ \mathrm{cm}^2$，每厘米长的质量为 0.10 g，可以绕 $ab$ 边自由转动，外磁场 $\boldsymbol{B}$ 沿 $y$ 轴方向．当线圈中载有电流 $I=10$ A 时，线圈离开竖直位置，偏转 30°角．

（1）求磁感应强度的大小 $\boldsymbol{B}$；

（2）如果 $\boldsymbol{B}$ 是沿 $x$ 轴方向，线圈将如何？

**4.4-15**　一半径 $R=0.10$ m 的半圆形闭合线圈，载有电流 $I=10$ A，放在均匀外磁场中，磁场方向与线圈平面平行（见题图），磁感应强度的大小 $B=5.0\times10^3$ Gs.

（1）求线圈所受力矩的大小和方向；

（2）在这力矩的作用下线圈转 90°（即转到线圈平面与 $\boldsymbol{B}$ 垂直），求力矩所做的功．

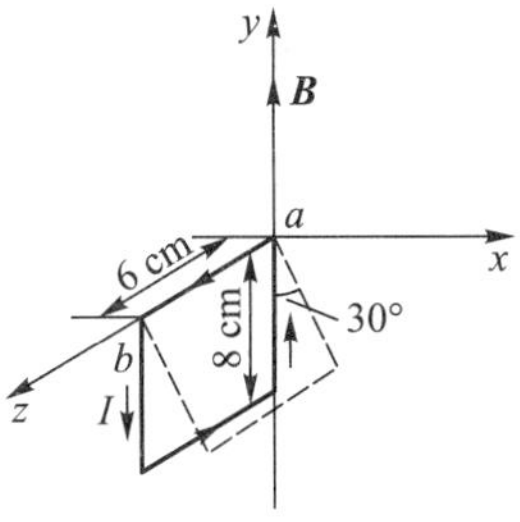


习题 4.4-14 图

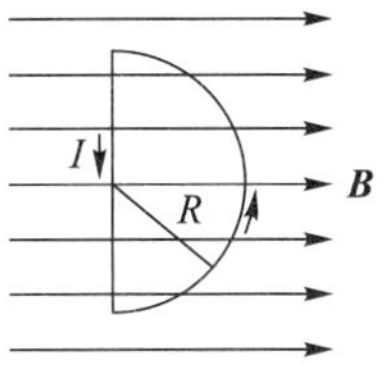


习题 4.4-15 图

**4.4-16**　一圆线圈的半径为 $R$，载有电流 $I$，放在均匀外磁场 $\boldsymbol{B}$ 中，线圈的右旋法线方向与 $\boldsymbol{B}$ 的方向相同，求线圈导线上的张力．

**4.4-17**　半径 $R=10$ cm 的圆线圈由表面绝缘的细导线密绕而成，共绕有 2 000 匝；当导线中通有 2.0 A 电流时，加上外磁场 $\boldsymbol{B}$，$\boldsymbol{B}$ 的方向与线圈平面平行，$\boldsymbol{B}$ 的大小为 $5.0\times10^{-2}$ T，求磁场作用在线圈上的力矩．

**4.4-18**　一螺线管长 30 cm，横截面的直径为 15 mm，由表面绝缘的细导线密绕而成，每厘米绕有 100 匝．当导线中通有 2.0 A 的电流后，把这螺线管放到 $\boldsymbol{B}=4.0$ T 的均匀磁场中，求：

（1）螺线管的磁矩，

（2）螺线管所受的力矩的最大值．

**4.4-19**　两条很长的平行输电线相距 20 mm，都载有 100 A 的电流，分别求电流方向相同和相反时，其中两段 1 m 长的输电线之间的相互作用力．

**4.4-20**　发电厂的汇流条是两条 3 m 长的平行铜棒，相距 50 cm；当向外输电时，每条棒中的电流都是 10 000 A．把两棒近似当作无穷长的细线，计算它们之间的相互作用力．

**4.4-21**　长直导线与一正方形线圈在同一平面内，分别载有电流 $I_1$ 和 $I_2$；正方形的边长为 $a$，它的中心到直导线的垂直距离为 $d$（见题图）．

（1）求这正方形载流线圈各边所受 $I_1$ 的磁场力以及整个线圈所受的合力；

（2）当 $I_1=3.0$ A，$I_2=2.0$ A，$a=4.0$ cm，$d=4.0$ cm 时，求合力的值．

**4.4-22**　载有电流 $I_1$ 的长直导线旁边有一正方形线圈，边长为 $2a$，载有电流 $I_2$，线圈中心到导线的垂直距离为 $b$，电流方向如题图所示．线圈可以绕平行于导线的轴 $O_1O_2$ 转动．求：

（1）线圈在 $\alpha$ 角度位置时所受的合力 $\boldsymbol{F}$ 和合力矩 $\boldsymbol{L}$；

（2）线圈平衡时 $\alpha$ 的值；

（3）线圈从平衡位置转到 $\alpha=\pi/2$ 时，$I_1$ 作用在线圈上的力做了多少功？

**4.4-23**　如题图所示，一根长直导线载有电流 30 A，长方形回路和它在同一平面内，载有电流 20 A．回路长 30cm，宽 8.0cm，靠近导线的一边离导线 1.0 cm．求直导线电流的磁场作用在这回路上的合力．

**4.4-24**　载有电流 $I_1$ 的长直导线旁有一正三角形线圈，边长为 $a$，载有电流 $I_2$，一边与直导线平行，中心到直导线的垂直距离为 $b$，直导线与线圈都在同一平面内（见题图）．求 $I_1$ 作用在这三角形线圈上的力．

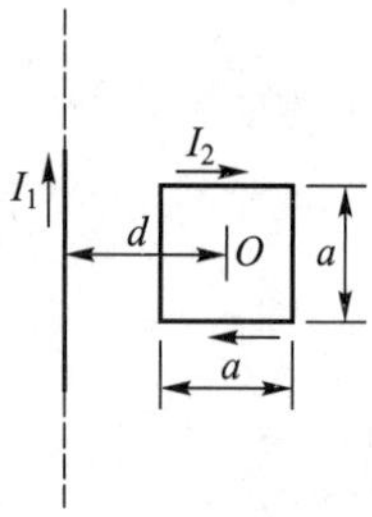


习题 4.4-21 图

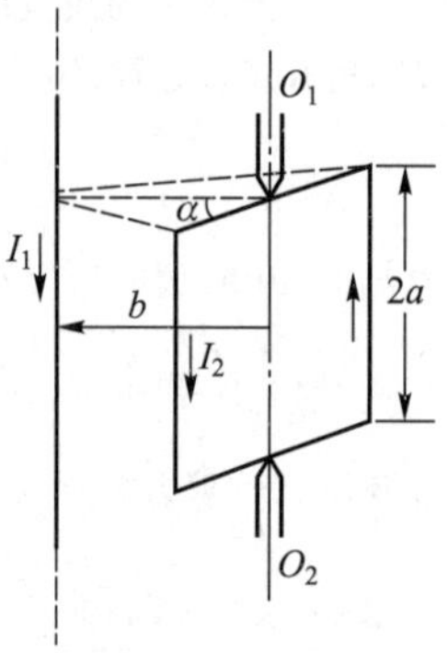


习题 4.4-22 图

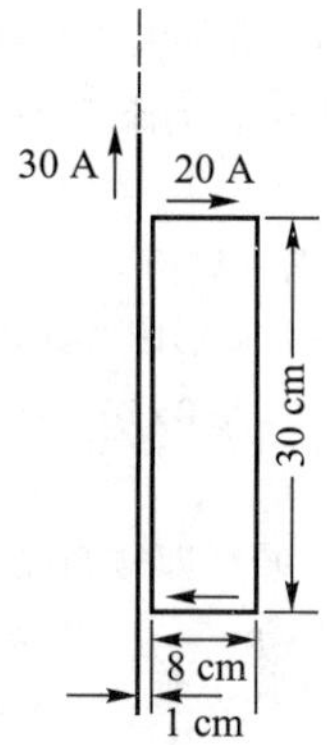


习题 4.4-23 图

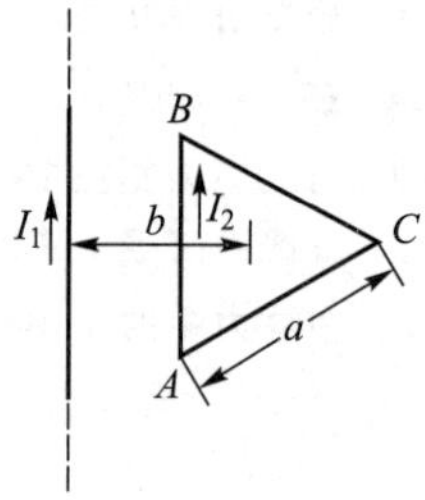


习题 4.4-24 图

**4.4-25** 载有电流 $I_1$ 的长直导线旁边有一平面圆形线圈,线圈半径为 $r$,中心到直导线的距离为 $l$,线圈载有电流 $I_2$,线圈和直导线在同一平面内(见题图).求 $I_1$ 作用在圆形线圈上的力.

**4.4-26** 如题图所示,试证明电子绕原子核沿圆形轨道运动时磁矩与角动量大小之比为

$$\gamma=-\frac{e}{2m} \quad (\text{经典回转磁比率}),$$

式中 $-e$ 和 $m$ 是电子的电荷与质量,负号表示磁矩与角动量方向相反.(它们各沿什么方向?)

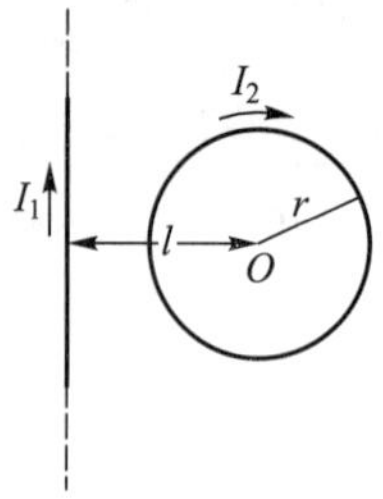


习题 4.4-25 图

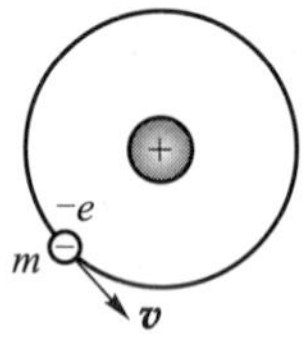


习题 4.4-26 图

[提示:计算磁矩时,可把在圆周上运动的电子看成是电流环.]

**4.4-27** 一电磁式电流计线圈长 $a=2.0$ cm,宽 $b=1.0$ cm,$N=250$ 匝,磁极间隙内的磁感强度 $B=2\ 000$ Gs.当通入电流 $I=0.10$ mA 时,偏转角 $\theta=30°$,求:

(1) 作用在线圈上的磁偏转力矩 $L_{磁}$;

(2) 游丝的扭转常量 $D$.

**4.4-28** 一电磁式电流计中线圈面积 $S=6.0\ \text{cm}^2$,由 50 匝细导线绕成.磁极间隙 $B=100$ Gs,游丝的扭转常量 $D=0.10\times10^{-3}$ N·cm/(°).求通有 1.0 mA 的电流时的偏转角度.

## §4.5 带电粒子在磁场中的运动

上节讨论了导线中传导电流受磁场的作用力.本节将讨论单个点电荷(如微观带电粒子)运动时所受的磁场作用力.并在此基础上进一步研究它们在磁场中运动的情况.这个问题在近代物理学的许多方面有着重大的意义,读者从后文的例子、思考题及习题中就可以体会到一些.

### 4.5.1 洛伦兹力

图 4-46 是一个阴极射线管.阴极射线管是一个真空放电管,在它两个电极之间加上高电压

时，就会从它的阴极发射出电子束来，这样的电子束即所谓阴极射线. 电子束本身是不能用肉眼观察到的，为此在管中附有荧光屏，电子束打在荧光屏上将发出荧光，这样我们就可以看到电子的径迹. 没有磁场时，电子束由阴极发出后沿直线前进. 如果在阴极射线管旁放一根磁棒，电子束就会偏转. 这表明电子束受到了磁场的作用力. 图 4-46 是将磁铁的 N 极垂直地靠近阴极射线管一侧的情形，这时磁场是沿水平方向向内的，从电子束偏转的方向可以看出，它受到的力是向下的. 如图所示，电子的速度 $\boldsymbol{v}$、磁感应强度 $\boldsymbol{B}$ 和电子所受的力 $\boldsymbol{F}$ 三个矢量彼此垂直. 如果我们将磁棒在水平面内偏转一个角度，使 $\boldsymbol{B}$ 不再垂直于 $\boldsymbol{v}$，则电子束的偏转将会变小.

实验证明，运动带电粒子在磁场中受的力 $\boldsymbol{F}$ 与粒子的电荷 $q$、它的速度 $\boldsymbol{v}$、磁感应强度 $\boldsymbol{B}$ 有如下关系：

$$\boldsymbol{F}=q\boldsymbol{v}\times\boldsymbol{B}. \tag{4.41}$$

按照矢积的定义，上式表明，$\boldsymbol{F}$ 的大小为

$$F=|q|vB\sin\theta, \tag{4.42}$$

$\theta$ 为 $\boldsymbol{v}$ 与 $\boldsymbol{B}$ 之间的夹角；$\boldsymbol{F}$ 的方向与 $\boldsymbol{v}$ 和 $\boldsymbol{B}$ 构成的平面垂直（图 4-47）. 式(4.41)还表明，带电粒子受力 $\boldsymbol{F}$ 的方向，与它的电荷 $q$ 的正负有关. 图 4-47 中所示是正电荷受力的方向，若是负电荷，则受力与此方向相反. 式(4.41)给出的这个运动电荷在磁场中受的力 $\boldsymbol{F}$，叫作**洛伦兹力**. 读者可根据式(4.41)来验证一下，上述实验里电子束的偏转方向确应如图 4-46 所示（应注意：电子是带负电的，磁铁的 N 极发出磁感应线）.

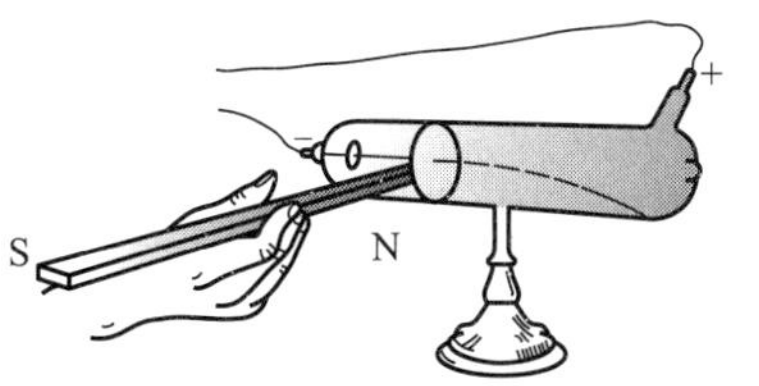


图 4-46　磁场使阴极射线偏转的演示

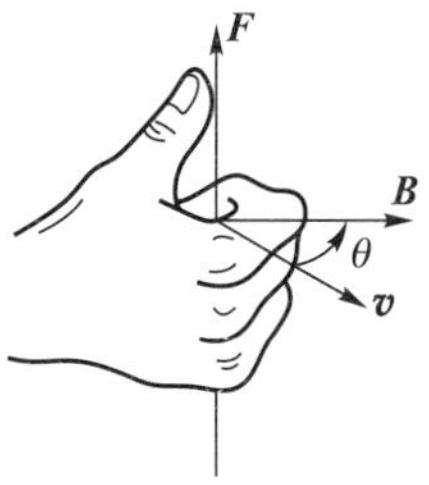


图 4-47　洛伦兹力的方向

应当指出，由于洛伦兹力的方向总与带电粒子速度的方向垂直，**洛伦兹力永远不对粒子做功**. 它只改变粒子运动的方向，而不改变它的速率和动能.

［**例题 1**］ 指出图 4-48 所示各情形里带电粒子受力的方向，图中“×”代表垂直纸面向里的磁场，“·”代表垂直纸面向外的磁场.

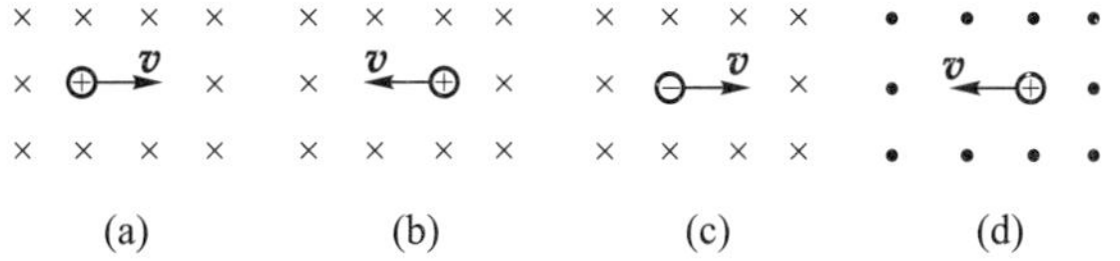


图 4-48　例题 1—判断洛伦兹力的方向

［**解**］ (a)向上，(b)向下，(c)向下，(d)向上.

［**例题 2**］ 图 4-49 为一滤速器的原理图. K 为电子枪，由枪中沿 KA 方向射出的电子速率大小不一. 当电子通过方向相互垂直的均匀电场和磁场后，只有一定速率的电子能够沿直线

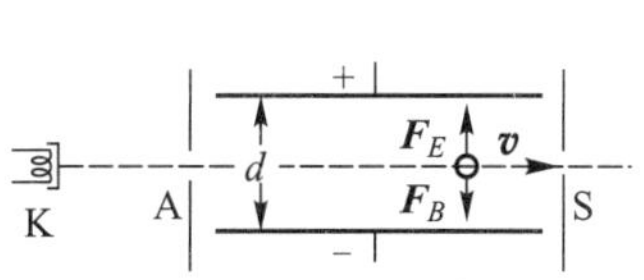


图 4-49　例题 2—滤速器

前进通过小孔 S. 设产生均匀电场的平行板间的电压为 300 V,间距 5 cm,垂直纸面的均匀磁场的磁感应强度为 600 Gs. 问:(1)磁场的指向应该向里还是向外?(2)速率为多大的电子才能通过小孔 S?

[**解**] (1) 平行板产生的电场强度 $\boldsymbol{E}$ 方向向下,使带负电的电子受到的力 $\boldsymbol{F}_E=-e\boldsymbol{E}$ 方向向上. 如果没有磁场,电子束将向上偏转. 为了使电子能够穿过小孔 S,所加的磁场施于电子束的洛伦兹力必须是向下的,这就要求 $\boldsymbol{B}$ 的方向向里.

(2) 电子受到的洛伦兹力为

$$\boldsymbol{F}_B=-e(\boldsymbol{v}\times\boldsymbol{B}).$$

它的大小 $F_B=evB$ 与电子的速率 $v$ 有关. 只有那些速率的大小刚好使得 $F_B$ 与电场力 $F_E$ 抵消的电子,可以沿 KA 方向通过小孔 S,也就是说,能通过小孔 S 的电子的速率 $v$ 应满足下式:

$$F_B=F_E,\quad 即\quad evB=eE.$$

由此解得

$$v=\frac{E}{B}.$$

因为 $E=U/d$($U$ 和 $d$ 分别为平行板间的电压和距离),故

$$v=\frac{U}{Bd}.$$

上式表明,能通过滤速器粒子的速率与它的电荷及质量无关.

上式所用的单位是 MKSA 制,因此我们必须把已知量换算成 MKSA 单位后再代入. 已知 $U=300\ \text{V}$, $B=600\ \text{Gs}=0.06\ \text{T}$, $d=5\ \text{cm}=0.05\ \text{m}$,代入上式,即得

$$v=\frac{300}{0.06\times0.05}\ \text{m/s}=1\times10^5\ \text{m/s}.$$

即只有速率为 $1\times10^5$ m/s 的电子可以通过小孔 S.

### 4.5.2 洛伦兹力与安培力的关系

比较一下洛伦兹力公式(4.41)和安培力公式(4.34),可以看出二者很相似. 这里的 $q\boldsymbol{v}$ 与电流元 $I\mathrm{d}\boldsymbol{l}$ 相当. 这并不是偶然的,因为运动电荷就是一个瞬时的电流元. 载流导线中包含了大量自由电子,下面我们来证明,导线受的安培力就是作用在各自由电子上洛伦兹力的宏观表现.

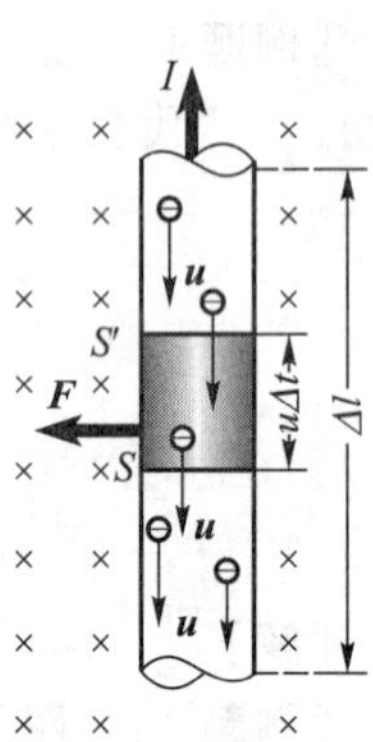

图 4-50 洛伦兹力与安培力的关系

如图 4-50 所示,考虑一段长度为 $\Delta l$ 的金属导线,它放置在垂直纸面向内的磁场中(在图中用“×”表示磁感应线方向). 设导线中通有电流 $I$,其方向向上.

从微观的角度看,电流是由导体中的自由电子向下做定向运动形成的. 设自由电子的定向运动速度为 $\boldsymbol{u}$,导体单位体积内的自由电子数(叫作自由电子数密度)为 $n$,每个电子所带的电荷量为 $-e$($e=1.60\times10^{-19}$ C). 按照定义,电流强度是单位时间内通过导线截面的电荷量. 现在我们看看,在时间间隔 $\Delta t$ 内通过导线某一截面 $S$ 的电荷量有多少. 因为在时间 $\Delta t$ 内每个电子由于定向运动而向下移动了距离 $u\Delta t$. 我们可以在截面 $S$ 之上相距 $u\Delta t$ 的地方取

另一截面 $S'$. 在这两个截面之间是一段体积 $\Delta V=Su\Delta t$ 的柱体(这里 $S$ 又代表截面的面积). 不难看出,凡是处在这个柱体内的电子,在时间间隔 $\Delta t$ 后都将通过截面 $S$;凡是位于这个柱体之外的电子,在时间间隔 $\Delta t$ 内都不会通过 $S$. 所以在时间间隔 $\Delta t$ 内通过 $S$ 的电子数等于这个柱体内的全部电子数,它应是

$$n\Delta V=nSu\Delta t,$$

而在时间间隔 $\Delta t$ 内通过 $S$ 的电荷量 $\Delta q$ 应等于上述这个数目再乘以每个电子的电荷量 $e$(这里只考虑数值,暂不管它的正负),即

$$\Delta q=en\Delta V=enSu\Delta t,$$

于是电流强度

$$I=\frac{\Delta q}{\Delta t}=enSu. \tag{4.43}$$

由于这里电子的定向速度 $\boldsymbol{u}$ 与磁感应强度 $\boldsymbol{B}$ 垂直,$\sin\theta=1$,每个电子由于定向运动受到的洛伦兹力为

$$F_{\mathrm{L}}=euB.$$

虽然这个力作用在金属内的自由电子上,但是自由电子不会越出金属导线,它所获得的冲量最终都会传递给金属的晶格骨架①. 宏观上看起来将是金属导线本身受到这个力. 整个长度为 $\Delta l$ 的这段导线的体积为 $S\Delta l$,其中包含自由电子的总数为 $nS\Delta l$,每个电子受力 $F_{\mathrm{L}}=euB$,所以这段导线最终受到的总力为

$$F=nS\Delta lF_{\mathrm{L}}=nS\Delta leuB=B(enSu)\Delta l.$$

根据式(4.43),上面括弧中的量刚好是宏观的电流 $I$,故最后得到力的大小为

$$F=BI\Delta l.$$

这正好与安培力的公式符合. 请读者自己验证一下,力的方向也是符合的.

应当指出,导体内的自由电子除定向运动之外,还有无规的热运动. 由于热运动速度 $\boldsymbol{v}$ 朝各方向的概率相等,在任何一个宏观体积内平均说来,各自由电子热运动速度的矢量和 $\sum\boldsymbol{v}$ 为 0. 而洛伦兹力与 $\boldsymbol{v}$ 和 $\boldsymbol{B}$ 都垂直,由热运动引起的洛伦兹力朝各方向的概率也是相等的. 传递给晶格骨架后叠加起来,其宏观效果也等于 0. 即对于宏观的安培力 $F$ 来说,电子的热运动没有贡献,所以在上述初步的讨论中我们可以不考虑它.

### 4.5.3　带电粒子在均匀磁场中的运动

我们分两种情形来讨论带电粒子在均匀磁场中的运动.

(1) 粒子的初速 $\boldsymbol{v}$ 垂直于 $\boldsymbol{B}$

由于洛伦兹力 $\boldsymbol{F}_{\mathrm{L}}$ 永远在垂直于磁感应强度 $\boldsymbol{B}$ 的平面内,而粒子的初速 $\boldsymbol{v}$ 也在这平面内,因此它的运动轨迹不会越出这个平面.

---

① 冲量传递的机制可以有多种,但在最终达到恒定状态时,导体内将建起一个横向的霍耳电场(见 4.5.6 节),其作用是加在自由电子上一个与洛伦兹力 $F_{\mathrm{L}}$ 大小相等、方向相反的力 $\boldsymbol{F}'_{\mathrm{L}}$,使之相对于晶格不再有横向的宏观运动. 由于晶格骨架带的电与电子数量相等,符号相反,它在此电场中将受到一个与 $\boldsymbol{F}'_{\mathrm{L}}$ 大小相等、方向相反的力,此力正好与加在电子上的洛伦兹力 $\boldsymbol{F}_{\mathrm{L}}$ 大小相等、方向相同.

由于洛伦兹力永远垂直于粒子的速度，它只改变粒子运动的方向，但不改变其速率 $v$，因此粒子在上述平面内做匀速圆周运动(图 4-51)．设粒子的质量为 $m$，圆周轨道的半径为 $R$，则粒子做圆周运动时的向心加速度为 $a=v^2/R$．这里维持粒子做圆周运动的向心力就是洛伦兹力，因 $\boldsymbol{v}$ 与 $\boldsymbol{B}$ 垂直，$\sin\theta=1$，洛伦兹力的大小为 $F_L=qvB$，其中 $q$ 为粒子的电荷，按照牛顿第二定律 $F=ma$，有

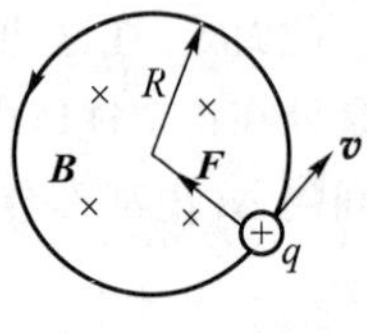

图 4-51　带电粒子在磁场中的回旋运动

$$qvB=\frac{mv^2}{R},$$

由此得轨道的半径为

$$R=\frac{mv}{qB},\tag{4.44}$$

上式表明，$R$ 与 $v$ 成正比，与 $B$ 成反比．

粒子回绕一周所需的时间(即周期)为

$$T=\frac{2\pi R}{v}=\frac{2\pi m}{qB},\tag{4.45}$$

而单位时间里所绕的圈数(即频率)为

$$f=\frac{1}{T}=\frac{qB}{2\pi m},\tag{4.46}$$

$f$ 叫作带电粒子在磁场中的回旋共振频率．上式表明，回旋共振频率与粒子的速率和回旋半径(又称拉莫尔半径)无关．这一结论很重要，它是下面即将介绍的磁聚焦和回旋加速器的基本理论依据．

(2) 普遍情形

在普遍的情形下，$\boldsymbol{v}$ 与 $\boldsymbol{B}$ 成任意夹角 $\theta$．这时我们可以把 $\boldsymbol{v}$ 分解为 $v_{/\!/}=v\cos\theta$ 和 $v_{\perp}=v\sin\theta$ 两个分量，它们分别平行和垂直于 $\boldsymbol{B}$．若只有 $v_{\perp}$ 分量，粒子的运动可归结为上面的情形，即它在垂直于 $\boldsymbol{B}$ 的平面内做匀速圆周运动；若只有 $v_{/\!/}$ 分量，磁场对粒子没有作用力，粒子将沿 $\boldsymbol{B}$ 的方向(或其反方向)做匀速直线运动．当两个分量同时存在时，粒子的轨迹将成为一条螺旋线(图 4-52)，其螺距 $h$(即粒子每回转一周时前进的距离)为

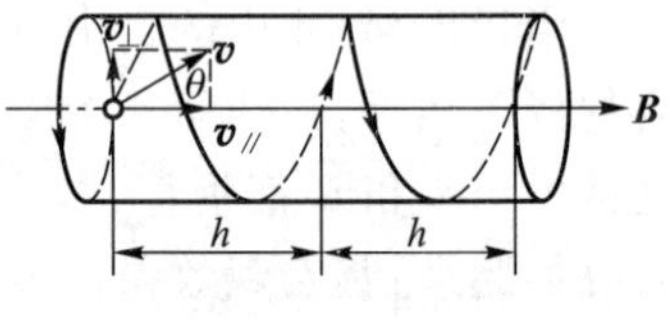

图 4-52　带电粒子在磁场中的螺旋线运动

$$h=v_{/\!/}T=\frac{2\pi mv_{/\!/}}{qB},\tag{4.47}$$

它与 $v_{\perp}$ 分量无关．

上述结果是一种最简单的磁聚焦原理．我们设想从磁场某点 $A$ 发射出一束很窄的带电粒子流的速率 $v$ 差不多相等，且与磁感应强度 $\boldsymbol{B}$ 的夹角 $\theta$ 都很小(图 4-52)，则

$$v_{/\!/}=v\cos\theta\approx v,$$

$$v_{\perp}=v\sin\theta\approx v\theta.$$

由于速度的垂直分量 $v_{\perp}$ 不同，在磁场的作用下，各粒子将沿不同半径的螺旋线前进．但由于它们速度的平行分量 $v_{/\!/}$ 近似相等，经过距离 $h=\dfrac{2\pi mv_{/\!/}}{qB}\approx\dfrac{2\pi mv}{qB}$ 后它们又重新会聚在 $A'$ 点(图 4-53)．这与

光束经透镜后聚焦的现象有些类似，所以叫作磁聚焦现象.

上面所讲的是均匀磁场中的磁聚焦现象，它要靠长螺线管来实现.然而实际上用得更多的是短线圈产生的非均匀磁场的聚焦作用（图4-54），这里线圈的作用与光学中的透镜相似，故称为磁透镜.磁聚焦的原理在许多电真空器件（特别是电子显微镜）中的应用比§2.1提到过的静电聚焦更为广泛.

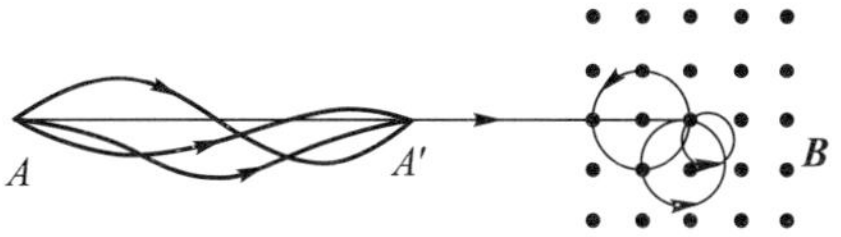


图4-53 均匀磁场的磁聚焦

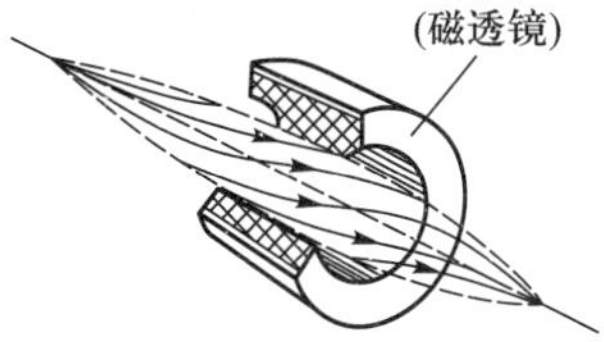


图4-54 磁透镜

### 4.5.4 比荷的测定

利用电子（或其他带电粒子）在磁场中偏转的特性，可以测定出它们的电荷与质量之比，称为比荷（又称荷质比）.比荷是带电微观粒子的基本参量之一.测定比荷的方法很多，这里只介绍最典型的两种.

（1）汤姆孙测电子比荷的方法（1897年）

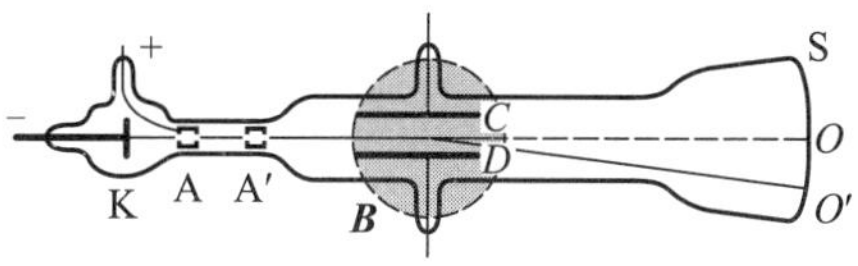


图4-55 汤姆孙法测比荷

汤姆孙的仪器见图4-55，玻璃管内抽成真空，在阳极A与阴极K之间维持数千伏特的电压，靠管内残存气体的离子在阴极引起的二次发射①产生电子流.阳极A和第二个金属屏A′的中央各有一个小孔，在K、A之间被加速了的电子流，只有很窄一束能够通过这两个孔.如果没有玻璃管中部的那些装置，狭窄的电子束将依惯性前进，直射在玻璃管另一端的荧光屏S的中央，形成一个光点$O$.玻璃管中部C、D为电容器的两极板，在其间可产生一竖直方向的电场.在图中圆形阴影区域里，可由管外的电磁铁产生一方向垂直纸面的磁场.如果只有磁场，如果其方向是垂直图纸向里的，电子流将向下偏转；如果只有向下的电场，电子流将向上偏转.适当地调节电场与磁场的强度，可使它们作用在电子上的力达到平衡，即

$$eE=evB \quad 或 \quad v=\frac{E}{B}.$$

由这时$E$和$B$的数值可以测出电子流的速率$v$.

然后，将电场切断，电子束在磁场区内将沿圆弧运动，此圆弧的半径按照式（4.44）应为

$$R=\frac{mv}{eB},$$

因而电子的比荷为

---

① 电子或离子等带电粒子，以相当大的速度轰击物体的表面，使表面内的电子获得足够大的能量，从而逸出物体的表面.这种现象称为二次发射现象.

$$\frac{e}{m}=\frac{v}{RB}=\frac{E}{RB^2}.$$

离开磁场区后，电子束将依惯性继续前进，射在荧光屏上的 $O'$点. 半径 $R$ 可以从荧光屏上光点移动的距离 $OO'$和仪器中的一些几何参量确定下来(关于这个问题我们不去详细讨论了). 知道 $R$ 以后，根据上式即可求出电子的比荷$\frac{e}{m}$.

汤姆孙的原始装置后来经过许多改进，测量的准确度不断提高，在电子的速率远小于光速 $c$($c=3\times10^8$ m/s)的情形下，测得的结果为

$$\frac{e}{m}=1.759\times10^{11}\ \text{C/kg}.$$

在做这个实验之前，人们尚不知道阴极射线中带电粒子的本性. 虽然在汤姆孙实验中只测出这种粒子的比荷，而不是电荷 $e$ 和质量 $m$ 本身，在一定意义下仍可以说这是历史上第一次发现电子，单独测出电子电荷的任务是 12 年后密立根在油滴实验(参看习题 1.2-2 和 1.2-3)中完成的.

19 世纪末就已发现放射性物质发出的 β 射线也是一种带负电的粒子流. 不同物质发出的 β 射线的粒子具有不同的速率，一般说来速率都十分巨大(接近光速 $c$). 实验表明，β 粒子的荷质比与其速率有关，速率越大，比荷越小(参看表 4-1 的左边两栏). 这些结果是与相对论符合的，相对论认为，任何运动物体的质量 $m$ 与速率 $v$ 有如下关系：

$$m=\frac{m_0}{\sqrt{1-\frac{v^2}{c^2}}},\tag{4.48}$$

式中 $m_0$ 为 $v=0$ 时的质量，称为静止质量. 当 $v\ll c$ 时，$m$ 与 $m_0$ 的差别不大；只有当$\frac{v}{c}$接近于 1 时 $m$ 才显著地增加. 所以按照相对论，同一种粒子的比荷常量不是$\frac{e}{m}$，而是$\frac{e}{m_0}$，它与$\frac{e}{m}$的关系是

$$\frac{e}{m_0}=\frac{e}{m}\frac{1}{\sqrt{1-\frac{v^2}{c^2}}}.$$

**表 4-1　电子比荷与速率的关系**

| $\frac{v}{c}$ | $\frac{e}{m}$/($10^{11}$ C·kg$^{-1}$) | $\frac{e}{m_0}$/($10^{11}$ C·kg$^{-1}$) |
|---|---|---|
| 0.317 3 | 1.661 | 1.752 |
| 0.378 7 | 1.630 | 1.761 |
| 0.428 1 | 1.590 | 1.760 |
| 0.515 4 | 1.511 | 1.763 |
| 0.687 0 | 1.283 | 1.767 |

在表 4-1 第三栏中给出了由 β 粒子的$\frac{e}{m}$实验数据推算出来的$\frac{e}{m_0}$值，可以看出它确实接近于常量，这就是说，测定 β 粒子比荷的实验很好地符合相对论中关于质量随速率改变的关系

式(4.48).此外由表4-1还可以看出,β粒子的静止比荷$\frac{e}{m_0}$与阴极射线的比荷一样.这表明β射线和阴极射线一样,它们都是电子流,只不过β射线中的电子比阴极射线中的电子具有大得多的速率.

(2) 磁聚焦法

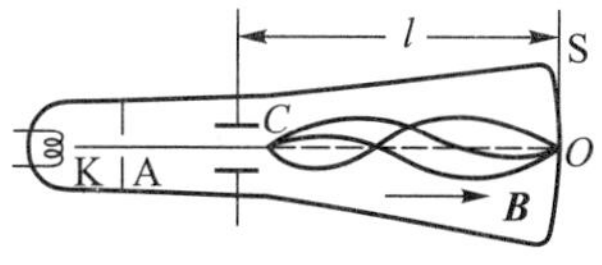

图4-56　磁聚焦法测比荷

图4-56所示是用磁聚焦法测比荷装置的一种.在抽空的玻璃管中装有热阴极K和有小孔的阳极A.在A、K之间加电压$\Delta U$时,由阳极小孔射出的电子的动能为

$$\frac{1}{2}mv^2 = e\Delta U,$$

从而其速率为

$$v=\sqrt{\frac{2e\Delta U}{m}}.$$

在电容器$C$上加一不大的横向交变电场,使不同时刻通过这里的电子发生不同程度的偏转.在电容器$C$和荧光屏S之间加一均匀纵向磁场,如上所述,电子从$C$出来后将沿螺旋线运动,到距离$h=\frac{2\pi mv}{eB}$的地方聚焦.适当地调节磁感应强度$B$的大小,可使电子流的焦点刚好落在荧光屏S上(这时荧光屏上的光点的锐度最大.在此情况下,$h$就等于$C$到S间的距离$l$,于是从上述$h$与$v$的二表达式中消去$v$即得

$$\frac{e}{m}=\frac{8\pi^2\Delta U}{l^2B^2}.$$

上式右端各量都可以测出,由此即可确定$\frac{e}{m}$.

### 4.5.5　回旋加速器的基本原理

回旋加速器是原子核物理学中获得高速粒子的一种装置.这种装置的结构虽然很复杂,但其基本原理就是利用上面提到的那个回旋共振频率与速率无关的性质.

回旋加速器的核心部分为D形盒,它的形状有如扁圆的金属盒沿直径剖开的两半,每半个都像字母“D”的形状,因而得名(见图4-57).两D形盒之间留有窄缝,中心附近放置离子源(如质子、氘核或$\alpha$粒子源等).在两D形盒间接上交流电源(其频率的数量级为$10^6$ Hz),于是在缝隙里形成一个交变电场.由于电屏蔽效应,在每个D形盒的内部电场很弱.D形盒装在一个大的真空容器里,整个装置放在巨大的电磁铁两极之间的强大磁场中,这磁场的方向垂直于D形盒的底面.

现在我们来考虑离子运动的情况(见图4-58).设想正当$D_2$的电势高的时候,一个带正电的离子从离子源发出,它在缝隙中被加速,以速率$v_1$进入$D_1$内部的无电场区.在这里离子在磁场的作用下绕过回旋半径为$R_1=\frac{mv_1}{qB}$的半个圆周而回到缝隙.如果在此期间缝隙间的电场恰好反向,粒子通过缝隙时又被加速,以较大的速率$v_2$进入$D_2$内部的无电场区,在其中绕过回旋半径为$R_2=\frac{mv_2}{qB}$的半个圆周后再次回到缝隙.虽然$R_2>R_1$,但绕过半个圆周所用的时间都是一样的,它们都等于(4.45)式中给出的回旋共振周期之半,即$\frac{T}{2}=\frac{\pi m}{qB}$.所以尽管粒子的速率与回旋半径一次比一次增大,只要缝隙中的交变电场以不变的回旋共振周期$T=\frac{2\pi m}{qB}$往复变化,便可保证离子每次经过缝隙时受到的电场力都是使它加速的.这样,不断被加速的离子将沿着螺线轨道逐渐趋于D形盒的边缘,在这里达到预期的速率后,用特殊的装置将它们引出.

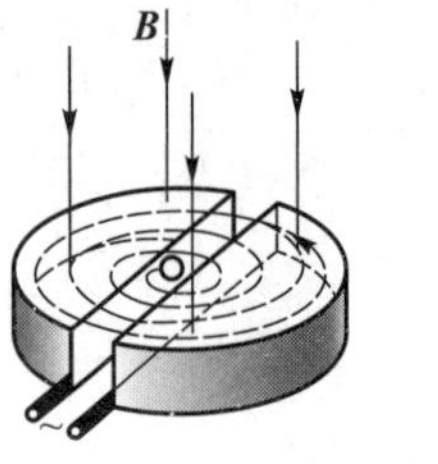


图4-57　回旋加速器的D形盒

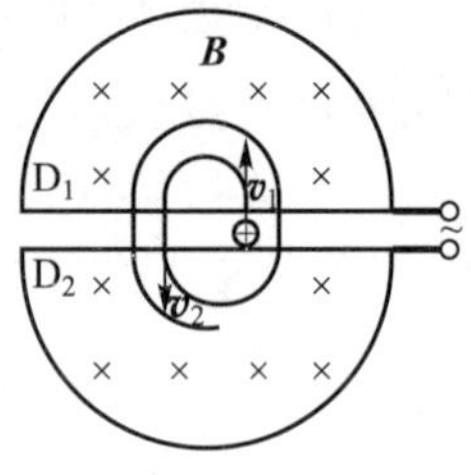


图4-58　回旋加速器原理

设D形盒的半径为$R$,则根据式(4.44)离子在回旋加速器中获得的最终速率$v_M=BR\frac{q}{m}$,它受到磁感应强度$B$和D形盒半径$R$的限制.要使离子获得越高的能量,就需要加大加速器电磁铁的重量和D形盒的直径.10 MeV以上的回旋加速器中$B$的数量级为$10^4$ Gs,D形盒的直径在1 m以上.图4-59为$\alpha$粒子回旋加速器外貌.

图4-59　$\alpha$粒子回旋加速器

由于相对论效应,当粒子的速率太大时,$\frac{q}{m}$不再是常量,从而回旋共振周期$T$将随粒子速率的增长而增长,如果加于D形盒两极的交变电场频率不变的话,粒子由于每次“迟到”一点而不能保证经过缝隙时总被加速,上述回旋加速器的基本原理就不适用了.对于同样的动能,质量越小的粒子速度越大,相对论效应也越显著.例如2 MeV的电子的质量约为其静止质量的5倍,但2 MeV的氘核的质量只比其静止质量大0.01%.因此回旋加速器更适合于加速较重的粒子.即使对于这些较重的粒子,也因受到相对论效应的影响(例如100 MeV的氘核质量已超过其静止质量的5%),用回旋加速器来加速所获得的能量同样不能无限制地提高,这时必须另寻其他途径,选择其他类型的加速器了.

### 4.5.6　霍耳效应

如图4-60,将一导电板放在垂直于它的磁场中.当有电流通过它时,在导电板的$A$、$A'$两侧会

产生一个电势差 $U_{AA'}$. 这现象叫作霍耳效应. 实验表明，在磁场不太强时，电势差 $U_{AA'}$ 与电流强度 $I$ 和磁感应强度 $B$ 成正比，与板的厚度 $d$ 成反比. 即

$$U_{AA'}=K\frac{IB}{d},\tag{4.49}$$

式中的比例系数 $K$ 叫作霍耳系数.

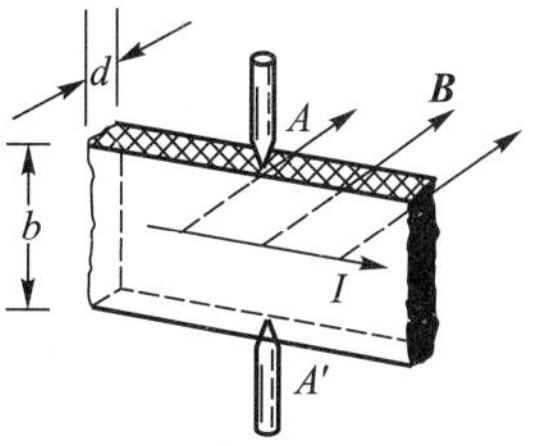

图 4-60 霍耳效应

霍耳效应可用洛伦兹力来说明. 因为磁场使导体内移动的电荷（载流子）发生偏转，结果在 $A$、$A'$ 两侧分别聚焦了正、负电荷，形成电势差.

设导电板内载流子的平均定向速率为 $u$，它们在磁场中受到的洛伦兹力为 $quB$. 当 $A$、$A'$ 之间形成电势差后，载流子还受到一个相反的力 $qE=q\frac{U_{AA'}}{b}$（$E$ 为电场强度，$b$ 为导电板的宽度，见图 4-60），最后达到恒定状态时，两个力平衡，

$$quB=q\frac{U_{AA'}}{b},$$

此外，设载流子的浓度为 $n$，则电流强度 $I$ 与 $u$ 的关系为

$$I=bdnqu \quad 或 \quad u=\frac{I}{bdnq},$$

于是

$$U_{AA'}=\frac{1}{nq}\frac{IB}{d}.$$

将此式与(4.49)式比较一下，即可知道霍耳系数为

$$K=\frac{1}{nq}.\tag{4.50}$$

上式表明，$K$ 与载流子的浓度有关. 因此通过霍耳系数的测量，可以确定导体内载流子的浓度 $n$. 半导体内载流子的浓度远比金属中的载流子浓度小，所以半导体的霍耳系数比金属的大得多. 而且半导体内载流子的浓度受温度、杂质以及其他因素的影响很大，因此霍耳效应为研究半导体载流子浓度的变化提供了重要的方法.

不难看出，$AA'$ 两侧的电势差 $U_{AA'}$ 与载流子电荷的正负号有关. 如图4-61(a)所示，若 $q>0$，载流子的定向速度 $u$ 的方向与电流方向一致，洛伦兹力使它向上（即朝 $A$ 侧）偏转，结果 $U_{AA'}>0$；反之，如图 4-61(b)所示，若 $q<0$，载流子定向速度 $u$ 的方向与电流的方向相反，洛伦兹力也使它向上（即朝 $A$ 侧）偏转，结果 $U_{AA'}<0$. 半导体有电子型（n 型）空穴型（p 型）两种，前者的载流子为电子，带负电，后者的载流子为"空穴"，相当于带正电的粒子. 所以根据霍耳系数的正负号还可以判断半导体的导电类型①.

此外，近年来霍耳效应已在科学技术的许多其他领域（如测量技术、电子技术、自动化技术等）中开始得到应用. 我国已制出多种半导体材料的霍耳元件. 霍耳元件的主要用途有以下几方

① 虽然空穴型半导体的导电归根结底还是由于电子的运动，但是能带论指出，当看成电子导电时，电子的有效质量是负的；或者引入"空穴"概念，看成空穴导电，空穴带正电，其有效质量是正的. 它们在磁场中产生的霍耳效应相同，与电子型半导体情形相反. 参见：黄昆．固体物理学[M]. 北京：人民教育出版社，1979：第六章 6-6，6-7.

面:(1)测量磁场;(2)测量直流或交流电路中的电流强度和功率;(3)转换信号,如把直流电流转换成交流电流并对它进行调制,放大直流或交流信号等;(4)对各种物理量(应先设法转换成电流信号)进行四则或乘方、开方运算. 霍耳元件具有结构简单而牢靠、使用方便、成本低廉等优点,所以它在实际中将得到越来越普遍的应用. 下面我们着重介绍一个用霍耳元件测磁场的例子.

图 4-62 是用霍耳元件测量磁场的原理图. 测量时探测棒插入待测磁场中. 使强度已知的电流 $I$ 通过霍耳元件,由电子管毫伏计上读出霍耳电势差 $U_{AA'}$,就可根据已知的霍耳系数 $K$ 和式(4.49)确定磁感应强度的大小 $B$. 在成套的仪器中,电子管毫伏计是按磁场强度标度的. 所以测量时可以直接读数. 用霍耳元件测磁场的方法非常简便,缺点是半导体霍耳元件的温度系数一般都较大,不经温度校准误差较大.

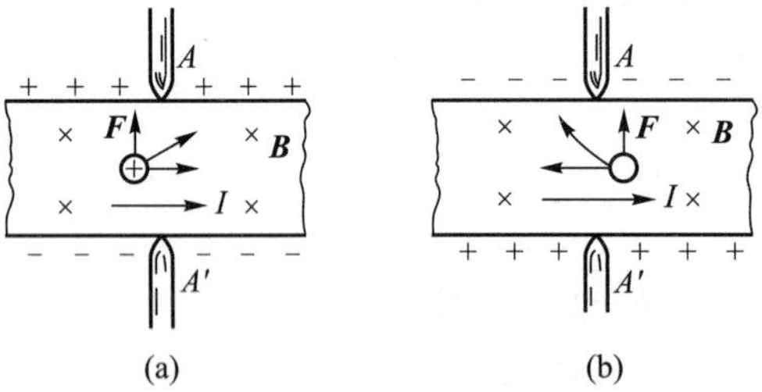


图 4-61　霍耳效应与载流子电荷正负的关系

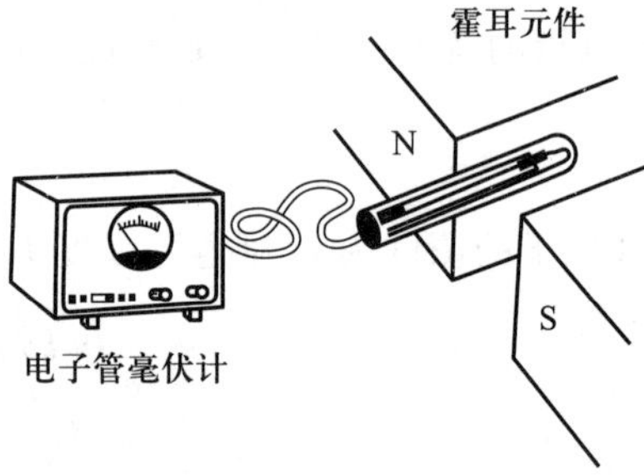


图 4-62　霍耳磁场探测器

## 4.5.7　等离子体的磁约束

在 3.6.4 节里提到受控热核反应装置中需要用磁场来约束等离子体,下面我们简单地介绍一下等离子体磁约束的原理.

如 4.5.3 节所述,带电粒子在磁场中沿螺旋线运动. 式(4.44)表明,回旋半径 $R$ 与磁感应强度的大小 $B$ 成反比,磁场越强,半径越小. 这样一来,在很强的磁场中,每个带电粒子的活动便被约束在一根磁感应线附近的很小范围内(图 4-63). 也就是说,带电粒子回旋轨道的中心(叫作引导中心)只能沿磁感应线做纵向移动,而不能横越它. 只有当粒子发生碰撞时,引导中心才能由一根磁感应线跳到另一根磁感应线上. 等离子体是由带电粒子组成的(参看 3.6.4 节),正是由于上述原因,强磁场可以使带电粒子的横向输运过程(如扩散、热导)受到很大的限制.

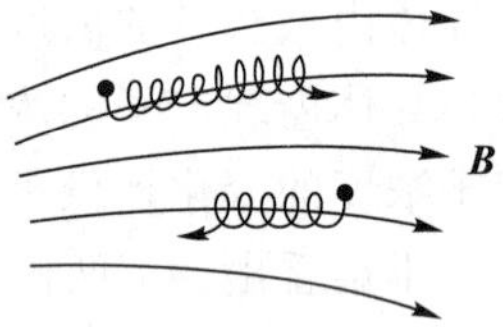


图 4-63　带电粒子被约束在磁感应线附近

实际问题中,例如受控热核反应,不仅要求引导中心受到横向约束,也希望有纵向约束. 下述磁镜装置便能限制引导中心的纵向移动.

当一个带电粒子做圆周运动时,它等效于一个小线圈. 设它的带电荷量为 $q$,回旋频率为 $f$,回旋半径为 $R$,则等效线圈中的电流 $I=qf$,面积 $S=\pi R^2$,从而磁矩 $M=IS=\pi qfR^2$. 对于在磁场中的回旋运动,由式(4.46)及式(4.44)可知,$f=\dfrac{qB}{2\pi m}$,$R=\dfrac{mv_\perp}{qB}$,于是该粒子的磁矩为

$$M=\frac{mv_\perp^2/2}{B}=\frac{\text{横向动能}}{B}. \tag{4.51}$$

理论上可以证明,在梯度不是太大的非均匀磁场中,带电粒子的磁矩 $M$ 是个不变量. 亦即,当带电粒子由较弱的磁场区进入较强的磁场区时($B$ 增加),它的横向动能 $mv_\perp^2/2$ 也要按比例增加. 然而由于洛伦兹力是不做功的,带

电粒子的总动能 $mv^2/2=m(v_\perp^2+v_\parallel^2)/2$ 也不变. 这样一来,纵向动能 $mv_\parallel^2/2$ 和纵向速度 $v_\parallel$ 就要减小. 若某个地区磁场变得足够强,$v_\parallel$ 还有可能变为零. 这时引导中心沿磁感应线的运动被抑制,而后沿反方向运动①. 带电粒子的这种运动方式就像光线遇镜面发生反射一样. 所以通常把这样一种由弱到强的磁场位形,叫作**磁镜**. 图 4-64 所示便是一种磁镜装置. 用两个电流方向相同的线圈产生一个中央弱两端强的磁场位形. 对于其中的带电粒子来说,相当于两端各有一面磁镜. 那些纵向速度 $v_\parallel$ 不是太大的带电粒子将在两磁镜之间来回反射,不能逃脱. 如前所述,带电粒子的横向运动可被磁场抑制,纵向运动又被磁镜所反射. 所以这样的磁场位形就像牢笼一样,可以把带电粒子或等离子体约束在其中. 磁镜装置有个缺点,即总有一部分纵向速度较大的粒子会从两端逃掉. 采用图4-65所示的环形磁场结构,可以避免这个缺点. 目前主要的受控热核装置(如托卡马克、仿星器)中,都采用闭合环形结构.

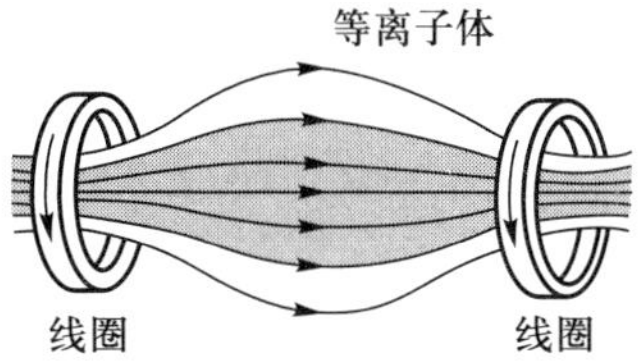


图 4-64　磁镜

图 4-65　环形磁约束结构

上述磁镜结构不仅在约束实验室等离子体方面有重要意义,它还存在于宇宙空间. 例如地球磁场中间弱、两极强,是一个天然的磁镜捕集器. 1958 年人造卫星的探测发现,在距地面几千公里和两万公里的高空,分别存在内、外两个环绕地球的辐射带,现称之为范 · 艾伦辐射带(参见图 4-66). 辐射带便是由地磁场所俘获的带电粒子(绝大部分是质子和电子)组成的. 高空核爆炸的实验表明,爆炸后射入地磁场的电子造成的人工辐射带,可持续几天到几星期.

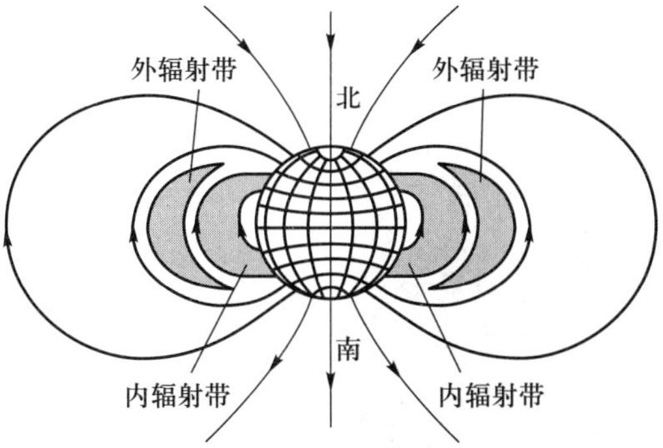


图 4-66　范 · 艾伦辐射带

## 思　考　题

**4.5-1**　指出题图中各情形里带电粒子受力的方向.

**4.5-2**　如题图,在阴极射线管上平行管轴放置一根载流直导线,电流方向如图所示,射线朝什么方向偏转?电流反向后情况怎样?

---

①　带电粒子在磁场中的回旋运动等效于一个小线圈,它们在磁镜中受到的反射,也可利用§4.4 中的思考题作定性的分析(参见思考题 4.5-6).

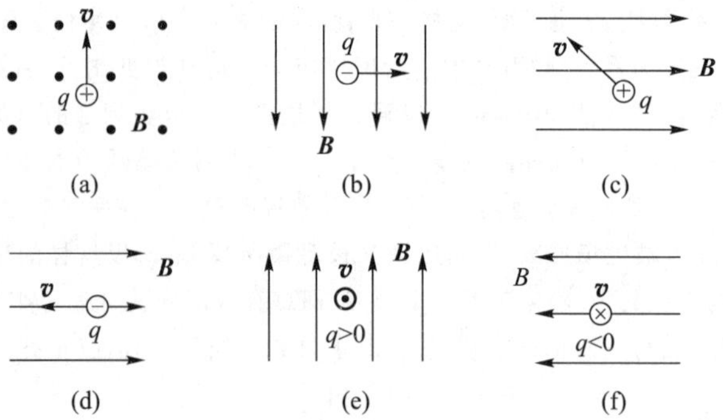


思考题 4.5-1 图

**4.5-3**　如题图所示，两个电子同时由电子枪射出，它们的初速与匀磁场垂直，速率分别是 $v$ 和 $2v$. 经磁场偏转后，哪个电子先回到出发点？

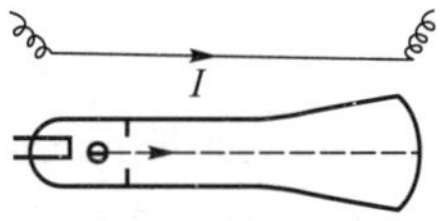


思考题 4.5-2 图

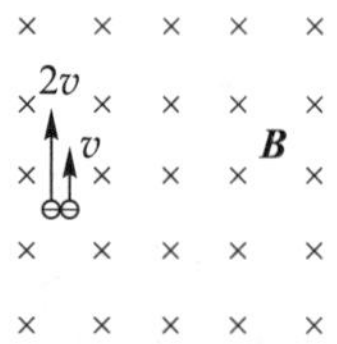


思考题 4.5-3 图

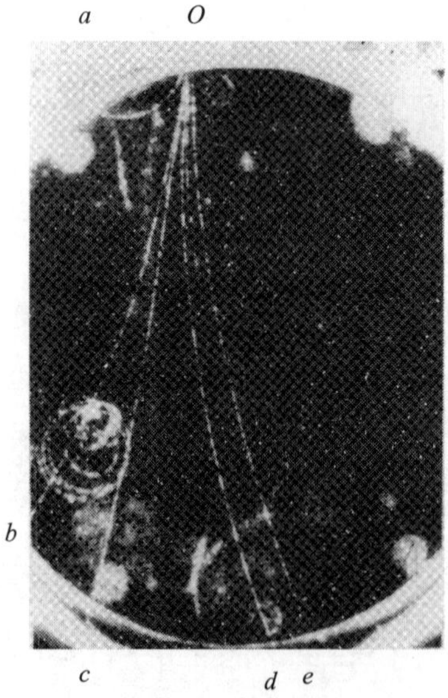


思考题 4.5-4 图

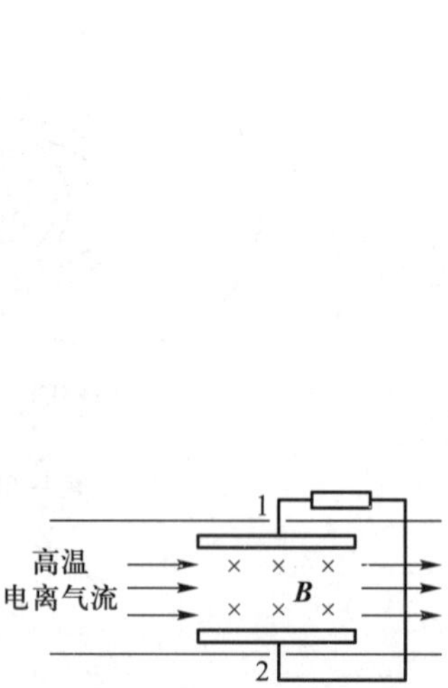


思考题 4.5-5 图

**4.5-4**　云室是借助于过饱和水蒸气在离子上凝结，来显示通过它的带电粒子径迹的装置. 这里有一张云室中拍摄的照片. 云室中加了垂直纸面向里的磁场，图中 $a$、$b$、$c$、$d$、$e$ 是从 $O$ 点出发的一些正电子或电子的径迹.

(1) 哪些径迹属于正电子的，哪些属于电子的？

(2) $a$、$b$、$c$ 三条径迹中哪个粒子的能量(速率)最大，哪个最小？

**4.5-5**　题图是磁流体发电机的示意图. 将气体加热到很高温度(例如 2 500 K 以上)使之电离(这样一种高

度电离的气体叫作等离子体)，并让它通过平行板电极 1、2 之间，在这里有一垂直于纸面向里的磁场 **B**. 试说明这时两电极间会产生一个大小为 $vBd$ 的电压($v$ 为气体流速，$d$ 为电极间距). 哪个电极是正极？

**4.5-6**　试用 §4.4 中的思考题，定性地说明磁镜两端对做回旋运动的带电粒子能起反射作用.

## 习　　题

**4.5-1**　一电子在 $B=70$ Gs 的匀强磁场中做圆周运动，圆的半径为 $r=3.0$ cm. 已知电子电荷 $e=-1.6\times10^{-19}$ C，质量为 $m=9.1\times10^{-31}$ kg，**B** 垂直于纸面向外，电子的圆轨道在纸面内(见题图). 设电子某时刻在 $A$ 点，它的速度 **v** 向上.

(1) 画出电子运动的圆轨道；

(2) 求这电子速度的大小 $v$；

(3) 求这电子的动能 $E_k$.

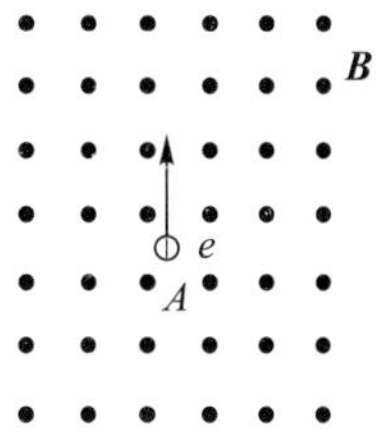

习题 4.5-1 图

**4.5-2**　带电粒子穿过过饱和蒸汽时，在它走过的路径上，过饱和蒸汽便凝结成小液滴，从而使得它运动的轨迹(径迹)显示出来，这就是云室的原理. 今在云室中有 $B=10\ 000$ Gs 的均匀磁场，观测到一个质子的径迹是圆弧，半径 $r=20$ cm，已知这粒子的电荷为 $1.6\times10^{-19}$ C，质量为 $1.67\times10^{-27}$ kg，求它的动能.

**4.5-3**　测得一太阳黑子的磁场为 $B=4\ 000$ Gs，问其中电子以(1)$5.0\times10^{7}$ cm/s，(2)$5.0\times10^{8}$ cm/s 的速度垂直于 **B** 运动时，受到的洛伦兹力各有多大？回旋半径各有多大？已知电子电荷的大小为 $1.6\times10^{-19}$ C，质量为 $9.1\times10^{-31}$ kg.

**4.5-4**　一电子的动能为 10 eV，在垂直于匀强磁场的平面内做圆周运动. 已知磁场为 $B=1.0$ Gs，电子的电荷 $-e=-1.6\times10^{-19}$ C，质量 $m=9.1\times10^{-31}$ kg.

(1) 求电子的轨道半径 $R$；

(2) 电子的回旋周期 $T$；

(3) 顺着 **B** 的方向看，电子是顺时针回旋吗？

**4.5-5**　一带电粒子的电荷为 $q=3.2\times10^{-19}$ C，质量 $m=6.7\times10^{-27}$ kg，速率 $v=5.4\times10^{4}$ m/s，在磁场中回旋半径 $R=4$ cm，求磁感强度 $B$.

**4.5-6**　一电子的初速度为 0，经电压 $U$ 加速后进入均匀磁场，已知磁场的磁感强度为 **B**，电子电荷为 $-e$，质量为 $m$，电子进入磁场时速度与 **B** 垂直，如题图所示.

(1) 画出电子的轨道；

(2) 求轨道半径 $R$；

(3) 当电压 $U=3\ 000$ V，$B=100$ Gs 时，$R=$？已知 $e=1.60\times10^{-19}$ C，$m=9.11\times10^{-31}$ kg.

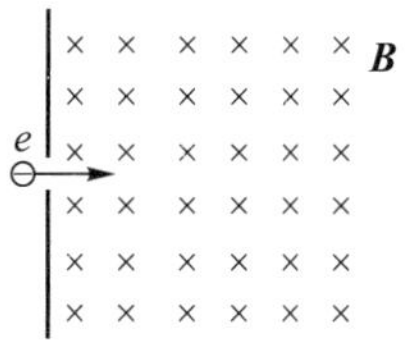

习题 4.5-6 图

**4.5-7**　一电子以 $v=3.0\times10^{7}$ m/s 的速率射入匀强磁场 $B$ 内，它的速度与 **B** 垂直，$B=10$ T. 已知电子电荷 $-e=-1.6\times10^{-19}$ C，质量 $m=9.1\times10^{-31}$ kg，求这电子所受的洛伦兹力，并与它在地面所受的重力加以比较.

**4.5-8**　一电子在匀强磁场中做圆周运动，频率为 $f=12$ MHz，半径为 $r=0.535$ m. 已知电子电荷 $-e=-1.6\times10^{-19}$ C，质量 $m=9.11\times10^{-31}$ kg，求：

(1) 磁感应强度 **B** 的大小；

(2) 电子动能.

**4.5-9**　已知质子质量 $m=1.67\times10^{-27}$ kg，电荷 $e=1.60\times10^{-19}$ C，地球半径6 370 km，地球赤道上地面的磁场 $B=0.32$ Gs.

(1) 要使质子绕赤道表面做圆周运动，其动量 $p$ 和能量 $E$ 应有多大？

(2) 若要使质子以速率 $v=1.0\times10^{7}$ m/s 环绕赤道表面做圆周运动，问地磁场应该有多大？

［提示：相对论中粒子的动量 $\boldsymbol{p}$ 和能量 $E$ 的公式如下：

$$\boldsymbol{p}=m\boldsymbol{v},$$

$$E=mc^2=c\sqrt{p^2+m_0^2c^2}$$

$m$ 和 $m_0$ 的关系见式(4.48).］

**4.5-10**　在一个显像管里，电子沿水平方向从南到北运动，动能是 $1.2\times10^4$ eV. 该处地球磁场在竖直方向上的分量向下，$\boldsymbol{B}$ 的大小是 0.55 Gs. 已知电子电荷 $-e=1.6\times10^{-19}$ C，质量 $m=9.1\times10^{-31}$ kg.

（1）电子受地磁的影响往哪个方向偏转？

（2）电子的加速度有多大？

（3）电子在显像管内走 20 cm 时，偏转有多大？

（4）地磁对于看电视有没有影响？

**4.5-11**　一质量为 $m$ 的粒子带有电荷量 $q$，以速度 $\boldsymbol{v}$ 射入磁感应强度为 $\boldsymbol{B}$ 的均匀磁场，$\boldsymbol{v}$ 与 $\boldsymbol{B}$ 垂直；粒子从磁场出来后继续前进，如题图所示.

已知磁场区域在 $\boldsymbol{v}$ 方向（即 $x$ 方向）上的宽度为 $l$，当粒子从磁场出来后在 $x$ 方向前进的距离为 $L-l/2$ 时，求它的偏转 $y$.

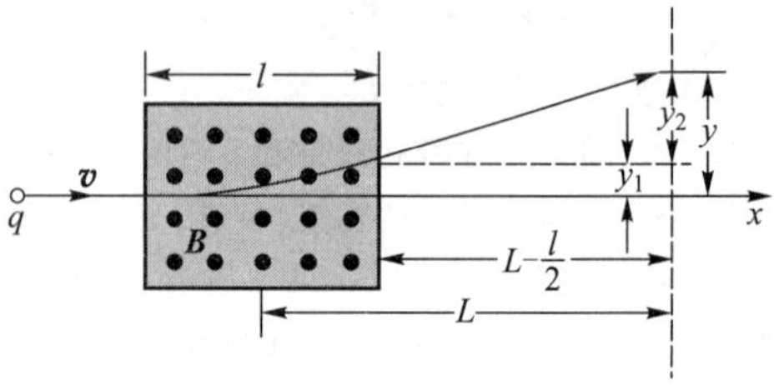

习题 4.5-11 图

**4.5-12**　已知 α 粒子的质量 $m=6.7\times10^{-27}$ kg，电荷 $q=3.2\times10^{-19}$ C. 它在 $B=1.2$ T 的均匀磁场中沿半径为 45 cm 的圆周运动.

（1）求它的速率 $v$，动能 $E_k$ 和回旋周期 $T$；

（2）若它原来是静止的，问需经过多大的电压加速，才能达到这个速率？

**4.5-13**　已知氘核的质量比质子大一倍，电荷与质子相同；α 粒子的质量是质子质量的四倍，电荷是质子的二倍.

（1）问静止的质子、氘核和 α 粒子经过相同的电压加速后，它们的动能之比是多大？

（2）当它们经过这样加速后进入同一均匀磁场时，测得质子圆轨道的半径为 10 cm，问氘核和 α 粒子轨道的半径各有多大？

**4.5-14**　一氘核在 $B=1.5$ T 的均匀磁场中运动，轨迹是半径为 40 cm 的圆周. 已知氘核的质量为 $3.34\times10^{-27}$ kg，电荷为 $1.60\times10^{-19}$ C.

（1）求氘核的速度和走半圈所需的时间；

（2）需要多高的电压才能把氘核从静止加速到这个速度？

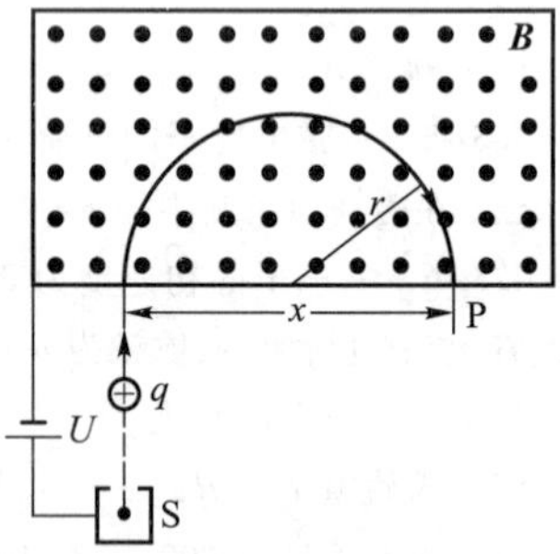

习题 4.5-15 图

**4.5-15**　一质谱仪的构造原理如题图所示，离子源 S 产生质量为 $m$、电荷为 $q$ 的离子，离子产生出来时速度很小，可以看作是静止的；离子产生出来后经过电压 $U$ 加速，进入磁感强度为 $B$ 的均匀磁场，沿着半圆周运动而达到记录它的照相底片 P 上，测得它在 P 上的位置到入口处的距离为 $x$. 证明这离子的质量为

$$m=\frac{qB^2}{8U}x^2.$$

**4.5-16**　如上题，以钠离子做实验，得到数据如下：加速电压 $U=705$ V，磁感强度 $B=3\ 580$ Gs，$x=10$ cm. 求钠离子的比荷 $q/m$.

**4.5-17**　已知碘离子所带电荷 $q=1.6\times10^{-19}$ C，它在 $B=4.5\times10^{-2}$ T 的均匀磁场中做圆周运动时，回旋 7 周的时间为 $1.29\times10^{-3}$ s，求碘离子的质量.

**4.5-18**　一回旋加速器 D 形电极圆周的最大半径 $R=60$ cm，用它来加速质量为 $1.67\times10^{-27}$ kg、电荷为 $1.6\times10^{-19}$ C 的质子，要把质子从静止加速到 4.0 MeV 的能量.

（1）求所需的磁感强度 $B$；

（2）设两 D 形电极间的距离为 1.0 cm，电压为 $2.0\times10^4$ V，其间电场是均匀的，求加速到上述能量所需的时间.

**4.5-19** 一电子在 $B=20$ Gs 的磁场里沿半径 $R=20$ cm 的螺旋线运动，螺距 $h=5.0$ cm，如题图. 已知电子的比荷 $e/m=1.76\times10^{11}$ C/kg. 求这电子的速度.

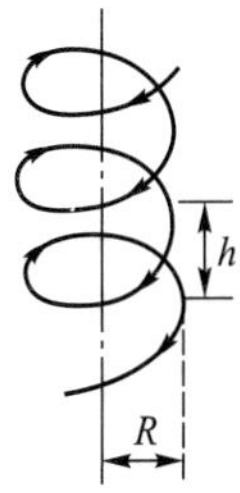

习题 4.5-19 图

**4.5-20** 正电子的质量与电子相同，都是 $9.11\times10^{-34}$ kg，所带电荷量也和电子相同，都是 $1.60\times10^{-19}$ C，但和电子不同，它带的是正电. 有一个正电子，动能为 2 000 eV，在 $B=1\ 000$ Gs 的均匀磁场中运动，它的速度 $\boldsymbol{v}$ 与 $\boldsymbol{B}$ 成 80°，所以它沿一条螺旋线运动. 求这螺旋运动的（1）周期 $T$，（2）半径 $r$ 和（3）螺距 $h$.

**4.5-21** 题图是微波技术中用的一种磁控管的示意图. 一群电子在垂直于磁场 $B$ 的平面内做圆周运动. 在运行过程中它们时而接近电极 1，时而接近电极 2，从而使两电极间的电势差做周期性变化. 试证明电压变化的频率为 $eB/2\pi m$，电压的幅度为

$$U_0=\frac{Ne}{4\pi\varepsilon_0}\left(\frac{1}{r_1}-\frac{1}{r_1+D}\right),$$

式中 $e$ 是电子电荷的绝对值，$m$ 是电子的质量，$D$ 是圆形轨道的直径，$r_1$ 是电子群最靠近某一电极时的距离，$N$ 是这群电子的数目.

**4.5-22** 空间某一区域里有 $E=1\ 500$ V/m 的电场和 $B=4\ 000$ Gs 的磁场，这两个场作用在一个运动电子上的合力为 0.

（1）求这个电子的速率 $v$；

（2）画出 $\boldsymbol{E}$、$\boldsymbol{B}$ 和 $\boldsymbol{v}$ 三者的相互方向.

**4.5-23** 空间某一区域有均匀电场 $\boldsymbol{E}$ 和均匀磁场 $\boldsymbol{B}$，$\boldsymbol{E}$ 和 $\boldsymbol{B}$ 的方向相同，一电子（质量为 $m$，电荷为 $e$）在这场中运动，分别求下列情况下电子的加速度 $a$ 和电子的轨迹，开始时（1）$\boldsymbol{v}$ 与 $\boldsymbol{E}$ 方向相同；（2）$\boldsymbol{v}$ 与 $\boldsymbol{E}$ 方向相反；（3）$\boldsymbol{v}$ 与 $\boldsymbol{E}$ 垂直.

**4.5-24** 空间某一区域有均匀电场 $\boldsymbol{E}$ 和均匀磁场 $\boldsymbol{B}$，$\boldsymbol{E}$ 和 $\boldsymbol{B}$ 方向相同，一电子（质量为 $m$，电荷为 $e$）在该场中运动，开始时速度为 $\boldsymbol{v}$，$\boldsymbol{v}$ 与 $\boldsymbol{E}$ 之间的夹角为 $\alpha$，求这电子的加速度和轨迹.

**4.5-25** 在空间有互相垂直的均匀电场 $\boldsymbol{E}$ 和均匀磁场 $\boldsymbol{B}$，$\boldsymbol{B}$ 沿 $x$ 方向，$\boldsymbol{E}$ 沿 $z$ 方向，一电子开始时以速度 $\boldsymbol{v}$ 沿 $y$ 方向前进（见题图），问电子运动的轨迹如何？

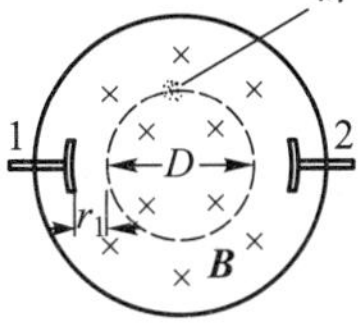

习题 4.5-21 图

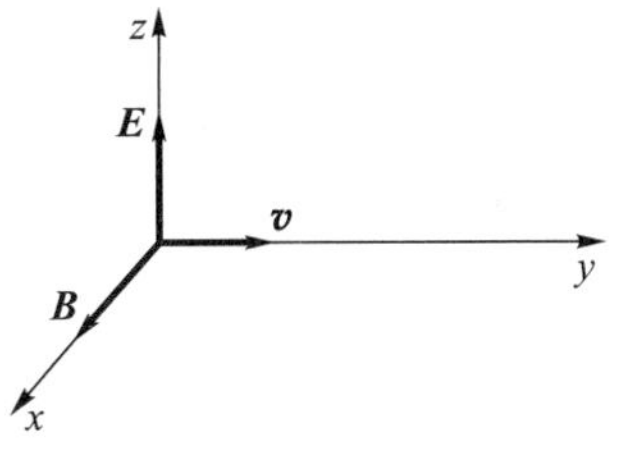

习题 4.5-25 图

**4.5-26** 设氢原子中的电子沿半径为 $r$ 的圆轨道绕原子核运动. 若把氢原子放在磁感强度为 $\boldsymbol{B}$ 的磁场中，使电子的轨道平面与 $\boldsymbol{B}$ 垂直，假定 $r$ 不因 $\boldsymbol{B}$ 而改变，则当观测者顺着 $\boldsymbol{B}$ 的方向看时，

（1）若电子是沿顺时针方向旋转，问电子的角频率（或角速率）是增大还是减小？

（2）若电子是沿反时针方向旋转，问电子的角频率是增大还是减小？

**4.5-27** 设电子质量为 $m$，电荷为 $e$，以角速度 $\omega$ 绕带正电的质子做圆周运动. 当加上外磁场 $\boldsymbol{B}$，$\boldsymbol{B}$ 的方向与电子轨道平面垂直时，设电子轨道半径不变，而角速度则变为 $\omega'$. 证明：电子角速度的变化近似等于

$$\Delta\omega=\omega'-\omega=\pm\frac{1}{2}\frac{e}{m}B.$$

**4.5-28**　一铜片厚为 $d=1.0$ mm，放在 $B=1.5$ T 的磁场中，磁场方向与铜片表面垂直（见题图）. 已知铜片里每立方厘米有 $8.4\times10^{22}$ 个自由电子，每个电子的电荷 $-e=-1.6\times10^{-19}$ C，当铜片中有 $I=200$ A 的电流时，

（1）求铜片两侧的电势差 $U_{aa'}$.

（2）铜片宽度 $b$ 对 $U_{aa'}$ 有无影响？为什么？

**4.5-29**　一块半导体样品的体积为 $a\times b\times c$，如题图所示，沿 $x$ 方向有电流 $I$，在 $z$ 轴方向加有均匀磁场 $\boldsymbol{B}$. 这时实验得出的数据为 $a=0.10$ cm，$b=0.35$ cm，$c=1.0$ cm，$I=1.0$ mA，$B=3\ 000$ Gs，片两侧的电势差 $U_{AA'}=6.55$ mV.

（1）问这半导体是正电荷导电（p 型）还是负电荷导电（n 型）？

（2）求载流子浓度（即单位体积内参加导电的带电粒子数）.

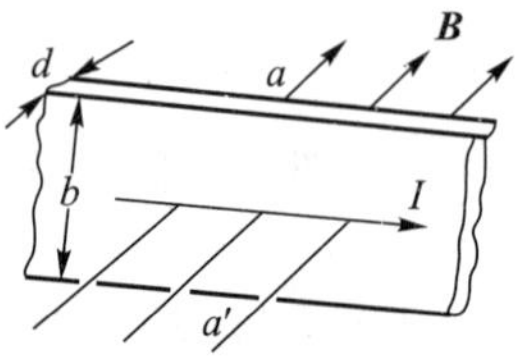


习题 4.5-28 图

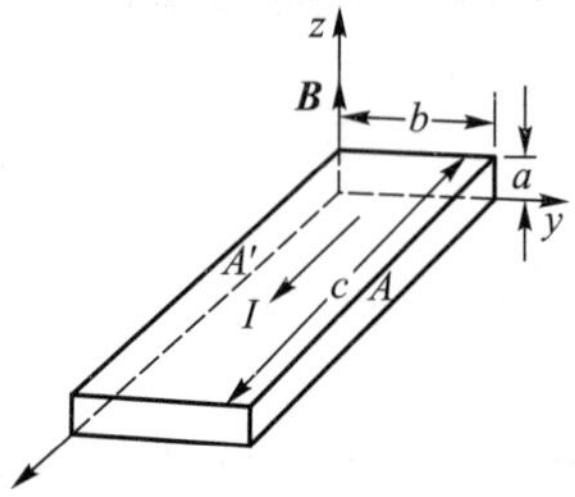


习题 4.5-29 图

**4.5-30**　一长直导线载有电流 50 A，在离它 5.0 cm 处有一电子以速率 $v=1.0\times10^{7}$ m/s 运动. 已知电子电荷的数值为 $1.6\times10^{-19}$ C，求下列情况下作用在电子上的洛伦兹力：

（1）$\boldsymbol{v}$ 平行于导线电流；

（2）$\boldsymbol{v}$ 垂直于导线并向着导线；

（3）$\boldsymbol{v}$ 垂直于导线和电子所构成的平面.

# *§ 4.6　电磁场的相对论变换

## 4.6.1　问题的提出

在第一章我们讨论了静止电荷产生的静电场；在本章前面我们又讨论了恒定电流产生的恒磁场. 电流是电荷的流动，静止或运动都是相对于一定的参考系而言的. 因此我们很自然会想到，若在一个参考系 S 中观察电荷是静止的，只有静电场；在相对于 S 系做匀速运动的参考系 S′中观察，则同时存在电场和磁场. 与此相应，在 S 系中两个静止电荷之间仅存在静电作用力，而在 S′系中这两个电荷之间除了电的相互作用之外，还存在磁的相互作用. 电磁感应电动势可分为动生的和感生的两种（详见 § 5.2），只有相对的意义. 如图 4-67 所示为一个磁铁和一个线圈. 在图（a）所示的情形里，磁铁静止，线圈以速度 $\boldsymbol{v}$ 运动，于是因它切割磁感应线而在其中产生动生电动势，此电动势是由磁场产生的洛伦兹力引起的. 在图（b）所示的情形里，线圈静止，磁铁以速度 $-\boldsymbol{v}$ 运动，于是线圈中因磁通量变化而产生感生电动势，此电动势是由涡旋电场引起的. 显然，（a）、（b）两情形也是同一物理过程在不同参考系中观察，得到了不同的描述. 爱因斯坦在 1905 年创立狭义相对论的那篇著名论文《论动体的电动力学》里，一开头就举了这个例子. 他认为物理学中同一物理过程因相对不同参考系而得到的不同描述这种不对称性不应该是现象所固有的. 爱因斯坦的这一思想导致他将相对性原理提升为物理学的基本原理之一（爱因斯坦用的词是“公设”），在相对性原理和光速不变原理的基础上他演绎了狭义相对论.

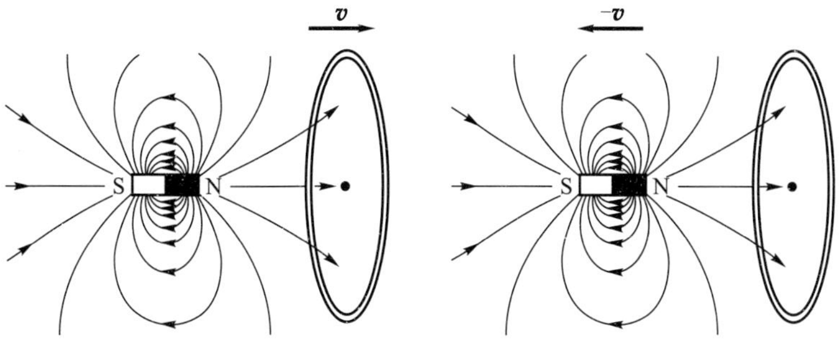


(a) (b)

图 4-67 磁铁与线圈相对运动时的电磁感应现象

物理现象不应随参考系而异.我们不禁要问:不同的参考系中观察到的电磁规律相互之间有什么关系?在不同参考系中观察到的电场和磁场之间有什么关系?在电磁学里,无论速度多么低,伽利略变换都不适用,这些问题的解决要靠相对论.我们假定,读者对相对论力学已有初步了解,下面我们先列出相对论力学的若干结论,作为后面讨论不同惯性系之间电磁场变换的出发点.

## 4.6.2 相对论力学的若干结论

1. 洛伦兹变换

在两个相应坐标轴彼此平行,且仅在 $x$ 方向相互做匀速运动的惯性参考系(以下简称参考系)之间,时空变换和逆变换为

$$\begin{cases} x'=\gamma(x-\beta ct), \\ y'=y, \\ z'=z, \\ t'=\gamma(t-\beta x/c); \end{cases} \qquad (4.52) \qquad\qquad \begin{cases} x=\gamma(x'+\beta ct), \\ y=y', \\ z=z', \\ t=\gamma(t'+\beta x'/c). \end{cases} \qquad (4.53)$$

式中带撇号的量是 S′系中的时空坐标,相应的不带撇号的量是 S 系中的时空坐标,$\beta=v/c$,$v$ 是 S′系相对于 S 系沿 $x$ 轴正向的速度,$\gamma=(1-\beta^2)^{-1/2}=(1-v^2/c^2)^{-1/2}$,$c$ 是真空中的光速.当 $t=t'=0$ 时,S′系与 S 系的坐标原点重合.

根据洛伦兹变换,可推知运动的尺度收缩,运动的时间延缓.

2. 速度变换公式

在 S 系中速度的分量为

$$u_x=\frac{\mathrm{d}x}{\mathrm{d}t},\quad u_y=\frac{\mathrm{d}y}{\mathrm{d}t},\quad u_z=\frac{\mathrm{d}z}{\mathrm{d}t};$$

在 S′系中速度的分量为

$$u'_x=\frac{\mathrm{d}x'}{\mathrm{d}t'},\quad u'_y=\frac{\mathrm{d}y'}{\mathrm{d}t'},\quad u'_z=\frac{\mathrm{d}z'}{\mathrm{d}t'}.$$

根据微积分知识可知

$$u'_x=\frac{\mathrm{d}x'}{\mathrm{d}t}\cdot\frac{\mathrm{d}t}{\mathrm{d}t'},\quad u'_y=\frac{\mathrm{d}y'}{\mathrm{d}t}\cdot\frac{\mathrm{d}t}{\mathrm{d}t'},\quad u'_z=\frac{\mathrm{d}z'}{\mathrm{d}t}\cdot\frac{\mathrm{d}t}{\mathrm{d}t'};$$

根据时空变换式(4.52)可求得

$$\frac{\mathrm{d}x'}{\mathrm{d}t}=\gamma(u_x-v),\quad \frac{\mathrm{d}y'}{\mathrm{d}t}=u_y,\quad \frac{\mathrm{d}z'}{\mathrm{d}t}=u_z;$$

根据逆变换式(4.53)可求得

$$\frac{\mathrm{d}t}{\mathrm{d}t'}=\gamma\left(1+\frac{u_x'v}{c^2}\right).\tag{4.54}$$

于是,经过整理可得速度变换及其逆变换

$$\begin{cases}u_x'=\dfrac{u_x-v}{1-\dfrac{u_xv}{c^2}},\\ u_y'=\dfrac{u_y}{\gamma\left(1-\dfrac{u_xv}{c^2}\right)},\\ u_z'=\dfrac{u_z}{\gamma\left(1-\dfrac{u_xv}{c^2}\right)};\end{cases}\quad(4.55)\qquad \begin{cases}u_x=\dfrac{u_x'+v}{1+\dfrac{u_x'v}{c^2}},\\ u_y=\dfrac{u_y'}{\gamma\left(1+\dfrac{u_x'v}{c^2}\right)},\\ u_z=\dfrac{u_z'}{\gamma\left(1+\dfrac{u_x'v}{c^2}\right)}.\end{cases}\tag{4.56}$$

在式(4.54)中代入速度变换公式(4.55)可得

$$\frac{\mathrm{d}t}{\mathrm{d}t'}=\gamma\left(1+\frac{u_x'v}{c^2}\right)=\frac{1}{\gamma\left(1-\dfrac{u_xv}{c^2}\right)}.\tag{4.57}$$

这一公式下面还要用到.

3. 加速度变换公式

在 S 系中加速度分量为

$$a_x=\frac{\mathrm{d}u_x}{\mathrm{d}t},\quad a_y=\frac{\mathrm{d}u_y}{\mathrm{d}t},\quad a_z=\frac{\mathrm{d}u_z}{\mathrm{d}t};$$

在 S′系中加速度分量为

$$a_x'=\frac{\mathrm{d}u_x'}{\mathrm{d}t'},\quad a_y'=\frac{\mathrm{d}u_y'}{\mathrm{d}t'},\quad a_z'=\frac{\mathrm{d}u_z'}{\mathrm{d}t'}.$$

由式(4.55)和式(4.57)得

$$\begin{aligned}a_x'&=\frac{\mathrm{d}u_x'}{\mathrm{d}t}\,\frac{\mathrm{d}t}{\mathrm{d}t'}=\frac{\mathrm{d}}{\mathrm{d}t}\left(\frac{u_x-v}{1-\dfrac{u_xu}{c^2}}\right)\cdot\frac{1}{\gamma\left(1-\dfrac{u_xv}{c^2}\right)}\\&=\frac{a_x}{\gamma^3\left(1-\dfrac{u_xv}{c^2}\right)^3}\end{aligned}$$

等等,于是加速度变换及其逆变换为

$$\begin{cases}a_x'=\dfrac{a_x}{\gamma^3\left(1-\dfrac{u_xv}{c^2}\right)^3},\\ a_y'=\dfrac{1}{\gamma^2\left(1-\dfrac{u_xv}{c^2}\right)^2}\left(a_y+\dfrac{u_yv}{c^2-u_xv}a_x\right),\\ a_z'=\dfrac{1}{\gamma^2\left(1-\dfrac{u_xv}{c^2}\right)^2}\left(a_z+\dfrac{u_zv}{c^2-u_xv}a_x\right);\end{cases}\tag{4.58}$$

$$\begin{cases} a_x = \dfrac{a_x'}{\gamma^3\left(1+\dfrac{u_x'v}{c^2}\right)^3}, \\ a_y = \dfrac{1}{\gamma^2\left(1+\dfrac{u_x'v}{c^2}\right)^2}\left(a_y' - \dfrac{u_y'v}{c^2+u_x'v}a_x'\right), \\ a_z = \dfrac{1}{\gamma^2\left(1+\dfrac{u_x'v}{c^2}\right)^2}\left(a_z' - \dfrac{u_z'v}{c^2+u_x'v}a_x'\right). \end{cases} \tag{4.59}$$

4. 质量变换公式

相对论告诉我们,在一个参考系 S 中,速度为 $u$ 的物体的质量为

$$m = \frac{m_0}{\sqrt{1-\dfrac{u^2}{c^2}}},$$

式中 $m_0$ 是物体的静止质量,相应地,在 S′系中,物体的速度为 $u'$,其质量为

$$m' = \frac{m_0}{\sqrt{1-\dfrac{u'^2}{c^2}}},$$

因此

$$m' = \frac{\sqrt{1-\dfrac{u^2}{c^2}}}{\sqrt{1-\dfrac{u'^2}{c^2}}}m.$$

若 S′系相对 S 系以速度 $v$ 沿 $x$ 轴的正向运动,根据速度变换公式(4.55)可以证明

$$\sqrt{1-\frac{u'^2}{c^2}} = \frac{\sqrt{\left(1-\dfrac{u^2}{c^2}\right)\left(1-\dfrac{v^2}{c^2}\right)}}{1-\dfrac{u_xv}{c^2}}. \tag{4.60}$$

于是,得质量的变换及其逆变换为

$$m' = \gamma\left(1-\frac{1}{\dfrac{u_xv}{c^2}}\right)m, \tag{4.61}$$

$$m = \gamma\left(1+\frac{u_x'v}{c^2}\right)m'. \tag{4.62}$$

5. 动量和能量的变换公式

在相对论中,动量分量和能量在 S 系内为

$$p_x = mu_x,\quad p_y = mu_y,\quad p_z = mu_z,\quad W = mc^2,$$

在 S′系内为

$$p_x' = m'u_x',\quad p_y = m'u_y',\quad p_z' = m'u_z',\quad W' = m'c^2.$$

根据速度变换公式(4.55)和质量变换公式(4.61),容易得到动量和能量的变换及其逆变换为

$$\begin{cases} p_x' = \gamma\left[p_x - v\left(\dfrac{W}{c^2}\right)\right], \\ p_y' = p_y, \\ p_z' = p_z, \\ \dfrac{W'}{c^2} = \gamma\left[\left(\dfrac{W}{c^2}\right) - \dfrac{v}{c^2}p_x\right]; \end{cases} \tag{4.63}$$

$$\begin{cases} p_x = \gamma\left[p_x' + v\left(\dfrac{W'}{c^2}\right)\right], \\ p_y = p_y', \\ p_z = p_z', \\ \dfrac{W}{c^2} = \gamma\left[\left(\dfrac{W'}{c^2}\right) + \dfrac{v}{c^2}p_x'\right]. \end{cases} \tag{4.64}$$

可以看出 $p_x$、$p_y$、$p_z$ 及 $(W/c^2)$ 的变换与 $x$、$y$、$z$ 及 $t$ 的变换形式上相同.

6. 力的变换公式

相对论动力学规律为 $\boldsymbol{F}=\mathrm{d}\boldsymbol{p}/\mathrm{d}t$,在 S 系中分量形式为

$$F_x = \frac{\mathrm{d}p_x}{\mathrm{d}t},\quad F_y = \frac{\mathrm{d}p_y}{\mathrm{d}t},\quad F_z = \frac{\mathrm{d}p_z}{\mathrm{d}t},$$

在 S′系中分量形式为

$$F_x' = \frac{\mathrm{d}p_x'}{\mathrm{d}t'},\quad F_y' = \frac{\mathrm{d}p_y'}{\mathrm{d}t'},\quad F_z' = \frac{\mathrm{d}p_z'}{\mathrm{d}t'}.$$

由式(4.63)和式(4.57)得

$$\begin{aligned} F_x' &= \frac{\mathrm{d}p_x'}{\mathrm{d}t}\cdot\frac{\mathrm{d}t}{\mathrm{d}t'} = \frac{\mathrm{d}}{\mathrm{d}t}\left[\gamma\left(p_x - \frac{v}{c^2}W\right)\right]\cdot\frac{\mathrm{d}t}{\mathrm{d}t'} \\ &= \gamma\left(F_x - \frac{v}{c^2}\frac{\mathrm{d}W}{\mathrm{d}t}\right)\cdot\frac{1}{\gamma\left(1-\dfrac{u_x v}{c^2}\right)}, \end{aligned}$$

式中 $\mathrm{d}W/\mathrm{d}t$ 是能量的时间变化率,等于外力的功率,即

$$\frac{\mathrm{d}W}{\mathrm{d}t} = \boldsymbol{F}\cdot\boldsymbol{u} = F_x u_x + F_y u_y + F_z u_z. \tag{4.65}$$

于是得力的变换及其逆变换为

$$\begin{cases} F_x' = F_x - \dfrac{v}{c^2 - u_x v}(u_y F_y + u_z F_z), \\ F_y' = \dfrac{F_y}{\gamma\left(1-\dfrac{u_x v}{c^2}\right)}, \\ F_z' = \dfrac{F_z}{\gamma\left(1-\dfrac{u_x v}{c^2}\right)}; \end{cases} \tag{4.66}$$

$$\begin{cases} F_x = F_x' + \dfrac{v}{c^2 + u_x' v}(u_y' F_y' + u_z' F_z'), \\ F_y = \dfrac{F_y'}{\gamma\left(1+\dfrac{u_x' v}{c^2}\right)}, \\ F_z = \dfrac{F_z'}{\gamma\left(1+\dfrac{u_x' v}{c^2}\right)}. \end{cases} \tag{4.67}$$

狭义相对论使人类的时空观产生根本的变革，它带来了一系列与经典观念完全不同的新观念，除了同时性的相对性，极限速度，运动尺度缩短，运动时钟延缓，质量依赖速度和质能等当之外，从上面的变换公式，我们还可看出：一般情形下，力与加速度方向不一致；在一个参考系中大小相等、方向相反的一对作用力和反作用力，在另一参考系中可能并不如此，即牛顿第三定律一般不成立（但动量守恒仍成立！）；在一个参考系中共线的两个力，在另一参考系中可能并不共线，等等．这些观念与习惯的经典观念如此之不同，以至于初学的人会觉得很难相信它们．然而，狭义相对论受到大量科学实践的检验，上述观念的正确性不容怀疑．

## 4.6.3 电磁规律的协变性和电荷的不变性

即使在相对论以前，人们也会想到在一个参考系中静止电荷产生静电场，换到另一个参考系，由于电荷是运动的，则出现电场和磁场；在一个参考系中两个静止电荷存在静电作用，换到另一个参考系则出现电的和磁的相互作用．我们不禁要问，不同参考系中电磁规律的形式是否相同．

相对论以前的物理学家认为力学规律是遵从相对性原理的．这就是说在不同的参考系中，虽然对力学现象的描述会有所不同，但根据观察所得出的力学定律在不同参考系中却具有相同的数学形式，这样也就不可能用力学实验确定参考系本身的运动，或者说，就力学规律而论，一切参考系是完全等价的．然而，相对论以前的物理学家认为电磁规律不遵从相对性原理，电磁规律仅对某个特殊的参考系才严格成立，而对于其他的参考系，电磁规律会表现一定的偏离，这个特殊的参考系称为绝对参考系或“以太”．他们相信能够通过电磁实验来确定这个绝对参考系．

这样的实验很多，其中一个是 1903 年特鲁顿和诺伯的实验．考虑一对正负电荷相对于地球参考系 S′静止，如图 4-68(b)所示．由于地球的自转和绕太阳的公转以及太阳的运动，地球肯定不可能是绝对参考系，设其相对于绝对参考系 S 以速度 $\boldsymbol{v}$ 平行 $x$ 轴运动．如图 4-68(a)所示，在绝对参考系 S 中，这对电荷是运动的，它们之间除了电力作用之外，还有磁力作用．磁力对这对电荷组成的系统产生力偶，使它们的连线转到与 $\boldsymbol{v}$ 垂直．根据这一磁力偶的测定，可以确定地球相对绝对参考系的速度，从而找出绝对参考系．特鲁顿和诺伯采用一个充电的平行板电容器来代替这对电荷，用细磷铜悬丝将充电电容器悬挂起来，精心地观察悬挂电容器的转动效应．然而精密的实验中丝毫没有观察到转动效应的存在．它说明绝对参考系是根本不存在的；它表明在地球参考系中可以同样地运用电磁规律，在地球参考系中两个电荷静止，不存在使它们转动的磁力偶．类似的其他实验也都得到否定结果．因此，相对性原理对于电磁现象同样成立，即电磁规律的数学形式在一切参考系中均相同．相对性原理成为物理学中的普遍原理，狭义相对论把它作为自己的前提之一．

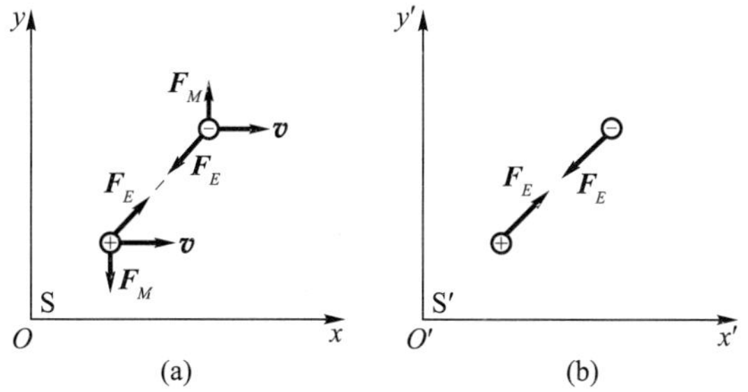


图 4-68 一对正负电荷的相互作用力

狭义相对论不仅告诉我们，相对于不同参考系运动情况相同的电荷具有相同的电磁规律，例如相对于不同参考系，静止电荷的电场都满足库仑定律，而且它还要求从一个参考系变换到另一个参考系，电磁规律的形式应保持不变，此称为协变性．在这个意义上库仑定律不是协变的，因为相对于一个参考系电荷是静止的，而相对于另一个参考系电荷是运动的，运动电荷的场不遵从库仑定律；与此相应，静电场的环路定理也不是协变的．它们之所以不是协变的，是因为我们现在所得到的某些电磁规律还不是普遍形式的电磁规律．电磁规律的协变性是指普遍的电磁规律而言的.

在普遍情形下,运动电荷在电磁场中既受到电力作用,又受到磁力作用,其规律为

$$\boldsymbol{F}=q(\boldsymbol{E}+\boldsymbol{v}\times\boldsymbol{B}),\tag{4.68}$$

此亦称为洛伦兹力,前述式(4.41)是其特殊情形.普遍情形下的洛伦兹力公式(4.68)已具备协变性要求.

在参考系变换时,物理量一般是要变化的,规律的协变性要求规律中的物理量协同变换,而保持规律的形式不变.当参考系变换时,物体所带的电荷量是否会变化?

有许多事实表明,一个系统中的总电荷量不因带电体的运动而改变.例如,实验测定速度为 $\boldsymbol{v}$ 的带电粒子的比荷符合下述公式:

$$\frac{q}{m}=\frac{q}{m_0}\sqrt{1-\frac{v^2}{c^2}},$$

而质量随速度变化的相对论公式是

$$m=\frac{m_0}{\sqrt{1-\frac{v^2}{c^2}}}.$$

比较这两个公式,暗示着带电体的电荷量 $q$ 不随运动速度改变.又如质子所带的正电荷与电子所带的负电荷精确地相等,虽然我们到现在还不了解其中的奥秘.对于任何一个原子,原子核中的质子数与核外的电子数相等,因此原子中的正电荷数量与负电荷数量也精确相等.不同的原子中含有的质子和电子的数目不同,而且它们所处的运动状态也不同.如果运动对电荷量有任何影响,那么我们就不能在各种原子中都观察到原子核的正电荷和电子的负电荷正好抵消.再例如任何物体在加热和冷却时,电子的速度比带正电荷的原子核的速度更容易受到影响.虽然每个电子的速度可能变化不大,但是,物体中电子的数量极大.如果运动确实对电荷量有影响的话,它可以在物体上获得可观察的电荷量.然而事实上,中性物体在任何温度下总是保持宏观上的电中性,实验中从来没有发生仅仅通过加热或冷却的方式在物体上获得电荷量.

物体所带电荷量不受运动影响的事实表明,对于不同参考系的观察者来说,物体所带的电荷量都是一样的,也就是说,电荷量对于从一个参考系到另一个参考系的变换来说是个不变量.

由于物体运动时,在其运动方向上长度将收缩,物体的体积也将收缩,因此带电体的电荷密度不是不变量.如果在某一参考系中观察到一个静止带电体的电荷密度为 $\rho_0$,在另一参考系中观察该带电体的速度为 $v$,其电荷密度为 $\rho$,$\rho$ 与 $\rho_0$ 的关系则为 $\rho=\gamma\rho_0$.

同样,电荷面密度或电荷线密度一般也不是不变量,视面带电体或线带电体的运动方向而定.

### 4.6.4　电磁场的相对论变换公式

有了以上准备知识,我们就可以推导电磁场的变换公式了.考虑在 S 系中存在电场 $\boldsymbol{E}$ 和磁场 $\boldsymbol{B}$,一个带电荷量为 $q$、运动速度为 $\boldsymbol{u}$ 的点电荷在 S 系中所受的力为洛伦兹力,它的三个分量为

$$\begin{cases}F_x=q(E_x+u_yB_z-u_zB_y),\\F_y=q(E_y+u_zB_x-u_xB_z),\\F_z=q(E_z+u_xB_y-u_yB_x).\end{cases}\tag{4.69}$$

在相对于 S 系沿 $x$ 轴正向以速度 $v$ 运动的 S′系中观察,电场为 $\boldsymbol{E}'$,磁场为 $\boldsymbol{B}'$,点电荷的运动速度为 $\boldsymbol{u}'$.由于电荷不变性以及洛伦兹力的协变性,电荷的电荷量仍为 $q$,电荷所受的洛伦兹力分量为

$$\begin{cases}F'_x=q(E'_x+u'_yB'_z-u'_zB'_y),\\F'_y=q(E'_y+u'_zB'_x-u'_xB'_z),\\F'_z=q(E'_z+u'_xB'_y-u'_yB'_x).\end{cases}\tag{4.70}$$

两个参考系之间力的变换公式为式(4.66),速度变换公式为式(4.55).

我们先从 $F'_y$着手,由式(4.66)、式(4.69)、式(4.57)及式(4.56)得

$$F'_y=\frac{F_y}{\gamma\left(1-\frac{u_x v}{c^2}\right)}=\gamma\left(1+\frac{u'_x v}{c^2}\right)\cdot q(E_y+u_zB_x-u_xB_z)$$

$$=q\left[\gamma(E_y-vB_z)+u'_zB_x-\gamma u'_x\left(B_z-\frac{v}{c^2}E_y\right)\right].$$

与式(4.70)中的第二式比较,得

$$E'_y=\gamma(E_y-vB_z), \tag{4.71}$$

$$B'_x=B_x, \tag{4.72}$$

$$B'_z=\gamma\left(B_z-\frac{v}{c^2}E_y\right). \tag{4.73}$$

这样,我们得出电场 $\boldsymbol{E}'$和磁场 $\boldsymbol{B}'$六个分量变换中的三个. 对 $F'_z$重复上述运算,可得另外两个分量的变换公式:

$$E'_z=\gamma(E_z+vB_y), \tag{4.74}$$

$$B'_y=\gamma\left(B_y+\frac{v}{c^2}E_z\right). \tag{4.75}$$

为了得出 $E'_x$的变换公式,只要在 $u_y=u_z=0$ 的特殊情形下计算 $F'_x$,立即可以得到

$$E'_x=E_x. \tag{4.76}$$

式(4.71)至式(4.76)便是电场和磁场的变换公式. 从这些变换公式可以看出,不同参考系中的电场和磁场不是分开来各自进行变换的,而是相互联系在一起变换的,它们可以相互转化. 例如在某个参考系中观察一个静止电荷,它只激发静电场,但是变换到另一个参考系中,则电荷是运动的,除了电场之外,还有磁场. 这就清楚地表明,电场和磁场是电磁场统一体的不同方面,电场和磁场的六个分量联合起来描述电磁场的性质.

下面将电磁场的变换公式汇集成表 4-2. 所有带撇号的量都是在参考系 S′中的观测量,所有相应的不带撇号的量都是在参考系 S 中的观测量;S′系相对于 S 系以速度 $v$ 沿 $x$ 的正向运动,且当 $t=t'=0$ 时,两个参考系的坐标原点重合;$\gamma=\left(1-\frac{v^2}{c^2}\right)^{-1/2}$. 表的左边是从 S 系到 S′系的变换式,表的右边是从 S′系到 S 系的变换式,后者容易由前者导出.

**表 4-2 电磁场的相对论变换及其逆变换**

| 从 S 系到 S′系的变换式 | 从 S′系到 S 系的变换式 |
|---|---|
| $E'_x=E_x$ | $E_x=E'_x$ |
| $E'_y=\gamma(E_y-vB_z)$ | $E_y=\gamma(E'_y+vB'_z)$ |
| $E'_z=\gamma(E_z+vB_y)$ | $E_z=\gamma(E'_z-vB'_y)$ |
| $B'_x=B_x$ | $B_x=B'_x$ |
| $B'_y=\gamma\left(B_y+\frac{v}{c^2}E_z\right)$ | $B_y=\gamma\left(B'_y-\frac{v}{c^2}E'_z\right)$ |
| $B'_z=\gamma\left(B_z-\frac{v}{c^2}E_y\right)$ | $B_z=\gamma\left(B'_z+\frac{v}{c^2}E'_y\right)$ |

## 4.6.5 运动点电荷的电场

下面,我们根据电磁场的相对论变换公式导出做匀速运动的点电荷情形下的电场,考查它与静电场有什么

异同.

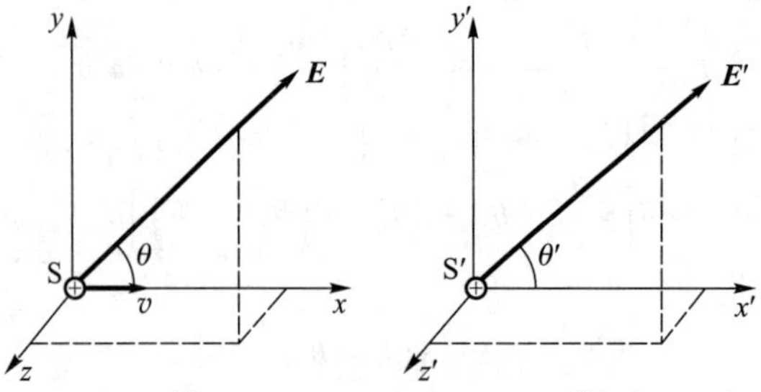


(a) (b)

图 4-69 不同参考系中点电荷的电场

如图 4-69(b),考虑一个电荷量为 $Q$ 的点电荷静止地置于参考系 S′的坐标原点. 它所产生的电场是静电场,遵从库仑定律

$$\boldsymbol{E}'=\frac{1}{4\pi\varepsilon_0}\frac{Q\boldsymbol{r}'}{r'^3},$$

其分量为

$$E'_x=\frac{1}{4\pi\varepsilon_0}\frac{Qx'}{r'^3},\quad E'_y=\frac{1}{4\pi\varepsilon_0}\frac{Qy'}{r'^3},\quad E'_z=\frac{1}{4\pi\varepsilon_0}\frac{Qz'}{r'^3},\tag{4.77}$$

式中 $r'=(x'^2+y'^2+z'^2)^{1/2}$. 静止点电荷在空间任意点产生的电场方向沿径矢方向,且场强的大小形成球对称分布. 在 S′系中不存在磁场,即

$$B'_x=B'_y=B'_z=0.\tag{4.78}$$

现在考虑参考系 S′相对于 S 系沿 $x$ 的正向以速度 $v$ 运动. 在 S 系看来,点电荷以速度 $v$ 沿 $x$ 的正向运动,如图 4-69(a)所示. 在 S 系中的电场 $\boldsymbol{E}$ 就是我们要求的运动电荷情形下的电场.

根据电磁场变换公式及式(4.78),得

$$E_x=E'_x,\quad E_y=\gamma E'_y,\quad E_z=\gamma E'_z.\tag{4.79}$$

代入式(4.77),利用式(4.52)把场分量用 S 系中的时空坐标表示出来:

$$\begin{cases}E_x=\dfrac{Qx'}{4\pi\varepsilon_0 r'^3}=\dfrac{1}{4\pi\varepsilon_0}\dfrac{Q\gamma(x-vt)}{[\gamma^2(x-vt)^2+y^2+z^2]^{3/2}},\\ E_y=\dfrac{\gamma Qy'}{4\pi\varepsilon_0 r'^3}=\dfrac{1}{4\pi\varepsilon_0}\dfrac{Q\gamma y}{[\gamma^2(x-vt)^2+y^2+z^2]^{3/2}},\\ E_z=\dfrac{\gamma Qz'}{4\pi\varepsilon_0 r'^3}=\dfrac{1}{4\pi\varepsilon_0}\dfrac{Q\gamma z}{[\gamma^2(x-vt)^2+y^2+z^2]^{3/2}}.\end{cases}\tag{4.80}$$

可以看出,在 S 系看来,随着电荷的运动,空间的电场是随时间变化的. 考虑 $t=0$ 时刻,电荷的位置恰好在 S 系的坐标原点,空间的电场为

$$\begin{cases}E_x=\dfrac{1}{4\pi\varepsilon_0}\dfrac{Q\gamma x}{(\gamma^2x^2+y^2+z^2)^{3/2}},\\ E_y=\dfrac{1}{4\pi\varepsilon_0}\dfrac{Q\gamma y}{(\gamma^2x^2+y^2+z^2)^{3/2}},\\ E_z=\dfrac{1}{4\pi\varepsilon_0}\dfrac{Q\gamma z}{(\gamma^2x^2+y^2+z^2)^{3/2}}.\end{cases}\tag{4.81}$$

可以看出

$$E_x:E_y:E_z=x:y:z,$$

这就告诉我们,电场强度 $\boldsymbol{E}$ 与坐标轴之间的夹角等于径矢与坐标轴之间的夹角,即电场强度 $\boldsymbol{E}$ 的方向沿着以点电荷的瞬时位置①为起点的径矢方向.

为了确定场强大小的分布,让我们先计算 $E^2$,

$$E^2=E_x^2+E_y^2+E_z^2=\frac{1}{(4\pi\varepsilon_0)^2}\frac{Q^2\gamma^2(x^2+y^2+z^2)}{(\gamma^2x^2+y^2+z^2)^3}$$

$$=\frac{1}{(4\pi\varepsilon_0)^2}\frac{Q^2(1-\beta^2)^2}{(x^2+y^2+z^2)\left[1-\dfrac{\beta^2(y^2+z^2)}{x^2+y^2+z^2}\right]^3},$$

所以

$$E=\frac{1}{4\pi\varepsilon_0}\frac{Q}{r^2}\frac{1-\beta^2}{(1-\beta^2\sin^2\theta)^{3/2}},\tag{4.82}$$

式中 $r=(x^2+y^2+z^2)^{1/2}$,$\beta=v/c$,$\theta$ 为径矢与速度 $\boldsymbol{v}$ 之间的夹角.结果表明,场强的大小不仅与 $r$ 的平方成反比,而且还依赖于径矢与运动方向之间的夹角 $\theta$ 以及电荷的运动速率 $v$.当速率 $v$ 一定时,场强的大小不是各向均匀的,而是在 $yz$ 平面附近电场线较为密集,图 4-70 中画出在 $xy$ 平面内的电场线分布.不同速度下,电场强度的大小随 $\theta$ 变化的情形示于图 4-71 中.随着电荷的运动,电场的这种分布以同一速度向前运动.当电荷的速度较小,$\beta\ll1$ 而可忽略时,电场近似为库仑场,即它是对于点电荷呈现近似球对称分布的电场缓慢地以速度 $v$ 沿 $x$ 正向移动.电荷的速度越大,电场线在 $yz$ 平面附近密集的程度越高.在 $\beta\approx1$,$\gamma\gg1$ 的极端相对论情形下,极强的电场局限在 $yz$ 平面内;运动电荷携带着这样的电场高速运动.

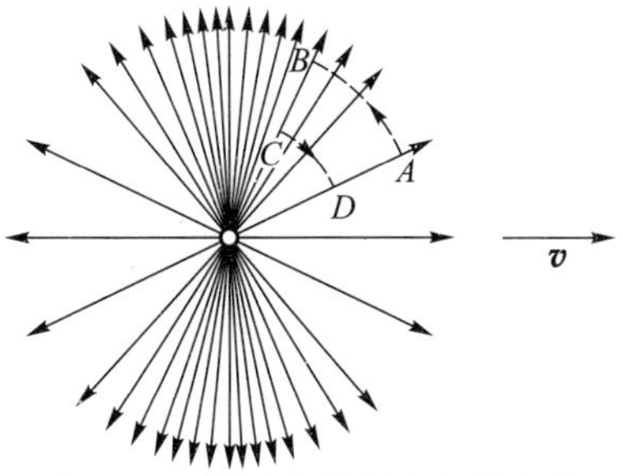

图 4-70 运动电荷的电场线分布

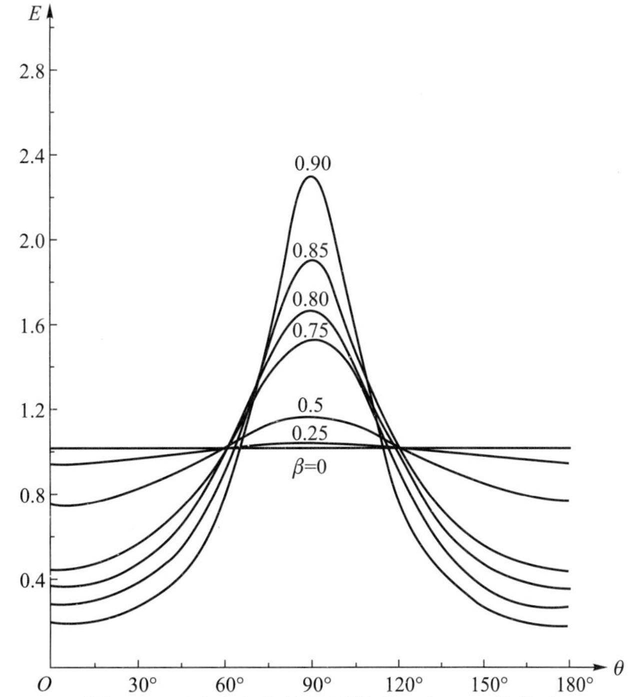

图 4-71 运动电荷的电场强度 $E$ 与 $\theta$、$\beta$ 的关系

① 这里应该注意,式(4.81)只是把 $t=0$ 时刻空间的电场与该时刻电荷的位置联系起来,并不意味着 $t=0$ 时刻的电场是由该时刻处于坐标原点的电荷“产生”的.否则的话,则是一种瞬时的超距作用观点,而超距作用观点与相对论是根本不相容的,因为它违背了任何物理作用的传播速度不可能超过真空中的光速.事实上,电荷运动时,空间的电磁场随时间变化,这种变化是激发电场的原因.后面,第五章及第八章还将深入讨论.

### 4.6.6　运动点电荷的磁场

根据电磁场变换公式、式(4.78)及式(4.79)，得点电荷匀速运动情形下空间的磁感应强度为

$$B_x=0,$$

$$B_y=-\gamma\frac{v}{c^2}E_z'=-\frac{v}{c^2}E_z,$$

$$B_z=\gamma\frac{v}{c^2}E_y'=\frac{v}{c^2}E_y.$$

写成矢量式，则为

$$\boldsymbol{B}=\frac{1}{c^2}\boldsymbol{v}\times\boldsymbol{E}.\tag{4.83}$$

式(4.83)告诉我们，点电荷匀速运动情形下，空间的磁场也是随时间变化的，它总是垂直 $\boldsymbol{v}$ 与 $\boldsymbol{E}$ 所决定的平面. 磁场线是一些以电荷运动轨迹为轴的同心圆，如图 4-72 所示.

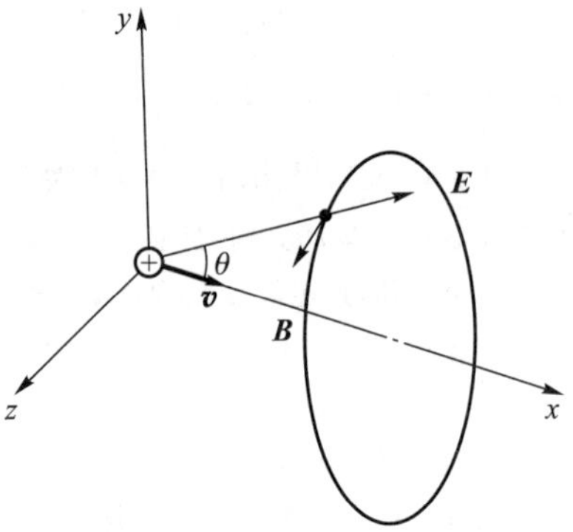

图 4-72　运动电荷的磁感应线

当 $t=0$ 时刻点电荷恰处于 S 系的坐标原点时，磁感应强度的大小为

$$B=\frac{1}{4\pi\varepsilon_0c^2}\frac{Qv(1-\beta^2)\sin\theta}{r^2(1-\beta^2\sin^2\theta)^{3/2}}.$$

由于电场与磁场相互联系，真空介电常量 $\varepsilon_0$ 与真空磁导率 $\mu_0$ 必定有关，关系式为①

$$\varepsilon_0\mu_0=\frac{1}{c^2}.\tag{4.84}$$

于是

$$B=\frac{\mu_0}{4\pi}\frac{Qv(1-\beta^2)\sin\theta}{r^2(1-\beta^2\sin^2\theta)^{3/2}}\tag{4.85}$$

与 $E$ 的分布相对应，$B$ 的分布也是在 $yz$ 平面附近磁感应线较为密集. 电荷的运动速度越大，磁感应线在 $yz$ 平面附近密集的程度越高. 不同速度下，磁感应强度随 $\theta$ 变化的关系示于图4-73中. 随着电荷的运动，磁场的这种分布也以同一速度向前运动.

当电荷运动的速度较小，$\beta\ll 1$ 而可忽略时，式(4.85)化为

$$B=\frac{\mu_0}{4\pi}\frac{Qv\sin\theta}{r^2},$$

则

$$\boldsymbol{B}=\frac{\mu_0}{4\pi}\frac{Q\boldsymbol{v}\times\boldsymbol{e}_r}{r^2},\tag{4.86}$$

这就是低速情形下匀速运动的点电荷产生的磁场公式. 它在形式上与电流元产生的磁场公式(4.15)相当，这可以从下述演算中看出，

$$Q\boldsymbol{v}=Q\frac{\mathrm{d}\boldsymbol{l}}{\mathrm{d}t}=\frac{Q}{\mathrm{d}t}\mathrm{d}\boldsymbol{l}=I\mathrm{d}\boldsymbol{l}.$$

因此，毕奥-萨伐尔定律是低速下的近似定律.

---

① 可以看出 $\varepsilon_0\mu_0$ 的量纲为[速度]$^{-2}$，它的量值为$(2.998\times10^8)^{-2}$从量值和量纲上看，式(4.84)成立. 在后面的习题 4.6-5 可给出一种证明，在第八章将给出普遍证明.

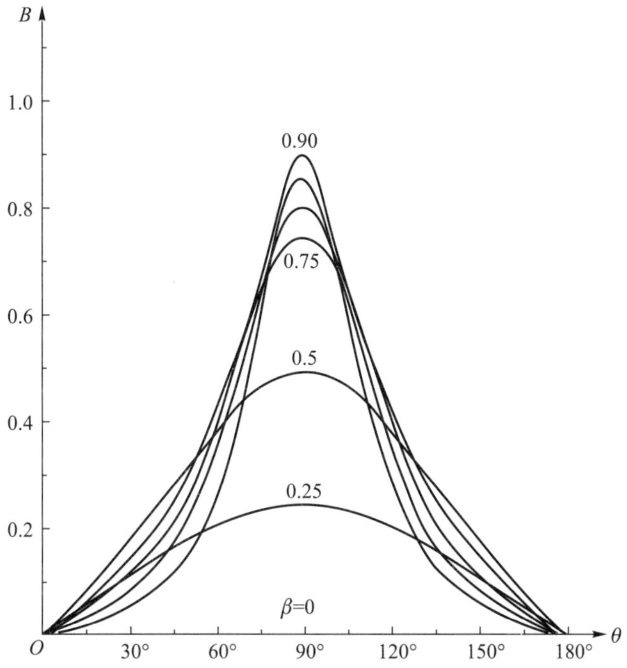


图 4-73　运动电荷的磁感应强度 $B$ 与 $\theta$、$\beta$ 的关系

当电荷运动的速度很大，$\beta\approx1,\gamma\gg1$ 的极端相对论情形，极强的磁场局限在 $yz$ 平面内，运动电荷携带着这样的磁场高速运动.

## 4.6.7　对特鲁顿-诺伯实验零结果的解释

在结束本节对于不同参考系之间电磁场变换的讨论之前，我们还需对特鲁顿和诺伯实验做一点说明. 也许读者会提出，如图 4-68 所示，在 S 系中一对正负电荷以速度 $v$ 沿 $x$ 轴运动，此电荷系统确实受到电磁力偶，然而为什么实验上却观察不到这一力偶的转动效应？我们可以从两方面作扼要说明. 一方面从运动学角度来看，在跟随电荷一起运动的参考系 S′中，由于电荷是静止的，它们之间的库仑力沿电荷的连线，因而它们的加速度也沿电荷的连线. 通过加速度变换公式(4.59)变换到 S 系，可得出电荷的加速度将仍沿电荷的连线(习题 4.6-10). 可见，电荷系统不会转动. 另一方面从动力学角度来看，为了维持稳定的电荷系统，需要用一根不导电的刚性杆将这对电荷连接起来；并且为了讨论方便，假定杆的 $+q$ 端固定，杆的 $-q$ 端为活动端. 考查这对电荷的转动问题，也就是考查刚性杆活动端在力的作用下绕固定端的转动. 当作用在杆活动端的力具有切向分量时，杆才会转动. 然而，经典力学指出刚体上任意两点的距离固定不变，因此，刚体上所有各点必定与外力作用点同时运动，这意味着力的作用是瞬时传递的. 显然，经典力学的刚体概念与相对论中“物理作用的传递速度不大于真空中的光速 $c$”是不相容的，因而它是不存在的. 相对论中只存在按洛伦兹收缩的“刚体”. 于是，上述连接电荷的刚性杆绕固定点转动时，杆的长度要变化，长度为 $a$ 的杆转到与运动方向平行时，收缩为 $a\sqrt{1-\beta^2}$，即杆的活动端将描出半长轴为 $a$，半短轴为 $a\sqrt{1-\beta^2}$ 的椭圆，如图 4-74

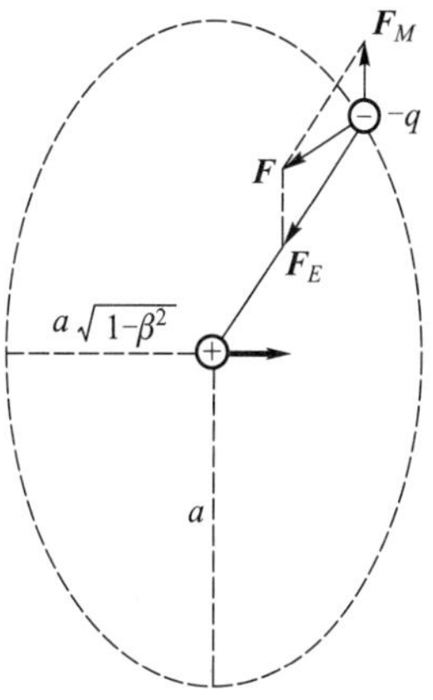


图 4-74　$-q$ 所受的电磁力与椭圆正交

所示. 可以证明$-q$所受的电力和磁力的矢量和总是处处与椭圆正交①,也就是说,杆的活动端所受的力在该点沿椭圆的切向没有分量,因而杆不会转动. 进一步的讨论超出本课程的范围,读者可参阅有关的文献和书籍.

## 思　考　题

**4.6-1**　静电场的环路定理不具有相对论协变性,你是否可以根据运动电荷的电场分布图 4-69 加以论证.

## 习　　题

**4.6-1**　证明式(4.57)和式(4.60).

**4.6-2**　由速度、质量、动量、能量和力的变换公式导出它们的逆变换式.

**4.6-3**　证明 $E^2-c^2B^2$ 和 $\boldsymbol{B}\cdot\boldsymbol{E}$ 是洛伦兹变换下的不变量. 由此可以推论:

(1) 如果在一个参考系中 $E>cB$,则在任意其他参考系中也有 $E>cB$;(2)如果在一个参考系中 $\boldsymbol{E}$ 和 $\boldsymbol{B}$ 正交,则在任意其他参考系中,它们也正交;(3)如果在一个参考系中 $\boldsymbol{E}$ 和 $\boldsymbol{B}$ 之间的夹角为锐角(或钝角),则在任意其他参考系中,它们之间的夹角也是锐角(或钝角).

**4.6-4**　在某一参考系 S 中有电场和磁场分别为 $\boldsymbol{E}$ 和 $\boldsymbol{B}$,它们满足什么条件时,可以找到另外的参考系 S′,使得(1)$\boldsymbol{E}'$和 $\boldsymbol{B}'$垂直,(2)$\boldsymbol{B}'=0$,(3)$\boldsymbol{E}=0$.

**4.6-5**　已知在 S′系中一根无限长直带正电的细棒静止,且沿 $x'$轴放置. 其电荷线密度均匀为 $\eta'$. 设 S′系相对于 S 系以速度 $v$ 沿 $x$ 轴正向运动. 求:

(1)在 S 系中空间的电场;

(2)在 S 系中空间的磁场;

(3)在 S 系中看来,运动的带电细棒相当于存在无限长直电流,它所产生的磁场遵从毕奥-萨伐尔定律. 由此证明 $\varepsilon_0\mu_0=1/c^2$.

**4.6-6**　在无限大带正电的平面为静止的参考系中,观测到该平面的电荷面密度为 $\sigma'$,当此带电平面平行于 $xz$ 平面,且以速度 $\boldsymbol{v}$ 沿 $x$ 轴方向匀速运动时,求空间的电场和磁场.

**4.6-7**　在一个充电电容器为静止的参考系中观测到电容器极板上电荷面密度分别为$+\sigma'$和$-\sigma'$. 设此电容器极板平行于 $xz$ 平面,且以速度 $\boldsymbol{v}$ 沿 $x$ 轴方向匀速运动,求空间的电场和磁场.

**4.6-8**　两个正的点电荷 $q$,相距为 $r$,并排平行运动,速度为 $\boldsymbol{v}$. 求它们之间的相互作用力. 这力是斥力还是吸引力?

**4.6-9**　如题图所示,一对正负电荷以速度 $\boldsymbol{v}$ 沿 $x$ 方向运动. 试论证这对电荷的相互作用力虽不沿连线,但两个电荷的加速度却沿它们之间的连线.

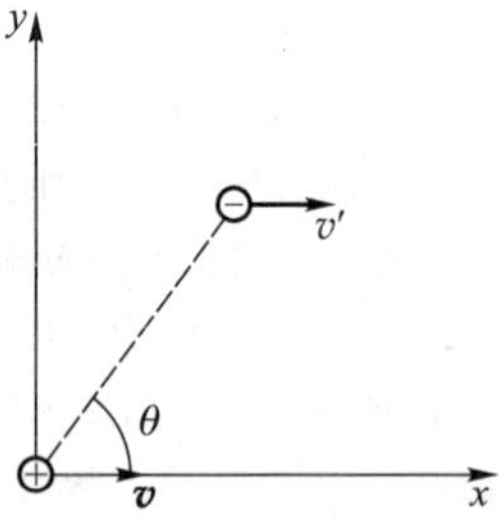

习题 4.6-9 图

① 参见 W. K. H. Panofsky and M. Phillips, *Classical Electricity and Magnetism*, 1962. §18-4. 和 J. W. Butler, *Am. J. Phys.*, 36 (1968) 936.

法 拉 第

(Faraday, Michael, 1791—1867)

# 第五章 电磁感应和暂态过程

电磁感应现象是电磁学中最重大的发现之一,它揭示了电与磁相互联系和转化的重要方面.它的发现在科学上和技术上都具有划时代的意义.它不仅丰富了人类对于电磁现象本质的认识,推动了电磁学理论的发展,而且在实践上开拓了广泛应用的前途.在电工技术中,运用电磁感应原理制造的发电机、感应电动机和变压器等电器设备为充分而方便地利用自然界的能源提供了条件,在电子技术中,广泛地采用电感元件来控制电压或电流的分配、发射、接收和传输电磁信号;在电磁测量中,除了许多重要电磁量的测量直接应用电磁感应原理外,一些非电磁量也可以转换成电磁量来测量,从而发展了多种自动化仪表.

本章在电磁感应现象的基础上,逐步深入地讨论电磁感应的规律,以及有关的问题.

## §5.1 电磁感应定律

1820年,奥斯特的发现第一次揭示了电流能够产生磁,从而开辟了一个全新的研究领域.当时不少物理学家想到:既然电能够产生磁,磁是否也能产生电?然而他们或者是因为固守着恒定的磁能够产生电的成见,或者是因为工作不够细致,实验都失败了.法拉第开始也是这样想的,实验没有成功.但他善于抓住新事物的苗头,坚信磁能够产生电,并以他精湛的实验技巧和敏锐的观察能力,经过十年不懈的努力,终于在1831年8月29日第一次观察到电流变化时产生的感应现象.紧接着,他做了一系列实验,用来判明产生感应电流的条件和决定感应电流的因素,揭示了感应现象的奥秘.虽然他没有用数学公式将他的研究成果表达出来(电磁感应定律的数学公式是1845年诺埃曼给出的),但是,他对电磁感应现象的丰富研究,这一发现的荣誉归功于他是当之无愧的.

法拉第是一个非常善于深入思考的人,他对电学的研究有着多方面的贡献,但他并不局限于就事论事的研究,而是根据自己的研究深入挖掘现象背后的本质,从而形成了他特有的场的观念,向当时居统治地位的"超距作用"观念发起挑战,并最终为电磁现象的统一理论准备了条件.他用描述磁极之间和带电体之间相互作用的"力线"来表达他的场观念.这些力线在空间是一些曲线,而不是连接磁极和连接带电体的直线,因此,他指出磁的或电的相互作用就不会是超距作用观点所想象的那种直接作用.他研究了在带电体之间插入电介质对带电体之间电力强度的影响,认为这种影响表明电力的作用不可能是超越空间的直接作用;同样的效应在磁现象中也发生.他根据电磁感应现象指出,仅有导线的运动不足以产生电流,磁铁周围必定存在某种"状态",导线就是在其区域内运动才产生感应电流.此外,他对磁光效应(偏振光振动面的磁致旋转)的研究,使他相信光和电磁现象有某种联系.他甚至猜测磁效应的传播速度可能与光的传播速度有相同的量级.这些思想构成了他的场观念的基础.

虽然法拉第的场观念带有机械论的性质，某些具体的观点也有不适之处. 但是，他的新颖的场观念强烈地吸引青年的麦克斯韦致力于将法拉第的观念写成便于数学处理的形式，终于导致麦克斯韦方程组的建立.

### 5.1.1　电磁感应现象

下面结合几个演示实验来说明：什么是电磁感应现象？产生电磁感应现象的条件是什么？

实验一　如图 5-1，把线圈 A 的两端接在电流计上. 在这个回路中没接电源，所以电流计的指针并不偏转.

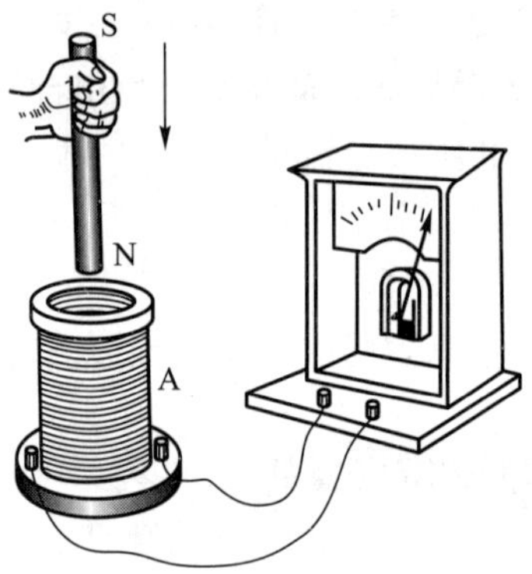


(a) 插入磁棒　　(b) 拔出磁棒

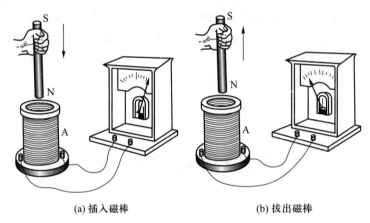

图 5-1　电磁感应现象的演示之一：插入或拔出磁棒

现在把一根磁棒插入线圈，在插入的过程中，电流计的指针发生偏转，这表明线圈中产生了电流[图 5-1(a)]. 这种电流叫作**感应电流**. 当磁棒插在线圈内不动时，电流计的指针就不再偏转，这时线圈中没有感应电流. 再把磁棒从线圈内拔出，在拔出的过程中，电流计指针又发生偏转，偏转的方向与插入磁棒时相反，这表明感应电流与前面相反[图 5-1(b)].

在实验中，磁棒插入或拔出的速度越快，电流计指针偏转的角度就越大，也就是说感应电流越大.

如果保持磁棒静止，使线圈相对磁棒运动，那么可以观察到同样的现象.

在上一章中曾经说过，一个通电线圈和一根磁棒相当. 那么，使通电线圈和另一个线圈做相对运动，是否也会产生感应电流呢？这需要通过实验来检验.

实验二　如图 5-2，取另一个线圈 A′与直流电源相连. 用这个通电线圈 A′代替磁棒重复上面的实验，可以观察到同样的现象. 也就是说，在通电线圈 A′和线圈 A 相对运动的过程中，线圈 A 中产生感应电流；相对运动的速度越快，感应电流越大；相对运动的方向不同(插入或拔出)感应电流的方向也不同.

现在对上面两个实验做一些分析. 当磁棒或通电线圈 A′和线圈 A 做相对运动时，磁棒或通电线圈 A′与线圈 A 之间的距离发生了变化；同时，它们在线圈 A 处激发的磁场也发生了变化. 这样，自然会产生一个问题：感应电流的起因究竟是由于磁棒或通电线圈 A′这个实物和线圈 A 的相对运动，还是由于线圈 A 处磁场的变化呢？让我们观察下面的实验.

实验三　如图 5-3，把线圈 A′跟开关 S 和直流电源串联起来，再把 A′插在线圈 A 内. 接通开关 S，在接通的瞬间，可以看到，电流计的指针偏转一下，以后又回到零点. 再把开关 S 断开，在断开的瞬间，电流计的指针朝反方向偏转一下，然后回到零点. 这表明在线圈 A′通电或断电的瞬间，线圈 A 中产生感应电流.

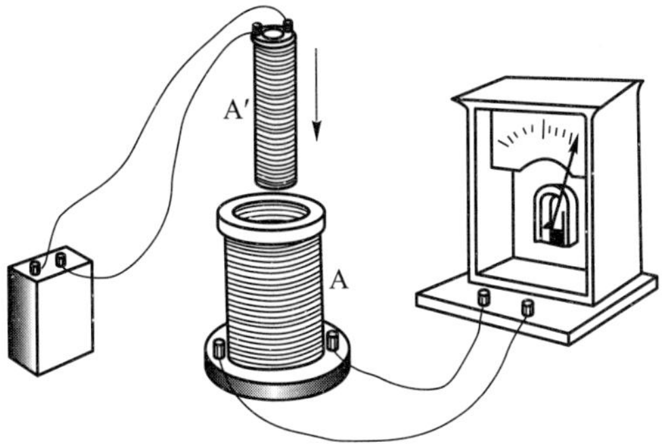


图 5-2　电磁感应现象演示之二：插入或拔出载流线圈

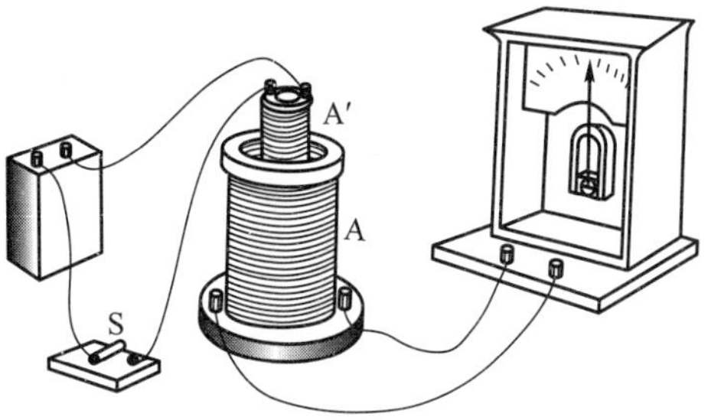


图 5-3　电磁感应现象演示之三：接通或断开初级线圈的电流

如果用一个可变电阻代替开关 S，那么当调节可变电阻来改变线圈 A′中电流强度的时候，同样可看到电流计的指针发生偏转，即线圈 A 中产生感应电流. 调节可变电阻的动作越快，线圈 A 中的感应电流就越大.

在这个实验里，线圈 A′和线圈 A 之间并没有相对运动. 这个实验和前两个实验的共同点是，在实验中线圈 A 所在处的磁场都发生了变化. 在前两个实验中，是通过相对运动使线圈 A 处的磁场发生变化的；在这个实验中，是通过调节线圈 A′中的电流（即激发磁场的电流）使线圈 A 处的磁场发生变化的. 因此，综合这三个实验就可以认识到：不管用什么方法，只要使线圈 A 处的磁场发生变化，线圈 A 中就会产生感应电流.

这样的认识是否完全了呢？我们再观察一个实验.

实验四　如图 5-4，把接有电流计的导体线框 *ABCD* 放在均匀的恒磁场中，使线框平面跟磁场方向垂直. 线框的 *CD* 边可以沿着 *AD* 和 *BC* 边滑动并保持接触. 实验表明，当使 *CD* 边朝某一方向（如朝右）滑动时，电流计的指针发生偏转，即在线框 *ABCD* 中产生感应电流. *CD* 边滑动得越快，电流计指针偏转的角度越大，即感应电流越大. 当 *CD* 边朝反方向（如朝左）滑动时，感应电流的方向相反.

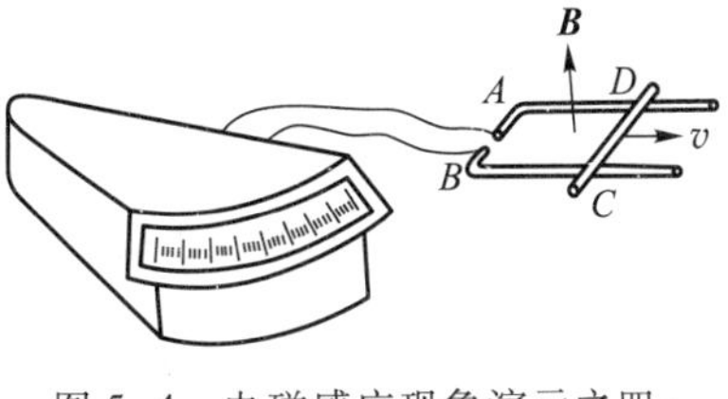


图 5-4　电磁感应现象演示之四：导线作切割磁感应线的运动

在这个实验里，磁场是恒定的，所以当 *CD* 边滑动时，线框所在处的磁场并没有变化. *CD* 边的移动只是使线框的面积发生了变化，结果，同样产生了感应电流. 由此可见，把感应电流的起因只归结成磁场变化的认识，是不够完全的.

从直接引起的效果来看，磁场的变化和线框面积的变化有一个共同点，这就是它们都使得穿过线圈或线框的磁感应强度的通量，即磁通量 $\Phi_B$ 发生了变化.

概括以上四个实验中的共同之处，我们可以得到结论：当穿过闭合回路（如线圈 A 和电流计组成的回路,线框 $ABCD$ 等)的磁通量发生变化时,回路中就产生感应电流. 这也就是产生感应电流的条件.

由第三章可知,闭合回路中有电流产生,那就意味着回路中有电动势存在. 所以当闭合回路中有感应电流产生时,这回路中就一定存在着某种电动势. 这种由于磁通量变化而引起的电动势,叫作感应电动势. 感应电动势比感应电流更能反映电磁感应现象的本质. 以后我们将看到,当回路不闭合的时候,也会发生电磁感应现象,这时并没有感应电流,而感应电动势却仍然存在. 另外,感应电流的大小是随着回路的电阻而变的,而感应电动势的大小则不随回路的电阻而变. 总之,确切地讲,对于电磁感应现象应这样来理解:当穿过导体回路的磁通量发生变化时,回路中就产生感应电动势.

### 5.1.2 法拉第定律

在上述实验中我们已经看到,穿过导线回路的磁通量变化得越快,感应电动势越大. 此外,在不同的条件下,感应电动势的方向亦不同. 为了表述电磁感应的规律,设在时刻 $t_1$ 穿过导线回路的磁通量是 $\Phi_1$①,在时刻 $t_2$ 穿过导线回路的磁通量是 $\Phi_2$,那么,在 $\mathrm{d}t=t_2-t_1$ 这段时间内穿过回路的磁通量的变化是 $\mathrm{d}\Phi=\Phi_2-\Phi_1$,则磁通量的变化率 $\frac{\mathrm{d}\Phi}{\mathrm{d}t}$ 反映了磁通量变化的快慢和趋势.

精确的实验表明,导体回路中感应电动势 $\mathscr{E}$ 的大小与穿过回路的磁通量的变化率 $\frac{\mathrm{d}\Phi}{\mathrm{d}t}$ 成正比. 这个结论叫作法拉第电磁感应定律. 用公式来表示就是

$$\mathscr{E}\propto\frac{\mathrm{d}\Phi}{\mathrm{d}t}\quad 或\quad \mathscr{E}=-k\frac{\mathrm{d}\Phi}{\mathrm{d}t},$$

式中 $k$ 是比例常量,它的数值决定于式中各量的单位. 如果 $\mathrm{d}\Phi$ 的单位用 Wb(韦伯),时间单位用 s,$\mathscr{E}$ 的单位用 V,则 $k=1$②,

$$\mathscr{E}=-\frac{\mathrm{d}\Phi}{\mathrm{d}t},\tag{5.1}$$

式中的负号代表感应电动势方向,这个问题我们将在下面讨论. 在有些场合中不着重研究方向问题,这个负号也可不写.

式(5.1)只适用于单匝导线组成的回路. 如果回路不是单匝线框而是多匝线圈,那么当磁通量变化时,每匝中都将产生感应电动势. 由于匝与匝之间是互相串联的,整个线圈的总电动势就等于各匝所产生的电动势之和. 令 $\Phi_1,\Phi_2,\cdots,\Phi_N$ 分别是通过各匝线圈的磁通量,则

$$\begin{aligned}\mathscr{E}&=-\frac{\mathrm{d}\Phi_1}{\mathrm{d}t}-\frac{\mathrm{d}\Phi_2}{\mathrm{d}t}-\cdots-\frac{\mathrm{d}\Phi_N}{\mathrm{d}t}\\&=-\frac{\mathrm{d}}{\mathrm{d}t}(\Phi_1+\Phi_2+\cdots+\Phi_N)=-\frac{\mathrm{d}\Psi}{\mathrm{d}t},\end{aligned}\tag{5.2}$$

式中 $\Psi=\Phi_1+\Phi_2+\cdots+\Phi_N$ 叫作磁通匝链数或全磁通. 如果穿过每匝线圈的磁通量相同,均匀 $\Phi$,则

① 为了符号的简化,本章以及后文凡不致引起误会的地方,我们均略去 $\Phi_B$ 的下标 $B$.

② 其实,在国际单位制(SI)中,正是选定 $k=1$ 从而导出磁通量的单位 Wb,详见第九章. 当一个线圈中在 1 s 内产生的感应电动势为 1 V 时,磁通量的变化正好为 1 Wb.

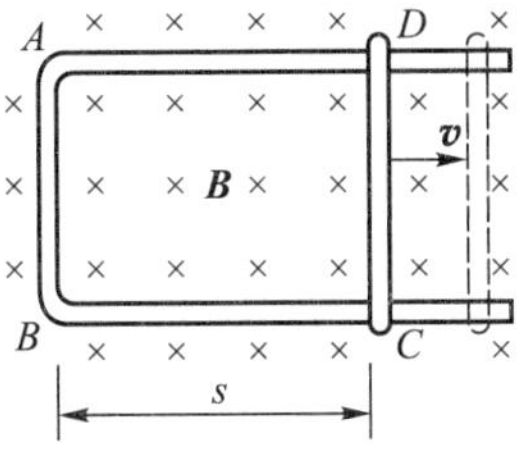

图 5-5 例题 1——一边可滑动的矩形线框

$\Psi=N\Phi$,

$$\mathscr{E}=-\frac{\mathrm{d}\Psi}{\mathrm{d}t}=-N\frac{\mathrm{d}\Phi}{\mathrm{d}t}. \tag{5.3}$$

**[例题 1]** 如图 5-5,磁感应强度为 $B=1\ 000$ Gs 的均匀磁场垂直纸面向里,一矩形导体线框 $ABCD$ 平放在纸面内,线框的 $CD$ 边可以沿着 $AD$ 和 $BC$ 边滑动.设 $CD$ 边的长度为 $l=10$ cm,向右滑动的速度为 $v=1.0$ m/s.求线框中感应电动势的大小.

**[解]** 设 $BC$ 之间的距离为 $s$,则通过导体线框的磁通量为

$$\Phi=Bls.$$

代入式(5.1),并用 $\frac{\mathrm{d}s}{\mathrm{d}t}=v$,得

$$\mathscr{E}=\frac{\mathrm{d}\Phi}{\mathrm{d}t}=Bl\frac{\mathrm{d}s}{\mathrm{d}t}=Blv.$$

代入 $B=1\ 000\ \mathrm{Gs}=0.10\ \mathrm{Wb/m^2}$,$l=10\ \mathrm{cm}=0.10\ \mathrm{m}$,$v=1.0\ \mathrm{m/s}$,得

$$\mathscr{E}=0.10\ \mathrm{Wb/m^2}\times0.10\ \mathrm{m}\times1.0\ \mathrm{m/s}=1.0\times10^{-2}\ \mathrm{V}.$$

**[例题 2]** 把磁棒的一极用 1.5 s 的时间由线圈的顶部一直插到底部.在这段时间内穿过每一匝线圈的磁通量改变了 $5.0\times10^{-5}$ Wb,线圈的匝数为 60,求线圈中感应电动势的大小.若闭合回路的总电阻为 800 Ω,求感应电流的大小.

**[解]** 已知 $\Delta t=1.5$ s,$\Delta\Phi=5.0\times10^{-5}$ Wb,$N=60$,$R=800\ \Omega$.代入式(5.3)即得

$$\mathscr{E}=N\frac{\Delta\Phi}{\Delta t}=60\times\frac{5.0\times10^{-5}}{1.5}\ \mathrm{V}=2.0\times10^{-3}\ \mathrm{V}.$$

由闭合电路的欧姆定律可知

$$I=\frac{\mathscr{E}}{R}=\frac{2.0\times10^{-3}}{800}\ \mathrm{A}=2.5\times10^{-6}\ \mathrm{A}$$

感应电动势的方向问题①是法拉第电磁感应定律的重要组成部分.在每个具体场合里,我们可以根据实验记下感应电动势的方向.然而为了把各种场合中感应电动势的方向用一个统一的公式表示出来,就得先规定一些正负号法则.电动势和磁通量都是标量(代数量),它们的方向(更确切地说,应是它们的正负)都是相对于某一标定方向而言的.为了描述电动势的方向,先得标定回路的绕行方向.有了它,电动势取正值表示其方向与此标定方向一致;取负值表示其方向与此标定方向相反.磁通量 $\Phi$ 是磁感应强度矢量 $\boldsymbol{B}$ 沿以回路为边界的曲面的积分,$\Phi$ 的正负有赖于此曲面法线矢量 $\boldsymbol{e}_n$ 方向的选择.选定 $\boldsymbol{e}_n$ 的方向之后,若 $\boldsymbol{B}$ 与 $\boldsymbol{e}_n$ 的夹角为锐角,则 $\Phi$ 取正值;若 $\boldsymbol{B}$ 与 $\boldsymbol{e}_n$ 的夹角为钝角,则 $\Phi$ 取负值.有了 $\Phi$ 的正负,其变化率 $\frac{\mathrm{d}\Phi}{\mathrm{d}t}$ 的正负也就有了确定的意义.设在时间间隔 $\mathrm{d}t$ 内 $\Phi$ 的增量为

$$\mathrm{d}\Phi=\Phi(t+\mathrm{d}t)-\Phi(t),$$

---

① 感应电动势是标量,这里更确切地应该说非静电力 $\boldsymbol{K}$ 的方向.

若正的 $\Phi$ 随时间增大,或负的 $\Phi$ 的绝对值随时间减小,则 $\mathrm{d}\Phi>0$, $\dfrac{\mathrm{d}\Phi}{\mathrm{d}t}>0$;反之,若正的 $\Phi$ 随时间减小,或负的 $\Phi$ 的绝对值随时间增大,则 $\mathrm{d}\Phi<0$, $\dfrac{\mathrm{d}\Phi}{\mathrm{d}t}<0$.

至此,我们按照两个标定方向,即回路的绕行方向和曲面的法线方向,赋予了两个代数量——电动势 $\mathscr{E}$ 和磁通量 $\Phi\left(从而它的变化率为\dfrac{\mathrm{d}\Phi}{\mathrm{d}t}\right)$ 正负的含义,但这里每个标定方向本来都有正、反两种可能的选择.按照通常的习惯,我们规定如下右手定则:如图 5-6,将右手四指弯曲,用以代表选定的回路绕行方向,则伸直的拇指指向法线 $\boldsymbol{e}_{\mathrm{n}}$ 的方向.有此规定之后,两个标定方向就只能任选其一了.

明确了上述所有规定,我们就有可能把感应电动势的方向用统一的数学公式表示出来,这就是上面的式(5.1)和式(5.3).两式归纳了大量实验的结果,用一个负号表达了 $\mathscr{E}$ 和 $\dfrac{\mathrm{d}\Phi}{\mathrm{d}t}$ 之间方向的关系.两式表明,**在任何情况下,而且无论回路的绕行方向怎样选择,感应电动势 $\mathscr{E}$ 的正负总是与磁通量变化率 $\dfrac{\mathrm{d}\Phi}{\mathrm{d}t}$ 的正负相反**.

图 5-7 给出四个线圈中磁通量变化的情形,在这四种情形里,我们都选定回路的绕行方向如图中虚线箭头所示,从而按照右手定则,它的法线 $\boldsymbol{e}_{\mathrm{n}}$ 是向上的.在图 5-7(a)的情形里,对于选定的绕行方向和法线方向,$\Phi$ 是正的,当 $\Phi$ 增大时,$\dfrac{\mathrm{d}\Phi}{\mathrm{d}t}>0$,按照式(5.1),电动势是负的,即电动势的实际方向与标定绕行方向相反;在图 5-7(b)中,对于选定的绕行方向和法线方向,$\Phi$ 是负的,$\Phi$ 的绝对值增大,则 $\dfrac{\mathrm{d}\Phi}{\mathrm{d}t}<0$,按照式(5.1),电动势是正的,即电动势的方向与标定绕行方向相同.其他情形,读者可以按照上述正负号的规定自行练习.

图 5-6　右手定则

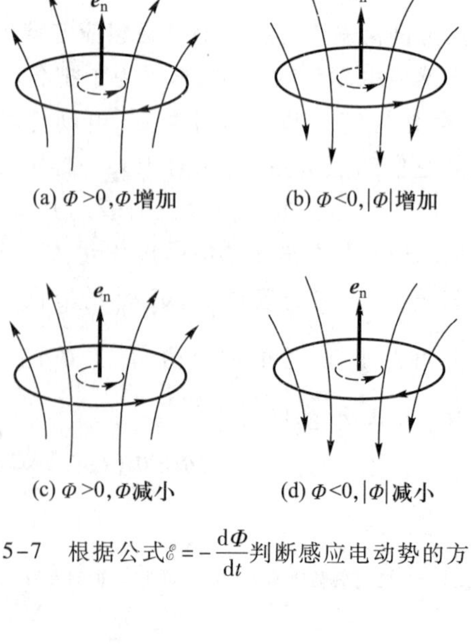


图 5-7　根据公式 $\mathscr{E}=-\dfrac{\mathrm{d}\Phi}{\mathrm{d}t}$ 判断感应电动势的方向

在例题 1 中,根据式(5.1),可以判断电动势的方向在纸面内是逆时针方向的.

### 5.1.3　楞次定律

1834 年楞次提出了另一种直接判断感应电流方向的方法,从而根据感应电流的方向可以说明感应电动势方向.我们回顾一下,把磁棒的 N 极插入线圈和从线圈中拔出的实验,并将实验中感应电流的方向示于图 5-8 中,图(a)所示为把 N 极插入线圈的情形,磁棒的磁感应线的方向朝下,可以看出磁棒插入过程中穿过线圈的向下的磁通量增加.根据右手定则可知,这时感应电流所激发的磁场方向朝上,其作用相当于阻止线圈中磁通量的增加.在图(b)所示把 N 极拔出的情形,穿过线圈向下的磁通量减少,而这时感应电流所激发的磁场方向朝下,其作用相当于阻止磁通量的减少.

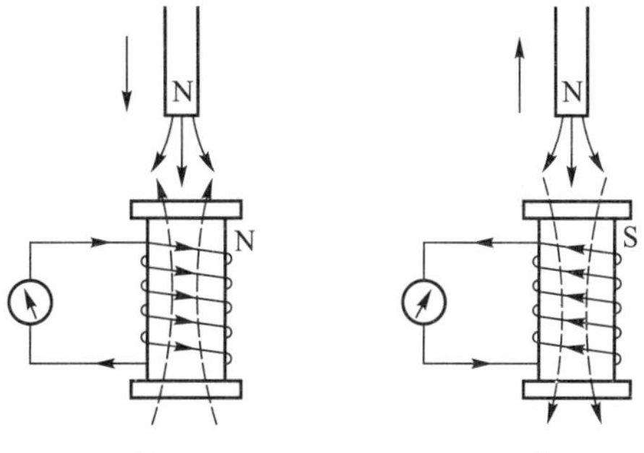

图 5-8　用楞次定律判断感应电流的方向

具体分析其他的电磁感应实验,也可以发现同样的规律.因此,可以得到结论:闭合回路中感应电流的方向,总是使得它所激发的磁场来阻止引起感应电流的磁通量的变化(增加或减少).这个结论叫作楞次定律.

用楞次定律来判断感应电流的方向,可按照下面的步骤:首先判明穿过闭合回路的磁通量沿什么方向,发生什么变化(增加还是减少);然后根据楞次定律来确定感应电流所激发的磁场沿何方向(与原来的磁场反向还是同向);最后根据右手定则从感应电流产生的磁场方向确定感应电流的方向.考虑例题 1 的情形,当 $CD$ 边向右滑动时,穿过线框向纸面里的磁通量跟着增加,按照楞次定律,感应电流所激发的磁场要阻止这种增加,因而其方向垂直纸面朝外,根据右手定则可知,感应电流在线框中沿逆时针方向.可见,运用楞次定律判断感应电流的方向与用法拉第定律是一致的.其他情形,读者可自行练习.

我们还可以从另一个角度来理解上述实验结果.当把磁棒的 N 极插入线圈时,线圈因有感应电流流过时也相当于一根磁棒,如图 5-8(a)所示,线圈的 N 极出现在上端,与磁棒的 N 极相对,两者互相排斥,其效果是反抗磁棒的插入.同样,当把磁棒的 N 极从线圈内拔出时,如图 5-8(b)所示,线圈的 S 极出现在上端,它和磁棒的 N 极互相吸引,其效果是阻止磁棒的拔出.这个例子和其他类似的例子都表明,楞次定律还可以表述为:感应电流的效果总是反抗引起感应电流的原因.这里所说的"效果",既可理解为感应电流所激发的磁场,也可理解为因感应电流出现而引起的机械作用,这里所说的"原因",既可指磁通量的变化,也可指引起磁通量变化的相对运动或回路的形变.

值得指出,在某些问题中并不要求具体确定感应电流的方向,而只需要定性判明感应电流所引起的机械效果,这时用楞次定律的后一种表达来分析问题,更为方便.下面我们将会看到这样的例子.

感应电流取楞次定律所述的方向并不奇怪,它是能量守恒定律的必然结果.我们知道,感应电流在闭合回路中流动时将释放焦耳热.根据能量守恒定律,能量不可能无中生有,这部分热只可能从其他形式的能量转化而来.在上述例子里,按照楞次定律,把磁棒插入线圈或从线圈内拔出时,都必须克服斥力或引力做机械功,实际上,正是这部分机械功转化成感应电流所释放的焦耳热. 设想感应电流的效果不是反抗引起感应电流的原因,那么在上述例子里,将磁棒插入或拔出的过程中,既对外做功,又释放焦耳热,这显然是违反能量守恒定律的. 因此,感应电流只有按照楞次定律所规定的方向流动,才能符合能量守恒定律.

### 5.1.4　涡电流和电磁阻尼

在许多电磁设备中常常有大块的金属存在(如发电机和变压器中的铁芯),当这些金属块处在变化的磁场中或相对于磁场运动时,在它们的内部也会产生感应电流. 例如,如图 5-9 所示,在圆柱形的铁芯上绕有线圈,当线圈中通上交变电流时,铁芯就处在交变磁场中. 铁芯可看做是由一系列半径逐渐变化的圆柱状薄壳组成,每层薄壳自成一个闭合回路. 在交变磁场中,通过这些薄壳的磁通量都在不断地变化,所以沿着一层层的壳壁产生感应电流. 从铁芯的上端俯视,电流的流线呈闭合的涡旋状,因而这种感应电流叫作**涡电流**,简称为**涡流**. 由于大块金属的电阻很小,因此涡流可达非常大的强度.

强大的涡流在金属内流动时,会释放出大量的焦耳热. 工业上利用这种热效应,制成高频感应电炉来冶炼金属. 高频感应电炉的结构原理见图 5-10. 在坩埚的外缘绕有线圈,当线圈同大功率高频交变电源接通时,高频交变电流在线圈内激发很强的高频交变磁场,这时放在坩埚内的被冶炼的金属因电磁感应而产生涡流,释放出大量的焦耳热,结果使自身熔化. 这种加热和冶炼方法的独特优点是无接触加热. 把金属和坩埚等放在真空室加热,可以使金属不受污染,并且不致在高温下氧化;此外,由于它是在金属内部各处同时加热,而不是使热量从外面传递进去,因此加热的效率高,速度快. 高频感应电炉已广泛用于冶炼特种钢、难熔或活泼性较强的金属,以及提纯半导体材料等工艺中.

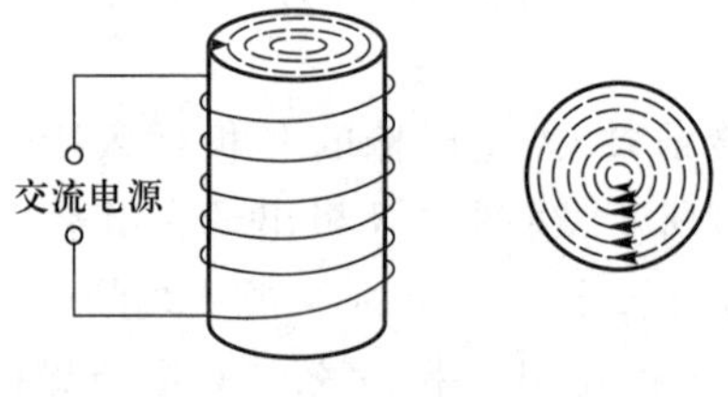


图 5-9　涡电流

图 5-10　高频感应炉

涡流所产生的热在某些问题中非常有害. 在电机和变压器中,为了增大磁感应强度,都采用了铁芯,当电机或变压器的线圈中通过交变电流时,铁芯中将产生很大的涡流,白白损耗了大量的能量(叫作铁芯的**涡流损耗**),甚至发热量可能大到烧毁这些设备. 为了减小涡流及其损失,通常采用叠合起来的硅钢片代替整块铁芯,并使硅钢片平面与磁感应线平行. 我们以变压器的铁芯为例来说明. 图 5-11(a)所示为变压器,图 5-11(b)为它中间的矩形铁芯,铁芯的两边绕有多匝的原线圈(或称初级绕组)$A_1$ 和副线圈(或称次级绕组)$A_2$,电流通过线圈所产生的磁感应线主要集中在铁芯中. 磁通量的变化除了在原、副线圈内产生感应电动势之外,也将在铁芯的每个横截面(例如 $CC'$截面)内产生循环的涡电流. 若铁芯是整块的,如图 5-11(c)所示,对于涡流来说电阻很小,因涡流而损耗的焦耳热就很大;若铁芯用硅钢片制作,并且硅钢片平面与磁感应线平行，如图 5-11(d)，一方面由于硅钢片本身的电阻率较大，另一方面各片之间涂有绝缘漆或附有天然的绝缘氧化层，把涡流限制在各薄片内，使涡流大为减小，从而减少了电能的损耗.

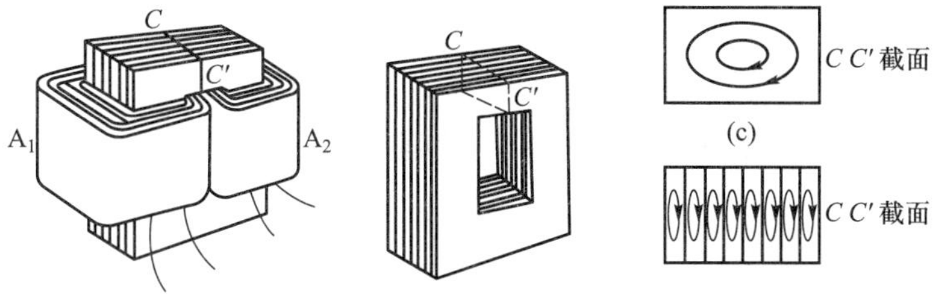


图 5-11 变压器铁芯中的涡流损耗及改善措施

涡流除了热效应外，它所产生的机械效应在实际中有很广的应用，可用作电磁阻尼. 为了说明电磁阻尼的原理，如图 5-12，把铜(或铝)片悬挂在电磁铁的两极间，形成一个摆. 在电磁铁线圈未通电时，铜片可以自由摆动，要经过较长时间才会停下来. 一旦当电磁铁被励磁之后，由于穿过运动导体的磁通量发生变化，铜片内将产生感应电流. 根据楞次定律，感应电流的效果总是反抗引起感应电流的原因，因此，铜片摆锤的摆动便受阻力而迅速停止. 在许多电磁仪表中，为了使测量时指针的摆动能够迅速稳定下来，就是采用了类似的电磁阻尼. 电气火车中所用的电磁制动器也是根据同样的道理制成的.

涡流的电磁阻尼作用是一种阻碍相对运动的作用. 如图 5-13 所示，如果使一金属圆盘紧靠磁铁的两极而不接触，当使磁铁旋转起来，在圆盘中产生的涡流将阻碍它与磁铁的相对运动，因而使得圆盘跟随磁铁运动起来. 在这里，涡流的机械效应表现为**电磁驱动**. 这种驱动作用是因感应现象产生的，因此，圆盘的转速总是小于磁铁的转速，或者说两者的转动是异步的. 感应式异步电动机的运转就是根据这个道理，我们在 7.9.5 节再进一步讨论.

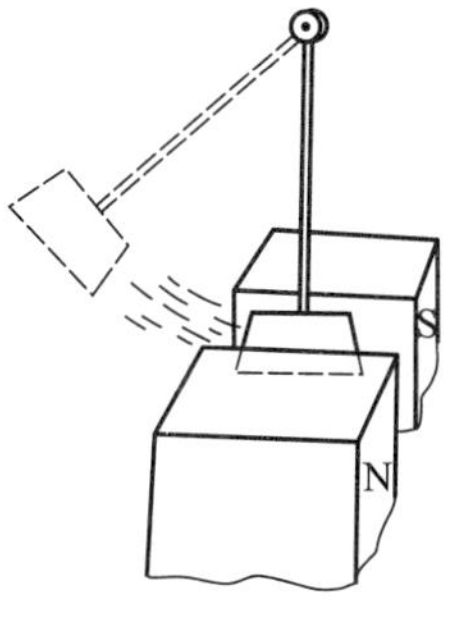


图 5-12 电磁阻尼的演示

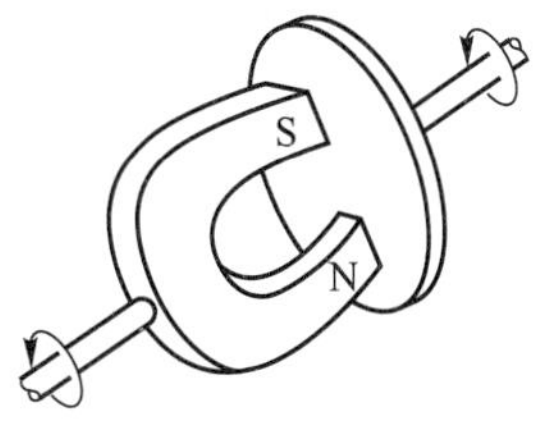


图 5-13 电磁驱动的演示

电磁驱动作用可用来制成磁性式转速表测量转速，其主要结构如图 5-14 所示. 在测量转速时，将转速表的磁铁转轴连于机器转轴，磁铁随机轴旋转，由此在感应片中产生涡流，并使之受到与磁铁旋转方向相同的转矩. 指针在此转矩和游丝的恢复力矩的共同作用下偏转而达到平衡. 磁铁转速越大，指针的偏转角度也越大. 经校准标定后，便可由指针偏转角度显示机轴的转速.

### 5.1.5　趋肤效应

在直流电路里，均匀导线横截面上的电流密度是均匀的. 但在交流电路里，随着频率的增加，在导线截面上的电流分布越来越向导线表面集中. 图 5-15 所示，为一根半径$R=0.1$ cm 的铜导线横截面上电流密度分布随频率变化的情况. 可以看出，在$f=1$ kHz 的情况下，导线轴线和表面附近电流密度的差别还不太大，但当$f=100$ kHz 时，电流已很明显地集中到表面附近了. 这种现象叫作趋肤效应.

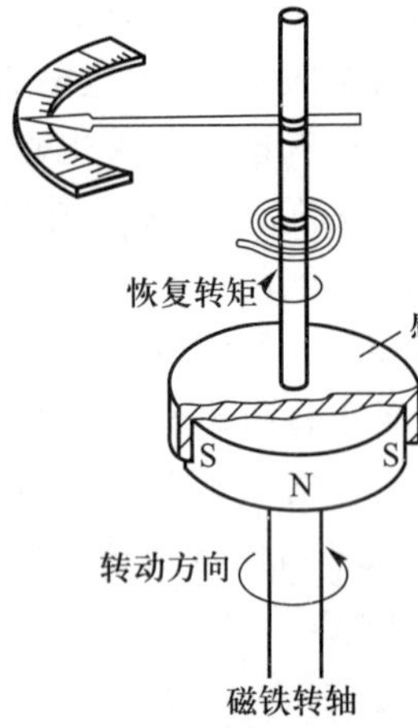


图 5-14　转速计原理

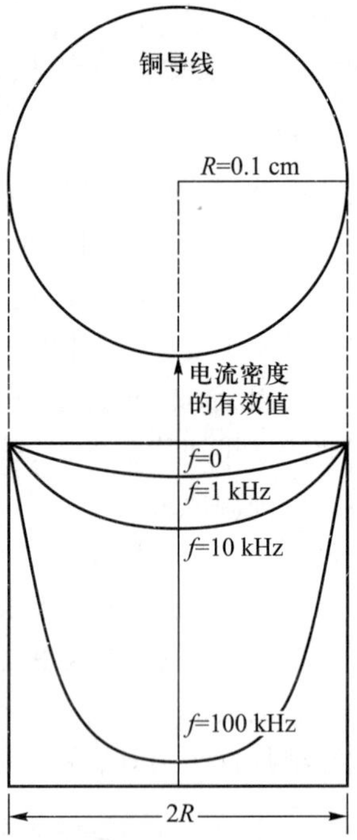


图 5-15　趋肤效应

趋肤效应使导线的有效截面积减小了，从而使它的等效电阻增加. 所以在高频下导线的电阻会显著地随频率增加. 为了减少这种效应，在频率不太高时($f=10\sim100$ kHz)常采用辫线，即用相互绝缘的细导线编织成束来代替同样总截面积的实心导线. 而高频线圈所用的导线表面还需镀银，以减少表面层的电阻.

趋肤效应在工业上可用于金属的表面淬火. 用高频强电流通过一块金属，由于趋肤效应，它的表面首先被加热，迅速达到可淬火的温度，而内部温度较低. 这时立即淬火使之冷却，表面就会变得很硬，内部仍保持原有的韧性.

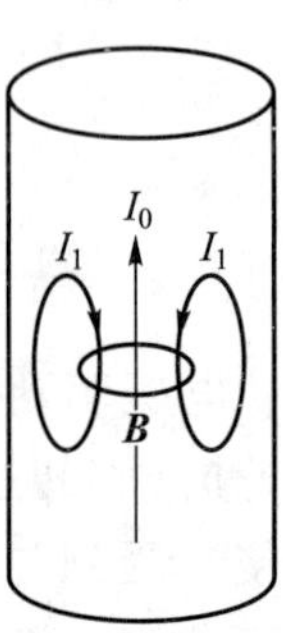


图 5-16　趋肤效应的说明

严格地说，趋肤效应本质上是衰减电磁波向导体内传播引起的效应，但是在趋肤效应不太显著的情况下，可作如下粗浅说明. 如图 5-16 所示，当一根导线中有电流 $I_0$ 通过时，在它周围产生环形磁场 $\boldsymbol{B}$. 当 $I_0$ 变化时，$\boldsymbol{B}$ 也跟着变化. 变化的磁场在导体内产生感应电动势 $\mathscr{E}$ 和涡流 $I_1$，如果分析一下涡流 $I_1$ 和原来的电流 $I_0$ 在各瞬时的方向，将会看出，在一个周期的大部分时间里，轴线附近 $I_1$ 和

$I_0$ 方向相反，表面附近 $I_1$ 和 $I_0$ 方向相同. 于是在导线横截面上电流密度的分布将是边缘大于中心，从而产生趋肤效应. 要仔细地分析这个问题，必须考虑涡流 $I_1$ 和原来电流 $I_0$ 的相位关系，它只能留待第七章中讲过交流电的相位概念之后去解决（参见 §7.4 思考题）.

定量地描述趋肤效应的大小，通常引用趋肤深度的概念. 令 $d$ 代表从导体表面算起的深度，计算表明，电流密度 $j$ 随深度 $d$ 的增加按指数律衰减：

$$j=j_0\mathrm{e}^{-d/d_s}, \tag{5.4}$$

其中 $j_0$ 代表导体表面的电流密度，$d_s$ 是一个具有长度量纲的量，它代表电流密度 $j$ 已减小到 $j_0$ 的 $1/\mathrm{e}\approx37\%$ 时的深度，叫作趋肤深度. 理论计算表明，趋肤深度由下式决定：

$$d_s=\sqrt{\frac{2}{\omega\mu\mu_0\sigma}}=\frac{503}{\sqrt{f\mu\sigma}}. \tag{5.5}$$

这里 $f=\omega/2\pi$ 是频率. 式(5.5)表明，趋肤深度与频率 $f$、电导率 $\sigma$ 和磁导率 $\mu$①的平方根成反比. 定性地看，交流电的频率越高，感生的电动势就越大；导体的电导率 $\sigma$ 越大，即它的电阻率 $\rho$ 越小，产生的涡流也越大. 这都会使得趋肤效应变得显著，即趋肤深度变小. 式(5.5)所反映的就是这个道理.

我们看些实际的数字例子. 对于铜导线，在室温下 $\sigma=5.9\times10^7(\Omega\cdot\mathrm{m})^{-1}$，$\mu\approx1$，按式(5.5)来计算，在 $f=1\ \mathrm{kHz}$ 时，$d_s\approx2.1\times10^{-3}\ \mathrm{m}=0.21\ \mathrm{cm}$，这比图 5-15 中所示导线的半径还大，这时趋肤效应很不明显. 但是在 $f=100\ \mathrm{kHz}$ 的频率，$d_s=0.021\ \mathrm{cm}$，就比 $R=0.1\ \mathrm{cm}$ 小，这时趋肤效应已很明显. 对于铁来说（如变压器中的铁芯），由于 $\mu$ 很大，即使在频率不高的情况下，趋肤效应也是比较显著的. 所以在实际中计算硅钢片中的涡流损耗时，常常需要考虑趋肤效应对涡流分布的影响.

## 思　考　题

**5.1-1**　一导体圆线圈在均匀磁场中运动，在下列几种情况下哪些会产生感应电流？为什么？

(1) 线圈沿磁场方向平移；

(2) 线圈沿垂直磁场方向平移；

(3) 线圈以自身的直径为轴转动，轴与磁场方向平行；

(4) 线圈以自身的直径为轴转动，轴与磁场方向垂直.

**5.1-2**　感应电动势的大小由什么因素决定？如题图，一个矩形线圈在均匀磁场中以匀角速 $\omega$ 旋转. 试比较，当它转到图(a)和图(b)中位置时感应电动势的大小.

**5.1-3**　怎样判断感应电动势的方向？

(1) 判断上题题图中感应电动势的方向.

(2) 在本题题图所示的变压器（一种有铁芯的互感装置）中，当原线圈的电流减少时，判断副线圈中的感应电动势的方向.

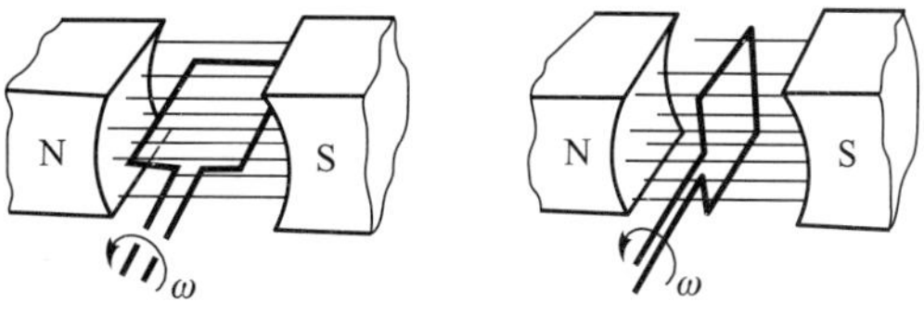


(a)　　(b)

思考题 5.1-2 图

**5.1-4**　在题图中，下列各种情况里，是否有电流通

① 磁导率 $\mu$ 的意义见 §6.3. 对于非磁性物质 $\mu\approx1$；对于铁磁物质，$\mu\gg1$.

过电阻器 $R$？如果有，则电流的方向如何？

（1）开关 S 接通的瞬时；

（2）开关 S 接通一些时间之后；

（3）开关 S 断开的瞬间.

当开关 S 保持接通时，线圈的哪一端起磁北极的作用？

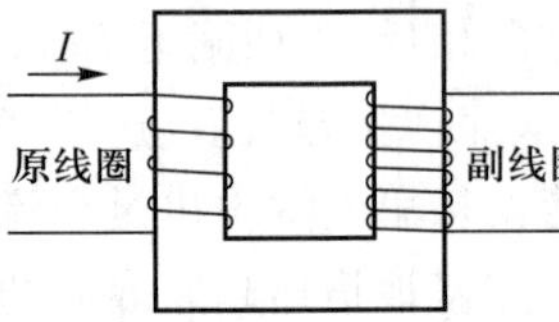


思考题 5.1-3 图

**5.1-5**　如果我们使题图左边电路中的电阻 $R$ 增加，则在右边电路中的感应电流的方向如何？

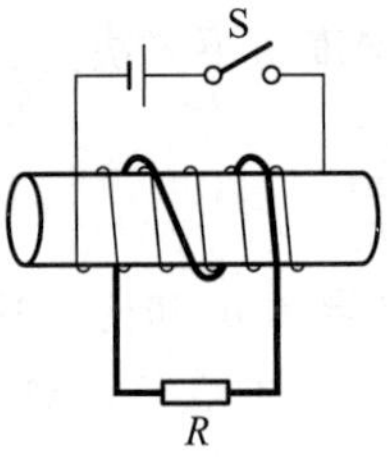


思考题 5.1-4 图

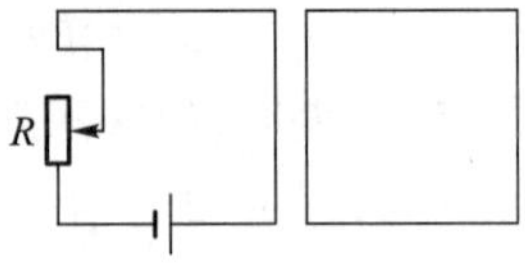


思考题 5.1-5 图

**5.1-6**　在题图中，我们使那根可以移动的导线向右移动，因而引起一个如图所示的感应电流. 试问：在区域 $A$ 中的磁感应强度 $\boldsymbol{B}$ 的方向如何？

**5.1-7**　题图中所示为一观察电磁感应现象的装置. 左边 a 为闭合导体圆环，右边 b 为有缺口的导体圆环，两环用细杆连接支在 $O$ 点，可绕 $O$ 在水平面内自由转动. 用足够强的磁铁的任何一极插入圆环. 当插入环 a 时，可观察到环向后退；插入环 b 时，环不动，试解释所观察到的现象. 当用 S 极插入环 a 时，环中的感应电流方向如何？

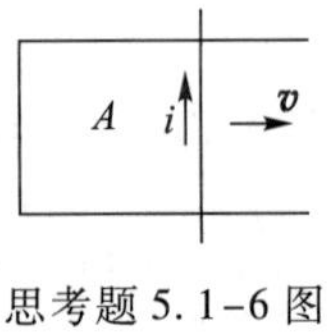


思考题 5.1-6 图

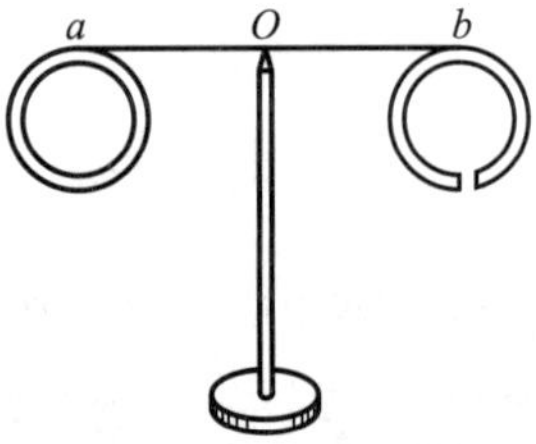


思考题 5.1-7 图

**5.1-8**　试说明思考题 5.1-6 和 5.1-4 中感应电流的能量是从哪里来的.

**5.1-9**　一块金属在均匀磁场中平移，金属中是否会有涡流？

**5.1-10**　一块金属在均匀磁场中旋转，金属中是否会有涡流？

## 习　　题

**5.1-1**　一横截面积为 $S=20\ \text{cm}^2$ 的空心螺绕环，每厘米长度上绕有 50 匝，环外绕有 $N=5$ 匝的副线圈，副线圈与电流计 G 串联，构成一个电阻为 $R=2.0\ \Omega$的闭合回路. 今使螺绕环中的电流每秒减少 20 A，求副线圈中的感应电动势 $\mathscr{E}$ 和感应电流.

**5.1-2**　一正方形线圈每边长 100 mm，在地磁场中转动，每秒转 30 圈，转轴通过中心并与一边平行，且与地磁场 $\boldsymbol{B}$ 垂直.

（1）线圈法线与地磁场 $\boldsymbol{B}$ 的夹角为什么值时，线圈中产生的感应电动势最大？

（2）设地磁场的 $B=0.55$ Gs，这时要在线圈中最大产生 10 mV 的感应电动势，求线圈的匝数 $N$.

**5.1-3**　如题图所示，一很长的直导线有交变电流 $i=I_0\sin\omega t$，它旁边有一长方形线圈 $ABCD$，长为 $l$，宽为 $(b-a)$，线圈和导线在同一平面内. 求：

（1）穿过回路 $ABCD$ 的磁通量 $\Phi$；

（2）回路 $ABCD$ 中的感应电动势 $\mathscr{E}$.

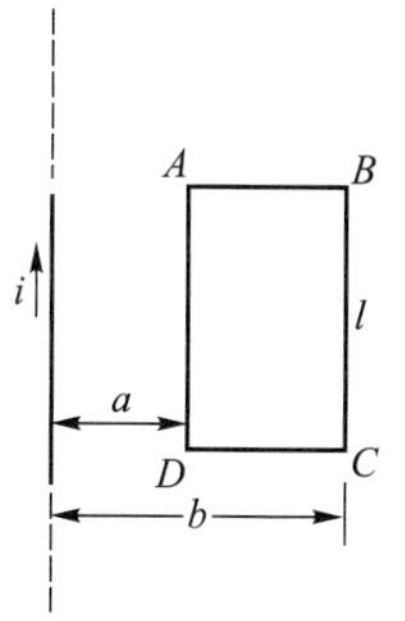


习题 5.1-3 图

**5.1-4**　一长直导线载有 5.0 A 直流电流，旁边有一个与它共面的矩形线圈，长 $l=20$ cm，如题图所示，$a=10$ cm，$b=20$ cm；线圈共有 $N=1\ 000$ 匝，以 $v=3.0$ m/s 的速度离开直导线. 求线圈里的感应电动势的大小和方向.

**5.1-5**　如题图，电流强度为 $I$ 的长直导线的附近有正方形线圈绕中心轴 $OO'$ 以匀角速度 $\omega$ 旋转，求线圈中感应电动势. 已知正方形边长为 $2a$，$OO'$ 轴与长导线平行，相距为 $b$.

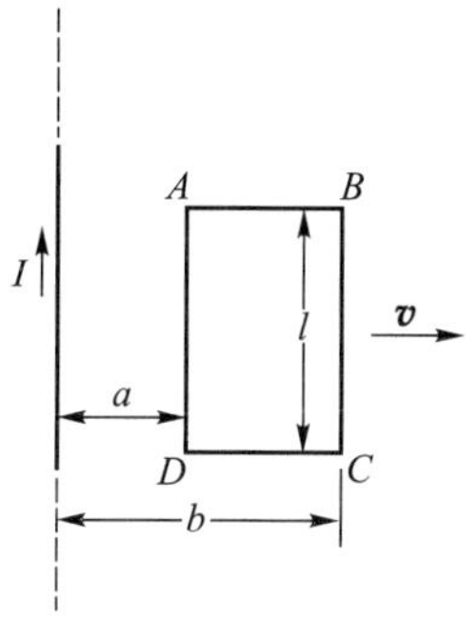


习题 5.1-4 图

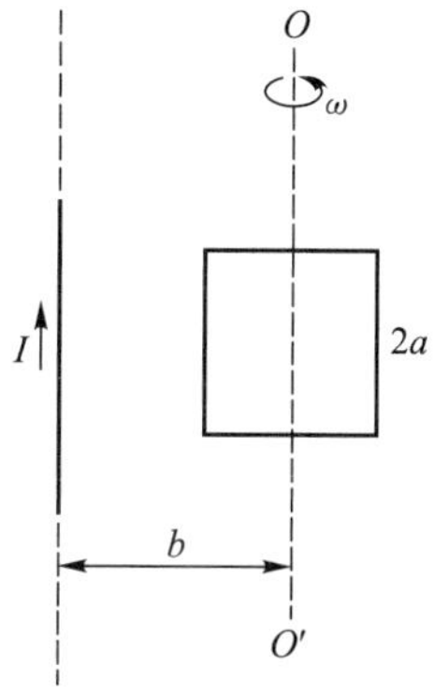


习题 5.1-5 图

**5.1-6**　题图中导体棒 $AB$ 与金属轨道 $CA$ 和 $DB$ 接触，整个线框放在 $B=0.50$ T 的均匀磁场中，磁场方向与图面垂直.

（1）若导体棒以 4.0 m/s 的速度向右运动，求棒内感应电动势的大小和方向；

（2）若导体棒运动到某一位置时，电路的电阻为 0.20 Ω，求此时棒所受的力. 摩擦力可不计.

（3）比较外力做功的功率和电路中所消耗的热功率.

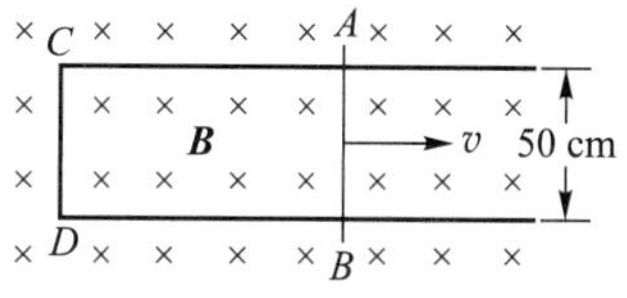


习题 5.1-6 图

**5.1-7**　闭合线圈共有 $N$ 匝，电阻为 $R$. 证明：当通过这线圈的磁通量改变 $\Delta\Phi$ 时，线圈内流过的电荷量为

$$\Delta q=\frac{N\Delta\Phi}{R}.$$

**5.1-8**　题图所示为测量螺线管中磁场的一种装置. 把一个很小的测量线圈放在待测处，这线圈与测量电荷量的冲击电流计 G 串联. 冲击电流计是一种可测量迁移过它的电荷量的仪器（详见 5.5.2 节）. 当用反向开关 S 使螺线管的电流反向时，测量线圈中就产生感应电动势，从而产生电荷量 $\Delta q$ 的迁移；由 G 测出 $\Delta q$ 就可以算出测量线圈所在处的 $B$. 已知测量线圈有 2 000 匝，它的直径为 2.5 cm，它和 G 串联回路的电阻为 1 000 Ω，在开关 S 反向时测得 $\Delta q=2.5\times10^{-7}$ C. 求被测处的磁感强度.

**5.1-9**　如题图，将一个圆柱形金属块放在高频感应炉中加热. 设感应炉的线圈产生的磁场是均匀的，磁感应强度的方均根值为 $B$，频率为 $f$. 金属柱的直径和高分别为 $D$ 和 $h$，电导率为 $\sigma$，金属柱的柱平行于磁场. 设涡流产生的磁场可以忽略，试证明金属柱内涡电流产生的热功率为

$$P=\frac{1}{32}\pi^3 f^2\sigma B^2D^4h.$$

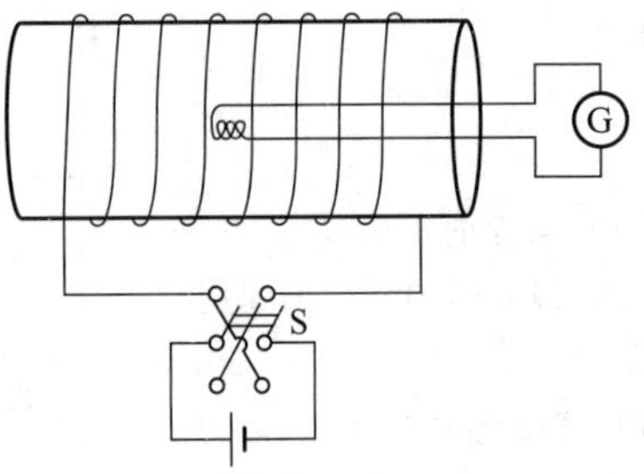


习题 5.1-8 图

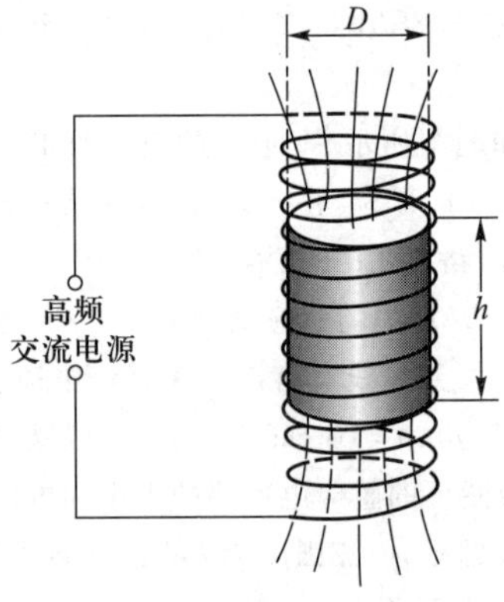


习题 5.1-9 图

## §5.2 动生电动势和感生电动势

为了对电磁感应现象有进一步的了解，下面我们按照磁通量变化原因的不同，分为两种情况具体讨论. 一种是在恒定磁场中运动着的导体内产生感应电动势，另一种是导体不动，因磁场的变化产生感应电动势，前者叫作动生电动势，后者叫作感生电动势.

### 5.2.1　动生电动势

动生电动势可以看成是第四章讲过的洛伦兹力所引起的.

我们分析 §5.1 例题 1 的情况. 如图 5-17，当导体以速度 $\boldsymbol{v}$ 向右运动时，导体内的自由电子也以速度 $\boldsymbol{v}$ 跟随它向右运动. 按照洛伦兹力公式，自由电子受到的洛伦兹力为

$$\boldsymbol{F}=-e(\boldsymbol{v}\times\boldsymbol{B}),$$

式中 $-e$ 为电子所带的电荷量，$\boldsymbol{F}$ 的方向如图所示由 $D$ 指向 $C$. 在洛伦兹力的推动下，自由电子将沿着 $DCBA$ 方向运动，即电流是沿着 $ABCD$ 方向的. 如果没有固定的导体框与导体 $CD$ 相接触，洛伦兹力将使自由电子向 $C$ 聚集，使 $C$ 端带负电，而 $D$ 端带正电；也就是说把运动的这一段导体看成电源时，$C$ 端为负极，$D$ 端为正极.

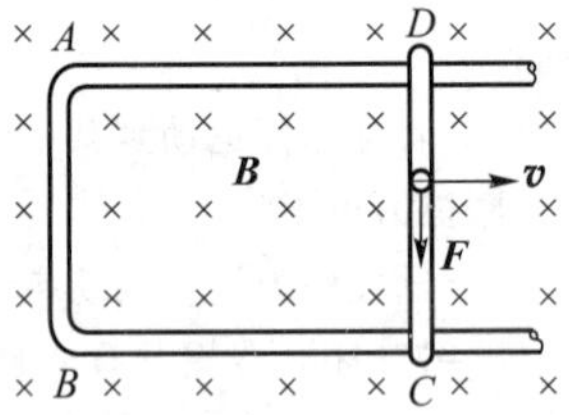


图 5-17　动生电动势与洛伦兹力

作用在电子上的洛伦兹力是一种非静电性的力. 在 §3.2 曾经讲到，电动势是反映电源性能的物理量，是衡量电源内部非静电力 $\boldsymbol{K}$ 大小的物理量. 电动势定义为单位正电荷从负极通过电源内部移动到正极的过程中，非静电力所做的功. 在这里，非静电力就是作用在单位正电荷上的洛伦兹力：

$$\boldsymbol{K}=\frac{\boldsymbol{F}}{-e}=(\boldsymbol{v}\times\boldsymbol{B}).$$

于是，动生电动势就是

$$\mathscr{E}=\int_{-}^{+}\boldsymbol{K}\cdot\mathrm{d}\boldsymbol{l}=\int_{C}^{D}(\boldsymbol{v}\times\boldsymbol{B})\cdot\mathrm{d}\boldsymbol{l}. \tag{5.6}$$

在图 5-17 情形，由于 $\boldsymbol{v}\perp\boldsymbol{B}$，而且单位正电荷受力的方向，即 $(\boldsymbol{v}\times\boldsymbol{B})$ 的方向与 $\mathrm{d}\boldsymbol{l}$ 方向一致，上式积分化为

$$\mathscr{E}=\int_C^D vB\mathrm{d}l=Blv.$$

这一结果与 § 5.1 例题 1 通过回路磁通量变化所计算的结果相同.

从以上的讨论可以看出,动生电动势只可能存在于运动的这一段导体上,而不动的那一段导体上没有电动势,它只是提供电流可运行的通路,如果仅仅有一段导线在磁场中运动,而没有回路,在这一段导线上虽然没有感应电流,但仍可能有动生电动势.至于运动导线在什么情况下才有动生电动势,这要看导线在磁场中是如何运动的.例如导线顺着磁场方向运动,根据洛伦兹力来判断,则不会有动生电动势;若导线横切磁场方向运动,则有动生电动势,因此,有时形象地说成"导线切割磁感应线时产生动生电动势".

上面讨论的只是特殊情况(直导线,均匀磁场,导线垂直磁场平移),对于普遍情况,在磁场内安放一个任意形状的导线线圈 $L$,线圈可以是闭合的,也可以是不闭合的,当这线圈在运动或发生形变时,这一线圈中的任意一小段 $\mathrm{d}\boldsymbol{l}$ 都可能有一速度 $\boldsymbol{v}$,一般说来,不同 $\mathrm{d}\boldsymbol{l}$ 段的速度 $\boldsymbol{v}$ 不同,这时在整个线圈中产生的动生电动势为

$$\mathscr{E}=\int_L(\boldsymbol{v}\times\boldsymbol{B})\cdot\mathrm{d}\boldsymbol{l}. \tag{5.7}$$

式(5.7)提供了另外一种计算感应电动势的方法.

**[例题]**　长度为 $L$ 的一根铜棒,其一端在均匀磁场中以角速度 $\omega$ 旋转,角速度的方向与磁场平行,如图 5-18 所示.求这根铜棒两端的电势差 $U_{OM}$.设磁场的方向垂直纸面向外.

**[解]**　铜棒旋转时切割磁感应线,故棒两端之间有感应电动势.由于棒上每一小段 $\mathrm{d}\boldsymbol{l}$ 的速度不同,计算感应电动势应运用式(5.7).设 $\mathrm{d}\boldsymbol{l}$ 处的速度为 $v=\omega l$,这一小段上产生的感应电动势为

$$\mathrm{d}\mathscr{E}=(\boldsymbol{v}\times\boldsymbol{B})\cdot\mathrm{d}\boldsymbol{l}=vB\mathrm{d}l$$
$$=B\omega l\mathrm{d}l,$$

在整个铜棒上产生的电动势是上式从 0 到 $L$ 的积分

$$\mathscr{E}=\int\mathrm{d}\mathscr{E}=\int_0^L B\omega l\mathrm{d}l$$
$$=\frac{1}{2}B\omega l^2\Big|_0^L=\frac{1}{2}B\omega L^2.$$

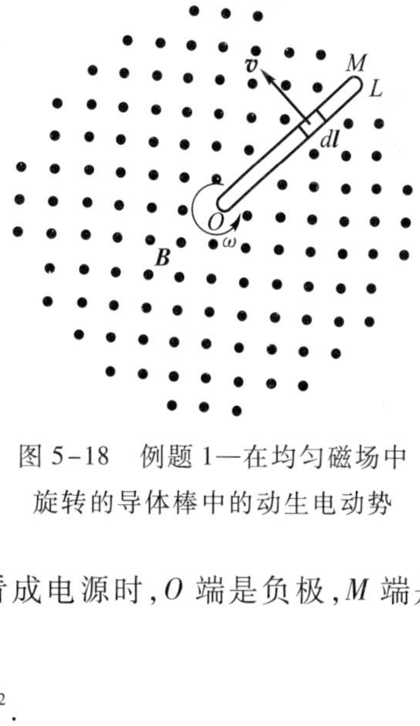


图 5-18　例题 1—在均匀磁场中旋转的导体棒中的动生电动势

这里电动势(非静电力)的方向是由 $O$ 到 $M$,非静电力的作用是使得在棒的 $O$ 端积累负电荷,$M$ 端积累正电荷,即把棒看成电源时,$O$ 端是负极,$M$ 端是正极.因此,$O$ 端电势比 $M$ 端电势低,两者差 $\mathscr{E}$.所以

$$U_{OM}=U(O)-U(M)=-\mathscr{E}=-\frac{1}{2}B\omega L^2.$$

也许会发生这样的问题:由于 $\boldsymbol{F}\perp\boldsymbol{v}$,洛伦兹力永远对电荷不做功,而这里又说动生电动势是由洛伦兹力做功引起的,两者是否矛盾?其实并不矛盾,我们这里的讨论只计及洛伦兹力的一部分.全面考虑的话,在运动导体中的电子不但具有导体本身的速度 $\boldsymbol{v}$,而且还有相对导体的定向运动速度 $\boldsymbol{u}$,如图 5-19 所示,正是由于电子的后一运动构成了感应电流.因此,电子所受的总的洛伦兹力为

$$\boldsymbol{F}=-e(\boldsymbol{u}+\boldsymbol{v})\times\boldsymbol{B}.$$

它与合成速度$(\boldsymbol{u}+\boldsymbol{v})$垂直(见图 5-19),总的洛伦兹力不对电子做功.然而 $\boldsymbol{F}$ 的一个分量

$$\boldsymbol{F}_1=-e(\boldsymbol{v}\times\boldsymbol{B}),$$

却对电子做正功,形成动生电动势;而另一个分量

$$\boldsymbol{F}_2=-e(\boldsymbol{u}\times\boldsymbol{B}),$$

它的方向沿$-\boldsymbol{v}$,它是阻碍导体运动的,从而做负功.可以证明两个分量所做的功的代数和等于零.因此,洛伦兹力的作用并不提供能量,而只是传递能量,即外力克服洛伦兹力的一个分量 $\boldsymbol{F}_2$ 所做的功通过另一分量 $\boldsymbol{F}_1$ 转化为感应电流的能量.

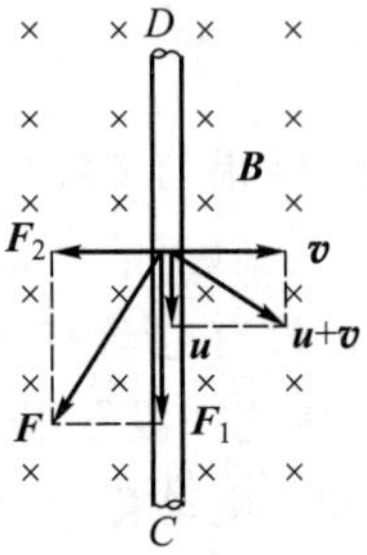


图 5-19　洛伦兹力不做功

### 5.2.2　交流发电机原理

交流发电机是根据电磁感应原理制成的,它是动生电动势的典型例子.图 5-20 是最简单交流发电机的示意图,用它可以说明一般交流发电机的基本原理.图中 $ABCD$ 是一个单匝线圈,它可以绕固定的转轴在磁极 N、S 所激发的均匀磁场(磁场方向由 N 指向 S)中转动.为了避免线圈的两根引线在转动过程中扭绞起来,线圈的两端分别接在两个与线圈一起转动的铜环上,铜环通过两个带有弹性的金属触头与外电路接通.当线圈在原动机(如汽轮机、水轮机等供给线圈转动所需的机械能的装置)的带动下,在均匀磁场中匀速转动时,线圈的 $AB$ 边和 $CD$ 边切割磁感应线,在线圈中就产生感应电动势.如果外电路是闭合的,则在线圈和外电路组成的闭合回路中就出现感应电流.

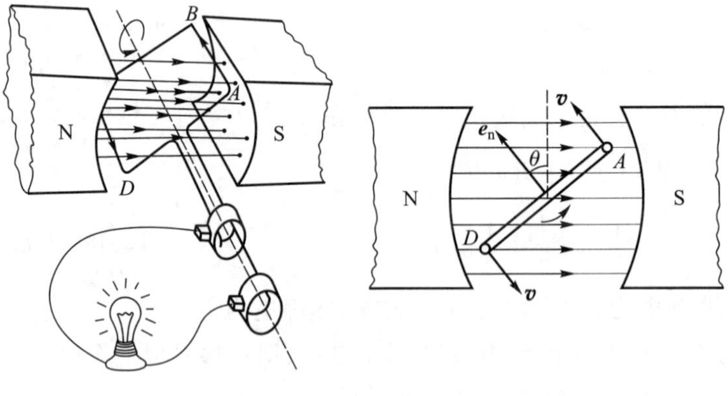


(a)　　(b)

图 5-20　交流发电机原理

在线圈转动的过程中,感应电动势的大小和方向都在不断变化,读者可设想线圈在不同位置进行分析.下面我们运用式(5.7)计算感应电动势.设线圈的 $AB$ 和 $CD$ 边长为 $l$,$BC$ 和 $DA$ 边长为 $s$,线圈面积 $S=ls$.考虑某一瞬时,线圈处于如图 5-20(b)所示的位置,线圈平面的法线方向 $\boldsymbol{e}_n$ 与竖直方向之间的夹角为 $\theta$.由式(5.7),在 $AB$ 边中产生的感应电动势为

$$\mathscr{E}_{AB}=\int_{A}^{B}(\boldsymbol{v}\times\boldsymbol{B})\cdot\mathrm{d}\boldsymbol{l}=\int_{A}^{B}vB\sin\left(\frac{\pi}{2}+\theta\right)\mathrm{d}l$$
$$=vBl\cos\theta.$$

同理,在 $CD$ 边中产生的感应电动势为

$$\mathscr{E}_{CD}=\int_{C}^{D}(\boldsymbol{v}\times\boldsymbol{B})\cdot\mathrm{d}\boldsymbol{l}=\int_{C}^{D}vB\sin\left(\frac{\pi}{2}-\theta\right)\mathrm{d}l$$
$$=vBl\cos\theta.$$

由于在线圈回路中这两个电动势的方向相同,则整个回路中的感应电动势为

$$\mathscr{E}=\mathscr{E}_{AB}+\mathscr{E}_{CD}=2vBl\cos\theta.$$

设线圈旋转的角速度为 $\omega$,并取线圈平面刚巧处于水平位置时作为计时的零点,则上式中的 $v$ 和 $\theta$ 分别为

$$v=\frac{s}{2}\omega,$$
$$\theta=\omega t,$$

代入上式得

$$\mathscr{E}=2\cdot\frac{s}{2}\omega Bl\cos\omega t=BS\omega\cos\omega t, \tag{5.8}$$

式中 $B$ 为磁极间的磁感应强度.

这一结果也可以从穿过线圈磁通量的变化考虑,用式(5.1)来计算.当线圈处于图 5-20(b)的位置时,通过线圈的磁通量为

$$\Phi=BS\cos\left(\theta+\frac{\pi}{2}\right)=-BS\sin\omega t.$$

由式(5.1)得

$$\mathscr{E}=-\frac{\mathrm{d}\Phi}{\mathrm{d}t}=BS\omega\cos\omega t.$$

两种方法计算结果相同.

从计算的结果看出,感应电动势随时间变化的曲线是余弦曲线,这种电动势叫作简谐交变电动势,简称简谐交流电.交变电动势的大小和方向都在不断地变化,当线圈转过一周时,电动势的大小和方向又恢复到以前那样,也就是电动势做了一次完全变化.电动势做一次完全变化所需的时间,叫作交流电的周期,1 s 内电动势所做完全变化的次数,叫作交流电的频率.我国和其他一些国家,工业上和日常生活所用的交流电的频率是 50 Hz.

当线圈中形成感应电流时,它在磁场中要受到安培力的作用,其方向阻碍线圈运动.因此,为了继续发电,原动机保持线圈转动必须克服阻力的力矩做功.可见,发电机的功能就是利用电磁感应现象,将机械能转化为电能.

实际的发电机构造都比较复杂.线圈的匝数很多,它们嵌在硅钢片制成的铁芯上,组成电枢;磁场是用电磁铁激发的,磁极一般也不止一对.大型发电机产生的电压较高,电流也很大,若仍采用转动电枢式,用集流环和电刷将电流输出则很困难,所以一般采用转动磁极式,电枢不动,磁体转动.

### 5.2.3　感生电动势　涡旋电场

导体在磁场中运动产生动生电动势,其非静电力是洛伦兹力;在磁场变化产生感生电动势的情形里,非静电力又是什么呢？实验表明,感生电动势完全与导体的种类和性质无关.这说明感生电动势是由变化的磁场本身引起的.麦克斯韦分析了一些电磁感应现象之后,敏锐地感觉到感生电动势现象预示着有关电磁场的新效应.他相信即使不存在导体回路,变化的磁场在其周围也会激发一种电场,叫作感应电场或涡旋电场.这种电场与静电场的共同点就是对电荷有作用力;与静电场不同之处,一方面在于这种涡旋电场不是由电荷激发,而是由变化的磁场所激发;另一方面在于描述涡旋电场的电场线是闭合的,从而它不是保守场(或叫势场,参见附录E中的E.6节),用数学式子来表示则有

$$\oint \boldsymbol{E}_{\text{旋}} \cdot \mathrm{d}\boldsymbol{l} \neq 0,$$

而产生感生电动势的非静电力 $\boldsymbol{K}$ 正是这一涡旋电场 $\boldsymbol{E}_{\text{旋}}$,即

$$\mathscr{E} = \oint \boldsymbol{E}_{\text{旋}} \cdot \mathrm{d}\boldsymbol{l} = -\frac{\mathrm{d}\Phi}{\mathrm{d}t}. \tag{5.9}$$

涡旋电场的存在已为许多实验所证实,下面将要介绍研究核反应所用的电子感应加速器就是例证.

在一般的情形下,空间的总电场 $\boldsymbol{E}$ 是静电场 $\boldsymbol{E}_{\text{静}}$(它是一个保守场或势场)和涡旋电场 $\boldsymbol{E}_{\text{旋}}$ 的叠加,即

$$\boldsymbol{E} = \boldsymbol{E}_{\text{静}} + \boldsymbol{E}_{\text{旋}}, \tag{5.10}$$

其中 $\oint \boldsymbol{E}_{\text{静}} \cdot \mathrm{d}\boldsymbol{l} = 0$,所以感生电动势又可写成

$$\mathscr{E} = \oint (\boldsymbol{E}_{\text{静}} + \boldsymbol{E}_{\text{旋}}) \cdot \mathrm{d}\boldsymbol{l} = \oint \boldsymbol{E} \cdot \mathrm{d}\boldsymbol{l},$$

另一方面,按照法拉第电磁感应定律

$$\mathscr{E} = -\frac{\mathrm{d}\Phi_B}{\mathrm{d}t} = -\frac{\mathrm{d}}{\mathrm{d}t}\iint_S \boldsymbol{B} \cdot \mathrm{d}\boldsymbol{S},$$

式中的面积分区域 $S$ 是以环路 $L$ 为周界的曲面.当环路不变动时,可以将对时间的微商和对曲面的积分两个运算的顺序颠倒,则得

$$\oint_L \boldsymbol{E} \cdot \mathrm{d}\boldsymbol{l} = -\iint_S \frac{\partial \boldsymbol{B}}{\partial t} \cdot \mathrm{d}\boldsymbol{S}. \tag{5.11}$$

式(5.11)是电磁学的基本方程之一.

在恒定的条件下,一切物理量不随时间变化,$\frac{\mathrm{d}\Phi}{\mathrm{d}t}=0$ 或 $\frac{\partial \boldsymbol{B}}{\partial t}=0$,式(5.11)变为

$$\oint_L \boldsymbol{E} \cdot \mathrm{d}\boldsymbol{l} = 0,$$

这便是静电场的环路定理.由此可见,式(5.11)是静电场的环路定理在非恒定条件下的推广.

最后应当指出,上面我们把感应电动势分成动生的和感生的两种,这种分法在一定程度上只

有相对的意义. 例如在图 5-8 所示的情形,如果在线圈为静止的参考系内观察,磁棒的运动引起空间磁场的变化,线圈中的电动势是感生的. 但是如果我们在随磁棒一起运动的参考系内观察,则磁棒是静止的,空间的磁场也未发生变化,而线圈在运动,因而线圈内的电动势是动生的. 所以,由于运动是相对的,就发生了这样的情况,同一感应电动势,在某一参考系内看,是感生的,在另一参考系内看,变成动生的了. 然而,我们也必须看到,坐标变换只能在一定程度上消除动生和感生电动势的界限. 在普遍情况下不可能通过坐标变换把感生电动势完全归结为动生电动势,反之亦然.

### 5.2.4　电子感应加速器

前面提到,即使没有导体存在,变化的磁场也在空间激发涡旋状的感应电场. 电子感应加速器便应用了这个原理. 电子加速器是加速电子的装置. 它的主要部分如图 5-21 所示,画斜线的区域为电磁铁的两极,在其间隙中安放一个环形真空室. 电磁铁用频率数十赫兹的强大交变电流来励磁,使两极间的磁感应强度 $\boldsymbol{B}$ 往返变化,从而在环形室内感应出很强的涡旋电场. 用电子枪将电子注入环形室,它们在涡旋电场的作用下被加速,同时在磁场里受到洛伦兹力的作用,沿圆形轨道运动.

在励磁电流交变的一个周期中,只有$\frac{1}{4}$区间能用于加速电子. 下面我们分析一下这个问题. 如图 5-22,把磁场变化的一个周期分成四个阶段,在这四个阶段中磁场 $\boldsymbol{B}$ 的方向和变化趋势各不相同,因而引起的涡旋电场的方向也不相同,如图中所示. 可以看出,在电子枪如图 5-21 所示的情况下,为使电子得到加速,涡旋电场应是顺时针方向,即磁场的第一个或第四个$\frac{1}{4}$周期可以用来加速电子;其次,为使电子不断加速,必须维持电子沿圆形轨道运动,电子受磁场的洛伦兹力应指向圆心. 可以看出,只有第一或第二个$\frac{1}{4}$周期的区间才能做到. 统观考虑,只有在磁场变化的

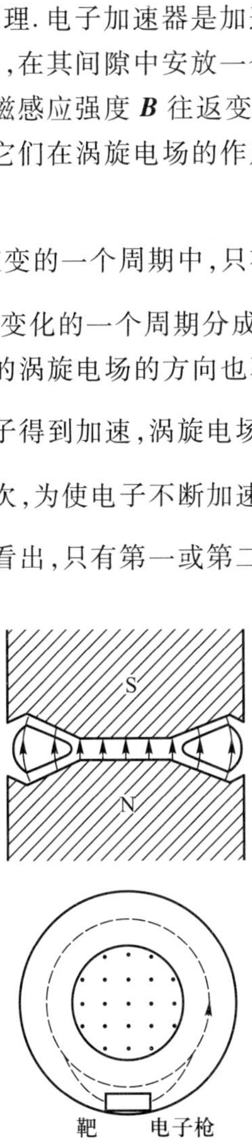


图 5-21　电子感应加速器

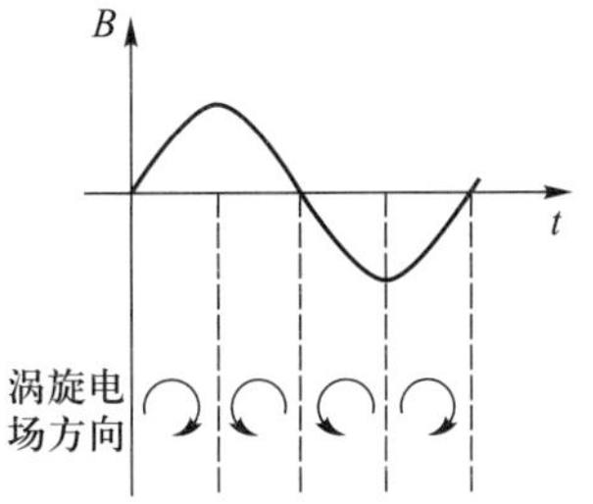


图 5-22　感应加速器中磁场变化处于不同位相时涡旋电场的方向

第一个$\frac{1}{4}$周期的区间内，电子才能在涡旋电场的作用下不断加速. 因此，连续将电子注入，在每第一个$\frac{1}{4}$周期末，利用特殊的装置将电子束引离轨道射在靶上，即可进行试验.

电子感应加速器的另一个基本问题是如何使电子维持在恒定的圆形轨道上加速，这对磁场的径向分布有一定的要求. 设电子轨道处的磁场为 $B_R$，电子做圆形轨道运动时所受的向心力为洛伦兹力，因此，

$$evB_R=\frac{mv^2}{R},$$

得

$$mv=ReB_R. \tag{5.12}$$

式(5.12)表明，只要电子动量随磁感应强度成比例地增加，就可以维持电子在一定的轨道上运动. 这个条件是怎样实现的呢？为此，再分析一下电子的加速过程. 由式(5.9)，感应电场为 $E=-\frac{1}{2\pi R}\frac{\mathrm{d}\Phi}{\mathrm{d}t}$，根据牛顿第二定律

$$\frac{\mathrm{d}(mv)}{\mathrm{d}t}=-eE=\frac{e}{2\pi R}\frac{\mathrm{d}\Phi}{\mathrm{d}t},$$

则

$$\mathrm{d}(mv)=\frac{e}{2\pi R}\mathrm{d}\Phi.$$

设加速过程的开始时，$\Phi=0$，电子的速率 $v=0$，上式的积分为

$$mv=\frac{e}{2\pi R}\Phi=\frac{e}{2\pi R}\cdot\pi R^2\overline{B}, \tag{5.13}$$

式中 $\overline{B}$ 为电子运动轨道内的平均磁感应强度. 比较式(5.12)和式(5.13)，得

$$B_R=\frac{1}{2}\overline{B}. \tag{5.14}$$

这就是维持电子在恒定圆形轨道上运动的条件. 这个条件表明，轨道上的磁感应强度值等于轨道内磁感应强度的平均值的一半时，电子能在稳定的圆形轨道上被加速.

电子感应加速器加速电子不受相对论效应的限制，但受到电子因加速运动而辐射能量的限制. 一般小型电子感应加速器只可将电子加速到数百 keV，大的可达数百 MeV，它们的体积和质量有很大的差别. 100 MeV的电子感应加速器中电磁铁的质量达 100 t 以上，励磁电流的功率近 500 kW，环形室的直径约 1.5 m，在被加速的过程中电子经过的路程超过 1 000 km.

电子感应加速器主要用于核物理研究，用被加速的电子束(人工的 β 射线)轰击各种靶时，将发出穿透力很强的电磁辐射(人工 γ 射线). 近来还采用不大的电子感应加速器来产生硬 X 射线，供工业上探伤或医学上治疗癌症之用.

## 思　考　题

**5.2-1**　一段直导线在均匀磁场中做如题图所示的四种运动. 在哪种情况下导线中有感应电动势？为什么？感应电动势的方向是怎样的？

**5.2-2**　在电子感应加速器中，电子加速所得到的能量是从哪里来的？试定性解释之.

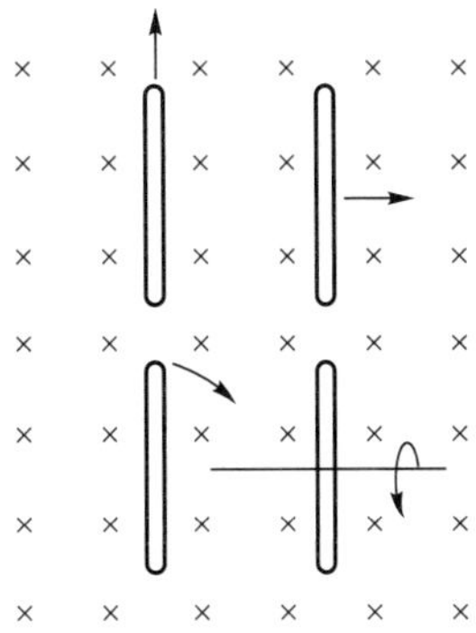

思考题 5.2-1 图

## 习　　题

**5.2-1**　如题图所示，线圈 $abcd$ 放在 $B=6.0\times10^3$ Gs 的均匀磁场中，磁场方向与线圈平面法线的夹角 $\alpha=60°$，$ab$ 长 1.0 m，可左右滑动. 今将 $ab$ 以 $v=5.0$ m/s 向右运动，求感应电动势的大小及感应电流的方向.

**5.2-2**　两段导线 $ab=bc=10$ cm，在 $b$ 处相接而成 30°角. 若使导线在匀强磁场中以速率 $v=1.5$ m/s 运动，方向如题图所示，磁场方向垂直图面向内，$B=2.5\times10^2$ Gs，$ac$ 间的电势差是多少？哪一端的电势高？

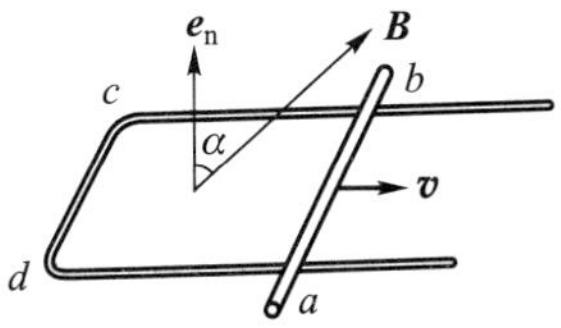


习题 5.2-1 图

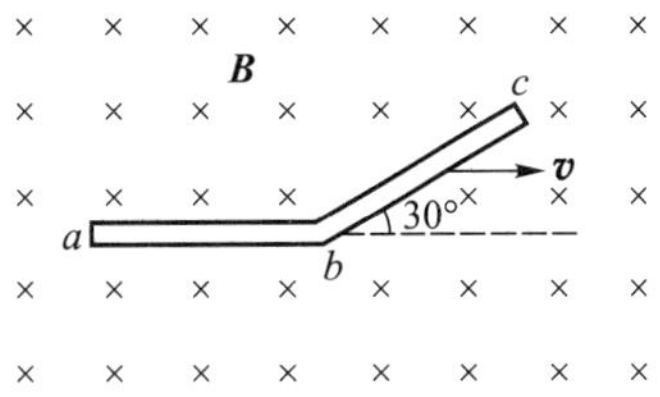


习题 5.2-2 图

**5.2-3**　如题图，金属棒 $ab$ 以 $v=2.0$ m/s 的速率平行于一长直导线运动，此导线电流 $I=40$ A. 求棒中感应电动势大小. 哪一端的电势高？

**5.2-4**　如题图一金属棒长为 0.50 m 水平放置，以长度的 1/5 处为轴，在水平面内旋转，每秒转两转. 已知该处地磁场在竖直方向上的分量 $B_\perp=0.50$ Gs，求 $a$、$b$ 两端的电势差.

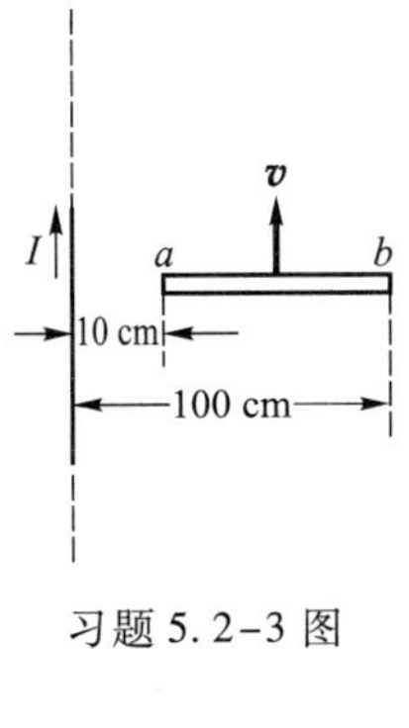


习题 5.2-3 图

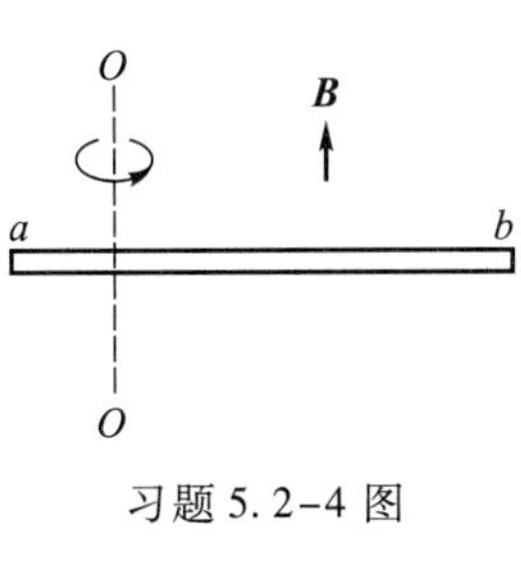


习题 5.2-4 图

**5.2-5**　只有一根辐条的轮子在均匀外磁场 $\boldsymbol{B}$ 中转动，轮轴与 $\boldsymbol{B}$ 平行，如题图所示. 轮子和辐条都是导体，辐条长为 $R$，轮子每秒转 $N$ 圈. 两根导线 $a$ 和 $b$ 通过各自的刷子分别与轮轴和轮边接触.

(1) 求 $a$、$b$ 间的感应电动势 $\mathscr{E}$；

(2) 若在 $a$、$b$ 间接一个电阻，使辐条中的电流为 $I$，求 $I$ 的方向；

(3) 求这时磁场作用在辐条上的力矩的大小和方向；

(4) 当轮反转时，$I$ 是否也会反向？

(5) 若轮子的辐条是对称的两根或更多根，结果如何？

**5.2-6**　法拉第圆盘发电机是一个在磁场中转动的导体圆盘. 设圆盘的半径为 $R$，它的轴线与均匀外磁场 $\boldsymbol{B}$ 平行，它以角速度 $\omega$ 绕轴线转动，如题图所示.

(1) 求盘边与盘心间的电势差 $U$；

(2) 当 $R=15$ cm，$B=0.60$ T，转速为每秒 30 圈时，$U$ 等于多少？

(3) 盘边与盘心哪处电势高？当盘反转时，它们电势的高低是否也会反过来？

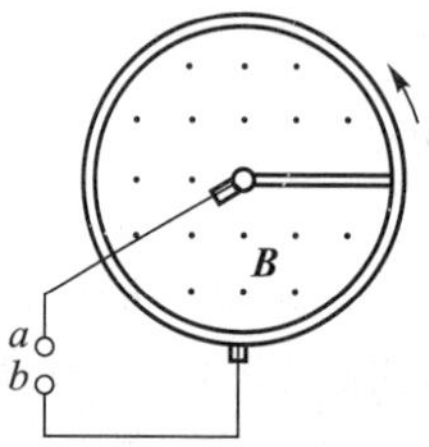


习题 5.2-5 图

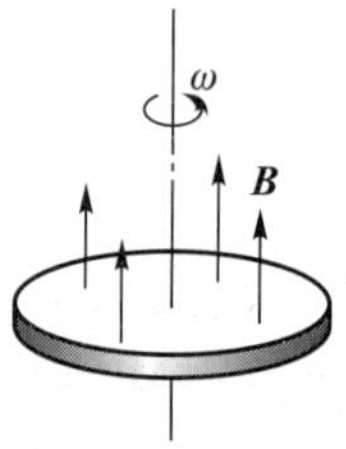


习题 5.2-6 图

**5.2-7**　已知在电子感应加速器中，电子加速的时间是 4.2 ms，电子轨道内最大磁通量为 1.8 Wb，试求电子沿轨道绕行一周平均获得的能量. 若电子最终所获得的能量为100 MeV，电子将绕多少周？若轨道半径为 84 cm，电子绕行的路程有多少？

# §5.3 互感和自感

在这一节中，我们将对线圈中的感应现象作进一步的讨论.

## 5.3.1　互感系数

如图 5-23，当线圈 1 中的电流变化时所激发的变化磁场，会在它邻近的另一线圈 2 中产生感应电动势；同样，线圈 2 中的电流变化时，也会在线圈 1 中产生感应电动势. 这种现象称为互感现象，所产生的感应电动势称为互感电动势. 显然，一个线圈中的互感电动势不仅与另一线圈中电流改变的快慢有关，而且也与两个线圈的结构以及它们之间的相对位置有关. 设线圈 1 所激发的磁场通过线圈 2 的磁通匝链数为 $\Psi_{12}$，按照毕奥-萨伐尔定律，$\Psi_{12}$ 与线圈 1 中的电流 $I_1$ 成正比，

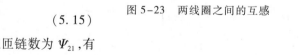

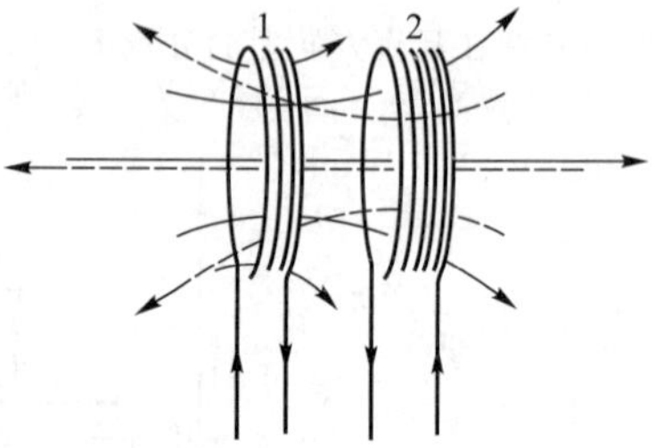


图 5-23　两线圈之间的互感

$$\Psi_{12}=M_{12}I_1,\tag{5.15}$$

同理，设线圈 2 激发的磁场通过线圈 1 的磁通匝链数为 $\Psi_{21}$，有

$$\Psi_{21}=M_{21}I_2,\tag{5.16}$$

式(5.15)和式(5.16)中的 $M_{12}$ 和 $M_{21}$ 是比例系数，它们由线圈的几何形状、大小、匝数以及线圈之间的相对位置所决定，而与线圈中的电流无关①.

当线圈 1 中的电流 $I_1$ 改变时，通过线圈 2 的磁通匝链数将发生变化. 按照法拉第定律，在线圈 2 中产生的感应电动势为

$$\mathscr{E}_2=-\frac{\mathrm{d}\Psi_{12}}{\mathrm{d}t}=-M_{12}\frac{\mathrm{d}I_1}{\mathrm{d}t},\tag{5.17}$$

同理，线圈 2 中的电流 $I_2$ 改变时，在线圈 1 中产生的感应电动势为

$$\mathscr{E}_1=-\frac{\mathrm{d}\Psi_{21}}{\mathrm{d}t}=-M_{21}\frac{\mathrm{d}I_2}{\mathrm{d}t},\tag{5.18}$$

由此两式可以看出，比例系数 $M_{12}$ 和 $M_{21}$ 越大，互感电动势则越大，互感现象越强. $M_{12}$ 和 $M_{21}$ 称为**互感系数**，简称**互感**.

理论②和实验都可证明 $M_{12}$ 和 $M_{21}$ 相等，一般用 $M$ 来表示，即

$$M_{12}=M_{21}=M,\tag{5.19}$$

而不再去区分它是哪一个线圈对哪一个线圈的互感系数. 因此，在两个具有互感的线圈中，若线圈中的电流变化率相同，则分别在另一线圈中产生相等的感应电动势.

上面的式(5.15)和式(5.16)，或者式(5.17)和式(5.18)给出互感的两种定义. 由式(5.17)或式(5.18)定义，两个线圈的互感 $M$，在数值上等于当其中一个线圈中电流强度变化率为 1 单位时，在另一个线圈中产生的感应电动势. 由式(5.15)或式(5.16)定义，两个线圈的互感 $M$，在数值上等于其中一个线圈中的单位电流产生的磁场通过另一个线圈的磁通匝链数.

互感的单位由互感的两种定义规定. 在 MKSA 单位制中，互感的单位是亨利(用 H 表示). 由式(5.15)

$$1\ \mathrm{H}=\frac{1\ \mathrm{Wb}}{1\ \mathrm{A}},$$

或者由式(5.17)，

$$1\ \mathrm{H}=\frac{1\ \mathrm{V}\cdot 1\ \mathrm{s}}{1\ \mathrm{A}},$$

读者可以自己验证两者是一致的. 互感的单位有时也用毫亨(mH)和微亨(μH)，$1\ \mathrm{mH}=10^{-3}\ \mathrm{H}$，$1\ \mu\mathrm{H}=10^{-6}\ \mathrm{H}$.

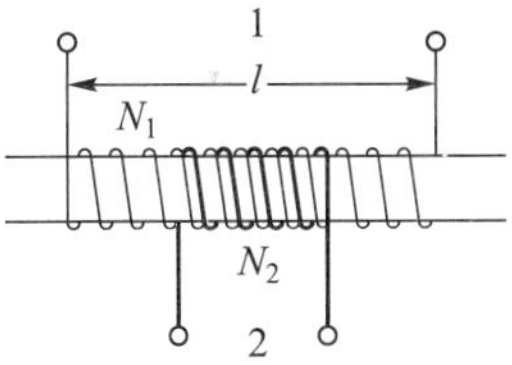

图 5-24　例题 1—长螺线管在短螺线管中产生的互感电动势

**［例题 1］**　如图 5-24 所示，一长螺线管，其长度 $l=1.0\ \mathrm{m}$，截面积 $S=10\ \mathrm{cm}^2$，匝数 $N_1=1\ 000$，在其中段密绕一个匝数 $N_2=20$ 的短线圈，计算这两个线圈的互感. 如果线圈 1 内电流的变化率为 10 A/s，则线圈 2 内的感应电动势为多少?

**［解］**　设线圈 1 中的电流为 $I_1$，它在线圈的中段产生的磁感应强度为

$$B=\mu_0\frac{N_1I_1}{l}.$$

通过线圈 2 的磁通匝链数为

---

① 这是指不存在磁介质的情形. 若存在磁介质，比例系数 $M_{12}$ 和 $M_{21}$ 并与介质的性质有关；若介质是铁磁质，则它们还与线圈中的电流有关，详见第六章.

② 我们将在 5.3.4 节的最后给出一种证明，在附录 E 中给出另一种证明.

$$\Psi_{12}=N_2BS=\mu_0\frac{N_1N_2S}{l}I_1.$$

由式(5.15)得两线圈的互感系数为

$$M=\frac{\Psi_{12}}{I_1}=\mu_0\frac{N_1N_2S}{l}.\tag{5.20}$$

代入数值得

$$M=\frac{4\pi\times10^{-7}\times1\ 000\times20\times10^{-3}}{1}\ \text{H}=25\times10^{-6}\ \text{H}=25\ \mu\text{H}.$$

当线圈 1 中电流的变化率$\frac{\mathrm{d}I_1}{\mathrm{d}t}=10\ \text{A/s}$时,线圈 2 中的感应电动势为

$$\mathscr{E}_2=-M\frac{\mathrm{d}I_1}{\mathrm{d}t}=-25\times10^{-6}\times10\ \text{V}=-250\ \mu\text{V}.$$

互感系数的计算一般都比较复杂,实际中常常采用实验的方法来测定.

互感在电工无线电技术中应用得很广泛,通过互感线圈能够使能量或信号由一个线圈方便地传递到另一个线圈.电工无线电技术中使用的各种变压器(电力变压器,中周变压器,输出、输入变压器等)都是互感器件.

在某些问题中互感常常是有害的,例如,有线电话往往会由于两路电话之间的互感而引起串音,无线电设备中也往往会由于导线间或器件间的互感而妨害正常工作,在这种情况下就需要设法避免互感的干扰.

### 5.3.2　自感系数

当一线圈中的电流变化时,它所激发的磁场通过线圈自身的磁通量(或磁通匝链数)也在变化,使线圈自身产生感应电动势.这种因线圈中电流变化而在线圈自身所引起的感应现象叫作**自感现象**,所产生的电动势叫作**自感电动势**.

自感现象可以通过下述实验来观察.如图 5-25(a)的电路中,$EL_1$ 和 $EL_2$ 是两个相同的灯泡,$L$ 是一个线圈,实验前调节电阻器 $R$ 使它的电阻等于线圈的内阻.当接通开关 S 的瞬间,观察到灯泡 $EL_2$ 比 $EL_1$ 先亮,过一段时间后两个灯泡才达到同样的亮度.这个实验现象可以解释如下:当接通开关 S 时,电路中的电流由零增加,在 $EL_1$ 支路中,电流的变化使线圈中产生自感电动势,按照楞次定律,自感电动势阻碍电流增加,因此在 $EL_1$ 支路中电流的增大要比没有自感线圈的 $EL_2$ 支路来得缓慢些.于是灯泡 $EL_1$ 也比 $EL_2$ 亮得迟缓些.图 5-25(b)可以观察切断电路时的自感现象.当迅速地把开关 S 断开时,可以看到灯泡并不立即熄灭.这是因为当切断电源时,在线

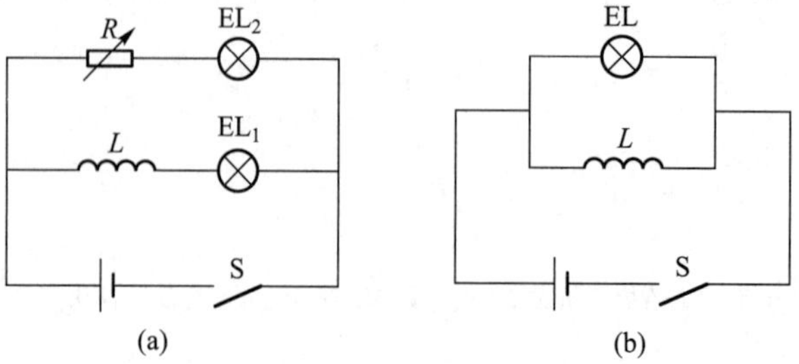


图 5-25　自感现象的演示

圈中产生感应电动势. 这时，虽然电源已切断，但线圈 $L$ 和灯泡 EL 组成了闭合回路，感应电动势在这个回路中引起感应电流. 为了让演示效果突出，取线圈的内阻比灯泡 EL 的电阻小得多，以便使 S 断开之前线圈中原有电流较大，从而使 S 断开的瞬间通过 EL 放电的电流较大，结果 EL 熄灭前会突然闪亮一下.

下面我们讨论自感现象的规律. 我们知道，线圈中的电流所激发的磁感应强度与电流强度成正比，因此通过线圈的磁通匝链数也正比于线圈中的电流强度，即

$$\Psi = LI, \tag{5.21}$$

式中 $L$ 为比例系数，与线圈中电流无关①，仅由线圈的大小，几何形状以及匝数所决定. 当线圈中的电流改变时，$\Psi$ 也随之改变，按照法拉第定律，线圈中产生的自感电动势为

$$\mathscr{E} = -L\frac{\mathrm{d}I}{\mathrm{d}t}. \tag{5.22}$$

由此式可以看出，对于相同的电流变化率，比例系数 $L$ 越大的线圈所产生的自感电动势越大，即自感作用越强. 比例系数 $L$ 称为**自感系数**，简称**自感**. 根据式(5.21)和式(5.22)也有自感的两种定义. 据式(5.22)，自感在数值上等于线圈中电流强度变化率为 1 单位时，在这线圈中产生的感应电动势；或者，据式(5.21)，自感在数值上等于线圈中电流强度为 1 单位时通过线圈自身的磁通匝链数.

自感系数的单位与互感系数的单位相同，在 MKSA 单位制中也是 H 或 mH、μH 等. 当线圈中电流为 1 A，通过线圈自身的磁通匝链数为 1 Wb 时，线圈的自感为 1 H；或者当线圈内电流的变化率为 1 A/s，而在线圈自身引起的感应电动势为 1 V 时，线圈的自感为 1 H.

自感系数的计算方法一般也比较复杂，实际中常常采用实验的方法来测定，简单的情形可以根据毕奥-萨伐尔定律和式(5.21)来计算.

**［例题 2］**　设有一单层密绕螺线管长为 $l=50\ \mathrm{cm}$，截面积为 $S=10\ \mathrm{cm}^2$，绕组的总匝数为 $N=3\ 000$，试求其自感.

**［解］**　此螺线管的长度比较其宽度来说是足够长的，在计算中可以把管内的磁场看作是均匀的. 当螺线管中通有电流 $I$ 时，管内的磁感应强度为

$$B=\mu_0 nI,$$

式中 $n=\dfrac{N}{l}$ 是单位长度上的匝数. 因此，通过每一匝的磁通量都等于

$$\Phi = BS = \mu_0 nIS.$$

通过螺线管的磁通匝链数为

$$\Psi = N\Phi = \mu_0 nNIS = \mu_0 n^2 lSI = \mu_0 n^2 VI,$$

式中 $V=lS$ 是螺线管的体积. 由式(5.21)得

$$L=\mu_0 n^2 V. \tag{5.23}$$

由此式可以看出螺线管自感 $L$ 正比于它的体积 $V$ 和单位长度上匝数的平方 $n^2$.

---

① 这是指不存在磁介质的情形. 若存在磁介质，比例系数 $L$ 并与介质的性质有关；若磁介质是铁磁质，则还与线圈中的电流有关，详见第六章. 此外这里给的自感系数定义式(5.21)和前面的互感系数定义式(5.15)、(5.16)都只适用于横截面积可忽略的线形导体绕成的线圈. 导线有横截面积时自感如何定义？磁通匝链数如何计算？可参阅第六章末尾一段小字.

将题给的数值代入上式,则得

$$L=\mu_0 n^2 V=\mu_0 N^2\ \frac{S}{l}=12.57\times10^{-7}\times3\ 000^2\times\frac{10\times10^{-4}}{0.5}\ \text{H}$$
$$=2.3\times10^{-2}\ \text{H}=23\ \text{mH}.$$

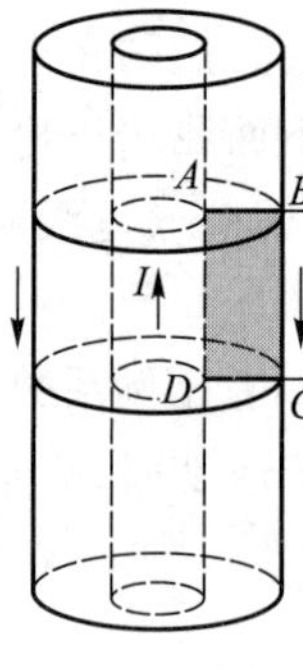

图 5-26 例题 3——同轴线的自感

例题 2 计算的结果对于实际的螺线管是近似的,实际测得的自感比上述计算结果要小些.这是因为计算中,我们假定整个螺线管中磁场均匀,都是等于 $\mu_0 nI$,而有限长的螺线管实际存在着端点效应,两端的磁场只及中间部分磁场的一半,所以实际磁通匝链数要相应小些.对于较细的螺绕环,由于不存在端点效应,因此,式(5.23)要精确得多,式中 $n$ 仍是单位长度上的匝数,$V$ 是螺绕环的体积.

[**例题 3**] 设传输线为两个共轴长圆筒组成,半径分别为 $R_1$、$R_2$,如图 5-26 所示.电流由内筒的一端流入,由外筒的另一端流回.求此传输线一段长度为 $l$ 的自感.

[**解**] 设电流为 $I$,利用安培环路定理不难求出,两导体之间的磁感应强度为

$$B=\frac{\mu_0}{2\pi}\ \frac{I}{r}.$$

为了计算此传输线长度为 $l$ 的自感,只需计算通过图中面积 $ABCD$ 的磁通量 $\Phi$,结果为

$$\Phi=\int B\mathrm{d}S=\int_{R_1}^{R_2}Bl\cdot\mathrm{d}r=\frac{\mu_0}{2\pi}Il\int_{R_1}^{R_2}\frac{\mathrm{d}r}{r}=\frac{\mu_0}{2\pi}Il\ln\frac{R_2}{R_1}.$$

因此,其自感为

$$L=\frac{\Phi}{I}=\frac{\mu_0}{2\pi}l\ \ln\frac{R_2}{R_1}. \tag{5.24}$$

此结果可用于同轴电缆①.

自感现象在电子无线电技术中应用也很广泛,利用线圈具有阻碍电流变化的特性,可以稳定电路里的电流;无线电设备中常以它和电容器的组合构成谐振电路或滤波器等.下面在第七章交流电路以及后继课程中还要详细讨论.

在某些情况下发生的自感现象是非常有害的,例如具有大自感线圈的电路断开时,由于电路中的电流变化很快,在电路中会产生很大的自感电动势,以致击穿线圈本身的绝缘保护,或者在电闸断开的间隙中产生强烈的电弧,可能烧坏电闸开关.这些在实际中需要设法避免.

两个线圈之间的互感系数与其各自的自感有一定的联系.当两个线圈中每一个线圈所产生的磁通量对于每一匝来说都相等,并且全部穿过另一个线圈的每一匝,这种情形叫作**无漏磁**.将两个线圈密排并缠在一起就能做到这一点.在这种情形,互感与各自的自感之间的关系比较简单.设线圈 1 的匝数为 $N_1$,所产生的磁通量为 $\Phi_1$,线圈 2 的匝数为 $N_2$,所产生的磁通量为 $\Phi_2$.根据式(5.15)和式(5.21),

$$M=\frac{N_1\Phi_{21}}{I_2}=\frac{N_2\Phi_{12}}{I_1},$$

① 同轴电缆是用于高频或超高频技术的传输线,其中心是实心导体圆柱.由于通过的电流的频率较高,趋肤效应显著,电流实际上沿表面进行,故计算时可用导体圆筒代替圆柱.

$$L_1=\frac{N_1\Phi_1}{I_1},\quad L_2=\frac{N_2\Phi_2}{I_2}.$$

由于无漏磁，

$$\Phi_{12}=\Phi_1,\quad \Phi_{21}=\Phi_2,$$

因此，

$$M=\frac{N_1\Phi_2}{I_2}\quad 及\quad M=\frac{N_2\Phi_1}{I_1}.$$

将两式相乘，再将各因子重新排列，得

$$M^2=\frac{N_1\Phi_1}{I_1}\times\frac{N_2\Phi_2}{I_2}=L_1L_2,$$

则

$$M=\sqrt{L_1L_2}.\tag{5.25}$$

在有漏磁情况下，$M$ 要比 $\sqrt{L_1L_2}$ 小.

### 5.3.3　两个线圈串联的自感系数

将两个线圈串联起来看作一个线圈，它有一定的总自感. 在一般的情形下，总自感的数值并不等于两个线圈各自自感的和，还必须注意到两个线圈之间的互感. 如图 5-27(a)，考虑两个线圈，设线圈 1 的自感为 $L_1$，线圈 2 的自感为 $L_2$，两个线圈的互感为 $M$. 用不同的连接方式把线圈串联起来将有不同的总自感.

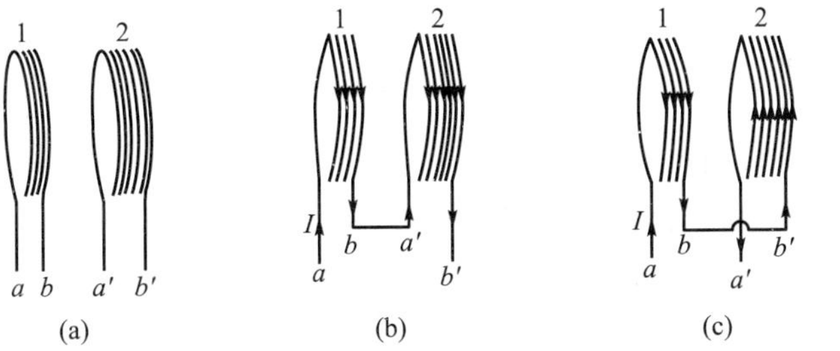


图 5-27　两个线圈的顺接与反接

图 5-27(b) 表示的是顺接情形，两线圈首尾 $a'$、$b$ 相连. 设线圈通以图示的电流 $I$，并且使电流随时间增加，则在线圈 1 中产生自感电动势 $\mathscr{E}_1$ 和线圈 2 对线圈 1 的互感电动势 $\mathscr{E}_{21}$. 这两个电动势方向相同，并与电流的方向相反. 因此在线圈 1 中的电动势是两者相加，为

$$\mathscr{E}_1+\mathscr{E}_{21}=-\left(L_1\frac{\mathrm{d}I}{\mathrm{d}t}+M\frac{\mathrm{d}I}{\mathrm{d}t}\right),$$

同样，在线圈 2 中产生自感电动势 $\mathscr{E}_2$ 和线圈 1 对线圈 2 的互感电动势 $\mathscr{E}_{12}$. 这两个电动势方向相同，并与电流的方向相反. 因此在线圈 2 中的电动势为

$$\mathscr{E}_2+\mathscr{E}_{12}=-\left(L_2\frac{\mathrm{d}I}{\mathrm{d}t}+M\frac{\mathrm{d}I}{\mathrm{d}t}\right).$$

由于 $\mathscr{E}_1+\mathscr{E}_{21}$ 和 $\mathscr{E}_2+\mathscr{E}_{12}$ 的方向相同，因此在串联线圈中的总感应电动势为

$$\mathscr{E}=\mathscr{E}_1+\mathscr{E}_{21}+\mathscr{E}_2+\mathscr{E}_{12}=-(L_1+L_2+2M)\frac{\mathrm{d}I}{\mathrm{d}t}.\tag{5.26}$$

式(5.26)表明，顺接串联线圈的总自感为

$$L=L_1+L_2+2M. \tag{5.27}$$

图 5-27(c)表示反接情形,两线圈尾尾 $b$、$b'$ 相连.当线圈通以图示的电流 $I$,并且使电流随时间增加,则在线圈 1 中产生的互感电动势 $\mathscr{E}_{21}$ 与自感电动势 $\mathscr{E}_1$ 方向相反,在线圈 2 中产生的互感电动势 $\mathscr{E}_{12}$ 与自感电动势 $\mathscr{E}_2$ 的方向相反.因此,总的感应电动势为

$$\mathscr{E}=\mathscr{E}_1-\mathscr{E}_{21}+\mathscr{E}_2-\mathscr{E}_{12}=-(L_1+L_2-2M)\frac{\mathrm{d}I}{\mathrm{d}t}. \tag{5.28}$$

式(5.28)表明,反接串联线圈的总自感为

$$L=L_1+L_2-2M\text{①}. \tag{5.29}$$

考虑两个特殊情形.第一,当两个线圈制作或放置使得它们各自产生的磁通量不穿过另一线圈,则两个线圈的互感为零.这时串联线圈的自感就是两个线圈自感的和.

第二,当两无漏磁的线圈顺接时总自感为

$$L=L_1+L_2+2\sqrt{L_1L_2}\ ; \tag{5.30}$$

当它们反接时,总自感为

$$L=L_1+L_2-2\sqrt{L_1L_2} \tag{5.31}$$

### 5.3.4　自感磁能和互感磁能

在 §2.2 中我们曾经讲过电容器充电后,储存一定的能量.当电容器两极板之间电压为 $U$ 时,电容器所储的电能为

$$W_\mathrm{e}=\frac{1}{2}CU^2,$$

$C$ 为电容器的电容.现在我们将要指出,一个通电的线圈也会储存一定的能量,其所储的磁能可以通过电流建立过程中抵抗感应电动势做功来计算.

先考虑一个线圈的情形.当线圈与电源接通时,由于自感现象,电路中的电流 $i$ 并不立刻由 0 变到恒定值 $I$,而要经过一段时间.在这段时间内,电路中的电流在增大,因而有反方向的自感电动势存在,外电源 $\mathscr{E}$ 不仅要供给电路中产生焦耳热的能量,而且还要反抗自感电动势 $\mathscr{E}_L$ 做功.下面我们计算在电路中建立电流 $I$ 的过程中,电源所做的这部分额外的功.在时间 $\mathrm{d}t$ 内,电源反抗自感电动势所做的功为

$$\mathrm{d}A=-\mathscr{E}_L i\,\mathrm{d}t,$$

式中 $i$ 为电流强度的瞬时值,而 $\mathscr{E}_L$ 为

$$\mathscr{E}_L=-L\frac{\mathrm{d}i}{\mathrm{d}t},$$

因而

$$\mathrm{d}A=Li\,\mathrm{d}i.$$

在建立电流的整个过程中,电源反抗自感电动势所做的功为

$$A=\int\mathrm{d}A=\int_0^I Li\,\mathrm{d}i=\frac{1}{2}LI^2.$$

---

① 推导式(5.28)和式(5.29)时,曾假设电流 $I$ 在增加,这是一种分析、运算的手段.由于自感和互感系数与电流无关,这两个公式并不依赖于这个假设,而是普遍成立的.

这部分功以能量的形式储存在线圈内. 当切断电源时电流由恒定值 $I$ 减少到 0,线圈中产生与电流方向相同的感应电动势. 线圈中原已储存起来的能量通过自感电动势做功全部释放出来. 自感电动势在电流减少的整个过程中所做的功是

$$A' = \int \mathscr{E}_L i\mathrm{d}t = -L\int_I^0 i\mathrm{d}i = \frac{1}{2}LI^2.$$

这就表明自感线圈能够储能,在一个自感为 $L$ 的线圈中建立电流 $I$,线圈中所储存的能量是

$$W_{自} = \frac{1}{2}LI^2, \tag{5.32}$$

当放电时,这部分能量又全部释放出来. 这部分称为自感磁能. 自感磁能的公式与电容器的电能公式在形式上极为相似.

下面我们用类似的方法计算互感磁能. 若有两个相邻的线圈 1 和 2,在其中分别有电流 $I_1$ 和 $I_2$. 在建立电流的过程中,电源除了供给线圈中产生焦耳热的能量和抵抗自感电动势做功外,还要抵抗互感电动势做功. 在两个线圈建立电流的过程中,抵抗互感电动势所做的总功为

$$\begin{aligned}A &= A_1 + A_2 = -\int_0^\infty \mathscr{E}_{21} i_1 \mathrm{d}t - \int_0^\infty \mathscr{E}_{12} i_2 \mathrm{d}t \\ &= \int_0^\infty \left(M_{21} i_1 \frac{\mathrm{d}i_2}{\mathrm{d}t} + M_{12} i_2 \frac{\mathrm{d}i_1}{\mathrm{d}t}\right)\mathrm{d}t \\ &= M_{12}\int_0^\infty \frac{\mathrm{d}}{\mathrm{d}t}(i_1 i_2)\,\mathrm{d}t \\ &= M_{12}\int_0^{I_1 I_2} \mathrm{d}(i_1 i_2) = M_{12} I_1 I_2,\end{aligned}$$

和自感一样,两个线圈中电源抵抗互感电动势所做的这部分额外的功,也以磁能的形式储存起来. 一旦电流中止,这部分磁能便通过互感电动势做功全部释放出来. 由此可见,当两个线圈中各自建立了电流 $I_1$ 和 $I_2$ 后,除了每个线圈里各储有自感磁能

$$W_1 = \frac{1}{2}L_1 I_1^2$$

和

$$W_2 = \frac{1}{2}L_2 I_2^2$$

之外,在它们之间还储有另一部分磁能

$$W_{12} = M_{12} I_1 I_2, \tag{5.33}$$

$W_{12}$ 称为线圈 1、2 的互感磁能.

应该注意,自感磁能不可能是负的,但互感磁能则不一定,可能为正,也可能为负.

综上所述,两个相邻的载流线圈所储存的总磁能为

$$\begin{aligned}W_{\mathrm{m}} &= W_1 + W_2 + W_{12} \\ &= \frac{1}{2}L_1 I_1^2 + \frac{1}{2}L_2 I_2^2 + M_{12} I_1 I_2.\end{aligned} \tag{5.34}$$

如果写成对称形式,则有

$$W_{\mathrm{m}} = \frac{1}{2}L_1 I_1^2 + \frac{1}{2}L_2 I_2^2 + \frac{1}{2}M_{12} I_1 I_2 + \frac{1}{2}M_{21} I_2 I_1. \tag{5.35}$$

我们不难将上式推广到 $k$ 个线圈的更普遍情形：

$$W_m=\frac{1}{2}\sum_{i=1}^{k}L_iI_i^2+\frac{1}{2}\sum_{\substack{i,j=1\\(i\neq j)}}^{k}M_{ij}I_iI_j, \tag{5.36}$$

式中 $L_i$ 为第 $i$ 个线圈的自感，$M_{ij}$是线圈 $i$、$j$ 之间的互感.

在§6.5 中我们将从磁场的能量公式(6.78)里看到，互感磁能是与电流建立的过程无关的. 上面的互感磁能公式(5.33)是在两个线圈中同时建立电流的过程中推导出来的. 我们也可以先在线圈 1 中建立电流 $I_1$，然后在线圈 2 中建立电流 $I_2$，或者先在线圈 2 中建立电流 $I_2$，然后在线圈 1 中建立电流 $I_1$ 来计算互感磁能. 根据互感磁能与电流建立的过程无关，可以证明互感 $M_{12}=M_{21}$ 如下.

我们来计算上述两个过程中的互感磁能. 先在线圈 1 中建立电流 $I_1$，这时并没有互感磁能. 再在线圈 2 中建立电流 $I_2$，一般说来，由于互感作用，$I_2$ 的变化会在线圈 1 中产生互感电动势，从而引起 $I_1$ 的变化，反过来，$I_1$ 的变化又会引起 $I_2$ 的变化，情况比较复杂. 可是，如果我们想象调节线圈 1 的外接电源，抵消掉线圈 2 对线圈 1 的互感电动势，则可维持 $I_1$ 不变. 在这过程中，外接电源需抵抗互感电动势做功，所做的功为

$$A=-\int\mathscr{E}_{21}I_1\,\mathrm{d}t=M_{21}\int_0^{I_2}I_1\,\mathrm{d}i_2=M_{21}I_1\int_0^{I_2}\mathrm{d}i_2=M_{21}I_1I_2.$$

由于 $I_1$ 维持不变，它不会在线圈 2 中产生互感电动势，因此，在整个过程中储存的互感磁能为 $A=M_{21}I_1I_2$. 同样，先建立 $I_2$，再建立 $I_1$ 并维持 $I_2$ 不变，储存的互感磁能为 $M_{12}I_2I_1$. 根据互感磁能与建立电流的先后次序无关，因此$M_{21}I_1I_2=M_{12}I_2I_1$，故得 $M_{12}=M_{21}$.

## 思　考　题

**5.3-1**　如何绕制才能使两个线圈之间的互感最大？

**5.3-2**　有两个相隔距离不太远的线圈，如何放置可使其互感为零？

**5.3-3**　三个线圈中心在一条直线上，相隔的距离都不太远，如何放置可使它们两两之间的互感为零？

**5.3-4**　在如题图所示的电路中，1、2 是两个相同的白炽灯，$L$ 是一个自感相当大的线圈，其电阻数值上与电阻 $R$ 相同. 由于存在自感现象，试推想开关 S 接通和断开时，灯泡 1、2 先后亮暗的顺序如何？

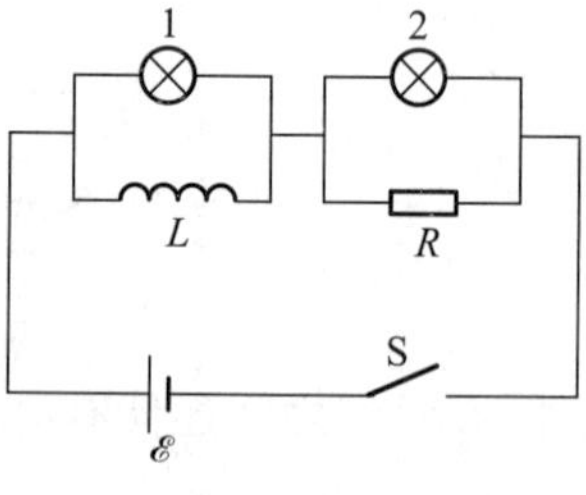


思考题 5.3-4 图

**5.3-5**　一个线圈自感的大小取决于哪些因素？

**5.3-6**　用金属丝绕制的标准电阻要求是无自感的，怎样绕制自感为零的线圈？

## 习　　题

**5.3-1**　一螺绕环横截面的半径为 $a$，中心线的半径为 $R$，$R\gg a$，其上由表面绝缘的导线均匀地密绕两个线圈，一个 $N_1$ 匝，另一个 $N_2$ 匝，求两线圈的互感 $M$.

**5.3-2**　一圆形线圈由 50 匝表面绝缘的细导线绕成，圆面积为 $S=4.0\ \mathrm{cm}^2$，放在另一个半径 $R=20$ cm 的大圆形绕圈中心，两者同轴，如题图所示，大圆形线圈由 100 匝表面绝缘的导线绕成.

（1）求这两线圈的互感 $M$；

（2）当大线圈导线中的电流每秒减小 50 A 时，求小线圈中的感应电动势 $\mathscr{E}$.

**5.3-3**　如题图，一矩形线圈长 $a=20$ cm，宽 $b=10$ cm，由 100 匝表面绝缘的导线绕成，放在一很长的直导线旁边并与之共面，这长直导线是一个闭合回路的一部分，其他部分离线圈都很远，影响可略去不计. 求图中（a）和（b）两种情况下，线圈与长直导线之间的互感.

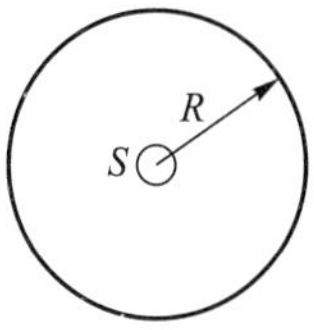


习题 5.3-2 图

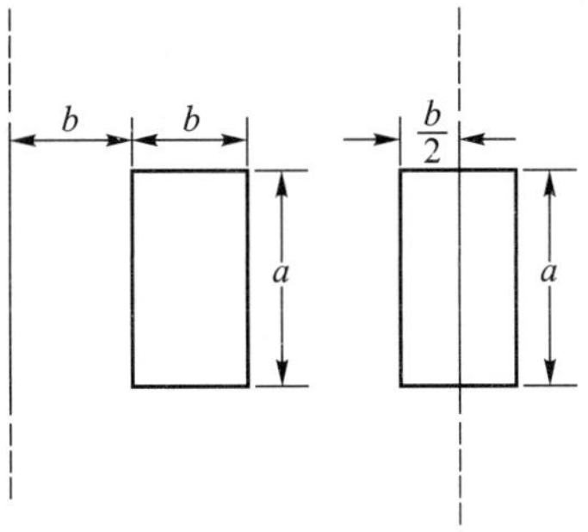


习题 5.3-3 图

**5.3-4**　如题图，两长螺线管同轴，半径分别为 $R_1$ 和 $R_2$（$R_1>R_2$），长度为 $l$（$l\gg R_1$ 和 $R_2$），匝数分别为 $N_1$ 和 $N_2$. 求互感 $M_{12}$ 和 $M_{21}$，由此验证 $M_{12}=M_{21}$.

**5.3-5**　在长 60 cm、直径 5.0 cm 的空心纸筒上绕多少匝导线，才能得到自感为 $6.0\times10^{-3}$ H 的线圈？

**5.3-6**　矩形截面螺绕环的尺寸如题图所示，总匝数为 $N$.

（1）求它的自感；

（2）当 $N=1\ 000$ 匝，$D_1=20$ cm，$D_2=10$ cm，$h=1.0$ cm 时，自感为多少？

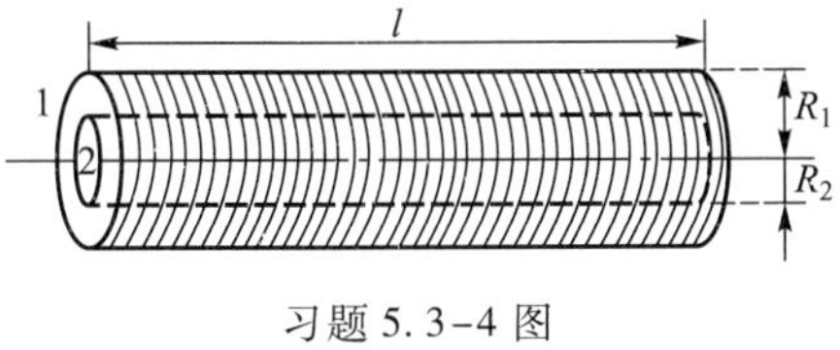


习题 5.3-4 图

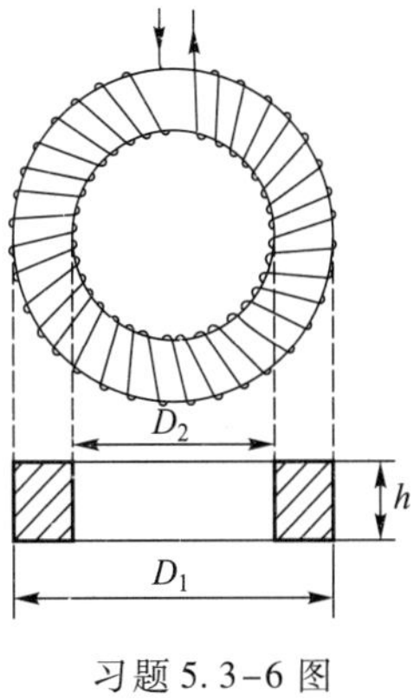


习题 5.3-6 图

**5.3-7**　两根平行导线，横截面的半径都是 $a$，中心相距为 $d$，载有大小相等而方向相反的电流. 设 $d\gg a$，且两导线内部的磁通量都可略去不计. 证明：这样一对导线长为 $l$ 的一段的自感为

$$L\approx\frac{\mu_0 l}{\pi}\ln\frac{d}{a}.$$

**5.3-8**　在一纸筒上绕有两个相同的线圈 $ab$ 和 $a'b'$，每个线圈的自感都是 0.050 H，如题图所示. 求：

（1）$a$ 和 $a'$ 相接时，$b$ 和 $b'$ 间的自感 $L$；

（2）$a'$ 和 $b$ 相接时，$a$ 和 $b'$ 间的自感 $L$.

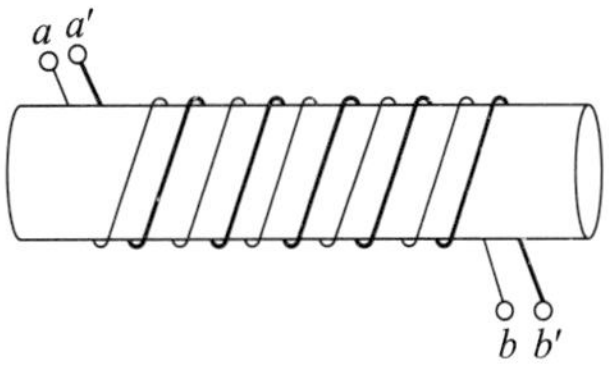


习题 5.3-8 图

**5.3-9**　两线圈的自感分别为 $L_1=5.0\ \mathrm{mH}$，$L_2=3.0\ \mathrm{mH}$，当它们顺接串联时，总自感为 $L=11.0\ \mathrm{mH}$.

（1）求它们之间的互感；

（2）设这两线圈的形状和位置都不改变，只把它们反接串联，求它们反接后的总自感.

**5.3-10**　两线圈顺接后总自感为 1.00 H，在它们的形状和位置都不变的情况下，反接后的总自感为 0.40 H. 求它们之间的互感.

**5.3-11**　两根足够长的平行导线间的距离为 20 cm，在导线中保持一强度为 20 A 而方向相反的恒定电流.

（1）求两导线间每单位长度的自感，设导线的半径为 1.0 mm；

（2）若将导线分开到相距 40 cm，磁场对导线单位长度能做的功；

（3）位移时，单位长度的磁能改变了多少？是增加还是减少？说明能量的来源.

# §5.4　暂态过程

当一个自感与电阻组成 $LR$ 电路，在 0 突变到 $\mathscr{E}$ 或 $\mathscr{E}$ 突变到 0 的阶跃电压的作用下，由于自感的作用，电路中的电流不会瞬间突变；与此类似，电容和电阻组成的 $RC$ 电路在阶跃电压的作用下，电容上的电压也不会瞬间突变. 这种在阶跃电压作用下，从开始发生变化到逐渐趋于稳态的过程叫作**暂态过程**. 本节将研究暂态过程的特点和规律.

## 5.4.1　*LR* 电路的暂态过程

考虑如图 5-28 所示的电路，当开关拨向 1 时，一个从 0 到 $\mathscr{E}$ 的阶跃电压作用在 $LR$ 电路上，由于有自感，电流的变化使电路中出现自感电动势

$$\mathscr{E}_L=-L\frac{\mathrm{d}i}{\mathrm{d}t}.$$

按照楞次定律，这个电动势是反抗电流增加的.

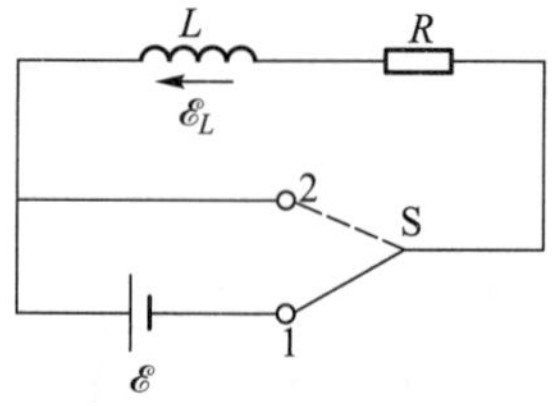


图 5-28　*LR* 电路

设电源的电动势为 $\mathscr{E}$，内阻为零，接通电源后，在任何瞬时，电路中总的电动势为

$$\mathscr{E}+\mathscr{E}_L=\mathscr{E}-L\frac{\mathrm{d}i}{\mathrm{d}t},$$

按照欧姆定律①

$$\mathscr{E}-L\frac{\mathrm{d}i}{\mathrm{d}t}=iR,$$

或

$$L\frac{\mathrm{d}i}{\mathrm{d}t}+Ri=\mathscr{E}. \tag{5.37}$$

这就是电路中变化着的瞬时电流 $i$ 所满足的微分方程，它是一个一阶线性常系数非齐次微分方程，可用分离变量法求解. 将它写成

$$\frac{\mathrm{d}i}{i-\frac{\mathscr{E}}{R}}=-\frac{R}{L}\mathrm{d}t,$$

① 此处电流虽不是恒定的，但若变化不快，可看成似稳的，欧姆定律仍成立，详见 §8.4 的讨论.

对上式两边积分，得

$$\ln\left(i-\frac{\mathscr{E}}{R}\right)=-\frac{R}{L}t+K,$$ ①

或

$$i-\frac{\mathscr{E}}{R}=K_1\mathrm{e}^{-\frac{R}{L}t}\quad(K_1=\mathrm{e}^K),\tag{5.38}$$

式中 $K_1$ 为积分常量，需由初始条件 $t=0$ 时的电流值确定. 我们选取接通电源的时刻作为计时的零点. 从物理上来看，在未接通电源之前，电路中不存在电流；接通电源之后，电感线圈中的电流增加，随即产生反方向的感应电动势阻碍电流的增加. 因此，在接通电源的开始，电流只能从 0 逐渐增加而不能突变，即初始条件为 $t=0$ 时，$i_0=0$. 将初始条件代入式(5.38)，得积分常量 $K_1=-\frac{\mathscr{E}}{R}$. 方程式(5.37)满足初始条件的解则为

$$i=\frac{\mathscr{E}}{R}(1-\mathrm{e}^{-\frac{R}{L}t}).\tag{5.39}$$

如图 5-29(a)，按照式(5.39)画出不同$\frac{L}{R}$比值下电流 $i$ 随时间 $t$ 的变化曲线. 可以看出，接通电流后，$i$ 是经过一指数增长过程逐渐达到恒定值 $I_0=\frac{\mathscr{E}}{R}$的. 电路中的$\frac{L}{R}$比值不同，达到恒定值的过程持续的时间不同. 比值$\frac{L}{R}$具有时间的量纲，用 $\tau$ 表示，即 $\tau=\frac{L}{R}$. 由式(5.39)可以看出，当 $t=\tau$ 时，

$$i(\tau)=I_0(1-\mathrm{e}^{-1})=0.63I_0,$$

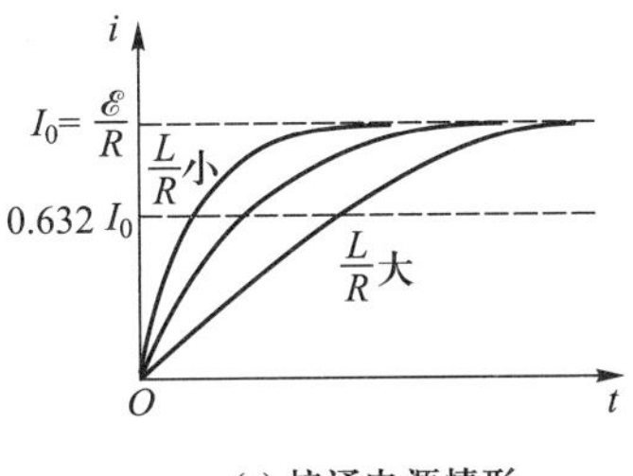


(a) 接通电源情形

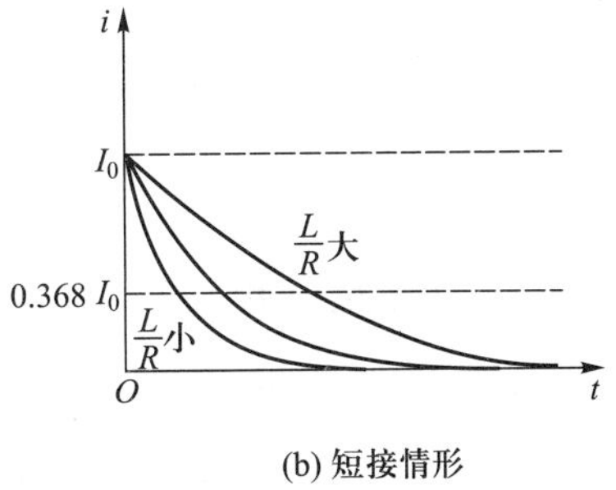


(b) 短接情形

图 5-29　*LR* 电路的暂态曲线

也就是说，$\tau$ 等于电流从 0 增加到恒定值的 63% 所需的时间. 当 $t=5\tau$ 时，由式(5.39)算出 $i=0.994I_0$，即经过 $5\tau$ 这段时间后，暂态过程已基本结束. 由此可见，$\tau=\frac{L}{R}$是标志 *LR* 电路中暂态过程持续时间长短的特征量，叫作**LR 电路的时间常量**. $L$ 越大，$R$ 越小，则时间常量越大，电流增长得越慢.

---

① 当 $i<\frac{\mathscr{E}}{R}$时，这里出现负数的对数. 为了避免出现这种情况，可将积分前的式子两端变号后再积分. 不过从复变函数的角度看，这并不必要，因为负数的对数并不是没有意义的. 因 $\mathrm{e}^{\mathrm{j}\pi}=-1$(见附录 D 中的 D.3 节)，$\ln(-1)=\mathrm{j}\pi$($\mathrm{j}=\sqrt{-1}$)，对于任何负数 $x<0$，有 $x=-|x|$，故 $\ln x=\ln|x|+\ln(-1)=\ln|x|+\mathrm{j}\pi$. 故上面的运算完全可以形式地做下去，而不必管 $i-\mathscr{E}/R$ 究竟是正的还是负的.

在图 5-28 中将开关 S 由 1 很快拨向 2①，作用在 $LR$ 电路上的阶跃电压从 $\mathscr{E}$ 到 0，但电流的变化所产生的自感电动势使电流还将延续一段时间. 这时按照欧姆定律，电流 $i$ 所满足的微分方程为

$$-L\frac{\mathrm{d}i}{\mathrm{d}t}=iR \quad 或 \quad L\frac{\mathrm{d}i}{\mathrm{d}t}+iR=0. \tag{5.40}$$

将式(5.40)改写成

$$\frac{\mathrm{d}i}{i}=-\frac{R}{L}\mathrm{d}t,$$

两边积分后可得

$$i=K_2\mathrm{e}^{-\frac{R}{L}t}, \tag{5.41}$$

式中的积分常量 $K_2$ 需由初始条件确定. 在 S 拨向 2 之前，电路中的电流为 $i=\frac{\mathscr{E}}{R}$；将 S 由 1 很快拨向 2 时，电路中的外加电动势由 $\mathscr{E}$ 变为 0，电流的减小在线圈中产生的自感电动势将阻止电流减小. 因此在 S 与 2 短接的开始，电流是从 $i=\frac{\mathscr{E}}{R}$ 逐渐减小，即初始条件为 $t=0$ 时，$i_0=\frac{\mathscr{E}}{R}$. 将初始条件代入式(5.41)，得 $K_2=\frac{\mathscr{E}}{R}$. 于是，方程式(5.40)满足初始条件的解则为

$$i=\frac{\mathscr{E}}{R}\mathrm{e}^{-\frac{R}{L}t}, \tag{5.42}$$

式(5.42)表明，将电源撤去时，电流下降也按指数递减，递减的快慢用同一时间常量 $\tau=\frac{L}{R}$ 来表征[参看图 5-29(b)].

总之，$LR$ 电路在阶跃电压的作用下，电流不能突变，电流滞后一段时间才趋于恒定值，滞后的时间由时间常量 $\tau=\frac{L}{R}$ 标志.

### 5.4.2 RC 电路的暂态过程

$RC$ 电路的暂态过程也就是 $RC$ 电路的充放电过程.

在图 5-30 所示的电路中如将开关 S 接到位置 1，则电容器被充电，这时电源电动势 $\mathscr{E}$ 应为电容器 $C$ 两极板上电压与电阻 $R$ 上电势降落之和，即

$$\mathscr{E}=\frac{q}{C}+iR, \tag{5.43}$$

$i$ 为电路中的瞬时电流. 当把开关接到位置 2 时，电容器 $C$ 通过电阻 $R$ 放电. 这时电路中未接电源，令上式中 $\mathscr{E}=0$，则得放电时的方程为

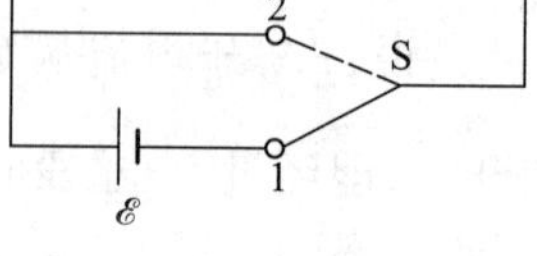

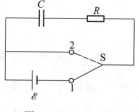

图 5-30　$RC$ 电路

$$\frac{q}{C}+iR=0. \tag{5.44}$$

① 这里实际上应要求 S 与 1 断开的同时，与 2 接通，或者 S 先与 2 接通，随即与 1 断开. 这在实验上是可以做到的. 如果不是这样，而是像普通开关那样，S 先与 1 断开，然后再与 2 接通，那么在“断开”与“接通”之间，经历了一个复杂的过程，实验上观察到的就不是图 5-29(b)所示的过程. 下面 $RLC$ 的暂态过程中也有同样的问题.

将 $i=\dfrac{\mathrm{d}q}{\mathrm{d}t}$代入式(5.43)和式(5.44),得

$$R\frac{\mathrm{d}q}{\mathrm{d}t}+\frac{1}{C}q=\mathscr{E}, \tag{5.45}$$

和

$$R\frac{\mathrm{d}q}{\mathrm{d}t}+\frac{1}{C}q=0, \tag{5.46}$$

式(5.45)和式(5.46)都是电荷量 $q$ 的一阶常系数微分方程.在 $RC$ 电路中电容器内的电荷量 $q$ 只能逐渐增减而不能突变.在充电的开始电容器极板上没有电荷,因此,充电过程的初始条件为 $t=0$ 时,$q_0=0$;在放电开始时,电容器极板上已经充有 $q_0=C\mathscr{E}$ 的电荷,放电过程的初始条件为 $t=0$ 时,$q_0=C\mathscr{E}$.采用与前相同的方法可求得式(5.45)和式(5.46)满足各自初始条件的解分别为

$$\text{充电}:q=C\mathscr{E}\left(1-\mathrm{e}^{-\frac{1}{RC}t}\right), \tag{5.47}$$

$$\text{放电}:q=C\mathscr{E}\,\mathrm{e}^{-\frac{1}{RC}t}. \tag{5.48}$$

图 5-31(a)、(b)中分别画出充电和放电时电容器极板上电荷量 $q$ 随时间变化的曲线.可以看出,$RC$ 电路的充电和放电过程按指数规律变化,充放电过程的快慢由 $\tau=RC$ 的大小表示,$RC$ 越大,充电和放电过程越慢.$\tau=RC$ 值称为**$RC$ 电路的时间常量**.例如当 $R=1\ \mathrm{k\Omega}$,$C=1\ \mu\mathrm{F}$ 时,时间常量 $RC=1\times10^3\times1\times10^{-6}\ \Omega\cdot\mathrm{F}=1\times10^{-3}\,\mathrm{s}=1\ \mathrm{ms}$.

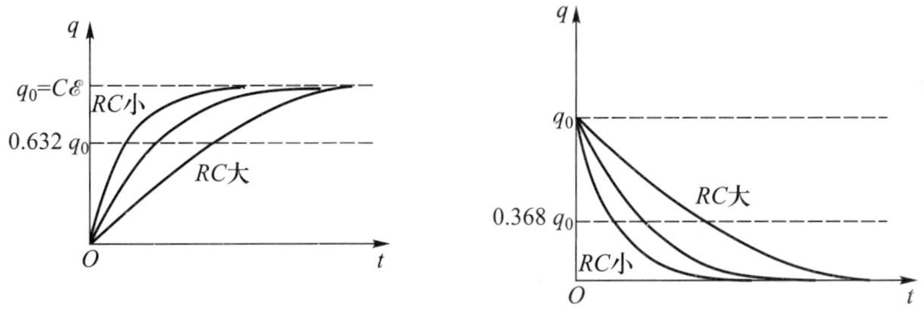


(a) 充电过程　　(b) 放电过程

图 5-31　$RC$ 电路的暂态曲线

由于电容器上的电压为 $u_C=q/C$,因此,电容器上电压 $u_C$ 在充放电时的变化规律与 $q$ 一样不能突变,只能逐渐变化,变化的快慢由时间常量 $RC$ 表示.充放电时的电流以及电阻上的压降都可以根据以上结果进行讨论.

$RC$ 电路的暂态过程在电子学,特别是脉冲技术中有广泛的应用.

$LR$ 电路和 $RC$ 电路的暂态过程有一些共同特点,值得在这里小结一下.我们应该抓住暂态过程的起始状态、终态和中间过程三个环节.起始状态取决于初始条件,终态是稳态,它们需要根据具体情况通过物理上的分析来确定;中间过程是负指数变化过程,变化的快慢由电路的参数所决定的时间常量 $\tau$ 表征.对于如图 5-28 和图 5-30 的电路接通电源和短路的三个环节总结如表 5-1.对于其他更复杂电路中的暂态过程,抓住上述三个环节,往往也能得出一些定性的结论.

表 5-1 **$LR$ 电路和 $RC$ 电路暂态过程特点**

| 电路 | | 初始条件($t=0$ 时) | 终态($t\to\infty$ 时) | 时间常量 $\tau$ |
|---|---|---|---|---|
| $LR$ 电路 | 接通电源 | $i_0=0$ | $i=\frac{\mathscr{E}}{R}$ | $\frac{L}{R}$ |
| | 短路 | $i_0=\frac{\mathscr{E}}{R}$ | $i=0$ | $\frac{L}{R}$ |
| $RC$ 电路 | 接通电源 | $q_0=0$ 或 $U_0=0$ | $q=C\mathscr{E}$ 或 $U=\mathscr{E}$ | $RC$ |
| | 短路 | $q_0=C\mathscr{E}$ 或 $U_0=\mathscr{E}$ | $q=0$ 或 $U=0$ | $RC$ |

## *5.4.3 微分电路和积分电路

作为 $RC$ 电路暂态过程的应用,在此我们介绍一下微分电路和积分电路.

(1) 微分电路

在脉冲技术中常用尖脉冲作为触发信号. 利用微分电路可以把矩形波变为尖脉冲. 下面我们分析其变换原理.

$RC$ 微分电路如图 5-32 所示,若从输入端输入一个幅度为 $\mathscr{E}$、宽度为 $T_k$ 的矩形波 $u_{入}$,其波形见图 5-33(a). 首先要明确的是,这个电路的输出与输入电压的关系为:$u_{入}=u_C+u_{出}$,其中 $u_C$ 为电容上的端电压,$u_{出}$ 为电阻 $R$ 上的电势降落. 其次,电容的端电压不可能突变,当 $u_{入}$ 从 0 阶跃到 $\mathscr{E}$ 时,$C$ 充电;而当 $u_{入}$ 从 $\mathscr{E}$ 阶跃到 0 时,$C$ 放电. $R$ 上的电势降落,即输出电压也就随之变化. 对于不同的时间常量 $\tau=RC$(例如 $\tau=2T_k$,$0.5T_k$,$0.1T_k$,$0.05T_k$),$R$ 上将得到各种不同的输出波形,如图 5-33(b)、(c)、(d)、(e)所示.

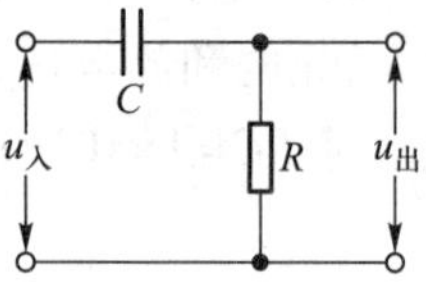


图 5-32 $RC$ 微分电路

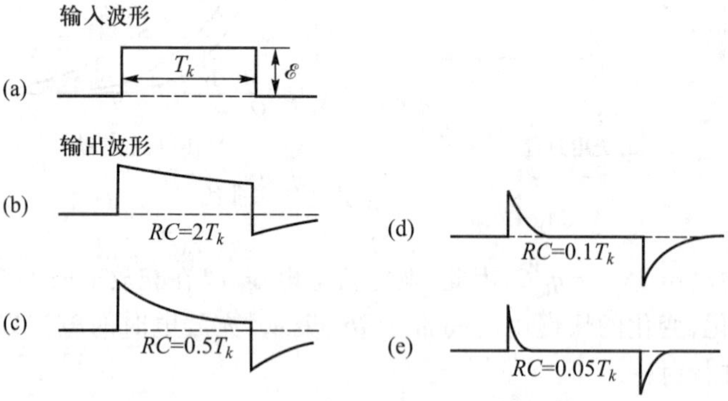


图 5-33 微分电路的输入和输出电压波形

当 $\tau=RC\gg T_k$(如 $\tau=10T_k$)时,相对 $T_k$ 而言,充放电过程进行得很慢,在 $T_k$ 时间内电容的端电压 $u_C$ 变化不大,从而 $u_{出}$ 与 $u_{入}$ 波形相似,也是矩形波,只是由于 $C$ 的充电使 $u_{出}$ 波形顶部后期略有下降. 然而当 $\tau=RC\ll T_k$(如 $\tau=0.05T_k$)时,相对 $T_k$ 而言,充放电过程进行得很快,$u_C$ 很快达到恒定值,从而也很快地使 $u_{出}=0$. 但在 $u_{入}$ 向上跳变的瞬时,由于电容来不及充电,它两端的电压不能突变,因此,此刻 $u_C=0$,从而 $u_{出}=u_{入}-u_C=\mathscr{E}$. 以后 $u_C$ 因电容充电而迅速上升到 $\mathscr{E}$,$u_{出}$ 很快下降到 0. 所以这时 $u_{出}$ 形成一个宽度约为 $\tau$ 的正尖脉冲. 同理,在 $u_{入}$ 从 $\mathscr{E}$ 跳变到 0 的瞬时,由于电容来不及放电,$u_C$ 仍旧为 $\mathscr{E}$,从而 $u_{出}=u_{入}-u_C=-\mathscr{E}$. 以后 $u_C$ 因电容放电迅速减小到 0,而

$u_{出}$ 很快从 $-\mathscr{E}$ 上升到 0. 所以这时 $u_{出}$ 形成一个宽度约为 $\tau$ 的负尖脉冲. 这样一来,输入的方脉冲变为输出的一系列正负尖脉冲.

我们看到,在 $\tau \ll T_k$ 的条件下,上述 $RC$ 电路输出的波形只反映出输入波形中的突变部分,而输入信号中的不变部分没有输出. 从数学上讲,可以证明 $u_{出}(t)$ 近似地正比于 $u_{入}(t)$ 对 $t$ 的微商. 因为在 $RC$ 电路方程式(5.43)中 $\mathscr{E}=u_{入}(t)$,且由于 $\tau=RC$ 很小,即 $R$ 和 $C$ 小,右端第二项 $iR$ 相对第一项 $q/C$ 而言可以忽略,于是该方程化为

$$\frac{q}{C}\approx u_{入}(t),$$

但 $u_{出}(t)=iR$,而 $i=\frac{\mathrm{d}q}{\mathrm{d}t}$,故

$$u_{出}(t)\approx RC\frac{\mathrm{d}u_{入}}{\mathrm{d}t}. \tag{5.49}$$

这就表明输出电压与输入电压的微商近似地成正比. 因此,在 $\tau \ll T_k$ 的条件下图 5-32 所示的 $RC$ 电路叫作**微分电路**.

(2) 积分电路

在某些实际应用中,需要使输出的信号电压 $u_{出}(t)$ 正比于输入电压 $u_{入}(t)$ 对 $t$ 的积分,这时可采用图 5-34 中所示的 $RC$ 电路. 设输入的信号为一个任意形状的脉冲,见图 5-35(a),其维持时间为 $T_k$. 可以证明,当电路的时间常量 $\tau=RC \gg T_k$ 时,$u_{出}(t)$ 的波形如图 5-35(b)所示,在 $0\sim T_k$ 一段时间内它近似地正比于 $u_{入}(t)$ 对 $t$ 的积分. 因为在这种情况下 $\tau=RC$ 很大,即 $R$ 和 $C$ 大,电路方程式(5.43)中 $q/C$ 一项相对 $iR$ 一项而言可以忽略,从而

$$iR\approx u_{入}(t).$$

但 $u_{出}(t)=q/C$,而 $q=\int_0^t i\mathrm{d}t$,故

$$u_{出}(t)\approx\frac{1}{RC}\int_0^t u_{入}(t)\,\mathrm{d}t. \tag{5.50}$$

因此,在 $\tau \gg T_k$ 的条件图 5-34 所示的 $RC$ 电路叫作**积分电路**①.

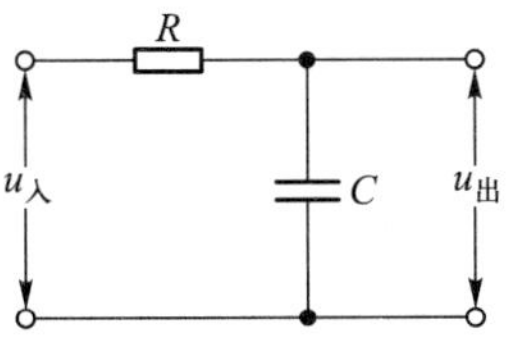


图 5-34　$RC$ 积分电路

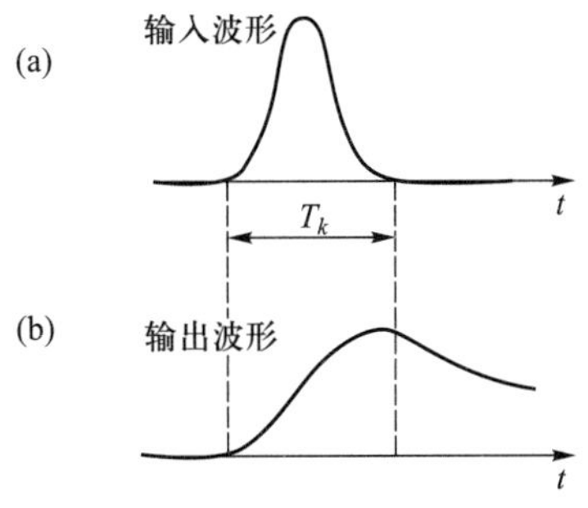


图 5-35　积分电路的输入和输出电压波形

## 5.4.4　*LCR* 电路的暂态过程

现在我们讨论 $LCR$ 电路的暂态过程. 电路如图 5-36 所示,与上述 $RC$ 和 $LR$ 电路类似,这个

---

① 严格地说,在输入波形的末端,当 $u_{入}$ 下降到 $u_C$ 时,$u_{入}=u_C+iR$ 中则不能忽略 $u_C$. 因此,只有在 $t$ 小于 $T_k$ 的范围内,输出才反映输入的积分效果. 不过在 $RC \gg T_k$ 的条件下,输入电压的绝大部分都降在电阻上,电容上分得的电压 $u_C$ 非常小,只有在输入波形的末端极短的时间内,式(5.50)才出现偏差. 因此,在 $RC \gg T_k$ 的条件下,在 $T_k$ 时间范围内,式(5.50)是实际情况的很好反映.

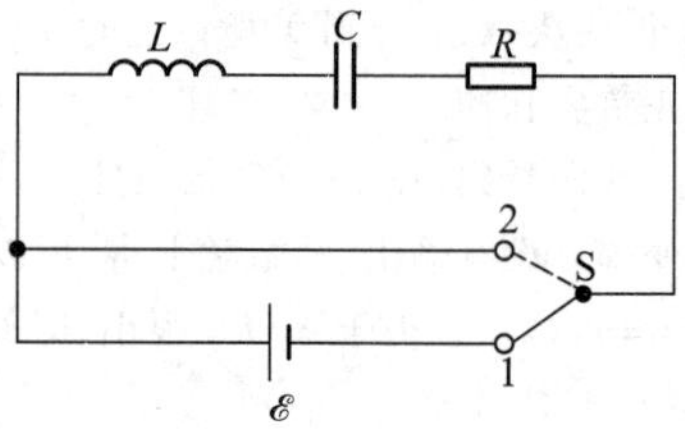


图 5-36　*LCR* 电路

电路的微分方程为

$$L\frac{\mathrm{d}i}{\mathrm{d}t}+iR+\frac{q}{C}=\begin{cases}\mathscr{E} & (\text{S 接于 1}),\\ 0 & (\text{S 接于 2}).\end{cases}$$

其中 $i=\frac{\mathrm{d}q}{\mathrm{d}t}$,代入上式得

$$L\frac{\mathrm{d}^2q}{\mathrm{d}t^2}+R\frac{\mathrm{d}q}{\mathrm{d}t}+\frac{q}{C}=\begin{cases}\mathscr{E},\\ 0.\end{cases} \tag{5.51}$$

这是二阶线性常系数微分方程,在本章后面的附录 C 中专门介绍这类方程式的解,这里我们就直接引用那里的结果.附录 C 中研究的方程是

$$a\frac{\mathrm{d}^2x}{\mathrm{d}t^2}+b\frac{\mathrm{d}x}{\mathrm{d}t}+cx=d,$$

与式(5.51)对比一下可以看出,两式中的变量和系数的对应关系是

$$x\longleftrightarrow q,\quad t\longleftrightarrow t,$$

$$a\longleftrightarrow L,\quad b\longleftrightarrow R,\quad c\longleftrightarrow\frac{1}{C},$$

$$d\longleftrightarrow \mathscr{E}\text{ 或 }0,$$

附录 C 中指出,这方程式解的形式与阻尼度

$$\lambda=\frac{b}{2}\frac{1}{\sqrt{ac}}$$

有密切关系.根据上面的对应关系,电路方程(5.51)的阻尼度为

$$\lambda=\frac{R}{2}\sqrt{\frac{C}{L}}. \tag{5.52}$$

图 5-37(a)、(b)分别示出充电和放电过程中 $q$ 随时间 $t$ 变化的曲线.图中三条曲线对应 $\lambda>1$、$\lambda=1$ 和 $\lambda<1$ 三种情形.这三种情形分别称为过阻尼、临界阻尼和阻尼振荡.下面我们着重从能量的角度定性讨论 *LCR* 电路放电过程的特点,说明过阻尼、临界阻尼和阻尼振荡的含义.

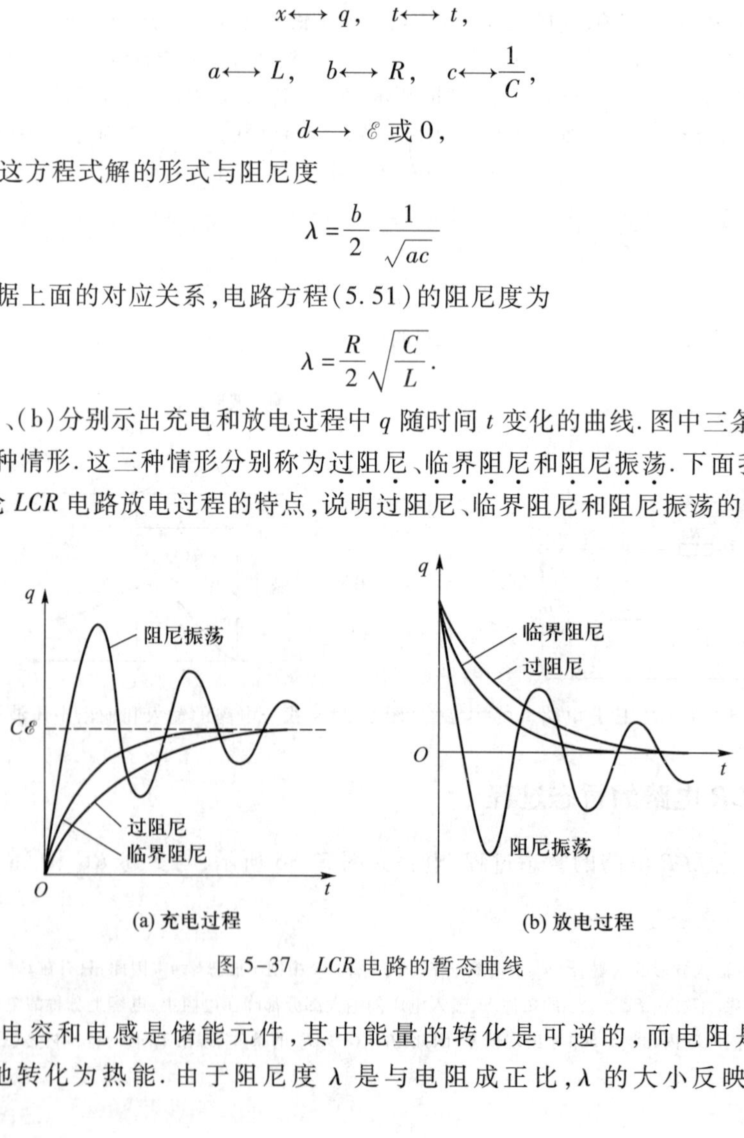


(a) 充电过程　　(b) 放电过程

图 5-37　*LCR* 电路的暂态曲线

我们知道,电容和电感是储能元件,其中能量的转化是可逆的,而电阻是耗散性元件,其中电能单向地转化为热能.由于阻尼度 $\lambda$ 是与电阻成正比,$\lambda$ 的大小反映着电路中电磁

能耗散的情况. 首先我们看电路中 $R=0$ 的情形,此时 $\lambda=0$. 放电过程开始时,电容器中原来积累的电荷量减少,线圈中的电流增大,这时电容器中储存的静电能转化为电感元件中的磁能. 当电容器中积累的电荷量放电完毕时,全部静电能转化为磁能以后,电路中的电流在自感电动势的推动下持续下去,使电容器反方向充电,于是,磁能又转化为电能. 如此的过程反复进行下去,形成等幅振荡. 振荡的频率 $f_0$ 和周期 $T_0$ 分别为

$$f_0=\frac{1}{2\pi\sqrt{LC}},\quad T_0=2\pi\sqrt{LC},\tag{5.53}$$

$f_0$ 和 $T_0$ 分别称为电路的自由振荡频率和自由周期.

如果电路中的电阻不太大使得 $\lambda<1$,每当电流通过电阻,便消耗掉一部分能量,振荡的振幅逐渐衰减,这便是阻尼振荡情形,其振荡频率 $f$ 和周期 $T$ 分别为

$$f=\frac{1}{2\pi}\sqrt{\frac{1}{LC}-\frac{R^2}{4L^2}},\tag{5.54}$$

$$T=\frac{2\pi}{\sqrt{\frac{1}{LC}-\frac{R^2}{4L^2}}}.\tag{5.55}$$

当电阻增大时,振荡的周期增大,衰减的程度增加.

当电阻的数值达到一定的临界值,使得 $\lambda=1$ 时,由式(5.54)和式(5.55)可见周期趋于无穷大,表明衰减的过程不再具有周期性,这便是临界阻尼情形.

当电阻再大使得 $\lambda>1$ 时,放电过程进行得更缓慢,这便是过阻尼情形.

## 思　考　题

**5.4-1**　写出图 5-28 所示的 $LR$ 电路在接通电源和短路两种情形下电感以及电阻上的电势差 $u_L$ 和 $u_R$ 的表达式,并定性绘出 $u_L$ 和 $u_R$ 的时间变化曲线.

**5.4-2**　写出图 5-30 所示的 $RC$ 电路在充电和放电两种情形下电路中的电流 $I$、电容以及电阻上的电势差 $u_C$ 和 $u_R$ 的表达式,并定性绘出它们的时间变化曲线.

**5.4-3**　题图所示电路三个电阻相等,令 $i_1$、$i_2$ 和 $i_3$ 分别为 $R_1$、$R_2$ 和 $R_3$ 上的电流,$u_1$、$u_2$、$u_3$ 与 $u_C$ 为该三个电阻与电容上的电势差.

(1) 试定性地绘出开关 S 接通之后,上列各量随时间变化的曲线;

(2) S 接通较长时间后把开关 S 断开,试定性绘出开关断开后,上列各量随时间变化的曲线.

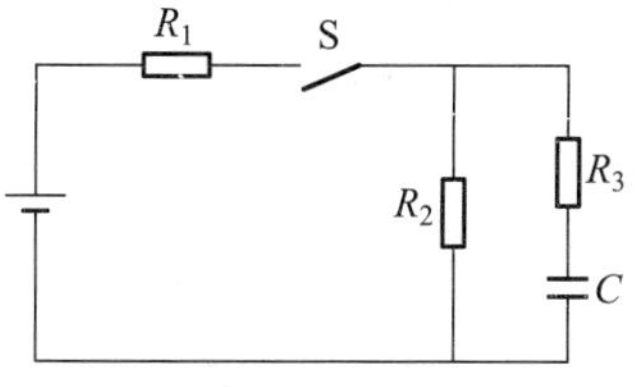


思考题 5.4-3 图

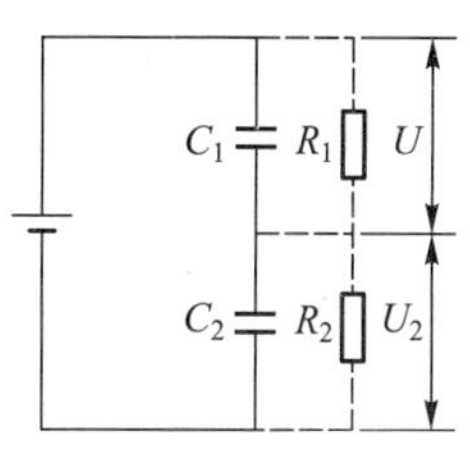


思考题 5.4-4 图

**5.4-4**　我们知道,两个理想电容器 $C_1$、$C_2$ 串联起来接在电源上,电压分配 $U_1:U_2=C_2:C_1$. 但实际电容都有一定的漏阻,漏阻相当于并联在理想电容器 $C_1$、$C_2$ 上的电阻 $R_1$、$R_2$(见题图),漏阻趋于无穷时,电容器趋于理想电

容.将两个实际电容接在电源上,根据恒定条件,电压分配应为 $U_1 : U_2 = R_1 : R_2$.设 $C_1 : C_2 = R_1 : R_2 = 1 : 2$.并设想 $R_1$ 和 $R_2$ 按此比例趋于无穷.求这时电压分配 $U_1 : U_2$.一种说法认为这时两电容都是理想的,故 $U_1 : U_2 = C_2 : C_1 = 2 : 1$;另一种说法认为电压的分配只与 $R_1$ 和 $R_2$ 的比值有关,而这比值未变,故当 $R_1 \to \infty$,$R_2 \to \infty$ 时,电压分配仍为 $U_1 : U_2 = R_1 : R_2 = 1 : 2$.两种说法有矛盾,问题出在哪里?如果实际去测量的话,你将看到什么结果?

## 习　　题

**5.4-1**　证明 $L/R$ 和 $RC$ 具有时间的量纲式,并且 1 H/1 Ω = 1 s,1 Ω · 1 F = 1 s.

**5.4-2**　一个线圈的自感 $L = 3.0$ H,电阻 $R = 6.0$ Ω,接在 12 V 的电源上,电源的内阻可略去不计.求:

(1) 刚接通时的$\frac{di}{dt}$;

(2) 接通 $t = 0.20$ s 时的$\frac{di}{dt}$;

(3) 电流 $i = 1.0$ A 时的$\frac{di}{dt}$.

**5.4-3**　在上题中,(1)当电流为 0.50 A 时,供给线圈的功率是多少?这时线圈上产生的热功率是多少?线圈磁能的增加率是多少?(2)当电流达到稳定值时,有多少能量储于线圈中?

**5.4-4**　一个自感为 0.50 mH、电阻为 0.01 Ω 的线圈连接到内阻可忽略、电动势为12 V的电源上.开关接通多长时间,电流达到终值的 90%?此时,线圈中储存了多少焦耳的能量?到此时,电源消耗了多少能量?

**5.4-5**　一线圈的自感 $L = 5.0$ H,电阻 $R = 20$ Ω,把 $U = 100$ V 的不变电压加到它的两端.

(1) 求电流达到最大值 $I_0 = \frac{U}{R}$时,线圈所储存的磁能 $W_m$;

(2) 从 $U$ 开始加上起,问经过多长时间,线圈所储存的磁能达到$\frac{1}{2}W_m$?

**5.4-6**　一线圈的自感 $L = 3.0$ H,电阻 $R = 10$ Ω,把 $U = 3.0$ V 的不变电压加在它的两端.在电压加上 0.30 s 后,求:

(1) 此时线圈中的电流 $I$;

(2) 电源供给的功率;

(3) $R$ 消耗的焦耳热功率;

(4) 磁场能量的增加率.这时能量是否守恒?

**5.4-7**　一自感为 $L$,电阻为 $R$ 的线圈与一无自感的电阻 $R_0$ 串联地接于电源上,如题图所示.

(1) 求开关 $S_1$ 闭合 $t$ 时间后,线圈两端的电势差 $U_{bc}$;

(2) 若 $\mathscr{E} = 20$ V,$R_0 = 50$ Ω,$R = 150$ Ω,$L = 5.0$ H,求 $t = 0.5\tau$ 时($\tau$ 为电路的时间常量)线圈两端的电势差 $U_{bc}$ 和 $U_{ab}$;

(3) 待电路中电流达到恒定值,闭合开关 $S_2$,求闭合 0.01 s 后,通过 $S_2$ 中的电流的大小和方向.

**5.4-8**　一电路如题图所示,$R_1$、$R_2$、$L$ 和 $\mathscr{E}$ 都已知,电源 $\mathscr{E}$ 和线圈 $L$ 的内阻都可略去不计.

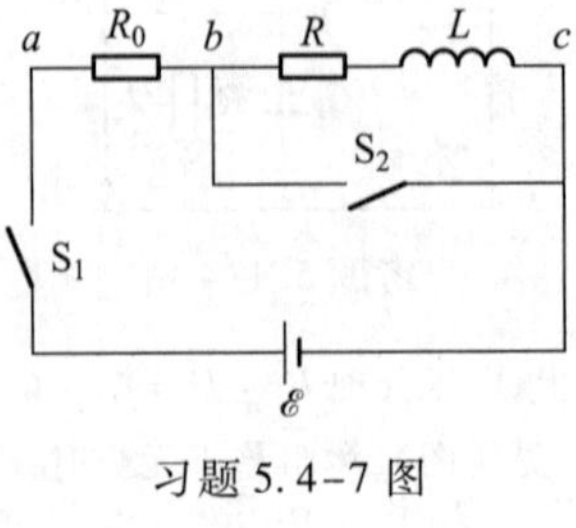


习题 5.4-7 图

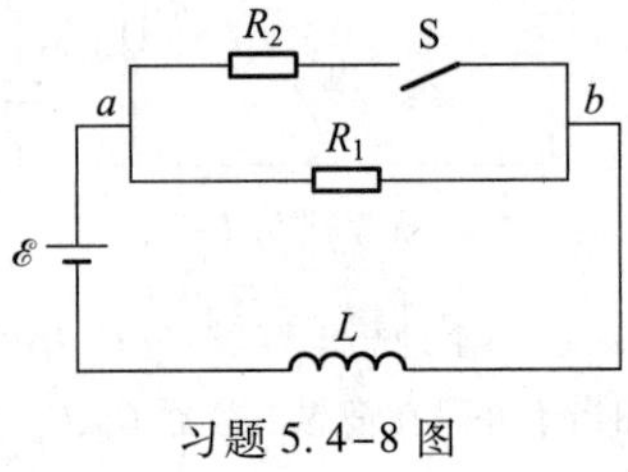


习题 5.4-8 图

（1）求 S 接通后，$a$、$b$ 间的电压与时间的关系；

（2）在电流达到最后恒定值的情况下，求 S 断开后 $a$、$b$ 间的电压与时间的关系.

**5.4–9**　两线圈之间的互感为 $M$，电阻分别为 $R_1$ 和 $R_2$，第一个线圈接在电动势为 $\mathscr{E}$ 的电源上，第二个线圈接在电阻为 $R_g$ 的电流计 G 上，如题图所示. 设开关 S 原先是接通的，第二个线圈内无电流，然后把 S 断开.

（1）求通过 G 的电荷量 $q$；

（2）$q$ 与两线圈的自感有什么关系？

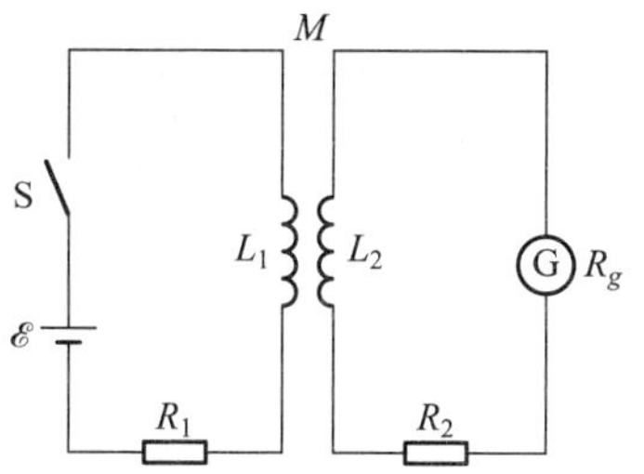


习题 5.4–9 图

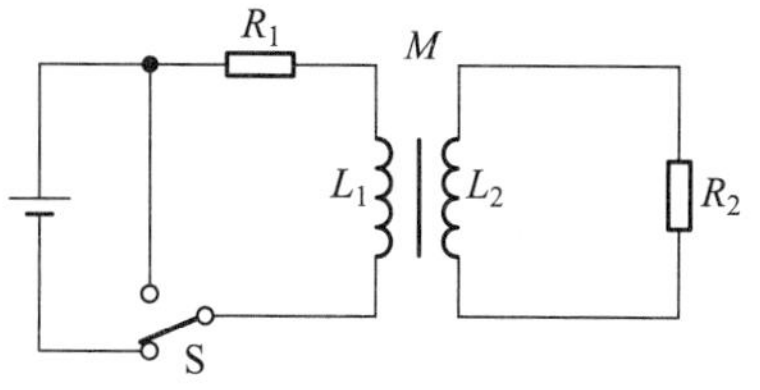


习题 5.4–10 图

**5.4–10**　图示为一对互感耦合的 $LR$ 电路. 证明在无漏磁的条件下，两回路充放电的时间常量都是

$$\tau=\frac{L_1}{R_1}+\frac{L_2}{R_2}.$$

（提示：列出两回路的电路方程，这是一组联立的一阶线性微分方程组，解此微分方程组即可求得.）

**5.4–11**　当电感元件的铁芯中若有涡流时，为什么由此组成的 $LR$ 电路充放电的时间常量要增大？

（提示：参看上题.）

**5.4–12**　$3.00\times10^6\ \Omega$ 的电阻与 $1.00\ \mu F$ 的电容跟 $\mathscr{E}=4.00\ V$ 的电源连接成单回路，试求在电路接通后 1.00 s 的时刻的下列各量：

（1）电容上电荷增加的速率；

（2）电容器内储存能量的速率；

（3）电阻上发生的热功率；

（4）电源提供的功率.

**5.4–13**　在图 5–30 中开关先接 1 对电容器充电到恒定值，将开关拨向 2.

（1）问经过几倍 $\tau$ 的时间之后，电容器所储存的能量减为一半；

（2）证明电容器所储存的能量完全转化为电阻上消耗的焦耳热.

**5.4–14**　在 $LC$ 振荡回路中，设开始时 $C$ 上的电荷量为 $Q$，$L$ 中的电流为 0.

（1）求第一次达到 $L$ 中磁能等于 $C$ 中电能所需的时间 $t$；

（2）求这时 $C$ 上的电荷量 $q$.

**5.4–15**　两个 $C=2.0\ \mu F$ 的电容器已充有相同的电荷量，经过一线圈（$L=1.0$ mH，$R=50\ \Omega$）放电. 问当这两个电容器（1）并联时，（2）串联时，能不能发生振荡.

# § 5.5　灵敏电流计和冲击电流计

## 5.5.1　灵敏电流计

灵敏电流计也是一种磁电式电流计，它的灵敏度特别高，可以用来测量 $10^{-7}\sim10^{-11}$ A 的小电流. 它是精密测试时常用的一种电学仪表.

灵敏电流计的基本部分有永久磁铁、圆柱形软铁芯和矩形线圈,同 §4.4 中所介绍的普通磁电式电流计差不多,但为了提高灵敏度,除了线圈的绕线较细,圈数较多外,线圈不是靠轴和轴承支承起来,而是用一根金属细丝将线圈悬挂起来,线圈能够以悬丝为轴自由转动,如图 5-38 所示. 当线圈中通有电流时,线圈在磁场中受磁力矩 $L_{磁}$,发生偏转,悬丝被扭转. 由于弹性,悬丝就会产生一个反方向的弹性扭力矩 $L_{弹}$,使线圈在一定的偏转角度下达到平衡. 这个偏转角度反映了待测电流的大小. 在普通的电流计中,偏转角度是通过固定在线圈上的指针在刻度盘上指示出来,而在灵敏电流计中,悬丝上黏附有小反射镜,将一束光投射到小镜上,从反射光束的偏向可以测出线圈的偏转角度. 在这里,光束实际上就是一个无重量的指针.

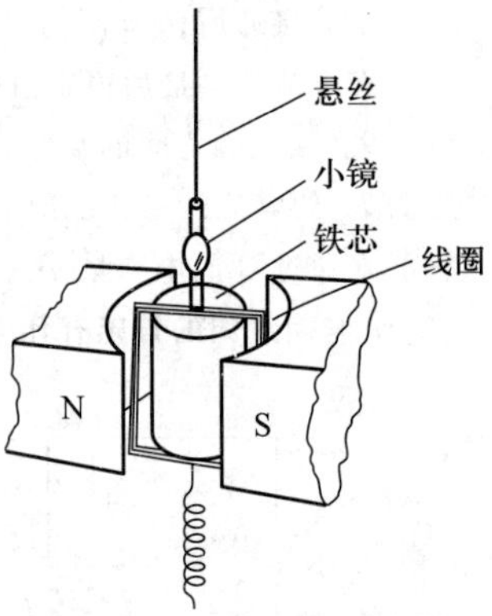


图 5-38　灵敏电流计结构

线圈所受的磁偏转力矩 $L_{磁}$ 和弹性扭力矩 $L_{弹}$ 与普通电流计的相同,也可表示为

$$L_{磁}=NISB,\quad L_{弹}=-D\varphi,$$

(见 4.4.6 节). 第一式中 $N$ 是线圈的匝数,$I$ 是通入线圈的电流,$S$ 是线圈的面积,$B$ 是线圈两竖直边所在处的磁感应强度. 第二式中 $D$ 是悬丝的扭转常数,$\varphi$ 是偏转角,式中负号表示 $L_{弹}$ 与 $\varphi$ 的方向相反. 在这两个力矩作用下达到平衡时偏转角为

$$\varphi_0=\frac{NSB}{D}I=S_g I,$$

式中　$S_g=\dfrac{NSB}{D}$称为电流计的灵敏度.

值得注意的是,通电线圈除了受到上述两个力矩外,在运动过程中还受到电磁阻尼力矩. 由于线圈是在磁场中运动,竖直两边切割磁感应线,就会产生一定的动生电动势,其大小为

$$\mathscr{E}=NBS\omega=NBS\frac{\mathrm{d}\varphi}{\mathrm{d}t},\tag{5.56}$$

式中 $\omega$ 是线圈转动的角速度,$\varphi$ 是角位移. 设电流计线圈本身的电阻为 $R_g$,与之相连的外电路电阻为 $R_{外}$,二者之和为 $R=R_g+R_{外}$,则线圈中感应电流的大小为

$$i=\frac{\mathscr{E}}{R}=\frac{NBS}{R}\frac{\mathrm{d}\varphi}{\mathrm{d}t}.\tag{5.57}$$

此感应电流在磁场中受到安培力,此安培力的力矩总是阻碍线圈的运动,因此电磁阻尼力矩为

$$L_{阻}=-\frac{(NSB)^2}{R}\frac{\mathrm{d}\varphi}{\mathrm{d}t},\tag{5.58}$$

式中的负号表示 $L_{阻}$ 的方向永远和角速度$\dfrac{\mathrm{d}\varphi}{\mathrm{d}t}$的方向相反. 上式表明,$L_{阻}$ 的大小与$\dfrac{\mathrm{d}\varphi}{\mathrm{d}t}$成正比,角速度越大,线圈所受的阻尼力矩也越大;线圈静止时就没有阻尼力矩. 令

$$P=\frac{(NSB)^2}{R}=\frac{(NSB)^2}{R_g+R_{外}},\tag{5.59}$$

于是

$$L_{阻}=-P\frac{\mathrm{d}\varphi}{\mathrm{d}t},\tag{5.60}$$

$P$ 叫作阻力系数，它除了与电流计本身的常量（$N$、$S$、$B$、$R_g$）有关外，还与外电路的电阻 $R_{外}$ 有关.

$L_{磁}$、$L_{弹}$ 和 $L_{阻}$ 这三个力矩的作用，决定了线圈的运动状态. 根据转动定理，电流计线圈的运动方程为

$$J\frac{d^2\varphi}{dt^2}=L_{磁}+L_{弹}+L_{阻}=NSBI-D\varphi-P\frac{d\varphi}{dt},$$

式中 $J$ 为线圈的转动惯量. 将上式移项后得

$$J\frac{d^2\varphi}{dt^2}+P\frac{d\varphi}{dt}+D\varphi=NSBI,\tag{5.61}$$

这是一个二阶线性常系数微分方程. 这类方程的解在附录 C 中有专门讨论. 附录 C 中的微分方程式（C.1）与式（5.61）中变量与系数的对应关系是

$$x\longleftrightarrow\varphi,\quad t\longleftrightarrow t,$$
$$a\longleftrightarrow J,\quad b\longleftrightarrow P,\quad c\longleftrightarrow D,$$
$$d\longleftrightarrow NSBI（常量）,$$

因而式（C.8）给出的阻尼度 $\lambda=\frac{b}{2}\frac{1}{\sqrt{ac}}$，在这里对应为

$$\lambda=\frac{P}{2\sqrt{JD}}.\tag{5.62}$$

按照阻尼度 $\lambda$ 大于、等于和小于 1，运动状态分为过阻尼、临界阻尼和欠阻尼（阻尼振荡）三种情形. 解出的三种运动状态里 $\varphi$ 随时间 $t$ 变化的曲线示于图 5-39. 现在我们不去详细讨论解微分方程的数学运算，而从能量转化的角度来分析三种运动状态中发生的物理过程.

如前所述，$L_{磁}$ 和 $L_{弹}$ 决定了线圈最后达到的稳定偏转 $\varphi_0$. 如果没有 $L_{阻}$，线圈将在平衡位置 $\varphi=\varphi_0$ 两侧来回摆动. 这时线圈的转动动能转化为悬丝的弹性势能，悬丝的弹性势能又转化为转动动能，这和弹簧振子或单摆一样，物体系的机械能是守恒的. $L_{阻}$ 是由感应电流引起的，产生感应电流 $i$ 所需的能量来自物体切割磁感应线时具有的动能，而这部分电能最终将以焦耳热的形式“耗散”在电路中. 所以有了 $L_{阻}$，线圈的机械能（转动动能和弹性势能）就会不断地在运动过程中减少. 当阻力系数 $P$ 较小时，线圈会在平衡位置 $\varphi=\varphi_0$ 两侧振荡，但随着机械能被消耗，摆幅越来越小，这就是欠阻尼（阻尼振荡）状态. 随着阻尼的增大，摆幅减小得将越来越快，最后当阻力系数 $P$ 增大到一定程度时，线圈直接趋向平衡位置 $\varphi_0$，不再表现出振荡的性质，这就是临界阻尼状态. 当阻力系数 $P$ 更大时，线圈以非振荡的方式趋近平衡位置的过程变得更加缓慢，这就是过阻尼状态.

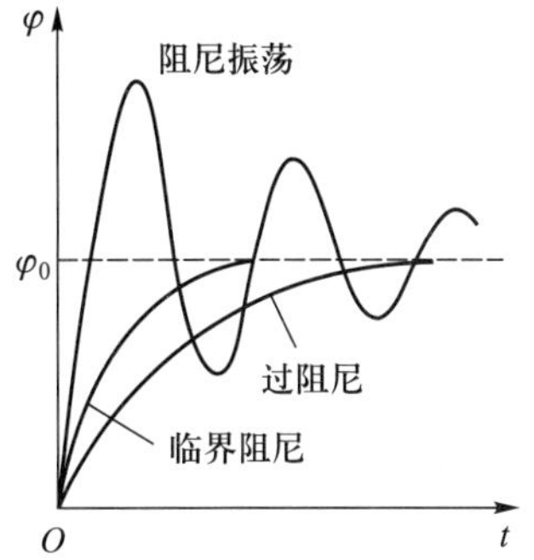

图 5-39　灵敏电流计的三种运动状态

线圈的阻尼振荡状态和过阻尼运动状态在实验中对测量都是不利的. 因为在这两种情况下线圈达到稳定偏转角 $\varphi_0$ 需要较长的时间. 为了读出待测电流的稳定偏转角 $\varphi_0$ 就需要等待较长的时间. 而实验中要求在尽可能短的时间内使线圈达到稳定偏转角 $\varphi_0$，这就要求线圈最好工作在临界阻尼状态，这时读数所需要的时间最短.

怎样才能控制电流计的线圈工作在临界阻尼状态呢？根据上面的分析，它要求线圈所受阻尼力矩的阻力系数 $P$ 不能太小，

也不能太大,数值适中,使

$$\lambda=\frac{P}{2\sqrt{JD}}=1,$$

式中阻力系数 $P$ 为

$$P=\frac{(NSB)^2}{R}=\frac{(NSB)^2}{R_g+R_{外}},$$

它除了与电流计本身结构($S,N,B,R_g$)有关外,还与外电路的电阻 $R_{外}$ 有关.这是因为阻尼力矩是由感应现象引起的,阻尼力矩与线圈中产生的感应电流的大小成正比,而感应电流的大小,是与电路中的电阻有关的.所以 $R$ 越大,感应电流就越小,阻力系数也越小.因此调节外电阻就可以控制线圈的运动状态.线圈工作在临界阻尼状态时的外电阻值叫作临界(外)电阻.具体操作问题留待实验时读者再去掌握.

实验中有时还会发生这样的情况,当连接电流计的电路断开(图 5-40 中开关 $S_1$ 断开)时,这相当于电流计的外电阻为∞,感应电流等于零.于是线圈将会在平衡位置(零点)来回长时间的摆动不停.这当然是实验中不希望发生的事.实验中采取的措施是在电流计的两端并联一个开关 $S_2$,叫作阻尼开关.一般情况下这个开关是断开的,为了使线圈的运动很快停下来,当线圈摆动到零点时,迅速接通开关,将线圈两端短接起来,这时相当于外电阻为零,线圈中产生较大的感应电流,从而它受到较大的阻尼力矩,这样就可使线圈即刻停止下来.

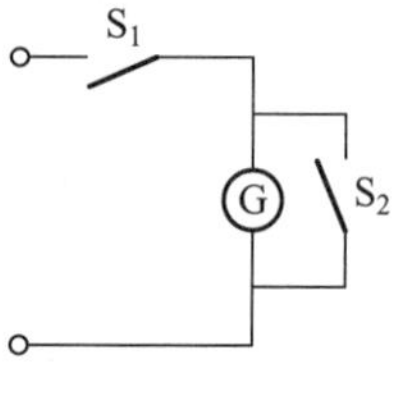

图 5-40　阻尼开关

## *5.5.2　冲击电流计

(1) 冲击电流计的结构和用法

冲击电流计名为"电流计",实际上并不是用来测电流的,而是用来测量短时间内脉冲电流所迁移的电荷量,它还可以用来进行与此有关的其他方面的测量,例如测量磁感应强度、高阻、电容等.

我们知道,在没有阻尼的情况下,电流计线圈运动方程的齐次部分为

$$J\frac{d^2\varphi}{dt^2}+D\varphi=0,$$

这个方程的解具有周期性,其振荡的角频率应为

$$\omega_0=\sqrt{\frac{D}{J}}$$

[参见附录 C 的式(C.17),式中的 $c$ 和 $a$ 分别代以 $D$ 和 $J$].或者说,其周期为

$$T_0=\frac{2\pi}{\omega_0}=2\pi\sqrt{\frac{J}{D}} \tag{5.63}$$

这个没有阻尼时的振荡周期 $T_0$,叫作电流计的自由周期.冲击电流计的结构(见图 5-41)与灵敏电流计相仿,区别仅在于它的线圈较扁而宽,转动惯量 $J$ 较大,从而自由周期 $T_0$ 较长.一般灵敏电流计的 $T_0$ 约为1~2 s,而冲击电流计的 $T_0$ 有十几秒以上.自由周期长的好处将在下面讲原理时看到.

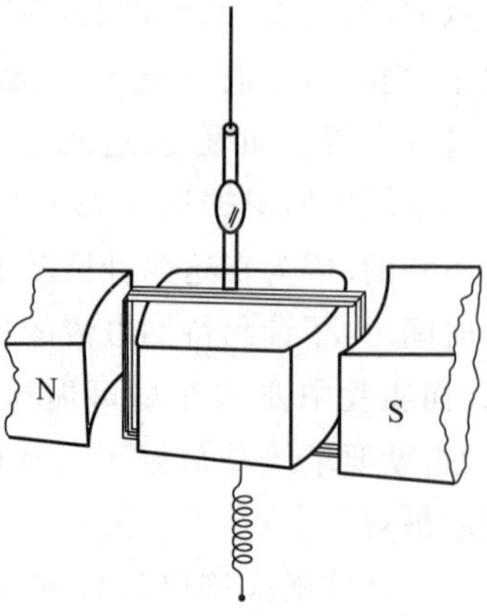

图 5-41　冲击电流计结构

由于冲击电流计与灵敏电流计用途不同,用法也不一样.用灵敏电流计时读的是它的稳定偏转角 $\varphi_0$,而用冲击电流计时读的是第一次最大的摆

角(叫作冲掷角)$\varphi_M$. 我们先结合一个测磁场的例子来说明冲击电流计的用法.

图 5-42 所示,是用冲击电流计测量螺线管产生磁场的电路. 这电路由三个独立的回路组成. 螺线管中的电流是由回路Ⅰ中的电源 $E_1$ 提供的. 接通开关 $S_1$,就有电流 $I$ 通入螺线管,其大小可通过变阻器 $R_1$ 来调节. $M$ 是标准互感器,与它的原线圈相连的回路Ⅱ是校准用的(其作用以后再说,这里暂且不管它). 为了测量螺线管中的磁感应强度 $B$,将一个探测线圈安放其中,令线圈的平面与磁感应线垂直. 探测线圈与标准互感器 $M$ 的副线圈和可变电阻 $R_3$ 串联后,接在冲击电流计 G 上,组成回路Ⅲ. $S_3$ 是电流计开关,不用时可将回路Ⅲ断开. $S_4$ 是阻尼开关. 测量时,将电源开关 $S_1$ 突然接通,或突然断开. 这时螺线管中的电流突然由 0 变到 $I$,或由 $I$ 变到 0,与此相应,螺线管中的磁感应强度突然由 0 变到 $B$,或由 $B$ 变到 0. 在此突变的过程中,探测线圈中产生一个感应电动势 $\mathscr{E}(t)$,回路Ⅲ中产生一个瞬时的感应电流 $i(t)$. 一旦螺线管中的电流达到恒定后,$i(t)$ 很快就消失,所以 $i(t)$ 是脉冲式的(见图 5-43),脉冲时间 $\tau$ 的长短取决于操作 $S_1$ 的时间和回路Ⅲ(这是一个 $LR$ 电路)的时间常量 $\frac{L}{R}$. 当脉冲电流 $i(t)$ 通过冲击电流计 G 时,电流计线圈就受到一个磁偏转力矩 $L_{磁}(t)$. $L_{磁}(t)$ 与 $i(t)$ 成正比,它也是脉冲式的. 在脉冲期间内线圈产生一定的角速度,脉冲过后它将依惯性而旋转起来. 此后电流计线圈只受到 $L_{扭}$ 和 $L_{阻}$ 两个力矩,二者都是阻碍它前进的,于是线圈逐渐减速. 当线圈摆到某一最远位置 $\varphi=\varphi_M$(冲掷角)后开始往回摆. 下面我们就要证明,冲掷角 $\varphi_M$ 是与待测磁感应强度 $B$(更确切地说,是 $B$ 的变化量 $\Delta B$)成正比的,因而通过 $\varphi_M$ 的读数可以求得 $B$.

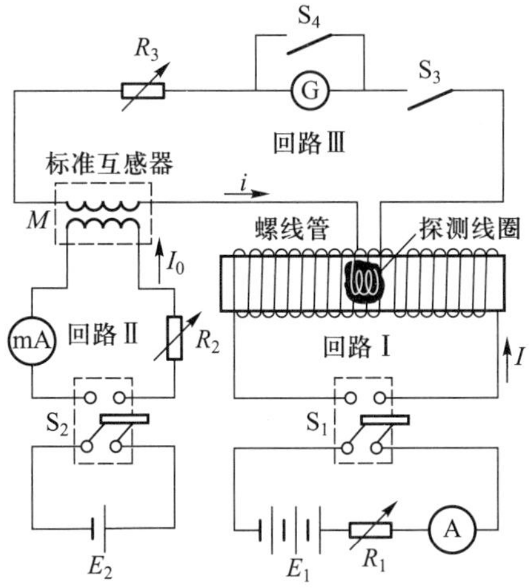

图 5-42　用冲击电流计测螺线管磁场的电路

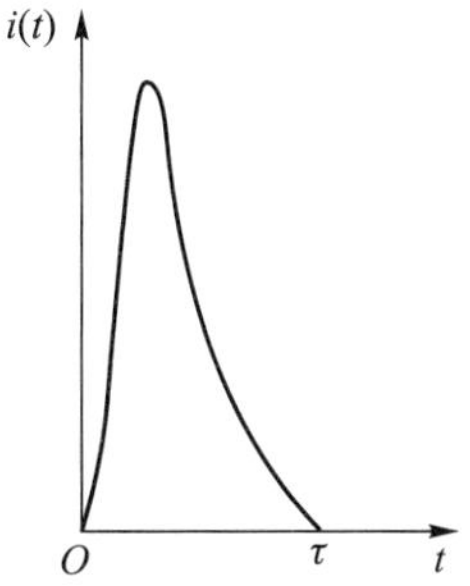

图 5-43　通过冲击电流计的脉冲电流

(2) 测量原理

现在我们来论证:冲掷角 $\varphi_M$ 正比于待测的 $\Delta B$. 证明分几步进行.

(i) 迁移的电荷量 $q$ 正比于 $\Delta B$

在脉冲式的感应电流 $i(t)$ 通过冲击电流计时,在它持续的时间内有一定的电荷量 $q$ 迁移过去,

$$q=\int_0^{\tau} i(t)\,\mathrm{d}t. \tag{5.64}$$

设电流计所在的回路Ⅲ中总电阻 $R=R_g+R_{外}$,这里 $R_{外}$ 为可变电阻 $R_3$、探测线圈和标准互感器的副线圈电阻之和. 此外回路Ⅲ中还有一定的自感 $L$. 因此感应电流 $i(t)$ 满足下列方程:

$$L\frac{\mathrm{d}i(t)}{\mathrm{d}t}+i(t)R=\mathscr{E}(t),$$

或

$$i(t)=-\frac{L}{R}\frac{\mathrm{d}i(t)}{\mathrm{d}t}+\frac{\mathscr{E}(t)}{R},$$

其中 $\mathscr{E}(t)$ 是磁场突变时在探测线圈内产生的感应电动势. 设探测线圈的匝数和面积分别为 $N$ 和 $S$, 其中磁感应强度的瞬时值为 $B(t)$, 则

$$\mathscr{E}(t)=-NS\frac{\mathrm{d}B(t)}{\mathrm{d}t}.$$

代人前式, 得

$$i(t)=-\frac{L}{R}\frac{\mathrm{d}i(t)}{\mathrm{d}t}-\frac{NS}{R}\frac{\mathrm{d}B(t)}{\mathrm{d}t}.$$

取上式对 $t$ 的积分, 左端的积分就是 $q$,

$$\begin{aligned}q&=\int_0^\tau i(t)\,\mathrm{d}t=-\frac{L}{R}\int_0^\tau\frac{\mathrm{d}i(t)}{\mathrm{d}t}\mathrm{d}t-\frac{NS}{R}\int_0^\tau\frac{\mathrm{d}B(t)}{\mathrm{d}t}\mathrm{d}t\\&=-\frac{L}{R}\int_0^\tau\mathrm{d}i-\frac{NS}{R}\int_0^\tau\mathrm{d}B\\&=-\frac{L}{R}[i(\tau)-i(0)]-\frac{NS}{R}[B(\tau)-B(0)].\end{aligned}$$

因 $t=0$ 和 $\tau$ 时 $i$ 都等于 0, 上式右端前两项为 0. $B(\tau)-B(0)=\Delta B$ 是在 0 到 $\tau$ 期间磁感应强度的变化量. [例如当 $S_1$ 突然接通时 $B(0)=0, B(\tau)=B, \Delta B=B$; 当 $S_1$ 突然断开时 $B(0)=B, B(\tau)=0, \Delta B=-B$.] 最后得到

$$q=-\frac{NS}{R}\Delta B\propto\Delta B,\tag{5.65}$$

这就是说 $q$ 与 $\Delta B$ 成正比. 上面的计算还表明, $q$ 只与电流计所在的回路Ⅲ中的总电阻 $R$ 有关, 与其中的自感 $L$ 无关. $L$ 的大小只影响脉冲时间 $\tau$ 的长短, 它不影响迁移电荷量 $q$ 的多少.

(ii) 电流计线圈的初角速度 $\Omega_0$ 正比于迁移的电荷量 $q$

电流计线圈原来静止在零位上. 当脉冲电流 $i(t)$ 突然通过时, 它受到力矩 $L_{磁}=N_gS_gB_gi$ (为了与探测线圈区别, 电流计线圈的匝数、面积和磁铁气隙间磁感应强度分别用 $N_g$、$S_g$ 和 $B_g$ 代表). $L_{磁}(t)$ 是一个在很短暂的时间 $\tau$ 内很强的冲击力矩, 在此期间 $L_{扭}$ 和 $L_{阻}$ 都可忽略不计. 故电流计线圈的运动方程为

$$J\frac{\mathrm{d}^2\varphi}{\mathrm{d}t^2}=L_{磁}(t)=N_gS_gB_gi(t),$$

或

$$\frac{\mathrm{d}^2\varphi}{\mathrm{d}t^2}=\frac{\mathrm{d}}{\mathrm{d}t}\left(\frac{\mathrm{d}\varphi}{\mathrm{d}t}\right)=\frac{N_gS_gB_g}{J}i(t).$$

两边取对 $t$ 的积分, 左端的积分为

$$\int_0^\tau\frac{\mathrm{d}}{\mathrm{d}t}\left(\frac{\mathrm{d}\varphi}{\mathrm{d}t}\right)\mathrm{d}t=\int_0^\tau\mathrm{d}\left(\frac{\mathrm{d}\varphi}{\mathrm{d}t}\right)=\left(\frac{\mathrm{d}\varphi}{\mathrm{d}t}\right)_{t=\tau}-\left(\frac{\mathrm{d}\varphi}{\mathrm{d}t}\right)_{t=0}.$$

在冲击力矩作用之前 $\left(\frac{\mathrm{d}\varphi}{\mathrm{d}t}\right)_{t=0}=0$; 在冲击力矩之后, 线圈已获得角速度 $V_0$, 即 $\left(\frac{\mathrm{d}\varphi}{\mathrm{d}t}\right)_{t=\tau}=\Omega_0$. 所以

$$\Omega_0=\frac{N_gS_gB_g}{J}\int_0^\tau i(t)\,\mathrm{d}t=\frac{N_gS_gB_g}{J}q\propto q,\tag{5.66}$$

即 $\Omega_0$ 与 $q$ 成正比.

(iii) 冲掷角 $\varphi_M$ 正比于初角速度 $\Omega_0$

电流计线圈以角速度 $\Omega_0$ 摆出后, 便在 $L_{扭}$ 和 $L_{阻}$ 两个力矩作用下减速下来, 经过一段时间 $t_M$ 后达到冲掷角 $\varphi_M$. 在此期间电流计线圈的运动方程为

$$J\frac{\mathrm{d}^2\varphi}{\mathrm{d}t^2}=L_{扭}+L_{阻}=-D\varphi-P\frac{\mathrm{d}\varphi}{\mathrm{d}t},$$

或

$$J\frac{\mathrm{d}^2\varphi}{\mathrm{d}t^2}+P\frac{\mathrm{d}\varphi}{\mathrm{d}t}+D\varphi=0. \tag{5.67}$$

要计算 $t_M$ 和 $\varphi_M$ 的大小，就需先解这个方程. 我们知道，按阻尼度 $\lambda=\dfrac{P}{2\sqrt{JD}}$ 的大小不同，线圈有三种不同的运动状态，因此我们需要分三种情形来讨论. 这里我们打算只讨论其中一种情形——临界阻尼状态. 其余两种情形方法类似，就不详谈了.

如附录 C 中所述，在临界状态下($\lambda=1$)运动方程(5.67)的通解为

$$\varphi=(A'+B't)\mathrm{e}^{-\alpha t}, \tag{5.68}$$

[参见附录 C 的式(C.10)，其中 $x\longleftrightarrow\varphi$]这里的 $\alpha=\dfrac{P}{2J}$[参见附录 C 的式(C.7)，其中$b\to P,\alpha\to J$]. $A'$和 $B'$是两个任意常量，它要由初始条件来确定. 我们的初始条件是

$$t=\tau\approx 0\text{ 时，}\quad\begin{cases}\varphi=0,\\ \dfrac{\mathrm{d}\varphi}{\mathrm{d}t}=\Omega_0.\end{cases} \tag{5.69}$$

这里要说明一下，为什么可以列出这样的初始条件. 因为线圈运动之初受到的冲击力矩 $L_{磁}$ 很大，但时间 $\tau$ 很短. 若 $\tau$ 比起以后到达冲掷角 $\varphi_M$ 的时间 $t_M$ 来说小得多的话，则 $\tau$ 本身与在 $0\sim\tau$ 期间内线圈的角位移是可以忽略的，但线圈获得的角速度 $\Omega_0$ 是不能忽略的. 所以在 $\tau\ll t_M$ 的条件下我们可以认为 $t=\tau\approx 0$，并列出上述初始条件(5.69)①.

令通解式(5.68)中的 $t=0$，得

$$\varphi_{t=0}=A',$$

由第一个初始条件得 $A'=0$，再取式(5.68)对 $t$ 的微商：

$$\frac{\mathrm{d}\varphi}{\mathrm{d}t}=-\alpha A'\mathrm{e}^{-\alpha t}+B'\mathrm{e}^{-\alpha t}-\alpha B't\mathrm{e}^{-\alpha t}.$$

令 $t=0$，得

$$\left(\frac{\mathrm{d}\varphi}{\mathrm{d}t}\right)_{t=0}=-\alpha A'+B',$$

由第二个初始条件得

$$-\alpha A'+B'=\Omega_0,$$

上面已知 $A'=0$，故 $B'=\Omega_0$，这样，两个任意常量 $A'$、$B'$就都确定下来了. 代入式(5.68)，得

$$\varphi=\Omega_0 t\mathrm{e}^{-\alpha t}. \tag{5.70}$$

为了求冲掷角 $\varphi_M$(即 $\varphi$ 的极大值)，需将式(5.70)取对 $t$ 的微商，并令$\dfrac{\mathrm{d}\varphi}{\mathrm{d}t}=0$：

$$\frac{\mathrm{d}\varphi}{\mathrm{d}t}=\Omega_0(1-\alpha t)\mathrm{e}^{-\alpha t}=0,$$

由此得到 $t_M$：

$$t_M=\frac{1}{\alpha}=\frac{2J}{P}=\frac{2\sqrt{JD}}{P}\sqrt{\frac{J}{D}}=\frac{T_0}{2\pi\lambda}=\frac{T_0}{2\pi}=0.166T_0,$$

这里 $\lambda=\dfrac{P}{2\sqrt{JD}}=1$，而 $T_0=2\pi\sqrt{\dfrac{J}{D}}$为电流计线圈的自由周期. 令式(5.70)中$t=t_M$，即得冲掷角 $\varphi_M$：

$$\varphi_M=\frac{\Omega_0}{\alpha}\mathrm{e}^{-1}\propto\Omega_0, \tag{5.71}$$

---

① 一般 $t_M$ 与自由周期 $T_0$ 具有相同的数量级$\left(\text{在无阻尼的情况下 }t_M=\dfrac{1}{4}T_0\right)$，故 $\tau\ll t_M$ 的条件也可表述为 $\tau\ll T_0$.

即 $\varphi_M$ 正比于 $\Omega_0$.

用同样方法我们可以证明,在过阻尼($\lambda>1$)和欠阻尼($\lambda<1$)状态下 $\varphi_M$ 也是正比于 $\Omega_0$ 的,不过比例系数与式(5.71)中的不同.

综合以上所述,$\varphi_M\propto\Omega_0$,$\Omega_0\propto q$,$q\propto\Delta B$,于是得到 $\varphi_M\propto q\propto\Delta B$.通常把 $\varphi_M$ 与 $q$ 之间的比例系数用 $S_b$ 或 $C_b$ 表示,

$$\varphi_M=S_bq\quad 或\quad q=C_b\varphi_M,\tag{5.72}$$

$S_b$ 叫作冲击电流计的电荷灵敏度,$C_b=\dfrac{1}{S_b}$叫作冲击常量.再利用式(5.65),我们有

$$\Delta B=\frac{C_bR}{NS}\varphi_M.\tag{5.73}$$

(这里只考虑各量的大小,正负号可以不管).所以,如果知道了冲击常量 $C_b$,我们就可以用式(5.72)计算 $q$;知道了 $C_bR$,就可以用式(5.73)计算 $\Delta B$.但是应当注意,与灵敏电流计的灵敏度 $S_g$ 不同,$S_b$ 和 $C_b$ 除了与电流计本身的常数有关外,还与电流计所在回路Ⅲ的总电阻 $R$ 有关,回路Ⅲ中的可变电阻 $R_3$ 就是用来调节冲击电流计的电荷灵敏度或冲击常量的.从上面的推导看来,回路电阻之所以会影响 $S_b$ 或 $C_b$,是因为阻尼的大小与电阻有关,而 $L_{阻}$ 的大小对冲掷角有很大的影响.

(3) 冲击电流计的校准

在使用冲击电流计时,$C_b$ 和 $C_bR$ 都用标准互感器来校准.图 5-42 中的回路Ⅱ就是为校准而设的.校准时,将回路Ⅰ断开,将回路Ⅱ中的开关 $S_2$ 突然接通或突然断开,这时在回路Ⅱ中的电流就突然由 0 变到某一数值 $I_0$,或由 $I_0$ 变到 0.在回路Ⅱ中的电流 $i_2$ 发生突变的过程中,在标准互感器的副线圈中产生一个互感电动势$\mathscr{E}_M=-M\dfrac{di_2}{dt}$.用类似上面的方法可以证明,这时通过电流计的电荷量为

$$q_0=-\frac{M}{R}[i_2(\tau)-i_2(0)]=\pm\frac{MI_0}{R}.$$

(±号分别对应于 $S_2$ 接通和断开时的情形).电流计相应的冲掷角为(不管正负号)

$$\varphi_{M0}=S_bq_0=\frac{MI_0}{RC_b},$$

由此解得

$$C_b=\frac{MI_0}{R\varphi_{M0}}.\tag{5.74}$$

标准互感器的互感 $M$ 是已知量,$I_0$ 可以通过回路Ⅱ中的毫安计读出,根据读数 $\varphi_{M0}$就可以用式(5.74)把冲击常量 $C_b$ 确定下来.

应注意,$C_b$ 与回路Ⅲ中的总电阻 $R$ 有关,所以用标准互感器校准时,必须保持回路Ⅲ中的总电阻 $R$ 与测量时完全一致.这就是为什么在图 5-42 所示的电路中把标准互感器的副线圈预先就串联在回路Ⅲ中,因这样可保证在测量和校准时回路Ⅲ的总电阻 $R$ 一致.

(4) 脉冲时间 $\tau$ 对测量误差的影响

用冲击电流计测量电荷量 $q$ 或磁感应强度 $B$ 时,一个重要的误差来源是脉冲时间 $\tau$ 不够短.在前面的理论分析中可以看到,$\varphi_M\propto q$ 的结论只有在 $\tau\ll t_M$ 的条件下才成立.如果 $\tau$ 不够小,则在脉冲电流 $i(t)$ 和冲击力矩 $L_{磁}$ 的作用未结束之前,电流计的线圈已有显著的偏转(通常把这种现象叫作电流计“积分不完全”),这时初始条件式(5.69)中就不能认为 $t=0$ 时 $\varphi=0$,得到的冲掷角将会偏小,从而使测量的结果偏低.上面已计算过,当 $\lambda=1$ 时(临界状态)$t_M=0.166T_0$,对于其他的阻尼度值,$t_M$ 的数量级也差不多(参见表 5-2).所以要$\tau\ll t_M$,首先必须使 $\tau\ll T_0$.表 5-3 中的数据表明,当 $\tau$ 等于自由周期 $T_0$ 的 1% 时,引起的误差有 0.2%.当 $\tau$ 等于 $T_0$ 的 10%,误差已达 16%,可见 $\tau$ 的大小对测量结果的精确度是有较大影响的,在精密测量时应注意这个问题.缩短脉冲时间 $\tau$ 的办法,除了在开关的机械装置方面注意改进外,减少电流计所在的回路中的电感 $L$ 也是重要方面.

**表 5-2　$t_M$ 随阻尼度的变化**

| $\lambda$ | 欠　阻　尼 | | 临界 | 过　阻　尼 | |
|---|---|---|---|---|---|
| | 0 | 0.5 | 1.0 | 1.5 | 2.0 |
| $t_M$ | $0.25T_0$ | $0.192T_0$ | $0.166T_0$ | $0.138T_0$ | $0.120T_0$ |

**表 5-3　$\tau$ 对冲击电流计测量误差的影响**

| $\tau/T_0$ | 0.01 | 0.02 | 0.04 | 0.06 | 0.08 | 0.10 |
|---|---|---|---|---|---|---|
| $\varphi_M$ 减少 | 0.2% | 0.9% | 3.9% | 7.9% | 12.1% | 16.0% |

## 思　考　题

**5.5-1**　在题图所示的电路中，G 是灵敏电流计，它的临界(外)电阻为 100 Ω，在此电路中电流计工作时线圈的运动状态是怎样的?

**5.5-2**　为什么外电路中的电阻大，电流计的阻尼反而小?

**5.5-3**　如果图 5-42 所示用冲击电流计测螺线管磁场的电路中电源开关 $S_1$ 用反向开关代替，测量时迅速将电流和磁场反向，在 5.5.2 节中所列的各公式哪些需要改变，怎样改变?

**5.5-4**　冲击电流计的电荷灵敏度 $S_b$ 和冲击常量 $C_b$ 与哪些因素有关? $R_外$ 增大时 $S_b$ 和 $C_b$ 增大还是减小? 为什么测量时也应把校准用的互感线圈接在电流计回路中，而校准时也不能把待测线圈撤掉?

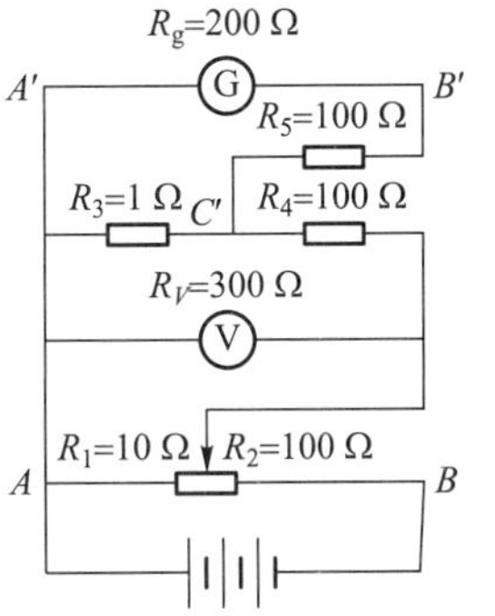


思考题 5.5-1 图

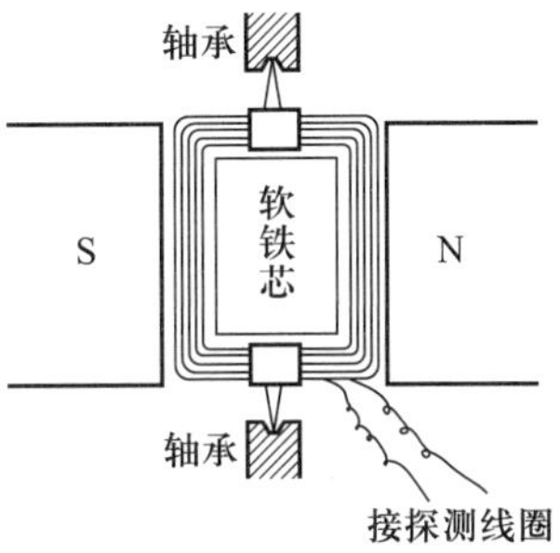


思考题 5.5-6 图

**5.5-5**　冲击电流计回路中的自感对测量有无影响? 为什么?

**5.5-6**　题图所示为磁通计的结构，它和冲击电流计的主要区别在于没有悬丝，这里测量线圈是用一对轴承来支撑的，线圈可以自由转动到任意位置而不受到恢复力矩. 使用方法和冲击电流计类似，开始时当与它相连的探测线圈内磁通量发生瞬时变化时，线圈受到一个磁偏转冲击力矩 $L_磁(t)$，从而获得一定的初角速度 $\Omega_0$. 而后线圈只在电磁阻尼一个力矩的作用下减速，最后停止在某一位置上. 设开始时探测线圈内磁通量的变化量为 $\Delta\Phi$，在整个运动过程中磁通计线圈共转过角度 $\Delta\varphi$，试证明

$$\Delta\varphi \propto \Delta\Phi.$$

# 附录C　二阶线性常系数微分方程

二阶线性常系数微分方程

$$a\frac{\mathrm{d}^2x}{\mathrm{d}t^2}+b\frac{\mathrm{d}x}{\mathrm{d}t}+cx=d \tag{C.1}$$

的解由两部分相加而成.一部分是非齐次方程式的特解

$$x=\frac{d}{c}, \tag{C.2}$$

另一部分是齐次方程式

$$a\frac{\mathrm{d}^2x}{\mathrm{d}t^2}+b\frac{\mathrm{d}x}{\mathrm{d}t}+cx=0 \tag{C.3}$$

的通解.通解可如下求得,首先设式(C.3)的解的形式为

$$x=\mathrm{e}^{\gamma t}, \tag{C.4}$$

将式(C.4)代入式(C.3)即可看出,要式(C.4)能够满足式(C.3),$\gamma$ 必须满足

$$a\gamma^2+b\gamma+c=0. \tag{C.5}$$

解此二次代数方程式(C.5),即得

$$\gamma=-\alpha\pm\beta, \tag{C.6}$$

其中

$$\alpha=\frac{b}{2a},\quad \beta=\sqrt{\frac{b^2}{4a^2}-\frac{c}{a}}, \tag{C.7}$$

令

$$\lambda^2=\frac{b^2}{4ac}\quad 或\quad \lambda=\frac{b}{2}\frac{1}{\sqrt{ac}}, \tag{C.8}$$

$\lambda$ 称为阻尼度.下面按 $\lambda$ 的不同值分三个情形讨论:

(1) 当 $\lambda>1$ 时,$\frac{b^2}{4a^2}>\frac{c}{a}$,$\beta$ 为实数,于是式(C.5)有两个实根:$\gamma_1=-\alpha+\beta$,$\gamma_2=-\alpha-\beta$.在此情况下式(C.3)的通解为

$$\begin{aligned}x&=A\mathrm{e}^{(-\alpha+\beta)t}+B\mathrm{e}^{(-\alpha-\beta)t}\\&=\mathrm{e}^{-\alpha t}(A\mathrm{e}^{\beta t}+B\mathrm{e}^{-\beta t}),\end{aligned} \tag{C.9}$$

式中 $A$、$B$ 为任意常数,需要由起始条件来决定.

(2) 当 $\lambda=1$ 时,$\frac{b^2}{4a^2}=\frac{c}{a}$,$\beta=0$,这时式(C.5)的两个实根重合,

$$\gamma_1=\gamma_2=-\alpha.$$

在此情况下式(C.3)的通解为

$$x=(A'+B't)\mathrm{e}^{-\alpha t}, \tag{C.10}$$

式中 $A'$、$B'$ 为任意常数,需要由起始条件来决定.

(3) 当 $\lambda<1$ 时,$\frac{b^2}{4a^2}<\frac{c}{a}$,$\beta$ 为虚数,令 $\beta=\mathrm{j}\omega(\mathrm{j}=\sqrt{-1})$,则

$$\omega=\sqrt{\frac{c}{a}-\frac{b^2}{4a^2}}, \tag{C.11}$$

这时式(C.5)有两个复数根:

$$\gamma_1=-\alpha+\mathrm{j}\omega,\quad \gamma_2=-\alpha-\mathrm{j}\omega.$$

在此情况下式(C.3)的通解为

$$x=A''\mathrm{e}^{(-\alpha+\mathrm{j}\omega)t}+B''\mathrm{e}^{(-\alpha-\mathrm{j}\omega)t}$$
$$=\mathrm{e}^{-\alpha t}(A''\mathrm{e}^{\mathrm{j}\omega t}+B''\mathrm{e}^{-\mathrm{j}\omega t}),\tag{C.12}$$

式中 $A''$、$B''$为任意常数,需要由起始条件来决定.若用另外两个任意常数 $K$ 和 $\varphi$ 来代替 $A''$和 $B''$:

$$K=2\sqrt{A''B''},\quad \varphi=\frac{1}{2\mathrm{j}}\ln\frac{A''}{B''},$$

或反过来

$$A''=\frac{K}{2}\mathrm{e}^{\mathrm{j}\varphi},\quad B''=\frac{K}{2}\mathrm{e}^{-\mathrm{j}\varphi},$$

代入式(C.12),可将它改写为

$$x=\mathrm{e}^{-\alpha t}\frac{K}{2}[\mathrm{e}^{\mathrm{j}(\omega t+\varphi)}+\mathrm{e}^{-\mathrm{j}(\omega t+\varphi)}]$$
$$=K\mathrm{e}^{-\alpha t}\cos(\omega t+\varphi).\tag{C.13}$$

此解具有衰减振荡的形式,振荡频率为

$$f=\frac{\omega}{2\pi}=\frac{1}{2\pi}\sqrt{\frac{c}{a}-\frac{b^2}{4a^2}},\tag{C.14}$$

周期为

$$T=\frac{1}{f}=\frac{2\pi}{\sqrt{c/a-b^2/4a^2}}.\tag{C.15}$$

当 $b\to 0$ 时,$\alpha=b/2a\to 0$,方程式的解变为等幅振荡的形式:

$$x=K\cos(\omega_0 t+\varphi),\tag{C.16}$$

式中

$$\omega_0=\sqrt{\frac{c}{a}},\tag{C.17}$$

这时振荡的频率和周期分别变为

$$f_0=\frac{\omega_0}{2\pi}=\frac{1}{2\pi}\sqrt{\frac{c}{a}},\quad T_0=\frac{1}{f_0}=2\pi\sqrt{\frac{a}{c}}.\tag{C.18}$$

微分方程式(C.1)、(C.3)各种解的形式示于图 C-1 和图 C-2,其中图 C-1 所示为非齐次方程式(C.1)在以下起始条件下三种解的形式,

$$t=0\text{ 时},\quad x=0,\quad \frac{\mathrm{d}x}{\mathrm{d}t}=0.\tag{C.19}$$

图 C-2 所示则为齐次方程式(C.3)在以下起始条件下三种解的形式,

$$t=0\text{ 时},\quad x=x_0,\quad \frac{\mathrm{d}x}{\mathrm{d}t}=0.\tag{C.20}$$

由图 C-1 和图 C-2 可见,当 $t\to\infty$ 时,$x$ 趋于某一恒定值$\left(\frac{d}{c}\text{或 }0\right)$.在 $\lambda>1$ 时过程是非周期性的;在 $\lambda<1$ 时,如前所述过程是衰减振荡式的.$\lambda=1$ 的情形是前两者转折点,这时 $x$ 达到恒定值的过

程最短，这种情形称为临界情形.

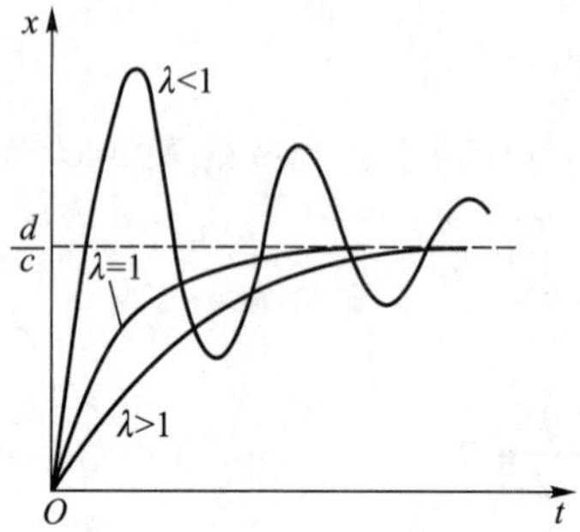

图 C-1

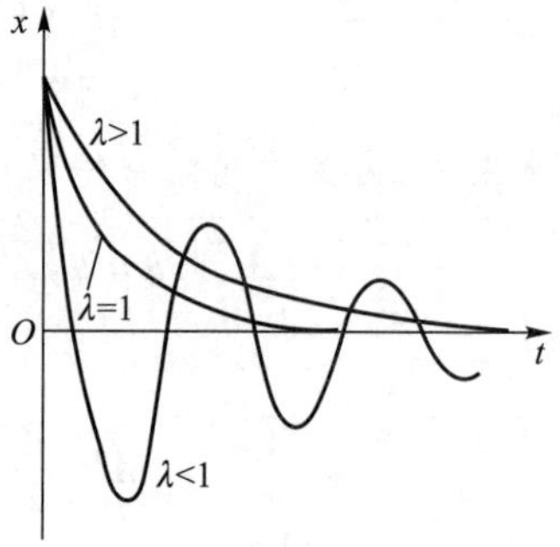

图 C-2

安　培

( Ampére, André-Marie, 1775—1836 )

# 第六章 磁介质

## §6.1 分子电流观点

### 6.1.1 磁介质的磁化 磁化强度矢量 *M* 及其与磁化电流的关系

在前两章里讨论载流线圈产生磁场和变化的磁场产生感应电动势的时候,我们都假定导体以外是真空,或者不存在磁性物质(磁介质).然而在实际中大多数情况下电感器件(如镇流器、变压器、电动机和发电机)的线圈中都有铁芯.那么,铁芯在这里起什么作用呢?为了说明这个问题,我们看一个演示实验.

图 6-1 就是上一章里讲过的那个有关电磁感应现象的演示实验,当初级线圈 A′电路中开关 S 接通或断开时,就在次级线圈 A 中产生一定的感应电流.不过这里我们在线圈中加一软铁芯.重复上述实验就会发现,次级线圈中的感应电流大大增强了.我们知道,感应电流的强度是与磁通量的时间变化率成正比的.上述实验表明,铁芯可以使线圈中的磁通量大大增加.

有关磁介质(铁芯)磁化的理论,有两种不同的观点——分子电流观点和磁荷观点.两种观点假设的微观模型不同,从而赋予磁感应强度 ***B*** 和磁场强度 ***H*** 的物理意义也不同,但是最后得到的宏观规律的表达式完全一样,因而计算的结果也完全一样.在这种意义下两种观点是等效的.本节介绍分子电流观点,下节介绍磁荷观点,并讨论两种观点的等效性问题.

分子电流观点即安培的分子环流假说(参见 4.1.2 节).现在我们按照这个观点来说明,为什么铁芯能够使线圈中的磁通量增加.

如图 6-2,我们考虑一段插在线圈内的软铁棒.按照安培分子环流的观点,棒内每个磁分子① 相当于一个环形电流.在没有外磁场的作用下,各分子环流的取向是杂乱无章的,如图 6-3(a),

图 6-1 铁芯对电磁感应影响的演示

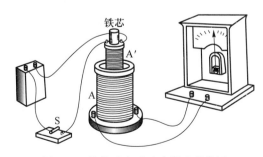

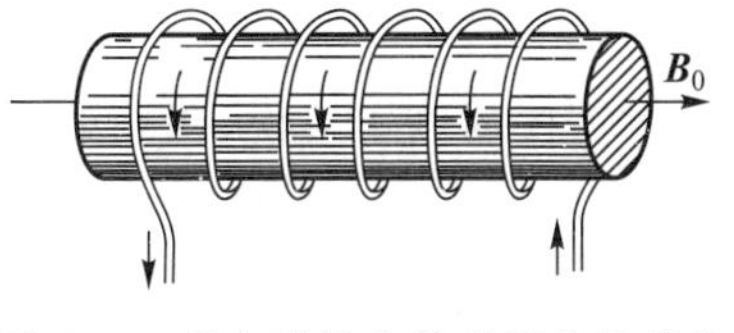


图 6-2 磁介质棒在外磁场中的磁化

① 这里“磁分子”泛指磁介质中的微观基本单元.

它们的磁矩相互抵消.宏观看起来,软铁棒不显示磁性.我们说,这时它处于未磁化状态.当线圈中通入电流后,它产生一个外磁场 $\boldsymbol{B}_0$(这个由外加电流产生,并与之成正比的磁场,又叫作磁化场,产生磁化场的外加电流,叫作励磁电流).在磁化场的力矩作用下,各分子环流的磁矩在一定程度上沿着场的方向排列起来,如图 6-3(b).我们说,这时软铁棒被磁化了.图 6-3(b)的右方是磁化了的软铁棒的横截面图.由图可以看出,当介质均匀时由于分子环流的回绕方向一致,在介质内部任何两个分子环流中相邻的那一对电流元方向总是彼此相反,它们的效果相互抵消.只有在横截面边缘上各段电流元未被抵消,宏观看起来,这横截面内所有分子环流的总体与沿截面边缘的一个大环形电流等效,如图 6-3(c)右方.由于在各个截面的边缘上都出现了这类环形电流(宏观上叫它作磁化电流),整体看来,磁化了的软铁棒就像一个由磁化电流组成的"螺线管",如图 6-3(c)左方.这个磁化电流的"螺线管"产生的磁感应强度 $\boldsymbol{B}'$的分布如图 6-4 所示,它在棒的内部的方向与磁化场 $\boldsymbol{B}_0$ 一致,因而在棒内的总磁感应强度 $\boldsymbol{B}=\boldsymbol{B}_0+\boldsymbol{B}'$比没有铁芯时的磁感应强度 $\boldsymbol{B}_0$ 大了.这就是为什么铁芯能够使磁通量增加的道理.

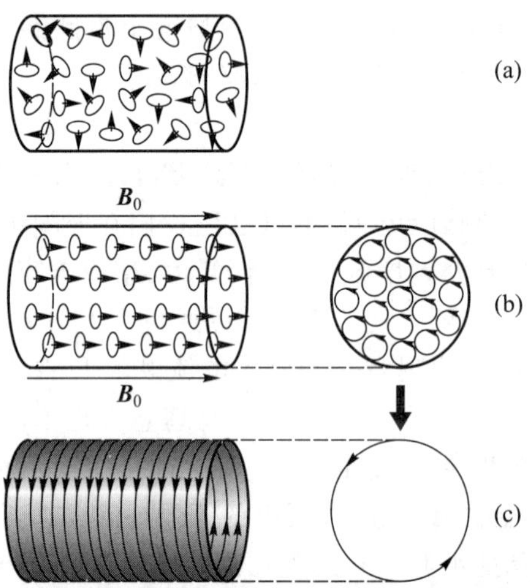


图 6-3 磁化的微观机制与宏观效果(分子电流观点)

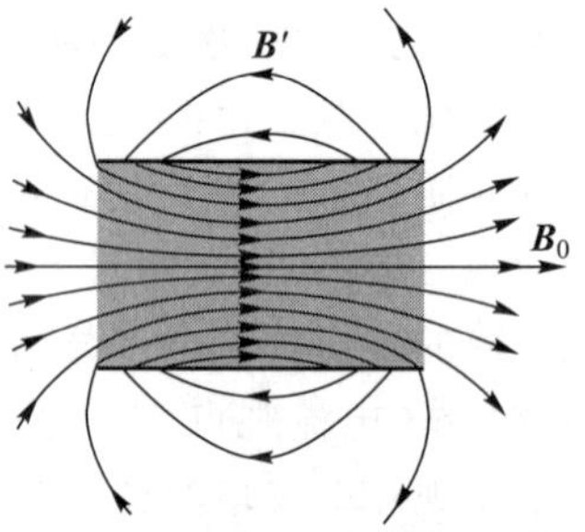


图 6-4 束缚电流产生的附加磁场

为了描述磁介质的磁化状态(磁化的方向和磁化的程度),通常引入磁化强度矢量的概念,它定义为单位体积内分子磁矩的矢量和.如果我们在磁介质内取一个宏观体积元 $\Delta V$,在这个体积元内包含了大量的磁分子.用 $\sum \boldsymbol{m}_{分子}$ 代表这个体积元内所有分子磁矩的矢量和,用 $\boldsymbol{M}$ 代表磁化强度矢量,则上述定义可表达成下列公式:

$$\boldsymbol{M}=\frac{\sum \boldsymbol{m}_{分子}}{\Delta V}. \tag{6.1}$$

拿上述软铁棒的例子来说,当它处于未磁化状态的时候,各个分子磁矩 $\boldsymbol{m}_{分子}$ 的取向杂乱无章,它们的矢量和 $\sum \boldsymbol{m}_{分子}=0$,从而棒内的磁化强度 $\boldsymbol{M}=0$.在有磁化场的情况下,棒内的分子磁矩在一定程度上沿着 $\boldsymbol{B}_0$ 的方向排列起来,这时各分子磁矩 $\boldsymbol{m}_{分子}$ 的矢量和将不等于 0,且合成矢量具有 $\boldsymbol{B}_0$ 的方向,从而磁化强度矢量 $\boldsymbol{M}$ 就是一个沿 $\boldsymbol{B}_0$ 方向的矢量.分子磁矩 $\boldsymbol{m}_{分子}$ 定向排列的程度越高,它们的矢量和的数值越大,从而磁化强度矢量 $\boldsymbol{M}$ 的数值就越大.由此可见,由式(6.1)定义的磁化强度矢量 $\boldsymbol{M}$ 确是一个能够反映出介质磁化状态的物理量.

正如电介质中极化强度矢量 $\boldsymbol{P}$ 与极化电荷之间有一定关系一样［参看式(2.12)和式(2.13)］，磁介质中磁化强度矢量 $\boldsymbol{M}$ 与磁化电流之间也有一定的关系.下面我们来推导这类关系.

为了便于说明问题，我们把每个宏观体积元内的分子看成完全一样的电流环，即环具有同样的面积 $a$ 和取向(可用矢量面元 $\boldsymbol{a}$ 代表)，环内具有同样的电流 $I$，从而具有相同的磁矩 $\boldsymbol{m}_{分子}=I\boldsymbol{a}$. 这就是说，我们用平均分子磁矩代替每个分子的真实磁矩. 于是介质中的磁化强度为

$$\boldsymbol{M}=n\boldsymbol{m}_{分子}=nI\boldsymbol{a},\tag{6.2}$$

式中 $n$ 为单位体积内的分子环流数.

如图 6-5(a)，设想我们在磁介质中划出任意一宏观的面 $S$ 来考察有无分子电流通过它. 令 $S$ 的周界线为 $L$. 介质中的分子环流可分为三类：第一类不与 $S$ 相交(如图中的 $A$)，第二类整个为 $S$ 所切割，即与 $S$ 两次相交(如图中的 $B$)，第三类被 $L$ 穿过，与 $S$ 相交一次(如图中的 $C$). 前两类对通过 $S$ 面的总电流没有贡献，我们只需考虑第三类，即为 $L$ 所穿过的分子环流.

首先我们在周界线 $L$ 上取任一线元 $\mathrm{d}\boldsymbol{l}$，考虑它穿过分子环流的情况. 为此以 $\mathrm{d}\boldsymbol{l}$ 为轴线，$\boldsymbol{a}$ 为底面作一柱体，其体积为 $a\cos\theta\mathrm{d}l$( $\theta$ 为 $\boldsymbol{a}$ 与 $\mathrm{d}\boldsymbol{l}$ 间的夹角)，见图 6-5(b). 凡中心在此柱体内的分子环流都为 $\mathrm{d}\boldsymbol{l}$ 所穿过. 这样的分子环流共有 $na\mathrm{d}l\cos\theta$ 个，每个分子环流贡献一个通过 $S$ 面的电流 $I$，故为线元 $\mathrm{d}\boldsymbol{l}$ 穿过的所有分子环流总共贡献电流为 $nIa\mathrm{d}l\cos\theta=nI\boldsymbol{a}\cdot\mathrm{d}\boldsymbol{l}=n\boldsymbol{m}_{分子}\cdot\mathrm{d}\boldsymbol{l}=\boldsymbol{M}\cdot\mathrm{d}\boldsymbol{l}$①. 最后，沿闭合回路对 $\mathrm{d}\boldsymbol{l}$ 积分，即得通过以 $L$ 为边界的面 $S$ 的全部分子电流的代数和 $\sum I'$：

$$\oint_L \boldsymbol{M}\cdot\mathrm{d}\boldsymbol{l}=\sum_{(L内)} I'.\tag{6.3}$$

这便是与电介质公式(2.12)对应的磁介质公式，它是反映磁介质中磁化电流 $I'$ 的分布与磁化强度之间联系的普遍公式.

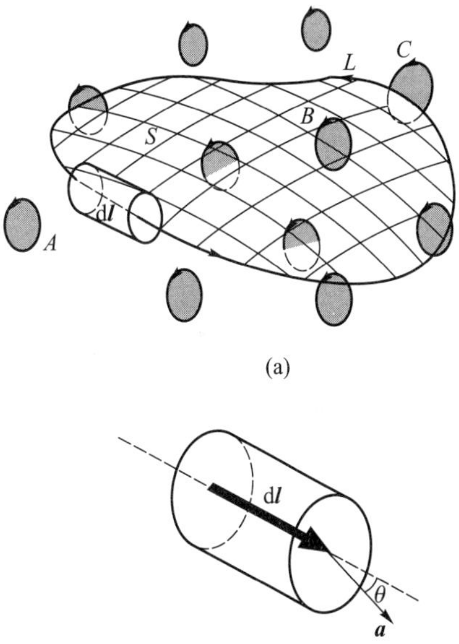

图 6-5　磁化强度与磁化电流的关系

为了得到磁化强度与介质表面磁化电流的关系，只需将式(6.3)运用于图 6-6 所示的矩形回路上. 此回路的一对边与介质表面平行，且垂直于磁化电流线，其长度为 $\Delta l$；另一对边与表面垂直，其长度远小于 $\Delta l$. 设介质表面单位长度上的磁化电流为 $i'$($i'$ 叫作面磁化电流密度)，则穿过矩形回路的磁化电流为 $I'=i'\Delta l$. 另一方面，$\boldsymbol{M}$ 的积分只在介质表面内的一边上不为 0，其贡献为 $M_t\Delta l$($M_t$ 为 $\boldsymbol{M}$ 的切线分量)，从而根据式(6.3). 我们有 $M_t\Delta l=i'\Delta l$，即

$$M_t=i'.$$

若考虑到方向，可写成下列矢量式：

① $L$ 的回绕方向决定了通过 $S$ 的电流的正负含义，这里 $\cos\theta$ 也是可正可负的. 不难看出，电流的正负和 $\cos\theta$ 的正负是一致的.

$$\boldsymbol{i}'=\boldsymbol{M}\times\boldsymbol{e}_{\mathrm{n}}, \tag{6.4}$$

式中 $\boldsymbol{e}_{\mathrm{n}}$ 是磁介质表面的外法线单位矢量. 式(6.4)表明,只有介质表面附近 $\boldsymbol{M}$ 有切向分量的地方 $\boldsymbol{i}'\neq0$,$\boldsymbol{M}$ 的法向分量与 $\boldsymbol{i}'$ 无联系. 式(6.4)是与电介质的式(2.13)对应的磁介质公式,它是反映磁介质表面磁化电流密度与磁化强度之间的重要关系式.

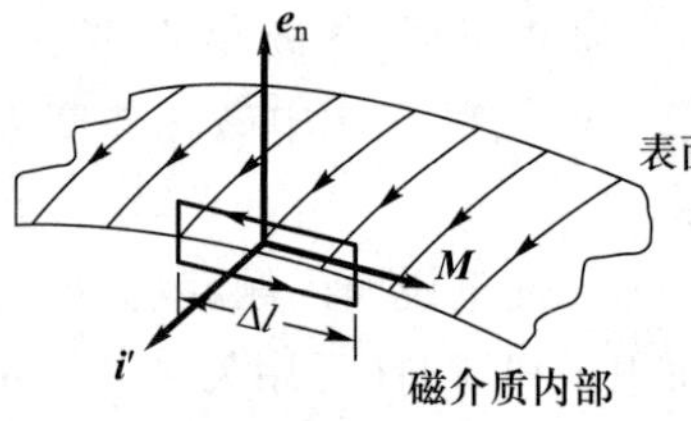

图 6-6 磁化强度与表面磁化电流的关系

### 6.1.2 磁介质内的磁感应强度 B

如果磁化强度 $\boldsymbol{M}$ 已知,我们可以计算出它产生的附加磁感应强度 $\boldsymbol{B}'$ 来. 然后将它叠加在磁化场的磁感应强度 $\boldsymbol{B}_0$ 上,就可得到有磁介质时的磁感应强度

$$\boldsymbol{B}=\boldsymbol{B}_0+\boldsymbol{B}'. \tag{6.5}$$

考虑一根沿轴均匀磁化的磁介质圆棒. 如前所述,磁化的宏观效果相当于在介质棒侧面出现环形磁化电流,单位长度内的电流 $i'=M$. 这磁化电流的分布就像一个均匀密绕的"螺线管"一样,所以我们可以利用第四章的式(4.22)来计算它产生的磁场. $i'$相当于该式中的 $nI$,该式中的 $B$ 相当于这里的 $B'$,于是

$$B'=\frac{\mu_0 i'}{2}(\cos\beta_1-\cos\beta_2)$$

$$=\frac{\mu_0 M}{2}(\cos\beta_1-\cos\beta_2),$$

在轴线中点上

$$\cos\beta_1=-\cos\beta_2=\frac{1}{\sqrt{d^2+l^2}}=\frac{l/d}{[1+(l/d)^2]^{1/2}},$$

式中 $d$ 为圆棒的直径,$l$ 为棒的长度. 故

$$\boldsymbol{B}'=\mu_0\boldsymbol{M}(l/d)[1+(l/d)^2]^{-1/2}. \tag{6.6}$$

对于无穷长的棒,$l\to\infty$,$l/d\to\infty$,

$$\boldsymbol{B}'=\mu_0\boldsymbol{M},\quad \boldsymbol{B}=\boldsymbol{B}_0+\boldsymbol{B}'=\boldsymbol{B}_0+\mu_0\boldsymbol{M}; \tag{6.7}$$

对于很薄的磁介质片,$l/d\approx0$,

$$\boldsymbol{B}'\approx0,\quad \boldsymbol{B}=\boldsymbol{B}_0+\boldsymbol{B}'\approx\boldsymbol{B}_0. \tag{6.8}$$

介于上述两极端之间的情形,$\boldsymbol{B}'$的数值介于式(6.7)和式(6.8)所给的值之间. 总之,随着棒的缩短,$\boldsymbol{B}'$减小. 由于 $\boldsymbol{B}'$和 $\boldsymbol{B}_0$ 方向一致,$\boldsymbol{B}$ 也随之减小. 这一结论可作如下直观的理解:因为从无限长的棒过渡到有限长的棒,相当于把无限长棒的两头各截去一段(见图 6-7 中 2、3),从而在磁化电流附加场的表达式(6.7)中应减去截掉的两段上的磁化电流的贡献,所以 $\boldsymbol{B}'$应小于 $\mu_0\boldsymbol{M}$. 中间留下的一段棒 1 越短,就相当于截掉的两段 2、3 越长,应从式(6.7)中减去的一项就越大,所以 $\boldsymbol{B}'$就越小.

无限长介质棒的公式(6.7)对闭合介质环[图 6-8(a)]的内部也适用. 上面对有限长介质棒的定性讨论则适用于有缺口的介质环[图 6-8(b)]. 从闭合环上截掉一段形成一个缺口,$\boldsymbol{B}'$便小于闭合时的值 $\mu_0\boldsymbol{M}$;缺口越大,$\boldsymbol{B}'$就越小.

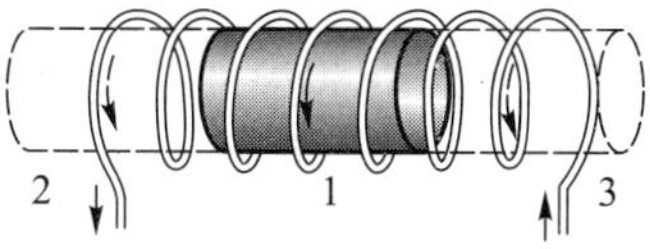


图 6-7　有限长磁介质圆棒

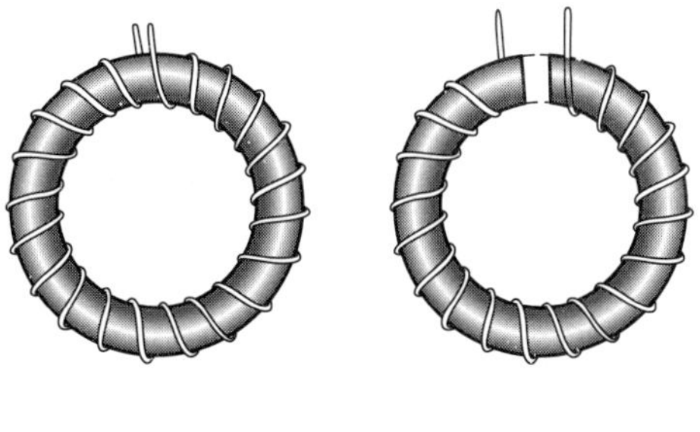

(a) 闭合圆环　　(b) 有缺口圆环

图 6-8　圆环形磁芯

### 6.1.3　磁场强度矢量 $\boldsymbol{H}$ 与有磁介质时的安培环路定理和"高斯定理"

在§2.3 中讲有电介质时的高斯定理时，曾引入一个辅助矢量——电位移矢量 $\boldsymbol{D}=\varepsilon_0\boldsymbol{E}+\boldsymbol{P}$，并把电场强度通量的高斯定理

$$\oiint_S \boldsymbol{E}\cdot \mathrm{d}\boldsymbol{S}=\frac{1}{\varepsilon_0}\sum_{(S内)}(q_0+q'),$$

代换为电位移通量的高斯定理

$$\oiint_S \boldsymbol{D}\cdot \mathrm{d}\boldsymbol{S}=\sum_{(S内)}q_0,$$

式中 $\sum\limits_{(S内)}q_0$ 和 $\sum\limits_{(S内)}q'$ 分别是高斯面 $S$ 内的自由电荷和极化电荷的总和. 这样做的好处是从高斯定理的表达式中消去 $q'$，这对于解决有电介质时的电场分布问题带来很大的方便.

在磁介质中也有相应的情况. 这时安培环路定理为

$$\oint_L \boldsymbol{B}\cdot \mathrm{d}\boldsymbol{l}=\mu_0\sum_{(L内)}I_0+\mu_0\sum_{(L内)}I', \tag{6.9}$$

式中 $\sum\limits_{(L内)}I_0$ 和 $\sum\limits_{(L内)}I'$ 分别是穿过安培环路 $L$ 的传导电流和磁化电流的总和. 是否也可引进另一辅助矢量，使得安培环路定理的表达式中不出现 $I'$ 呢？这是可以的，需要引入的辅助矢量叫作**磁场强度矢量 $\boldsymbol{H}$**，它的定义是

$$\boldsymbol{H}=\frac{\boldsymbol{B}}{\mu_0}-\boldsymbol{M}. \tag{6.10}$$

将式(6.9)除以 $\mu_0$，再减去式(6.3)，就可消去 $\sum I'$：

$$\frac{1}{\mu_0}\oint_L \boldsymbol{B}\cdot \mathrm{d}\boldsymbol{l}-\oint_L \boldsymbol{M}\cdot \mathrm{d}\boldsymbol{l}=\sum_{(L内)}I_0,$$

利用定义式(6.10)，即得 $\boldsymbol{H}$ 矢量所满足的安培环路定理：

$$\oint_L \boldsymbol{H}\cdot \mathrm{d}\boldsymbol{l}=\sum_{(L内)}I_0. \tag{6.11}$$

在真空中 $\boldsymbol{M}=0$，

$$\boldsymbol{H}=\frac{\boldsymbol{B}}{\mu_0}\quad 或 \quad \boldsymbol{B}=\mu_0\boldsymbol{H}. \tag{6.12}$$

将式(6.11)乘以 $\mu_0$，并把 $\mu_0\boldsymbol{H}$ 换为 $\boldsymbol{B}$，它就化为§4.3 中的安培环路定理式(4.29). 所以式(6.11)是安培环路定理的普遍形式.

由式(6.11)可以看出,磁场强度 $\boldsymbol{H}$ 的单位应为A/m.另一种常用单位叫奥斯特,用 Oe 表示,二者的换算关系是 $1\ \mathrm{A/m}=4\pi\times10^{-3}\ \mathrm{Oe}$,$1\ \mathrm{Oe}=\dfrac{10^3}{4\pi}\ \mathrm{A/m}$.

此外,磁感应强度 $\boldsymbol{B}$ 所满足的“高斯定理”[§4.3 式(4.28)]

$$\oiint_S \boldsymbol{B}\cdot \mathrm{d}\boldsymbol{S}=0 \tag{6.13}$$

是可以由毕奥-萨伐尔定律导出的,它无论对导线中的传导电流或对介质中的磁化电流都适用,故它也是磁场的一个普遍公式.

这样,我们就得到有关磁场的两个普遍公式:$\boldsymbol{H}$ 矢量的安培环路定理(6.11)和 $\boldsymbol{B}$ 矢量的“高斯定理”(6.13).它们分别可看成是第四章中的式(4.29)和式(4.28)在有磁介质情形下的推广.

**[例题]**　用安培环路定理(6.11)计算充满磁介质的螺绕环[图 6-8(a)]内的磁感应强度 $B$,已知磁化场的磁感应强度为 $B_0$,介质的磁化强度为 $M$.

**[解]**　设螺绕环的平均半径为 $R$,总匝数为 $N$.正像 4.3.3 节中讨论空心螺绕环时一样,取与环同心的圆形回路 $L$(参看图 4-34),传导电流 $I_0$ 共穿过此回路 $N$ 次.利用式(6.11)可得

$$\oint_L \boldsymbol{H}\cdot \mathrm{d}\boldsymbol{l}=2\pi RH=\sum_{(L内)} I_0=NI_0,$$

即

$$H=\frac{N}{2\pi R}I_0=nI_0,$$

式中 $n=\dfrac{N}{2\pi R}$代表环上单位长度内的匝数.

我们知道,磁化场的磁感应强度 $B_0$ 就是空心螺绕环的磁感应强度:

$$B_0=\mu_0 nI_0,$$

故

$$B_0=\mu_0 H \quad 或 \quad H=\frac{B_0}{\mu_0}.$$

根据式(6.10),磁介质环内的磁感强度为

$$B=\mu_0(H+M)=B_0+\mu_0 M.$$

于是我们得到与上面式(6.7)相同的结果,不过这里避免了磁化电流的计算.

## 习　　题

**6.1-1**　一均匀磁化的磁棒,直径为 25 mm,长为 75 mm,磁矩为 12 000 $\mathrm{A\cdot m^2}$,求棒侧表面上面磁化电流密度.

**6.1-2**　一均匀磁化的磁棒,体积为 0.01 $\mathrm{m^3}$,磁矩为 500 $\mathrm{A\cdot m^2}$,棒内的磁感应强度 $B=5.0$ Gs,求磁场强度为多少 Oe.

**6.1-3**　题图所示是一根沿轴向均匀磁化的细长永磁棒,磁化强度为 $M$,求图中标出各点的 $B$ 和 $H$.

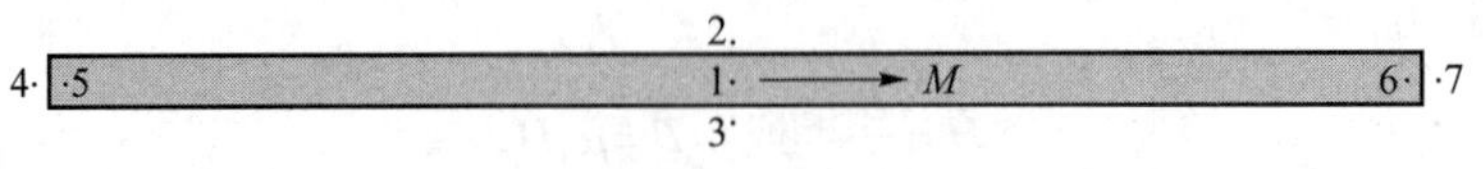


习题 6.1-3 图

**6.1-4**　题图所示是一个带有很窄缝隙的永磁环,磁化强度为 $M$,求图中所标各点的 $B$ 和 $H$.

**6.1-5**　试证明任何长度的沿轴向磁化磁棒的中垂面上侧表面内外两点 1,2(见题图)的磁场强度 $H$ 相等(这提供了一种测量磁棒内部磁场强度 $H$ 的方法).这两点的磁感应强度相等吗?为什么?

[提示:利用安培环路定理式(6.11).]

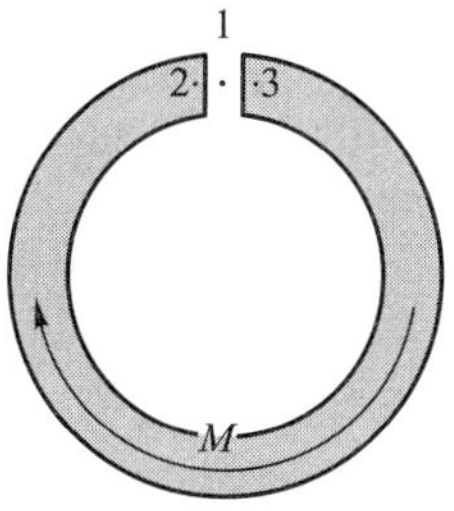


习题 6.1-4 图

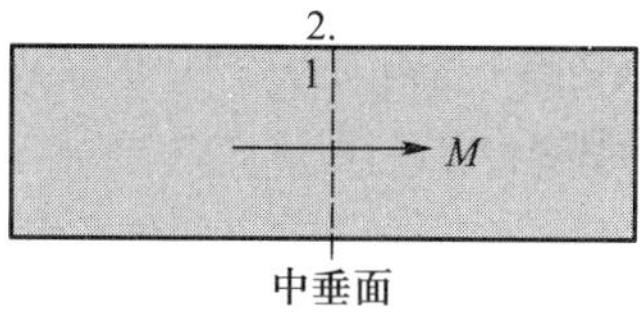


习题 6.1-5 图

**6.1-6**　在均匀磁化的无限大磁介质中挖去一半径为 $r$ 高度为 $h$ 的圆柱形空穴,其轴平行于磁化强度矢量 $\boldsymbol{M}$.试证明:

(1) 对于细长空穴($h \gg r$),空穴中点的 $\boldsymbol{H}$ 与磁介质中的 $\boldsymbol{H}$ 相等;

(2) 对于扁平空穴($h \ll r$),空穴中点的 $\boldsymbol{B}$ 与磁介质中的 $\boldsymbol{B}$ 相等.

**6.1-7**　一长螺线管长为 $l$,由表面绝缘的导线密绕而成,共绕有 $N$ 匝,导线中通有电流 $I$.一同样长的铁磁棒,横截面也和上述螺线管相同,棒是均匀磁化的,磁化强度为 $\boldsymbol{M}$,且 $M=NI/l$.在同一坐标纸上分别以该螺线管和铁磁棒的轴线为横坐标 $x$,以它们轴线上的 $B$、$\mu_0 M$ 和 $\mu_0 H$ 为纵坐标,画出包括螺线管和铁磁棒一段的 $B-x$,$\mu_0 M-x$ 和 $\mu_0 H-x$ 曲线.

# *§6.2　等效的磁荷观点

## 6.2.1　磁的库仑定律　磁场强度矢量 $\boldsymbol{H}$　磁偶极子

在§4.1 里概述了磁学的发展简史.可以看出,人类最早发现磁现象是从磁铁开始的,后来才逐渐认识到磁与电的联系.磁铁有 N、S 两极,它们同号相斥,异号相吸,这一点同正、负电荷有很大的相似性.所以人们可以假定,在一根磁棒的两极上有一种叫作"磁荷"的东西,N 极上的叫正磁荷,S 极上的叫负磁荷,同号磁荷相斥,异号磁荷相吸.当磁极本身的几何线度远比它们之间的距离小得多时,我们就把其上的磁荷叫作点磁荷.例如一根细长磁针两端的磁荷就可以看作是点磁荷.

在§2.3 里我们把电介质的分子看成由正负电荷组成的电偶极子,在此基础上建立了整套电介质的理论.由于电荷和"磁荷"的相似性,人们很自然地会想到,是否也可把磁介质的分子看成由正负磁荷组成的磁偶极子,并在此基础上建立起整套的磁介质理论呢?情况正是如此,历史上最早的磁介质理论就是按照这种观点建立的,它出现在上节所讲的分子电流观点之前.本节将系统地介绍磁荷观点的磁介质理论.在分子电流理论中用 $\boldsymbol{B}$(磁感应强度)和 $\boldsymbol{H}$(磁场强度)两个矢量来描述有介质时的磁场,本节将按照磁荷观点重新定义这两个矢量.两种观点中 $\boldsymbol{B}$ 和 $\boldsymbol{H}$ 两个矢量所用的字母一样,名称一样,但赋予它们的物理意义不同.然而最后得到的宏观规律的表达式完全相同,因而计算的结果也完全一样.在这种意义上来讲,两种观点是等效的.两种磁介质理论之间的这样一种错综复杂的关系,会给初学者带来相当的困难.读者在学习本节引入的概念时,应特别注意,不要把它们与上节的概念混淆起来,这样方能很好地掌握它们.

正像电荷之间相互作用的基本规律是库仑定律一样,磁荷之间相互作用的基本规律是磁的库仑定律,它是下面将引入的整个磁荷理论的出发点.

在得到点电荷之间相互作用的规律之前,库仑就通过实验方法得到两个点磁荷之间相互作用的规律,即两个点磁荷之间的相互作用力 $\boldsymbol{F}$ 沿着它们之间的连线,与它们之间的距离 $r$ 的平方成反比,与每个磁荷的数量(或

称磁极强度）$q_{m1}$ 和 $q_{m2}$ 成正比. 这个规律叫作磁的库仑定律. 用公式来表示，则有

$$F=k\frac{q_{m1}q_{m2}}{r^2},\tag{6.14}$$

式中比例系数 $k$ 与点磁荷周围的介质，以及式中各量单位的选择有关. 现假设点磁荷处于真空中，在不同单位制中 $k$ 的量纲和数值仍可以有不同的选择. 在 MKSA 单位制中，$k$ 的选择如下：

$$k=\frac{1}{4\pi\mu_0},$$

$\mu_0$ 就是 4.1.4 节里引入的那个量纲式为 $[F]\mathrm{I}^{-2}$ 的系数（这里 $[F]$ 和 I 分别是力和电流强度的量纲式），它的单位是 $\mathrm{N/A^2}$. $\mu_0$ 的数值选择为 $4\pi\times10^{-7}$，即

$$\mu_0=4\pi\times10^{-7}\ \mathrm{N/A^2}.$$

$\mu_0$ 的量纲和数值，以及磁的库仑定律中的比例系数 $k$ 所以要这样选择，我们将在以后章节里适当的地方说明.

经过上面比例系数的选择后，磁的库仑定律式（6.14）就写成

$$F=\frac{1}{4\pi\mu_0}\frac{q_{m1}q_{m2}}{r^2},\tag{6.15}$$

由式（6.15）可以看出，磁荷的量纲式为 $([F][\mu_0]\mathrm{L}^2)^{1/2}=[F]\mathrm{LI}^{-1}$，从而它的单位为 N · m/A. 具体地说，因为 $\frac{1}{4\pi\mu_0}$ 的数值为 $\frac{10^7}{(4\pi)^2}$，若两个相等的点磁荷相距1 m时的相互作用为 $\frac{10^7}{(4\pi)^2}$ N，则每个磁荷为 1 N · m/A.

电场的性质是通过电场强度矢量 $\boldsymbol{E}$ 来描述的. 某处的电场强度矢量定义为这样一个矢量，其大小等于单位点电荷在该处所受电场力的大小，其方向与正电荷在该处所受电场力的方向一致. 仿照此办法，我们规定磁场强度矢量 $\boldsymbol{H}$ 是这样一个矢量，其大小等于单位点磁荷在该处所受的磁场力的大小，其方向与正磁荷在该处所受磁场力的方向一致. 设试探点磁极的磁荷为 $q_{m0}$，它在磁场中某处受的力为 $\boldsymbol{F}$，则根据上述定义，该处的磁场强度矢量为

$$\boldsymbol{H}=\frac{\boldsymbol{F}}{q_{m0}}.\tag{6.16}$$

根据上式，磁场强度的量纲式应为 $[F][q_m]^{-1}=\mathrm{IL}^{-1}$，它的单位是 A/m.

由于磁的库仑定律式（6.15）和电的库仑定律式（1.3）形式完全相同，磁场强度 $\boldsymbol{H}$ 的定义式（6.16）也与电场强度 $\boldsymbol{E}$ 的定义式（1.4）具有相同的形式，所有第一章中有关电场的公式，只要作如下代换：

$$q\to q_m,\quad \boldsymbol{E}\to\boldsymbol{H},\quad \varepsilon_0\to\mu_0,$$

全都可以移植到磁场中来. 例如，与点电荷的电场强度公式（1.5）对应地，我们有点磁荷的磁场强度公式：

$$\boldsymbol{H}=\frac{1}{4\pi\mu_0}\frac{q_m}{r^2}\boldsymbol{e}_r,\tag{6.17}$$

式中 $\boldsymbol{e}_r$ 代表由点磁荷引出的单位径矢. 与无限大均匀带电面两侧的电场强度公式（1.18）对应，我们有无限大均匀磁荷面两侧的磁场强度公式：

$$H=\frac{\sigma_m}{2\mu_0},\tag{6.18}$$

式中 $\sigma_m$ 是单位面积上的磁荷，即磁荷的面密度. 同样，对应于带等量异号电荷的一对无限大平行平面之间的电场公式（1.19），我们有相应的磁场公式：

$$H=\frac{\sigma_m}{\mu_0},\tag{6.19}$$

外部磁场强度也为零.

按照上述的类比方法，电场和磁场的理论可以一直平行地发展下去. 下面我们特别提一下有关偶极子的性质. 和电偶极子一样，磁偶极子是由一对等量异号的点磁荷 $\pm q_m$ 组成的体系，它们之间的距离 $l$ 远比到场点的距离 $r$ 为小. 令 $\boldsymbol{l}$ 代表从 $-q_m$ 到 $+q_m$ 的位移矢量，则磁偶极矩定义为

$$\boldsymbol{p}_m=q_m\boldsymbol{l},\tag{6.20}$$

它是描述磁偶极子本身性质的一个特征量. 在 1.4.5 节例题 7 曾给出电偶极子产生电场的普遍表达式（1.37），

它们是通过极坐标表示的.对于磁偶极子,相应的公式为

$$H_r=\frac{1}{4\pi\mu_0}\frac{2p_{\mathrm{m}}\cos\theta}{r^3},\tag{6.21}$$

$$H_\theta=\frac{1}{4\pi\mu_0}\frac{p_{\mathrm{m}}\sin\theta}{r^3}\tag{6.22}$$

[参看图 6-9(a)],在延长线上 $\theta=0$,

$$H=H_r=\frac{1}{4\pi\mu_0}\frac{2p_{\mathrm{m}}}{r^3},\tag{6.23}$$

在中垂面上 $\theta=\frac{\pi}{2}$,

$$H=H_\theta=\frac{1}{4\pi\mu_0}\frac{p_{\mathrm{m}}}{r^3},\tag{6.24}$$

它们与电偶极子的式(1.7)对应.此外,磁偶极子在均匀外磁场中受到的力矩公式为

$$\boldsymbol{L}=\boldsymbol{p}_{\mathrm{m}}\times\boldsymbol{H},\tag{6.25}$$

[参看图 6-9(b)],它与 1.2.5 节的式(1.13)对应.这力矩的特点也是力图使偶极矩转向与外场平行的方向.最后我们给出磁偶极子在外磁场中的磁势能公式:

$$W=-\boldsymbol{p}_{\mathrm{m}}\cdot\boldsymbol{H},\tag{6.26}$$

它与 1.5.3 节中的式(1.53)对应.

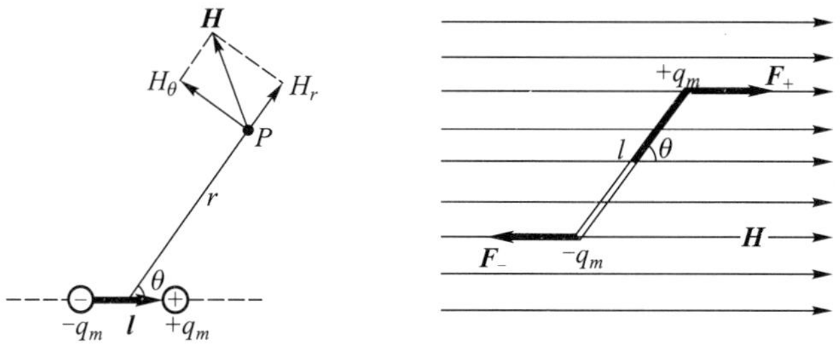


(a) 磁偶极子的磁场　　(b) 磁偶极子在均匀磁场中所受的力矩

图 6-9　磁偶极子

**[例题]**　设想一壳层的两个表面上带有等量异号的磁荷,它相当于在一个曲面上垂直地并列着大量的磁偶极子.这种磁偶极层叫作磁壳.试证明,磁壳在周围空间产生的磁场强度正比于它对场点所张立体角 $\Omega$ 的梯度.

**[解]**　仿照上述移植办法,对应于静电学中电势的概念,这里也可以有静磁势 $U_{\mathrm{m}}$,磁场强度 $\boldsymbol{H}$ 与它的关系为

$$\boldsymbol{H}=-\nabla U_{\mathrm{m}},\tag{6.27}$$

点磁荷 $q_{\mathrm{m}}$ 产生的静磁势公式为

$$U_{\mathrm{m}}=\frac{1}{4\pi\mu_0}\frac{q_{\mathrm{m}}}{r}.$$

设磁壳两面的磁荷密度为$\pm\sigma_{\mathrm{m}}$,则正负两面相对面元 $\mathrm{d}S_\pm$ 的磁荷$\pm\sigma_{\mathrm{m}}\mathrm{d}S_\pm$产生的静磁势分别为

$$\mathrm{d}U_{\mathrm{m}\pm}=\frac{\pm1}{4\pi\mu_0}\frac{\sigma_{\mathrm{m}}\mathrm{d}S_\pm}{r_\pm},$$

两者的总效果为

$$\mathrm{d}U_{\mathrm{m}}=\mathrm{d}U_{\mathrm{m}+}+\mathrm{d}U_{\mathrm{m}-}.$$

如图 6-10,设磁壳的厚度为 $l$,单位法线矢量为 $\boldsymbol{e}_{\mathrm{n}}$,则 $\mathrm{d}S_+$ 相对于 $\mathrm{d}S_-$ 有位移$\boldsymbol{l}=l\boldsymbol{e}_{\mathrm{n}}$.源点的位移与场点的反向位移等效.设场点 $P$ 位移$-\boldsymbol{l}$后到达 $P'$点,$\mathrm{d}U_{\mathrm{m}}$ 相当于正磁荷 $\sigma_{\mathrm{m}}\mathrm{d}S_+$在 $P'$、$P$ 两点产生的磁势之差.由于 $l$ 很小,这差值

可写成方向微商(梯度)的形式：

$$\mathrm{d}U_{\mathrm{m}}=-\frac{\partial}{\partial l}\left(\frac{\sigma_{\mathrm{m}}\mathrm{d}S}{4\pi\mu_0 r}\right)=-\boldsymbol{l}\cdot\nabla\left(\frac{\sigma_{\mathrm{m}}\mathrm{d}S}{4\pi\mu_0 r}\right)$$

$$=\frac{\sigma_{\mathrm{m}}\mathrm{d}S\boldsymbol{l}\cdot\boldsymbol{e}_r}{4\pi\mu_0 r^2}=\frac{\sigma_{\mathrm{m}}l}{4\pi\mu_0}\frac{\mathrm{d}S\boldsymbol{e}_{\mathrm{n}}\cdot\boldsymbol{e}_r}{r^2}$$

$$=-\frac{\sigma_{\mathrm{m}}l}{4\pi\mu_0}\frac{\mathrm{d}S\boldsymbol{e}_{\mathrm{n}}\cdot\boldsymbol{e}_r'}{r^2}=-\frac{\pi_{\mathrm{m}}}{4\pi\mu_0}\mathrm{d}\Omega,$$

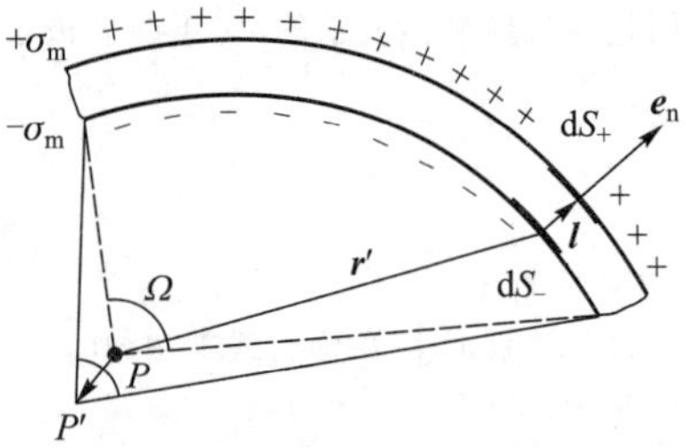

图 6-10 例题—磁壳的静磁势与磁场强度

式中 $\boldsymbol{e}_r$ 为由源点到场点的单位径矢，$\boldsymbol{e}_r'=-\boldsymbol{e}_r$ 是由场点到源点的单位径矢；$\pi_{\mathrm{m}}=\sigma_{\mathrm{m}}l$ 代表单位面积内的磁偶极矩，称为磁壳强度；$\mathrm{d}\Omega$ 是面元 $\mathrm{d}S$ 对场点 $P$ 所张的立体角，

$$\mathrm{d}\Omega=\frac{\mathrm{d}S\boldsymbol{e}_{\mathrm{n}}\cdot\boldsymbol{e}_r'}{r^2}.$$

计算整个磁壳的贡献时应对 $\mathrm{d}S$ 积分，

$$U_{\mathrm{m}}=-\frac{\pi_{\mathrm{m}}}{4\pi\mu_0}\int\mathrm{d}\Omega=-\frac{\pi_{\mathrm{m}}}{4\pi\mu_0}\Omega,\tag{6.28}$$

$\Omega$ 是整个磁壳对 $P$ 点所张立体角. 将式(6.28)代入式(6.27)，得磁壳的磁场强度公式

$$\boldsymbol{H}=\frac{\pi_{\mathrm{m}}}{4\pi\mu_0}\nabla\Omega.\tag{6.29}$$

## 6.2.2 磁介质的磁化 磁极化强度矢量 J 及其与磁荷的关系

现在我们进一步讨论磁介质的情况. 这一段是和§2.3完全平行地发展起来的.

如图 6-11 所示. 将一个没有磁化的铁芯插在线圈中，当线圈里通入直流电时，铁芯将显出磁性，在其两端出现了 N 极、S 极. 我们说，这时铁芯被磁化了.

从磁荷观点看来，磁介质的最小单元是(分子)磁偶极子. 然而在介质未磁化时，各个磁偶极分子的取向是杂乱无章的[图 6-12(a)]，它们的磁偶极矩 $\boldsymbol{p}_{\mathrm{m分子}}$ 的作用相互抵消，宏观看起来，磁棒不显示磁性，即它处于未磁化的状态. 当线圈中通入电流后，它产生一个磁场 $\boldsymbol{H}_0$(叫作磁化场). 磁化场 $\boldsymbol{H}_0$ 将对每个磁偶极分子产生一个力矩，使它们的磁偶极矩 $\boldsymbol{p}_{\mathrm{m分子}}$ 转向磁场的方向. 这样一来，在磁化场的力矩作用下，各磁偶极分子在一定程度上沿着磁场的方向排列起来[图 6-12(b)]. 由图可以看出，由于磁偶极分子的整齐排列在介质内部，N 极、S 极(即+、-极)首尾衔接，相互抵消，其宏观的效果是在整个磁棒的两个端面上分别出现 N 极、S 极或者说正、负磁荷[见图 16-12(c)]. 这样，介质就被磁化了.

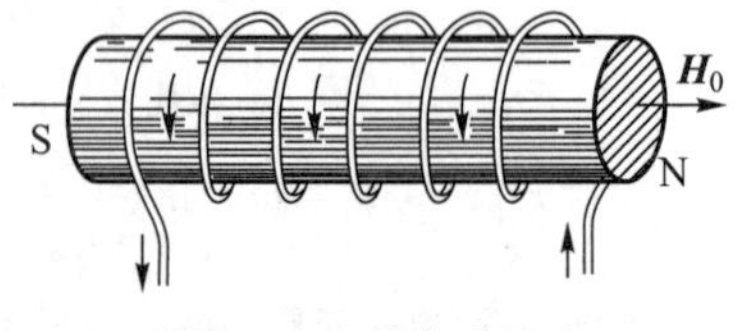

图 6-11 磁介质棒在外磁场中的磁化

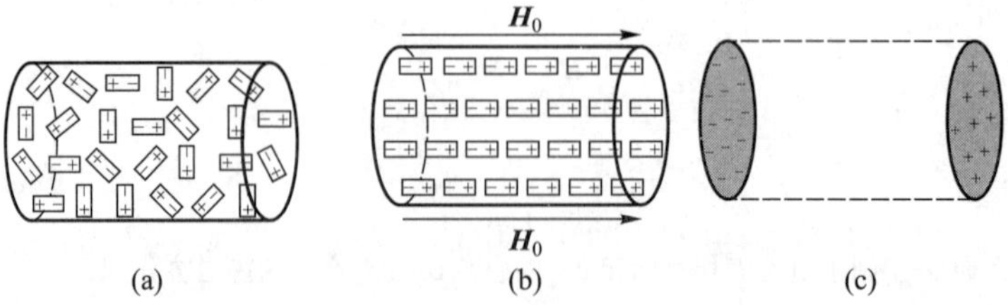

图 6-12 磁化的微观机制与宏观效果(磁荷观点)

为了描述磁介质的磁化状态(磁化的方向和磁化程度的大小)，通常引入磁极化强度矢量的概念，它定义为单位体积内分子磁偶极矩的矢量和. 如果我们在磁介质内取一个宏观体积元 $\Delta V$，在这个体积元内包含了大量的磁偶极分子. 用 $\sum\boldsymbol{p}_{\mathrm{m分子}}$ 代表这个体积元内所有分子磁偶极矩的矢量和，用 $\boldsymbol{J}$ 代表磁极化强度矢量，则上述定义可表达成下列公式：

$$\boldsymbol{J}=\frac{\sum \boldsymbol{p}_{m分子}}{\Delta V}. \tag{6.30}$$

拿上述磁棒的例子来说，当它处于未磁化状态的时候，各个分子磁偶极矩 $\boldsymbol{p}_{m分子}$ 的取向杂乱无章，它们的矢量和 $\sum \boldsymbol{p}_{m分子}=0$，从而棒内的磁极化强度 $\boldsymbol{J}=0$. 在有磁化场的情况下，棒内的分子磁偶极矩在一定程度上沿着 $\boldsymbol{H}_0$ 的方向排列起来，这时各分子磁偶极矩 $\boldsymbol{p}_{m分子}$ 的矢量和将不等于0，且合成矢量 $\sum \boldsymbol{p}_{m分子}$ 具有 $\boldsymbol{H}_0$ 的方向，从而磁极化强度矢量 $\boldsymbol{J}$ 就是一个沿 $\boldsymbol{H}_0$ 方向的矢量. 分子磁偶极矩 $\boldsymbol{p}_{m分子}$ 定向排列的程度越高，它们的矢量和的数值越大，从而磁极化强度矢量 $\boldsymbol{J}$ 的数值就越大. 由此可见，由式(6.30)定义的磁极化强度矢量 $\boldsymbol{J}$ 确实是一个能够反映出介质磁化状态（包括其方向和程度大小）的物理量.

显然，磁极化强度 $\boldsymbol{J}$ 与电介质中的极化强度 $\boldsymbol{P}$ 对应，式(6.30)与第二章的式(2.11)对应. 用2.3.3节中同样的方法可以得到与式(2.12)和式(2.13)的对应公式：

$$\oiint_S \boldsymbol{J}\cdot \mathrm{d}\boldsymbol{S}=-\sum_{(S内)} q_m, \tag{6.31}$$

$$\sigma_m=J\cos\theta=\boldsymbol{J}\cdot\boldsymbol{e}_n=J_n, \tag{6.32}$$

其中 $S$ 是个任意的闭合面，$\sum\limits_{(S内)} q_m$ 为包含在 $S$ 内磁荷的代数和；$\sigma_m$ 为磁介质表面上磁荷的面密度；$\boldsymbol{e}_n$ 是磁介质表面的单位外法线矢量，$\theta$ 是 $\boldsymbol{J}$ 与 $\boldsymbol{e}_n$ 之间的夹角，$J_n$ 是 $\boldsymbol{J}$ 在 $\boldsymbol{e}_n$ 上的投影大小. 有了这些磁极化强度与磁荷间的普遍关系式，在2.3.3节中各例题的结果都可搬用过来了. 例如在一个均匀磁化的介质球表面磁荷的分布为

$$\sigma_m=J\cos\theta,$$

其中 $\theta$ 为径矢与 $\boldsymbol{J}$ 的夹角（见图6-13）；一根沿轴均匀磁化的磁介质圆棒表面的磁荷集中在两端面上，它们的磁荷面密度分别为

$$\sigma_m=\pm J$$

（见图6-14），等等.

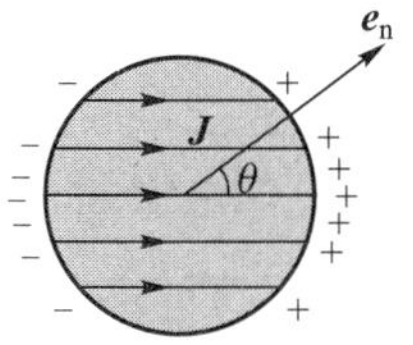


图6-13　均匀磁化介质球上的磁荷分布

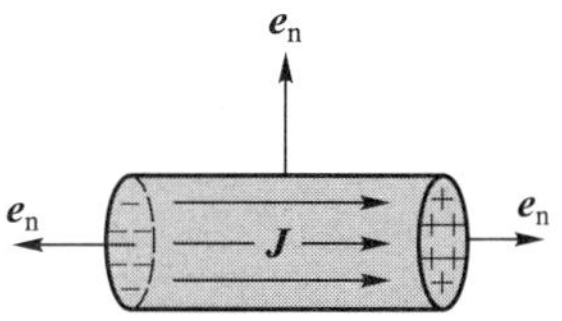


图6-14　均匀磁化介质棒上的磁荷分布

## 6.2.3　退磁场与退磁因子

(1) 退磁场

如前所述，当介质棒在磁化场 $\boldsymbol{H}_0$ 中被磁化后，在其两端出现N、S磁极，或者说端面上现出正负磁荷. 那么，这反过来对磁场产生什么影响呢？如图6-15所示，它们将在介质内外产生一个附加磁场 $\boldsymbol{H}'$，从而空间各处的总磁场强度 $\boldsymbol{H}$ 是磁化场 $\boldsymbol{H}_0$ 和介质棒端面上的磁荷产生的附加场 $\boldsymbol{H}'$ 的矢量叠加，即

$$\boldsymbol{H}=\boldsymbol{H}_0+\boldsymbol{H}'. \tag{6.33}$$

附加场 $\boldsymbol{H}'$ 的方向和大小各处不同. 在有了附加场 $\boldsymbol{H}'$ 后，介质的磁极化强度 $\boldsymbol{J}$ 不再取决于磁化场 $\boldsymbol{H}_0$，而是取决于介质内的总磁场 $\boldsymbol{H}$ 了，现在让我们来专门研究一下介质棒内部的附加场 $\boldsymbol{H}'$ 和总磁场 $\boldsymbol{H}$ 的特点.

如图6-15，设磁化场 $\boldsymbol{H}_0$ 的方向是自左向右的，磁极化强度 $\boldsymbol{J}$ 也沿着这个方向，因而这时介质棒的右端是N极（带正磁荷），左端是S极（带负磁荷）. 根据磁的库仑定律不难看出，正负磁荷在两端面之间产生的附加磁场 $\boldsymbol{H}'$ 的方向是自右向左的，即它的方向

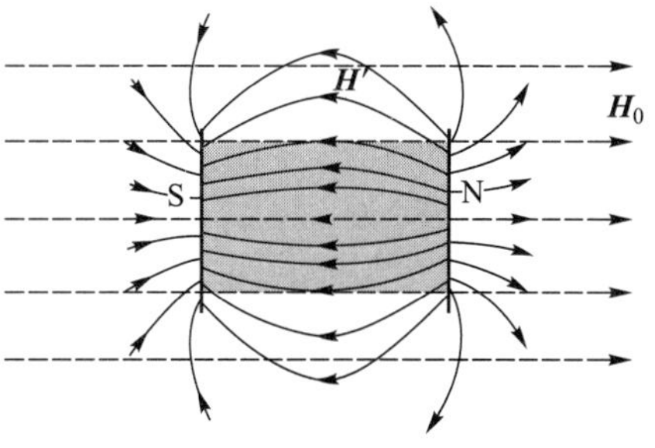


图6-15　磁荷产生的附加磁场

与 $\boldsymbol{H}_0$ 和 $\boldsymbol{J}$ 相反. 这样一来,介质内部的总磁场强度 $\boldsymbol{H}=\boldsymbol{H}_0+\boldsymbol{H}'$ 的数值实际上是二者相减,即

$$H=H_0-H',$$

因而 $H<H_0$,即磁场被削弱了. 所以通常把介质内部的这个与外磁场方向相反的附加磁场 $\boldsymbol{H}'$ 叫作退磁场.

如果退磁场 $\boldsymbol{H}'$ 大了,就需增大外加的磁化场 $H_0$,才能在介质内产生同样大小的总磁场 $\boldsymbol{H}$ 和磁极化强度 $\boldsymbol{J}$. 这就是说,退磁场越大,介质越不容易磁化,退磁场总是不利于介质磁化的. 为了更好地使介质磁化,我们就要研究,什么因素影响着退磁场的大小.

(2) 退磁因子

如图 6-16,试比较几根磁棒,有的细而长($l/d$ 大),有的短而粗($l/d$ 小),将它们磁化到同样大小的 $J$,从而端面上有同样的磁荷密度 $\pm\sigma_m$. 现在考察介质棒内中点附近的退磁场 $H'$. 显然,在细而长的磁棒里,由于端面积较小,总磁荷 $\pm q_m$($=\pm\sigma_m S$)数量较少,它们又离中点较远,从而在这里产生的退磁场 $H'$ 较弱. 在短而粗的磁棒里,由于端面积较大,总磁荷 $\pm q_m$ 数量较多,它们又离中点较近,从而在这里产生的退磁场 $H'$ 较强. 由此可见,退磁场一方面与端面上的磁荷密度 $\sigma_m$ 成正比,而 $\sigma_m=J$,即 $H'$ 与 $J$ 成正比,另一方面在 $J$ 给定后,与棒的几何因素 $l/d$ 有密切关系. 因此我们可以写成

$$H'=N_D J/\mu_0. \tag{6.34}$$

这里我们除以 $\mu_0$,好处是 $J/\mu_0$ 与 $H'$ 具有相同的量纲和单位,从而式(6.34)中的比例系数 $N_D$ 是一个纯数,它的大小由棒的几何因素 $l/d$ 所决定. $N_D$ 叫作介质棒的退磁因子. 根据上面的分析可知,$l/d$ 越小 $N_D$ 越大;$l/d$ 越大,$N_D$ 越小,即 $N_D$ 是随 $l/d$ 的增大而单调下降的.

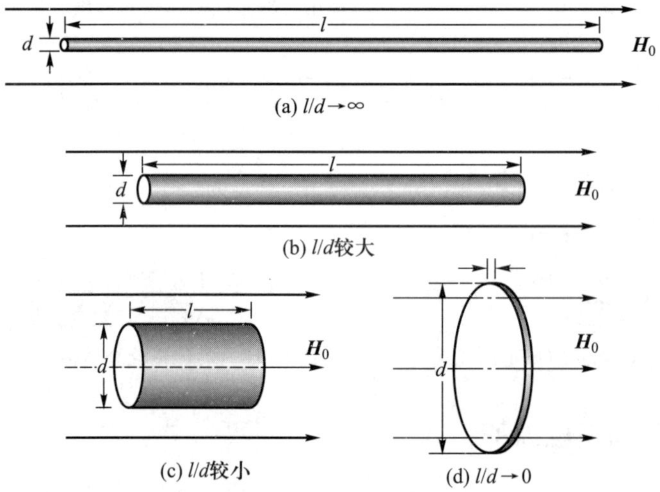


图 6-16　退磁因子

下面做些定量的计算. 在磁介质棒的端面上的磁荷面密度 $\pm\sigma_m=\pm J$,它们相当于一对彼此相距 $l$、直径为 $d$ 的带均匀磁荷圆面. 根据磁的库仑定律和叠加原理可算得它们在中心产生的退磁场,其结果为

$$H'=\frac{\sigma_m}{\mu_0}\{1-(l/d)[1+(l/d)^2]^{-1/2}\}$$
$$=\frac{J}{\mu_0}\{1-(l/d)[1+(l/d)^2]^{-1/2}\}. ①$$

由此可见,退磁因子为

$$N_D=1-(l/d)[1+(l/d)^2]^{-1/2}.$$

① 这里略去了具体的推导过程. 其实该式可借用静电学的结果导出,请参考习题 1.2-13 中一个均匀带电圆面轴线上的电场公式. 这里只需把 $\sigma_e$ 换成为 $\sigma_m$,$\varepsilon_0$ 换为 $\mu_0$,$E$ 换为 $H'$,并乘以 2(因有两个圆面).

对于无限长磁棒，$l\to\infty$，$l/d\to\infty$，

$$N_D\approx 0,\quad H'\approx 0;\tag{6.35}$$

对于很薄的磁介质片，$l/d\to 0$，

$$N_D\approx 1,\quad H'\approx\frac{J}{\mu_0}.\tag{6.36}$$

在一般情形下 $l/d$ 介于∞和 0 之间，退磁因子 $N_D$ 介于 0 和 1 之间.

为了便于实际应用，表 6-1 给出不同 $l/d$ 比值时退磁因子数值. 但应指出，表中的数值并不是根据上面计算的公式，而是对旋转椭球体计算出来的. 其中 $l$ 和 $d$ 相当于椭球体的纵向和横向主轴的长度(见图 6-17). 所以要用椭球体而不用圆柱体来计算退磁因子，是因为理论上可以证明，只有椭球形的磁介质才能在均匀外磁场中均匀磁化，而有限长的圆柱形磁介质在均匀外磁场中的磁化也是不均匀的.

**表 6-1　退 磁 因 子**

| $l/d$ | $N_D$ | $l/d$ | $N_D$ |
|---|---|---|---|
| 0.0 | 1.000 000 | 3.0 | 0.108 709 |
| 0.2 | 0.750 484 | 5.0 | 0.055 821 |
| 0.4 | 0.588 154 | 10.0 | 0.020 286 |
| 0.6 | 0.475 826 | 20.0 | 0.006 749 |
| 0.8 | 0.394 440 | 50.0 | 0.001 443 |
| 1.0 | 0.333 333 | 100.0 | 0.000 430 |
| 1.5 | 0.232 981 | 1 000.0 | 0.000 007 |
| 2.0 | 0.173 564 | ∞ | 0.000 000 |

上面我们看到，退磁因子最小的情形是无限长的细棒($l/d\to\infty$，$N_D=0$)，这时退磁场 $H'=0$，棒最容易磁化. 然而实际中并没有无限长的磁棒，但是我们可以如图 6-8(a)所示那样，把磁芯做成闭合环状，上面绕上线圈加以磁化. 这时螺绕环中的磁化场 $H_0$ 是沿圆周方向的，磁感应线是圆形闭合线，它们到处都不会遇到与之垂直的端面，从而任何地方也不出现磁荷. 所以闭合磁芯的退磁因子 $N_D=0$，其中的退磁场 $H'=0$，它是最容易磁化的.

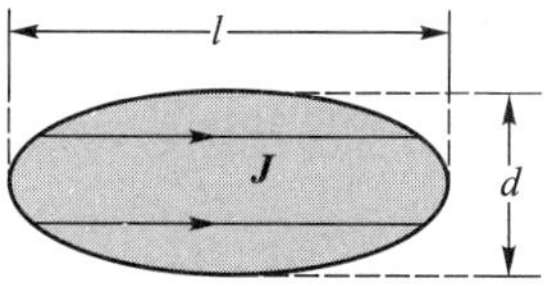

图 6-17　磁化的磁介质旋转椭球体

## 6.2.4　两种观点的等效性

(1) 电流环与小磁壳或磁偶极子的等效性(图 6-18)

在第四章我们曾得到过一个载流线圈产生的磁感应强度公式(4.31)：

$$\boldsymbol{B}=\frac{\mu_0 I}{4\pi}\nabla\Omega,$$

上面我们又在例题中得到一个磁壳产生的磁场强度公式(6.29)：

$$\boldsymbol{H}=\frac{\pi_m}{4\pi\mu_0}\nabla\Omega.$$

两公式之间的相似性是明显的. 设载流线圈和磁壳的面积皆为 $S$，则线圈的磁矩 $m=IS$，磁壳的总磁偶极矩 $p_m=\pi_m S$，上两式可分别写为

$$\boldsymbol{B}=\frac{\mu_0 m}{4\pi S}\nabla\Omega,\tag{6.37}$$

$$\boldsymbol{H}=\frac{p_m}{4\pi\mu_0 S}\nabla\Omega.\tag{6.38}$$

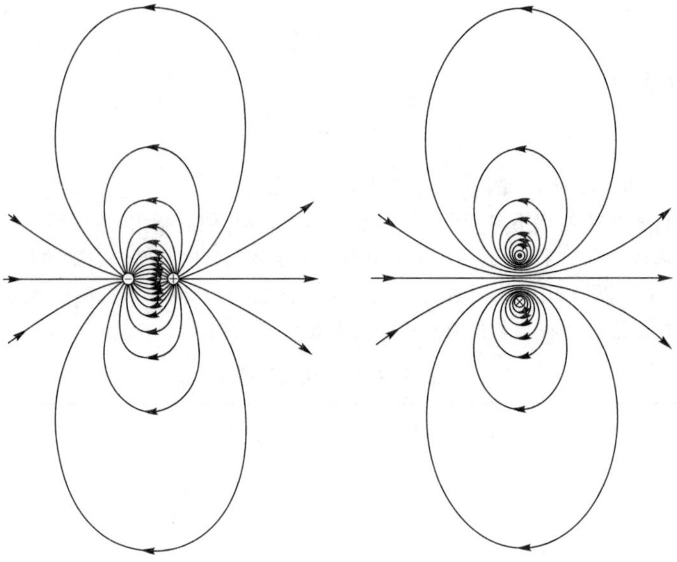

(a) 磁偶极子　　(b) 电流环

图 6-18　磁偶极子和电流环的等效性

另外,在 4.4.4 节曾证明,任何平面线圈在均匀磁场 $\boldsymbol{B}$ 中受到的力矩为

$$\boldsymbol{L}=\boldsymbol{m}\times\boldsymbol{B}, \tag{6.39}$$

式中 $\boldsymbol{m}$ 是线圈的磁矩. 根据式(6.25),一个磁偶极子在均匀磁场 $\boldsymbol{H}$ 中受到的力矩为

$$\boldsymbol{L}=\boldsymbol{p}_{\mathrm{m}}\times\boldsymbol{H}. \tag{6.40}$$

以上四式尚未涉及磁介质,式中的 $\boldsymbol{B}$ 或 $\boldsymbol{H}$ 都是描述真空中磁场的,其中 $\boldsymbol{B}$ 是通过试探电流元受力来定义的磁感应强度,$\boldsymbol{H}$ 是通过试探点磁荷受力来定义的磁场强度. 比较一下四个式子,可以看出,如果令

$$\boldsymbol{m}=\boldsymbol{p}_{\mathrm{m}}/\mu_0 \quad 或 \quad \boldsymbol{p}_{\mathrm{m}}=\mu_0\boldsymbol{m}, \tag{6.41}$$

$$\boldsymbol{B}=\mu_0\boldsymbol{H}, \tag{6.42}$$

则式(6.37)和式(6.38)等价,式(6.39)和式(6.40)等价. 换句话说,一个磁矩为 $\boldsymbol{m}$ 的电流环可看成是一个偶极矩为 $\boldsymbol{p}_{\mathrm{m}}=\mu_0\boldsymbol{m}$ 的小磁壳或磁偶极子;而对于真空中的磁场,由电流元受力定义的 $\boldsymbol{B}$ 矢量是由磁荷定义的 $\boldsymbol{H}$ 矢量的 $\mu_0$ 倍.

根据上述等效原理,磁介质内一个磁矩为 $\boldsymbol{m}_{分子}$ 的磁分子等价于一个偶极矩为 $\boldsymbol{p}_{\mathrm{m}分子}$ 的磁偶极子,故分子电流观点中的磁化强度 $\boldsymbol{M}=\dfrac{\sum\boldsymbol{m}_{分子}}{\Delta V}$ 和磁荷观点中的磁极化强度 $\boldsymbol{J}=\dfrac{\sum\boldsymbol{p}_{\mathrm{m}分子}}{\Delta V}$ 之间的关系应为

$$\boldsymbol{M}=\boldsymbol{J}/\mu_0 \quad 或 \quad \boldsymbol{J}=\mu_0\boldsymbol{M}. \tag{6.43}$$

(2) 磁荷观点的高斯定理、安培环路定理和磁感应强度 $\boldsymbol{B}$

在 §6.1 中我们按照分子电流观点导出有磁介质时磁场的两条基本定理——安培环路定理(6.11)和高斯定理(6.13),现在我们按照磁荷观点来研究一下,磁场应服从怎样的定理.

按照磁荷观点,在一般情况下,磁场强度 $\boldsymbol{H}$ 由两部分合成:$\boldsymbol{H}_0$ 为载流回路中传导电流 $I_0$ 产生的磁场;$\boldsymbol{H}'$ 为磁介质上磁荷产生的磁场. 下面分别讨论一下它们遵从的规律.

$\boldsymbol{H}_0$ 应由毕奥-萨伐尔公式决定. 可以设想,研究电流在真空中产生的磁场时,我们从头起就用的是磁荷观点,即用磁荷作为试探元件,并按照式(6.16)来定义 $\boldsymbol{H}_0$,以此来探测载流线圈周围的磁场. 上述等效原理意味着,这样得到的规律也应是毕奥-萨伐尔公式,其形式与第四章式(4.12)或(4.15)不同之处,只是把其中的 $\boldsymbol{B}$

(在这里应理解为 $\boldsymbol{B}_0$)代换为 $\mu_0\boldsymbol{H}_0$,从而两端的 $\mu_0$ 可以消去,得

$$\boldsymbol{H}_0=\frac{I}{4\pi}\int\frac{\mathrm{d}\boldsymbol{l}\times\boldsymbol{e}_r}{r^2}\quad 或\quad \mathrm{d}\boldsymbol{H}_0=\frac{I}{4\pi}\frac{\mathrm{d}\boldsymbol{l}\times\boldsymbol{e}_r}{r^2}.$$

由此导出的高斯定理和安培环路定理也应作相应的改变,即把 §4.3 中给出的式(4.28)和(4.29)各除以 $\mu_0$,并把 $\boldsymbol{B}/\mu_0$ 换成 $\boldsymbol{H}_0$ 即可:

$$\oiint_S \boldsymbol{H}_0\cdot\mathrm{d}\boldsymbol{S}=0. \tag{6.44}$$

$$\oint_L \boldsymbol{H}_0\cdot\mathrm{d}\boldsymbol{l}=\sum_{(L内)}I_0, \tag{6.45}$$

式中 $S$ 为任意闭合面,$L$ 为任意闭合曲线,$\sum\limits_{(L内)}I_0$ 是穿过 $L$ 的传导电流 $I_0$ 的代数和.

$\boldsymbol{H}'$服从的规律可按 6.2.1 节所用的与静电场对比的方法得到.静电学中从库仑定律导出的两条定理是

$$\oiint_S \boldsymbol{E}\cdot\mathrm{d}\boldsymbol{S}=\frac{1}{\varepsilon_0}\sum_{(S内)}(q_0+q'),$$

$$\oint_L \boldsymbol{E}\cdot\mathrm{d}\boldsymbol{l}=0,$$

式中 $q_0$ 是自由电荷,$q'$是电介质上的极化电荷.在把磁荷和电荷类比的时候应看到一个重要的区别,就是迄今为止尚不能肯定自然界存在着单个的正磁极和负磁极(所谓“磁单极”).亦即 $q_{\mathrm{m}}$ 与极化电荷对应,但没有与自由电荷 $q_0$ 对应的“自由磁荷”.注意到这一点,在上两式中把 $\boldsymbol{E}$ 换成 $\boldsymbol{H}'$,$\varepsilon_0$ 换成 $\mu_0$,令 $q_0=0$,$q'$换成 $q_{\mathrm{m}}$,立即得到 $\boldsymbol{H}'$的两条定理:

$$\oiint_S \boldsymbol{H}'\cdot\mathrm{d}\boldsymbol{S}=\frac{1}{\mu_0}\sum_{(S内)}q_{\mathrm{m}}, \tag{6.46}$$

$$\oint_L \boldsymbol{H}'\cdot\mathrm{d}\boldsymbol{l}=0. \tag{6.47}$$

总磁场 $\boldsymbol{H}=\boldsymbol{H}_0+\boldsymbol{H}'$.把式(6.44)和式(6.46)叠加,式(6.45)和式(6.47)叠加,即可得到 $\boldsymbol{H}$ 服从的两条定理:

$$\begin{aligned}\oiint_S \boldsymbol{H}\cdot\mathrm{d}\boldsymbol{S}&=\oiint_S(\boldsymbol{H}_0+\boldsymbol{H}')\cdot\mathrm{d}\boldsymbol{S}\\&=\oiint_S\boldsymbol{H}_0\cdot\mathrm{d}\boldsymbol{S}+\oiint_S\boldsymbol{H}'\cdot\mathrm{d}\boldsymbol{S}\\&=0+\frac{1}{\mu_0}\sum_{(S内)}q_{\mathrm{m}}=\frac{1}{\mu_0}\sum_{(S内)}q_{\mathrm{m}},\end{aligned}$$

$$\begin{aligned}\oint_L \boldsymbol{H}\cdot\mathrm{d}\boldsymbol{l}&=\oint_L(\boldsymbol{H}_0+\boldsymbol{H}')\cdot\mathrm{d}\boldsymbol{l}\\&=\oint_L\boldsymbol{H}_0\cdot\mathrm{d}\boldsymbol{l}+\oint_L\boldsymbol{H}'\cdot\mathrm{d}\boldsymbol{l}\\&=\sum_{(L内)}I_0+0=\sum_{(L内)}I_0,\end{aligned}$$

即

$$\oiint_S \boldsymbol{H}\cdot\mathrm{d}\boldsymbol{S}=\frac{1}{\mu_0}\sum_{(S内)}q_{\mathrm{m}}, \tag{6.48}$$

$$\oint_L \boldsymbol{H}\cdot\mathrm{d}\boldsymbol{l}=\sum_{(L内)}I_0. \tag{6.49}$$

在 2.3.6 节里曾引入一个辅助矢量 $\boldsymbol{D}=\varepsilon_0\boldsymbol{E}+\boldsymbol{P}$(电位移矢量),用它可以把高斯定理改写成与极化电荷 $q'$无关的形式[第二章式(2.19)]:

$$\oiint_S \boldsymbol{D}\cdot\mathrm{d}\boldsymbol{S}=\sum_{(S内)}q_0.$$

在磁场的情形里我们同样可引入一个辅助矢量,用它把高斯定理(6.48)改写成与磁荷无关的形式.为此我们引用式(6.31):

$$\oiint_S \boldsymbol{J}\cdot \mathrm{d}\boldsymbol{S}=-\sum_{(S内)} q_{\mathrm{m}},$$

将式(6.48)乘以 $\mu_0$ 与此式相加,可消去 $\sum q_{\mathrm{m}}$,即

$$\oiint_S (\mu_0\boldsymbol{H}+\boldsymbol{J})\cdot \mathrm{d}\boldsymbol{S}=0.$$

仿照电介质中引入矢量 $\boldsymbol{D}$ 的办法,我们引入一个辅助性的物理量 $\boldsymbol{B}$,它的定义为①

$$\boldsymbol{B}=\mu_0\boldsymbol{H}+\boldsymbol{J}, \tag{6.50}$$

$\boldsymbol{B}$ 叫作磁感应强度矢量.在真空中 $\boldsymbol{J}=0$,

$$\boldsymbol{B}=\mu_0\boldsymbol{H}. \tag{6.51}$$

利用 $\boldsymbol{B}$,上面的公式可写作

$$\oiint_S \boldsymbol{B}\cdot \mathrm{d}\boldsymbol{S}=0, \tag{6.52}$$

这便是与电介质的式(2.19)对应的公式.式(6.52)右端为0,这是因为没有"自由磁荷".

这样,我们就从磁荷观点得到有关磁场的两个普遍公式:$\boldsymbol{H}$ 矢量的安培环路定理(6.49)和 $\boldsymbol{B}$ 矢量的高斯定理(6.52).它们分别可看成是式(6.44)和(6.45)在有磁介质情形下的推广.

(3) 两种观点所得的一些具体结果的对比

上面我们看到,虽然分子电流和磁荷两种观点所假设的微观模型不同,$\boldsymbol{B}$ 和 $\boldsymbol{H}$ 的定义和物理意义不同,但它们服从的基本定理完全一样,即

高斯定理:$\oiint_S \boldsymbol{B}\cdot \mathrm{d}\boldsymbol{S}=0$[式(6.13)和(6.52)],

安培环路定理:$\oint_L \boldsymbol{H}\cdot \mathrm{d}\boldsymbol{l}=\sum_{(L内)} I_0$[式(6.11)和(6.49)],

$\boldsymbol{B}$ 和 $\boldsymbol{H}$ 的关系:$\boldsymbol{H}=\dfrac{\boldsymbol{B}}{\mu_0}-\boldsymbol{M}$[式(6.10)]

和

$$\boldsymbol{B}=\mu_0\boldsymbol{H}+\boldsymbol{J}=\mu_0(\boldsymbol{H}+\boldsymbol{M})\text{[式(6.50)]}.$$

用两种观点计算所得的具体结果也是相同的.我们以沿轴均匀磁化的磁介质圆棒为例,6.1.2 节曾按分子电流观点算出其中点的 $\boldsymbol{B}'$[参看式(6.6)],因 $\boldsymbol{B}'$ 与 $\boldsymbol{B}_0$ 方向一致,故

$$B=B_0+B'=B_0+\mu_0 M(l/d)[1+(l/d)^2]^{-1/2},$$

从而

$$H=\frac{B}{\mu_0}-M=\frac{B}{\mu_0}-M\{1-(l/d)[1+(l/d)^2]^{-1/2}\}.$$

6.2.3 节按磁荷观点算出了 $H'$[参看式(6.33)],因 $\boldsymbol{H}'$ 与 $\boldsymbol{H}_0$ 方向相反,故

$$H=H_0-H'=H_0-\frac{J}{\mu_0}\{1-(l/d)[1+(l/d)^2]^{-1/2}\},$$

从而

$$B=\mu_0 H+J=\mu_0 H_0+J(l/d)[1+(l/d)^2]^{-1/2}.$$

只要注意到 $B_0=\mu_0 H_0$,$J=\mu_0 M$,即可看出,两种观点计算出的 $B$ 和 $H$ 完全一致.

在分子电流理论中没有"退磁场"的概念,它只有分子电流产生的附加场 $\boldsymbol{B}'$ 的概念.从以上结果可以看出,磁荷观点中的退磁场 $H'$ 与分子电流观点中 $B'$ 的关系是

$$H'=M-B'/\mu_0 \tag{6.53}$$

其中 $\boldsymbol{B}'/\mu_0$ 的方向与外场一致,随 $l/d$ 的减小,由 $M$ 减少到0;$\boldsymbol{H}'$ 的方向与外场相反,随 $l/d$ 的减小,由0增加到

① 应注意,在此以前,在磁荷观点中磁感应强度 $\boldsymbol{B}$ 尚无定义,前面所说的 $\boldsymbol{B}$ 都是按分子电流观点来理解的.

$J/\mu_0=M$(见图 6-19).式(6.53)可以看作是分子电流观点中“退磁场”的定义,但它的物理意义并没有像在磁荷观点中那样直观.

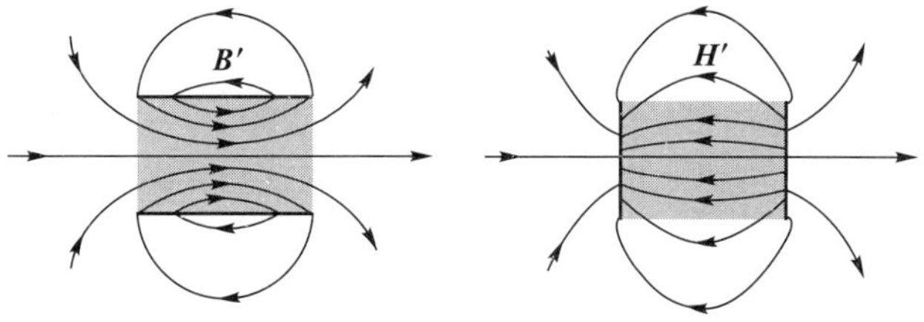


(a) $\boldsymbol{B}'$ 线　　(b) $\boldsymbol{H}'$ 线

图 6-19　$\boldsymbol{B}'$和 $\boldsymbol{H}'$的对比

(4) 小结

现在把磁介质两种观点的等效性总结成表 6-2.并把电介质的对应关系也列在旁边,作为参考.

**表 6-2　磁介质两种观点以及电介质的对比**

| 物理量和规律 | 分子电流观点 | 磁荷观点 | 电介质 |
|---|---|---|---|
| 微观模型 | 分子环流 $\boldsymbol{m}_{分子}$ | 磁偶极子 $\boldsymbol{p}_{m分子}$ ($=\mu_0\boldsymbol{m}_{分子}$) | 电偶极子 $\boldsymbol{p}_{分子}$ |
| 描述磁(极)化状态的量 | 磁化强度矢量 $\boldsymbol{M}$ $\left(定义\ \boldsymbol{M}=\dfrac{\sum\boldsymbol{m}_{分子}}{\Delta V}\right)$ | 磁极化强度矢量 $\boldsymbol{J}$ ($=\mu_0\boldsymbol{M}$) $\left(定义\ \boldsymbol{J}=\dfrac{\sum\boldsymbol{p}_{m分子}}{\Delta V}\right)$ | 极化强度矢量 $\boldsymbol{P}$ $\left(定义\ \boldsymbol{P}=\dfrac{\sum\boldsymbol{p}_{分子}}{\Delta V}\right)$ |
| 磁(极)化的宏观效果 | 与 $\boldsymbol{M}$ 平行的界面上出现束缚电流 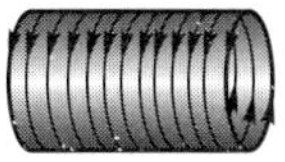 | 与 $\boldsymbol{J}$ 垂直的界面上出现磁荷 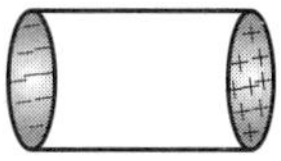 | 与 $\boldsymbol{P}$ 垂直的界面上出现束缚电荷 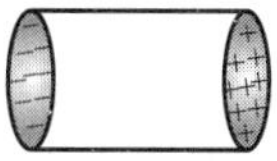 |
| 描述磁(电)场的基本矢量 | 磁感应强度 $\boldsymbol{B}$ (用电流元受力来定义) | 磁场强度 $\boldsymbol{H}$ (用点磁荷受力来定义) | 电场强度 $\boldsymbol{E}$ (用点电荷受力来定义) |
| 介质对磁(电)场的影响 | 磁化电流产生附加场 $\boldsymbol{B}'$ $\boldsymbol{B}=\boldsymbol{B}_0+\boldsymbol{B}'$ | 磁荷产生附加场 $\boldsymbol{H}'$ $\boldsymbol{H}=\boldsymbol{H}_0+\boldsymbol{H}'$ | 极化电荷产生附加场 $\boldsymbol{E}'$ $\boldsymbol{E}=\boldsymbol{E}_0+\boldsymbol{E}'$ |
| 辅助矢量 | 磁场强度矢量 $\boldsymbol{H}$ $\left(定义:\boldsymbol{H}=\dfrac{\boldsymbol{B}}{\mu_0}-\boldsymbol{M}\right)$ | 磁感应强度矢量 $\boldsymbol{B}$ (定义:$\boldsymbol{B}=\mu_0\boldsymbol{H}+\boldsymbol{J}$) | 电位移矢量 $\boldsymbol{D}$ (定义:$\boldsymbol{D}=\varepsilon_0\boldsymbol{E}+\boldsymbol{P}$) |
| 高斯定理 | $\oiint\boldsymbol{B}\cdot d\boldsymbol{S}=0$ | | $\oiint\boldsymbol{D}\cdot d\boldsymbol{S}=\sum q_0$ |
| 环路定理 | $\oint\boldsymbol{H}\cdot d\boldsymbol{l}=\sum I_0$ | | $\oint\boldsymbol{E}\cdot d\boldsymbol{l}=0$ |
| 计算结果 | 相同 | | — |

两种观点出发点不同，但殊途而同归．下面作个对比：

(1) 从现代关于原子结构的认识看来，原子的磁矩主要是由两部分组成的，一是电子绕原子核运动造成的(所谓轨道磁矩)，一是与电子自旋相联系的(所谓自旋磁矩)．总的说来，分子电流的观点更符合实际．磁荷观点是历史上最初建立起来的磁介质理论，它不太符合磁介质的微观本质．

(2) 从计算方法上看，磁荷观点简便得多．特别是它与静电场的规律一一对应，有关静电场的概念、定理、计算方法以及计算结果，差不多都可以直接借用过来．所以至今在一定的实际领域中计算介质中的磁场时．或定性地讨论 $\boldsymbol{H}$ 矢量的分布时，仍较多地采用磁荷观点．作为一种有效的工具，磁荷观点至今没有失去其实用价值．即使采用分子电流观点，在解决具体问题时，也常借用虚构的“磁荷”概念，进行等效的运算．

(3) 在磁荷观点中磁场强度 $\boldsymbol{H}$(包括退磁场 $\boldsymbol{H}'$)的物理意义是比较清楚的，但磁感应强度 $\boldsymbol{B}$ 是作为辅助矢量引入的，它的物理意义却不那么直观．与此相反，在分子电流观点中磁感应强度 $\boldsymbol{B}$ 的物理意义是比较清楚的，但磁场强度 $\boldsymbol{H}$ 是一个辅助矢量，其物理意义不直观．

总之，在处理实际问题时，有的场合用这种观点，有的场合用那种观点．不过应注意，采用某种观点分析磁介质问题时，要把这种观点贯彻到底，而不要把两种观点混淆起来．例如当我们讨论一根沿轴磁化的介质棒时，在假定了它的端面在出现了正、负“磁荷”的同时，切不可再认为它的侧面还有磁化电流，否则算出的结果就错了．

## 思　考　题

**6.2-1**　试证明：从一均匀磁化球体外部空间的磁场分布看，就好像全部磁偶极矩集中于球心上的一个偶极子一样．

(提示：仿照本节例题的做法，将均匀磁化球的磁势表示成带均匀磁荷球体磁势的方向微商．)

## 习　　题

**6.2-1**　按照磁荷观点，习题 6.1-1 中的磁棒端面上磁荷密度和磁极强度为多少？

**6.2-2**　一圆柱形永磁铁，直径 10 mm，长 100 mm，均匀磁化后磁极化强度 $J=1.20\ \mathrm{Wb/m^2}$，求：

(1) 它两端的磁荷密度；

(2) 它的磁矩；

(3) 其中的磁场强度 $H$ 和磁感应强度 $B$．此外，$\boldsymbol{H}$ 和 $\boldsymbol{B}$ 的方向有什么关系？

(提示：利用表 6-1 给出的退磁因子．)

**6.2-3**　按磁荷观点重新计算习题 6.1-3．

**6.2-4**　按磁荷观点重新计算习题 6.1-4．

**6.2-5**　(1) 一圆磁片半径为 $R$，厚为 $l$，片的两面均匀分布着磁荷，面密度分别为 $\sigma_m$ 和 $-\sigma_m$(见题图)．求轴线上离圆心为 $x$ 处的磁场强度 $H$．

(2) 此磁片的磁偶极矩 $p_m$ 和磁矩 $m$ 为多少？

(3) 试证明，当 $l \ll R$(磁片很薄)时，磁片外轴线上磁场分布与一个磁矩和半径相同的电流环所产生的磁场一样．

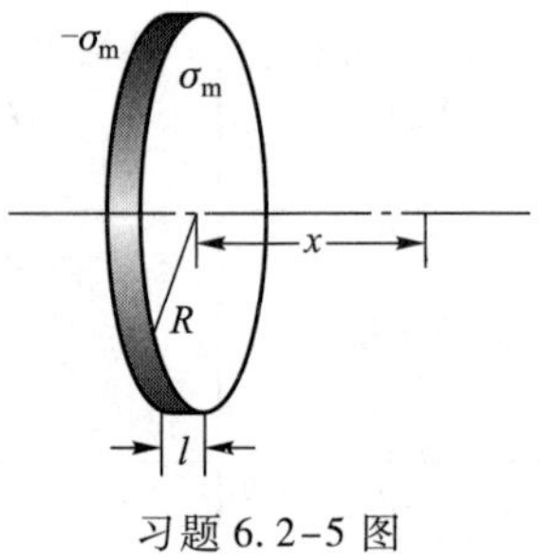


习题 6.2-5 图

**6.2-6**　证明在真空中 1 Gs 的磁感应强度相当于1 Oe的磁场强度．

**6.2-7**　地磁场可以近似地看作是位于地心的一个磁偶极子产生的，在地磁纬度 45°处，地磁的水平分量平均为 0.23 Oe，地球的平均半径为 6 370 km，求上述磁偶极子的磁矩．

**6.2-8**　地磁场可以近似地看作是位于地心的一个磁偶极子产生的，证明：磁倾角(地磁场的方向与当地水平面之间的夹角) $i$ 与地磁纬度 $\varphi$ 的关系为 $\tan i=2\tan\varphi$(见题图).

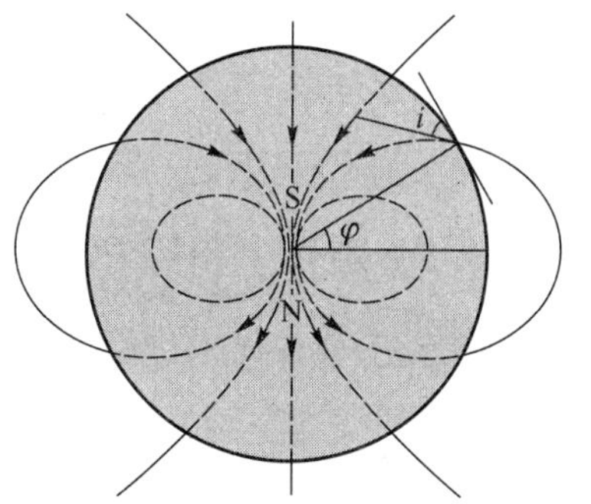

习题 6.2-8 图

**6.2-9** 根据测量得出,地球的磁矩为 $8.4\times10^{22}\ \mathrm{A\cdot m^2}$.

(1) 如果在地磁赤道上套一个铜环,在铜环中通以电流 $I$,使它的磁矩等于地球的磁矩,求 $I$ 的值(已知地球半径为 6 370 km);

(2) 如果这电流的磁矩正好与地磁矩的方向相反,问这样能不能抵消地球表面的磁场?

**6.2-10** 一磁铁棒长 5.0 cm,横截面积为 1.0 cm²,设棒内所有铁原子的磁矩都沿棒长方向整齐排列,每个铁原子的磁矩为 $1.8\times10^{-23}\ \mathrm{A\cdot m^2}$.

(1) 求这磁铁棒的磁矩 $m$ 和磁偶极矩 $p_{\mathrm{m}}$;

(2) 当这磁铁棒在 $B=1.5$ Gs 的外磁场中,并与 $\boldsymbol{B}$ 垂直时,$\boldsymbol{B}$ 使它转动的力矩有多大?

**6.2-11** 一磁针的磁矩为 $20\ \mathrm{A\cdot m^2}$,处在 $B=5.0\times10^{-2}$ Gs 的均匀外磁场中.求 $\boldsymbol{B}$ 作用在这磁针上的力矩的最大值.

**6.2-12** 一小磁针的磁矩为 $\boldsymbol{m}$,处在磁场强度为 $\boldsymbol{H}$ 的均匀外磁场中;这磁针可以绕它的中心转动,转动惯量为 $J$.当它在平衡位置附近做小振动时,求振动周期和频率.

**6.2-13** 一磁偶极子的磁偶极矩为 $\boldsymbol{p}_{\mathrm{m}}$,处在磁场强度为 $\boldsymbol{H}$ 的非均匀外磁场中,$\boldsymbol{p}_{\mathrm{m}}$ 与 $\boldsymbol{H}$ 平行或反平行.证明:

(1) 它所受磁场力的大小为 $F=\left|p_{\mathrm{m}}\dfrac{\partial H}{\partial l}\right|$,其中$\dfrac{\partial H}{\partial l}$为 $\boldsymbol{H}$ 的大小沿 $\boldsymbol{p}_{\mathrm{m}}$ 方向的微商;

(2) 当 $\boldsymbol{p}_{\mathrm{m}}$ 与 $\boldsymbol{H}$ 平行时,$\boldsymbol{F}$ 指向磁场强的地方;当 $\boldsymbol{p}_{\mathrm{m}}$ 与 $\boldsymbol{H}$ 反平行时,$\boldsymbol{F}$ 指向磁场弱的地方.

**6.2-14** 两磁偶极子在同一条直线上,它们的磁偶极矩分别为 $\boldsymbol{p}_{\mathrm{m1}}$ 和 $\boldsymbol{p}_{\mathrm{m2}}$,中心的距离为 $r$,它们各自的长度都比 $r$ 小很多.

(1) 证明:它们之间的相互作用力的大小 $F=\dfrac{3p_{\mathrm{m1}}p_{\mathrm{m2}}}{2\pi\mu_0 r^4}$;

(2) 在什么情况下它们互相吸引?在什么情况下互相排斥?

**6.2-15** (1) 证明电磁铁吸引衔铁的起重力 $F$(见题图)为

$$F=\frac{SB^2}{2\mu_0},$$

式中 $S$ 为两磁极与衔铁相接触的总面积,$B$ 为电磁铁内的磁感应强度.(设磁铁内的 $H\ll M$.)

(2) 起重力与磁极、衔铁间的距离 $x$ 有无关系?(参见 6.4.3 节.)

(提示:先假设衔铁与磁极之间有长度为 $x$ 的小气隙,则磁极和衔铁的表面带有正、负号相反的磁荷,起重力即它们之间的吸引力为

$$F=\frac{1}{2}S\sigma_{\mathrm{m}}H,$$

式中 $H$ 为气隙中的磁场强度.(为什么有因子 1/2?)进一步用磁铁内部的 $B$ 将 $\sigma_{\mathrm{m}}$、$H$ 表示出来,即可得到上述公式.令 $x\to0$,可以计算衔铁与磁极直接接触时的起重力,即最大的起重力.)

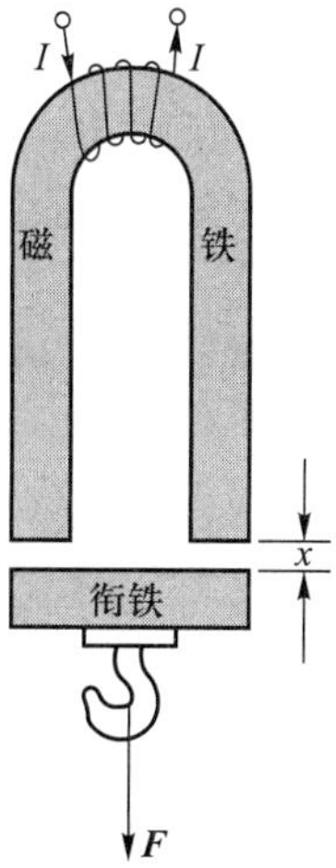

习题 6.2-15 图

**6.2-16** 在上题中已知电磁铁的每个磁极的面积都是 $1.5\times10^{-2}\ \mathrm{m^2}$.在磁极与衔铁间夹有薄铜片,以免铁与铁直接接触.设这时的磁通量为 $1.5\times10^{-2}$ Wb,求这电磁铁的起重力.

# §6.3 介质的磁化规律

## 6.3.1　磁化率和磁导率

迄今为止，我们尚未讨论过磁化强度 $\boldsymbol{M}$、磁感应强度 $\boldsymbol{B}$ 和磁场强度 $\boldsymbol{H}$ 之间的依赖关系，即介质的磁化规律.

对于多数电介质，极化强度矢量 $\boldsymbol{P}$、电位移矢量 $\boldsymbol{D}$ 和电场强度 $\boldsymbol{E}$ 彼此成正比，比例系数叫作电极化率 $\chi_e$ 和介电常量 $\varepsilon$：

$$\chi_e=\frac{P}{\varepsilon_0 E},$$

$$\varepsilon=\frac{D}{\varepsilon_0 E},$$

二者的关系是

$$\varepsilon=1+\chi_e$$

（参见 2.3.6 节）.

对于磁介质，我们可以仿照这种办法，定义一个磁化率 $\chi_m$ 和磁导率 $\mu$；

$$\chi_m=\frac{M}{H}=\frac{J}{\mu_0 H},\tag{6.54}$$

$$\mu=\frac{B}{\mu_0 H}.\tag{6.55}$$

由于

$$\boldsymbol{B}=\mu_0(\boldsymbol{H}+\boldsymbol{M})=\mu_0\boldsymbol{H}+\boldsymbol{J},$$

故 $\mu$ 与 $\chi_m$ 的关系为

$$\mu=1+\chi_m.\tag{6.56}$$

式(6.54)和式(6.55)又可写成

$$\boldsymbol{M}=\chi_m\boldsymbol{H},\tag{6.57}$$

$$\boldsymbol{B}=(1+\chi_m)\mu_0\boldsymbol{H}=\mu\mu_0\boldsymbol{H}①\tag{6.58}$$

对于真空，则 $\boldsymbol{M}=0,\chi_m=0,\mu=1,\boldsymbol{B}=\mu_0\boldsymbol{H}$.

［例题］　求绕在磁导率为 $\mu$ 的闭合磁环上的螺绕环与同样匝数和尺寸的空心螺绕环自感之比.

［解］　前已用安培环路定理解得（参看 6.1.3 节例题），无论有无磁介质，磁场强度皆为

$$H=nI_0,$$

其中 $n=\dfrac{N}{2\pi R}$ 是环上单位长度内的匝数，$I_0$ 为线圈内的传导电流. 按照式(6.58)磁环内

① 在国际单位制中，把这里的 $\mu$ 写成 $\mu_r$，而把这里的 $\mu\mu_0$ 写成 $\mu$（它等于 $\mu_r\mu_0$）. 前者叫作相对磁导率，它是个量纲一的量；后者叫作磁导率，它是一个与 $\mu_0$ 有相同量纲的量. 在真空中相对磁导率 $\mu_r=1$，磁导率为 $\mu_0$，所以通常把在安培定律（或按磁荷观点在磁的库仑定律）里引入的这个有量纲的系数 $\mu_0$ 叫作真空磁导率. 为了便于和另一种常用的单位制——高斯单位制对比，我们采用相对磁导率的表示法，并且为了书写方便，把下标 r 省略. 不少书籍和文献上也采用我们这种写法.

$$B=\mu\mu_0 H=\mu\mu_0 nI_0,$$

在空心线圈内

$$B_0=\mu_0 H=\mu_0 nI_0,$$

即

$$\frac{B}{B_0}=\mu.$$

在线圈尺寸、匝数和磁化电流 $I_0$ 相同的条件下,磁通匝链数之比为

$$\frac{\Psi}{\Psi_0}=\mu,$$

从而自感之比为

$$\frac{L}{L_0}=\mu. \tag{6.59}$$

由上述例题我们看到,在线圈内充满了均匀磁介质后,自感增大到原来的 $\mu$ 倍. 这一点和电介质使电容增加 $\varepsilon$ 倍的性质很相似.

然而磁介质的情况要比电介质复杂得多. 在大多数电介质里,$\chi_e>0$,$\varepsilon>1$,它们都是与场强无关的常量,$\varepsilon$ 的数量级一般不太大(通常在 10 以内). 但对于不同类型的磁介质,$\chi_m$ 和 $\mu$ 的情况很不一样. 磁介质大体可以分为顺磁质、抗磁质和铁磁质三类. 对于顺磁质,$\chi_m>0$,$\mu>1$;对于抗磁质,$\chi_m<0$,$\mu<1$. 这两类磁介质的磁性都很弱,它们的 $|\chi_m|\ll 1$,$\mu\approx 1$,而且都是与 $H$ 无关的常量. 铁磁质的情况很复杂,一般说来 $M$ 和 $H$ 不呈比例关系,甚至没有单值关系,即 $M$ 的值不能由 $H$ 的值唯一确定,它还与磁化的历史有关(详见 6.3.3 节). 在 $M$ 与 $H$ 呈非线性关系的情况下,我们还可按照式(6.54)和(6.55)来定义 $\chi_m$ 和 $\mu$,不过此时它们不是常量,而是 $H$ 的函数,即 $\chi_m=\chi_m(H)$,$\mu=\mu(H)$. 铁磁质的 $\chi_m(H)$ 和 $\mu(H)$ 一般都很大,其量级为 $10^2\sim10^3$,甚至 $10^6$ 以上,所以铁磁质属于强磁性介质. 当 $M$ 和 $H$ 无单值关系时,式(6.54)和式(6.55)已失去意义,在这种情况下人们通常不再引用 $\chi_m$ 和 $\mu$ 的概念.

## 6.3.2 顺磁质和抗磁质

如前所述,顺磁质的 $\chi_m>0$,抗磁质的 $\chi_m<0$. 前者表示 $\boldsymbol{M}$ 与 $\boldsymbol{H}$ 方向一致,后者表示 $\boldsymbol{M}$ 与 $\boldsymbol{H}$ 方向相反. 表 6-3 给出一些顺磁质和抗磁质的 $\chi_m$ 值. 可以看出,其绝对值的量级通常在 $10^{-6}\sim10^{-5}$.

**表 6-3 顺磁质和抗磁质的磁化率**

| 顺磁质 | $\chi_m$(18 ℃) | 抗磁质 | $\chi_m$(18 ℃) |
|---|---|---|---|
| 锰 | $12.4\times10^{-5}$ | 铋 | $-1.70\times10^{-5}$ |
| 铬 | $4.5\times10^{-5}$ | 铜 | $-0.108\times10^{-5}$ |
| 铝 | $0.82\times10^{-5}$ | 银 | $-0.25\times10^{-5}$ |
| 空气(1 大气压 20 ℃) | $30.36\times10^{-5}$ | 氢(20 ℃) | $-2.47\times10^{-5}$ |

下面我们简单介绍一下物质的顺磁性和抗磁性的微观机制. 为此我们先看一下分子磁矩 $\boldsymbol{m}_{分子}$ 的来源. 近代科学实践证明:电子在原子或分子中的运动包括轨道运动和自旋两部分. 绕原

子核轨道旋转运动的电子相当于一个电流环，从而有一定的磁矩，称为轨道磁矩．与电子自旋运动相联系的还有一定的自旋磁矩．由于电子带负电，其磁矩 $\boldsymbol{m}$ 和角速度 $\boldsymbol{\omega}$ 的方向总是相反的（参看图 6-20）．$\boldsymbol{m}$ 与 $\boldsymbol{\omega}$ 的关系可如下求得：设电子以半径 $r$、角速度 $\omega$ 做圆周运动，则它每经过时间 $T=\dfrac{2\pi}{\omega}$绕行一周．若把它看成一个环行电流，则电流强度 $I=-\dfrac{e}{T}=-\dfrac{e\omega}{2\pi}$，面积 $S=\pi r^2$，于是

$$\boldsymbol{m}=IS\boldsymbol{e}_{\mathrm{n}}=-\frac{er^2}{2}\boldsymbol{\omega}. \tag{6.60}$$

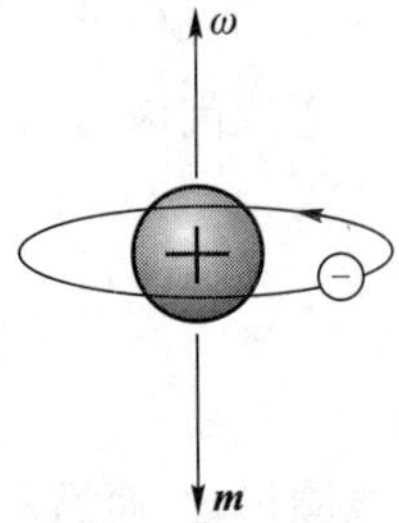

图 6-20　电子的磁矩与角动量方向相反

在原子或分子内一般不止有一个电子，整个分子的磁矩 $\boldsymbol{m}_{分子}$ 是其中各个电子轨道磁矩和自旋磁矩的矢量和（忽略原子核磁矩）．在 §2.3 中曾介绍过，电介质的分子可分为极性分子和无极分子两大类，前者有固有电偶极矩，后者没有固有电偶极矩．磁介质的分子也可分为两大类：一类分子中各电子磁矩不完全抵消，因而整个分子具有一定的固有磁矩；另一类分子中各电子的磁矩互相抵消，因而整个分子不具有固有磁矩．

在顺磁性物质中，分子具有固有磁矩．无外磁场时，由于热运动，各分子磁矩的取向无规，在每个宏观体积元内合成的磁矩为 0，介质处于未磁化状态．在外磁场中每个分子磁矩受到一个力矩，其方向力图使分子磁矩转到外磁场方向上去．各分子磁矩在一定程度上沿外场排列起来，这便是顺磁效应的来源．热运动是对磁矩的排列起干扰作用的，所以温度越高，顺磁效应越弱，即 $\chi_{\mathrm{m}}$ 随温度的升高而减小．

下面考虑抗磁效应．如图 6-21，设一个电子以角速度 $\omega_0$、半径 $r$ 绕原子做圆周运动．令 $Z$ 代表原子序数，则原子核带电 $Ze$，电子带电 $-e$，故电子所受的库仑力为 $F_{\mathrm{L}}=Ze^2/4\pi\varepsilon_0 r^2$，而向心加速度为 $a=\omega_0^2 r$．根据牛顿第二定律 $F=ma$ 有

$$\frac{Ze^2}{4\pi\varepsilon_0 r^2}=m\omega_0^2 r, \tag{6.61}$$

式中 $m$ 为电子质量．由上式解得

$$\omega_0=\left(\frac{Ze^2}{4\pi\varepsilon_0 mr^3}\right)^{1/2}. \tag{6.62}$$

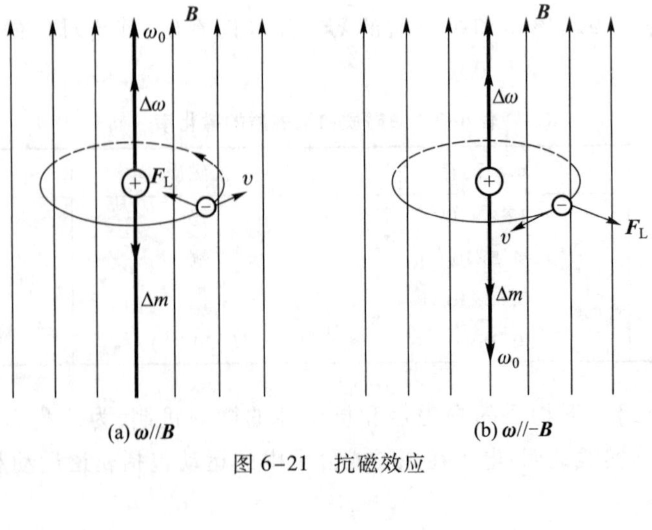

图 6-21　抗磁效应

在加上外磁场 $\boldsymbol{B}$ 以后，电子将受到洛伦兹力 $\boldsymbol{F}_{\mathrm{L}}=-e\boldsymbol{v}\times\boldsymbol{B}$，这里 $\boldsymbol{v}$ 是电子的线速度. 为简单起见，设电子轨道面与外磁场垂直. 首先考虑 $\boldsymbol{\omega}/\!/\boldsymbol{B}$ 的情形[图 6-21(a)]，这里洛伦兹力是指向中心的. 假设轨道的半径 $r$ 不变①，则其角速度将增加到 $\omega=\omega_0+\Delta\omega$. 这时 $\omega$ 满足的运动方程为

$$\frac{Ze^2}{4\pi\varepsilon_0 r^2}+e\omega rB=m\omega^2 r \tag{6.63}$$

(左端第二项为洛伦兹力，其中 $\omega r=v,\omega rB=|\boldsymbol{v}\times\boldsymbol{B}|$). 当 $B$ 不太大时 $\left(B\ll\frac{m\omega_0}{e}\right)$，$\Delta\omega\ll\omega_0$，$\omega^2\approx\omega_0^2+2\omega_0\Delta\omega$，上式化为

$$\frac{Ze^2}{4\pi\varepsilon_0 r^2}+e\omega_0 rB+e\Delta\omega rB=m\omega_0^2 r+2m\omega_0\Delta\omega r,$$

根据式(6.61)，两端的第一项相消，左端第三项可忽略，由此解得

$$\Delta\omega=\frac{eB}{2m}. \tag{6.64}$$

其次，考虑 $\boldsymbol{\omega}/\!/-\boldsymbol{B}$ 的情形[图 6-21(b)]，这里洛伦兹力是背离中心的. 在轨道的半径 $r$ 不变的条件下角速度将减少，即 $\omega=\omega_0-\Delta\omega$. 用同样方法可以证明，这时 $\Delta\omega$ 也由上式表达. 综合以上两种情况可以看出，$\Delta\boldsymbol{\omega}$ 的方向总与外磁场 $\boldsymbol{B}$ 相同. 按照式(6.60)，电子角速度 $\boldsymbol{\omega}$ 的改变将引起磁矩 $\boldsymbol{m}$ 的改变，原有磁矩 $\boldsymbol{m}_0$ 和磁矩的改变量 $\Delta\boldsymbol{m}$ 分别为

$$\boldsymbol{m}_0=-\frac{er^2}{2}\boldsymbol{\omega}_0, \tag{6.65}$$

$$\Delta\boldsymbol{m}=-\frac{er^2}{2}\Delta\boldsymbol{\omega}=-\frac{e^2r^2}{4m}\boldsymbol{B}. \tag{6.66}$$

以上虽然只讨论了 $\boldsymbol{\omega}_0/\!/\pm\boldsymbol{B}$ 的情形，理论上可以证明，当 $\boldsymbol{\omega}_0$ 与 $\boldsymbol{B}$ 成任何角度时，$\Delta\boldsymbol{\omega}$ 总与 $\boldsymbol{B}$ 的方向一致，从而感生的附加磁矩 $\Delta\boldsymbol{m}$ 总与 $\boldsymbol{B}$ 的方向相反. 在抗磁性物质中，每个分子在整体上无固有磁矩，这是因为其中各个电子原有的磁矩 $\boldsymbol{m}_0$ 方向不同，相互抵消了. 在加了外磁场后，每个电子的感生磁矩 $\Delta\boldsymbol{m}$ 却都与外磁场方向相反，从而整个分子内将产生与外磁场方向相反的感生磁矩. 这便是抗磁效应的来源.

应当指出，上述抗磁效应在具有固有磁矩的顺磁质分子中同样存在，只不过它们的顺磁效应比抗磁效应强得多，抗磁性被掩盖了.

讲到物质的抗磁效应，顺便提一下超导体的一个特性. 在 3.1.3 节曾简单地介绍了超导体的一个基本特性，即在转变温度 $T_{\mathrm{c}}$ 以下电阻完全消失，但是超导体最根本的特性还是它的磁学性质——完全抗磁性. 如图 6-22，将一块超导体放在外磁场中时，其体内的磁感应强度 $B$ 永远等于 0. 这种现象叫作迈斯纳效应.

在普通的抗磁体内，由于 $\boldsymbol{M}$ 与 $\boldsymbol{H}$ 方向相反，$\boldsymbol{B}=\mu_0(\boldsymbol{H}+\boldsymbol{M})$ 要减小一些. 而超导体内的 $B$ 完全减小到 0 的事实表明，它好像是一个磁化率 $\chi_{\mathrm{m}}=-1$，$\boldsymbol{M}=-\boldsymbol{H}$ 的抗磁体，这样的抗磁体可以叫作完全抗磁体. 但是造成超导体抗磁性的原因和普通的抗磁体不同，其中的感应电流不是由束缚在原子中的电子的轨道运动形成的，而是其表面的超导电流. 在增加外磁场的过程中，在超导体的表面产生感应的超导电流，它产生的附加磁感应强度将体内的

① 按照经典理论，这一假设只是近似成立，但它却与量子理论的定态概念相符合.

磁感应强度完全抵消.当外磁场达到稳定值后,因为超导体没有电阻,表面的超导电流将一直持续下去.这就是超导体的完全抗磁性的来源.

超导体的完全抗磁性可以用图 6-23 所示的实验演示出来.将一个镀有超导材料(例如铅)的乒乓球放在竖直的外磁场中,由于它的磁化方向与外磁场相反,它将受到一个向上的排斥力.这排斥力 $\boldsymbol{F}$ 与重力 $m\boldsymbol{g}$ 平衡时,球就悬浮在空中.当重力发生微小的变化时,乒乓球就会上下移动.若用特殊的方法把球的位置上下变化的情况精确地记录下来,就可以精确地测定重力的微小变化.根据这个原理,可以造出极灵敏的超导重力仪来.

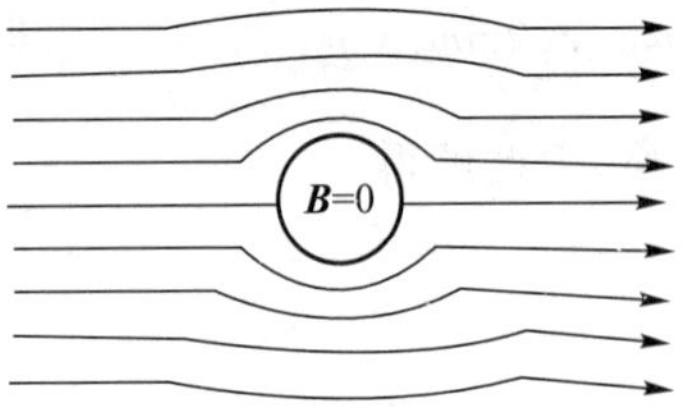


图 6-22　迈斯纳效应

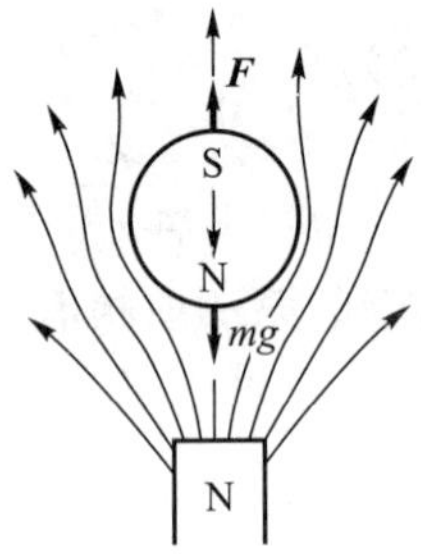


图 6-23　显示迈斯纳效应的实验

## 6.3.3　铁磁质的磁化规律

在各种磁介质中最重要的是以铁为代表的一类磁性很强的物质,它们叫作铁磁质.在纯化学元素中,除铁之外,还有过渡族中的其他元素(钴、镍)和某些稀土族元素(如钆、镝、钬)具有铁磁性.然而常用的铁磁质多数是铁和其他金属或非金属组成的合金,以及某些包含铁的氧化物(铁氧体).

先介绍铁磁质的磁化规律,即研究 $M$ 和 $H$ 或 $B$ 和 $H$ 之间的依赖关系.这种关系通常用以下的实验方法来测定.

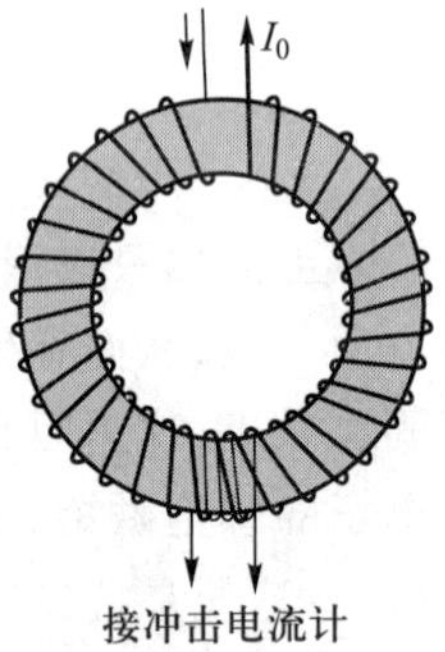


图 6-24　研究铁磁材料磁化规律的方法

如图 6-24 所示,把待测的磁性材料做成闭合环状,上面均匀地绕满导线,这样就形成一个为铁芯所充满的螺绕环.我们知道,在这样一个螺绕环中的磁场强度 $H$ 是和磁化场的磁场强度 $H_0$ 一样的,而 $H_0=nI_0$ 可以由螺绕环的匝数 $n$ 和其中的电流 $I_0$ 计算出来,从而也就知道了 $H$①.至于磁感应强度 $B$,则可用一个接在冲击电流计上的次级线圈来测量.当初级线圈(即螺绕环)中的电流反向时,在次级线圈中将产生一个感应电动势,由此我们测出磁感应强度的变化来.知道了 $B$ 和 $H$,根据公式 $B=\mu_0(H+M)$ 即可算出磁化强度 $M$,即

$$M=\frac{B}{\mu_0}-H.$$

(1) 起始磁化曲线

实验结果表明,铁磁质的磁化规律具有以下的共同特点.假设磁介质环在磁化场 $H_0=0$

① 实际中有的磁性材料不适于加工成环状,因而在测试它的磁化规律时必须把退磁场 $H'$ 计算出来,然后从磁化场强度 $H_0=nI_0$ 中减去退磁场 $H'$,才是样品中的磁场强度 $H$(参阅 §6.4).

(即 $H=0$)的时候处于未磁化状态($M=0$),在 $M-H$ 曲线[图 6-25(a)]上这状态相当于坐标原点 $O$. 在逐渐增加磁化场 $H_0$ 的过程中,$M$ 随之增加. 开始 $M$ 增加得较缓慢($M-H$ 曲线的 $OA$ 段),然后经过一段急剧增加的过程($AB$ 段),又缓慢下来($BC$ 段). 再继续增大磁化场时,$M$ 几乎不再变了($CS$ 段). 我们说,这时介质的磁化已趋近饱和. 饱和时的磁化强度称为饱和磁化强度,通常用 $M_S$ 表示. 从未磁化到饱和磁化的这段磁化曲线 $OS$,叫作铁磁质的起始磁化曲线.

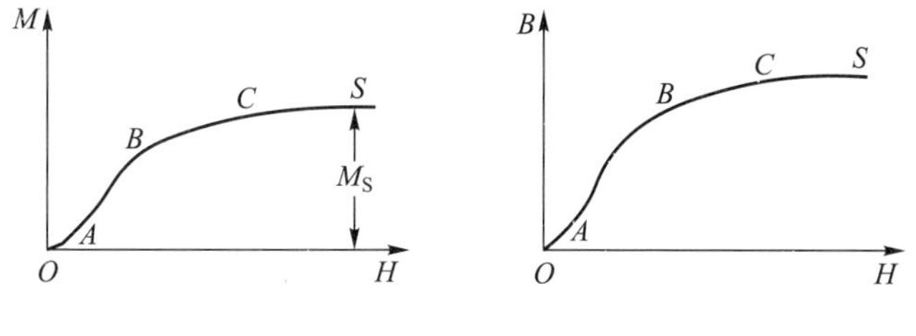


图 6-25　起始磁化曲线

铁磁质的磁化特性还经常用 $B-H$ 曲线来表示. 由于在铁磁质中 $M$ 的数值比 $H$ 大得多($10^2$ ~ $10^6$ 倍),所以 $B=\mu_0(H+M)\approx\mu_0 M$,因而 $B-H$ 曲线的外貌和 $M-H$ 曲线差不多[图 6-25(b)].

从 $M-H$ 和 $B-H$ 曲线上任何一点连到原点 $O$ 的直线的斜率分别代表该磁化状态下的磁化率 $\chi=\dfrac{M}{H}$ 和磁导率 $\mu\mu_0=\dfrac{B}{H}=(1+\chi)\mu_0$①. 由于磁化曲线不是线性的,当 $H$ 的数值由 0 开始增加时,$\chi$ 与 $\mu$ 的数值分别由某一数值 $\chi_I$ 和 $\mu_I=1+\chi_I$ 开始增加($\chi_I$ 和 $\mu_I$ 分别是 $M-H$ 和 $B-H$ 曲线在原点 $O$ 处切线的斜率),然后接近某一最大值 $\chi_M$ 和 $\mu_M=1+\chi_M$. 当 $H$ 再增加时,由于磁化接近饱和,$\chi$ 和 $\mu$ 的数值都急剧减少. $\mu$ 随 $H$ 变化的曲线示于图 6-26. $\chi_I$ 和 $\mu_I$ 分别叫作起始磁化率和起始(相对)磁导率,$\chi_M$ 和 $\mu_M$ 分别叫作最大磁化率和最大(相对)磁导率②.

饱和磁化强度 $M_S$、起始磁导率 $\mu_I$ 和最大磁导率 $\mu_M$ 这三个概念在实际问题中经常引用,它们是标志软磁材料性能好坏的基本量,这个问题我们将在下面介绍软磁材料时讨论.

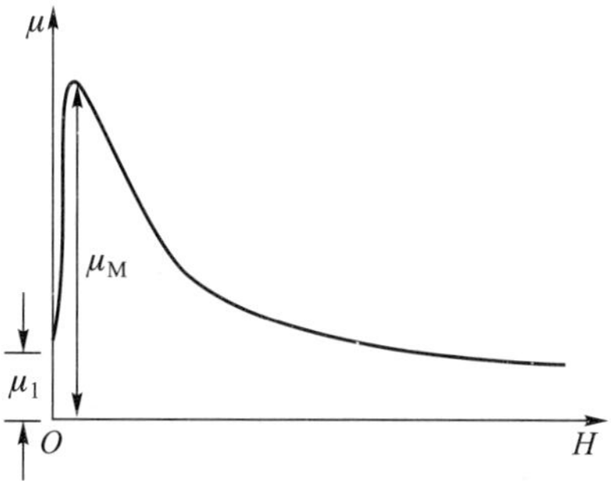


图 6-26　$\mu-H$ 曲线

(2) 磁滞回线

当铁磁质的磁化达到饱和之后,如果将磁化场去掉($H_0=H=0$),介质的磁化状态并不恢复到原来的起点 $O$,而是保留一定的磁性,此过程反映在图 6-27(a)、(b)中的 $SR$ 段. 这时的磁化强度 $M$ 和磁感应强度 $B$ 叫作剩余磁化强度和剩余磁感应强度(图中的 $OR$),通常分别用 $M_R$ 和 $B_R$ 代表它们($B_R=\mu_0 M_R$). 若要使介质的磁化强度或磁感应强度减到 0,必须矫枉过正,加一相反方向的磁化场($H_0=H<0$). 只有当反方向的磁化场大到一定程度时,介质才完全退磁(即达到 $M=0$ 或 $B=0$ 的状态). 使介质完全退磁所需的反向磁化

① 为了符号的简化起见,磁化率 $\chi_M$ 就写成 $\chi$.

② 由于 $\mu$ 与 $H$ 有关,有铁磁物质的线圈的自感 $L$ 和互感 $M$ 都与 $H$ 有关,或者说它们都与励磁电流 $I$ 有关.

场的大小,叫作这种铁磁质的矫顽力(图中的 $OC$),通常用 $H_C$ 表示①.从具有剩磁的状态到完全退磁的状态这一段曲线 $RC$,叫作退磁曲线.

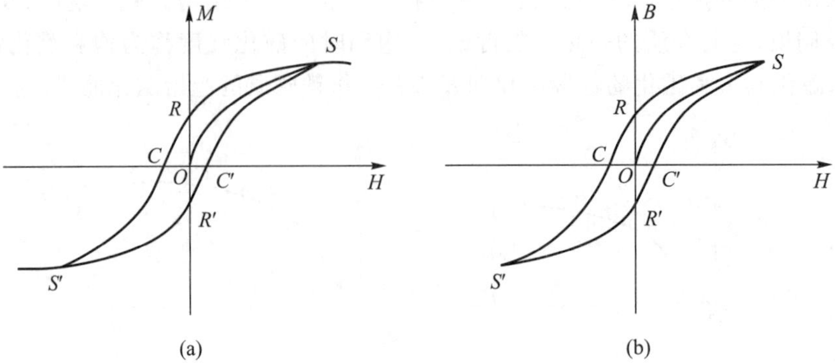


图 6-27　磁滞回线

介质退磁后,如果反方向的磁化场的数值继续增大时,介质将沿相反的方向磁化($M<0$),直到饱和(曲线的 $CS'$ 段).一般说来,反向的饱和磁化强度的数值与正向磁化时一样.此后若使反方向的磁化场数值减少到 0,然后又沿正方向增加,介质的磁化状态将沿 $S'R'C'S$ 回到正向饱和磁化状态 $S$.曲线 $S'R'C'S$ 和 $SRCS'$ 对于坐标点 $O$ 是对称的.由此我们看到,当磁化场在正负两个方向上往复变化时,介质的磁化过程经历着一个循环的过程.闭合曲线 $SRCS'R'C'S$ 叫作铁磁质的磁滞回线.上面描述的现象叫作磁滞现象.由于铁磁质中存在着磁滞现象,使它的磁化规律更加复杂了.铁磁质的 $M$、$B$ 和 $H$ 的依赖关系不仅不是线性的,而且也不是单值的.这就是说,给定一个 $H$ 的值,不能唯一地确定介质的 $M$ 和 $B$,例如 $H$ 由正值减少到 0 时,$M=M_R$,$B=B_R$,$H$ 由负值减少到 0 时,$M=-M_R$,$B=-B_R$.所以对于同一个 $H$ 值,$M$ 和 $B$ 的数值等于多少与介质经历怎样的磁化过程达到这个状态有关,或者说,$M$ 和 $B$ 的数值除了与 $H$ 的数值有关外,还取决于这介质的磁化历史.

实际上铁磁质磁化的规律远比上面描述的要复杂得多.上述磁滞回线只是外场的幅值足够大时形成的最大磁滞回线.如果外场在上述循环过程的中途,变化方向突然改变,例如在图 6-28 中当介质的磁化状态到达 $P$ 点时,负方向的外场由增加改为减小,这时介质的磁化状态并不沿原路折回,而是沿着一条新的曲线 $PQ$ 移动.当介质的磁化状态到达 $Q$ 点后,若外场的变化方向又改变,介质的磁化状态也不沿原来途径返回 $P$ 点,而是在 $PQ$ 之间形成一个小的磁滞回线.如果外场的数值在这小范围内往复变化(即在一定的直流偏场上叠加一个小的交流信号),介质的磁化状态便沿着这小磁滞回线循环.类似这样的小磁滞回线,到处都可以产生.

当我们研究一个磁性材料的起始磁化特性时,需要首先使之去磁,亦即令其磁化状态回到 $B-H$ 图中的原点 $O$.为此我们必须使外场在正负值之间反复变化,同时使它的幅值逐渐减小,最后到 $O$.这样才能使介质的磁化状态沿着一次比一次小的磁滞回线,最后回复到未磁化状态 $O$ 点(图 6-29).实际的做法,可以先把样品放在交流磁场中,然后抽出.

---

① 严格地说,使 $M=0$ 和使 $B=0$ 所需的矫顽力并不完全一样,所以有时要区分 $M$ 的矫顽力 ${}_MH_C$ 和 $B$ 的矫顽力 ${}_BH_C$.在矫顽力不大时,二者的差别可以不考虑.

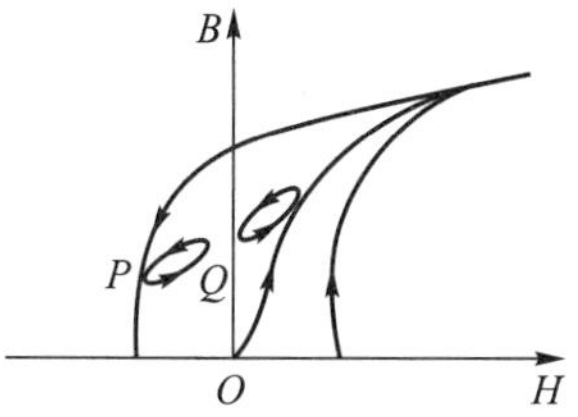


图 6-28　局部的小磁滞回线

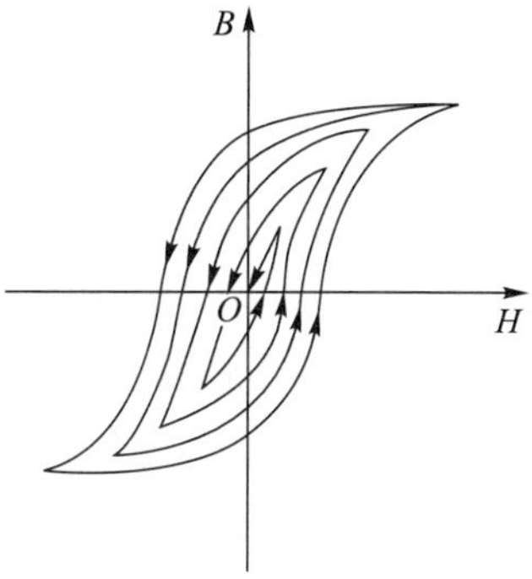


图 6-29　去磁过程

## 6.3.4　磁滞损耗

下面我们要证明，$B-H$ 图中磁滞回线所包围的“面积”代表在一个反复磁化的循环过程中单位体积的铁芯内损耗的能量.

设介质起初处于某一磁化状态 $P$（图 6-30），这里 $H>0$，$B>0$. 当 $H$ 增加时，在时间 $\mathrm{d}t$ 内磁化状态由 $P$ 点达到 $P'$点，$B$ 的值增加到 $B+\mathrm{d}B$. 由于 $B$ 的变化，在线圈中产生一个感应电动势

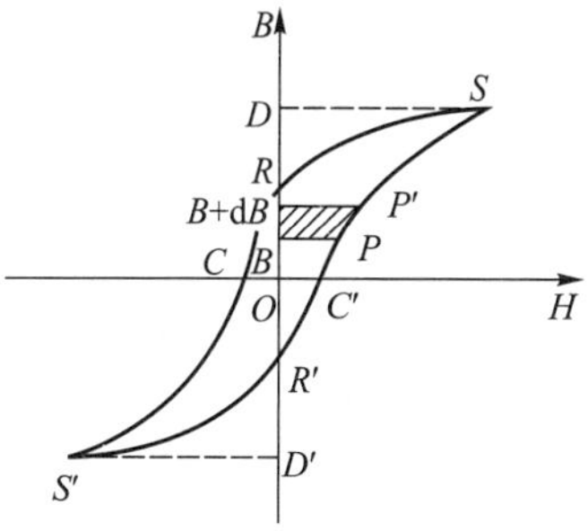


图 6-30　磁滞损耗

$$\mathscr{E}=-\frac{\mathrm{d}\Psi}{\mathrm{d}t},$$

其中 $\Psi=NSB$ 是线圈中的磁通匝链数，$N$ 是线圈的总匝数，$S$ 是截面积. 在此过程中电源抵抗感应电动势做的功

$$\begin{aligned}\mathrm{d}A&=-I_0\mathscr{E}\,\mathrm{d}t=I_0\frac{\mathrm{d}\Psi}{\mathrm{d}t}\mathrm{d}t\\&=I_0\mathrm{d}\Psi.\end{aligned}$$

在有闭合铁芯的螺绕环中 $H=nI_0$，$n=\dfrac{N}{l}$为线圈单位长度内的匝数，$l$ 为螺绕环的周长，而 $\mathrm{d}\Psi=NS\mathrm{d}B$，所以

$$\mathrm{d}A=\frac{H}{N/l}NS\mathrm{d}B=SlH\mathrm{d}B.$$

上式中 $Sl=V$ 是铁芯的体积，所以对于单位体积的铁芯来说，电源需要抵抗感应电动势所做的功为

$$\mathrm{d}a=\frac{\mathrm{d}A}{V}=H\mathrm{d}B.$$

由此可见，$\mathrm{d}a$ 的数值等于图 6-30 中 $PP'$段曲线左边画了斜线部分的“面积”.

当铁芯的磁化状态沿着磁滞回线经历着一个循环过程时，对于单位体积的铁芯来说，电源需要抵抗感应电动势做的总功 $a$ 应等于上式沿循环过程积分. 沿 $R'C'S$ 段积分时，$H>0$，$\mathrm{d}B>0$，积分的结果等于图中 $R'C'SD$ 这块“面积”；沿 $SR$ 段积分时，$H>0$，$\mathrm{d}B<0$，积分的结果等于图中 $SRD$“面积”的负值；二者的代数和正好是 $R'C'SR$ 的“面积”. 沿 $RCS'$和 $S'R'$两段积分的情况也类似，它们的代数和等于 $RCS'R'$的“面积”. 总起来说，沿着整个磁滞回线 $R'C'SRCS'R'$循环一周，积分的结

果刚好是它所包围的“面积”. 所以对单位体积的铁芯反复磁化一周电源做的功为

$$a=\oint_{\text{磁滞回线}} \mathrm{d}a=\oint_{\text{磁滞回线}} H\mathrm{d}B=\text{磁滞回线所包围的“面积”}.$$

在交流电路的电感元件中, 磁化场的方向反复变化着, 由于铁芯的磁滞效应, 每变化一周, 电源就得额外地做上述那样多的功, 所传递的能量最终将以热量的形式耗散掉. 这部分因磁滞现象而消耗的能量, 叫作磁滞损耗. 在交流电器件中磁滞损耗是十分有害的, 必须尽量使之减小.

### 6.3.5　铁磁质的分类

(1) 软磁材料

从铁磁质的性能和使用的方面来说, 它主要按矫顽力的大小分为软磁材料和硬磁材料两大类. 矫顽力很小的[$H_C$ 约 1 A/m($10^{-2}$ Oe)]叫作软磁材料; 矫顽力大的[$H_C$ 约 $10^4 \sim 10^6$ A/m(即 $10^2 \sim 10^4$ Oe)]叫作硬磁材料.

矫顽力小, 就意味着磁滞回线狭长(图 6-31), 它所包围的“面积”小, 从而在交变磁场中的磁滞损耗小. 所以软磁材料适用于交变磁场中. 无论电子设备中的各种电感元件, 或变压器、镇流器、电动机和发电机中的铁芯, 都需要用软磁材料来做. 此外, 继电器、电磁铁的铁芯也需要用软磁材料来做, 以便在电流切断后没有剩磁. 表 6-4 列出了一些典型软磁材料的性能参数.

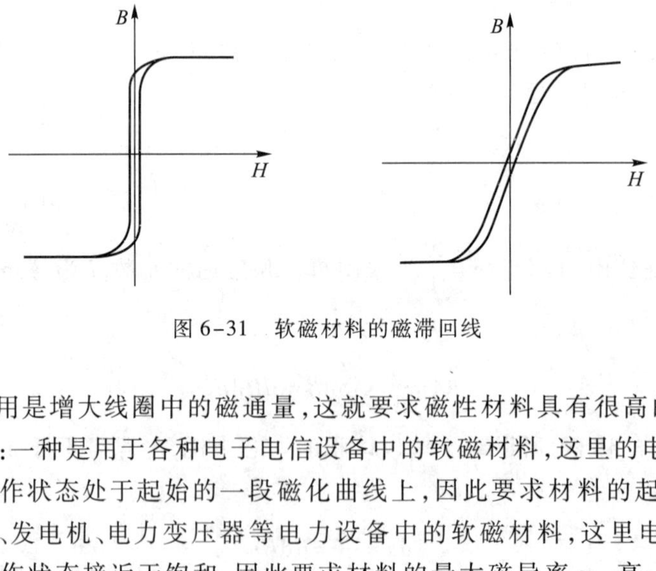


图 6-31　软磁材料的磁滞回线

既然铁芯的作用是增大线圈中的磁通量, 这就要求磁性材料具有很高的磁导率 $\mu$. 这里要分两种情形来讨论: 一种是用于各种电子电信设备中的软磁材料, 这里的电流很小(所谓弱电的情形), 铁芯的工作状态处于起始的一段磁化曲线上, 因此要求材料的起始磁导率 $\mu_I$ 高; 另一种是用于电动机、发电机、电力变压器等电力设备中的软磁材料, 这里电流很大(所谓强电的情形), 铁芯的工作状态接近于饱和, 因此要求材料的最大磁导率 $\mu_M$ 高, 而且饱和磁化强度 $M_S$ 大.

此外, 材料的电阻率 $\rho$ 影响着涡流损耗的大小. 电阻率越高, 涡流损耗越小. 特别是用于高频波段的磁芯, 对其电阻率的要求是比较高的. 铁氧体是铁和其他一种或多种金属(如锌、锰、铜、镍、钡等)的复合氧化物. 由于它是非金属磁性材料, 其电阻率比金属磁性材料高得多, 在高频和微波波段中, 铁氧体是不可缺少的磁性材料.

**表 6-4 典型软磁材料的性能参数**

| 材料 | 化学成分 | $\mu_I$ | $\mu_M$ | $H_C/(A\cdot m^{-1})$ (以 Oe 为单位) | $\mu_0 M_S/T$ (以 Gs 为单位) | $\rho/$ $(10^4\Omega\cdot m)$ | 居里点 /℃ |
|---|---|---|---|---|---|---|---|
| 纯铁 | 0.05%杂质 | 10 000 | 200 000 | 4.0 (0.05) | 2.15 (21 500) | 10 | 770 |
| 硅钢(热轧) | 4% 硅,余为铁 | 450 | 8 000 | 4.8 (0.6) | 1.97 (19 700) | 60 | 690 |
| 硅钢(冷轧晶粒取向) | 3.3% 硅,余为铁 | 600 | 10 000 | 16 (0.2) | 2.0 (20 000) | 50 | 700 |
| 45 坡莫合金 | 45% 镍,余为铁 | 2 500 | 25 000 | 24 (0.3) | 1.6 (16 000) | 50 | 440 |
| 78 坡莫合金 | 78.5% 镍,余为铁 | 8 000 | 100 000 | 4.0 (0.05) | 1.0 (10 000) | 16 | 580 |
| 超坡莫合金 | 79% 镍,5% 钼,0.5% 锰,余为铁 | 10 000 ~ 12 000 | 1 000 000 ~ 1 500 000 | 0.32 (0.004) | 0.8 (8 000) | 60 | 400 |
| 铁氧体 | — | $10^3$ ~ $10^4$ | — | 10 ~ 1 (~0.1 -0.01) | 0.5 (5 000) | $10^4$ ~ $10^3$ | 100 ~ 600 |

(2) 硬磁材料(永磁体)

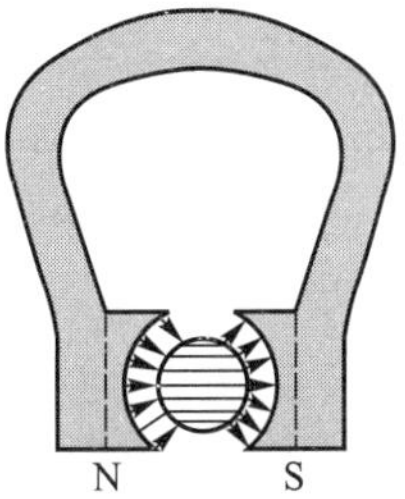


图 6-32 电流计中的永磁体

**永磁体**是在外加的磁化场去掉后仍保留一定的(最好是较强的)剩余磁化强度 $M_R$(或剩余磁感应强度 $B_R$)的物体. 制造许多电器设备(如各种电表、扬声器、微音器、拾音器、耳机、电话机、录音机等)都需要永磁体. 永磁体的作用是在它的缺口中产生一个恒定的磁场(例如电流计中就是利用永久磁铁在气隙中产生一个恒定的磁场来使线圈偏转的,见图 6-32). 在一切有缺口的磁路中两个磁极表面都要在磁铁的内部产生一个与磁化方向相反的退磁场. 这样一来,即使在闭合磁路的情况下材料具有较高的剩余磁化强度,但是若没有足够大的矫顽力,开了缺口之后,在磁铁本身退磁场的作用下也会使剩余的磁性退掉. 所以做永磁铁的材料必须具有较大的矫顽力 $H_C$. 前已说明,具有较大矫顽力的磁性材料叫硬磁材料. 所以,只有硬磁材料才适合做永磁体. 表 6-5 列出了一些典型硬磁材料的性能参数.

标志硬磁材料性能好坏的指标首先是 $H_C$ 和 $B_R$,此外还有最大磁能积,即磁铁内部 $B$ 和 $H$ 乘积的最大值 $(BH)_M$. 可以证明,当气隙中的磁场强度和气隙的体积给定之后,所需磁铁的体积与磁能积 $BH$ 成反比(参看 6.4.3 节例题 3). 所以 $(BH)_M$ 大,就可以使磁铁本身的体积缩小,这不仅可以节省磁性材料,它对器件的小型化有着特殊的重要意义. 在 $B_R$ 和 $H_C$ 的数值给定后,退磁曲线①越接

① 如前所述,磁滞回线在第二象限中的一段,称为退磁曲线. 由于硬磁材料总是在开口的情况下使用,故磁体中有退磁场,工作点总在这段曲线上.

近于矩形，$(BH)_M$ 就越大. 例如图 6-33(b) 的 $(BH)_M$ 就比图 6-33(a) 中的大.

**表 6-5 典型硬磁材料的性能参数**

| 材料 | 化学成分 | $H_C/(A\cdot m^{-1})$（以 Oe 为单位） | $B_R/T$（以 Gs 为单位） | $(BH)_M/(T\cdot A\cdot m^{-1})$（以 $10^6$Gs · Oe 为单位） |
|---|---|---|---|---|
| 碳钢 | 0.9%碳，1%锰，余为铁 | $4.0\times10^3$ (50) | 1.00 (10 000) | $1.6\times10^3$ (0.20) |
| 吕臬古 5（晶粒取向） | 8%铝，14%镍，24%钴，3%铜，余为铁 | $52.5\times10^3$ (660) | 1.37 (13 700) | $6.0\times10^4$ (7.5) |
| 吕臬古 8（晶粒取向） | 7%铝，15%镍，35%钴，4%铜，5%钛，余为铁 | $113\times10^3$ (1 420) | 1.15 (11 500) | $9.14\times10^4$ (11.5) |
| 钡铁氧体（晶粒取向） | $BaO\cdot6Fe_2O_3$ | $144\times10^3$ (1 800) | 0.45 (4 500) | $3.6\times10^4$ (4.6) |
| 钐钴合金 | $SmCo_5$ | $851\times10^3$ (10 700) | 1.07 (10 700) | $2.28\times10^5$ (28.6) |
| 钐钴合金 | $Sm_2(Co,Cu,Fe,Zr)_{17}$ | $786\times10^3$ (10 000) | 1.13 ($11.3\times10^3$) | $2.6\times10^5$ (33) |
| 钕铁硼合金 | $Nd_{15}B_8Fe_{77}$ | $880.1\times10^3$ ($11.06\times10^3$) | 1.23 ($12.3\times10^3$) | $2.90\times10^5$ (36.5) |
| 钕铁硼合金 | | | | $3.5\times10^5$ (44) |

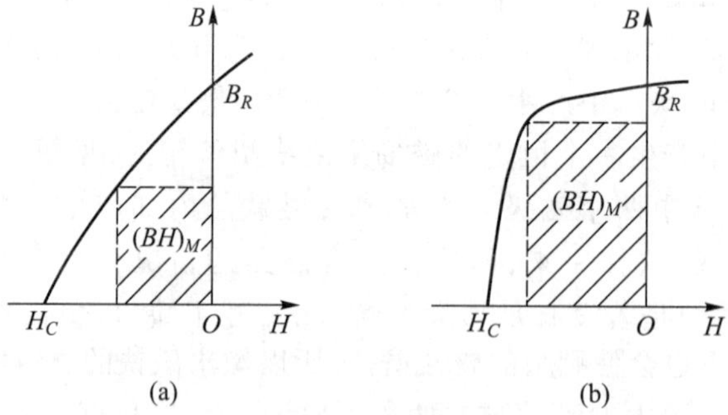


图 6-33 最大磁能积

### 6.3.6 铁磁质的微观结构

近代科学实践证明，铁磁质的磁性主要来源于电子自旋磁矩. 在没有外磁场的条件下铁磁质中电子自旋磁矩可以在小范围内"自发地"排列起来，形成一个个小的"自发磁化区". 这种自发磁化区叫作磁畴. 至于电子自旋磁矩为什么会形成自发磁化区，早年是用"分子场"理论来解释的. 按照这种理论，在铁磁物质中存在某种内部磁场，即分子场，在它的作用下电子自旋磁矩定向地排列起来. 分子场的理论是一种唯象理论，并不能解释形成磁畴的微观本质. 自从量子力学建立以后，才真正有了自发磁化的微观理论. 按照量子力学理论，电子之间存在着一种“交换作用”，它使电子自旋在平行排列时能量更低. 交换作用是一种纯量子效应，在经典理论中没有与它对应的观念.

通常在未磁化的铁磁质中，各磁畴内的自发磁化方向不同，在宏观上不显示出磁性来[图 6-34(a)]. 在加外磁场后将显示出宏观的磁性，这过程通常称为技术磁化. 当外加的磁化场不断加大时，起初磁化方向与磁化场方向接近的那些磁畴扩大自己的疆界，把邻近那些磁化方向与磁化场方向相反的磁畴领域并吞过来一些[图 6-34(a)至(c)]，继而磁畴的磁化方向在不同程度上转向磁化场的方向[图 6-34(d)]，介质就显示出宏观的磁性来. 当所有的磁畴都按磁化场的方向排列好，介质的磁化就达到饱和[图 6-34(e)]. 由此可见，饱和磁化强度 $M_S$ 就等于每个磁畴中原有的磁化强度. 由于在每个磁畴中元磁矩已完全排列起来，它的磁化强度是非常大的. 这就是为什么铁磁质的磁性比顺磁质强得多的原因. 介质里的掺杂和内应力在磁化场去掉后阻碍着磁畴恢复到原来的退磁状态，这是造成磁滞现象的主要原因.

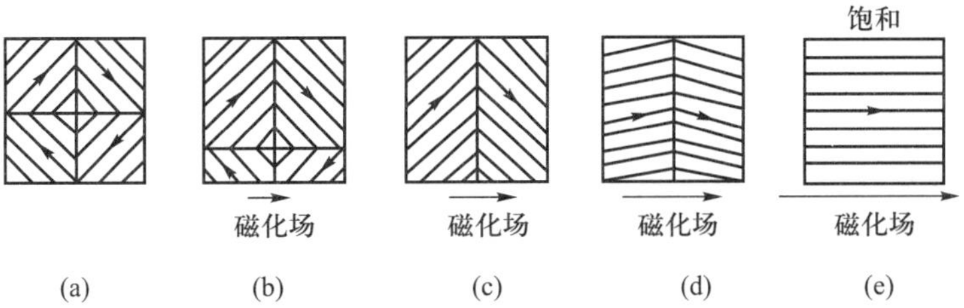


图 6-34　技术磁化机制示意图

磁畴的形状和大小，在各种材料中很不相同. 其几何线度可以从微米量级到毫米量级，形状并不像示意图 6-34 中那样简单. 磁畴结构可用多种方法观察到. 粉纹法是将样品表面抛光后撒上铁粉，使磁畴边界显现出来；磁光法是利用偏振光的克尔效应来观察磁畴的. 图 6-35(a)是用粉纹法拍摄的磁畴照片，照片中各磁畴的边界和磁化方向勾画于图 6-35(b)中.

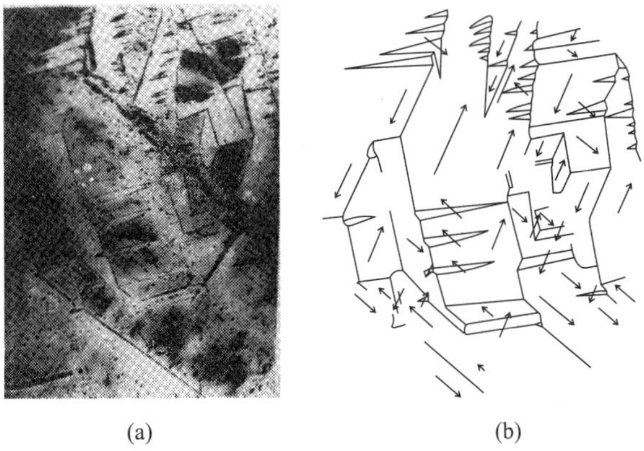


图 6-35　用粉纹法拍摄的磁畴照片

铁磁质磁畴中磁化方向的改变会引起介质中晶格间距的改变，从而伴随着磁化过程，铁磁体会发生长度和体积的改变，这种现象叫作**磁致伸缩**. 对于多数铁磁质来说，磁致伸缩的长度形变很小,只有$10^{-5}$的数量级(近几年来发现了某些材料在低温下的磁致伸缩形变可大到百分之几十).磁致伸缩可用于微小机械振动的检测和超声波换能器.

铁磁性是与磁畴结构分不开的.当铁磁体受到强烈的震动,或在高温下由于剧烈热运动的影响,磁畴便会瓦解,这时与磁畴联系的一系列铁磁性质(如高磁导率、磁滞、磁致伸缩等)全部消失.对于任何铁磁物质都有这样一个临界温度,高过这个温度铁磁性就消失,变为顺磁性.这个临界温度叫作铁磁质的居里点(一些磁性材料的居里点参见表6-4的最后一栏).

## 习　题

**6.3-1**　一环形铁芯横截面的直径为4.0 mm,环的平均半径$R=15$ mm,环上密绕着200匝线圈(见题图),当线圈导线通有25 mA的电流时,铁芯的(相对)磁导率$\mu=300$,求通过铁芯横截面的磁通量$\Phi$.

**6.3-2**　一铁环中心线的周长为30 cm,横截面积为1.0 $cm^2$,在环上紧密地绕有300匝表面绝缘的导线.当导线中通有电流32 mA时,通过环的横截面的磁通量为$2.0\times10^{-6}$ Wb.求:

(1) 铁环内部磁感强度的大小$B$;

(2) 铁环内部磁场强度的大小$H$;

(3) 铁的磁化率$\chi_m$和(相对)磁导率$\mu$;

(4) 铁环的磁化强度的大小$M$.

**6.3-3**　一螺绕环由表面绝缘的导线在铁环上密绕而成,每厘米绕有10匝;当导线中的电流为2.0 A时,测得铁环内的磁感应强度为1.0 T.求:

(1) 铁环内的磁场强度$H$;

(2) 铁环的磁极化强度$J$;

(3) 铁环的(相对)磁导率$\mu$.

**6.3-4**　一无穷长圆柱形直导线外包一层磁导率为$\mu$的圆筒形磁介质,导线半径为$R_1$,磁介质的外半径为$R_2$(见题图),导线内有电流$I$通过.

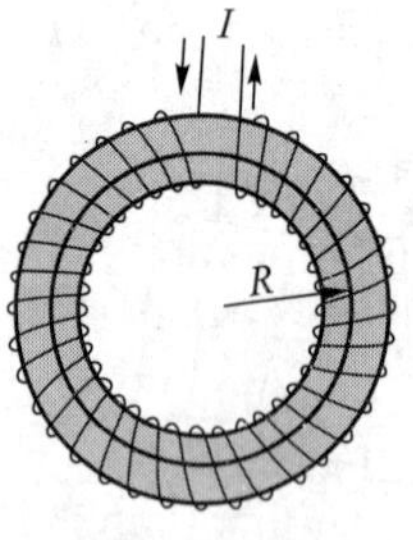


习题6.3-1图

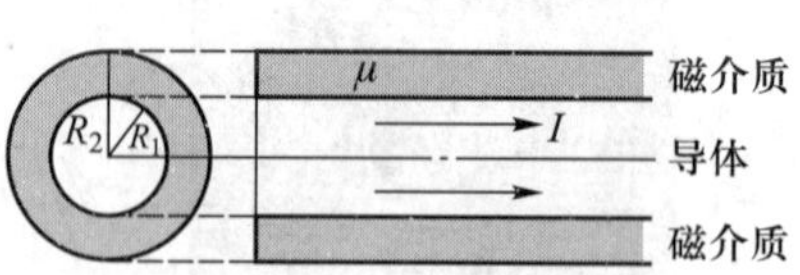


习题6.3-4图

(1) 求介质内、外的磁场强度和磁感应强度的分布,并画$H-r$、$B-r$曲线;

(2) 介质内、外表面的磁化面电流密度$i'$;

(3) 从磁荷观点来看,介质表面有无磁荷?

**6.3-5**　若习题6.1-6中磁介质的磁导率$\mu=200$,$B=2.0$ T,求两空穴中心的$H$.

**6.3-6**　一抗磁质小球的质量为0.10 g.密度为$\rho=9.8$ g/$cm^3$,磁化率为$\chi_m=-1.82\times10^{-4}$.放在一个半径$R=10$ cm的圆线圈的轴线上距圆心为$l=10$ cm处(见题图),圈中载有电流$I=1.0$ mA.求电流作用在这抗磁质小球上力的大小和方向.

(提示:参看习题6.2-13.)

**6.3-7**　题图是某种铁磁材料的起始磁化曲线，试根据这曲线求出最大磁导率 $\mu_M$，并绘制相应的 $\mu$-$H$ 曲线.

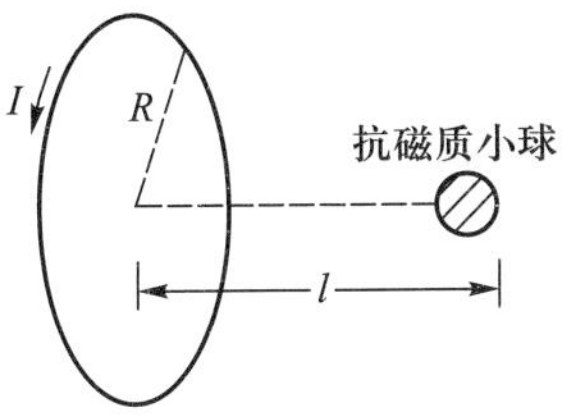


习题 6.3-6 图

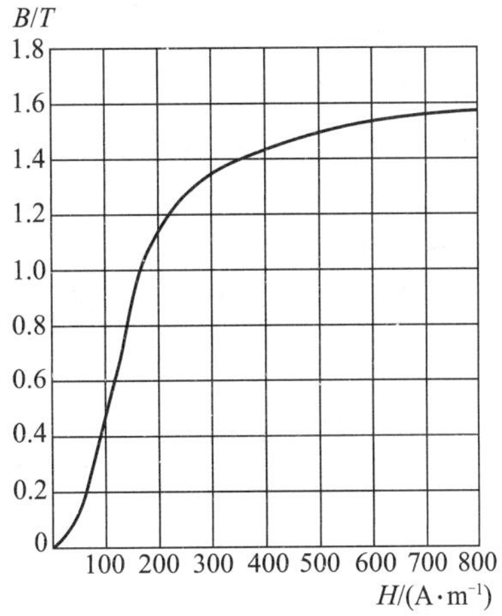


习题 6.3-7 图

**6.3-8**　题图表中列出某种磁性材料的 $H$ 和 $B$ 的实验数据，

(1) 画出这种材料的起始磁化曲线；

(2) 求出表中所列各点处材料的(相对)磁导率 $\mu$；

(3) 求最大磁导率 $\mu_M$.

**6.3-9**　中心线周长为 20 cm，截面积为 4 $cm^2$ 的闭合环形磁芯，其材料的磁化曲线如题图所示.

(1) 若需要在该磁芯中产生磁感强度为 0.1、0.6、1.2、1.8 $Wb/m^2$ 的磁场时，绕组的安匝数 $NI$ 要多大？

(2) 若绕组的匝数 $N$=1 000，上述各种情况下通过绕组的电流 $I$ 应多大？

(3) 若固定绕组中的电流，使它恒为 $I$=0.1 A，绕组的匝数各为多少？

(4) 求上述各工作状态下材料的(相对)磁导率 $\mu$.

| $H/(A\cdot m^{-1})$ | $B/(Wb\cdot m^{-2})$ |
|---|---|
| 0 | 0 |
| 33 | 0.2 |
| 50 | 0.4 |
| 61 | 0.6 |
| 72 | 0.8 |
| 93 | 1.0 |
| 155 | 1.2 |
| 290 | 1.4 |
| 600 | 1.6 |

习题 6.3-8 图

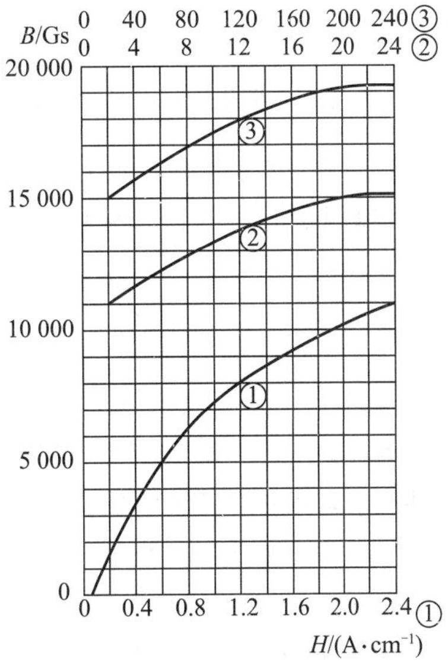


习题 6.3-9 图

**6.3-10**　矩磁材料具有矩形磁滞回线[见题图(a)],反向场一超过矫顽力,磁化方向就立即反转.矩磁材料的用途是制作电子计算机中存储元件的环形磁芯.题图(b)所示为一种这样的磁芯,其外直径为0.8 mm,内直径为0.5 mm,高为0.3 mm.这类磁芯由矩磁铁氧体材料制成,若磁芯原来已被磁化,方向如图所示.现需使磁芯中自内到外的磁化方向全部翻转,导线中脉冲电流 $i$ 的峰值至少需多大?设磁芯矩磁材料的矫顽力 $H_C=2$ Oe.

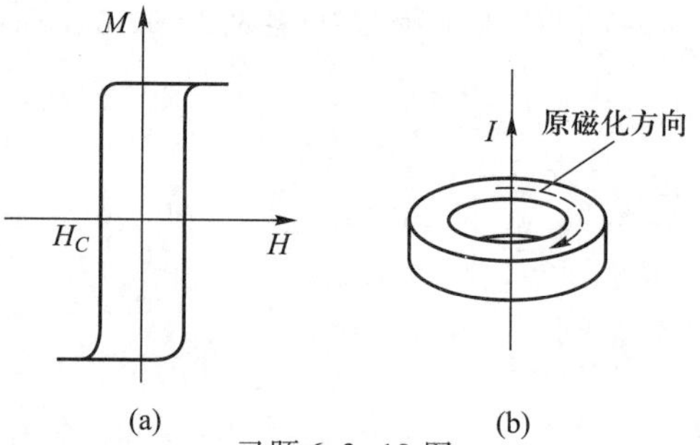


习题6.3-10图

# §6.4　边界条件　磁路定理

## 6.4.1　磁介质的边界条件

在两种磁介质的分界面上(或一种磁介质与真空的分界面上),主要的边界条件有两条:一是磁感应强度 $\boldsymbol{B}$ 法线分量的连续性,一是磁场强度 $\boldsymbol{H}$ 切线分量的连续性.它们分别是把磁场的"高斯定理"和安培环路定理用到边界面上的直接推论.

(1) $\boldsymbol{B}$ 的法线分量的连续性

如图6-36,在两种磁介质的分界面上取一面元 $\Delta S$,在 $\Delta S$ 上作一扁盒状的高斯面,它的两底分别位于界面两侧不同的介质中,并与界面平行,且无限靠近它.围绕 $\Delta S$ 的边缘用一与 $\Delta S$ 垂直的窄带把两底面之间的缝隙封闭起来,构成闭合高斯面的侧面.取界面的单位法线矢量为 $\boldsymbol{e}_n$,它的指向是由介质1到介质2的(见图6-36).设在 $\Delta S$ 两侧不同介质中的磁感应强度分别为 $\boldsymbol{B}_1$ 和 $\boldsymbol{B}_2$(它们一般是不相等的),则通过高斯面的磁感应通量为

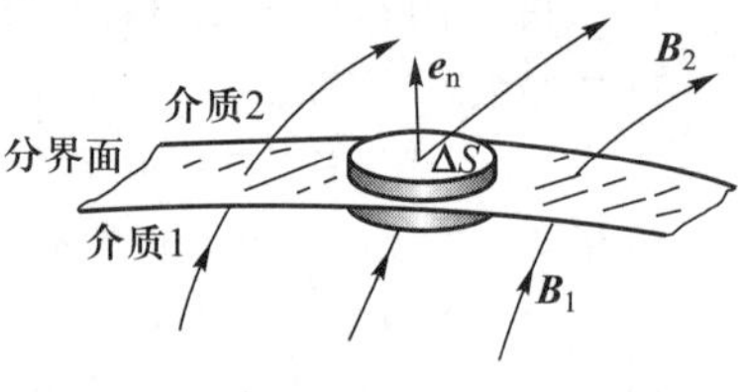


图6-36　$\boldsymbol{B}$ 的法向分量连续

$$\oiint \boldsymbol{B}\cdot \mathrm{d}\boldsymbol{S}=\iint_{底面1}\boldsymbol{B}\cdot \mathrm{d}\boldsymbol{S}+\iint_{底面2}\boldsymbol{B}\cdot \mathrm{d}\boldsymbol{S}+\iint_{侧面}\boldsymbol{B}\cdot \mathrm{d}\boldsymbol{S},$$

其中前两项分别等于 $-\boldsymbol{B}_1\cdot\boldsymbol{e}_n\Delta S$ 和 $\boldsymbol{B}_2\cdot\boldsymbol{e}_n\Delta S$(对于高斯面来说,$\boldsymbol{e}_n$ 是底面1的内法线,故第一项出现负号);因侧面积趋于0,第三项为0.所以按照磁场的"高斯定理",

$$\oiint \boldsymbol{B}\cdot \mathrm{d}\boldsymbol{S}=(\boldsymbol{B}_2-\boldsymbol{B}_1)\cdot\boldsymbol{e}_n\Delta S=0,$$

于是得到

$$\boldsymbol{e}_n\cdot(\boldsymbol{B}_2-\boldsymbol{B}_1)=0\quad 或\quad B_{2n}=B_{1n}\tag{6.67}$$

其中 $B_{1n}=\boldsymbol{e}_n\cdot\boldsymbol{B}_1$,$B_{2n}=\boldsymbol{e}_n\cdot\boldsymbol{B}_2$,它们分别代表 $\boldsymbol{B}_1$ 和 $\boldsymbol{B}_2$ 的法线分量.这就是磁介质分界面上的第一个边界条件,它表明在边界面两侧磁感应强度的法线分量是连续的.

(2) $\boldsymbol{H}$ 的切线分量的连续性

如图6-37,在两种磁介质的分界面上取一矩形安培环路 $ABCDA$,$AB$ 和 $CD$ 两边长 $\Delta l$,它们与界面平行,且无限靠近它;$BC$ 和 $DA$ 两边与界面垂直.设界面两侧不同介质中的磁场强度分别为 $\boldsymbol{H}_1$ 和 $\boldsymbol{H}_2$(它们一般是不相等的),则 $\boldsymbol{H}$ 沿此安培环路的线积分为

$$\oint \boldsymbol{H}\cdot \mathrm{d}\boldsymbol{l}=\int_A^B \boldsymbol{H}\cdot \mathrm{d}\boldsymbol{l}+\int_B^C \boldsymbol{H}\cdot \mathrm{d}\boldsymbol{l}+\int_C^D \boldsymbol{H}\cdot \mathrm{d}\boldsymbol{l}+\int_D^A \boldsymbol{H}\cdot \mathrm{d}\boldsymbol{l},$$

令 $H_{1t}$和 $H_{2t}$代表 $\boldsymbol{H}_1$ 和 $\boldsymbol{H}_2$ 的切线分量，则沿 $AB$ 段和 $CD$ 段的积分分别为$-H_{2t}\Delta l$ 和 $H_{1t}\Delta l$（负号是因为在 $AB$ 段内 $\boldsymbol{H}$ 的切线分量与 $\Delta\boldsymbol{l}$ 方向相反）. 此外因 $BC$ 和 $DA$ 的长度趋于 0，两段积分为 0. 于是按照安培环路定理

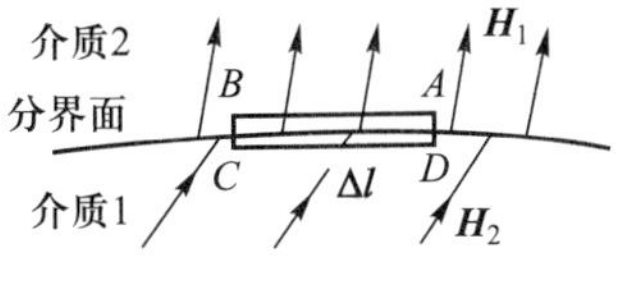


图 6-37 $\boldsymbol{H}$ 的切向分量连续

$$\oint \boldsymbol{H}\cdot \mathrm{d}\boldsymbol{l}=(H_{1t}-H_{2t})\Delta l=\sum I_0.$$

但是在介质界面上没有传导电流（即 $I_0=0$），故

$$H_{2t}-H_{1t}=0 \quad 或 \quad H_{2t}=H_{1t}.$$

上式表明矢量差 $\boldsymbol{H}_2-\boldsymbol{H}_1$ 是沿切线方向的，故又可写成

$$\boldsymbol{e}_n\times(\boldsymbol{H}_2-\boldsymbol{H}_1)=0. \tag{6.68}$$

这就是磁介质分界面上的第二个边界条件，它表明在边界面两侧磁场强度的切线分量是连续的.

### 6.4.2 磁感应线在边界面上的"折射"

由于上述两个边界条件，磁感应线在界面上一般都会发生"折射"（见图 6-38）.

设界面两侧磁感应线与界面法线的夹角分别为 $\theta_1$ 和 $\theta_2$，则

$$\left.\begin{aligned}B_{1n}=B_1\cos\theta_1,\quad B_{2n}=B_2\cos\theta_2\\ H_{1t}=H_1\sin\theta_1,\quad H_{2t}=H_2\sin\theta_2\end{aligned}\right\} \tag{6.69}$$

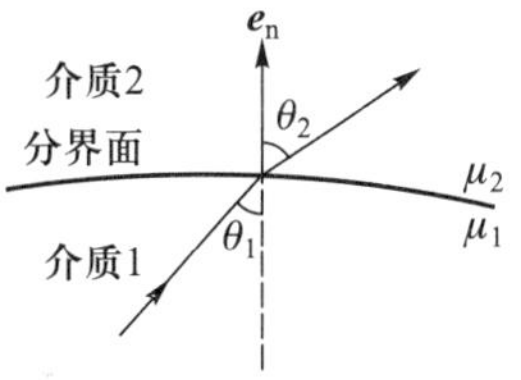


图 6-38 磁感应线在介质边界面上的"折射"

按边界条件（6.67）和（6.68），

$$B_{1n}=B_{2n},\quad H_{1t}=H_{2t},$$

两式相除得

$$\frac{H_{1t}}{B_{1n}}=\frac{H_{2t}}{B_{2n}}. \tag{6.70}$$

将式（6.69）代入式（6.70）得

$$\frac{H_1}{B_1}\tan\theta_1=\frac{H_2}{B_2}\tan\theta_2.$$

设两种介质的磁导率分别为 $\mu_1$ 和 $\mu_2$，则

$$B_1=\mu_1\mu_0H_1,\quad B_2=\mu_2\mu_0H_2,$$

于是

$$\frac{\tan\theta_1}{\mu_1}=\frac{\tan\theta_2}{\mu_2} \quad 或 \quad \frac{\tan\theta_1}{\tan\theta_2}=\frac{\mu_1}{\mu_2}, \tag{6.71}$$

即界面两侧磁感应线与法线夹角的正切之比等于两侧磁导率之比.

如果 $\mu_2=1$（真空或非磁性物质），$\mu_1\gg 1$（铁质物质），则 $\theta_2\approx 0$，$\theta_1\approx 90°$（见图 6-39），这时在介质 1（铁芯）内磁感应线几乎与界面平行，从而也非常密集，铁芯的磁导率 $\mu_1$ 越大，$\theta_1$ 越接近于 90°，磁感应线就越接近于与表面平行，从而漏到外面的磁通越少，这样，高磁导率的铁芯就把磁通量集中到自己的内部.

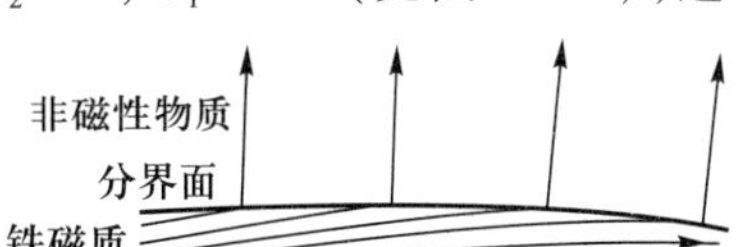


图 6-39 磁感应线集中在铁磁体内部

### 6.4.3　磁路定理

由于铁磁材料的磁导率 $\mu$ 很大(数量级在 $10^2 \sim 10^6$ 以上),铁芯有使磁感应通量集中到自己内部的作用. 例如图 6-40(a),一个没有铁芯的载流线圈产生的磁通量是弥散在整个空间的,若把同样的线圈绕在一个闭合或差不多闭合的铁芯上时[图 6-40(b)],则不仅磁通量的数值大大增加,而且磁感应线几乎是沿着铁芯的. 换句话说,铁芯的边界就构成一个磁感应管,它把绝大部分磁通量集中到这个管子里. 这一点和一个电路很相似,当我们把一根导线接在电源的两端上时,电流集中在导线内,沿着它流动[图 6-40(c)]. 因此人们常常把磁感应管叫作**磁路**.

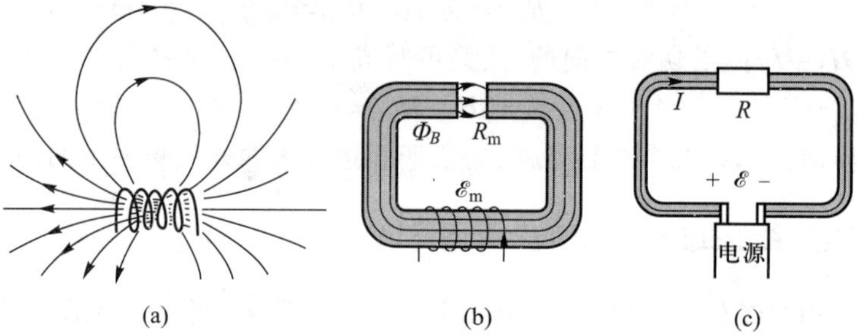


图 6-40　电路与磁路的相似性

磁路与电路之间的相似性,为我们提供了一个分析和计算磁场分布的有力工具——磁路定理. 从基本原理来说,磁路定理不外是磁场的"高斯定理"和安培环路定理的具体应用,不过我们把它写成尽量与电路定理相似的形式,从而有关电路的一些概念和分析问题的方法都可借用过来.

在恒定电路中,不管导线各段的粗细或电阻怎样不同,通过各截面的电流强度 $I$ 都是一样的. 在铁芯里,由于磁场的"高斯定理",通过铁芯各个截面的磁通量 $\Phi_B$ 也相同①.

对于一个闭合电路来说,电源的电动势 $\mathscr{E}$ 等于各段导线上的电势降落之和:

$$\mathscr{E} = \sum_i IR_i = I\sum_i R_i = I\sum_i \frac{l_i}{\sigma_i S_i},$$

式中 $R_i$、$\sigma_i$、$l_i$、$S_i$ 分别是第 $i$ 段导线的电阻、电导率、长度和截面积. 对于磁路来说,我们有安培环路定理:

$$\begin{aligned} NI_0 &= \oint_L \boldsymbol{H} \cdot \mathrm{d}\boldsymbol{l} = \sum_i H_i l_i \\ &= \sum_i \frac{B_i l_i}{\mu_i \mu_0} = \sum_i \frac{\Phi_{Bi} l_i}{\mu_i \mu_0 S_i}, \end{aligned}$$

式中 $N$ 和 $I_0$ 分别是产生磁化场的线圈匝数和传导电流,$H_i$、$B_i$、$\mu_i$、$l_i$、$S_i$ 分别是第 $i$ 段均匀磁路中的磁场强度、磁感应强度、(相对)磁导率、长度和截面积,闭合积分回路 $L$ 是沿着磁路选取的. 因为通过各段磁路的磁通量 $\Phi_{Bi} = B_i S_i$ 都一样,我们统一用 $\Phi_B$ 代表,并从求和号中提出来. 于是上

① 由于铁芯只近似地是一个磁感应管,实际上有一小部分磁感应通量要从它的侧表面漏出去(漏磁通). 所以上述说法是近似的.

式写成

$$NI_0=\sum_i H_i l_i=\Phi_B\sum_i\frac{l_i}{\mu_i\mu_0 S_i}. \tag{6.72}$$

将上式与电路公式对比一下，即可看出表6-6中各物理量是一一对应的.

**表6-6 磁路与电路的对比**

| 电路 | 电动势$\mathscr{E}$ | 电流 $I$ | 电导率 $\sigma_i$ | 电阻 $R_i=\dfrac{l_i}{\sigma_i S_i}$ | 电势降落 $IR_i$ |
|---|---|---|---|---|---|
| 磁路 | 磁动势<br>$\mathscr{E}_{\mathrm{m}}=NI_0$ | 磁感应通量<br>$\Phi_B$ | 磁导率<br>$\mu_i\mu_0$ | 磁阻<br>$\dfrac{l_i}{\mu_i\mu_0 S_i}$ | 磁势降落<br>$H_i l_i=\Phi_B\dfrac{l_i}{\mu\mu_0 S_i}$ |

因此我们可以把磁路中有关的各物理量用对应的符号和名称来表示，即

$$\left.\begin{aligned}&\text{磁动势 }\mathscr{E}_{\mathrm{m}}=NI_0\text{（电工中叫作磁化力）}\\&\text{磁阻 }R_{\mathrm{m}i}=\frac{l_i}{\mu_i\mu_0 S_i}\\&\text{磁势降落 }H_i l_i=\Phi_B R_{\mathrm{m}i}.\end{aligned}\right\} \tag{6.73}$$

这样一来，磁路的公式(6.72)就可写成与电路公式更加相似的形式：

$$\mathscr{E}_{\mathrm{m}}=\sum H_i l_i=\Phi_B\sum R_{\mathrm{m}i} \tag{6.74}$$

式(6.74)叫作磁路定理，它可用文字表述为：闭合磁路的磁动势等于各段磁路上磁势降落和.

[**例题1**] 图6-41(a)和图6-41(b)分别是一个U形电磁铁的外貌和磁路图，它的尺寸如下：磁极截面积 $S_1=0.01\ \mathrm{m}^2$，长度 $l_1=0.6\ \mathrm{m}$，$\mu_1=6\ 000$，轭铁截面积 $S_2=0.02\ \mathrm{m}^2$，长度 $l_2=1.40\ \mathrm{m}$，$\mu_2=700$；气隙长度 $l_3$ 在 $0\sim0.05\ \mathrm{m}$ 范围内可调. 如果线圈匝数 $N=5\ 000$，电流 $I_0$ 最大为 4 A. 问 $l_3=0.05\ \mathrm{m}$ 和 $0.01\ \mathrm{m}$ 时最大磁场强度 $H$ 值各多少.

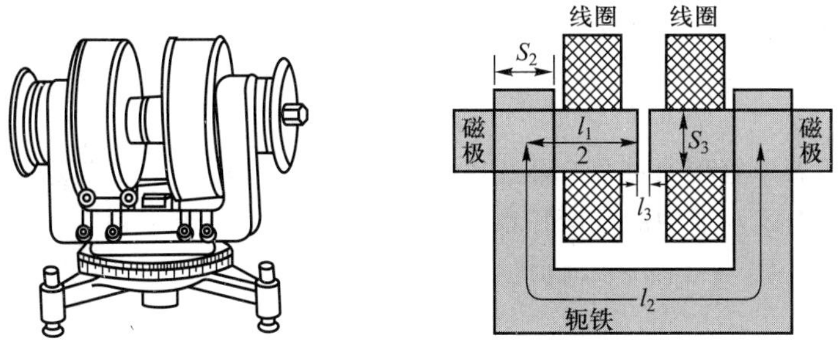


(a) 外貌　　(b) 磁路

图6-41 例题1—电磁铁的设计

[**解**] 根据磁路定理

$$\Phi_B=\frac{NI_0}{\dfrac{l_1}{\mu_1\mu_0 S_1}+\dfrac{l_2}{\mu_2\mu_0 S_2}+\dfrac{l_3}{\mu_0 S_3}},$$

在气隙中 $\Phi_B=\mu_0 HS_3$，故

$$H=\frac{NI_0/S_3}{\dfrac{l_1}{\mu_1 S_1}+\dfrac{l_2}{\mu_2 S_2}+\dfrac{l_3}{S_3}}.$$

忽略漏磁效应，取 $S_3\approx S_1=0.01\ \mathrm{m}^2$，将所给数据代入上式，得到

$$l_3=0.05\ \mathrm{m}\ 时，H=3.92\times10^5\ \mathrm{A/m}=4.9\times10^3\ \mathrm{Oe};$$

$$l_3=0.01\ \mathrm{m}\ 时，H=1.8\times10^6\ \mathrm{A/m}=2.5\times10^4\ \mathrm{Oe}.$$

由于未考虑漏磁问题，上面所得结果比实际偏大一些. 但对于粗略的设计来说，以上数据可供参考.

**[例题 2]**　6.3.1 节的例题证明，闭合磁芯的螺绕环自感 $L$ 比空心时的 $L_0$ 大 $\mu$ 倍，由于种种原因，实际电感器件中的磁芯不都是闭合的. 这时的自感 $L$ 与空心线圈自感 $L_0$ 之比，称为器件的有效磁导率 $\mu_{有效}$. 如图 6-42 所示，磁环开有气隙. 设磁芯材料的磁导率为 $\mu$，其长度为 $l_1$，气隙的长度为 $l_2$，求有效磁导率.

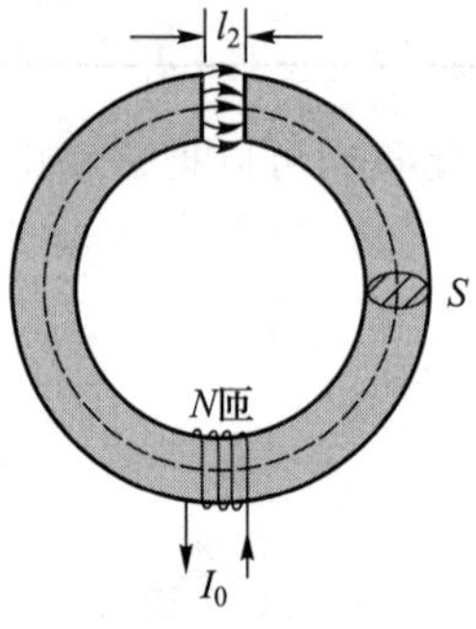


图 6-42　例题 2—器件的有效磁导率与材料磁导率的关系

**[解]**　设空心线圈的磁阻为 $R_{\mathrm{m0}}$，加入铁芯后的磁阻为 $R_{\mathrm{m}}$，二者的磁动势一样，都是 $\mathscr{E}_{\mathrm{m}}=NI_0$，因此它们之中的磁通量分别为

$$\Phi_{B0}=\frac{\mathscr{E}_{\mathrm{m}}}{R_{\mathrm{m0}}}=\frac{NI_0}{R_{\mathrm{m0}}},$$

和

$$\Phi_B=\frac{\mathscr{E}_{\mathrm{m}}}{R_{\mathrm{m}}}=\frac{NI_0}{R_{\mathrm{m}}}.$$

而 $\Phi_{B0}=B_0 S$，$\Phi_B=BS$，其中 $S$ 为磁路的横截面积，$B_0=\mu_0 H_0$ 为空心线圈内的磁感应强度，$B$ 为有铁芯的器件内的磁感应强度，故

$$\mu_{有效}=\frac{B}{\mu_0 H_0}=\frac{B}{B_0}=\frac{\Phi_B}{\Phi_{B0}}=\frac{R_{\mathrm{m0}}}{R_{\mathrm{m}}}.$$

下面分别计算 $R_{\mathrm{m}}$ 和 $R_{\mathrm{m0}}$：

$$R_{\mathrm{m}}=\frac{l_1}{\mu\mu_0 S}+\frac{l_2}{\mu_0 S},$$

[实际上在气隙处磁感应管稍有膨胀(漏磁效应)，它的截面积稍大，在气隙长度很小时，漏磁效应可以忽略，所以在上式两项中的截面积都取成 $S$.]对于空心线圈来说

$$R_{\mathrm{m0}}=\frac{l}{\mu_0 S},$$

其中 $l=l_1+l_2$. 于是带气隙的电感器件的有效磁导率为

$$\mu_{有效}=\frac{R_{\mathrm{m0}}}{R_{\mathrm{m}}}=\frac{l/\mu_0 S}{\dfrac{l_1}{\mu\mu_0 S}+\dfrac{l_2}{\mu_0 S}}=\frac{\mu l}{l_1+\mu l_2}$$

$$=\frac{\mu l}{(l-l_2)+\mu l_2},$$

最后我们得到

$$\mu_{有效}=\frac{\mu}{1+\frac{l_2}{l}(\mu-1)}.$$

下面举几个数值的例子. 设 $l=10\ \text{cm}$, $l_2=1\ \text{mm}$, $\mu=1\ 000$, 由上式可以算出 $\mu_{有效}=1\ 000/11\approx 91$. 若 $\mu=10\ 000$, 则有 $\mu_{有效}=10\ 000/101\approx 99$. 由这个例子可以看出, 虽然气隙的长度只有磁路总长度的 1/100, $\mu_{有效}$ 仍比 $\mu$ 下降很多(10 ~ 100 倍), 而且即使材料磁导率增大 10 倍, $\mu_{有效}$ 也不会增大很多(增加还不到 10%). 这是因为气隙和铁芯构成了串联磁路, 由于气隙的磁导率($\mu\approx 1$)远小于铁芯的磁导率, 它的磁阻比铁芯的磁阻大得多. 正如在串联电路中高电阻起主要作用一样, 这里高磁阻的气隙起着主要的作用, 整个磁路中的磁通量 $\Phi_B$ 受着它的限制, 铁芯的磁阻再小, 情况也改变不了多少. 由此可见, 即使一个很小的气隙, 它对电感器件的影响也是很大的.

虽然气隙会使器件的电感大幅度下降, 但气隙往往会对器件的温度稳定性和 $Q$ 值(见§7.5)带来有益的影响, 在对电感量要求不高的场合下, 有时故意要在铁芯上开一个小气隙.

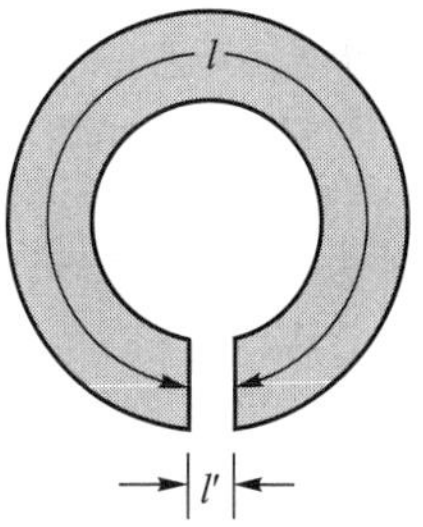

图 6-43 例题 3—磁能积的意义

**[例题 3]** 如 6.3.5 节所述, 永磁体是用来在气隙中提供一个磁场的. 试证明: 当气隙中的磁场强度和气隙的体积给定后, 所需磁铁的体积与磁能积 $BH$ 成反比.

**[解]** 如图 6-43, 令 $H$、$B$、$l$、$S$、$V=lS$ 和 $H'$, $B'=\mu_0 H'$、$l'$、$S'$、$V'=l'S'$ 分别代表磁体和气隙的磁场强度、磁感应强度、长度、截面积和体积. (由于气隙中有漏磁, 其有效截面积 $S'$ 大于磁体的截面积 $S$). 由于这里没有磁化电流, 故

$$Hl+H'l'=0 \quad 或 \quad H'l'=-Hl,$$

又因磁通量的连续性,

$$\Phi_B=BS=B'S' \quad 即 \quad \mu_0 H'S'=BS,$$

两式相乘, 得

$$\mu_0(H')^2 l'S'=-BHlS,$$

即

$$\mu_0(H')^2 V'=-BHV,$$

或

$$V=-\frac{\mu_0(H')^2 V'}{BH}.$$

上式表明, 在 $H'$、$V'$ 给定后, 所需磁体的体积 $V$ 与磁能积 $BH$ 成反比. 式中出现负号, 是因为在磁体内的退磁场 $H$ 方向与 $B$ 相反, $BH$ 乘积是负值, $-BH$ 才是正的.

以上讨论的都是串联磁路. 并联磁路的问题请参考习题 6.4-11. 在那里我们将看到, 并联磁路也具有和并联电路类似的性质, 例如两磁阻的并联公式为

$$\frac{1}{R_m}=\frac{1}{R_{m1}}+\frac{1}{R_{m2}}. \tag{6.75}$$

### 6.4.4 磁屏蔽

在实际中(例如做精密的磁场测量实验时)往往需要把一部分空间屏蔽起来, 免受外界磁场

的干扰. 上述铁芯具有把磁感应线集中到内部的性质,提供了制造磁屏蔽的可能性. 磁屏蔽的原理可借助并联磁路的概念来说明. 如图 6-44 所示,将一个铁壳放在外磁场中,则铁壳的壁与空腔中的空气可以看成是并联的磁路,由于空气的磁导率 $\mu$ 接近于 1,而铁壳的磁导率至少有几千,所以空腔的磁阻比铁壳壁的磁阻大得多. 这样一来,外磁场的磁感应通量中绝大部分将沿着铁壳壁内"通过","进入"空腔内部的磁通量是很少的. 这就可以达到磁屏蔽的目的.

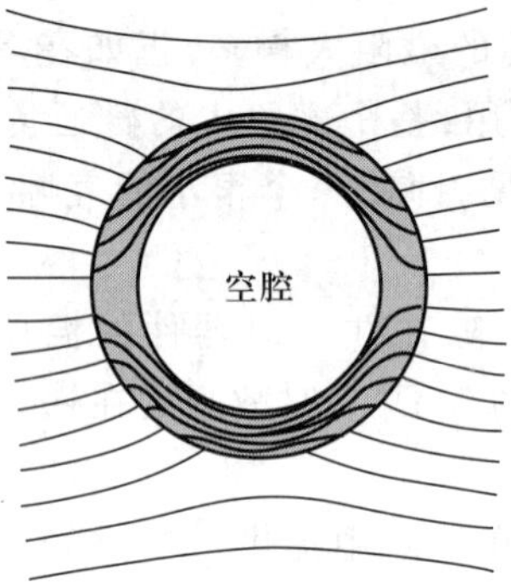


(a)

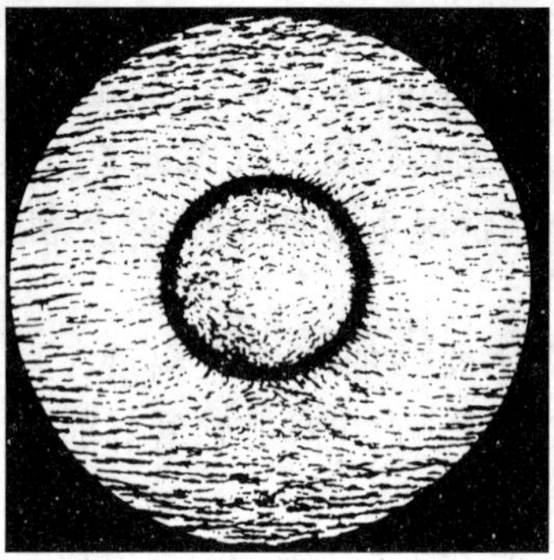

(b)

图 6-44　磁屏蔽

应当指出的是,用铁壳做的磁屏蔽没有用金属导体壳做的静电屏蔽的效果那样好. 为了达到更好的磁屏蔽效果,可以采用多层铁壳的办法,把漏进空腔里的残余磁通量一次次地屏蔽掉.

## 习　　题

**6.4-1**　在空气($\mu=1$)和软铁($\mu=7\ 000$)的交界面上,软铁上的磁感强度 $\boldsymbol{B}$ 与交界面法线的夹角为 85°,求空气中磁感强度与交界面法线的夹角.

**6.4-2**　一铁芯螺绕环由表面绝缘的导线在铁环上密绕而成,环的中心线长 500 mm,横截面积为 1 000 $\text{mm}^2$. 现在要在环内产生 $B=1.0$ T 的磁感强度,由铁的 $B$-$H$ 曲线得这时铁的 $\mu=796$,求所需的安匝数 $NI$. 如果铁环上有一个 2.0 mm 宽的空气间隙,求所需的安匝数 $NI$.

**6.4-3**　一铁环中心线的半径 $R=200$ mm,横截面积为 150 $\text{mm}^2$;在它上面绕有表面绝缘的导线 $N$ 匝,导线中通有电流 $I$;环上有一个 1.0 mm 宽的空气隙. 现在要在空气隙内产生 $B=0.50$ T 的磁感强度,由铁的 $B$-$H$ 曲线得这时铁的 $\mu=250$,求所需的安匝数 $NI$.

**6.4-4**　一铁环中心线的直径 $D=40$ cm,环上均匀地绕有一层表面绝缘的导线,导线中通有一定电流. 若在这环上锯一个宽为 1.0 mm 的空气隙,则通过环的横截面的磁通量为 $3.0\times10^{-4}$ Wb;若空气隙的宽度为 2.0 mm,则通过环的横截面的磁通量为 $2.5\times10^{-4}$ Wb. 忽略漏磁不计,求这铁环的磁导率.

**6.4-5**　一铁环中心线的半径 $R=20$ cm,横截面是边长为 4.0 cm 的正方形. 环上绕有 500 匝表面绝缘的导线. 导线中载有电流 1.0 A,这时铁的(相对)磁导率 $\mu=400$.

(1) 求通过环的横截面的磁通量;

(2) 如果在这环上锯开一个宽为 1.0 mm 的空气隙,求这时通过环的横截面的磁通量的减少.

**6.4-6**　一个利用空气间隙获得强磁场的电磁铁如题图所示,铁芯中心线的长度 $l_1=500$ mm,空气隙长度 $l_2=20$ mm,铁芯是(相对)磁导率 $\mu=5\ 000$ 的硅钢. 要在空气隙中得到 $B=3\ 000$ Gs 的磁场,求绕在铁芯上的线圈

的安匝数 $NI$.

**6.4-7** 某电钟里有一铁芯线圈,已知铁芯磁路长 14.4 cm,空气隙宽 2.0 mm,铁芯横截面积为 0.60 $cm^2$,铁芯的(相对)磁导率 $\mu=1\ 600$. 现在要使通过空气隙的磁通量为 $4.8\times10^{-6}$ Wb,求线圈电流的安匝数 $NI$. 若线圈两端电压为220 V,线圈消耗的功率为 2.0 W,求线圈的匝数 $N$.

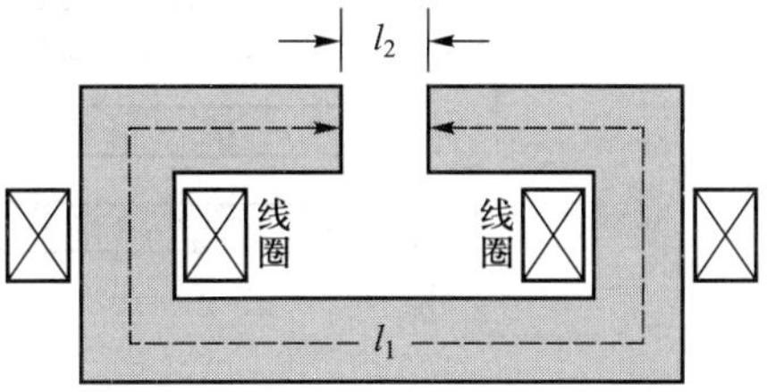

习题 6.4-6 图

**6.4-8** 题图是某日光灯所用镇流器铁芯尺寸(单位为 mm),材料的磁化曲线见习题 6.3-9 图. 在铁芯上共有 $N=1\ 280$ 匝线圈,现要求线圈中通过电流 $I=0.41$ A 时,铁芯中的磁通量 $\Phi_B=5.8\times10^{-4}$ Wb,求:

(1) 此时气隙中的磁感强度 $B'$和磁场强度 $H'$;

(2) 铁芯中的磁感强度 $B$ 和磁场强度 $H$;

(3) 应留多大的气隙才能满足上述要求?

**6.4-9** (1) 一起重用的马蹄形电磁铁形状如题图所示,两极的横截面都是边长为 $a$ 的正方形,磁铁的磁导率 $\mu=200$,上面绕有 $N=200$ 匝线圈,电流 $I=2.0$ A. 已知 $R=a=x=5.0$ cm,$l=d=10$ cm,衔铁与磁极直接接触. 求这电磁铁的起重力(包括衔铁在内).

(2) 若磁铁与衔铁间垫有厚 1.0 mm 的铜片,当负重(包括衔铁自重)20 kg 时,需要多大电流?

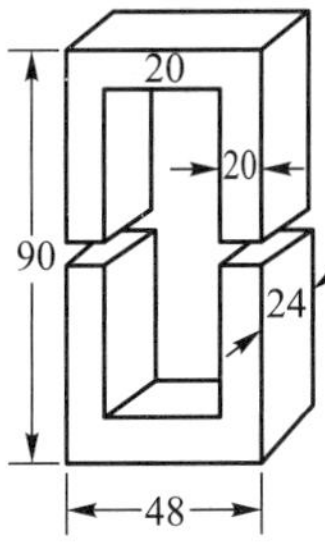

习题 6.4-8 图

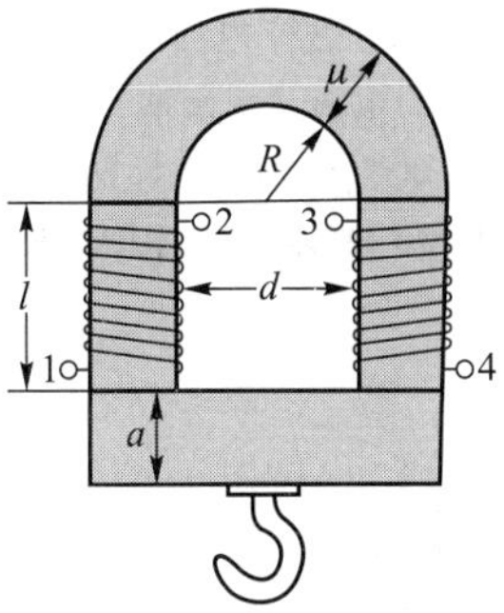

习题 6.4-9 图

**6.4-10** (1) 在上题中两绕组串联和并联时,1、2、3、4 各接头该如何连接?

(2) 若两绕组完全相同,在同样电压的条件下,哪种连接方法使电磁铁的起重力较大?大几倍?

(3) 在同样电流的条件下比较,结论如何?

(4) 在同样功率的条件下比较,结论如何?

**6.4-11** 证明两磁路并联时的磁阻服从下列公式:

$$\frac{1}{R_m}=\frac{1}{R_{m1}}+\frac{1}{R_{m2}}.$$

**6.4-12** 一电磁铁铁芯的形状如题图所示,线圈的匝数为 1 000,空气隙长度 $l=2.0$ mm,磁路的 $a$、$b$、$c$ 三段长度与截面都相等,气隙的磁阻是它们每个的 30 倍,当线圈中有电流 $I=1.8$ A 时,气隙中的磁场强度为多少奥斯特?

**6.4-13** (1) 借助磁路的概念定性地解释一下,为什么电流计中永磁铁两极间加了软铁芯之后,磁感应线会向铁芯内集中(参看题图)?

(2) 在题图中设电流计永磁铁和软铁芯之间气隙内线圈竖边所在位置(图中虚线圆弧上)的磁感应强度为 $B$,电流计线圈的面积为 $S$,匝数为 $N$,偏转角为 $\varphi$,试证明通过线圈的磁通匝链数 $\Psi=NBS\varphi$.

(提示:利用磁场的"高斯定理".)

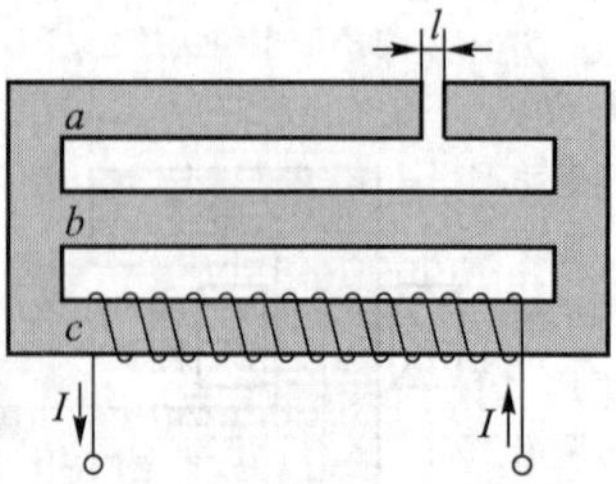


习题 6.4-12 图

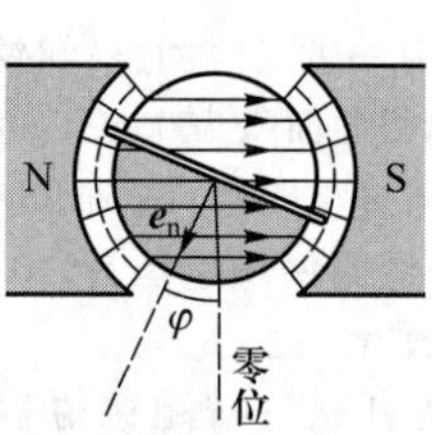


习题 6.4-13 图

**6.4-14**　一种磁势计的结构如题图所示，它是均匀密绕在一条非磁性材料做的软带 $L$ 上的线圈，两端接在冲击电流计上. 把它放在某磁场中，突然把产生磁场的电流切断，使 $\boldsymbol{H}$ 迅速变到 0，若此时测得在冲击电流计中迁移的电荷量为 $q$，试证明，原来磁场中从 $a$ 沿软带 $L$ 到 $b$ 的磁势降落为

$$\int_{a \atop (L)}^{b} \boldsymbol{H} \cdot \mathrm{d}\boldsymbol{l} = \frac{Rq}{\mu_0 S n},$$

其中 $S$ 为软带截面积，$n$ 为单位长度上线圈的匝数，$R$ 为电路的总电阻（包括线圈的电阻和冲击电流计电路中的电阻）.

**6.4-15**　为了测量某一硬磁材料做的磁棒的磁滞回线，需要测量其中磁场强度 $H$ 的变化. 为此将磁棒夹在电磁铁的两磁极之间，用平均直径为 $D$ 的半圆形有机玻璃为芯做一磁势计，放在硬磁棒侧面上（见题图）.

（1）磁势计测得的磁势降落与磁棒内的磁场强度 $H$ 有什么关系？

（2）先增加电磁铁绕组中的电流 $I$ 使硬磁棒的磁化达到饱和，然后将磁化电流突然切断，由冲击电流计测得迁移的电荷量 $q=25\ \mu\mathrm{C}$，已知半圆形磁势计的平均直径 $D=1.6\ \mathrm{cm}$，横截面积 $S=0.16\ \mathrm{cm}^2$，磁势计线圈共有 3 725 匝，电路的总电阻 $R=4\ 100\ \Omega$，求硬磁棒中的磁场强度 $H$ 的改变量.（切断磁化电流后，硬磁棒内的磁场强度是否为 0？为什么？）

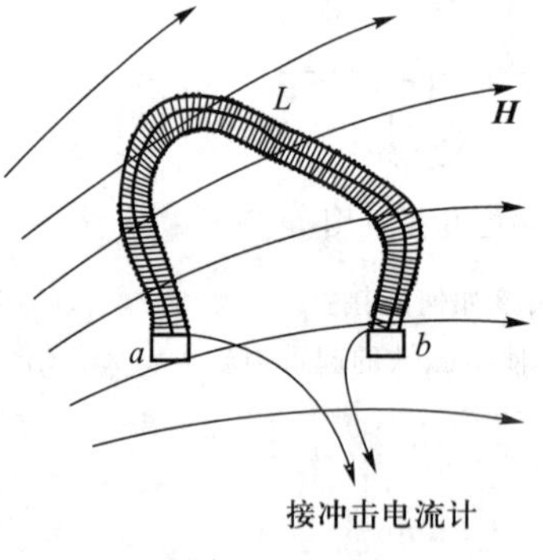


习题 6.4-14 图

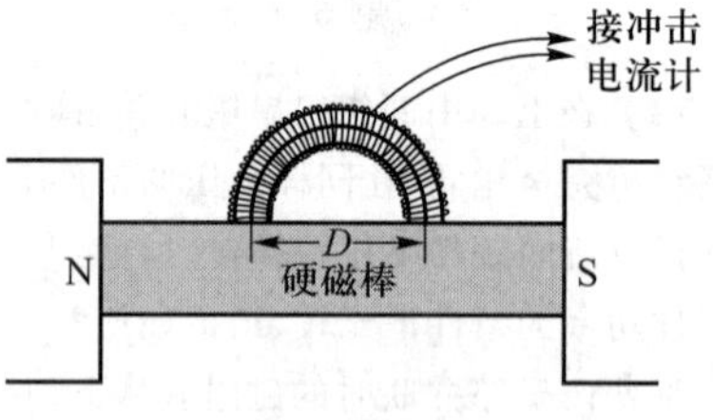


习题 6.4-15 图

**6.4-16**　电视显像管的磁偏转线圈套在管颈上，中间要产生一个均匀磁场. 磁偏转线圈的结构如题图（a）所示，用磁性材料做一个空心磁环，把线圈绕在上面，$A$、$A'$ 处绕得较稀，$B$、$B'$ 处绕得较密，而且 $ABA'$ 与 $AB'A'$ 两半边绕的方向相反［图（a）中只画了一个象限内的绕组］. 于是磁感应线就会形成如题图（b）的分布. 设磁芯的磁导率很大，从而其中磁阻可以忽略. 试证明，为了在管颈中得到均匀磁场，磁环单位长度上线圈的匝数 $n$ 应服从下列规律：

$$n(\theta) \propto \cos\theta,$$

其中 $\theta$ 是从 $B$ 点算起的方位角.

（提示：利用安培环路定理）.

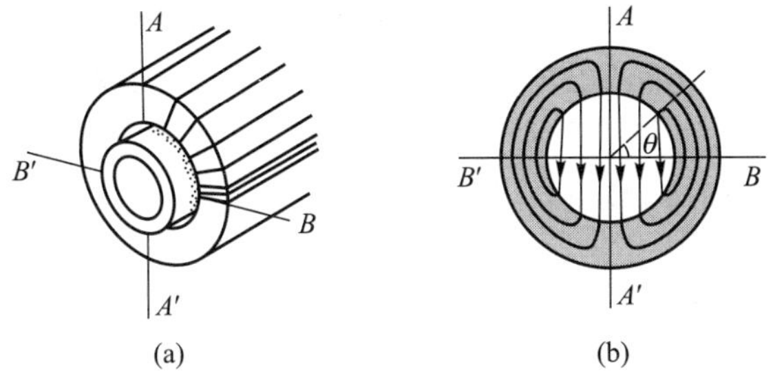


习题 6.4-16 图

# § 6.5 磁场的能量和能量密度

在 § 2.4 中曾指出，按照电场的近距作用观点，电能定域在电场中，因此利用电容器储存电能的公式 $W_e=\frac{1}{2}CU^2$ 导出了电场的能量密度公式

$$w_e=\frac{1}{2}\boldsymbol{D}\cdot\boldsymbol{E}.$$

在这公式中电能直接与描述电场的矢量 **E** 和 **D** 联系起来. 与此对应，按照磁场的近距作用观点，磁能定域在磁场中，因此我们也应该能够从第五章的电感储能公式 $W_m=\frac{1}{2}LI^2$ 导出磁场的能量密度公式来.

为了计算简便，我们通过螺绕环的特例导出磁场的能量密度公式. 螺绕环的自感系数为

$$L=\mu\mu_0 n^2 V$$

[参看第五章式(5.23)，该式适用于空心螺绕环，如果其中有闭合磁芯，则按式(6.59)，$L$ 增大 $\mu$ 倍]. 这绕圈的自感磁能为

$$W_m=\frac{1}{2}LI^2=\frac{1}{2}\mu\mu_0 n^2 I^2 V.$$

因 $H=nI$，$B=\mu\mu_0 H=\mu\mu_0 nI$，所以

$$W_m=\frac{1}{2}BHV=\frac{1}{2}\boldsymbol{B}\cdot\boldsymbol{H}V.$$

我们知道，在螺绕环的情形里，磁场完全局限在它的内部，上式中的 $V$ 就是它的体积. 上式表明，磁能 $W_m$ 的数量与磁场所占的体积 $V$ 成正比，因而单位体积内的磁能，即**磁能密度**为

$$w_m=\frac{W_m}{V}=\frac{1}{2}\boldsymbol{B}\cdot\boldsymbol{H}. \tag{6.76}$$

在螺绕环的特例中，**B** 和 **H** 的数值是均匀的，总磁能 $W_m$ 就等于磁能密度 $w_m$ 乘上体积 $V$. 在磁场不均匀的普遍情况下，可以证明上述磁能密度公式仍旧成立，不过总磁能 $W_m$ 应等于 $w_m$ 对场占有的全部空间积分：

$$W_m=\iiint_V w_m\,\mathrm{d}V=\frac{1}{2}\iiint_V \boldsymbol{B}\cdot\boldsymbol{H}\,\mathrm{d}V. \tag{6.77}$$

这样一来,磁场的能量和它的密度就完全与描述磁场的矢量 $\boldsymbol{B}$ 和 $\boldsymbol{H}$ 联系起来了.

下面我们考虑两个线圈情形的磁场能量公式,可以看出,总磁能与电流建立的过程无关.

设线圈 1、2 中的电流强度分别为 $I_1$ 和 $I_2$,它们各自产生的磁场强度和磁感应强度分别为 $\boldsymbol{H}_1$、$\boldsymbol{H}_2$ 和 $\boldsymbol{B}_1$、$\boldsymbol{B}_2$,则总磁场强度和磁感应强度分别是

$$\boldsymbol{H}=\boldsymbol{H}_1+\boldsymbol{H}_2,$$
$$\boldsymbol{B}=\boldsymbol{B}_1+\boldsymbol{B}_2,$$

从而总磁能为

$$\begin{aligned}W_{\mathrm{m}}&=\frac{1}{2}\iiint_V \boldsymbol{B}\cdot\boldsymbol{H}\mathrm{d}V=\frac{1}{2}\iiint_V(\boldsymbol{B}_1+\boldsymbol{B}_2)\cdot(\boldsymbol{H}_1+\boldsymbol{H}_2)\mathrm{d}V\\&=\frac{1}{2}\iiint_V \mu\mu_0(\boldsymbol{H}_1+\boldsymbol{H}_2)\cdot(\boldsymbol{H}_1+\boldsymbol{H}_2)\mathrm{d}V\\&=\frac{1}{2}\iiint_V \mu\mu_0(H_1^2+H_2^2+2\boldsymbol{H}_1\cdot\boldsymbol{H}_2)\mathrm{d}V.\end{aligned}\tag{6.78}$$

这公式本身的形式就已表明,系统的总磁能 $W_{\mathrm{m}}$ 只与最后达到的状态有关,而与建立电流的过程无关.

此外还可看出,式(6.78)第一、二两项,即$\frac{1}{2}\iiint_V \mu\mu_0 H_1^2\mathrm{d}V$ 和$\frac{1}{2}\iiint_V \mu\mu_0 H_2^2\mathrm{d}V$ 分别为 1、2 两线圈的自感磁能,第三项,即$\iiint_V \mu\mu_0\boldsymbol{H}_1\cdot\boldsymbol{H}_2\mathrm{d}V$ 为互感磁能. 因此自感磁能总是正的,而互感磁能密度在 $\boldsymbol{H}_1\cdot\boldsymbol{H}_2$ 成锐角的地方为正,成钝角的地方为负.

上面我们从螺绕环的自感磁能公式导出磁能密度公式(6.76),然后推广到普遍的磁能公式(6.77)和(6.78). 利用它们可以反过来求任何电流回路的自感 $L$(或互感 $M$), §5.3 例题 3 已算过同轴线的自感,下面就以此题为例,重新用磁能的方法再做一遍.

**[例题 1]**　求无限长同轴线单位长度内的自感系数(图 6-45),已知内、外半径分别是 $R_1$、$R_2$ $(R_2>R_1)$,其间介质的磁导率为 $\mu$,电流分布在两导体表面.

**[解]**　利用安培环路定理不难求出,磁场只存在于两导体之间. 在这里 $(R_1<r<R_2)$

$$\left.\begin{aligned}H&=\frac{I}{2\pi r},\\B&=\mu\mu_0 H=\frac{\mu\mu_0 I}{2\pi r}.\end{aligned}\right\}$$

从而磁能密度为

$$w_{\mathrm{m}}=\frac{1}{2}BH=\frac{\mu\mu_0 I^2}{8\pi^2 r^2}.$$

在长度为 $l$ 的一段同轴线内的总磁能为

$$\begin{aligned}W_{\mathrm{m}}&=\int_{R_1}^{R_2} w_{\mathrm{m}}\cdot 2\pi l r\mathrm{d}r\\&=\int_{R_1}^{R_2}\frac{\mu\mu_0 I^2}{8\pi^2 r^2}\cdot 2\pi l r\mathrm{d}r\end{aligned}$$

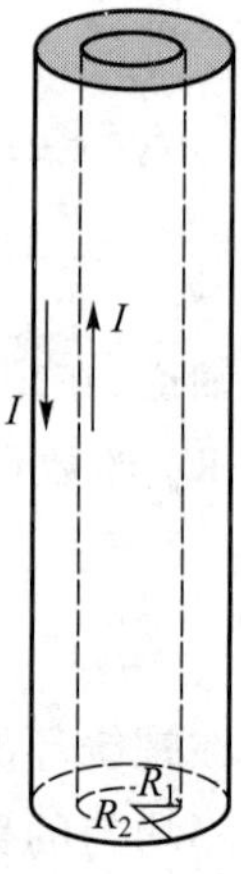


图 6-45　例题 1——用磁场能量公式计算同轴电缆的自感

$$=\frac{\mu\mu_0 I^2 l}{4\pi}\int_{R_1}^{R_2}\frac{\mathrm{d}r}{r}$$

$$=\frac{\mu\mu_0 I^2 l}{4\pi}\ln\frac{R_2}{R_1}.$$

另一方面，根据自感磁能公式

$$W_{\mathrm{m}}=\frac{1}{2}LI^2.$$

将两式比较一下，即得到这段长度为 $l$ 的自感为

$$L=\frac{\mu\mu_0 l}{2\pi}\ln\frac{R_2}{R_1}.$$

从而同轴线单位长度的自感为

$$L^*=\frac{L}{l}=\frac{\mu\mu_0}{2\pi}\ln\frac{R_2}{R_1}.$$

在上述结果中令 $\mu=1$，即得§5.3中例题3的结果.

［**例题2**］ 若上题中电流在内柱横截面上均匀分布，结果有何变化？

［**解**］ 这时两导体间的磁场分布不变，但内导体中有下列磁场：

$$H=\frac{rI}{2\pi R_1^2},\quad B=\mu'\mu_0 H,$$

故磁能密度为

$$w'_{\mathrm{m}}=\frac{\mu'\mu_0 r^2 I^2}{8\pi^2 R_1^4},$$

式中 $\mu'$ 是导体的相对磁导率. 总磁能中因而增加一项：

$$\Delta W_{\mathrm{m}}=\int_0^{R_1} w'_{\mathrm{m}} 2\pi l r\mathrm{d}r$$

$$=\int_0^{R_1}\frac{\mu'\mu_0 r^2 I^2}{8\pi^2 R_1^4}\cdot 2\pi l r\mathrm{d}r$$

$$=\frac{\mu'\mu_0 I^2 l}{16\pi},$$

自感中增加一项：

$$\Delta L=\frac{2\Delta W_{\mathrm{m}}}{I^2}=\frac{\mu'\mu_0 l}{8\pi},$$

单位长度的自感增加

$$\Delta L^*=\frac{\mu'\mu_0}{8\pi}.$$

例题2的结果在§5.3中未曾得到过，实际上在那里也不可能得到，因为该处所给的自感（或互感）定义只适用于没有横截面积的线电流或面电流. 如果载流导体有一定的横截面积，如何计算磁通匝链数的问题将变得不明确. 所以磁能公式不仅为自感（互感）提供另一种计算方法，对于有限横截面积的导体来说，它还为自感（互感）提供了基本的定义.

有横截面积的导体回路的自感通常有三种不同的定义（或者说三种计算方法），其一就是上面所述的磁能

法,另外两种都是从磁通与电流不完全链接的概念出发,对磁通匝链数作某种有权重的平均.

(1) 磁能法,即通过下式计算自感 $L$:

$$\frac{1}{2}LI^2=\frac{1}{2}\iiint_V \boldsymbol{B}\cdot\boldsymbol{H}\mathrm{d}V, \tag{6.79}$$

积分遍及有磁场的空间.

(2) 平均磁链法一,$L=\Psi/I$,其中

$$\Psi=\frac{1}{I}\int i\mathrm{d}\Phi, \tag{6.80}$$

$\mathrm{d}\Phi$ 是某个元磁力管 $L$ 内的磁通[图 6-46(a)],$i$ 为与此磁力管相链接(即穿过 $L$ 所围阴影面积)的电流强度(因元磁力管无限细,可不必计较曲面边缘的确切位置).积分遍及所有磁力管的横截面.

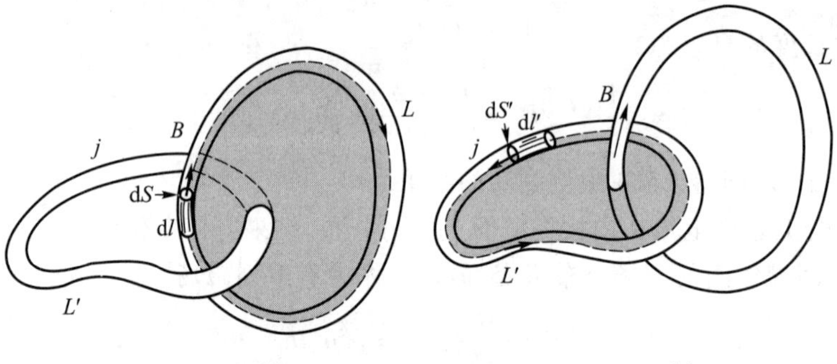


图 6-46　有横截面积导体回路自感磁链的计算

(3) 平均磁链法二,$L=\Psi/I$,其中

$$\Psi=\frac{1}{I}\int \Phi\mathrm{d}i, \tag{6.81}$$

$\mathrm{d}i$ 是某个元电流管 $L'$内的电流强度[图 6-46(b)],$\Phi$ 为与此电流管相链接(即穿过 $L'$所围阴影面积)的磁通.积分遍及所有电流管的横截面.

以上三定义都不难推广到互感.定义(1)为许多书籍广泛采用,可认为是最基本的;定义(2)常见于电工学书籍中;定义(3)也有人采用.可以证明,①三种定义是完全等价的.

## 习　　题

**6.5-1**　目前在实验室里产生 $E=10^5$ V/m 的电场和 $B=10^4$ Gs 的磁场是不难做到的.今在边长为 10 cm 的立方体空间里产生上述两种均匀场,问所需的能量各为多少?

**6.5-2**　利用高磁导率的铁磁体,在实验室产生 $B=5\,000$ Gs 的磁场并不困难.

(1) 求这磁场的能量密度 $w_m$;

(2) 要想产生能量密度等于这个值的电场,问电场强度 $E$ 的值应为多少?这在实验上容易做到吗?

**6.5-3**　一导线弯成半径为 $R=5.0$ cm 的圆形,当其中载有 $I=100$ A 的电流时,求圆心的磁场能量密度 $w_m$.

**6.5-4**　一螺线管长 300 mm,横截面积的直径为 15 mm,由 2 500 匝表面绝缘的导线均匀密绕而成,其中铁

① 参阅:赵凯华.也谈"三维导体"的自感系数[J].大学物理,1985(3).

芯的磁导率 $\mu=1\ 000$. 当它的导线中通有电流 2.0 A 时,求管中心的磁能密度 $w_m$.

**6.5-5** 一同轴线由很长的两个同轴的圆筒构成,内筒半径为 1.0 mm,外筒半径为7.0 mm,有 100 A 的电流由外筒流去,内筒流回,两筒的厚度可忽略. 两筒之间的介质无磁性($\mu=1$),求:

(1) 介质中的磁能密度 $w_m$ 分布;

(2) 单位长度(1 m)同轴线所储磁能 $W_m$.

**6.5-6** 一根长直导线载有电流 $I$,$I$ 均匀分布在它的横截面上. 证明:这导线内部单位长度的磁场能量为

$$\frac{\mu_0 I^2}{16\pi}.$$

**6.5-7** 一同轴线由很长的直导线和套在它外面的同轴圆筒构成,导线的半径为 $a$,圆筒的内半径为 $b$,外半径为 $c$. 电流 $I$ 由圆筒流去,由导线流回;在它们的横截面上,电流都是均匀分布的.

(1) 求下列四处单位长度(1 m)内所储磁能 $W_m$ 的表达式:导线内、导线和圆筒之间、圆筒内、圆筒外;

(2) 当 $a=1.0$ mm, $b=4.0$ mm, $c=5.0$ mm, $I=10$ A 时,单位长度(1 m)的同轴线中储存磁能多少?

**6.5-8** 试验算一下,用上述两种平均磁链法计算 §6.5 中例题 2 的结果,都与磁能法一致.

亨　利

（Henry，Joseph，1797—1878）

# 第七章 交流电

本章讨论的是非恒定电路问题. 严格地说,电路中的变化与周围电磁场的变化密切不可分割,这就使非恒定电路问题变得十分复杂. 但是在随时间变化不太快的情况下,电路可看成"准静态的",即它保留了恒定电路的许多重要特征. 有关准静态电路的概念及其条件,我们将在§8.4中讨论. 本章假定,准静态条件是满足的.

## §7.1 交流电概述

在一个电路里,如果电源的电动势 $e(t)$ 随时间做周期性变化,则各段电路中的电压 $u(t)$ 和电流 $i(t)$ 都将随时间做周期性变化,这种电路叫作交流电路.

这里我们先用一节的篇幅概括地介绍一下交流电广泛的实际应用、各种交流电源和交流电形式的多样性等问题. 尽管这里涉及的内容、名词和术语读者可能会感到生疏,但是有了这样一个对交流电的全貌哪怕是极为粗略的了解,对学习以后各节中的基本内容还是大有好处的.

### 7.1.1 各种形式的交流电

交流电路广泛地应用于电力工程、无线电电子技术和电磁测量中.

在电力系统中,从发电到输配电,都用的是交流电. 这里的电源是交流发电机. 在5.2.2节中我们曾介绍过一个最简单的原理性交流发电机,它是靠线圈在磁场中转动而获得交变的感应电动势的. 交流发电机产生的交变电动势随时间变化的关系如图7-1所示,基本上是正弦或余弦函数的波形,这样的交流电,叫作简谐交流电.

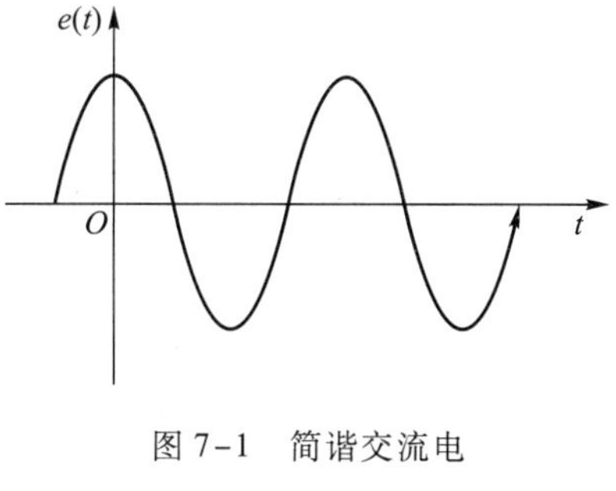

图7-1 简谐交流电

在无线电电子设备中的各种电信号,大多数也是交流电信号. 这里电信号的来源是多种多样的. 在收音机、电视机中,通过天线接收了从电台发射到空间的电磁波,形成整机的信号源. 在许多电子测量仪器(如交流电桥、示波器、频率计、$Q$ 表等)中,交流电源来自各种信号发生器,这些信号发生器自身也是一些特殊的电子电路,靠它激发的自生振荡,为其他测量仪器提供交流电动势. 在各种无线电电子设备中往往具有多级放大电路,这时除了整机的交流电源外,前一级放大器的输出是后一级的输入,对后一级电路来说,我们也可以把前一级作为信号源.

实际中不同场合应用的交流电随时间变化的波形是多种多样的. 例如市电是50 Hz的简谐波[图7-2(a)],电子示波器用来扫描的信号是锯齿波[图7-2(b)],电子计算机中采用的信号是矩形脉冲[图7-2(c)],激光通信用来载波的是尖脉冲[图7-2(d)],广播电台发射的信号在中波段是 535 ~1 605 kHz 的调幅波[即振幅随时间变化的简谐波，见图 7-2(e)]，而电视台和通信系统发射的信号兼有调幅波和调频波[即频率随时间变化的简谐波，见图 7-2(f)].

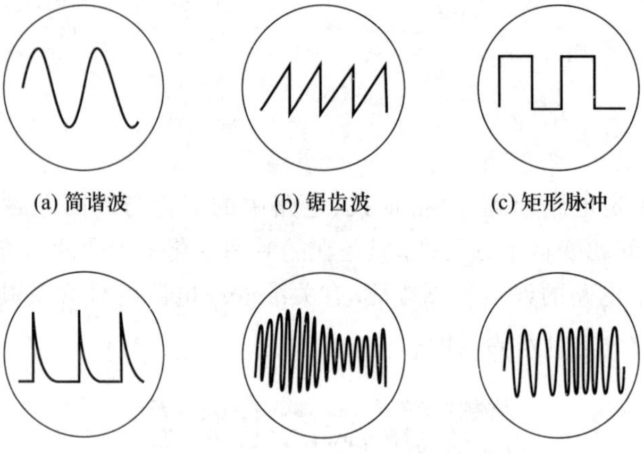

(a) 简谐波　(b) 锯齿波　(c) 矩形脉冲

(d) 尖脉冲　(e) 调幅波　(f) 调频波

图 7-2　各种波形的交流电

虽然交流电的波形多种多样，但其中最重要的是简谐交流电．这不仅因为简谐交流电最常见，而更根本的还有以下两点理由：

(1) 任何非简谐式的交流电都可分解为一系列不同频率的简谐成分.

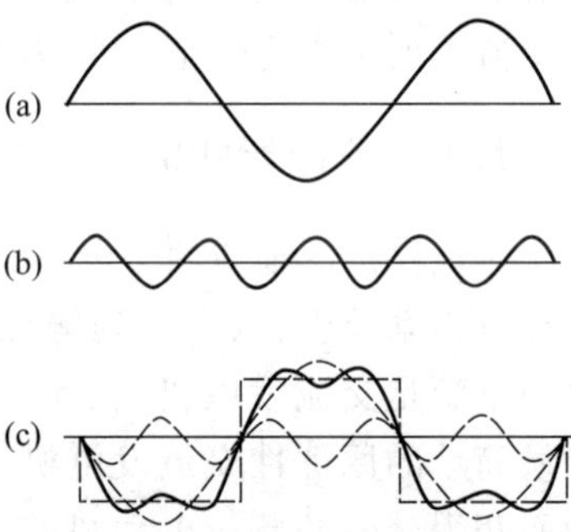


图 7-3　非简谐波的傅里叶分解

我们先看一个简单的例子．图 7-3(a)和(b)分别是振幅为 $A$、$A/3$，频率为 $f$、$3f$ 的简谐函数的曲线．将两个波形叠加起来，就成为图 7-3(c)所示的波形．不难看出，这波形已比较接近于一个矩形波了．如果我们在此基础上再叠加一系列振幅适当、频率为 $5f$、$7f$、…的简谐波，结果将更好地趋于一个矩形波．以上情况也可以反过来说，一个矩形波可以分解成一系列频率为 $f$、$3f$、$5f$、$7f$、…的简谐波.

以上特例反映了一个普遍规律，即任何一个周期性的函数都可分解成一系列频率成整数倍的简谐函数(这在数学上叫作傅里叶分解).

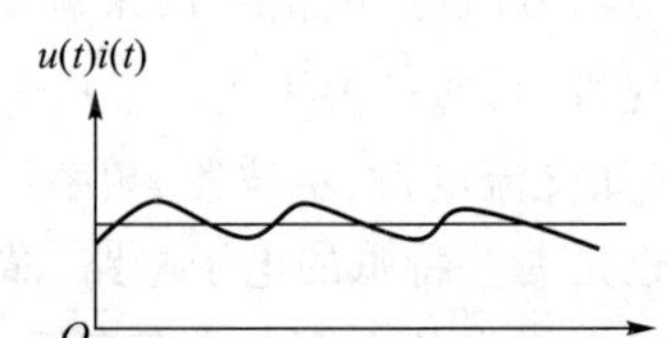


图 7-4　整流后出现的纹波

在本章的例题、思考题中我们还常常要举交、直流电混合的例子，这一方面是因为在无线电电子电路中的实际情况如此，例如供给电子管的板极电压和栅偏压的是直流电，晶体管也需要直流电源来供电，但信号是交流电；另一方面经整流滤波后的直流电总带有"纹波"，即它基本上是方向不变的直流电，不过其大小随时间有些小的起伏变化(见图 7-4)．处理这类问题时，我们也可以把它分解成大小不变的"直流成分"和振幅不大的"交流成分"．交流成分固然可以分解成一系列简谐波，就是直流成分，也可看作是一种特殊的简谐波，只不过它的频率为 0.

总之，一切非简谐式的变化量，都可分解成一系列不同频率的简谐成分的叠加.

（2）不同频率的简谐成分在线性电路中彼此独立、互不干扰.

在以下各节中我们将看到，由于同频率简谐函数叠加的结果仍旧是该频率的简谐函数，简谐函数的微商和积分也是同一频率的简谐函数. 这样一来，不但使简谐交流电路问题处理和运算特别简单，而且不同频率的简谐交流电在电路中彼此独立、互不干扰. 因为当有不同频率的简谐成分同时存在时，我们可以一个个地单独处理.

由于以上两点理由，在一切波形的交流电中，简谐交流电是最基本的. 本章以后各节只讨论简谐交流电，这是处理一切交流电问题的基础.

### 7.1.2 描述简谐交流电的特征量

和机械简谐振动一样，简谐交流电的任何变量[电动势 $e(t)$、电压 $u(t)$、电流 $i(t)$]都可写成时间 $t$ 的正弦函数或余弦函数的形式，我们将采用余弦函数的形式：

$$\left.\begin{array}{ll}\text{交变电动势} & e(t)=\mathscr{E}_0\cos(\omega t+\varphi_e)\\ \text{交变电压} & u(t)=U_0\cos(\omega t+\varphi_u)\\ \text{交变电流} & i(t)=I_0\cos(\omega t+\varphi_i)\end{array}\right\} \tag{7.1}$$

从这些表达式中可以看出，描述任何一个变量，都需要三个特征量，即频率、峰值和相位. 现在分别讨论如下.

（1）频率

式(7.1)中的 $\omega$ 是角频率，它与频率 $f$ 之间的关系是

$$\omega=2\pi f \quad \text{或} \quad f=\frac{\omega}{2\pi}.$$

$f$ 的含义是单位时间内交流电做周期性变化的次数，它与周期 $T$ 的关系是

$$f=\frac{1}{T} \quad \text{或} \quad T=\frac{1}{f}.$$

频率的单位叫作赫兹(用 Hz 表示). 例如市电的频率为 50 Hz. 在无线电电子技术中遇到的交流电频率通常很高，频率的单位常用千赫(用 kHz 表示，1 kHz = $10^3$ Hz)和兆赫(用 MHz 表示，1 MHz = $10^6$ Hz). 例如音频振荡器的频率范围为 20 Hz～20 kHz，中央人民广播电台第一套节目的频率采用 640 kHz，中央电视台二频道的图像载频为 57.75 MHz，伴音载频为 64.25 MHz，八频道的图像载频为 184.25 MHz，伴音载频 190.75 MHz，我国第一颗人造地球卫星的信号频率为 20.009 MHz，等等.

（2）峰值和有效值

与机械简谐振动的振幅相对应，每个交变简谐量都有自己的幅值，或称峰值. 式(7.1)中 $\mathscr{E}_0$、$U_0$、$I_0$ 分别是电动势、电压、电流的峰值. 它们的意义是瞬时值随时间变化的幅度. 不过值得注意的是，几乎所有的交流电表都是按"有效值"来刻度的，通常说交流电压、电流的数值为多少伏、多少安，若不特别声明，也都指的是有效值. 什么是有效值呢？它是指这一交流电通过电阻时产生的焦耳热与数值多大的直流电相当. 在 §7.5 中将证明，简谐交流电的有效值等于峰值的 $\frac{1}{\sqrt{2}}$，即 70% 左右. 例如电压的有效值为

$$U=\frac{U_0}{\sqrt{2}}\approx 0.70U_0,$$

电流的有效值为

$$I=\frac{I_0}{\sqrt{2}}\approx 0.70I_0,$$

通常说市电的电压是 220 V,就是说它的有效值 $U=220$ V,因此它的峰值 $U_0=\sqrt{2}U\approx 311$ V.

(3) 相位

式(7.1)中的 $\omega t+\varphi_e$、$\omega t+\varphi_u$、$\omega t+\varphi_i$ 叫作相位,其中 $\varphi_e$、$\varphi_u$、$\varphi_i$ 叫作初相位. 和机械简谐振动中相位决定瞬时运动状态一样,交流电中的相位也是决定瞬时变化状态的. 如果两个简谐量之间有相位差,就表示它们变化的步调不一致. 为了复习一下相位和相位差的概念,图 7-5 中给出了几组曲线,它们反映了两个简谐交流电压 $u_1(t)$、$u_2(t)$ 之间的相位差 $\varphi=\varphi_2-\varphi_1=0,\pi,\frac{\pi}{2},-\frac{2}{3}\pi$ 的情形,作为练习,请读者根据曲线来确定每个情形里 $u_1(t)$ 和 $u_2(t)$ 的初相位,并写出它们的函数表达式来(以虚线标出为时间坐标的原点).

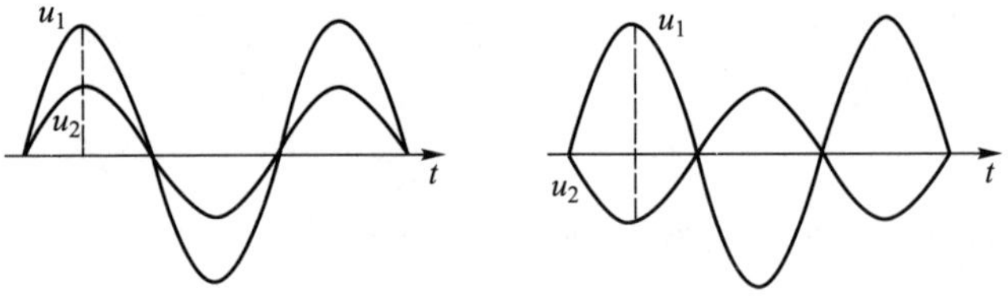


(a) $\varphi=0$　　(b) $\varphi=\pi$

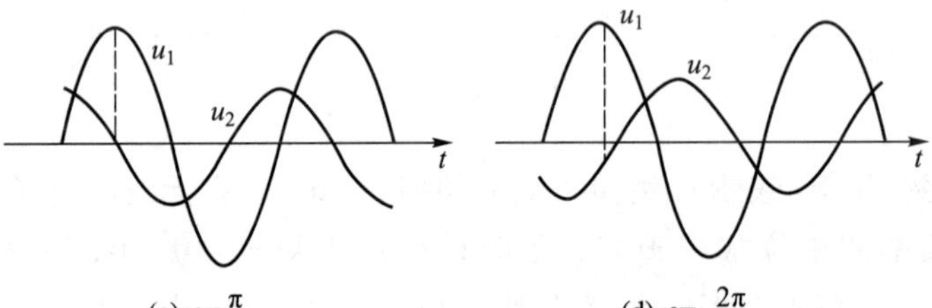


(c) $\varphi=\frac{\pi}{2}$　　(d) $\varphi=-\frac{2\pi}{3}$

图 7-5　具有不同相位差的电压曲线

应当指出的是,以上三个特征量中,频率 $f$ 是由电源的频率所决定的. 在一个电路里,交流电源具有怎样的频率,各部分的电压、电流就具有同一频率,所以在开始计算时,我们可以先不着重考虑它,只是在运算的结尾应当关心因频率不同而产生的后果. 剩下的就是有效值和相位的问题了,它们是做任何交流电路的计算时都必须兼顾的两个方面. 其中有效值 $U$、$I$ 和直流电路中相应的量值地位相当,读者不会感到陌生,然而相位和相位差的概念却是直流电路中全然没有的,交流电路的复杂性和它的丰富多彩,多半表现在这里. 读者学习本章时从头起就应该密切注意相位和相位差这个因素在交流电路中所起的作用.

## 习 题

**7.1-1** 220 V 和 380 V 交流电压的峰值各为多少？

**7.1-2** 两个简谐交流电 $i_1(t)$ 和 $i_2(t)$ 的波形如题图所示，

(1) 写出它们的三角函数(余弦)表达式；

(2) 它们之间的相位差为多少？哪个超前？

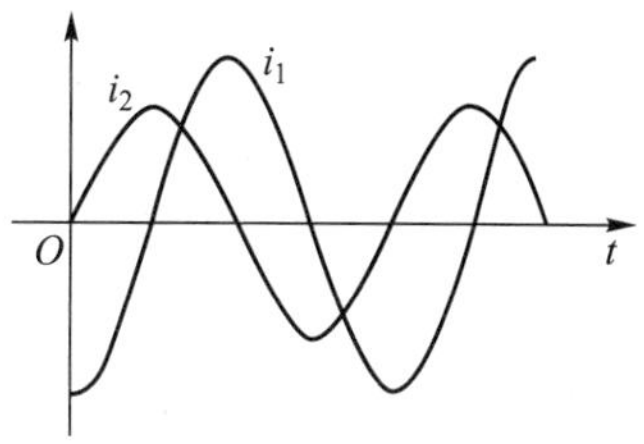


习题 7.1-2 图

**7.1-3** 在同一时间坐标轴上画出简谐交流电压

$$u_1(t)=311\ \cos\left(314t-\frac{2\pi}{3}\right)\ (\mathrm{V})$$

$$u_2(t)=311\ \sin\left(314t-\frac{5\pi}{6}\right)\ (\mathrm{V})$$

的曲线.它们的峰值、有效值、频率和相位差各多少？哪个超前？

# §7.2 交流电路中的元件

### 7.2.1 概述

交流电路所讨论的基本问题和直流电路一样，仍然是电路中同一元件上电压和电流的关系，以及电压、电流和功率在电路中的分配.但交流电路比直流电路复杂，这主要表现在两方面.

(1) 除电源外，在直流电路中只有电阻一种元件，而在交流电路中有电阻、电容和电感三种元件，三种元件的性能又有明显的差别.下面即将看到，电容和电感元件处处表现出相反的性质，而电阻元件介于两者之间.差异就是矛盾.正是性质上彼此不同的这三种元件，在交流电路中扮演了三个基本角色，互相制约又互相配合，组成了多种多样的交流电路，表现出比直流电路丰富得多的性能，适应于各方面的实际需要.

(2) 在交流电路中，电压、电流之间的关系复杂了.如前所述，简谐电压、电流之间不仅有量值(峰值或有效值)大小的关系，还有相位关系.在直流电路中，反映一个电阻元件两端电压 $U$ 和其中电流 $I$ 量值大小关系的是二者之比$\dfrac{U}{I}$，即该元件的电阻值$R\left(R=\dfrac{U}{I}\right)$.在交流电路中，反映某一元件上电压 $u(t)$ 和其中电流 $i(t)$ 的关系，则需要有两个量，一是二者峰值之比(即有效值之比)，这叫作该元件的**阻抗**，用 $Z$ 表示：

$$Z=\frac{U_0}{I_0}=\frac{U}{I},\tag{7.2}$$

另一是二者相位之差

$$\varphi=\varphi_u-\varphi_i.\tag{7.3}$$

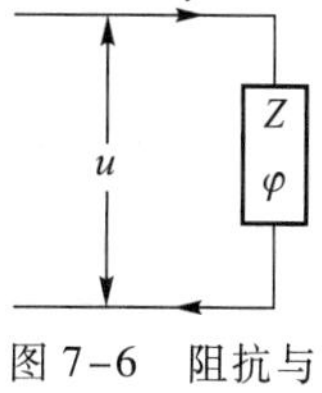


图 7-6 阻抗与相位差

$Z$ 和 $\varphi$ 综合起来代表着元件本身的特性(图 7-6).

本节中我们先把电阻、电容、电感三种元件在交流电路中的作用讨论清楚，从下节起再去研究它们的组合问题.对于每种元件的特性和作用，我们都应注意 $Z$ 和 $\varphi$ 两方面，得到结果后还应注意频率对它们的影响.除了理论上的推导之外，我们还辅以图 7-7 所示的演示装置.在此装置中电源是音频信号发生器，它的频率可调节.频率的高低通过扬声器的音调来监听；电流的大小借助白炽灯的亮度来显示；对于电容、电感元件，电压和电流间的相位差还可在双线示波器上观察.将开关 S 分别拨到三个支路上，即可逐个地研究每种元件的性能.

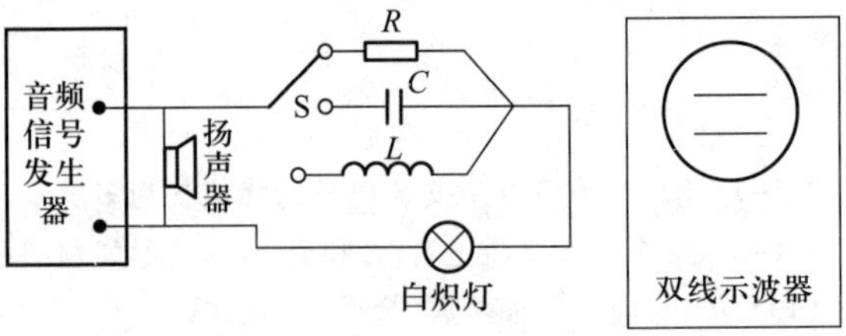


图 7-7　交流电路中各种元件性能的演示

### 7.2.2　交流电路中的电阻元件

欧姆定律仍适用于交流电路中的电阻元件，即瞬时电压和瞬时电流之间仍是一个简单的比例关系.设

$$u(t)=U_0\cos\omega t,$$

则

$$i(t)=\frac{u(t)}{R}=\frac{U_0}{R}\cos\omega t=I_0\cos\omega t,$$

其中 $I_0=\dfrac{U_0}{R}$ 为电流的峰值.由此可见，对于电阻元件，其交流阻抗 $Z_R$ 就是它的电阻 $R$，电压、电流的相位一致，即

$$\left.\begin{aligned}Z_R&=R,\\ \varphi&=0.\end{aligned}\right\}\tag{7.4}$$

（参见图 7-8.）

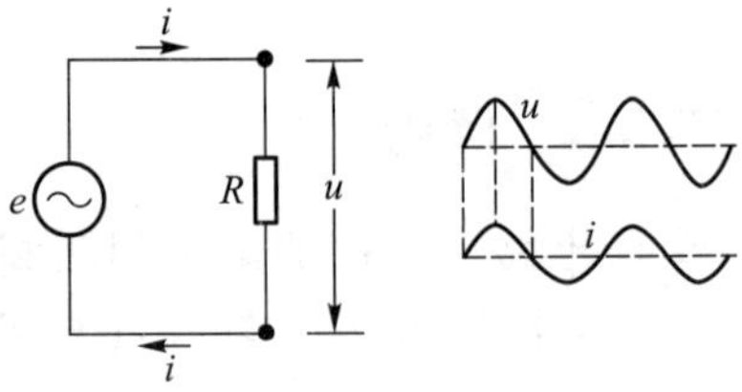


图 7-8　电阻元件

### 7.2.3　交流电路中的电容元件

我们知道，电容器具有“隔直流”的作用，恒定的直流电是不能通过电容器的.但是当图 7-7 所示的实验中交流电源加于电容元件上时，发现电路中的白炽灯亮了，喇叭响了.在维持电压不变的条件下，频率越高，喇叭的音调越高，白炽灯越亮.这表明，电容器可以通过交流电，而且频率越高，交流电越容易通过.

是电流通过了电容器的内部吗？不是的，电容器内部是绝缘介质，它阻挡任何电流直接通过.这里说的“通交流”是指在连接到电容两端的电路中有电流.这里为什么会有电流呢？因为电容器在交变电动势 $e(t)$ 的作用下时而充电，时而放电.无论充电和放电，都有电流通过电路.这就是包含电容器的电路中有交变电流 $i(t)$ 的原因.从电容器外面来看，只要有 $i(t)$ 从一端流到一个极板，就有同样的电流 $i(t)$ 从另一极板流出.从电容器两头看，电流的连续性似乎仍旧保持.所以通常形象地说，有交流电 $i(t)$ “通过”了电容器.

下面我们来推导电容器上电压和电流的关系.首先讨论电路中的电流 $i(t)$ 和电容器极板上电荷量 $q(t)$ 的关系.如图 7-9 左方所示，当电路中有电流 $i(t)$ 时，在时间间隔 $\Delta t$ 内电容器极板上的电荷量将增加 $\Delta q=i(t)\Delta t$，取 $\Delta t\to 0$ 的极限，得到

$$i(t)=\lim_{\Delta t\to 0}\frac{\Delta q}{\Delta t}=\frac{\mathrm{d}q}{\mathrm{d}t},\tag{7.5}$$

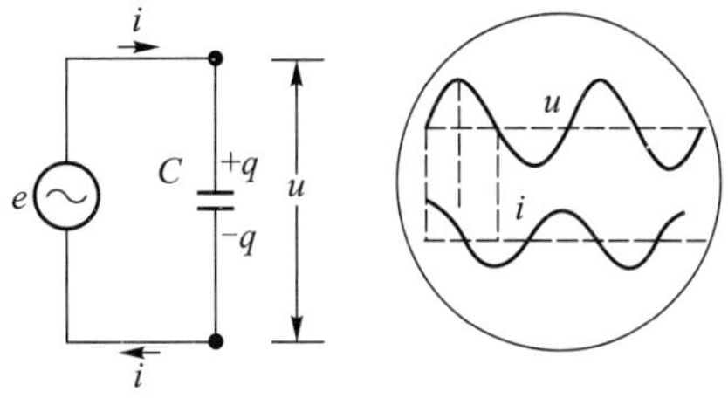


图 7-9　电容元件

即电流是电荷量 $q$ 对 $t$ 的微商.

设 $q(t)$、$i(t)$、$u(t)$ 都随时间做简谐式变化，并选 $q(t)$ 的初相位为 0，

$$\left.\begin{aligned} q(t) &= Q_0\cos\,\omega t, \\ i(t) &= I_0\cos\,(\omega t+\varphi_i), \\ u(t) &= U_0\cos\,(\omega t+\varphi_u). \end{aligned}\right\} \tag{7.6}$$

由式(7.5)得

$$i(t)=\frac{\mathrm{d}q}{\mathrm{d}t}=-\omega Q_0\sin\,\omega t=\omega Q_0\cos\left(\omega t+\frac{\pi}{2}\right),$$

因为电容器上的电压 $u(t)$ 与 $q(t)$ 呈正比：

$$u(t)=\frac{q}{C}=\frac{Q_0}{C}\cos\,\omega t.$$

与式(7.6)对比一下可知

$$I_0=\omega Q_0,\quad U_0=\frac{Q_0}{C},$$

$$\varphi_i=\frac{\pi}{2},\quad \varphi_u=0.$$

由此得到电容元件的阻抗(容抗)和相位差为

$$\left.\begin{aligned} Z_C &= \frac{U_0}{I_0}=\frac{1}{\omega C}, \\ \varphi &= \varphi_u-\varphi_i=-\frac{\pi}{2}, \end{aligned}\right\} \tag{7.7}$$

相应的波形图参见图 7-9 右方.

以上结果表明：(1) 容抗与频率成反比. 这和上述演示实验的结果符合，频率越高，容抗越小. 通常说，电容具有高频短路，直流开路的性质，根据就在于此. (2) 电容上电压的相位落后于电流 $\pi/2$. 其根源在于在任何瞬时电压都与电荷量成正比，而电流等于电荷量的时间变化率. 表现在数学上，一经微分运算，余弦变负正弦，就出现了电流超前电压 $\pi/2$ 的相位.

**[例题 1]**　一个 25 μF 的电容元件，在 20 V，50 Hz 电源的作用下，电路中的电流为多少？将电源的频率改换为 500 Hz，并保持电压不变，电流变为多少？

**[解]**

$$I=\frac{U}{Z_C}=2\pi fCU,$$

当 $U=20$ V，$f=50$ Hz 时，

$$I=2\pi\times50\times(25\times10^{-6})\times20\ \mathrm{A}=0.157\ \mathrm{A}=157\ \mathrm{mA}.$$

当 $f=500$ Hz 时，

$$I=2\pi\times500\times(25\times10^{-6})\times20\ \mathrm{A}=1.57\ \mathrm{A}.$$

由此可见，同一电容元件，电压不变，频率高了，电流就随着增大.

### 7.2.4　交流电路中的电感元件

当图 7-7 所示的实验中交流电源加于电感元件上时，就会观察到与电容元件相反的现象，即在维持电压不变的条件下，灯泡的亮度随频率的增大而减弱. 这表明，电感元件的阻抗随频率的

增加而增加.

现在我们来推导电感元件中电压、电流的关系. 当有交变电流通过电感时,就在线圈内部产生自感电动势

$$e_L=-L\frac{\mathrm{d}i}{\mathrm{d}t}.$$

如 5.1.2 节指出的,上式中的 $e_L$ 和 $i$ 是对回路的同一标定方向而言的. 例如在图 7-10 左方所示的电路中我们已标定了电流 $i$ 的方向为顺时针方向,即从 $A$ 到 $B$ 通过电感元件,则上式中 $e_L$ 取正值或负值也是相对此方向而言的. 由于电感元件内存在着自感电动势 $e_L$,它本身就是一个交流电源,当 $e_L>0$ 时 $A$ 是这电源的负极,$B$ 是它的正极;反之,当 $e_L<0$ 时,电源的极性也跟着反过来.

现在我们来看电感元件上的电压 $u(t)$. 按照我们的习惯,所谓"电压",一直指的是"电势降落". 和直流电路里一样,在谈电势降落的正负之前,我们也得先选择回路的绕行方向. 如果我们选择回路的绕行方向和电流的方向一致①,即在图 7-10 左方的电路中也取为顺时针方向,则电感元件上的电势降落 $u(t)$ 应指的是 $u_{AB}=u(A)-u(B)$ 而不是 $u_{BA}=u(B)-u(A)$. 因此当 $e_L>0$ 时,$A$ 是负极,$B$ 是正极,$u=u_{AB}<0$;反之,当 $e_L<0$ 时,$A$ 是正极,$B$ 是负极,$u=u_{AB}>0$. 总之,在任何情况下 $u=u_{AB}$ 总与 $e_L$ 相差一个负号. 在电感元件的内阻可忽略的情况下,我们有 $u=u_{AB}=-e_L$,即

$$u=L\frac{\mathrm{d}i}{\mathrm{d}t}. \tag{7.8}$$

仍设 $i(t)$,$u(t)$ 都随时间做简谐式变化,并选 $i(t)$ 的初相位为 $\varphi_i=0$,则

$$\left.\begin{aligned}i(t)&=I_0\cos\,\omega t,\\u(t)&=U_0\cos\,(\omega t+\varphi_u).\end{aligned}\right\} \tag{7.9}$$

由式(7.8)得

$$u(t)=L\frac{\mathrm{d}i}{\mathrm{d}t}=-\omega LI_0\sin\,\omega t=\omega LI_0\cos\left(\omega t+\frac{\pi}{2}\right).$$

与式(7.9)对比一下可知

$$U_0=\omega LI_0,\quad \varphi_u=\frac{\pi}{2}.$$

由此可见,电感元件的阻抗(感抗)和相位差为

$$\left.\begin{aligned}Z_L&=\frac{U_0}{I_0}=\omega L,\\\varphi&=\varphi_u-\varphi_i=\frac{\pi}{2}.\end{aligned}\right\} \tag{7.10}$$

相应的波形图参见图 7-10 右方.

从上述结果可清楚地看到电感元件和电容元件相反的性质:(1)在阻抗的频率特性上,感抗随频率正比地增加. 通常说,电感元件具有**阻高频**、**通低频**的性质,根据就在于此. 电器设备中的

---

① 若对于 $u(t)$ 我们选择的回路绕行方向与电感中电流 $i(t)$ 的标定方向相反,则 $u=u_{BA}=e_L$,式(7.8)应改为

$$u=-L\frac{\mathrm{d}i}{\mathrm{d}t}.$$

扼流圈(镇流器)这类电感元件,就是利用这一性质来限制交流和稳定直流的.(2)在相位关系上,电压比电流超前 $\pi/2$,这是由于电压正比于电流的时间变化率,表现在数学上,一经微商运算,余弦变负正弦,就出现了电压比电流的相位超前 $\pi/2$.

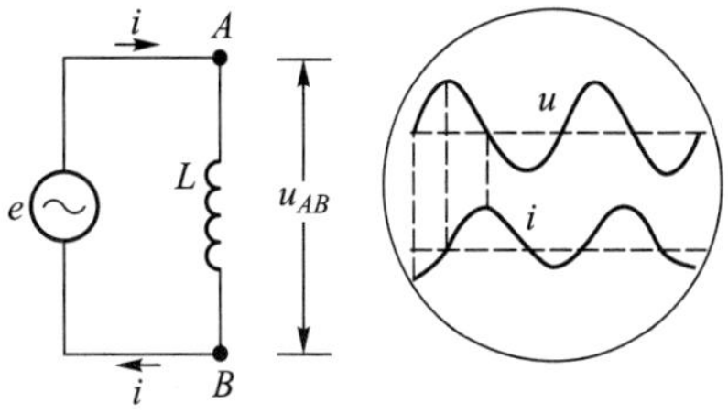


图 7-10 电感元件

**[例题 2]** 在一个 0.1 H 的电感元件下加 20 V, 50 Hz 的电源,电流为多少?电源频率改为 500 Hz 时,电流变为多少?

[解]

$$I=\frac{U}{Z_L}=\frac{U}{2\pi fL},$$

当 $U=20$ V, $f=50$ Hz 时,

$$I=\frac{20}{2\pi\times50\times0.1}\text{A}=0.637\ \text{A}=637\ \text{mA}.$$

当 $f=500$ Hz 时,

$$I=\frac{20}{2\pi\times500\times0.1}\text{A}=0.0637\ \text{A}=63.7\ \text{mA}.$$

由此可见,同一电感元件,电压不变,频率高了,电流随着减小.

## 7.2.5 小结

(1) 元件的性质用阻抗 $Z$ 和相位差 $\varphi$ 两个参量来标志.三种基本元件的 $Z$ 和 $\varphi$ 列于表 7-1 中.

**表 7-1 交流电路元件的比较**

| 元件种类 | $Z=\frac{U_0}{I_0}=\frac{U}{I}$ | $\varphi=\varphi_u-\varphi_i$ |
|---|---|---|
| 电容 $C$ | $Z_C=\frac{1}{\omega C}=\frac{1}{2\pi fC}\propto\frac{1}{f}$ | $-\frac{\pi}{2}$ |
| 电阻 $R$ | $Z_R=R$ (与 $f$ 无关) | 0 |
| 电感 $L$ | $Z_L=\omega L=2\pi fL\propto f$ | $\frac{\pi}{2}$ |

电容同电感具有相反的性质,电阻介于两者之间,这在表中看得十分清楚.

(2) 在交流电路中,电压、电流的峰值或有效值之间的关系仍和直流电路中的欧姆定律相似,具有简单的比例关系:

$$U=IZ \quad 或 \quad I=\frac{U}{Z}.$$

然而由于有相位差,电压、电流的瞬时值之间一般并不具有简单的比例关系.

(3) 在讨论中我们特别注意到阻抗的频率特性.电容有隔直流、通交流、高频短路的作用,电感有阻高频、通低频的作用等等.这些提法是分析无线电电路时常用的术语,它们的实际意义将在后面的具体例子中进一步讨论.

(4) 在前面三个单纯元件例题中,似乎相位差这一因素未曾表现出明显的效果,它作为一种

内在的因素，将在元件组合的电路中起着突出的作用. 此外，即使对于单纯元件，在功率问题上相位差的作用也是很重要的. 这些我们将在以下各节中看到.

（5）实际元件严格说来都不是单纯的元件. 例如线绕的电阻器，除具有电阻外（这是主要的），多少还有一定的自感，此外在线圈的各匝之间还有少量的分布电容. 实际的电容器和电感器，由于电、磁介质的损耗，都表现出一定的电阻性质（电感器中还有导线本身的电阻）. 总之，实际元件必定具有电阻、电容、电感几方面的综合特性. 绝对的纯是没有的，所谓"纯元件"不过是以某一方面的特性为主而已. 指出这一点，并不是说上面对纯元件的讨论没有意义，恰恰相反，单纯元件是实际元件的抽象，将它们的特性逐个弄清楚之后，一切实际元件都可以作为纯元件的适当组合来处理. 这是下面各节的任务.

## 思　考　题

**7.2-1**　对于非简谐交流电，能否按本节所讲的方式引入阻抗的概念？

**7.2-2**　如题图，信号源为锯齿波发生器，电路中仅有电阻元件. 已知电压峰值为 100 V，电阻值为 200 Ω，试画出电路中电流的波形图及其峰值. 假如元件为电容元件或电感元件，能简单地定出电流的波形图吗？试考虑问题的困难在哪里？

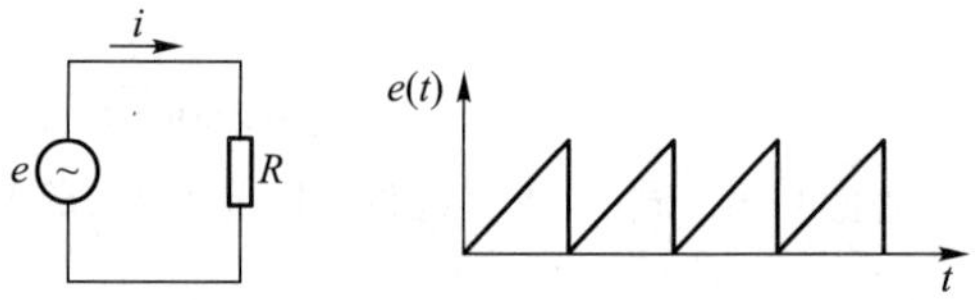


思考题 7.2-2 图

**7.2-3**　电容和电感在直流电路中起什么作用？它们的阻抗分别是多少？

## 习　　题

**7.2-1**　电阻 $R$ 的单位为 Ω，自感 $L$ 的单位为 H，电容 $C$ 的单位为 F，频率 $f$ 的单位为 Hz，角频率 $\omega=2\pi f$. 证明：

（1）$\frac{L}{R}$的单位为 s；

（2）$RC$ 的单位为 s；

（3）$\sqrt{LC}$的单位为 s；

（4）$\omega L$ 的单位为 Ω；

（5）$\frac{1}{\omega C}$的单位为 Ω.

**7.2-2**　$C=79.6\ \mu C$ 的电容，接到 220 V，50 Hz 的交流电源上，求它的阻抗和通过它的电流.

**7.2-3**　$L=31.8$ mH 线圈，其电阻可略去不计，当加上 220 V，50 Hz 的交流电压时，求它的阻抗和通过它的电流.

**7.2-4**　（1）分别求频率为 50 Hz 和 500 Hz 时 10 H 电感的阻抗.

（2）分别求频率为 50 Hz 和 500 Hz 时 10 μF 电容的阻抗.

（3）在哪一个频率时，10 H 电感器的阻抗等于 10 μF 电容器的阻抗？

**7.2-5**　$CuSO_4$ 溶液的电阻率为 40 Ω · cm，介电常量 $\varepsilon=80$，插进两块平行铜板作电极通入交流电，问在怎样的频率下电阻与容抗数值相等.

# §7.3 元件的串联和并联(矢量图解法)

## 7.3.1 用矢量图解法计算串、并联电路

图 7-11(a)、(b)所示分别为两个元件($Z_1,\varphi_1$)、($Z_2,\varphi_2$)的串、并联电路. 和直流电路中电阻的串、并联一样,交流电压、电流在任何时刻 $t$ 的瞬时值都满足如下的关系:

(1) 串联电路中,通过各元件的电流 $i(t)$ 是一样的,而电路两端的总电压 $u(t)$ 等于各元件上分电压 $u_1(t)$、$u_2(t)$ 之和,即

$$u(t)=u_1(t)+u_2(t). \qquad (7.11)$$

(2) 并联电路中,各元件两端的电压 $u(t)$ 是共同的,而总电流 $i(t)$ 等于通过各元件的分电流 $i_1(t)$、$i_2(t)$ 之和,即

$$i(t)=i_1(t)+i_2(t). \qquad (7.12)$$

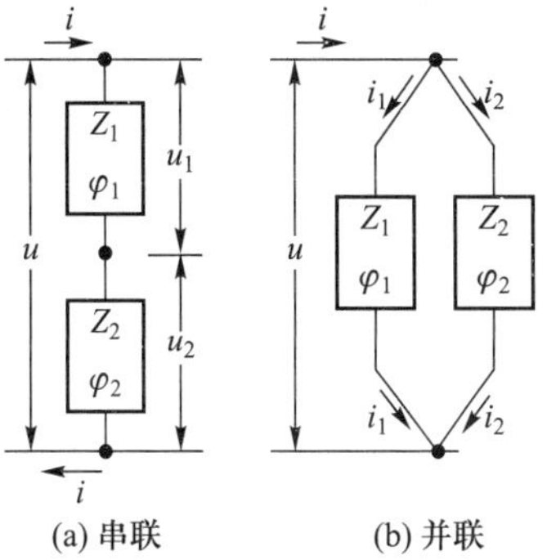

图 7-11 阻抗的串并联

下面我们看一些演示实验. 用交流伏特计和交流安培计分别测量一下串、并联电路中的总电压、总电流和各元件上的分电压、分电流. 这时会发现一个特别引人注目的现象,就是一般说来在串联电路中总电压的读数并不等于分电压读数之和,在并联电路中总电流的读数也不等于分电流读数之和. 这是怎么回事呢? 原来交流电表所显示的读数是电压、电流的有效值 $U$、$U_1$、$U_2$ 和 $I$、$I_1$、$I_2$,而不是它们的瞬时值. 实验表明,对于有效值来说,一般在串联电路中

$$U\neq U_1+U_2,$$

在并联电路中

$$I\neq I_1+I_2.$$

那么,为什么交流电压、电流的瞬时值可以直接相加,而有效值却不能呢? 有效值的叠加服从怎样的规律呢? 关键的问题是相位差这个因素在起作用. 因为交流电压、电流的瞬时值都是同频的简谐量,式(7.11)和式(7.12)都是同频的简谐量的叠加问题. 如果两个同频的简谐量之间有相位差,它们就不在同一时刻达到峰值(见图 7-12),叠加的结果,合成量的峰值势必不等于各分量峰值之和. 因为有效值正比于峰值,所以对于有效值来说,也是这样. 解决峰值和有效值叠加的问题,有两种简便的方法——矢量图解法和复数法. 本节先采用矢量图解法,§7.4 再使用复数法,两种方法的原理在附录 D 中都有较详细的讨论.

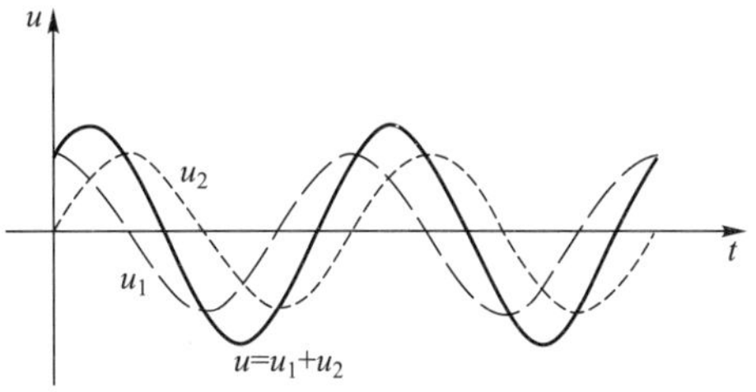

图 7-12 同频简谐交流电的叠加

## 7.3.2 用矢量图解法计算同频简谐量的叠加

如前所述,在解决交流电路的串、并联问题时,我们总是遇到同频简谐量(交流电压或电流)的叠加问题. 这类问题可表述如下:

设有两个①同频简谐量

$$a_1(t)=A_1\cos(\omega t+\varphi_1),\quad a_2(t)=A_2\cos(\omega t+\varphi_2),$$

求它们的合成：

$$a(t)=a_1(t)+a_2(t).$$

这里首先提出一个问题，即 $a(t)$ 是否也是具有同一频率的简谐量？回答是肯定的，证明请参看附录 D 中 D.1 节.

既然如此，则 $a(t)$ 可写成

$$a(t)=A\cos(\omega t+\varphi),$$

进一步的问题是求峰值 $A$ 和初相位 $\varphi$. 求得 $A$ 和 $\varphi$，$a(t)$ 就完全确定了.

用矢量图解法求 $A$ 和 $\varphi$ 的步骤归结如下：

（1）取原点 $O$ 和一水平基准线 $Ox$ 如图 7-13. 从原点 $O$ 引两个平面矢量 $\boldsymbol{A}_1$ 和 $\boldsymbol{A}_2$，它们的长度 $A_1$ 和 $A_2$ 分别等于简谐量 $a_1(t)$ 和 $a_2(t)$ 的峰值；$\boldsymbol{A}_1$ 和 $\boldsymbol{A}_2$ 与水平轴线的夹角（辐角）$\varphi_1$ 和 $\varphi_2$ 分别等于简谐量 $a_1(t)$ 和 $a_2(t)$ 的初相位.

（2）用矢量的加法（平行四边形法则）求出合成矢量

$$\boldsymbol{A}=\boldsymbol{A}_1+\boldsymbol{A}_2,$$

则 $\boldsymbol{A}$ 的长度 $A$ 即为合成简谐量 $a(t)$ 的峰值（或有效值）②，$\boldsymbol{A}$ 的辐角 $\varphi$ 即为 $a(t)$ 的初相位.

**［例题 1］**　求下列两个同频简谐量之和：

$$a_1(t)=3\cos\omega t,$$

$$a_2(t)=4\cos\left(\omega t+\frac{\pi}{2}\right).$$

**［解］**　（i）如图 7-14，从原点 $O$ 引水平线. 作矢量 $\boldsymbol{A}_1$，其长度为 3，方向沿水平线. 作 $\boldsymbol{A}_2$，其长度为 4，方向垂直向上.

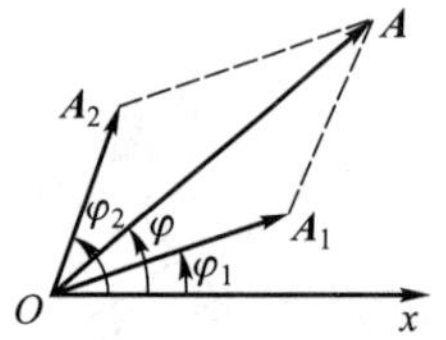


图 7-13　矢量图解法

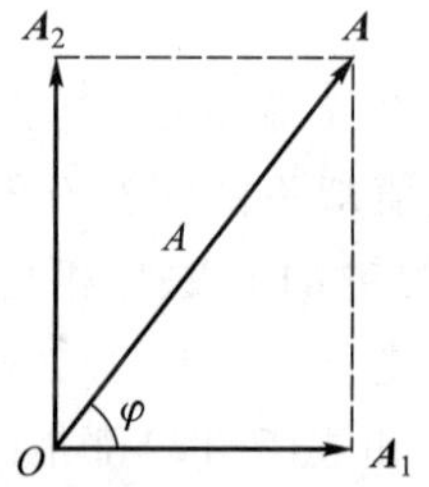


图 7-14　例题 1—用矢量图解法计算同频简谐量的叠加

（ii）用平行四边形法则作出 $\boldsymbol{A}_1$、$\boldsymbol{A}_2$ 之和 $\boldsymbol{A}$.

由图可以看出，$\boldsymbol{A}$ 的长度为

$$A=\sqrt{3^2+4^2}=5,$$

---

① 以下的讨论很容易推广到两个以上的同频简谐量情形.

② 如果矢量 $\boldsymbol{A}_1$ 和 $\boldsymbol{A}_2$ 的长度分别为 $A_1/\sqrt{2}$、$A_2/\sqrt{2}$，则 $\boldsymbol{A}=\boldsymbol{A}_1+\boldsymbol{A}_2$ 的长度就是 $A/\sqrt{2}$. 所以我们也可用矢量法直接计算有效值.

$$\varphi = \arctan\frac{4}{3} = 53°8',$$

$A$、$\varphi$ 即为合成简谐量 $a(t)$ 的峰值和初相位,故

$$a(t) = 5\cos(\omega t + 53°8').$$

下面我们将采用矢量图解法来研究交流电路中的串、并联问题. 至于矢量图解法本身的理论依据,请读者参阅附录 D.

### 7.3.3 串联电路

(1) $RC$ 串联

在串联电路中,通过各元件的电流 $i(t)$ 是共同的,如图 7-15(a). 我们就以它为基准,画一个水平矢量 $\boldsymbol{I}$ 来代表它,如图 7-15(b). 因为电阻元件上的电压 $u_R(t)$ 与 $i(t)$ 相位一致,代表 $u_R(t)$ 的矢量 $\boldsymbol{U}_R$ 与 $\boldsymbol{I}$ 平行. 因为电容元件上的电压 $u_C(t)$ 比 $i(t)$ 的相位落后 $\pi/2$,代表 $u_C(t)$ 的矢量 $\boldsymbol{U}_C$ 垂直向下. 以 $\boldsymbol{U}_R$、$\boldsymbol{U}_C$ 为邻边的矩形的对角线即为合矢量 $\boldsymbol{U} = \boldsymbol{U}_R + \boldsymbol{U}_C$. 由图 7-15(b) 中的几何关系可见,$\boldsymbol{U}$ 的长度为

$$U = \sqrt{U_R^2 + U_C^2}, \tag{7.13}$$

它与矢量 $\boldsymbol{I}$ 之间的夹角为

$$\varphi = -\arctan\frac{U_C}{U_R}. \tag{7.14}$$

如果 $U_R$、$U_C$ 代表 $R$、$C$ 元件上分电压的有效值,则 $U$ 就是总电压的有效值,$\varphi$ 是总电压 $u(t)$ 与电流 $i(t)$ 之间的相位差.

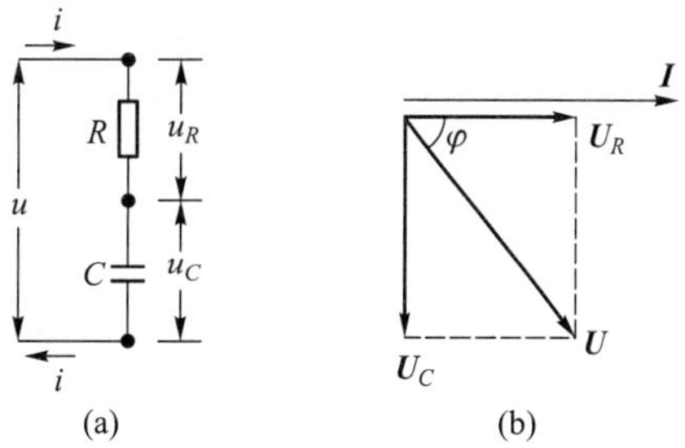


图 7-15 $RC$ 串联电路

从上一节我们知道,$R$、$C$ 元件的阻抗分别为

$$Z_R = R, \quad Z_C = \frac{1}{\omega C}.$$

设电流 $i(t)$ 的有效值为 $I$,则

$$U_R = IZ_R = IR, \quad U_C = IZ_C = \frac{I}{\omega C}, \tag{7.15}$$

故二者之比为

$$\frac{U_C}{U_R} = \frac{Z_C}{Z_R} = \frac{1}{\omega CR}. \tag{7.16}$$

将式(7.15)和式(7.16)分别代入式(7.13)和(7.14),得

$$U = I\sqrt{R^2 + \left(\frac{1}{\omega C}\right)^2} \tag{7.17}$$

$$\varphi = -\arctan\frac{1}{\omega CR}. \tag{7.18}$$

从式(7.17)我们还可求出 $RC$ 串联电路的总阻抗为

$$Z = \frac{U}{I} = \sqrt{R^2 + \left(\frac{1}{\omega C}\right)^2} \tag{7.19}$$

上面式(7.13)表明,总电压的有效值 $U$ 不等于分电压有效值 $U_R$、$U_C$ 之和.式(7.16)表明,分电压有效值的分配与各元件的阻抗成正比,这一点和直流串联电路的分压规律是一致的.

下面我们举些数字例题.

**[例题 2]**　在 $RC$ 串联电路上加 35 V 的交流电压,已知电阻 $R=15.0\ \Omega$,容抗 $Z_C=9.0\ \Omega$,求电路中的电流和电压分配情况.

**[解]**　电路的总阻抗为

$$Z=\sqrt{R^2+Z_C^2}=\sqrt{(15.0)^2+(9.0)^2}\ \Omega=17.5\ \Omega.$$

所以电路中的电流为

$$I=\frac{U}{Z}=\frac{35\ \text{V}}{17.5\ \Omega}=2.0\ \text{A}.$$

这时电阻上的电压为

$$U_R=IR=2.0\ \text{A}\times15.0\ \Omega=30\ \text{V},$$

电容上的电压为

$$U_C=IZ_C=2.0\ \text{A}\times9.0\ \Omega=18\ \text{V}.$$

**[例题 3]**　在 $RC$ 串联电路上加 50 Hz 的交流电压,测得电阻上的电压为 30 V,电容上的电压为 40 V,已知电阻值为 200 Ω,求总电压、电流和电容.

**[解]**　总电压为

$$U=\sqrt{U_R^2+U_C^2}=\sqrt{30^2+40^2}\ \text{V}=50\ \text{V}.$$

电流为

$$I=\frac{U_R}{R}=\frac{30\ \text{V}}{200\ \Omega}=150\ \text{mA}.$$

容抗为

$$Z_C=\frac{1}{2\pi fC}=\frac{U_C}{I},$$

故电容为

$$C=\frac{I}{2\pi fU_C}=\frac{150\times10^{-3}}{2\pi\times50\times40}\ \text{F}$$

$$\approx1.2\times10^{-5}\ \text{F}=12\ \mu\text{F}.$$

这里提供了一种利用伏特计粗测电容的方法.

(2) $RL$ 串联

对于 $RL$ 串联电路(图 7-16),可用同样方法来计算,其结果如下.

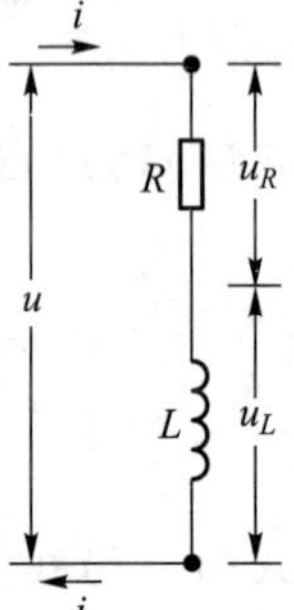

图 7-16　$RL$ 串联电路

总电压为

$$U=\sqrt{U_R^2+U_L^2},\tag{7.20}$$

总阻抗为

$$Z=\sqrt{R^2+(\omega L)^2},\tag{7.21}$$

总电压 $u(t)$ 与电流 $i(t)$ 之间的相位差为

$$\varphi=\arctan\frac{\omega L}{R}.\tag{7.22}$$

请读者自己作出矢量图,并导出以上结果.

### 7.3.4 并联电路

(1) $RC$ 并联

在并联电路中,各元件上的电压 $u(t)$ 是共同的,如图 7-17(a).我们就以它为基准,画一个水平的矢量 $\boldsymbol{U}$ 来代表它,如图 7-17(b).因 $i_R(t)$ 与 $u(t)$ 相位一致,画 $\boldsymbol{I}_R$ 与 $\boldsymbol{U}$ 平行;因 $i_C(t)$ 比 $u(t)$ 相位超前 $\pi/2$,画 $\boldsymbol{I}_C$ 垂直向上.由图 7-17(b)可以看出合矢量 $\boldsymbol{I}=\boldsymbol{I}_R+\boldsymbol{I}_C$ 的长度为

$$I=\sqrt{I_R^2+I_C^2};\tag{7.23}$$

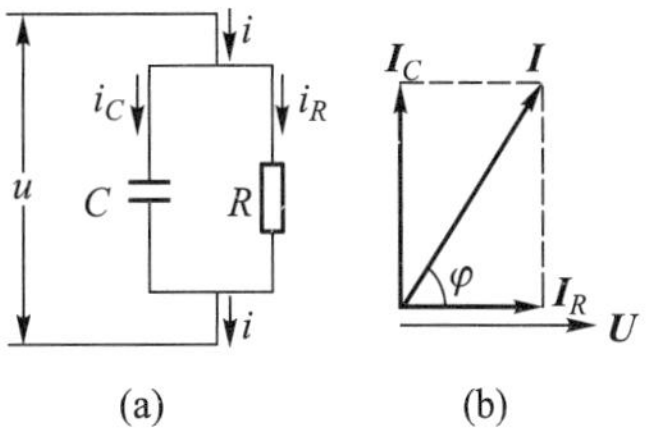

图 7-17　$RC$ 并联电路

$\boldsymbol{U}$ 与 $\boldsymbol{I}$ 之间的夹角为

$$\varphi=-\arctan\frac{I_C}{I_R}.\tag{7.24}$$

(因 $u$ 比 $i$ 落后,故 $\varphi=\varphi_u-\varphi_i$ 加负号).又因

$$I_R=\frac{U}{Z_R}=\frac{U}{R},\qquad I_C=\frac{U}{Z_C}=\omega CU,\tag{7.25}$$

故两分支电流之比为

$$\frac{I_C}{I_R}=\frac{Z_R}{Z_C}=\omega CR.\tag{7.26}$$

将式(7.25)和式(7.26)分别代入式(7.23)和式(7.24),得

$$I=U\sqrt{\frac{1}{R^2}+(\omega C)^2},\tag{7.27}$$

$$\varphi=-\arctan(\omega CR).\tag{7.28}$$

从式(7.27)可求出 $RC$ 并联电路的等效阻抗为

$$Z=\frac{U}{I}=\frac{1}{\sqrt{\frac{1}{R^2}+(\omega C)^2}}.\tag{7.29}$$

式(7.23)表明,总电流的有效值 $I$ 不等于分电流有效值 $I_R$、$I_C$ 之和.式(7.26)表明,分电流有效值的分配与各元件的阻抗成反比,这一点和直流并联电路的分流规律一致.

下面举个数字例题.

**[例题 4]**　在 $RC$ 并联电路上加 20 V 交流电压,已知电阻 $R=5.0\ \Omega$,容抗 $Z_C=4.0\ \Omega$,求各分支的电流和总电流.

**[解]**

$$I_R=\frac{U}{R}=\frac{20\ \text{V}}{5.0\ \Omega}=4.0\ \text{A},$$

$$I_C=\frac{U}{Z_C}=\frac{20\ \text{V}}{4.0\ \Omega}=5.0\ \text{A}.$$

总电流

$$I=\sqrt{I_R^2+I_C^2}=\sqrt{(4.0)^2+(5.0)^2}\ \text{A}=6.4\ \text{A}.$$

(2) $RL$ 并联

用同样方法计算 $RL$ 并联电路(图 7-18),所得结果如下:

总电流为

$$I=\sqrt{I_R^2+I_L^2},\tag{7.30}$$

等效阻抗为

$$Z=\frac{1}{\sqrt{\frac{1}{R^2}+\frac{1}{(\omega L)^2}}},\tag{7.31}$$

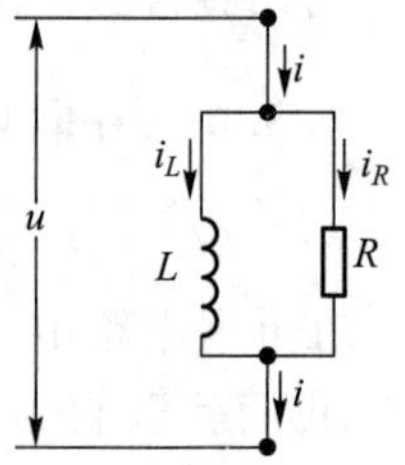


图 7-18　$RL$ 并联电路

电压 $u(t)$ 与总电流 $i(t)$ 之间的相位差为

$$\varphi=\arctan\frac{R}{\omega L}.\tag{7.32}$$

以上结果请读者自己用矢量法导出.

在计算了各种电路的等效阻抗和相位差之后,读者应特别注意它们随频率变化的特征(所谓"频率响应"),这在实际应用中有重要意义(参看 7.3.5 节).

### *7.3.5　串、并联电路的应用(旁路、相移、滤波)

下面我们来介绍一些交流串、并联电路的应用.

(1) 旁路电容

在无线电电路的设计中,往往要求某一部位有一定的直流电压降落,但同时必须让交流畅通、交流电压降落很小,使电压降落保持稳定.通常在这种部位中安置适当搭配的 $RC$ 并联电路.为了说明这种作用,我们先看一个例题.

**[例题 5]**　如图 7-19,电源提供 500 Hz、3 mA 的电流,未接电容 $C$ 时电阻 $R=500\ \Omega$ 两端的交流电压为多少?当并联一个 30 μF 的电容 $C$ 后,电阻 $R$ 两端的交流电压降落为多少?

**[解]**　没有电容时,电源提供的电流全部通过电阻 $R$,所以 $AB$ 两端的交流电压为

$$U_R=IR=3\times10^{-3}\ \text{A}\times500\ \Omega=1.5\ \text{V}.$$

加上电容以后,它的容抗为

$$Z_C=\frac{1}{2\pi fC}=\frac{1}{2\pi\times500\times30\times10^{-6}}\ \Omega\approx10\ \Omega,$$

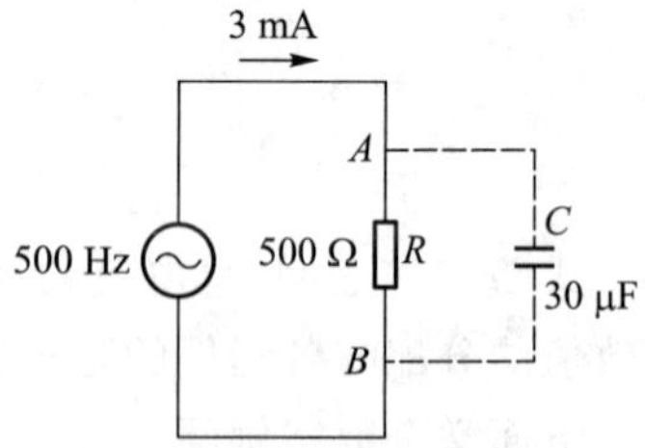


图 7-19　例题 5—旁路电容

所以两分支的交流电流之比为

$$\frac{I_C}{I_R}=\frac{Z_R}{Z_C}=\frac{500}{10}=50.$$

可见,绝大部分电流流经电容支路旁路,通过电阻的还不到 1/50.作为一种近似的估算,可以认为

$$I_C\approx I=3\ \text{mA},$$

从而 $AB$ 两端的交流电压降落为

$$U'=I_CZ_C=3\times10^{-3}\ \text{A}\times10\ \Omega=30\ \text{mV}.$$

它减到没有电容时的 1/50.

由此可见,在 $RC$ 并联电路中电流的交流成分主要通过电容支路,而直流成分百分之百地通过电阻支路(见图 7-20).这样一来,并联在 $R$ 旁边的电容 $C$ 就起到"交流旁路"或者说"高频短路"的作用.所以这个电容器通常叫作"旁路电容".由于旁路电容的交流阻抗 $Z_C=\frac{1}{\omega C}$ 很小,在其两端的交流电压降很小,这就起到稳定电压的

作用.在晶体管收音机的电路中,在提供直流偏压的分压电阻旁,或在为了稳定工作点而附加的负反馈电阻旁,经常需要这类旁路电容.

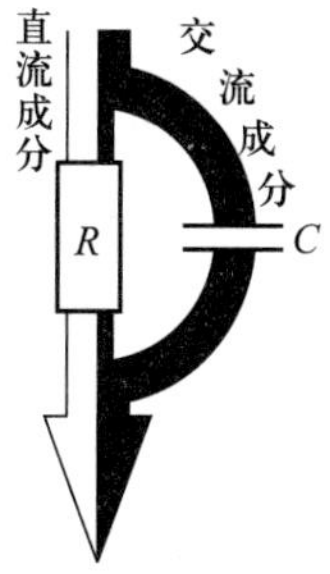


图 7-20 电容旁路作用示意图

(2) *RC* 相移电路

无线电技术中有时需要使电压、电流之间的相位差 $\varphi$ 改变一定的数值(其中一个典型的例子是相移式振荡器),这时往往采用 *RC* 电路来实现.关于 *RC* 电路的相移作用,我们也先用一个简单的数字例题来说明.

**[例题 6]** 在图 7-21(a)中 300 Hz 的输入信号通过 *RC* 串联电路,其中 $R=100\ \Omega$.要求输出信号与输入信号间有 $\pi/4$ 的相位差(即相移 $\pi/4$),电容 $C$ 应取多大?

**[解]** 输出电压为电容上的电压 $u_C(t)$,输入电压为串联电路两端的总电压 $u(t)$.由矢量图 7-21(b)立即可以看出,二者之间的相位差

$$\Delta\varphi=-\arctan\frac{U_R}{U_C}=-\arctan\frac{R}{Z_C}$$

$$=-\arctan\ (2\pi fCR).$$

于是
$$C=-\frac{1}{2\pi fR}\tan\Delta\varphi.$$

按题意,要求 $\Delta\varphi=-\frac{\pi}{4}$,则 $\tan\Delta\varphi=-1$,

$$C=\frac{1}{2\pi fR}=\frac{1}{2\pi\times300\times100}\text{F}=5.3\ \mu\text{F}.$$

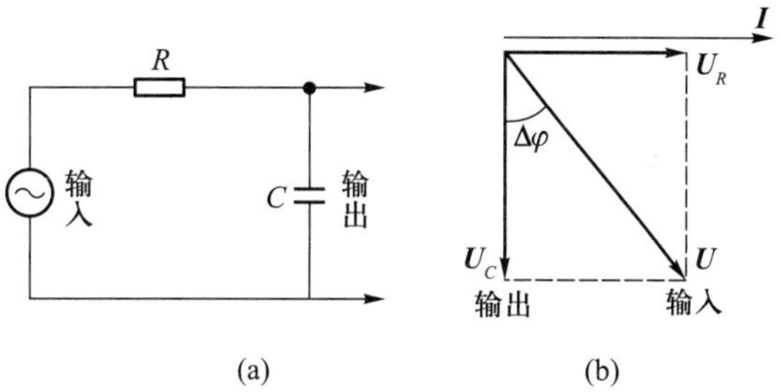


图 7-21 例题 6—单级 *RC* 相移电路

以上例题是一个单级的 *RC* 相移电路,实际中常用多级相移电路.在 §7.4 中我们还要介绍二级和三级的 *RC* 相移电路.

(3) 低通和高通滤波电路

能够使某些频率的交流电信号顺利通过,而将另外一些频率的交流电信号阻挡住,具有这种功能的电路叫作滤波电路.能使低频信号顺利通过而将高频信号阻挡住的电路,叫作低通滤波电路;能使高频信号顺利通过而将低频信号阻挡住的电路,叫作高通滤波电路.在无线电、多路载波通信等技术领域中广泛地使用着各种类型的滤波电路.下面我们先比较详细地介绍一下 *RC* 低通滤波电路.

我们知道,电阻元件的阻抗 $R$ 是与频率无关的,但电容元件的阻抗 $1/\omega C$ 与频率成反比.这种阻抗频率特性上的差异,正好利用来组成滤波电路.图 7-22(a)所示的电路就是一个单级的 *RC* 低通滤波电路,它实际上可以看成是 *RC* 串联的分压电路.如前所述,两元件上电压之比正比于阻抗之比,即 $U_R:U_C=R:1/\omega C$[参看式(7.16)].如果输入的信号中包含高低几种频率的成分,则相对地说,高频信号的电压在电阻元件上分配得比较多,低频信号的电压在电容元件上分配得比较多,而我们的输出信号是从电容两端引出的,这里得到更多的是低频成分的信号电压①.如果输入的电压中包含直流成分($\omega=0$)和交流成分,则直流成分将百分之百地降落在电容两端,但从电容两端输出的交流成分将减少.下面看一个具体数字的例题.

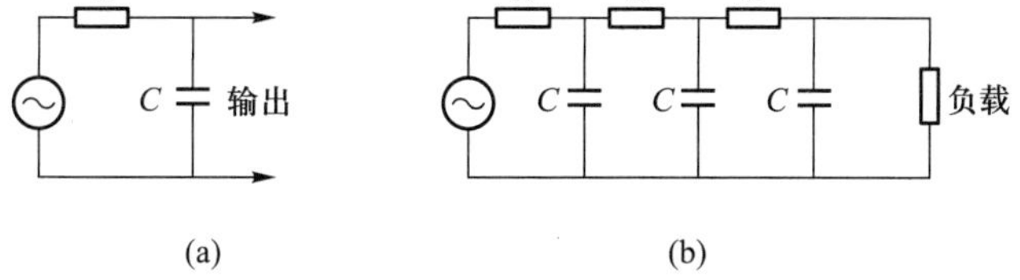


图 7-22 *RC* 低通滤波电路

① 注意,与直流分压器有个不同的地方,就是 $U_R+U_C\neq U$.

［例题 7］　已知电压中包含直流成分 240 V 和 100 Hz 的交流纹波 100 V. 将此电压输入图 7-22(a)中的低通滤波电路,其中 $R=200\ \Omega$, $C=50\ \mu F$,求输出电压中的交、直流成分各多少.

［解］　直流电压全部集中在电容器上,所以输出的直流电压为 240 V. 要计算交流输出,先计算容抗:

$$Z_C=\frac{1}{2\pi fC}=\frac{1}{2\pi\times100\times50\times10^{-6}}\ \Omega=32\ \Omega.$$

再计算总阻抗:

$$Z=\sqrt{R^2+Z_C^2}=\sqrt{200^2+32^2}\ \Omega\approx200\ \Omega.$$

所以电容两端的交流输出为

$$U_C=\frac{Z_C}{Z}U=\frac{32}{200}\times100\ \text{V}=16\ \text{V}.$$

可见,输出信号中的交流成分显著降低,纹波的情况得到改善,输出电压变得比原来平稳得多(参见图 7-23).

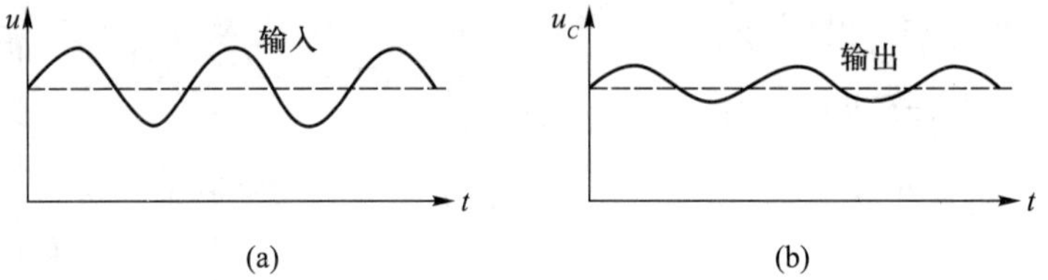


图 7-23

实际中为了进一步加强滤波的效果,往往采用多级的 RC 滤波电路[参见图 7-22(b)]. 这种电路的作用可以看成多次的分压,也可以看成多次的分流. 电压的分配是与阻抗成正比的,而电流的分配是与阻抗成反比的. 每次分压的结果,低频成分的电压比较集中在电容元件上,低频成分的电流则比较集中在电阻元件的分支内. 最后在输出端将获得较多的是低频成分的电压,流过负载电阻较多的是低频成分的电流.

为了组成高通滤波电路,我们只需将图中的电阻和电容位置对调[见图 7-24(a)];或者利用电阻元件 R 和电感元件 L 之间频率特性的差别,组成如图 7-24(b)所示的高通滤波电路;等等. 这类电路为什么能起到高通滤波的作用,请读者自己分析一下.

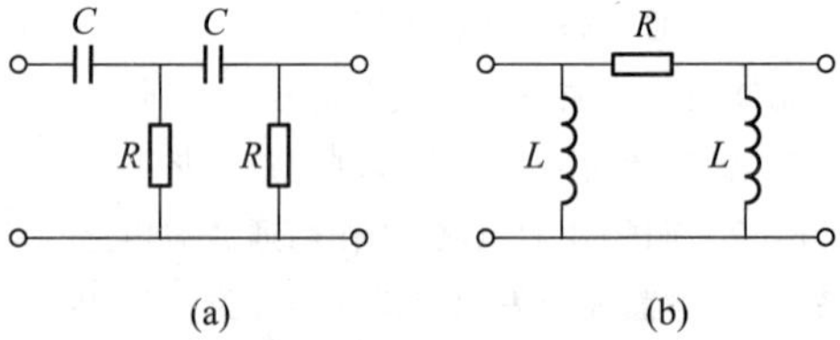


图 7-24　高通滤波电路

## 思　考　题

**7.3-1**　作出题图所示各电路的阻抗随频率变化的曲线(频率响应曲线),并定性地分析一下,在高频($\omega\to\infty$)和低频($\omega\to0$)的极限下频率响应的特点.

**7.3-2**　在题图所示电路中,当 $R_1$ 或 $R_2$ 改变时,两分支中的电流之间的相位差是否改变?

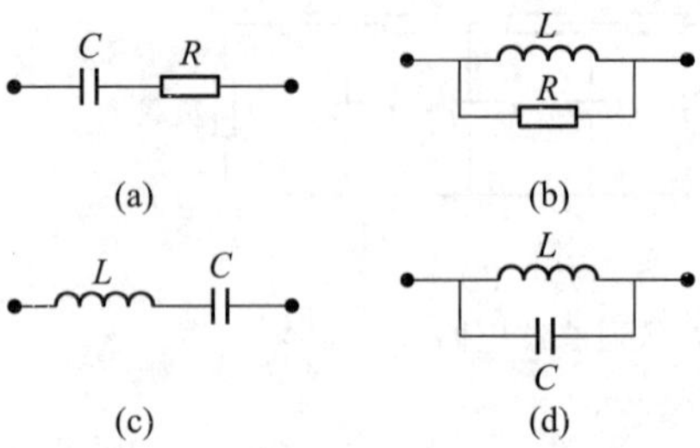


思考题 7.3-1 图

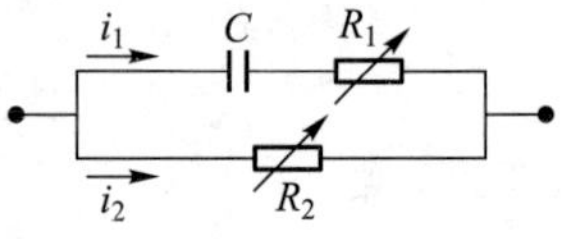


思考题 7.3-2 图

**7.3-3**　在题图所示的电路中 $aO$ 和 $Oc$ 间的电阻 $R$ 相等,$ab$ 间的电阻 $R'$可调,$bc$ 间是个电容(这电路叫作 $RC$ 相移电桥).试用矢量图证明:当 $R'$的阻值由 0 变到 $\infty$ 的过程中,$aO$ 间的电压 $U_1$ 和 $bO$ 间的电压 $U_2$ 总是相等的,但它们之间的相位差由 0 变到 $\pi$.

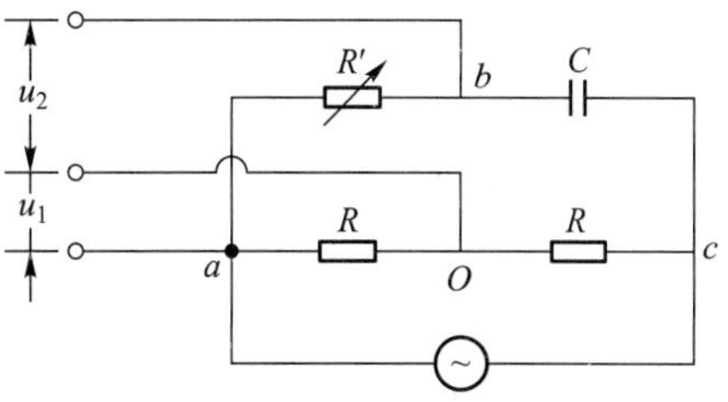

思考题 7.3-3 图

**7.3-4**　(1) 试根据简谐量与矢量的对应关系,分别确定题图(a)、(b)两种情况下,三个同频简谐电压 $u_1(t)$、$u_2(t)$、$u_3(t)$之间的相位差,并写出相应的简谐表示式(各矢量的长度都等于 $U_0$).

(2) 试根据同频简谐量的叠加与矢量合成的对应关系,分别求出上述两种情况下的合成电压

$$u(t)=u_1(t)+u_2(t)+u_3(t).$$

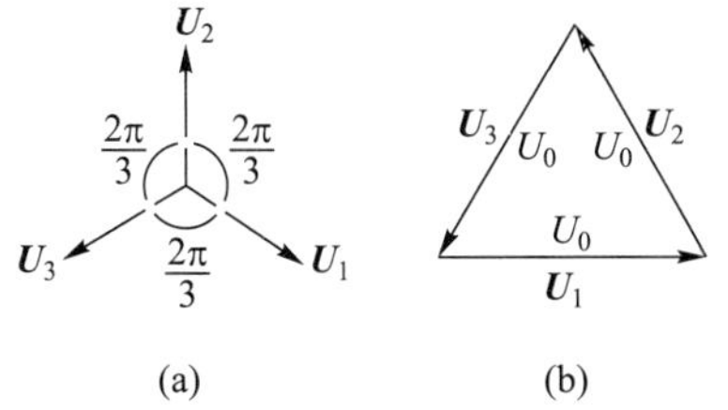

思考题 7.3-4 图

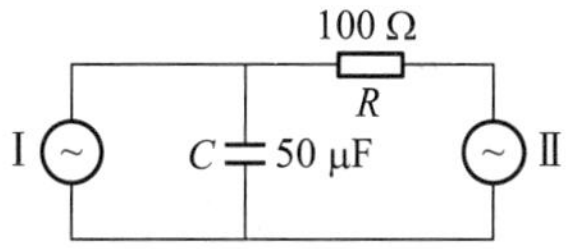

思考题 7.3-5 图

**7.3-5**　如题图,在无线电电路中为了消除前后两级Ⅰ、Ⅱ之间的互相关联,往往将 $RC$ 组合来起"退耦"作用.试分析,后一级Ⅱ的电压波动或电流波动对前一级Ⅰ的影响将因 $RC$ 的作用而大大削弱.

## 习　　题

**7.3-1**　已知在某频率下题图中电容、电阻的阻抗数值之比为

$$Z_C : Z_R=3 : 4,$$

若在串联电路两端加总电压 $U=100$ V,

(1) 电容和电阻元件上的电压 $U_C$、$U_R$ 为多少?

(2) 电阻元件中的电流与总电压之间有无相位差?

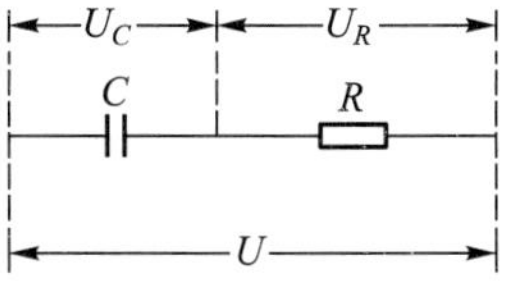

习题 7.3-1 图

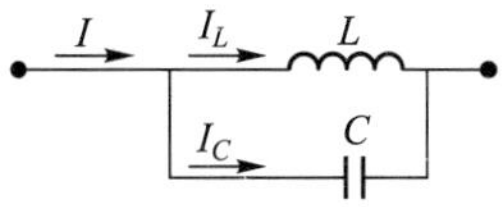

习题 7.3-2 图

**7.3-2**　已知在某频率下题图中电感和电容元件阻抗数值之比

$$Z_L : Z_C=2 : 1,$$

总电流 $I=1$ mA,问通过 $L$ 和 $C$ 的电流 $I_L$、$I_C$ 各多少?

**7.3-3**　在题图中已知 $U_1=U_2=20$ V,$Z_C=R_2$,求总电压 $U$.

**7.3-4**　在上题题图中已知 $U_1=U_2$,$Z_C : R_2=1 : \sqrt{3}$,用矢量图解法求总电压与总电流的相位差.

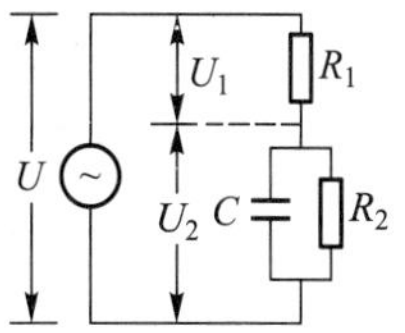

习题 7.3-3 图

**7.3-5** 在题图中已知 $Z_L:Z_C:R=2:1:1$，求：

（1）$I_1$ 与 $I_2$ 间的相位差；

（2）$U$ 与 $U_C$ 间的相位差.并用矢量图说明之.

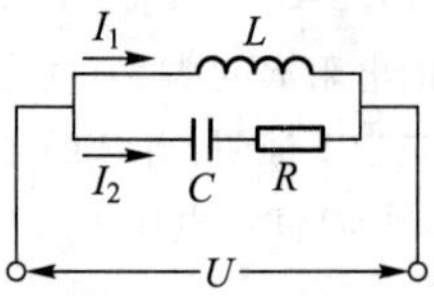


习题 7.3-5 图

**7.3-6** 在题图中 $Z_L=Z_C=R$，求下列各量间的相位差，并用矢量图说明之：

（1）$U_C$ 与 $I_R$；

（2）$I_C$ 与 $I_R$；

（3）$U_R$ 与 $U_L$；

（4）$U$ 与 $I$.

**7.3-7** 在题图中已知 $Z_L:R:Z_C=\sqrt{3}:1:\dfrac{2}{\sqrt{3}}$，求下列各量之间的相位差，并用矢量图说明之.

（1）$U_{ab}$ 和 $U_{bc}$；

（2）$U_{ab}$ 和 $U_{cd}$；

（3）$U_{ad}$ 和 $U_{ab}$；

（4）$U_{bc}$ 和 $U_{ad}$.

**7.3-8** 有三条支路汇于一点，电流的标定方向见题图.设 $i_1(t)=30\cos\left(\omega t+\dfrac{\pi}{4}\right)$（A），$i_2(t)=40\cos\left(\omega t-\dfrac{\pi}{3}\right)$（A），用矢量法求 $i_3(t)$ 的瞬时值表达式.

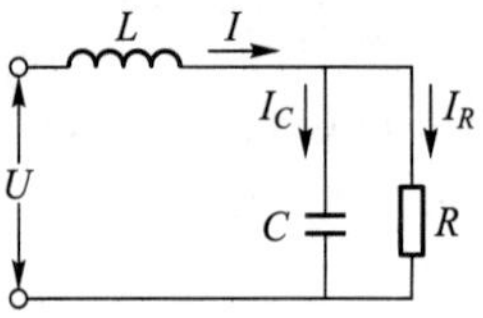


习题 7.3-6 图

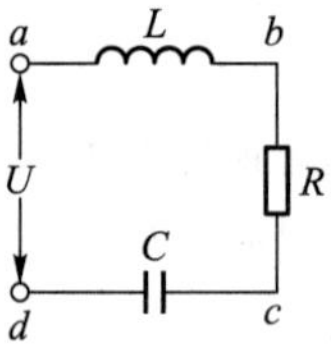


习题 7.3-7 图

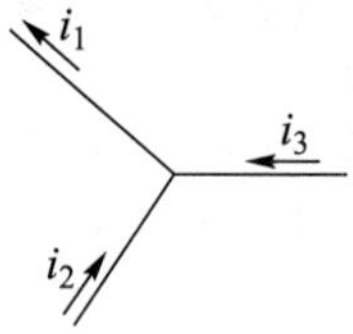


习题 7.3-8 图

**7.3-9** 用矢量图解法推导题图中各阻抗和相位差公式；

| 电路 | 公式 | |
|---|---|---|
| | $Z$ | $\tan\varphi$ |
| （1） 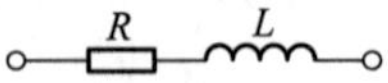 | $\sqrt{R^2+(\omega L)^2}$ | $\omega L/R$ |
| （2） 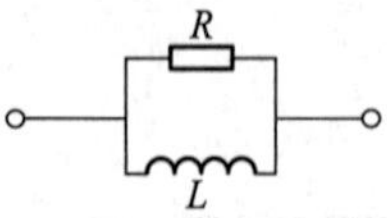 | $\dfrac{R\omega L}{\sqrt{R^2+(\omega L)^2}}$ | $R/\omega L$ |
| （3） 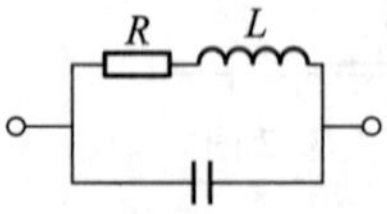 | $\sqrt{\dfrac{R^2+(\omega L)^2}{(\omega CR)^2+(1-\omega^2 LC)^2}}$ | $\dfrac{\omega L-\omega C(R^2+\omega^2L^2)}{R}$ |
| （4） 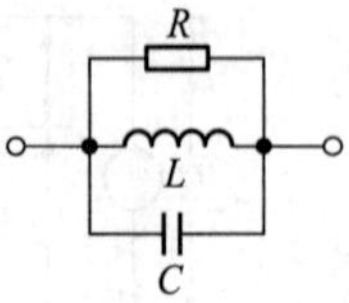 | $\dfrac{\omega LR}{\sqrt{R^2(1-\omega^2LC)^2+(\omega L)^2}}$ | $\dfrac{R(1-\omega^2LC)}{\omega L}$ |

习题 7.3-9 图

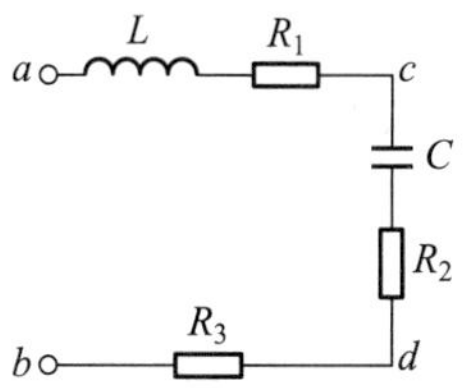

习题 7.3-10 图

**7.3-10**　题图中 $a$、$b$ 两点接到一个交流电源上,二点间的电压为 130 V,$R_1=6.0\ \Omega$,$R_2=R_3=3.0\ \Omega$,$Z_L=8.0\ \Omega$,$Z_C=3.0\ \Omega$,求:

(1) 电路中的电流;

(2) $a$、$c$ 两点间的电压;

(3) $c$、$d$ 两点间的电压.

**7.3-11**　一直流电阻为 120 Ω 的抗流圈与一电容为 10 μF 的电容器串联.当电源的频率为 50 Hz、总电压为 120 V、电流强度为 1.0 A 时,求该抗流圈的自感.

**7.3-12**　60 Ω 的变阻器与 20 Ω 0.050 H 的抗流圈并联于 50 Hz 的电源上,通过抗流圈的电流为 4.0 A,求通过变阻器和电源的电流.

**7.3-13**　(1) 一个电阻与一个电感串联接在 100 V 的交流电源上,一个交流伏特计不论接在电阻或电感上时,读数都相等.这个读数应为多少?

(2) 改变(1)中电阻及电感的大小,使接于电感上的伏特计读数为 50 V.这时若把伏特计接于电阻上,其读数是多少?

**7.3-14**　在 50 Hz 交流电路中有变阻器和自感为 0.10 H 的线圈串联,在总电压和电流之间有相位差 $\varphi=30°$,此变阻器的电阻等于多少?要消除相位差,需串联入多大的电容?若与 $LR$ 并联时需多大电容?

**7.3-15**　阻抗为 10 Ω 的电感器、阻抗为 25 Ω 的电容器和电阻为 10 Ω 的电阻器串联,接在 50 Hz、100 V 的交流电源上,求:

(1) 电流;

(2) 电压、电流间的相位差;

(3) 各元件上的电压.

**7.3-16**　一交流发电机的电压为 100 V,角频率 $\omega=500$ rad/s,一个 3.00 Ω 的电阻器、一个 50.0 μF 的电容器和一个电感可以从 10.0 mH 变到 80.0 mH 的电感器串联于发电机的两端.如电容器耐压 1 200 V,求:

(1) 电路中所能容许的最大电流;

(2) 电感可安全地增加到多少?

**7.3-17**　自感为 0.10 H、电阻为 2.0 Ω 的线圈与一个电容器串联后接在交流电源上,问:

(1) 在 50 Hz 的频率下,电容多大时在线圈中的电流最大?

(2) 如果这电容器耐压 400 V,则电源的电压最大不能超过多少?

**7.3-18**　一电阻为 $R$,自感为 $L$ 的矩形线圈以角速度 $\omega$ 绕一竖直边旋转,当这线圈的法线与地磁子午面成何角度时其中瞬时电流为 0?

**7.3-19**　如题图,输入信号同时包含 $f_1=50$ Hz 和 $f_2=500$ Hz 两种频率的成分,它们的电压均为 20 V,试估算从电容器两端输出的电压中各种频率成分各为多少?

**7.3-20**　如题图,从 $AO$ 输入的信号中,有直流电压 6 V,交流成分 400 kHz,现在要求信号到达 $BO$ 两端没有直流电压降落,而交流成分要有 90% 以上,为此在 $AB$ 路上安置一个电容 $C$,电容 $C$ 在这里起什么作用?它的容量至少该取多大?

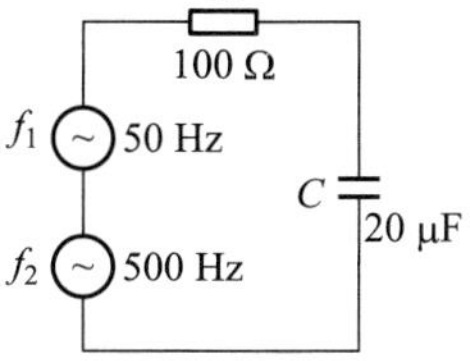

习题 7.3-19 图

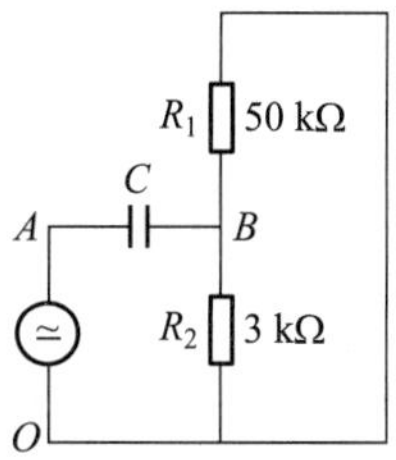

习题 7.3-20 图

**7.3-21**　如题图，输入信号中包含直流成分 6 V，交流成分 500 Hz、1 V. 要求在 $AB$ 两端获得直流电压 1 V，而交流电压小于 1 mV，问电阻 $R_2$ 该取多大，旁路电容 $C$ 至少该取多大？

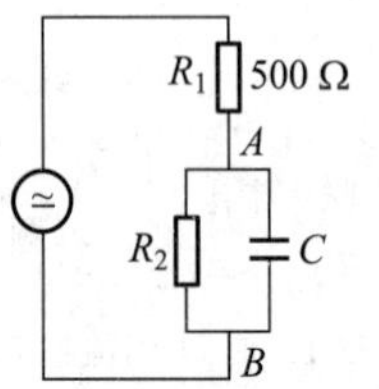


习题 7.3-21 图

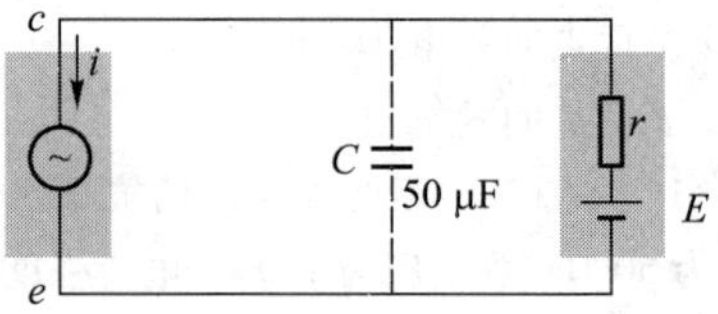


习题 7.3-22 图

**7.3-22**　(1) 如题图，设工作电源 $E$ 的直流电压为 6 V，内阻 $r$ 为 10 Ω，并设收音机有信号时，从电源中取用的电流 $i(t)$ 在 0～50 mA 范围中波动，重复频率为 1 000 Hz，问此时 $ce$ 两端的电压是否稳定，在什么范围中变动？当接上同电源并联的电容 $C$ 以后，$ce$ 两端电压的变动范围为多少？

(2) 在晶体管收音机中，电源本来就是直流电源（干电池），为什么还要加滤波电容来稳定工作电压？

**7.3-23**　题图是一个 $LC$ 滤波器，已知频率 $f=100$ Hz，$C=10$ μF. 现在要使输出交流电压 $U_2$ 等于输入电压 $U_1$ 的 1/10，求 $L$.

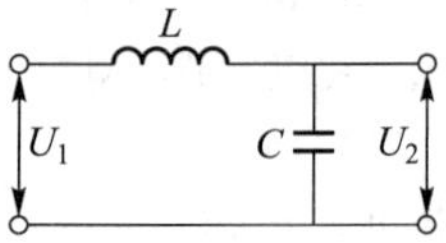


习题 7.3-23 图

**7.3-24**　在思考题 7.3-3 的 $RC$ 相移电桥中，若电源频率为 50 Hz，$C=15$ μF，$R'$ 可在 0～1.5 kΩ 内调节，求输出电压 $U_2=U_{bo}$ 的相移范围.

## §7.4 交流电路的复数解法

前节中我们一直用矢量图解法处理交流电路的问题，本节中将介绍交流电路的另一种解法——复数法. 两种方法比较起来，矢量图解法比较直观，各简谐物理量的大小和相位关系在图上一目了然，而复数法则较为抽象. 但是除了简单的串、并联电路之外，一般用矢量图解法运算是比较复杂的，特别是要用交流电路的基尔霍夫方程组才能解决的复杂电路，用矢量图解法就更困难了，这时用复数法来处理这类问题是比较方便的. 特别是正像下面我们将看到的，用复数表示，交流电路的各种公式都写成和直流电路十分相似的形式，这是复数法的一个很大的优点.

### 7.4.1　用复数法计算同频简谐量的叠加

用复数法计算同频简谐量叠加的基本步骤如下.

(1) 将简谐量按下列法则和复数量对应起来：

$$a_1(t)=A_1\cos(\omega t+\varphi_1)\longleftrightarrow \tilde{A}_1=A_1 e^{j(\omega t+\varphi_1)},$$

$$a_2(t)=A_2\cos(\omega t+\varphi_2)\longleftrightarrow \tilde{A}_2=A_2 e^{j(\omega t+\varphi_2)}.$$

即令复数 $\tilde{A}_1$ 和 $\tilde{A}_2$ 的模 $A_1$ 和 $A_2$ 分别等于 $a_1(t)$ 和 $a_2(t)$ 的峰值，辐角 $\omega t+\varphi_1$ 和 $\omega t+\varphi_2$ 分别等于 $a_1(t)$ 和 $a_2(t)$ 的相位.

(2) 求复数 $\tilde{A}_1$ 和 $\tilde{A}_2$ 之和：

$$\tilde{A}=\tilde{A}_1+\tilde{A}_2=A e^{j(\omega t+\varphi)},$$

则 $\tilde{A}$ 的模 $A=|\tilde{A}|$ 即为合成简谐量 $a(t)=a_1(t)+a_2(t)$ 的峰值(或有效值)①,$\tilde{A}$ 的辐角 $\omega t+\varphi$ 即为 $a(t)$ 的相位,$t=0$ 时的辐角 $\varphi$ 即为 $a(t)$ 的初相位.

［例题 1］ 用复数法解 §7.3 中的例题 1.

［解］

$$a_1(t)=3\cos\omega t \longleftrightarrow \tilde{A}_1=3\mathrm{e}^{\mathrm{j}\omega t},$$

$$a_2(t)=4\cos\left(\omega t+\frac{\pi}{2}\right) \longleftrightarrow \tilde{A}_2=4\mathrm{e}^{\mathrm{j}\left(\omega t+\frac{\pi}{2}\right)}$$

$$=4\mathrm{e}^{\mathrm{j}\frac{\pi}{2}}\mathrm{e}^{\mathrm{j}\omega t}=4\mathrm{j}\mathrm{e}^{\mathrm{j}\omega t}.$$

$$\tilde{A}=\tilde{A}_1+\tilde{A}_2=(3+4\mathrm{j})\mathrm{e}^{\mathrm{j}\omega t}.$$

$$|\tilde{A}|=|3+4\mathrm{j}|=\sqrt{3^2+4^2}=5.$$

$t=0$ 时,$\tilde{A}=3+4\mathrm{j}$,

$$\arg\tilde{A}=\arctan\frac{4}{3}=53°8',$$

即 $a(t)$ 的峰值 $A=5$,初相位 $\varphi=53°8'$.

有关复数的概念及其运算法则,以及用复数法计算同频简谐量叠加问题的理论依据,都请读者参阅附录 D.

### 7.4.2 复电压、复电流及复阻抗的概念

复数法的基本原则是把所有的简谐量都用对应的复数来表示.

与交变电压

$$u(t)=U_0\cos(\omega t+\varphi_u)$$

和交变电流

$$i(t)=I_0\cos(\omega t+\varphi_i).$$

对应的复数分别是

$$\tilde{U}=U_0\mathrm{e}^{\mathrm{j}(\omega t+\varphi_u)}$$

和

$$\tilde{I}=I_0\mathrm{e}^{\mathrm{j}(\omega t+\varphi_i)},$$

$\tilde{U}$ 称为复电压,$\tilde{I}$ 称为复电流.同一段电路上的 $\tilde{U}$ 和 $\tilde{I}$ 的比值

$$\frac{\tilde{U}}{\tilde{I}}=\frac{U_0\mathrm{e}^{\mathrm{j}(\omega t+\varphi_u)}}{I_0\mathrm{e}^{\mathrm{j}(\omega t+\varphi_i)}}=\frac{U_0}{I_0}\mathrm{e}^{\mathrm{j}(\varphi_u-\varphi_i)}=Z\mathrm{e}^{\mathrm{j}\varphi} \tag{7.33}$$

也是一个复数,它的模等于这段电路的阻抗 $Z=\dfrac{U_0}{I_0}$,它的辐角为 $\varphi=\varphi_u-\varphi_i$.我们把这个复数记作 $\tilde{Z}$,即

$$\tilde{Z}=Z\mathrm{e}^{\mathrm{j}\varphi}. \tag{7.34}$$

---

① 若取 $\tilde{A}_1$ 和 $\tilde{A}_2$ 的模分别为 $\frac{A_1}{\sqrt{2}}$ 和 $\frac{A_2}{\sqrt{2}}$,则 $\tilde{A}=\tilde{A}_1+\tilde{A}_2$ 的模就是 $\frac{A}{\sqrt{2}}$.所以我们也可用复数法直接计算有效值.

复数 $\tilde{Z}$ 完全概括了这段电路本身的两方面基本性质——阻抗和相位差,它叫作这段电路的**复阻抗**.知道了复阻抗,这段电路的性质就完全清楚了.此外,以 $\tilde{Z}$ 代替式(7.33)的右端,就将该式化为

$$\frac{\tilde{U}}{\tilde{I}}=\tilde{Z} \quad 或 \quad \tilde{U}=\tilde{I}\,\tilde{Z}. \tag{7.35}$$

这公式同直流电路中的欧姆定律具有完全相同的形式,这里的 $\tilde{Z}$ 和欧姆定律中的电阻 $R$ 地位相当.可见,引入复阻抗的概念是大有好处的.

下面我们先看各种纯元件的复阻抗等于什么,然后再研究串、并联电路的复阻抗.

(1) 电阻元件:$Z_R=R,\varphi=0$,故

$$\tilde{Z}_R=R; \tag{7.36}$$

(2) 电容元件:$Z_C=\dfrac{1}{\omega C},\varphi=-\dfrac{\pi}{2}$,故

$$\tilde{Z}_C=\frac{1}{\omega C}e^{-j\pi/2}=\frac{-j}{\omega C}=\frac{1}{j\omega C}; \tag{7.37}$$

(3) 电感元件:$Z_L=\omega L,\varphi=\dfrac{\pi}{2}$,故

$$\tilde{Z}_L=\omega L e^{j\pi/2}=j\omega L. \tag{7.38}$$

上述结果表明,$\tilde{Z}_R$ 为正实数,$\tilde{Z}_C$ 为负虚数,$\tilde{Z}_L$ 为正虚数.

### 7.4.3　串、并联电路的复数解法

(1) 串联电路(图 7-25)

串联电路上总电压的瞬时值等于各段分电压瞬时值之和:

$$u(t)=u_1(t)+u_2(t),$$

用相应的复电压来代替它们,则有

$$\tilde{U}=\tilde{U}_1+\tilde{U}_2. \tag{7.39}$$

设各段的复阻抗为 $\tilde{Z}_1,\tilde{Z}_2$,整个电路的复阻抗为 $\tilde{Z}$,则根据复数形式的欧姆定律式(7.35),有

$$\tilde{U}_1=\tilde{I}_1\tilde{Z}_1,\quad \tilde{U}_2=\tilde{I}_2\tilde{Z}_2,\quad \tilde{U}=\tilde{I}\,\tilde{Z}.$$

因为复电流 $\tilde{I}$ 是共同的,代入式(7.39)后消去 $\tilde{I}$,即得串联电路的复阻抗公式:

$$\tilde{Z}=\tilde{Z}_1+\tilde{Z}_2. \tag{7.40}$$

(2) 并联电路(图 7-26)

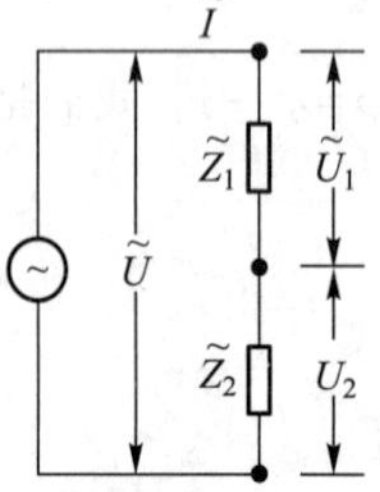


图 7-25　复阻抗的串联

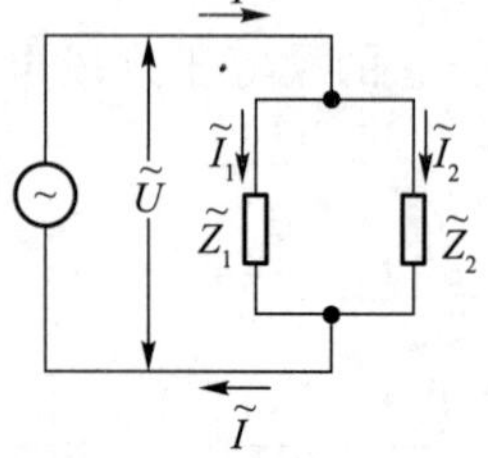


图 7-26　复阻抗的并联

并联电路中总电流的瞬时值等于各分支电流瞬时值之和：

$$i(t)=i_1(t)+i_2(t),$$

用相应的复电流代替它们，则有

$$\tilde{I}=\tilde{I}_1+\tilde{I}_2. \tag{7.41}$$

设各分支的复阻抗为 $\tilde{Z}_1$，$\tilde{Z}_2$，整个电路的等效阻抗为 $\tilde{Z}$，则

$$\tilde{I}_1=\frac{\tilde{U}}{\tilde{Z}_1},\quad \tilde{I}_2=\frac{\tilde{U}}{\tilde{Z}_2},\quad \tilde{I}=\frac{\tilde{U}}{\tilde{Z}},$$

因为复电压 $\tilde{U}$ 是共同的，代入式(7.41)后消去 $\tilde{U}$，即得并联电路的复阻抗公式：

$$\frac{1}{\tilde{Z}}=\frac{1}{\tilde{Z}_1}+\frac{1}{\tilde{Z}_2}. \tag{7.42}$$

式(7.40)和式(7.42)表明，交流电路复阻抗的串、并联公式和直流电路电阻的串、并联公式在形式上完全一样.不过应当注意，复阻抗中有物理意义的是它的模和辐角，它们分别代表电路的阻抗和相位差.所以在进行复阻抗的运算之后，重要的是还要把它的模和辐角求出来，这是比直流电路复杂的地方.

**[例题 2]** 用复数法解 $RL$ 串联电路.

**[解]**

$$\tilde{Z}=\tilde{Z}_R+\tilde{Z}_L=R+\mathrm{j}\omega L,$$

故电路的总阻抗

$$Z=|\tilde{Z}|=\sqrt{R^2+(\omega L)^2},$$

相位差

$$\varphi=\arg\tilde{Z}=\arctan\frac{\omega L}{R}.$$

**[例题 3]** 用复数法解 $RC$ 并联电路.

**[解]**

$$\frac{1}{\tilde{Z}}=\frac{1}{\tilde{Z}_R}+\frac{1}{\tilde{Z}_C}=\frac{1}{R}+\mathrm{j}\omega C.$$

所以

$$\tilde{Z}=\frac{1}{\frac{1}{R}+\mathrm{j}\omega C}=\frac{\frac{1}{R}-\mathrm{j}\omega C}{\left(\frac{1}{R}\right)^2+(\omega C)^2}=\frac{R(1-\mathrm{j}\omega CR)}{1+(\omega CR)^2}.$$

故电路的等效阻抗

$$Z=|\tilde{Z}|=\frac{1}{\sqrt{\left(\frac{1}{R}\right)^2+(\omega C)^2}},$$

相位差为

$$\varphi=\arg\tilde{Z}=-\arctan(\omega CR).$$

以上两题都同§7.3中用矢量图解法得到的结果一致.

**[例题 4]** 用复数法求图 7-27 所示 $LRC$ 串并混联电路的总阻抗和相位差.

［解］
$$\frac{1}{\tilde{Z}}=\frac{1}{R+\mathrm{j}\omega L}+\mathrm{j}\omega C=\frac{1-\omega^2LC+\mathrm{j}\omega CR}{R+\mathrm{j}\omega L},$$

所以
$$\tilde{Z}=\frac{R+\mathrm{j}\omega L}{1-\omega^2LC+\mathrm{j}\omega CR},$$

故整个电路的等效阻抗为
$$Z=|\tilde{Z}|=\sqrt{\frac{R^2+(\omega L)^2}{(1-\omega^2LC)^2+(\omega CR)^2}}.$$

相位差为
$$\begin{aligned}\varphi&=\arg(R+\mathrm{j}\omega L)-\arg(1-\omega^2LC+\mathrm{j}\omega CR)\\&=\arctan\frac{\omega L}{R}-\arctan\frac{\omega CR}{1-\omega^2LC}\\&=\arctan\frac{\omega L-\omega C[R^2+(\omega L)^2]}{R}.\end{aligned}$$ ①

这个电路是并联谐振电路，它的性质和应用将在 7.6.6 节中讨论.

**［例题 5］**　图 7-28 为 $RC$ 振荡器电路中的一个重要组成部分. 总电压 $u(t)$ 与分电压 $u_2(t)$ 相位一致的频率为振荡频率. 试证明

（i）振荡频率为
$$f_0=\frac{1}{2\pi RC}.$$

（ii）在振荡频率 $f_0$ 下，总电压 $U$ 是分电压 $U_2$ 的 3 倍.

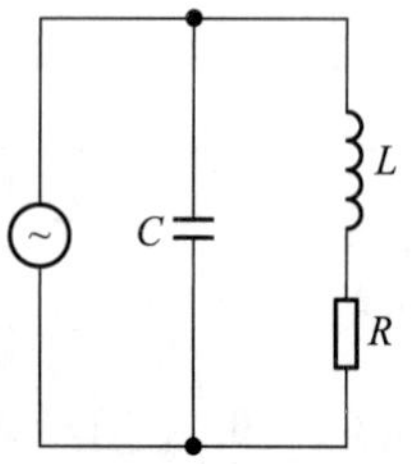

图 7-27　例题 4—$LRC$ 串并混联电路

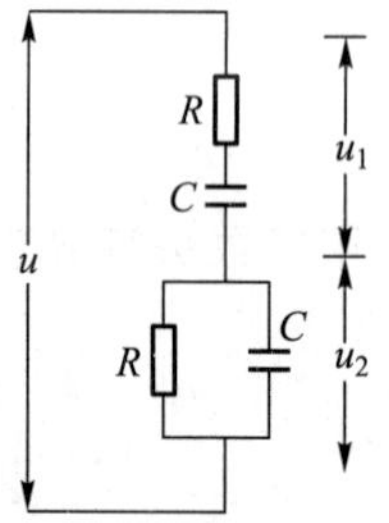

图 7-28　例题 5—$RC$ 振荡器中的电路

**［解］**　（i）$RC$ 串联部分的复阻抗为
$$\tilde{Z}_1=R+\frac{1}{\mathrm{j}\omega C}=R-\frac{\mathrm{j}}{\omega C}$$

$RC$ 并联部分的复阻抗为
$$\tilde{Z}_2=\frac{1}{\frac{1}{R}+\mathrm{j}\omega C}=\frac{R}{1+\mathrm{j}\omega CR}=\frac{R(1-\mathrm{j}\omega CR)}{1+(\omega CR)^2},$$

---

① 这里利用了如下三角恒等式：
$$\arctan x-\arctan y=\arctan\frac{x-y}{1+xy}.$$

故 $u_1(t)$ 和 $u_2(t)$ 与总电流 $i(t)$ 间的相位差分别为

$$\varphi_1=\arg\tilde{Z}_1=-\arctan\frac{1}{\omega CR},$$

$$\varphi_2=\arg\tilde{Z}_2=-\arctan(\omega CR).$$

因 $u(t)=u_1(t)+u_2(t)$，要使 $u(t)$ 与 $u_2(t)$ 相位一致，必须 $u_1(t)$ 与 $u_2(t)$ 的相位也一致. 因此振荡的频率条件为

$$\varphi_1=\varphi_2,$$

即

$$\frac{1}{\omega CR}=\omega CR \quad 或 \quad (\omega CR)^2=1,$$

于是振荡角频率 $\omega_0$ 和振荡频率 $f_0$ 为

$$\omega_0=\frac{1}{RC},\quad f_0=\frac{\omega_0}{2\pi}=\frac{1}{2\pi RC}.$$

要改变 $RC$ 振荡器的振荡频率，只需改变其中的电阻 $R$ 或电容 $C$. 实际的 $RC$ 振荡器上调节频率的旋钮就是共轴调节可变电阻或可变电容的.

(ii) 在振荡条件下 $\omega CR=1$，于是 $\tilde{Z}_1$、$\tilde{Z}_2$ 可化简为

$$\tilde{Z}_1=(1-j)R,\quad |\tilde{Z}_1|=\sqrt{2}R;$$

$$\tilde{Z}_2=\frac{1}{2}(1-j)R,\quad |\tilde{Z}_2|=\frac{R}{\sqrt{2}};$$

故

$$\frac{U_1}{U_2}=\frac{|\tilde{Z}_2|}{|\tilde{Z}_1|}=\frac{1}{2} \quad 或 \quad U_1=2U_2,$$

因为各电压相位相同，所以

$$U=U_1+U_2=3U_2.$$

## *7.4.4 复导纳

在解并联电路时，经常遇到阻抗 $\tilde{Z}$ 的倒数，人们就把这个量叫作**导纳**，用 $\tilde{Y}$ 来代表：

$$\tilde{Y}=\frac{1}{\tilde{Z}}=\frac{\tilde{I}}{\tilde{U}}. \tag{7.43}$$

它的模为

$$Y=\frac{1}{Z}=\frac{I}{U}, \tag{7.44}$$

它的辐角是阻抗辐角 $\varphi$ 的负值，即

$$-\varphi=\varphi_i-\varphi_u, \tag{7.45}$$

故复导纳可写为

$$\tilde{Y}=Ye^{-j\varphi}=\frac{1}{Z}e^{-j\varphi}. \tag{7.46}$$

按照 $\tilde{Y}$ 的定义，电阻、电容、电感三种纯元件的复导纳分别为

$$\tilde{Y}_R=\frac{1}{\tilde{Z}_R}=\frac{1}{R}, \tag{7.47}$$

$$\tilde{Y}_C=\frac{1}{\tilde{Z}_C}=\mathrm{j}\omega C, \tag{7.48}$$

$$\tilde{Y}_L=\frac{1}{\tilde{Z}_L}=\frac{1}{\mathrm{j}\omega L}=-\frac{\mathrm{j}}{\omega L}. \tag{7.49}$$

用导纳来表示并联电路的公式

$$\frac{1}{\tilde{Z}}=\frac{1}{\tilde{Z}_1}+\frac{1}{\tilde{Z}_2},$$

则有

$$\tilde{Y}=\tilde{Y}_1+\tilde{Y}_2. \tag{7.50}$$

这比用阻抗来计算简便得多. 例如对于 $RC$ 并联电路,我们可立即写出

$$\tilde{Y}=\frac{1}{R}+\mathrm{j}\omega C.$$

如果我们还想知道其阻抗,则可进一步作复数的倒数运算:

$$\tilde{Z}=\frac{1}{\tilde{Y}}=\frac{1}{\frac{1}{R}+\mathrm{j}\omega C}=\frac{R(1-\mathrm{j}\omega CR)}{1+(\omega CR)^2}.$$

同理,$RL$ 并联电路的复导纳为

$$\tilde{Y}=\frac{1}{R}-\frac{\mathrm{j}}{\omega L},$$

其阻抗为

$$\tilde{Z}=\frac{1}{\tilde{Y}}=\frac{1}{\frac{1}{R}-\frac{\mathrm{j}}{\omega L}}=\frac{R\omega L(\omega L+\mathrm{j}R)}{(\omega L)^2+R^2}.$$

这些都和直接用阻抗计算的结果一致.

### 7.4.5　交流电路的基尔霍夫方程组及其复数形式

对于较复杂的交流电路,仅靠串、并联公式是不够用的,必须寻求电路的普遍规律,这就是交流电路的基尔霍夫方程组.

对于电压、电流的瞬时值来说,交流电路的基尔霍夫方程组和直流电路的基尔霍夫方程组差不多:

(1) 对于电路的任意一个节点,瞬时电流的代数和为 0,即

$$\sum[\pm i(t)]=0, \tag{7.51}$$

(2) 沿任意一个闭合回路,瞬时电压降的代数和为 0,即

$$\sum u(t)=0, \tag{7.52}$$

但在各种元件上 $u(t)$ 的具体表达式不同. 和直流电路的基尔霍夫定律一样,这里也存在着正负号法则问题. 由于交流电路本身的复杂性,这里的正负号法则也比直流电路情形稍为复杂. 现将交流电路基尔霍夫定律的正负号法则叙述如下.

首先是各代数量取正值或负值的含义问题,这里需要选取几个标定方向:

(1) 在每段支路上标定电流 $i$ 的方向 $i(t)>0$ 表示电流与标定方向一致;$i(t)<0$ 表示电流与

标定方向相反. 在标定电流方向的同时,如果遇到电容器,则把迎着电流的极板上的电荷标为 $+q(t)$,另一极板的电荷标为 $-q(t)$(见图 7-29),则无论 $i$ 是正是负,我们总有

$$i=\frac{\mathrm{d}q}{\mathrm{d}t}. \tag{7.53}$$

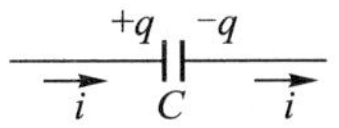

图 7-29　电容器上标定 $i$ 的方向与 $q$ 的正负之间的关系

(2) 为每个闭合回路规定一个绕行方向,$u(t)>0$ 表示沿此方向看去电势下降;$u(t)<0$ 表示沿此方向看去电势升高.

(3) 标定每个电源的极性,电动势 $e(t)>0$ 表示电源的极性与标定的一致;$e(t)<0$ 表示电源的极性与标定的相反.

在作了上述方向和极性的标定之后,进一步就是基尔霍夫定律(7.51)和(7.52)各项之前写加号还是写减号的问题. 我们规定:

(1) 在基尔霍夫第一方程组(7.51)中,流向某个节点的电流之前写减号;从这节点流出的电流之前写加号.

(2) 在基尔霍夫第二方程组(7.52)中,若回路的绕行方向与某段电流的标定方向一致,则在此段落上电阻、电容和电感元件上 $u(t)$ 与 $i(t)$ 或 $q(t)$ 的关系分别为

$$u_R=iR,\quad u_C=\frac{q}{C},\quad u_L=L\frac{\mathrm{d}i}{\mathrm{d}t}; \tag{7.54}$$

若回路的绕行方向与该段电流的标定方向相反,则上式差一个负号,即

$$u_R=-iR,\quad u_C=-\frac{q}{C},\quad u_L=-L\frac{\mathrm{d}i}{\mathrm{d}t}. \tag{7.55}$$

(3) 在基尔霍夫第二方程组(7.52)中,若回路的绕行方向与某个(理想)电源标定的极性一致(即从负极到正极穿过它),则它的端电压 $u(t)=-e(t)$,否则 $u(t)=e(t)$.

对于只包含单一电源的单一回路,我们总可以使回路的绕行方向、电流的标定方向、电源的标定极性协调起来,从而使上述(2)、(3)两条永远取加号. 但对于复杂电路,往往不能选择所有的方向和极性完全一致,这时在基尔霍夫第二方程组中就会出现减号.

将式(7.53)、(7.54)或(7.55)等代入式(7.52),我们将得到一组微分方程,解起来是比较麻烦的,这里不准备多谈. 但是对于简谐交流电路,我们可以用复数来表示. 这样,基尔霍夫方程组就化成复数代数方程组了.

(1) 基尔霍夫第一方程组

$$\sum(\pm\tilde{I})=0 \tag{7.56}$$

(2) 基尔霍夫第二方程组

$$\sum\tilde{U}=\sum(\pm\tilde{I}\tilde{Z})+\sum(\pm\tilde{\mathscr{E}})=0, \tag{7.57}$$

式中写加号或减号的法则同前,在各种元件上复阻抗 $\tilde{Z}$ 的表达式见式(7.36)、(7.37)和(7.38). 运用上述基尔霍夫方程组的复数形式(7.56)和(7.57),原则上可以解决所有不包括互感的简谐交流电路问题①. 由于基尔霍夫方程组的复数形式与直流电路中的实数形式在形式上

① 包括互感的交流电路问题,可参看 7.4.7 节.

完全一样，从而解题的方法也基本上一样．一切在解直流电路问题时行之有效的方法都可搬用．例如在设电流变量时，我们可利用基尔霍夫第一方程组把它的数目减少到最低限度．但这里有个重要区别，就是在得到复数结果之后，我们还要计算它们的模和辐角，以便得到有物理意义的实际结论．

［**例题 6**］　计算图 7-30 所示电路中输出电压 $u'(t)$ 与输入电压 $u(t)$ 大小之比和相位差．

［**解**］　(i) 设复电流变量 $\tilde{I}_1$、$\tilde{I}_2$ 如图．考虑到基尔霍夫第一方程组，使变量的数目减到最少，故中间分支中的电流直接写成 $\tilde{I}_1-\tilde{I}_2$．

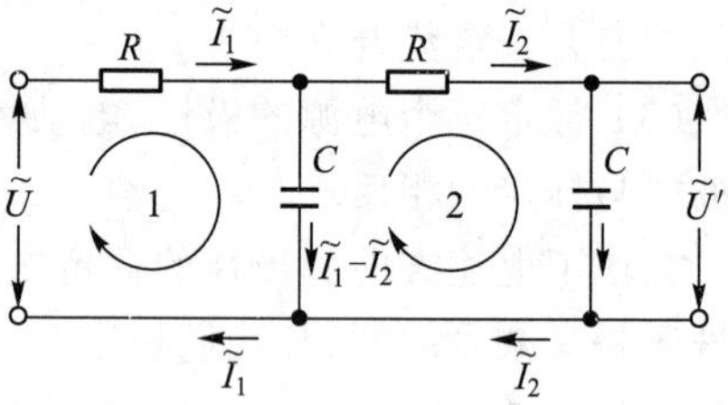


图 7-30　例题 6—二级 RC 滤波或相移电路

(ii) 选择 1、2 两个回路，列出基尔霍夫第二方程组：

$$\begin{cases} \tilde{I}_1 R+\dfrac{\tilde{I}_1-\tilde{I}_2}{\mathrm{j}\omega C}=\tilde{U}, \\ \tilde{I}_2\left(R+\dfrac{1}{\mathrm{j}\omega C}\right)-\dfrac{\tilde{I}_1-\tilde{I}_2}{\mathrm{j}\omega C}=0. \end{cases}$$

(iii) 整理为联立方程组的标准形式：

$$\begin{cases} \left(R+\dfrac{1}{\mathrm{j}\omega C}\right)\tilde{I}_1-\dfrac{1}{\mathrm{j}\omega C}\tilde{I}_2=\tilde{U}, \\ -\dfrac{1}{\mathrm{j}\omega C}\tilde{I}_1+\left(R+\dfrac{2}{\mathrm{j}\omega C}\right)\tilde{I}_2=0. \end{cases}$$

(iv) 解出 $\tilde{I}_2$ 来：

$$\tilde{I}_2=\frac{\tilde{U}}{\mathrm{j}\omega C}\frac{1}{R^2-\dfrac{1}{(\omega C)^2}+\dfrac{3R}{\mathrm{j}\omega C}},$$

(v) 因为 $\tilde{U}'=\dfrac{\tilde{I}_2}{\mathrm{j}\omega C}$，所以

$$\frac{\tilde{U}'}{\tilde{U}}=\frac{1}{1-(\omega CR)^2+3\mathrm{j}\omega CR}.$$

由复数比 $\tilde{U}'/\tilde{U}$ 可同时得到 $u'(t)$ 和 $u(t)$ 大小之比和相位差：

$$\begin{cases} \dfrac{U'}{U}=\left|\dfrac{\tilde{U}'}{\tilde{U}}\right|=\left|\dfrac{1}{1-(\omega CR)^2+3\mathrm{j}\omega CR}\right| \\ \qquad=\dfrac{1}{\sqrt{(\omega CR)^4+7(\omega CR)^2+1}}, \\ \Delta\varphi=\varphi_{u'}-\varphi_u=\arg\left\{\dfrac{\tilde{U}'}{\tilde{U}}\right\} \\ \qquad=-\arctan\dfrac{3\omega CR}{1-(\omega CR)^2}. \end{cases}$$

上列结果表明，$\omega$ 越大，输出电压 $U'$ 与输入电压 $U$ 之比越小. 这个电路实际上是个典型的二级低通滤波电路，也是二级的 $RC$ 相移电路（有关滤波电路和相移电路的意义，见 7.3.5 节）.

从 7.3.5 节的例题 6 中我们看到，在 $\omega CR=1$ 的条件下，相移量 $\Delta\varphi=-\pi/4$. 上面例题的结果表明，在同样条件下，

$$\Delta\varphi=-\arctan\frac{3\omega CR}{1-(\omega CR)^2}=-\arctan\infty=-\frac{\pi}{2},$$

即二级相移电路的相移量刚好比单级相移电路多一倍.

## *7.4.6　等效电源定理和 Y-△阻抗代换公式的运用

在第三章中，我们给出几个实际中很有用的定理和公式，它们可简化直流电路的复杂计算. 对于交流电路，虽然电流、电压随时间简谐地变化，元件也多了，但引入复数法后，我们同样可以得到这些定理和公式，只是定理和公式中各个量应看成相应的复数量. 运用这些定理和公式可使交流电路的复杂计算简化.

交流电路的等效电压源定理可表述为：两端有源网络可等效于一个电压源，其电动势等于网络的开路复数端电压，内阻等于从网络两端看除源网络的复阻抗.

Y-△阻抗代换公式为

$$\left.\begin{aligned}\tilde{Z}_{12}&=\frac{\tilde{Z}_1\tilde{Z}_2+\tilde{Z}_2\tilde{Z}_3+\tilde{Z}_3\tilde{Z}_1}{\tilde{Z}_3},\\ \tilde{Z}_{23}&=\frac{\tilde{Z}_1\tilde{Z}_2+\tilde{Z}_2\tilde{Z}_3+\tilde{Z}_3\tilde{Z}_1}{\tilde{Z}_1},\\ \tilde{Z}_{31}&=\frac{\tilde{Z}_1\tilde{Z}_2+\tilde{Z}_2\tilde{Z}_3+\tilde{Z}_3\tilde{Z}_1}{\tilde{Z}_2};\end{aligned}\right\}\tag{7.58}$$

$$\left.\begin{aligned}\tilde{Z}_1&=\frac{\tilde{Z}_{12}\tilde{Z}_{31}}{\tilde{Z}_{12}+\tilde{Z}_{23}+\tilde{Z}_{31}},\\ \tilde{Z}_2&=\frac{\tilde{Z}_{23}\tilde{Z}_{12}}{\tilde{Z}_{12}+\tilde{Z}_{23}+\tilde{Z}_{31}},\\ \tilde{Z}_3&=\frac{\tilde{Z}_{31}\tilde{Z}_{23}}{\tilde{Z}_{12}+\tilde{Z}_{23}+\tilde{Z}_{31}}.\end{aligned}\right\}\tag{7.59}$$

如图 7-31 所示.

下面我们应用等效电压源定理和 Y-△阻抗代换公式解决几个具体问题.

［**例题 7**］　图 7-32(a)为三级 $RC$ 相移电路，已知输入电压 $\tilde{U}$，求输出电压 $\tilde{U}'$.

［**解**］　本题可逐级分别运用等效电压源定理. 把 $a$、$b$ 左边的两端网络看成一个等效电压源，其电动势和内阻分别为

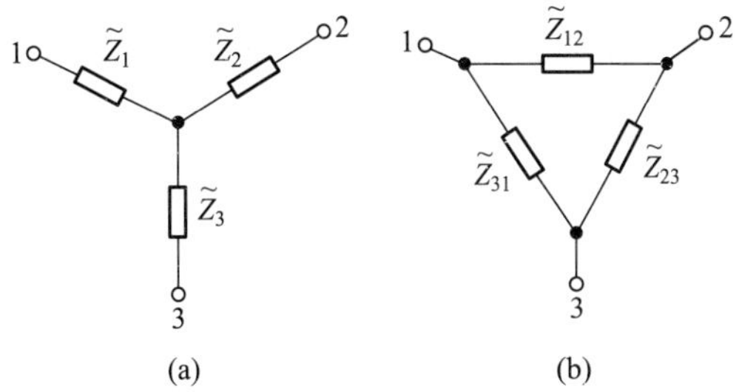


图 7-31　Y-△阻抗代换

$$\tilde{\mathscr{E}}_1=\frac{\frac{1}{\mathrm{j}\omega C}}{R+\frac{1}{\mathrm{j}\omega C}}\tilde{U}=\frac{1}{1+\mathrm{j}\omega CR}\tilde{U},$$

$$\tilde{Z}_1=\frac{R\cdot\frac{1}{\mathrm{j}\omega C}}{R+\frac{1}{\mathrm{j}\omega C}}=\frac{R}{1+\mathrm{j}\omega CR}.$$

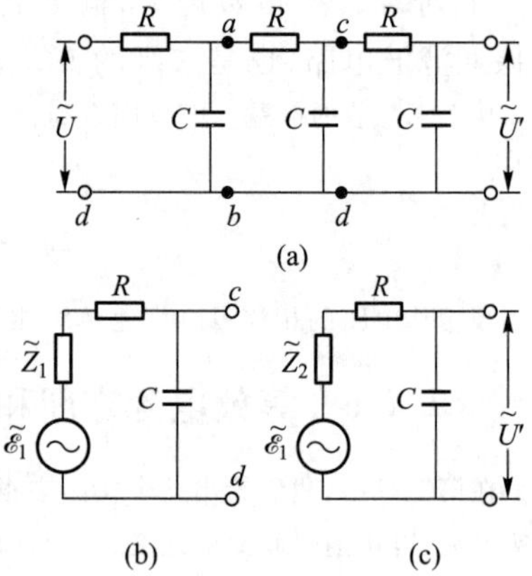


图 7-32　例题 7—三级 $RC$ 相移电路

于是,$c$、$d$ 左边的网络化为图 7-32(b),再将此两端网络看成等效电压源,其电动势和内阻分别为

$$\tilde{\mathscr{E}}_2=\frac{\frac{1}{\mathrm{j}\omega C}}{\tilde{Z}_1+R+\frac{1}{\mathrm{j}\omega C}}\tilde{\mathscr{E}}_1=\frac{1}{1-(\omega CR)^2+3\mathrm{j}\omega CR}\tilde{U},$$

$$\tilde{Z}_2=\frac{(\tilde{Z}_1+R)\frac{1}{\mathrm{j}\omega C}}{\tilde{Z}_1+R+\frac{1}{\mathrm{j}\omega C}}=\frac{R(2+\mathrm{j}\omega CR)}{1-(\omega CR)^2+3\mathrm{j}\omega CR}.$$

这里 $\tilde{\mathscr{E}}_2$ 是 $c$、$d$ 两端开路时的端电压,与例题 6 中由基尔霍夫方程组计算的输出电压相同.

图 7-32(a)整个三级 $RC$ 相移电路等效于图 7-32(c),因此

$$\tilde{U}'=\frac{\frac{1}{\mathrm{j}\omega C}}{\tilde{Z}_2+R+\frac{1}{\mathrm{j}\omega C}}\tilde{\mathscr{E}}_2,$$

代入 $\tilde{\mathscr{E}}_2$ 和 $\tilde{Z}_2$,则得

$$\tilde{U}'=\frac{1}{1-5(\omega CR)^2+\mathrm{j}[6-(\omega CR)^2]\omega CR}\tilde{U}.$$

三级 $RC$ 相移电路在电子学中颇为有用.

**[例题 8]**　图 7-33(a)所示为一种双 T 电桥.试计算输出电压与输入电压之比 $\frac{\tilde{U}_b}{\tilde{U}_a}$,并定性讨论电压传输系数 $\eta=\left|\frac{\tilde{U}_b}{\tilde{U}_a}\right|$ 的频率特性.

**[解]**　将 Y 形阻抗 $R$、$R$、$\frac{1}{\mathrm{j}2\omega C}$ 变换成相应的△形阻抗 $\tilde{Z}_{12}$、$\tilde{Z}_{23}$、$\tilde{Z}_{31}$,如图7-33(b)所示;将 Y 形阻抗 $\frac{1}{\mathrm{j}\omega C}$、$\frac{1}{\mathrm{j}\omega C}$、$\frac{R}{2}$ 变换成相应的△形阻抗 $\tilde{Z}_{12}'$、$\tilde{Z}_{23}'$、$\tilde{Z}_{31}'$,如图 7-33(c)所示,则双 T 电桥变换成如图 7-33(d)所示.最后,将相应的阻抗并联,则可画为图 7-33(e)所示.由图 7-33(e)可以看出

$$\frac{\tilde{U}_b}{\tilde{U}_a}=\frac{\tilde{Z}_1}{\tilde{Z}_1+\tilde{Z}_3}.$$

根据 Y-△阻抗代换公式,得

$$\tilde{Z}_{12}=\frac{RR+R\frac{1}{\mathrm{j}2\omega C}+\frac{1}{\mathrm{j}2\omega C}R}{\frac{1}{\mathrm{j}2\omega C}}=2R(1+\mathrm{j}\omega CR),$$

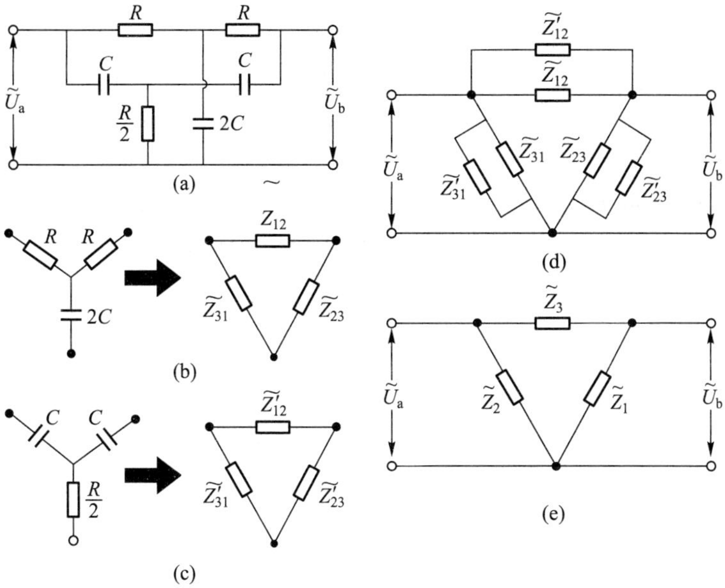


图 7-33　例题 8—双 T 电桥

$$\tilde{Z}_{23}=\frac{RR+R\dfrac{1}{\mathrm{j}2\omega C}+\dfrac{1}{\mathrm{j}2\omega C}R}{R}=R+\frac{1}{\mathrm{j}\omega C},$$

$$\tilde{Z}_{12}'=\frac{\dfrac{1}{\mathrm{j}\omega C}\,\dfrac{1}{\mathrm{j}\omega C}+\dfrac{R}{2}\,\dfrac{1}{\mathrm{j}\omega C}+\dfrac{1}{\mathrm{j}\omega C}\,\dfrac{R}{2}}{\dfrac{R}{2}}=\frac{2}{\mathrm{j}\omega C}\left(1+\frac{1}{\mathrm{j}\omega CR}\right),$$

$$\tilde{Z}_{23}'=\frac{\dfrac{1}{\mathrm{j}\omega C}\,\dfrac{1}{\mathrm{j}\omega C}+\dfrac{R}{2}\,\dfrac{1}{\mathrm{j}\omega C}+\dfrac{1}{\mathrm{j}\omega C}\,\dfrac{R}{2}}{\dfrac{1}{\mathrm{j}\omega C}}=R+\frac{1}{\mathrm{j}\omega C}.$$

于是，

$$\tilde{Z}_1=\frac{\tilde{Z}_{23}\cdot\tilde{Z}_{23}'}{\tilde{Z}_{23}+\tilde{Z}_{23}'}=\frac{1}{2}\left(R+\frac{1}{\mathrm{j}\omega C}\right),$$

$$\tilde{Z}_3=\frac{\tilde{Z}_{12}\cdot\tilde{Z}_{12}'}{\tilde{Z}_{12}+\tilde{Z}_{12}'}=\frac{2R(1+\mathrm{j}\omega CR)}{1-\omega^2C^2R^2},$$

$$\frac{\tilde{U}_b}{\tilde{U}_a}=\frac{\tilde{Z}_1}{\tilde{Z}_1+\tilde{Z}_3}=\frac{\omega^2C^2R^2-1}{(\omega^2C^2R^2-1)+4\mathrm{j}\omega CR}.$$

由最后结果可以看出：

当 $\omega=0$ 时，传输系数 $\eta=1$；

当 $\omega\to\infty$ 时，传输系数 $\eta=1$；

当 $\omega=\omega_0$，且使得 $\omega_0CR=1$，即 $f_0=\dfrac{1}{2\pi CR}$时，传输系数

$$\eta=0.$$

传输系数 $\eta$ 的频率特性如图 7-34 所示.

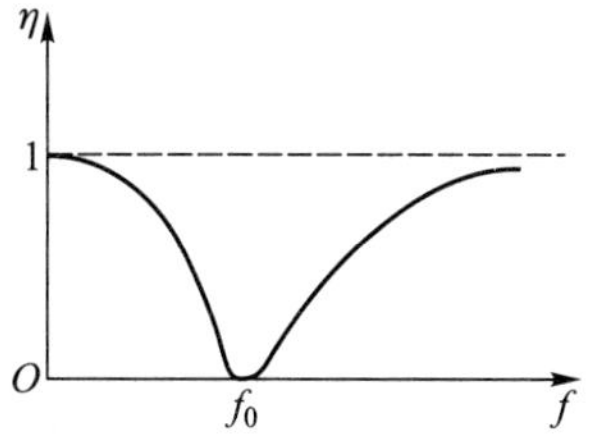


图 7-34　双 T 电桥的频率特性

## *7.4.7　有互感的电路计算

在7.4.5节介绍交流电路的普遍规律时并没有考虑线圈的互感. 当电路中线圈之间有互感时,按照基尔霍夫方程组列方程还应考虑互感引起的电势降. 而线圈的回绕方向不同和连接不同所引起的电势降可能有不同的符号. 为此,我们需要讨论互感电压的正负号问题.

当两个线圈中流入的电流 $\tilde{I}_1$、$\tilde{I}_2$ 使得它们各自所产生的磁通量 $\tilde{\Phi}_1$、$\tilde{\Phi}_2$ 方向相同时,两个线圈的电流流入端(或两个线圈的电流流出端)叫作同名端或称极性相同,用线圈旁的小圆点标记. 如图7-35所示. 不同的绕法,同名端是不同的.

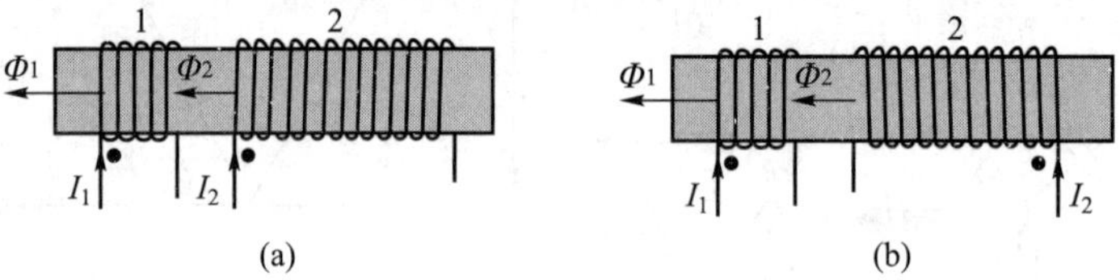


图7-35　互感线圈的两种绕法

当两线圈中电流由同名端流入,并且电流有相同的变化(同为增加或同为减少),则在每一个线圈中的互感电动势与自感电动势方向相同,互感电压与自感电压的方向也相同;而当两个线圈中电流由极性相反的两端(即异名端)流入,电流有相同的变化时,互感电动势与自感电动势方向相反,互感电压与自感电压的方向也相反,相差一个负号. 所以互感电动势引起的电势降的正负号法则应规定如下:如7.4.5节所述,某个线圈1上由于自感 $L_1$ 引起的电势降应写为 $\tilde{U}_{L1}=\pm \mathrm{j}\omega L_1\tilde{I}_1$,这里写加号还是减号要看我们所取的回路绕行方向与标定的 $\tilde{I}_1$ 方向是否一致. 另一个线圈2在线圈1中的互感引起的电势降应写成 $\tilde{U}_{21}=\pm \mathrm{j}\omega M_{21}\tilde{I}_2$. 当 $\tilde{I}_1$、$\tilde{I}_2$ 的标定方向自两线圈的同名端流入时,$\tilde{U}_{21}$ 表达式中所写的正负号与 $\tilde{U}_{L1}$ 表达式相同;自两异名端流入时,则正负号相反.

有了以上关于互感电压正负号的规定,我们可以用基尔霍夫方程组计算有互感时的多支路交流电路问题了.

[**例题9**]　列出图7-36所示的电路方程①.

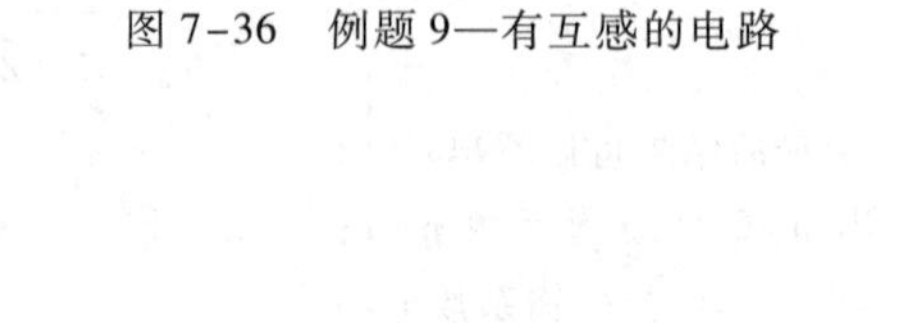

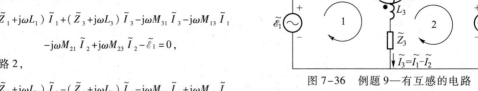

图7-36　例题9—有互感的电路

[**解**]　根据基尔霍夫方程组,考虑到上述互感电压正负号的规定,对于回路1,

$$(\tilde{Z}_1+\mathrm{j}\omega L_1)\tilde{I}_1+(\tilde{Z}_3+\mathrm{j}\omega L_3)\tilde{I}_3-\mathrm{j}\omega M_{31}\tilde{I}_3-\mathrm{j}\omega M_{13}\tilde{I}_1$$
$$-\mathrm{j}\omega M_{21}\tilde{I}_2+\mathrm{j}\omega M_{23}\tilde{I}_2-\tilde{\mathscr{E}}_1=0,$$

对于回路2,

$$(\tilde{Z}_2+\mathrm{j}\omega L_2)\tilde{I}_2-(\tilde{Z}_3+\mathrm{j}\omega L_3)\tilde{I}_3-\mathrm{j}\omega M_{12}\tilde{I}_1+\mathrm{j}\omega M_{13}\tilde{I}_1$$
$$+\mathrm{j}\omega M_{32}\tilde{I}_3-\mathrm{j}\omega M_{23}\tilde{I}_2+\tilde{\mathscr{E}}_2=0.$$

其中

$$\tilde{I}_3=\tilde{I}_1-\tilde{I}_2.$$

---

①　这电路包括两个电源,需标明它们的极性. 在图7-36中我们用正负号来表示. $\mathscr{E}_1$ 的极性与回路1的绕行方向一致,故方程式中它前面写减号;$\mathscr{E}_2$ 的极性与回路2的绕行方向相反,故前面写加号.

## 思 考 题

**7.4-1** 复阻抗 $\tilde{Z}$（或复导纳 $\tilde{Y}$）是否对应于一个简谐量？

**7.4-2** 两个同频简谐量的乘积（例如功率）是否对应于两个复数的乘积？

**7.4-3** 考虑到感生涡流的相位关系，定性地解释一下趋肤效应.

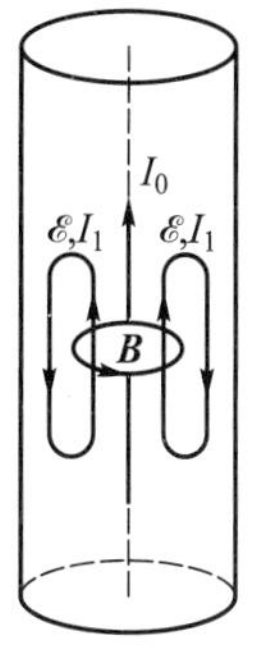


思考题 7.4-3 图

［答］ 设交流电 $\tilde{I}_0$ 以均匀密度沿圆柱形导体流动，选择其标定方向如题图. $\tilde{I}_0$ 将在周围产生环形磁感应线，按右手定则选定其绕行方向. 磁场 $\tilde{\boldsymbol{B}}$ 也做简谐式变化，它在自己周围将产生电动势 $\tilde{\mathscr{E}}$ 和涡流 $\tilde{I}_1$. 也按右手定则选择其标定方向如图. 下面我们按照上述标定方向考虑 $\tilde{I}_0$、$\tilde{\boldsymbol{B}}$、$\tilde{\mathscr{E}}$、$\tilde{I}_1$ 各简谐量的相位关系.

（i）按毕奥-萨伐尔定律，$\tilde{\boldsymbol{B}}$ 与 $\tilde{I}_0$ 同相位.

（ii）按法拉第电磁感应定律，$\tilde{\mathscr{E}} \propto \dfrac{\mathrm{d}\tilde{\boldsymbol{B}}}{\mathrm{d}t} = -\mathrm{j}\omega\tilde{\boldsymbol{B}}$，即 $\tilde{\mathscr{E}}$ 比 $\tilde{\boldsymbol{B}}$ 落后 $\dfrac{\pi}{2}$，亦即 $\tilde{\mathscr{E}}$ 比 $\tilde{I}_0$ 落后 $\dfrac{\pi}{2}$.

（iii）把涡流线看成是细流管，这流管相当于一个具有一定电阻和自感的回路，故 $\tilde{I}_1$ 比 $\tilde{\mathscr{E}}$ 相位落后一个小于 $\dfrac{\pi}{2}$ 的角度.

（iv）综上所述，涡流 $\tilde{I}_1$ 比 $\tilde{I}_0$ 落后的相位在 $\dfrac{\pi}{2}$ 到 $\pi$ 之间，亦即在一个周期内有一半以上时间 $\tilde{I}_1$ 和 $\tilde{I}_0$ 的正负号相反.

（v）$\tilde{I}_0$ 和 $\tilde{I}_1$ 取正值或取负值，是相对于题图中的标定方向而言的. 从题图可以看出，在导体轴线附近 $\tilde{I}_0$ 和 $\tilde{I}_1$ 的标定方向一致，故在大部分时间里 $\tilde{I}_1$ 和 $\tilde{I}_0$ 的实际方向相反；在导体表面附近 $\tilde{I}_0$ 和 $\tilde{I}_1$ 的标定方向相反，故在大部分时间里 $\tilde{I}_1$ 和 $\tilde{I}_0$ 的实际方向相同. 所以在一个周期内平均看来，导体轴线附近的电流密度比原来小了，表面附近比原来大了. 这样就解释了趋肤效应的由来.

（熟悉复导纳 $\tilde{Y}$ 概念的读者，并联电路可用复导纳来计算.）

## 习 题

**7.4-1** 利用复数法重新计算习题 7.3-8 中的 $i_3(t)$.

**7.4-2** 用复数法推导表中各阻抗、相位差公式.

**习题 7.4-2 表**

| 电 路 | 公 式 | |
|---|---|---|
| | $Z$ | $\tan\varphi$ |
| （1）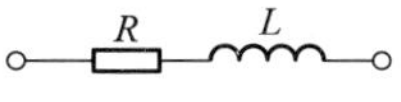 | $\sqrt{R^2+(\omega L)^2}$ | $\dfrac{\omega L}{R}$ |
| （2）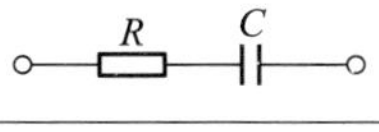 | $\sqrt{R^2+\left(\dfrac{1}{\omega C}\right)^2}$ | $-\dfrac{1}{\omega CR}$ |

续表

| 电　　路 | 公　　式 | |
|---|---|---|
| | $Z$ | $\tan\varphi$ |
| （3）  | $\sqrt{R^2+\left(\omega L-\dfrac{1}{\omega C}\right)^2}$ | $\dfrac{\omega L-\dfrac{1}{\omega C}}{R}$ |
| （4） 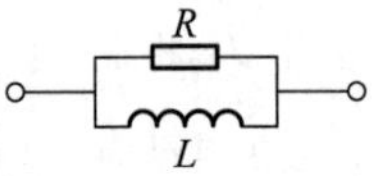 | $\dfrac{R\omega L}{\sqrt{R^2+(\omega L)^2}}$ | $\dfrac{R}{\omega L}$ |
| （5） 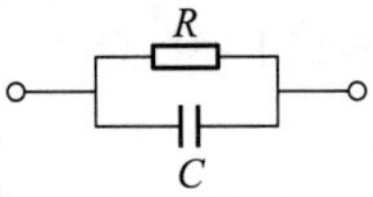 | $\dfrac{R}{\sqrt{1+(\omega CR)^2}}$ | $-\omega CR$ |
| （6） 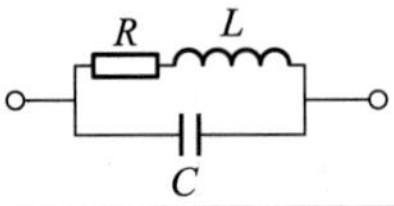 | $\sqrt{\dfrac{R^2+(\omega L)^2}{(\omega CR)^2+(1-\omega^2 LC)^2}}$ | $\dfrac{\omega L-\omega C(R^2+\omega^2 L^2)}{R}$ |
| （7） 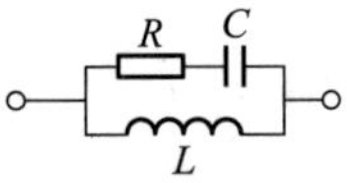 | $\omega L\sqrt{\dfrac{1+(\omega CR)^2}{(\omega CR)^2+(1-\omega^2 LC)^2}}$ | $\dfrac{(\omega CR)^2+(1-\omega^2 LC)}{\omega^3 RLC^2}$ |
| （8） 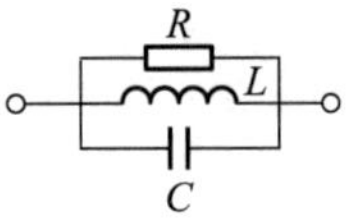 | $\dfrac{\omega LR}{\sqrt{R^2(1-\omega^2 LC)^2+(\omega L)^2}}$ | $\dfrac{R(1-\omega^2 LC)}{\omega L}$ |

**7.4-3**　在题图所示电路中，设 $R_1=1\ \Omega$，$L=\dfrac{1}{\pi}\ \text{mH}$，$R_2=3\ \Omega$，$C=\dfrac{500}{\pi}\ \mu\text{F}$，若电源的频率为 1 000 Hz.

（1）求各支路的复阻抗及总复阻抗；总电路是电感性还是电容性？

（2）如果加上有效值为 2 V，初相位为 30°的电压，求 $i_1$、$i_2$ 和 $i$ 的有效值和初相位，并在复平面上作电压、电流的矢量图.

**7.4-4**　如题图所示电路中，已知 $R_1=2\ \Omega$，$Z_{c1}=1\ \Omega$，$Z_{c2}=3\ \Omega$，$R_2=1\ \Omega$，$Z_L=2\ \Omega$.

（1）求总电路的复阻抗；总电路是电感性还是电容性？

（2）如果在总电路上加 220 V 的电压，求总电流和电容 $C_1$ 上的电压.

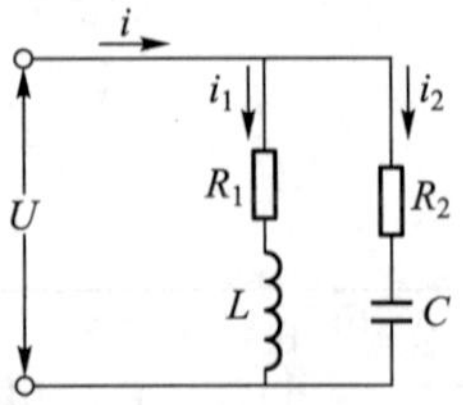


习题 7.4-3 图

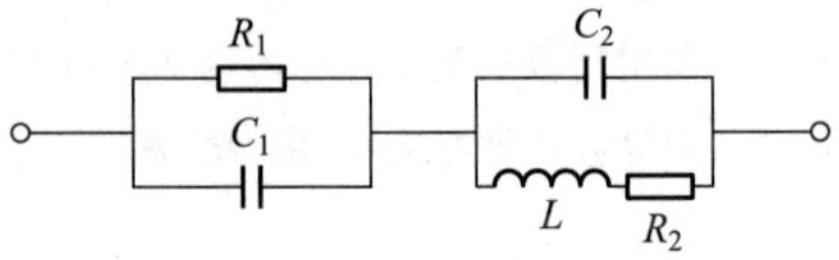


习题 7.4-4 图

**7.4-5**　题图是为消除分布电容的影响而设计的一种脉冲分压器. 当 $C_1$、$C_2$、$R_1$、$R_2$ 满足一定条件时，这分压器就能和直流电路一样，使输入电压 $U_1$ 与输出电压 $U_2$ 之比等于电阻之比：

$$\frac{U_2}{U_1}=\frac{R_2}{R_1+R_2},$$

而和频率无关.试求电容、电阻应满足的条件.

**7.4-6**　在环形铁芯上绕有两个线圈,一个匝数为 $N$,接在电动势为$\mathscr{E}$的交流电源上;另一个是均匀圆环,电阻为 $R$,自感很小,可略去不计.在这环上有等距离的三点:$a$、$b$ 和 $c$.G 是内阻为 $r$ 的交流电流计.

(1) 如题图(a)连接,求通过 G 的电流;

(2) 如题图(b)连接,求通过 G 的电流.

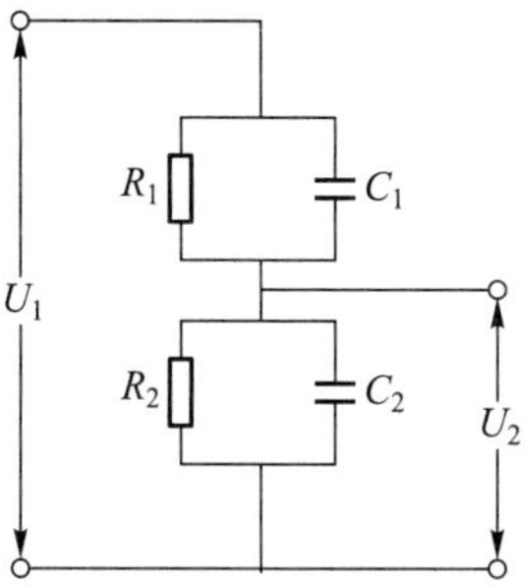


习题 7.4-5 图

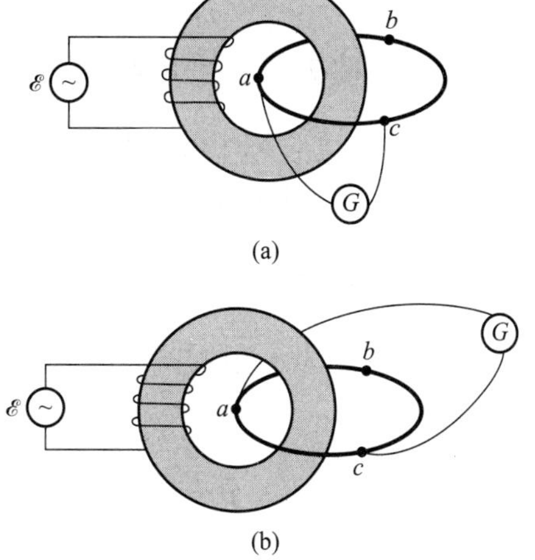


习题 7.4-6 图

**7.4-7**　在题图的滤波电路中,在 $f=100$ Hz 的频率下欲使输出电压 $U_2$ 为输入电压 $U_1$ 的$\frac{1}{10}$,求此时抗流圈自感 $L$,已知 $C_1=C_2=10\ \mu\text{F}$.

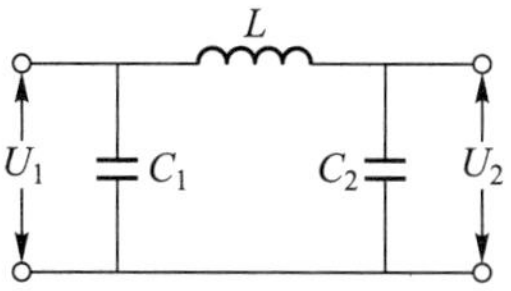


习题 7.4-7 图

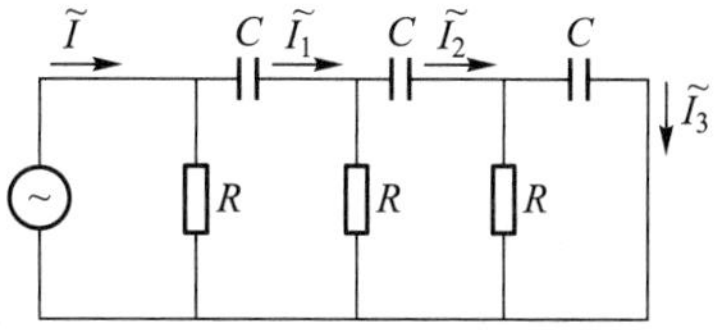


习题 7.4-8 图

**7.4-8**　题图为电流高通型三级 $RC$ 相移电路.

设输入信号电流为 $i(t)=I\cos\omega t$,输出信号电流 $i_3(t)=I_3\cos(\omega t+\varphi_3)$. $\varphi_3$ 值为电流相移量,电流传输系数 $\eta_i=\frac{I_3}{I}$.

(1) 试分析相移量 $\varphi_3$ 应该是正值还是负值?

(2) 证明

$$\tilde{I}_3=\frac{(\omega CR)^3}{\omega CR[(\omega CR)^2-5]+\mathrm{j}[1-6(\omega CR)^2]}\tilde{I}\ ;$$

(提示:可采用等效电流源方法.)

(3) 算出当 $\omega CR=1$ 时的相移量 $\varphi_3$ 值及传输系数 $\eta_i$;

(4) 证明:相移量达到 π 值的频率条件为

$$f_0=\frac{1}{2\pi\sqrt{6}RC},$$

此时 $\eta_i=\frac{1}{29}$；

（5）已知 $R=10\ \mathrm{k\Omega}$，$C=0.01\ \mu\mathrm{F}$，算出振荡频率 $f_0$.

# §7.5 交流电的功率

## 7.5.1　瞬时功率与平均功率　有效值和功率因数

交流电在某一元件或组合电路中瞬间消耗的功率 $P(t)$（瞬时功率），与直流电路中一样，也等于该瞬间电压 $u(t)$ 和电流 $i(t)$ 的乘积：

$$P(t)=u(t)i(t).$$

与直流电路不同的，只是无论 $u(t)$、$i(t)$，还是 $P(t)$ 都随时间变化. 一般说来，$u(t)$ 和 $i(t)$ 之间有相位差 $\varphi$，$\varphi$ 的大小由该元件和组合电路的性质所决定. 设

$$i(t)=I_0\cos\omega t,$$

则

$$u(t)=U_0\cos(\omega t+\varphi),$$

$$\begin{aligned}P(t)&=U_0I_0\cos\omega t\cos(\omega t+\varphi)\\&=\frac{1}{2}U_0I_0\cos\varphi+\frac{1}{2}U_0I_0\cos(2\omega t+\varphi).\end{aligned}\tag{7.60}$$

可见，$P(t)$ 包含两部分，一是与时间无关的常量项 $\frac{1}{2}U_0I_0\cos\varphi$，二是以二倍频率做周期性变化的项 $\frac{1}{2}U_0I_0\cos(2\omega t+\varphi)$（参见下面图 7-37 到图 7-40）.

通常有实际意义的不是瞬时功率，而是它在一个周期 $T$ 内对时间的平均值 $\overline{P}$（平均功率）. 对于一个随时间变化的函数来说，它在某段时间里的平均值应等于该函数对时间积分后，除以时间间隔. 从而平均功率应为

$$\overline{P}=\frac{1}{T}\int_0^T P(t)\,\mathrm{d}t.\tag{7.61}$$

将式(7.60)代入式(7.61)，积分后常量项不变，周期性变化的项因正负相抵，结果为 0，故

$$\overline{P}=\frac{1}{2}U_0I_0\cos\varphi.\tag{7.62}$$

下面我们先看三个单纯元件的情形.

（1）纯电阻元件

这里 $\varphi=0$，$\cos\varphi=1$，故

$$\overline{P}=\frac{1}{2}U_0I_0=\frac{1}{2}I_0^2R.\tag{7.63}$$

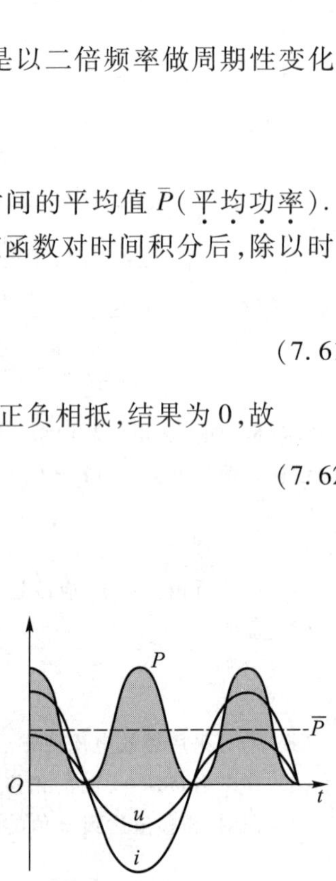

图 7-37　电阻元件上的功率

在纯电阻元件上，$u(t)$、$i(t)$、$P(t)$ 随时间变化的曲线示于图 7-37. 由于 $u(t)$、$i(t)$ 相位一致，从而任何时刻输入到元件中的瞬时功率 $P(t)$ 都是正的，这能量全部转化为焦耳热. 在这一点上和直流电路没有什么不同. 不过我们知道，直流电路的焦耳定律为

$$P=UI=I^2R.$$

在简谐交流电路中因 $P(t)$ 时大时小，所以平均起来比峰值乘积 $I_0U_0=I_0^2R$ 小，所以在公式(7.63)中才会出现因子$\frac{1}{2}$. 或者说，电压、电流的峰值为 $U_0$、$I_0$ 的简谐交流电在电阻元件上产生的焦耳热和电压、电流分别为 $U=U_0/\sqrt{2}$、$I=I_0/\sqrt{2}$ 的直流电相当. 这便是前面我们经常引用的电压、电流"有效值"概念的由来. 用有效值来表示，式(7.63)就写成与直流电路完全一样的形式：

$$\bar{P}=UI=I^2R. \tag{7.64}$$

(2) 纯电容或纯电感元件

这里 $\varphi=-\frac{\pi}{2}$或$\frac{\pi}{2}$，$\cos\varphi=0$，从而

$$\bar{P}=0. \tag{7.65}$$

在这两种元件上 $u(t)$、$i(t)$、$P(t)$ 随时间变化的曲线示于图 7-38 和图 7-39.

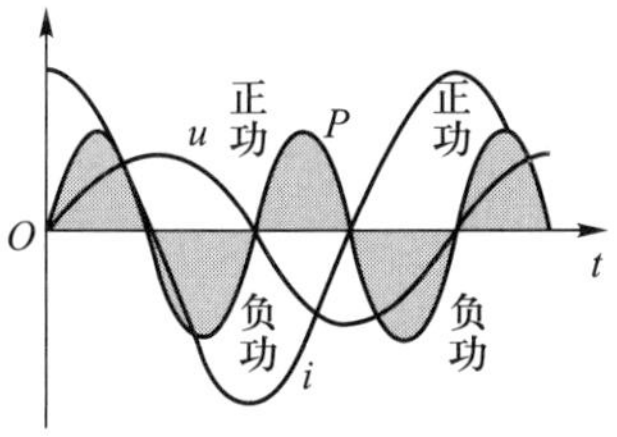

图 7-38　电容元件上的功率

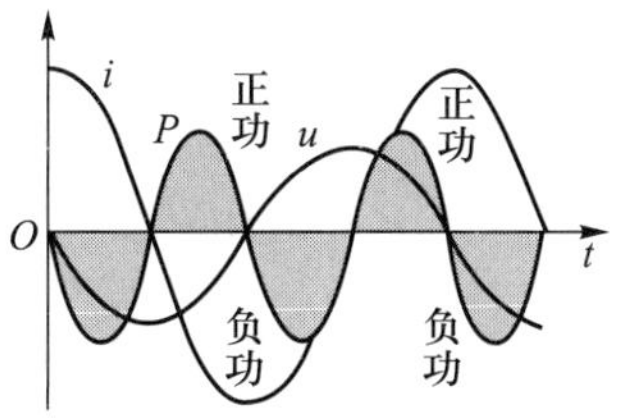

图 7-39　电感元件上的功率

由这两个图可以看出，瞬时功率 $P(t)$ 并不恒等于 0，只是由于 $u(t)$、$i(t)$ 之间相位差为$\pm\frac{\pi}{2}$，$P(t)$ 的正、负号每隔 1/4 周期改变一次，在整个周期内平均为 0. $P(t)>0$ 的时刻，表示有能量输入该元件. 输入到电容元件中的能量以两极板间的电能形式储存起来；输入到电感元件中的能量以线圈中的磁能形式储存起来. $P(t)<0$ 的时刻，表示能量从元件中输出，即电容、电感元件把自己储存的电能、磁能重新释放出来. $\bar{P}=0$ 表明，在纯电容或纯电感元件中能量的转化过程完全是可逆的.

(3) 普遍情形

现在我们来考察普遍情形，即任意一个与外界有二连接点的电路(称为**二端网络**)，它两端的电压与其中电流之间的相位差 $\varphi$ 可以取$-\frac{\pi}{2}$到$\frac{\pi}{2}$之间的任意值，从而 $\cos\varphi$ 介于 0 和 1 之间. 用有效值来表示，式(7.62)可写成

$$\bar{P}=UI\cos\varphi, \tag{7.66}$$

这时 $0\leqslant\bar{P}\leqslant IU$. 从 $u(t)$、$i(t)$、$P(t)$ 的变化曲线图 7-40 可以看出，在一般情况下，$P(t)$ 也是时正时负的，不过 $P(t)>0$ 的时间一般大于 $P(t)<0$ 的时间. 这意味着输入到二端网络中的能量大于电路回授的能量，因而 $\bar{P}$ 大于 0，但小于 $UI$. 式(7.66)与直流或交流纯电阻元件的平均功率相比，多了一个小于 1 的正因子 $\cos\varphi$，它叫作该二端网络的**功率因数**. 下面将看到，功率因数 $\cos\varphi$ 是电力工程中很关心的一个问题.

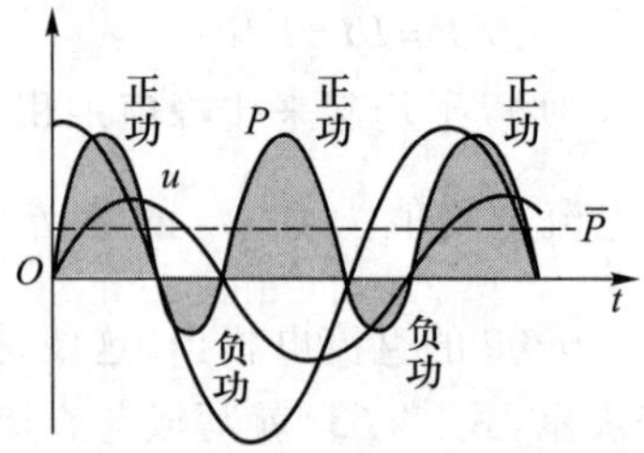


图 7-40 任意二端网络上的功率

简谐量的线性运算可以用复数代替，而功率是两个简谐量的乘积，计算瞬时功率和平均功率时不能简单地用两个复数的乘积来代替，所以在前面的推导中我们都采用了实数形式．但在得到平均功率的公式(7.66)后，我们发现它也可用如下的复数式表示：

$$\bar{P}=\frac{1}{2}\mathrm{Re}(\tilde{U}\tilde{I}^*)=\frac{1}{4}(\tilde{U}\tilde{I}^*+\tilde{U}^*\tilde{I})①, \tag{7.67}$$

式中 Re 代表“实部”．为了证明这一点，我们只需将 $\tilde{U}=U_0\mathrm{e}^{\mathrm{j}(\omega t+\varphi_u)}$ 和 $\tilde{I}=I_0\mathrm{e}^{\mathrm{j}(\omega t+\varphi_i)}$ 代入式(7.67)右端：

$$\begin{aligned}
&\frac{1}{4}(\tilde{U}\tilde{I}^*+\tilde{U}^*\tilde{I})\\
=&\frac{1}{4}U_0I_0[\mathrm{e}^{\mathrm{j}(\omega+\varphi_u)}\mathrm{e}^{-\mathrm{j}(\omega t+\varphi_i)}+\mathrm{e}^{-\mathrm{j}(\omega t+\varphi_u)}\mathrm{e}^{\mathrm{j}(\omega t+\varphi_i)}]\\
=&\frac{1}{4}U_0I_0[\mathrm{e}^{\mathrm{j}(\varphi_u-\varphi_i)}+\mathrm{e}^{-\mathrm{j}(\varphi_u-\varphi_i)}]\\
=&\frac{1}{2}UI(\mathrm{e}^{\mathrm{j}\varphi}+\mathrm{e}^{-\mathrm{j}\varphi})\\
=&UI\cos\varphi,
\end{aligned}$$

这里 $U=\frac{U_0}{\sqrt{2}}, I=\frac{I_0}{\sqrt{2}}, \varphi=\varphi_u-\varphi_i$，可见式(7.67)是和式(7.66)等价的．平均功率的复数式(7.67)是许多书籍和文献中经常使用的公式．

## 7.5.2 有功电流与无功电流 提高功率因数的第一个作用

当一个用电器中的电流与电压之间有相位差 $\varphi$ 时，我们可以作出它的电压、电流矢量图(图 7-41)，其中电压矢量 $\boldsymbol{U}$ 与电流矢量 $\boldsymbol{I}$ 之间有夹角 $\varphi$．我们可以将矢量 $\boldsymbol{I}$ 分解成 $\boldsymbol{I}_{/\!/}$ 和 $\boldsymbol{I}_{\perp}$ 两个分量，分别平行、垂直于矢量 $\boldsymbol{U}$，它们的大小分别为

$$I_{/\!/}=I\cos\varphi,\quad I_{\perp}=I\sin\varphi. \tag{7.68}$$

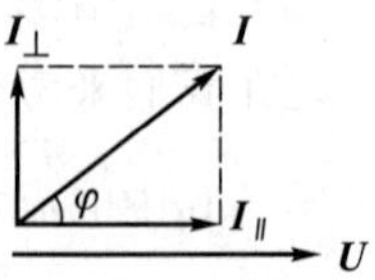


图 7-41 有功电流与无功电流

在实际中这意味着，简谐电流 $i(t)=I_0\cos(\omega t+\varphi)$ 可以看成是如下两个简谐电流的叠加：它们的峰值分别为 $I_0\cos\varphi$ 和 $I_0\sin\varphi$，与 $u(t)$ 间的相位差分别为 0 和 $\pm\frac{\pi}{2}$，即

① 有人把这公式写作 $\bar{P}=\mathrm{Re}(\tilde{U}\tilde{I}^*)$，与我们的公式相差一个 $\frac{1}{2}$ 因子．这是因为他们把 $\tilde{U}$、$\tilde{I}$ 的模取有效值 $U$、$I$，而我们这里 $\tilde{U}$、$\tilde{I}$ 的模是峰值 $U_0$、$I_0$．

$$i_{/\!/}=I_0\cos\varphi\cos\omega t,\quad i_{\perp}=I_0\sin\varphi\cos\left(\omega t\pm\frac{\pi}{2}\right).$$

这样一来，电路中的平均功率则可写成

$$\bar{P}=UI\cos\varphi=UI_{/\!/},$$

也就是说，只有 $\boldsymbol{I}_{/\!/}$ 分量对平均功率有贡献，$\boldsymbol{I}_{\perp}$ 分量对平均功率的贡献为 0，所以通常称 $\boldsymbol{I}_{/\!/}$ [即 $i_{/\!/}(t)$]为电流的有功分量，或有功电流；$\boldsymbol{I}_{\perp}$ [即 $i_{\perp}(t)$]为电流的无功分量，或无功电流.

输电导线中的电阻或电源内阻上产生的焦耳损耗与用电器中的总电流 $I$ 的平方成正比，如果用电器的 $\varphi\neq 0$，总电流即可分解成有功分量和无功分量两部分. 用电器的功率因数 $\cos\varphi$ 越大，则有功分量所占的比例就越大. 输电线的作用就是将能量输送到用电器中去供它使用和消耗，因而只有总电流中的有功分量是有用的部分，无功分量把能量输送给用电器后又输送回来，完全是无益的循环. 但是总电流中无论哪个分量在输电线中都有焦耳损耗，如果说有功电流在输电线中有一定的损耗是必不可免的话，无功电流在输电线中的损耗则应尽量设法消除.

此外在输电导线中的电阻和电源内阻上产生的电势降与用电器中的总电流 $I$ 成正比. 为了保证用电器上有一定的电压，必须尽量减小输电导线和电源内阻上的电压损失，这也要求尽量减小电流的无功分量.

由此可见，电流的无功分量是电源和输电导线的一个有害无益的负担，应该设法尽量消除. 消除的办法是提高用电器的功率因数以增加总电流中有功成分的比重. 这是提高功率因数的第一个作用.

怎样提高功率因数呢？就拿日光灯来说吧，因为日光灯上总附有电感性元件——镇流器，电压的相位超前电流，它的功率因数通常只有 0.4 左右. 如果并联一个电容器(见图 7-42)，就可在整个电路的阻抗中增加容抗的因素来抵消原有的感抗，使 $\varphi\to 0$，从而 $\cos\varphi\to 1$. 这样做并不是说通常日光灯和镇流器的电流中没有无功分量了，而是无功电流只在电感性和电容性的两个支路中循环，这就使外部输电线和电源中的电流没有无功分量，从而使它们之中的损耗大大减少.

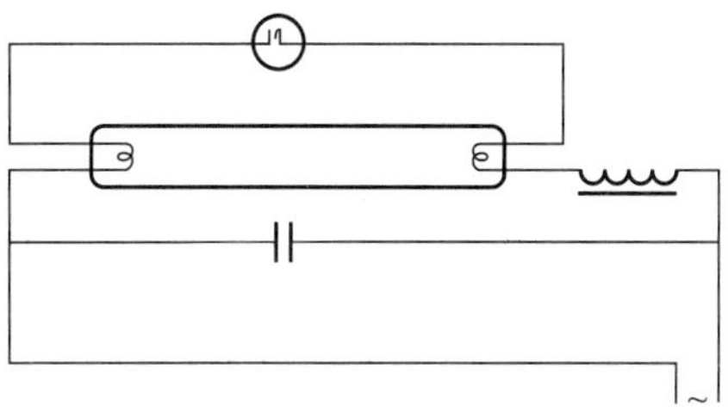

图 7-42 用电容器补偿日光灯的功率因数

## 7.5.3 视在功率和无功功率 提高功率因数的第二个作用

电器设备或电力系统的视在功率(或称表观功率) $S$ 定义为

$$S=UI. \tag{7.69}$$

任何电器设备(包括发电、输电和用电设备)都有一定的额定电压和额定电流. 要提高它的额定电压，需要增加导线外绝缘层的厚度；要提高额定电流，则需加大导线的横截面积. 总之，两者都要使设备的体积和重量加大，占用的电工材料增多. 所以在电器设备的铭牌上标示的容量是它的额定电压 $U$ 和额定电流 $I$ 的乘积，即它的额定视在功率. 例如一台发电机的额定电压为 10 kV，额定电流为 1 500 A，则它的容量为

$$\begin{aligned}S&=10\ \text{kV}\times 1\ 500\ \text{A}\\&=15\ 000\ \text{kV}\cdot\text{A}.\end{aligned}$$

但是这并不等于输送到电力系统中的实际功率 $\bar{P}$,后者还要乘上电力系统的功率因数 $\cos\varphi$,即

$$\bar{P}=S\cos\varphi, \tag{7.70}$$

所以 $S$ 一般大于 $\bar{P}$. 为了与实际功率相区别,视在功率的单位往往就写成伏安(V·A)或千伏安(kV·A),而不用瓦(W)或千瓦(kW).

**[例题 1]** 一台额定容量(即视在功率)为 15 000 kV·A 的发电机对电力系统供电,若电力系统的功率因数为 0.6,它实际提供的功率为多少?若将功率因数提高到 0.8,它实际提供的功率比原来多多少?

**[解]** (i) $\cos\varphi=0.6$ 时

$$\begin{aligned}\bar{P}&=S\cos\varphi=15\,000\ \text{kV}\cdot\text{A}\times0.6\\&=9\,000\ \text{kW}.\end{aligned}$$

(ii) $\cos\varphi=0.8$ 时

$$\begin{aligned}\bar{P}'&=S\cos\varphi=15\,000\ \text{kV}\cdot\text{A}\times0.8\\&=12\,000\ \text{kW},\\\bar{P}'-\bar{P}&=3\,000\ \text{kW}.\end{aligned}$$

由此可见,同样容量的发电机,只要电力系统的功率因数由 0.6 提高到 0.8,就可使它的实际发电能力提高 3 000 kW. 所以,提高功率因数有利于充分发挥现有电器设备的潜力. 这是提高功率因数的第二个作用.

上面我们从减少输电时的损耗和充分发挥电器设备的效用两方面讨论了提高功率因数的作用,这是电力工业发展中需要考虑的一个重要的实际问题. 上面我们还介绍了用电容器补偿电感器件以提高整个电路的功率因数的办法,如何提高一个电器设备本身的功率因数,在生产技术上有很多措施,如正确选择电机,合理运行制度,利用机械补偿装置等. 由于这是个比较专门的问题,在这里就不介绍了.

最后再简单提一下,在电工学中,除实际功率 $\bar{P}$ 和视在功率 $S$ 外,还常常引用无功功率的概念. 因为总电流 $I$ 可分解为有功电流 $I_{/\!/}$ 和无功电流 $I_{\perp}$①,它们的关系是

$$I_{/\!/}=I\cos\varphi,\quad I_{\perp}=I\sin\varphi,\quad I=\sqrt{I_{/\!/}^2+I_{\perp}^2}$$

两边乘以电压 $U$,则

$$UI_{/\!/}=UI\cos\varphi,\quad UI_{\perp}=UI\sin\varphi,$$
$$UI=\sqrt{(UI_{/\!/})^2+(UI_{\perp})^2}.$$

我们知道,$UI_{/\!/}=\bar{P}$,$UI=S$,那么 $UI_{\perp}$ 呢?电工学上把它叫作**无功功率**,与之相对应地,把实际功率 $\bar{P}$ 叫作**有功功率**. 我们分别用 $P_{无功}$ 和 $P_{有功}$ 代表它们. 于是

$$P_{有功}=\bar{P}=UI_{/\!/}=S\cos\varphi,\quad P_{无功}=UI_{\perp}=S\sin\varphi, \tag{7.71}$$

从而

$$S=\sqrt{P_{有功}^2+P_{无功}^2}. \tag{7.72}$$

$S$、$P_{有功}$、$P_{无功}$ 和 $\varphi$ 之间的关系可用图 7-43 所示的直角三角形形象地表示出来,这个三角形叫作

① 通常说"无功电流",以及下文的"无功功率"、"$Q$ 值"、"损耗角 $\delta$"都不区分电感性和电容性,有关公式中可能出现负值时,应理解为绝对值.

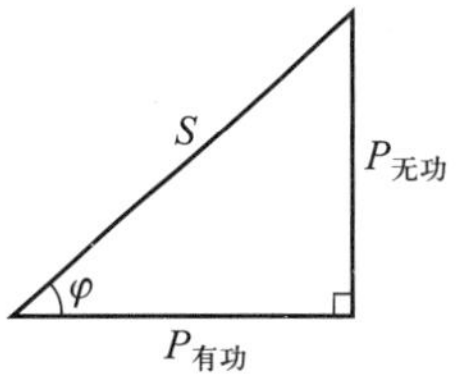

图 7-43　功率三角形

功率三角形. 无功功率 $P_{无功}$ 的单位通常也不用“瓦”或“千瓦”，而叫作“乏”或“千乏”，以示区别.

### 7.5.4　有功电阻和电抗

一个电路的复阻抗 $\tilde{Z}=Ze^{j\varphi}=r+jx$ 的实部 $r$ 叫作有功电阻，虚部 $x$ 叫作电抗. 例如 $RC$ 串联电路的复阻抗为

$$\tilde{Z}=R-\frac{j}{\omega C}.$$

它的有功电阻 $r$ 和电抗 $x$ 分别为

$$r=R,\quad x=-\frac{1}{\omega C}.$$

$RL$ 串联电路的复阻抗为

$$\tilde{Z}=R+j\omega L,$$

它的有功电阻和电抗分别为

$$r=R,\quad x=\omega L.$$

可以看出，电容性电路的电抗 $x<0$，电感性电路的电抗 $x>0$. 一般说来，对于任何复杂的电路，负的电抗叫容抗，正的电抗叫感抗.

[**例题 2**]　计算 $RC$ 并联电路的有功电阻和电抗，并证明它的电抗是容抗.

[**解**]

$$\tilde{Z}=\frac{1}{\frac{1}{R}+j\omega C}=\frac{R(1-j\omega CR)}{1+(\omega CR)^2},$$

其实部，即有功电阻为

$$r=\frac{R}{1+(\omega CR)^2},$$

其虚部，即电抗为

$$x=\frac{-\omega CR^2}{1+(\omega CR)^2}<0,$$

故 $x$ 为容抗.

下面我们看看，把复阻抗分成这样两部分的物理意义. 因

$$\tilde{Z}=Ze^{j\varphi}=Z\cos\varphi+jZ\sin\varphi,$$

故

$$r=Z\cos\varphi,\quad x=Z\sin\varphi.$$

电路上的电压 $U=IZ$，故

$$\begin{cases}视在功率\ S=UI=I^2Z,\\ 有功功率\ P_{有功}=UI\cos\varphi=I^2Z\cos\varphi=I^2r,\\ 无功功率\ P_{无功}=UI\sin\varphi=I^2Z\sin\varphi=I^2x.\end{cases}\tag{7.73}$$

这就是说，如果我们不将电流 $I$ 分解成有功、无功两个分量，而将阻抗 $Z$ 分解为 $r$、$x$ 两部分，则只有实部 $r$ 对实际功率有贡献，而虚部 $x$ 对应的则是无功功率. 应当指出的是，电路中的有功电阻 $r$ 并不一定来自导线中的欧姆电阻，电容器或电感线圈中的介质损耗（如介电损耗、磁滞损耗、涡流

损耗等）反映到电路中来，也相当于一个等效的有功电阻 $r$. 此外，电动机把电能转化为机械能，转子在定子中产生一个反电动势，从定子电路中看来，这也相当于一个有功电阻 $r$. 总之，有功电阻的实质是它反映了电路中有某种功率消耗. 至于功率消耗的原因，以及能量的去向，是可以多种多样的. 这一点它和欧姆电阻有本质的区别. 欧姆电阻上消耗的功率全部转化为焦耳热，而有功电阻上消耗的功率可以转化为热，也可以转化为其他形式的能量（如电动机中转化为机械功等）.

［**例题 3**］　为了测量一个有磁芯损失的电感元件的自感 $L$ 和有功电阻 $r$，设计测量电路如图 7-44(a)，在此元件上串联一个电阻 $R=40\ \Omega$，测得 $R$ 上的电压 $U_1=50\ \text{V}$，待测电感元件上的电压为 $U_2=50\ \text{V}$，总电压 $U=50\sqrt{3}\ \text{V}$，已知频率 $f=300\ \text{Hz}$，求 $L$ 和 $r$.

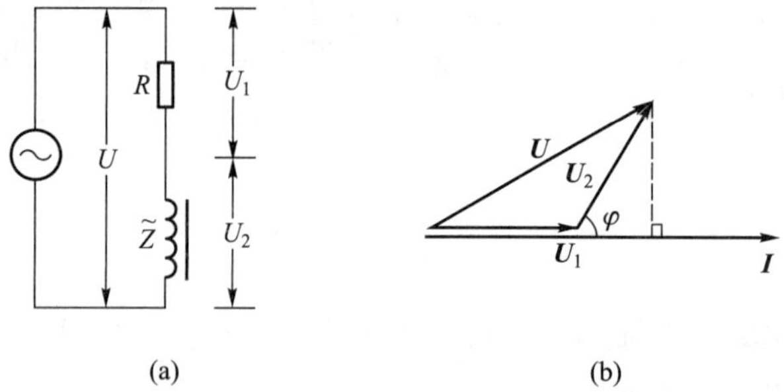


图 7-44　例题 3—求电感器件的电感和有功电阻

［**解**］　本题将矢量图解法和复数法结合起来运用比较简便. 如图7-44(b)，以 $\boldsymbol{I}$ 为水平基准，作 $\boldsymbol{U}_1$ 平行于 $\boldsymbol{I}$，作 $\boldsymbol{U}_2$ 与 $\boldsymbol{I}$ 成一角度 $\varphi$，$\varphi$ 就是待测电感元件中电压、电流间的相位差. $\boldsymbol{U}$ 与 $\boldsymbol{U}_1$、$\boldsymbol{U}_2$ 组成一个三角形. 利用余弦定理：

$$\cos\varphi=\frac{U^2-U_1^2-U_2^2}{2U_1U_2}$$

$$=\frac{(50\sqrt{3})^2-(50)^2-(50)^2}{2(50)^2}=\frac{1}{2},$$

所以

$$\varphi=\frac{\pi}{3}.$$

设待测元件的阻抗为 $Z$，因

$$U_1=IR,\quad U_2=IZ,$$

故

$$Z=\frac{U_2}{U_1}R=40\ \Omega.$$

设待测元件的复阻抗 $\tilde{Z}=r+\mathrm{j}x$，则

$$r=Z\cos\varphi=20\ \Omega,$$

$$x=Z\sin\varphi=20\sqrt{3}\ \Omega\approx35\ \Omega,$$

因 $x=\omega L$，故

$$L=\frac{x}{\omega}=\frac{x}{2\pi f}=\frac{35}{2\pi\times300}\ \text{H}\approx19\ \text{mH}.$$

## * 7.5.5　电导与电纳

复导纳 $\tilde{Y}$ 和复阻抗一样，也可分成虚、实两部

$$\tilde{Y}=g-\mathrm{j}b, \tag{7.74}$$

其中实部为 $g$，叫作**电导**，虚部为 $-b$，$b$ 叫作**电纳**. 例如在 $RC$ 并联电路中复导纳为

$$\tilde{Y}=\frac{1}{R}+\mathrm{j}\omega C,$$

电导 $g$ 和电纳 $b$ 分别为

$$g=\frac{1}{R},\quad b=-\omega C;$$

在 $RL$ 并联电路中复导纳为

$$\tilde{Y}=\frac{1}{R}-\frac{\mathrm{j}}{\omega L},$$

电导 $g$ 和电纳 $b$ 分别为

$$g=\frac{1}{R},\quad b=\frac{1}{\omega L}.$$

可见电容性电路的电纳是负的，电感性电路的电纳是正的. 这一点和电抗一样.

从串联电路的复导纳中分出电导和电纳部分，过程稍微麻烦一点，下面举一个例子.

［**例题 4**］　计算 $RC$ 串联电路的电导和电纳.

［**解**］

因
$$\tilde{Z}=R-\frac{\mathrm{j}}{\omega C},$$

故
$$\tilde{Y}=\frac{1}{R-\dfrac{\mathrm{j}}{\omega C}}=\frac{R+\dfrac{\mathrm{j}}{\omega C}}{R^2+\left(\dfrac{1}{\omega C}\right)^2}=\frac{(\omega C)^2R+\mathrm{j}\omega C}{1+(\omega CR)^2},$$

从它的实部得电导

$$g=\frac{R}{R^2+\left(\dfrac{1}{\omega C}\right)^2}=\frac{(\omega C)^2R}{1+(\omega CR)^2},$$

从它的虚部加负号得电纳

$$b=\frac{-\dfrac{1}{\omega C}}{R^2+\left(\dfrac{1}{\omega C}\right)^2}=\frac{-\omega C}{1+(\omega CR)^2}.$$

把复导纳分成电导和电纳两部分，和把复阻抗分成有功电阻和电抗两部分一样，其物理意义也表现在功率问题上. 因

$$\tilde{Y}=Y\mathrm{e}^{-\mathrm{j}\varphi}=Y\cos\varphi-\mathrm{j}Y\sin\varphi,$$

故
$$g=Y\cos\varphi,\quad b=Y\sin\varphi.$$

电路中的电流 $I=UY$，故

$$\begin{cases}\text{视在功率 } S=UI=U^2Y,\\ \text{有功功率 } P_{\text{有功}}=UI\cos\varphi=U^2g,\\ \text{无功功率 } P_{\text{无功}}=UI\sin\varphi=U^2b.\end{cases} \tag{7.75}$$

即电导 $g$ 与有功功率相联系，电纳 $b$ 与无功功率相联系.

### 7.5.6　品质因数($Q$ 值)、损耗角($\delta$)和耗散因数($\tan\delta$)

前面我们曾讨论了功率因数 $\cos\varphi$ 的意义. 在电力工程中为了更有效地传输和使用有功功率，我们希望电路或用电器的功率因数越高越好，或者说希望电压和电流之间的相位差 $\varphi$ 越小越好. 这只是事情的一个方面. 在无线电电子技术中，电抗元件(电容、电感)的重要应用之一是组成谐振电路(参看后面的§7.6). 在谐振电路中利用的是电抗元件储放能量的作用，在那里我们希望各种能量损耗(电路中的欧姆损耗和介质损耗)越小越好，即正好希望它们的无功功率越大越好. 因此我们就引入了如下一些参量来标志电抗元件或电路的品质好坏、损耗的大小.

(1) 品质因数($Q$ 值)

一个电抗元件的**品质因数**(简称**$Q$ 值**)的定义为

$$Q=\frac{P_{无功}}{P_{有功}}. \tag{7.76}$$

把式(7.73)或式(7.75)代入式(7.76)，立即得到

$$Q=\frac{x}{r}\quad 或\quad Q=\frac{b}{g}. \tag{7.77}$$

根据定义不难看出，$Q$ 值越高表示 $P_{有功}$(即各种损耗)越小.

通常 $Q$ 值的概念只用在谐振电路中，它有多方面的物理意义，我们将在§7.6 中详细地介绍.

(2) 损耗角($\delta$)和耗散因数($\tan\delta$)

从功率三角形图 7-45 可以看出，

$$\tan\delta=\frac{P_{有功}}{P_{无功}}=\frac{r}{x}=\frac{g}{b}, \tag{7.78}$$

这里 $\delta$ 是电压和电流之间相位差的余角：

$$\delta=\frac{\pi}{2}-\varphi \tag{7.79}$$

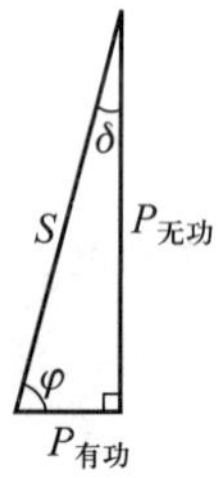

图 7-45　损耗角

比较一下式(7.76)和式(7.78)，立即看出，$\tan\delta$ 和 $Q$ 值互为倒数：

$$\tan\delta=\frac{1}{Q},\qquad Q=\frac{1}{\tan\delta}, \tag{7.80}$$

$\delta$ 和 $\tan\delta$ 越大表示损耗越大，所以人们把 $\delta$ 叫作**损耗角**，$\tan\delta$ 叫作**耗散因数**.

也许有的读者会问，介质中损耗的大小和电路中的相位差 $\varphi=\frac{\pi}{2}-\delta$ 为什么会有必然联系呢？原则上讲这可以从能量守恒定律来理解. 介质中的损耗归根到底是要由电路中的电源做功来补偿的. 然而只有在电压和电流之间的相位差 $\varphi<\frac{\pi}{2}$ 的情况下电源才能对元件做功，产生有功功率. 这就是说，只要有一定的介质损耗，必然会产生一定的损耗角 $\delta=\frac{\pi}{2}-\varphi$. 当然，在每种具体情况下产生损耗角都有其具体的物理过程. 譬如涡流损耗是通过互感电动势来产生损耗角的. 因为涡流可以看成是电感线圈中的电流通过互感作用在铁芯内产生的感应电流，反过来涡流也会在电感线圈中产生一定的互感电动势. 计算表明，正是这个互感电动势改变了电感线圈中的相位差 $\varphi$，使之小于 $\frac{\pi}{2}$(定性的讨论，可参阅思考题 7.8-4). 其他不同类型的介质损耗产生损耗角各有不同的物理过程.

(3) 实际电抗元件的两种等效电路

实际的电抗元件(电容或电感元件)往往带有一定的介质损耗，或者说它们的有功功率 $P_{有功}\neq 0$. 对于这样的电抗元件，我们可以把它们看成如图 7-46(a)所示的串联式等效电路，即一个纯电容或电感元件串联一个电阻 $R$，这个 $R$ 实际上是各种损耗在电路中反映出来的有功电阻 $r$. 但是有时为了方便，也可以把它们看成如图 7-46(b)所示的并联式等效电路，即一个纯电容或电感元件并联一个电阻 $R'$，这个 $R'$ 也代表着各种损耗在电路中的反映.

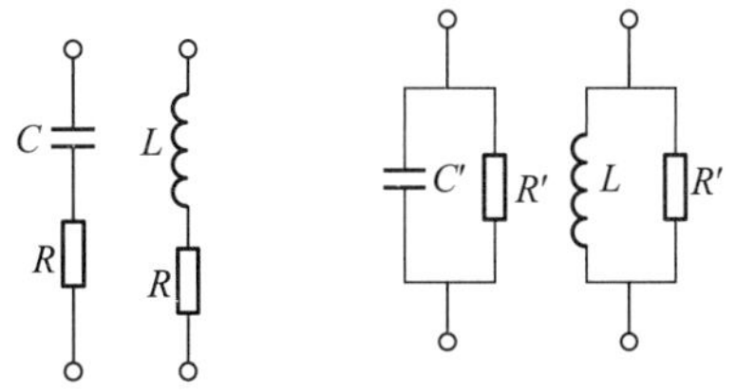


(a) 串联式　　(b) 并联式

图 7-46　实际电抗元件的两种等效电路

同一个有损耗的实际电抗元件，其等效电路既可采用串联式，又可采用并联式. 不过应当注意，在两种形式的等效电路中，等效电阻 $R$ 和 $R'$ 是有很大差别的. 拿一个实际的电感元件来说，如果采用串联式等效电路，其等效复阻抗为

$$\tilde{Z}=R+\mathrm{j}\omega L,$$

若用并联式等效电路的话，其等效复导纳为

$$\tilde{Y}=\frac{1}{R'}-\frac{\mathrm{j}}{\omega L'}.$$

由于 $\tilde{Z}$ 和 $\tilde{Y}$ 分别是同一元件的复阻抗和复导纳，所以上面的 $\tilde{Y}=\dfrac{1}{\tilde{Z}}$，即

$$\frac{1}{R'}-\frac{\mathrm{j}}{\omega L'}=\frac{1}{R+\mathrm{j}\omega L}=\frac{R-\mathrm{j}\omega L}{R^2+(\omega L)^2},$$

分别比较上式两端的实部和虚部可得

$$R'=\frac{R^2+(\omega L)^2}{R},$$

$$\omega L'=\frac{R^2+(\omega L)^2}{\omega L}.$$

由此可见 $R'\neq R, L'\neq L$. 但是通常损耗是不大的，即 $R\ll\omega L$，故上两式可近似写成

$$R'\approx\frac{(\omega L)^2}{R},$$

$$\omega L'\approx\omega L.$$

这就是说，对同一个实际电感元件来说，并联式等效电路中的 $R'$ 与串联式等效电路中的 $R$ 成反比，$R$ 越小则 $R'$ 越大，但它们说明的是同一情况，即损耗的功率 $P_{有功}=I^2R=U^2/R'$ 很小. 至于自感，虽然两种形式等效电路中的 $L'\neq L$，但在损耗不大的情况下，两者相差不多，它们之中的任意一个都可以当成是实际电感元件的自感.

使用串联等效电路，电感元件的 $Q$ 值和 $\tan\delta$ 为

$$Q=\frac{x}{r}=\frac{\omega L}{R},\quad \tan\delta=\frac{r}{x}=\frac{R}{\omega L}.\tag{7.81}$$

使用并联等效电路，则为

$$Q=\frac{b}{g}=\frac{R'}{\omega L'},\quad \tan\delta=\frac{g}{b}=\frac{\omega L'}{R'}.\tag{7.82}$$

即两种等效电路的 $Q$ 值和 $\tan\delta$ 的表达式形式上相反.

## 思　考　题

**7.5-1**　有复阻抗 $\tilde{Z}_1=r_1+\mathrm{j}x_1$ 和 $\tilde{Z}_2=r_2+\mathrm{j}x_2$，试证明：

（1）当它们串联时，电路中消耗的总功率为

$$P=I^2(r_1+r_2);$$

（2）并联时，

$$P=I_1^2r_1+I_2^2r_2.$$

**7.5-2**　上题如果用复导纳 $\tilde{Y}_1=\dfrac{1}{\tilde{Z}_1}=g_1+\mathrm{j}b_1$，$\tilde{Y}_2=\dfrac{1}{\tilde{Z}_2}=g_2+\mathrm{j}b_2$ 和电压来表示，总电路中消耗的总功率 $P$ 的公式应写成什么样子？

**7.5-3**　日光灯中镇流器起什么作用？在一个电感性的电路中串联或并联一个电容器，都可提高其功率因数．为什么在日光灯电路中电容器必须并联而不能串联？

## 习　　题

**7.5-1**　一台接在 220 V 电路中的单相感应电动机消耗功率 0.5 kW，$\cos\varphi=0.8$，试计算所需电流．

**7.5-2**　一单相电动机的铭牌告诉我们 $U=220$ V，$I=3$ A，$\cos\varphi=0.8$，试求电动机的视在功率、有功功率和绕组的阻抗．

**7.5-3**　发电机的额定视在功率为 22 kV·A，能供多少盏功率因数 0.5、有功功率为 40 W 的日光灯正常发光？如果把日光灯的功率因数提高到 0.8 时，能供多少盏？

**7.5-4**　一个 110 V、50 Hz 的交流电源供给一电路 330 W 的功率，功率因数 0.6，且电流相位落后于电压．

（1）若在电路中串联一电容器使功率因数增到 1，求电容器的电容：

（2）这时电源供给多少功率？

**7.5-5**　一电路感抗 $X_L=8.0\ \Omega$，电阻 $R=6.0\ \Omega$，串接在 220 V、50 Hz 的市电上，问：

（1）要使功率因数提高到 95%，应在 $LR$ 上并联多大的电容？

（2）这时流过电容的电流是多少？

（3）若串联电容，情况如何？

**7.5-6**　一个电感性用电器的功率因数 $\cos\varphi=0.5$，在 50 Hz、220 V 电压作用下有电流 220 mA，问：

（1）用电器消耗的功率为多少？

（2）为提高功率因数到 1，并联的电容 $C$ 该取多少？此时通过电源、电容器、用电器的电流各为多少？电源消耗的功率为多少？

**7.5-7**　一发电机沿干线输送电能给用户，此发电机电动势为$\mathscr{E}$，角频率为 $\omega$，干线及发电机的电阻和电感各为 $R_0$ 和 $L_0$，用户电路中的电阻和电感各为 $R$ 和 $L$，求：

（1）电源所供给的全部功率 $P$；

（2）用户得到的功率 $P'$；

（3）整个装置的效率 $\eta=\dfrac{P'}{P}$.

**7.5-8**　输电干线的电压 $U=120$ V，频率为 50.0 Hz．用户照明电路与抗流圈串联后接于干线间，抗流圈的自感 $L=0.050\ 0$ H，电阻 $R=1.00\ \Omega$（见附图），问：

（1）当用户共用电 $I_0=2.00$ A 时，他们电灯两端的电压 $U'$ 等于多少？

（2）用户电路（包括抗流圈在内）能得到最大的功率是多少？

（3）当用户电路中发生短路时，抗流圈中消耗功率多少？

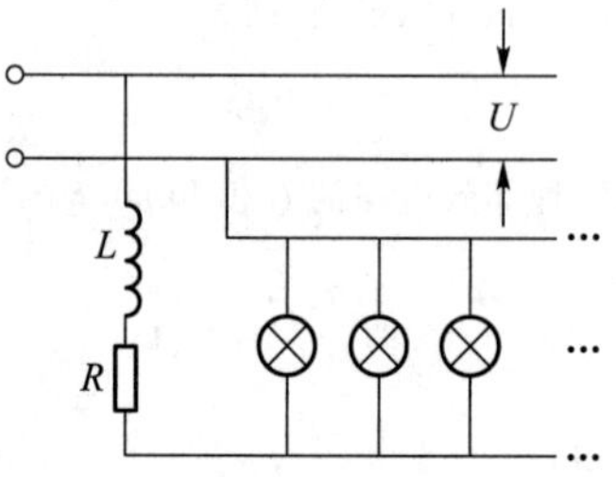


习题 7.5-8 图

**7.5-9**　题图中已知电阻 $R=20\ \Omega$，三个伏特计 $V_1$、$V_2$、V 的读数分别为 $U_1=91$ V、$U_2=44$ V、$U=120$ V，求元件 $Z$ 中的功率．

**7.5-10**　题图中已知电阻 $R=50\ \Omega$，三个电流计 $A_1$、$A_2$、A 的读数分别为 $I_1=2.8\ \text{A}$、$I_2=2.5\ \text{A}$、$I=4.5\ \text{A}$，求元件 $Z$ 中的功率.

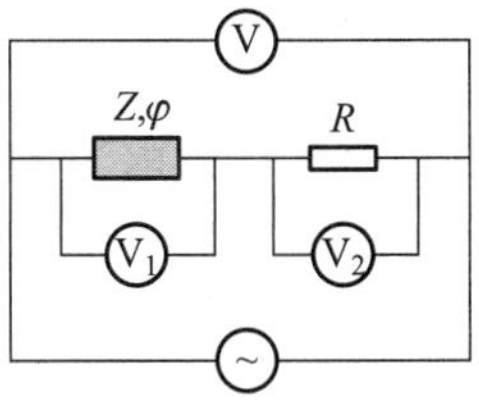


习题 7.5-9 图

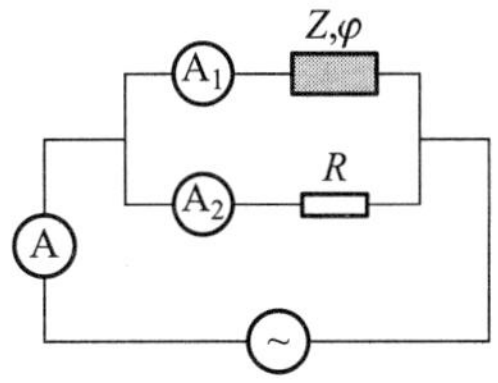


习题 7.5-10 图

**7.5-11**　一个 $RLC$ 串联电路如题图，已知 $R=300\ \Omega$，$L=250\ \text{mH}$，$C=8.00\ \mu\text{F}$，A 是交流安培计，$V_1$、$V_2$、$V_3$ 和 $V_4$ 都是交流伏特计. 现在把 $a$、$b$ 两端分别接到市电（220 V、50 Hz）电源的两极上.

（1）问 A、$V_1$、$V_2$、$V_3$、$V_4$ 和 V 的读数各是多少？

（2）求 $a$、$b$ 间消耗的功率.

**7.5-12**　计算 $LR$ 并联电路的有功电阻 $r$.

**7.5-13**　平行板电容器中的电介质介电常量 $\varepsilon=2.8$，因电介质漏电而使电容器在 50 Hz 的频率下有损耗角 $\delta=1°$，求电介质的电阻率.

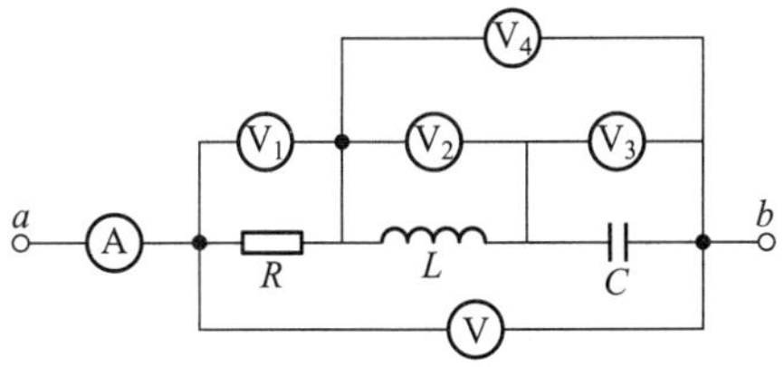


习题 7.5-11 图

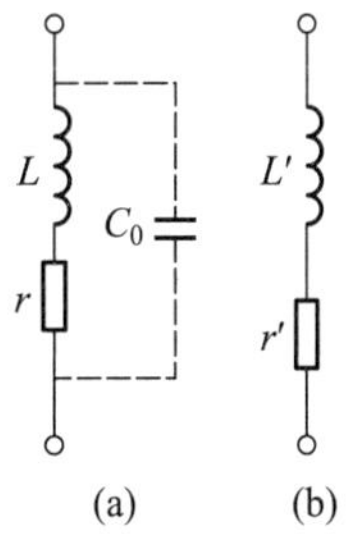


习题 7.5-14 图

**7.5-14**　在一电感线圈的相邻匝与匝间、不相邻匝与匝间、接线端间、匝与地间都存在小的“分布电容”. 这许多小电容的总效应可以用一个适当大小的电容 $C_0$ 并联在线圈两端来表示［见图（a）］. 分布电容的数值取决于线圈的尺寸及绕法. 分布电容的效应在频率越高时越显著［根据图（a）分析一下，为什么？］试证明：如果我们仍把电感线圈看成纯电感 $L'$ 和有功电阻 $r'$ 串联的话［见图（b）］，由于存在分布电容 $C_0$，则

$$L'=\frac{L}{1-\omega^2 LC_0},\quad r'=\frac{r}{(1-\omega^2 LC_0)^2},$$

从而

$$Q'=\frac{\omega L'}{r'}=Q\ (1-\omega^2 LC_0).$$

即线圈的表观电感 $L'$ 增加，而表观 $Q$ 值下降（设 $Q\gg 1$）.

## §7.6 谐振电路与 $Q$ 值的意义

当电容 $C$、电感 $L$ 两类元件同时出现一个电路中时，就会发生一种新现象——谐振. 通常就把这种电路叫作谐振电路，它在实际中有着重要的应用. 谐振电路主要有串联谐振和并联谐振两种，下面的讨论以串联谐振电路为主，最后讲一点并联谐振电路.

### 7.6.1　串联谐振现象　谐振频率和相位差

图 7-47 所示是一个 LCR 串联电路(即串联谐振电路),它接在频率可调的音频信号发生器上. 若从低到高地改变音频信号发生器的频率 $f$,同时维持电压不变,就可看到,小灯的亮度开始由小变大,到了某个频率 $f_0$ 后发生转折,又由大变小. 这表明,LCR 电路中的电流 $I$ 随频率不是单调变化的,而是在 $f=f_0$ 处有极大值 $I_M$,或者说电路的总阻抗 $Z$ 在此时有个极小值 $Z_m$,参见图 7-47(b). 这种现象叫作**谐振**,发生谐振时的频率 $f_0$ 叫作**谐振频率**.

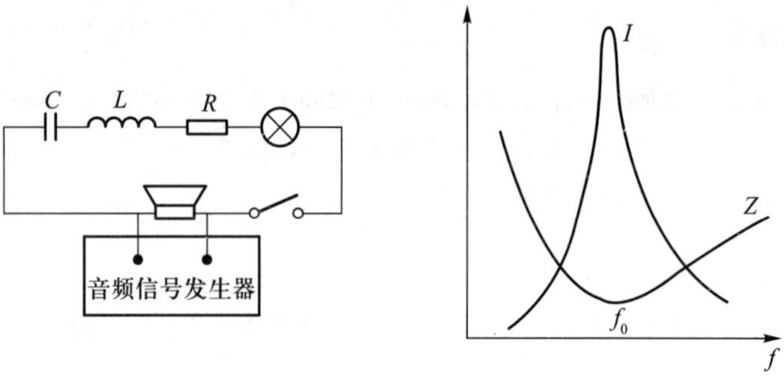


(a) 演示　　(b) 谐振曲线

图 7-47　串联谐振

串联谐振电路的阻抗和相位差可按 §7.3 讲过的矢量图解法来计算. 因为通过各元件的电流 $i(t)$ 是共同的,取电流矢量 $\boldsymbol{I}$ 为水平基准. 由于 $\varphi_R=0,\varphi_L=\dfrac{\pi}{2},\varphi_C=-\dfrac{\pi}{2}$,所以应画 $\boldsymbol{U}_R$ 与 $\boldsymbol{I}$ 平行,$\boldsymbol{U}_L$ 垂直向上,$\boldsymbol{U}_C$ 垂直向下,参看图 7-48(b),从而 $\boldsymbol{U}_L$ 与 $\boldsymbol{U}_C$ 方向恰好相反[这意味着 $u_L(t)$ 和 $u_C(t)$ 的相位差为 π].

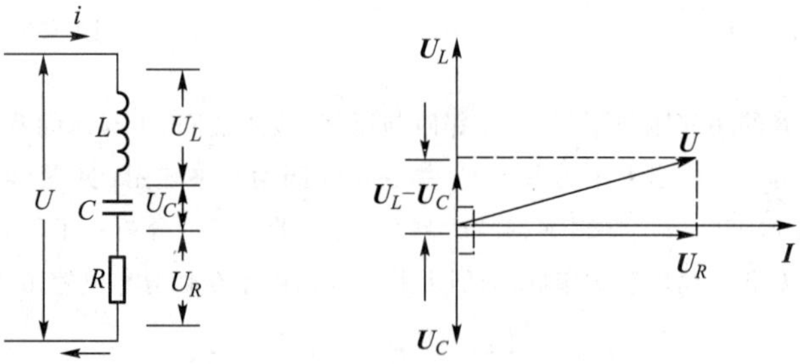


(a)　　(b)

图 7-48　用矢量图解法计算串联谐振电路

因为在垂直方向电压矢量的分量为 $|U_L-U_C|$,水平方向的分量为 $U_R$,故总电压为

$$U=\sqrt{U_R^2+(U_L-U_C)^2}. \tag{7.83}$$

又

$$\left.\begin{aligned}U_R&=IZ_R=IR,\\U_L&=IZ_L=\omega LI,\\U_C&=IZ_C=\frac{I}{\omega C},\end{aligned}\right\} \tag{7.84}$$

故
$$U=I\sqrt{R^2+\left(\omega L-\frac{1}{\omega C}\right)^2},$$

或
$$I=\frac{U}{\sqrt{R^2+\left(\omega L-\frac{1}{\omega C}\right)^2}}. \tag{7.85}$$

串联电路的总电阻抗为

$$Z=\frac{U}{I}=\sqrt{R^2+\left(\omega L-\frac{1}{\omega C}\right)^2}, \tag{7.86}$$

$u(t)$ 与 $i(t)$ 的相位差为

$$\varphi=\arctan\frac{U_L-U_C}{U_R}=\arctan\frac{\omega L-\frac{1}{\omega C}}{R}. \tag{7.87}$$

在上面每个式子里都出现 $\omega L-\frac{1}{\omega C}$ 这样一个因子. 其来源就是串联谐振电路中 $u_L(t)$ 和 $u_C(t)$ 的相位差 $\pi$,任何时刻它们的符号都恰好相反. 读者即将看到,串联谐振电路的所有特性的根源在于此.

下面我们就根据式(7.86)和式(7.87)来分析串联谐振电路中产生的各种现象和性质.

从式(7.86)可以看出,阻抗 $Z$ 的表达式中根号下的两项都是正的(因它们都是平方的形式),因此只有 $\omega L-\frac{1}{\omega C}=0$ 时,$Z$ 值最小. 与此同时,在总电压 $U$ 给定后,$I$ 值最大. 这就是说,当外加电动势的角频率 $\omega$ 满足下式时发生谐振:

$$\omega L=\frac{1}{\omega C} \quad 或 \quad \omega^2=\frac{1}{LC}, \tag{7.88}$$

由此求得谐振频率为

$$\omega_0=2\pi f_0=\frac{1}{\sqrt{LC}}. \tag{7.89}$$

**[例题 1]** 串联谐振电路中的 $C=0.5\ \mu F$,$L=0.1\ H$,求谐振频率.

**[解]**
$$f_0=\frac{1}{2\pi\sqrt{0.1\times0.5\times10^{-6}}}\ \text{Hz}=7.1\times10^2\ \text{Hz}.$$

根据式(7.86)和谐振条件(7.88),立即可以求得谐振时的阻抗和电流:

$$Z_m=R,\quad I_M=\frac{U}{R}.$$

这表明,谐振时电路中好像电容、电感都不存在一样,只剩下电阻 $R$ 在起作用. 实际上当然不完全如此,关于这一点将在下面讨论电压分配问题时看得很清楚.

根据式(7.87)和谐振条件式(7.88)还可以看出,谐振时

$$\varphi=0,$$

或者说,电路此时呈纯电阻性. 从式(7.87)可以看出,在一般情况下,谐振电路的相位差 $\varphi$ 可以是正的,也可以是负的. 低频时($f<f_0$),$\frac{1}{\omega C}>\omega L$,容抗大于感抗,$\varphi<0$,此时总电压落后于电

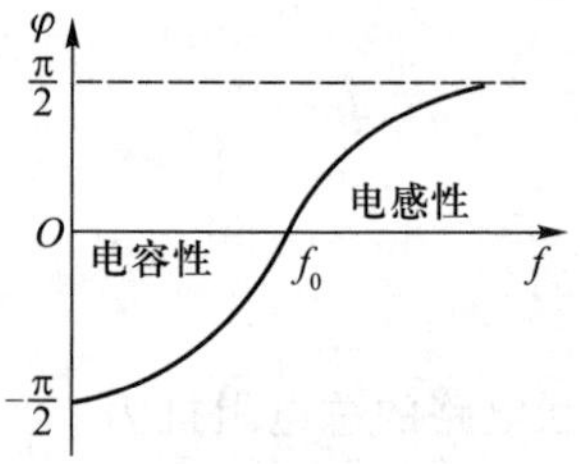

图 7-49　相位差随频率的变化

流，整个电路呈电容性；高频时（$f>f_0$），$\omega L>\frac{1}{\omega C}$，感抗大于容抗，$\varphi>0$，此时总电压超前电流，整个电路呈电感性. $\varphi$ 随 $f$ 变化的整个过程见图 7-49.

### 7.6.2　储能与耗能和 Q 值的第一种意义

在 $LCR$ 电路中，电阻是耗能元件，它把电磁能转化为热；电容和电感是储能元件，它们时而把电、磁能储存起来，时而放出，彼此交换能量，而不消耗. 在交流电的一个周期 $T$ 里，电阻元件中损耗的能量为

$$W_R=RI^2T,\tag{7.90}$$

其中 $I=\frac{I_0}{\sqrt{2}}$是电流的有效值. 谐振电路中电感和电容元件中储存的总能量为

$$W_S=\frac{1}{2}Li^2(t)+\frac{1}{2}Cu_C^2(t).$$

设

$$i(t)=I_0\cos\omega t,$$

则

$$u_C(t)=\frac{I_0}{\omega C}\cos\left(\omega t-\frac{\pi}{2}\right)=\frac{I_0}{\omega C}\sin\omega t,$$

故

$$W_S=\frac{1}{2}I_0^2\left(L\cos^2\omega t+\frac{1}{\omega^2C}\sin^2\omega t\right).$$

上式表明，在一般的情况下 $W_S$ 是随时间做周期性变化的量，这表明，谐振电路与外界交换无功功率. 但是在谐振状态下

$$\omega=\omega_0=\frac{1}{\sqrt{LC}},$$

从而

$$\begin{aligned}W_S&=\frac{1}{2}LI_0^2(\cos^2\omega t+\sin^2\omega t)\\&=\frac{1}{2}LI_0^2=LI^2\left(或\frac{I^2}{\omega_0^2C}\right).\end{aligned}\tag{7.91}$$

这时 $W_S$ 不再随时间变化，亦即谐振电路不再与外界交换无功功率. 故式(7.91)中的 $W_S=LI^2$ 就是在谐振状态下稳定地储存在电路中的电磁能. 这能量是在谐振电路开始接通时经历的暂态过程中由外电路输入给它的. 达到稳定的振荡以后，为了维持振荡，外电路需不断地输入有功功率，以补偿上述 $W_R$ 的损失，但在谐振状态下无须再供给无功功率. 由此可见，$W_S$ 与 $W_R$ 之比反映了一个谐振电路储能的效率. 一个谐振电路的品质因数（$Q$ 值）定义为

$$Q=2\pi\frac{W_S}{W_R},\tag{7.92}$$

即 $Q$ 值等于谐振电路中储存的能量与每个周期内消耗能量之比的 $2\pi$ 倍. $Q$ 值越高，就意味着相对于储存的能量来说所需付出的能量耗散越少，亦即谐振电路储能的效率越高. 这就是一个谐振电路的 $Q$ 值的第一种意义. 它是 $Q$ 值最普遍的意义. 式(7.92)这个定义不仅适用于谐振电路，也适

用于一切谐振系统（机械的、电磁的、光学的，等等）. 微波谐振腔和光学谐振腔中的 $Q$ 值都主要指的是这种含义. 激光中有所谓“调 $Q$”技术，正是在这种意义下使用“$Q$ 值”概念的.

7.5.6 节曾引进一个感抗元件品质因数（$Q$ 值）的概念，即 $Q=P_{无功}/P_{有功}$，这里我们又引进一个谐振电路 $Q$ 值的定义式（7.92）. 二者有什么关系呢？为此，我们首先看到谐振电路是由电容元件和电感元件组成的，它们或多或少都要消耗一定的有功功率. 按照 7.5.6 节感抗元件 $Q$ 值的定义，两元件的 $Q$ 值为

$$Q_C=\frac{(P_{无功})_C}{(P_{有功})_C},\quad Q_L=\frac{(P_{无功})_L}{(P_{有功})_L}.$$

因 $(P_{有功})_C=I^2r_C$，$(P_{有功})_L=I^2r_L$，这里 $r_C$ 和 $r_L$ 分别是电容元件和电感元件的有功电阻；而 $(P_{无功})_C=\frac{I^2}{\omega C}$，$(P_{无功})_L=I^2\omega L$，在谐振条件下 $\omega=\omega_0=\frac{1}{\sqrt{LC}}$，$\omega_0L=\frac{1}{\omega^{2}C}$，$(P_{无功})_L=(P_{无功})_C$，故用阻抗来表示，则有

$$Q_C=\frac{1}{\omega_0Cr_C},\quad Q_L=\frac{\omega_0L}{r_L}.$$

现在来看谐振电路的品质因数 $Q_r$. 将式（7.90）和式（7.91）代入式（7.92），

$$Q_r=2\pi\frac{W_S}{W_R}=\frac{2\pi LI^2}{RI^2T}=\frac{\omega_0L}{R}=\frac{1}{\omega_0CR},\tag{7.93}$$

这里的电阻 $R$ 应理解为电路中的全部有功电阻，即

$$R=r_C+r_L,$$

故

$$\frac{1}{Q_r}=\frac{r_C+r_L}{\omega_0L}=\omega_0C(r_C+r_L)=\frac{r_L}{\omega_0L}+\omega_0Cr_C,$$

或

$$\frac{1}{Q_r}=\frac{1}{Q_L}+\frac{1}{Q_C},\tag{7.94}$$

这就是 $Q$ 值两种定义之间的关系. 亦即，谐振电路 $Q$ 值的倒数是电感、电容元件 $Q$ 值倒数之和. 通常 $(P_{有功})_C\ll(P_{有功})_L$，或 $r_C\ll r_L$，从而 $Q_C\gg Q_L$. 在这种情况下 $Q_r\approx Q_L$.

在电容元件中 $P_{有功}$ 来自电介质中的介电损耗；在电感元件中 $P_{有功}$ 则是导线中的欧姆电阻引起的焦耳损耗与磁芯中的各种损耗之和：

$$(P_{有功})_C=(P_{有功})_{电介},$$
$$(P_{有功})_L=(P_{有功})_{导线}+(P_{有功})_{磁介}.$$

从而

$$Q_L=\frac{(P_{无功})_L}{(P_{有功})_{导线}+(P_{有功})_{磁介}},$$

或

$$\frac{1}{Q_L}=\frac{(P_{有功})_{导线}}{(P_{无功})_L}+\frac{(P_{有功})_{磁介}}{(P_{无功})_L}.$$

上式右端的两项的倒数分别称为导线的 $Q$ 值和磁介质材料的 $Q$ 值. 即

$$Q_{导线}=\frac{(P_{无功})_L}{(P_{有功})_{导线}},\quad Q_{磁介}=\frac{(P_{无功})_L}{(P_{有功})_{磁介}}.$$

于是

$$\frac{1}{Q_L}=\frac{1}{Q_{导线}}+\frac{1}{Q_{磁介}}.\tag{7.95}$$

这便是器件 $Q$ 值与材料 $Q$ 值之间的关系. 通常 $(P_{有功})_{导线}\ll(P_{有功})_{磁介}$，从而 $Q_{导线}\gg Q_{磁介}$，在这种情况下电感元件

的 $Q_L \approx Q_{磁介}$.

### 7.6.3　频率的选择性和 $Q$ 值的第二种意义

谐振电路在无线电技术中最重要的应用是选择信号.例如,各广播电台以不同频率的电磁波向空间发射自己的信号,为什么把收音机的调谐旋钮放在一定的位置,我们只收到一个电台的播音呢?这就是利用了谐振电路的选频特性.与旋钮相连的是谐振电路中的可变电容器,改变它的电容,就可改变电路的谐振频率.当电路的谐振频率与某个电台的发射频率一致时,我们收到它的信号就最强,其他发射频率与电路的谐振频率相差较远的电台就收听不到.为了使发射频率比较相近的电台不致"串台",就要求收音机中电路的谐振峰比较尖锐(参看图 7-50),这样,只要外加电动势的频率稍一偏离谐振频率,它的信号就大大减弱.所以通常说,谐振峰越尖锐的电路,它的频率选择性就越强.为了定量地说明频率选择性的好坏程度,通常引用"通频带宽度"的概念.因为谐振曲线谐振峰的两侧是连续下降的,因而不好说谐振峰的"宽度"多大.通常人为地规定,在谐振峰两边 $I$ 的值等于最大值 $I_M$ 的 $\frac{1}{\sqrt{2}} \approx 70\%$ 处频率之间的宽度(见图 7-51)为通频带宽度,它的大小等于其边缘频率 $f_1$、$f_2$ 之差 $\Delta f$,即

$$\Delta f = f_2 - f_1,$$

在此频率范围内,$I$ 的数值都超过 $70\%\ I_M$,在此范围外小于它.通频带的宽度 $\Delta f$ 越小,就表明谐振峰越尖锐,电路的频率选择就越强.

电路选择性的好坏与什么因素有关呢?下面我们根据式(7.86)进行一些具体的运算.

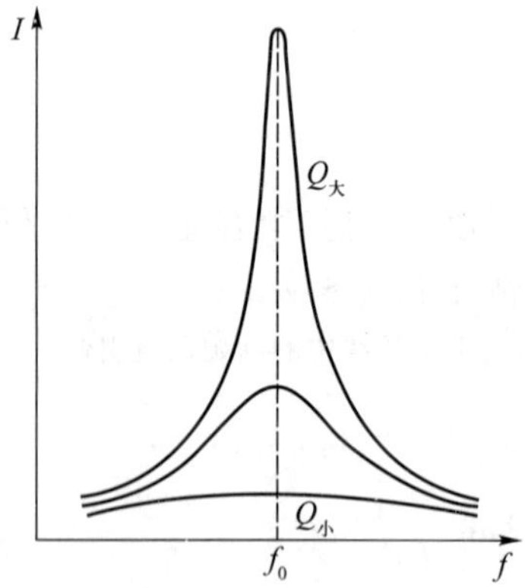


图 7-50　谐振峰的锐度与 $Q$ 值的关系

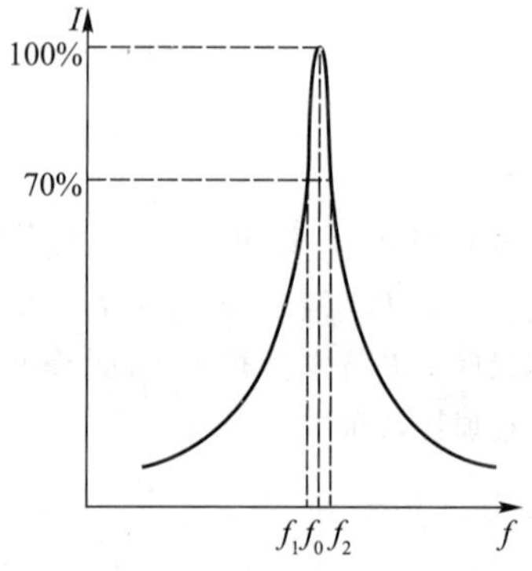


图 7-51　谐振曲线的带宽

因为 $I = U/Z$,在电压 $U$ 不变的条件下,$I$ 与 $Z$ 成反比.如前所述,振谐时 $f = f_0 = 1/2\pi\sqrt{LC}$,$Z = Z_m = R$ 最小,相应的电流 $I = I_M = U/Z_m = U/R$ 最大.为了计算通频带的宽度,我们先假定频率 $f$ 稍微偏离 $f_0$ 一点,即假定 $f = f_0 + \delta f$,计算一下阻抗在此"失调"情况下随 $\delta f$ 变化的情况.根据式(7.86)

$$Z = \sqrt{R^2 + \left(2\pi f L - \frac{1}{2\pi f C}\right)^2}$$

$$=\sqrt{R^2+\left[2\pi(f_0+\delta f)L-\frac{1}{2\pi(f_0+\delta f)C}\right]^2}.$$

由于 $\delta f \ll f_0$,利用如下近似公式:

$$\frac{1}{f_0+\delta f}=\frac{1}{f_0}\left(1+\frac{\delta f}{f_0}\right)^{-1}\approx\frac{1}{f_0}\left(1-\frac{\delta f}{f_0}\right),$$

则

$$Z\approx\sqrt{R^2+\left[\left(2\pi f_0L-\frac{1}{2\pi f_0C}\right)+\left(2\pi f_0L+\frac{1}{2\pi f_0C}\right)\frac{\delta f}{f_0}\right]^2}.$$

由于谐振频率满足等式 $2\pi f_0L=\frac{1}{2\pi f_0C}$,故

$$Z=R\sqrt{1+\left(\frac{4\pi f_0L}{R}\frac{\delta f}{f_0}\right)^2}=R\sqrt{1+\left(2\frac{\omega_0L}{R}\frac{\delta f}{f_0}\right)^2}$$

$$=R\sqrt{1+\left(2Q\frac{\delta f}{f_0}\right)^2},\tag{7.96}$$

其中 $\omega_0=2\pi f_0$,$Q=\frac{\omega_0L}{R}$为谐振电路的 $Q$ 值. 由上式可见,当 $2Q\frac{\delta f}{f_0}=\pm1$ 时,$Z=\sqrt{2}R=\sqrt{2}Z_m$,从而 $I=I_m/\sqrt{2}$,这就是说,通频带边界上的频率 $f_1$ 和 $f_2$ 与谐振频率 $f_0$ 之差 $f_1-f_0$ 或 $f_2-f_0$ 为

$$\delta f=\mp\frac{f_0}{2Q},$$

从而通频带宽度为

$$\Delta f=f_2-f_1=2\delta f=\frac{f_0}{Q},\tag{7.97}$$

即谐振电路的通频带宽度 $\Delta f$反比于谐振电路的 $Q$ 值,$Q$ 值越大(即损耗越小),谐振电路的频率选择性越强. 这就是 $Q$ 值的第二种意义.

### 7.6.4 电压分配和 Q 值的第三种意义

上面我们看到,谐振时的总阻抗 $Z=R$,从而总电压 $U$ 和电阻上的电压 $U_R$ 相等:

$$U=U_R=IR.$$

这是否说,电容和电感上此时没有电压呢? 事实上恰恰相反,在通常的谐振电路中,谐振时 $U_C$ 和 $U_L$ 往往比 $U$ 大几十倍到几百倍. 只是因为谐振时 $U_C=U_L$,而它们的相位总差 $\pi$,因而彼此抵消了(参见矢量图 7-52). 这种分电压大于总电压的现象,只有同时包含 $L$ 和 $C$ 的电路中才可能出现.

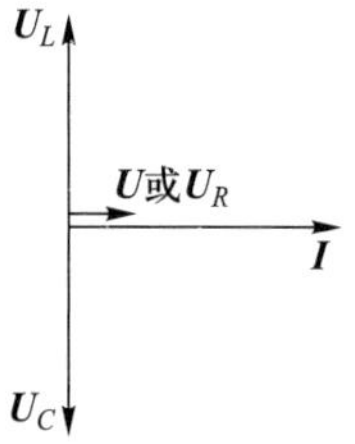

图 7-52 串联谐振电路谐振时的矢量图

谐振时 $U_C$ 或 $U_L$ 比 $U$ 大多少倍? 事实上,它们与 $U$ 之比等于容抗 $Z_C=\frac{1}{\omega_0C}$或感抗 $Z_L=\omega_0L$($\omega_0$ 为谐振角频率)与总阻抗 $R$ 之比,这个比值恰好是 $Q$ 值:

$$\frac{U_C}{U}=\frac{U_L}{U}=\frac{Z_C}{R}=\frac{1}{\omega_0CR}=\frac{Z_L}{R}=\frac{\omega_0L}{R}=Q,\tag{7.98}$$

即谐振时电容或电感元件上的电压比总电压大 $Q$ 倍. 例如当一个谐振电路的 $Q$ 值等于 100 时，在电路两端只加 6 V 的总电压，谐振时的电容或电感元件上的电压就达到600 V. 在实验操作中不注意这一点，就会有危险. 以上是 $Q$ 值的第三种意义.

串联谐振电路的这种性质，为我们提供了一种测量电抗元件 $Q$ 值的一种方法. 最常用的一种测量 $Q$ 值的仪器——$Q$ 表，就是利用上述原理制作成的. 有关 $Q$ 表的基本原理，我们通过以下例题来说明.

［**例题 2**］　如图 7-53，将待测的磁性材料制成环状，绕上导线，同几乎无介电损耗的空气电容器串联，组成谐振电路. 有磁芯的螺绕环的等效电路示于图右方虚线的方框内，它相当于纯自感 $L$ 与等效电阻 $r$ 串联. 测量时，将总电压 $U$ 固定在 10 mV，选定 $f_0$，然后调节电容 $C$ 的大小，使电路达到谐振，将此时的 $f_0$、$C$、$U_C$ 数值记录下来. 下面是同一磁芯材料在不同谐振频率下的两组数据，试根据它们计算该电感线圈的 $Q$ 值、电感量 $L$ 和磁芯损耗的等效电阻 $r$.

| $f_0$ | $C$ | $U_C$ |
|---|---|---|
| 500 kHz | 446 pF | 1.02 V |
| 700 kHz | 220 pF | 0.80 V |

［**解**］　下面我们先利用第一组数据来计算. 由 $f_0$、$C$ 数据，可以算出两个量，一个是电感 $L$，一个是容抗 $Z_C$：

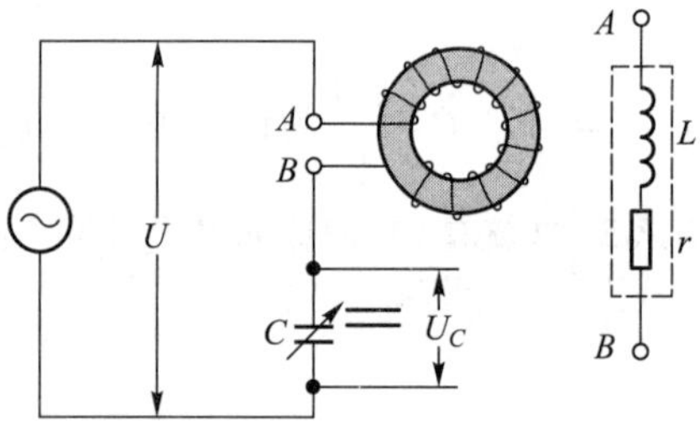


图 7-53　例题 2—$Q$ 表的原理

$$\begin{aligned}L &= \frac{1}{\omega_0^2 C} = \frac{1}{(2\pi f_0)^2 C}\\ &= \frac{1}{(2\pi\times 500\times 10^3)^2\times 446\times 10^{-12}}\ \mathrm{H}\\ &= 0.227\ \mathrm{mH},\end{aligned}$$

$$\begin{aligned}Z_C &= \frac{1}{2\pi f_0 C}\\ &= \frac{1}{2\pi\times 500\times 10^3\times 446\times 10^{-12}}\ \Omega\\ &= 714\ \Omega.\end{aligned}$$

由 $U_C$、$U$ 的数据，可以直接得到 $Q$ 值为

$$Q = \frac{U_C}{U} = \frac{1.02}{10\times 10^{-3}} = 102,$$

由 $Q$、$Z_C$ 值可以算出电阻值，因为

$$r = \frac{Z_C}{Q} = \frac{714}{102}\ \Omega = 7.0\ \Omega.$$

用第二组数据来计算的任务，留给读者自己去完成. 所得结果 $Q$ 值要小些，$r$ 要大些，这是因为频率高了，磁芯的涡流损耗要增加.

以上例题反映了 $Q$ 表的基本原理. 概括起来说，就是根据谐振时 $U_C$ 比 $U$ 大 $Q$ 倍的原理，通过 $U_C$ 和 $U$ 的测量确定 $Q$ 值. 实际的 $Q$ 表中，往往利用一种特殊的分压电路，造成一个等效的恒压源，以便在调谐的过程中保持输入电压 $U$ 稳定在一定数值上. 测量时调节 $U$ 到一个标准刻度上，这样，显示 $U_C$ 的表头上读数就正比于 $Q$，从而可直接用 $Q$ 值来分度.

### *7.6.5　阻尼振荡和 $Q$ 值的第四种意义

在 5.4.4 节里我们曾讨论过 $LCR$ 串联电路的暂态过程. 这与本节所讨论的谐振问题有着密切联系，因为研究的对象是共同的，即 $LCR$ 串联电路. 区别只在于电路中一个无源、一个有源. 在 $R$ 很小时，无源 $LCR$ 串联电路能按照自身的固有角频率 $\omega_0 \approx \frac{1}{\sqrt{LC}}$ 振荡，它在频率为 $\omega$ 的交流电源作用下受迫振荡时，就会在 $\omega=\omega_0$ 的条件下发生谐振. 这是振动现象的普遍规律，机械振动如此，电磁振荡也是这样. 既然 $Q$ 值是这个电路本身的性质，可以料到，它不仅在谐振现象中多方面表现出来，在暂态过程中也会有一定表现.

在 5.4.4 节曾得到如下结论，在电阻 $R$ 较小时，电路处于阻尼振荡状态，振幅是按 $e^{-\frac{R}{2L}t}$ 的指数律衰减的. 振幅衰减的时间常量为

$$\tau=\frac{2L}{R},$$

它代表振幅减少到初始值的 $\frac{1}{e}$ 所需的时间. 这个量就可用 $Q$ 值来表示. 因为 $Q=\frac{\omega_0 L}{R}$，故

$$\tau=\frac{2Q}{\omega_0}=\frac{QT}{\pi} \tag{7.99}$$

其中 $T=2\pi/\omega_0$ 为振荡周期. 上式表明，$\tau$ 等于周期 $T$ 的 $Q/\pi$ 倍，$Q$ 值越大，振幅衰减得越慢. 这结论可以认为是 $Q$ 值的第四种意义.

上述原理可用于粗略地测定 $Q$ 值. 用示波器把 $LCR$ 电路的阻尼振荡曲线显示在荧光屏上，$Q$ 值的大小即可从各次振荡幅值之比看出来.

这个第四种意义与以前所说的第一种意义（即谐振时电路里储存的能量 $W_S$ 与每个周期消耗的能量 $W_R$ 之比的 $2\pi$ 倍）有着密切的联系. 为此，我们再看一看 $LCR$ 放电电路的阻尼振荡情形. 设电容器上电荷量 $q$ 的第一次和第二次达到的幅值分别为 $q_1$ 和 $q_2$，它们之比为

$$\frac{q_2}{q_1}=\frac{q_0 e^{-\frac{R}{2L}(t+T)}}{q_0 e^{-\frac{R}{2L}t}}=\frac{e^{-\frac{\pi}{QT}(t+T)}}{e^{-\frac{\pi}{QT}t}}=e^{-\frac{\pi}{Q}} \tag{7.100}$$

在这两个时刻电容器的储能分别为

$$W_1=\frac{1}{2}\frac{q_1^2}{C} \text{和} W_2=\frac{1}{2}\frac{q_2^2}{C}, \text{故}$$

$$\frac{W_2}{W_1}=\left(\frac{q_2}{q_1}\right)^2=e^{-\frac{2\pi}{Q}},$$

当 $Q \gg 2\pi$ 时，

$$\frac{W_2}{W_1}\approx 1-\frac{2\pi}{Q},$$

或

$$1-\frac{W_2}{W_1}=\frac{W_1-W_2}{W_1}=\frac{2\pi}{Q}.$$

在 $LCR$ 谐振电路中每个周期中损耗的能量 $W_R$ 由电源来补充，电路中储存的能量 $W_S$ 是恒定不变的. 然而在 $LCR$ 放电电路中没有电源，损耗了的能量得不到补充，储存的能量是逐渐减少的. 如果一定要将两个电路进行对比的话，可以把放电电路中的初始能量 $W_1$ 理解为 $W_S$，而 $W_1-W_2$ 与 $W_R$ 一样代表一个周期内损耗的能量，这样一来，上式即可写为

$$\frac{W_R}{W_S}=\frac{2\pi}{Q} \quad \text{或} \quad \frac{W_S}{W_R}=\frac{Q}{2\pi},$$

这就是上面的式(7.92). 由此可见，在 $LCR$ 放电电路中也可以从能量损耗的角度来理解 $Q$ 值的含义，即每个周期里电路中消耗的能量与原始储能之比等于 $\frac{2\pi}{Q}$.

### 7.6.6　并联谐振电路

图 7-54(a)所示的并联电路叫作并联谐振电路．它比串联谐振电路复杂些，有关它的等效阻抗 $Z$ 和相位差 $\varphi$，我们已在 7.4.3 节中计算过了(参看该节例题 4)，其结果为

$$Z=\sqrt{\frac{R^2+(\omega L)^2}{(1-\omega^2 LC)^2+(\omega CR)^2}},\tag{7.101}$$

$$\varphi=\arctan\frac{\omega L-\omega C[R^2+(\omega L)^2]}{R}.\tag{7.102}$$

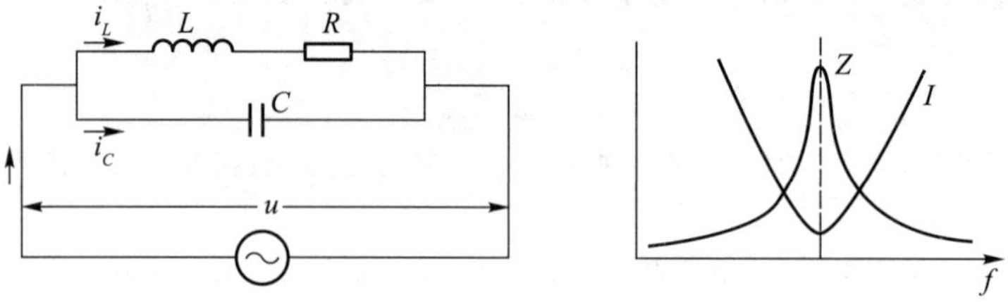


(a) 电路　　(b)谐振曲线

图 7-54　并联谐振

并联谐振电路的性质有些与串联谐振电路差不多，有些性质刚好相反．这里我们只通过同串联谐振电路的对比简单地介绍一下并联谐振电路的性质．

(1) 并联谐振电路的总电流 $I$ 和等效阻抗 $Z$ 的频率特性与串联谐振电路相反．如图 7-54(b)所示，在某一频率下，$I$ 有极小值，而 $Z$ 有极大值．①

(2) 并联谐振电路相位 $\varphi$ 的频率特性与串联谐振电路相反．低频时 $\varphi>0$，整个电路呈电感性；高频时 $\varphi<0$，整个电路呈电容性．在某一特定频率 $f_0=\dfrac{\omega_0}{2\pi}$下，$\varphi=0$，整个电路呈纯电阻性．通常说，这时电路达到谐振．按照式(7.102)，谐振条件应为

$$\omega_0 L-\omega_0 C[R^2+(\omega_0 L)^2]=0,$$

由此可解出谐振频率来：

$$\omega_0=2\pi f_0=\sqrt{\frac{1}{LC}-\left(\frac{R}{L}\right)^2}.\tag{7.103}$$

当 $R$ 可以忽略时($R$ 常常主要来自电感元件中的磁芯损耗)，这公式和串联谐振频率的公式(7.89)一样．

(3) 谐振时，两分支内的电流 $I_C$ 和 $I_L$ 几乎相等，相位几乎差 $\pi$，所以外电路中的总电流 $I$ 很小．这时 $I_C=QI$，$I_L\approx QI$．$Q$ 值的表达式仍为

$$Q=\frac{\omega_0 L}{R}.$$

上述电流分配的情况可形象化地理解成图 7-55 所示的图像．谐振时，在 $LR$ 和 $C$ 组成的闭

① 在并联谐振电路中使阻抗 $Z$ 极大的频率，并不严格地与谐振频率(7.103)一致．

合回路中有个很大的电流在其中往复循环，这个循环电流就是由大小相等，相位相反的电流 $i_C(t)$ 和 $i_L(t)$ 组成的. 在通到电源的外电路中几乎没有什么电流.

（4）并联谐振电路的频率选择性和 $Q$ 值的关系与串联谐振电路差不多. $Q$ 值越高，选择性就越强.

并联谐振电路和串联谐振电路一样，在无线电技术中有着广泛的应用，特别是在振荡器和滤波器里，并联谐振电路往往是其中主要的组成部分.

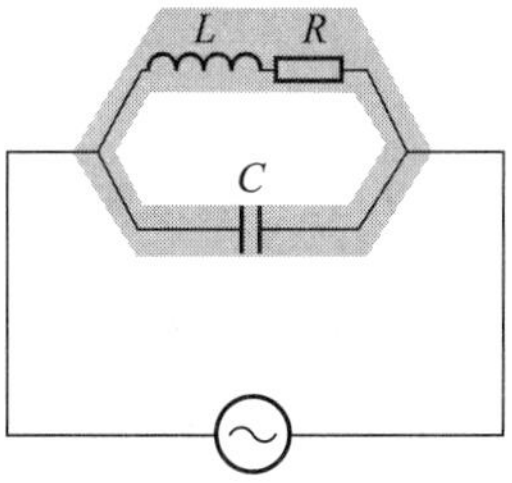


图 7-55 并联电路中电流分配的示意图

## 思 考 题

**7.6-1** 能够使某一频带内的信号顺利通过而将这频带以外的信号阻挡住的电路，叫作带通滤波电路；能够将某一频带内的信号阻挡住而使这频带以外的信号顺利通过的电路，叫作带阻滤波电路. 试定性分析一下：题图中两个滤波电路，哪一个属于带通，哪一个属于带阻？

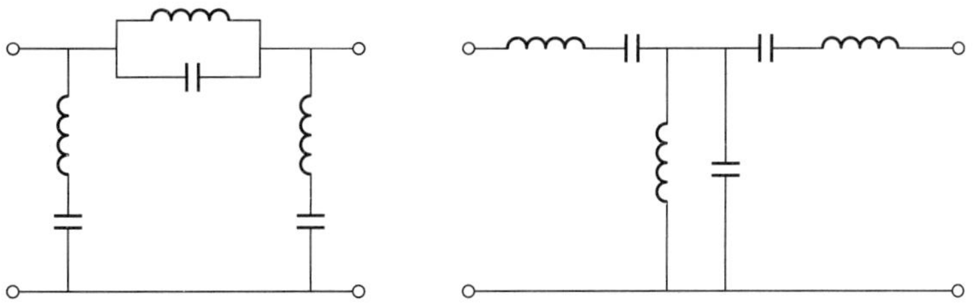


思考题 7.6-1 图

## 习 题

**7.6-1** 题图为收音机接收天线中的调谐回路，其中电感 $L$ 约为 300 μH，可变电容器的最大容量 $C_M$ 为 360 pF，最小容量 $C_m$ 为 25 pF，试问该调谐回路能否满足接收中波段535 kHz到 1 605 kHz 的要求.

**7.6-2** 外差式收音机中周的谐振频率是 465 kHz，已知电容是 200 pF，求中周线圈的电感.

**7.6-3** 串联谐振电路中 $L=0.10$ H，$C=25.0$ μF，$R=10$ Ω，

（1）求谐振频率；

（2）如总电压为 50 mV 时，求谐振时电感元件上的电压.

**7.6-4** 串联谐振电路接在 $\mathscr{E}=5.0$ V 的电源上，谐振时电容器上的电压等于 150 V，求 $Q$ 值.

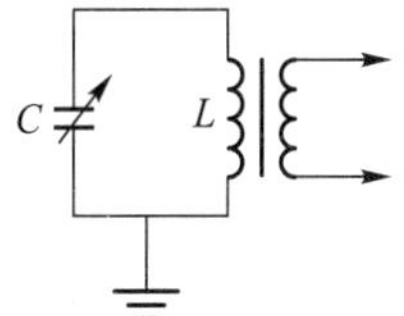


习题 7.6-1 图

**7.6-5** 串联谐振电路的谐振频率 $f_0=600$ kHz，电容 $C=370$ pF，在这频率下电路的有功电阻 $r=15$ Ω，求电路的 $Q$ 值.

# §7.7 交流电桥

直流电桥是测量电阻的基本仪器之一，交流电桥是测量各种交流阻抗的基本仪器. 此外交流

电桥还可以测量频率、电容、电感、$Q$ 值等其他一些电路参量,它在交流测量方面的用途是很广泛的.

### 7.7.1　基本原理

交流电桥的电路结构与直流电桥相似,只是它的四臂不一定是电阻,而可能是其他阻抗元件或它们的组合. 此外,检验电桥是否平衡的示零器(图 7-56 中的 N)可用检流计,也可用耳机或其他仪器.

下面我们先普遍地讨论一般形式的交流电桥的平衡条件. 如图 7-56,设四臂的复阻抗分别为 $\tilde{Z}_1$、$\tilde{Z}_2$、$\tilde{Z}_3$、$\tilde{Z}_4$. 平衡时通过示零器 N 的电流 $\tilde{I}_N=0$,这表明电桥达到平衡时,通过 1、3 两臂和 2、4 两臂的电流分别相等,设它们为 $\tilde{I}_1$ 和 $\tilde{I}_2$,且

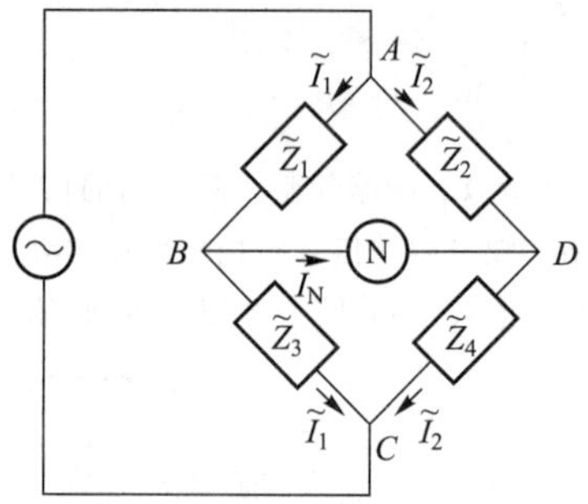


图 7-56　交流电桥的原理

$$\tilde{U}_1=\tilde{U}_2 \quad 或 \quad \tilde{U}_3=\tilde{U}_4, \tag{7.104}$$

$\tilde{U}_1$、$\tilde{U}_2$、$\tilde{U}_3$、$\tilde{U}_4$ 分别为四臂上的复电压. 因为

$$\tilde{U}_1=\tilde{I}_1\tilde{Z}_1, \quad \tilde{U}_2=\tilde{I}_2\tilde{Z}_2,$$

$$\tilde{U}_3=\tilde{I}_1\tilde{Z}_3, \quad \tilde{U}_4=\tilde{I}_2\tilde{Z}_4,$$

代入式(7.104),得

$$\tilde{I}_1\tilde{Z}_1=\tilde{I}_2\tilde{Z}_2, \quad \tilde{I}_1\tilde{Z}_3=\tilde{I}_2\tilde{Z}_4,$$

两式相除,即得

$$\frac{\tilde{Z}_3}{\tilde{Z}_1}=\frac{\tilde{Z}_4}{\tilde{Z}_2} \quad 或 \quad \tilde{Z}_1\tilde{Z}_4=\tilde{Z}_2\tilde{Z}_3. \tag{7.105}$$

这就是交流电桥平衡时四臂阻抗必须满足的平衡条件,它和直流电桥的平衡条件形式上完全相同,不过这是个复数等式,它实际上相当于两个实数等式. 为了看清这一点,我们把四臂的阻抗写成如下形式:

$$\begin{cases}\tilde{Z}_1=Z_1\mathrm{e}^{\mathrm{j}\varphi_1},\\ \tilde{Z}_2=Z_2\mathrm{e}^{\mathrm{j}\varphi_2},\\ \tilde{Z}_3=Z_3\mathrm{e}^{\mathrm{j}\varphi_3},\\ \tilde{Z}_4=Z_4\mathrm{e}^{\mathrm{j}\varphi_4},\end{cases}$$

代入式(7.105)后,复数等式要求两端的模量和辐角分别相等,于是有

$$\begin{cases}Z_1Z_4=Z_2Z_3\\ \varphi_1+\varphi_4=\varphi_2+\varphi_3\end{cases} \tag{7.106}$$

这便是与式(7.105)相当的两个实数等式. 我们也可以把式(7.105)两端的实部和虚部分开,令它们分别相等,则可得另外两个与它相当的实数等式. 由于每个交流电桥实际上有两个平衡条件,电桥中需要有两个可调的参量;电桥调节到完全平衡后,可测得两个未知参量.

交流电桥的四臂阻抗必须按一定方式来配置. 如果任意选用四个不同性质的阻抗来组成交流电桥,则不一定能调节到平衡. 比如在图 7-56 中的 3、4 两臂采用纯电阻,则 $\varphi_3=\varphi_4=0$,这时式(7.106)要求 $\varphi_1$ 与 $\varphi_2$ 必须具有相同的符号,即相邻臂 $Z_1$ 和 $Z_2$ 必须同为电容性或同为电感性. 若 2、3 两臂采用纯电阻,则 $\varphi_2=\varphi_3=0$,这时式(7.106)要求 $\varphi_1$ 与 $\varphi_4$ 符号相反,即相对臂 $\tilde{Z}_1$ 和 $\tilde{Z}_4$ 必须一个电感性、一个电容性. 实际应用中,各臂采用不同性质的阻抗,可以组成多种形式的电桥线路,它们的用途、特点各不相同. 下面举几个例子.

## 7.7.2　几种常用的交流电桥

(1) 测绝缘材料性能的电容桥

图 7-57 所示电桥是用于测量绝缘材料的电容和损耗(特别是在高压中)时最普遍采用的线路之一. 它的四臂阻抗分别为

$$\tilde{Z}_1=r_x-\frac{\mathrm{j}}{\omega C_x},\quad \tilde{Z}_2=-\frac{\mathrm{j}}{\omega C_2},$$

$$\tilde{Z}_3=R_3,\quad \tilde{Z}_4=\frac{1}{\dfrac{1}{R_4}+\mathrm{j}\omega C_4}.$$

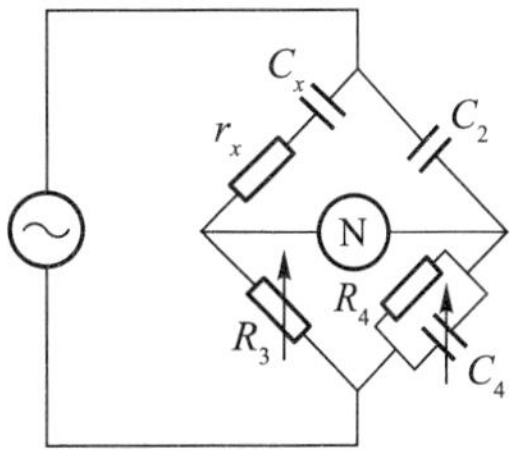

图 7-57　电容桥

其中第一臂是被测对象. 把它们代入平衡条件

$$\frac{\tilde{Z}_1}{\tilde{Z}_2}=\frac{\tilde{Z}_3}{\tilde{Z}_4}\quad 或\quad \tilde{Z}_1=\frac{\tilde{Z}_2\tilde{Z}_3}{\tilde{Z}_4},$$

得

$$r_x-\frac{\mathrm{j}}{\omega C_x}=-\frac{\mathrm{j}R_3}{\omega C_2}\left(\frac{1}{R_4}+\mathrm{j}\omega C_4\right),$$

即

$$r_x-\frac{\mathrm{j}}{\omega C_x}=\frac{R_3C_4}{C_2}-\mathrm{j}\frac{R_4}{\omega C_2R_4}.$$

令上式两端实部和虚部分别相等:

$$\left.\begin{aligned}&r_x=\frac{R_3C_4}{C_2},\\&-\frac{1}{\omega C_x}=-\frac{R_3}{\omega C_2R_4},即\ C_x=C_2\frac{R_4}{R_3}.\end{aligned}\right\}\tag{7.107}$$

上式立即给出待测的参量 $C_x$ 和 $r_x$ 来. 但是因为这个电桥主要用来做绝缘材料试验,人们感兴趣的不是有功电阻 $r_x$ 本身,而是材料的耗散因数 $\tan\delta=\omega C_xr_x$,根据式(7.107),它等于 $\omega C_4R_4$. 于是得到最后的计算公式为

$$C_x=C_2\frac{R_4}{R_3},\quad \tan\delta=\omega C_4R_4.\tag{7.108}$$

由式(7.108)可以看出,较好的平衡方法是保持 $R_4$ 和 $C_2$ 不变,而调节 $R_3$ 和 $C_4$. 这样一来,由于 $C_4$ 不出现在 $C_x$ 的表达式中,$R_3$ 不出现在 $\tan\delta$ 的表达式中,我们可以做到两未知参量分别读数.

(2) 麦克斯韦 $LC$ 电桥

图 7-58 所示包括自感和电容的电桥,称为麦克斯韦电桥,它主要适用于 $L$ 较小的电感元件

参量的测量.它的四臂阻抗分别为

$$\tilde{Z}_1=r_x+\mathrm{j}\omega L_x,\quad \tilde{Z}_2=R_2,$$
$$\tilde{Z}_3=R_3,\quad \tilde{Z}_4=\frac{1}{\dfrac{1}{R_4}+\mathrm{j}\omega C_4}.$$

被测对象安置在第一臂.由平衡条件可以导出下列计算公式:

$$r_x=\frac{R_2R_3}{R_4},\quad L_x=C_4R_2R_3,\tag{7.109}$$

从而 $Q$ 值为

$$Q=\frac{\omega L_x}{r_x}=\omega C_4R_4.\tag{7.110}$$

若保持 $R_3$、$C_4$ 固定,调节 $R_2$、$R_4$,可使 $L_x$ 和 $Q$ 值分别读数.

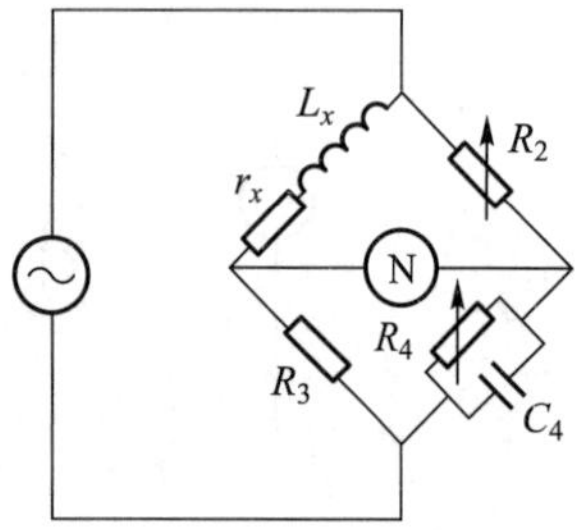

图 7-58 麦克斯韦 $LC$ 电桥

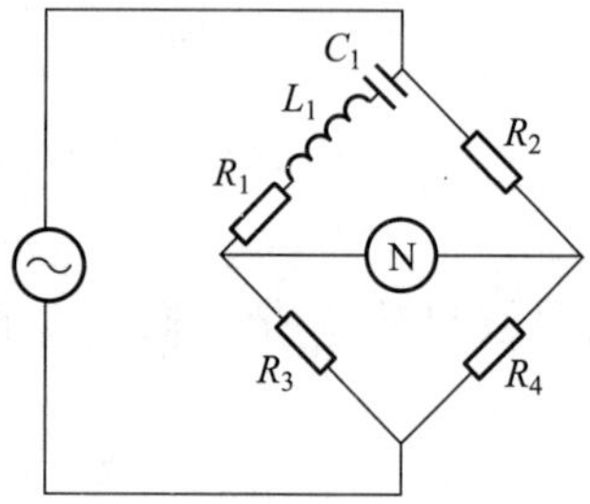

图 7-59 频率电桥

(3) 频率电桥

图 7-59 所示电桥的第一臂是个串联谐振电路,若把它调节到谐振状态,则四臂都呈电阻性,其平衡条件与直流桥相同.故这个电桥的平衡条件为

$$\left.\begin{aligned}&\omega L_1-\frac{1}{\omega C_1}=0,\\&\frac{R_1}{R_2}=\frac{R_3}{R_4}.\end{aligned}\right\}\tag{7.111}$$

第二条件可将 $C_1$ 短路后用直流电源先调节好,第一条件可通过调节 $C_1$ 或 $L_1$ 来达到.电桥平衡后,可测出交流电源的频率

$$\omega=\frac{1}{\sqrt{L_1C_1}}.$$

用交流电桥还可以测互感,只是包括互感的电桥,其平衡条件不能由式(7.105)概括,需要另行推导.我们不在此处一一赘述了.

## 思 考 题

**7.7-1** 判断一下题图所示各交流电桥中,哪些是根本不能平衡的.

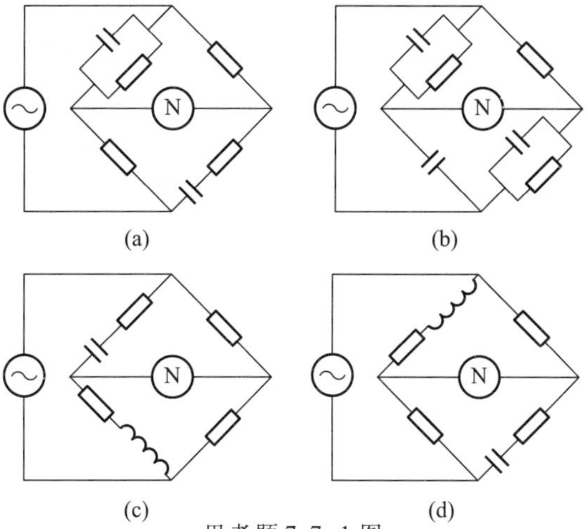


思考题 7.7–1 图

## 习　　题

**7.7–1**　求题图所示电桥的平衡条件.

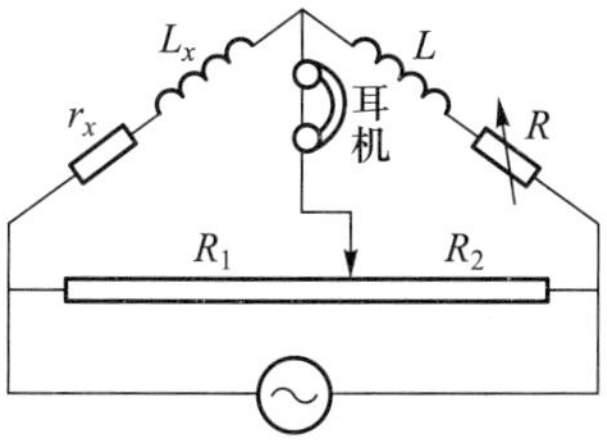


习题 7.7–1 图

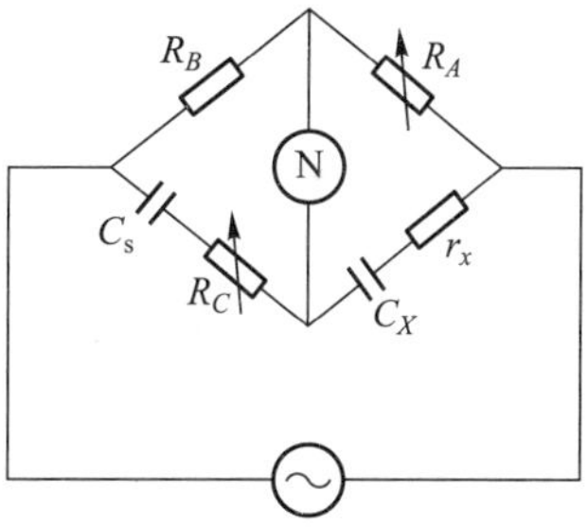


习题 7.7–2 图

**7.7–2**　交流电桥如题图所示. 测量时选用标准电容 $C_s = 0.100\ \mu F$，当电桥平衡时测得 $R_A = 1\ 000\ \Omega$，$R_B = 2\ 050\ \Omega$，$R_C = 10.0\ \Omega$，试求待测电容器的 $C_x$、$r_x$ 之值.

**7.7–3**　题图为测量线圈的电感量及其损耗电阻而采用的一种电桥电路. $R_s$、$C_s$ 为已知的固定电阻和电容，调节 $R_1$、$R_2$ 使电桥达到平衡，求 $L_x$、$r_x$.

试比较这个电桥和图 7–58 所示的麦克斯韦 $LC$ 电桥，哪个计算起来比较方便？如果待测电感的等效电路采用并联式的，情况怎样？

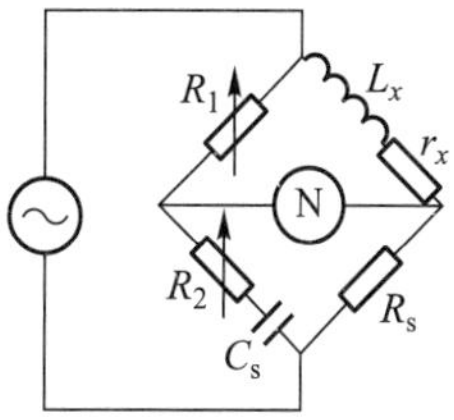


习题 7.7–3 图

# § 7.8　变压器原理

## 7.8.1　理想变压器

变压器是以互感现象为基础的电磁装置，它的原理性结构如图 7–60 所示，是绕在同一铁芯上的两个线圈（或称绕组）. 连接到电源上的称为原线圈（或初级线圈、初级绕组），连接到负载上的称为副线圈(或次级线圈、次级绕组),两个绕组的电路一般彼此不连通(自耦变压器例外),能量是靠铁芯中的互感磁通来传递的.

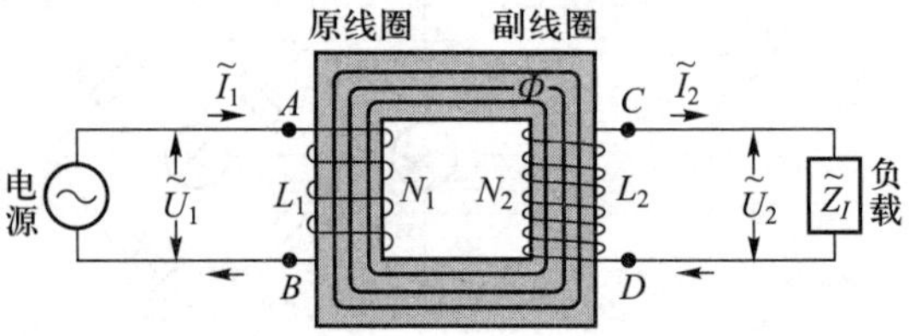

图 7-60　理想变压器

在交流电源的作用下,在原线圈内产生交变电流,从而在铁芯内激发交变的磁通量.交变的磁通量又在副线圈内产生感应电动势和感应电流,它反过来通过互感磁通又影响到原线圈.这便是变压器工作时的基本过程.

下面的推导中我们作如下几点假设:

(1) 没有漏磁,即通过两绕组每匝的磁通量 $\Phi$ 都一样;

(2) 两绕组中没有电阻,从而没有铜损(即忽略绕组导线中的焦耳损耗);

(3) 铁芯中没有铁损(即忽略铁芯中的磁滞损耗和涡流损耗);

(4) 原、副线圈的感抗趋于$\infty$,从而空载电流(见下文)趋于0.

满足这些条件的变压器叫作理想变压器,它是实际变压器的抽象,它把实际变压器中的次要因素忽略掉,而紧紧抓住其主要矛盾.因为在理想变压器中忽略了一切损耗,电能的转换效率是100%①(电路中的小型变压器的实际转换效率高的约为80%左右).各种损耗引起的后果,是设计变压器(特别是大型电力变压器)时要考虑的问题,但对于无线电电路中的小型变压器,从使用的角度来看,理想变压器的原理在很多场合已够用了.下面我们主要介绍理想变压器的原理和性能,只在开始的时候,和后文有的地方,我们把条件(4)去掉,以便考虑空载电流的影响.

### 7.8.2　变比公式

首先,为了确定正负号,先得规定原、副线圈的回绕方向.两线圈回绕方向的选择如图 7-60 中箭头所示,应注意到,这样的选择使得它们在磁芯内产生的磁通量方向是一致的,即都沿顺时针方向②.

设原、副线圈的匝数分别为 $N_1$、$N_2$,通过磁芯任意截面的磁通量为 $\tilde{\Phi}$,则通过原副线圈的磁通匝链数分别为

$$\tilde{\Psi}_1 = N_1\tilde{\Phi},\quad \tilde{\Psi}_2 = N_2\tilde{\Phi},$$

这里 $\tilde{\Phi}$ 是自感磁通和互感磁通的总和,故

$$\tilde{\Psi}_1 = N_1\tilde{\Phi} = \tilde{\Psi}_{11} + \tilde{\Psi}_{21} = L_1\tilde{I}_1 + M_{21}\tilde{I}_2,$$

$$\tilde{\Psi}_2 = N_2\tilde{\Phi} = \tilde{\Psi}_{22} + \tilde{\Psi}_{12} = L_2\tilde{I}_2 + M_{12}\tilde{I}_1,$$

式中 $L_1$、$L_2$、$M_{21}$、$M_{12}$ 为原、副线圈的自感和互感,$\tilde{I}_1$、$\tilde{I}_2$ 分别为两线圈中的电流.$\tilde{\Psi}_1$ 和 $\tilde{\Psi}_2$ 在两线

---

① 有了前三点假设,变压器的能量转化效率即可达100%.但实际中这三个条件不可能完全满足,只能近似地成立.也就是说,实际上只可能是由于漏磁、铜损、铁损引起的阻抗比起原、副线圈的感抗小得多,从而它们可以忽略.所以上述前三个条件包含着第(4)个条件,即变压器原、副线圈的感抗必须足够大.

② 如果用 7.4.7 节中引进的概念来说,就是 $A$、$D$ 为两线圈的同名端.

圈内产生的电动势分别为

$$\tilde{\mathscr{E}}_{AB}=-\frac{\mathrm{d}\,\tilde{\Psi}_1}{\mathrm{d}t}=-\mathrm{j}\omega\,\tilde{\Psi}_1=-\mathrm{j}\omega N_1\,\tilde{\Phi}$$

$$=-\mathrm{j}\omega L_1\,\tilde{I}_1-\mathrm{j}\omega M_{21}\tilde{I}_2,$$

$$\tilde{\mathscr{E}}_{DC}=-\frac{\mathrm{d}\,\tilde{\Psi}_2}{\mathrm{d}t}=-\mathrm{j}\omega\,\tilde{\Psi}_2=-\mathrm{j}\omega N_2\,\tilde{\Phi}$$

$$=-\mathrm{j}\omega L_2\,\tilde{I}_2-\mathrm{j}\omega M_{12}\tilde{I}_1.$$

因为我们已忽略了各种损耗,两线圈的阻抗都是纯电感性的,这里没有有功电阻 $r$,故它们都可看作是没有内阻的电源,其端电压$\tilde{U}_{AB}$和$\tilde{U}_{DC}$分别等于内部电动势$\tilde{\mathscr{E}}_{AB}$和$\tilde{\mathscr{E}}_{DC}$的负值,即

$$\tilde{U}_{AB}=-\tilde{\mathscr{E}}_{AB},\quad \tilde{U}_{DC}=-\tilde{\mathscr{E}}_{DC}.$$

我们定义变压器的输入和输出电压分别为

$$\tilde{U}_1=\tilde{U}_{AB},\quad \tilde{U}_2=\tilde{U}_{CD}=-\tilde{U}_{DC},$$

因此①

$$\tilde{U}_1=-\tilde{\mathscr{E}}_{AB}=\mathrm{j}\omega N_1\,\tilde{\Phi}=\mathrm{j}\omega L_1\,\tilde{I}_1+\mathrm{j}\omega M_{21}\tilde{I}_2,\tag{7.112}$$

$$\tilde{U}_2=\tilde{\mathscr{E}}_{DC}=-\mathrm{j}\omega N_2\,\tilde{\Phi}=-\mathrm{j}\omega L_2\,\tilde{I}_2-\mathrm{j}\omega M_{12}\tilde{I}_1.\tag{7.113}$$

式(7.112)的前半部表明,$\tilde{\Phi}$完全由$\tilde{U}_1$所决定.以上两式相除,得

$$\frac{\tilde{U}_1}{\tilde{U}_2}=-\frac{N_1}{N_2}.\tag{7.114}$$

这便是理想变压器的电压变比公式,式中的负号表示$\tilde{U}_2$的相位与$\tilde{U}_1$相差 π.

在推导电流变比公式之前,我们先看一个演示实验.如图 7-61 所示,在变压器原线圈的回路中串联一个白炽灯 EL(设其电阻与原线圈的感抗相比可忽略),在副线圈的回路中把两个白炽灯 $EL_1$、$EL_2$ 并联起来作为负载,每个白炽灯有自己的开关 $S_1$ 和 $S_2$.起初,

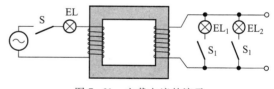

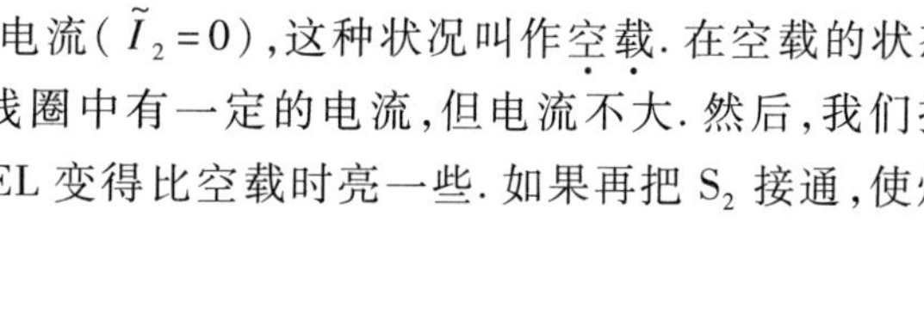

图 7-61　空载电流的演示

我们先把 $S_1$ 和 $S_2$ 全都断开,这时副线圈中没有电流($\tilde{I}_2=0$),这种状况叫作空载.在空载的状态下接通原线圈,这时灯 EL 微微发红,它表示原线圈中有一定的电流,但电流不大.然后,我们把 $S_1$ 接通,灯 $EL_1$ 亮了.与此同时我们会发现,灯 EL 变得比空载时亮一些.如果再把 $S_2$ 接通,使灯 $EL_2$ 也亮起来,就会发现灯 EL 变得更亮.

① 式(7.112)和式(7.113)可以用 7.4.7 节讲的包括互感的基尔霍夫定律直接得到,看过该节的读者可作为练习,自行推导.

上述实验表明，即使在空载的情况下，原线圈中也有一定的电流．这个电流叫作空载电流，我们用$\tilde{I}_0$代表它．令式(7.112)中的$\tilde{I}_2=0$，$\tilde{I}_1=\tilde{I}_0$，立即得到

$$\tilde{I}_0=\frac{\tilde{U}_1}{\mathrm{j}\omega L_1}=\frac{N_1\tilde{\Phi}}{L_1}. \tag{7.115}$$

式(7.115)表明，空载电流$\tilde{I}_0$由输入电压$\tilde{U}_1$和原线圈的自感$L_1$决定，它的作用是在磁芯内产生一定大小的磁通量$\tilde{\Phi}$，故$\tilde{I}_0$也叫作励磁电流．由于$L_1$很大，所以$\tilde{I}_0$不大．

现在再看有负载电流($I_2\neq 0$)的情形．在式(7.112)中用$\mathrm{j}\omega L_1\tilde{I}_0$代表左端的$\tilde{U}_1$，移项后得

$$\mathrm{j}\omega L_1(\tilde{I}_1-\tilde{I}_0)=-\mathrm{j}\omega M_{21}\tilde{I}_2.$$

上式表明，这时$\tilde{I}_1\neq\tilde{I}_0$．令$\tilde{I}_1'=\tilde{I}_1-\tilde{I}_0$，$\tilde{I}_1'$代表由于存在负载电流$\tilde{I}_2$后原线圈中增加的电流，其作用是抵消$\tilde{I}_2$的磁通量．于是

$$\mathrm{j}\omega L_1\tilde{I}_1'=-\mathrm{j}\omega M_{21}\tilde{I}_2,$$

或

$$\frac{\tilde{I}_1'}{\tilde{I}_2}=-\frac{M_{21}}{L_1}. \tag{7.116}$$

这就是说，$\tilde{I}_1'$是与$\tilde{I}_2$成正比的．上述实验中当$\mathrm{EL}_1$和$\mathrm{EL}_2$两灯都亮时(即$\tilde{I}_2$较大时)，灯 EL 更亮(即$\tilde{I}_1=\tilde{I}_0+\tilde{I}_1'$变大)，就是这个道理．由于原线圈电流中的$\tilde{I}_1'$这部分电流与负载电流$\tilde{I}_2$成正比地同生同灭，所以有时人们叫它作负载电流“反射”到原线圈中的电流．由 5.3.2 节末的讨论中可以看出，在无漏磁的条件下(理想变压器是符合这一条件的)，$L_1/M_{12}=N_1/N_2$．又因$M_{21}=M_{12}$[见式(5.19)]，故$M_{21}/L_1=M_{12}/L_1=N_2/N_1$，于是式(7.116)化为

$$\frac{\tilde{I}_1'}{\tilde{I}_2}=-\frac{N_2}{N_1}. \tag{7.117}$$

这就是反射电流与负载电流变比公式，负号反映$\tilde{I}_1'$和$\tilde{I}_2$产生的磁通量相反．通常在接近满载(即$\tilde{I}_2$接近额定电流)的情况下$\tilde{I}_1'$比励磁电流$\tilde{I}_0$大得多，$\tilde{I}_1=\tilde{I}_0+\tilde{I}_1'\approx\tilde{I}_1'$．这时式(7.117)也可近似写为

$$\frac{\tilde{I}_1}{\tilde{I}_2}\approx-\frac{N_2}{N_1}. \tag{7.118}$$

根据理想变压器的条件(4)，$L_1\to\infty$，由式(7.115)可见，$\tilde{I}_0\to 0$，故$\tilde{I}_1=\tilde{I}_1'$，式(7.118)严格成立．所以式(7.118)叫作理想变压器的电流变比公式，式(7.117)或式(7.118)中的负号表示反射电流$\tilde{I}_1'$或$\tilde{I}_1$的相位与负载中的电流$\tilde{I}_2$相位差为 π．

由图 7-60 可以看到，$\tilde{U}_2=\tilde{U}_{CD}$既是副线圈上的端电压，又是负载阻抗$\tilde{Z}_l$上的电压降，即

$$\tilde{U}_2=\tilde{I}_2\tilde{Z}_l. \tag{7.119}$$

若负载阻抗$\tilde{Z}_l$为纯电阻性的(即$\tilde{Z}_l$为实数)，则$\tilde{I}_2$的相位与$\tilde{U}_2$一致，即在副线圈回路中$\tilde{I}_2$是有

功电流.另一方面理想变压器的电压和电流的变比公式表明,$\tilde{U}_1$与$\tilde{U}_2$、$\tilde{I}_1$与$\tilde{I}_2$之间的相位都差π,从而$\tilde{I}_1$与$\tilde{U}_1$的相位也是一致的,即在原线圈回路中的反射电流$\tilde{I}_1$也是有功电流.从而在两个回路中的有功功率分别为

$$P_{有功1}=U_1I_1,\quad P_{有功2}=U_2I_2$$

利用变比公式(7.114)、式(7.117)立即可以证明

$$P_{有功1}=P_{有功2}. \tag{7.120}$$

这表明,当副线圈回路2中消耗了功率$P_{有功2}$的同时,从原线圈回路1看起来,其中也消耗了等量的功率$P_{有功1}$.实际上$P_{有功1}$并未真正消耗在回路1中,而是通过磁场的耦合,传递到回路2中去了,回路2中消耗的功率$P_{有功2}$正来源于此.在理想变压器中假设没有损耗,所以能量可以从回路1全部传递到回路2中去.式(7.120)正反映了这一情况.

### *7.8.3　输入和输出等效电路

输入电压$\tilde{U}_1$与反射电流$\tilde{I}_1'$之比叫作反射阻抗或折合阻抗,用$\tilde{Z}_l'$表示它,则有

$$\tilde{Z}_l'=\frac{\tilde{U}_1}{\tilde{I}_1'}. \tag{7.121}$$

反射阻抗的物理意义如下:从变压器的输入端看过去,实际电路图7-62(a)中的阴影内那部分等效于图7-62(b)或(c)中阴影内的电路,其中(b)考虑了励磁电流,(c)中忽略了励磁电流.在忽略了励磁电流的情况下,等效电路就是一个阻抗为$\tilde{Z}_l'$的负载直接连到电源两端,显然这时等效电路中的电流$\tilde{I}_1$就等于实际电路(a)中的$\tilde{I}_1'$,若考虑励磁电流,还需如电路(b)那样在等效电路中并联一个自感$L_1$,这时通过$L_1$的电流等于实际电路中的励磁电流$\tilde{I}_0$,从而总电流等于$\tilde{I}_1=\tilde{I}_0+\tilde{I}_1'$.这样,就使原线圈所在的电路大大简化了.

把变比公式(7.114)、(7.117)代入式(7.121),并考虑到式(7.119),立即得到

$$\tilde{Z}_l'=\left(\frac{N_1}{N_2}\right)^2\frac{\tilde{U}_2}{\tilde{I}_2}=\left(\frac{N_1}{N_2}\right)^2\tilde{Z}_l. \tag{7.122}$$

式(7.122)表明,反射阻抗的大小$\tilde{Z}_l'$是负载阻抗$\tilde{Z}_l$的$\left(\frac{N_1}{N_2}\right)^2$倍,或者说,负载阻抗“反射”,到变压器的原线圈回路中去,要乘一个折合因子$\left(\frac{N_1}{N_2}\right)^2$.从这种意义上说,变压器可起到变换阻抗的作用.

图7-62(b)、(c)是从变压器的输入端看过去的等效电路,所以叫作变压器的输入等效电路.我们也可以从变压器的输出端看回来,这样就会得到另一个等效电路——变压器的输出等效电路.图7-63(a)是实际电路图,从输出端看回来,图7-63(a)中阴影内的部分可用图7-63(b)中阴影内的等效电源来代替.设实际电源的电动势和内阻为$\tilde{\mathscr{E}}$和$r$,输出等效电路中等效电源的电动势和内阻为$\tilde{\mathscr{E}}'$和$r'$.$\tilde{\mathscr{E}}'$、$r'$和$\tilde{\mathscr{E}}$、$r$的关系可推导如下.首先假设副线圈回路2是断开的(即$\tilde{Z}_l=\infty$,$\tilde{I}_2=0$,$\tilde{I}_1=\tilde{I}_0$),这时从等效电路图7-63(b)看来,$\tilde{U}_2$应等于电动势$\tilde{\mathscr{E}}'$,而从实际的原线圈回路1看来,$\tilde{U}_1=\tilde{\mathscr{E}}-\tilde{I}_0r$,所以

$$\tilde{\mathscr{E}}'=\tilde{U}_2=-\frac{N_2}{N_1}\tilde{U}_1=-\frac{N_2}{N_1}(\tilde{\mathscr{E}}-\tilde{I}_0r). \tag{7.123}$$

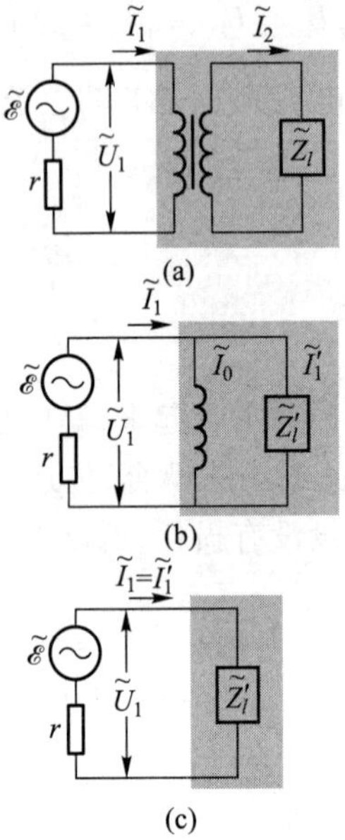


图 7-62　变压器的输入等效电路

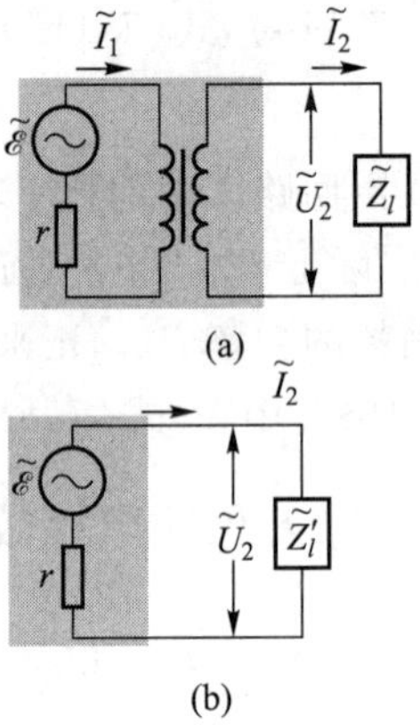


图 7-63　变压器的输出等效电路

在励磁电流 $\tilde{I}_0$ 可忽略的情况下，

$$\tilde{\mathscr{E}}'\approx-\frac{N_2}{N_1}\tilde{\mathscr{E}}. \tag{7.124}$$

在有负载的情况下，

$$\tilde{U}_2=\tilde{\mathscr{E}}'-\tilde{I}_2r',\quad \tilde{U}_1=\tilde{\mathscr{E}}-\tilde{I}_1r=\tilde{\mathscr{E}}-\tilde{I}_0r-\tilde{I}_1'r.$$

利用电压变比公式(7.114)可得

$$\tilde{\mathscr{E}}'-\tilde{I}_2r'=-\frac{N_2}{N_1}(\tilde{\mathscr{E}}-\tilde{I}_0r-\tilde{I}_1'r).$$

利用式(7.123)，上式左端的 $\tilde{\mathscr{E}}'$ 和右端的 $-\frac{N_2}{N_1}(\tilde{\mathscr{E}}-\tilde{I}_0r)$ 刚好可以消掉，于是

$$-\tilde{I}_2r'=\frac{N_2}{N_1}\tilde{I}_1'r,$$

再利用电流变比公式(7.117)得到

$$r'=\left(\frac{N_2}{N_1}\right)^2r, \tag{7.125}$$

式(7.124)表明，电源电动势"反射"到变压器的副线圈回路中去，要乘一个折合因子 $-\frac{N_2}{N_1}$（负号表示相位相反），式(7.125)表明内阻则需乘折合因子 $\left(\frac{N_2}{N_1}\right)^2$.

## *7.8.4　阻抗的匹配

在 3.2.4 节曾说明，当外电路的负载电阻 $R$ 与电源内阻相等时，输出到负载的功率最大. $R=r$ 的条件叫作**匹配条件**.

在无线电电路中常遇到这样的情况，即负载的阻抗与电源的内阻很不匹配，这时可用变压器来耦合，通过变压器的反射作用,使负载阻抗和电源内阻匹配起来. 下面我们看一个例题.

[**例题**]　如图 7-64 所示,信号源电动势$\mathscr{E}=6\ \mathrm{V}$,内阻 $r=100\ \Omega$,扬声器的电阻 $R=8\ \Omega$,(1)计算直接把扬声器接在信号源上时的输出功率. (2)若用 $N_1=300$ 匝、$N_2=100$ 匝的变压器耦合,输出功率多少?

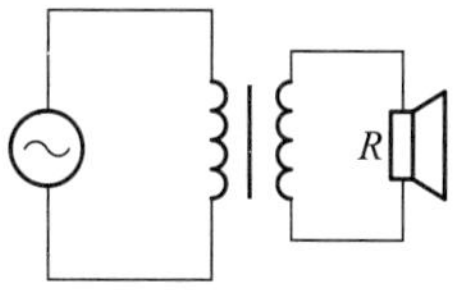

图 7-64　例题—扬声器通过输出变压器达到与电源匹配

[**解**]　(1) 直接把扬声器接在信号源上时,输出功率为

$$\overline{P}=\left(\frac{\mathscr{E}}{R+r}\right)^2 R=\left(\frac{6\ \mathrm{V}}{8\ \Omega+100\ \Omega}\right)^2\times 8\ \Omega=25\ \mathrm{mW}.$$

(2) 通过变压器耦合时的输出功率可利用变压器的输入等效电路或输出等效电路来计算.

在输入等效电路中看来,扬声器的反射阻抗为

$$R'=\left(\frac{N_1}{N_2}\right)^2 R=\left(\frac{300}{100}\right)^2\times 8\ \Omega=72\ \Omega.$$

从而输出功率为

$$\overline{P}=\left(\frac{\mathscr{E}}{R'+r}\right)^2 R'=\left(\frac{6\ \mathrm{V}}{72\ \Omega+100\ \Omega}\right)^2\times 72\ \Omega=88\ \mathrm{mW}.$$

在输出等效电路中看来,等效信号源的电动势和内阻分别为

$$\mathscr{E}'=\frac{N_2}{N_1}\mathscr{E}=\frac{100}{300}\times 6\ \mathrm{V}=2\ \mathrm{V},$$

$$r'=\left(\frac{N_2}{N_1}\right)^2 r=\left(\frac{100}{300}\right)^2\times 100\ \Omega=11.1\ \Omega,$$

从而输出功率为

$$\overline{P}=\left(\frac{\mathscr{E}'}{R+r'}\right)^2 R=\left(\frac{2\ \mathrm{V}}{8\ \Omega+11.1\ \Omega}\right)^2\times 8\ \Omega=88\ \mathrm{mW}.$$

两种计算结果一致.

上面这个例题表明,原来扬声器的电阻与信号源内阻(8 Ω 与 100 Ω)相差甚远,很不匹配,若直接接上,则输出功率较小(25 mW). 若经变压器耦合,无论从输入等效电路还是从输出等效电路看来,负载阻抗与电源内阻(72 Ω 与 100 Ω 或 8 Ω 与 11 Ω)都比较接近,输出功率就大多了(88 mW).

## 7.8.5　变压器的用途

在电力工程和无线电技术中广泛地使用变压器,其主要用途就是变电压、变电流、变阻抗以及电路间的耦合. 下面我们选择其中重要的作些简单介绍.

(1) 电力变压器

在输电线中的焦耳损耗正比于电流的平方. 远距离输电时,就需要用变压器升高电压以减小电流. 发电机的输出电压一般是 6~10 kV,通常根据输电距离的远近,用大型电力变压器将电压升高到 35 kV、110 kV、220 kV 等高压. 电流经高压线传送到企业用户时,再用降压变压器把电压降到几百伏,以保证用电的安全(图 7-65).

(2) 电源变压器

各种无线电电子设备中往往需要各种不同的电压:例如供电子管灯丝的电压要用 6.3 V,它的极板电压要用 300 V. 通常都用电源变压器将 220 V 的市电变到各种需要的电压.

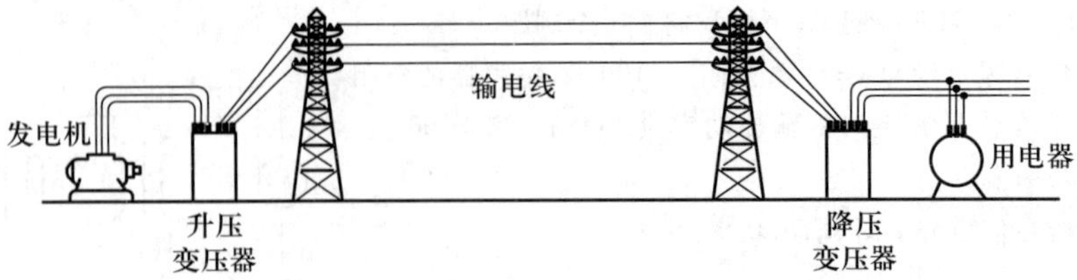

图 7-65　输电系统示意图

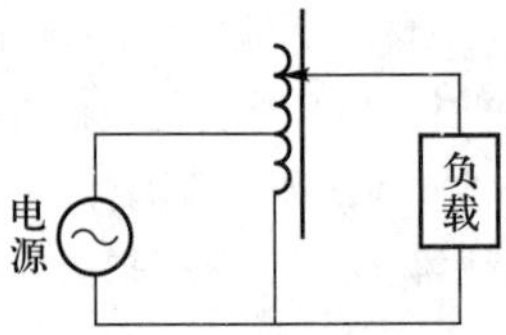

图 7-66　调压变压器

(3) 耦合变压器

无线电电路中常常使用各种耦合变压器来作级间耦合,收音机中的输入变压器、输出变压器、高频变压器、中周变压器,都属于这一类,它们的作用是多方面的,上面介绍的输出变压器在阻抗匹配方面的作用就是一例.

(4) 调压变压器(自耦变压器)

在生产或科研中常常需要在一定范围内连续调节交流电压,这种用途的变压器叫作调压变压器,调压变压器通常做成自耦式的,其结构如图 7-66 所示,只有一个绕组,电源加在其中的一段上,负载通过滑动头接在另一段上.改变滑动头的位置,就可得到不同的电压输出.

## 思　考　题

**7.8-1**　按照变压器的变比公式,只要 $N_2=\frac{N_1}{2}$,就可把 220 V 的交流电压变为 110 V,同时把电流增大一倍,那么匝数采用很少(譬如 $N_2=2$ 匝,$N_1=1$ 匝)为什么不行呢?

**7.8-2**　变压器中原线圈中的电流 $\tilde{I}_1$,(包括励磁电流)和副线圈中的电流 $\tilde{I}_2$ 相位差在什么范围内?若如题图所示将两线圈绕在同一磁棒上,它们之间有吸引力还是排斥力?

**7.8-3**　在竖立的铁芯上绕有线圈,在它上面套一个铝环,如题图所示.当把线圈两端接到适当的交流电源上时,铝圈便立刻跳起来.试说明这一现象.

**7.8-4**　定性地解释一下,为什么铁芯中的涡流损耗反映在电路中相当于一个有功电阻 $r$,且铁芯的电阻率越小则 $r$ 越大.

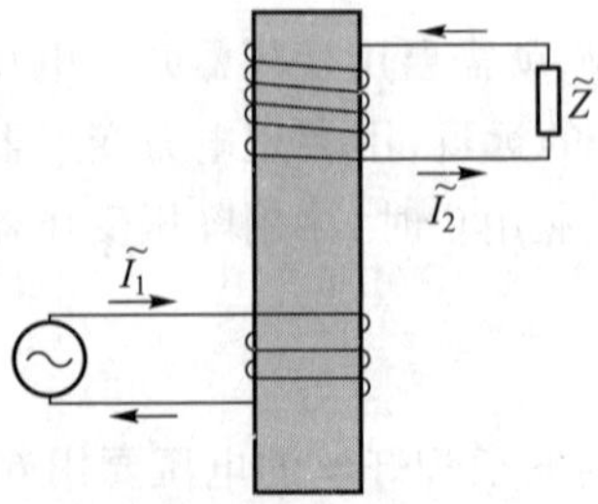

思考题 7.8-2 图

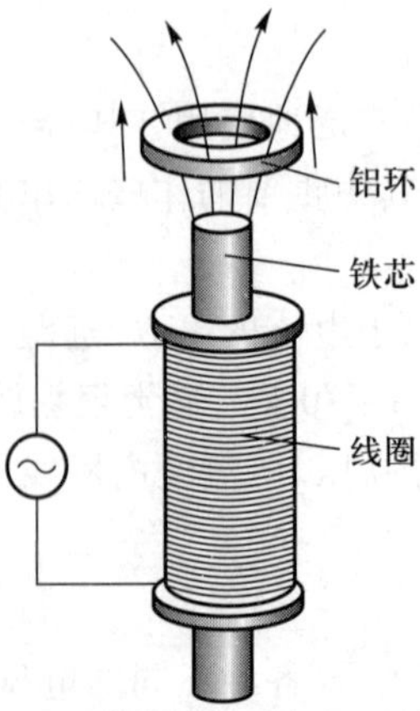

思考题 7.8-3 图

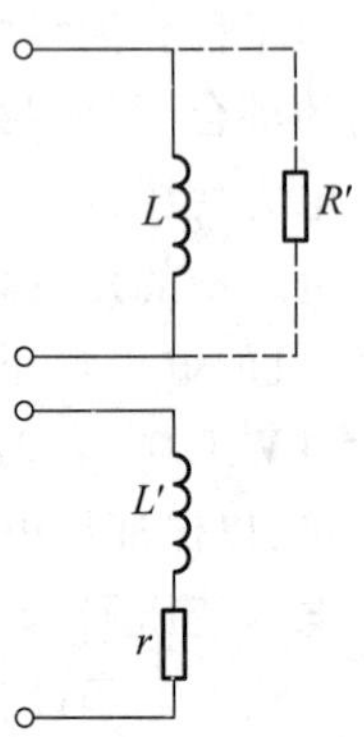

思考题 7.8-4 图

[答:利用变压器输入等效电路的概念来说明:涡流的流管可看成是“变压器”的“副线圈”,它的电阻 $R$ 反射到“原线圈”中,相当于在原线圈的电感 $L$ 上并联一个折合电阻 $R'$,$R'$与 $R$ 成正比,见题图(a).变换到串联式等效电路,见题图(b),则有功电阻 $r=\dfrac{(\omega L)^2R'}{(R')^2+(\omega L)^2}$.当铁芯的电阻率较大,$R'\gg\omega L$ 时,$r\approx\dfrac{(\omega L)^2}{R'}\propto\dfrac{1}{R'}$.]

## 习　题

**7.8-1** 将一个输入 220 V、输出 6.3 V 的变压器改绕成输入 220 V、输出 30 V 的变压器,现拆出次级线圈,数出圈数是 38 匝,应改绕成多少匝?

**7.8-2** 有一变压器能将 100 V 升高到 3 300 V.将一导线绕过其铁芯,两端接在伏特计上(见题图).此伏特计的读数为 0.5 V,问变压器二绕组的匝数(设变压器是理想的).

**7.8-3** 理想变压器匝数比$\dfrac{N_2}{N_1}=10$,交流电源电压为 110 V,负载 1.0 kΩ,求两线圈中的电流.

**7.8-4** 某电源变压器的原线圈是 660 匝,接在电压为 220 V 的电源上,问:

(1) 要在三个副线圈上分别得到 5.0 V、6.3 V 和 350 V 的电压,三个副线圈各应绕多少匝?

(2) 设通过三个副线圈的电流分别是 3.0 A、3.0 A 和 280 mA,通过原线圈的电流是多少?

**7.8-5** 如题图所示,输出变压器的次级有中间抽头,以便接 3.5 Ω 的扬声器或接 8 Ω 的扬声器都能使阻抗匹配,次级线圈两部分匝数之比$\dfrac{N_1}{N_2}$应为多少?

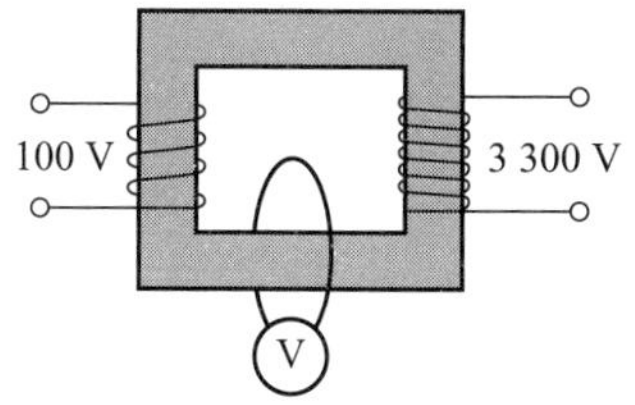


习题 7.8-2 图

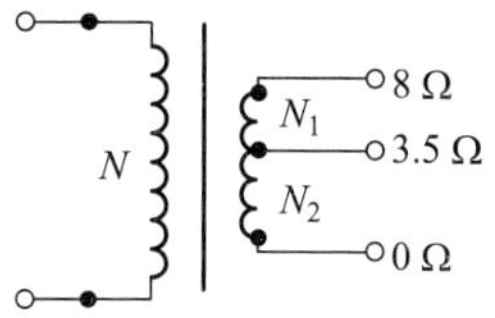


习题 7.8-5 图

**7.8-6** 把电阻 $R=8$ Ω 的扬声器,接于输出变压器的次级两端.设变压器的原线圈$N_1=500$ 匝,副线圈 $N_2=100$ 匝.

(1) 试求扬声器的折合电阻;

(2) 如果变压器的原线圈接在电动势 $\mathscr{E}=10$ V,内阻 $r=250$ Ω 的信号源上,试求输出到扬声器的功率;

(3) 若不经过输出变压器,而直接把扬声器接在信号源上,试求此时输送到扬声器的功率.

**7.8-7** 一单相变压器铭牌上标明额定容量为 10 kV · A,电压为 3 300/220 V.

(1) 今欲在副线圈电路上接 40 W、220 V 的电灯,要求变压器在额定状态下运行,试问可接多少盏这样的电灯?原、副线圈的额定电流为多少?

(2) 如果同一变压器,在副线圈上接功率因数为 0.44 的 220 V、40 W 的日光灯,问变压器在额定状态下运行时,可以接多少盏这样的日光灯?

**7.8-8** 若需绕制一个电源变压器,接 220 V、50 C 的输入电压,要求有 40 V 和 6 V 的两组输出电压,试问原线圈及两组副线圈的匝数.已知铁芯的截面积为 8 $cm^2$,最大磁感应强度 $B_M$ 选取 12 000 Gs.

**7.8-9** 在可控硅的控制系统中常用到 $RC$ 移相电桥电路(见题图),电桥的输入电压由变压器次级提供,输出电压从变压器中心抽头 $O$ 和 $D$ 之间得到.试证明输出电压 $\tilde{U}_{OD}$的相位随 $R$ 改变,但其大小保持不变.

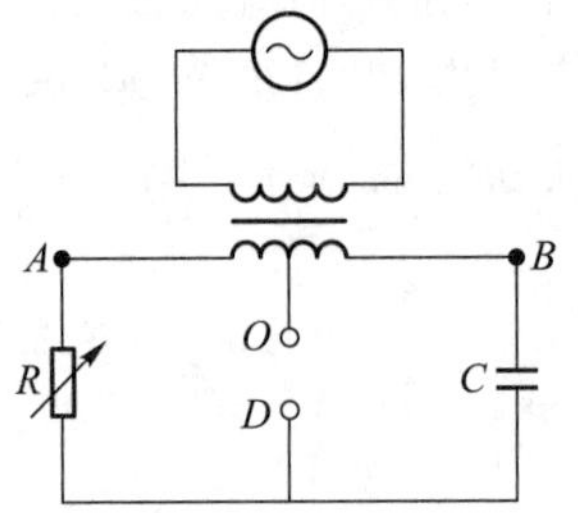


习题 7.8-9 图

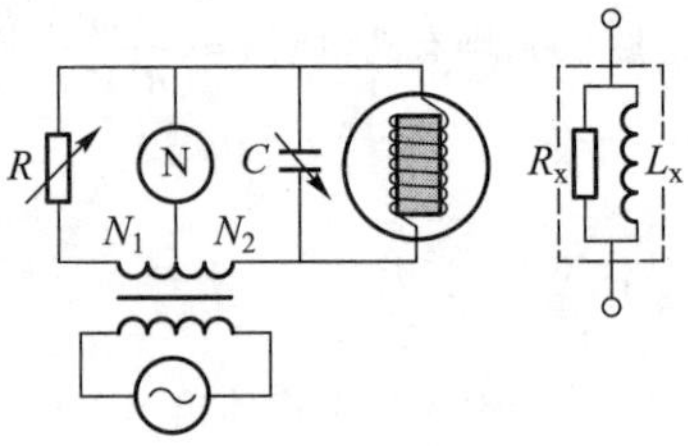


习题 7.8-10 图

**7.8-10** 导纳电桥的原理性电路如题图所示,其中两个臂 1 和 2 是有抽头的变压器副线圈,电源通过这变压器耦合起来.另外两个臂一个是电阻 $R$,一个是电容 $C$ 和待测电感元件的并联,$R$ 和 $C$ 都是可调的.试证明,电桥平衡达到时,待测电感元件的 $Q$ 值可通过下式算出:

$$Q=\frac{N_2}{N_1}\omega CR,$$

其中 $N_1$、$N_2$ 分别是 1、2 两臂的匝数.

# § 7.9 三相交流电

## 7.9.1 什么是三相交流电　相电压与线电压

在电力工程中广泛地使用三相交流电,其优越性将在本节后面提到.为了说明什么是三相交流电,我们先看看它是怎样产生的.

图 7-67(a)是一个三相交流发电机的示意图,其中 $AX$、$BY$、$CZ$ 是三个在结构上完全相同的线圈,它们排列在圆周上的位置彼此差 $2\pi/3$(即 120°)的角度.当磁铁 NS 以匀角速 $\omega$ 旋转时,每个线圈内产生一个交变电动势,它们的幅值 $\mathscr{E}_0$(或有效值 $\mathscr{E}=\mathscr{E}_0/\sqrt{2}$)和角频率 $\omega$ 都相同,但相位彼此差 $2\pi/3$.因此它们的瞬时值及其复数表示可分别写成:

$$\left.\begin{aligned}e_{AX}(t)&=\mathscr{E}_0\cos\omega t,\\e_{BY}(t)&=\mathscr{E}_0\cos\left(\omega t-\frac{2\pi}{3}\right),\\e_{CZ}(t)&=\mathscr{E}_0\cos\left(\omega t+\frac{2\pi}{3}\right);\end{aligned}\right\}\quad\left.\begin{aligned}\tilde{\mathscr{E}}_{AX}&=\mathscr{E}_0\mathrm{e}^{\mathrm{j}\omega t},\\\tilde{\mathscr{E}}_{BY}&=\mathscr{E}_0\mathrm{e}^{\mathrm{j}\left(\omega t-\frac{2\pi}{3}\right)},\\\tilde{\mathscr{E}}_{CZ}&=\mathscr{E}_0\mathrm{e}^{\mathrm{j}\left(\omega t+\frac{2\pi}{3}\right)}.\end{aligned}\right\}\tag{7.126}$$

瞬时值随时间变化的情况,参见图 7-67(b).这种频率相同而相位彼此差 $2\pi/3$ 的三个交流电,叫作**三相交流电**,或简称**三相电**.产生三相电的每个线圈叫作一**相**.

三相电源本来具有 $A$、$X$、$B$、$Y$、$C$、$Z$ 六个接头,但在实际中总是如图 7-67(a)所示那样,把 $X$、$Y$、$Z$ 三个接头短接在一起,引出一个公共接头 $O$.这样一来,输出的引线共有四根:从 $A$、$B$、$C$ 引出的三根导线,叫作**端线**,从公共点 $O$ 引出的导线叫作**中线**.这种连接,叫作**三相四线制**.实际中还常常使中线接地,只保留三根端线作为输出的引线,这叫作**三相三线制**.

在三相电中,各端线与中线间的电压 $\tilde{U}_{AO}$、$\tilde{U}_{BO}$、$\tilde{U}_{CO}$,即三相发电机各相的路端电压,叫作**相电**

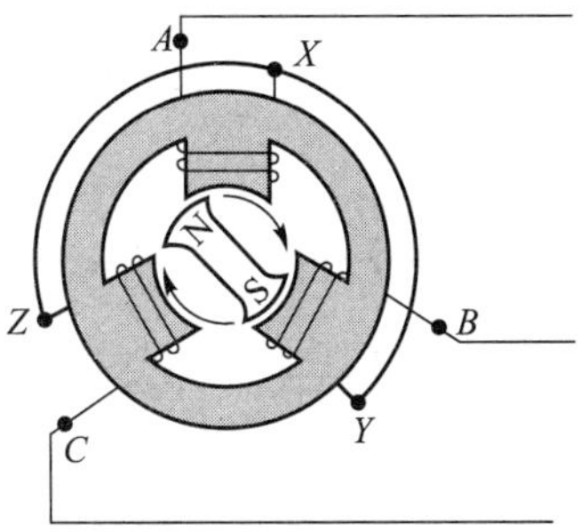

(a) 三相交流发电机示意图

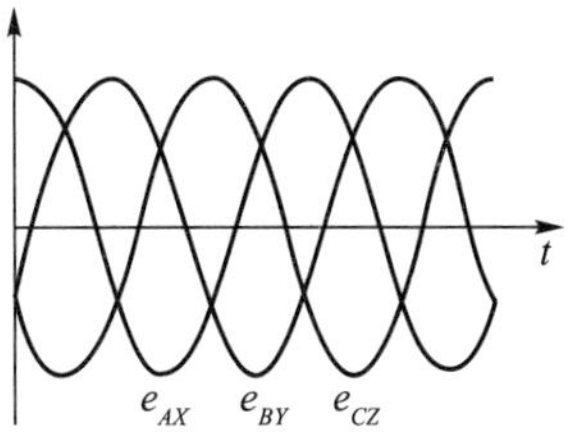

(b) 三相电波形曲线

图 7-67　三相电的产生

压. 在发电机内阻可以忽略的情况下,相电压就等于各相中的电动势:$\tilde{U}_{AO}=\tilde{\mathscr{E}}_{AX}$,$\tilde{U}_{BO}=\tilde{\mathscr{E}}_{BY}$,$\tilde{U}_{CO}=\tilde{\mathscr{E}}_{CZ}$,因此它们的有效值相等(用 $U_{\varphi}$ 表示),相位彼此差 $2\pi/3$.

各端线彼此间的电压 $\tilde{U}_{AB}$,$\tilde{U}_{BC}$、$\tilde{U}_{CA}$ 叫作线电压. 它们与相电压的关系为

$$\left.\begin{aligned}\tilde{U}_{AB}&=\tilde{U}_{AO}-\tilde{U}_{BO},\\\tilde{U}_{BC}&=\tilde{U}_{BO}-\tilde{U}_{CO},\\\tilde{U}_{CA}&=\tilde{U}_{CO}-\tilde{U}_{AO}.\end{aligned}\right\}$$

根据矢量的减法,如果用 $\overrightarrow{OA}$、$\overrightarrow{OB}$、$\overrightarrow{OC}$ 代表相电压 $\tilde{U}_{AO}$、$\tilde{U}_{BO}$、$\tilde{U}_{CO}$,则矢量 $\overrightarrow{BA}$、$\overrightarrow{CB}$、$\overrightarrow{AC}$ 就代表线电压 $\tilde{U}_{AB}$、$\tilde{U}_{BC}$、$\tilde{U}_{CA}$(参看电压矢量图 7-68),因为 $OA=OB=OC$(令它们等于相电压的有效值 $U_{\varphi}$),$\overrightarrow{OA}$、$\overrightarrow{OB}$、$\overrightarrow{OC}$ 三个矢量彼此间的夹角都是 $2\pi/3$,所以 $\triangle ABC$ 为一等边三角形. 由矢量图 7-68 中的几何关系可以证明,$AB=BC=CA=\sqrt{3}\,OA$(请读者自己证明). 这就是说,三个线电压的有效值也彼此相等(用 $U_l$ 表示),它们都等于相电压有效值 $U_{\varphi}$ 的 $\sqrt{3}$ 倍:

$$U_l=\sqrt{3}\,U_{\varphi}. \tag{7.127}$$

通常在车间或实验室中三相交流电源的线电压是380 V(有效值),从而相电压是 380 V/$\sqrt{3}$=220 V(有效值).

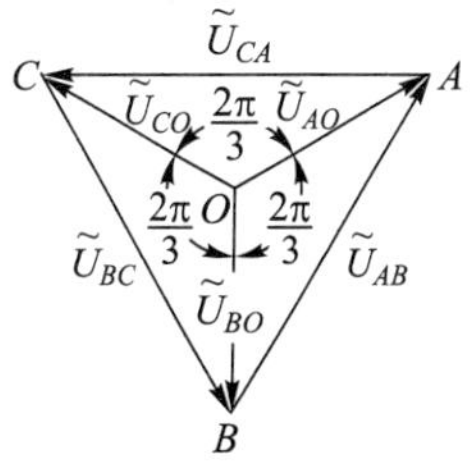

图 7-68　三相电压的矢量图

从电压矢量图 7-68 还可看出,代表三个线电压的矢量 $\overrightarrow{BA}$、$\overrightarrow{CB}$、$\overrightarrow{AC}$ 彼此间的夹角也都是 $2\pi/3$,这表明,三个线电压的相位也彼此差 $2\pi/3$.

### 7.9.2　三相电路中负载的连接

在三相电路中,负载(用电器)的连接有两种方式.

(1) 星形连接(Y 连接)

如图 7-69,在三相四线制中每根端线与中线之间各接一负载,这样的连接方式叫作星形连接,或Y 连接. 设各相负载的阻抗为 $\tilde{Z}_a$、$\tilde{Z}_b$、$\tilde{Z}_c$,则各相内的电流为

$$\left.\begin{aligned}\tilde{I}_a&=\frac{\tilde{U}_{ao}}{\tilde{Z}_a},\\ \tilde{I}_b&=\frac{\tilde{U}_{bo}}{\tilde{Z}_b},\\ \tilde{I}_c&=\frac{\tilde{U}_{co}}{\tilde{Z}_c}.\end{aligned}\right\}$$

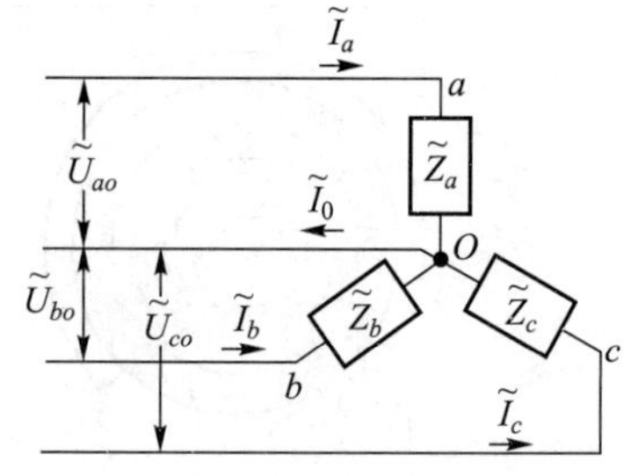

图 7-69′　三相负载的星形连接

下面分对称负载和不对称负载两种情形来讨论.

在负载是对称的情况下，$\tilde{Z}_a=\tilde{Z}_b=\tilde{Z}_c$（在 7.9.5 节中将看到，三相电动机属于这种情况），各相电流的有效值相等（$I_a=I_b=I_c=I_\varphi$），相位彼此差 $2\pi/3$，因而这时中线电流 $\tilde{I}_0=\tilde{I}_a+\tilde{I}_b+\tilde{I}_c=0$（读者试用电流矢量图来说明这一点）. 在这种情况下，中线变成多余的了，可以将它省去，改为三相三线制.

在负载不对称的情况下，中线电流 $I_0$ 将不等于 0. 然而平常在各相负载的差别不太大时，中线电流比端线电流小得多，所以中线可用较细的导线来做，但绝对不能取消或让它断开，否则各相电压失去平衡，会产生严重的后果（参见下面的例题）.

**［例题 1］**　如图 7-70，星形负载的每一相都是并联的五盏相同的电灯，其中 $a$ 相点亮了三盏，$b$ 相点亮了两盏，$c$ 相一盏也没有点亮. 求中线接通和断开两种情况下，$a$、$b$ 相的电压（已知电源的线电压为 380 V）.

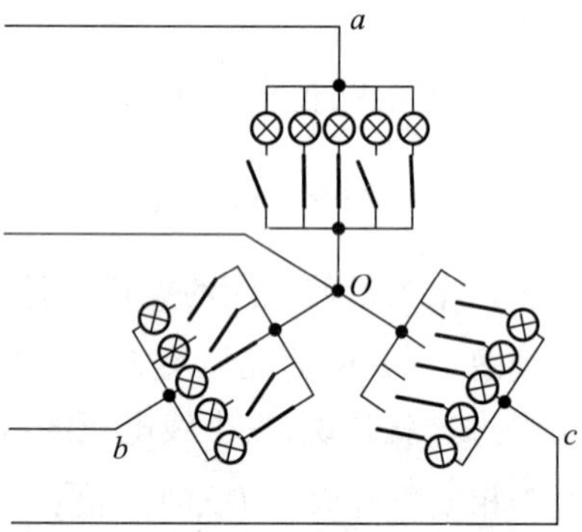

图 7-70　例题 1—三相不对称负载情形中线的作用

**［解］**　（i）中线接通的情形　这时各相负载的两端都与电源相连，相电压的大小与负载的阻抗无关，总等于电源的相电压，即 $380\text{V}/\sqrt{3}=220$ V.

（ii）中线断开的情形　这时只有端点 $a$、$b$、$c$ 与电源相连，它们两两之间的线电压维持在 380 V. 按题意 $c$ 相完全断开，这相当于 $a$、$b$ 两相串接在端线之间，从而它们的电压之和 $U_{ao}+U_{ob}=380$ V. 又因 $a$、$b$ 两相阻抗之比是 2∶3，所以电压 $U_{ao}$ 和 $U_{ob}$ 之比也是 2∶3，故

$$U_{ao}=\frac{2}{5}\times 380\ \text{V}=152\ \text{V},$$

$$U_{ob}=\frac{3}{5}\times 380\ \text{V}=228\ \text{V}.$$

它们的有效值都偏离了原来的 220 V.

日常照明用的单相交流电源，就是三相供电系统中的一相. 通常把三相电源的各个相按星形连接，分配给用电量大体相等的三组用户，所以每家用户的两根导线中，一根是端线（又叫火线），另一根是从中线引出的，中线通常接地，这引线叫作地线. 由于同一时刻各组用户用电灯或其他电器的情况不可能完全一样，所以一般说来三个相的负载是不对称的. 如果一旦中线断了，

各相的电压就会像上面例题所示那样，随着负载阻抗的不同而漂浮不定．这样，有的用户的电灯因电压不足而黯然无光，有的用户却因电压超额而损害电器．由此可见，在负载不对称的情形下，星形连接的中线是断不得的．所以保险丝和开关固然不能装在中线上，而且还要用较坚韧的钢线来做中线，以免它自行断开而造成事故．

（2）三角形连接（△连接）

如图 7-71，将负载连接在两两端线之间，这样的连接方式叫作**三角形连接**，或**△连接**．三角形连接只用于对称负载情形．在这种连接中，各相负载上的电压 $\tilde{U}_{ab}$、$\tilde{U}_{bc}$、$\tilde{U}_{ca}$ 由电源的线电压来维持，所以它们的有效值都等于 $U_l$，相位彼此差 $2\pi/3$．各相的电流为

$$\left.\begin{aligned}\tilde{I}_{ab}&=\frac{\tilde{U}_{ab}}{\tilde{Z}_{ab}},\\ \tilde{I}_{bc}&=\frac{\tilde{U}_{bc}}{\tilde{Z}_{bc}},\\ \tilde{I}_{ca}&=\frac{\tilde{U}_{ca}}{\tilde{Z}_{ca}}.\end{aligned}\right\}$$

而端线中的线电流为

$$\left.\begin{aligned}\tilde{I}_A&=\tilde{I}_{ab}-\tilde{I}_{ca},\\ \tilde{I}_B&=\tilde{I}_{bc}-\tilde{I}_{ab},\\ \tilde{I}_C&=\tilde{I}_{ca}-\tilde{I}_{bc}.\end{aligned}\right\}$$

由于负载是对称的（$\tilde{Z}_{ab}=\tilde{Z}_{bc}=\tilde{Z}_{ca}$），代表相电流的三个矢量的端点也构成一个等边三角形（参见电流矢量图 7-72），它的三边代表两两矢量之差，即线电流．所以线电流和相电流有效值的关系为

$$I_l=\sqrt{3}\,I_\varphi. \tag{7.128}$$

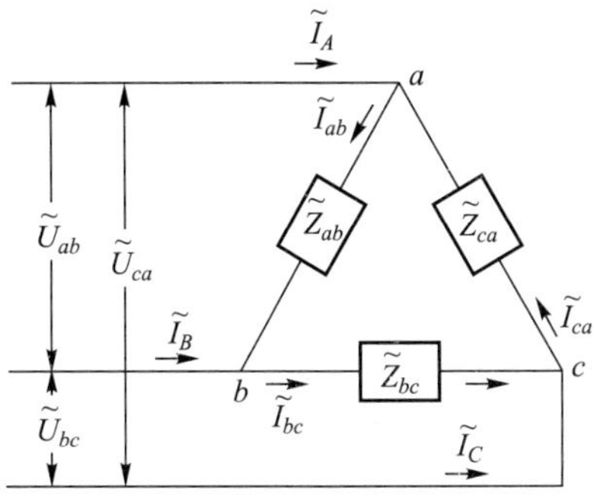


图 7-71 三相负载的三角形连接

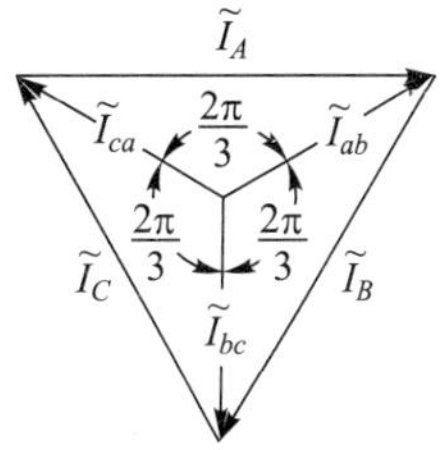


图 7-72 三相电流的矢量图

## 7.9.3 三相电功率

三相交流电的功率等于各相功率之和．在对称负载的情况下，用 $U_\varphi$、$I_\varphi$ 和 $\cos\varphi$ 代表每一相

的相电压、相电流的有效值和功率因数，则三相电路的平均功率为

$$\overline{P}=3U_\varphi I_\varphi\cos\varphi. \tag{7.129}$$

在星形连接的情况下，$U_\varphi=U_l/\sqrt{3}$，$I_\varphi=I_l$；在三角形连接的情况下，$I_\varphi=I_l/\sqrt{3}$，$U_\varphi=U_l$. 因而无论用哪种方式连接，平均功率都等于

$$\overline{P}=\sqrt{3}U_lI_l\cos\varphi. \tag{7.130}$$

应当指出的是，单相交流电的瞬时功率是随时间周期性变化的，但通过基本的三角函数运算可以证明，三相交流电的瞬时功率是不随时间变化的常量. 这是因为各相瞬时功率的高峰彼此错开，相加的结果填平补齐了.

［**例题 2**］ 试证明，以同等的线电压传输同等的功率至同等的距离，要使线路中消耗同等的焦耳热，采用三相三线制比采用单相两线制，导线的金属用量要少.

［**解**］ 设线电压为 $U$，用单相两线制时每条导线的电阻为 $R_1$，电流为 $I_1$，用三相三线制时每条导线中的电阻为 $R_3$，电流为 $I_3$（即线电流 $I_l$）. 于是用单相两线制和三相三线制传输的功率分别为

$$\overline{P}_1=UI_1\cos\varphi,\quad \overline{P}_3=\sqrt{3}UI_3\cos\varphi.$$

而线路中消耗的焦耳热分别为

$$\overline{P}'_1=2I_1^2R_1,\quad \overline{P}'_3=3I_3^2R_3.$$

依题意，$\overline{P}_1=\overline{P}_3$，$\overline{P}'_1=\overline{P}'_3$，于是

$$\frac{I_1}{I_3}=\sqrt{3},\quad \frac{R_1}{R_3}=\frac{3}{2}\left(\frac{I_3}{I_1}\right)^2.$$

即

$$\frac{R_1}{R_3}=\frac{3}{2}\times\frac{1}{3}=\frac{1}{2}.$$

设导线的电阻率为 $\rho$，长度都是 $l$，横截面积分别为 $S_1$ 和 $S_3$，则

$$R_1=\frac{\rho l}{S_1},\quad R_3=\frac{\rho l}{S_3}.$$

设所有导线占用的金属总体积分别为 $V_1$ 和 $V_3$，则

$$V_1=2S_1l,\quad V_3=3S_3l,$$

则

$$\frac{V_3}{V_1}=\frac{3S_3}{2S_1}=\frac{3R_1}{2R_3}=\frac{3}{2}\times\frac{1}{2}=\frac{3}{4}=75\%.$$

由此可见，以同等的线电压 $U$ 传输同等的功率（$\overline{P}_1=\overline{P}_3$）至同等的距离 $l$，要使线路中消耗同等的焦耳热（$\overline{P}'_1=\overline{P}'_3$），采用三相三线制比采用单相两线制导线的金属耗费量可节约 25%，实际的输电网常常要把很大的功率传输到数十或数百公里以外，由于采用三相三线制，可节省下来的金属材料是十分可观的. 这便是三相电的优越性之一.

三相电的其他优越性还很多，其中之一是它能比较方便地产生一个旋转磁场，这是实际中应用最广泛的一种电动机——感应式电动机的基本组成部分. 下面就来讨论这个问题.

### 7.9.4　三相电产生旋转磁场

三相交流电产生旋转磁场的原理性装置示于图 7-73，三个相同结构的绕组 $ax$、$by$、$cz$ 排列在圆周上的位置彼此差 $2\pi/3$ 的角度. 把三相交流电通入三个绕组时，它们在中心点 $O$ 产生的磁感应强度矢量 $\boldsymbol{B}_1$、$\boldsymbol{B}_2$、$\boldsymbol{B}_3$ 的方向如图 7-73 所示，各自沿着每个绕组的轴线，而它们的数值是交变的. 因为它们的幅值相同，相位彼此差 $2\pi/3$ 所以它们的瞬时值可以表示成

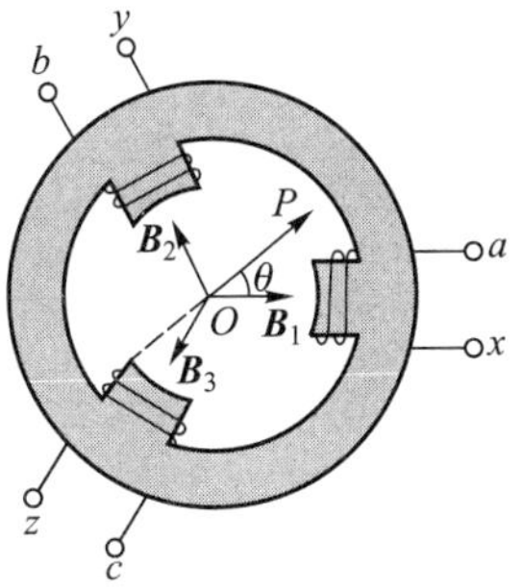

图 7-73　三相电产生旋转磁场

$$\left.\begin{aligned} &ax\text{ 绕组}:B_1=B_0\cos\omega t,\\ &by\text{ 绕组}:B_2=B_0\cos\left(\omega t-\frac{2\pi}{3}\right),\\ &cz\text{ 绕组}:B_3=B_0\cos\left(\omega t+\frac{2\pi}{3}\right).\end{aligned}\right\}\qquad(7.131)$$

在任何时刻 $t$，$O$ 点的总磁感应强度矢量 $\boldsymbol{B}$ 就是这样三个磁感应强度的矢量和.

因为 $\boldsymbol{B}_1$、$\boldsymbol{B}_2$、$\boldsymbol{B}_3$ 三个矢量的大小是随时间变化的，我们不易于预先看出在各个时刻 $t$ 总矢量 $\boldsymbol{B}$ 的方向. 用如下的方法可以解决这个困难. 从 $O$ 点出发取一任意方向 $OP$，设它与 $\boldsymbol{B}_1$ 的夹角为 $\theta$（见图 7-73），并将 $\boldsymbol{B}_1$、$\boldsymbol{B}_2$、$\boldsymbol{B}_3$ 三个矢量都投影到这个方向上. 于是总矢量 $\boldsymbol{B}$ 在这方向上的投影 $B_\theta$ 就等于 $B_{1\theta}$、$B_{2\theta}$、$B_{3\theta}$三个投影的代数和：

$$B_\theta=B_{1\theta}+B_{2\theta}+B_{3\theta}.$$

$B_\theta$ 的数值显然与 $\theta$ 有关，从 $B_\theta$ 与 $\theta$ 的函数关系中我们可以找到这样一个 $\theta$ 值，它使 $B_\theta$ 的数值最大. 这 $\theta$ 值所代表的方向就是总矢量 $\boldsymbol{B}$ 的方向，与之相对应的 $B_\theta$ 最大值就是 $\boldsymbol{B}$ 矢量的大小. 现在我们就按照这个方案来进行计算.

从图 7-73 可以看出，$\boldsymbol{B}_1$、$\boldsymbol{B}_2$、$\boldsymbol{B}_3$ 与 $OP$ 方向的夹角分别是 $\theta$、$\dfrac{2\pi}{3}-\theta$、$\dfrac{2\pi}{3}+\theta$，所以

$$\begin{aligned}B_\theta&=B_{1\theta}+B_{2\theta}+B_{3\theta}\\ &=B_1\cos\theta+B_2\cos\left(\frac{2\pi}{3}-\theta\right)+B_3\cos\left(\frac{2\pi}{3}+\theta\right)\\ &=B_0\left[\cos\omega t\cos\theta+\cos\left(\omega t-\frac{2\pi}{3}\right)\cos\left(\frac{2\pi}{3}-\theta\right)+\right.\\ &\qquad\left.\cos\left(\omega t+\frac{2\pi}{3}\right)\cos\left(\frac{2\pi}{3}+\theta\right)\right].\end{aligned}$$

利用余弦函数的和差公式，

$$\cos\omega t\cos\theta=\frac{1}{2}[\cos(\omega t+\theta)+\cos(\omega t-\theta)],$$

$$\begin{aligned}&\cos\left(\omega t-\frac{2\pi}{3}\right)\cos\left(\frac{2\pi}{3}-\theta\right)\\ &=\frac{1}{2}\left[\cos(\omega t-\theta)+\cos\left(\omega t+\theta-\frac{4\pi}{3}\right)\right],\end{aligned}$$

$$\cos\left(\omega t+\frac{2\pi}{3}\right)\cos\left(\frac{2\pi}{3}+\theta\right)$$
$$=\frac{1}{2}\left[\cos\left(\omega t+\theta+\frac{4\pi}{3}\right)+\cos\left(\omega t-\theta\right)\right],$$

考虑到其中

$$\cos\left(\omega t+\theta\pm\frac{4\pi}{3}\right)$$
$$=\cos\left(\omega t+\theta\right)\cos\frac{4\pi}{3}\mp\sin\left(\omega t+\theta\right)\sin\frac{4\pi}{3}$$
$$=-\frac{1}{2}\cos\left(\omega t+\theta\right)\pm\frac{\sqrt{3}}{2}\sin\left(\omega t+\theta\right),$$

最后得到

$$B_\theta=\frac{3}{2}B_0\cos\left(\omega t-\theta\right).$$

从上式可以看出，在 $\theta=\omega t$ 时，$B_\theta$ 最大，这时它等于$\frac{3}{2}B_0$. 这结果表明：总矢量 $\boldsymbol{B}$ 的大小为$\frac{3}{2}B_0$，在时刻 $t$ 的方向与 $\boldsymbol{B}_1$ 成夹角 $\omega t$. 这就是说，$\boldsymbol{B}$ 是一个大小不变、方向以角速度 $\omega$ 匀速旋转的矢量. 以上便是三相电产生旋转磁场的基本原理.

最后还要指出，为了得到与上述旋转方向相反（即以角速度 $-\omega$ 旋转）的磁场，只需将 $ax$、$by$、$cz$ 三绕组中任意两个的相序颠倒过来即可. 譬如将 $cz$ 接到第二相，$by$ 接到第三相，则式(7.131)变为

$$\left.\begin{aligned}&ax\text{ 绕组}:B_1'=B_0\cos\omega t=B_0\cos\left(-\omega t\right),\\&by\text{ 绕组}:B_3'=B_0\cos\left(\omega t+\frac{2\pi}{3}\right)=B_0\cos\left(-\omega t-\frac{2\pi}{3}\right),\\&cz\text{ 绕组}:B_2'=B_0\cos\left(\omega t-\frac{2\pi}{3}\right)=B_0\cos\left(-\omega t+\frac{2\pi}{3}\right).\end{aligned}\right\}\qquad(7.132)$$

其结果相当于把式(7.131)中的 $\omega$ 换为 $-\omega$，其余不变. 重复上述的推导不难证明，这时总矢量 $\boldsymbol{B}$ 是以角速度 $-\omega$ 旋转的.

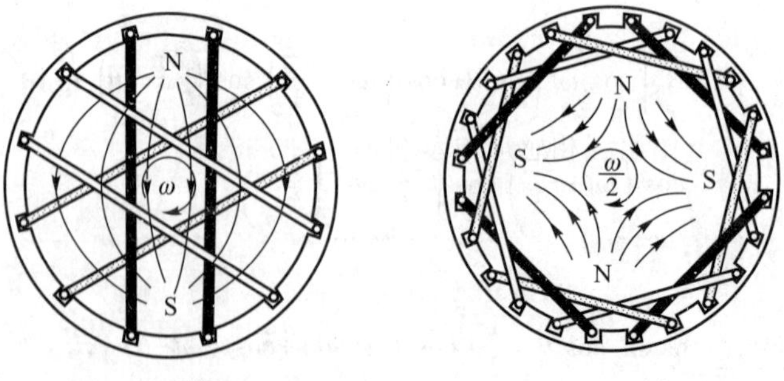


(a) 两极　　(b) 四极

图 7-74　电动机定子三相绕组示意图

实际上在感应电动机内产生旋转磁场的三相绕组并不像图 7-73 所示那样，每相只有一个线圈绕在定子上凸起的极上，而是接近图 7-74(a) 所示那样，每相有一对线圈，嵌在定子槽中，在它

们之中电流回绕方向一致,共同产生一个单相磁场①.三相合起来,效果相当于一对旋转磁极 N、S,产生一个转速等于交流电角频率 $\omega$ 的旋转磁场.磁场每秒转 $\omega$ 个弧度,即 $f=\frac{\omega}{2\pi}$(Hz).我国采用 50 Hz 制,所以这种电动机中磁场的转速是 50 r · s$^{-1}$ 或 3 000 r · min$^{-1}$.除了上述一对极(两极)电动机外,实际中还常常用两对极(四极)、三对极(六极)或更多极的电动机.图 7-74(b)所示为四极电动机定子中绕组的排列.这里每相有四个线圈,两两平行,相邻线圈成 90°角.三相合起来,效果相当于两对旋转磁极,产生的磁场的角速度是 $\omega/2$,即 1 500 r · min$^{-1}$.三对极(六极)电动机的定子中,每相有六个线圈,两两平行,相邻线圈成 60°角,三相合起来,效果相当于三对磁极,产生的磁场角速度为 $\omega/3$,即 1 000 r · min$^{-1}$,等等

### 7.9.5 三相感应电动机的运行原理、结构和使用

感应电动机的运行靠 5.1.4 节讲的电磁驱动原理.我们把问题简化,看图 7-75 所示的演示装置.用一对旋转磁极产生一个旋转磁场,在磁场中放置一个矩形线圈.由于磁场与线圈有了相对运动,在线圈中会产生感应电流(方向见图中的⊙和⊗).感应电流在磁场中受到一个安培力矩,其方向如图所示,是使线圈沿着磁场旋转的方向旋转的.因此当磁极旋转时,它能驱动线圈跟着它沿同一方向旋转.这就是电磁驱动原理.根据楞次定律,我们可以不必分析感应电流和安培力的方向,就可解释电磁驱动现象.因为这里产生感应电流的"原因"是磁场与线圈之间的相对运动,从而其"效果"将是减少这种相对运动,即线圈跟着磁场旋转.

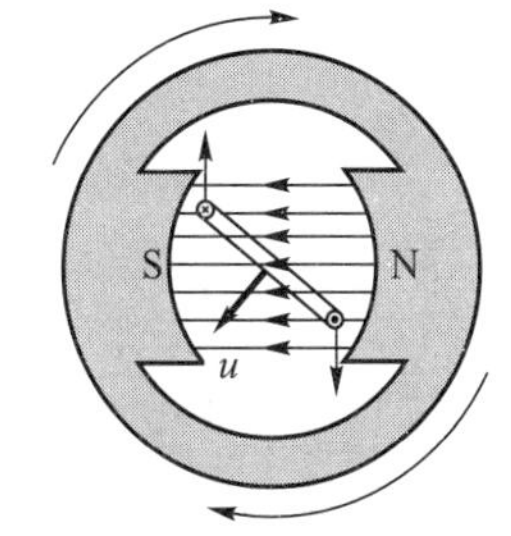


图 7-75 感应电动机运行原理演示

感应电动机的原理与上述实验差不多,只是旋转磁场不是由旋转磁极,而是由定子三相绕组产生的;此外,转子也不是一个简单的线圈,而是像图 7-76 所示那样一个嵌在硅钢片内的鼠笼式导体.

感应电动机又称异步电动机.因为电磁驱动力矩是靠转子与磁场间的转速差产生的,电机正常运转时转速约比磁场转速小百分之几.

实际三相感应电动机的结构示于图 7-76.定子由硅钢片冲成的有槽叠片组成,在槽内嵌置三个相互交错重叠的绕组.把三相交流电通进定子绕组时,在内部空间产生一个旋转磁场.转子也是由硅钢片冲成的有槽叠片组成,槽内嵌置导体棒,各棒两端都由一个导体环短接起来.单就转子中的导体来看,它很像一只圆筒形的笼子.所以这种电动机又叫鼠笼式电动机.

下面我们简单地讲一下使用三相感应电动机时应注意的事项.

(1) 感应电动机定子的三个绕组是对称的三相负载,它可以有 Y、△ 两种接法.通常在电动机上有六个接头排成两行,它们和 $ax$、$by$、$cz$ 三个绕组的六个端点相连的次序如图 7-77 所示.如果按图 7-77(a)那样,就是 Y 连接;按图 7-77(b)那样,就是△连接.究竟应该采用怎样的连接,要根据电源的电压和铭牌的说明.很多电动机的铭牌上常常标明"电压 220/380 V,接法△/Y".它的意思是说,如果三相电源的线电压是 220 V,则应采取△连接;线电压是 380 V,则应采取 Y 连接.为什么不同接法应该接到不同的电压上,请读者根据 7.9.2 节中叙述的原理解释一下.

① 图 7-74 仍旧是个示意图,实际电动机绕组比图中所示还要复杂.限于本课性质,不多讲了.读者可参考电工书籍.

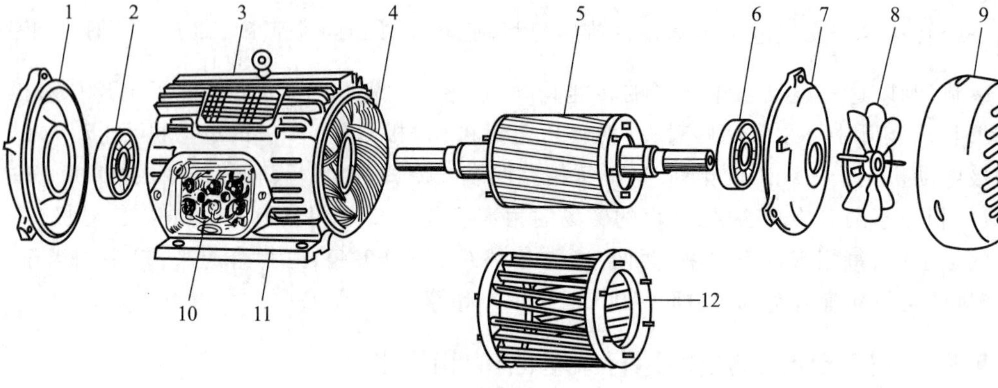


图 7-76　三相感应电动机结构

1—前端盖；2—前轴承；3—散热片；4—定子；5—转子；6—后轴承；7—后端盖；8—风扇；9—风罩；10—接线盒；11—机座；12—鼠笼转子中的导体部分

(2) 若需要电动机的旋转方向反过来，只需把连接电源的三条火线中任意两条的位置交换一下.（为什么？）在生产工艺中如要经常改变电动机的转向，则可如图 7-78 所示，在电源线上加一顺倒开关.

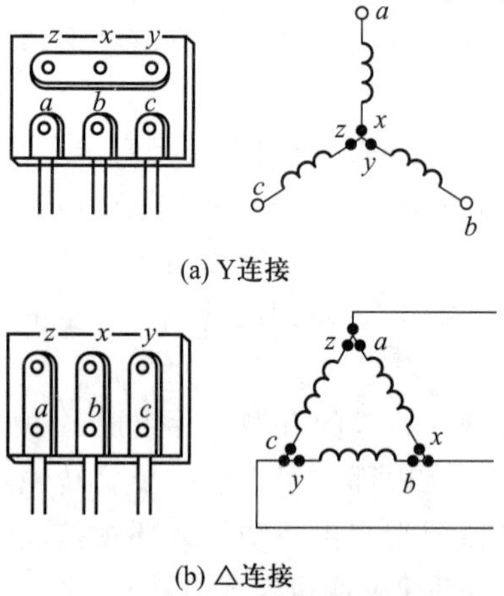


图 7-77　三相电动机的两种接法

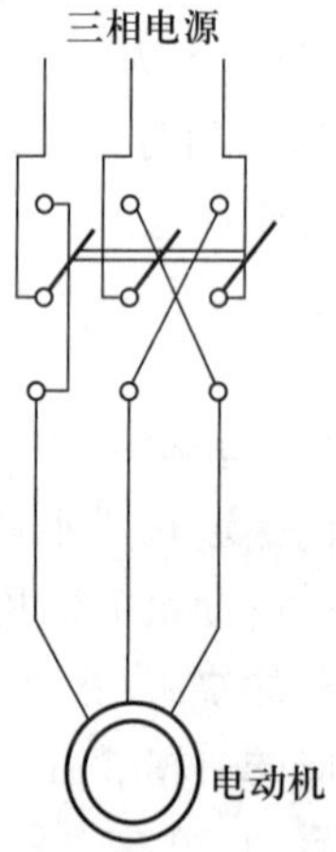


图 7-78　三相电动机的顺倒开关

(3) 电动机定子绕组本身的阻抗是很小的，只有当转子正常运转时，它在定子绕组内感生一个反电动势，才能使其中的电流在额定数值以下. 在电动机启动时，或因发生某种故障而运转不正常时（例如三相电源中缺了一相，或电压不足，或三相绕组本身断了一相，或因负荷太大电动机带不动时），定子绕组中的电流比额定电流大很多倍. 大型电动机启动时往往需要采取一些措施来减少启动电流. 小型电动机通常直接启动，但闸刀开关的额定电流一定要比电动机正常运转时的额定电流大几倍（如 5 ~7 倍），才能确保安全. 当我们发现电动机运转不正常时，必须立即拉闸，然后再检查和排除故障，否则就会把电动机的绕组烧毁.

## 思　考　题

**7.9-1**　如果三相对称负载采用星形接法，当线电压为 220 V 时，相电压为多少？当相电压为 380 V 时，线电压为多少？

**7.9-2**　如果三相线电压为 380 V，对称负载采用星形连接，未接中线. 此时若某一相负载突然断了，各相电压变为多少？

**7.9-3**　在三相电炉中有 12 根硅碳棒，若采用星形对称连接，每相 4 根，这时是否应接中线？若在中线和某一相火线上各接一个安培计，当中线中的安培计指零时，火线上的安培计读数是否可以代表另外两相中的电流？

**7.9-4**　某电动机铭牌上标明“电压 220/380 V，接法△/Y”，是什么意思？试说明其道理.

**7.9-5**　为什么电动机启动时的电流很大？为了避免启动电流太大，大功率的电动机有时采用 Y-△启动法. 如题图所示的方式将三相绕组 $ax$、$by$、$cz$ 分别接在三相双掷开关上，向下合闸是 Y 连接，向上合闸是△连接. 启动时先向下合闸，待电动机开始运转后将闸刀搬向上去. 用这种 Y-△启动法为什么可以减少启动电流？

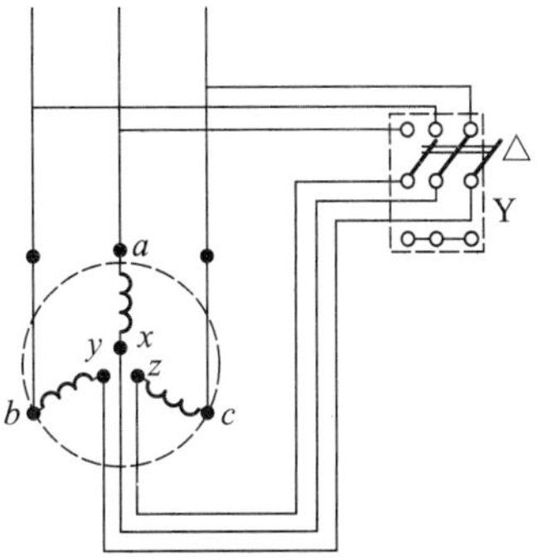


思考题 7.9-5 图

## 习　　题

**7.9-1**　有一星形连接的三相对称负载（电动机），每相的电阻为 $R=6.0\ \Omega$，电抗为 $X=8.0\ \Omega$；电源的线电压为 380 V，求：

（1）线电流；

（2）负载所消耗的功率；

（3）如果改接成三角形，求线电流和负载所消耗的功率.

**7.9-2**　三相交流电的线电压为 380 V，负载是不对称的纯电阻，$R_A=R_B=22\ \Omega$，$R_C=27.5\ \Omega$，作星形连接.

（1）求中线电流；

（2）求各相的相电压；

（3）若中线断开，各相电压将变为多少？

# 附录D　矢量图解法和复数法

## D.1　一维同频简谐量的叠加问题

设有两个同频的简谐量

$$\left.\begin{aligned} a_1(t)&=A_1\cos(\omega t+\varphi_1),\\ a_2(t)&=A_2\cos(\omega t+\varphi_2),\end{aligned}\right\} \tag{D.1}$$

求其和

$$a(t)=a_1(t)+a_2(t). \tag{D.2}$$

这类问题叫作一维同频简谐量的叠加问题. 这里的 $a_1(t)$，$a_2(t)$ 和 $a(t)$ 可以是机械振动的位移，也可以是交流电中的电压或电流，或电磁波中电场、磁场的某个分量，等等. 这类叠加问题在力学、电学、光学中广泛地遇到，尽管研究的对象不同，但处理的方法是一样的. 这里集中介绍处理这类问题的各种方法.

首先，我们采用原始的三角函数的运算方法来求得式(D.2)的结果. 为此我们先设叠加的结果 $a(t)$ 仍具有同频简谐量的形式：

$$a(t)=A\cos(\omega t+\varphi). \tag{D.3}$$

将式(D.3)和式(D.1)代入式(D.2)，求得等式两边对任何时刻 $t$ 都恒等的条件，由此可求得 $a(t)$ 的峰值 $A$ 和相位 $\varphi$. 现在我们就沿这条线索去讨论. 将表达式(D.3)、(D.1)代入式(D.2)后，得

$$A\cos(\omega t+\varphi)=A_1\cos(\omega t+\varphi_1)+A_2\cos(\omega t+\varphi_2).$$

两边用和角公式展开：

$$\begin{aligned}&A\cos\varphi\cos\omega t-A\sin\varphi\sin\omega t\\&=(A_1\cos\varphi_1\cos\omega t-A_1\sin\varphi_1\sin\omega t)+\\&\quad(A_2\cos\varphi_2\cos\omega t-A_2\sin\varphi_2\sin\omega t).\end{aligned}$$

上式两边在任何时刻 $t$ 都恒等的充分和必要的条件是两边 $\cos\omega t$ 和 $\sin\omega t$ 的系数分别相等，即

$$A\cos\varphi=A_1\cos\varphi_1+A_2\cos\varphi_2, \tag{D.4}$$

$$A\sin\varphi=A_1\sin\varphi_1+A_2\sin\varphi_2. \tag{D.5}$$

将两式的平方相加可求得 $A^2$，将两式相除可求得 $\tan\varphi$：

$$\left.\begin{aligned}&A^2=A_1^2+A_2^2+2A_1A_2\cos(\varphi_2-\varphi_1),\\&\tan\varphi=\frac{A_1\sin\varphi_1+A_2\sin\varphi_2}{A_1\cos\varphi_1+A_2\cos\varphi_2}.\end{aligned}\right\} \tag{D.6}$$

上面的运算表明：两个同频简谐量 $a_1(t)$、$a_2(t)$ 叠加，其结果 $a(t)$ 仍是同一频率的简谐量，其峰值 $A$ 和相位 $\varphi$ 由式(D.6)决定，它们和原来两个简谐量的峰值 $A_1$、$A_2$ 和相位 $\varphi_1$、$\varphi_2$ 都有关系.

上面的讨论已从原理上全部解决了同频简谐量的叠加问题. 不过运算方法较复杂，特别是遇到两个以上简谐量叠加的时候，运算尤其冗长. 下面我们要介绍的是两种处理这类问题的简便方法——矢量图解法和复数法.

## D.2 矢量图解法

矢量图解法是用平面矢量代替简谐量来进行合成运算，其步骤已在 7.3.2 节叙述过了，现重述如下(见图 7-13)：

(1) 取原点 $O$ 和一水平基准线 $Ox$，从原点 $O$ 引两个平面矢量 $\boldsymbol{A}_1$ 和 $\boldsymbol{A}_2$，它们的长度 $A_1$ 和 $A_2$ 分别等于简谐量 $a_1(t)$ 和 $a_2(t)$ 的峰值；$\boldsymbol{A}_1$ 和 $\boldsymbol{A}_2$ 与水平轴线 $Ox$ 的夹角(辐角) $\varphi_1$ 和 $\varphi_2$ 分别等于简谐量 $a_1(t)$ 和 $a_2(t)$ 的初相位.

(2) 用矢量的加法(平行四边形法则)求出合成矢量

$$\boldsymbol{A}=\boldsymbol{A}_1+\boldsymbol{A}_2,$$

则 $\boldsymbol{A}$ 的长度 $A$ 即为合成简谐量 $a(t)$ 的峰值，$\boldsymbol{A}$ 的辐角 $\varphi$ 即为 $a(t)$ 的初相位.

现在我们来论证矢量图解法的理论依据. D.1 节中已证明：同频简谐量的合成仍是同一频率

的简谐量. 尚需证明的是:合成矢量 $\boldsymbol{A}=\boldsymbol{A}_1+\boldsymbol{A}_2$ 的长度 $A$ 和辐角 $\varphi$ 分别是合成简谐量 $a(t)=a_1(t)+a_2(t)$ 的峰值和初相位.

为此把上述矢量与简谐量的对应法则稍加发展,即把和任一简谐量 $a(t)$ 对应的矢量 $\boldsymbol{A}$ 的辐角取成 $\omega t+\varphi$ 而不是 $\varphi$,长度照旧. 这样得到的矢量是一个长度不变、但匀速旋转的矢量,其角速度 $\omega$ 等于 $a(t)$ 的角频率(见图 D-1). 不难看出,$t=0$ 时刻这旋转矢量的初始位置 $\boldsymbol{A}(0)$ 的辐角为 $\varphi$;$t$ 时刻 $\boldsymbol{A}(t)$ 在水平基准线 $Ox$ 上的投影 $A_x(t)=A\cos(\omega t+\varphi)$ 正是简谐量 $a(t)$ 的瞬时值.

现在来考虑(D.1)式中的那两个同频简谐量 $a_1(t)$ 和 $a_2(t)$,用上述方法作出对应旋转矢量 $\boldsymbol{A}_1(t)$ 和 $\boldsymbol{A}_2(t)$,并用平行四边形法则求出合成矢量 $\boldsymbol{A}(t)=\boldsymbol{A}_1(t)+\boldsymbol{A}_2(t)$(见图 D-2). 因为 $\boldsymbol{A}_1(t)$ 和 $\boldsymbol{A}_2(t)$ 的角速度同为 $\omega$,在任何时刻 $t$ 它们都从各自的初始位置转过同一角度 $\omega t$,故以它们为两边的那个平行四边形和它的对角线[即合成矢量 $\boldsymbol{A}(t)$]一起,好像一个刚体框架一样,以同一角速度 $\omega$ 匀速旋转而不发生变形,即合成矢量 $\boldsymbol{A}(t)=\boldsymbol{A}_1(t)+\boldsymbol{A}_2(t)$ 也是一个长度不变并以角速度 $\omega$ 匀速旋转的矢量. 因此 $\boldsymbol{A}(t)$ 在 $x$ 轴上的投影 $A_x(t)$ 是个同一频率的简谐量,其峰值为 $\boldsymbol{A}(t)$ 的长度 $A$,其相位是 $\boldsymbol{A}(t)$ 的辐角 $\omega t+\varphi$,即

$$A_x(t)=A\cos(\omega t+\varphi).$$

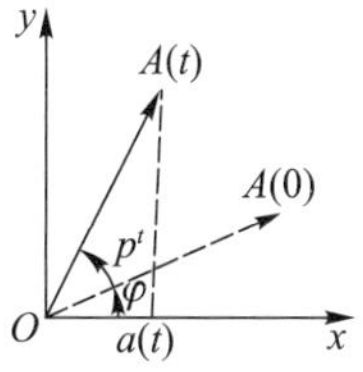


图 D-1　旋转矢量图

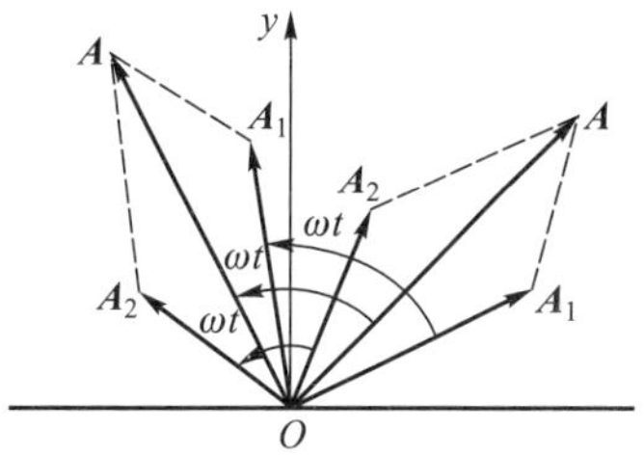


图 D-2　两旋转矢量的合成

另一方面,根据矢量合成时其投影服从代数叠加的法则:

$$A_x(t)=A_{1x}(t)+A_{2x}(t),$$

其中 $A_{1x}(t)=A_1\cos(\omega t+\varphi_1)$,$A_{2x}(t)=A_2\cos(\omega t+\varphi_2)$ 分别是旋转矢量 $\boldsymbol{A}(t)$ 和 $\boldsymbol{A}_2(t)$ 在 $x$ 轴上的投影. 所以

$$A_1\cos(\omega t+\varphi_1)+A_2\cos(\omega t+\varphi_2)=A\cos(\omega t+\varphi),$$

式中左端即为同频简谐量 $a_1(t)$ 和 $a_2(t)$ 瞬时值之和. 上式又一次证明了 D.1 节中的结论,即两同频简谐量的合成确实仍旧是个同一频率的简谐量;这里还给出了以下结果,即合成简谐量的峰值等于合成矢量 $\boldsymbol{A}(t)$ 的长度 $A$,它的相位等于合成矢量 $\boldsymbol{A}(t)$ 的辐角 $\omega t+\varphi$,从而它的初相位等于合成矢量 $\boldsymbol{A}(t)$ 在初始时刻($t=0$)的辐角 $\varphi$.①

从上面的论述可以看出,为了求简谐量的合成 $a(t)$,我们只需作矢量 $\boldsymbol{A}_1(t)$、$\boldsymbol{A}_2(t)$ 和 $\boldsymbol{A}(t)$ 在 $t=0$ 时刻的初始位置图即可,用不着作任何时刻的瞬时图. 这便是一开头提出的矢量作图法(图 7-13)的依据.

① 从矢量图不难看出,$A$ 和 $\varphi$ 的表达式就应是式(D.6).

## D.3　复数的基本知识

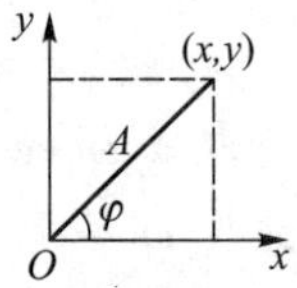

图 D-3　复数的平面表示

在介绍计算同频简谐量的复数法之前，先复习一下有关复数的基本知识.

(1) 复数的表示

复数 $\tilde{A}$ 是一个二维数，它对应于复平面中的一个坐标为 $(x,y)$ 的点(图 D-3)，或对应于复平面中的一个长度为 $|\tilde{A}|$、仰角为 $\varphi$ 的矢量.与之对应地，复数有下列两种表示法：

$$\tilde{A}=x+\mathrm{j}y, \tag{D.7}$$

和

$$\tilde{A}=|\tilde{A}|\mathrm{e}^{\mathrm{j}\varphi}. \tag{D.8}$$

式(D.7)为复数的直角坐标表示，对应点的横坐标 $x$ 为复数的**实部**(用 $\mathrm{Re}\,\tilde{A}$ 表示)，纵坐标 $y$ 为复数的**虚部**(用 $\mathrm{Im}\,\tilde{A}$ 表示).式(D.8)为复数的极坐标表示，对应矢量的长度 $|\tilde{A}|$ 为复数的**模**，即复数的**绝对值**，对应矢量的辐角 $\varphi$ 为复数的**辐角**(用 $\arg\tilde{A}$ 表示).

同一复数的两种表示法之间显然有如下的关系：

$$\left.\begin{aligned}&|\tilde{A}|=\sqrt{x^2+y^2},\\&\varphi=\arg\tilde{A}=\arctan\frac{y}{x};\end{aligned}\right\} \tag{D.9}$$

或者反过来，

$$\left.\begin{aligned}x&=\mathrm{Re}\,\tilde{A}=|\tilde{A}|\cos\varphi,\\y&=\mathrm{Im}\,\tilde{A}=|\tilde{A}|\sin\varphi.\end{aligned}\right\}$$

虚数单位 $\mathrm{j}=\sqrt{-1}$ 和它的倒数 $\frac{1}{\mathrm{j}}$ 具有如下性质：

$$\mathrm{j}^2=-1,\quad \frac{1}{\mathrm{j}}=-\mathrm{j}.$$

用极坐标表示的话，则

$$\mathrm{j}=\mathrm{e}^{\mathrm{j}\frac{\pi}{2}},\quad \frac{1}{\mathrm{j}}=\mathrm{e}^{-\mathrm{j}\frac{\pi}{2}}. \tag{D.10}$$

复数 $\tilde{A}=x+\mathrm{j}y=A\mathrm{e}^{\mathrm{j}\varphi}$ 的共轭定义为

$$\tilde{A}^*=x-\mathrm{j}y=A\mathrm{e}^{-\mathrm{j}\varphi}, \tag{D.11}$$

所以

$$\tilde{A}^*\cdot\tilde{A}=|\tilde{A}|^2=x^2+y^2. \tag{D.12}$$

即一对共轭复数的乘积等于模的平方.

两个复数相等的充要条件为

$$\begin{cases}\text{实部相等：}\quad x_1=x_2,\\\text{虚部相等：}\quad y_1=y_2.\end{cases}$$

或

$$\begin{cases}\text{模相等：} & A_1=A_2, \\ \text{辐角相等：} & \varphi_1=\varphi_2.\end{cases}$$

（2）复数的四则运算

（i）加减法

$$\begin{aligned}\tilde{A}_1\pm\tilde{A}_2&=(x_1+\mathrm{j}y_1)\pm(x_2+\mathrm{j}y_2)\\&=(x_1\pm x_2)+\mathrm{j}(y_1\pm y_2),\end{aligned}\tag{D.13}$$

即实部、虚部分别相加减.

（ii）乘法

$$\begin{aligned}\tilde{A}_1\cdot\tilde{A}_2&=(|A_1|\mathrm{e}^{\mathrm{j}\varphi_1})\cdot(|A_2|\mathrm{e}^{\mathrm{j}\varphi_2})\\&=|A_1||A_2|\mathrm{e}^{\mathrm{j}(\varphi_1+\varphi_2)},\end{aligned}\tag{D.14}$$

即模相乘，辐角相加. 或者

$$\begin{aligned}\tilde{A}_1\cdot\tilde{A}_2&=(x_1+\mathrm{j}y_1)\cdot(x_2+\mathrm{j}y_2)\\&=(x_1x_2-y_1y_2)+\mathrm{j}(x_1y_2+y_1x_2).\end{aligned}\tag{D.15}$$

（iii）除法

$$\frac{\tilde{A}_1}{\tilde{A}_2}=\frac{|\tilde{A}_1|\mathrm{e}^{\mathrm{j}\varphi_1}}{|\tilde{A}_2|\mathrm{e}^{\mathrm{j}\varphi_2}}=\frac{|\tilde{A}_1|}{|\tilde{A}_2|}\mathrm{e}^{\mathrm{j}(\varphi_1-\varphi_2)},\tag{D.16}$$

即模相除，辐角相减. 或者

$$\begin{aligned}\frac{\tilde{A}_1}{\tilde{A}_2}&=\frac{x_1+\mathrm{j}y_1}{x_2+\mathrm{j}y_2}=\frac{(x_1+\mathrm{j}y_1)(x_2-\mathrm{j}y_2)}{(x_2+\mathrm{j}y_2)(x_2-\mathrm{j}y_2)}\\&=\frac{(x_1x_2+y_1y_2)+\mathrm{j}(y_1x_2-x_1y_2)}{x_2^2+y_2^2}\\&=\frac{x_1x_2+y_1y_2}{x_2^2+y_2^2}+\mathrm{j}\,\frac{y_1x_2-x_1y_2}{x_2^2+y_2^2}.\end{aligned}\tag{D.17}$$

倒数运算可以看作除法的特例：

$$\frac{1}{\tilde{A}}=\frac{1}{|\tilde{A}|\mathrm{e}^{\mathrm{j}\varphi}}=\frac{1}{|\tilde{A}|}\mathrm{e}^{-\mathrm{j}\varphi},\tag{D.18}$$

或

$$\begin{aligned}\frac{1}{\tilde{A}}&=\frac{1}{x+\mathrm{j}y}=\frac{x-\mathrm{j}y}{(x+\mathrm{j}y)(x-\mathrm{j}y)}\\&=\frac{x}{x^2+y^2}-\mathrm{j}\,\frac{y}{x^2+y^2}.\end{aligned}\tag{D.19}$$

因为物理上有时关心的是实部和虚部，有时关心的是模和辐角，所以熟悉用不同表示法进行复数的四则运算是很必要的.

## D.4 复数法

在频率给定的情况下，一个简谐量

$$a(t)=A\cos(\omega t+\varphi)$$

具有两个特征量：峰值 $A$ 和相位 $\omega t+\varphi$. 复数的二维性正好适应了这个特点，故可以用它来代表一个简谐量. 用复数法计算同频简谐量叠加问题的基本步骤，在 7.4.1 节已有叙述，这里再扼要地重复一下. 简谐量和复数的对应的关系是：

$$a_1(t)=A_1\cos(\omega t+\varphi_1)\longleftrightarrow\tilde{A}_1=A_1e^{j(\omega t+\varphi_1)},$$

$$a_2(t)=A_2\cos(\omega t+\varphi_2)\longleftrightarrow\tilde{A}_2=A_2e^{j(\omega t+\varphi_2)},$$

$$\begin{aligned}a(t)&=a_1(t)+a_2(t)\longleftrightarrow\tilde{A}=\tilde{A}_1+\tilde{A}_2\\&=A\cos(\omega t+\varphi)\qquad\qquad=Ae^{j(\omega t+\varphi)},\end{aligned}$$

即复数的模对应简谐量的峰值，辐角对应相位. 这样就可利用复数的加法代替简谐量合成的运算了.

如前所述，复数可用一个平面矢量来表示，复数的实部与虚部相当于矢量的 $x$、$y$ 分量，复数的加法对应于矢量的两分量各自相加，这和矢量的平行四边形加法是一致的. 由此可见，复数法可从矢量法导出，它们的理论依据是一样的. 不过复数法有一个比矢量法更优越的地方，就是除了加减法外，还可进行微积分运算.

在交流电路里常常要计算简谐量的积分和微商，这用复数来代替也是很方便的. 因为把简谐量 $a(t)=A\cos(\omega t+\varphi)$ 换成复数 $\tilde{A}=Ae^{j(\omega t+\varphi)}$ 后，得

$$\frac{d\tilde{A}}{dt}=\frac{d}{dt}[Ae^{j(\omega t+\varphi)}]=j\omega Ae^{j(\omega t+\varphi)}=j\omega\tilde{A},\tag{D.20}$$

$$\int\tilde{A}\,dt=\int Ae^{j(\omega t+\varphi)}dt=\frac{1}{j\omega}Ae^{j(\omega t+\varphi)}=\frac{1}{j\omega}\tilde{A}.\tag{D.21}$$

这就是说，求微商相当于乘以因子 $j\omega$，积分相当于除以因子 $j\omega$，微积分运算变成代数运算了，微分积分方程将变成代数方程，解起来当然便当得多. 不难论证，上述复数微积分运算的结果与简谐量微积分的运算确实是对应的，因为

$$\begin{aligned}\frac{da(t)}{dt}&=\frac{d}{dt}[A\cos(\omega t+\varphi)]\\&=-\omega A\sin(\omega t+\varphi)\\&=\omega A\cos\left(\omega t+\varphi+\frac{\pi}{2}\right),\end{aligned}$$

对应于复数

$$\omega Ae^{j\left(\omega t+\varphi+\frac{\pi}{2}\right)}=e^{j\frac{\pi}{2}}\omega Ae^{j(\omega t+\varphi)}=j\omega\tilde{A}.$$

以及

$$\begin{aligned}\int a(t)\,dt&=\int A\cos(\omega t+\varphi)\,dt\\&=\frac{A}{\omega}\sin(\omega t+\varphi)\\&=\frac{A}{\omega}\cos\left(\omega t+\varphi-\frac{\pi}{2}\right),\end{aligned}$$

对应于复数

$$\frac{A}{\omega}\mathrm{e}^{\mathrm{j}\left(\omega t+\varphi-\frac{\pi}{2}\right)}=\mathrm{e}^{-\mathrm{j}\frac{\pi}{2}}\frac{A}{\omega}\mathrm{e}^{\mathrm{j}(\omega t+\varphi)}=\frac{1}{\mathrm{j}\omega}\tilde{A}.$$

## D.5 小结

矢量图解法和复数法的共同特点是：

(1) 首先确立某种对应关系.应当注意，“对应关系”不是“相等”，无论矢量还是复数都不是简谐量本身，而只是它的某种运算符号，但与它们相联系的某些量等于简谐量的特征量.

(2) 这些符号本身都有自己的运算法则(如矢量的平行四边形法则，复数的加减法和微积分)，简谐量也有自己的运算法则.重要的是由于这些运算法则满足一定的对应关系，我们就可以用矢量或复数这些“符号”的运算来代替简谐量的运算.

(3) 在运算之后，我们还需反过来利用对应关系，从得到的结果中找出简谐量的特征量.

现把前面所述总结成下表：

| | 简 谐 量 | 矢 量 | 复 数 |
|---|---|---|---|
| 对应关系 | $a(t)=A\cos(\omega t+\varphi)$ | 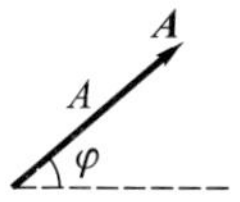 | $\tilde{A}=A\mathrm{e}^{\mathrm{j}(\omega t+\varphi)}$ |
| 相等的量 | 峰值(或有效值①) | 长度 | 模 |
| | 初相位 | 辐角 | $t=0$ 时的辐角 |
| | 瞬时值 | 旋转矢量在 $x$ 轴上的投影 | 实部 |
| 运算规律 | $a(t)=a_1(t)+a_2(t)$ | $\boldsymbol{A}=\boldsymbol{A}_1+\boldsymbol{A}_2$ | $\tilde{A}=\tilde{A}_1+\tilde{A}_2$ |
| | $\frac{\mathrm{d}a}{\mathrm{d}t}$ | — | $\mathrm{j}\omega\tilde{A}$ |
| | $\int a(t)\mathrm{d}t$ | — | $\frac{1}{\mathrm{j}\omega}\tilde{A}$ |

① 因为有效值和峰值成正比，如果我们从头起确定对应关系时，就用有效值来和矢量的长度或复数的模对应，上述方法仍旧适用，而得到的结果也将是有效值.

麦克斯韦

(Maxwell, James Clerk,1831—1879)

# 第八章
# 麦克斯韦电磁理论和电磁波

## §8.1 麦克斯韦电磁理论

### 8.1.1 麦克斯韦电磁理论产生的历史背景

以上各章已经谈到,电和磁现象的最初发现,都可以追溯到很古老的历史,但是直到18世纪末,特别是19世纪以后,经过大量的科学实践,才总结出以上各章所讲的一系列重要规律(如库仑定律、安培定律、毕奥-萨伐尔定律、法拉第电磁感应定律等).归根结底,这是和当时生产力的发展和推动分不开的.马克思和恩格斯在《共产党宣言》里写道:"资产阶级在它的不到一百年的阶级统治中所创造的生产力,比过去一切世代创造的全部生产力还要多,还要大.自然力的征服,机器的采用,化学在工业和农业中的应用,轮船的行驶,铁路的通行,电报的使用,整个大陆的开垦,河川的通航,仿佛用法术从地下呼唤出来的大量人口,——过去哪一个世纪能够料想到有这样的生产力潜伏在社会劳动里呢?"①这就是那个历史时期生产力发展情况极为生动的写照.到了19世纪后半叶,资本主义工业的发展还具有新的特点,就是逐渐从轻工业向重工业过渡.冶金与采矿、机器制造、化工、交通运输与通信,以及动力等企业都经历着重大的技术革新.

在这样一个历史时期里,电磁学和其他学科一样,在社会生产力发展的推动下,在当时生产力水平所能提供的实验设备的保证下,得到了迅速的发展.另一方面,电磁学的发展反过来又对社会生产力的发展,特别是电工和通信技术的发展,产生了巨大的影响.19世纪上半叶,继奥斯特、安培、法拉第、楞次等许多人在电磁学领域中的发现之后,不少物理学家就已提出如何将这些物理学的新成就应用到生产实际的问题,并开始从各方面进行了探索.当时已出现了最原始的电动机和电弧灯的雏形,19世纪50年代在德国建立了电工设备的工场,特别值得提出的,是为了满足社会上迅速而可靠的通信需要而发明了电报.生产实际中提出的大量课题,要求人们对电磁学的规律有更完整而系统的认识,同时,生产力的发展水平也为这方面的科学研究提供了必要的物质基础.恩格斯曾深刻地指出"关于电,只是从电在技术上可用的性能被发现时起,我们才知道一些合理的东西."②作为全面总结电磁学规律的麦克斯韦理论就是在这样的历史条件下产生的.麦克斯韦本人就曾这样写过:"电磁学在电报技术中的重要应用影响着纯科学,它赋予精密的电测量以商业价值,供给电学家以设备,其规模之巨大远远超出了任何普通实验室的规模."从这些话里可以很清楚地看出产生麦克斯韦理论的物质基础.

---

① 马克思,恩格斯.共产党宣言[M].北京:人民出版社,1964,28.

② 马克思,恩格斯.马克思、恩格斯书信选集.北京:人民出版社,1962,516.

麦克斯韦的理论系统地总结了前人的成果，特别是总结了从库仑到安培、法拉第等人电磁学说的全部成就，并在此基础上加以发展，提出了“涡旋电场”和“位移电流”的假说，由此预言了电磁波的存在. 而后，赫兹的实验证实了麦克斯韦电磁理论的正确性，并在无线电等技术领域中得到极其广泛的应用. 此外，麦克斯韦的理论和赫兹的实验还证明了电磁波和光波具有共同特性，这样，就把光波和电磁波统一起来，使我们对光的本质和物质世界普遍联系的认识大大深入一步. 按照麦克斯韦的理论，电磁作用是以光速（约为 $3\times10^8$ m/s）在空间传播的，这样就彻底地推翻了电和磁的“超距作用”观点. 顺便指出，电磁作用以有限速度传播的思想也不是麦克斯韦首先提出来的，自从 18 世纪以来，自然哲学中不断提出这方面的设想和猜测，但由于生产和科学水平所限，都不可能得到电磁作用传播的正确的具体形式，只有在 19 世纪后半叶才产生完整的电磁理论，这绝不是偶然的.

### 8.1.2　位移电流

到麦克斯韦的时代，关于电磁场的基本规律可概括如下.

由库仑定律和场强叠加原理可得出静电场的两条重要定理：

（1）电场的高斯定理

$$\oiint_S \boldsymbol{D}\cdot \mathrm{d}\boldsymbol{S}=q_0;$$

（2）静电场的环路定理

$$\oint_L \boldsymbol{E}\cdot \mathrm{d}\boldsymbol{l}=0;$$

由毕奥-萨伐尔定律可得出恒定磁场的两条重要定理：

（3）磁场的高斯定理

$$\oiint_S \boldsymbol{B}\cdot \mathrm{d}\boldsymbol{S}=0;$$

（4）安培环路定理

$$\oint_L \boldsymbol{H}\cdot \mathrm{d}\boldsymbol{l}=I_0;$$

此外还有磁场变化时的规律：

（5）法拉第电磁感应定律

$$\mathscr{E}=-\frac{\mathrm{d}\Phi}{\mathrm{d}t}.$$

这些规律是在不同的实验条件下得到的，它们的适用范围各不相同.

为了获得普遍情形下相互协调一致的电磁规律，麦克斯韦根据当时的实验资料和理论的分析，全面、系统地考查了这些规律. 在 5.2.3 节中已经提到麦克斯韦看出感生电动势现象预示着变化的磁场周围产生涡旋电场，因此，法拉第电磁感应定律预示在普遍情形下，电场的环路定理应是

$$\oint_L \boldsymbol{E}\cdot \mathrm{d}\boldsymbol{l}=-\iint_S \frac{\partial \boldsymbol{B}}{\partial t}\cdot \mathrm{d}\boldsymbol{S},$$

静电场的环路定理是它的一个特例. 另外，从当时的实验资料和理论分析中都没有发现电场的高斯定理和磁场的高斯定理有什么不合理的地方，麦克斯韦假定它们在普遍情形下应该成立. 然而

麦克斯韦在分析了安培环路定理后，发现将它应用到非恒定情形时遇到了矛盾；为了克服这一矛盾，他提出了最重要的"位移电流"假设. 下面让我们来讨论这个问题.

在恒定条件下，无论载流回路周围是真空或有磁介质，安培环路定理都可写成

$$\oint_L \boldsymbol{H}\cdot \mathrm{d}\boldsymbol{l}=I_0=\iint_S \boldsymbol{j}_0\cdot \mathrm{d}\boldsymbol{S}, \tag{8.1}$$

式中 $I_0$ 是穿过以闭合回路 $L$ 为边界的任意曲面 $S$ 的传导电流. 现在要问，在非恒定条件下，安培环路定理(8.1)是否仍成立？要想式(8.1)有意义，必须穿过以 $L$ 为边界任意曲面的传导电流都相等. 具体地说，如果我们以 $L$ 为边界取两个不同的曲面 $S_1$ 和 $S_2$(见图 8-1)，则应有

$$\iint_{S_1} \boldsymbol{j}_0\cdot \mathrm{d}\boldsymbol{S}=\iint_{S_2} \boldsymbol{j}_0\cdot \mathrm{d}\boldsymbol{S},$$

或

$$\iint_{S_2} \boldsymbol{j}_0\cdot \mathrm{d}\boldsymbol{S}-\iint_{S_1} \boldsymbol{j}_0\cdot \mathrm{d}\boldsymbol{S}=\oiint_S \boldsymbol{j}_0\cdot \mathrm{d}\boldsymbol{S}=0,$$

这里 $S$ 为 $S_1$ 和 $S_2$ 组成的闭合曲面. 在恒定情形下，如图 8-1(a)，上式是由电流的连续原理来保证的，但在非恒定情形下，上式不成立. 最突出的例子是电容器的充放电电路. 电容器的充放电过程显然是个非恒定过程，导线中的电流是随时间变化的. 如果我们取 $S_1$ 与导线相交，而 $S_2$ 穿过电容器两极板之间，如图 8-1(b)，则有

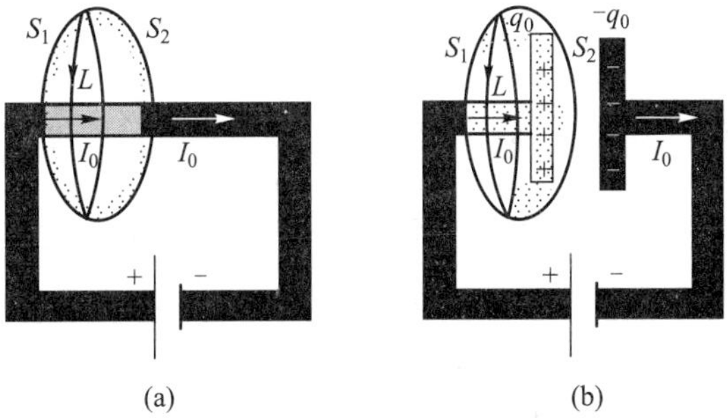


图 8-1　在非恒定情况下安培环路定理遇到的矛盾

$$\iint_{S_1} \boldsymbol{j}_0\cdot \mathrm{d}\boldsymbol{S}\neq 0,\quad \iint_{S_2} \boldsymbol{j}_0\cdot \mathrm{d}\boldsymbol{S}=0,$$

即

$$\iint_{S_2} \boldsymbol{j}_0\cdot \mathrm{d}\boldsymbol{S}-\iint_{S_1} \boldsymbol{j}_0\cdot \mathrm{d}\boldsymbol{S}=\oiint_S \boldsymbol{j}_0\cdot \mathrm{d}\boldsymbol{S}\neq 0,$$

此时以同一边界曲线 $L$ 所作的不同曲面 $S_1$ 和 $S_2$ 上的电流不同，从而式(8.1)失去了意义. 因此，在非恒定的情况下安培环路定理(8.1)不再适用，应以新的规律来代替它.

在非恒定情况下代替安培环路定理的普遍规律是什么呢？从根本上说，应该通过进一步的科学实验来回答这个问题. 但是也可以在认识的一定阶段上从理论上先分析一下，以便找出可能的方案作为假说，然后再用实验来检验或修正这个假说.

其实在上面的讨论中，不仅暴露了矛盾，也提供了解决矛盾的线索. 因为在非恒定情况下电流的连续原理给出

$$\oiint_S \boldsymbol{j}_0\cdot \mathrm{d}\boldsymbol{S}=-\frac{\mathrm{d}q_0}{\mathrm{d}t}, \tag{8.2}$$

其中 $q_0$ 是积累在 $S$ 面内的自由电荷[在图 8-1(b)所示的例子里 $q_0$ 分布在电容器的极板表面]. 另一方面，按高斯定理：

$$\oiint_S \boldsymbol{D}\cdot \mathrm{d}\boldsymbol{S}=q_0,$$

从而

$$\frac{\mathrm{d}q_0}{\mathrm{d}t}=\frac{\mathrm{d}}{\mathrm{d}t}\oiint_S \boldsymbol{D}\cdot \mathrm{d}\boldsymbol{S}=\oiint_S \frac{\partial \boldsymbol{D}}{\partial t}\cdot \mathrm{d}\boldsymbol{S}. \tag{8.3}$$

将式(8.3)代入式(8.2),得

$$\oiint_S \boldsymbol{j}_0 \cdot \mathrm{d}\boldsymbol{S} = -\oiint_S \frac{\partial \boldsymbol{D}}{\partial t} \cdot \mathrm{d}\boldsymbol{S},$$

或

$$\oiint_S \left(\boldsymbol{j}_0 + \frac{\partial \boldsymbol{D}}{\partial t}\right) \cdot \mathrm{d}\boldsymbol{S} = 0, \tag{8.4}$$

或

$$\iint_{S_2} \left(\boldsymbol{j}_0 + \frac{\partial \boldsymbol{D}}{\partial t}\right) \cdot \mathrm{d}\boldsymbol{S} = \iint_{S_1} \left(\boldsymbol{j}_0 + \frac{\partial \boldsymbol{D}}{\partial t}\right) \cdot \mathrm{d}\boldsymbol{S}. \tag{8.5}$$

这就是说,$\boldsymbol{j}_0 + \frac{\partial \boldsymbol{D}}{\partial t}$这个量永远是连续的,只要边界 $L$ 相同,它在不同曲面 $S_1$、$S_2$ 上的面积分相等.

令 $\Phi_D = \iint_S \boldsymbol{D} \cdot \mathrm{d}\boldsymbol{S}$ 代表通过某一曲面的电位移通量,则有

$$\frac{\mathrm{d}\Phi_D}{\mathrm{d}t} = \iint_S \frac{\partial \boldsymbol{D}}{\partial t} \cdot \mathrm{d}\boldsymbol{S}. \tag{8.6}$$

麦克斯韦把$\frac{\mathrm{d}\Phi_D}{\mathrm{d}t}$这个量叫作位移电流,$\frac{\partial \boldsymbol{D}}{\partial t}$是位移电流密度.传导电流 $I_0 = \iint_S \boldsymbol{j} \cdot \mathrm{d}\boldsymbol{S}$ 与位移电流合在一起.称为全电流.式(8.4)或式(8.5)表明:全电流在任何情况下都是连续的.

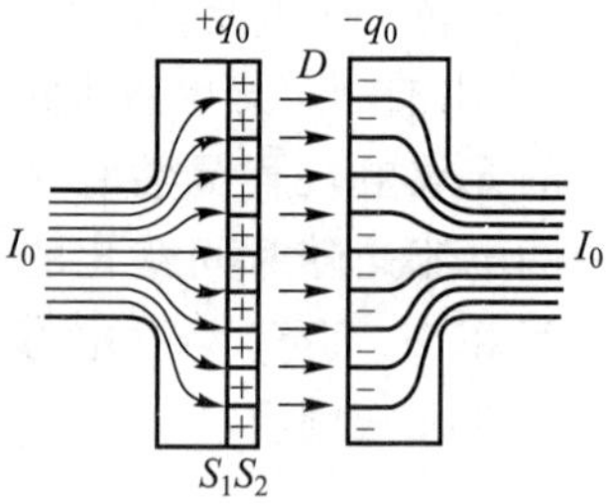

图 8-2　电容器极板间的位移电流

上述结论仍可通过电容器的例子较直观地说明.如图 8-2 所示,在一个极板表面内、外两侧各作一面 $S_1$ 和 $S_2$,则通过 $S_1$ 的既有传导电流,又有位移电流,通过 $S_2$ 的则只有位移电流.但是导体内的电位移 $D_内$ 和位移电流几乎总是可以忽略的.①因而与静电情形类似,$D_内 \approx 0$,用高斯定理不难证明,$D_外 \approx \sigma_{e0}$($\sigma_{e0}$为电容器极板表面的自由电荷面密度).设电容器极板的面积为 $S$,则通过 $S_1$ 的全电流为

---

① 我们先考虑导体内外电位移之比.在导体内 $D_内 \approx \varepsilon\varepsilon_0 E$,$j_0 = \sigma E$($\sigma$ 为电导率).对于角频率为 $\omega$ 的交变场来说,$j_0 = \frac{\partial \sigma_{e0}}{\partial t} \approx \omega\sigma_{e0}$,所以 $D_内 \approx \frac{\varepsilon\varepsilon_0\omega}{\sigma}\sigma_{e0}$.在导体外 $D_外 = \sigma_{e0} + D_内 = \left(1 + \frac{\varepsilon\varepsilon_0\omega}{\sigma}\right)\sigma_{e0}$,于是有

$$\frac{D_内}{D_外} \approx \frac{\dfrac{\varepsilon\varepsilon_0\omega}{\sigma}}{1 + \dfrac{\varepsilon\varepsilon_0\omega}{\sigma}}.$$

在 MKSA 制中 $\sigma \approx 10^8$,$\varepsilon_0 \approx 10^{-11}$,设 $\varepsilon \approx 1 \sim 10$,则在 $\omega \ll (10^{18} \sim 10^{19})$ Hz(X 射线的频率)的条件下,$\frac{\varepsilon\varepsilon_0\omega}{\sigma} \ll 1$,于是$\frac{D_内}{D_外} \ll 1$,$D_内$ 相对于 $D_外$ 可忽略.

导体内的位移电流密度为$\frac{\partial D_内}{\partial t} \approx \omega D_内$,传导电流密度 $j_0 = \frac{\mathrm{d}\sigma_{e0}}{\mathrm{d}t} \approx \omega\sigma_{e0} = \omega D_外$.故

$$\frac{\dfrac{\partial D_内}{\partial t}}{j_0} = \frac{D_内}{D_外},$$

在上述条件下,它也是远小于 1 的.

$$\left(j_0+\frac{\partial D_{内}}{\partial t}\right)S\approx j_0 S=I_0,$$

通过 $S_2$ 的全电流为

$$\frac{\mathrm{d}\Phi_D}{\mathrm{d}t}=\frac{\partial D_{外}}{\partial t}S=\frac{\partial \sigma_{e0}}{\partial t}S,$$

因 $j_0=\frac{\partial \sigma_{e0}}{\partial t}$,故以上两表达式相等.这样,在电容器极板表面中断了的传导电流 $I_0$ 被间隙中的位移电流 $\frac{\mathrm{d}\Phi}{\mathrm{d}t}$ 接替下去,二者合在一起保持着连续性.

现在我们回到如何将安培环路定理推广到非恒定情形的问题.由于全电流具有连续性,所以很自然地可以想到,在非恒定情况下应该用它来代替式(8.1)右端的传导电流,即

$$\oint_L \boldsymbol{H}\cdot \mathrm{d}\boldsymbol{l}=I_0+\frac{\mathrm{d}\Phi_D}{\mathrm{d}t}. \tag{8.7}$$

以上便是麦克斯韦的**位移电流假说**(1861—1862 年).

在电介质中 $\boldsymbol{D}=\varepsilon_0\boldsymbol{E}+\boldsymbol{P}$,位移电流为

$$\begin{aligned}\frac{\mathrm{d}\Phi_D}{\mathrm{d}t}&=\frac{\mathrm{d}}{\mathrm{d}t}\iint_S \boldsymbol{D}\cdot \mathrm{d}\boldsymbol{S}=\iint_S \frac{\partial \boldsymbol{D}}{\partial t}\cdot \mathrm{d}\boldsymbol{S}\\&=\varepsilon_0\iint_S \frac{\partial \boldsymbol{E}}{\partial t}\cdot \mathrm{d}\boldsymbol{S}+\iint_S \frac{\partial \boldsymbol{P}}{\partial t}\cdot \mathrm{d}\boldsymbol{S}.\end{aligned} \tag{8.8}$$

让我们分别来看看式(8.8)右端两项的物理意义.先看第二项.按照 2.3.3 节式(2.12),极化强度 $\boldsymbol{P}$ 与极化电荷 $q'$ 有如下关系:

$$\oiint_S \boldsymbol{P}\cdot \mathrm{d}\boldsymbol{S}=-q',$$

取此式对时间的微商,则有

$$\frac{\mathrm{d}}{\mathrm{d}t}\oiint_S \boldsymbol{P}\cdot \mathrm{d}\boldsymbol{S}=\oiint_S \frac{\partial \boldsymbol{P}}{\partial t}\cdot \mathrm{d}\boldsymbol{S}=-\frac{\mathrm{d}q'}{\mathrm{d}t},$$

而极化电荷的连续方程应为

$$\oiint_S \boldsymbol{j}_P\cdot \mathrm{d}\boldsymbol{S}=-\frac{\mathrm{d}q'}{\mathrm{d}t},$$

这里 $\boldsymbol{j}_P$ 是极化电流密度.由此可见,

$$\oiint_S \frac{\partial \boldsymbol{P}}{\partial t}\cdot \mathrm{d}\boldsymbol{S}=\oiint_S \boldsymbol{j}_P\cdot \mathrm{d}\boldsymbol{S}.$$

此式表明,$\frac{\partial \boldsymbol{P}}{\partial t}$ 是与 $\boldsymbol{j}_P$ 相联系的,即式(8.8)右端第二项是由极化电荷的运动引起的电流.

现在来看式(8.8)右端的第一项.它是与电场的时间变化率 $\frac{\partial \boldsymbol{E}}{\partial t}$ 相联系的.在真空中 $\boldsymbol{P}=0$,$\frac{\partial \boldsymbol{P}}{\partial t}=0$,在位移电流中就只剩下这一项了.所以这项是位移电流的基本组成部分.由此可见,位移电流虽有"电流"之名,但它的基本部分却与"电荷的流动"无关,它本质上是变化着的电场.

安培环路定理(8.1)的实质在于说明传导电流是激发涡旋磁场的源泉.麦克斯韦的位移电流假说把式(8.1)换为式(8.7),就等于假定位移电流也是激发磁场的源泉.所以,麦克斯韦位移

电流假说的中心思想是,变化着的电场激发涡旋磁场. §8.2 节中我们将看到,这正是产生电磁波的必要条件之一. 而在实验验证了电磁波的存在之后,就为位移电流的假说提供了最有力的证据.

恩格斯指出:“只要自然科学在思维着,它的发展形式就是**假说**. ……它最初仅仅以有限数量的事实和观察为基础. 进一步的观察材料会使这些假说纯化,取消一些,修正一些,直到最后纯粹地构成定律. 如果要等待构成定律的材料纯粹化起来,那么这就是在此以前要把运用思维的研究停下来,而定律也就永远不会出现.”①麦克斯韦电磁理论建立的过程正是这样,它在当时已经证实的定律——安培环路定理的基础上提出一定的假说——位移电流. 这个假说最后为无线电波的发现和它在实际中广泛的应用所证实.

### 8.1.3 麦克斯韦方程组

将以上分析的结果概括起来,就得到在普遍情况下电磁场必须满足的方程组:

$$\left.\begin{aligned}&\oint\!\!\!\!\oint_S \boldsymbol{D}\cdot \mathrm{d}\boldsymbol{S}=q_0, &(\text{I})\\ &\oint_L \boldsymbol{E}\cdot \mathrm{d}\boldsymbol{l}=-\iint \frac{\partial \boldsymbol{B}}{\partial t}\cdot \mathrm{d}\boldsymbol{S}, &(\text{II})\\ &\oint\!\!\!\!\oint_S \boldsymbol{B}\cdot \mathrm{d}\boldsymbol{S}=0, &(\text{III})\\ &\oint_L \boldsymbol{H}\cdot \mathrm{d}\boldsymbol{l}=I_0+\iint \frac{\partial \boldsymbol{D}}{\partial t}\cdot \mathrm{d}\boldsymbol{S}. &(\text{IV})\end{aligned}\right\} \qquad (8.9)$$

这就是麦克斯韦方程组的积分形式.

利用矢量分析中的高斯定理和斯托克斯定理(参见附录 E),可以由麦克斯韦方程组的积分形式导出其微分形式.

首先推导高斯定理的微分形式. 假定自由电荷是体分布的,设电荷的体密度为 $\rho_{e0}$,则高斯定理可写成

$$\oint\!\!\!\!\oint_S \boldsymbol{D}\cdot \mathrm{d}\boldsymbol{S}=\iiint_V \rho_{e0}\,\mathrm{d}V,$$

式中 $V$ 是高斯面 $S$ 所包围的体积. 利用矢量分析中的高斯定理(E.16)可把上式左端的面积分化为体积分:

$$\iiint_V \nabla\cdot \boldsymbol{D}\,\mathrm{d}V=\iiint_V \rho_{e0}\,\mathrm{d}V.$$

因为上式对任何体积 $V$ 都成立,这除非是被积函数本身相等才可能. 故得

$$\nabla\cdot \boldsymbol{D}=\rho_{e0},$$

这就是高斯定理的微分形式.

其次推导麦克斯韦方程组中式(IV)的微分形式. 假定传导电流是体分布的,其密度为 $\boldsymbol{j}_0$,则有

$$\oint_L \boldsymbol{H}\cdot \mathrm{d}\boldsymbol{l}=\iint_S\left(\boldsymbol{j}_0+\frac{\partial \boldsymbol{D}}{\partial t}\right)\cdot \mathrm{d}\boldsymbol{S},$$

① 恩格斯. 自然辩证法[M]. 北京:人民出版社,1971:218.

利用斯托克斯定理(E.24)把上式左端的线积分化为面积分:

$$\iint_S \nabla\times\boldsymbol{H}\cdot \mathrm{d}\boldsymbol{S}=\iint_S\left(\boldsymbol{j}_0+\frac{\partial \boldsymbol{D}}{\partial t}\right)\cdot \mathrm{d}\boldsymbol{S}.$$

因为上式的积分范围可以任意,这除非是被积函数本身相等才可能.故得

$$\nabla\times\boldsymbol{H}=\boldsymbol{j}_0+\frac{\partial \boldsymbol{D}}{\partial t}.$$

麦克斯韦方程组中其他两个方程的微分形式都可按此法推出.最后得到下列四式:

$$\left.\begin{aligned}
&\nabla\cdot\boldsymbol{D}=\rho_{e0}, && (\text{Ⅰ})\\
&\nabla\times\boldsymbol{E}=-\frac{\partial \boldsymbol{B}}{\partial t}, && (\text{Ⅱ})\\
&\nabla\cdot\boldsymbol{B}=0, && (\text{Ⅲ})\\
&\nabla\times\boldsymbol{H}=\boldsymbol{j}_0+\frac{\partial \boldsymbol{D}}{\partial t}. && (\text{Ⅳ})
\end{aligned}\right\}\tag{8.10}$$

式中 $\rho_{e0}$ 是自由电荷的体密度,$\boldsymbol{j}_0$ 是传导电流密度,$\frac{\partial \boldsymbol{D}}{\partial t}$ 是位移电流密度.式(8.10)是**麦克斯韦方程组的微分形式**.通常所说的麦克斯韦方程组,大都指它的微分形式.

在介质内,上述麦克斯韦方程组尚不完备,还需补充三个描述介质性质的方程式.对于各向同性线性介质来就,我们有

$$\left.\begin{aligned}
&\boldsymbol{D}=\varepsilon\varepsilon_0\boldsymbol{E}, && (\text{Ⅴ})\\
&\boldsymbol{B}=\mu\mu_0\boldsymbol{H}, && (\text{Ⅵ})\\
&\boldsymbol{j}_0=\sigma\boldsymbol{E}. && (\text{Ⅶ})
\end{aligned}\right\}\tag{8.11}$$

这里 $\varepsilon$、$\mu$ 和 $\sigma$ 分别是(相对)介电常量、(相对)磁导率和电导率,式(Ⅶ)是欧姆定律的微分形式①.

麦克斯韦方程组(Ⅰ)—(Ⅳ)加上描述介质性质的方程(Ⅴ)—(Ⅶ),全面总结了电磁场的规律,是宏观电动力学的基本方程组,利用它们原则上可以解决各种宏观电磁场问题.

式(8.10)是宏观的电磁场方程组,它并不是麦克斯韦方程组的最基本形式.最基本形式应是:

$$\left.\begin{aligned}
&\nabla\cdot\boldsymbol{E}=\frac{\rho_e}{\varepsilon_0}, && (\text{Ⅰ})\\
&\nabla\times\boldsymbol{E}=-\frac{\partial \boldsymbol{B}}{\partial t}, && (\text{Ⅱ})\\
&\nabla\cdot\boldsymbol{B}=0, && (\text{Ⅲ})\\
&\nabla\times\boldsymbol{B}=\varepsilon_0\mu_0\frac{\partial \boldsymbol{E}}{\partial t}+\mu_0\boldsymbol{j}_0. && (\text{Ⅵ})
\end{aligned}\right\}\tag{8.12}$$

此方程组中只包含两个基本场矢量 $\boldsymbol{E}$ 和 $\boldsymbol{B}$,其中 $\rho_e$ 和 $\boldsymbol{j}$ 代表所有电荷和电流的密度.式(8.12)中的所有量既可理解为微观量,也可理解为宏观量(后者是前者的统计平均).对于宏观场,要由此式过渡到前面的式(8.10),需

① 如果介质以速度 $\boldsymbol{v}$ 在磁场中运动,在式(Ⅶ)右端还应加上洛伦兹力的贡献,

$$\boldsymbol{j}_0=\sigma(\boldsymbol{E}+\boldsymbol{v}\times\boldsymbol{B}).$$

如果有任何非静电的外力 $\boldsymbol{K}$,则欧姆定律应写成

$$\boldsymbol{j}_0=\sigma(\boldsymbol{E}+\boldsymbol{K}).$$

将场源 $\rho_e$ 和 $\boldsymbol{j}$ 作如下分解：

$$\left.\begin{aligned}&\rho_e=\rho_{e0}+\rho'_e, &(\text{I})\\ &\boldsymbol{j}=\boldsymbol{j}_0+\boldsymbol{j}',\quad \boldsymbol{j}'=\boldsymbol{j}_P+\boldsymbol{j}_M &(\text{II})\end{aligned}\right\}\tag{8.13}$$

其中 $\rho_{e0}$ 是自由电荷密度，$\rho'_e=-\nabla\cdot\boldsymbol{P}$ 是极化电荷密度，$\boldsymbol{j}_0$ 是传导电流密度，$\boldsymbol{j}'$ 称为诱导电流密度，它又包含极化电流密度 $\boldsymbol{j}_P=\dfrac{\partial\boldsymbol{P}}{\partial t}$①和磁化电流密度 $\boldsymbol{j}_M=\nabla\times\boldsymbol{M}$ 两部分. 在作如上分解之后，引入辅助矢量 $\boldsymbol{D}=\varepsilon_0\boldsymbol{E}+\boldsymbol{P}$ 和 $\boldsymbol{H}=\dfrac{\boldsymbol{B}}{\mu_0}-\boldsymbol{M}$ 将 $\rho'_e$ 和 $\boldsymbol{j}'$ 从方程式中消去，即得式(8.10). 然而，按式(8.10)的方式来分解场源，并非在所有的场合下都是方便的或可行的. 故而即使在研究介质中的宏观电磁场时，人们有时还是使用方程组(8.12)，而不用方程组(8.10).

## *8.1.4　边界条件

在解麦克斯韦方程组的时候，只有在边界条件已知的情况下，才能唯一地确定方程组的解. 在两种不同介质的分界面上，由于介电常量 $\varepsilon$、磁导率 $\mu$ 和电导率 $\sigma$ 不同，相应的有三组边界条件.

(1) 磁介质界面上的边界条件

在 6.4.1 节中已导出磁介质分界面上的边界条件. 推导其他边界条件的方法与那里所用的方法完全相似. 现在让我们来回顾一下 6.4.1 节中推导过程的大致线索.

首先把磁场的"高斯定理"$\oiint_S \boldsymbol{B}\cdot d\boldsymbol{S}=0$ 运用到如图 8-3(a)所示的扁盒状高斯面上，就得到了磁感应强度法线分量连续性的条件：

$$\boldsymbol{e}_n\cdot(\boldsymbol{B}_2-\boldsymbol{B}_1)=0\quad 或\quad B_{2n}=B_{1n}.\tag{8.14}$$

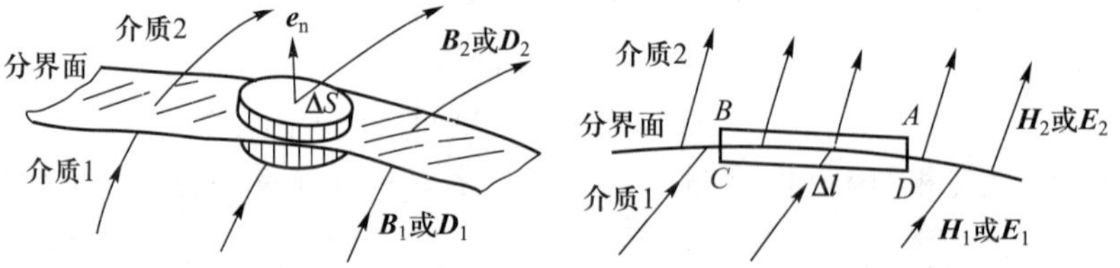


(a) 法线分量　　(b) 切线分量

图 8-3　推导磁介质或电介质界面上的边界条件

然后把安培环路定理 $\oint_L \boldsymbol{H}\cdot d\boldsymbol{l}=I_0$ 运用到如图 8-3(b)所示的狭长矩形回路上，并考虑到两介质分界面上没有传导电流(即 $I_0=0$)，就得到了磁场强度切线分量连续性的条件：

$$\boldsymbol{e}_n\times(\boldsymbol{H}_2-\boldsymbol{H}_1)=0\quad 或\quad H_{2t}=H_{1t}.\tag{8.15}$$

(2) 电介质界面上的边界条件

推导电介质的边界条件可用同样的方法. 大致说来，把高斯定理 $\oint_S \boldsymbol{D}\cdot d\boldsymbol{S}=q_0$ 运用到图 8-3(a)所示的扁盒状高斯面上，并考虑到两介质分界面上没有自由电荷(即 $q_0=0$)，就得到电位移法线分量连续性的条件

$$\boldsymbol{e}_n\cdot(\boldsymbol{D}_2-\boldsymbol{D}_1)=0\quad 或\quad D_{2n}=D_{1n}.\tag{8.16}$$

把 $\oint_L \boldsymbol{E}\cdot d\boldsymbol{l}=0$ 运用到图 8-3(b)所示的狭长矩形回路上，就得到电场强度切线分量连续性的条件：

$$\boldsymbol{e}_n\times(\boldsymbol{E}_2-\boldsymbol{E}_1)=0\quad 或\quad E_{2t}=E_{1t}.\tag{8.17}$$

① 极化电流是极化电荷的运动引起的.

有关电介质边界条件的详细推导，请读者作为练习自己去完成，这里就不细说了.

以上的推导用的都是恒定态的规律，其实(8.14)、(8.15)、(8.16)、(8.17)各式对于非恒定态仍旧适用. 这是因为非恒定态的规律与恒定态相比只有两点不同：①在安培环路定理中除 $I_0$ 外还应加一项位移电流 $\frac{\mathrm{d}\Phi_D}{\mathrm{d}t}$；②电场的环路积分等于 $-\frac{\mathrm{d}\Phi_B}{\mathrm{d}t}$. 但这两项都正比于图 8-3(b)中那个狭长矩形回路的面积，而这面积是高级无穷小量，最终要趋于 0 的，所以它们并不影响最后的结果.

(3) 导体界面上的边界条件

一般在导体表面会有自由电荷的积累，所以把高斯定理运用于图 8-3(a)所示的扁盒状高斯面上，便会得到电位移矢量的法线分量的边界条件为

$$\boldsymbol{e}_n\cdot(\boldsymbol{D}_2-\boldsymbol{D}_1)=\sigma_{e0}\quad 或\quad D_{2n}-D_{1n}=\sigma_{e0}. \tag{8.18}$$

这里 $\sigma_{e0}$ 是导体分界面上的自由电荷面密度. 此外把电流的连续方程 $\frac{\mathrm{d}q_0}{\mathrm{d}t}+\oiint_S \boldsymbol{j}_0\cdot\mathrm{d}\boldsymbol{S}=0$ 运用于图 8-3(a)所示的扁盒状高斯面，还可得到传导电流密度法线分量的边界条件：

$$\boldsymbol{e}_n\cdot(\boldsymbol{j}_{02}-\boldsymbol{j}_{01})=-\frac{\partial\sigma_{e0}}{\partial t}\quad 或\quad (j_{02})_n-(j_{01})_n=-\frac{\partial\sigma_{e0}}{\partial t}. \tag{8.19}$$

在恒定条件下，则有

$$\boldsymbol{e}_n\cdot(\boldsymbol{j}_{02}-\boldsymbol{j}_{01})=0\quad 或\quad (\boldsymbol{j}_{02})_n=(\boldsymbol{j}_{01})_n. \tag{8.20}$$

即传导电流的法线分量连续.

除式(8.18)、式(8.19)和式(8.20)外，式(8.14)和式(8.17)对导体分界面也适用. 在导体分界面上没有传导电流的面分布时，式(8.15)也适用.

在高频的情况下，由于趋肤效应，电流、电场和磁场都将分布在导体表面附近的一薄层内. 若导体的电阻可以忽略，趋肤深度 $d_s\to 0$，我们可以把传导电流看成是沿导体表面分布的. 在此有面电流分布的情况下，式(8.15)不再成立，它将为后面的公式(8.21)所取代.

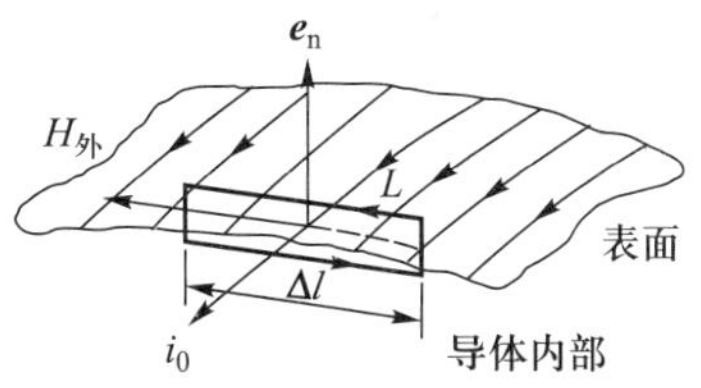


图 8-4　推导理想导体在高频场下的边界条件

考虑导体与真空(或空气)的界面. 设面电流的密度为 $\boldsymbol{i}_0$. 如图 8-4，在导体表面取一矩形回路 $L$，它的一对边与表面平行，且垂直于电流线，其长度为 $\Delta l$，另一对边与导体表面垂直、其长度则远小于 $\Delta l$. 运用安培环路定理于此回路(位移电流在此可忽略). 因通过此回路的传导电流强度 $I_0=i_0\Delta l$，故 $(H_{外t}-H_{内t})\Delta l=i_0\Delta l$. 又因 $H_{内t}=0$，故

$$H_{外t}=i_0.$$

从图 8-4 中 $\boldsymbol{H}_{外}$、$\boldsymbol{i}_0$ 和 $\boldsymbol{e}_n$(导体表面的外法线)三个矢量的方向可以看出，它们满足如下矢量式：

$$\boldsymbol{e}_n\times\boldsymbol{H}_{外}=\boldsymbol{i}_0. \tag{8.21}$$

## 习　　题

**8.1-1**　一平行板电容器的两极板都是半径为 5.0 cm 的圆导体片，在充电时，其中电场强度的变化率为 $\frac{\mathrm{d}E}{\mathrm{d}t}=1.0\times10^{12}$ V/(m·s).

(1) 求两极板间的位移电流 $I_D$；

(2) 求极板边缘的磁感应强度 $B$.

**8.1-2**　设电荷在半径为 $R$ 的圆形平行板电容器极板上均匀分布，且边缘效应可以忽略. 把电容器接在角频

率为 $\omega$ 的简谐交流电路中，电路中的传导电流为 $I_0$（峰值），求电容器极板间磁场强度（峰值）的分布.

# §8.2 电　磁　波

## 8.2.1　电磁波的产生和传播

在 5.4.4 节中介绍过 $LCR$ 电路的振荡特性. 概括起来，主要的结论如下. 当我们在开始时给 $LCR$ 电路中的电容器充电后，电荷 $q$ 满足的微分方程是

$$L\frac{d^2q}{dt^2}+R\frac{dq}{dt}+\frac{q}{C}=0,$$

在电阻 $R$ 较小时，它的解具有阻尼振荡的形式：

$$q=q_0e^{-\alpha t}\cos(\omega_0t+\varphi),$$

这里

$$\alpha=\frac{R}{2L},\quad \omega_0\approx\frac{1}{\sqrt{LC}}\quad 或\quad f_0=\frac{\omega_0}{2\pi}=\frac{1}{2\pi\sqrt{LC}}. \tag{8.22}$$

由于在电路中没有持续不断的能量补给，且在电阻 $R$ 上有能量耗损，振荡是逐渐衰减的. 为了产生持续的电磁振荡，必须把 $LCR$ 电路（下面简称 $LC$ 电路）接在电子管或晶体管上，组成振荡器，靠电路中的直流电源不断补给能量.

下面我们讨论电磁波的产生问题，这首先要有适当的振源. 任何 $LC$ 振荡电路原则上都可以作为发射电磁波的振源，但要想有效地把电路中的电磁能发射出去，除了电路中必须有不断的能量补给之外，还必须具备以下条件：

（1）频率必须够高. 以后我们将看到，电磁波在单位时间内辐射的能量是与频率的四次方成正比的，只有振荡电路的固有频率越高，才能越有效地把能量发射出去. 式（8.22）表明，要加大固有频率 $f_0$，必须减小电路中的 $L$ 和 $C$ 的值.

（2）电路必须开放. $LC$ 振荡电路是集中性元件的电路，即电场和电能都集中在电容元件中，磁场和磁能都集中在自感线圈中. 为了把电磁场和电磁能发射出去，必须把电路加以改造，以便电磁场能够分散到空间里.

为此，我们设想把 $LC$ 振荡电路按图 8-5(a)、(b)、(c)、(d)的顺序逐步加以改造. 改造的趋势是使电容器的极板面积越来越小，间隔越来越大，而自感线圈的匝数越来越少，这一方面可以使 $C$ 和 $L$ 的数值减小，以提高固有频率 $f_0$；另一方面是电路越来越开放，使电场和磁场分布到空间中去. 最后振荡电路完全演化为一根直导线，如图 8-5(d)，电流在其中往复振荡，两端出现正负交替的等量异号电荷. 这样一个电路叫作**振荡偶极子**（或**偶极振子**），它已适合作为有效地发射电磁波的振源了. 实际中广播电台或电视台的天线，都可以看成是这类偶极振子.

我们知道，波就是振动在空间的传播. 产生机械波的条件，除了必须有振源外，还必须有传播振动的介质. 当介质的一部分振动起来时，通过弹性应力牵动离振源更远的那一部分介质，振动就一步步传播开去，介质中各点的相位随它到振源距离的增大而一点比一点落后. 没有介质，机械波是无法传播的. 例如在真空中就不能传播声波. 但是电磁波在真空中也能传播，例如发射到大气层外宇宙空间里（这里几乎是真空）的人造地球卫星或飞船可以把无线电信号发回地球，太

阳发射的光和无线电辐射(这些都是电磁波)也可以通过真空而达到地球.为什么电磁波的传播不像机械波那样需要介质呢?下面我们具体地分析一下这个问题.

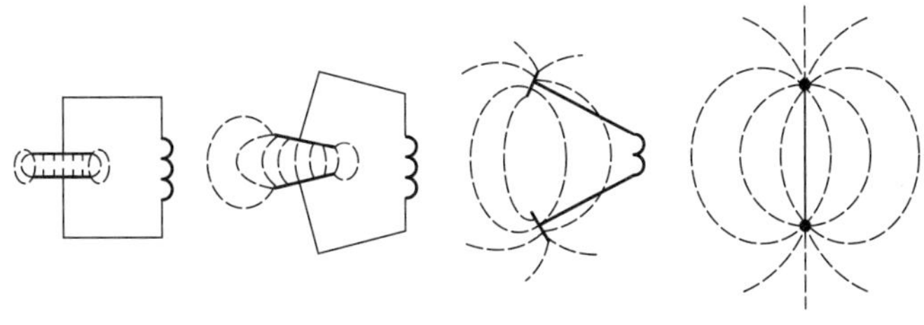


图 8-5　从 $LC$ 振荡电路过渡到偶极振子

电磁振荡能够在空间传播,就是靠两条:(1)变化的磁场激发涡旋电场[参看麦克斯韦方程组中的(Ⅱ)和图 8-6(a)];(2)变化的电场(位移电流)激发涡旋磁场[参看麦克斯韦方程中的(Ⅳ)和图 8-6(b)].

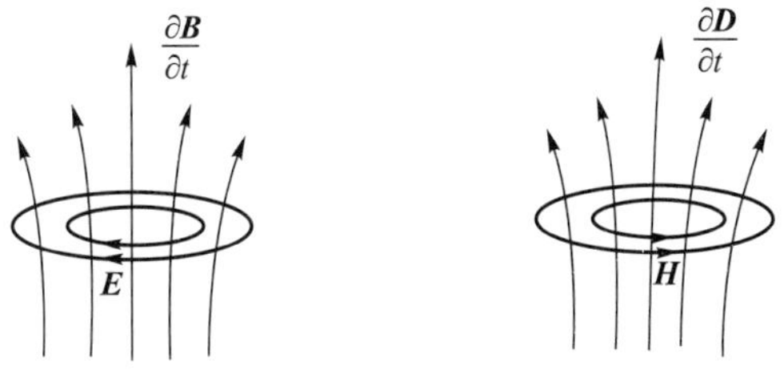


图 8-6　变化的电场和磁场相互感生

如图 8-7 我们设想在空间某处有一个电磁振源.在这里有交变的电流或电场,它在自己周围激发涡旋磁场,由于这磁场也是交变的,它又在自己周围激发涡旋电场.交变的涡旋电场和涡旋磁场相互激发,闭合的电场线和磁感应线就像链条的环节一样一个个地套连下去,在空间传播开来,形成电磁波.实际上电磁振荡是沿各个不同方向传播的.图 8-7 只是电磁振荡在某一直线上传播过程的示意图,并非真实的电场线和磁感应线的分布图.

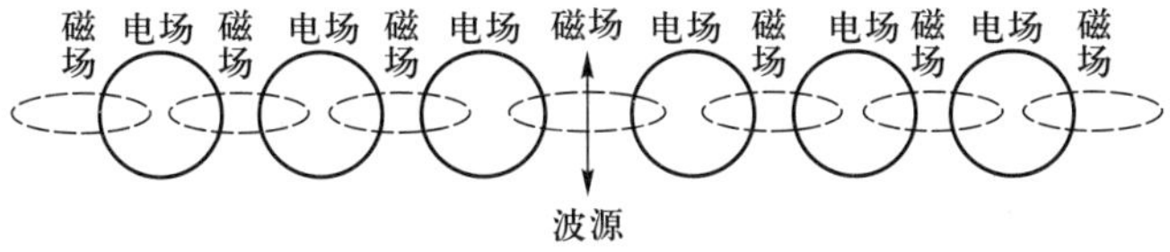


图 8-7　电磁振荡的传播机制示意图

由此我们看到,根据麦克斯韦的两个基本假设——涡旋电场与位移电流,是怎样预言电磁波的存在的.

麦克斯韦由电磁理论预见了电磁波的存在是在 1865 年,20 余年后,赫兹于 1888 年用类似上述的振荡偶极子产生了电磁波.他的实验在历史上第一次直接验证了电磁波的存在.

赫兹实验中所用的振子如图 8-8 所示,A、B 是两段共轴的黄铜杆,它们是振荡偶极子的两半.A、B 中间留有一个火花间隙,间隙两边杆的端点上焊有一对磨光的黄铜球.振子的两半连接到感应圈的两极上.当充电到一定程度间隙被火花击穿时,两段金属杆连成一条导电通路,这时它相当于一个振荡偶极子,在其中激起高频的振荡(在

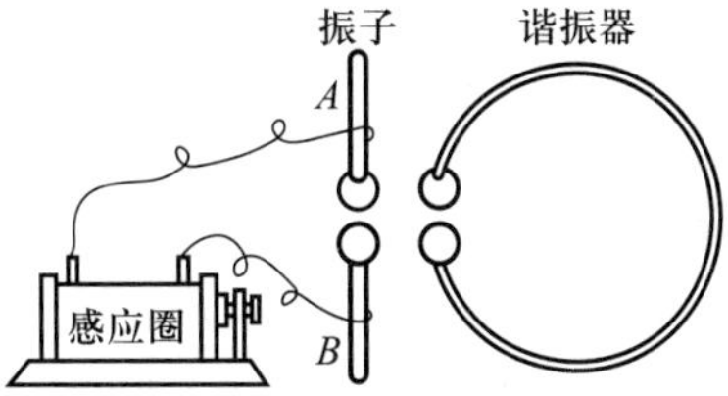


图 8-8　赫兹实验

赫兹实验中振荡频率为 $10^8 \sim 10^9$ Hz). 感应圈以 $10 \sim 10^2$ Hz 的频率一次一次地使火花间隙充电. 但是由于能量不断辐射出去而损失,每次放电后引起的高频振荡衰减得很快. 因此赫兹振子中产生的是一种间歇性的阻尼振荡(见图 8-9).

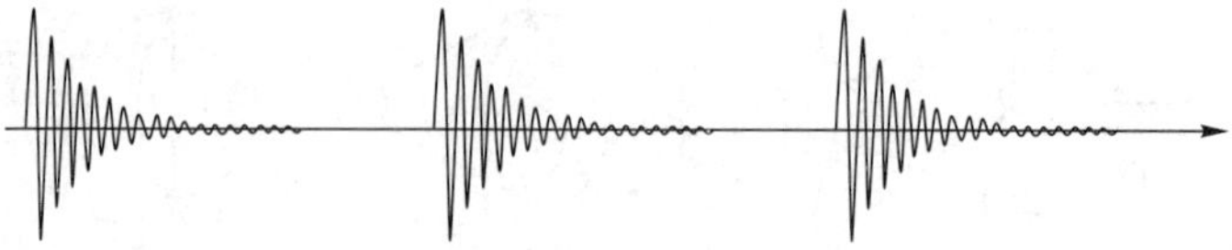

图 8-9　赫兹振子产生的间歇性阻尼振荡

为了探测由振子发射出来的电磁波,赫兹采用过两种类型的接收装置:一种与发射振子的形状和结构相同,另一种是一个圆形铜环,在其中也留有端点为球状的火花间隙(见图 8-8 右方),间隙的距离可利用螺旋做微小调节. 接收装置称为谐振器. 将谐振器放在距振子一定的距离以外,适当地选择其方位,并使之与振子谐振. 赫兹发现,在发射振子的间隙有火花跳过的同时,谐振器的间隙里也有火花跳过,这样,他在实验中初次观察到电磁振荡在空间的传播.

以后,赫兹利用振荡偶极子和谐振器进行了许多实验,观察到振荡偶极子辐射的电磁波与由金属面反射回来的电磁波叠加产生的驻波现象,并测定了波长,这就令人信服地证实了振荡偶极子发射的确实是电磁波;此外他还证明这种电磁波与光波一样具有偏振性质,能产生折射、反射、干涉、衍射等现象. 因此赫兹初步证实了麦克斯韦电磁理论的预言,即电磁波的存在和光波本质上也是电磁波.

### 8.2.2　偶极振子发射的电磁波

偶极振子周围电磁场的分布和变化情形,可以由麦克斯韦方程组严格地计算出来. 计算结果所表示的基本特征都为赫兹实验所证实,下面我们只给出定性的结果.

为了描述的方便,我们以振子的中心为原点,以振子的轴线为极轴取球坐标(图 8-10),我们把任何包含极轴的平面称为"子午面",通过原点垂直于极轴的平面称为"赤道面". 当振子中激起电磁振荡时,其中有交变电流,其两半所积累的电荷也正负交替变化. 从距离较远的地方看来,振子相当于电偶极矩 $\boldsymbol{p}$ 做简谐变化的偶极子,故该振子称为偶极振子. 计算结果表明,偶极振子周围电场强度矢量 $\boldsymbol{E}$ 位于子午面内,磁场强度矢量 $\boldsymbol{H}$ 位于与赤道面平行的平面内,二者互相垂直. 从振子周围电场分布的情形来看,空间大约可以分为两个区域,现分别讨论如下:

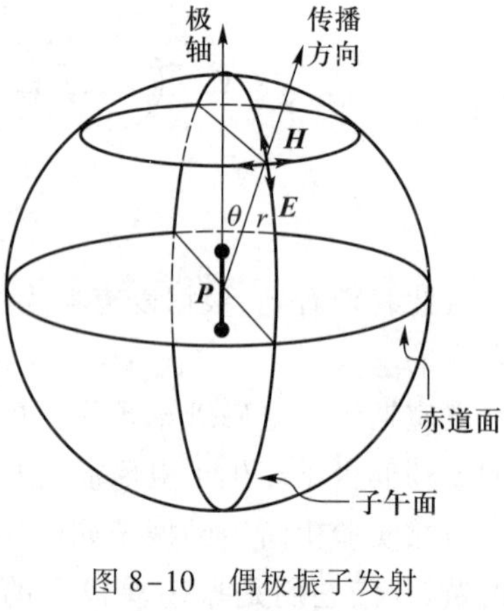


图 8-10　偶极振子发射的电磁波中 $\boldsymbol{E}$、$\boldsymbol{H}$ 的方向

(1) 在靠近振子中心的一个小范围内(即离振子中心点的距离 $r \ll \lambda$ 或与波长 $\lambda$ 具有同样数量级的范围内),电场的瞬时分布与一个静态偶极子的电场很相近,电场线的始末两端分别与偶极振子的正负电荷相连. 我们把偶极振子简化为一对等量异号的点电荷围绕共同中心做相对简谐振动的模型,偶极振子附近电场线的变化如图 8-11 所示. 设 $t=0$ 时正负电

荷都正好在中心[图 8-11(a)],由于这时振子不带电,没有电场线与它相连,然后两个点电荷开始做相对的简谐振动,在前半个周期内,正负电荷分别朝上下两方向移动[图 8-11(b)],经过最远点后[图 8-11(c)]又移向中心[图 8-11(d)];在这时期出现了由上面的正电荷出发到下面负电荷的电场线,同时这电场线不断向外扩展;最后正负电荷又回到中心相遇[图 8-11(e)],完成前半个周期,这时振子又不带电了,原来与正负电荷相连接的电场线两端相连形成一个闭合圈后便脱离振子[图 8-11(f)].在后半个周期中的情况与此类似,过程终了时又形成一个电场线的闭合圈.不过前后两个闭合圈的环绕方向相反.以上只分析了一根电场线的形成,图 8-12 中精确地绘出了振子附近电场线在前半个周期内分布情况的全貌.后半个周期内的情况仅仅只是正负电荷位置对调,电场线的环绕方向和图 8-12 中的相反.

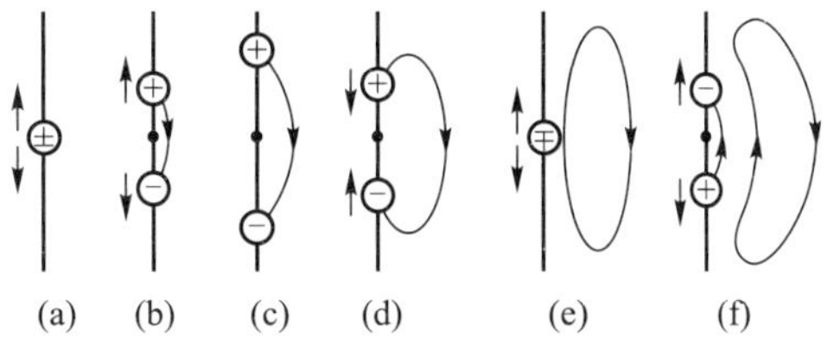


图 8-11　偶极振子附近电场线变化过程示意图

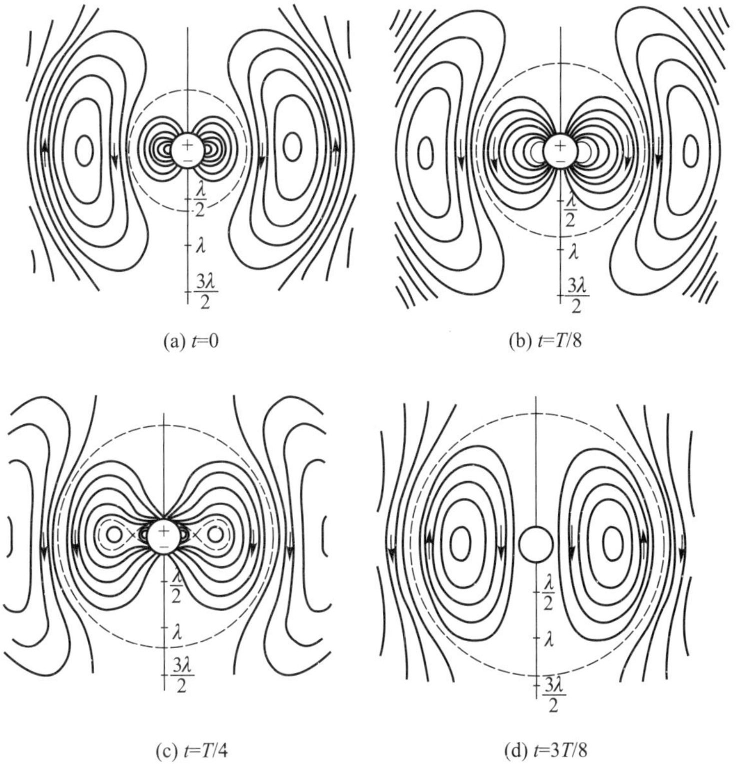


图 8-12　偶极振子附近电场线的变化

(2) 在离振源足够远的地方($r \gg \lambda$).我们称之为波场区.这里的电场与磁场的变化比较简单,电场线都是闭合的[见图 8-13(a),其中 $\boldsymbol{p}$ 为偶极振子],当距离 $r$ 增大时,波面渐趋于球形,电场强度矢量 $\boldsymbol{E}$ 趋于切线方向,也就是说,在波场区内 $\boldsymbol{E}$ 垂直于径矢 $\boldsymbol{r}$.

以上只是偶极振子产生的电场线分布和它的变化过程,实际上同时还有磁感应线参与.无论在上述哪个区域里,磁感应线的分布都是如图8-13(b)所示(图中 $\boldsymbol{p}$ 为偶极振子),它们是平行于赤道面内的一系列同心圆，故 $\boldsymbol{H}$ 同时与 $\boldsymbol{E}$、$\boldsymbol{r}$ 垂直. 每根环形磁感应线的半径都随时间不断向外扩展. 电场线环和磁感应线环之所以会不断向外扩展，就是因为像上面已分析过的那样，它们相互激发，相互感生之故.

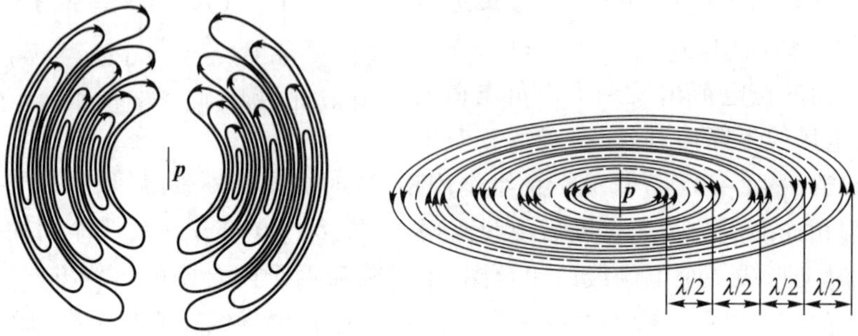


(a) 电场线　　(b) 磁感应线

图 8-13　波场区内的电场线和磁感应线

任何波动的过程都是能量传播的过程，电磁波是传递电磁能的过程. 单位时间内通过与传播方向垂直的单位截面的能量叫作能流密度. 在波动过程中能流密度是随时间做周期性变化的，然而在实际中重要的并不是能流密度的瞬时值，而是它在一个周期内的平均值. 我们用 $S$ 代表能流密度，$\overline{S}$ 代表它的平均值.

下面我们进一步给出有关偶极振子发射的电磁波能流密度的一些理论计算结果，这里仍不去推导这些结果，而把着重点放在对其物理意义的分析上面.

（1）偶极振子发射的平均能流密度

$$\overline{S}\propto f^{4}. \tag{8.23}$$

所以频率越高，能量的辐射越多. 在一般的交流电路中，由于频率很低，电磁波的能量辐射实际上可以忽略. 实际中用于广播的电磁波频率一般都在几百 kHz 以上.

（2）
$$\overline{S}\propto \frac{1}{r^{2}}. \tag{8.24}$$

这个结论并不意外，因为偶极振子发射的是球面波，根据能量守恒定律，通过任何以它为中心的球面的能流都应一样，而这能流应等于球面的面积 $4\pi r^2$ 乘以 $\overline{S}$，即 $4\pi r^2\overline{S}$，它应是与 $r$ 无关的恒量，因此 $S$ 必然与 $r^2$ 成反比.

（3）
$$\overline{S}\propto p^{2}\sin^{2}\theta. \tag{8.25}$$

这表明，偶极振子辐射电磁能量并不是各向同性的，沿赤道面$\left(\theta=\dfrac{\pi}{2}, \sin\theta=1\right)$ $\overline{S}$ 最大；$\boldsymbol{r}$ 越趋向极轴，$\overline{S}$ 越小；到了极轴方向（$\theta=0$ 或 $\pi$，$\sin\theta=0$）$\overline{S}=0$，没有能量沿该方向发出. 这表明，对于给定的传播方向，只有电偶极矩 $\boldsymbol{p}$ 在垂直于径矢 $\boldsymbol{r}$ 方向的投影 $p\sin\theta$，才对辐射有贡献，而平行于径矢 $\boldsymbol{r}$ 方向的分量对辐射没有贡献. 这表明电磁波的横波性.

为了用实验方法来显示上述有关电磁波的某些特性，下面介绍一组演示实验. 所用的装置如图 8-14 所示，它是在赫兹实验的基础上加以改造而成的.

图 8-14(a)是发射器,直线振子仍由两段相同的粗铜棒组成,其间留有约 0.1 mm 的火花间隙,用两根细软导线将振子与交流电源连接起来(电源可用 50Hz 500 V,由小型变压器供给),由振子两端连出的导线都经过匝数不多的线圈组成的扼流圈,它让来自变压器的低频交流电自由地通到振子上,但可阻止振子中高频的振荡进入导线和变压器绕组中去.图 8-14(b)为接收器,它由同样长度的谐振子组成,以便与发射振子发生谐振,振荡指示器采用灵敏的直流电流计,进入电流计的电流需经过检波器整流.

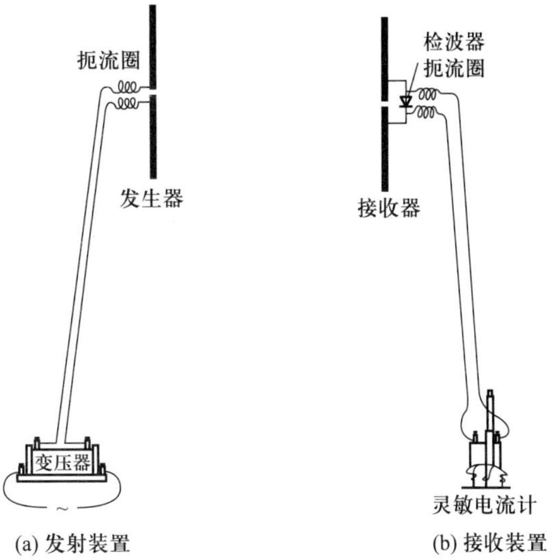


(a) 发射装置　　(b) 接收装置

图 8-14　电磁波的演示

当接收的谐振子与场中的电场线平行时,其中得到的电流最大,与电场线垂直时没有电流.把谐振子放在距离发射器不同距离和不同角度的各个地方,如图 8-15(a),并改变谐振子的取向,使电流计偏转最大,我们便可测定电场强度的大小和方向.实验结果表明,电场强度矢量确实位于子午面内,且与径矢垂直,沿赤道面的强度最大,靠近两极时变弱,并随距离的增大而减少.

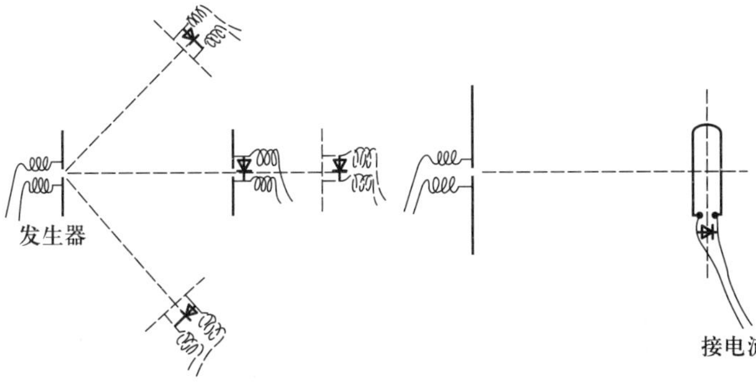


(a)　　(b)

图 8-15　关于电场分布和磁场分布的演示

为了研究磁场的分布,我们用矩形框谐振器来代替直线的谐振子,如图8-15(b)所示.如果矩形框的短边较电磁波的波长小得多,当我们使矩形框长边与电场线平行放置时,电场对称地作用在谐振器的两半上,因此不在电流计中引起电流.如果这时穿过矩形框的磁通量发生变化时,电流计就会发生偏转.当矩形框平面的法线与磁感应线平行时,电流计偏转最大[图 8-15(b)].绕平行于长边的轴线转动矩形框,以便找到电流计中得到的最大偏转的取向,这样便可将各处的磁场的方向确定下来.实验结果表明,磁场强度矢量确实处处与子午面垂直,即与电场强度矢量和径矢垂直.

还可用实验证明,我们研究的振子周围的场确实是一种波动.为此在离振子若干米远的地方垂直于径矢放置一金属板，作为平面反射镜. 如果交变电磁波真正是波动过程，则入射波与反射波在反射镜前的空间相遇，形成电磁驻波而具有空间周期性. 为了证实这一点，仍取图 8-14(b) 中的直线谐振子作为接收器，使其方向与电场强度矢量平行，并将它从反射镜朝着发射振子缓慢平移. 可以看到，与谐振子连接的电流计读数确实是周期性改变的(参见图 8-16 的实验结果). 电流计具有最大偏转和最小偏转的位置之间的距离相当于电磁驻波的波腹与波节之间的距离，它应等于 1/4 波长. 这样便可测出电磁波的波长. 实验表明，其波长等于振子总长度的两倍. 由于这种发射振子产生的是间歇性阻尼振荡，发射的电磁波衰减得很快，因此只有在反射镜面附近入射波与反射波的强度才相近；随着接收器到镜面距离加大，入射波与反射波的强度相差越来越大，电流计读数随距离的周期性起伏变得越来越不明显了.

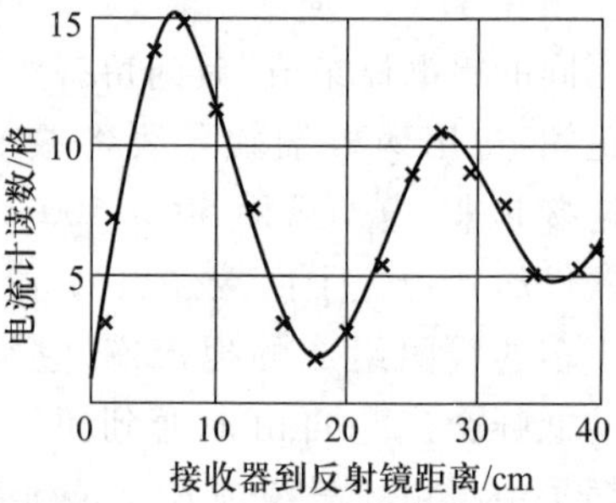

图 8-16　关于电磁驻波的实验结果

### 8.2.3　带电粒子加速运动的电磁辐射

在 4.6.4 节中我们看到，一个匀速运动的带电粒子产生的电场都是径向的，它不会发射电磁波，因为电磁波是横波. 要发射电磁波，带电粒子一定要有加速度. 上面介绍的偶极振子发射电磁波，其实就是带电粒子加速运动发射电磁波的一例. 下面我们通过一个较简单的特例推导带电粒子的电磁辐射公式.

如图 8-17 所示，设带电粒子 $q$ 在时间 $t=0$ 以前静止在原点 $O$ 处，在 $t=0$ 到 $\Delta t$ 区间在沿 $z$ 方向受到一个方脉冲力而产生加速度 $a$. 假定 $\Delta t$ 如此之短，可以认为粒子的位置几乎未离开 $O$ 点，但却已获得速度 $u=a\Delta t$，此后粒子以速度 $u$ 匀速前进. 为简单起见，设 $u/c\ll 1$，即粒子的运动是非相对论性的.

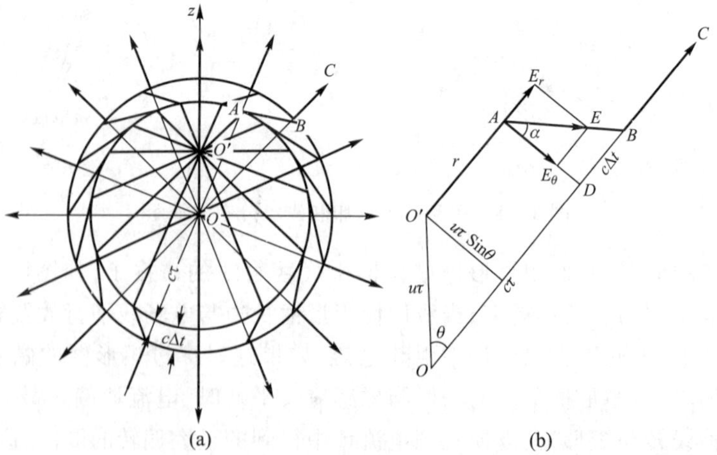

图 8-17　推导带电粒子电磁辐射公式

考虑脉冲后又经过时间间隔 $\tau$ 的情况. 这时脉冲前后的波前已传播到以 $O$ 为中心、半径分别为 $c(\Delta t+\tau)$ 和 $c\tau$ 的同心球面上，如图 8-17(a)，而粒子到达了 $O'$ 的位置，$OO'=u\tau$. 因为在 $t=0$ 以

前粒子停留在 $O$ 不动,大球面以外的电场线以 $O$ 为中心沿着径向分布;按 4.6.4 节的讨论,匀速运动的带电粒子所产生电场的瞬时分布也是以它自己为中心沿着径向的,即小球面以内的电场线以 $O'$ 为中心沿着径向分布. 在两球面之间的过渡区里电场线发生曲折,这里正是带电粒子脉冲加速的影响传播所及的地方. 在此区间电场 $\boldsymbol{E}$ 既有横分量 $E_\theta$,又有纵分量 $E_r$,如图 8-17(b). 对电磁辐射有贡献的只有横分量 $E_\theta$.

考虑从 $O'$ 出发沿 $\theta$ 方向的电场线 $O'ABC$. 如图 8-17(b)所示,在过渡区里

$$E_\theta = E_r/\tan\alpha,$$

然而

$$\tan\alpha = \frac{DB}{AD} = \frac{c\Delta t}{u\tau\sin\theta} = \frac{c\Delta t}{a\Delta t\tau\sin\theta} = \frac{c}{a\tau\sin\theta},$$

于是

$$E_\theta = E_r\frac{a\tau\sin\theta}{c}. \tag{8.26}$$

另一方面,在非相对论近似下,$E_r$ 基本上是以 $O'$ 为中心的库仑场:

$$E_r = \frac{1}{4\pi\varepsilon_0}\frac{q}{r^2}, \tag{8.27}$$

这里 $r \approx c\tau$,即(8.26)式里的 $\tau$ 可写成 $r/c$. 于是将(8.27)式代入(8.26)式后,得

$$E_\theta = \frac{1}{4\pi\varepsilon_0}\frac{qa\sin\theta}{c^2 r}. \tag{8.28}$$

这就是非相对论带电粒子加速运动时产生的辐射场的电场强度. 根据 8.3 节,最后可得到非相对论性带电粒子的电磁辐射公式,辐射能流密度为 $S$

$$S = \frac{q^2 a^2 \sin^2\theta}{16\pi^2\varepsilon_0 c^3 r^2}. \tag{8.29}$$

下面我们对结果做一些分析.

(1) 辐射的能流密度 $S$ 与粒子的加速度 $a$ 的平方成正比:

$$S \propto a^2, \tag{8.30}$$

匀速运动的带电粒子没有电磁辐射. 带电粒子因其有加速度而产生电磁辐射的现象是十分普遍的. 前面 4.2.4 节讲到,电子感应加速器中做圆周运动的电子因存在加速度而引起辐射能量损失的现象,就是一例.

(2) 辐射的能流密度 $S$ 与距离 $r$ 的平方成反比:

$$S \propto \frac{1}{r^2}, \tag{8.31}$$

这个结论并不意外,因为粒子发射的是球面波,根据能量守恒定律,通过任何以它为中心的球面的能流都应一样,而这能流应等于球面的面积 $4\pi r^2$ 乘以 $S$,即 $4\pi r^2 S$,它应是与 $r$ 无关的常量,因此 $S$ 必然与 $r^2$ 成反比. $S$ 反比于 $r^2$ 要求电场强度 $\boldsymbol{E}$ 的横分量反比于 $r$[参见(8.28)式],而不像库仑场那样反比于 $r^2$.

(3) 辐射的能流密度 $S$ 与极角正弦的平方成正比:

$$S \propto \sin^2\theta, \tag{8.32}$$

即辐射不是各向同性的，发射方向沿赤道面（极角 $\theta=\pi/2$，$\sin\theta=1$）时 $S$ 最大；发射方向越趋向极轴，$S$ 越小；到了极轴方向（$\theta=0$，$\sin\theta=0$），没有能量发出. 这表明，对于给定的传播方向，只有粒子加速度在垂直于径矢 $\boldsymbol{r}$ 的投影 $a\sin\theta$ 才对辐射有贡献，而平行于径矢 $\boldsymbol{r}$ 的分量对辐射没有贡献. 这是电磁波的横波性的反映.

### 8.2.4　电磁波的性质

在远离波源的自由空间中传播的电磁波可近似看成平面波. 为简单起见，下面介绍自由空间传播的平面波的性质.

所谓自由空间是空间既没有自由电荷（$\rho_{e0}=0$），也没有传导电流（$\boldsymbol{j}_0=0$），且空间无限大，即不考虑边界的影响. 空间可以是真空，也可以充满均匀介质. 自由空间内传播的平面电磁波的性质可归纳为以下几点：

（1）电磁波是横波. 令 $\boldsymbol{k}$ 代表电磁波传播方向的单位矢量，则振动的电场强度矢量 $\boldsymbol{E}$ 和磁场强度矢量 $\boldsymbol{H}$ 都与 $\boldsymbol{k}$ 垂直，即

$$\boldsymbol{E}\perp\boldsymbol{k},\quad \boldsymbol{H}\perp\boldsymbol{k}. \tag{8.33}$$

（2）电场强度矢量与磁场强度矢量垂直，即

$$\boldsymbol{E}\perp\boldsymbol{H}. \tag{8.34}$$

（3）$\boldsymbol{E}$ 和 $\boldsymbol{H}$ 同相位，并且在任何时刻、任何地点，$\boldsymbol{E}$、$\boldsymbol{H}$ 和 $\boldsymbol{k}$ 三个矢量总构成右旋系，即 $\boldsymbol{E}\times\boldsymbol{H}$ 的方向总是沿着传播方向 $\boldsymbol{k}$ 的，如图 8-18 所示.

图 8-18　$\boldsymbol{E}$、$\boldsymbol{H}$、$\boldsymbol{k}$ 构成右旋直角坐标系

（4）$\boldsymbol{E}$ 与 $\boldsymbol{H}$ 的幅值成比例，令 $E_0$ 和 $H_0$ 分别代表 $\boldsymbol{E}$ 和 $\boldsymbol{H}$ 的幅值，$E_0$ 和 $H_0$ 的比例关系为

$$\sqrt{\varepsilon\varepsilon_0}E_0=\sqrt{\mu\mu_0}H_0. \tag{8.35}$$

（5）电磁波的传播速度为

$$v=\frac{1}{\sqrt{\varepsilon\varepsilon_0\mu\mu_0}}, \tag{8.36}$$

在真空中 $\varepsilon=\mu=1$，电磁波的速度为

$$c=\frac{1}{\sqrt{\varepsilon_0\mu_0}}. \tag{8.37}$$

电磁波的这些性质可由麦克斯韦方程组一一导出. 自由空间的麦克斯韦方程可写为

$$\left.\begin{aligned}
&\nabla\cdot\boldsymbol{E}=0, &&(\mathrm{I})\\
&\nabla\times\boldsymbol{E}=-\mu\mu_0\frac{\partial\boldsymbol{H}}{\partial t}, &&(\mathrm{II})\\
&\nabla\cdot\boldsymbol{H}=0, &&(\mathrm{III})\\
&\nabla\times\boldsymbol{H}=\varepsilon\varepsilon_0\frac{\partial\boldsymbol{E}}{\partial t}. &&(\mathrm{IV})
\end{aligned}\right\} \tag{8.38}$$

把它们在直角坐标系中写成分量形式：

$$\left.\begin{aligned}
&\frac{\partial E_x}{\partial x}+\frac{\partial E_y}{\partial y}+\frac{\partial E_z}{\partial z}=0; &&(\mathrm{I})\\
&\frac{\partial E_z}{\partial y}-\frac{\partial E_y}{\partial z}=-\mu\mu_0\frac{\partial H_x}{\partial t}, &&(\mathrm{II}\,x)\\
&\frac{\partial E_x}{\partial z}-\frac{\partial E_z}{\partial x}=-\mu\mu_0\frac{\partial H_y}{\partial t}, &&(\mathrm{II}\,y)\\
&\frac{\partial E_y}{\partial x}-\frac{\partial E_x}{\partial y}=-\mu\mu_0\frac{\partial H_z}{\partial t}, &&(\mathrm{II}\,z)\\
&\frac{\partial H_x}{\partial x}+\frac{\partial H_y}{\partial y}+\frac{\partial H_z}{\partial z}=0, &&(\mathrm{III})\\
&\frac{\partial H_z}{\partial y}-\frac{\partial H_y}{\partial z}=\varepsilon\varepsilon_0\frac{\partial E_x}{\partial t}, &&(\mathrm{IV}\,x)\\
&\frac{\partial H_x}{\partial z}-\frac{\partial H_z}{\partial x}=\varepsilon\varepsilon_0\frac{\partial E_y}{\partial t}, &&(\mathrm{IV}\,y)\\
&\frac{\partial H_y}{\partial x}-\frac{\partial H_x}{\partial y}=\varepsilon\varepsilon_0\frac{\partial E_z}{\partial t}. &&(\mathrm{IV}\,z)
\end{aligned}\right\}\tag{8.39}$$

设平面波沿 $z$ 轴正向传播，则波面垂直 $z$ 轴. 在波面内的相位相同，即相位与 $x$、$y$ 变量无关. 为了简单起见，我们假设振幅也与 $x$、$y$ 无关. 这样一来，上式中所有对 $x$ 和 $y$ 的偏微商全等于 0，于是(Ⅰ)、(Ⅱ$z$)(Ⅲ)、(Ⅳ$z$)四式简化为

$$\frac{\partial E_z}{\partial z}=0,\quad \frac{\partial H_z}{\partial t}=0,\quad \frac{\partial H_z}{\partial z}=0,\quad \frac{\partial E_z}{\partial t}=0.$$

上式表明，电场强度矢量和磁场强度矢量沿波动传播方向的分量 $E_z$ 和 $H_z$(我们称之为**纵分量**)是与任何时空变量无关的常量，它们与我们这里考虑的电磁波无关，可以假定 $E_z=0$, $H_z=0$. 从这里就得到有关电磁波的第一个重要特性，即它是**横波**.

式(8.39)中的其余四式简化后给出电场强度、磁场强度矢量横分量满足的方程式：

$$\left.\begin{aligned}
&\frac{\partial E_y}{\partial z}=\mu\mu_0\frac{\partial H_x}{\partial t}, &&(\mathrm{II}\,x)\\
&\frac{\partial E_x}{\partial z}=-\mu\mu_0\frac{\partial H_y}{\partial t}, &&(\mathrm{II}\,y)\\
&\frac{\partial H_y}{\partial z}=-\varepsilon\varepsilon_0\frac{\partial E_x}{\partial t}, &&(\mathrm{IV}\,x)\\
&\frac{\partial H_x}{\partial z}=\varepsilon\varepsilon_0\frac{\partial E_y}{\partial t}. &&(\mathrm{IV}\,y)
\end{aligned}\right\}\tag{8.40}$$

前面我们在取坐标时对 $x$、$y$ 轴在波面内的取向尚未作任何具体规定. 如果我们取 $x$ 轴沿 $\boldsymbol{E}$ 矢量的方向，则 $\boldsymbol{E}$ 只剩下 $E_x$ 一个分量，而 $E_y=0$. ①这样一来，上列式(8.40)中的(Ⅱ$x$)、(Ⅳ$y$)两式给出

① 这意味着我们考虑的是平面偏振波，即电场强度矢量的方向始终在 $x$、$z$ 平面内. 对于其他类型的电磁波，如圆偏振波、椭圆偏振波等，以下推导不适用，但可以证明 $\boldsymbol{E}\perp\boldsymbol{H}$ 的结论仍成立.

$$\frac{\partial H_x}{\partial t}=0, \quad \frac{\partial H_x}{\partial z}=0,$$

即 $H_x$ 分量也是一个与任何时空变量无关的常量. 这分量也与电磁波无关,可以设它为 0,即 $H_x=0$. 于是 $\boldsymbol{H}$ 矢量就只剩下一个 $H_y$ 分量了. 由此可见,若 $\boldsymbol{E}$ 矢量沿 $x$ 方向,$\boldsymbol{H}$ 矢量就沿 $y$ 方向,它们彼此垂直. 从这里我们得到电磁波的另一重要特性,即其中电场强度矢量和磁场强度矢量彼此垂直. 与上面的结论联系起来,我们得到如下的物理图像,在电磁波中电场强度矢量 $\boldsymbol{E}$、磁场强度矢量 $\boldsymbol{H}$ 和传播方向 $\boldsymbol{k}$ 三者两两垂直.

最后只剩下式(8.40)中的(Ⅱ$y$)、(Ⅳ$x$)两个方程式了,略去下标 $x$、$y$,得

$$\frac{\partial E}{\partial z}=-\mu\mu_0\frac{\partial H}{\partial t}, \quad \frac{\partial H}{\partial z}=-\varepsilon\varepsilon_0\frac{\partial E}{\partial t}. \tag{8.41}$$

在这里 $E$ 和 $H$ 两个场变量联系在一起,它们反映了变化着的电场和磁场相互激发、相互感生的规律. 为了解这一联立方程,只需将一个式子对 $z$ 取偏微商,另一式子对 $t$ 取偏微商,便可把一个场变量消去. 消去 $H$ 的方程式为

$$\frac{\partial^2 E}{\partial z^2}-\varepsilon\varepsilon_0\mu\mu_0\frac{\partial^2 E}{\partial t^2}=0, \tag{8.42}$$

同理,消去 $E$ 的方程式为

$$\frac{\partial^2 H}{\partial z^2}-\varepsilon\varepsilon_0\mu\mu_0\frac{\partial^2 H}{\partial t^2}=0. \tag{8.43}$$

偏微分方程(8.42)和(8.43)具有完全相同的形式,这类偏微分方程叫作波动方程,因为它们的解具有波动的形式. 为了证明这一点,我们可以把 $E$ 和 $H$ 设成沿 $z$ 方向传播的简谐波,它们可用如下复数形式来表示:

$$\begin{cases}\tilde{E}=\tilde{E}_0\mathrm{e}^{\mathrm{j}(\omega t-kz)},\\ \tilde{H}=\tilde{H}_0\mathrm{e}^{\mathrm{j}(\omega t-kz)},\end{cases} \tag{8.44}$$

其中 $\omega$ 和 $k$ 是角频率和波数,它们与周期 $T$ 和波长 $\lambda$ 的关系为

$$\omega=\frac{2\pi}{T}, \quad k=\frac{2\pi}{\lambda}. \tag{8.45}$$

波的传播速度(相速)为

$$v=\frac{\lambda}{T}=\frac{\omega}{k}. \tag{8.46}$$

设 $E_0$、$H_0$、$\varphi_E$、$\varphi_H$ 分别是 $E$、$H$ 的振幅和初相位,式(8.44)中的复振幅 $\tilde{E}_0$ 和 $\tilde{H}_0$ 分别为

$$\tilde{E}_0=E_0\mathrm{e}^{\mathrm{j}\varphi_E}, \quad \tilde{H}_0=H_0\mathrm{e}^{\mathrm{j}\varphi_H}. \tag{8.47}$$

现将试探解(8.44)分别代入波动方程式(8.42)和(8.43),即可看出,只要 $\omega$ 和 $k$ 满足如下关系:

$$k^2=\varepsilon\varepsilon_0\mu\mu_0\omega^2. \tag{8.48}$$

式(8.44)即可满足式(8.42)和(8.43). 利用式(8.46)可知,波速

$$v=\frac{\omega}{k}=\frac{1}{\sqrt{\varepsilon\varepsilon_0\mu\mu_0}},$$

这就是前面的式(8.36). 令其中 $\varepsilon=\mu=1$,立即得到真空波速公式(8.37). 读者可自行验证,

$1/\sqrt{\varepsilon_0\mu_0}$确实具有速度量纲.

我们知道,$\varepsilon_0$ 是由实验测定的,它的量值约为 $8.9\times10^{-12}\ \mathrm{C^2/(N\cdot m^2)}$(见 § 1.1);$\mu_0$ 的量值是规定的,它等于 $4\pi\times10^{-7}\ \mathrm{Wb/(A\cdot m)}$(见 § 4.1),所以真空中的电磁波速度的值应为

$$c=1/\sqrt{\varepsilon_0\mu_0}=3.0\times10^8\ \mathrm{m/s}.$$

现在再将式(8.44)代入式(8.41),并利用 $\omega$ 和 $k$ 的关系式(8.48),我们可以得到复振幅之间的关系:

$$\sqrt{\varepsilon\varepsilon_0}\ \tilde{E}_0=\sqrt{\mu\mu_0}\ \tilde{H}_0. \tag{8.49}$$

这一复数等式实际上代表两个关系式,由式(8.49)两端的模量相等,得

$$\sqrt{\varepsilon\varepsilon_0}E_0=\sqrt{\mu\mu_0}H_0,$$

由式(8.49)两端的辐角相等,得

$$\varphi_E=\varphi_H,$$

这就是前面的式(8.35)和第(3)点结论. 因为这里我们是按右旋坐标系来标定 $\boldsymbol{E}$、$\boldsymbol{H}$、$\boldsymbol{k}$ 三个矢量的取向的,$\varphi_E=\varphi_H$ 意味着 $E$ 和 $H$ 永远同号,即在任何时刻、任何地点,三个矢量都构成右旋系.

### 8.2.5 光的电磁理论

17 世纪,当人们对几何光学的规律有了初步认识,并在生产和科学研究中有一定应用之后,开始探索光的本性. 最早的理论是以牛顿为代表提出的微粒说,他们认为光是按照力学定律运动的微小粒子流. 这种理论在 17、18 世纪占据着统治的地位. 但是和牛顿同时代的惠更斯于 1687 年首先提出了光的波动说,他认为光是在一种特殊弹性介质"以太"中传播的机械波,并设想光是纵波. 到 19 世纪初,托马斯·杨和菲涅耳等人研究了光的干涉、衍射现象,初步测定了光的波长,发展了光的波动理论;特别是他们根据光的偏振现象,确定了光是横波. 后来又经过许多人的努力,到了 19 世纪中叶,微粒说被抛弃,确立了光的波动理论. 不过,这时的波动理论没有跳出机械论的范围.

对光的波动理论有进一步推动作用的,是光速的测量. 19 世纪中叶,许多人用不同方法对光速进行了测量,其中重要的结果有:

1849 年,菲佐　314 000 000 m/s,

1850 年,傅科 298 360 000 m/s①,

前已述及,按照麦克斯韦的理论,电磁波是横波,它在真空中的传播速度为 $c=\dfrac{1}{\sqrt{\varepsilon_0\mu_0}}$. $c$ 只与电磁学公式中的比例系数 $\varepsilon_0$、$\mu_0$ 有关,是一个普适常量. 这结论是麦克斯韦在 1865 年预言的,在此之前 1856 年韦伯和科尔劳施已通过实验测量比例系数,确定了这个常量的量值为

$$c=310\ 740\ 000\ \mathrm{m/s}.$$

当时科学上已经知道,这样大的速度是任何宏观物体(包括天体)和微观物体(如分子)所没有的,只有光速可与之比拟. 从数值上看,这个常量 $c$ 也与已测得的光速吻合得相当好. 由此麦克斯

---

① 1975 年 5 月在巴黎召开的国际计量大会建议的真空光速值为 $c=299\ 792\ 458\ \mathrm{m/s}$,估计误差是 $4\times10^{-9}$. 这数值是通过气体激光测定的,其精确度已超过目前采用的氪-86 谱线的长度标准(见 9.2.1 节),故可认为是定义值.

韦得出这样的结论：光是一种电磁波，$c$ 就是光在真空中的传播速度.

前面的式(8.36)表明，在介质中的电磁波速 $v$ 为真空中的$\frac{1}{\sqrt{\varepsilon\mu}}$倍：

$$v=\frac{c}{\sqrt{\varepsilon\mu}}. \tag{8.50}$$

在光学中人们知道，光在透明介质(如水、玻璃等)里面的传播速度 $v$ 也是小于真空中的速度 $c$ 的. 光学中二者的比值是折射率 $n$，即

$$v=\frac{c}{n}. \tag{8.51}$$

将式(8.51)和式(8.50)比较一下，便可得知，如果光是电磁波的话，则有

$$n=\sqrt{\varepsilon\mu}. \tag{8.52}$$

对于非铁磁质，$\mu\approx1$，从而

$$n=\sqrt{\varepsilon}. \tag{8.53}$$

这个公式从理论上把光学和电磁学两个不同领域中的物理量联系起来了. 实际情况怎样呢？表 8-1 给出一些物质的折射率 $n$ 和介电常量 $\varepsilon$ 的实验值. 可以看出，除了最后几行外，此表中所列的大多数物质的 $n$ 和$\sqrt{\varepsilon}$数值是相当符合的. 以上事实进一步说明了光是一种电磁波. 对于某些物质偏差的原因在于 $\varepsilon$ 与频率有关. 表 8-1 的$\sqrt{\varepsilon}$是静态测量值，而光的频率数量级为 $10^{14}$ Hz. 在这样高的频率下由于分子取向极化的惯性较大，跟不上外场的变化，介电常量值因而会显著下降.

**表 8-1　折射率与介电常量**

| 物质 | $n$ | $\sqrt{\varepsilon}$ |
|---|---|---|
| $N_2$ | 1.000 299 | 1.000 307 |
| $H_2$ | 1.000 139 | 1.000 139 |
| Ne | 1.000 035 | 1.000 037 |
| $CO_2$ | 1.000 449 | 1.000 485 |
| NO | 1.000 507 | 1.000 547 |
| 甲苯 | 1.499 | 1.549 |
| 水 | 1.32 | 9.0 |
| 酒精 | 1.36 | 5.0 |
| 玻璃 | 1.5~1.7 | 2.35~2.65 |

光与电磁波的同一性不仅表现在传播速度相等这一点上，上节已指出，赫兹等人所做的大量实验事实从各方面证实了光确是一种电磁波. 过去光学和电磁学是两个彼此独立的领域，从此以后联系在一起了. 恩格斯对 19 世纪的自然科学作过如下的论述："经验自然科学获得了巨大的发展和极其辉煌的成果，甚至不仅有可能完全克服 18 世纪机械论的片面性，而且自然科学本身，也由于证实了自然界本身所存在的各个研究部门……之间的联系，而从经验科学变成了理论科学，

并且由于把所得到的成果加以概括,又转化成为唯物主义的自然认识体系."①在这里,光的电磁理论的建立,也是证实自然界本身所存在的各个研究部门之间普遍联系的一个环节.

### 8.2.6 电磁波谱

自从赫兹应用电磁振荡的方法产生电磁波,并证明电磁波的性质与光波的性质相同以后,人们又进行了许多实验,不仅证明光是一种电磁波,而且发现了更多形式的电磁波.1895 年伦琴发现了一种新型的射线,后来称之为 X 射线;1896 年贝可勒尔又发现放射性辐射.科学实践证明,X 射线和放射性辐射中的一种 γ 射线都是电磁波.这些电磁波本质上完全相同,只是频率或波长有很大差别.例如光波的频率比无线电波的频率要高很多,而 X 射线和 γ 射线的频率则更高.为了对各种电磁波有个全面了解,我们可以按照波长或频率的顺序把这些电磁波排列起来,这就是所谓电磁波谱.

习惯上常用真空中的波长作为电磁波谱的标度,我们知道,任何频率的电磁波在真空中都是以速度 $c=3\times10^8$ m/s 传播的,所以在真空中电磁波的波长 $\lambda$ 与频率 $f$ 成反比:

$$\lambda=\frac{c}{f}. \tag{8.54}$$

应用这公式可将电磁波的频率换算成真空中的波长.图 8-19 是按频率和波长两种标度绘制的电磁波谱,由于电磁波的波长或频率范围很广,只可能用对数标度划出.

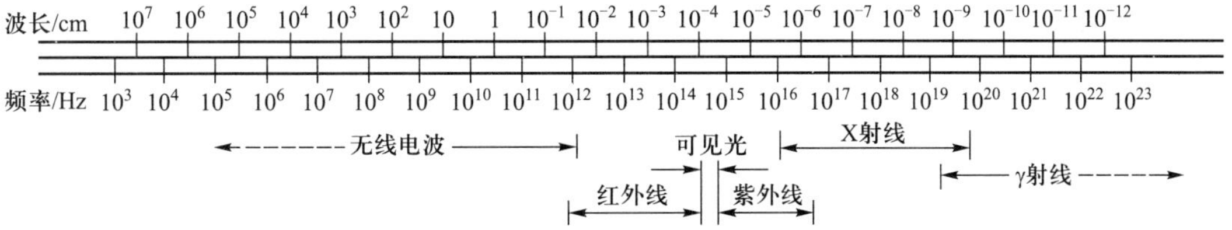


图 8-19 电磁波谱

首先我们看无线电波,由于辐射强度随频率的减少而急剧下降,因此波长为几百 km($10^7$ cm)的低频电磁波通常不为人们注意,实际中用的无线电波是从波长 $\lambda$ 约几千米(相当于频率在几百 kHz)开始.波长在 3 km ~ 50 m(频率100 kHz ~ 6 MHz)范围,属于中波段,波长在 50 ~ 10 m(频率在 6 ~ 30 MHz)范围为短波,波长在 10 m ~ 1 cm(频率在 $3\times10^5$ ~ $3\times10^4$ MHz)甚至到达 1 mm(频率为 $3\times10^6$ MHz)以下的则为超短波(或微波)(有时按照波长的数量级大小也常出现米波、分米波、厘米波、毫米波等名称).

中波和短波用于无线电广播和通信,微波应用于电视和无线电定位技术(雷达).

可见光的波长范围很窄,$\lambda$ 大约在 7.6 ~ 4.0×$10^{-5}$ cm 之间(在光谱学中习惯于采用另一个长度单位——埃(Å)来计算波长,1 Å = $10^{-10}$ m,用 Å 来计算,可见光的波长约在 7 600 ~ 4 000 Å 范围内).从可见光向两边扩展,波长比它长的称为红外线,波长大约从 7 600 Å 直到十分之几 mm,它的热效应特别显著;波长比可见光短的称为紫外线,波长从 4 000 ~ 50 Å,它有显著的化学效应和荧光效应.红外线和紫外线,都是人类的视觉所不能感受的,只能利用特殊的仪器来探测.无论

① 恩格斯.自然辩证法[M].北京:人民出版社,1971:175.

可见光、红外线或紫外线，它们都是由原子或分子等微观客体的振荡所激发的. 近年来，一方面由于超短波无线电技术的发展，无线电波的范围不断朝波长更短的方向进展；另外一方面由于红外技术的发展，红外线的范围不断朝波长更长的方向扩充. 目前超短波和红外线的分界已不存在，其范围有一定的重叠.

X 射线可用高速电子流轰击金属靶得到，它是由原子中的内层电子发射的，其波长范围约在 $10^2\sim10^{-2}$ Å 之间. 随着 X 射线技术的发展，它的波长范围也不断朝着两个方向扩充. 目前在长波段已与紫外线有所重叠，短波段已进入 γ 射线领域. 放射性辐射 γ 射线的波长是从 1 Å 左右算起，直到无穷小的波长.

从这里我们看到，电磁波谱中上述各波段主要是按照得到和探测它们的方式不同来划分的. 随着科学技术的发展，各波段都已冲破界限与其他相邻波段重叠起来. 目前在电磁波谱中除了波长极短（$10^{-4}\sim10^{-5}$ Å 以下）的一端以外，不再留有任何未知的空白了.

# § 8.3　电磁场的能流密度与动量

## 8.3.1　电磁场的能量原理和能流密度矢量

我们在空间取一任意体积 $V$，设其表面为 $\Sigma$. 在此区域内也可能有电荷或电流以至电源，也可能只有电磁场而没有电荷和电流. 在此体积内的电磁能为

$$
\begin{aligned}
W&=W_{\mathrm{e}}+W_{\mathrm{m}}\\
&=\frac{1}{2}\iiint_V(\boldsymbol{D}\cdot\boldsymbol{E}+\boldsymbol{B}\cdot\boldsymbol{H})\,\mathrm{d}V.
\end{aligned}
$$

在非恒定情况下，各场量随时间变化，体积 $V$ 内的电磁能 $W$ 也将随时间变化，其变化率为

$$
\begin{aligned}
\frac{\mathrm{d}W}{\mathrm{d}t}&=\frac{1}{2}\frac{\mathrm{d}}{\mathrm{d}t}\iiint_V(\boldsymbol{D}\cdot\boldsymbol{E}+\boldsymbol{B}\cdot\boldsymbol{H})\,\mathrm{d}V\\
&=\frac{1}{2}\iiint_V\frac{\partial}{\partial t}(\boldsymbol{D}\cdot\boldsymbol{E}+\boldsymbol{B}\cdot\boldsymbol{H})\,\mathrm{d}V.
\end{aligned}
$$

因 $\boldsymbol{D}=\varepsilon\varepsilon_0\boldsymbol{E}$，$\boldsymbol{B}=\mu\mu_0\boldsymbol{H}$，

$$
\begin{aligned}
\frac{\partial}{\partial t}(\boldsymbol{D}\cdot\boldsymbol{E}+\boldsymbol{B}\cdot\boldsymbol{H})&=\varepsilon\varepsilon_0\frac{\partial}{\partial t}(\boldsymbol{E}\cdot\boldsymbol{E})+\mu\mu_0\frac{\partial}{\partial t}(\boldsymbol{H}\cdot\boldsymbol{H})\\
&=2\varepsilon\varepsilon_0\boldsymbol{E}\cdot\frac{\partial\boldsymbol{E}}{\partial t}+2\mu\mu_0\boldsymbol{H}\cdot\frac{\partial\boldsymbol{H}}{\partial t}\\
&=2\boldsymbol{E}\cdot\frac{\partial\boldsymbol{D}}{\partial t}+2\boldsymbol{H}\cdot\frac{\partial\boldsymbol{B}}{\partial t}.
\end{aligned}
$$

利用麦克斯韦方程组，

$$
\frac{\partial\boldsymbol{D}}{\partial t}=\nabla\times\boldsymbol{H}-\boldsymbol{j}_0,\quad\frac{\partial\boldsymbol{B}}{\partial t}=-\nabla\times\boldsymbol{E},
$$

于是

$$
\frac{\partial}{\partial t}(\boldsymbol{D}\cdot\boldsymbol{E}+\boldsymbol{B}\cdot\boldsymbol{H})=2(\boldsymbol{E}\cdot\nabla\times\boldsymbol{H}-\boldsymbol{H}\cdot\nabla\times\boldsymbol{E}-\boldsymbol{j}_0\cdot\boldsymbol{E}).
$$

利用附录 E 中的式(E.28),令其中 $\boldsymbol{A}\rightarrow\boldsymbol{E},\boldsymbol{B}\rightarrow\boldsymbol{H}$,则有

$$\boldsymbol{E}\cdot\nabla\times\boldsymbol{H}-\boldsymbol{H}\cdot\nabla\times\boldsymbol{E}=-\nabla\cdot(\boldsymbol{E}\times\boldsymbol{H}),$$

于是

$$\frac{\mathrm{d}W}{\mathrm{d}t}=-\iiint_V\nabla\cdot(\boldsymbol{E}\times\boldsymbol{H})\,\mathrm{d}V-\iiint_V\boldsymbol{j}_0\cdot\boldsymbol{E}\,\mathrm{d}V,$$

利用矢量场论的高斯定理,可将上式右端第一项化为面积分,最后得到

$$\frac{\mathrm{d}W}{\mathrm{d}t}=-\oint\!\!\!\oint_\Sigma(\boldsymbol{E}\times\boldsymbol{H})\cdot\mathrm{d}\boldsymbol{\Sigma}-\iiint_V\boldsymbol{j}_0\cdot\boldsymbol{E}\,\mathrm{d}V. \tag{8.55}$$

现在我们来分析式(8.55)的物理意义.先看右端第二项.有非静电力 $\boldsymbol{K}$ 的情况下欧姆定律的微分形式为

$$\boldsymbol{j}_0=\sigma(\boldsymbol{E}+\boldsymbol{K})\quad 或\quad \boldsymbol{E}=\rho\boldsymbol{j}_0-\boldsymbol{K},$$

这里 $\rho=\dfrac{1}{\sigma}$为电阻率.于是(8.55)式右端第二项的被积函数变为

$$\boldsymbol{j}_0\cdot\boldsymbol{E}=\rho j_0^2-\boldsymbol{j}_0\cdot\boldsymbol{K}.$$

其中 $j_0^2=\boldsymbol{j}_0\cdot\boldsymbol{j}_0$.为了看清楚上式中各项的物理意义,可取 $V$ 为一个小电流管,设其截面积和长度分别为 $\Delta\Sigma$ 和 $\Delta l$,考虑到 $\boldsymbol{j}_0\Delta l=j_0\Delta\boldsymbol{l}$,于是

$$\begin{aligned}\iiint_V\boldsymbol{j}_0\cdot\boldsymbol{E}\,\mathrm{d}V&=\boldsymbol{j}_0\cdot\boldsymbol{E}\Delta\Sigma\Delta l\\&=\rho j_0^2\Delta\Sigma\Delta l-\boldsymbol{j}_0\cdot\boldsymbol{K}\Delta\Sigma\Delta l\\&=\left(\frac{\rho\Delta l}{\Delta\Sigma}\right)(j_0\Delta\Sigma)^2-(j_0\Delta\Sigma)(\boldsymbol{K}\cdot\Delta\boldsymbol{l}),\end{aligned}$$

因 $\rho\Delta l/\Delta\Sigma$ 为小流管的电阻 $R$,$j_0\Delta\Sigma$ 为其中的电流强度 $I_0$,$\boldsymbol{K}\cdot\Delta\boldsymbol{l}$ 是沿流管的电动势 $\Delta\mathscr{E}$,故

$$\iiint_V\boldsymbol{j}_0\cdot\boldsymbol{E}\,\mathrm{d}V=I_0^2R-I_0\Delta\mathscr{E},$$

上式右端第一项 $I_0^2R$ 是单位时间释放出来的焦耳热,第二项 $I_0\Delta\mathscr{E}$是单位时间电源做的功.其实这个结论完全不限于 $V$ 是小流管的情形,对于任何体积 $V$,式(8.55)右端第二项体积分都代表此体积内单位时间释放的焦耳热 $Q$ 与单位时间非静电力做的功 $A$ 之差,即

$$\iiint_V\boldsymbol{j}_0\cdot\boldsymbol{E}\,\mathrm{d}V=Q-A.$$

现在看式(8.55)右端第一项面积分.引入一个新的矢量 $\boldsymbol{S}$,其定义如下:

$$\boldsymbol{S}=\boldsymbol{E}\times\boldsymbol{H}, \tag{8.56}$$

它叫作**坡印廷矢量**.于是式(8.55)可写为

$$\frac{\mathrm{d}W}{\mathrm{d}t}=-\oint\!\!\!\oint_\Sigma\boldsymbol{S}\cdot\mathrm{d}\boldsymbol{\Sigma}-Q+A. \tag{8.57}$$

上式表明,在体积 $V$ 内单位时间增加的电磁能$\dfrac{\mathrm{d}W}{\mathrm{d}t}$等于此体积内单位时间电源做的功 $A$ 减去焦耳损耗 $Q$ 和坡印廷矢量的面积分.从能量守恒的观点看来,这面积分应代表单位时间从体积 $V$ 的表面流出的电磁能量(这个叫作**电磁能流**),而坡印廷矢量 $\boldsymbol{S}=\boldsymbol{E}\times\boldsymbol{H}$ 的方向代表电磁能传递的方向,其大小代表单位时间流过与之垂直的单位面积的电磁能量.亦即,$\boldsymbol{S}$ 就是**电磁能流密度矢量**.

根据电磁波的 $\boldsymbol{E}$、$\boldsymbol{H}$、$\boldsymbol{k}$ 构成右旋系的性质可以看出,电磁波的能流密度矢量 $\boldsymbol{S}$ 总是沿着电磁

波的传播方向 $\boldsymbol{k}$，即能量总是向前传播的.

电磁波中 $\boldsymbol{E}$ 和 $\boldsymbol{H}$ 都随时间迅速变化，式(8.56)给出的是电磁波的瞬时能流密度. 在实际中重要的是它在一个周期内的平均值，即平均能流密度. 我们可以仿照 7.5.1 节求交流电平均功率的办法来计算. 对于简谐波平均能流密度为

$$\overline{S}=\frac{1}{2}E_0H_0, \tag{8.58}$$

式中 $E_0$ 和 $H_0$ 是 $E$ 和 $H$ 的振幅. 由于 $E_0$ 和 $H_0$ 之间存在比例关系：$\sqrt{\varepsilon\varepsilon_0}E_0=\sqrt{\mu\mu_0}H_0$，故

$$\overline{S}\propto E_0^2 \quad 或 \quad H_0^2, \tag{8.59}$$

即电磁波中的能流密度正比于电场或磁场振幅的平方.

上面引入坡印廷矢量的过程中完全没有用到迅变的条件，由此可见，坡印廷矢量的概念不仅适用于迅变的电磁场，它也适用于恒定场. 这里我们利用坡印廷矢量的概念，分析一下直流电源对电路供电时，能量传输的图像.

电路里磁感应线总是沿右旋方向环绕电流的. 在电源内部[图 8-20(a)]有电源力 $\boldsymbol{K}$，电流密度 $\boldsymbol{j}=\sigma(\boldsymbol{K}+\boldsymbol{E})$. 这里 $\boldsymbol{E}$ 与 $\boldsymbol{K}$ 方向相反，且 $|\boldsymbol{E}|<|\boldsymbol{K}|$，故 $\boldsymbol{j}$ 与 $\boldsymbol{K}$ 的方向一致，与 $\boldsymbol{E}$ 的方向相反. 所以在电源里坡印廷矢量 $\boldsymbol{S}=\boldsymbol{E}\times\boldsymbol{H}$ 沿垂直于 $\boldsymbol{j}$ 的辐向向外，即电源向外部空间输出能量. 在电源以外的导线里[图 8-20(b)、(c)]，$\boldsymbol{E}_{内}$ 与 $\boldsymbol{j}$ 方向一致，故 $\boldsymbol{S}=\boldsymbol{E}\times\boldsymbol{H}$ 沿垂直于 $\boldsymbol{j}$ 的辐向向内；导线外的电场 $\boldsymbol{E}_{外}$ 一般有较大法线分量，但因切线分量连续，导线表面外的电场或多或少总有一些切线分量的，这切线分量与 $\boldsymbol{E}_{内}$ 和电流方向一致. 由此可知导体表面外的坡印廷矢量 $\boldsymbol{S}=\boldsymbol{E}\times\boldsymbol{H}$ 的法线分量总是指向导体内部的. $\boldsymbol{j}$ 一定，电导率 $\sigma$ 越大，$\boldsymbol{E}_{内}$ 本身和 $\boldsymbol{E}_{外}$ 的切线分量越小，导体内的 $\boldsymbol{S}$ 和导体外 $\boldsymbol{S}$ 的法线分量就越小. 在 $\sigma\to\infty$ 的极限下，导体外的 $\boldsymbol{S}$ 与导体表面平行. 至于 $\boldsymbol{S}$ 的切线分量的方向，则需分两个情形来讨论. 在导体表面带正电荷的地方[图 8-20(b)]，$\boldsymbol{E}_{外}$ 的法线分量向外，$\boldsymbol{S}$ 的切线分量与电流平行；在导体表面带负电的地方[图 8-20(c)]，$\boldsymbol{E}_{外}$ 的法线分量向内，$\boldsymbol{S}$ 的切线分量与电流反平行.

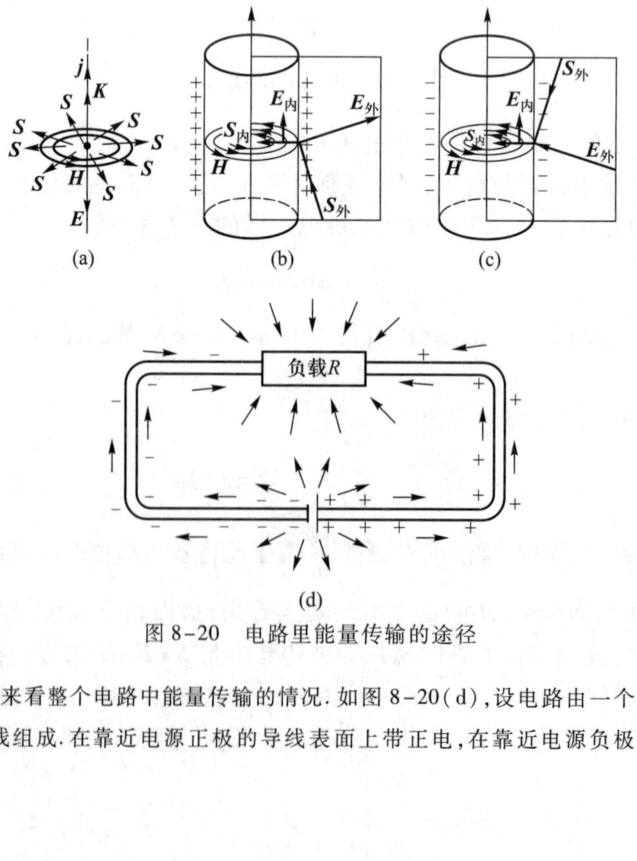


图 8-20　电路里能量传输的途径

综合以上所述，我们来看整个电路中能量传输的情况. 如图 8-20(d)，设电路由一个电源、一个电阻 $R$ 较大的负载和电阻很小的导线组成. 在靠近电源正极的导线表面上带正电，在靠近电源负极的导线表面上带负电.

图 8-20(d)中的小箭头代表 $\boldsymbol{S}$,即能量流动的方向.按照上面的分析,能量从电源向周围空间发射出来,在电阻很小的导线表面基本上沿切线前进,流向负载.在电阻较大的负载表面,能量将以较大的法线分量输入.在导线表面经过折射,直指它的中心.由此可见,电磁能不是通过电流沿导线内部从电源传给负载的,而是通过空间的电磁场,从导体的侧面输入的.

## *8.3.2 电磁场的动量 光压

在人类认识的历史上,"动量"概念的发展和"能量"的概念一样,起初都是从力学开始的.早期人们只有机械能(动能与势能)的概念和机械能守恒定律,它的适用范围是有限的.一旦发生机械能和其他形式能量之间的相互转化(如非弹性碰撞),机械能守恒定律就不成立了.经过相当长期的发展和尖锐的斗争(特别是哲学上克服形而上学机械论、建立辩证唯物主义自然观的斗争),终于把"能量"的概念推广到物质运动的一切形式,建立了热能、电磁能以至原子能等概念,发现了普遍的能量守恒和转化定律."动量"的概念也是这样,最初它是在研究物体碰撞的问题时提出来的,人们发现两物体相互作用时,质量与速度乘积 $m\boldsymbol{v}$ 这个量的矢量和是守恒的(无论弹性碰撞或非弹性碰撞情形都是如此).例如当一个动量为 $\boldsymbol{G}=m\boldsymbol{v}$ 的小球垂直地撞在一块平板上,以动量 $\boldsymbol{G}'=m\boldsymbol{v}'$弹射回来[图8-21(a)],在此过程中小球的动量改变了 $\Delta\boldsymbol{G}=\boldsymbol{G}'-\boldsymbol{G}=m\boldsymbol{v}'-m\boldsymbol{v}$[因 $\boldsymbol{v}'$与 $\boldsymbol{v}$ 方向相反,动量改变量的绝对值$|\Delta\boldsymbol{G}|=m(v'+v)$].按照动量守恒定律我们知道,在此过程中有动量$-\Delta\boldsymbol{G}$ 传递给平板.这就是力学中"动量"的概念和动量守恒定律.上面我们已看到,电磁场具有能量.那么"动量"的概念是否也像"能量"的概念一样,应该推广到力学领域之外?电磁场是否也具有动量呢?为此我们看一个例子.

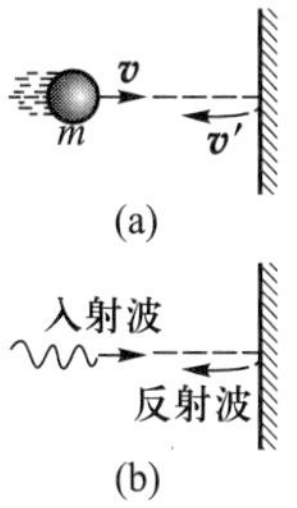


图 8-21 小球和电磁波动量的类比

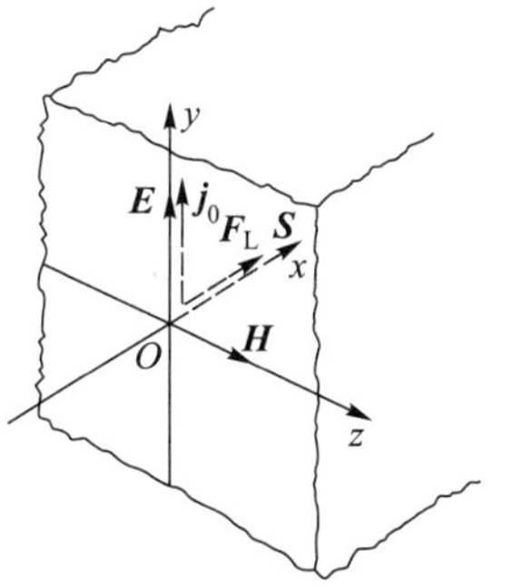


图 8-22 光压产生的机制

如图 8-21b,一列平面电磁波垂直地射在一块金属平板上,在这里将有一部分电磁波被反射(反射多少,与金属板的反射率有关).如图 8-22 所示,设入射波的传播方向为$+x$,$\boldsymbol{E}$ 和 $\boldsymbol{H}$ 分别沿 $y$ 和 $z$ 方向.当电磁波达到金属板上时,其表面附近的自由电子将在电场的作用下沿 $y$ 方向往复运动,形成传导电流 $j_0$.由于电子的运动方向与磁场垂直,它将受到一个洛伦兹力 $\boldsymbol{F}_{\mathrm{L}}$,$\boldsymbol{F}_{\mathrm{L}}$ 沿$-e\boldsymbol{v}\times\boldsymbol{H}$ 或者说$\boldsymbol{j}_0\times\boldsymbol{H}$ 的方向.由于$\boldsymbol{j}_0=\sigma\boldsymbol{E}$,故 $\boldsymbol{F}_{\mathrm{L}}$ 沿 $\boldsymbol{E}\times\boldsymbol{H}$(即入射波的坡印廷矢量 $\boldsymbol{S}_{入}$)的方向,在这里就是$+x$ 方向.金属中自由电子受到的这个力最终会以某种方式传递给金属板本身.于是在电磁波的作用下,金属板将受到一个朝$+x$ 方向的压力,或者说,在此压力作用一段时间后,金属板将获得沿$+x$ 方向的动量.这样一来我们就要问,这动量是从哪里来的呢?我们所讨论的物体系只有金属板和电磁波,这个物体系没有受到外力,它的总体动量是应该守恒的.现在其中一方(金属板)的动量发生了改变,就意味着另一方(电磁波)的动量发生了相反方向的改变.从这个例子可以看出,这里我们必须把"动量"的概念推广到电磁波,认为电磁波也具有动量.

按照麦克斯韦电磁理论的计算表明,如果入射电磁波和反射电磁波的波印廷矢量分别为 $\boldsymbol{S}_{入}$ 和 $\boldsymbol{S}_{反}$,则金属板上面元 $\Delta\Sigma$ 受到的力为

$$\Delta\boldsymbol{F}=\frac{1}{c}(\boldsymbol{S}_{入}-\boldsymbol{S}_{反})\Delta\Sigma, \tag{8.60}$$

式中 $c$ 为真空中光速. 由于 $\boldsymbol{S}_{反}$ 沿 $-x$ 方向,故金属板受到的压强为

$$P=\frac{|\Delta\boldsymbol{F}|}{\Delta\Sigma}=\frac{1}{c}(|\boldsymbol{S}_{入}|+|\boldsymbol{S}_{反}|). \tag{8.61}$$

从式(8.60)我们可以推导出电磁波的动量公式来. 考虑一段时间 $\Delta t$,在此期间金属板上面元 $\Delta\Sigma$ 受到的冲量为 $\Delta\boldsymbol{F}\Delta t$,这也就是此期间它的动量的改变量 $\Delta\boldsymbol{p}_{板}$,于是

$$\Delta\boldsymbol{p}_{板}=\Delta\boldsymbol{F}\Delta t=\frac{1}{c}(\boldsymbol{S}_{入}-\boldsymbol{S}_{反})\Delta\Sigma\Delta t.$$

按照动量守恒定律,在 $\Delta t$ 时间内电磁波的动量改变量为

$$\Delta\boldsymbol{p}=-\Delta\boldsymbol{p}_{板}=\frac{1}{c}(\boldsymbol{S}_{反}-\boldsymbol{S}_{入})\Delta\Sigma\Delta t.$$

我们知道,电磁波的传播速度是 $c$,在 $\Delta t$ 期间它传播的距离为 $c\Delta t$,因此在这期间共有体积为 $\Delta V=\Delta\Sigma c\Delta t$ 的电磁波在金属板的面元 $\Delta\Sigma$ 上发生了反射,并在那里改变了动量 $\Delta\boldsymbol{p}$. 令 $\boldsymbol{g}$ 代表单位体积内电磁波的动量($\boldsymbol{g}$ 叫作电磁波的**动量密度**),则反射过程中电磁波的动量密度改变量为

$$\Delta\boldsymbol{g}=\frac{\Delta\boldsymbol{p}}{\Delta V}=\frac{1}{c}(\boldsymbol{S}_{反}-\boldsymbol{S}_{入})\frac{\Delta\Sigma\Delta t}{\Delta\Sigma\, c\Delta t}$$
$$=\frac{1}{c^2}(\boldsymbol{S}_{反}-\boldsymbol{S}_{入}).$$

上式中 $\frac{1}{c^2}\boldsymbol{S}_{反}$ 和 $\frac{1}{c^2}\boldsymbol{S}_{入}$ 可以分别理解为反射波和入射波的动量密度,二者之差正好是反射过程中动量密度的改变量. 所以普遍地说,电磁波动量密度的公式为

$$\boldsymbol{g}=\frac{1}{c^2}\boldsymbol{S}=\frac{1}{c^2}(\boldsymbol{E}\times\boldsymbol{H}), \tag{8.62}$$

它的大小正比于能流密度,方向沿电磁波传播的方向.

光是一种电磁波,所以当光线照射在物体上时,它对物体也会施加压力,这就是所谓**光压**. 式(8.61)就是光压的公式. 如果被照射面的反射率是 100%,则 $|\boldsymbol{S}_{反}|=|\boldsymbol{S}_{入}|$,正入射的光压为

$$P=\frac{2}{c}|\boldsymbol{S}_{入}|=\frac{2}{c}EH, \tag{8.63}$$

如果被照射面全吸收(绝对黑体),则 $|\boldsymbol{S}_{反}|=0$,正入射的光压是

$$P=\frac{1}{c}|\boldsymbol{S}_{入}|=\frac{1}{c}EH. \tag{8.64}$$

光压是非常小的,例如距一个百万烛光的光源 1 m 远的镜面上,受到可见光的光压只有 $10^{-5}\ \mathrm{N/m^2}$,所以一般很难观察到,也不起什么作用. 光压只有在两个从尺度上看截然相反的领域内起重要作用. 一是在天体物理中,星体外层受到其核心部分的万有引力相当大一部分是靠核心部分的辐射产生的光压来平衡的;另一是在原子物理中,最著名的现象是光在电子上散射时与电子交换动量(即康普顿效应).

## *8.3.3　电磁场是物质的一种形态

对电磁场的本质曾有过许多错误的看法,其中有的是由于历史的局限性造成的,有的则是在自觉地或不自觉地宣扬唯心主义. 关于电磁场的错误论点主要有以下几种.

"超距作用"论者认为,引入"电场"和"磁场"的概念纯粹是计算电荷或电流之间相互作用力的辅助手段. 在恒定场的情况下不存在场的传播是否需要时间的问题,作用力是否"超距",矛盾并不突出. 一旦发现电磁场的传播具有有限的速度 $c$ 以后,"超距作用"的观点就站不住脚了.

另一种说法认为电磁场是"空间的特殊状态",他们认为有了电荷或电流,周围的几何空间就进入了一种特殊的状态,它表现出能够对其他电荷或电流产生作用力的性质. 所以这些人又说"场就是力的表现场所". 他们所说的"空间"是空无一物的几何框架,因此在他们看来"场"也不是物质.

早期，以上观点在旧物理学中是比较流行的，它们的共同特点都是否认电磁场的物质性. 但在 19 世纪中叶有一位物理学家持相反的观点，他反对力可以不借助任何物质的媒介在空间“超距”传递的说法，这就是伟大的唯物主义的物理学家法拉第. 法拉第认为电磁的相互作用是通过一种叫作“以太”的特殊物质而传递的. 当时的“以太”假说认为，物体之间没有绝对的真空，空间无处不充满一种特殊的物质——以太，它具有一系列奇特的性质，在其中可以激发各种非常复杂的物理过程，包括传递电磁相互作用. 这种近距作用观点给了麦克斯韦很大影响，后来麦克斯韦创立他的电磁理论时就直接援用了法拉第的观点，在他看来，电磁波就是“以太”中的一种弹性波. 这种观点有它的历史局限性，它没有把电磁过程完全看成是区别于机械运动的一种新型的物质运动形式，它没有完全摆脱形而上学机械论的影响. 然而这种观点是坚持唯物主义的认识论的，在当时与物理学领域内唯心主义的斗争中起过重要的作用.

由于“以太”假说局限于用物质的力学性质来解释电磁现象，在麦克斯韦电磁理论建立之后不久就遇到了不可克服的矛盾. 为了说明为什么没有人能直接探测到“以太”存在，必须假定“以太”比任何气体还要轻得多和稀薄得多；另一方面，为了说明为什么电磁波是横波，又必须假定“以太”中能产生比任何固体都大的切应力. 因此“以太”具有极其矛盾的机械属性，这是不可思议的. 对“以太”假说的重大打击是 1881 年开始的迈克耳孙、莫雷等人的实验. 如果认为光(电磁波)是在“以太”中传播的，当光源和观测者相对“以太”运动时，就应观察到光沿不同方向传播速度的差异. 如果地球相对“以太”运动，地球上的观测者就应察觉出上述“以太风”引起的效应. 但是实验始终给出否定的结论. 这表明，无论“以太”具有怎样的本性，作为某种绝对不动的宇宙介质的假说都与物理事实不符，于是“以太”假说也就不能成立了.

“以太”本是作为电磁过程的物质承担者提出来的，物理学一旦抛弃了“以太”假说，一些唯心论者就借机进行了否定物质的宣传，其中典型的代表是“唯能论”.

20 世纪以来关于“光是辐射能”的说法曾在许多书籍中流行，这种观点有意无意地把能量和物质对立起来，企图否定光(电磁波)的物质性. 这是一种唯能论的观点. 唯能论者宣扬“能”可以脱离物质而存在，物质只是“能”的凝聚形态，物质“消失”了，世界上一切事物都可归结为“能”，他们并把“能”看成是由思维创造的. 恩格斯曾给“能量”的概念作过普遍而确切的表述，即能量是**物质运动的量度**. 而辩证唯物主义认为，运动是物质的存在形式，运动和物质是不可分割的. 列宁指出：“想象没有物质的运动”，就是“使运动和物质分离，就等于使思维和客观实在分离，使我的感觉和外部世界分离，也就是转到唯心主义方面去.”所以列宁批判唯能论时说：“这是纯粹的唯心主义”①.

那么，电磁场(包括光在内)究竟是什么？辩证唯物主义认为，它是**物质的一种形态**. 电磁过程无须借助其他物质来传递，电磁场本身就是它的物质承担者.

旧的物质观是形而上学的，它认为凡是物质都有某些一成不变的属性，如不可入性、惯性、质量等，认为物质都是由最小的微粒——原子组成的，因此它的微观结构是不连续的. 下面为了叙述的方便，我们把这种物质叫作“实物”. 当时认为“场”具有与实物截然不同的性质：多种场可以和实物同时占有同一空间，即“场”不具有不可入性；实物有静止质量，而光没有静止质量；“场”的基本运动形式是波动，它的结构是连续的，这也和实物的微粒性相对立. 然而随着科学技术的发展，发现“实物”和“场”的界限日益消失. 如前所述，电磁场和实物一样具有能量和动量. 对黑体辐射、光电效应等一系列现象的研究中发现，光也具有不连续的微观结构，或者说光在某些方面也具有微粒性；与此同时，从电子衍射现象发现，一向被认为是实物微粒的电子同时也具有波动性. 特别是 1932 年发现一对正、负电子结合后可以转化为 $\gamma$ 射线(波长极短的电磁波). 这些事实一次又一次地证明了下述观点的正确性，即：电磁场和实物一样，也是客观存在的物质，只是它和实物具有一些不同的属性罢了，而这些属性和两者之间界限也不是一成不变的，它们还会在一定的条件下相互转化.

总之，一方面要承认我们对物质结构的特性、实物和场的区别等问题的认识都只有相对的意义，随着科学的

---

① 列宁. 唯物主义和经验批判主义[M]. 北京：人民出版社，1960：267，268，272.

发展，某些概念会变得陈腐过时；而另一方面对于实物和场都是客观存在的物质这一点决不容有丝毫的动摇．这样的认识正是人类在极其广泛的长期实践中得到的，人类今后的实践必将进一步丰富它的内容．

## 思　考　题

**8.3-1**　考虑两个等量异号电荷组成的系统，它们在空间形成静电场如题图所示．当用导线连接这两个异号电荷，使之放电，导线上将产生焦耳热．定性说明，这部分能量是哪里来的？能量是通过什么途径传递到放电导线上来的？

**8.3-2**　如题图所示，设在垂直纸面向外的均匀磁场中放置一平行板电容器，两极板上分别带有等量异号电荷．用一根导线连接两极板，使之放电．设导线与极板的电接触不妨碍它可在极板间做无摩擦平行移动．问：

（1）放电前两极板间的能流方向如何？

（2）放电时，放电导线的运动方向如何？

（3）就整个系统来考虑，放电导线的动量是哪里来的？

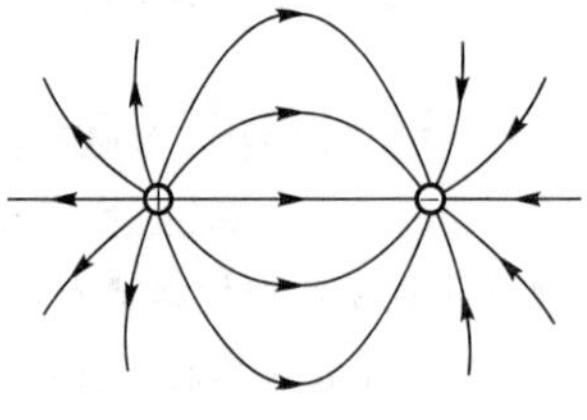

思考题 8.3-1 图

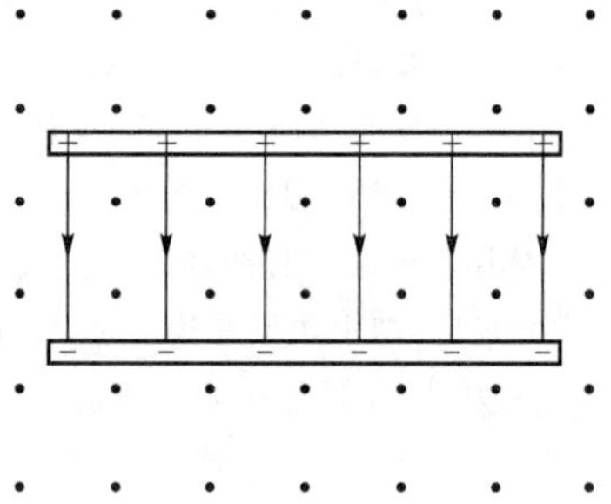

思考题 8.3-2 图

**8.3-3**　如题图所示，可绕竖直轴自由旋转的圆柱形电容器放置在均匀磁场中；电容器已充容，内筒带正电，外筒带负电．在电容器内外筒之间用放射性射线照射，引起放电，圆柱形电容器是否会绕竖直轴旋转？试根据电磁场能流和动量概念说明旋转角动量的来源．

**8.3-4**　如题图所示，在可无摩擦自由转动的塑料圆盘的中部有一个通电线圈，电流的方向如题图所示．在圆盘的边缘镶有一些金属小球，小球均带正电．切断线圈的电流，圆盘是否会转动起来？转动的方向如何？转动的角动量是哪里来的？

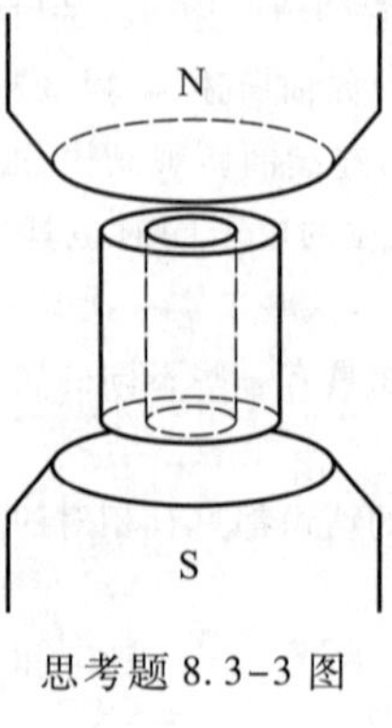


思考题 8.3-3 图

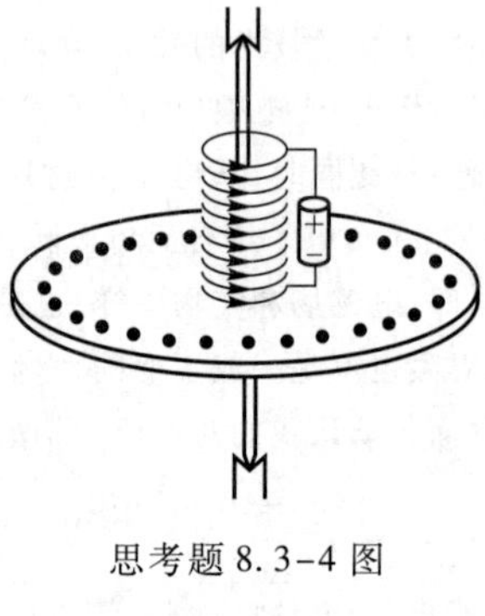

思考题 8.3-4 图

## 习　　题

**8.3-1**　太阳每分钟垂直射于地球表面上 1 $cm^2$ 的能量约为 2 cal(1 cal≈4.2 J),求地面上日光中电场强度 $E$ 和磁场强度 $H$ 的方均根值.

**8.3-2**　目前我国普及型晶体管收音机的中波灵敏度约为 1 mV/m.设这收音机能清楚地收听到 1 000 km 远某电台的广播,假定该台的发射是各向同性的,并且电磁波在传播时没有损耗,问该台的发射功率最少有多大.

**8.3-3**　设 100 W 的电灯泡将所有能量以电磁波的形式沿各方向均匀地辐射出去,求:

(1) 20 m 以外的地方电场强度和磁场强度的方均根值;

(2) 在该处对理想反射面产生的光压.

**8.3-4**　设图 8-20(b)或(c)中圆柱形导线长为 $l$,电阻为 $R$,载有电流强度 $I$.求证:电磁场通过表面输入导线的功率$\iint_{\Sigma}\boldsymbol{E}\times\boldsymbol{H}\cdot\mathrm{d}\boldsymbol{\Sigma}$ 等于焦耳热功率 $I^2R$.

**8.3-5**　题图是一个正在充电的圆形平行板电容器,设边缘效应可以忽略,且电路是准静态的.求证:

(1) 坡印廷矢量 $\boldsymbol{S}=\boldsymbol{E}\times\boldsymbol{H}$ 处处与两极板间圆柱形空间的侧面垂直;

(2) 电磁场输入的功率$\iint_{\Sigma}\boldsymbol{E}\times\boldsymbol{H}\cdot\mathrm{d}\boldsymbol{\Sigma}$ 等于电容器内静电能的增加率,即 $\frac{1}{2C}\frac{\mathrm{d}q^2}{\mathrm{d}t}$,式中 $C$ 是电容,$q$ 是极板上的电荷量.

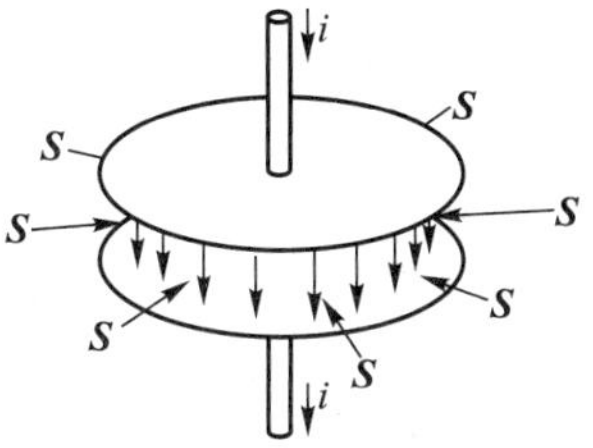

习题 8.3-5 图

# § 8.4 似稳电路和迅变电磁场

近代无线电电子学使用的频率,从几百 kHz 的射频,直到 $10^6$ MHz 的微波,它覆盖了极其广阔的波段.在各个波段里,无论实验技术和理论上处理问题的方法,都有较大的差别.概括地说,(1)在频率较低时通常采用具有集中参量的元件,电路的性质有很多方面与恒定电路相似.这类电路叫准静态电路.处理准静态电路的方法,我们已在第七章中详细介绍过,读者对它已比较熟悉了.(2)随着频率的增高,电路中原来可以忽略的一些杂散的分布参量开始起作用.不过起初我们还可以用等效集中参量的概念对它们作近似处理,以便似稳电路的原理仍可使用.(3)频率再高,似稳电路中的一些基本概念(如电压)和基本定律(如基尔霍夫定律)开始失效,分布参量上升到主导地位.不过在有的场合,准静态电路的原理还可有限度地使用.例如在传输线中尽管已不能无所顾忌地使用电压的概念,我们还是保留了“横向电压”的概念,并把分布参量看成是许多集中参量的组合,从而导出近似的方程——电报方程.然而采用这种处理方法时,必须准备着,一旦发生疑问,就得回到电磁波理论.(4)到了微波波段,准静态电路的成立条件彻底破坏,“电路”的概念完全由“电磁场”的概念所取代,处理问题必须从场的方程——麦克斯韦方程组出发.

本节的目的,是帮助读者在学过电磁场和电磁波的原理之后,站在新的高度重新认识惯用的电路理论,审核一下它的适用条件,并指出当这条件破坏时出现的新问题和新矛盾,以及处理方法的梗概.这对今后学习这方面有关的课程大有裨益.

### 8.4.1　准静态条件和集中参量

严格地说，第七章所讲的交流电路原理，只是在以下条件下才成立：

（1）准静态条件

我们知道，电磁场的变化是以 $c=3\times10^8$ m/s 量级的速度传播的. 在一个周期 $T$ 内传播的距离等于波长 $\lambda$，即

$$\lambda=cT=\frac{c}{f}.$$

若电源的频率 $f$ 很高，$\lambda$ 就很短，当 $\lambda$ 与电路的尺寸 $l$ 可以比拟、甚至更小时，电源中电流或电荷的分布发生的变化，就不能及时地影响到整个电路，电路中不同部分电磁场以及电流、电荷的变化将按照距离的远近而落后不同的相位. 这时即使在同一条无分支的导线上，同一时刻也会有不同的电流，即基尔霍夫第一定律不再适用. 此外频率高了，电路中到处都产生较强的涡旋电场，"电压"的概念已不再成立，基尔霍夫第二定律也就不适用了.

与此相反，当电源的频率 $f$ 比较低、电磁波的波长 $\lambda$ 远大于电路尺寸 $l$ 时，电磁场的变化传布整个电路所需的时间 $l/c$ 远小于一个周期 $T$，在此短暂的期间，电流、电荷和电磁场的分布都未来得及发生显著变化. 在这种情况下可以认为，每一时刻电磁场的分布与同一时刻电流、电荷分布的关系，和恒定电路完全一样，只不过它们一起同步地作缓慢的变化. 这类电路叫作**准静态电路**. 保证电路似稳的基本条件是：

$$\lambda\gg l\quad 或\quad T\gg\frac{l}{c}\quad 或\quad f\ll\frac{c}{l}. \tag{8.65}$$

通常实验室中电子仪器的尺寸为几 cm 到几十 cm 的量级，故似稳条件要求电磁波的波长远大于此量级，即频率低于 $10^7\sim10^8$ Hz.

（2）集中参量

下面我们进一步从电磁场的方程组来分析似稳条件的意义. 对电磁波传播具有关键性的是如下两个方程：

$$\oint \boldsymbol{E}\cdot \mathrm{d}\boldsymbol{l}=-\iint_S\frac{\partial \boldsymbol{B}}{\partial t}\cdot \mathrm{d}\boldsymbol{S},$$

$$\oint \boldsymbol{H}\cdot \mathrm{d}\boldsymbol{l}=I_0+\iint_S\frac{\partial \boldsymbol{D}}{\partial t}\cdot \mathrm{d}\boldsymbol{S},$$

其中$\frac{\partial \boldsymbol{B}}{\partial t}\propto\omega\boldsymbol{B}$，$\frac{\partial \boldsymbol{D}}{\partial t}\propto\omega\boldsymbol{D}$. 当频率 $f=\frac{\omega}{2\pi}$较低时，这两项一般比较小，往往可以忽略. 忽略了位移电流$\frac{\partial \boldsymbol{D}}{\partial t}$，$\boldsymbol{H}$ 和 $I_0$ 的关系就和恒定条件下一样，满足方程式：

$$\oint \boldsymbol{H}\cdot \mathrm{d}\boldsymbol{l}=I_0,$$

磁场几乎完全由传导电流的瞬时分布所决定. 忽略了$\frac{\partial \boldsymbol{B}}{\partial t}$，则电场和恒定电路中一样，

$$\oint \boldsymbol{E}\cdot \mathrm{d}\boldsymbol{l}=0,$$

由此可以引入"电压"的概念.

但是这里允许有个别的例外：

(1) 在电容器里传导电流中断了，但其中集中了较强的电场，位移电流总是和导线中的传导电流相等，从而不可忽略. 因而其中基尔霍夫第一定律遭到破坏.

(2) 在电感线圈中集中了较强的磁场，这里磁通的变化和感生的涡旋电场也是不可忽略的. 因而其中基尔霍夫第二定律不成立.

然而在普通的交流电路中，电容和电感元件在电路中只占据极小的体积. 若撇开这些小范围不管，只从外部看一个电容器，则由一端流入的电流等于由另一端流出的电流，电流似乎仍保持连续；只在一个电感元件的外部取积分路线，电场的功仍近似与路径无关，即我们还可以有“电压”的概念. 在第七章处理交流电路时，我们实际上就是这样做的.

上述类型的电容和电感元件分别把电场和磁场集中在自己内部很小的范围内，所以叫作集中元件，它们的电路参量（电容 $C$ 和电感 $L$）称为集中参量. 严格地说，准静态电路的原理，除要求准静态条件(8.65)外，还要求电路中具有集中参量.

## *8.4.2 高频时杂散参量的处理

在任何电路里，电场和磁场都不会绝对地集中在集中元件里，在导线的周围、电子管或晶体管的电极之间等地方或多或少总还有一些杂散的电磁场，从而在这些地方也有一定的电容和电感的性质. 这种电容和电感分散在整个电路各处，叫作分布电容和分布电感，统称分布参量. 当频率较低时，这些杂散的分布参量起的作用不大，可以忽略. 当频率增加至1 ~ 100 MHz量级（即通常收音机的短波段以及电视机频道）时，这些寄生的杂散分布参量的影响就必须予以考虑，并采取相应的措施，例如妥善地安排元件的位置，采用合理的结构布局，尽量缩短高频电路的接线，等等. 这些措施都是为了削弱寄生参量所带来的不利影响，以保证高频电路工作稳定可靠和性能良好. 又例如收音机或电视机的外接天线不能直接接入调谐回路，而必须串接一个小电容或小电感[如图 8-23(a)]，也是为了克服外接天线同地之间存在的寄生电容所带来的有害作用. 同样道理，考虑到晶体管的基极和集电极之间存在集电结电容 $C_c$，为了避免由此造成寄生振荡，一般在电路设计时，有意附加中和电容 $C_N$，以抵消它的影响[图 8-23(b)]. 总之，在处理准静态条件(8.65)尚未破坏的波段范围内的高频电路时，还必须注意到存在于导线与导线之间、元件与元件之间以及元件内部各部分之间的分布电容和分布电感所带来的各种可能的影响. 在定性或定量估计这些影响时，可以用等效的集中元件来替代分布参量，然后再用准静态电路方程或概念来分析问题.

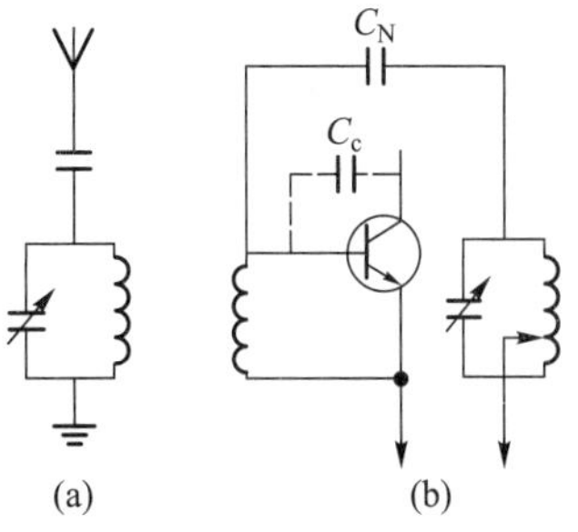

图 8-23　一些克服寄生参量有害影响的措施

## *8.4.3 传输线与电报方程

当频率高到准静态条件不成立时，似稳电路的方程就不能搬来直接用了. 作为非似稳电路的一个具体例子，我们研究一下传输线问题.

首先，让我们来看看电磁能是怎样沿导线传输的？当图 8-24 所示的电路接通时，导线终端的灯泡立刻就亮起来. 按一般想法，可能会认为当导线的首端接上电源时，导线中的自由电子在电压的作用下流向负载，形成电流. 在流动的电子到达负载（灯泡）时，灯泡就得到能量，亮了起来. 其实这种想法是不正

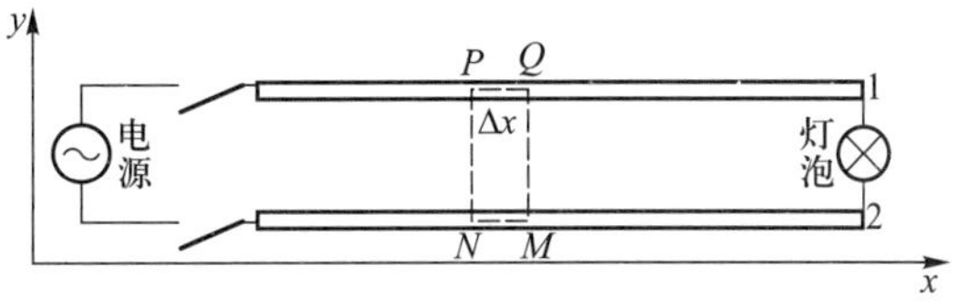

图 8-24　双线传输线

确的.

理论和实验证明,金属导线中电子的定向运动速度不大,典型的数量级不过 $10^{-2}$ cm/s.若导线长 1 m,电子需要经过 $10^4$ s 才能由一端流到另一端.但实际上只要一接通电源,几乎同时灯泡就亮了.怎样解释这一种矛盾的现象呢?正如我们在 8.3.1 节已指出的,这是因为能量不是通过电子的流动,而是通过电磁场传输的.电磁场的传播速度具有 $c=3.0\times10^8$ m/s 的数量级,对于 1 m 的导线,只需 $10^{-9}$ s 的传输时间.导线在这里起的作用,一方面是使电源有较大的电流通过;另一方面是引导电磁场,使电磁能沿着导线定向传播.导线在电磁场的作用下产生电流和电荷分布,而电流和电荷又产生电磁场,从而在导线附近形成较强的电磁波,能量正是通过这电磁波传输的.当电源一接通后,传到灯泡的电磁波及时地推动本来已在灯丝中的自由电子运动,形成电流,所以灯泡就立即亮了.

随着电源频率的增高,可能发生这样的情况,电磁波的波长 $\lambda$ 虽然比两导线的间隔大得多,但和导线的长度相比差不多,甚至更短.这时同一时刻沿每条导线的电流随距离而变,而且一般说来"电压"的概念也丧失了意义.解这类问题,应该用电磁场的方程.但是这样的方程只在少数特殊的情形里可以严格解出,解平行直导线的情形是很困难的.不过在横向准静态条件仍成立的情况下,解准静态电路时所用的概念和方法还可在严格的限制下有条件地使用,由此可得大大简化了的近似方程.下面就来介绍这种方法.

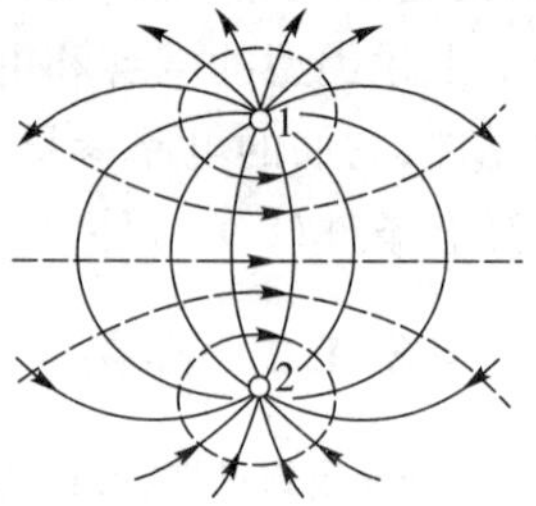

图 8-25　传输线横截面内电磁场的分布

设图 8-24 中导线是一对平行直线.若电源是恒定的,则在与导线垂直的平面内电磁场的分布如图 8-25 所示,电场线(实线)从一条导线表面出发到达另一条导线的表面.这表明导线的表面像电容器的极板那样带有等量异号的电荷.磁感应线(虚线)则是环绕每条导线的闭合线.如果像图 8-24 中虚线所示,取一个长方形的闭合回路 $PQMNP$,则会有一定的磁感应通量通过它.换句话说,就是两导线上有着分布电容和分布电感.

电源改成交流之后,如果横向准静态条件还成立,则可近似地认为,在与导线垂直的平面内电磁场的瞬时分布仍与图 8-25 所示的一样.

与恒定情形不同的地方有以下两点:

(1) 导线中有一部分电流线指向了导线表面,改变着那里的电荷分布,同时在空间电场的变化形成了位移电流.这就是说,有一部分电流经过两导线间的分布电容"漏过去",沿导线的电流将各处不同.在图 8-24 中取坐标轴 $x$ 沿导线方向,设 $P$、$Q$ 两点的坐标分别为 $x$ 和 $x+\Delta x$,则两处的电流强度分别是 $I(x,t)$ 和 $I(x+\Delta x,t)$.按照电流连续原理,二者之差应等于 $PQ$ 这段导线表面上电荷的时间变化率的负值.设导线单位长度上的电荷为 $q^*$,则在 $PQ$ 段上共有电荷 $q^*\Delta x$,故 $P$、$Q$ 两处电流之差为

$$\Delta I=I(x+\Delta x,t)-I(x,t)=-\frac{\partial q^*}{\partial t}\Delta x.$$

取 $\Delta x\to0$ 的极限,得到电流的方程为

$$\frac{\partial I}{\partial x}=-\frac{\partial q^*}{\partial t} \tag{8.66}$$

(2) 导线周围磁场的变化在导线中产生涡旋电场,或者说导线上具有分布电感.设 $\Phi_B^*$ 为两导线间单位长度上的磁通量,则通过上述长方形回路 $PQMNP$ 的磁感应通量为 $\Phi_B^*\Delta x$.按照电磁感应定律,电场沿闭合回路的积分等于 $\Phi_B^*\Delta x$ 时间变化率的负值:

$$\oint_P \boldsymbol{E}\cdot \mathrm{d}\boldsymbol{l}=-\frac{\partial \Phi_B^*}{\partial t}\Delta x,$$

为了简化,我们进一步假设导线的电阻可以忽略,即认为它的电导率 $\sigma$ 无穷大,这时电场与它的表面垂直,沿 $PQ$ 和 $MN$ 两边积分为 0.取 $y$ 轴与长方形的另外两边平行,在 $NP$ 边和 $QM$ 边上的场强分别为 $\boldsymbol{E}(x,y,t)$ 和 $\boldsymbol{E}(x+\Delta x,y,t)$,于是

$$\oint_P \boldsymbol{E}\cdot \mathrm{d}\boldsymbol{l}=\int_Q^M E_y(x+\Delta x,y,t)\,\mathrm{d}y+\int_N^P E_y(x,y,t)\,\mathrm{d}y$$
$$=-\int_M^Q E_y(x+\Delta x,y,t)\,\mathrm{d}y+\int_N^P E_y(x,y,t)\,\mathrm{d}y.$$

我们把上式中的每一项定义为两导线间的"横向电压",用 $U$ 来表示. 沿 $MQ$ 和 $NP$ 积分的负值分别是横向电压在 $x$ 和 $x+\Delta x$ 处的数值,二者之差是在 $\Delta x$ 段内横向电压的增量 $\Delta U$. 于是得到

$$\Delta U=U(x+\Delta x,y,t)-U(x,y,t)=-\frac{\partial \Phi_B^*}{\partial t}\Delta x.$$

$\Delta U\neq 0$ 表明,"横向电压"不同于恒定电场的电压,对于不同的路径 $MQ$ 和 $NP$,它有不同的数值. 在上式中取 $\Delta x\to 0$ 的极限,得到横向电压的方程为

$$\frac{\partial U}{\partial x}=-\frac{\partial \Phi_B^*}{\partial t}. \tag{8.67}$$

利用横向的准静态条件,可以认为在 $\Delta x$ 的小范围内 $q^*$ 和 $\Phi_B^*$ 分别与 $U$ 和 $I$ 成正比:

$$q^*=C^*U,\Phi_B^*=L^*I, \tag{8.68}$$

这里 $C^*$ 和 $L^*$ 的物理意义分别是单位长度内的分布电容和分布电感. 把式(8.68)代入式(8.66)和式(8.67)后,即可得到 $I$ 和 $U$ 应满足的联立方程:

$$\frac{\partial I}{\partial x}=-C^*\frac{\partial U}{\partial t}, \tag{8.69}$$

$$\frac{\partial U}{\partial x}=-L^*\frac{\partial I}{\partial t}. \tag{8.70}$$

式(8.69)和式(8.70)最初是在研究电报传输线的特性时提出来的,所以叫作**电报方程**. 电报方程相当于把传输线用图 8-26 所示的等效电路来代替,在这里分布参量被看成是一系列小的集中元件的串、并联组合. 实践证明,在横向似稳条件成立时,电报方程是传输线很好的近似模型.

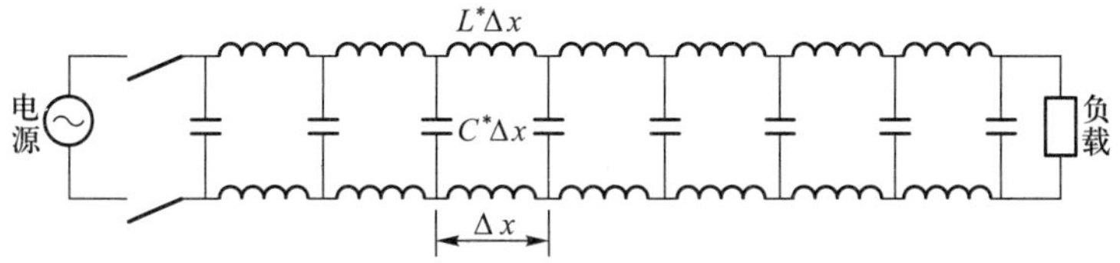


图 8-26 传输线的等效电路

为了解电报方程,可将两式分别对 $x$ 和 $t$ 取偏微商,然后消去一个变量 $I$ 或 $U$,即可得到只含一个变量的方程:

$$\frac{\partial^2 U}{\partial x^2}-L^*C^*\frac{\partial^2 U}{\partial t^2}=0, \tag{8.71}$$

$$\frac{\partial^2 I}{\partial x^2}-L^*C^*\frac{\partial^2 I}{\partial t^2}=0. \tag{8.72}$$

前已述及(见 8.2.3 节),这种类型的方程是波动方程,它们的解具有波动形式. 仍采用复数表达式,设

$$\tilde{U}=\tilde{U}_0\mathrm{e}^{\mathrm{j}(\omega t-kx)}(\text{电压波}),$$

$$\tilde{I}=\tilde{I}_0\mathrm{e}^{\mathrm{j}(\omega t-kx)}(\text{电流波}),$$

代入式(8.71)和式(8.72),即可得到 $\omega$ 和 $k$ 的关系:

$$k^2-L^*C^*\omega^2=0,$$

利用式(8.46)可以求出波速为

$$v=\frac{\omega}{k}=\frac{1}{\sqrt{L^* C^*}}. \tag{8.73}$$

在每个具体情况下可以验证这个 $v$ 具有 $c=3.0\times10^8$ m/s 的数量级.

平行双线的分布电容 $C^*$ 和分布电感 $L^*$ 较难计算(参看习题 8.4-1),但对同轴线我们却有现成的结果.在 1.2.2 节的式(2.6)和 5.3.2 节的式(5.24)里我们分别计算过同轴圆柱的电容和自感:

$$C=\frac{2\pi\varepsilon_0 l}{\ln\dfrac{R_2}{R_1}},\quad L=\frac{\mu_0 l}{2\pi}\ln\frac{R_2}{R_1},$$

式中 $l$ 为柱的长度.上式除以 $l$,即得单位长度内的分布电容和分布电感:

$$C^*=\frac{2\pi\varepsilon_0}{\ln\dfrac{R_2}{R_1}},\quad L^*=\frac{\mu_0}{2\pi}\ln\frac{R_2}{R_1}. \tag{8.74}$$

把这结果代入式(8.73),得 $v=\dfrac{1}{\sqrt{\varepsilon_0\mu_0}}=c$.如果在同轴线内有介电常量和磁导率分别为 $\varepsilon$ 和 $\mu$ 的介质,则 $C^*$ 和 $L^*$ 分别大 $\varepsilon$ 倍和 $\mu$ 倍.从式(8.73)可以看出,在有介质的同轴线内波速比真空中小$\dfrac{1}{\sqrt{\varepsilon\mu}}$倍.由此可见,同轴线中的电磁波速和在自由空间里一样.

由于上面我们完全忽略了各种损耗(导线中的焦耳损耗、辐射损耗等),这里得到的是不衰减的等幅波.在有损耗的情况下,可以假设在导线的单位长度内有一定的等效电阻 $R^*$,这时式(8.72)将化为

$$L^*\frac{\partial^2 I}{\partial t^2}+R^*\frac{\partial I}{\partial t}=\frac{1}{C^*}\frac{\partial^2 I}{\partial x^2} \tag{8.75}$$

它的解具有随传输距离而衰减的波动形式:

$$\tilde{I}=\tilde{I}_0\mathrm{e}^{-\alpha x}\mathrm{e}^{\mathrm{j}(\omega t-kx)}.$$

这里就不给出详细的推导了.

## *8.4.4　微波的特点

微波也叫超高频,通常是指无线电波中波长最短的一个波段,其波长范围没有统一的规定,上限约在数十 cm 到数 m,下限通常规定为 1 mm.有时人们还把微波波段进一步划分为更窄的波段,如分米波段(1 m>$\lambda$>10 cm),厘米波段(10 cm>$\lambda$>1 cm),毫米波段(1 cm>$\lambda$>1 mm).介于 1 mm 和红外线之间的电磁波称为亚毫米波或超微波.

微波和超微波的特点既不同于一般无线电波,又不同于光波,研究微波的产生、放大、辐射、接收、传输及测量等问题,已发展成为一个专门的学科——微波技术,无论在国防军事方面、国民经济和科学研究中都有广泛的应用.

下面概括地介绍一下微波的特点.

(1) 微波的波长比地球上一般物体(如飞机、舰船、火箭、建筑物)的几何尺寸要小得多.一般当波动遇到障碍物的时候就要发生衍射,即偏离直线传播或反射、折射等几何光学的定律,波长与障碍物的尺寸相比越大,这种现象越明显.若波长比障碍物的尺寸小得多,衍射效应可以忽略,这时波的传播服从几何光学的规律.所以微波的特点就和几何光线很接近,它不像一般无线电波那样可以绕过山峰、建筑物,而是在空间沿直线传播,遇到障碍时就像光线一样被反射回来.利用这个特点,就能在微波波段制成方向性极高的天线系统,也可以收到由地面或宇宙空间各种物体反射回来的微弱回波,从而确定物体的方向和距离,甚至形状和大小,这一特性使微波在雷达技术(即无线电探测和测距技术)中得到广泛应用.

(2) 微波的电磁振荡周期($10^{-9}\sim10^{-12}$ s)很短,已经和电子管中电子在电极间飞越所经历的时间(约 $10^{-9}$ s)

可以比拟,甚至还要小.因此普通电子管已经不能用于微波振荡器、放大器和检波器了,这里必须采用原理上完全不同的微波电子管(速调管、磁控管和行波管等)来代替.

(3) 微波传输线、微波元件和微波测量设备的几何尺寸与波长具有相近的数量级,因此一般无线电元件(如电阻、电容、电感元件)由于辐射效应和趋肤效应严重而不能用了,必须采用原理上完全不同的微波元件(波导管、波导元件、谐振腔)来代替.

(4) 由于在微波波段似稳条件完全破坏,处理一般无线电电路(准静态电路)的那些概念(如电流、电压、阻抗)和方法不能用了,必须代之以新的方法.在新的方法中,总的思路是要考虑电磁场的分布和电磁波的传播.

## 习　　题

**8.4-1**　利用习题 2.2-9 和习题 5.3-7 的结果证明:在真空中沿平行双线传输线传播的电磁波速度 $v=c$.

**8.4-2**　利用电报方程证明:长度为 $l$ 的平行双线(损耗可以忽略)两端开启时电压和电流分别形成如下形式的驻波:

$$\left.\begin{aligned}\tilde{U}&=\tilde{U}_0\cos\frac{p\pi x}{l}e^{j\omega_p t},\\ \tilde{I}&=\tilde{I}_0\sin\frac{p\pi x}{l}e^{j\omega_p t},\end{aligned}\right\}\quad(p=1,2,3,\cdots)$$

而谐振角频率为 $\omega_p=\dfrac{p\pi}{l\sqrt{L^* C^*}}$.指出电压、电流的波腹和波节的位置,以及波长的大小.

(提示:假设电报方程的解是入射波和反射波的叠加,利用两端的边界条件确定驻波的谐振频率.)

**8.4-3**　上题中若传输双线两端短路,情况如何?

**8.4-4**　上题中若传输双线一端开启、一端短路,情况如何?

# 附录E　矢量分析提要

## E.1　标量场和矢量场

(1) 标量场

所谓标量场,就是在空间各点存在着的一个标量 $\Phi$,它的数值是空间位置的函数.在一般的情况下,标量场是分布在三维空间里的.若采用三维的直角坐标$(x,y,z)$来描写空间各点的位置,则 $\Phi$ 是 $x,y,z$ 的三元函数,即

$$\Phi=\Phi(x,y,z)\tag{E.1}$$

如果标量 $\Phi$ 指的是气压 $P$,这个标量场就叫作气压场;如果标量指的是温度 $T$,这个标量场就叫作温度场,等等.在电学中最重要的标量场例子是电势.

研究任何标量场时,人们常常引入"等值面"的概念.所谓等值面,就是下列方程式的轨迹:

$$\Phi(x,y,z)=\text{常量}.\tag{E.2}$$

(在二维空间里轨迹是曲线,所以叫"等值线".在三维空间里轨迹形成曲面,所以叫"等值面".)如气压场中的等压面,电场中的等势面,都是等值面.

(2) 矢量场

所谓矢量场,就是在空间各点存在着的一个矢量,它的大小和方向是空间位置的函数.显然

这是多元函数.譬如我们用直角坐标$(x,y,z)$来描写空间各点的位置,则矢量$\boldsymbol{A}$是$x,y,z$的三元函数,即

$$\boldsymbol{A}=\boldsymbol{A}(x,y,z). \tag{E.3}$$

矢量$\boldsymbol{A}$还可以分解成三个分量$A_x$、$A_y$、$A_z$,每个分量都是$x,y,z$的函数,所以如果将式(E.3)写成分量形式的话,它实际包含了三个函数式:

$$\left.\begin{aligned}A_x=A_x(x,y,z),\\A_y=A_y(x,y,z),\\A_z=A_z(x,y,z).\end{aligned}\right\} \tag{E.4}$$

如果矢量$\boldsymbol{A}$指的是流体的流速$\boldsymbol{v}$,这矢量场就叫作流速场;如果矢量$\boldsymbol{A}$指的是电场强度$\boldsymbol{E}$,这矢量场就叫作电场①,等等.

研究任何矢量场时,人们常引入"场线"和"场管"的概念.所谓"场线",就是这样一些有方向的曲线,其上每一点的切线方向都和该点的场矢量$\boldsymbol{A}$的方向一致.由一束场线围成的管状区域,叫作场管.如流速场中的流线,电场中的电场线都是场线,流速场中的流管,电场中的电场管都是场管,等等.

## E.2 标量场的梯度

(1) 定义

平常所谓"梯度",是指一个空间位置函数的变化率,在数学上就是它的微商.对于多元函数,它对每个空间坐标变量都有一个偏微商,如$\dfrac{\partial \Phi}{\partial x}$、$\dfrac{\partial \Phi}{\partial y}$、$\dfrac{\partial \Phi}{\partial z}$等.这些偏微商表示标量场$\Phi(x,y,z)$沿三个坐标方向的变化率.如果要问$\Phi(x,y,z)$沿任意方向$\Delta\boldsymbol{l}$的变化率是多少呢?如图E-1所示,$P$是标量场中的某个点,设此点标量场的数值是$\Phi(P)$,由$P$点引一个位移矢量$\Delta\boldsymbol{l}$,到达附近的另一点$Q$,设$Q$点标量场的数值为$\Phi(Q)=\Phi(P)+\Delta\Phi$,令$Q\to P$,$\Delta\boldsymbol{l}\to 0$,则标量场沿$\Delta\boldsymbol{l}$方向的变化率为

$$\frac{\partial \Phi}{\partial l}=\lim_{\Delta l\to 0}\frac{\Delta \Phi}{\Delta l}, \tag{E.5}$$

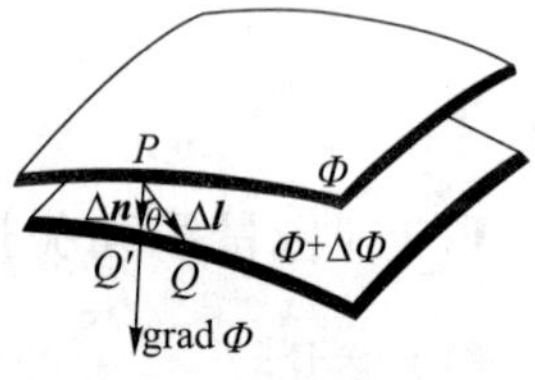

图E-1 标量场的梯度

$\dfrac{\partial \Phi}{\partial l}$叫作标量场$\Phi$在$P$点沿$\Delta\boldsymbol{l}$方向的方向微商.

显然,在同一地点$P$,$\Phi$沿不同方向的方向微商一般说来是不同的.那么沿哪个方向的方向微商最大呢?如图E-1所示,作通过$P$、$Q$两点$\Phi$的等值面,在两等值面上标量场的数值分别是$\Phi(P)$和$\Phi(P)+\Delta\Phi$.在局部范围看来,两等值面近似平行.通过$P$点引等值面的法线与另一等值面交于$Q'$点.法线方向的位移矢量$\Delta\boldsymbol{n}=\overrightarrow{PQ'}$是两等值面间最短的位移矢量,其他方向的位移矢量都比$\Delta\boldsymbol{n}$长.例如对于上述位移矢量$\Delta\boldsymbol{l}$,设它与$\Delta\boldsymbol{n}$的夹角为$\theta$,则由图E-1不难看出,

① 这里所说的"电场"和其他矢量场(如流速场)一样,是个偏重数学的概念,物理中所说的"电场"概念还具有不同的含义,它常常指的是一种物理实体,它是物质存在的一种形式.

$$\Delta n=\Delta l\cos\theta\leqslant\Delta l\quad 或\quad \Delta l=\frac{\Delta n}{\cos\theta}\geqslant\Delta n.$$

沿 $\Delta\boldsymbol{n}$ 方向的方向微商为

$$\frac{\partial\Phi}{\partial n}=\lim_{\Delta n\to 0}\frac{\Delta\Phi}{\Delta n}=\lim_{\Delta l\to 0}\frac{\Delta\Phi}{\Delta l}\frac{1}{\cos\theta}=\frac{\partial\Phi}{\partial l}\frac{1}{\cos\theta}\geqslant\frac{\partial\Phi}{\partial l}. \tag{E.6}$$

由此可见，沿 $\Delta\boldsymbol{n}$ 方向的方向微商比任何其他方向的方向微商都大.

标量场的梯度定义为这样一个矢量，它沿方向微商最大的方向（即 $\Delta\boldsymbol{n}$ 方向），数值上等于这个最大的方向微商$\left(即\dfrac{\partial\Phi}{\partial n}\right)$. 标量场 $\Phi$ 的梯度通常记作grad $\Phi$或 $\nabla\Phi$，根据上面的分析可知，$\Phi$ 的梯度的方向总是与 $\Phi$ 的等值面垂直的.

标量场的梯度是个矢量场. 例如，电场中电势 $U$ 是个标量场，它的负梯度等于场强 $\boldsymbol{E}$，是个矢量场.

（2）坐标表示式（参见附录 A）

直角坐标

$$\nabla\Phi=\frac{\partial\Phi}{\partial x}\boldsymbol{i}+\frac{\partial\Phi}{\partial y}\boldsymbol{j}+\frac{\partial\Phi}{\partial z}\boldsymbol{k}, \tag{E.7}$$

柱坐标

$$\nabla\Phi=\frac{\partial\Phi}{\partial\rho}\boldsymbol{e}_\rho+\frac{1}{\rho}\frac{\partial\Phi}{\partial\varphi}\boldsymbol{e}_\varphi+\frac{\partial\Phi}{\partial z}\boldsymbol{e}_z, \tag{E.8}$$

球坐标

$$\nabla\Phi=\frac{\partial\Phi}{\partial r}\boldsymbol{e}_r+\frac{1}{r}\frac{\partial\Phi}{\partial\theta}\boldsymbol{e}_\theta+\frac{1}{r\sin\theta}\frac{\partial\Phi}{\partial\varphi}\boldsymbol{e}_\varphi. \tag{E.9}$$

## E.3　矢量场的通量和散度　高斯定理

（1）定义

矢量场 $\boldsymbol{A}$ 通过一个截面 $S$ 的通量 $\Phi_A$ 定义为下列面积分：

$$\Phi_A=\iint_S\boldsymbol{A}\cdot d\boldsymbol{S}=\iint_S A\cos\theta dS, \tag{E.10}$$

式中 $\theta$ 为 $\boldsymbol{A}$ 与面元 $d\boldsymbol{S}$ 的法线 $\boldsymbol{e}_n$ 之间夹角，$d\boldsymbol{S}=\boldsymbol{e}_n dS$. 如流速场中的流量，电场和磁场中的电场强度通量、磁通量，都属于“通量”的概念.

令 $S$ 为一闭合曲面，它包含的体积为 $\Delta V$，设想 $S$ 面逐渐缩小到空间某点$P$. 用 $\Phi_A$ 代表矢量场 $\boldsymbol{A}$ 在闭合面 $S$ 上的通量：

$$\Phi_A=\oiint_S\boldsymbol{A}\cdot d\boldsymbol{S},$$

当 $\Delta V\to 0$ 时，$\Phi_A$ 也趋于 0. 若两者之比有一极限，则这极限值为矢量场 $\boldsymbol{A}$ 在 $P$ 点的散度，记作 div $\boldsymbol{A}$ 或 $\nabla\cdot\boldsymbol{A}$：

$$\nabla\cdot\boldsymbol{A}\equiv\lim_{\Delta V\to 0}\frac{\Phi_A}{\Delta V}=\lim_{\Delta V\to 0}\frac{\oiint_S\boldsymbol{A}\cdot d\boldsymbol{S}}{\Delta V}. \tag{E.11}$$

矢量场的散度是个标量场.

(2) 散度的坐标表示式

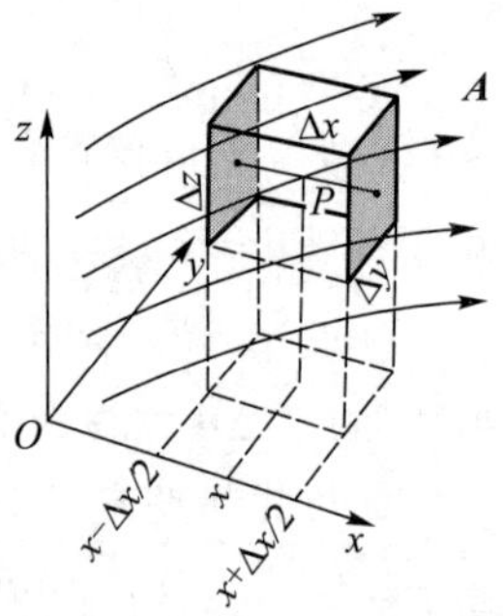

图 E-2 散度直角坐标表示式的推导

上述散度的定义式(E.11)是与坐标的选取无关的,下面我们来研究它的直角坐标表示式.如图 E-2,以 $P$ 点为中心取一个棱边分别与 $x$、$y$、$z$ 轴平行的平行六面体,设边长分别为 $\Delta x$、$\Delta y$、$\Delta z$.现在来计算通过这平行六面体表面的通量.

先考虑与 $x$ 轴垂直的一对表面.它们的面积都是 $\Delta y\Delta z$.设 $P$ 点的坐标为$(x,y,z)$,则这一对表面的 $x$ 坐标分别为 $x-\Delta x/2$ 和 $x+\Delta x/2$,从而在这一对表面上矢量场分别为 $\boldsymbol{A}(x-\Delta x/2,y,z)$和 $\boldsymbol{A}(x+\Delta x/2,y,z)$.在计算通量的时候,只有与表面垂直的分量,即 $A_x$ 分量起作用,它们在两表面上的数值分别是 $A_x(x-\Delta x/2,y,z)$和 $A_x(x+\Delta x/2,y,z)$,于是穿过这一对表面的通量分别是 $A_x(x-\Delta x/2,y,z)\Delta y\Delta z$ 和 $A_x(x+\Delta x/2,y,z)\Delta y\Delta z$,二者一进一出,它们的代数和为

$$\Phi_1=A_x\left(x+\frac{\Delta x}{2},y,z\right)\Delta y\Delta z-A_x\left(x-\frac{\Delta x}{2},y,z\right)\Delta y\Delta z.$$

围绕 $P$ 点将 $A_x$ 按泰勒级数展开:

$$A_x\left(x\pm\frac{\Delta x}{2},y,z\right)=A_x(x,y,z)\pm\frac{\partial A_x}{\partial x}\frac{\Delta x}{2}+\text{高次项}.$$

于是

$$\Phi_1=\left[A_x(x,y,z)+\frac{\partial A_x}{\partial x}\frac{\Delta x}{2}\right]\Delta y\Delta z-$$
$$\left[A_x(x,y,z)-\frac{\partial A_x}{\partial x}\frac{\Delta x}{2}\right]\Delta y\Delta z+\text{高次项},$$

即

$$\Phi_1=\frac{\partial A_x}{\partial x}\Delta x\Delta y\Delta z+\text{高次项}.$$

同理可以得到穿过与 $y$ 轴和 $z$ 轴垂直的两对表面的通量代数和分别为

$$\Phi_2=\frac{\partial A_y}{\partial y}\Delta x\Delta y\Delta z+\text{高次项},$$

$$\Phi_3=\frac{\partial A_z}{\partial z}\Delta x\Delta y\Delta z+\text{高次项},$$

最后我们得到穿过平行六面体六个表面的通量代数总和为

$$\Phi=\oiint_{(\text{平行六面体表面})}\boldsymbol{A}\cdot\mathrm{d}\boldsymbol{S}=\Phi_1+\Phi_2+\Phi_3$$
$$=\left(\frac{\partial A_x}{\partial x}+\frac{\partial A_y}{\partial y}+\frac{\partial A_z}{\partial z}\right)\Delta x\Delta y\Delta z+\text{高次项}.$$

因为平行六面体的体积 $\Delta V=\Delta x\Delta y\Delta z$,按照散度的定义式(E.11)得

$$\nabla\cdot\boldsymbol{A}=\lim_{V\to 0}\frac{\oiint\boldsymbol{A}\cdot\mathrm{d}\boldsymbol{S}}{\Delta V}$$

$$= \lim_{\substack{\Delta x\to 0\\ \Delta y\to 0\\ \Delta z\to 0}} \frac{\left(\frac{\partial A_x}{\partial x}+\frac{\partial A_y}{\partial y}+\frac{\partial A_z}{\partial z}\right)\Delta x\Delta y\Delta z+\text{高次项}}{\Delta x\Delta y\Delta z}$$

即

$$\nabla\cdot\boldsymbol{A}=\frac{\partial A_x}{\partial x}+\frac{\partial A_y}{\partial y}+\frac{\partial A_z}{\partial z}. \tag{E.12}$$

这就是散度的直角坐标表示式下面我们不加推导地写出散度在其他常用坐标中的表示式,以备参考.

柱坐标

$$\nabla\cdot\boldsymbol{A}=\frac{1}{\rho}\frac{\partial}{\partial\rho}(\rho A_\rho)+\frac{1}{\rho}\frac{\partial A_\varphi}{\partial\varphi}+\frac{\partial A_z}{\partial z}, \tag{E.13}$$

球坐标

$$\nabla\cdot\boldsymbol{A}=\frac{1}{r^2}\left[\frac{\partial}{\partial r}(r^2A_r)\right]+\frac{1}{r\sin\theta}\left[\frac{\partial}{\partial\theta}(\sin\theta A_\theta)\right]+\frac{1}{r\sin\theta}\frac{\partial A_\varphi}{\partial\varphi}. \tag{E.14}$$

(3) 高斯定理

在矢量场 $\boldsymbol{A}(x,y,z)$ 中取任意闭合面 $S$,用 $V$ 代表它所包围的体积. 如图E-3(a),用一曲面 $D$(下面叫它“隔板”)把体积 $V$ 及其表面 $S$ 分为两部分:$V_1$ 和 $V_2$,以及 $S_1'$ 和 $S_2'$,这里 $V_1+V_2=V$,$S_1'+S_2'=S$. 体积 $V_1$ 的全部表面为 $S_1'+D=S_1$,体积 $V_2$ 的全部表面为 $S_2'+D=S_2$. 穿过 $S_1$ 和 $S_2$ 的通量分别是

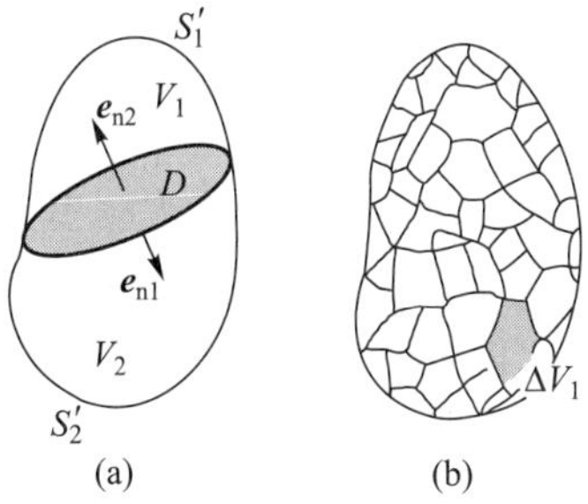


图 E-3 高斯定理的证明

$$\Phi_1=\oint_{S_1}\boldsymbol{A}\cdot d\boldsymbol{S}_1=\iint_{S_1'}\boldsymbol{A}\cdot d\boldsymbol{S}_1+\iint_D\boldsymbol{A}\cdot d\boldsymbol{S}_1,$$

$$\Phi_2=\oint_{S_2}\boldsymbol{A}\cdot d\boldsymbol{S}_2=\iint_{S_2'}\boldsymbol{A}\cdot d\boldsymbol{S}_2+\iint_D\boldsymbol{A}\cdot d\boldsymbol{S}_2.$$

在上两式中右端的第二项 $\iint_D\boldsymbol{A}\cdot d\boldsymbol{S}_1$ 和 $\iint_D\boldsymbol{A}\cdot d\boldsymbol{S}_2$ 虽然都是矢量场 $\boldsymbol{A}$ 穿过“隔板”$D$ 的通量,但对于闭合高斯面 $S_1$ 和 $S_2$ 来说,在 $D$ 上的外法线 $\boldsymbol{n}_1$ 和 $\boldsymbol{n}_2$ 方向相反,所以这两项绝对值相等,但正负号相反. 于是

$$\Phi_1+\Phi_2=\iint_{S_1'}\boldsymbol{A}\cdot d\boldsymbol{S}_1+\iint_{S_2'}\boldsymbol{A}\cdot d\boldsymbol{S}_2$$

$$=\oint_S\boldsymbol{A}\cdot d\boldsymbol{S}=\Phi.$$

这就是说,将闭合曲面 $S$ 所包围的空间用“隔板”隔开后,穿过两部分的通量的代数和不变,它仍等于穿过 $S$ 的总通量 $\Phi$.

以上结论不难推广到把 $V$ 分割成更多块的情形,见图 E-3(b). 这时我们有

$$\Phi=\sum_{i=1}^{n}\Phi_i. \tag{E.15}$$

如果把体积 $V$ 无限分割下去,使每块体积 $\Delta V_i$ 都趋于 0,则按照散度的定义,

$$\Phi_i=\oint_{S_i}\boldsymbol{A}\cdot d\boldsymbol{S}_i=(\nabla\cdot\boldsymbol{A})_i\Delta V_i,$$

其中$(\nabla\cdot\boldsymbol{A})_i$ 是 $\boldsymbol{A}$ 的散度在体积元 $\Delta V_i$ 内的数值. 把上式代入式(E.15):

$$\Phi = \oint\!\!\!\oint_S \boldsymbol{A} \cdot \mathrm{d}\boldsymbol{S} \approx \sum_{i=1}^{n} (\nabla \cdot \boldsymbol{A})_i \Delta V_i .$$

取极限后右端变为体积分：

$$\oint\!\!\!\oint_S \boldsymbol{A} \cdot \mathrm{d}\boldsymbol{S} = \iiint_V \nabla \cdot \boldsymbol{A} \mathrm{d}V. \tag{E.16}$$

式(E.16)表明：矢量场通过任意闭合曲面 $S$ 的通量等于它所包围的体积 $V$ 内散度的积分．这就是矢量场论中的高斯定理．

高斯定理是矢量场论中重要的定理之一，利用它可以把面积分化为体积分，或反过来把体积分化为面积分．应注意，这是一个数学的定理，不要和 §1.3 中静电场的高斯定理混淆！静电场高斯定理成立的前提是库仑定律（即平方反比律），而这个数学上的高斯定理对场的物理规律没有要求，只要求场函数是连续可微的．

## E.4　矢量场的环量和旋度　斯托克斯定理

(1) 定义

矢量场 $\boldsymbol{A}$ 沿闭合回路 $L$ 的线积分称为环量，用 $\Gamma_A$ 表示环量，则有

$$\Gamma_A = \oint_L \boldsymbol{A} \cdot \mathrm{d}\boldsymbol{l}. \tag{E.17}$$

令 $\Delta S$ 为闭合曲线 $L$ 包围的面积，$\boldsymbol{e}_{\mathrm{n}}$ 为 $\Delta S$ 的右旋单位法线矢量．设想回路 $L$ 逐渐缩小，最后缩到空间某点 $P$．当 $\Delta S \to 0$ 时，$\Gamma_A$ 也趋于 0．若两者之比有一极限，则这极限值为矢量场 $\boldsymbol{A}$ 的旋度（它是个矢量）在 $\boldsymbol{e}_{\mathrm{n}}$ 上的投影．$\boldsymbol{A}$ 的旋度记作 curl $\boldsymbol{A}$ 或 rot $\boldsymbol{A}$，或 $\nabla \times \boldsymbol{A}$．上述定义可写作

$$(\nabla \times \boldsymbol{A})_{\mathrm{n}} = \lim_{\Delta S \to 0} \frac{\Gamma_A}{\Delta S} = \lim_{\Delta S \to 0} \frac{\oint_L \boldsymbol{A} \cdot \mathrm{d}\boldsymbol{l}}{\Delta S}. \tag{E.18}$$

矢量场的旋度也是个矢量场．

(2) 旋度的坐标表示式

下面我们来研究旋度的直角坐标表示式．先看旋度的 $x$ 分量．如图 E-4(a)，取一个与 $x$ 轴垂直的矩形回路 $L_x$，它的边分别与 $y$、$z$ 轴平行，边长为 $\Delta y$ 和 $\Delta z$，取回路 $L_x$ 的环绕方向，使它的右旋法线 $\boldsymbol{e}_{\mathrm{n}}$ 指向 $+x$ 方向．设回路的中心 $P$ 点的坐标为 $(x, y, z)$，则在 1、3、2、4 四边上矢量场 $\boldsymbol{A}$ 沿回路元的平行分量是 $A_z(x, y+\Delta y/2, z)$，$-A_y(x, y, z+\Delta z/2)$，$-A_z(x, y-\Delta y/2, z)$，$A_y(x, y, z-\Delta z/2)$．

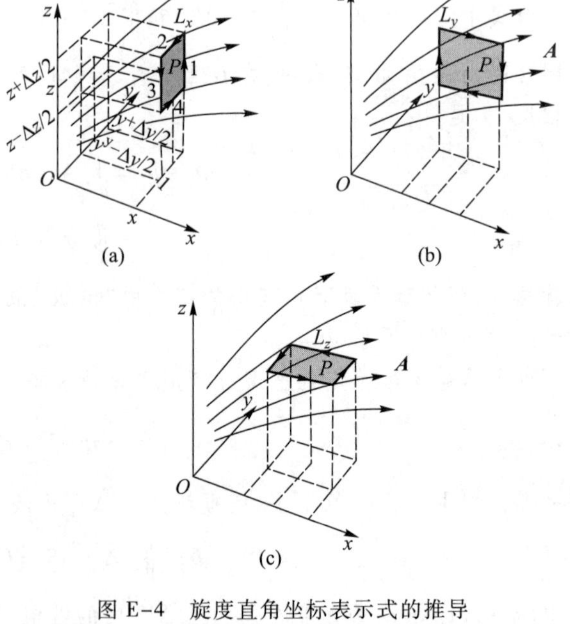


图 E-4　旋度直角坐标表示式的推导

所以

$$\oint_{L_x} \boldsymbol{A} \cdot \mathrm{d}\boldsymbol{l} = A_z(x, y+\Delta y/2, z)\Delta z$$

$$-A_z(x, y-\Delta y/2, z)\Delta z$$

$$-A_y(x,y,z+\Delta z/2)\Delta y$$

$$+A_y(x,y,z-\Delta z/2)\Delta y,$$

围绕 $P$ 点将 $A_y$、$A_z$ 按泰勒级数展开：

$$A_y\left(x,y,z\pm\frac{\Delta z}{2}\right)=A_y(x,y,z)\pm\frac{\partial A_y}{\partial z}\frac{\Delta z}{2}+\text{高次项},$$

$$A_z\left(x,y\pm\frac{\Delta y}{2},z\right)=A_z(x,y,z)\pm\frac{\partial A_z}{\partial y}\frac{\Delta y}{2}+\text{高次项}.$$

代入前式，得

$$\oint_{L_x}\boldsymbol{A}\cdot\mathrm{d}\boldsymbol{l}=\left(\frac{\partial A_z}{\partial y}-\frac{\partial A_y}{\partial z}\right)\Delta y\Delta z+\text{高次项}.$$

因为回路 $L_x$ 包围的矩形面积为 $\Delta S=\Delta y\Delta z$，按照旋度的定义式(E.18)，得

$$(\nabla\times\boldsymbol{A})_x\equiv\lim_{\Delta S\to 0}\frac{\oint_{L_x}\boldsymbol{A}\cdot\mathrm{d}\boldsymbol{l}}{\Delta S}$$

$$=\lim_{\substack{\Delta y\to 0\\ \Delta z\to 0}}\frac{\left(\frac{\partial A_z}{\partial y}-\frac{\partial A_y}{\partial z}\right)\Delta y\Delta z+\text{高次项}}{\Delta y\Delta z}$$

$$=\frac{\partial A_z}{\partial y}-\frac{\partial A_y}{\partial z}.$$

同理可以得到旋度的 $y$，$z$ 两个分量[参见图 E-4(b)和(c)]. 现将全部分量的直角坐标表示罗列如下：

$$\left.\begin{aligned}(\nabla\times\boldsymbol{A})_x&=\frac{\partial A_z}{\partial y}-\frac{\partial A_y}{\partial z},\\(\nabla\times\boldsymbol{A})_y&=\frac{\partial A_x}{\partial z}-\frac{\partial A_z}{\partial x},\\(\nabla\times\boldsymbol{A})_z&=\frac{\partial A_y}{\partial x}-\frac{\partial A_x}{\partial y}.\end{aligned}\right\}\tag{E.19}$$

旋度矢量的直角坐标表示式为

$$\nabla\times\boldsymbol{A}^{①}=\left(\frac{\partial A_z}{\partial y}-\frac{\partial A_y}{\partial z}\right)\boldsymbol{i}+\left(\frac{\partial A_x}{\partial z}-\frac{\partial A_z}{\partial x}\right)\boldsymbol{j}+\left(\frac{\partial A_y}{\partial x}-\frac{\partial A_x}{\partial y}\right)\boldsymbol{k}$$

---

① 我们已多次使用了符号“$\nabla$”，但一直是将它和一个场函数 $\boldsymbol{\Phi}$ 或 $\boldsymbol{A}$ 连起来写，而未说明它单独代表什么. 其实$\nabla$是个矢量性质的算符，叫作**劈形算符**或**那勃勒算符**，也称矢量微分算子，它的直角坐标表示式为

$$\nabla=\boldsymbol{i}\frac{\partial}{\partial x}+\boldsymbol{j}\frac{\partial}{\partial y}+\boldsymbol{k}\frac{\partial}{\partial z},$$

我可以把$\nabla$形式地“乘”在一个标量场 $\boldsymbol{\Phi}$ 上，成为它的梯度 $\nabla\boldsymbol{\Phi}$，也可以把$\nabla$形式地“点乘”或“叉乘”在一个矢量场 $\boldsymbol{A}$ 上，成为它的散度 $\nabla\cdot\boldsymbol{A}$ 或旋度 $\nabla\times\boldsymbol{A}$. 不难验证，这样做的结果，我们得到的正是前面的式(E.7)、(E.12)和(E.20). 由此也可以看出，把梯度、散度和旋度写成 $\nabla\boldsymbol{\Phi}$、$\nabla\cdot\boldsymbol{A}$ 和 $\nabla\times\boldsymbol{A}$ 的依据.

$$
=\begin{vmatrix} \boldsymbol{i} & \boldsymbol{j} & \boldsymbol{k} \\ \dfrac{\partial}{\partial x} & \dfrac{\partial}{\partial y} & \dfrac{\partial}{\partial z} \\ A_x & A_y & A_z \end{vmatrix}. \tag{E.20}
$$

下面不加推导地给出旋度在其他常用坐标中的表示式，以备参考.

柱坐标

$$
\nabla\times\boldsymbol{A}=\left(\frac{1}{\rho}\frac{\partial A_z}{\partial\varphi}-\frac{\partial A_\varphi}{\partial z}\right)\boldsymbol{e}_\rho+\left(\frac{\partial A_\rho}{\partial z}-\frac{\partial A_z}{\partial\rho}\right)\boldsymbol{e}_\varphi+\frac{1}{\rho}\left(\frac{\partial(\rho A_\varphi)}{\partial\rho}-\frac{\partial A_\rho}{\partial\varphi}\right)\boldsymbol{e}_z, \tag{E.21}
$$

球坐标

$$
\begin{aligned}
\nabla\times\boldsymbol{A}=&\left[\frac{1}{r\sin\theta}\left(\frac{\partial}{\partial\theta}(\sin\theta A_\varphi)-\frac{\partial A_\theta}{\partial\varphi}\right)\right]\boldsymbol{e}_r+\\
&\left[\frac{1}{r}\frac{1}{\sin\theta}\frac{\partial A_r}{\partial\varphi}-\frac{1}{r}\left(\frac{\partial}{\partial r}(rA_\varphi)\right)\right]\boldsymbol{e}_\theta+\\
&\left[\frac{1}{r}\frac{\partial(rA_\theta)}{\partial r}-\frac{1}{r}\frac{\partial A_r}{\partial\theta}\right]\boldsymbol{e}_\varphi.
\end{aligned} \tag{E.22}
$$

(3) 斯托克斯定理

在矢量场 $\boldsymbol{A}(x,y,z)$ 中取任意闭合回路 $L$，现用一条曲线搭在回路 $L$ 上的 $M$、$N$ 两点之间. $M$ 和 $N$ 把 $L$ 分为 $L_1'$ 和 $L_2'$ 两部分，见图 E-5(a). $L_1'$ 和 $MN$ 组成新的小闭合回路 $L_1$，$L_2'$ 和 $NM$ 组成新的小闭合回路 $L_2$，$L_1$ 和 $L_2$ 的环绕方向一致. 沿 $L_1$ 和 $L_2$ 的环量分别是

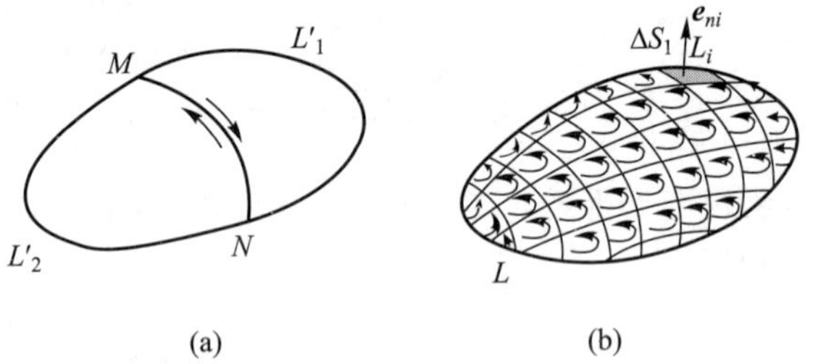


图 E-5　斯托克斯定理的证明

$$
\Gamma_1\equiv\oint_{L_1}\boldsymbol{A}\cdot\mathrm{d}\boldsymbol{l}=\int_{L_1'}\boldsymbol{A}\cdot\mathrm{d}\boldsymbol{l}+\int_M^N\boldsymbol{A}\cdot\mathrm{d}\boldsymbol{l},
$$

$$
\Gamma_2\equiv\int_{L_2}\boldsymbol{A}\cdot\mathrm{d}\boldsymbol{l}=\int_{L_2'}\boldsymbol{A}\cdot\mathrm{d}\boldsymbol{l}+\int_N^M\boldsymbol{A}\cdot\mathrm{d}\boldsymbol{l}.
$$

故

$$
\Gamma_1+\Gamma_2=\int_{L_1'}\boldsymbol{A}\cdot\mathrm{d}\boldsymbol{l}+\int_{L_2'}\boldsymbol{A}\cdot\mathrm{d}\boldsymbol{l}=\oint_L\boldsymbol{A}\cdot\mathrm{d}\boldsymbol{l}\equiv\Gamma,
$$

即矢量场在闭合回路 $L$ 上的环量等于分割出来的两个闭合回路 $L_1$ 和 $L_2$ 上环量之和. 这个结论不难推广到更多个小回路. 如图 E-5(b)，用许多曲线，像织成的网子一样绷在回路 $L$ 的"框架"上，则每个网眼是一小闭合回路 $L_i$. 令它们的环绕方向都一致，用 $\Gamma_i$ 代表 $L_i$ 上的环量，则有

$$
\Gamma=\sum_{i=1}^{n}\Gamma_i. \tag{E.23}
$$

这就是说，$L$ 上的环量是由各局部的环量累积起来的.

如果把上述分割过程无限继续下去，使每个小回路的面积 $\Delta S_i$ 都趋于 0，则按照旋度的定义，

$$
\Gamma_i\equiv\oint_{L_i}\boldsymbol{A}\cdot\mathrm{d}\boldsymbol{l}=(\nabla\times\boldsymbol{A})_{ni}\Delta S_i=(\nabla\times\boldsymbol{A})\cdot\Delta\boldsymbol{S}_i,
$$

这里$(\nabla\times\boldsymbol{A})_{ni}$代表旋度$\nabla\times\boldsymbol{A}$在$\Delta\boldsymbol{S}_i$的右旋单位法线矢量$\boldsymbol{e}_{ni}$上的投影，$\Delta\boldsymbol{S}_i=\boldsymbol{e}_{ni}\Delta S_i$是矢量面元. 代入式(E.23)，得

$$\Gamma\equiv\oint_L\boldsymbol{A}\cdot\mathrm{d}\boldsymbol{l}=\sum_{i=1}^{n}(\nabla\times\boldsymbol{A})\cdot\Delta\boldsymbol{S}_i.$$

取极限后，右端变为面积分：

$$\oint_L\boldsymbol{A}\cdot\mathrm{d}\boldsymbol{l}=\iint_S(\nabla\times\boldsymbol{A})\cdot\mathrm{d}\boldsymbol{S}.\tag{E.24}$$

式(E.24)表明：矢量场在任意闭合回路$L$上的环量等于以它为边界的曲面$S$上旋度的积分. 这就是斯托克斯定理.

斯托克斯定理和高斯定理一样，也是矢量场论中的一个重要定理. 利用它可以把线积分化为面积分，或反过来把面积分化为线积分.

## E.5　一些公式

下面再给出一些常用的公式，推导从略. 读者可用直角坐标表示式直接验证.

(1) 场量乘积的微商公式

梯度

$$\nabla(\Phi\Psi)=(\nabla\Phi)\Psi+\Phi(\nabla\Psi),\tag{E.25}$$

$$\nabla(\boldsymbol{A}\cdot\boldsymbol{B})=(\boldsymbol{A}\cdot\nabla)\boldsymbol{B}+(\boldsymbol{B}\cdot\nabla)\boldsymbol{A}+\boldsymbol{A}\times(\nabla\times\boldsymbol{B})+\boldsymbol{B}\times(\nabla\times\boldsymbol{A}).\tag{E.26}$$

散度

$$\nabla\cdot(\Phi\boldsymbol{A})=\nabla\Phi\cdot\boldsymbol{A}+\Phi\nabla\cdot\boldsymbol{A},\tag{E.27}$$

$$\nabla\cdot(\boldsymbol{A}\times\boldsymbol{B})=\boldsymbol{B}\cdot\nabla\times\boldsymbol{A}-\boldsymbol{A}\cdot\nabla\times\boldsymbol{B}.\tag{E.28}$$

旋度

$$\nabla\times(\Phi\boldsymbol{A})=\Phi\nabla\times\boldsymbol{A}+\nabla\Phi\times\boldsymbol{A},\tag{E.29}$$

$$\nabla\times(\boldsymbol{A}\times\boldsymbol{B})=(\boldsymbol{B}\cdot\nabla)\boldsymbol{A}-(\boldsymbol{A}\cdot\nabla)\boldsymbol{B}+\boldsymbol{A}(\nabla\cdot\boldsymbol{B})-\boldsymbol{B}(\nabla\cdot\boldsymbol{A})\text{①}\tag{E.30}$$

其中$\Phi$、$\Psi$是任意标量场，$\boldsymbol{A}$、$\boldsymbol{B}$是任意矢量场.

(2) 二阶微商的公式

$$\nabla\times\nabla\Phi=0,\tag{E.31}$$

$$\nabla\cdot\nabla\times\boldsymbol{A}=0,\tag{E.32}$$

$$\nabla\times(\nabla\times\boldsymbol{A})=\nabla(\nabla\cdot\boldsymbol{A})-\nabla\cdot\nabla\boldsymbol{A},\tag{E.33}$$

其中算符$\nabla\cdot\nabla$常写作$\nabla^2$，叫作拉普拉斯算符.

## E.6　矢量场的类别和分解

(1) 有散场和无散场

若一矢量场在空间某范围内散度为0，我们就说它在此范围内无源，或它是无散场，若散度不为0，则这矢量场是有源的，或它是有散场.

式(E.32)表明，任何矢量场$\boldsymbol{A}$的旋度$\nabla\times\boldsymbol{A}$永远是个无散场. 反之亦然，任何无散场$\boldsymbol{B}$可以

---

① 在式(E.26)和(E.30)中出现$(\boldsymbol{A}\cdot\nabla)\boldsymbol{B}$一类的项，它代表矢量场$\boldsymbol{A}$和矢量场的梯度$\nabla\boldsymbol{B}$的点乘，后者是个张量.

表示成某个矢量场 $\boldsymbol{A}$ 的旋度：

$$B=\nabla\times\boldsymbol{A},\quad \nabla\cdot\boldsymbol{B}=0. \tag{E. 34}$$

(2) 有旋场和无旋场

若一矢量场在空间某范围内旋度为 0，我们就说它在此范围内无旋，或它是无旋场；若旋度不为 0，则这矢量场是有旋的，或它是有旋场.

式(E. 31)表明，任何标量场 $\boldsymbol{\Phi}$ 的梯度 $\nabla\boldsymbol{\Phi}$ 永远是个无旋场. 反之亦然任何无旋场 $\boldsymbol{A}$ 可以表示成某个标量场 $\boldsymbol{\Phi}$ 的梯度：

$$\boldsymbol{A}=\nabla\boldsymbol{\Phi},\quad \nabla\times\boldsymbol{A}\equiv 0. \tag{E. 35}$$

$\boldsymbol{\Phi}$ 称为无旋场 $\boldsymbol{A}$ 的势函数，故无旋场又称为势场.

(3) 谐和场

若一矢量场 $\boldsymbol{A}$ 在某空间范围内既无散又无旋，则这矢量场称为谐和场.

因谐和场无旋，它也是势场：

$$\nabla\times\boldsymbol{A}=0,\quad \boldsymbol{A}=\nabla\boldsymbol{\Phi},$$

又因它同时无散：

$$\nabla\cdot\boldsymbol{A}=0,$$

故

$$\nabla\cdot\nabla\boldsymbol{\Phi}=\nabla^2\boldsymbol{\Phi}=0. \tag{E. 36}$$

上式叫作拉普拉斯方程，即谐和场的势函数满足拉普拉斯方程.

(4) 一般矢量场的分解

在普遍的情形下，一个矢量场 $\boldsymbol{A}$ 可以既是有旋的，又是有散的. 在这种情况下 $\boldsymbol{A}$ 可以分解为两部分：

$$\boldsymbol{A}=\boldsymbol{A}_{势}+\boldsymbol{A}_{旋}, \tag{E. 37}$$

其中 $\boldsymbol{A}_{势}$ 是势场，即无旋场；$\boldsymbol{A}_{旋}$ 是无散的有旋场. 但上述分解并不唯一，其中可以相差一个任意的谐和场.

现以电磁场为例，麦克斯韦方程组(8. 10)中的(Ⅰ)、(Ⅱ)两式表明，在非稳情况下，电场既有散度，又有旋度. 这时电场 $\boldsymbol{E}$ 可分解为势场和无散的有旋场：

$$\boldsymbol{E}=\boldsymbol{E}_{势}+\boldsymbol{E}_{旋}.$$

在恒定状态下，$\nabla\times\boldsymbol{E}=0$，$\boldsymbol{E}_{旋}=0$，电场 $\boldsymbol{E}$ 可以写成某个势函数 $\boldsymbol{\Phi}$ 的梯度，这势函数 $\boldsymbol{\Phi}$ 正是电势 $U$ 的负值，即

$$\boldsymbol{E}=-\nabla U.$$

式(Ⅲ)表明，磁感应强度 $\boldsymbol{B}$ 永远是个无散场，故它可写作某个矢量 $\boldsymbol{A}$ 的旋度，即

$$\boldsymbol{B}=\nabla\times\boldsymbol{A}, \tag{E. 38}$$

这个 $\boldsymbol{A}$ 称为磁矢势.

## E. 7　磁场的矢势

(1) 恒定磁场的磁矢势的表达式

下面我们将从毕奥-萨伐尔定律导出恒定磁场的磁矢势表达式. 在第四章我们经常把载流导体的横截面看成是无穷小的，这里把它看成有一定截面更为方便. 如图 E-6，在导体内取一长度为 d$l$，截面为 d$S$ 的小电流管，设其中电流密度为 $\boldsymbol{j}$，从而电流强度为 $I=j\mathrm{d}S$，这段电流相当于 $I\mathrm{d}\boldsymbol{l}=$

$\boldsymbol{j}\mathrm{d}S\mathrm{d}l$ 的电流元. 按照毕奥–萨伐尔公式(4.15), 此电流元在场点 $P$ 产生的磁场为

$$\mathrm{d}\boldsymbol{B}=\frac{\mu_0}{4\pi}\frac{\boldsymbol{j}\times\boldsymbol{e}_r}{r^2}\mathrm{d}S\mathrm{d}l, \tag{E.39}$$

式中 $\boldsymbol{r}$ 是自源点指向场点的径矢(见图 E–6), $\boldsymbol{e}_r=\boldsymbol{r}/r$ 是沿 $\boldsymbol{r}$ 方向的单位矢量. 应注意: 上式中 $\mathrm{d}\boldsymbol{B}$ 是场点坐标 $(x,y,z)$ 的函数, $\boldsymbol{j}$ 是源点坐标 $(x',y',z')$ 的函数, 而 $\boldsymbol{r}$ 则与场点和源点的坐标都有关系, 例如其长度为

$$r=\sqrt{(x-x')^2+(y-y')^2+(z-z')^2}. \tag{E.40}$$

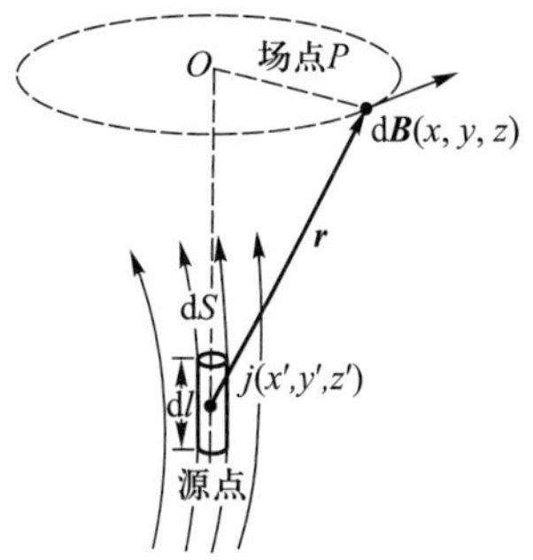

图 E–6　场点与源点

要计算整个载流导体产生的磁场 $\boldsymbol{B}$, 式(E.39)中电流管的体积 $\mathrm{d}S\mathrm{d}l$ 可写作 $\mathrm{d}V'=\mathrm{d}x'\mathrm{d}y'\mathrm{d}z'$, 对源点坐标积分, 则得

$$\boldsymbol{B}=\frac{\mu_0}{4\pi}\iiint_V\frac{\boldsymbol{j}\times\boldsymbol{e}_r}{r^2}\mathrm{d}V', \tag{E.41}$$

积分范围遍及所有存在电流的体积 $V$.

令式(E.29)中的 $\Phi=\dfrac{1}{r}$, $\boldsymbol{A}=\boldsymbol{j}$, 则有

$$\nabla\times\left(\frac{\boldsymbol{j}}{r}\right)=\frac{1}{r}\nabla\times\boldsymbol{j}+\nabla\left(\frac{1}{r}\right)\times\boldsymbol{j},$$

注意这里 $\nabla$ 是对场点坐标 $x$、$y$、$z$ 的微分算符, 而 $\boldsymbol{j}$ 只是源点坐标 $x',y',z'$ 的函数, 故而 $\nabla\times\boldsymbol{j}=0$. 此外, 不难算出 $\nabla\left(\dfrac{1}{r}\right)=-\dfrac{\boldsymbol{e}_r}{r^2}$, 于是有

$$\nabla\times\left(\frac{\boldsymbol{j}}{r}\right)=\frac{\boldsymbol{j}\times\boldsymbol{e}_r}{r^2}.$$

将此式代入式(E.41), 得

$$\boldsymbol{B}=\frac{\mu_0}{4\pi}\iiint_V\nabla\times\left(\frac{\boldsymbol{j}}{r}\right)\mathrm{d}V'=\nabla\times\left[\frac{\mu_0}{4\pi}\iiint_V\frac{\boldsymbol{j}}{r}\mathrm{d}V'\right], \tag{E.42}$$

上面积分和微分的顺序所以可以调换, 是因为它们一个是对源点, 一个是对场点进行的. 将(E.42)(E.38)两式比较, 即可看出方括弧内的表达式就是磁矢势 $\boldsymbol{A}$:

$$\boldsymbol{A}=\frac{\mu_0}{4\pi}\iiint_V\frac{\boldsymbol{j}}{r}\mathrm{d}V'. \tag{E.43}$$

对于由细导线组成的载流回路, 可将上式中的 $\boldsymbol{j}\mathrm{d}V'$ 还原成 $j\mathrm{d}S\mathrm{d}\boldsymbol{l}=I\mathrm{d}\boldsymbol{l}$, 即得

$$\boldsymbol{A}=\frac{\mu_0 I}{4\pi}\oint_L\frac{1}{r}\mathrm{d}\boldsymbol{l}, \tag{E.44}$$

这里积分沿闭合载流回路 $L$ 进行.

(2) 由毕奥–萨伐尔定律导出磁场的"高斯定理"和安培环路定理的微分形式

式(E.42)已表明, $\boldsymbol{B}$ 是磁矢势 $\boldsymbol{A}$ 的旋度, 而 E.5 节中(E.32)表明任意矢量旋度的散度恒等于 0, 故而磁场"高斯定理"的微分形式 $\nabla\cdot\boldsymbol{B}=0$ 就成为显然的了.

下面证明安培环路定理的微分形式:

$$\nabla\times\boldsymbol{B}=\mu_0\boldsymbol{j}. \tag{E.45}$$

利用 E.5 节中的式(E.33),

$$\nabla\times\boldsymbol{B}=\nabla\times\nabla\times\boldsymbol{A}=\nabla(\nabla\cdot\boldsymbol{A})-\nabla^2\boldsymbol{A}, \tag{E.46}$$

这里$\nabla$是对场点坐标的微分算符,故式(E.46)右端第一项中

$$\nabla\cdot\boldsymbol{A}=\frac{\mu_0}{4\pi}\iiint_V\nabla\cdot\left(\frac{\boldsymbol{j}}{r}\right)\mathrm{d}V'. \tag{E.47}$$

令 E.5 节中式(E.27)式内 $\boldsymbol{\Phi}=\dfrac{1}{r}$,$\boldsymbol{A}=\boldsymbol{j}$,则有

$$\nabla\cdot\left(\frac{\boldsymbol{j}}{r}\right)=\nabla\left(\frac{1}{r}\right)\cdot\boldsymbol{j}+\frac{1}{r}\nabla\cdot\boldsymbol{j}, \tag{E.48}$$

把上式中对场点的微分$\nabla$换为对源点的微分$\nabla'$,它应同样成立:

$$\nabla'\cdot\left(\frac{\boldsymbol{j}}{r}\right)=\nabla'\cdot\left(\frac{1}{r}\right)\cdot\boldsymbol{j}+\frac{1}{r}\nabla'\cdot\boldsymbol{j}. \tag{E.49}$$

由于两式中 $\nabla\cdot\boldsymbol{j}=0$(源点的函数对场点的微分)和$\nabla'\cdot\boldsymbol{j}=0$(电流的恒定条件),以及$\nabla\left(\dfrac{1}{r}\right)=-\nabla'\left(\dfrac{1}{r}\right)$[见 $r$ 的表达式(E.40)],从两式可得

$$\nabla\cdot\left(\frac{\boldsymbol{j}}{r}\right)=-\nabla'\left(\frac{\boldsymbol{j}}{r}\right). \tag{E.50}$$

将此式代回式(E.47)后使用高斯定理(E.16),得

$$\nabla\cdot\boldsymbol{A}=-\frac{\mu_0}{4\pi}\iiint_V\nabla'\cdot\left(\frac{\boldsymbol{j}}{r}\right)\mathrm{d}V'=-\frac{\mu_0}{4\pi}\oint\!\!\!\oint_S\frac{\boldsymbol{j}}{r}\cdot\mathrm{d}\boldsymbol{S}.$$

因体积 $V$ 包含所有$\boldsymbol{j}\neq0$ 的空间,故在它的表面上$\boldsymbol{j}=0$,于是 $\nabla\cdot\boldsymbol{A}=0$.

现在看式(E.46)右端的第二项$-\nabla^2\boldsymbol{A}$. 将场点算符$\nabla^2$作用到 $\boldsymbol{A}$ 的表达式(3.59)上,注意到$\boldsymbol{j}$对于$\nabla$来说可以看作常矢量,则有

$$\begin{aligned}-\nabla^2\boldsymbol{A}&=-\frac{\mu_0}{4\pi}\iiint_V\nabla^2\left(\frac{\boldsymbol{j}}{r}\right)\mathrm{d}V'\\&=-\frac{\mu_0}{4\pi}\iiint_V\boldsymbol{j}\,\nabla^2\left(\frac{1}{r}\right)\mathrm{d}V'.\end{aligned}$$

通过直接运算不难证明,除了 $r=0$ 的点(即场点)外,$\nabla^2\left(\dfrac{1}{r}\right)=0$. 故上述积分范围可以缩小到以场点 $P$ 为中心的一个半径为 $\varepsilon$ 的小球体 $K_\varepsilon$ 内,当 $\varepsilon\to0$ 时,$\boldsymbol{j}$ 在 $K_\varepsilon$ 范围内可以看做是不变的,它可以从积分号内提出来:

$$\begin{aligned}-\nabla^2\boldsymbol{A}&=-\frac{\mu_0\boldsymbol{j}}{4\pi}\iiint_{K_\varepsilon}\nabla^2\left(\frac{1}{r}\right)\mathrm{d}V'\\&=-\frac{\mu_0\boldsymbol{j}}{4\pi}\iiint_{K_\varepsilon}\nabla\cdot\ \nabla\left(\frac{1}{r}\right)\mathrm{d}V'.\end{aligned}$$

利用矢量场论的高斯定理可将上式右端的体积分化为沿 $K_\varepsilon$ 的表面 $\boldsymbol{\Sigma}_\varepsilon$ 的面积分:

$$-\nabla^2\boldsymbol{A}=-\frac{\mu_0\boldsymbol{j}}{4\pi}\oint\!\!\!\oint_{\Sigma_\varepsilon}\nabla\left(\frac{1}{r}\right)\cdot\mathrm{d}\boldsymbol{S}$$

由于$\nabla\left(\frac{1}{r}\right)=-\frac{\boldsymbol{e}_r}{r^2}$，在球面 $\boldsymbol{\Sigma}_\varepsilon$ 上 $\boldsymbol{e}_r$ 就是表面的法线 $\boldsymbol{e}_{\mathrm{n}}$，$r=\varepsilon$，故$\frac{\boldsymbol{e}_r}{r^2}\cdot\mathrm{d}\boldsymbol{S}=\frac{\boldsymbol{e}_{\mathrm{n}}\cdot\boldsymbol{e}_{\mathrm{n}}}{\varepsilon^2}\mathrm{d}S=\frac{1}{\varepsilon^2}\mathrm{d}S$，所以

$$-\nabla^2\boldsymbol{A}=\frac{\mu_0\boldsymbol{j}}{4\pi\varepsilon^2}\oiint_{\Sigma_\varepsilon}\mathrm{d}S=\frac{\mu_0\boldsymbol{j}}{4\pi\varepsilon^2}\cdot4\pi\varepsilon^2,$$

即

$$-\nabla^2\boldsymbol{A}=\mu_0\boldsymbol{j},\tag{E.51}$$

将此结果代入式(E.46)，即得安培环路定理的微分形式(E.45).

(3) 证明互感 $M_{12}=M_{21}$.

第五章中提到，互感 $M_{12}=M_{21}$. 利用磁矢势不难证明这等式.

设载流回路 $L_1$ 中有电流 $I_1$，它产生的磁矢势为

$$\boldsymbol{A}_1=\frac{\mu_0I_1}{4\pi}\oint_{L_1}\frac{\mathrm{d}\boldsymbol{l}_1}{r},\tag{E.52}$$

磁感强度为

$$\boldsymbol{B}_1=\nabla\times\boldsymbol{A}_1,$$

在回路 $L_2$ 中产生的互感磁通量为

$$\Psi_{12}=\iint_{S_2}\boldsymbol{B}_1\cdot\mathrm{d}\boldsymbol{S}_2=\iint_{S_2}\nabla\times\boldsymbol{A}_1\cdot\mathrm{d}\boldsymbol{S}_2,$$

利用斯托克斯定理(E.24)，则有

$$\Psi_{12}=\oint_{L_2}\boldsymbol{A}_1\cdot\mathrm{d}\boldsymbol{l}_2,\tag{E.53}$$

将式(E.52)代入式(E.53)，得

$$\Psi_{12}=\frac{\mu_0I_1}{4\pi}\oint_{L_2}\oint_{L_1}\frac{\mathrm{d}\boldsymbol{l}_1\cdot\mathrm{d}\boldsymbol{l}_2}{r},\tag{E.54}$$

式中 $r$ 是线段元 $\mathrm{d}\boldsymbol{l}_1$ 和 $\mathrm{d}\boldsymbol{l}_2$ 间的距离. 按照互感的定义，

$$M_{12}=\frac{\Psi_{12}}{I_1}=\frac{\mu_0}{4\pi}\oint_{L_1}\oint_{L_2}\frac{\mathrm{d}\boldsymbol{l}_1\cdot\mathrm{d}\boldsymbol{l}_2}{r}.\tag{E.55}$$

这里积分的次序是无关的. 上式明显地给出了下标 1, 2 的对称性，因而两者可以互换，从而 $M_{12}=M_{21}$.

## 习　　题

**E-1**　计算下列各式：(1) $\nabla(1/r)$，(2) $\nabla(1/r^2)$，(3) $\nabla(1/r^3)$，(4) $\nabla\cdot(\boldsymbol{e}_r/r^2)$，(5) $\nabla\cdot(\boldsymbol{r}/r^5)$，(6) $\nabla\cdot(\boldsymbol{a}/r)$，(7) $\nabla\cdot\boldsymbol{r}$，(8) $\nabla\times(\boldsymbol{e}_r/r^2)$，(9) $\nabla\times\boldsymbol{e}_r/r^5$，(10) $\nabla\times(\boldsymbol{a}/r)$，(11) $\nabla\times(\boldsymbol{a}\times\boldsymbol{r})$，(12) $\nabla^2\boldsymbol{a}/r$. 式中 $\boldsymbol{r}=x\boldsymbol{i}+y\boldsymbol{j}+z\boldsymbol{k}$ 为径矢，$r=\sqrt{x^2+y^2+z^2}$，$\boldsymbol{e}_r=\frac{\boldsymbol{r}}{r}$，$\boldsymbol{a}$ 为常矢量.

**E-2**　试证明：

(1) $\nabla\frac{1}{r^n}=-\frac{n\boldsymbol{e}_r}{r^{n+1}}$，

(2) $\nabla\cdot\frac{\boldsymbol{e}_r}{r^n}=-\frac{n+1-3}{r^{n+1}}$，

(3) $\nabla\times[f(r)\boldsymbol{e}_r]=0$，

式中 $f(r)$ 是 $r$ 的任意函数.

**E-3**　用直角坐标表达式验证式(E. 26)、(E. 28)、(E. 30)和(E. 33).

**E-4**　试证明,偶极子的电势 $U_2$ 与点电荷的电势 $U_1$ 之间应存在如下关系:

$$U_2 = -\boldsymbol{l} \cdot \nabla U_1,$$

式中 $\boldsymbol{l}$ 为从偶极子负极到正极的位移矢量.

(提示:源点的位移与场点作同样大小的反向位移等价.)

**E-5**　利用上题的公式求得偶极子的电势公式,然后由它的梯度证明偶极子的场强公式为

$$\boldsymbol{E} = \frac{1}{4\pi\varepsilon_0}\left[\frac{3(\boldsymbol{p} \cdot \boldsymbol{r})\boldsymbol{r}}{r^5} - \frac{\boldsymbol{p}}{r^3}\right],$$

式中 $\boldsymbol{p} = q\boldsymbol{l}$ 为偶极矩. 验证一下:在 $\theta = 0$ 和 $\pi/2$ 处,上述公式与第一章的式(1.7)符合.

**E-6**　试证明,均匀极化球体上极化电荷的电势 $U_2$ 与均匀带电球体的电势 $U_1$ 之间也应满足习题 E-4 中所给的公式. 由此进一步证明:

(1) 均匀极化球体内部的退极化场 $\boldsymbol{E}'$ 是均匀的,它等于 $-\boldsymbol{P}/3\varepsilon_0$(参见 2.3.4 节例题 4);

(2) 外部的电场与全部偶极矩集中于球心的一个偶极子上所产生的电场相同.

韦　伯

( Weber, Wilhelm Edcard, 1804—1891 )

# 第九章
# 电磁学的单位制

电磁学中的单位制相当复杂,书刊和文献中使用得较多的是 MKSA 有理制和高斯单位制.目前,国际上为了发展经济与文化的交流,避免各种计量单位麻烦的反复运算,建议使用统一的国际单位制(简称 SI),并进入全面普及阶段.1984 年 2 月 27 日中华人民共和国国务院发布命令,决定"在采用先进的国际单位制的基础上,进一步统一我国的计量单位."从此国际单位制中的基本单位、包括辅助单位在内的具有专门名称的导出单位以及由国际单位制的词头和以上单位构成的十进倍数和分数单位成为我国的法定计量单位.国际单位制中的电磁学的单位制就是 MKSA 有理制.本教材使用 MKSA 有理制.由于高斯单位制在某些领域中仍有其一定的优点,有的书刊和文献仍采用高斯单位制.为此,本章除了系统地总结一下 MKSA 有理制外,对高斯单位制亦作较详细的介绍,并着重讨论两种单位制公式之间的转换问题.为了使读者了解单位制的建立和掌握单位制的使用,首先简单地介绍一下关于单位制和量纲的几个一般性问题,然后,再对各种单位制作进一步的讨论.

## §9.1 单位制和量纲

### 9.1.1 单位制 基本单位和导出单位

物理学是一门实验的科学,常常需要对各种物理量进行测量.对一个物理量测量的结果一般包括所得的数值和所使用的单位两个不可缺少的部分,只有少数的物理量是量纲一的量.

由于各物理量之间存在着规律性的联系,所以就不必对每个物理量的单位都独立地予以规定.我们可以选定一些物理量(如长度、质量、时间作为基本量,并为每个基本量规定一个基本单位[如米(m)、千克(kg)、秒(s)],其他物理量的单位则可按照它们与基本量之间的关系式(定义或定律)导出来.例如根据速度的定义 $v=\dfrac{\mathrm{d}s}{\mathrm{d}t}$和加速度的定义 $a=\dfrac{\mathrm{d}v}{\mathrm{d}t}$可导出它们的单位分别为 m/s 和 $\mathrm{m/s^2}$,等等.这些物理量称为导出量,它们的单位称为导出单位.按照上述方法制定的一套单位,构成一定的单位制,例如由上述基本单位构成的单位制为 MKS 单位制.

建立单位制首先要确定基本量和基本单位,这带有一定的任意性.基本量和基本单位选择不同,就会构成不同的单位制.

力学中常用的是 CGS 和 MKS 两种单位制,它们的基本量一样,都是长度、质量和时间三个,但每个基本量的单位选取得不同.在 CGS 单位制中,三个基本量的单位为厘米(cm)、克(g)和秒(s);而在 MKS 单位制中为米(m)、千克(kg)和秒(s).在工程技术中还常常使用另一种单位制——工程单位制,它选取长度、力和时间作为基本量,虽然数目仍是三个,但用力代替了 CGS

或 MKS 单位制中的质量作为基本量.

在电学的各种单位制中基本量的数目还可以不同.例如在绝对静电单位制(CGSE 单位制)中的基本量和力学中的 CGS 单位制一样,也是长度、质量和时间三个,而在 MKSA 有理制中,基本量是四个,除长度、质量、时间之外再加一个电流强度,并选取它们的单位分别为米(m)、千克(kg)、秒(s)和安培(A).

一般说来,选取的基本量应在各种公式中出现得较多,即它们与其他物理量之间的联系较广,从而便于导出其他量的单位.基本量的数目不宜过多,也不宜过少.数目过多会出现不必要的换算系数,数目过少往往会使许多本质不同的物理量具有相同的单位,这容易引起一些混乱(关于这点,我们后面再作具体说明).基本单位的大小要适合于实际应用,但因不同场合中遇到的物理量的大小可以相差很远,这一点很难绝对而论.

在选定了基本量和基本单位之后,下一步的问题是如何导出其他物理量的单位.通常有两种情况:一是根据新物理量的定义式来规定它的单位,如根据 $v=\mathrm{d}s/\mathrm{d}t$ 来规定速度的单位为 m/s 等.一是利用物理规律,并适当选择系数来确定新物理量的单位,如根据牛顿第二定律 $F=kma$,令系数 $k=1$,规定出力 $F$ 的单位为 $\mathrm{N}=\mathrm{kg}\cdot\mathrm{m/s^2}$.

应当注意,不是所有物理公式中的比例系数都可以任意选择,当公式中的所有物理量的单位都已选定之后,比例系数的单位和数值就不能任意选取了,它的单位要根据该公式确定,其数值则需经实验测定.以静电学中的库仑定律为例:

$$F=k\frac{q_1q_2}{r^2}$$

在 CGSE 单位制中,力 $F$ 的单位为 $\mathrm{dyn}=\mathrm{g}\cdot\mathrm{cm/s^2}$,$r$ 的单位为 cm,而 $q_1$、$q_2$ 的单位还未确定,所以可通过选择 $k=1$ 来规定 $q_1$、$q_2$ 的单位,即

$$(1\ \text{CGSE 电量单位})^2=1\ \mathrm{dyn}\cdot\mathrm{cm}^2,$$

或

$$1\ \text{CGSE 电量单位}=1\ \mathrm{dyn}^{1/2}\cdot\mathrm{cm}.$$

然而在 MKSA 单位制中除了 $F$ 的单位为 $\mathrm{N}=\mathrm{kg}\cdot\mathrm{m/s^2}$,$r$ 的单位为 m 外,由于电流 $I$ 的单位 A 也被选作基本单位之一,$q_1$、$q_2$ 的单位也就确定了,它应为 $\mathrm{C}=\mathrm{A}\cdot\mathrm{s}$.因此 $k$ 的单位和数值就不能任意规定了.通常把 $k$ 写成 $\frac{1}{4\pi\varepsilon_0}$ 的形式,即

$$F=\frac{1}{4\pi\varepsilon_0}\frac{q_1q_2}{r^2},$$

上式中系数 $\varepsilon_0$ 的单位应为 $\mathrm{C^2/(N\cdot m^2)}$,实验中测定

$$\varepsilon_0=8.85\times10^{-12}\ \mathrm{C^2/(N\cdot m^2)}.$$

在公式中比例系数可以自由选择的情况下,也不一定总是令它等于 1.有时为了使其他某些更为常用的物理公式中的系数简化,故意在作为新物理量定义的公式中选取其比例系数不等于 1,在下面 9.2.1 节中我们将看到这样的例子.

### 9.1.2　物理量的量纲

由于物理量之间有着规律性的联系,因此,当一个单位制中的基本量选定后,其他物理量都可以通过既定的物理关系与基本量联系起来.在力学中,CGS 或 MKS 单位制的基本量是长度、质

量和时间,其量纲分别用 L、M 和 T 表示,每个力学量 $Q$ 的量纲可以写成下列形式:

$$[Q]=L^pM^qT^r, \tag{9.1}$$

式中,幂指数 $p$、$q$、$r$ 称为量纲指数,它们可以是正、负整数或分数. 例如,速度、加速度和力的量纲分别为

$$[v]=[s]/[t]=LT^{-1},$$
$$[a]=[v]/[t]=LT^{-2},$$
$$[F]=[m][a]=LMT^{-2}.$$

在不同单位制中由于基本量不同或其个数不同,同一物理量的量纲也就不同. 这一点在电磁学中很突出,后面我们再详加讨论.

物理量的量纲表示可用来进行单位换算. 例如,已知力的量纲为 $[F]=LMT^{-2}$,由 CGS 制换到 MKS 制,由于长度和质量的单位各增大到 $10^2$ 和 $10^3$ 倍,所以,MKS 制中力的单位 N 为 CGS 制中力的单位 dyn 的 $10^2\times10^3=10^5$ 倍,即 1 N = $10^5$ dyn. 物理量的量纲表示的另一用处是检验公式的正确性,只有量纲相同的量才能相加、相减和用等号相连接. 如果我们在运算中得到一个公式,式中各项的量纲不同或等式两边量纲不同,则可肯定此式是错误的. 此外,量纲分析是一门专门研究物理量的量纲之间关系的学科,它在某些领域(如流体力学)中有着广泛的应用.

## §9.2 常用的两种电磁学单位制

### 9.2.1 MKSA 有理制

现在各个科学技术领域中的各种量的计量单位都统一在一个单位制中,称为国际单位制.

国际单位制是由国际计量大会通过之后推荐的,国际符号是 SI. 国际单位制包括 SI 单位、SI 导出单位和 SI 单位的倍数单位三部分. SI 单位由基本单位和导出单位(包括辅助单位)构成. SI 基本单位有:长度单位米(m)、质量单位千克(kg)、时间单位秒(s)、电流强度单位安培(A)、热力学温度单位开(K)、物质的量单位摩尔(mol)和发光强度单位坎德拉(cd)七个. SI 导出单位按一贯性原则,即通过数值系数为 1 的定义方程式,由基本单位表示. SI 单位的倍数单位由 SI 词头加在 SI 单位之前构成. 例如千欧(kΩ)和毫安(mA)是国际制单位的倍数单位,它们是 SI 词头千(k)和毫(m)分别加在国际制单位欧(Ω)和安(A)之前构成的. SI 词头共有 20 个.

MKSA 有理制是 SI 单位中关于电磁学的一部分. MKSA 有理制的基本量是长度、质量、时间和电流强度四个. 它们的基本单位就是 SI 基本单位的前四个,现分述如下:

[米]——长度的单位,符号为 m. 以前规定存于法国巴黎国际度量衡局处的铂铱米原器两刻痕间在 0 ℃条件下的长度为 1 米. 虽然用铂铱合金制成的国际米原器具有相当大的硬度和抗氧化的能力,但不能保证其长度经久不变. 20 世纪以来,随着科学技术的发展,人们探求以自然的基准来代替实物基准. 1960 年第十一届国际计量大会决议 6 中规定:"米等于氪-86 原子的 $2p_{10}$ 和 $5d_5$ 能级之间跃迁辐射在真空中的 1 650 763.73 个波长的长度."1983 年 10 月第十七届国际计量大会通过:"米是光在真空中(1/299 792 458) s 时间间隔内所经路径的

长度.”

[千克(公斤)]——质量的单位,符号为 kg. 1901 年第三届国际计量大会规定:“千克为质量单位,等于国际千克原器的质量.”

[秒]——时间的单位,符号为 s. 过去规定地球自转的平均太阳日的$\frac{1}{86\ 400}$为时间的单位尺度,称为秒. 后来天文观测到地球自转速度并非恒定不变,曾改为以回归年的时间长度作为制定时间单位的基础. 以后的研究发现原子或分子辐射频率是非常稳定的,1967 年第十三届国际计量大会决议 1 中规定:“秒是铯-133原子基态的两个超精细能级之间跃迁所对应的辐射的 9 192 631 770 个周期的持续时间.”

[安培]——电流强度的单位,符号为 A. 它只能用间接的方法,从它所产生的效应通过其他量的度量而复制其基准器. 目前采用的方法是通过电流之间的磁相互作用来规定的. 1946 年国际计量委员会决议 2 中规定,并经 1948 年第九届国际计量大会批准:“在真空中,截面积可忽略的两根相距 1 m 的无限长平行圆直导线内通以等量恒定电流时,若导线间相互作用力在每米长度上为 $2\times10^{-7}$ N,则每根导线中的电流为 1 A.”这定义我们在 4.4.2 节中已讲过,在 MKSA 有理制中,真空中两根通过电流相等的无限长平行细导线之间相互作用力的公式为

$$F=\frac{\mu_0 lI^2}{2\pi a} \tag{9.2}$$

式中 $I$ 是导线中的电流强度,$a$ 是平行导线之间的距离,$F$ 是长度为 $l$ 的导线所受到的力,$\mu_0$ 为真空磁导率. 若取式(9.2)中的真空磁导率有下列的量值. $\mu_0=4\pi\times10^{-7}$ N/A$^2$[或 W/(A · m),H/m],就得到上述“安培”的定义. 这里引入 $4\pi$ 的因子是为了使一些实际中常用的电磁学公式得到简化,引入 $10^{-7}$的因子是为了使得电流强度的单位接近于实际使用的大小(这是上面提到过的,在定义式中故意不选取比例系数为 1 的例子).

在 MKSA 有理制中,其他电磁学量的单位可以根据一定的物理关系式导出. 表 9-1 按顺序给出各量导出单位的定义方程式、量纲和导出单位的名称和代号.

电磁学常用公式在 MKSA 有理制中的形式可参看表 9-2.

### 9.2.2　高斯单位制

高斯单位制是在电磁学的绝对静电单位制和绝对电磁单位制的基础上建立起来的. 下面我们有必要先简单地介绍一下这两种单位制.

(1) 绝对静电单位制(CGSE 单位制或 e.s.u.)

这种单位制选取长度、质量和时间三个量为基本量,基本单位是 cm、g、s. 在这种单位制中,电荷量的单位是第一个导出单位,它是以真空中的库仑定律

$$F=k\frac{q_1q_2}{r^2}$$

为定义方程式的. 今 $k=1$,并设 $q_1=q_2$,由此可以确定电荷量的单位,即当具有相同电荷量的两个静止点电荷在真空中相距 1 cm、而相互作用恰为 1 dyn 时,则每个点电荷的电荷量为 1 CGSE(或表示成 1 e.s.u.).

**表 9-1　MKSA 有理制中各量的定义方程式、量纲和导出单位**

| 物理量名称及符号 | 定义方程式① | 量纲 | 单位名称② | 符号 | 备注 |
|---|---|---|---|---|---|
| 电荷量 $q$ | $q=It$ | TI | 库[仑] | C | |
| 电势 $U$ | $U=A/q$ | $L^2MT^{-3}I^{-1}$ | 伏[特] | V | 1 V=1 J/C=1 W/A |
| 电场强度 $E$ | $\boldsymbol{E}=-\nabla U$ | $LMT^{-3}I^{-1}$ | 伏[特]每米 | V/m | 1 V/m=1 N/C |
| 电偶极矩 $p$ | $\boldsymbol{p}=q\boldsymbol{l}$ | LTI | 库[仑]米 | C·m | |
| 极化强度 $P$ | $\boldsymbol{P}=\dfrac{\sum \boldsymbol{p}_{分子}}{\Delta V}$ | $L^{-2}TI$ | 库[仑]每平方米 | $C/m^2$ | |
| 电位移 $D$ | $\oint_S \boldsymbol{D}\cdot d\boldsymbol{S}=q_0$ | $L^{-2}TI$ | 库[仑]每平方米 | $C/m^2$ | |
| 电容 $C$ | $C=q/U$ | $L^{-2}M^{-1}T^4I^2$ | 法[拉] | F | 1 F=1 C/V |
| 真空介电常量 $\varepsilon_0$ | $F=\dfrac{1}{4\pi\varepsilon_0}\dfrac{q_1q_2}{r^2}$ | $L^{-3}M^{-1}T^4I^2$ | 法[拉]每米 | F/m | 1 F/m=1 $C^2/(N\cdot m^2)$ |
| (相对)介电常量 $\varepsilon$ | $\varepsilon=\dfrac{C_{介质}}{C_{真空}}$ | — | — | — | |
| 极化率 $\chi_e$ | $\boldsymbol{P}=\chi_e\varepsilon_0\boldsymbol{E}$ | — | — | — | |
| 电阻 $R$ | $R=\dfrac{U}{I}$ | $L^2MT^{-3}I^{-2}$ | 欧姆 | Ω | 1 Ω=1 V/A |
| 电阻率 $\rho$ | $R=\rho\dfrac{l}{S}$ | $L^3MT^{-3}I^{-2}$ | 欧姆米 | Ω·m | |
| 电导 $G$ | $G=1/R$ | $L^{-2}M^{-1}T^3I^2$ | 西[门子] | S | 1 S=1 A/V |
| 电导率 $\sigma$ | $\sigma=1/\rho$ | $L^{-3}M^{-1}T^3I^2$ | 西[门子]每米 | S/m | |
| 磁通量 $\Phi_B$ | $\mathscr{E}=-N\dfrac{d\Phi_B}{dt}$ | $L^2MT^{-2}I^{-1}$ | 韦[伯] | Wb | 1 Wb=1 V·s |
| 磁感应强度 $B$ | $B=\dfrac{\Phi_B}{S}$ | $MT^{-2}I^{-1}$ | 特[斯拉] | T | 1 T=1 $Wb/m^2$ |
| 磁矩 $m$ | $m=IS$ | $L^2I$ | 安[培]平方米 | $A\cdot m^2$ | |
| 磁化强度 $M$ | $\boldsymbol{M}=\dfrac{\sum \boldsymbol{m}_{分子}}{\Delta V}$ | $L^{-1}I$ | 安[培]每米 | A/m | |
| 磁场强度 $H$ | $\oint \boldsymbol{H}\cdot d\boldsymbol{l}=I_0$ | $L^{-1}I$ | 安[培]每米 | A/m | |
| 电感 $L$ | $L=\dfrac{N\Phi_B}{I}$ | $L^2MT^{-2}I^{-2}$ | 亨[利] | H | 1 H=1 Wb/A |
| 真空磁导率 $\mu_0$ | $F=\dfrac{\mu_0 lI^2}{2\pi a}$ | $LMT^{-2}I^{-2}$ | 亨[利]每米 | H/m | 1 H/m=1 $N/A^2$ |
| (相对)磁导率 $\mu$ | $\mu=\dfrac{L_{介质}}{L_{真空}}$ | — | — | — | |

续表

| 物理量名称及符号 | 定义方程式① | 量纲 | 单位名称② | 符号 | 备注 |
|---|---|---|---|---|---|
| 磁偶极矩 $p_m$ | $\boldsymbol{p}_m=\mu_0\boldsymbol{m}$ | $L^3MT^{-2}I^{-1}$ | 韦[伯]米 | Wb·m | $1\ Wb\cdot m=1\ H\cdot A\cdot m=1\ N\cdot m^2/A$ |
| 磁极化强度 $J$ | $\boldsymbol{J}=\dfrac{\sum\boldsymbol{p}_m}{\Delta V}$ | $MT^{-2}I^{-1}$ | 特[斯拉] | T | |
| 磁化率 $\chi_m$ | $\boldsymbol{M}=\chi_m\boldsymbol{H}$ 或 $\boldsymbol{J}=\chi_m\mu_0\boldsymbol{H}$ | — | — | — | |
| 磁阻 $R_m$ | $R_m=\dfrac{1}{\mu\mu_0 S}$ | $L^{-2}M^{-1}T^2I^2$ | 每亨[利] | 1/H | |
| 磁动势 | $\mathscr{E}_m=NI$ | I | 安[培]匝 | A | |

① 在本书各章中,由于数学顺序的考虑,各电磁学量的定义方程式与此表中的不尽相同,但总体来说量纲和单位是与此等价的.

② 单位名称方括号中的字,在不致引起混淆、误解的情况下,可以省略.去掉方括号中的字即为其名称的简称.

**表 9-2　MKSA 有理制和高斯单位制中电磁学常用公式对照表**

| 电磁学关系式名称 | MKSA 有理制 | 高斯单位制 |
|---|---|---|
| 库仑定律 | $F=\dfrac{1}{4\pi\varepsilon_0}\dfrac{q_1q_2}{r^2}$ | $F=\dfrac{q_1q_2}{r^2}$ |
| 点电荷场强(真空) | $E=\dfrac{1}{4\pi\varepsilon_0}\dfrac{q}{r^2}$ | $E=\dfrac{q}{r^2}$ |
| 平行板电容器内场强(真空) | $E=\dfrac{\sigma_e}{\varepsilon_0}$ | $E=4\pi\sigma_e$ |
| 平行板电容器内场强(介质) | $E=\dfrac{\sigma_e}{\varepsilon\varepsilon_0}$ | $E=\dfrac{4\pi\sigma_e}{\varepsilon}$ |
| 点电荷的电势(真空) | $U=\dfrac{1}{4\pi\varepsilon_0}\dfrac{q}{r}$ | $U=\dfrac{q}{r}$ |
| 平行板电容器的电容 | $C=\dfrac{\varepsilon\varepsilon_0 S}{d}$ | $C=\dfrac{\varepsilon S}{4\pi d}$ |
| 电偶极矩 | $p=ql$ | $p=ql$ |
| 极化强度 | $\boldsymbol{P}=\sum\boldsymbol{p}_{分子}/\Delta V$ | $\boldsymbol{P}=\sum\boldsymbol{p}_{分子}/\Delta V$ |
| $\boldsymbol{E}$、$\boldsymbol{D}$、$\boldsymbol{P}$ 之间的关系 | $\boldsymbol{D}=\varepsilon_0\boldsymbol{E}+\boldsymbol{P}$ | $\boldsymbol{D}=\boldsymbol{E}+4\pi\boldsymbol{P}$ |
| $\varepsilon$ 与 $\chi_e$ 的关系 | $\varepsilon=1+\chi_e$ | $\varepsilon=1+4\pi\chi_e$ |
| 欧姆定律 | $U=IR$ | $U=IR$ |
| 洛伦兹力公式 | $\boldsymbol{F}=q(\boldsymbol{E}+\boldsymbol{v}\times\boldsymbol{B})$ | $\boldsymbol{F}=q\left(\boldsymbol{E}+\dfrac{1}{c}\boldsymbol{v}\times\boldsymbol{B}\right)$ |
| 毕奥-萨伐尔定律(真空) | $\mathrm{d}\boldsymbol{B}=\dfrac{\mu_0}{4\pi}\dfrac{I\mathrm{d}\boldsymbol{l}\times\boldsymbol{e}_r}{r^2}$ | $\mathrm{d}\boldsymbol{B}=\dfrac{1}{c}\dfrac{I\mathrm{d}\boldsymbol{l}\times\boldsymbol{e}_r}{r^2}$ |
| 平行载流直导线相互作用力 | $\dfrac{F}{l}=\dfrac{\mu_0}{2\pi}\dfrac{I_1I_2}{a}$ | $\dfrac{F}{l}=\dfrac{1}{c^2}\dfrac{2I_1I_2}{a}$ |
| 螺线管磁场强度 | $H=nI$ | $H=\dfrac{4\pi}{c}nI$ |

续表

| 电磁学关系式名称 | MKSA 有理制 | 高斯单位制 |
|---|---|---|
| 螺线管磁感应强度 | $B=\mu\mu_0 nI$ | $B=\frac{4\pi}{c}\mu nI$ |
| 法拉第定律 | $\mathscr{E}=-\frac{\mathrm{d}\Phi_B}{\mathrm{d}t}$ | $\mathscr{E}=-\frac{1}{c}\frac{\mathrm{d}\Phi_B}{\mathrm{d}t}$ |
| 螺线管自感系数 | $L=\mu\mu_0 n^2 V$ | $L=4\pi\mu n^2 V$ |
| 电流环的磁矩 | $m=IS$ | $m=\frac{1}{c}IS$ |
| 磁化强度 | $\boldsymbol{M}=\sum \boldsymbol{m}_{分子}/\nabla V$ | $\boldsymbol{M}=\sum \boldsymbol{m}_{分子}/\nabla V$ |
| $\boldsymbol{B}$、$\boldsymbol{H}$、$\boldsymbol{M}$ 之间的关系 | $\boldsymbol{B}=\mu_0(\boldsymbol{H}+\boldsymbol{M})$ | $\boldsymbol{B}=\boldsymbol{H}+4\pi\boldsymbol{M}$ |
| $\mu$ 与 $\chi_m$ 的关系 | $\mu=1+\chi_m$ | $\mu=1+4\pi\chi_m$ |
| 麦克斯韦方程组(积分形式) | $\begin{cases}\oint_S \boldsymbol{D}\cdot\mathrm{d}\boldsymbol{S}=q_0\\ \oint_L \boldsymbol{E}\cdot\mathrm{d}\boldsymbol{l}=-\iint_S\frac{\partial\boldsymbol{B}}{\partial t}\cdot\mathrm{d}\boldsymbol{S}\\ \oint_S \boldsymbol{B}\cdot\mathrm{d}\boldsymbol{S}=0\\ \oint_L \boldsymbol{H}\cdot\mathrm{d}\boldsymbol{l}=I_0+\iint_S\frac{\partial\boldsymbol{D}}{\partial t}\cdot\mathrm{d}\boldsymbol{S}\end{cases}$ | $\begin{cases}\oint_S \boldsymbol{D}\cdot\mathrm{d}\boldsymbol{S}=4\pi q_0\\ \oint_L \boldsymbol{E}\cdot\mathrm{d}\boldsymbol{l}=-\frac{1}{c}\iint_S\frac{\partial\boldsymbol{B}}{\partial t}\cdot\mathrm{d}\boldsymbol{S}\\ \oint_S \boldsymbol{B}\cdot\mathrm{d}\boldsymbol{S}=0\\ \oint_L \boldsymbol{H}\cdot\mathrm{d}\boldsymbol{l}=\frac{4\pi}{c}I_0+\frac{1}{c}\iint_S\frac{\partial\boldsymbol{D}}{\partial t}\cdot\mathrm{d}\boldsymbol{S}\end{cases}$ |
| 麦克斯韦方程组(微分形式) | $\begin{cases}\nabla\cdot\boldsymbol{D}=\rho_{e0}\\ \nabla\times\boldsymbol{E}=-\frac{\partial\boldsymbol{B}}{\partial t}\\ \nabla\cdot\boldsymbol{B}=0\\ \nabla\times\boldsymbol{H}=\boldsymbol{j}_0+\frac{\partial\boldsymbol{D}}{\partial t}\end{cases}$ | $\begin{cases}\nabla\cdot\boldsymbol{D}=4\pi\rho_{e0}\\ \nabla\times\boldsymbol{E}=-\frac{1}{c}\frac{\partial\boldsymbol{B}}{\partial t}\\ \nabla\cdot\boldsymbol{B}=0\\ \nabla\times\boldsymbol{H}=\frac{4\pi}{c}\boldsymbol{j}_0+\frac{1}{c}\frac{\partial\boldsymbol{D}}{\partial t}\end{cases}$ |
| 电场能量密度 | $w_e=\frac{1}{2}\varepsilon\varepsilon_0 E^2=\frac{\boldsymbol{D}\cdot\boldsymbol{E}}{2}$ | $w_e=\frac{\varepsilon E^2}{8\pi}=\frac{\boldsymbol{D}\cdot\boldsymbol{E}}{8\pi}$ |
| 磁场能量密度 | $w_m=\frac{1}{2}\mu\mu_0 H^2=\frac{\boldsymbol{B}\cdot\boldsymbol{H}}{2}$ | $w_m=\frac{\mu H^2}{8\pi}=\frac{\boldsymbol{B}\cdot\boldsymbol{H}}{8\pi}$ |
| 坡印廷矢量 | $\boldsymbol{S}=\boldsymbol{E}\times\boldsymbol{H}$ | $\boldsymbol{S}=\frac{c}{4\pi}(\boldsymbol{E}\times\boldsymbol{H})$ |
| 电磁场动量密度 | $\boldsymbol{g}=\frac{1}{c^2}\boldsymbol{S}=\frac{1}{c^2}(\boldsymbol{E}\times\boldsymbol{H})$ | $\boldsymbol{g}=\frac{1}{c^2}\boldsymbol{S}=\frac{1}{4\pi c}(\boldsymbol{E}\times\boldsymbol{H})$ |

在 CGSE 单位制中,电荷量的量纲为

$$[q]=\sqrt{[F][r]^2}=\sqrt{(\mathrm{LMT^{-2}})(\mathrm{L})^2}=\mathrm{L^{\frac{3}{2}}M^{\frac{1}{2}}T^{-1}}.$$

于是,电流强度的量纲为

$$[I]=\frac{[q]}{[t]}=\mathrm{L^{\frac{3}{2}}M^{\frac{1}{2}}T^{-2}}. \tag{9.3}$$

在 CGSE 单位制中,介电常量 $\varepsilon$ 是一个量纲一的量,而且真空介电常量等于 1.

CGSE 单位制中,所有的电磁学量的单位没有特别的名称,都以 CGSE(或 e. s. u.)来标记. CGSE 单位通常只用来量度电学量. 虽然 CGSE 单位也可以用来量度磁学量,但实际上很少使用.

(2) 绝对电磁单位制(CGSM 单位制或 e. m. u.)

这种单位制也选取长度、质量和时间三个量为基本量,基本单位也仍然是 cm、g、s. 与 CGSE

单位制不同,它的第一个导出单位是电流强度的单位.其定义方程式为真空中两根无限长平行载流导线的相互作用力公式

$$F=k\frac{2lI_1I_2}{a}.$$

令比例系数 $k=1$,并设 $I_1=I_2$,则当两根无限长的平行细导线相距 2 cm,相同的电流通过导线时,若使得每 1 cm 导线长度上所受到的力恰为 1 dyn,则每根导线中的电流强度为 1CGSM(或表示成 1e.m.u.).

在 CGSM 单位制中,电流强度的量纲是

$$[I]=\sqrt{\frac{[F][a]}{[l]}}=\mathrm{L}^{\frac{1}{2}}\mathrm{M}^{\frac{1}{2}}\mathrm{T}^{-1}. \tag{9.4}$$

在 CGSM 单位制中磁导率 $\mu$ 是一个量纲一的量,而且真空磁导率等于 1.

在 CGSM 单位制中一般量的单位都用 CGSM(或 e.m.u.)表示,只有下列几个量的单位有特定的名称:

磁感应强度单位——高斯(Gs),

磁通量单位——麦克斯韦(Mx),

磁场强度单位——奥斯特(Oe).

CGSM 单位通常用来量度磁学量.CGSM 单位也可以用来量度电学量,实际中用得比较少.

实验表明,电流强度的 CGSM 单位比 CGSE 单位大 $c=3.0\times10^{10}$ 倍,换句话说,对于同一电流,用 CGSM 单位来量度的数值 $I_{\mathrm{CGSM}}$ 比用 CGSE 单位来度量的数值 $I_{\mathrm{CGSE}}$ 要小 $c$ 倍,即

$$I_{\mathrm{CGSM}}=\frac{1}{c}I_{\mathrm{CGSE}}①. \tag{9.5}$$

比较电流在两种单位制中的量纲式(9.3)和(9.4),就可以看出单位换算系数 $c$ 具有速度的量纲,即 $c=3\times10^{10}$ cm/s,它正是真空中电磁波的传播速度(即光速).

(3) 高斯单位制

前已述及,在实际中 CGSE 单位制和 CGSM 单位制应用于不同的领域,前者只用来量度电学量,而后者主要用来量度磁学量.高斯单位制是在这两种单位制的基础上概括而成为电磁学的统一的单位制,所以又称为混合单位制.其主要特点如下:

(i) 所有的电学量都用 CGSE 单位制量度,而所有的磁学量都用 CGSM 单位制量度.因此反映纯粹电现象的公式与它们在 CGSE 单位制中的形式相同,反映纯粹磁现象的公式与它们在 CGSM 单位制中的形式相同.

(ii) 介电常量 $\varepsilon$ 和磁导率 $\mu$ 都是量纲一的纯数,真空介电常量 $\varepsilon_0$ 和真空磁导率 $\mu_0$ 都等于 1,在这里无所谓"相对"还是"绝对"介电常量或磁导率.在高斯单位制中的 $\varepsilon$ 和 $\mu$ 与 MKSA 有理制中的(相对)介电常量 $\varepsilon$ 和(相对)磁导率 $\mu$ 的数值相同.

(iii) 由于电学量和磁学量的单位分别从不同的角度确定下来,因此在同时包含有电学量和磁学量的公式中,比例系数就不能任意选取,而只能由实验测定.这些比例系数实质上就是两种

① 单位的换算关系和数值的换算关系正好相反,这一点需要充分注意,否则很容易搞错.有关这个问题的讨论详见本章最后一部分.

单位制相应单位的换算系数. 换句话说,高斯单位制将相应单位的换算系数作为公式的固定组成部分保留在公式中. 例如,真空中的毕奥-萨伐尔定律在 CGSM 单位制中的形式是

$$\mathrm{d}B_{\mathrm{CGSM}}=\frac{I_{\mathrm{CGSM}}\mathrm{d}l\ \sin\theta}{r^2},\tag{9.6}$$

式中 $B_{\mathrm{CGSM}}$ 和 $I_{\mathrm{CGSM}}$ 都是用 CGSM 单位来量度的. 但在高斯单位制中,规定所有的电学量都应以 CGSE 单位量度,因此式(9.6)中的电流强度应以 CGSE 单位来量度. 将式(9.5)代入式(9.6)则得毕奥-萨伐尔定律在高斯单位制中的形式为

$$\mathrm{d}B_{\mathrm{CGSM}}=\frac{1}{c}\frac{I_{\mathrm{CGSE}}\mathrm{d}l\ \sin\theta}{r^2}.$$

通常下标就省略了,只写成

$$\mathrm{d}B=\frac{1}{c}\frac{I\mathrm{d}l\ \sin\theta}{r^2}.\tag{9.7}$$

常见的电磁学公式在高斯单位制中的形式参看表 9-2 右边一栏.

各电磁学量在高斯单位制中的量纲和单位名称列于表 9-3.

高斯制和 MKSA 有理制单位的换算关系列于表 9-4.

**表 9-3　高斯单位制中各量的量纲和单位名称**

| 物理量名称 | 量　纲 | 单 位 名 称 |
|---|---|---|
| 电荷量 $q$ | $\mathrm{L}^{\frac{3}{2}}\mathrm{M}^{\frac{1}{2}}\mathrm{T}^{-1}$ | CGSE |
| 电流强度 $I$ | $\mathrm{L}^{\frac{3}{2}}\mathrm{M}^{\frac{1}{2}}\mathrm{T}^{-2}$ | CGSE |
| 电场强度 $E$ | $\mathrm{L}^{-\frac{1}{2}}\mathrm{M}^{\frac{1}{2}}\mathrm{T}^{-1}$ | CGSE |
| 电位移 $D$ | $\mathrm{L}^{-\frac{1}{2}}\mathrm{M}^{\frac{1}{2}}\mathrm{T}^{-1}$ | CGSE |
| 极化强度 $P$① | $\mathrm{L}^{-\frac{1}{2}}\mathrm{M}^{\frac{1}{2}}\mathrm{T}^{-1}$ | CGSE① |
| 电势 $U$ | $\mathrm{L}^{\frac{1}{2}}\mathrm{M}^{\frac{1}{2}}\mathrm{T}^{-1}$ | CGSE |
| 电容 $C$ | L | CGSE |
| 介电常量 $\varepsilon$ | 1 | — |
| 电阻 $R$ | $\mathrm{L}^{-1}\mathrm{T}$ | CGSE |
| 磁感应强度 $B$ | $\mathrm{L}^{-\frac{1}{2}}\mathrm{M}^{\frac{1}{2}}\mathrm{T}^{-1}$ | 高斯 |
| 磁化强度 $M$ | $\mathrm{L}^{-\frac{1}{2}}\mathrm{M}^{\frac{1}{2}}\mathrm{T}^{-1}$ | (1/4π)高斯 |
| 磁场强度 $H$ | $\mathrm{L}^{-\frac{1}{2}}\mathrm{M}^{\frac{1}{2}}\mathrm{T}^{-1}$ | 奥斯特 |
| 磁感应通量 $\Phi_B$ | $\mathrm{L}^{\frac{3}{2}}\mathrm{M}^{\frac{1}{2}}\mathrm{T}^{-1}$ | 麦克斯韦 |
| 磁导率 $\mu$ | 1 | — |
| 电感 $L$ | L | CGSM |

① $P$ 和 $D$ 量纲一样,但 1CGSE 极化强度 $=\frac{1}{4\pi}$CGSE 电位移,同样,$M$ 和 $B$ 量纲一样,但 1CGSM 磁化强度 $=\frac{1}{4\pi}$Gs.

表 9-4 MKSA 有理制和高斯制单位之间的单位换算关系

| 物理量名称 | 单位换算关系① |
| --- | --- |
| 电流强度 $I$ | $1\ \mathrm{A}=\frac{c}{10}\mathrm{CGSE}=3.0\times10^{9}\,\mathrm{CGSE}$ |
| 电荷量 $q$ | $1\ \mathrm{C}=\frac{c}{10}\mathrm{CGSE}=3.0\times10^{9}\,\mathrm{CGSE}$ |
| 电势 $U$ | $1\ \mathrm{V}=\frac{10^{8}}{c}\mathrm{CGSE}=\frac{1}{300}\mathrm{CGSE}$ |
| 电场强度 $E$ | $1\ \mathrm{V/m}=\frac{10^{6}}{c}\mathrm{CGSE}=\frac{1}{3.0\times10^{4}}\mathrm{CGSE}$ |
| 极化强度 $P$ | $1\ \mathrm{C/m^2}=\frac{c}{10^{5}}\mathrm{CGSE}=3\times10^{5}\,\mathrm{CGSE}$ |
| 电位移 $D$ | $1\ \mathrm{C/m^2}=\frac{4\pi c}{10^{5}}\mathrm{CGSE}$ |
| 电阻 $R$ | $1\ \Omega=\frac{10^{9}}{c^{2}}\mathrm{CGSE}=\frac{1}{9.0\times10^{11}}\mathrm{CGSE}$ |
| 电容 $C$ | $1\ \mathrm{F}=\frac{c^{2}}{10^{9}}\mathrm{CGSE}=9.0\times10^{11}\,\mathrm{CGSE}$ |
| 磁感应通量 $\Phi_B$ | $1\ \mathrm{Wb}=10^{8}$ 麦克斯韦 |
| 磁感应强度 $B$ | $1\ \mathrm{T}=10^{4}\ \mathrm{Gs}$ |
| 磁场强度 $H$ | $1\ \mathrm{A/m}=4\pi\times10^{-3}\ \mathrm{Os}$ |
| 磁化强度 $M$ | $1\ \mathrm{A/m}=10^{-3}\,\mathrm{CGSM}$ |
| 电感 $L$ | $1\ \mathrm{H}=10^{9}\,\mathrm{CGSM}$ |
| 介电常量 $\varepsilon$,磁导率 $\mu$ | 量纲一,数值相同 |
| 极化率 $\chi_e$,磁化率 $\chi_m$ | 量纲一,在 MKSA 制中数值为高斯单位制中的 $4\pi$ 倍 |

① 表中单位换算关系式里的比例系数 $c$ 应理解为数值为 $3\times10^{10}$ 的纯数.

(iv) 高斯单位制只有三个基本量. 从表 9-3 中可看出,电容 $C$ 和电感 $L$ 的量纲都是长度的量纲. 然而我们知道,电容、电感和长度三者显然是本质不同的物理量. MKSA 单位制中增加了第四个基本量,就避免了这种量纲上的混乱(参看表 9-1). 但是由于多了一个基本量,公式中多了一个比例系数. 从表 9-2 可以看出,高斯单位制的公式中有一个系数 $c$,而 MKSA 有理制的公式中有两个系数 $\varepsilon_0$ 和 $\mu_0$(因 $\varepsilon_0\mu_0=c^{-2}$,这相当于除 $c$ 之外另外再加一个系数).

(v) 从表 9-2 可以看出,高斯单位制中与点电荷有关的公式都比较简单;此外公式中较多地出现光速 $c$. 这些在理论物理中使用和运算比较方便. 这是某些理论物理书刊仍愿采用高斯单位制的原因. 但是,一些电工、无线电工程所涉及的常用电学公式中却出现无理数因子 $4\pi$,使得计算较为复杂. MKSA 有理制采用的办法是将各量的单位作适当地调整,使得那些常用公式中不出现无理数 $4\pi$. 具体地说,正如上面所看到的,就是在制订单位制一开始确定电流强度的单位时,就在定义式中有意识地加进包含 $4\pi$ 这个因子的系数 $\mu_0$. 这就是 MKSA 有理制名称中"有理"一词的由来.

## § 9.3 两种单位制中物理公式的转换

从表 9-2 中可以看出,在 MKSA 有理制和高斯单位制中,反映同一内容的物理公式常出现不同的系数,它们是由于同一物理量在不同的单位制中用不同的单位计量的结果. 因此,在计算时,我们应注意物理公式所适用的单位制.当物理量的计量单位与公式所适用的单位制不符时,应进行单位换算或公式转换.此外,由于各种书刊和文献中采用不同的电磁单位制,为了便于阅读,我们也应熟悉物理公式在两种单位制之间的转换.

为此,首先必须明确,物理公式中各符号是代表物理量使用特定单位制中的单位所得的量值,物理公式等号两端的量值总是相等的;另一方面,物理公式中的各项或等式两边在量纲上是一致的.例如,在 MKSA 有理制中真空无限长载流导线周围磁感应强度的公式为

$$B=\frac{\mu_0 I}{2\pi r},$$

式中 $B$、$I$、$r$ 分别代表用 MKSA 有理制的单位来度量磁感应强度、电流强度和距离的量值.如果$I=1$(单位是 A),$r=1$(单位是 m),则上式告诉我们,以 T 为单位度量磁感应强度时,其量值 $B=\frac{\mu_0}{2\pi}=2\times 10^{-7}$;从量纲看,公式的左边

$$[B]=\mathrm{MT^{-2}I^{-1}},$$

公式的右边

$$\left[\frac{\mu_0 I}{2\pi r}\right]=\frac{\mathrm{LMT^{-2}I^{-2}\cdot I}}{\mathrm{L}}=\mathrm{MT^{-2}I^{-1}},$$

两者量纲相同.

其次,将一种单位制中的公式转换到另一种单位制,需要对物理量的量值进行换算.应该注意,量值的换算同单位的换算是不同的.对于同一物理量,用大单位所得的数值小,用小单位所得的数值大.例如,一线段的长度 $l$ 在 MKSA 有理制中是 0.05 m,这里“m”是单位,“0.05”是用此单位计量该长度的量值.为了强调这一点,我们可以在代表长度的字母 $l$ 后缀以下标 MKSA 表征它是 MKSA 有理制中的量值,即

$$l_{\mathrm{MKSA}}=0.05.$$

如果采用高斯单位制,长度的单位应是 cm.在高斯单位制中这线段的长度为“5 cm”,即单位是“cm”,量值是“5”.用下标 G 来表征高斯单位制,则有

$$l_{\mathrm{G}}=5.$$

由此可见,单位的换算是

$$1\ \mathrm{m}=100\ \mathrm{cm},$$

而同一线段在两单位制中量值的换算是

$$l_{\mathrm{MKSA}}=\frac{1}{100}l_{\mathrm{G}}.$$

即,量值的换算同单位的换算之间的关系是互为倒数的关系.

最后,$\mu_0$ 和 $\varepsilon_0$ 是 MKSA 有理制中所特有的两个系数,它们的数值为 $\mu_0=4\pi\times10^{-7}$,$\varepsilon_0=8.85\times10^{-12}$;而 $c$ 是高斯单位制中特有的系数,$c=3.00\times10^{10}$.物理公式转换时,只需把它们特有的数值代入公式.

下面,举例说明物理公式在两种单位制中的转换.

[**例题 1**] 将高斯定理由 MKSA 有理制转换到高斯单位制.

[**解**] 高斯定理在 MKSA 有理制中的形式是

$$\oiint \boldsymbol{D}_{\text{MKSA}} \cdot \mathrm{d}\boldsymbol{S}_{\text{MKSA}} = q_{0\text{MKSA}}. \tag{9.8}$$

根据表 9-4,式中各量的单位与高斯制单位的换算为

$$D:1\ \text{C/m}^2 = \frac{4\pi c}{10^5}\ \text{CGSE},$$

$$\mathrm{d}S:1\ \text{m}^2 = 10^4\ \text{cm},$$

$$q_0:1\ \text{C} = \frac{c}{10}\ \text{CGSE}.$$

因此,数值的换算关系是

$$\left.\begin{aligned} \boldsymbol{D}_{\text{MKSA}} &= \frac{10^5}{4\pi c}\boldsymbol{D}_{\text{G}}, \\ \mathrm{d}\boldsymbol{S}_{\text{MKSA}} &= 10^{-4}\mathrm{d}\boldsymbol{S}_{\text{G}}, \\ q_{0\text{MKSA}} &= \frac{10}{c}q_{0\text{G}}. \end{aligned}\right\} \tag{9.9}$$

将式(9.9)代入式(9.8),即得

$$\oiint \frac{10^5}{4\pi c}\boldsymbol{D}_{\text{G}} \cdot 10^{-4}\mathrm{d}\boldsymbol{S}_{\text{G}} = \frac{10}{c}q_{0\text{G}},$$

化简后略去下标 G,即得方程式在高斯制中的形式

$$\oiint \boldsymbol{D} \cdot \mathrm{d}\boldsymbol{S} = 4\pi q_0.$$

[**例题 2**]　将平行载流长直导线相互作用力的公式由 MKSA 有理制转换到高斯单位制.

[**解**]　在 MKSA 有理制中平行载流长直导线相互作用力的公式是

$$\frac{F}{l} = \frac{\mu_0}{2\pi}\,\frac{I_1 I_2}{a}, \tag{9.10}$$

式中各量的单位与高斯制单位的换算关系为

$$F:1\ \text{N} = 10^5\ \text{dyn},$$

$$l, a:1\ \text{m} = 10^2\ \text{cm},$$

$$I:1\ \text{A} = \frac{c}{10}\text{CGSE}.$$

因此,量值的换算关系是

$$\left.\begin{aligned} F_{\text{MKSA}} &= \frac{1}{10^5}F_{\text{G}}, \\ l_{\text{MKSA}} &= \frac{1}{10^2}l_{\text{G}}, \\ a_{\text{MKSA}} &= \frac{1}{10^2}a_{\text{G}}, \\ I_{\text{MKSA}} &= \frac{10}{c}I_{\text{G}}. \end{aligned}\right\} \tag{9.11}$$

将式(9.11)以及 $\mu_0$ 的量值代入式(9.10),得

$$\frac{\frac{F_G}{10^5}}{\frac{l_G}{10^2}}=\frac{4\pi\times10^{-7}}{2\pi}\frac{\left(\frac{10}{c}I_{1G}\right)\left(\frac{10}{c}I_{2G}\right)}{\frac{a_G}{10^2}},$$

化简后略去下标 G,即得式(9.10)在高斯单位制中的形式:

$$\frac{F}{l}=\frac{1}{c^2}\frac{2I_1I_2}{a}. \tag{9.12}$$

需要说明,上面我们只是从数值上得出式(9.12)中必须有$\frac{1}{c^2}$的系数,比较式(9.12)两边各量的量纲,则有

$$\left[\frac{F}{l}\right]=\frac{\text{LMT}^{-2}}{\text{L}}=\text{MT}^{-2},$$

$$\left[\frac{I_1I_2}{a}\right]=\frac{(\text{L}^{3/2}\text{M}^{1/2}\text{T}^{-2})(\text{L}^{3/2}\text{M}^{1/2}\text{T}^{-2})}{\text{L}}=\text{L}^2\text{MT}^{-4}.$$

可以看出系数确应具有 $\text{L}^{-2}\text{T}^2$ 即速度平方的倒数的量纲.

**[例题 3]** 将高斯单位制中螺线管磁感应强度公式转换到 MKSA 有理制.

**[解]** 表 9-2 中列出螺线管磁感应强度公式

$$B_G=\frac{4\pi}{c}\mu_G n_G I_G. \tag{9.13}$$

由于

$$\left.\begin{aligned}&B_G=10^4B_{\text{MKSA}},\\&\mu_G=\mu_{\text{MKSA}},\\&n_G=\frac{1}{10^2}n_{\text{MKSA}},\\&I_G=\frac{c}{10}I_{\text{MKSA}}.\end{aligned}\right\} \tag{9.14}$$

将式(9.14)代入式(9.13)则得

$$10^4B_{\text{MKSA}}=\frac{4\pi}{c}\mu_{\text{MKSA}}\cdot\frac{1}{10^2}n_{\text{MKSA}}\cdot\frac{c}{10}I_{\text{MKSA}},$$

化简略去下标得

$$B=\frac{4\pi}{10^7}\mu nI. \tag{9.15}$$

比较式(9.15)两边的量纲,可知系数的量纲是

$$\left[\frac{B}{\mu nI}\right]=\frac{\text{MT}^{-2}\text{I}^{-1}}{\text{L}^{-1}\text{I}}=\text{LMT}^{-2}\text{I}^{-2},$$

这正是 $\mu_0$ 的量纲,因此式(9.15)中的 $4\pi\times10^{-7}$ 应代以 $\mu_0$,式(9.15)化为

$$B=\mu\mu_0 nI.$$

**[例题 4]** 将高斯单位制中的平行板电容器的电容公式转换到 MKSA 有理制.

**[解]** 高斯单位制中平行板电容器的电容公式是

$$C_G=\frac{\varepsilon_G S_G}{4\pi d_G}. \tag{9.16}$$

由于

$$\left.\begin{aligned}C_G&=\frac{c^2}{10^9}C_{MKSA},\\ \varepsilon_G&=\varepsilon_{MKSA},\\ S_G&=10^4 S_{MKSA},\\ d_G&=10^2 d_{MKSA}.\end{aligned}\right\} \tag{9.17}$$

将式(9.17)代入式(9.16),则得

$$\frac{c^2}{10^9}C_{MKSA}=\frac{\varepsilon_{MKSA}\cdot 10^4 S_{MKSA}}{4\pi\cdot 10^2 d_{MKSA}},$$

化简略去下标得

$$C=\frac{10^{11}}{4\pi c^2}\frac{\varepsilon S}{d}, \tag{9.18}$$

式中的系数$\frac{10^{11}}{4\pi c^2}=8.9\times10^{-12}$. 比较式(9.18)两边的量纲,可得

$$\left[\frac{10^{11}}{4\pi c^2}\right]=\left[\frac{C_{MKSA}}{\frac{\varepsilon_{MKSA}S_{MKSA}}{d_{MKSA}}}\right]=L^{-3}M^{-1}T^4I^2.$$

这正是 $\varepsilon_0$ 的量纲,因此式(9.18)可写成①

$$C=\frac{\varepsilon\varepsilon_0 S}{d}.$$

## 习　　题

**9.3-1**　用量纲证明 $1\ \mathrm{J}=10^7\ \mathrm{erg}$.

**9.3-2**　验算表 9-1 中各电磁学量在 MKSA 有理制中的量纲.

**9.3-3**　验算表 9-3 中各电磁学量在高斯单位制中的量纲.

**9.3-4**　验证一下:无论在 MKSA 有理制还是在高斯单位制中,麦克斯韦方程组的每个公式里各项的量纲相等.

---

①　MKSA 有理制中的系数 $\varepsilon_0$、$\mu_0$ 本来和真空中光速 $c$ 有一定联系,即

$$\varepsilon_0\mu_0=c^{-2}$$

[见式(8.24)]. 不过这里的 $c=c_{MKSA}=3\times10^8$. 向高斯单位制转换时,需把它变为 $c_G$,这才是高斯单位制公式中的 $c$:

$$\varepsilon_0\mu_0=c_{MKSA}^{-2}=\left(\frac{1}{100}c_G\right)^{-2}=\frac{10^4}{c^2},$$

这里 $c$ 的值已是 $3\times10^{10}$ 了. 若以 $\mu_0=4\pi\times10^{-7}$ 代入,则得

$$\varepsilon_0=\frac{10^{11}}{4\pi c^2}\quad 或\quad c^2=\frac{10^{11}}{4\pi\varepsilon_0}.$$

利用这两式常可以使物理公式的转换方便些.

**9.3-5**　利用表 9-4 把以下各式从 MKSA 有理制转换到高斯单位制：

（1）点电荷的场强（真空）$E=\dfrac{1}{4\pi\varepsilon_0}\dfrac{q}{r^2}$，

（2）$\boldsymbol{D}=\varepsilon_0\boldsymbol{E}+\boldsymbol{P}$ 和 $\boldsymbol{B}=\mu_0(\boldsymbol{H}+\boldsymbol{M})$，

（3）螺线管内磁场强度 $H=nI$，

（4）洛伦兹公式 $\boldsymbol{F}=q(\boldsymbol{E}+\boldsymbol{v}\times\boldsymbol{B})$，

（5）电场能量密度 $w_e=\dfrac{1}{2}\boldsymbol{D}\cdot\boldsymbol{E}$，

（6）$\varepsilon=1+\chi_e$，$\mu=1+\chi_m$．

**9.3-6**　利用表 9-4 把以下各式从高斯单位制转换到 MKSA 有理制：

（1）法拉第电磁感应定律 $\mathscr{E}=-\dfrac{1}{c}\dfrac{\mathrm{d}\Phi_B}{\mathrm{d}t}$，

（2）螺线管内磁感应强度 $B=\dfrac{4\pi}{c}\mu nI$，

（3）点电荷的场强（真空）$E=\dfrac{q}{r^2}$．

**9.3-7**　实用中磁场强度的单位往往用 Oe（奥斯特），而电流强度的单位用 A，长度的单位用 cm（这是 MKSA 有理制和高斯单位制的混合）．试证明，在这种情况下螺线管磁场强度的公式为

$$H=0.4\pi nI.$$

**9.3-8**　实际应用中，磁通量的单位常常用 Mx（麦克斯韦），电动势的单位用 V．试证明在这种情况下法拉第电磁感应定律为

$$\mathscr{E}=-10^{-8}\frac{\mathrm{d}\Phi_B}{\mathrm{d}t}.$$

# 部分习题答案

## 第一章　静　电　场

### §1.1　静电的基本现象和基本规律

**1.1-1**　$9.0\times10^{-10}$ N.

**1.1-2**　$-9.3\times10^{-13}$ C.

**1.1-3**　$9.0\times10^{9}$ N, $9.0\times10^{3}$ N.

**1.1-4**　(1) $8.23\times10^{-8}$ N;

(2) $2.27\times10^{39}$倍;

(3) $2.19\times10^{6}$ m/s.

**1.1-5**　(1) $7.64\times10^{2}$ N;

(2) $1.14\times10^{29}$ m/s$^2$.

**1.1-6**　(1) 14.4 N;(2) 重力 $1.64\times10^{-26}$ N, $8.8\times10^{26}$倍.

**1.1-7**　在两电荷间连线上到 $q$ 的距离为$(\sqrt{2}-1)l$处.

**1.1-8**　$-\frac{\sqrt{3}}{3}q$.

**1.1-9**　(1) $\frac{Qqx}{2\pi\varepsilon_0(x^2+l^2/4)^{3/2}}$;

(2) 若 $Q$、$q$ 同号,沿中垂线加速到无穷远;若 $Q$、$q$ 异号,在中垂线上以 $O$ 为中心做周期性振动.

**1.1-10**　$\pm4l\sin\theta\sqrt{\pi\varepsilon_0 mg\tan\theta}$.

### §1.2　电场　电场强度

**1.2-1**　$5.6\times10^{-11}$ N/C.

**1.2-2**　$-8.02\times10^{-19}$ C.

**1.2-3**　$1.641\times10^{-19}$ C.

**1.2-4**　$5.14\times10^{11}$ N/C.

**1.2-5**　$3.1\times10^{6}$ N/C,与从 $q_1$ 到 $q_2$ 的连线成 30°夹角.

**1.2-6**　$E_r=\frac{1}{4\pi\varepsilon_0}\frac{2p\cos\theta}{r^3}, E_\theta=\frac{1}{4\pi\varepsilon_0}\frac{p\sin\theta}{r^3}$.

**1.2-7**　(1) $F=-\frac{1}{4\pi\varepsilon_0}\frac{2Qp}{r^3}, L=0$;

(2) $\boldsymbol{L}=\frac{Q}{4\pi\varepsilon_0}\frac{\boldsymbol{p}\times\boldsymbol{r}}{r^3}, \boldsymbol{F}=\frac{Q\boldsymbol{p}}{4\pi\varepsilon_0 r^3}$,式中 $\boldsymbol{r}$ 为从 $Q$ 到偶极子中心的径矢.

**1.2-9**　$E=\frac{p}{4\pi\varepsilon_0}\left\{\frac{1}{\left(x^2-xl+\frac{l^2}{2}\right)^{3/2}}-\frac{1}{\left(x^2+xl+\frac{l^2}{2}\right)^{3/2}}\right\}$,

垂直 $OP$ 向上；$x \gg l$ 时，$E \approx \frac{1}{4\pi\varepsilon_0}\frac{3pl}{x^4}$.

**1.2-10** （1）在过端点垂面上

$$E_r = \frac{q}{4\pi\varepsilon_0 r\sqrt{r^2+4l^2}},$$

$$E_z = \frac{\pm q}{8\pi\varepsilon_0 l}\left(\frac{1}{r}-\frac{1}{\sqrt{r^2+4l^2}}\right);$$

（2）在延长线上

$$E_z = \frac{\pm q}{4\pi\varepsilon_0(z^2-l^2)}\ (|z|>l).$$

$z$ 轴沿细棒；原点在棒的中心；$r$ 为垂直细棒的距离.

**1.2-11** （1）$E = \dfrac{a\eta_e}{2\pi\varepsilon_0\left(x^2-\frac{a^2}{4}\right)}$；

（2）$F = \dfrac{\eta_e^2}{2\pi\varepsilon_0 a}$.

**1.2-12** （1）$E = \dfrac{qx}{4\pi\varepsilon_0(R^2+x^2)^{3/2}}$；

（2）从略；

（3）$x = \frac{\sqrt{2}}{2}R$，$E$ 的最大值为 $\dfrac{q}{6\sqrt{3}\pi\varepsilon_0 R^2}$.

**1.2-13** （1）$E_x = \dfrac{\sigma_e}{2\varepsilon_0}\left(\dfrac{x}{|x|}-\dfrac{x}{\sqrt{R^2+x^2}}\right)$；

（2）$\sigma_e$ 不变时，$R\to 0$，$E=0$；$R\to\infty$，$E = \dfrac{\sigma_e}{2\varepsilon_0}\dfrac{x}{|x|}$；

（3）$Q$ 不变时，$R\to 0$，$E = \dfrac{1}{4\pi\varepsilon_0}\dfrac{x}{|x|}\dfrac{Q}{x^2}$；$R\to\infty$，$E=0$.

**1.2-14** $\dfrac{qx}{4\pi\varepsilon_0(x^2+l^2/4)\sqrt{x^2+l^2/2}}$.

**1.2-15** 无垂直于场强的初速度分量.

**1.2-16** （1）$y=0.35$ mm；

（2）$y'=5.0$ mm.

## §1.3 高斯定理

**1.3-1** （1）$0.75\pi$ N·m²/C；

（2）$0.375\sqrt{3}\pi$ N·m²/C；

（3）0；

（4）$-0.375\pi$ N·m²/C；

（5）$-0.75\pi$ N·m²/C.

**1.3-2** $\pm\pi a^2 E$.

**1.3-3** (1) $\begin{cases} E_{\mathrm{I}}=0, \\ E_{\mathrm{II}}=\dfrac{1}{4\pi\varepsilon_0}\dfrac{Q_1}{r^2}, \\ E_{\mathrm{III}}=\dfrac{1}{4\pi\varepsilon_0}\dfrac{Q_1+Q_2}{r^2}; \end{cases}$

(2) $E_{\mathrm{I}}$、$E_{\mathrm{II}}$同前,$E_{\mathrm{III}}=0$.

**1.3-4** $E=\dfrac{q_e}{4\pi\varepsilon_0 r^2}\left(\dfrac{2}{a_0^2}r^2+\dfrac{2}{a_0}r+1\right)\mathrm{e}^{-2r/a_0}$.

**1.3-5** (1) $4.43\times10^{-13}\ \mathrm{C/m^3}$;

(2) $-8.9\times10^{-10}\ \mathrm{C/m^3}$.

**1.3-6** $\begin{cases} E=0(r<R), \\ E=\dfrac{\lambda}{2\pi\varepsilon_0 r}(r>R). \end{cases}$

**1.3-7** (1) $\begin{cases} E_{\mathrm{I}}=0(r<R_1) \\ E_{\mathrm{II}}=\dfrac{\lambda_1}{2\pi\varepsilon_0 r}(R_1<r<R_2), \\ E_{\mathrm{III}}=\dfrac{\lambda_1+\lambda_2}{2\pi\varepsilon_0 r}(r>R_2); \end{cases}$

(2) $E_{\mathrm{I}}$、$E_{\mathrm{II}}$同前,$E_{\mathrm{III}}=0$.

**1.3-8** $\begin{cases} E=\dfrac{\rho_e r}{2\varepsilon_0}(r<R), \\ E=\dfrac{R^2\rho_e}{2\varepsilon_0 r}(r>R). \end{cases}$

**1.3-9** $E=\dfrac{a^2\rho_0 r}{2\varepsilon_0(a^2+r^2)}$.

**1.3-10** $\sigma_e$ $-\sigma_e$

| | | |
|---|---|---|
| $0$ | $+\dfrac{\sigma_e}{\varepsilon_0}$ | $0$ |

正号表示向右,负号表示向左.

**1.3-11** $\sigma_e$ $\sigma_e$

| | | |
|---|---|---|
| $-\dfrac{\sigma_e}{\varepsilon_0}$ | $0$ | $+\dfrac{\sigma_e}{\varepsilon_0}$ |

正号表示向右,负号表示向左.

**1.3-12** $\sigma_{e1}$ $\sigma_{e2}$ $\sigma_{e3}$

| | | | | |
|---|---|---|---|---|
| (1) | $\dfrac{-3\sigma_e}{2\varepsilon_0}$ | $\dfrac{-\sigma_e}{2\varepsilon_0}$ | $\dfrac{+\sigma_e}{2\varepsilon_0}$ | $\dfrac{+3\sigma_e}{2\varepsilon_0}$ |
| (2) | $\dfrac{-\sigma_e}{2\varepsilon_0}$ | $\dfrac{+\sigma_e}{2\varepsilon_0}$ | $\dfrac{-\sigma_e}{2\varepsilon_0}$ | $\dfrac{+\sigma_e}{2\varepsilon_0}$ |
| (3) | $\dfrac{+\sigma_e}{2\varepsilon_0}$ | $\dfrac{-\sigma_e}{2\varepsilon_0}$ | $\dfrac{+\sigma_e}{2\varepsilon_0}$ | $\dfrac{-\sigma_e}{2\varepsilon_0}$ |
| (4) | $\dfrac{+\sigma_e}{2\varepsilon_0}$ | $\dfrac{+3\sigma_e}{2\varepsilon_0}$ | $\dfrac{+\sigma_e}{2\varepsilon_0}$ | $\dfrac{-\sigma_e}{2\varepsilon_0}$ |

正号表示向右，负号表示向左.

**1.3-13** $\begin{cases} \text{板内 } E_x = \dfrac{\rho_e x}{\varepsilon_0}, \\ \text{板外 } E_x = \pm\dfrac{\rho_e d}{2\varepsilon_0}, \end{cases}$

式中 $x$ 为到带电板中间面的距离.

## §1.4 电势及其梯度

**1.4-1** $3.0\times10^9$ J，加热水 $7.2\times10^3$ kg.

**1.4-2** $2\times10^8$ V.

**1.4-4** $4.5\times10^3$ V.

**1.4-5** $1.1\times10^{-19}$ C.

**1.4-6** $E=0, U=\dfrac{q}{2\pi\varepsilon_0 l}$.

**1.4-7** $E=\dfrac{q}{2\pi\varepsilon_0 l^2}, U=0$.

**1.4-8** （1）$\dfrac{q}{6\pi\varepsilon_0 l}$；（2）$\dfrac{q}{6\pi\varepsilon_0 l}$.

**1.4-9** $U=\dfrac{q}{2\pi\varepsilon_0\sqrt{x^2+l^2/4}}$.

**1.4-10** （3）半径$\dfrac{na}{n^2-1}$.

**1.4-11** 取直角坐标 $z$ 轴沿 $\boldsymbol{p}$ 方向，原点在偶极子中心，

$$U=\frac{p}{4\pi\varepsilon_0}\frac{z}{(x^2+y^2+z^2)^{3/2}}$$

$$\begin{cases} E_x=\dfrac{p}{4\pi\varepsilon_0}\dfrac{3xz}{(x^2+y^2+z^2)^{5/2}}, \\ E_y=\dfrac{p}{4\pi\varepsilon_0}\dfrac{3yz}{(x^2+y^2+z^2)^{5/2}}, \\ E_z=\dfrac{p}{4\pi\varepsilon_0}\dfrac{2z^2-x^2-y^2}{(x^2+y^2+z^2)^{5/2}}. \end{cases}$$

**1.4-14** $U=\dfrac{q}{4\pi\varepsilon_0\sqrt{R^2+x^2}}$.

**1.4-15** $U=\dfrac{\sigma_e}{2\varepsilon_0}(\sqrt{R^2+x^2}-|x|)$.

**1.4-16** $\begin{cases} U_{\mathrm{I}}=\dfrac{1}{4\pi\varepsilon_0}\left(\dfrac{Q_1}{R_1}+\dfrac{Q_2}{R_2}\right), \\ U_{\mathrm{II}}=\dfrac{1}{4\pi\varepsilon_0}\left(\dfrac{Q_1}{r}+\dfrac{Q_2}{R_2}\right), \\ U_{\mathrm{III}}=\dfrac{1}{4\pi\varepsilon_0}\dfrac{Q_1+Q_2}{r}. \end{cases}$

**1.4-17** $U_{\mathrm{III}}$ 与 $Q_1+Q_2$ 成比例，$U_{\mathrm{I}}$、$U_{\mathrm{II}}$ 改变同一常量，两球面电势差保持不变.

**1.4-18** $\begin{cases} 球内\ U=\dfrac{q}{8\pi\varepsilon_0}\left(\dfrac{3}{R}-\dfrac{r^2}{R^3}\right), \\ 球外\ U=\dfrac{q}{4\pi\varepsilon_0 r}. \end{cases}$

**1.4-19** $1.6\times10^{7}$ V.

**1.4-20** (1) $1.5\times10^{-13}$ m;

(2) $4.2\times10^{-14}$ m.

**1.4-21** 13.6 eV, $2.18\times10^{-18}$ J.

**1.4-22** (1) $10^{6}$ eV; (2) $10^{10}$ K.

**1.4-23** (1) $1.16\times10^{4}$ K; (2) $5.8\times10^{8}$ K; (3) $2.6\times10^{-2}$ eV.

**1.4-24** (1) $U=\dfrac{q}{4\pi\varepsilon_0 l}\ln\dfrac{l+\sqrt{r^2+l^2}}{r}$,

$$E_r=\frac{q}{4\pi\varepsilon_0 r\sqrt{r^2+l^2}};$$

(2) $U=\dfrac{q}{8\pi\varepsilon_0 l}\left|\ln\dfrac{z+l}{z-l}\right|(|z|>l)$,

$$E_z=\frac{\pm q}{4\pi\varepsilon_0(z^2-l^2)}\begin{pmatrix}当\ z>l\ 时,取+号\\ 当\ z<-l\ 时,取-号\end{pmatrix};$$

(3) $U=\dfrac{q}{8\pi\varepsilon_0 l}\ln\dfrac{2l+\sqrt{r^2+4l^2}}{r}$,

$$E_r=\frac{q}{4\pi\varepsilon_0 r\sqrt{r^2+4l^2}}.$$

**1.4-25** (1) $U=\dfrac{q}{8\pi\varepsilon_0 l}\left|\ln\dfrac{z+l+\sqrt{r^2+(z+l)^2}}{z-l+\sqrt{r^2+(z-l)^2}}\right|$;

(2) $E_r=\dfrac{qr}{8\pi\varepsilon_0 l}\left[\dfrac{1}{(z-l)\sqrt{r^2+(z-l)^2}+r^2+(z-l)^2}-\dfrac{1}{(z+l)\sqrt{r^2+(z+l)^2}+r^2+(z+l)^2}\right]$,

$$E_z=\frac{q}{8\pi\varepsilon_0 l}\left[\frac{1}{\sqrt{r^2+(z-l)^2}}-\frac{1}{\sqrt{r^2+(z+l)^2}}\right].$$

**1.4-26** $U_{12}=\dfrac{\eta_e}{2\pi\varepsilon_0}\ln\dfrac{r_2}{r_1}$.

**1.4-27** $U(x,y)=\dfrac{\eta_e}{4\pi\varepsilon_0}\ln\dfrac{(x+a)^2+y^2}{(x-a)^2+y^2}$.

**1.4-29** $U=\dfrac{\lambda_1}{2\pi\varepsilon_0}\ln\dfrac{R_2}{r}$, $\Delta U=\dfrac{\lambda_1}{2\pi\varepsilon_0}\ln\dfrac{R_2}{R_1}$.

**1.4-30** $\begin{cases} U=-\dfrac{\rho_e r^2}{4\varepsilon_0}(r<R), \\ U=-\dfrac{\rho_e R^2}{4\varepsilon_0}+\dfrac{R^2\rho_e}{2\varepsilon_0}\ln\dfrac{R}{r}(r>R). \end{cases}$

**1.4-31** $U=\dfrac{a^2\rho_0}{2\varepsilon_0}\ln\dfrac{a}{\sqrt{a^2+r^2}}$.

**1.4-32** (1) $8.8\times10^{6}$ m/s;

(2) $1.03\times10^7$ m/s.

**1.4-33** $\begin{cases} U=-\dfrac{\sigma_e d}{2\varepsilon_0}\left(x<-\dfrac{d}{2}\right), \\ U=\dfrac{\sigma_e x}{\varepsilon_0}\left(-\dfrac{d}{2}<x<\dfrac{d}{2}\right), \\ U=\dfrac{\sigma_e d}{2\varepsilon_0}\left(x>\dfrac{d}{2}\right). \end{cases}$

**1.4-34** $U_{pn}=-\dfrac{e}{2\varepsilon_0}(N_D x_n^2+N_A x_p^2)$.

**1.4-35** $U_{pn}=-\dfrac{ae}{12\varepsilon_0}x_m^3$.

**1.4-36** 与习题 1.2-16 同.

**1.4-38** (1) $2.56\times10^5$ V;(2) $2.24\times10^8$ m/s,74.5 %;(3) 不可能.

## §1.5 带电体系的静电能

**1.5-1** $\dfrac{3q^2}{4\pi\varepsilon_0 l}$.

**1.5-2** $-\dfrac{3q^2}{4\pi\varepsilon_0 l}$.

**1.5-3** $\dfrac{3q^2}{20\pi\varepsilon_0 R}$.

# 第二章 静电场中的导体和电介质

## §2.1 静电场中的导体

**2.1-1** (1) $\sigma_e/2\varepsilon_0$;(2) $\sigma_e/2\varepsilon_0$;(3) $\sigma_e/\varepsilon_0$;

(4) 两表面各 $\sigma_e/2$,$\sigma_e/2\varepsilon_0$.

**2.1-2** (3) $\sigma_{e1}=\sigma_{e4}=5\ \mu C/m^2$,$\sigma_{e2}=-2\ \mu C/m^2$,$\sigma_{e3}=2\ \mu C/m^2$.

**2.1-3** $7.5\times10^4$ V/m,$\pm2.4\times10^{-10}$ C.

**2.1-4** (1) $U_b=-1.0\times10^3$ V;

(2) $-2.0\times10^2$ V.

**2.1-5** $q_B=-1.0\times10^{-7}$ C,$q_C=-2.0\times10^{-7}$ C,$U_A=2.3\times10^3$ V.

**2.1-6** $\begin{cases} E=\dfrac{q}{4\pi\varepsilon_0 r^2},U=\dfrac{q}{4\pi\varepsilon_0}\left(\dfrac{1}{r}-\dfrac{1}{R_1}+\dfrac{1}{R_2}\right) \quad (r<R_1), \\ E=0,U=\dfrac{q}{4\pi\varepsilon_0 R_2} \quad (R_1<r<R_2), \\ E=\dfrac{q}{4\pi\varepsilon_0 r^2},U=\dfrac{q}{4\pi\varepsilon_0 r} \quad (r>R_2). \end{cases}$

**2.1-7** (1) 120 V;(2) 300 V;(3) 不变.

**2.1-8** (1) $U_1=\dfrac{1}{4\pi\varepsilon_0}\left(\dfrac{q}{R_1}-\dfrac{q}{R_2}+\dfrac{q+Q}{R_3}\right)$,

$U_2=\dfrac{q+Q}{4\pi\varepsilon_0 R_3}$;

(2) $\Delta U=U_1-U_2=\frac{q}{4\pi\varepsilon_0}\left(\frac{1}{R_1}-\frac{1}{R_2}\right)$;

(3) $U_1=U_2=\frac{q+Q}{4\pi\varepsilon_0 R_3}$, $\Delta U=0$;

(4) $U_1=\frac{q}{4\pi\varepsilon_0}\left(\frac{1}{R_1}-\frac{1}{R_2}\right)$, $U_2=0$,

$\Delta U=U_1-U_2=\frac{q}{4\pi\varepsilon_0}\left(\frac{1}{R_1}-\frac{1}{R_2}\right)$;

(5) $U_1=0$,

$U_2=\frac{Q(R_2-R_1)}{4\pi\varepsilon_0(R_2R_3-R_3R_1+R_1R_2)}$,

$\Delta U=U_1-U_2=\frac{Q(R_1-R_2)}{4\pi\varepsilon_0(R_2R_3-R_3R_1+R_1R_2)}$.

**2.1-9** (1) $U_1=330$ V, $U_2=270$ V;

(2) $\Delta U=U_1-U_2=60$ V;

(3) $U_1=U_2=270$ V;

(4) $U_1=60$ V, $\Delta U=U_1-U_2=60$ V;

(5) $U_2=180$ V, $\Delta U=U_1-U_2=-180$ V.

**2.1-10** 9 kW.

**2.1-11** $1.5\times10^6$ V.

**2.1-12** $U_1-(U_1-U_2)\frac{\ln(r/R_1)}{\ln(R_2/R_1)}$.

**2.1-13** $U\frac{\ln(r_2/r_1)}{\ln(R_2/R_1)}$.

**2.1-14** $E=\frac{U}{r\ln(b/a)}$.

## §2.2 电容和电容器

**2.2-1** $7.08\times10^{-4}$ F = 708 μF.

**2.2-2** (1) 10.6 cm;(2) 10.6 m;(3) 10.6 km.

**2.2-3** (1) $3.6\times10^{-9}$ F;(2) $3.6\times10^{-6}$ C,$1.8\times10^{-6}$ C/m$^2$;

(3) $2\times10^5$ V/m.

**2.2-4** 按图中从上到下顺序,依次为 0、-2、+2、+1、-1、0 μC.

**2.2-5** (1) $1.07\times10^{-10}$ F;

(2) $1.96\times10^{-5}$ C/m$^2$.

**2.2-6** $1.78\times10^{-8}$ F.

**2.2-7** (1) $C=\frac{\varepsilon_0 S}{d-t}$;(2) 无影响.

**2.2-9** $\pi\varepsilon_0/\ln(d/a)$.

**2.2-12** (1) $\frac{Q}{4\pi\varepsilon_0}\left(\frac{1}{R_1}-\frac{1}{R_2}+\frac{1}{R_3}-\frac{1}{R_4}\right)$;

(2) $\frac{4\pi\varepsilon_0 R_1R_2R_3R_4}{R_2R_3R_4-R_1R_3R_4+R_1R_2R_4-R_1R_2R_3}$.

**2.2-15** (1) $C_{AB}=\frac{C_1C_2+C_2C_3+C_3C_1}{C_2+C_3}$;

(2) $C_{DE}=\frac{C_1C_2+C_2C_3+C_3C_1}{C_1+C_2}$;

(3) $AE$ 间短路,相当于 $C_{AE}=\infty$.

**2.2-16** $C_a=C, C_b=\frac{4}{3}C$.

**2.2-17** $C_a=\frac{C_1C_3(C_2+C_4)+C_2C_4(C_1+C_3)}{(C_1+C_3)(C_2+C_4)}$,

$C_b=\frac{(C_1+C_2)(C_3+C_4)}{C_1+C_2+C_3+C_4}$.

**2.2-18** (1) 3.75 μF;(2) 125 μC,25 V;(3) 500 μC,100 V.

**2.2-19** $U_{AB}=86$ V.

**2.2-20** (1) 0.8 μF;(2) 0.025 μF;(3) $S_3$、$S_5$ 向上,$S_4$、$S_6$ 向下;

(4) 1 μF;(5) 0.014 9 μF.

**2.2-21** (1) 5 个;(2) 15 个.

**2.2-22** $C_1$ 会被击穿.

**2.2-23** (1) S 断开 0.30 μF,S 接通 0.40 μF;

(2) S 断开 $U_1=U_4=75$ V,$U_2=U_3=25$ V,S 接通 $U_1=U_2=U_3=U_4=50$ V.

**2.2-24** (1) $q_1=1.6\times10^{-2}$ C,$q_2=0.4\times10^{-2}$ C;(2) 800 V.

**2.2-25** $C=C_2C_3/C_1$.

**2.2-26** (1) 900 V,$q_1=0.90\times10^{-3}$ C,$q_2=1.8\times10^{-3}$ C;

(2) 300 V,$q_1=0.30\times10^{-3}$ C,$q_2=0.60\times10^{-3}$ C.

**2.2-27** (1) $4.8\times10^{-4}$ C,$U_1=240$ V,$U_2=60$ V;

(2) $q_1=1.9\times10^{-4}$ C,$q_2=7.7\times10^{-4}$ C,96 V;(3) 0.

**2.2-28** 43 μF.

**2.2-29** $1.2\times10^4$ J.

**2.2-30** 串联 $W_1:W_2=2:1$,并联 $W_1:W_2=1:2$.

**2.2-31** $W_1=8.9\times10^{-12}$ J,$W_2=4.4\times10^{-12}$ J.

**2.2-33** (1) 增加$\frac{Q^2d}{2\varepsilon_0S}$;(2) $\frac{Q^2d}{2\varepsilon_0S}$.

**2.2-34** (1) 减少$\frac{\varepsilon_0SU^2}{4d}$;(2) $\frac{\varepsilon_0SU^2}{2d}$;(3) $\frac{\varepsilon_0SU^2}{4d}$.

**2.2-35** $U=x\sqrt{\frac{2mg}{\varepsilon_0S}}$.

## §2.3 电 介 质

**2.3-1** $\sigma_e'=7.1\times10^{-6}$ C/m².

**2.3-2** $8.9\times10^{-8}$ C.

**2.3-3** $E=1.7\times10^6$ V/m,$\sigma_e'=1.5\times10^{-5}$ C/m².

**2.3-4** (1) $C=\frac{\varepsilon_1\varepsilon_2\varepsilon_0S}{\varepsilon_1d_2+\varepsilon_2d_1}$;

(2) $\sigma'_e=\dfrac{\varepsilon_1-\varepsilon_2}{\varepsilon_1\varepsilon_2}\sigma_{e0}$;

(3) $U=\dfrac{(\varepsilon_1 d_2+\varepsilon_2 d_1)\sigma_{e0}}{\varepsilon_1\varepsilon_2\varepsilon_0}$;

(4) $D_1=D_2=\sigma_{e0}$.

**2.3-5** $E_1=7.5\times10^5$ V/m, $E_2=5.6\times10^5$ V/m, $D_1=D_2=20$ μC/m$^2$,

$\sigma'_{e1}=13.3$ μC/m$^2$, $\sigma'_{e2}=15$ μC/m$^2$.

**2.3-6** (1) $P_1=3.7\times10^{-5}$ C/m$^2$, $P_2=1.6\times10^{-5}$ C/m$^2$;

(2) 7.9 kV.

**2.3-7** (1) $E=\dfrac{U}{\varepsilon d+(1-\varepsilon)t}$, $D=\dfrac{\varepsilon\varepsilon_0 U}{\varepsilon d+(1-\varepsilon)t}$, $P=\dfrac{(\varepsilon-1)\varepsilon_0 U}{\varepsilon d+(1-\varepsilon)t}$;

(2) $Q=\dfrac{\varepsilon\varepsilon_0 SU}{\varepsilon d+(1-\varepsilon)t}$;

(3) $E=\dfrac{\varepsilon U}{\varepsilon d+(1-\varepsilon)t}$;

(4) $C=\dfrac{\varepsilon\varepsilon_0 S}{\varepsilon d+(1-\varepsilon)t}$.

**2.3-8** (1) 电介质外，$P=0$, $E=100$ V/m;

电介质内 $P=4.45\times10^{-10}$ C/m$^2$, $E=50$ V/m;

电介质内外 $D=8.9\times10^{-10}$ C/m$^2$;

(2) $U_1=1$ V, $U_2=1.5$ V, $U_3=U_B=2.5$ V.

(4) 39 pF，为 $C_0$ 的 1.2 倍.

**2.3-9** (1) $E_{内}=9.3$ V/m; (2) $E_{外}=18.6$ V/m; (3) $U=0.14$ V;

(4) $\sigma'_e=0.83\times10^{-10}$ C/m$^2$.

**2.3-10** (1) $C=\dfrac{(\varepsilon_2-\varepsilon_1)\varepsilon_0 S}{d\ln(\varepsilon_2/\varepsilon_1)}$;

(2) $\rho'_e=-\dfrac{(\varepsilon_2-\varepsilon_1)Qd}{[\varepsilon_1 d+(\varepsilon_2-\varepsilon_1)x]^2 S}$, $\sigma'_{e1}=-\dfrac{\varepsilon_1-1}{\varepsilon_1}\dfrac{Q}{S}$, $\sigma'_{e2}=\dfrac{\varepsilon_2-1}{\varepsilon_2}\dfrac{Q}{S}$.

**2.3-11** $9.3\times10^{-10}$ F.

**2.3-12** $C=\dfrac{\varepsilon_0(\varepsilon_1 S_1+\varepsilon_2 S_2)}{d}$.

**2.3-13** (1) $U=\dfrac{2[\varepsilon d+(1-\varepsilon)t]Qd}{\varepsilon_0 S[2\varepsilon d+(1-\varepsilon)t]}$;

(2) $C=\dfrac{\varepsilon_0 S[2\varepsilon d+(1-\varepsilon)t]}{2[\varepsilon d+(1-\varepsilon)t]d}$;

(3) $\sigma'_e=\dfrac{2(\varepsilon-1)Qd}{S[2\varepsilon d+(1-\varepsilon)t]}$.

**2.3-14** (1) $E_1=4.0\times10^5$ V/m, $E_2=1.0\times10^6$ V/m, $D_1=D_2=1.8\times10^{-5}$ C/m$^2$;

(2) $U=3.8$ kV;

(3) $C=9.4\times10^{-9}$ F.

**2.3-15** (1) $E=\dfrac{Q}{4\pi\varepsilon\varepsilon_0 r^2}$ $(R_1<r<R_2)$, $U=\dfrac{Q}{4\pi\varepsilon\varepsilon_0}\left(\dfrac{1}{R_1}-\dfrac{1}{R_2}\right)$;

(2) $\sigma'_{e1}=-\dfrac{(\varepsilon-1)Q}{4\pi\varepsilon R_1^2}$, $\sigma'_{e2}=\dfrac{(\varepsilon-1)Q}{4\pi\varepsilon R_2^2}$;

（3）$C=\dfrac{4\pi\varepsilon\varepsilon_0 R_1 R_2}{R_2-R_1}$，$\varepsilon$ 倍.

**2.3-16** （1）$E_{内}=\dfrac{Q}{4\pi\varepsilon\varepsilon_0 r^2}$，$E_{外}=\dfrac{Q}{4\pi\varepsilon_0 r^2}$；

（2）$U_{内}=\dfrac{Q}{4\pi\varepsilon\varepsilon_0}\left(\dfrac{1}{r}+\dfrac{\varepsilon-1}{R'}\right)$ （$R<r<R'$），$U_{外}=\dfrac{Q}{4\pi\varepsilon_0 r}$ （$r>R'$）；

（3）$U_{金属球}=\dfrac{Q}{4\pi\varepsilon\varepsilon_0}\left(\dfrac{1}{R}+\dfrac{\varepsilon-1}{R'}\right)$.

**2.3-17** （1）$E=\dfrac{Q}{4\pi\varepsilon\varepsilon_0 r^2}$，$D=\dfrac{Q}{4\pi r^2}$，$P=\dfrac{(\varepsilon-1)Q}{4\pi\varepsilon r^2}$；

（2）$\sigma'_e=-\dfrac{(\varepsilon-1)Q}{4\pi\varepsilon R^2}$.

**2.3-18** （1）$E_{内}=\dfrac{Q}{4\pi\varepsilon\varepsilon_0 r^2}$，$E_{外}=\dfrac{Q}{4\pi\varepsilon_0 r^2}$；

$U_{内}=\dfrac{Q}{4\pi\varepsilon\varepsilon_0}\left(\dfrac{1}{r}+\dfrac{\varepsilon-1}{R}\right)$ （$r<R$），$U_{外}=\dfrac{Q}{4\pi\varepsilon_0 r}$ （$r>R$）；

（2）$-\dfrac{Q}{4\pi R^2}$.

**2.3-19** （1）$E_{内}=\dfrac{Q}{4\pi\varepsilon\varepsilon_0 r^2}$，$E_{外}=\dfrac{Q}{4\pi\varepsilon_0 r^2}$，

$D=\dfrac{Q}{4\pi r^2}$（介质内外表达式一样）；

（2）$P=\dfrac{(\varepsilon-1)Q}{4\pi\varepsilon r^2}$，$\sigma'_{ea}=-\dfrac{(\varepsilon-1)Q}{4\pi\varepsilon a^2}$，$\sigma'_{eb}=\dfrac{(\varepsilon-1)Q}{4\pi\varepsilon b^2}$；

（3）$\rho'_e=0$.

**2.3-20** （1）$C=\dfrac{4\pi\varepsilon_1\varepsilon_2\varepsilon_0 r R_1 R_2}{\varepsilon_2 R_2(r-R_1)+\varepsilon_1 R_1(R_2-r)}$；

（2）$\sigma'_{e1}=\dfrac{(\varepsilon_1-1)Q}{4\pi\varepsilon_1 R_1^2}$，$\sigma'_{er}=\dfrac{(\varepsilon_2-\varepsilon_1)Q}{4\pi\varepsilon_1\varepsilon_2 r^2}$，$\sigma'_{e2}=-\dfrac{(\varepsilon_2-1)Q}{4\pi\varepsilon_2 R_2^2}$.

**2.3-21** （1）$C=\dfrac{4\pi\varepsilon\varepsilon_0 R_1 R_2 ab}{\varepsilon ab(R_2-R_1)+(1-\varepsilon)(b-a)R_1 R_2}$；

（2）$\sigma'_{ea}=-\dfrac{(\varepsilon-1)Q}{4\pi\varepsilon a^2}$，$\sigma'_{eb}=\dfrac{(\varepsilon-1)Q}{4\pi\varepsilon b^2}$.

**2.3-22** $C=\dfrac{2\pi(\varepsilon+1)\varepsilon_0 R_1 R_2}{R_2-R_1}$.

**2.3-23** （1）$\Delta U=\dfrac{\lambda_0}{2\pi\varepsilon\varepsilon_0}\ln\dfrac{R_2}{R_1}$；

（2）$E=\dfrac{\lambda_0}{2\pi\varepsilon\varepsilon_0 r}$，$D=\dfrac{\lambda_0}{2\pi r}$，$P=\dfrac{(\varepsilon-1)\lambda_0}{2\pi\varepsilon r}$；

（3）$\sigma'_{e1}=-\dfrac{(\varepsilon-1)\lambda_0}{2\pi\varepsilon R_1}$，$\sigma'_{e2}=\dfrac{(\varepsilon-1)\lambda_0}{2\pi\varepsilon R_2}$；

（4）$C=\dfrac{2\pi\varepsilon\varepsilon_0 l}{\ln(R_2/R_1)}$，$\varepsilon$ 倍.

**2.3-24** $C=\dfrac{2\pi\varepsilon_1\varepsilon_2\varepsilon_0 l}{\varepsilon_2\ln(r/a)+\varepsilon_1\ln(b/r)}$.

**2.3-25** 导线表面($r=R_1$)处场强最大,$4.8\times10^5$ V/m,与介质无关.

**2.3-26** $-P/2\varepsilon_0$.

**2.3-27** $E=\dfrac{\varepsilon+2}{3}E_0>E_0$.

**2.3-28** $E=\dfrac{\varepsilon+1}{2}E_0>E_0$.

**2.3-29** $8.3\times10^{-9}$ C,$8.3\times10^{-11}$ C,$8.3\times10^{-13}$ C.

**2.3-30** (1) $3.3\times10^{-8}$ C;(2) $5.9\times10^{-13}$;(3) $8.6\times10^{-6}$.

**2.3-31** $1.7\times10^{-6}$ C/m,$1.7\times10^{-7}$ C/m,$1.7\times10^{-8}$ C/m.

**2.3-32** 15 kV.

**2.3-33** $5.3\times10^{-10}$ F.

**2.3-34** $1.7\times10^4$ V.

**2.3-35** 外层.

**2.3-36** 45 kV,内层.

**2.3-38** (1) 减少$\dfrac{(\varepsilon-1)Q^2d}{2\varepsilon\varepsilon_0 S}$;

(2) $\dfrac{(\varepsilon-1)Q^2d}{2\varepsilon\varepsilon_0 S}$.

**2.3-39** (1) 增加$\dfrac{(\varepsilon-1)\varepsilon_0 SU^2}{2d}$;

(2) $\dfrac{(\varepsilon-1)\varepsilon_0 SU^2}{d}$;

(3) $\dfrac{(\varepsilon-1)\varepsilon_0 SU^2}{2d}$.

**2.3-40** $\dfrac{2(\varepsilon-1)Q^2d}{(\varepsilon+1)^2\varepsilon_0 a^3}$,沿吸入电介质板的方向.

**2.3-41** $5.4\times10^{-5}$ J,$4.7\times10^{-5}$ J.

## §2.4 电场的能量和能量密度

**2.4-1** $2R$.

**2.4-2** 0.114 J/m$^3$.

**2.4-3** $\dfrac{Q^2}{8\pi\varepsilon\varepsilon_0 R}$.

**2.4-4** (1) $18.2\times10^{-5}$ J;

(2) $8.1\times10^{-5}$ J.

**2.4-5** (1)、(2) 结果一样,都是$\dfrac{2\pi\varepsilon_0 R_1R_2U^2}{R_2-R_1}$.

**2.4-6** (1) $W_e=\dfrac{Q^2}{4\pi\varepsilon_0\varepsilon l}\ln\dfrac{b}{a}$.

**2.4-7** $\dfrac{\lambda^2}{4\pi\varepsilon\varepsilon_0}\ln\dfrac{b}{a}$.

# 第三章 恒定电流

## §3.1 电流的恒定条件和导电规律

**3.1-1** $1.25\times10^{21}$个电子.

**3.1-2** 2.1 mm.

**3.1-4** 1.22 m.

**3.1-5** 15.6 $mm^2$.

**3.1-6** (1) $E_1=\dfrac{I}{\sigma_1 S}, E_2=\dfrac{I}{\sigma_2 S}$;

(2) $U_{AB}=\dfrac{Id_1}{\sigma_1 S}=IR_1, U_{BC}=\dfrac{Id_2}{\sigma_2 S}=IR_2$.

**3.1-7** $R=\dfrac{1}{2\pi\sigma l}\ln\dfrac{b}{a}$.

**3.1-9** 73.5 ℃.

**3.1-10** 60 ℃.

**3.1-11** 3.2 kΩ,68 mA;1.94 kΩ,114 mA.

**3.1-12** 165 个.

**3.1-13** (1) 0.2 A;(2) 200 V;(3) 0.1 W.

**3.1-14** (1) 约 0.6 A;(2) 19.5 度电.

**3.1-15** 80 kW.

**3.1-16** 50 mA,158 mA.

**3.1-18** 约 $1.87\times10^{-2}$ cm/s.

**3.1-19** (1) $4.5\times10^{-2}$ cm/s;(2) $2.4\times10^{8}$ 倍.

**3.1-20** (1) $R=2.2\times10^{-5}$ Ω;(2) $I=2.3$ kA;(3) 1.4 A/$mm^2$;(4) $E=25$ mV/m;

(5) $P=114$ W;(6) $W=4.1\times10^{5}$ J;(7) $u=1.05\times10^{-2}$ cm/s.

## §3.2 电源及其电动势

**3.2-1** (1) 240 A;(2) 0.07 Ω.

**3.2-2** 12.0 V,5.0 Ω.

**3.2-3** 5.0 V,5.0 V,0 V,0 V,6.0 V,6.0 V.

**3.2-4** 2.5 W.

**3.2-5** (1) 10 A;(2) 60 J;(3) 40 J.

**3.2-6** $\dfrac{1}{\sigma_1}\dfrac{\varepsilon_0 I}{S},\left(\dfrac{1}{\sigma_2}-\dfrac{1}{\sigma_1}\right)\dfrac{\varepsilon_0 I}{S},-\dfrac{1}{\sigma_2}\dfrac{\varepsilon_0 I}{S}$.

## §3.3 简单电路

**3.3-1** 1.5 Ω.

**3.3-2** (1) 11.6 V;(2) 10.6 V.

**3.3-3** 1.50 V,2.05 Ω.

**3.3-4** $l_{Fe} : l_{C}=40$.

**3.3-5** $U_r=\dfrac{xlrU}{x(l-x)R+l^2 r}$.

**3.3-6** (1) 9.1 Ω;(2) 4.3 Ω;(3) 10 Ω.

**3.3-8** (1) 3.0 Ω;(2) $\frac{4}{3}$ Ω;(3) $\frac{1}{2}$ Ω;(4) $\frac{1}{4}$ Ω.

**3.3-9** (1) 1.5 mA,0.75 mA;(2) 1.5 V,7.5 V.

**3.3-10** 2.0 mA.

**3.3-11** 4.0 Ω,6.0 Ω.

**3.3-12** (1) 83 V;(2) 3.6 A.

**3.3-13** (1) 8 Ω;(2) 72 V.

**3.3-14** (1) 1.2 mA,0.2 mA;(2) 2 mA,2 V;(3) 6 Ω,
(4) 0.55 mA,0.27 mA,0.18 mA.

**3.3-15** (1) 0 V;(2) 0.5 V;(3) -0.5 V.

**3.3-16** (1) 1.5 A,1.5 A;(2) 2 A,1 A.

**3.3-17** 断开 10 Ω,5 V;接通 5 Ω,0 V.

**3.3-18** -10 V,2.0 V,-6.0 V.

**3.3-19** 157 Ω.

**3.3-20** 8 Ω.

**3.3-21** (1) 2.0 A;(2) 4.0 V,-16 V,-10 V,-2.0 V;(3) 20 V,8 V;
(4) 3.3 A;6.7 V,-10.7 V,-0.7 V,-3.3 V;17.3 V,2.7 V.

**3.3-22** -3.0 V, -12.0 V,-9.0 V.

**3.3-23** 10 V,0 V.

**3.3-24** 0.025 Ω,975 Ω.

**3.3-26** 950 Ω,45 Ω,5.0 Ω.

**3.3-27** 80 Ω,18 Ω,2.0 Ω

**3.3-29** 19.3 kΩ,80 kΩ,400 kΩ;500 kΩ,1 MΩ.

**3.3-30** (1) 333 Ω/V;(2) 900 Ω,4 kΩ,45 kΩ.

**3.3-31** 420 kΩ.

**3.3-33** 20 km.

**3.3-34** 6.4 km.

## §3.4 复杂电路

**3.4-1** 32 mA.

**3.4-2** -0.63 V.

**3.4-3** (1) 1 V;(2) $\frac{2}{13}$ A.

**3.4-4** (1) 0.29 A;(2) 0.24 W;(3) 0.78 W.

**3.4-5** (1) 3.0 A,0 A;(2) 2.0 Ω.

**3.4-6** 1 A,1 A,2 A,13 V.

**3.4-7** (1) $r$;(2) $1.4r$;(3) $r$.

**3.4-8** 5 A,2 Ω;2 A,3 Ω;2.5 A,2 Ω;不可能.

**3.4-9** 10 V,2 Ω;15 V,3 Ω;12 V,2 Ω;不可能.

**3.4-14** (1) 5.0 Ω;(2) 1.0 A.

**3.4-15** 2.5 A,2.0 A.

**3.4-16** 3.4 mA.

**3.4-20** 12 Ω,12 Ω,12 Ω;19 Ω,$\frac{19}{4}$ Ω,$\frac{19}{3}$ Ω;$\frac{9}{8}$ Ω,$\frac{3}{4}$ Ω,$\frac{3}{2}$ Ω.

**3.4-21** 2 Ω,2 Ω,2 Ω;1 Ω,$\frac{1}{2}$ Ω,$\frac{1}{3}$ Ω;$\frac{1}{11}$ Ω,$\frac{3}{11}$ Ω,$\frac{2}{11}$ Ω.

**3.4-23** 3 A.

**3.4-24** $\frac{118}{93}$ Ω.

## §3.6 电子发射与气体导电

**3.6-2** $1.3\times10^{5}$ 个.

**3.6-3** $5.0\times10^{-7}$ A/m$^2$.

**3.6-4** $3.39\times10^{14}$ m$^{-3}$.

**3.6-5** $2.6\times10^{-16}$ S/m.

# 第四章 稳恒磁场

## §4.2 载流回路的磁场

**4.2-1** 0.4 Gs.

**4.2-2** 5 A.

**4.2-3** (1) $\frac{\mu_0 I}{4\pi a}$,⊗;(2) 1.0 Gs.

**4.2-4** $\frac{\mu_0 I}{4R}$,⊗.

**4.2-5** $\frac{\mu_0 I}{8R}$,⊗.

**4.2-6** $\frac{\mu_0 I}{4a}$.

**4.2-7** $\frac{\mu_0}{2\pi x_1 x_2}\sqrt{(I_1+I_2)(I_1 x_2^2+I_2 x_1^2)-4a^2 I_1 I_2}$.

**4.2-8** $\frac{\mu_0 a I}{\pi x_1 x_2}$.

**4.2-9** (1) $\frac{2\mu_0 I}{\pi a}$;(2) 0.80 Gs.

**4.2-10** 0.72 Gs.

**4.2-11** 0.80 Gs,0.32 Gs.

**4.2-12** (1) $\frac{2\mu_0 I a^2}{\pi(r_0^2+a^2)(r_0^2+2a^2)^{1/2}}$;

(2) 2.8 Gs,$3.9\times10^{-3}$ Gs.

**4.2-13** $\frac{\mu_0 I a b}{\pi(a^2+b^2+r_0^2)^{1/2}}\left(\frac{1}{b^2+r_0^2}+\frac{1}{a^2+r_0^2}\right)$.

**4.2-14** $\frac{9\mu_0 I a^2}{2\pi(3r_0^2+a^2)(3r_0^2+4a^2)^{1/2}}$.

**4.2-16** $\frac{\mu_0}{2}\left\{\frac{I_1R_1^2}{[R_1^2+(b+x)^2]^{3/2}}+\frac{I_2R_2^2}{[R_2^2+(b-x)^2]^{3/2}}\right\}$.

**4.2-17** $\frac{\mu_0}{2}\left\{\frac{I_1R_1^2}{[R_1^2+(b+x)^2]^{3/2}}-\frac{I_2R_2^2}{[R_2^2+(b-x)^2]^{3/2}}\right\}$.

**4.2-18** $\frac{\mu_0 I}{2\pi a}\arctan\frac{a}{x}$.

**4.2-19** $\frac{\mu_0}{2}i$.

**4.2-20** (1) $\frac{\mu_0}{2}(i_2-i_1)$；(2) $\frac{\mu_0}{2}(i_1+i_2)$；(3) 0，$\mu_0 i$.

**4.2-21** (1) $\frac{\mu_0}{2}(i_1+i_2)$；(2) $\frac{\mu_0}{2}(i_2-i_1)$；(3) $\mu_0 i$，0.

**4.2-22** (1)(2) $\frac{\mu_0}{2}\sqrt{i_1^2+i_2^2}$；(3) $\frac{\sqrt{2}}{2}\mu_0 i$.

**4.2-23** (1)(2) $\frac{\mu_0}{2}(i_1^2+i_2^2\mp 2i_1i_2\cos\theta)^{1/2}$，

(3) $\frac{\sqrt{2}}{2}\mu_0 i\sqrt{1\mp\cos\theta}$.

**4.2-24** $\mu_0 i$.

**4.2-25** $\mu_0 i\sin\alpha$.

**4.2-26** 88 Gs，44 Gs.

**4.2-27** $2.7\times10^2$ Gs.

**4.2-28** 44 Gs，14 W.

**4.2-29** (1) $\frac{2}{3}\mu_0 nI$；(2) $\frac{2}{3}\mu_0 nI$，

(3) $\frac{2}{3}\mu_0 nI$；(4) $\frac{2}{3}\mu_0 nI\frac{R^3}{x^3}$.

**4.2-30** $B_{内}=\frac{2}{3}\mu_0\sigma_e R\omega$，$B_{外}=\frac{2}{3}\mu_0\sigma_e R\omega\frac{R^3}{x^3}$.

**4.2-31** $\frac{\mu_0\sigma_e\omega}{2}\left[\frac{R^2+2x^2}{\sqrt{R^2+x^2}}-2x\right]$.

**4.2-32** $1.3\times10^5$ Gs.

## §4.3 磁场的“高斯定理”与安培环路定理

**4.3-1** 0，$\frac{\mu_0 I}{2\pi r}$.

**4.3-2** (1) 0；(2) $\frac{\mu_0 I}{2\pi r}\frac{r^2-a^2}{b^2-a^2}$；(3) $\frac{\mu_0 I}{2\pi r}$.

**4.3-3** (1) 4.0 Gs；(2) 0；(3) 2.1 Gs.

**4.3-4** $\frac{\mu_0 Ir}{2\pi r_1^2}$，$\frac{\mu_0 I}{2\pi r}$，$\frac{\mu_0 I(r_3^2-r^2)}{2\pi r(r_3^2-r_2^2)}$，0.

**4.3-5** $\frac{\mu_0 I}{2\pi r}$，$\frac{\mu_0 IL}{2\pi}\ln\frac{R_2}{R_1}$.

**4.3-6** （1）$\frac{\mu_0 NI}{2\pi r}$.

**4.3-7** $\frac{1}{2}\mu_0 l$.

## §4.4 磁场对载流导体的作用

**4.4-2** 7.5 N.

**4.4-3** （1）0.20 A；（2）$I>\frac{mg}{lB}$.

**4.4-4** 93 Gs.

**4.4-5** （1）$\frac{m}{lB}\sqrt{2gh}$；（2）3.8 C.

**4.4-6** （1）$\frac{mg}{2NIl}$；（2）0.478 T.

**4.4-7** 导线与正北方向夹角30°，与正东方向夹角60°.

**4.4-8** $IlBS$，$-IlBS$.

**4.4-9** （1）$3.0\times10^{-3}$ N；

（2）$-7.5\times10^{-4}$ W.

**4.4-10** （1）36 A·m$^2$；（2）144 N·m.

**4.4-11** $4.3\times10^{-3}$ N·m.

**4.4-12** （1）0，0；

（2）0，$2.0\times10^{-3}$ N·m.

**4.4-13** $2\pi\sqrt{\frac{J}{Ia^2B}}$.

**4.4-14** （1）132 Gs；（2）不偏转.

**4.4-15** （1）$7.9\times10^{-2}$ N·m；

（2）$7.9\times10^{-2}$ J.

**4.4-16** $IBR$.

**4.4-17** 6.3 N·m.

**4.4-18** （1）1.1 A·m$^2$；

（2）4.2 N·m.

**4.4-19** （1）0.10 N，吸引力；

（2）0.10 N，排斥力.

**4.4-20** $1.2\times10^2$ N.

**4.4-21** （1）合力$\frac{2\mu_0 I_1 I_2 a^2}{\pi(4d^2-a^2)}$；

（2）合力$1.6\times10^{-6}$ N.

**4.4-22** （1）$F_x=\frac{\mu_0 a I_1 I_2}{\pi}\left(\frac{b+a\cos\alpha}{a^2+b^2+2ab\cos\alpha}-\frac{b-a\cos\alpha}{a^2+b^2-2ab\cos\alpha}\right)$，

$F_y=\frac{\mu_0 a^2 I_1 I_2}{\pi}\left(\frac{\sin\alpha}{a^2+b^2+2ab\cos\alpha}+\frac{\sin\alpha}{a^2+b^2-2ab\cos\alpha}\right)$，

$x$轴沿通过转轴的径矢，$y$轴与之垂直；

$$L=\frac{2\mu_0 I_1 I_2 a^2 b(a^2+b^2)\sin\alpha}{\pi[(a^2+b^2)^2-4a^2b^2\cos^2\alpha]};$$

(2) 0;(3) $\frac{\mu_0 a I_1 I_2}{\pi}\ln\frac{b-a}{b+a}$.

**4.4-23** $3.2\times10^{-3}$ N.

**4.4-24** $\frac{\mu_0 I_1 I_2}{\pi}\left(\frac{3a}{6b-\sqrt{3}a}-\frac{\sqrt{3}}{3}\ln\frac{6b+2\sqrt{3}a}{6b-\sqrt{3}a}\right)$.

**4.4-25** $\mu_0 I_1 I_2\left(1-\frac{l}{\sqrt{l^2-r^2}}\right)$.

**4.4-27** (1) $1.0\times10^{-6}$ N · m;

(2) $3.3\times10^{-8}$ N · m/(°).

**4.4-28** 30°.

## §4.5 带电粒子在磁场中的运动

**4.5-1** (2) $3.7\times10^{7}$ m/s;

(3) $3.9\times10^{3}$ eV.

**4.5-2** 1.9 MeV.

**4.5-3** (1) $3.2\times10^{-14}$ N, $7.1\times10^{-6}$ m;

(2) $3.2\times10^{-13}$ N, $7.1\times10^{-5}$ m.

**4.5-4** (1) 11 cm;(2) 0.36 μs.

**4.5-5** $2.8\times10^{2}$ Gs.

**4.5-6** (2) $\frac{\sqrt{2meU}}{eB}$;(3) 1.85 cm.

**4.5-7** $4.8\times10^{-11}$ N,为重力的 $5.4\times10^{18}$ 倍.

**4.5-8** (1) 4.3 Gs;(2) 4.6 keV.

**4.5-9** (1) $3.3\times10^{-17}$ kg · m/s, 62 GeV;

(2) $1.64\times10^{-4}$ Gs.

**4.5-10** (1) 向东;

(2) $6.3\times10^{14}$ m/s$^2$;

(3) 3.0 mm;

(4) 可忽略.

**4.5-11** 实际装置中 $R\gg l$,因此,$y\approx\frac{lL}{R}=\frac{qBlL}{mv}$.

**4.5-12** (1) $2.6\times10^{7}$ m/s, 14 MeV, $1.10\times10^{-7}$ s;

(2) $7.0\times10^{6}$ V.

**4.5-13** (1) 1 : 1 : 2;(2) 14 cm, 14 cm.

**4.5-14** (1) $2.9\times10^{7}$ m/s, $4.4\times10^{-8}$ s;(2) $8.6\times10^{6}$ V.

**4.5-16** $4.4\times10^{6}$ C/kg.

**4.5-17** $2.1\times10^{-25}$ kg.

**4.5-18** (1) 0.48 T;

(2) $1.4\times10^{-5}$ s.

**4.5-19** $7.05\times10^{7}$ m/s.

**4.5-20** (1) $3.6\times10^{-10}$ s;(2) 1.50 mm;

(3) 1.66 mm.

**4.5-22** (1) $3.75\times10^{3}$ m/s.

**4.5-23** (1)(2) $a=\dfrac{eE}{m}$,轨迹是直线;

(3) $a_{\perp}=\dfrac{evB}{m}$,$a_{/\!/}=-\dfrac{eE}{m}$,轨迹是变螺距的螺旋线.

**4.5-24** $a_{\perp}=\dfrac{evB\sin\alpha}{m}$,$a_{/\!/}=-\dfrac{eE}{m}$,轨迹是变螺距的螺旋线.

**4.5-25** $yz$ 平面内的摆线.

**4.5-26** (1) 增大;(2) 减小.

**4.5-28** (1) $-22\ \mu V$;(2) 无影响.

**4.5-29** (1) n 型;(2) $2.9\times10^{14}\ cm^{-3}$.

**4.5-30** (1) $3.2\times10^{-16}$ N,垂直导线向外;

(2) $3.2\times10^{-16}$ N,平行导线电流;

(3) 0.

## §4.6 不同参考系之间电磁场的变换

**4.6-4** (1) $\boldsymbol{E}\perp\boldsymbol{B}$;

(2) $\boldsymbol{E}\perp\boldsymbol{B}$,且 $E^2-c^2B^2>0$;

(3) $\boldsymbol{E}\perp\boldsymbol{B}$,且 $E^2-c^2B^2<0$.

**4.6-5** (1) $E=\dfrac{1}{4\pi\varepsilon_0}\dfrac{2\eta}{r}$,式中 $\eta=\gamma\eta'$;

(2) $B=\dfrac{1}{4\pi\varepsilon_0c^2}\dfrac{2\eta v}{r}$,式中 $\eta=\gamma\eta'$.

**4.6-6** $E_y=\dfrac{\sigma}{2\varepsilon_0}$,$B_z=\dfrac{1}{2}\mu_0 i$,式中 $\sigma=\gamma\sigma'$,$i=\sigma v$.

**4.6-7** 极板外 $E=0$,$B=0$;

极板间 $E_y=\dfrac{\sigma}{\varepsilon_0}$,$B_z=\mu_0 i$,式中$\sigma=\gamma\sigma'$.

**4.6-8** $f=\dfrac{q^2}{4\pi\varepsilon_0r^2}\sqrt{1-\beta^2}$.

# 第五章 电磁感应和暂态过程

## §5.1 电磁感应定律

**5.1-1** $1.3\times10^{-3}$ V;$6.3\times10^{-4}$ A.

**5.1-2** (1) 90°,270°;(2) 96 匝.

**5.1-3** (1) $\dfrac{\mu_0 l}{2\pi}\left(\ln\dfrac{b}{a}\right)I_0\sin\omega t$;

(2) $-\dfrac{\mu_0 l\omega}{2\pi}\left(\ln\dfrac{b}{a}\right)I_0\cos\omega t$.

**5.1-4** $3.0\times10^{-3}$ V,图中顺时针.

**5.1-5** $\frac{\mu_0 a^2 b\omega I}{\pi}\left(\frac{1}{b^2+a^2+2ab\cos\omega t}+\frac{1}{b^2+a^2-2ab\cos\omega t}\right)\sin\omega t$.

**5.1-6** (1) −1.0 V,图中逆时针方向;

(2) 1.3 N;(3)5.0 W,5.0 W.

**5.1-8** 1.3 Gs.

## §5.2 动生电动势和感生电动势

**5.2-1** 1.5 V,$b\to a$.

**5.2-2** $-1.9\times10^{-3}$ V,$c$ 点电势高.

**5.2-3** $3.7\times10^{-5}$ V,$a$ 点电势高.

**5.2-4** $-4.7\times10^{-5}$ V.

**5.2-5** (1) $\pi NBR^2$;(2) 在外电路由 $b\to a$;

(3) $\frac{1}{2}IBR^2$,向里;(4) 反向;

(5) 感应电动势相同.

**5.2-6** (1) $\frac{1}{2}\omega BR^2$;(2) 1.3 V;

(3) 盘边电势高,反转时盘心电势高.

**5.2-7** 430 eV,$2.3\times10^5$ Hz,$1.2\times10^3$ km.

## §5.3 互感和自感

**5.3-1** $\mu_0 N_1 N_2\frac{a^2}{2R}$.

**5.3-2** (1) $6.3\times10^{-6}$ H;(2)$3.2\times10^{-4}$ V.

**5.3-3** $2.8\times10^{-6}$ H,0.

**5.3-4** $\mu_0 N_1 N_2\frac{\pi R_2^2}{l}$.

**5.3-5** 1 200 匝.

**5.3-6** (1) $\frac{\mu_0 N^2 h}{2\pi}\ln\frac{D_1}{D_2}$;(2) 1.4 mH.

**5.3-8** (1) 0;(2)0.20 H.

**5.3-9** (1) 1.5 mH;(2) 5.0 mH.

**5.3-10** 0.15 H.

**5.3-11** (1) $2.1\times10^{-6}$ H/m;(2) $5.5\times10^{-5}$ J/m;

(3) $5.5\times10^{-5}$ J/m,能量增加,磁场对外所做的功和磁能增加均来源于电源所做的功.

## §5.4 暂态过程

**5.4-2** (1) 4.0 A/s;(2) 2.7 A/s;

(3) 2.0 A/s.

**5.4-3** (1) 6.0 W,1.5 W,4.5 W;

(2) 6.0 J.

**5.4-4** 0.12 s,$2.9\times10^2$ J,$1.01\times10^3$ J.

**5.4-5** (1) 63 J;(2) 0.31s.

**5.4-6** (1) 0.19 A;(2) 0.57 W;(3) 0.36 W;
(4) 0.21 W,能量守恒.

**5.4-7** (1) $\frac{\mathscr{E}}{R_0+R}\left(R+R_0 e^{-\frac{R_0+R}{L}t}\right)$;
(2) 18 V,2.0 V;
(3) 0.33 A,方向由 $b\to c$.

**5.4-8** (1) $\mathscr{E}\left(1-\frac{R_1}{R_1+R_2}e^{-\frac{R_1R_2}{L(R_1+R_2)}t}\right)$;
(2) $\mathscr{E}\left(1+\frac{R_1}{R_2}e^{-\frac{R_1}{L}t}\right)$.

**5.4-9** (1) $\frac{M\mathscr{E}}{R_1(R_2+R_g)}$;
(2) 与自感无直接关系.

**5.4-12** (1) $9.55\times10^{-7}$ C/s;
(2) $1.08\times10^{-6}$ W;(3) $2.74\times10^{-6}$ W;
(4) $3.82\times10^{-6}$ W.

**5.4-13** (1) $0.35\tau$.

**5.4-14** (1) $\frac{\pi}{4}\sqrt{LC}$;(2) $\frac{\sqrt{2}}{2}Q$.

**5.4-15** (1) 不振荡;(2) 振荡.

# 第六章 磁 介 质

## §6.1 分子电流观点

**6.1-1** $3.3\times10^8$ A/m.

**6.1-2** $-6.2\times10^2$ Oe.

**6.1-3** $B_1=\mu_0 M, B_2=B_3=0, B_4=B_5=B_6=B_7=\frac{1}{2}\mu_0 M$;

$H_1=H_2=H_3=0, H_4=H_7=\frac{1}{2}M, H_5=H_6=-\frac{1}{2}M$.

**6.1-4** $B_1=B_2=B_3=\mu_0 M; H_1=M, H_2=H_3=0$.

## §6.2 等效的磁荷观点

**6.2-1** $4.1\times10^2$ Wb/m$^2$,0.20 Wb.

**6.2-2** (1) 1.20 Wb/m$^2$;
(2) 7.5 A·m$^2$;
(3) $H=1.94$ A/m,$B=1.18$ T,方向相反.

**6.2-5** (1) $H=\frac{\sigma_m}{2\mu_0}\left[\frac{x+l/2}{\sqrt{R^2+(x+l/2)^2}}-\frac{x-l/2}{\sqrt{R^2+(x-l/2)^2}}\right]$;

(2) $p_m=\sigma_m\pi R^2 l, m=\frac{\sigma_m\pi R^2 l}{\mu_0}$.

**6.2-7** $8.4\times10^{22}$ A·m$^2$.

**6.2-9** (1) $6.6\times10^8$ A;(2) 否.

**6.2-10** (1) $m=7.5\ \mathrm{A\cdot m^2}$, $p_m=9.5\times10^{-6}\ \mathrm{Wb\cdot m}$;

(2) $1.1\times10^{-3}\ \mathrm{N\cdot m}$.

**6.2-11** $1.0\times10^{-4}\ \mathrm{N\cdot m}$

**6.2-12** $T=2\pi\sqrt{\dfrac{J}{\mu_0 Hm}}$, $f=\dfrac{1}{T}$.

**6.2-14** (2) 同向吸引,反向排斥.

**6.2-15** (2) $x$ 很小时不影响(1)中给的表达式,但影响磁阻,从而影响 $B$ 和 $F$ 的大小.

**6.2-16** $1.2\times10^{4}$ N.

## §6.3 介质的磁化规律

**6.3-1** $2.5\times10^{-7}$ Wb.

**6.3-2** (1) $2.0\times10^{-2}$ T;(2) 32 A/m;

(3) $\mu\approx\chi_m=5.0\times10^{2}$;

(4) $1.6\times10^{4}$ A/m.

**6.3-3** (1) $2\times10^{3}$ A/m;(2) ~1.0 T;

(3) $4.0\times10^{2}$.

**6.3-4** (1) 内 $H=\dfrac{I}{2\pi r}$, $B=\dfrac{\mu\mu_0 I}{2\pi r}$;外 $H=\dfrac{I}{2\pi r}$, $B=\dfrac{\mu_0 I}{2\pi r}$;导体内 $H=\dfrac{Ir}{2\pi R_1^2}$, $B=\dfrac{\mu_0 Ir}{2\pi R_1^2}$;

(2) 内$\dfrac{(\mu-1)I}{2\pi R_1}$,外$\dfrac{(\mu-1)I}{2\pi R_2}$;

(3) 无.

**6.3-5** (1) $8.0\times10^{3}$ A/m;

(2) $1.59\times10^{6}$ A/m.

**6.3-6** $1.1\times10^{-22}$ N.

**6.3-10** 0.40 A.

## §6.4 边界条件 磁路定理

**6.4-1** 5.6′.

**6.4-2** $5.0\times10^{2}$ A·匝,$2.1\times10^{3}$ A·匝.

**6.4-3** $2.4\times10^{3}$ A·匝.

**6.4-4** 314.

**6.4-5** (1) $3.2\times10^{-4}$ Wb;

(2) $0.8\times10^{-4}$ Wb.

**6.4-6** $4.8\times10^{3}$ A·匝.

**6.4-7** $1.33\times10^{2}$ A·匝,$1.46\times10^{4}$ 匝.

**6.4-8** (1) 1.2 T,$9.6\times10^{5}$ A/m;(2) 1.21 T,$5.5\times10^{2}$ A/m;(3) 0.43 mm.

**6.4-9** (1) 50 N;(2) 6.5 A.

**6.4-10** (2) 并联为串联的 4 倍;

(3) 串联为并联的 4 倍;

(4) 相同.

**6.4-12** $5.4\times10^{3}$ Oe.

**6.4-15** ~$2.7\times10^{4}$ Oe.

## §6.5 磁场的能量和能量密度

**6.5-1** $W_e = 4.4\times10^{-5}$ J, $W_m = 4.0\times10^{2}$ J.

**6.5-2** (1) $1.0\times10^{5}$ J/m$^3$;

(2) $1.5\times10^{8}$ V/m.

**6.5-3** 0.63 J/m$^3$.

**6.5-4** $1.74\times10^{5}$ J/m$^3$.

**6.5-5** (1) $\frac{1.6}{r^2}\times10^{-4}$ J/m$^3$;

(2) $1.9\times10^{-3}$ J/m$^3$.

**6.5-7** (1) $\frac{\mu_0 I^2}{16\pi}, \frac{\mu_0 I^2}{4\pi}\ln\frac{b}{a}$,

$\frac{\mu_0 I^2}{16\pi(c^2-b^2)^2}\left(4c^4\ln\frac{c}{b}-3c^4+4b^2c^2-b^4\right)$, 0;

(2) $1.7\times10^{-5}$ J/m.

# 第七章 交 流 电

## §7.1 交流电概述

**7.1-1** 311 V, 537 V.

**7.1-2** (2) $i_2$ 比 $i_1$ 超前 $\pi/2$.

**7.1-3** 311 V, 220 V, 50 Hz, $u_1$ 比 $u_2$ 超前 $2\pi/3$.

## §7.2 交流电路中的元件

**7.2-2** 40 Ω, 5.5 A.

**7.2-3** 10 Ω, 22 A.

**7.2-4** (1) $3.1\times10^{3}$ Ω, $3.1\times10^{4}$ Ω;

(2) $3.2\times10^{2}$ Ω, 32 Ω;

(3) 16 Hz.

**7.2-5** $5.6\times10^{8}$ Hz.

## §7.3 元件的串联和并联(矢量图解法)

**7.3-1** (1) $U_C = 60$ V, $U_R = 80$ V;

(2) 超前 36°52′.

**7.3-2** $I_L = 1$ mA, $I_C = 2$ mA.

**7.3-3** 37 V.

**7.3-4** $-\pi/6$.

**7.3-5** (1) $-3\pi/4$; (2) $\pi/4$.

**7.3-6** (1) 0; (2) $\pi/2$; (3) $-3\pi/4$; (4) $\pi/4$.

**7.3-7** (1) $\pi/2$; (2) $\pi$; (3) $-\pi/3$; (4) $-\pi/6$.

**7.3-8** $i_3(t) = 56\cos(\omega t+88°45')$.

**7.3-10** (1) 10 A; (2) 100 V; (3) 42 V.

**7.3-11** 1.0 H.

**7.3-12** 1.7 A,5.4 A.

**7.3-13** (1) 71 V;(2) 87V.

**7.3-14** 54 Ω,$1.01\times10^2$ μF,26 μF.

**7.3-15** (1) 5.6 A;(2) −56°18′;

(3) $U_L=56$ V,$U_C=140$ V,$U_R=56$ V.

**7.3-16** (1) 峰值 30 A;(2) 72.7 mH.

**7.3-17** (1) $1.0\times10^2$ μF;(2) 约 25 V.

**7.3-18** $\arctan(\omega L/R)$.

**7.3-19** 17 V,3.1 V.

**7.3-20** $2.9\times10^{-4}$ μF.

**7.3-21** 100 Ω,20 μF.

**7.3-22** (1) 在 5.5 V 到 6 V 间波动;接 $C$ 后,在 5.67 V 到 5.83 V 间波动.

**7.3-23** 2.8 H.

**7.3-24** 0° ~164°.

## §7.4 交流电路的复数解法

**7.4-3** (1) 1+2j,3−j,$\frac{25}{17}+\frac{15}{17}$j,电感性;

(2) $i_1$:0.89 A,−33°26′;

$i_2$:0.63 A,48°26′;

$i$:1.17 A,−58′.

**7.4-4** (1) $\frac{49}{10}+\frac{7}{10}$j,电感性;

(2) 44 A,40 V.

**7.4-5** $R_1C_1=R_2C_2$.

**7.4-6** (1) $\frac{3\mathscr{E}}{N(9r+2R)}$;(2) $\frac{-6\mathscr{E}}{N(9r+2R)}$.

**7.4-7** 2.8 H.

**7.4-8** (1) 正;(3) $\varphi_3=128°40'$,$\eta_i=15.6\%$;(5) $f=6.5\times10^2$ Hz.

## §7.5 交流电的功率

**7.5-1** 2.84 A.

**7.5-2** 660 V · A,528 W,阻抗为 73.3 Ω,电阻为 59 Ω.

**7.5-3** 275 盏,440 盏.

**7.5-4** (1) $1.2\times10^2$ μF;(2) 330 W.

**7.5-5** (1) 1.9(或 3.2)$\times10^2$ μF;

(2) 12(或 20)A;

(3) 3.2(或 5.3)$\times10^2$ μF.

**7.5-6** (1) 24.2 W;(2) 2.76 μF,110 mA,191 mA,220 mA,24.2 W.

**7.5-7** (1) $P=\frac{\mathscr{E}^2(R+R_0)}{(R+R_0)^2+\omega^2(L+L_0)^2}$;

(2) $P'=\dfrac{\mathscr{E}^2R}{(R+R_0)^2+\omega^2(L+L_0)^2}$;

(3) $\eta=\dfrac{R}{R+R_0}$.

**7.5-8** (1) 114 V;(2) 464 W;(3) 58.2 W.

**7.5-9** 105 W.

**7.5-10** 154 W.

**7.5-11** (1) 0.502 A,151 V,39.4 V,200 V,160 V,220 V;(2) 76 W.

**7.5-12** $\dfrac{R(\omega L)^2}{R^2+(\omega L)^2}$.

**7.5-13** $2.2\times10^6\ \Omega\cdot\text{m}$.

## §7.6 谐振电路与 $Q$ 值的意义

**7.6-1** 484～1 838 kHz,能满足.

**7.6-2** $5.86\times10^{-4}$ H.

**7.6-3** (1) $10^5$ Hz;(2) 316 V.

**7.6-4** 30.

**7.6-5** 48.

## §7.7 交 流 电 桥

**7.7-1** $L_x=LR_1/R_2, r_x=RR_1/R_2$.

**7.7-2** $C_x=0.205\ \mu\text{F}, r_x=4.88\ \Omega$.

**7.7-3** $L_x=\dfrac{R_1R_SC_S}{(R_2\omega C_S)^2+1}, r_x=\dfrac{R_SR_1R_2(\omega C_S)^2}{(R_2\omega C_S)^2+1}$.

## §7.8 变压器原理

**7.8-1** 181 匝.

**7.8-2** 200 匝,6 600 匝.

**7.8-3** $I_1=11$ A,$I_2=1.1$ A.

**7.8-4** (1) 15、19、1 050 匝;(2) 0.6 A.

**7.8-5** 1.51.

**7.8-6** (1) 200 Ω;(2) 99 mW;(3) 12 mW.

**7.8-7** (1) 250 盏,3 A,45 A;(2) 110 盏.

**7.8-8** 1 032 匝,187 匝,28 匝.

## §7.9 三相交流电

**7.9-1** (1) 22 A;(2) 8.7 kW;(3) 66 A;(4) 26 kW.

**7.9-2** (1) 2.0 A;(2) 220 V;(3) 212 V、212 V、235 V.

# 第八章 麦克斯韦电磁理论和电磁波

## §8.1 麦克斯韦电磁理论

**8.1-1** (1) $7.0\times10^{-2}$ A;

（2）$2.8\times10^{-7}$ T.

**8.1-2** 峰值 $H_0=\dfrac{I_0 r}{2\pi R^2}$.

## §8.3 电磁波的能流密度与动量

**8.3-1** $7.3\times10^2$ V/m，1.9 A/m.

**8.3-2** 约 33 kW.

**8.3-3** （1）2.7 V/m，$7.3\times10^{-3}$ A/m；

（2）$1.3\times10^{-10}$ N/m$^2$.

## §8.4 似稳电路和迅变电磁场

**8.4-2** $\lambda_p=2l/p$，$p$ 为正整数；电流波节：$x=n\lambda/2(n=0,\cdots,p)$.

**8.4-3** $\lambda_p=2l/p$，$p$ 为正整数；电压波节：$x=n\lambda/2(n=0,\cdots,p)$.

**8.4-4** $\omega_p=\dfrac{p\pi}{2l\sqrt{L^* C^*}}$，$\lambda_p=4l/p$，$p$ 为正奇数.

## 附录 E 矢量分析提要

**E-1** （1）$-\boldsymbol{e}_r/r^2$；（2）$-2\boldsymbol{e}_r/r^3$；（3）$-3\boldsymbol{e}_r/r^4$；（4）$0(r\neq0)$；

（5）$-4/r^7$；（6）$-(\boldsymbol{e}_r\cdot a)/r^2$；（7）3；（8）0；（9）0；

（10）$-(\boldsymbol{r}\times\boldsymbol{a})/r^2$；（11）$2\boldsymbol{a}$；（12）$0(r\neq0)$.

# 名词索引

## A


安培　ampere　3.1.1

安培秤　Ampère's balance　4.1.4

安培的定义　definition of ampere　4.1.4

安培定律　Ampère's law　4.1.3

安培环路　Ampère's closed path　4.3.2

安培环路定理　Ampère's circulation theorem　4.3.2

安培计　ampere-meter　3.3.1

安培力　Ampère's force　4.4.1

安培实验　Ampère's experiment　4.1.3

奥斯特实验　Oersted's experiment　4.1.1


## B


半导体　semiconductor　1.1.3

饱和磁化强度　saturate magnetization　6.3.3

保守力场　conservative force field　1.4.2

被激导电　stimulated conduction　3.6.2

变压器　transformer　7.8.1

变阻器　rheostat　3.3.1

毕奥-萨伐尔定律　Biot-Savart's law　4.2.1

边界条件　boundary condition　§6.4,8.1.4

边缘效应　edge effect　§2.1 习题

并联谐振电路　parallel-resonance circuit　7.6.6

标量场　scalar field　E.1

不对称负载　asymmetric load　7.9.2


## C


超距作用　action at a distance　1.2.1

充电　charge　5.4.2

冲击电流计　ballistic galvanometer　5.5.1

传输线　transmission line　8.4.3

磁场强度　magnetic field intensity　6.1.3

磁场的"高斯定理"　"Gauss' theorem" of magnetic field　4.3.1

磁畴　magnetic domain　6.3.6

磁导率　magnetic permeability　6.3.1

磁单极　magnetic monopole　6.2.1
磁的库仑定律　magnetic Coulomb's law　6.2.1
磁电式电流计　magnetroelectric galvanometer　4.4.6
磁动势　magnetomotive force　6.4.3
磁感应强度　magnetic induction　6.1.3
磁感应线　magnetic induction line　4.1.5
磁感应通量　magnetic induction flux　4.3.1
磁荷　magnetic charge　6.2.1
磁荷面密度　surface density of magnetic charge　6.2.1
磁荷观点　magnetic charge viewpoint　6.1.1
磁化场　magnetization field　6.1.1
磁化强度　magnetization　6.1.1
磁化电流　magnetization current　6.1.1
磁化电流密度　magnetization current density　8.1.3
磁化率　magnetic susceptibility　6.3.1
磁极化强度矢量　magnetic polarization indensity vector　6.2.2
磁介质的磁化　magnetization of magnetic medium　6.1.1
磁镜　magnetic mirror　4.5.7
磁聚焦　magnetic focusing　4.5.3
磁壳　magnetic shell　6.2.1
磁壳强度　strength magnetic shell　6.2.1
磁控管　magnetron　§4.5 习题
磁路定理　magnetic circuit theorem　§6.4
磁路　magnetic circuit　6.4.3
磁流体发电机　magnetohydrodynamic generator　§4.5 思考题
磁能　magnetic energy　5.3.4, §6.5
磁能密度　density of magnetic energy　§6.5
磁屏蔽　magnetic shield　6.4.4
磁矢势　magnetic vector potential　E.6
磁透镜　magnetic lens　4.5.3
磁通密度　magnetic flux density　4.3.1
磁势降落　drop of magnetic potential　6.4.3
磁约束　magnetic confinement　4.5.7
磁滞回线　magnetic hysteresis loop　6.3.3
磁滞现象　magnetic hysteresis phenomenon　6.3.3
磁滞损耗　magnetic hysteresis loss　6.3.4
磁致伸缩　magnetostriction　6.3.6
磁阻　magnetic resistance　6.4.3
初相位　initial phase　7.1.2
串联谐振电路　series-resonance circuit　7.6.1


**D**


戴维宁定理　Thévenin' theorem　3.4.2

单位制 unit system 9.1.1
导出单位 derived unit 9.1.1
导出量 derived quantity 9.1.1
导体 conductor 1.1.3
等离子体 plasma 3.6.4
等效电源定理 equivalent source theorem 3.4.2
等势面 equipotential surface 1.4.4
地线 ground wire 7.9.2
电报方程 telegrapher's equation 8.4.3
电场 electric field 1.2.1
电场强度叠加原理 superposition principle of electric field intensity 1.2.3
电场强度 electric field intensity 1.2.2
电磁场的动量 momentum of electromagnetic field 8.2.5
电磁感应现象 electromagentic induction phenomenon 5.1.1
电磁能流 electromagnetic energy flux 8.2.5
电磁波 electromagnetic wave 8.2.1
电磁波谱 electromagnetic wave spectrum 8.2.5
电磁阻尼 electromagnetic damping 5.1.4
电导 electric conductance 3.1.3,7.5.5
电导率 electric conductivity 3.1.3
电动势 electromotive force 3.2.2
电功率 electric power 3.1.4
电荷 electric charge 1.1.1
电荷守恒定律 law of electric charge conservation 1.1.2
电介质 dielectric 2.3.1
电抗 reactance 7.5.4
电力变压器 power transformer 7.8.5
电场线 lines of force of electric field 1.3.1
电量灵敏度 sensitivity of quantity of electricity 5.5.2
电流变比公式 current-ratio formula of transformmer 7.8.2
电流的恒定条件 steady condition of current 3.1.2
电流管 current tube 3.1.2
电流计 galvanometer 3.3.1
电流强度 current strength 3.1.1
电流连续方程 continuity equation of electric current 3.1.2
电流密度 current density 3.1.1
电流线 lines of current 3.1.1
电流元 current element 4.1.3
电流源 current source 3.4.2
电纳 susceptance 7.5.5
电偶极子 electric dipole 1.2.3
电偶极矩 dipole moment 1.2.3

电桥　bridge　3. 3. 2
电容　capacity　2. 2. 2
电容器　condenser,capacitor　2. 2. 2
电容器的并联　parallel connection of condensers　2. 2. 3
电容器的串联　series connection of condensers　2. 2. 3
电容桥　capacity bridge　7. 7. 2
电容率　permittivity　2. 3. 6
电通量　electric flux　1. 3. 2
电势　electric potential　§ 1. 4
电势差　electric potential difference　1. 4. 1
电位差计　potentiometer　3. 3. 3
电势叠加原理　superposition principle of electric potential　1. 4. 2
电势能　electric potential energy　1. 4. 1
电势梯度　electric potential gradient　1. 4. 5
电位移　electric displacement　2. 3. 6
电压变比公式　voltage-ratio formula of transformer　7. 8. 2
电压源　voltage source　3. 4. 2
电源　source　3. 2. 1
电源变压器　supply transformer　7. 8. 5
电晕　electric corona　2. 1. 2
电晕放电　corona discharge　3. 6. 3
电子伏特　electron-volt(eV)　1. 4. 2
电子感应加速器　betatron　5. 2. 4
电阻　resistance,resistor　3. 1. 3
电阻率　resistivity　3. 1. 3
叠加定理　superposition theorem　3. 4. 3
动生电动势　motional electromotive force　§ 5. 2
端线　terminal wire　7. 9. 1
对称负载　symmetrical load　7. 9. 2

**F**

乏　var　7. 5. 3
法拉　farad　2. 2. 1
法拉第电磁感应定律　Faraday's law of electromagnetic induction　5. 1. 2
法拉第圆筒　Faraday cylinder　2. 1. 3
范·阿伦辐射带　Van Allen radiation belts　4. 5. 7
范·德格拉夫起电机　Van der Graaff generator　2. 1. 3
分布电容　distributed capacity　8. 4. 2
分布电感　distributed inductance　8. 4. 2
分布参量　distributed parameter　8. 4. 2
分子电流观点　molecular current viewpoint　6. 1. 1
分流电阻　shunt resistor　3. 3. 1

分压电路 voltage division circuit 3. 3. 1
非静电力 nonelectrostatic force 3. 2. 1
非线性元件 nonlinear component 3. 1. 3
放电 discharge 5. 4. 2
反射阻抗 reflected impedance 7. 8. 3
方向微商 directional derivative E. 1
峰值 peak value 7. 1. 2
副线圈 secondary coil 7. 8. 1
伏安特性 volt-ampere characteristic 3. 1. 3
伏特 volt 1. 4. 2
伏特计 voltmeter 3. 3. 1
辐角 argument 7. 4. 2
幅值 value of amplitude 7. 1. 2
傅里叶分解 Fourier decomposition 7. 1. 1
复导纳 complex admittance 7. 4. 4
复数解法 complex number method §7. 4


**G**


感应电场 induced electric field 5. 2. 3
感应电动机 induction motor 7. 9. 5
感应电流 induced electric current 5. 1. 1
感抗 inductive reactance 7. 5. 4
感生电动势 induced electromotive force 5. 2. 1
高斯单位制 Gaussian unit system 9. 2. 2
高斯定理 Gauss' theorem §1. 3
高斯定理(数学) Gauss' theorem E. 3
高斯面 Gaussian surface 1. 3. 3
功率因数 power factor 7. 5. 1
功率三角形 power triangle 7. 5. 3
光的电磁理论 electromagnetic theory of light 8. 2. 4
光压 light pressure 8. 2. 5
轨道磁矩 orbital magnetic moment 6. 3. 2
国际单位制(SI) Le Systeme International d' Unites 1. 1. 5
过阻尼 overdamping 5. 4. 4


**H**


亥姆霍兹线圈 Helmholtz' coils 4. 2. 3
比荷 specific charge 4. 5. 3
耗散因数 loss factor 7. 5. 6
恒定磁场 steady magnetic field §4. 1
恒压源 steady voltage source 3. 4. 2
恒流源 steady current source 3. 4. 2

亨利　henry　5.3.1
弧光放电　arc discharge　3.6.3
互感　mutual inductance　5.3.1
互感磁能　magnetic energy of mutual induction　5.3.4
互感电动势　electromotive force of mutual induction　5.3.1
互感系数　mutual induction coefficient　5.3.1
互感现象　mutual inductance phenomenon　5.3.1
辉光放电　glow discharge　3.6.3
回路　loop　§3.4
回路电压方程组　loop voltage equations　3.4.1
回旋半径（拉摩半径）　Larmor radius　4.5.3
回旋半径　radius of gyration　4.5.3
回旋加速器　cyclotron　4.5.5
回旋共振频率　cyclotron resonance frequency　4.5.3
混合单位制　mixed unit system　9.2.2
火花放电　spark discharge　3.6.3
霍耳效应　Hall effect　4.5.6
霍耳系数　Hall coefficient　4.5.6
霍耳元件　Hall element　4.5.6

**J**

基本单位　basic units　9.1.1
基本量　basic quantity　9.1.1
基尔霍夫方程组　Kirchhoff's equations　3.4.1
积分电路　integrating circuit, integrator　5.4.3
极化　polarization　2.3.1
极化电荷　polarization charge　2.3.1
极化电流密度　polarization current density　8.1.3
极化强度　polarization　2.3.3
极化率　polarizability　2.3.5
集中参量　lumped parameter　8.4.1
集中元件　lumped element　8.4.1
击穿场强　breakdown electric field strength　2.3.7
桥式电路　bridge circuit　3.3.2
交流电　alternating current　§7.1
交流电路　alternating current circuit　§7.1
交流电桥　alternating current bridge　§7.7
交流发电机　alternating current generator　5.2.2
矫顽力　coercive force　6.3.3
介电强度　dielectric strength　2.3.7
介电常量　dielectric constant　2.3.6
尖端放电　discharge at sharp point　2.1.2

节点　node　§ 3. 4

节点电流方程组　node current equations　3. 4. 1

简谐交流电　sinusoidal alternating current　§ 7. 1

静电场的环路定理　circulation theorem of electrostatic field　1. 4. 1

静电感应　electrostatic induction　1. 1. 2

静电聚焦　electrostatic focusing　2. 1. 1

静电能　electrostatic energy　§ 1. 5

静电屏蔽　electrostatic screening　2. 1. 3

静电平衡　electrostatic equilibrium　2. 1. 1

静电透镜　electrostatic lens　2. 1. 1

经典回转磁比率　classical gyromagnetic ratio　§ 4. 4 习题

近距作用　direct action　1. 2. 1

焦耳定律　Joule's law　3. 1. 4

磁导率　magnetic permeability　6. 3. 1

绝对电磁单位制　absolute electromagnetic system of units　9. 2. 2

绝对静电单位制　absolute electrostatic system of units　9. 2. 2

绝缘体　insulator　1. 1. 3

居里点　Curie point　6. 3. 6

**K**

抗磁质　diamagnet　6. 3. 2

空载　no load　7. 8. 2

空载电流　no load current　7. 8. 2

库仑　coulomb　1. 1. 5

库仑定律　Coulomb's law　1. 1. 5

**L**

*LR* 电路的时间常数　time constant of *LR* electric circuit　5. 4. 1

拉普拉斯方程　Laplace's equation　E. 6

拉普拉斯算符　Laplace's operator　E. 5

楞次定律　Lenz's law　5. 1. 3

理想变压器　ideal transformer　7. 8. 1

理想电压源　ideal voltage source　3. 2. 2

立体角　solid angle　A. 2

励磁电流　magnetizing current　6. 1. 1, 7. 8. 2

量纲　dimension　9. 1. 2

量纲指数　dimensional exponent　9. 1. 2

临界电阻　critical resistance　5. 5. 1

临界阻尼　critical damping　5. 4. 4

灵敏电流计　sensitive galvanometer　5. 5. 1

洛伦兹力　Lorentz force　4. 5. 1

螺线管　solenoid　4. 2. 3

螺绕环 toroid coil 4.3.3
滤波电路 filter circuit 7.3.5

## M

麦克斯韦方程组 Maxwell's equations 8.1.3
麦克斯韦方程组的积分形式 integral form of Maxwell's equations 8.1.3
麦克斯韦方程组的微分形式 differential form of Maxwell's equations 8.1.3
麦克斯韦 *LC* 电桥 Maxwell's *LC* bridge 7.7.2
面密度 surface density 1.2.4
MKSA 有理制 rationalized MKSA system of units 9.2.1
摩擦带电 triboelectrification 1.1.1

## N

能量密度 energy density §2.4
能流密度 energy flux density 8.2.2
诺尔顿定理 Norton's theorem 3.4.2

## O

欧姆 ohm 3.1.3
欧姆定律 Ohm's law 3.1.3
欧姆定律的微分形式 differential form of Ohm's law 3.1.3
偶极振子 dipole oscillator 8.2.1
耦合变压器 coupling transformer 7.8.5

## P

佩尔捷电动势 Peltier electromotive force 3.5.2
佩尔捷热 Peltier heat 3.5.2
佩尔捷效应 Peltier effect 3.5.2
旁路 by-pass 7.3.5
旁路电容 bypass capacitor 7.3.5
劈形算符(纳布拉算符) nabla E.4
匹配条件 matching condition 7.8.4
频率 frequency 7.1.2
频率电桥 frequency bridge 7.7.2
频率选择性 frequency selectivity 7.6.3
品质因数 quality factor 7.5.6
平均功率 average power 7.5.1
坡印廷矢量 Poynting's vector 8.2.5

## Q

起始磁化曲线 initial magnetization curve 6.3.3
气体放电 gas-discharge 3.6.2

趋肤效应　skin effect　5. 1. 4
趋肤深度　skin depth　5. 1. 4
取向极化　orientation polarization　2. 3. 2


**R**


*RC* 电路的时间常数　time constant of *RC* electric circuit　5. 4. 2
热电动势　thermal electromotive force　§3. 5
热电子发射　thermoelectron emission　3. 6. 1
热功率密度　thermal power density　3. 1. 4
容抗　capacity reactance　7. 5. 4
软磁材料　soft magnetic material　6. 3. 5


**S**


塞贝克电动势　Seebeck electromotive force　3. 5. 2
散度　divergence　E. 3
三角形连接　triangle connection　7. 9. 2
三相电　three phase current　7. 9. 1
三相交流电　three phase alterating current　7. 9. 1
三相三线制　three phase three wire system　7. 9. 1
三相四线制　three phase four wire system　7. 9. 1
剩余磁化强度　residual magnetization　6. 3. 3
顺磁质　paramagnet　6. 3. 2
斯托克斯定理　Stokes' theorem　E. 4
矢量图解法　vector diagram method　§7. 3
准静态条件　quasi-stationary condition　8. 4. 1
矢量场　vector field　E. 1
试探电荷　test charge　1. 2. 2
星形连接　star connection　7. 9. 2
受控热核装置　controlled thermonuclear reaction device　4. 5. 7
输入等效电路　input equivalent circuit　7. 8. 3
输出等效电路　output equivalent circuit　7. 8. 3
损耗角　loss angle　7. 5. 6
瞬时功率　instantaneous power　7. 5. 1


**T**


汤姆孙电动势　Thomson electromotive force　3. 5. 1
汤姆孙热　Thomson heat　3. 5. 1
汤姆孙系数　Thomson coefficient　3. 5. 1
汤姆孙效应　Thomson effect　3. 5. 1
特斯拉　tesla　4. 1. 5
梯度　gradient　E. 1
体密度　volume density　1. 2. 4

铁磁质　ferromagnet　6.3.3
铁电体　ferroelectrics　2.3.5
调压变压器　voltage regulation transformer　7.8.5
通频带宽度　pass band width　7.6.3
退磁　demagnetization　6.2.3
退磁因子　demagnetization factor　6.2.3
退磁曲线　demagnetization curve　6.3.3
退极化场　depolarization field　2.3.4

**W**

瓦特　watt　3.1.4
微分电路　differentiating circuit, differentiator　5.4.3
微波　microwave　8.4.3
唯一性定理　uniqueness theorem　§2.4.B
势场　potential field　1.4.2
相位　phase　7.1.2
位移电流　displacement current　8.1.2
位移极化　displacement polarization　2.3.2
温差电动势　thermo-electromotive force　3.5.2
温差电堆　thermo-pile　3.5.2
温差电偶　thermo-couple, thermoelement　3.5.2
涡流　eddy current　5.1.4
涡流损耗　eddy-current loss　5.1.4
涡旋电场　vortex electric field　5.2.3
无功电流　idle current, reactive current　7.5.2
无功功率　reactive power　7.5.3
无极分子　non-polar molecule　2.3.2
无散场　nondivergent field　E.6
无旋场　nonrotational field　E.6

**X**

西门子　siemens　3.1.3
线电流　wire current　7.9.2
线电压　wire voltage　7.9.1
线密度　linear density　1.2.4
线性电阻　linear resistance　3.1.3
线性元件　linear element　3.1.3
相电流　phase current　7.9.2
相电压　phase voltage　7.9.1
相对磁导率　relative magnetic permaebility　6.3.1
相对介电常量　relative dielectric constant　2.3.6
相互作用能　interaction energy　1.5.1

相移　phase shift　7.3.5
相移电路　phase shift circuit　7.3.5
谐和场　harmonic field　E.6
谐振电路　resonance circuit　§7.6
谐振频率　resonance frequency　7.6.1
谐振器　resonator　8.2.1
协变性　covariance　4.6.2
旋度　curl　E.4
旋转磁场　rotating magnetic field　7.9.4

**Y**

Y-△的等效代换　equivalent Y-△ replacement　3.4.4
压电效应　piezoelectric effect　2.3.8
元电荷　elementary charge　1.1.4
以太　ether, aether　8.3.3
异步电动机　non-synchronous motor　7.9.5
逸出功　work function　3.6.1
验电器　electroscope　1.1.1
有功电流　active current　7.5.2
有功电阻　active resistance　7.5.4
有极分子　polar molecule　2.3.2
有效值　effective value　7.1.2
有散场　divergent field　E.6
有旋场　rotational field　E.6
硬磁材料　hard magnetic material　6.3.5
永磁体　permanent magnet　6.3.5
引导中心　guiding center　4.5.7
诱导电流密度　induced current density　8.1.3
原线圈　primary coil　7.8.1
云室　cloud chamber　§4.5 习题

**Z**

载流线圈的磁矩　magnetic moment of current-carrying coil　4.4.4
暂态过程　transient process　§5.4
制流电路　current-control circuit　3.3.1
支路　branch circuit　§3.4
直流电动机　direct current generator　4.4.5
质谱仪　mass-spectrometer　§4.5 习题
真空磁导率　permeability of free space　6.3.1
真空介电常量　permittivity of vacuum　2.3.6
中线　neutral-wire　7.9.1
自感　self-inductance　5.3.2

自感磁能　magnetic energy of self induction　5. 3. 4, § 6. 5
自感电动势　self-induced electomotive force　5. 3. 2
自感系数　self-induced coeffieient　5. 3. 2
自感现象　self-induction phenomenon　5. 3. 2
自持导电　self-sustaining conduction　3. 6. 3
自由电子　free electron　1. 1. 4
自由电荷　free charge　1. 1. 4
自由周期　free period　5. 5. 2
自旋磁矩　spin magnetic moment　6. 3. 2
阻抗　impedance　7. 2. 1
阻尼开关　damping switch　5. 5. 1
阻尼振荡　damped oscillation　5. 4. 4
最大磁化率　maximum susceptibility　6. 3. 3
最大磁导率　maximum permeability　6. 3. 3

# 人名索引


安培 Ampère, André-Marie(1775—1836) 3.1.1,3.3.1,4.1.2
阿拉果 Arago, Dominique(1786—1853) 4.1.3
贝克勒耳 Becquerel, Antoine Henri(1852—1908) 8.2.5
贝尔 Bell, Alexander Graham(1847—1922) 绪论
比奥 Biot, Jean Baptiste(1774—1862) 4.1.3
布瑟耳 Bourseul, Charles 绪论
布劳恩 Braun, Ferdinard 绪论
卡莱色耳 Carlisle, Anthony 绪论
卡文迪许 Cavendish, Henry(1731—1810) 2.1.3
库仑 Coulomb, Charles Augustin de(1736—1806) 1.1.5
居里 Curie, Pietre(1859—1906) 4.3.6
戴维 Davy, Sir Humphrey(1778—1829) 绪论
戴维宁 Thévenin 3.4.2
狄维施 Divisch, Procopius 绪论
特鲁德 Drude, Paul(1863—1906) 4.6.2
杜费 du Fay, Charles-Francois(1698—1739) 绪论
爱迪生 Edison, Thomas Alva(1847—1931) 绪论
恩格斯 Engels, Friedrich(1820—1896) 8.1.1
法拉第 Faraday, Michael(1791—1867) 1.1.1,2.1.3,§5.1
弗莱明 Fleming, Alexander 绪论
福雷斯特 Forest, Leede 绪论
傅里叶 Fourier, Jean Baptiste Joseph(1768—1830) 7.1.1
富兰克林 Franklin, Benjamin(1706—1790) 1.1.1
伽伐尼 Galvani, Luigi(1737—1798) 绪论
高斯 Gauss, Karl Friedrich(1777—1855) §1.3
吉尔伯特 Gilbert, William(1544—1603) 绪论
格雷 Gray, Stephen(1696—1736) 绪论
盖利克 Guericke, Otto von(1602—1686) 绪论
亨利 Henry, Joseph(1797—1878) 5.3.1
赫兹 Hertz, Heinrich Rudolf(1857—1894) 8.1.1
霍耳兹 Holtz, W. 绪论
休斯 Hughes, David Edward(1830—1900) 绪论
雅可比 Jacobi, Karl 绪论
焦耳 Joule, James Prescott(1818—1889) 3.1.4
康德 Kant, Immanuel(1724—1804) 绪论
开尔文 Kelvin, Lord(William Thomson)(1824—1907) 3.5.1,4.5.4
基尔霍夫 Kirchhoff, Gustav Robert(1824—1887) 3.4.1

克莱斯特 Kleist,Edwald Georg von 绪论
柯耳劳施 Kohlrausch,Rudolph 绪论
朗缪尔 Langmuir,Irving(1881—1957) 3.6.4
拉普拉斯 Laplace,Pierre Simon(1749—1827) 4.1.3,E.4
列宁 Lenin,Nikolai(1870—1924) 8.3.3
楞次 Lenz,Heinrich Friedrich Emil(1804—1865) 5.1.3
洛伦兹 Lorentz,Hendrik Antoon(1853—1928) 4.5.1
马可尼 Marconi,Gugleimo(1874—1937) 绪论
莫尔斯 Morse,Harold Marston 绪论
马克思 Marx,Karl(1818—1883) 8.1.1
麦克斯韦 Maxwell,James Clerk(1831—1879) §5.1,§8.1
迈斯纳 Meissner,W. 5.3.2
迈克耳孙 Michelson,Albert Abraham(1852—1931) 8.3.3
密立根 Millikan,Robert Andrews(1868—1953) 4.5.4
莫雷 Morley,Edward Williams(1838—1923) 8.3.3
诺埃曼 Neumann,Frang Ernst 绪论
诺埃曼 Neumann,Johann von(1903—1957) §5.1
诺尔顿 Norton 3.4.2
尼科耳森 Nicholson,William(1753—1815) 绪论
诺莱 Nollet,Jean-Antoine(1700—1770) 绪论
欧姆 Ohm,Georg Simon(1787—1854) 3.1.3
奥斯特 Oersted,Hans Christian(1777—1851) 4.1.1
佩尔捷 Peltier,Jean Charles Athanase(1785—1845) 3.5.2
坡印廷 Poynting,John Henry(1852—1914) 8.2.5
普利斯特利 Priestley,Joseph(1733—1804) 绪论
赖斯 Reiss,Philip 绪论
罗比孙 Robison,John 绪论
伦琴 Roentgen,Wilhelm Conrad(1845—1923) 8.2.5
萨伐尔 Savart,Felix(1791—1841) 4.1.3
谢林 Schelling,Friedrich 绪论
西门子 Siemens,Werner 绪论
斯图金 Sturgeon,William 绪论
泰勒斯 Tahales(大约公元前624—546) 绪论
特斯拉 Tesla,Nikola(1870—1943) 4.1.5
特普勒 Töpler,A. 绪论
范·阿伦 Van Allen,James Alfred(1914—2006) 4.5.7
范·德格拉夫 Van der Graaff,Robert Jemison(1901—1967) 2.1.3
伏打 Volta,Count Alessandro(1745—1827) 1.4.2
瓦特 Watt,James(1736—1819) 3.1.4
韦伯 Weber,Wilhelm Edeard(1804—1891) 4.3.1
惠斯通 Wheatstone,Charles(1802—1857) 绪论

*　　*　　*　　*

管子　4.1.1
高诱　4.1.1
王充　4.1.1
沈括　4.1.1

## 郑重声明

高等教育出版社依法对本书享有专有出版权。任何未经许可的复制、销售行为均违反《中华人民共和国著作权法》，其行为人将承担相应的民事责任和行政责任；构成犯罪的，将被依法追究刑事责任。为了维护市场秩序，保护读者的合法权益，避免读者误用盗版书造成不良后果，我社将配合行政执法部门和司法机关对违法犯罪的单位和个人进行严厉打击。社会各界人士如发现上述侵权行为，希望及时举报，我社将奖励举报有功人员。

反盗版举报电话　(010)58581999　58582371

反盗版举报邮箱　dd@hep.com.cn

通信地址　北京市西城区德外大街4号　高等教育出版社法律事务部

邮政编码　100120

读者意见反馈

为收集对教材的意见建议，进一步完善教材编写并做好服务工作，读者可将对本教材的意见建议通过如下渠道反馈至我社。

咨询电话　400-810-0598

反馈邮箱　hepsci@pub.hep.cn

通信地址　北京市朝阳区惠新东街4号富盛大厦1座

　　　　　高等教育出版社理科事业部

邮政编码　100029

防伪查询说明

用户购书后刮开封底防伪涂层，使用手机微信等软件扫描二维码，会跳转至防伪查询网页，获得所购图书详细信息。

防伪客服电话　(010)58582300